GÉODÉSIE GÉNÉRALE ET MÉTHODIQUE DES GÉODÉSIES,

CONSIDÉRÉE SOUS LE RAPPORT

DE LA MESURE ET DE LA DIVISION DES TERRES,

ET SUIVIE

DES TABLES DES LOGARITHMES

DES NOMBRES ET DES SINUS, TANGENTES, ETC., AVEC SEPT DÉCIMALES.

PAR VINCENT CROIZET,

Auteur de plusieurs Ouvrages de Mathématiques.

PARIS,
PÉLISSONNIER, LIBRAIRE,
RUE DES MATHURINS-SAINT-JACQUES, 24.

PÉRONNE,
L'AUTEUR, GRANDE RUE SAINT-SAUVEUR, 14.

1840.

GÉODÉSIE

GÉNÉRALE ET MÉTHODIQUE

DES GÉODÉSIES.

IMPRIMERIE ET STÉRÉOTYPIE D'ACH. DESJARDINS, A BEAUVAIS.

COUP-D'ŒIL RAPIDE

SUR

L'HISTOIRE DES MATHÉMATIQUES PURES.

Les Mathématiques, dont le nom veut dire *Science* ou *Instruction*, ont pour objet de comparer les grandeurs. Elles se divisent naturellement en *Mathématiques pures* et *Mathématiques mixtes*.

Les Mathématiques pures considèrent les propriétés de la quantité d'une manière abstraite, et capable d'augmentation ou de diminution.

Les Mathématiques mixtes, qu'on nomme plus ordinairement *Sciences Physico-Mathématiques*, sont des parties de la Physique susceptibles, par leur nature, d'une application spéciale des Mathématiques pures. Telles sont la Mécanique, science de l'équilibre et du mouvement des corps solides; l'Optique ou la théorie du mouvement de la lumière; l'Astronomie, science du mouvement des corps célestes; l'Acoustique ou la théorie du son, etc.

Les Mathématiques pures, les seules dont je me propose de parler ici (1), renferment l'Arithmétique, la Géométrie et l'Algèbre.

La naissance de l'Arithmétique remonte à la plus haute antiquité. Rien n'est plus clair et plus familier que l'idée de *nombre;* et les premiers hommes purent compter leurs doigts, leurs troupeaux, les jours, les arbres, etc. Les premières sociétés policées furent obligées de calculer; car il suffit de posséder quelque chose pour être dans la nécessité de faire usage des nombres.

Les Phéniciens, qui furent les premiers et les plus habiles commerçans de l'univers, étendirent les limites de l'arithmétique naturelle, en inventant peut-être des signes ou des procédés abrégés, et en ce sens on peut les regarder comme les premiers arithméticiens; mais on doit mettre au rang des fables l'opinion de ceux qui racontent que Phénix, fils d'Agénor, écrivit le premier une arithmétique en langue Phénicienne, et le récit de Joseph Flave, qui nous donne Abraham comme le plus ancien arithméticien, et qui lui fait enseigner aux Egyptiens les premiers élémens de l'arithmétique.

Remarquons, en passant, que l'Egypte se faisait gloire d'avoir été le berceau de cet art; et que regardant cette invention si utile comme au-dessus de l'intelligence humaine, elle l'attribua à une divinité bienfaisante. Hermès passait pour l'inventeur des nombres, du calcul et de la géométrie.

Tous les peuples qui nous sont connus (à l'exception des anciens Chinois et d'une nation de Thraces dont parle Aristote), se sont accordés à choisir le même système de numération, la progression décuple (2).

On peut croire que la conformation de la main a déterminé ce système plus promptement qu'une connaissance de réflexion. L'homme a d'abord compté par ses doigts; le nombre 10 a paru lui appartenir plus que les

(1) M. de Montucla a écrit l'histoire des Mathématiques depuis leur origine jusqu'au commencement de ce siècle.

(2) Il est très-probable que les anciens Chinois se servirent d'une arithmétique analogue à l'arithmétique binaire. Voici le fondement de cette idée: Depuis bien des siècles la figure *des Cova*, formée de plusieurs lignes entières (—) et brisées (— —), dont les Chinois rapportent l'origine à leur empereur Fohi, était pour eux une énigme indéchiffrable. L'ouvrage de Fohi se nomme l'Y-king. Il fait partie des cinq livres Chinois les plus anciens, qu'on appelle l'Ou-king.

autres nombres, et s'est trouvé le plus près de ses yeux ; on peut donc croire que ce nombre a eu la préférence peut-être sans aucune autre raison. Un peuple sexdigitaire userait, suivant l'apparence, d'une échelle arithmétique duodénaire. Cette échelle est la plus commode de toutes, sans en excepter l'échelle dénaire, et c'est celle qu'on aurait dû préférer, comme il est aisé de s'en convaincre. Car, pour peu qu'on y réfléchisse, on aperçoit aisément que toute notre arithmétique roule sur ce nombre 10 et sur ses puissances ; les autres nombres primitifs ne sont que les coëfficiens et les indices de ces puissances ; en sorte que tout nombre est toujours un multiple ou une somme de multiples des puissances de 10. Par exemple, le nombre *huit mille six cent quarante-deux* n'est autre chose que $8 \times 10^3 + 6 \times 10^2 + 4 \times 10^1 + 2 \times 10^0$; c'est-à-dire, une suite de puissances de 10 multipliée par différens coëfficiens. Dans la notation ordinaire, la valeur des places de droite à gauche est donc toujours proportionnelle à cette suite 10^0, 10^1, 10^2, 10^3, 10^4, etc. ; et l'uniformité de cette suite a permis que dans l'usage on pût se contenter des coëfficiens, et sous-entendre cette suite de 10 aussi bien que les signes + qui, dans toute collection de choses déterminées et homogènes, peuvent être supprimés ; en sorte que l'on écrit simplement 8642.

Le nombre 10 est donc la racine de tous les autres nombres entiers, c'est-à-dire, la racine de notre échelle arithmétique ascendante ; et depuis l'invention des fractions décimales, 10 est aussi la racine de notre échelle arithmétique descendante.

D'après cela, il est facile de voir que dans une échelle arithmétique quelconque, l'expression d'un nombre ne sera que la suite des différentes puissances de la racine de cette échelle affectées de différens coëfficiens.

Toutes les échelles inférieures à l'échelle dénaire tiennent plus ou moins du défaut d'une trop longue expression. En effet, pour exprimer *cent* dans l'échelle dénaire, il ne faut que trois caractères, savoir : 1, 0, 0 ; au lieu que dans l'échelle quaternaire où l'on n'emploierait que les quatre caractères 0, 1, 2 et 3, il en faudrait quatre, savoir 1, 2, 1, 0 ; dans l'échelle trinaire cinq, savoir 1, 0, 2, 0, 1, et enfin dans l'échelle binaire sept, savoir 1, 1, 0, 0, 1, 0, 0, pour exprimer cent.

L'échelle dénaire l'emporte, sans contredit, sur toutes celles qui sont au-dessous, puisque les nombres y occupent moins de place, et que d'ailleurs la mémoire de l'homme retient aisément dix caractères, et plus encore, s'il le faut.

Le nombre 10 a donc été préféré, avec raison, à tous ses subalternes ; et comme dans l'usage de la vie, les hommes n'ont pas besoin d'une très-grande mesure, on a bien fait aussi de ne pas adopter une échelle d'arithmétique dont la racine serait très-grande.

Mais une arithmétique où les grands nombres auraient occupé moins de place, où les fractions auraient été plus rondes que dans l'arithmétique dénaire, et dont l'échelle aurait pour racine un nombre qui, sans être bien plus grand que 10, aurait plus de diviseurs ; une telle arithmétique, dis-je, serait bien plus commode, bien plus aisée à manier que notre arithmétique ordinaire. Or l'échelle arithmétique dont 12 serait la racine, posséderait tous les avantages dont nous avons parlé plus haut.

En effet, l'expression du nombre cent serait alors 84 ; 12 est divisible par 2, 3, 4, 6, tandis que 10 ne l'est que par 2 et par 5. Les hommes ont si bien senti la différence essentielle qui résulte de cette propriété du nombre 12 pour la facilité des calculs et des mesures, qu'après avoir adopté l'arithmétique dénaire, ils ne laissent pas que de se servir de l'échelle duodénaire. On compte souvent par douzaines, par douzaines de douzaines ou grosses.

On pourrait aisément ramener tous les calculs et comptes faits à l'échelle duodénaire, et il résulterait de grands avantages de ce changement. Le métrage, l'aréage et tous les arts de mesure où le mètre, le décimètre, etc., sont employés, deviendraient aussi faciles, parce que ces mesures se trouveraient dans l'ordre des puissances de douze, et, par conséquent, feraient partie de l'échelle, et partie qui sauterait aux yeux. Tous les arts et métiers où le tiers, le quart et le demi-tiers se présentent souvent, trouveraient bien plus de facilité dans leurs applications. Mais comme, pour substituer l'échelle duodénaire à l'échelle dénaire, il faudrait une refonte générale dans les sciences, il n'est guère permis d'espérer qu'on change jamais notre arithmétique.

Les nations anciennes se sont accordées à représenter les nombres par les lettres de leur alphabet.

Les différentes périodes de dixaines étaient distinguées ou par des accens qui affectaient les lettres numérales, comme chez les Grecs, ou par différentes combinaisons des lettres numérales, comme chez les Romains, ce qui devenait fort compliqué, et par conséquent fort incommode, lorsque les nombres étaient un peu grands.

L'ingénieux système de numération qui fait la base de notre arithmétique moderne, a été longtemps familier aux Arabes avant de pénérer dans nos contrées. Mais il paraît que l'honneur de l'avoir inventé appartient aux Indiens; car *Alsèphadi*, auteur arabe, dit qu'il y avait trois choses dont la nation Indienne se glorifiait; le livre intitulé *Golaila ve damma* (ce sont des espèces de fables), sa manière de calculer et le jeu des Echecs. *Aben-Ragel*, auteur arabe du treizième siècle, attribue expressément l'invention de cette sorte d'arithmétique aux philosophes indiens.

Il est vrai que quelques Pythagoriciens employèrent dans leurs calculs neuf caractères particuliers, pendant que les autres se servaient des signes ordinaires, savoir des lettres de l'alphabet; et il paraît certain que l'on connut dans l'école de *Pythagore* (1) une manière de noter les nombres semblable à la nôtre. Mais il est plus naturel de supposer que Pythagore puisa cette invention chez les Indiens, que de penser que ceux-ci la tirèrent des Grecs.

On dit que ce philosophe avait poussé fort loin les combinaisons des nombres, et qu'il attachait des vertus mystérieuses à certaines propriétés de ces combinaisons. Mais on n'en parle que par conjecture; tout ce qu'il peut avoir écrit sur ce sujet est perdu, et le temps n'a respecté que sa table de multiplication que tout le monde connaît.

De quelque manière que notre arithmétique, née dans l'Inde, ait pu passer aux Arabes, c'est à ceux-ci que nous la devons immédiatement, et ce ne fut que vers l'an 960 ou 970 qu'elle fut transmise aux chrétiens occidentaux par le fameux *Gerbert*, que son mérite et son savoir élevèrent dans la suite au souverain pontificat, sous le nom de Silvestre II (2).

La forme des caractères dont nous nous servons actuellement a subi quelques changemens. Les chiffres que *Sacro Bosco* (3) et *Roger Bacon* (4) employèrent au XIIIe siècle, déjà fort ressemblans aux nôtres, se sont peu-à-peu transformés dans ces derniers.

Les Arabes enrichirent l'arithmétique de quelques règles utiles. Telles sont les règles de fausse position, simple et double, dont ils sont incontestablement les auteurs.

Le calcul des décimales introduit dans les Mathématiques par *Régiomontanus* (5) simplifia celui des fractions ordinaires. Enfin, la découverte des logarithmes porta l'arithmétique au point de perfection dont elle est peut-être susceptible. L'idée heureuse qu'eut *Neper* (6) de changer la multiplication en addition, la division en soustraction, la formation des puissances en multiplication simple, et l'extraction des racines en simple division, est bien ce qu'il y a de plus utile et de plus ingénieux en arithmétique.

Tous les écrivains s'accordent à placer en Egypte l'origine de la Géométrie. Hérodote la fixe au temps où Sésostris coupa l'Egypte par des canaux nombreux. Les prêtres de ce pays, ayant le loisir

---

(1) Pythagore naquit à Samos, vers l'an 589 avant l'ère chrétienne. S'étant trouvé aux leçons de Phérécyde, l'un des sept sages de la Grèce, il se consacra tout entier à la philosophie. Après la mort de Phérécyde, il voyagea en Egypte, où il conversa avec les prêtres, et se fit initier dans leurs mystères. Il ne s'en tint pas à ce seul voyage, il pénétra jusqu'aux bords du Gange, vit les Brachmanes et puisa chez eux le dogme de la métempsycose. Enfin, de retour dans sa patrie, qu'il trouva en proie à la tyrannie, il s'en exila et porta ses lumières en Italie, où il fonda son école célèbre; école où toutes les connaissances qui peuvent contribuer à perfectionner l'esprit et le cœur furent cultivées avec zèle.

(2) Gerbert, né en Auvergne, d'une famille obscure, fut élevé dans un monastère.

(3) Jean de Sacro Bosco, né en Angleterre, dans un bourg du diocèse d'Yorck, étudia dans l'université d'Oxford; il vint à Paris, où il s'acquit un nom célèbre par ses talens pour les mathématiques.

(4) Roger Bacon, cordelier Anglais, naquit en 1214, dans la province de Sommerset. Il fit de si grands progrès dans l'astronomie, la chimie et les mathématiques, qu'il fut surnommé le *Docteur admirable*.

(5) Régiomontanus, dont le vrai nom est Jean Muller, naquit à Konisberg, en 1436. Il rendit de grands services aux mathématiques, et en particulier à l'astronomie.

(6) Jean Neper, baron de Merchiston, en Ecosse, vivait au commencement du XVIIe. siècle.

de s'adonner à l'étude, perfectionnèrent cette espèce de géométrie que la nature a accordée à tous les hommes. Mais il paraît qu'ils firent peu de progrès dans cette science. Si l'on juge de leur savoir par les connaissances qu'ils révélèrent aux philosophes grecs qui voyagèrent chez eux, ils n'étaient en possession que des vérités les plus élémentaires.

Il fallait que la géométrie fût transportée dans la Grèce pour prendre des accroissemens rapides. Passionné pour les sciences naturelles, *Thalès* de Milet (1) se rendit en Egypte. Instruit par les prêtres de cette contrée, il prit bientôt l'essor au-dessus de ses maîtres. Il détermina la hauteur des Pyramides par le moyen de leur ombre; méthode fondée sur la théorie des triangles semblables. De retour en son pays, Thalès fit part à ses compatriotes des connaissances qu'il avait acquises. Il est vrai qu'avant ce philosophe, la Grèce avait déjà quelque idée de la géométrie. On y connaissait la règle, le compas dont on attribuait l'invention au neveu de Dédale, l'équerre et le niveau, qu'on devait à Théodore de Samos, un des architectes du temple d'Éphèse. Mais toutes ces inventions n'étaient que l'ouvrage de la géométrie naturelle, et ce fut Thalès qui le premier inspira aux Grecs le goût de la vraie géométrie, de cette science qui ne se conduit que par le raisonnement et la lumière de l'évidence. Il montra l'usage de la circonférence du cercle pour la mesure des angles, et trouva cette propriété remarquable du cercle suivant laquelle tout angle inscrit appuyé sur le diamètre est un angle droit.

Les disciples et les successeurs de Thalès cultivèrent avec grand soin la Géométrie; *Anaximandre* (2) écrivit un traité élémentaire de cette science, et *Anaxagore* (3) s'occupa de la quadrature du cercle.

Pendant que les philosophes de la secte Ionienne s'illustraient dans la Grèce, ceux de la secte Italique s'adonnaient aux mêmes recherches avec de grands succès. Pythagore avait trouvé cette belle propriété qu'a le carré de l'hypothénuse, dans le triangle rectangle, d'être égal à la somme des carrés des deux autres côtés. Les Pythagoriciens augmentèrent la géométrie de plusieurs théories nouvelles. Telle fut celle de l'incommensurabilité de la diagonale du carré comparée au côté, et celle des corps réguliers.

Démocrite (4) ne négligea pas la géométrie, et il paraît qu'il lui fit faire quelques pas.

Hippocrate de Chio (5) se rendit célèbre par la quadrature de la lunule qui porte son nom. Mais *Platon* (6) et ses disciples donnèrent une nouvelle vigueur à la géométrie, et la firent, pour ainsi dire, changer de face. On regarde Platon comme l'inventeur de l'analyse géométrique, et comme le premier qui ait remarqué la formation des sections coniques. Il est certain que la connaissance de ces courbes fut approfondie dans le Lycée, et que plusieurs de leurs propriétés furent reconnues par différens géomètres platoniciens, tels qu'Aristée, Ménechme, Dinostrate. Il se présenta bientôt une occasion de les appliquer à la solution d'un problème célèbre dans l'antiquité, celui de la duplication du cube. Un auteur ancien raconte ainsi l'occasion qui y donna lieu.

La peste ravageant l'Attique, on envoya des députés à Délos pour consulter l'Oracle sur les moyens d'apaiser la colère céleste. Le Dieu répondit aux envoyés: *Pour faire cesser la peste, doublez l'autel*

(1) Thalès naquit à Millet, en Ionie, vers l'an 640 avant J.-C. Ce philosophe, le premier des sept sages de la Grèce, fut le fondateur de la *secte Ionienne*. Il se fit surtout admirer par ses connaissances astronomiques. Il prédit une éclipse de soleil, et l'événement vérifia la prédiction. Il assigna la vraie cause des éclipses de soleil et de lune, et enseigna la rondeur de la terre.

(2) Anaximandre, natif de Milet, fut disciple de Thalès, et remplaça son maître dans l'école Ionienne. Il eut pour successeur *Anaximène*, son compatriote.

(3) Anaxagore de Clazomène, disciple d'Anaximène, et quatrième chef de la secte Ionienne, vivait 480 ans avant J.-C.

(4) Démocrite, natif d'Abdère, mourut dans un âge très-avancé, 362 ans avant J.-C. Profond mathématicien, physicien ingénieux, moraliste éclairé.

(5) Hippocrate de Chio était commerçant sur mer, et d'une impéritie extrême dans les affaires. Les fermiers des droits publics à Bysance, profitèrent de sa simplicité pour le tromper d'une étrange manière. A demi-ruiné et obligé de suspendre son commerce, Hyppocrate vint à Athènes pour y rétablir un peu ses affaires. Ce fut là qu'il connut la géométrie pour la première fois. La curiosité, ou l'envie d'occuper son temps l'ayant conduit un jour dans une école de philosophes, il y goûta tellement les leçons de géométrie qu'il y entendit donner, qu'il renonça à son commerce pour ne s'occuper que de cette science. Il devint bientôt un géomètre très-distingué.

(6) Platon, chef de la secte des académiciens, naquit à Athènes, vers l'an 429 avant J.-C. Il était d'une famille illustre, et dès son enfance il se distingua par une imagination vive et brillante. A l'âge de 20 ans il s'attacha à Socrate, et après la mort de son maître, il fut en Egypte pour y converser avec les prêtres, et en Italie pour y consulter les plus fameux pythagoriciens, Philolaus et Architas. De retour dans son pays, il fonda son école fameuse qui donna tant d'élèves à la philosophie. Il regardait l'étude de la géométrie si nécessaire, qu'il avait écrit sur la porte de son école: *Qu'aucun ignorant en géométrie n'entre ici.*

d'Apollon. Cet autel était d'or et de forme cubique. La chose parut aisée à d'ignorans entrepreneurs, qui, prenant des côtés doubles, construisirent un autel non point double, mais octuple. Cependant la peste ne cessait point, car le Dieu voulait absolument un autel précisément double. On lui fit une nouvelle députation, qui reçut pour réponse qu'on n'avait point satisfait à sa demande. On commença alors à soupçonner du mystère dans cette duplication, et l'on implora le secours des plus fameux géomètres, qui furent eux-mêmes fort embarrassés.

Il paraît que ce récit est une fable imaginée par quelque mathématicien qui a voulu donner de l'importance au problème des deux moyennes proportionnelles ; car c'est à la recherche des deux moyennes proportionnelles continues, qu'Hyppocrate de Chio avait réduit le problème de la duplication du cube.

Quelle que soit l'origine du problème de la duplication du cube, Platon en donna une solution commode dans la pratique. Ménechme proposa deux savantes solutions recommandables, en ce qu'elles présentent la première application connue des lieux géométriques et des sections coniques.

Il est probable que le problème de la trisection de l'angle exerça aussi les efforts des géomètres platoniciens. De même ordre que celui de la duplication du cube, il exige comme lui des secours autres que ceux de la géométrie plane. Les anciens en trouvèrent plusieurs solutions, dont quelques-unes sont remarquables par leur élégance et leur simplicité.

Toutes les savantes méthodes ébauchées par les disciples de Platon s'accrûrent entre les mains de ceux qui leur succédèrent, au point de fournir de la matière à plusieurs ouvrages considérables.

Ce que l'école de Platon avait été pour la Géométrie en particulier, l'école d'Alexandrie le fut pour les Mathématiques en général. Parmi les savans que l'accueil des Ptolémée attira les premiers à Alexandrie, on remarque *Euclide* le géomètre. Il avait, à ce qu'on croit, étudié à Athènes sous les disciples de Platon. On ne connaît ni la patrie, ni les événemens de la vie d'Euclide. On sait seulement qu'il était doux, modeste, et qu'il accueillait favorablement tous ceux qui cultivaient les sciences exactes. Il ignorait l'art de déguiser la vérité, et il répondit assez sèchement au roi Ptolémée qui lui demandait s'il n'y avait pas un chemin moins épineux que le chemin ordinaire pour apprendre la géométrie : « Non, prince, il n'y en a point de fait exprès pour les rois. »

Euclide s'est immortalisé par les élémens qui portent son nom. Il rassembla dans cet ouvrage les propositions de la Géométrie élémentaire qui avaient été découvertes avant lui, et qui étaient éparses et isolées. Il y en ajouta un grand nombre d'autres, et y mit un enchaînement justement admiré par les amateurs de la rigueur géométrique. Je ne sais s'il mérite le reproche qu'on lui fait d'avoir employé trop de définition, d'avoir manqué d'ordre et d'avoir apporté trop de scrupule à démontrer des choses claires d'elles-mêmes. Mais il a trouvé des défenseurs zélés dans les géomètres Anglais, il est presque le seul livre élémentaire connu en Angleterre, et l'on n'y manque pas de géomètres.

Les élémens d'Euclide, en sortant des mains de leur auteur, ne contenaient que treize livres (1), dont dix regardent la géométrie et trois l'arithmétique.

Environ un demi-siècle après Euclide, parut *Archimède* (2), le plus grand géomètre de l'antiquité. Il s'ouvrit de nouvelles voies dans le vaste champ qu'offrait à ses recherches la mesure des grandeurs

(1) Le 14e. et le 15e. livre que l'on trouve dans les élémens d'Euclide, sont l'ouvrage d'Hypsicle d'Alexandrie, qui vivait environ 100 ans J.-C.

(2) Archimède naquit à Syracuse, vers l'an 287 avant J.-C. Il était parent du roi Hiéron. Doué d'un génie supérieur, il recula les bornes de toutes les parties des Mathématiques, et principalement de la Géométrie. Une question que lui proposa le roi Hiéron occasionna ses découvertes hydrostatiques. Le prince avait fait remettre à un orfèvre une certaine quantité d'or, pour en faire une couronne. L'artiste fut soupçonné d'avoir retenu une partie de cet or, et de lui avoir substitué un égal poids d'argent. Comme on ne voulait pas gâter un ouvrage qui était d'un travail exquis, Archimède fut consulté sur le moyen de découvrir la quantité d'argent substituée à l'or. Il parvint à la déterminer d'après un principe dont la découverte excita ses transports, savoir, que tout corps plongé dans un liquide y perd de son poids autant que pèse un volume de ce liquide égal au sien.

Archimède fit servir à la défense de sa patrie un grand nombre de machines qu'il avait inventées. Les Romains vinrent mettre le siége devant Syracuse. Les habitans de cette ville, effrayés du progrès des armes romaines, ne se préparaient pas à faire beaucoup de résistance ; mais Archimède leur releva le courage. Il déconcerta les projets des ennemis, brûla leur flotte avec des miroirs ardens, et força Marcellus de convertir le siége en blocus. La confiance des Syracusiens offrit bientôt au général romain l'occasion de surprendre la place. Occupés à célébrer une fête de Diane, ils dégarnirent les remparts ; les Romains s'en aperçurent, présentèrent brusquement l'escalade, et pénétrèrent dans la ville, qui fut saccagée. Marcellus avait commandé qu'on épargnât Archimède ; mais ses ordres furent mal exécutés, et l'infortuné mathématicien fut tué par un soldat, l'an 212 avant J.-C. Marcellus, pénétré de regret, rendit aux parens d'Archimède les biens et le corps de ce grand homme, pour lui dresser un tombeau. Cicéron étant questeur en Sicile, retrouva ce monument parmi les ronces et les épines, et il le reconnut à la sphère inscrite dans un cylindre qu'on y avait gravée.

curvilignes. Il démontra que la surface de la sphère est les deux tiers de la surface totale du cylindre circonscrit, et que les solidités de ces deux corps suivent le même rapport. Cette découverte satisfit tellement Archimède, qu'il désira qu'après sa mort on gravât ces figures sur son tombeau. Ce grand homme trouva la quadrature exacte de la parabole, et détermina les limites du rapport entre la circonférence du cercle et le rayon, en faisant voir que le rayon étant l'unité, la circonférence est moindre que $3\frac{10}{70}$ et plus grande que $3\frac{10}{71}$, de sorte qu'on approche fort près de la valeur de cette circonférence en triplant le diamètre et ajoutant $\frac{1}{7}$ à ce triple.

Il règne dans tous les écrits d'Archimède une profondeur et une sagacité étonnantes. Mais le chemin qu'il s'est ouvert pour découvrir les propriétés des conoïdes et des sphéroïdes, des spirales (1), etc., est si difficile à suivre qu'on doit l'admirer pour l'avoir frayé le premier, et ne s'y être jamais égaré.

Vers le temps où Archimède finissait sa carrière, *Apollonius* (2), surnommé le *grand géomètre* ou le *géomètre par excellence*, commençait la sienne. C'est lui qui a donné aux sections coniques les noms qu'elles portent aujourd'hui. Le traité dans lequel il a rassemblé les découvertes des géomètres qui l'avaient précédé et celles qu'il avait faites sur ces courbes, est un des ouvrages les plus précieux de l'antiquité et le plus solide fondement de la gloire d'Apollonius. On y trouve la question des *maximum* et *minimum*; on y aperçoit la détermination des développées, et tout y est traité avec un soin extrême.

Parmi les géomètres contemporains des précédens, il faut distinguer *Eratosthène*, qui donna une solution mécanique du problème de la duplication du cube; *Conon* de Samos, l'ami d'Archimède, et *Nicomède*, inventeur de la conchoïde.. *Hipparque* (3) vivait dans le siècle suivant, et les calculs nombreux où ce grand astronome fut engagé, firent naître entre ses mains la trigonométrie, soit rectiligne, soit sphérique.

On trouve dans l'intervalle du temps qui s'est écoulé depuis Hipparque jusqu'à l'ère chrétienne, un grand nombre de mathématiciens dont quelques-uns ont eu de la célébrité, comme *Géminus* de Rhodes et *Théodose*. Le premier avait écrit un ouvrage qui ne nous est pas parvenu, et dont on ne saurait trop regretter la perte. C'était un commentaire historique, une sorte de développement philosophique des découvertes géométriques (4). L'autre est auteur des *Sphériques*, ouvrage estimable.

Depuis l'ère chrétienne, une suite de plusieurs siècles ne nous offre plus que rarement des écrivains originaux. On ne trouve, pour ainsi dire, que des commentateurs, au-dessus desquels il faut cependant placer *Pappus*, qui donne dans ses *Collections Mathématiques* des preuves d'une grande intelligence en géométrie; on voit briller des étincelles de génie dans différens endroits de cet ouvrage. *Théon*, son collègue dans l'école d'Alexandrie, laissa des notes sur Euclide; et *Hypacie* (5), fille de Théon, enrichit la Géométrie d'un commentaire sur Apollonius.

Vers le milieu du cinquième siècle, *Proclus*, chef de l'école platonicienne établie à Athènes, contribua, sinon par ses découvertes, au moins par ses travaux et ses instructions, à conserver pendant quelque temps l'éclat des mathématiques. Le commentaire qu'il a laissé sur le premier livre d'Euclide contient plusieurs observations utiles sur la métaphysique et l'histoire de la géométrie. Il eût pour successeur dans son école, Marinus, auteur d'une introduction aux *Données* d'Euclide. Viennent ensuite *Isidore* de *Milet*, *Anthémius*, tous deux habiles géomètres; *Eutocius*, qui s'est fait un nom par ses commentaires sur Archimède et Apollonius; enfin *Dioclès*, l'inventeur de la Cissoïde.

Nous touchons au terme fatal de la décadence des Mathématiques. La prise d'Alexandrie par les

---

(1) La spirale avait été inventée par un géomètre nommé Conon, mais elle porte le nom d'Archimède, parce que ce fut lui qui en découvrit les propriétés.

(2) Apollonius était de Perge en Pamphilie; il naquit vers le milieu du troisième siècle avant l'ère chrétienne, et se forma à Alexandrie sous les successeurs d'Euclide. Ce fut dans cette école qu'il acquit cette grande habileté qui lui assure le premier rang après Archimède.

(3) Hipparque était de Nicée en Bythinie. Il s'appliqua long-temps à la théorie et à la pratique de l'astronomie, et on rapporte plusieurs de ses observations, faites depuis l'an 160 jusqu'à l'an 125 avant J.-C.

(4) Cet ouvrage était intitulé *Enarrationes Geometricæ*.

(5) Hypacie eut son père pour maître, et elle le surpassa dans la géométrie, dont elle avait fait son étude principale. Ses progrès dans la philosophie et les mathématiques furent si grands, qu'elle mérita de professer ces deux sciences. Vertueuse autant que belle, elle se concilia l'estime et le respect de tous ceux qui venaient l'entendre.

Arabes, l'an 641, porta le coup mortel aux sciences, non-seulement dans cette ville célèbre, mais encore dans tout l'empire Grec. Les monumens de la savante antiquité furent détruits et le farouche Omar fit brûler tous les livres de la bibliothèque d'Alexandrie, parce que, dit-il, *ces livres sont conformes ou contraires à l'Alcoran. Dans le premier cas, il faut les brûler comme inutiles ; dans le second, ils sont dignes du feu comme détestables.*

Pendant près d'un siècle et demi, les Arabes, nouveaux sectateurs de Mahomet, ne s'occupèrent que de projets de conquêtes et d'agrandissement. Mais comme leur férocité n'était que l'effet passager de leur religion sanguinaire, ils ne furent pas plutôt tranquilles possesseurs de leurs établissemens, que leur goût naturel pour les sciences et les arts se réveilla. Les Califes montrèrent l'exemple à leurs sujets, et bientôt il se forma parmi eux un grand nombre de mathématiciens, dont plusieurs jouissent d'une estime méritée. C'est aux Arabes que nous devons la forme de la trigonométrie telle qu'elle est aujourd'hui. Ils simplifièrent la pratique des opérations trigonométriques, en substituant l'usage des *sinus* à celui des cordes qu'on employait auparavant.

Arrêtons-nous un moment, pour jeter un coup-d'œil rapide sur l'état des Mathématiques chez les autres Orientaux. Nous les verrons dans un état de langueur aux Indes et dans la Chine. Mais les Persans, soumis jusque vers le milieu du XIe. siècle aux mêmes souverains que les Arabes, nous offriront, même après qu'ils eurent secoué le joug des Califes, quelques géomètres estimables. Les plus célèbres sont *Naffir-Eddin*, à qui la géométrie est redevable d'un excellent commentaire sur Euclide, et *Maimon-Reschid*, qui avait pris une des premières propositions des élémens en telle affection, qu'il en portait la figure brodée sur sa manche.

Les Mathématiques étaient en honneur chez toutes les nations soumises à la domination des Arabes ; mais elles étaient sur leur déclin dans la Grèce. Ce fut en vain que l'empereur Léon-le-Sage fonda une école pour les soutenir ; il ne fit que retarder leur chute, et jusqu'au XIVe. siècle on ne trouve d'autre mathématicien que Moscopule, à qui l'on doit la première idée des carrés magiques. La prise de Constantinople par Mahomet II, en 1453, fut l'époque de la ruine totale des Mathématiques dans la Grèce.

Dans le même temps, les sciences exactes, toujours négligées par les Romains, étaient à peine connues dans l'empire d'Occident, attaqué de tous côtés par des conquérans féroces. Les disputes scolastiques contribuaient à entretenir l'ignorance. Ce ne fut qu'au XVe. siècle que les Mathématiques sortirent de la langueur où elles avaient été plongées chez nous pendant une longue suite d'années, et que l'algèbre vint hâter les progrès de l'arithmétique et de la géométrie.

Diophante (1) d'Alexandrie passe pour l'inventeur de l'algèbre ; c'est du moins le premier écrivain de l'antiquité dans les écrits duquel on trouve des traces de cette ingénieuse invention ; les Arabes la développèrent, et *Léonard de Pise* puisa chez eux la connaissance qu'il en donna à ses compatriotes au retour de ses longs voyages. Il écrivit même sur l'algèbre un traité qui n'a jamais vu le jour. *Lucas de Burgo* est le premier dont les préceptes sur l'Algèbre aient subi l'impression.

L'algèbre, transportée de l'Arabie dans l'Italie, ne tarda pas à y prendre des accroissemens sensibles. Celle de Lucas de Burgo n'allait pas au-delà des équations du 2e. degré ; les géomètres Italiens l'enrichirent de la résolution des équations du 3e. et du 4e. degré.

Un mathématicien de Bologne, nommé *Scipion Ferreo*, ayant trouvé un cas particulier des équations cubiques, cacha soigneusement son secret, et n'en fit part qu'à *Florido* son disciple. Celui-ci crut pouvoir humilier *Tartalea* (2) en lui proposant quelques problèmes dont il le croyait dans l'im-

---

(1) Diophante florissait à Alexandrie vers l'an 365 de notre ère. L'ouvrage qui nous reste de lui est intitulé *Questions Arithmétiques*. L'épitaphe de Diophante, faite par un poète grec, est un problème d'arithmétique que voici : *Diophante d'Alexandrie passa la sixième partie de sa vie dans l'enfance, et la douzième dans la jeunesse ; il se maria, et ce ne fut qu'après avoir passé la septième partie de son âge et cinq ans de plus avec son épouse, qu'il en eut un fils qui mourut après avoir atteint la moitié de l'âge de son père : Diophante mourut quatre ans après ; quel âge avait-il ?*

(2) *Nicolo Tartalea*, natif de Brescia, d'une famille très-basse et très-pauvre, se trouva dans cette ville lorsque les Français, revenant de Naples, la saccagèrent. Il y reçut quantité de blessures, dont plusieurs étant tombées sur sa tête, le rendirent bègue. Tartalea apprit à lire, je ne sais comment, mais pour apprendre à écrire il fut obligé de voler à un maître un modèle des lettres de l'alphabet. Il est aisé, d'après cela, de s'imaginer quelles difficultés il lui fallut surmonter pour parvenir aux connaissances qu'il sut acquérir. Une invention ingénieuse de Tartalea est de mesurer l'aire d'un triangle par la connaissance des trois côtés, sans rechercher la perpendiculaire.

possibilité de se tirer, faute de savoir résoudre les équations du 3e. degré. Tartalea, animé par les bravades de Florido, chercha la résolution des équations cubiques. Sûr de l'avoir trouvée, il accepta le défi de Florido, résolut tous les problèmes en peu d'heures, et le couvrit de confusion d'autant plus qu'il ne résolut lui-même aucun des problèmes proposés par Tartalea.

Tartalea voulait réserver pour lui sa découverte, et il ne consentit à la communiquer à *Cardan* (1) qu'après avoir exigé son serment qu'il n'en ferait part à personne. Cardan promit tout à Tartalea ; mais ses promesses ne l'empêchèrent pas de publier cette invention dans son Algèbre imprimée en 1545. Tartalea se voyant joué, s'en plaignit amèrement. Cardan lui répondit froidement que les additions qu'il avait faites à sa méthode et que les démonstrations qu'il avait trouvées lui donnaient le droit d'en user comme d'une chose qui lui appartenait. La mort de Tartalea termina cette querelle. Il s'y était tellement échauffé, qu'il semblait en avoir perdu l'esprit.

La résolution des équations du 4e. degré suivit de près celle des équations du troisième. Elle fut l'ouvrage de *Louis Ferrari* de Bologne, jeune homme plein de génie, et disciple de Cardan.

Raphael Bombelli de Bologne, dont l'Algèbre fut imprimée en 1579, développa d'une manière plus claire ce que Cardan avait dit sur les équations du 3e. et du 4e. degré. Il démontra que les parties de la formule qui représente une racine dans le *cas irréductible*, formaient par leur assemblage un résultat réel.

Pendant que les Italiens portaient l'art de résoudre les équations des degrés supérieurs à un point au-dessus duquel il ne s'est guères élevé, d'autres Géomètres rendaient d'importans services aux Mathématiques.

Commandin (2) donna de nombreuses traductions qui respirent une parfaite intelligence dans la Géométrie.

Maurolico (3) versé dans toutes les parties des Mathématiques s'attacha à la sommation de plusieurs suites, comme la suite des nombres naturels, des nombres triangulaires, etc.

Dans le même temps, la Géométrie était cultivée en France, mais avec moins de succès qu'en Italie, et les Mathématiciens français qui vivaient alors, ne sont guères connus que par des anecdotes particulières.

Le Pelletier du Mans s'acquit une sorte de célébrité par sa dispute avec le père *Clavius* jésuite, sur l'*angle de contingence*, c'est-à-dire sur l'angle qui se forme lorsqu'une ligne droite touche une courbe.

Oronce Finée (4) publia quelques livres élémentaires, et *Pierre Ramus* (5) s'illustra par son zèle pour les Mathématiques.

Dans le Pays-Bas, *Pierre Métius* trouva le rapport approché qui donne le diamètre à la circonférence comme 113 à 355.

Son contemporain *Ludolph Van-Ceulen* (6) fit plus ; il montra que le diamètre étant l'unité suivie

---

(1) Jérôme Cardan naquit à Pavie en 1501. Il reçut de la nature un esprit pénétrant, mais un caractère fort bizarre. Après avoir brillé par son savoir dans les mathématiques et la médecine, à Padoue, à Milan et à Bologne, il se fit mettre en prison dans cette dernière ville. Dès qu'il eut recouvré la liberté, il alla à Rome, obtint une pension du Pape, et se laissa mourir de faim en 1576, pour remplir son horoscope ; car, entiché de l'Astrologie judiciaire, il avait promis de ne pas vivre au-delà de 75 ans, et il voulut tenir parole.

(2) Frédéric Commandin, mathématicien et médecin, né à Urbin en 1509, mourut en 1575.

(3) François Maurolico, abbé de *Sainte-Marie-du-Port*, en Sicile, vint au monde à Messine en 1494, et mourut en 1575. Il enseigna les mathématiques avec réputation dans sa patrie.

(4) Oronce Finée, né à Briançon en Dauphiné, en 1494, fut choisi par François Ier pour professer les mathématiques au Collége Royal.

(5) Pierre Ramus, né dans un village du Vermandois, vers l'an 1502, de parens nobles, mais réduits par les malheurs de la guerre à une telle pauvreté, que son aïeul vendait du charbon, vint à Paris dès l'âge de 8 ans. Doué d'un esprit judicieux, il sentit que la Philosophie alors en usage dans les colléges, n'était qu'un vain amas de mots ; il voulut la bannir, et inspirer l'amour du vrai, en introduisant dans l'Université de Paris l'étude des mathématiques. Quelques ouvrages qu'il publia lui attirèrent une foule d'ennemis.

(6) Ludolph Van-Ceulen, ainsi nommé à cause qu'il était de Cologne, qui s'appelle *Ceulen* en Hollandais, fut long-temps professeur de mathématiques en Hollande. Pour transmettre à la postérité la mémoire de son invention, il voulut qu'on gravât sur son tombeau les deux nombres qui expriment le rapport qu'il a trouvé entre le diamètre et la circonférence du cercle. On dit que cette disposition a été exécutée. *Voyez à la page 26, deuxième colonne.*

de trente-cinq zéros, la circonférence était plus grande que 3,14159,26535,89793,23846,26433, 83279,50288, et moindre que ce même nombre augmenté d'une seule unité.

En Allemagne, *Werner*, Mathématicien peu connu, mais qui mérite de l'être davantage, contribua, par ses ouvrages sur la Trigonométrie et les autres parties des Mathématiques, à en répandre le goût.

Rhéticus, dont l'ouvrage fut publié par *Valentin Othon*, l'un de ses disciples, introduisit dans la Trigonométrie l'usage des sécantes; et *Juste Byrge* inventa le compas de proportion.

On trouve, en Portugal, le Géomètre *Nonius*, qui s'efforça de faire fleurir les Mathématiques dans sa patrie, mais qui n'est point l'inventeur de l'ingénieuse division qui porte son nom (1).

L'Algèbre, cultivée en Italie, prit une nouvelle forme entre les mains du célèbre *Viète* (2), Analyste français qui fit seul autant d'honneur à sa patrie que tous les Géomètres Italiens en avaient fait ensemble à leur pays. Les Auteurs les plus célèbres, même parmi les Anglais, lui ont rendu cette justice de remarquer que ses ouvrages ont servi de flambeau à tous ceux qui ont écrit après lui, et qu'on lui doit les découvertes les plus importantes qui se soient faites dans l'Analyse.

Ce fut lui qui introduisit dans les calculs les lettres de l'alphabet, pour désigner non-seulement les quantités inconnues, mais encore les quantités connues. L'utilité de cette pratique se fait aisément sentir par tous ceux qui sont versés dans l'analyse. En effet, la méthode de Viète fournit des solutions générales où l'ancienne n'en donnait que de particulières, et elle procure la facilité de pénétrer dans la nature et la composition des équations.

On doit à Viète presque toutes les transformations dont on peut se servir pour donner à une équation une forme plus commode. Il enseigne à faire sur les racines de l'équation toutes les opérations de l'Arithmétique, les ajouter, les soustraire, les multiplier, les diviser; à faire disparaître le second terme d'une équation, et à la débarrasser des fractions. Il passe ensuite à la résolution des équations de tous les degrés, et au défaut d'une résolution rigoureuse, il en donne une approchée. Il a indiqué le premier une méthode générale d'appliquer l'Algèbre à la Géométrie, et c'est aux secours mutuels que ces deux sciences se prêtent qu'on doit les progrès de l'une et de l'autre. Viète a donné encore une preuve éclatante de son génie en remarquant que les équations du troisième degré pouvaient se réduire à la duplication du cube ou à la trisection de l'angle. Enfin, c'est à lui que l'on doit les élémens de la doctrine des sections angulaires, dont l'objet est de trouver les expressions générales des cordes ou des sinus pour une suite d'arcs multiples les uns des autres, et réciproquement les expressions des arcs, quand on connaît les cordes ou les sinus.

De tous les siècles qui ont contribué successivement à l'avancement des Mathématiques, le dix-septième est celui dans lequel elles présentent le spectacle le plus brillant. L'Italie, la France, les Pays-Bas, l'Allemagne, la Suisse et l'Angleterre nous offrent à cette époque un grand nombre de Mathématiciens célèbres qui, par leurs travaux, ont élevé l'édifice des sciences exactes à une hauteur imposante, les uns en traitant la Géométrie à la manière des anciens, d'autres en cultivant l'analyse algébrique, et préludant, pour ainsi dire, à la naissance des calculs qui ont reculé les bornes de l'esprit humain.

Dès les premières années du dix-septième siècle, *Lucas Valerius*, professeur de Mathématiques à Rome, porta la Géométrie au-delà du terme où les anciens l'avaient laissée. *Snellius* perfectionna en quelques points une des découvertes d'Archimède, celle du rapport qui se trouve entre le diamètre du cercle et la circonférence. *Kepler* (3), dans sa *Stereometria doliorum*, présenta de nouvelles vues qui paraissent avoir beaucoup influé sur la révolution que la Géométrie a éprouvée. *Guldin* (4) in-

---

(1) La division qu'on appelle de Nonius, est due à Pierre *Vernier*, châtelain d'Ornans, en Franche-Comté, qui la publia dans un petit ouvrage imprimé à Bruxelles en 1631, intitulé *la construction, l'usage et les propriétés du cadran nouveau.*

(2) François Viète naquit à Fontenai en Poitou, vers l'an 1540. Il fut maître des requêtes à Paris. Les occupations de sa charge ne l'empêchèrent point de trouver le temps de s'adonner aux mathématiques. Simple et modeste comme les hommes d'un vrai mérite, il était si appliqué, qu'il passait quelquefois trois jours de suite sans sortir de son cabinet, et qu'il fallait l'y forcer à prendre des alimens.

(3) Jean Kepler naquit en 1571, dans le duché de Virtemberg, et mourut à Ratisbonne en 1631. Le nom de cet homme célèbre vivra tant qu'on cultivera l'Astronomie.

(4) Le P. Guldin, né à Saint-Gal, en 1577, entra dans la compagnie de Jésus en 1597, après avoir quitté la religion Protestante.

venta la méthode centrobarique fondée sur ce beau théorème, dont Pappus avait eu l'idée, et que voici : « Toute figure superficielle ou solide, engendrée par le mouvement d'une ligne ou « d'une surface, est égale au produit de la quantité qui l'engendre, par la ligne que décrit son « centre de gravité. »

Cavalleri (1) quittant le chemin détourné que suivaient les anciens pour déterminer les surfaces et les solidités des corps, s'ouvrit une route nouvelle et marcha plus directement au but par la méthode des *Indivisibles*. Dans cette théorie on regarde les plans comme formés par des sommes infinies de lignes, et les solides, par des sommes infinies de plans. Mais il faut concevoir que ces lignes élémens des surfaces, et que ces surfaces élémens des corps ne sont que les derniers termes de la décomposition qu'on en peut faire en les divisant continuellement en tranches parallèles entre elles.

Pendant que Cavalleri se signalait en Italie, les Géomètres français se livraient à de savantes recherches, et s'illustraient par de grandes découvertes. La Logarithmique spirale prenait naissance entre les mains de notre célèbre *Descartes* (2) ; *Fermat* (3) considérait les spirales et les paraboles des degrés supérieurs ; et ces deux illustres rivaux s'occupaient des propriétés de la cycloïde, qui faisaient aussi l'objet des méditations de *Pascal* (4) et de *Roberval* (5). La cycloïde ne fut pas plutôt connue des Géomètres, qu'elle excita des débats. Il paraît que la première idée de cette courbe célèbre est due à *Galilée* (6). On dit aussi que le père *Mersenne* (7) l'avait remarquée dès l'année 1615. Roberval trouva l'aire de la cycloïde ; Fermat et Descartes en déterminèrent les tangentes en même temps que lui. La mort empêcha Galilée de résoudre ces problèmes contre lesquels Cavalleri échoua ; mais *Torricelli* (8) et *Viviani* (9), disciples de Galilée, en surmontèrent la difficulté. Le premier trouva l'aire, et l'autre les tangentes de la cycloïde.

Pascal ayant considéré profondément cette courbe, voulut faire un essai de la force des Géomètres, ses contemporains. Il leur proposa de nouveaux problèmes sur la cycloïde, en promettant des prix à ceux qui les résoudraient. Il n'y eut que *Wallis* (10) et le père *Lallouère* (11), jésuite, qui, ayant traité

(1) Bonaventure Cavalleri naquit à Milan en 1598, et entra jeune dans l'ordre des Jésuites. Envoyé par ses supérieurs à Pise, pour profiter des secours qu'offrait alors l'Université de cette ville, il étudia les mathématiques pour se distraire de ses ennuis et faire diversion aux douleurs cruelles que commençait à lui causer une goutte qui alla toujours en augmentant.

(2) Réné Descartes, fils d'un conseiller au Parlement de Bretagne, et d'une famille distinguée, naquit à la Haye, en Touraine, le 31 mars 1596. Il fit d'excellentes humanités et dès son enfance il montra un goût décidé pour les connaissances naturelles. Rebuté du jargon d'une philosophie ridicule, il ne trouva que dans les mathématiques la certitude qu'il aimait. Il se consacra tout entier à la géométrie, et c'est d'elle qu'il tire la partie la plus solide et la moins contestée de sa gloire. Ce philosophe qui nous apprit à penser, qui brisa le joug de l'antiquité et rétablit la raison dans ses droits, Descartes fut égaré par son imagination. Respectons ses erreurs, jamais un homme médiocre ne se fût trompé comme lui.

(3) Pierre Fermat naquit à Toulouse en 1590. Aussi versé dans la géométrie ancienne que dans l'analyse moderne, il a presque autant fait pour les mathématiques que Descartes.

(4) Blaise Pascal, né à Clermont en Auvergne, le 19 juin 1623, eut pour père Etienne Pascal, premier président de la cour des aides de cette ville, et nommé à l'intendance de Rouen en 1640. Pascal n'avait pas encore seize ans qu'il composa un Traité des sections coniques, qui fut regardé alors comme un prodige de sagacité. A peine âgé de dix-neuf ans, il inventa la fameuse *Machine Arithmétique* qui porte son nom, et qui fournit un moyen mécanique et expéditif de faire toutes sortes de calculs sur les nombres, sans autre secours que celui des yeux et de la main. Peu de temps après il fixa par ses expériences les opinions des savans sur la pesanteur de l'air ; il inventa le Triangle arithmétique et les élémens du calcul des probabilités. Tous ces travaux ruinaient la santé de Pascal. La faiblesse de son corps et la défaillance de la nature le forcèrent à s'interdire toute contention d'esprit, et à prendre quelques exercices modérés.

(5) Gilles Personne de Roberval naquit en 1602, à Roberval, village du diocèse de Beauvais. Il eut de vifs démêlés avec Descartes, contre lequel il se porta toujours pour ennemi.

(6) Galilée naquit à Pise en 1564. Son père, *Vincent Galilée*, noble Florentin, lui fit donner une éducation proportionnée à sa naissance. Galilée, que l'on destinait à la médecine, et que l'impulsion de la nature fit mathématicien, occupa pendant 18 ans une chaire de professeur à Padoue. Le grand duc de Toscane l'enleva à cette ville pour le fixer dans ses états.

Il rendit de grands services à l'astronomie et à la mécanique, et ses découvertes servirent à accréditer le système de Copernic. Personne n'ignore l'odieuse persécution que Galilée éprouva à cette occasion de la part du tribunal de l'Inquisition. Ce grand homme fut condamné, à l'âge de 70 ans, à désavouer son sentiment.

(7) Marin Mersenne, religieux minime, né dans le Maine en 1588, étudia à la Flèche avec Descartes, et forma avec lui une liaison intime qui dura toute sa vie.

(8) Torricelli, devenu si célèbre par la découverte de la pesanteur de l'air, naquit à Faenza en 1608.

(9) Viviani, né à Florence en 1622. Ce mathématicien fut pendant trois ans avec Galilée, depuis 17 ans jusqu'à 20, et il conçut un tel attachement pour son maître, que jamais il ne mit son nom à un titre d'ouvrage sans l'accompagner de la qualité de *dernier disciple du grand Galilée.*

(10) Jean Wallis, né en Angleterre dans la province de Kent, en 1616, mérita la réputation qu'il eût dans les mathématiques.

(11) Quelques auteurs donnent à ce jésuite le nom de *Laloubère*.

tous les problèmes proposés, prétendirent aux prix. *Huighens* (1) avait carré le segment compris depuis le sommet jusqu'au quart du diamètre du cercle générateur. *Sluze* (2) avait mesuré l'aire de la courbe par une méthode très-élégante. *Wren* (3) avait trouvé la rectification de la cycloïde, etc. Mais toutes ces recherches ne répondaient pas entièrement aux questions du programme envoyé par Pascal sous le nom de *A. Dettonville*. Celui-ci prétendit que Wallis et le père Lallouère s'étaient trompés en plusieurs points, et, en conséquence, il les priva de la somme promise (4). Lui seul donna la solution complète des problèmes proposés, et de plusieurs autres qui achevèrent de perfectionner la théorie de la cycloïde.

Vers le même temps, les Pays-Bas nous offrent dans le père *Grégoire de Saint-Vincent* (5) un géomètre qui s'est fait une grande réputation par un ouvrage où il cherchait la quadrature du cercle. En poursuivant cette chimère qu'il ne put atteindre, il fit une ample moisson de découvertes importantes et de vérités nouvelles. Huighens réfuta publiquement la prétendue quadrature du père de Saint-Vincent. Huighens était alors fort jeune. Bientôt après il prit un essor plus élevé, et les problèmes les plus difficiles devinrent l'objet de ses travaux. En considérant la Logarithmique, dont la première idée est due à *Edmond Gunther*, contemporain de *Briggs* (6), il trouva que, dans cette courbe, la sous-tangente est constante. Dans la suite il inventa la théorie des Développées ; théorie qui sera toujours regardée comme une des plus importantes découvertes de la Géométrie, et qui conduisit son auteur à trouver cette belle propriété de la cycloïde, savoir que la développée de cette courbe est une cycloïde égale à la première, mais posée en sens contraire, et qu'à chaque point, le rayon de la développée est égal au double de la corde correspondante du cercle générateur.

Ce fut à l'aide des anciennes méthodes que les Géomètres firent les découvertes qui viennent de nous occuper. Mais les moyens avec lesquels ils exécutèrent de si grandes choses n'auraient pas suffi pour les élever à des spéculations plus hautes, et leur faire démêler des rapports plus compliqués. Il fallait le secours de l'Analyse moderne pour parvenir à surmonter aisément les difficultés qu'il eût été impossible de vaincre en suivant la route ordinaire.

L'Analyse resta pendant quelque temps au point où Viète l'avait laissée. Les premiers pas qu'elle fit au-delà, furent l'ouvrage d'*Hariot* (7). Il simplifia les notations de l'analyste français, en introduisant l'usage des petites lettres au lieu des grandes. Il imagina le premier de mettre d'un même côté tous les termes d'une équation, ce qui égale toute l'expression à zéro ; d'où il suit que toute valeur positive ou négative qui, mise à la place de l'inconnue et de ses puissances, dans une équation réduite à cette forme, la rendra égale à zéro, sera la valeur ou une des valeurs de cette inconnue. Enfin Hariot fit cette remarque importante, que toutes les équations des ordres supérieurs peuvent être regardées comme produites par la multiplication d'équations du premier degré. Cette manière d'envisager la génération des équations, fait voir clairement que dans toute équation l'inconnue a autant de valeurs qu'il y a d'unités dans l'exposant du degré dont elle est.

Telles sont à-peu-près les découvertes dont Hariot a enrichi l'Analyse. Mais aucun Géomètre n'a autant contribué à ses progrès que Descartes. Ce fut lui qui enseigna le premier à indiquer, par les exposans numériques, les puissances auxquelles une même lettre monte par ses multiplications réitérées. C'est à lui qu'est due la connaissance de la nature et de l'usage des racines négatives. Il fit voir que ces racines, rejetées comme inutiles par les analystes qui l'avaient précédé, sont aussi ré-

---

(1) Christian Huighens (on prononce Hughens) reçut le jour à la Haye, en Hollande, le 14 avril 1629. Son père était secrétaire et conseiller du prince d'Orange. Dès l'âge de treize ans le jeune Huighens commença à donner des indices de ce génie profond qui devait le guider un jour dans les recherches les plus obscures.

(2) Réné-François Walter de Sulze, chanoine de la cathédrale de Liége, naquit en 1623.

(3) Le chevalier Christophe Wren, célèbre mathématicien et architecte anglais, naquit en 1632. Il a bâti l'église de St.-Paul de Londres, et il est enterré dans cette église.

(4) Pascal s'était engagé à donner 40 pistoles au premier qui résoudrait ses problèmes et 20 au second.

(5) Grégoire de Saint-Vincent, né à Bruges en 1584, se fit jésuite à l'âge de 20 ans.

(6) Henri Briggs, professeur de mathématiques à Oxford, mourut en 1631. Ce calculateur infatigable, qui vécut content de son sort, sans envie, sans orgueil et sans ambition, publia en 1624 une table de logarithmes des nombres naturels, depuis l'unité jusqu'à 20,000, et depuis 90,000 jusqu'à 101,000. La mort l'empêcha d'achever la table des logarithmes des sinus et tangentes pour tous les degrés et centièmes de degrés du quart de cercle, qu'il avait entreprise et fort avancée.

(7) Thomas Hariot, né à Oxford en 1560. L'ouvrage dans lequel il a rassemblé ses propres découvertes et tout ce qu'on avait écrit avec lui sur l'Algèbre, est intitulé : *Artis Analyticæ Praxis*.

elles que les racines positives; qu'elles servent, comme elles, à résoudre une question, et qu'elles ne diffèrent les unes des autres que par la manière de considérer les quantités qu'elles représentent.

Descartes est aussi l'auteur de cette belle règle qui, dans une équation dont toutes les racines sont réelles, apprend à déterminer par la seule inspection des signes, le nombre des racines positives et des racines négatives. Il est encore l'inventeur de la méthode des *coëfficiens indéterminés*, méthode importante et très en usage dans la théorie des équations, et dans un grand nombre de problêmes mathématiques.

Quelques Mathématiciens antérieurs à Descartes avaient fait l'application de l'Algèbre à la Géométrie. Il n'eut que le mérite d'étendre l'usage de cette méthode. Mais une gloire qu'il ne partage avec personne, c'est d'avoir appliqué l'Algèbre à la théorie des lignes courbes. Il considère une courbe comme formée par les extrémités de lignes variables qui ont des rapports avec d'autres lignes variables; et l'expression de ces rapports en langage algébrique, lui présente un tableau dans lequel il lit, pour ainsi dire, toutes les affections des courbes qu'il considère.

De toutes les découvertes de Descartes, celle qui lui fit le plus de plaisir, et qui lui parut la plus utile, est la règle générale qu'il trouva pour mener les tangentes à une courbe. Il a laissé deux manières ingénieuses de les déterminer, fondées l'une et l'autre sur le même principe.

Avant que Descartes publiât sa Géométrie, Fermat était en possession d'une méthode pour trouver les *maximum* et *minimum*. Au moyen de cette méthode on parvient aisément à déterminer les tangentes des courbes, en considérant une tangente comme une sécante, et en faisant évanouir l'intervalle compris entre les deux ordonnées qui répondent aux deux points d'intersection. De là il n'y avait plus qu'un pas jusqu'au calcul différentiel; il ne fut pas donné à Fermat de le franchir. Remarquons, en passant, que Fermat fit de profondes découvertes dans la théorie des nombres premiers, et qu'il trouva plusieurs belles propriétés des nombres figurés, dans le temps que Pascal en approfondissait la nature au moyen de son triangle arithmétique.

La Géométrie de Descartes eut des détracteurs et des partisans. Roberval s'efforça de la déprimer; mais *de Beaune*, *Schooten*, *Hudde*, *Van-Heuraet*, etc., l'accueillirent avec zèle et s'empressèrent à en faire sentir tout le mérite.

De Beaune éclaircit par des notes les endroits difficiles de la Géométrie de Descartes, dont il avait pénétré tous les mystères, et il proposa un problême qui a donné naissance à la méthode inverse des tangentes.

Schooten entreprit quelque chose de plus étendu. Il sentit que la Géométrie de Descartes, ouvrage d'un homme de génie qui dédaigne les petits éclaircissemens, n'était rien moins qu'à la portée de tous les lecteurs, et qu'elle avait besoin d'un commentaire. Il en donna un qui enleva, à juste titre, l'approbation générale; car il renferme tout ce qui est nécessaire pour l'intelligence de l'Auteur, et n'a point le défaut d'être prolixe.

Hudde s'adonna particulièrement à l'analyse des équations. L'une des deux lettres qu'on a de ce Géomètre dans le commentaire de Schooten, contient une méthode très-ingénieuse pour reconnaître si une équation d'un degré quelconque a des racines égales, et pour déterminer ces racines. On trouve aussi dans ces deux écrits une invention particulière de Hudde, pour déterminer les tangentes des courbes et les *maximum* et *minimum*.

Van-Heuraet, guidé par l'analyse de Descartes, se rendit recommandable par la méthode qu'il inventa pour rectifier une ligne courbe. En cela il fut prévenu par Neil, géomètre anglais, qui avait trouvé, quelques années auparavant, la rectification de la seconde parabole cubique. Mais il est très-vraisemblable que Van-Heuraet ignorait absolument cette découverte de Neil; d'ailleurs ces deux méthodes diffèrent beaucoup l'une de l'autre.

Cette première rectification de courbe trouvée par Neil, ne fut qu'un développement des nouvelles vues que Wallis avait proposées dans son Arithmétique des *Infinis*, ouvrage plein de génie, et que l'on peut regarder comme l'époque des progrés de la Géométrie moderne. Aidé du fil de l'analogie, dont il sut toujoursse servir avec succès, l'analyste anglais observa que les dénominateurs des fractions pouvaient être regardés comme des puissances à exposans négatifs. Cette remarque mit Wallis en état de mesurer tous les espaces dont les élémens sont réciproquement comme quelque puissance de l'abscisse.

On doit aussi à Wallis la méthode connue sous le nom d'*Interpolation*. Elle consiste à insérer dans une progression de grandeurs qui suivent une certaine loi, un ou plusieurs termes intermédiaires qui s'y conforment autant qu'ils peuvent le faire. En cherchant à interpoler dans une certaine progression un terme qui devait lui donner l'aire du cercle, Wallis ne trouva qu'une suite infinie de termes qui convergeaient de plus en plus vers la vraie valeur. Peu satisfait de ce résultat, il invita *Brouncker* à seconder ses efforts. Celui-ci trouva, par le moyen des *Fractions continues*, dont il est l'inventeur, une approximation plus juste.

La Géométrie est encore redevable à Brouncker de la première suite infinie qui ait été donnée pour exprimer l'aire de l'hyperbole. *Mercator* (1), qui avait trouvé une suite semblable, publia sa brillante découverte dans sa *Logarithmotechnie*, qui parut en 1668.

Barrow (2), contemporain de Wallis, donna au public, en 1669, ses *Leçons Geométriques*. Parmi les excellentes inventions qu'il a exposées dans cet ouvrage rempli de recherches profondes, on doit remarquer spécialement sa méthode pour mener les tangentes des courbes. Le géomètre anglais considère le petit triangle qui a pour côtés la différence de deux ordonnées infiniment proches, leur distance et l'élément de la courbe, et qui est semblable au triangle formé par l'ordonnée, la sous-tangente et la tangente. Il cherche, par l'équation de la courbe, le rapport qu'ont ensemble les deux côtés du petit triangle qui expriment l'un la différence, et l'autre la distance des deux ordonnées, et il fait cette proportion, la différence des deux ordonnées est à leur distance, comme l'ordonnée est à la sous-tangente. Cette règle, qui est celle de Fermat simplifiée, ne diffère de la méthode du calcul différentiel que par la notation.

Barrow eut l'honneur de compter *Newton* (3) parmi ses disciples, et le mérite d'apprécier cet homme qui a montré le plus haut degré de force de l'intelligence humaine.

En débutant dans les mathématiques, Newton perfectionna les anciennes méthodes, et en créa de nouvelles. Les découvertes qu'il fit dans sa première jeunesse auraient suffi pour mériter à tout autre la réputation de géomètre consommé. Il chercha d'abord la résolution générale des équations, partie importante de l'Analyse sur laquelle *Léibnitz* (4) a aussi travaillé, et qui a excité les efforts de plusieurs autres mathématiciens célèbres. Il ne trouva point cette résolution, mais il recula considérablement les bornes de l'Algèbre. Il donna une méthode pour décomposer, quand la chose est possible, une équation d'un degré quelconque en facteurs commensurables ; il apprit à extraire les racines

---

(1) Nicolas Mercator était du duché de Holstein. Il se retira vers l'an 1660 en Angleterre, où il demeura jusqu'à sa mort.

(2) Isaac Barrow naquit à Londres vers l'an 1630.

(3) Isaac Newton naquit le 25 décembre 1642, à Wolstrop, dans la province de Lincoln. Il sortit d'une famille noble, qui lui dut son illustration. Dans ses premières études il semblait déjà plutôt inventer qu'étudier. Il ne fit que jeter les yeux sur les élémens d'Euclide, et il passa à la géométrie de Descartes, où il trouva des idées proportionnées à sa force. Newton s'avança dans la carrière des sciences du pas le plus ferme et le plus rapide. On ne connaît de lui ni méprises, ni essais, et c'est avec raison qu'on lui a appliqué cette pensée de Lucain, sur le fleuve qui arrose l'Egypte, et dont la source était inconnue aux anciens : *Il n'a pas été permis aux hommes de voir le Nil faible et naissant.*

Barrow quittant sa place de professeur à Cambridge, la procura à Newton, qui n'avait alors que 22 ans ; mais dès l'âge de 24 ans, il était en possession de deux de ses plus belles découvertes, sa théorie de la lumière et son calcul des fluxions. En 1687 il donna ses *Principes Mathématiques de la Philosophie naturelle*, livre immortel, où la plus profonde géométrie sert de base à la vraie physique, et qui sera toujours regardé comme une des plus sublimes productions de l'esprit humain.

Newton, nommé directeur des monnaies en 1696, remplit cette place avec autant de génie que de désintéressement ; il fut créé chevalier en 1705, par la reine Anne, qui s'applaudissait d'avoir un si grand homme pour son contemporain et son sujet.

Newton posséda jusqu'à l'âge de 80 ans une santé égale, qu'il dut à sa sobriété et à sa tempérance. Alors il la sentit s'affaiblir, et au commencement de 1727 il fut attaqué de la pierre. Il montra dans cette funeste circonstance autant de fermeté qu'il avait déployé de sagacité pendant sa vie. Les cruels accès qui terminèrent ses jours ne lui arrachèrent ni plaintes, ni murmures. Enfin, il s'endormit à 85 ans dans la paix qu'il avait cherchée.

On exposa, comme les rois, aux regards publics, le grand homme qui n'était plus. Le grand chancelier et cinq autres pairs se firent un honneur de porter le drap mortuaire quand on transféra le corps à l'abbaye de Westminster. On éleva à Newton un monument, sur lequel est gravée l'épitaphe la plus honorable ; elle finit ainsi : *Sibi gratulentur mortales tale tantumque extitisse humani generis decus.* Pope lui en fit une en vers anglais, qui ont été traduits en notre langue de cette manière :

L'épaisse nuit régnait sur le monde encor brut ;
Dieu dit : *Que Newton soit*.... soudain le jour parut.
Pour second créateur tout l'univers le nomme.
Interrogez le ciel, la nature, le temps ;
C'est un Dieu, diront-ils, il ne craint rien des ans....
Hélas ! ce marbre seul atteste qu'il fut homme.

(4) Godefroi-Guillaume, baron de Léibnitz, naquit à Leipsick en 1646.

des quantités en partie commensurables et en partie incommensurables ; il enrichit aussi l'Algèbre de la formule célèbre qu'on nomme ordinairement le binome de Newton. La suite infinie que donne cette formule pour la quadrature du cercle, fut trouvée d'une autre manière par *Grégori* (1), qui forma plusieurs autres suites très-curieuses. Enfin Newton inventa la méthode des *fluxions* et des *fluentes*. Léibnitz revendiqua les droits qu'il avait sur cette découverte sublime, et les prétentions de ces deux hommes immortels devinrent le sujet d'une longue querelle entre les géomètres anglais et ceux du continent.

Il est constant que Newton a trouvé le premier la méthode des fluxions ; mais il n'est pas moins certain que Léibnitz a trouvé de son côté le calcul différentiel, sans rien emprunter de Newton. Je crois que l'on peut s'en rapporter au témoignage de Newton même. Voici celui qu'il rendit dans ses *Principes* au géomètre allemand.

« Il y a dix ans, dit-il, qu'étant en commerce de lettres avec M. Léibnitz, et lui ayant donné « avis que j'étais en possession d'une méthode pour déterminer les tangentes, et pour les questions « de *maximis et minimis*, méthode que n'embarrassaient point les irrationalités, et l'ayant cachée « sous des lettres transposées, il me répondit qu'il avait rencontré une méthode semblable, et il me « communiqua cette méthode, qui ne différait de la mienne que dans l'énoncé et la notation, comme « aussi dans l'idée de la génération des grandeurs. »

Cela se lit dans les éditions de 1713 et 1714, et quoiqu'on l'ait supprimé dans l'édition de 1726, les défenseurs de Léibnitz pourront toujours en appeller à ce témoignage de la conscience de Newton.

Il paraît que Léibnitz serait demeuré tranquille possesseur d'une partie de l'honneur de la découverte de son nouveau calcul, s'il eût été plus équitable envers Newton. Quelques lettres écrites en Angleterre, dans lesquelles il s'attribuait exclusivement cette invention, lui avaient attiré des remarques fort désagréables sur le droit qu'y avait Newton, antérieurement à lui. *Keil* mit en 1708, dans les *Transactions Philosophiques*, un écrit où il dit formellement que Newton était le premier inventeur de la méthode des fluxions, et que Léibnitz, en la publiant dans les actes de Leipsick, n'avait fait qu'en changer le nom et la notation.

Léibnitz, insulté par cette accusation de plagiat, demanda, dans une lettre écrite au Secrétaire de la Société royale de Londres, que Keil se rétractât. Keil, au lieu de le faire, répondit par une longue lettre, dans laquelle il accumule toutes les raisons qu'il peut pour montrer que, non-seulement Newton a précédé Léibnitz, mais qu'il lui a donné tant d'indices de son calcul, qu'il ne pouvait pas échapper à un homme même d'une intelligence médiocre. La Société royale nomma des commissaires pour consulter les pièces originales. Ils ne prononcèrent rien sur le fond du procès, mais ils jugèrent que Keil n'avait fait aucune injure à Léibnitz, en avançant que Newton était le premier inventeur de la méthode des fluxions.

La querelle continua. Un ami commun de Newton et de Léibnitz, entreprit de les faire expliquer l'un à l'autre ; mais cela ne servit qu'à les aigrir davantage, Léibnitz persistant à contester à Newton son droit de priorité, et Newton refusant à Léibnitz ce qu'il lui avait autrefois accordé. Enfin la mort de Léibnitz mit fin à la dispute.

On convient aujourd'hui généralement, excepté en Angleterre, que Newton et Léibnitz sont arrivés au même but par la force de leurs génies, mais en suivant des chemins différens, l'un en regardant les fluxions comme de simples rapports de quantités qui naissent ou s'évanouissent au même instant ; l'autre en considérant que dans une suite de quantités qui croissent ou décroissent, la différence entre deux termes consécutifs peut devenir infiniment petite, c'est-à-dire, plus petite que toute grandeur finie déterminable.

Si la méthode des fluxions est plus lumineuse, si elle a le mérite de prévenir les objections que l'on a élevées contre les différens ordres d'infiniment petits, le calcul différentiel a l'avantage de conduire aux mêmes résultats par un chemin plus facile.

Les méthodes que Newton avait créées, et qui lui servirent à approfondir toutes les grandes questions de la Mécanique et de l'Astronomie, furent, pendant quelque temps, un trésor caché dont il eut seul la propriété. Ce qu'il y a de singulier, c'est que les Géomètres Anglais ne connurent les

(1) Jacques Grégori naquit en Ecosse en 1636. Il fit en Italie un séjour de plusieurs années. De retour dans sa patrie, vers 1670, il y occupa une chaire de professeur de mathématiques. Il marchait rapidement sur les traces de Newton.

nouveaux calculs que par les pièces que Léibnitz avait insérées dans les actes de Leipsick. Les germes du calcul différentiel et du calcul intégral qui se trouvaient déposés, ne se développèrent pas non plus tout de suite dans le continent, et l'on méconnut pendant plusieurs années l'excellence de cette invention. *Jacques Bernouilli* (1) fut le premier Géomètre dont les yeux se désillèrent et qui commença à seconder Léibnitz. Bientôt le calcul infinitésimal, dont il donna en 1691 un essai dans les Actes de Lipsick, devint entre ses mains un instrument subtil qu'il mania avec la plus grande dextérité. Il s'en servit pour analyser les problêmes les plus délicats de la Géométrie et de la Mécanique. Ce fut en méditant profondément sur les propriétés des courbes, qu'il trouva, chemin faisant, que la développée de la logarithmique spirale est une logarithmique spirale égale à la première, dont elle ne diffère que par sa position. Enchanté de cette découverte, Jacques Bernouilli désira qu'on en perpétuât le souvenir en gravant sur son tombeau une logarithmique spirale avec ces mots : *Eadem mutata resurgo.*

Jean Bernouilli (2) ne tarda pas à marcher l'égal de son frère dans la carrière que celui-ci parcourait avec tant de gloire. Comme lui, il eut part à la solution des plus beaux problêmes qui furent agités vers ce temps parmi les Géomètres ; il en proposa lui-même plusieurs, et Keil eut à se repentir de l'avoir provoqué. Jean Bernouilli publia en 1698 les règles et l'usage du calcul exponentiel que Leibnitz et lui avaient inventé chacun de leur côté, et c'est au Géomètre de Bâle que la France est redevable des premières connaissances qu'elle eut des nouveaux calculs. Dans un voyage qu'il fit à Paris en 1691, il connut le marquis *de l'Hôpital* (3), qu'il initia dans la nouvelle Géométrie. Ce fut pour son usage qu'il écrivit des *Leçons de calcul différentiel et de calcul intégral.* Les soins de Bernouilli ne furent pas perdus, et le marquis de l'Hôpital devint bientôt un des premiers géomètres de l'Europe. Le livre que ce dernier publia sous ce titre : *Analyse des infiniment petits, pour l'intelligence des lignes courbes*, fut reçu avec un applaudissement universel.

C'est le sort de toutes les inventions brillantes d'éprouver des contradictions. Le calcul différentiel faisait trop d'honneur à l'esprit humain pour ne pas éveiller l'envie. Il fut donc vivement attaqué par plusieurs géomètres qui firent tous leurs efforts pour le renverser ; mais *Varignon* (4), que Jean Bernoulli avait donné à la nouvelle Géométrie, fit triompher sa cause et retomber sur ses adversaires tous les coups qu'ils voulaient lui porter.

La dispute au sujet de l'invention de la nouvelle analyse, avait allumé une guerre de problêmes entre les Anglais et Jean Bernoulli, chargé de la cause de Léibnitz. C'était un spectacle curieux, de voir d'un côté les disciples de Newton, et de l'autre Jean Bernoulli leur faisant tête, et soutenant seul, comme Horatius Coclès, tout l'effort de l'armée anglaise. *Taylor* se fit surtout remarquer parmi les défenseurs de Newton. Il résolut la plupart des problêmes proposés, et on lui doit les premiers essais de l'application de la nouvelle Analyse aux *différences finies*, que *Nicole* (5) développe clairement et poussa plus loin.

Les Géomètres sortis de l'école de Bâle, entr'autres *Hermann* (6), *Daniel Bernoulli* (7), *Euler* (8), etc., se montrèrent dignes des maîtres qui les avaient formés.

D'autres Géomètres se signalèrent aussi par leurs travaux et leurs découvertes. *Tschirnhaus*, qui se rendit célèbre par la découverte des *Caustiques*, et *Moivre* (9) à qui la théorie des suites eut de grandes obligations, s'efforcèrent de trouver la résolution générale des équations.

---

(1) Jacques Bernoulli, né à Bâle en 1654, fut d'abord destiné à toute autre chose qu'aux mathématiques. Mais son goût l'emporta sur les oppositions de sa famille, et fut son seul précepteur. Après avoir voyagé, il revint dans sa patrie qui lui donna la place de professeur de mathématiques dans l'Université de Bâle.

(2) Jean Bernoulli naquit à Bâle en 1667. Il fut successivement professeur de mathématiques à Groningue et dans sa patrie.

(3) Le marquis de l'Hôpital, né en 1661, eut, dès son enfance, une passion extrême et un talent décidé pour les mathématiques.

(4) Pierre Varignon naquit à Caen en 1645. Il fit une étude profonde des mathématiques, et ses succès dans ce genre lui procurèrent la chaire de professeur de mathématiques au collège Mazarin, où il a eu pour successeurs des géomètres justement célèbres.

(5) François Nicole naquit à Paris en 1683. Ses talens pour les mathématiques brillent dans les ouvrages qu'il a laissés.

(6) Jacques Hermann, né à Bâle en 1680, eut Jacques Bernoulli pour maître. Le czar Pierre-le-Grand l'appela à Pétersbourg, où il professa les mathématiques jusqu'en 1722.

(7) Daniel Bernoulli, fils et élève de Jean Bernoulli, naquit à Groningue au mois de février 1700. Il voyagea en Italie et en Russie, où la cour de Pétersbourg chercha vainement à le retenir.

(8) Léonard Euler naquit à Bâle en 1707. Un goût irrésistible l'entraîna de bonne heure vers les mathématiques. Il fut appelé à Pétersbourg, et il ne tarda pas à enrichir les recueils de l'Académie de cette ville d'un grand nombre de mémoires. Le roi de Prusse l'engagea en 1741 à venir à Berlin ; il se rendit à l'invitation du monarque, et passa plusieurs années auprès de lui.

(9) Abraham Moivre, né en Champagne en 1667, mourut en 1754, à Londres, où la révocation de l'édit de Nantes l'obligea d'aller chercher un asile. Son mérite lui ouvrit les portes de l'Académie royale des Sciences de Paris et de la société royale de Londres.

Cramer (1) simplifia l'art de réduire les équations d'un problême au plus petit nombre possible, et cette matière importante reçut un nouveau degré de perfection des mains de *Bezout* (2).

Clairaut (3), qu'on peut regarder comme un prodige, et *D'Alembert* (4) s'immortalisèrent par les applications qu'ils firent de l'analyse aux problèmes les plus épineux des sciences physico-mathématiques. On doit à ce dernier géomètre les élémens du calcul intégral aux différences partielles, dont quelques Mathématiciens attribuent l'invention au célèbre Euler.

De la fin du dix-septième siècle à notre époque, on vit éclore les travaux importans des *Manfredi* (5), *Condorcet* (6), *Borda* (7), *Lagrange* (8), *Montucla* (9), *La Lande* (10), *Legendre* (11), *Monge* (12), *Bezout* (13), *Carnot* (14) et de tant d'autres excellens géomètres qui ont amené de grandes réformes dans les méthodes et découvert des problèmes nouveaux; par eux, la science n'a en quelque sorte plus de bornes, mille découvertes naissent avec rapidité et conduisent à des applications directes qui doivent influer sur le bonheur des nations.

C'est dans le dix-huitième siècle que *Cassini* (15), *La Caille* (16), etc., s'occupèrent de la triangulation de la France et de sa carte générale divisée en 168 feuilles. C'est en 1792 que *Méchain* et *Delambre* furent chargés de mesurer un plus grand arc du méridien terrestre qu'on ne l'avait encore fait. C'est à la fin du dix-huitième siècle qu'on vit ordonner l'exécution du cadastre général de la France qui avait été projeté par *Colbert*.

Enfin, toutes les branches des sciences exactes font encore à cette époque des pas rapides vers la perfection. La nature de cet ouvrage ne permet pas d'exposer ce qu'elles doivent aux méditations des Géomètres qui ornent actuellement l'Académie-Royale des sciences. D'ailleurs, en se renfermant dans les bornes de la plus exacte vérité, on aurait l'air de faire l'éloge de ces hommes célèbres; en conséquence, le silence sera un hommage rendu à la délicatesse.

---

(1) Gabriel Cramer, né à Genéve en 1704, se rendit célèbre dans toute l'Europe par ses progrès dans les mathématiques.

(2) Bezout, qui a donné au public deux cours de mathématiques justement estimés, et que les sciences exactes ont perdu en 1783, a fait un savant traité intitulé : *Théorie générale des équations algébriques*.

(3) Alexis-Claude Clairaut, né à Paris en 1713, apprit à lire dans les Élémens d'Euclide. A l'âge de quatre ans il savait lire et écrire, et à onze ans il entendait l'analyse des infiniment petits du marquis de l'Hôpital. A l'âge de seize ans, il publia des *recherches sur les courbes à double courbure*, ouvrage digne des plus grands géomètres, et il n'a rien donné depuis qui ne portât l'empreinte de ses talens sublimes.

(4) Jean-le-Rond d'Alembert naquit à Paris en 1717. Son génie n'attendit pas la mâturité de l'âge pour se développer. Trés-jeune encore, d'Alembert remporta un prix proposé par l'académie de Berlin, dont le sujet était *la cause générale des vents*.

(5) Manfredi (Eustache), célèbre géomètre et astronome italien, naquit à Bologne, le 20 septembre 1674.

(6) Condorcet [Marie-Jean-Antoine-Nicolas Caritat, marquis de] naquit en 1743, à Ribemont, près de Saint-Quentin, en Picardie. Il fit ses études au collége de Navarre, où l'avait fait entrer l'évêque de Lizieux, son oncle. Condorcet était membre célèbre de l'Académie des sciences et de l'académie française.

[7] Borda [Jean-Charles] naquit à Dax, le 4 mai 1783; il fut savant mathématicien et l'un des plus célébres ingénieurs du dernier siécle. Borda fut membre de l'académie des sciences, et plus tard de l'Institut, capitaine de vaisseau, et en dernier lieu chef de division au ministère de la marine.

[8] Lagrange [Joseph-Louis] naquit à Turin, le 25 janvier 1736. Son pére, trésorier de la guerre dans cette ville, était le petit-fils d'un officier français passé au service d'Emmanuel II, en 1672. La France a le droit de réclamer l'illustration de ce grand géomètre, comme une partie de sa gloire moderne.

[9] Montucla [Jean-Etienne] naquit à Lyon, en 1725, d'une famille pauvre. Il fit ses études au collége des Jésuites en cette ville, et vint à Paris pour perfectionner son éducation.

[10] La Lande [Joseph-Jérôme le Français de], né à Bourg, en Bresse, le 11 juillet 1732, fut élevé par des parens pieux, et il eut, à Lyon, pour professeur de mathématiques, le pére Béraud. La Lande est un des observateurs modernes les plus renommés. Il entra à l'Académie des sciences, à peine âgé de 20 ans. Son travail sur la lune devint l'occasion de sa liaison avec La Caille.

[11] Legendre, mort à Paris, le 11 janvier 1833, de l'académie des sciences, s'était placé depuis long-temps au premier rang parmi les mathématiciens de l'Europe. Sa *Géométrie* peut être regardée comme le code des géomètres.

[12] Monge [Gaspard] naquit à Beaune, en 1746. C'est un des plus célébres et des plus savans géomètres modernes, dont le nom sera à jamais populaire en France. C'est à Monge que l'on doit le rétablissement de l'instruction publique en France.

[13] Bezout [Etienne], né à Nemours, le 31 mars 1730, était un mathématicien distingué. Les travaux de Bezout sont connus de toutes les personnes qui cultivent les mathématiques.

[14] Carnot [Lazare-Nicolas-Marguerite] naquit à Nolay, en Bourgogne, le 10 mai 1753; il fut mathématicien célébre, général, et membre de l'Institut et de la Légion-d'honneur. L'illustration de Carnot appartient à la science et à l'histoire moderne. Lorsque Napoléon parvint à la couronne, Carnot résigna les fonctions de ministre de la guerre, qu'il occupait, et se livra dans la retraite aux travaux qui avaient honoré sa jeunesse.

[15] Cassini (Jean-Dominique), naquit le 8 juin 1625, à Perinaldo, dans le comté de Nice. La fortune de ses parens lui permit de recevoir une éducation distinguée. Il fut un astronome célébre. La famille de ce nom est fertile en hommes célébres dans les sciences.

[16] Caille [Nicolas-Louis de la], né à Rumigny, prés de Rosoy, en Thiérache, le 15 mars 1713, est un des plus savans et des plus célébres astronomes du dernier siécle. Il fit ses études au collége de Lizieux. Il publia dans le recueil de l'académie des sciences, ses calculs d'éclipses pour dix-huit cents ans.

GÉODÉSIE

GÉNÉRALE ET MÉTHODIQUE

DES

GÉODÉSIES.

Première Partie.

INTRODUCTION.

1. La Géodésie (1) est l'art de mesurer et de diviser les terres, ou une partie des Mathématiques qui traite de *l'étendue à deux dimensions* (2) et de ses différens rapports. Son but est de fournir 1° des principes sûrs et faciles pour lever et copier les *plans* d'après toutes les méthodes connues, 2° des solutions évidentes, tant pour mesurer les *lignes* et les *triangles* (3), que pour évaluer et diviser les *surfaces* les plus irrégulières.

C'est aussi la Science qui a pour but de connaître la distance de deux objets très-éloignés l'un de l'autre, au moyen d'une chaîne de triangles formés entre ces objets. C'est par le secours de la Géodésie, considérée sous ce rapport, que l'on fixe les principaux points de la carte d'un royaume, en faisant une bonne Trigonométrie sur toute l'étendue de ce grand Etat.

Nous dirons aussi que la Géométrie tire son nom du principal usage auquel il semble que cette science fût employée dans l'origine, c'est-à-dire du mesurage des terres (4). Mais ensuite on l'a appliquée à tout ce qui concerne l'étendue des corps; ainsi, la Géométrie est devenue la *Science de l'étendue*.

2. Les *Mathématiques* sont la science qui a pour objet la grandeur et ses propriétés. Ce mot est dérivé du grec et signifie *Science universelle*.

(1) *Géodésie* vient de deux mots grecs γῆ, *terre*, et δαιειν, *diviser*.

(2) Voir Notions générales sur l'étendue, nos 11 et 12.

(3) Voir n° 20.

(4) *Géométrie* vient de deux motc grecs γῆ, *terre*, et μέτρον, *mesure*.

On appelle *grandeur* ou *quantité* tout ce qui est susceptible d'augmentation et de diminution. Par exemple, les lignes, les surfaces, les temps, etc., sont des grandeurs.

On ne peut se former une idée bien exacte d'une grandeur, qu'en la rapportant à une autre grandeur de même espèce. Ce que nous définirons plus loin.

3. Quand on s'occupe d'une grandeur quelconque, sans considérer sa valeur particulière, mais seulement pour indiquer ses relations avec d'autres grandeurs, ou les opérations auxquelles elle doit être soumise, on la désigne par une lettre de l'alphabet, qui devient alors le nom abrégé de cette grandeur.

On abrège aussi le discours en exprimant par des signes particuliers les mots qui reviennent le plus fréquemment, ainsi :

Le signe + signifie *plus* ou *ajouté avec*. L'expression A + B indique la somme qui résulte de la grandeur que représente la lettre A ajoutée avec celle que représente B, ou A *plus* B.

Le signe — signifie *moins* ou *diminué de*. A—B indique ce qui reste quand on ôte de la grandeur que représente A celle que représente B, ou A *moins* B.

Le signe × signifie *multiplié par*. A × B indique le produit de la grandeur que représente A multipliée par celle que représente B, ou A *multiplié par* B. Au lieu du signe × on emploie quelquefois un *point*; ainsi A . B est la même chose que A × B. On indique aussi le même produit sans aucun signe intermédiaire par AB; mais il ne faut employer cette expression que lorsqu'on n'a pas en même temps à employer celle de la ligne AB, distance des extrémités A et B de cette ligne.

L'expression $A\times(B+C)$ indique la multiplication de B plus C par A. S'il fallait multiplier A+B par A—B+C, on indiquerait le produit ainsi $(A+B)\times(A-B+C)$, ou $(A+B).(A-B+C)$; tout ce qui est renfermé entre parenthèses est considéré comme une seule quantité.

L'expression $\frac{A}{B}$ indique le quotient de la grandeur que représente A divisée par celle que représente B, ou A *divisé par* B. L'expression $\frac{1}{2}$ AB indique la moitié de la grandeur AB ou $\frac{AB}{2}$.

Le signe = indique l'*égalité*; ainsi, l'expression A=B signifie que la grandeur que représente A est égale à celle que représente B, ou A *égale* B.

L'expression $A>B$ signifie que la grandeur que représente A surpasse celle que représente B, ou A *plus grand que* B. Celle $A<B$ signifie que A est plus petit que B.

Un nombre mis au-devant d'une ligne ou d'une grandeur sert de multiplicateur à cette ligne ou à cette grandeur; ainsi, pour exprimer que la ligne BC est prise 5 fois, on écrit 5 BC; de même 2 A, 3 A, 4A, etc., indiquent le *double*, le *triple*, le *quadruple*, etc., de la grandeur que représente A.

Le signe : se prononce *est à*, et celui :: se prononce *comme*. Ainsi, l'expression A : B :: C : D indique que la grandeur représentée par A *est à* celle représentée par B, *comme* celle que représente C *est à* celle que représente D.

Le signe ÷ placé en tête d'une certaine quantité de nombres, et *un point* après chaque nombre, exprime une progression par différence. La progression par quotient est exprimée par le signe ∺ en tête et *deux points* après chaque terme.

Le double signe $\pm$, qu'on prononce *plus ou moins*, indique que l'on peut prendre à volonté le signe + ou le signe —. Quant au signe ∞ il se nomme *infini*.

4. Lorsqu'on multiplie un nombre par lui-même, on forme sa *seconde puissance* ou *son carré* : 6×6, ou 36, est la seconde puissance de 6, ou le carré de 6. La seconde puissance est donc le produit de deux facteurs égaux : chacun de ces facteurs est la *racine carrée* du produit : 6 est la racine carrée de 36.

Si l'on multiplie la seconde puissance par sa racine, on a la *troisième puissance* ou le *cube* : 6 × 36, ou 216, est la troisième puissance de 6, ou le cube de 6. La troisième puissance est un produit formé par la multiplication de trois facteurs égaux; chacun de ces facteurs est la *racine cubique* de ce produit, ou 6×6×6; et 6 est la racine cubique de 216.

En général, A^2 étant l'abréviation de A×A, indique la seconde puissance ou le carré de A; de même $\overline{BC}^2$ indique le carré de la ligne BC. L'expression A^3 étant l'abréviation de A×A×A indique la troisième puissance ou le cube de A.

5. $\sqrt{A}$ indique la racine carrée de A ou le nombre qui, multiplié par lui-même, produirait le nombre que présente A; $\sqrt{A\times B}$ est la racine carrée du produit de A×B, ou la moyenne proportionnelle entre A et B. On indique aussi la racine carrée de A par $A^{\frac{1}{2}}$. Le signe $\sqrt{}$ se nomme *radical*. Quand il indique la racine carrée d'une fraction, il descend au-dessous de la barre qui est entre le numérateur et le dénominateur; car si au lieu de $\sqrt{\frac{A}{B}}$ on écrivait $\frac{\sqrt{A}}{B}$, cela voudrait dire que la racine carrée de la grandeur représentée par A, doit être divisée par celle que représente B, donc la première expression indique la racine carrée du quotient de A divisée par B.

$\sqrt[3]{A}$ indique la racine cubique de A ou le nombre qui, multiplié deux fois par lui-même, produirait le nombre A.

Pour *sinus* on écrit *sin.*; *cosinus*, *cos.*; *tangente*, *tang.*; *cotangente*, *cot.*; *sécante*, *séc.*; et *cosécante*, *coséc.*

Nous dirons *un droit* pour *un angle droit*, et *une droite* pour *une ligne droite*.

Les lettres *log.* se prononcent *logarithme*; celles *comp. arith.* se prononcent *complément arithmétique*; et celles *fig.* placées en marge ou dans le texte servent de renvoi à une figure; ainsi, *fig.* 1re et (*fig.* 1re) indiquent de consulter la figure 1re des planches jointes à cet ouvrage.

Les chiffres que l'on trouve seuls entre deux parenthèses indiquent les numéros de cet ouvrage qu'il faut consulter ou se rappeler pour se rendre raison de l'opération qu'on a à faire; ceux qui sont précédés du mot *équation* ou *formule* indiquent l'équation à laquelle on renvoie, en indiquant le numéro où elle se trouve; et ceux qui sont précédés du mot *Arith.* renvoient à pareil numéro de l'*Art d'enseigner l'Arithmétique en sa perfection*.

RAISONNEMENT ADOPTÉ.

6. La *définition* est une proposition par laquelle on attribue un nom à une chose, ou l'explication d'un terme inconnu, et qui n'a besoin d'aucune démonstration.

La *proposition* est l'exposé d'une chose ou d'un fait.

La *démonstration* est la preuve d'une proposition.

Un axiome (1) est une vérité évidente par elle-même.

Le *théorème* est une proposition à démontrer. Il renferme deux parties, l'*hypothèse*, et la *conclusion* qui en est la conséquence.

Le *corollaire* est une conséquence d'une proposition démontrée (2).

Le *problème* est une question à résoudre ou qui exige une solution.

Le *lemme* est une proposition qui ne sert que de préparation à une autre.

(1) *Axiome* vient du mot grec ἀξίωμα, d'ἄξιος, *digne*, *estimable*.

(2) *Problème* vient du mot grec πρόβλημα, *proposition*.

La *scolie* (1) est une remarque relative à une ou plusieurs propositions précédentes.

L'*hypothèse* est une supposition faite dans l'énoncé d'un problème ou pendant une démonstration.

La *pratique* (2) est la mise en œuvre de la science acquise ou l'exercice de l'art.

AXIOMES.

7. Deux quantités étant égales, si on les augmente ou diminue d'une même quantité, les résultats seront égaux.

Deux quantités, égales à une troisième, sont égales entre elles.

Le tout est plus grand que sa partie.

Le tout est égal à la somme de ses parties.

D'un point à un autre on ne peut mener qu'une seule ligne droite.

Deux grandeurs de même espèce, soit ligne, soit surface, sont égales, lorsqu'étant placées l'une sur l'autre, elles coïncident dans toute leur étendue.

PRINCIPES PRÉLIMINAIRES.

8. Pour l'intelligence de la plus grande partie de cet ouvrage, il faut avoir présente la théorie des proportions, pour laquelle nous renvoyons aux traités ordinaires d'Arithmétique et d'Algèbre. Nous ferons seulement une observation qui est très-importante pour fixer le vrai sens des propositions et dissiper toute obscurité, soit dans l'énoncé, soit dans les démonstrations :

Si l'on a la proportion

$$A : B :: C : D,$$

on sait que le produit des extrêmes $A \times D$ est égal au produit des moyens $B \times C$.

Cette vérité est incontestable pour les nombres; elle l'est aussi pour des grandeurs quelconques, pourvu qu'elles s'expriment ou qu'on les imagine exprimées en nombres; et c'est ce qu'on peut toujours supposer : par exemple, si A, B, C, D, sont des lignes, on peut imaginer qu'une de ces quatre lignes, ou une cinquième si l'on veut, serve à toutes de commune mesure et soit prise pour unité; alors A, B, C, D, représentent chacune un certain nombre d'unités, entier ou rompu, commensurable ou incommensurable, et la proportion entre les lignes A, B, C, D, devient une proportion de nombres.

Le produit des lignes A et D n'est donc autre chose que le nombre d'unités linéaires contenues dans A, multipliées par le nombre d'unités linéaires contenues dans B; et on conçoit facilement que ce produit peut et doit être égal à celui qui résulte semblablement des lignes B et C.

Les grandeurs A et B peuvent être d'une espèce, par exemple des lignes, et les grandeurs C et D d'une autre espèce, par exemple des surfaces; alors il faut toujours regarder ces grandeurs comme des nombres : A et B s'expriment en unités linéaires, C et D en unités superficielles, et le produit de $A \times D$ sera un nombre comme le produit de $B \times C$.

En général, dans toutes les opérations qu'on fera sur les proportions, il faut toujours regarder les termes de ces proportions comme autant de nombres, chacun de l'espèce qui lui convient, et on n'aura aucune peine à concevoir ces opérations et les conséquences qui en résultent.

9. Nous devons avertir aussi que plusieurs de nos démonstrations sont fondées sur quelques-unes des règles les plus simples de l'algèbre, lesquelles s'appuient elles-mêmes sur les axiomes (7) connus.

On considère souvent des grandeurs décomposées en plusieurs parties, et on a besoin de les ajouter, de les soustraire ou de les multiplier dans cet état, c'est-à-dire de déterminer comment les résultats de ces opérations sont formés avec les parties des grandeurs proposées. Voici quelques règles à ce sujet :

Il est évident que si l'on veut ajouter la grandeur $A-B$ avec la grandeur C, il faut écrire

$$C+A-B,$$

puisque ce n'est ni A ni B qu'on se propose d'ajouter avec C, mais seulement l'excès de A sur B.

Si de la grandeur A on voulait ôter la grandeur $B-C$, il faut écrire

$$A+C-B,$$

ou, ce qui est la même chose,

$$A-B+C.$$

Effectivement, la différence de deux grandeurs ne change pas lorsqu'on ajoute à chacune la même grandeur; or, si l'on ajoute C à $B-C$, il viendra B; en faisant la même addition à la grandeur A, on obtiendra $A+C$, et la soustraction de B donne alors

$$A+C-B;$$

pareillement, si l'on a

$$A=B+C \text{ et } D=E-C,$$

et qu'on ajoute les quantités égales en effaçant $+C$ et $-C$ qui se détruisent, on en conclura

$$A+D=B+E.$$

Le produit de la grandeur A par la grandeur $B+C$ est exprimé par

$$A \times B+A \times C;$$

car il doit renfermer autant de fois le nombre A qu'il y a d'unités dans la somme des nombres B et C, et doit par conséquent être composé de A pris autant de fois qu'il y a d'unités dans B, plus de A pris autant de fois qu'il y a d'unités dans C, ce qui s'écrit

$$A \times B+A \times C;$$

si l'on a aussi

$$A=B+C,$$

(1) *Scolie* vient du mot grec σχόλιον, *note*.

(2) *Pratique* vient du mot grec πρακτικὴ, *action*.

et qu'on multiplie chaque membre par une même grandeur D, on en conclut

$$A \times D = B \times D + C \times D.$$

Le produit de A par B—C est exprimé par

$$A \times B - A \times C;$$

car si on représente B—C par D, on aura visiblement

$$B = D + C,$$

et par conséquent

$$A \times B = A \times D + A \times C:$$

on conclura de là que

$$A \times D = A \times B - A \times C,$$

ce qui forme la proposition avancée ci-dessus, puisque

$$D = B - C.$$

10. Il suit de ce qui précède, que *le carré d'un nombre composé de deux parties, renferme le carré de la première, deux fois le produit de la première par la seconde, et le carré de la seconde.* Le nombre 12, par exemple, étant considéré comme égal à 7+5, son carré 144 est composé

du carré de 7, ou............. 49
de deux fois 7×5, ou....... 70
du carré de 5, ou............ 25
Total..........144

Pour prouver l'énoncé en général, il suffit d'observer que le produit de A par B+C étant

$$A \times B + A \times C,$$

si l'on fait

$$A = B + C,$$

les produits partiels A×B et A×C deviendront

$$B \times B + B \times C,$$

et

$$B \times C + C \times C;$$

en les réunissant, on obtiendra le résultat

$$B \times B + B \times C + B \times C + C \times C,$$

qui peut s'écrire ainsi :

$$B^2 + 2B \times C + C^2,$$

ce qui donne le carré de B+C conforme à l'énoncé ci-dessus.

On trouve d'une manière semblable que *le carré de la différence de deux grandeurs est composé du carré de la première, moins deux fois le produit de la première par la seconde, plus le carré de la seconde.* Le nombre 7 étant égal à 12—5, par exemple, son carré 49 sera formé de 144—(2 fois 5×12)+25 ce qu'il est aisé de vérifier.

La démonstration générale de la proposition ci-dessus se forme en faisant

$$A = B - C$$

dans le produit de A par la différence B—C; car ce produit étant exprimé par

$$A \times B - A \times C,$$

si l'on écrit d'abord B—C au lieu de A, dans les produits A×B et A+C, ils deviendront respectivement..

$$B \times B - B \times C \text{ et } B \times C - C \times C,$$

et pour retrancher le second du premier, il faudra, d'après le n° 9, écrire

$$B \times B - B \times C - B \times C + C \times C,$$

ce qui revient à

$$B^2 - 2B \times C + C^2,$$

et donne le carré de B—C, conformément à l'énoncé ci-dessus.

Tout cela est assez évident pour soi-même; mais, en cas de difficultés, il sera bon de consulter les livres d'algèbre, et d'entremêler ainsi l'étude des deux sciences.

Chapitre Premier.

GÉOMÉTRIE LINÉA-PLANE.

NOTIONS GÉNÉRALES SUR L'ÉTENDUE.

11. Tout ce qui, dans la nature, occupe un espace plus ou moins grand, constitue un *corps*. Les corps sont *solides*, *liquides* ou *aériformes*.

L'espace que ces corps occupent a trois dimensions, que l'on désigne par les noms de *longueur*, *largeur* et *épaisseur* ou *profondeur*.

Un corps ne saurait être privé de ces dimensions sans cesser d'exister; les limites qui le terminent, sans lesquelles il ne peut être conçu, et qui n'ont point d'épaisseur, sont des *surfaces*.

Quand un corps présente plusieurs faces, chacune a, dans le lieu où elle se joint à une autre, ses limites, qui n'ont ni épaisseur, ni largeur, et qu'on nomme *lignes* (1).

Enfin, ces dernières ont elles-mêmes, aux endroits où elles se rencontrent, leurs limites ou leurs extrémités, qui n'ont ni épaisseur, ni largeur, ni longueur, et qui s'appellent *points*. Le point est donc ce qui n'a aucune partie.

L'existence de ces diverses espèces de limites ne peut être révoquée en doute, puisque ce n'est que par leur moyen que nous jugeons de la figure des corps.

Lorsque nous voulons, par exemple, connaître la distance où nous sommes d'un objet, nous n'avons d'autre idée que celle de la longueur du chemin à parcourir; et cette idée nous paraît réelle et complète, parce qu'en effet il ne s'agit, pour déterminer cette distance, que de connaître la longueur de ce chemin : mais si l'on y fait attention de plus près, on reconnaîtra que cette idée de longueur ne nous paraît réelle et complète que parce qu'on est sûr que la largeur ne nous manquera pas non plus que l'épaisseur.

Il en est de même lorsque nous voulons juger de la surface d'un terrain; nous n'avons égard qu'à la longueur et à la largeur, sans songer à l'épaisseur; et lorsque nous voulons juger du *volume* (1) d'un corps, nous avons égard aux trois dimensions.

Il eût été fort embarrassant d'avoir trois mesures différentes; il aurait fallu mesurer la ligne par une longueur, la surface par une autre surface prise pour unité, et le volume par un autre volume.

La Géométrie nous apprend à *tout mesurer avec la ligne seule*, et c'est dans cette vue qu'on a considéré l'espace sous trois dimensions, longueur, largeur et épaisseur, qui toutes trois ne sont que des lignes dont les dénominations sont arbitraires; car si on s'était servi des surfaces pour tout mesurer, ce qui était possible, quoique moins commode que les lignes, alors, au lieu de dire longueur, largeur et épaisseur, on eût dit le *dessus*, le *dessous* et les *côtés*; et ce langage eût été moins abstrait, mais les mesures eussent été moins simples, et la géométrie plus difficile à traiter.

12. Parmi les lignes, celle qui s'offre la première est la ligne droite, dont on donne une idée nette dès qu'on énonce que c'est la ligne la plus courte que l'on puisse tirer entre deux points donnés.

La ligne droite peut être prolongée indéfiniment au-delà de chacun des termes qu'on lui a d'abord assignés, et il est impossible de le faire de plusieurs manières.

Il n'y a qu'une seule ligne droite; toute ligne qui n'est pas droite ou composée de plusieurs lignes droites est *courbe*; et l'on sent qu'il doit y avoir une infinité de lignes courbes.

La première chose qui se présente, en réfléchissan sur la définition de la ligne courbe, c'est qu'elle ne peut jamais être mesurée par une ligne droite, puisque dans toute son étendue, et dans tous les points, elle est *ligne courbe*, et par conséquent d'un autre genre que la ligne droite. Quel que soit le moyen qu'on ait mis en usage pour tracer une ligne droite ou courbe, dans un plan quelconque, il a toujours fallu partir d'un point pour s'arrêter à un autre.

(1) Il est impossible, mathématiquement parlant, de tracer une ligne; car il est impossible de tracer quelque chose qui n'ait pas de largeur. Enfin, la Géométrie ne dit pas : *telle chose existe*, elle dit seulement que si cette chose existe elle aura telles propriétés.

(1) Ce mot est préférable au mot *solidité*, qui est employé dans une autre acception. Puisque tout le monde comprend ce que c'est que le volume d'un corps, pourquoi le désigner par le mot *solidité*, qui rappelle plutôt l'idée de la résistance aux diverses causes de destruction?

Parmi les différentes surfaces qui terminent les corps, on remarque d'abord le *plan* ou la surface *plane*, qui diffère de tout autre, en ce qu'on peut y appliquer exactement ou y tracer une ligne droite dans tous les sens.

Il n'y a qu'une seule espèce de plan : toute surface qui n'est pas plane, ou composée de plusieurs plans, est courbe, et le nombre des surfaces courbes est infini.

Nous exposerons successivement, dans le courant de cet ouvrage, les propriétés les plus remarquables des lignes et des surfaces, chacune à la place où ce qu'elle suppose est déjà démontré, et en nous bornant à celles qu'il est indispensablement nécessaire de connaître pour étudier avec fruit la mesure et la division des terres.

SECTION PREMIÈRE.

DES PROPRIÉTÉS DES LIGNES DROITES ET DES LIGNES CIRCULAIRES.

13. *Définitions et notions préliminaires.* — Nous ne considérons, dans cet ouvrage, que deux espèces de lignes, savoir : la *ligne droite*, ou simplement la *droite*, qui est le plus court chemin pour aller d'un point à un autre, ou la ligne la plus courte que l'on puisse tirer entre deux points donnés, et la *circonférence du cercle* ou la *ligne circulaire* (1), dont tous les points, situés sur le même plan, sont également éloignés d'un autre point pris dans ce plan, et qu'on
Fig. 1re. nomme le *centre*. AB (*Fig. 1re*), est une droite déterminée par les points A et B, et les prolongemens ponctués AC et BD ne forment encore avec AB qu'une même droite (2).

Fig. 2. ABCDEA (*Fig.* 2) est une circonférence de cercle dont le centre est en O. Les droites AO, BO, CO, DO, EO, menées du centre O à la circonférence, se nomment les *rayons* (3) du cercle, et sont toutes égales. On nomme *arc* une partie quelconque de circonférence, telle que AB, ABG, etc. Enfin, le *cercle* est l'espace terminé de toutes parts par la ligne circulaire.

Il est visible que, pour trouver tous les points qui sont à une distance donnée *ao* du point O, il suffit de décrire de ce point, comme centre, et avec un rayon égal à *ao*, une circonférence de cercle.

N. B. Quelquefois dans le discours on confond le cercle avec sa circonférence ; mais il sera toujours facile de rétablir l'exactitude des expressions, en se souvenant que le cercle est une surface qui a longueur et largeur (11), tandis que la circonférence n'est qu'une ligne.

Cela posé, considérons d'abord les lignes droites.

14. Mesurer la longueur d'une droite, c'est déterminer le rapport qui existe entre une droite donnée et une autre droite de longueur convenue, pris comme terme de comparaison, ou pour *unité linéaire* ou de *longueur*, ce qui se fait en portant la seconde sur la première, autant qu'il est possible ; et si l'on trouve un reste, il faut tâcher d'évaluer ce reste en fraction de la seconde ou de l'unité.

PROBLÈME.

15. *Deux droites AB et CD* (Fig. 3) *étant données, trouver leur commune mesure ou au moins le rapport approché de l'une à l'autre.* Fig. 3.

Portons d'abord la plus petite droite CD sur la plus grande AB autant de fois qu'elle peut y être contenue ; nous trouvons qu'elle y est quatre fois depuis A jusqu'en M, avec un reste MB, en sorte que nous avons

$$AB = 4CD + MB.$$

Ensuite, portons sur CD le reste MB qui s'y trouve contenu une fois avec un second reste ND, ce qui donne

$$CD = MB + ND.$$

Maintenant, portons le second reste sur MB ; et comme il est contenu trois fois de M en P, avec un troisième reste PB, nous avons

$$MB = 3ND + PB.$$

Enfin, PB étant porté sur ND, et s'y trouvant deux fois, il vient, pour dernier résultat

$$ND = 2PB.$$

Alors, ce dernier reste PB est la commune mesure des droites proposées, et, en le regardant comme l'unité linéaire, nous trouverons aisément les valeurs des restes précédens, et enfin, celles des deux droites proposées, d'où nous conclurons leur rapport en nombres.

(1) *Cercle* et *circulaire* viennent des mots *circulus* et *circularis* ; de κίρκος, *cercle*.

(2) Une droite est *horizontale* quand elle est dirigée dans le même sens que la surface unie d'une nappe d'eau tranquille, et *verticale* quand elle est dirigée dans le sens d'un fil auquel est suspendu un corps lourd.

(3) *Rayon* vient du mot *radio, nis*, augmentatif de *radius* ; de ῥάβδος, *baguette*.

En remontant de la valeur de ND à celle de MB, de celle-ci à celle de CD, et de cette dernière à celle de AB, nous trouvons successivement

$$ND = 2PB, \quad MB = 7PB,$$

$$CD = 9PB, \quad AB = 43PB:$$

donc le rapport des deux droites AB, CD, est celui de 43 à 9, puisque le dernier reste PB est contenu 43 fois dans la première et 9 fois dans la seconde. Si la droite CD était prise pour unité, la droite AB serait $\frac{43}{9}$, et si la droite AB était prise pour unité, la droite CD serait $\frac{9}{43}$.

La méthode qu'on vient d'expliquer est la même que prescrit l'arithmétique pour trouver le commun diviseur de deux nombres : ainsi, elle n'a pas besoin d'une autre démonstration.

Fig. 4. 16. Lorsque deux droites AB, AC (*Fig.* 4), se rencontrent, la quantité plus ou moins grande dont elles sont écartées l'une de l'autre, quant à leur position, se nomme *angle*; le point de rencontre ou d'intersection A est le sommet de l'angle; les droites AB, AC, en sont les côtés, et leur longueur n'influe en rien sur la grandeur de l'angle.

On désigne ordinairement un angle par trois lettres, en mettant au milieu celle qui occupe le point où les deux lignes se coupent. L'angle formé par les droites AB et AC est l'angle BAC; quand l'angle est isolé, on le désigne par la seule lettre du sommet A.

Fig. 5. 17. Lorsqu'une droite BD (*Fig.* 5) rencontre une autre droite AC, de sorte que les angles adjacens ABD, CBD, soient égaux entre eux, chacun de ces angles se nomme *angle droit*, et la droite BD est dite *perpendiculaire* sur AC.

Il est évident que la droite BD ne penche ni vers A ni vers C.

Tout angle moindre qu'un droit se nomme *angle aigu*. L'angle ABF est un angle aigu.

Tout angle plus grand qu'un droit se nomme *angle obtus*. L'angle ABE est un angle obtus.

Il suit de là que *tous les angles droits sont égaux entre eux*; car en posant AB (*Fig.* 6) sur ab de manière que B tombe en b, si BC ne prend pas la direction bc, il en prendra une autre bd ou be, et alors l'angle abd sera aigu et l'angle abe serait obtus, ce qui est contre hypothèse.

Fig. 5. 18. On voit, à l'inspection seule de la figure 5, que la somme de tous les angles ABF, FBD, DBE, EBC, qu'on peut faire du même côté d'une droite et autour d'un de ses points pris pour sommet, équivaut toujours à deux droits, en quelque nombre que soient ces angles.

L'angle EBC est ce qu'il faut ajouter à l'angle EBD pour compléter le droit DBC, et pour cette raison on dit que l'un des deux est le *complément* ou le *complémentaire* de l'autre. L'angle aigu EBC, ajouté à l'angle obtus ABE, achève les deux droits ABD, DBC; on dit alors qu'ils sont *supplémens* ou *supplémentaires* l'un de l'autre.

Ainsi, on peut additionner et soustraire des angles, comme on additionne et soustrait d'autres grandeurs. Par exemple, on aura :

$$DBC = DBE + EBC,$$

et par conséquent

$$DBE = DBC - EBC.$$

De même, on aurait EBC + EBA = ABD + DBC = 2 droits; et par conséquent : EBC = 2 droits — EBA.

Ces sortes d'opérations sont très-fréquentes dans la mesure et le calcul des grandeurs géométriques.

THÉORÈME.

19. *Lorsque deux droites BE, CD* (Fig. 7) *se coupent, les angles opposés au sommet sont égaux.* Fig. 7.

Car puisque CD est une droite, la somme des angles BAD, BAC est égale à deux droits; et puisque BE est une droite, la somme des angles BAC, EAC est égale aussi à deux droits : donc la somme BAD + BAC est égale à la somme BAC + EAC. Retranchant de part et d'autre le même angle BAC, il restera l'angle BAD égal à son opposé EAC.

On démontrerait de même que l'angle BAC est égal à son opposé DAE.

20. On ne peut enfermer un espace par un nombre de droite moindre que trois. Cet espace se nomme *triangle* (1). Les lignes qui le terminent se coupent deux à deux et forment trois angles : ABC (*Fig.* 8) est un triangle dont Fig. 8. les côtés sont AB, AC, BC, et les trois angles sont ABC.

Puisque la ligne droite AB est le plus court chemin pour aller du point A au point B, il s'ensuit que la somme des deux autres côtés AC et BC du triangle ABC surpasse AB.

On distingue six choses dans un triangle, savoir : trois angles et trois côtés. Il y a entre ces six choses des relations nécessaires qui sont contenues dans les propositions suivantes :

THÉORÈME.

21. *Deux triangles sont égaux lorsqu'ils ont un angle égal compris entre deux côtés égaux chacun à chacun.*

Soit l'angle A égal à l'angle a, le côté AB égal à ab, le côté AC égal à ac; les triangles ABC, abc seront égaux.

Si l'on applique le côté ab sur son égal AB, le point a tombera en A, et le point b en B; mais puisque l'angle a est égal à l'angle A, dès que le côté ab sera placé sur AB, le côté ac prendra la direction AC. De plus ac est égal à AC; donc le point c tombera en C, et le troisième côté bc couvrira exactement le troisième côté BC; donc le triangle abc est égal au triangle ABC.

THÉORÈME.

22. *Deux triangles sont égaux lorsqu'ils ont un côté égal adjacent à deux angles égaux chacun à chacun.*

(1) *Triangle* vient des deux mots τρεῖς, *trois*, et *angulus*, de ἀγκύλος, *crochu*.

Fig. 8. Soit le côté BC égal au côté *bc*, l'angle B égal à l'angle *b*, et l'angle C égal à l'angle *c*; le triangle *abc* sera égal au triangle ABC.

Si l'on applique le côté *bc* sur son égal BC, le point *b* tombera en B, et le point *c* en C. Puisque l'angle *b* est égal à l'angle B, le côté *ba* prendra la direction BA; ainsi, le point *a* se trouvera sur quelque point de la droite BA. De même, puisque l'angle *c* est égal à l'angle C, la droite *ac* prendra la direction CA, et le point *a* se trouvera sur quelque point du côté CA; donc le point *a* qui doit se trouver à la fois sur les deux droites BA, CA, tombera sur leur intersection A; donc les deux triangles ABC, *abc*, coïncident l'un avec l'autre, et sont parfaitement égaux.

THÉORÈME.

23. *Deux triangles sont égaux lorsqu'ils ont les trois côtés égaux chacun à chacun.*

Soit le côté AB=*ab*, AC=*ac*, BC=*bc*, on aura l'angle A=*a*, B=*b*, C=*c*.

Car si l'angle A était plus grand que l'angle *a*, comme les côtés AB, AC sont égaux aux côtés *ab*, *ac*, chacun à chacun, il s'ensuivrait que le côté BC est plus grand que *bc*; et si l'angle A était plus petit que l'angle *a*, il s'ensuivrait que le côté BC est plus petit que *bc*; or, BC est égal à *bc*; donc l'angle A ne peut être ni plus grand ni plus petit que l'angle *a*; donc il lui est égal.

On prouvera de même que l'angle B=*b*, et que l'angle C=*c*.

24. Il résulte des théorèmes qui précèdent que les triangles sont égaux lorsqu'ils ont trois choses égales chacune à chacune, et que parmi ces trois choses il existe un côté égal chacun à chacun.

PROBLÈME.

Fig. 9. 25. *Les trois côtés A, B, C,* (Fig. 9) *d'un triangle étant donnés, décrire le triangle.*

Tirez EF égal au côté C; du point E comme centre et d'un rayon égal au second côté B décrivez un arc vers D; du point F comme centre et d'un rayon égal au troisième côté C, décrivez un autre arc qui coupera le premier au point D, et tirez DE et DF, le triangle DEF sera celui demandé.

26. Si l'un des côtés était plus grand que la somme des deux autres, les arcs ne se couperaient pas; mais la solution sera toujours possible si la somme de deux côtés, pris comme on voudra, est plus grande que le troisième. Ce qui nous apprend que *la somme des deux plus petits côtés d'un triangle est toujours plus grande que le troisième.*

PROBLÈME.

Fig. 10. 27. *Au point A, sur la ligne A B* (Fig. 10), *faire un angle égal à l'angle donné EFG.*

Du point E comme centre, décrivez l'arc FG d'un rayon quelconque, et du point A comme centre avec le même rayon, décrivez l'arc indéfini BC, puis prenez la distance FG que vous portez de B en C, joignez AC et l'angle CAB est celui demandé.

PROBLÈME.

28. *Les côtés A et B* (Fig. 11) *d'un triangle étant donnés avec l'angle F qu'ils comprennent, construire le triangle.* Fig. 11.

Faites l'angle ECD égal à l'angle donné F; sur CD prenez une quantité CN égale au côté donné A; sur CE prenez une quantité CM égale au côté donné B, joignez M et N, et la figure MCN sera le triangle demandé.

PROBLÈME.

29. *Les deux angles C et D* (Fig. 12), *et le côté A d'un triangle étant donnés, construire le triangle.* Fig. 12.

Prenez une droite EF égale au côté donné A; au point E, faites l'angle HEF égal à l'angle donné C; au point F, faites l'angle BFE égal à l'angle donné D. L'intersection G des deux droites EH, FB déterminera le triangle demandé.

PROBLÈME.

30. *Les côtés A et B* (Fig. 13) *d'un triangle, et l'angle D opposé au côté B étant donnés, construire le triangle.* Fig. 13.

Prenez sur une droite quelconque une quantité CE égale au côté donné A qui est adjacent. Au point A, faites l'angle FCE égal à l'angle donné D, et de l'autre extrémité E, comme centre avec B pour rayon, décrivez un arc qui coupera généralement CF en deux points I et G. Joignant au point E, on aura deux triangles CIE, CGE qui satisfont aux conditions demandées.

Si l'arc touchait la ligne CF au point O, il n'y aurait qu'un triangle CEO; et enfin, dans le cas où l'arc ne rencontrerait pas le côté CG, le problème serait impossible. Ce qui nous montre que la limite où le problème soit possible, est la longueur de la perpendiculaire abaissée du point E sur CF.

PROBLÈME.

31. *Deux angles C et D* (Fig. 12) *d'un triangle étant donnés, trouver le troisième.* Fig. 12.

Tirez la droite indéfinie EF d'une longueur quelconque; au point E, faites l'angle HEF égal à l'angle donné C; au point F, faites l'angle BFE égal à l'angle donné D. L'intersection G des deux droites EH, FB déterminera l'angle EGF qui sera celui demandé.

DES LIGNES PERPENDICULAIRES ET DES OBLIQUES.

THÉORÈME.

Fig. 14. 32. *Les lignes AC et CB* (Fig. 14) *qui partent d'un point quelconque C de la droite CO, perpendiculaire sur AB, et qui s'écartent également du pied de cette perpendiculaire, c'est-à-dire du point O où elle rencontre la ligne AB, sont égales, et celles qui s'en écartent le plus sont les plus longues.*

Supposons que les distances AO et OB sont égales entre elles, que les angles COA et COB sont égaux par la nature de la perpendiculaire (17), et qu'enfin la ligne CO est commune aux deux triangles ACO et OCB, il s'ensuit que ces triangles ont un angle égal compris entre des côtés égaux chacun à chacun, et sont par conséquent égaux (21) : BC=AC; donc les lignes AC et BC qui s'écartent également de la perpendiculaire CD, sont égales entre elles.

Si l'on tire par le point C la droite CE, qui s'écarte plus de CO que ne le fait CA, qu'on prolonge CO au-dessous de AB, d'une quantité DO=CO, et qu'on tire les droites AD et DE, on aura

$$CE+DE>CA+DA.$$

On prouvera de même que CE=DE, et il en résultera

$$2CE>2CA \text{ ou } CE>CA,$$

ce qui montre que les lignes qui s'étartent le plus de la perpendiculaire sont les plus longues.

Toute droite CB, outre que la perpendiculaire CO, menée par un point extérieure à une droite, est une *oblique*.

33. *Corollaires.* La perpendiculaire mesure la vraie distance d'un point à une ligne, puisqu'elle est plus courte que toute oblique.

D'un même point on ne peut mener à une même ligne trois droites égales, car si cela était, il y aurait d'un même côté de la perpendiculaire deux obliques égales, ce qui est impossible.

PROBLÈME.

Fig. 15. 34. *Mener sur la ligne AB* (Fig. 15) *une perpendiculaire qui la partage en deux parties égales.*

Des points A et B, comme centres, et d'un rayon plus grand que la moitié de AB(1), décrivez deux arcs qui se coupent au point C, et au-dessous de la ligne AB, des points A et B comme centres, et d'un même rayon décrivez deux autres arcs qui se coupent au point D; tirez CD, cette droite coupera AB en E, et ce point E sera celui cherché, car les deux points C et D sont également distant des points A et B, ils font partie des perpendiculaires élevées sur le milieu de AB; donc cette droite AB se trouve divisée en deux parties égales au point E.

(1) Je dis que le rayon doit être plus grand que la moitié de AB; en effet, si le rayon était égal à AE, les deux arcs se confondraient au point E; si le rayon était plus petit que AE, les deux arcs ne pourraient se rencontrer.

PROBLÈME.

35. *Par un point donné D* (Fig. 16), *sur une droite AB, élever une perpendiculaire à cette droite.* Fig. 16.

Prenez les points A et B à égale distance du point D; de ces mêmes points comme centres, et d'un rayon plus grand que la moitié de AB, décrivez deux arcs qui se coupent au point C, tirez DC, cette droite sera la perpendiculaire demandée. Le point C est ici également éloigné des points A et B; ce point C appartient à la perpendiculaire élevée sur le milieu de AB, donc DC est perpendiculaire sur AB.

PROBLÈME.

36. *Par un point donné A* (Fig. 17), *pris hors d'une droite BC, abaisser une perpendiculaire sur cette droite.* Fig. 17.

Du point A pris comme centre, et avec un rayon AF pris à volonté, mais cependant plus grand que la plus courte distance du point A à la droite proposée, décrivez un arc qui coupe la droite BC, *prolongée, s'il est nécessaire*, en F et en G. De ces derniers points comme centres, et avec le même rayon, décrivez deux arcs qui s'entrecoupent en un point D; enfin, menez du point A par le point D une droite AD qui sera perpendiculaire sur BC : donc AE est la perpendiculaire demandée.

PROBLÈME.

37. *A l'extrémité d'une droite AB* (Fig. 18) *qui ne peut être prolongée, élever une perpendiculaire.* Fig. 18.

Marquez à volonté un point E au-dessus de cette droite; de ce point et avec un rayon EB, décrivez l'arc *mBn*; par le point où cet arc rencontrera la droite AB, et par le centre E, menez la droite DEC, qui déterminera sur l'arc *mBn* un point C: la droite CB qui joint ce point à l'extrémité B de la droite AB sera la perpendiculaire demandée. Nous définirons cette solution plus loin.

PROBLÈME.

38. *Diviser un angle ou un arc donné en deux parties égales.*

Soit proposé l'angle BAC (*Fig.* 19); du point A comme centre, et d'un rayon à volonté, décrivez l'arc BEC; puis des points B et C comme centres, et d'un rayon quelconque décrivez deux arcs qui se coupent au point D; tirez AD, et l'on aura l'arc CE égal à l'arc BE, et l'angle CAE = BAE. Le point D est également distant des points B et C, la droite AD est donc perpendiculaire sur le milieu de la droite BC. Fig. 19.

THÉORÈME.

39. *Lorsque deux côtés d'un triangle sont égaux, les angles opposés à ces côtés sont égaux; et lorsqu'ils*

sont inégaux, le plus petit des deux est opposé au plus grand angle.

Fig. 20. Si dans le triangle AEC (*Fig.* 20), les côtés AE et EC sont égaux entre eux, la perpendiculaire abaissée du point E sur le côté AC, passant par le milieu B de ce côté (32), partagera le triangle AEC en deux autres, qui seront égaux entre eux (23), puisque l'angle droit EBA de l'un sera compris entre les côtés AB et EB, respectivement égaux aux côtés BC et EB, qui comprennent l'angle droit EBC de l'autre; l'angle A sera donc égal à l'angle C.

A l'égard du triangle ACF, dans lequel les côtés AF et CF sont inégaux, il est évident que le point F, où se coupent ces deux côtés, doit tomber hors de la perpendiculaire EB, vers celle des extrémités de AC dont il est le plus près, et par conséquent dans l'angle DBC. Cela posé, en tirant EC, on formera le triangle AEC dont les angles ECA et EAC seront égaux, d'après ce qui précède, puisque les côtés opposés AE et EC, le seront comme des obliques qui s'écartent également de la perpendiculaire; mais l'angle ECA étant intérieur à l'angle FCA, il s'ensuit que ce dernier, opposé au côté AF, surpasse l'angle FCA, opposé au côté FC plus petit que AF.

40. Les triangles, dont les côtés sont inégaux, se nomment *scalènes* (1); ceux qui ont deux côtés égaux, se nomment *isocèles* (2); et ceux dont les trois côtés sont égaux, se nomment *équilatéraux* (3).

THÉORIE DES PARALLÈLES.

41. Deux droites, tracées sur un même plan, sont dites *parallèles* (4), lorsqu'elles ne peuvent jamais se rencontrer, à quelque distance qu'on les imagine prolongées. Deux droites parallèles ne font donc point d'angles entre elles; toute autre qui vient les couper s'appelle *sécante* (5) ou *transversale*.

Fig. 21. Deux droites, CD et AB (*Fig.* 21), perpendiculaires sur une même droite CE, sont donc parallèles entre elles.

THÉORÈME.

42. *Deux droites, dont l'une forme un angle droit et l'autre un angle aigu, avec une même sécante, se rencontreront prolongées suffisamment.*

Fig. 22. Soient les deux droites AC, DE (*Fig.* 22) données de position, de manière que l'angle CAD soit aigu et l'angle ADE soit droit. Au point A élevons la perpendiculaire AF sur AB, et supposons d'abord que FAC soit contenu un nombre exact de fois dans CAD, trois fois par exemple; l'angle FAB contiendra quatre fois l'angle FAC, et

(1) *Scalène* vient du mot grec σκαληνὸς, *boiteux*.

(2) *Isocèle* vient des deux mots grecs ἴσος, *égal*, et σκέλος, *jambe*.

(3) *Equilatéral* vient de deux mots latins *equi*, égal, et *latere*, côté. En donnant l'étymologie, je n'ai pas égard aux terminaisons des cas.

(4) *Parallèle* vient du mot grec παράλληλος, *équidistant*.

(5) *Sécante* vient du mot latin *secare*, couper.

l'espace infini compris entre les côtés FA, FB de cet angle droit, sera rempli par les espaces infinis compris entre les côtés des angles FAC, CAG, GAH, HAB. Si nous ajoutons à lui-même un angle quelconque FAC ou fak un nombre suffisant de fois, nous parviendrons toujours à former un angle FAL ou fal plus grand que FAB ou fab. Fig. 22.

Portons ensuite trois bandes infinies de même largeur que la première bande FADE, et à sa suite sur AB; ces quatre bandes ne comprendront que l'espace infini compris entre les deux parallèles AF, BK. Donc, étant plus petit que la somme des espaces des quatre angles, la bande FADE est plus petite que l'espace compris entre les côtés de l'angle FAC; il faudra donc que le côté AC coupe DE, sans cela l'espace de l'angle restant toujours compris dans la bande, serait plus petit.

43. Supposons maintenant que l'angle fac ne soit pas contenu en nombre exact de fois dans l'angle cab. Divisons l'angle fab en parties égales plus petites que fac. Il tombera au moins une de ces divisions ak dans l'angle fac. D'après ce qui vient d'être démontré, ak rencontrera de; donc à plus forte raison ac devra aussi rencontrer cette ligne.

De là résulte cette proposition, l'un des fondemens de la théorie des parallèles : *une droite qui est perpendiculaire à une autre, est rencontrée par toutes celles qui sont obliques sur cette autre; et il n'y a par conséquent, sur un plan, que les droites perpendiculaires à une même ligne qui ne se rencontrent pas, ou qui soient parallèles* (1).

THÉORÈME.

44. *Lorsque deux droites, AB et CD* (Fig. 21), *sont parallèles, toutes les droites, telles que AC, qui sont perpendiculaires sur l'une, le sont en même temps sur l'autre.* Fig. 21.

Supposons que cela n'ait pas lieu et que AC, perpendiculaire en A, sur AB, ne le soit pas en C sur CD, on pourrait élever alors par le point C sur AC une perpendiculaire qui serait différente de CD, et à laquelle CD serait intérieur ou extérieur, par rapport à AB. D'après la proposition du n.° 42, CD devrait donc rencontrer AB, ce qui est impossible, puisque les droites AB et CD sont parallèles; on ne peut donc pas élever sur AC par le point C une perpendiculaire différente de CD : ainsi AC est perpendiculaire à la fois sur AB et sur CD.

THÉORÈME.

45. *Deux droites parallèles à une troisième sont parallèles entre elles.*

Soient les droites CD et EF parallèles à une troisième AB. Elevons une droite quelconque CE perpendiculaire à AB, CD parallèle à AB sera aussi perpendiculaire à CE; de même EF sera perpendiculaire à la même droite. Donc CD sera parallèle à EF.

(1) C'est dans la difficulté de prouver immédiatement cette proposition, que réside l'imperfection de la théorie des parallèles.

THÉORÈME.

Fig. 23. 46. *Lorsque deux droites, CE et DG* (Fig. 23), *parallèles entre elles, sont coupées par une droite quelconque FH, les angles EIF et GJF, qu'elles font avec cette dernière, d'un même côté, l'un en dedans et l'autre en dehors, sont égaux entre eux.*

Si du point O, milieu de IJ, nous abaissons sur l'une des droites EC, GD la perpendiculaire CD, cette droite sera en même temps perpendiculaire sur l'autre (44). Les triangles CIO, ODJ seront égaux, parce que les côtés IO et OJ, respectivement opposés aux angles droits C et D, sont égaux par construction, et que de plus les angles COI et JOD le sont aussi, comme étant opposés par le sommet; donc l'angle EIF est égal à GJF.

THÉORÈME.

47. *Si deux droites, CE et DG, font avec une troisième, FH, et du même côté, par rapport à celle-ci, des angles égaux, EIF et GJF, l'un en dedans et l'autre en dehors, ces deux droites seront parallèles entre elles.*

Si du point O, milieu de IJ, nous abaissons sur CE la perpendiculaire CD; nous formerons les triangles COI et JOD, égaux entre eux (22), parce que, d'après l'hypothèse, l'angle CIO est égal à l'angle OJD, opposé par le sommet à GJF, l'angle COI est égal à JOD, comme opposé par le sommet, et enfin le côté IO est égal à OJ par construction. Donc l'angle ODJ sera égal à ICO, et droit par conséquent; ainsi les deux droites CE et DG, étant perpendiculaires l'une et l'autre à la même droite CD, seront parallèles entre elles.

Fig. 24. 48. *Remarques.* Les angles tels que EIF, GJF (Fig. 24), situés du même côté de la sécante FH, et dont l'ouverture est tournée du même côté, se nomment *angles correspondans.* Les angles CIF et DJF sont aussi des angles correspondans.

Tous les angles dont l'ouverture est tournée dans l'intérieur de l'espace compris entre les deux parallèles, sont compris dans la dénomination générale d'*angles internes*, et tous ceux dont l'ouverture est en dehors des parallèles, s'appellent *angles externes.*

Les angles qui sont du même côté, par rapport à la sécante, sont des *angles internes* ou des *angles externes du même côté.* EIJ, GJI, sont des angles internes du même côté, et HIC, FJD, sont des angles externes du même côté.

Les angles qui sont dans une situation opposée, tant par rapport à la sécante que par rapport aux parallèles, se nomment *angles alternes.* Il y a des *angles alternes internes*, comme EIJ et DJI, et des *angles alternes externes*, comme HIC et GJF.

THÉORÈME.

49. *Lorsque deux parallèles, CE et DG, sont coupées par une troisième droite FH,* 1° *les angles correspondans sont égaux;* 2° *les angles alternes internes sont égaux;* 3° *les angles alternes externes sont égaux;* 4° *les angles internes du même côté, réunis, forment deux angles droits;* 5° *les angles externes du même côté, réunis, forment deux angles droits;* 6° *lorsque l'une de ces propriétés a lieu, les droites CE et DG sont parallèles.*

1° L'égalité des angles correspondans n'est autre chose que le théorème du n° 46, puisque les angles EIF et GJF (*Fig.* 23) sont des angles correspondans, d'après le sens attaché à ce mot. Fig. 23.

2° L'égalité des angles alternes internes, celle de EIF, DJH, par exemple (*Fig.* 24), a lieu parce que DJH est égal à GJF, son opposé par le sommet, et que celui-ci est égal à EIF comme correspondant. Fig. 24.

3° L'égalité des angles alternes externes, celle de CIH et GJF, par exemple, a lieu parce que GJF étant opposé par le sommet à DJH, lui est égal, et que ce dernier angle est égal à CIH comme correspondant.

4° Les angles internes du même côté, EIF et GJH, par exemple, pris ensemble, valent deux droits, parce que EIF et GJH sont égaux comme correspondans.

5° Les angles externes du même côté, EIH et GJF, par exemple, pris ensemble, valent deux droits, parce que les angles GIF et EIJ sont égaux comme correspondans.

6° Enfin, lorsque l'une de ces propriétés a lieu, les droites CE et DG sont parallèles, parce que si c'est l'égalité des angles correspondans que l'on remarque d'abord, il suit du n° 47 que cette égalité entraîne nécessairement le parallélisme; et quant aux quatre autres propriétés, il suffit d'observer que l'on conclut de chacune d'elles l'égalité des angles correspondans.

Ces nombreuses propriétés sont d'un très-grand usage en géométrie, soit spéculative, soit pratique.

PROBLÈME.

50. *Par un point donné D* (Fig. 25), *mener une droite CD parallèle à la droite donnée AB.* Fig. 25.

Tirez d'abord la droite BD, et du point B comme centre, et d'un rayon égal à BD, décrivez l'arc DE; puis du point D comme centre et d'un même rayon, décrivez l'arc indéfini BF; du point B comme centre, et d'un rayon égal à DE, décrivez un autre petit arc qui coupe celui BF au point C, et tirez CD, cette droite sera parallèle à AB. L'angle CDB est égal à DBE comme alternes internes (49), donc la droite CD est parallèle à AB.

PROBLÈME.

51. *Par un point donné D, pris hors d'une droite AB* (Fig. 26), *mener une droite qui fasse avec la première un angle égal à un angle donné C.* Fig. 26.

Par un point quelconque A de la droite AB, faites l'angle EAB égal à l'angle donné C (27), et menant par le point D, parallèlement à AE, la droite DF, elle fera avec AB un angle DFB égal à EAB, et par conséquent à l'angle donné C.

THÉORÈME.

Fig. 27. 52. *Les angles ABC, DEF* (Fig. 27) *qui ont les côtés parallèles et l'ouverture placée dans le même sens, sont égaux.*

Si nous prolongeons le côté FE jusqu'à ce qu'il rencontre le côté AB au point G, à cause des parallèles AB, DE, l'angle DEF sera égal à l'angle AGF, comme étant deux angles correspondans (49); par la même raison, BC étant parallèle à GF, l'angle AGF sera égal à l'angle ABC. D'après cette démonstration DEF = AGF, AGF = ABC, donc l'angle ABC est égal à l'angle DEF.

THÉORÈME.

Fig. 28. 53. *Les trois angles d'un triangle, réunis, valent toujours deux droits.*

Soit proposé le triangle ABC (*Fig.* 28); si nous prolongeons BC vers D, et si du point A nous menons AE parallèle à BD, et CE parallèle à AB; par cette construction nous avons l'angle DCE = ABC comme étant correspondans (49), nous avons aussi l'angle ACE = BAC comme étant alternes internes, nous avons donc DCE + ACE = ABC + BAC, et si nous ajoutons de part et d'autre l'angle ACB, nous aurons ACB + DCE + ACE = ACB + ABC + BAC. La somme de ces trois premiers angles, lesquels sont formés au point C, et sur un même côté d'une droite BD, est égale à deux droits (18), donc la somme des trois derniers angles ACB, ABC, BAC, lesquels composent les trois angles du triangle ABC, est aussi égale à deux droits, donc la somme des angles d'un triangle est toujours égale à deux droits.

54. *Corollaire.* Il suit du théorème précédent que : 1° deux angles d'un triangle étant donnés, ou seulement la somme de deux angles quelconques, on peut déterminer le troisième angle en ôtant la somme donnée de deux droits; 2° quand deux angles d'un triangle sont respectivement égaux à deux angles d'un autre triangle, le troisième angle de l'un est aussi égal au troisième angle de l'autre, puisque ce dernier angle, réuni aux deux premiers dans chaque triangle, compose de part et d'autre une somme égale; 3° un triangle ne peut avoir qu'un seul angle droit, et à plus forte raison qu'un seul obtus.

55. On nomme triangle *rectangle* (1) celui qui a un angle droit; *acutangle* celui qui n'a que des angles aigus; *obtusangle* (2) celui qui a un angle obtus; et les deux dernières espèces sont comprises sous la dénomination générale de triangles *obliquangles*.

Il est visible que, dans le triangle équilatéral, dont tous les angles sont égaux, chaque angle est les deux tiers d'un droit.

THÉORÈME.

56. *La droite DE, menée parallèlement au côté BC du triangle ABC* (Fig. 29), *divise les côtés AC, AB proportionnellement, de sorte qu'on a* Fig. 29.

AB : AE :: AC : AD.

Si l'on trace les droites CE, BD, par cette construction, on aura les deux triangles CDE, BDE, qui seront *équivalens* (1); si l'on ajoute de part et d'autre le triangle ADE, on aura nécessairement ACE = ADB. Les deux triangles ADB, ADE, qui ont un angle commun en D, sont entre eux comme leurs côtés AB, AE; de même les deux triangles ACE, ADE, qui ont un angle commun en E, sont entre eux comme leurs côtés AC, AD; on a donc d'une part

ADB : ADE :: AB : AE,

et de l'autre

AEC : AED :: AC : AD;

mais puisque ADB = AEC, et que ADE est commun, les antécédens de ces deux proportions sont égaux ainsi que les conséquens; alors, on déduit de là

AB : AE :: AC : AD,

et par le changement des antécédens en conséquens, on aura

AE : AD :: AB : AC;

par un autre changement, on aura

AC : AB :: AD : AE;

on aura encore

AE : AB — AE :: AD : AC — AD,

ou

AE : BE :: AD : CD.

THÉORÈME.

57. *Si, entre deux droites AC, AB* (Fig. 30), *on mène un certain nombre de droites LM, JK, HI, FG, DE, BC, toutes parallèles entre elles, les droites AB, AC, seront coupées proportionnellement, et on aura* Fig. 30.

AB:AC :: AD:AE :: AF:AG :: AH:AI :: AJ:AK :: AL:AM.

D'après le théorème précédent on aura, par le triangle ABC,

AB : AD :: AC : AE;

on démontrerait de même que

AB : AF :: AC : AG,

et ainsi de suite pour toutes les autres parallèles; on voit donc que ce théorème est évident, il est la conséquence du précédent et n'exige, par cette raison, aucune démonstration plus étendue.

THÉORÈME.

58. *Une droite AD* (Fig. 31) *qui divise en deux par-*

(1) *Rectangle* vient du mot latin *rectâ*, droit.

(2) Le triangle *obtusangle* se nommait autrefois *ambligone*, de deux mots grecs ἀμβλύς, *obtus*, γωνία, *angle*.

(1) *Euclide* et d'autres auteurs appellent assez souvent *triangles égaux* des triangles qui ne sont égaux qu'en surface. Il nous a paru plus convenable d'appeler ces triangles *triangles équivalens*, et réserver la dénomination de triangles égaux à ceux qui peuvent coïncider par la superposition.

Ainsi, les dénominations de figures *égales*, figures *équivalentes*, se rapportent à des choses différentes, et ne doivent pas être confondues en une seule dénomination.

Fig. 31. *ties égales l'un des angles A d'un triangle quelconque ABC, partage le côté opposé BC en parties proportionnelles aux côtés adjacens, c'est-à-dire que l'on a cette proportion :*

BD : DC :: AB : AC.

Cela se prouve en menant CE parallèle à AD, et rencontrant en E, AB prolongée. Il en résulte, par le n° 56,

BD : DC :: AB : AE;

de plus, le triangle CAE est isocèle; car l'angle ACE est égal à CAD, comme alterne interne par rapport à la sécante AC, l'angle AEC l'est à l'angle BAD, comme correspondant par rapport à la sécante BE, et les angles BAD et CAD sont égaux comme moitiés du même angle BAC: donc les angles ACE et AEC le sont aussi; donc AE est égal à AC; donc enfin

BD : DC :: AB : AC.

PROBLÈME.

59. *Trouver une quatrième proportionnelle à trois* Fig. 32. *lignes données A, B, C,* (Fig. 32), *ou le quatrième terme de cette proportion*

C : A :: B : x.

Tirez les droites indéfinies DI, DJ, sous un angle quelconque; portez sur DI la droite DE égale à C et DG égale à A; sur DJ prenez DF égal à B, joignez EF par une droite: au point G menez GH parallèle à EF; DH sera la proportion demandée. Effectivement, on a, à cause des parallèles EF, GH, la proportion

DE : DF :: DG : DH (56);

donc

C : A :: B : DH.

Si les deux droites A et B étaient égales entre elles, la ligne DH, donnée par la proportion

C : A :: A : DH,

serait ce que les géomètres ont appelé *troisième proportionnelle.*

60. Deux triangles sont *semblables* lorsque les angles de l'un sont respectivement égaux aux angles de l'autre, et que les côtés qui, dans l'un et dans l'autre, sont opposés à des angles égaux, et que, pour cette raison, on nomme *côtés homologues* (1), sont proportionnels; donc deux figures semblables peuvent être inégales.

THÉORÈME.

Fig. 33. 61. *Lorsque deux triangles* abc *et* dne (Fig. 33) *ont leurs angles égaux chacun à chacun, leurs côtés homologues sont proportionnels, et ils sont par conséquent semblables.*

Tirons la droite indéfinie BE; prenons BC= bc; construisons, sur BC, le triangle ABC égal au triangle abc, alors le point a tombera en A (23). Prenons ensuite CE= ne, et, sur ce premier côté, construisons le triangle CDE égal au triangle nde, le point d tombera en D; Fig. 33. par cette construction, les triangles abc, dne, sont remplacés respectivement par leurs équivalens ABC, DCE; la ligne BE est droite, et l'angle DCE est égal à celui ABC; de plus ces deux triangles sont disposés dans un même sens, puisque nous venons de dire que la ligne BE est droite; or, CD est parallèle à AB, et par une raison semblable DE est parallèle à AC, car l'angle DEC est égal à celui ACB; ils sont en outre tous deux disposés l'un comme l'autre (52); prolongeant les côtés DE et AB jusqu'à leur point de rencontre en F, et on aura DF=AC et CD=AF, car puisqu'il vient d'être démontré que DE et CD étaient respectivement parallèles à AC et à AB, il est évident que DF, qui est le prolongement de DE, est aussi parallèle à AC; de même AF est le prolongement de AB, et par cette raison AF est parallèle à CD, donc, on a DF=AC et CD=AF; maintenant, à cause des parallèles CD, BF, AC, EF, on a les proportions suivantes :

AB : AF ou CD :: BC : CE (56),
DE : DF ou CA :: CE : BC,
CE : BC :: CD : AB, etc., etc.

Donc, les triangles ABC, CDE, ont à la fois les angles égaux chacun à chacun, et les côtés homologues proportionnels, et sont, par conséquent, deux figures semblables.

THÉORÈME.

62. *Deux triangles, qui ont un angle égal compris entre côtés proportionnels, sont semblables, c'est-à-dire que si l'angle EDF* (Fig. 34) *est égal à l'angle BAC,* Fig. 34. *et que l'on ait*

AB : DE :: AC : DF,

les deux triangles ABC, DEF, seront semblables.

Puisque l'on a l'angle ECF=BAC, prenons sur AB une distance AG=DE, et sur AC une distance AH=DF, le triangle AGH sera alors égal au triangle DEF (21); mais puisque l'on a

AB : DE :: AC : DF,

on a aussi

AB : AG :: AC : AH;

il résulte de cette proportion que GH est parallèle à BC (57), donc on a l'angle AHG=ACB et l'angle AGH=ABC, donc les deux triangles ABC et AGH ont leurs angles égaux chacun à chacun, et sont semblables; donc, deux triangles qui ont un angle égal compris entre côtés proportionnels, sont semblables.

THÉORÈME.

63. *Deux triangles, qui ont les côtés homologues proportionnels, ont leurs angles égaux chacun à chacun et sont semblables.*

Soient les deux triangles ABC et ADE (*Fig.* 29); il Fig. 2. faut d'abord, pour que cette proposition ait lieu, que le côté DE soit parallèle à celui CB, alors les côtés du trian-

(1) *Homologue* vient de deux mots grecs ὁμός, *semblable*, λόγος, *raison, rapport.*

Fig. 29. gle ADE, seront homologues aux côtés du triangle ABC (61), ces deux triangles auront leurs angles égaux chacun à chacun, puisqu'ils ont l'angle ABC commun ; or, DE est parallèle à CB, et, par cette raison, on a l'angle AED = ABC et l'angle ADE = ACB (49); donc, ces deux triangles ont leurs angles égaux chacun à chacun et sont, par conséquent, semblables, et l'on a la proportion suivante :

AB : AE :: AC : AD :: BC : ED.

Le triangle ADE, qui a ses côtés AE et AD formés sur les côtés AB et AC du triangle ABC, et qui a son troisième côté DE parallèle à BC, est considéré comme ayant ses côtés parallèles aux côtés homologues du triangle ABC, par conséquent ces deux triangles sont semblables.

N. B. Les deux théorèmes qui précèdent (61 et 62), ainsi que celui (63), auquel on doit ajouter celui du *carré de l'hypothénuse* que nous démontrerons plus loin, sont les plus importans et les plus féconds de la géométrie; ils servent presque seuls à toutes les applications et suffisent pour la résolution de la majeure partie des problèmes.

THÉORÈME.

Fig. 35. 64. *Tant de lignes AB, AC, AD, AE*, (Fig. 35) *qu'on voudra, menées par un même point A et rencontrées par deux parallèles FI et BE, sont coupées par ces parallèles en parties proportionnelles, et les coupent aussi en parties proportionnelles.*

Les triangles BAC, FAG, étant semblables (63), on a, par ces triangles,

AB : AF :: AC : AG :: BC : FG;

par les triangles CAD et GAH,

AC : AG :: AD : AH :: CD : GH;

par les triangles DAE et HAI,

AD : AH :: AE : AI :: DE : HI.

Tous ces rapports sont égaux, puisque le second de chaque suite est le premier dans celle qui vient après. Ne prenant d'abord que ceux qui renferment les lignes menées du point A, on aura

AB : AF :: AC : AG :: AD : AH :: AE : AI;

puis, réunissant ceux qui contiennent les parties des parallèles BE et FI, il viendra

BC : FG :: CD : GH :: DE : HI,

ce qui fait voir que ces lignes sont coupées en parties proportionnelles.

PROBLÈME.

65. *Diviser une droite donnée fi de la même manière qu'une autre BE est divisee.*

Décrivez sur cette dernière un triangle BAE dont les trois côtés soient égaux, ce qui s'effectuera suivant le procédé du n° 23, en prenant la ligne BE elle-même pour rayon des deux cercles à décrire des points B et E, comme centres; portez ensuite *fi* de A en F, sur le côté AB, et de A en I, sur le côté AE, tirez FI; les droites qui joindront les points C, D, avec le point A, couperont la ligne Fig. 35.
FI en parties proportionnelles à celles de BE, comme le demande l'énonce de la question.

Effectivement, puisque AB = AE, AF = AI, on a la proportion évidente :

AB : AF :: AE : AI,

de laquelle il résulte que FI est parallèle à BE.

Le triangle FAI étant donc semblable à BAE, donnera cette proportion :

AB : AF :: BE : FI;

et comme, par construction, BE = AB, on aura nécessairement FI = AF = *fi*. Cela posé, d'après le théorème précédent, les droites parallèles FI et BE sont divisées en parties proportionnelles ou l'une comme l'autre.

Si la ligne à diviser était *jm*, plus grande que BE, il faudrait prolonger indéfiniment les côtés AB et AE au-dessous de BE; portant ensuite *jm* sur AB, de A en J, et sur AE, de A en M, on tirerait JM, et les prolongemens des droites AC, AD, diviseraient JM, aux points K, L, en parties proportionnelles à celles de BE.

PROBLÈME.

66. *Diviser une droite AF* (Fig. 36) *en parties égales.* Fig. 36.

Tirez une droite indéfinie AK, faisant avec AF un angle quelconque FAK; prenez sur AK une partie AG d'une grandeur arbitraire, que vous porterez à la suite d'elle-même un nombre de fois égal à celui des parties en lesquelles la droite donnée AF doit être divisée, par exemple, cinq fois; joignez l'extrémité K de la dernière avec l'extrémité F de la droite à diviser, et par les points de division G, H, I et J, menez parallèlement à FK les droites GB, HC, ID, JE, qui couperont AF en cinq parties égales; car les portions AB, BC, CD, DE et EF sont proportionnelles aux parties de la droite AK (57).

On simplifie un peu ce procédé en menant par le point F une droite LF parallèle à AK, et sur laquelle on prend, en commençant au point F, des parties FP, PO, ON, NM, ML, respectivement égales à KJ, JI, IH, HG, GA; les droites KF, JP, IO, HN, GM, AL, qui joindront les points de division correspondans, étant parallèles, couperont la droite AF en parties proportionnelles à celles de AK ou de FL.

Il en serait de même si l'on voulait diviser la droite AF en un autre nombre de parties égales quelconque, et portant sur AK autant de distances égales que l'on voudrait avoir de parties égales sur la droite AF.

Ce tracé exige, ainsi que les suivantes, la finesse dans le trait et la légèreté dans les points de division.

67. S'il fallait diviser une droite, par exemple, en cinq parties, qui fussent entre elles comme les nombres 2, 3, 7, 9 et 10, après avoir tiré une droite indéfinie AK, faisant avec celle donnée AF un angle quelconque, on prendrait la somme de ces nombres, ce qui donnerait 31; on porterait une même ouverture de compas 31 fois de suite sur la droite AK. Le point où se terminerait la dernière partie serait l'extrémité de cette droite, et on achève-

rait l'opération en menant des parallèles à la droite KF par les points de division 2, 5, 12, 21 et 31.

68. *Corollaire.* La division des droites en parties égales est le fondement de la construction des droites qui servent à mesurer les autres. En effet, si l'on avait divisé d'abord en parties égales la droite CD (*Fig.* 3), il n'y
Fig. 3.
aurait eu qu'à chercher combien AB contenait de ces parties, pour avoir le rapport de AB à CD, au moins d'une manière d'autant plus approchée, que les parties de CD auraient été plus petites.

THÉORÈME.

69. *Si de l'angle droit B d'un triangle rectangle ABC*
Fig. 37. (Fig. 37) *on abaisse la perpendiculaire BD sur le côté opposé AC, qu'on nomme* hypothénuse (1) : 1° *cette perpendiculaire partagera le triangle AB en deux autres ABD, DCB, qui lui seront semblables, et qui le seront entre eux;* 2° *elle divisera l'hypothénuse AC en deux parties ou* segmens, *tels que chaque côté AB ou BC sera moyen proportionnel entre le segment adjacent DA ou DC et l'hypothénuse AC;* 3° *la perpendiculaire BD sera moyenne proportionnelle entre les deux segmens DA, DC.*

Les triangles ABC et ABD sont semblables (63), car ils ont, chacun à chacun, deux angles égaux, savoir: l'angle A, qui leur est commun, et l'angle droit ABC, dans le premier, égal à l'angle droit ADB, dans le second.

On démontrera de même que le triangle BDC est semblable au triangle ABC.

Si on compare successivement chacun des deux triangles ABD et BDC, avec le triangle ABC, en observant que les angles ABD et CBD sont respectivement égaux aux angles C et A, on trouvera, entre leurs côtés homologues, les proportions :

$$AD : AB :: AB : AC,$$
$$CD : BC :: BC : AC.$$

Comparant ensuite les triangles ABD et BCD l'un à l'autre, on aura

$$AD : BD :: BD : CD,$$

donc les trois triangles ont leurs angles égaux chacun à chacun, et sont par conséquent semblables entre eux.

70. *Corollaire.* Les trois côtés d'un triangle rectangle étant rapportés à une mesure commune, la seconde puissance du nombre qu'exprime la longueur de l'hypothénuse, est égale à la somme des secondes puissances des nombres qui expriment les longueurs des deux autres côtés.

Effectivement, les proportions

$$AD : AB :: AB : AC,$$
$$CD : BC :: BC : AC,$$

donnent

$$AD = \frac{\overline{AB}^2}{AC}, \qquad CD = \frac{\overline{BC}^2}{AC};$$

(1) *Hypothénuse* vient de deux mots grecs ὑπό, *au-dessous*, τείνω, *je tends*.

et, en ajoutant AD avec CD, on a [Fig. 37.

$$AC = \frac{\overline{AB}^2 + \overline{BC}^2}{AC} \quad \text{ou} \quad \overline{AC}^2 = \overline{AB}^2 + \overline{BC}^2.$$

On peut toujours trouver l'hypothénuse d'un triangle rectangle dont on a les deux autres côtés. Si, par exemple, $AB = 5$, $BC = 12$, on aura

$$\overline{AC}^2 = 25 + 144 = 169,$$

d'où

$$AC = \sqrt{169} = 13.$$

On trouve un des côtés de l'angle droit quand on connaît l'autre et l'hypothénuse, parce que de

$$\overline{AC}^2 = \overline{AB}^2 + \overline{BC}^2,$$

on tire

$$\overline{AB}^2 = \overline{AC}^2 - \overline{BC}^2.$$

Si, par exemple, $AC = 25$, $BC = 24$, on aura

$$\overline{AB}^2 = 625 - 576 = 49,$$

d'où

$$AB = \sqrt{49} = 7.$$

En général,

$$AC = \sqrt{\overline{AB}^2 + \overline{BC}^2},$$
$$AB = \sqrt{\overline{AC}^2 - \overline{BC}^2}.$$

THÉORÈME.

71. *Si de l'extrémité de l'un quelconque des côtés d'un triangle on abaisse une perpendiculaire sur l'un des deux autres, le carré du premier sera égal à la somme des carrés des derniers, moins deux fois le produit du côté sur lequel tombe la perpendiculaire, par la distance de cette perpendiculaire à l'angle aigu opposé au premier côté, c'est-à-dire qu'on aura,* (Fig. 38 *et* 39), Fig. 38 et 39.

$$\overline{BC}^2 = \overline{AB}^2 + \overline{AC}^2 - 2\,AB \times AD.$$

Quand la perpendiculaire CD (*Fig.* 38) partage ABC Fig. 38.
en deux triangles, BCD et ACD, rectangles en D, le premier donne

$$\overline{BC}^2 = \overline{BD}^2 + \overline{CD}^2,$$

et l'on tire du second

$$\overline{CD}^2 = \overline{AC}^2 - \overline{AD}^2.$$

D'après cette valeur de $\overline{CD}^2$, celle de $\overline{BC}^2$ devient

$$\overline{BC}^2 = \overline{BD}^2 + \overline{AC}^2 - \overline{AD}^2;$$

mais il est visible que

$$BD = AB - AD,$$

nombre dont le carré est

$$\overline{AB}^2 - 2\,AB \times AD + \overline{AD}^2 \text{ (1)}:$$

mettant cette valeur dans l'expression de $\overline{BC}^2$, on aura enfin

$$\overline{BC}^2 = \overline{AB}^2 - 2\,AB \times AD + \overline{AD}^2 + \overline{AC}^2 - \overline{BD}^2,$$

(1) Dans cette proposition, nous multiplions une ligne par une ligne comme on multiplie un nombre par un nombre; car, on peut toujours supposer une ligne partagée en un nombre de parties égales aussi grand que l'on veut.

ce qui se réduit à

$$\overline{BC}^2=\overline{AB}^2+\overline{AC}^2-2\,AB\times AD.$$

Fig. 39. Dans la figure 39, où la perpendiculaire tombe hors du triangle, la différence consiste en ce que

$$BD=AD-AB;$$

mais on a toujours pour le carré

$$\overline{AB}^2-2\,AB\times AD+\overline{AD}^2;$$

donc $\overline{BC}^2$ a la même valeur que ci-dessus.

THÉORÈME.

72. *Si de l'extrémité de l'un quelconque des côtés d'un triangle on abaisse une perpendiculaire sur l'un des deux autres, le carré du premier sera égal à la somme des carrés des derniers, plus deux fois le produit du côté sur lequel tombe la perpendiculaire, par la distance de cette perpendiculaire à l'angle obtus op-*
Fig. 40. *posé au premier côté, c'est-à-dire qu'on aura* (Fig. 40)

$$\overline{BC}^2=\overline{AB}^2+\overline{AC}^2+2\,AB\times AD.$$

Lorsque le côté BC est opposé à un angle obtus, la perpendiculaire tombant nécessairement hors du triangle ABC, on trouve encore, par les triangles BCD et ACD, rectangles en D,

$$\overline{CD}^2=\overline{AC}^2-\overline{AD}^2;$$
$$\overline{BC}^2=\overline{BD}^2+\overline{CD}^2,$$

on en conclut

$$\overline{BC}^2=\overline{BD}^2+\overline{AC}^2-\overline{AD}^2;$$

mais on a

$$BD=AB+AD,$$

valeur dont le carré est

$$\overline{AB}^2+2\,AB\times AD+\overline{AD}^2,$$

et de laquelle il résulte

$$\overline{BC}^2=\overline{AB}^2+2\,AB\times AD+\overline{AD}^2+\overline{AC}^2-\overline{AD}^2,$$

ce qui se réduit enfin à

$$\overline{BC}^2=\overline{AB}^2+\overline{AC}^2+2\,AB\times AD.$$

N. B. Les parties AD et BD déterminées sur le côté
Fig. 38. AB (*Fig.* 38) par la perpendiculaire CD, se nomment *segmens.*

73. *Corollaire.* En rapprochant ce théorème du précédent, on en concluera que l'on peut, lorsqu'on connaît les trois côtés d'un triangle, déterminer si l'angle opposé à l'un de ces côtés est aigu, droit ou obtus.

DES POLYGONES.

74. Les surfaces planes renfermées par un nombre quelconque de lignes droites ou sinueuses, se nomment *polygones* (1). Le plus simple de tous est le *triangle.* Les polygones de quatre côtés se nomment en général *quadrilatères;*

de cinq, *pentagones* (1);
de six, *hexagones* (2);
de sept, *heptagones* (3);
de huit, *octogones* (4);
de neuf, *ennéagones* (5);
de dix, *décagones* (6);
de onze, *endécagones* (7);
de douze, *dodécagones* (8), etc.

On ne pousse guère cette nomenclature au-delà du polygone de douze côtés, que pour le *pentédécagone* (9), polygone de quinze côtés, et l'*icosagone* (10), qui en a vingt.

Dans la figure 41, FGHIJ représente un polygone de Fig. 41.
cinq côtés, ou un pentagone; dans la figure 42, ABCDEF Fig. 42.
représente un hexagone. Tous les angles de la première figure ayant leur ouverture en dedans du polygone, sont
des angles *saillans*; l'angle DEF de la figure 42 est un Fig. 42.
angle *rentrant*, parce qu'il a son ouverture en dehors du polygone.

L'ensemble des lignes qui renferment un polygone s'appelle le *périmètre* (11) du polygone.

Les droites telles que EC, EB, EA, tirées entre des angles du polygone, qui ne sont pas adjacens au même côté, se nomment *diagonales* (12).

75. Parmi les quadrilatères ou polygones de quatre côtés, on désigne particulièrement sous le nom de *parallélogramme* (13) celui dont les côtés opposés sont parallèles. ABCD (*Fig.* 43) est un parallélogramme. Fig. 43.

Il suit : 1° que chacune des diagonales AC et BD partage le parallélogramme en deux triangles égaux; 2° que les côtés opposés AB et DC, et AD et BC, d'un parallélogramme, sont respectivement égaux; 3° que réciproquement, si les côtés opposés d'une figure de quatre côtés sont égaux et parallèles, cette figure est un parallélogramme.

THÉORÈME.

76. *Les deux diagonales AC et DB d'un parallélogramme se coupent mutuellement en deux parties égales.*

Car, en comparant le triangle ADO au triangle COB, on trouve le côté AD=CB, l'angle ADO=CBO, et l'angle DAO=OCB; donc ces deux triangles sont égaux;

(1) *Polygone* vient de deux mots grecs πολύς, *plusieurs*, γωνία, *angle.*

(1) *Pentagone* vient de deux mots grecs πέντε, *cinq*, γωνία, *angle.*

(2) *Hexagone* vient de ἕξ, *six*, γωνία, *angle.*

(3) *Heptagone* vient de ἑπτά, *sept*, γωνία, *angle.*

(4) *Octogone* vient de ὀκτώ, *huit*, γωνία, *angle.*

(5) *Ennéagone* vient de ἐννέα, *neuf*, γωνία, *angle.*

(6) *Décagone* vient de δέκα, *dix*, γωνία, *angle.*

(7) *Endécagone* vient de ἕνδεκα, *onze*, γωνία, *angle.*

(8) *Dodécagone* vient de δώδεκα, *douze*, γωνία, *angle.*

(9) *Pentédécagone* vient de trois mots grecs πέντε, *cinq*, δέκα, *dix*, γωνία, *angle.*

(10) *Icosagone* vient de εἴκοσι, *vingt*, γωνία, *angle.*

(11) *Périmètre* vient de περί, *autour*, μέτρον, *mesure.*

(12) *Diagonale* vient de διά, *à travers*, γωνία, *angle.*

(13) *Parallélogramme* vient de παράλληλος, *équi-distant*, γραμμή, *ligne.*

donc AO, côté opposé à l'angle ADO, est égal à OC, côté opposé à l'angle OBC; donc aussi DO=OB.

THÉORÈME.

77. *La somme des angles intérieurs d'un polygone*
Fig. 41. *quelconque ABCDE* (Fig. 41) *est égale à autant de fois deux droits qu'il y a de côtés moins deux.*

Si du point E, on mène les lignes EB, EC, le polygone donné de cinq côtés se trouve divisé en trois triangles.

Pour chacun de ces triangles la somme de ses angles est égale à deux droits (53), et comme les angles des trois triangles forment, par leur rénnion, ceux du polygone proposé, il en résulte que la somme des angles du polygone ABCDE, qui est de cinq côtés, est égale à trois fois deux droits, ou six angles droits. La somme des côtés du polygone étant de cinq, si l'on en déduit deux, le reste sera le nombre trois, qui, multiplié par deux droits, produit la quantité de six angles droits.

78. *Corollaire.* Il suit de là que la somme de tous les angles intérieurs, ABC, BCD, CDE, DEA, EAB, d'un polygone, vaut autant de fois deux droits qu'il y a de côtés moins deux, puisque cette somme se compose de celles des angles de tous les triangles EAB, EBC, ECD, qui valent chacune deux droits, et que le polygone contient un nombre de ces triangles égal à celui de ses côtés, diminués de deux unités.

Fig. 42. Dans la figure 42, l'angle rentrant DEF est extérieur et non pas intérieur. En faisant partir les diagonales du sommet E de cet angle, on voit évidemment qu'il est remplacé dans la somme des angles intérieurs par celle des angles DEC, CEB, BEA, AEF, et que, réuni à cette dernière, il forme quatre droits.

THÉORÈME.

79. *Si on prolonge dans un seul et même sens les côtés d'un polygone, la somme des angles extérieurs est toujours égale à quatre droits, quel que soit d'ailleurs le nombre des côtés du polygone.*

Fig. 41. Si on prolonge chacun des cinq côtés ABCDE (*Fig* 41) dans le même sens, on aura

a AE+EAB=deux droits,
b BA+ABC=deux droits,
c CB+BCD=deux droits,
d DC+CDE=deux droits,
e ED+DEA=deux droits;

ajoutant et remarquant que la somme (77) des angles intérieurs vaut six droits, on aura *a* AE+*b* BA+*c* CB+*d* DC+*e* ED=dix droits, ou en retranchant six droits de part et d'autre, il restera la somme des angles extérieurs égale à quatre droits.

80. *Remarque.* Deux polygones sont égaux lorsqu'ils sont composés d'un même nombre de triangles égaux et semblablement disposés, ou assemblés de la même manière; car il est visible que le polygone FGHIJ sera égal, dans toutes ses parties, au polygone ABCDE; si on le porte sur ce dernier, en plaçant FG sur AB, à cause de l'égalité des angles ABC et FGH, le côté GH tombera sur son égal BC; et en continuant ainsi de proche en proche, on reconnaîtra que les points F, G, H, I, J, tomberont respectivement sur les points A, B, C, D, E: d'où il suit que les deux polygones se coïncideront parfaitement.

81. On nomme *polygones semblables* ceux dont les angles sont égaux, et dont les côtés homologues (ou semblablement placés) sont proportionnels.

PROBLÈME.

82. *Sur une droite donnée FG, construire un polygone qui soit semblable à un autre polygone donné ABCDE* (Fig. 44). Fig. 44.

Pour résoudre cette question, qui est une des plus importantes du levé des plans, menez du point A des diagonales aux angles C, D, et prenez sur le côté AB, prolongé s'il est nécessaire, une partie A*b* égale à FG; par le point *b*, menez *bc* parallèlement au côté BC; par le point *c*, menez *cd* parallèlement à CD; enfin, par le point *d*, menez *ed* parallèlement à EF, et vous aurez le poligone A*bcde*, semblable à celui proposé.

Au lieu de mener toutes les diagonales à partir du sommet d'un même angle, on fera mieux, pour plus d'exactitude, de lier tous les angles du polygone aux deux extrémités de l'un de ces côtés, comme il est démontré ci-après.

AUTRE CONSTRUCTION.

83. *Sur AB* (Fig. 45), *soit proposé de faire un poly-* Fig. 45.
gone semblable à abcde.

Par les points *a* et *b*, extrémités du côté homologue à AB, menez les diagonales *ad*, *ac*, *be*, *bd*; puis, au point A, faites les angles EAB, DAB, CAB, égaux aux angles *eab*, *dab*, *cab*. De même, au point B, faites les angles CBA, DBA, EBA, égaux aux angles *cba*, *dba*, *cba*. L'intersection des droites AE, BE donnera le point E, homologue de *e*. De même on aura, par l'intersection des autres droites, les points D et C, et menant AD, BD, AC, BC, vous aurez un polygone semblable au polygone demandé.

THÉORÈME.

84. *Les périmètres de deux polygones semblables sont entr'eux comme les côtés homologues de ces polygones.*

Les polygones semblables ABCDE, *abcde*, donnent cette suite de rapports égaux :

AB : *ab* :: BC : *bc* :: CD :: *cd* :: DE : *de* :: AE : *ae*

on en conclura

AB+BC+CD+DE+AE:*ab*+*bc*+*cd*+*de*+*ae*::AB:*ab*;

c'est-à-dire que

périmè. ABCDE : périmè. *abcde* :: AB : *ab*.
:: BC : *bc*.
:: CD : *cd*.
:: DE : *de*.
:: AE : *ae*.

DE LA LIGNE DROITE ET DU CERCLE.

85. On a vu dans le n° 33, que l'on ne pouvait mener d'un même point à une ligne donnée trois droites égales; il résulte évidemment de là qu'une droite et un cercle ne peuvent se couper en plus de deux points.

Fig. 2. On appelle *sécante* une droite qui rencontre la circonférence en deux points : telle est FH (*Fig.* 2).

La partie BC de cette droite, comprise dans le cercle, se nomme *corde*.

86. On dit que la corde BC, qui passe par les extrémités d'un arc quelconque de cercle BGC, *soutend* cet arc; mais il faut observer que la même droite est en même temps la corde de l'arc BAEDC qui, joint à BGC, compose la circonférence entière.

Lorsqu'une corde passe par le centre du cercle, on lui donne le nom de *diamètre* (1). La droite AD, qui passe par le point O, est un diamètre.

Le diamètre AD partage la circonférence en deux parties égales; car si l'on plie la figure le long de la droite AD, la partie AGD de la circonférence doit se confondre avec la partie AED, sans quoi tous les points de l'une ou de l'autre seraient inégalement éloignés du centre O. Ce qui prouve que deux cercles décrits du même rayon sont égaux.

On nomme *tangente* une droite qui n'a qu'un point de commun avec la circonférence : telle est PQ. Le point commun E s'appelle *point de contact*.

Pareillement deux circonférences sont *tangentes* l'une à l'autre, lorsqu'elles n'ont qu'un point de commun.

PROBLÈME.

87. *Deux arcs du même cercle ou de cercles égaux étant donnés, trouver leur commune mesure ou au moins le rapport approché de l'un à l'autre.*

La question proposée se résoudrait comme celle n° 15, si l'on pouvait porter les arcs de cercle l'un sur l'autre, comme on le fait à l'égard des droites; mais une pareille superposition ne pouvant avoir lieu dans la pratique, on y supplée par celle des cordes qui, lorsqu'elles sont égales, correspondent à des arcs égaux (90). La corde de l'arc

Fig. 46. CD (*Fig.* 46) pourra être portée deux fois sur l'arc AB, de A en E, et l'arc AE déterminé ainsi, sera composé de deux parties A*d* et *d*E, égales chacune à CD; on aura donc

$$AB = 2\,CD + EB.$$

On portera sur l'arc CD la corde du reste EB, qui s'y trouvera contenue une fois avec un second reste FD; en sorte qu'on aura

$$CD = EB + FD.$$

Enfin, la corde du second reste FD pouvant se porter trois fois sur le premier EB, on aura

$$EB = 3\,FD.$$

(1) *Diamètre* vient de deux mots grecs διά, *à travers*, μέτρον, *mesure*.

En remontant de cette valeur à celle des arcs précédens, on obtiendra

$$EB = 3\,FD,\ CD = 4\,FD,\ AB = 11\,FD;$$

donc le rapport des deux arcs AB et CD, est celui de 11 à 4. Si l'arc CD était pris pour unité, l'arc AB serait $\frac{11}{4}$, et si l'arc AB était pris pour unité, l'arc CD serait $\frac{4}{11}$.

On peut ainsi trouver la valeur absolue d'un angle, en comparant l'arc qui lui sert de mesure à toute la circonférence : par exemple, si l'arc CD est à la circonférence comme 3 est à 25, l'angle COD sera les $\frac{3}{25}$ de 4 angles droits, ou $\frac{12}{25}$ d'un angle droit.

THÉORÈME.

88. *Toute ligne BC* (Fig. 47), *perpendiculaire à l'extrémité du rayon OA, est une tangente à la circonférence.* Fig. 47.

Soit la droite BC, dont la partie AB=AC; si l'on joint CO et BO, le triangle CBO est isocèle, les côtés CO, BO sont, pris séparément, plus grands que la perpendiculaire OA; alors, les points C et B sont nécessairement hors du cercle, et il n'y a que le point A qui puisse toucher la circonférence; ainsi la droite CB ne touche cette circonférence qu'au point A, donc CB est une tangente.

89. *Corollaire.* Il suit de là que l'on mène une tangente à un point donné A de la circonférence d'un cercle DAE, en élevant une perpendiculaire AB à l'extrémité d'un rayon qui passe par ce point.

THÉORÈME.

90. *Toute droite CD, élevée perpendiculairement sur le milieu d'une corde AB* (Fig. 48), *passe par le centre O du cercle et par le milieu C de l'arc soutendu par cette corde.* Fig. 48.

Les rayons OC et OA étant tirés, et le triangle AOC étant isocèle, parce que AO=CO, la perpendiculaire OD divisera le côté AB en deux parties égales; effectivement AD=DB, car si l'on joint les points AC et B par deux droites, on aura le triangle CDB égal au triangle CDA : d'abord on a le côté CD commun aux deux triangles, l'angle CDB qui est droit, ainsi que celui CDA, et ces deux triangles, ayant un angle égal, compris entre deux côtés égaux chacun à chacun, sont égaux (21); l'on a alors AC=CB, donc l'arc AC égale l'arc CB, puisque *dans un même cercle ou dans des cercles égaux, les cordes égales soutendent des arcs égaux, et réciproquement* (87), donc la perpendiculaire DC ou le rayon OC divise la corde AB, ainsi que son arc en deux parties égales.

THÉORÈME.

91. *Les arcs interceptés, dans un même cercle, entre deux cordes parallèles, ou entre une tangente et une corde parallèles, sont égaux.*

Si les cordes GH, BJ, et la tangente KF (*Fig.* 49), sont respectivement parallèles, et que l'on joigne le centre O et le point de contact E par un rayon, ce rayon étant perpendiculaire sur la tangente KF (88), le sera aussi sur les cordes GH et BJ (44); il divisera en deux Fig. 49.

parties égales les arcs GEH et BEJ; et par conséquent si des arcs EG et EH, égaux comme moitiés de l'arc GEH, on retranche les arcs EB et EJ, égaux comme moitiés de l'arc BEJ, les reste GB et HJ seront égaux, ce qui est la première partie de l'énoncé du théorème : l'égalité des arcs EG et EH prouve la seconde.

THÉORÈME.

92. *Dans un même cercle ou dans des cercles égaux, les angles aux centres sont entre eux comme les arcs interceptés entre leurs côtés.*

Fig. 50. Soient deux angles AB et CD (*Fig.* 50) de leurs sommets, comme centres, avec un rayon égal à AO pris quelconque, décrivez deux arcs AB, CD, et l'angle AOB sera à COD dans le même rapport que AB à CD. En d'autres termes, AB contiendra CD autant de fois que l'angle AOB contiendra l'angle COD. En effet, prenez un angle M assez petit pour être contenu un nombre exact de fois dans les deux angles. Portez-le dans AOB, où il est contenu cinq fois, et dans COD, où il est contenu trois fois. Tous les angles AO*a*, *a*O*b*, *b*O*c*, *c*O*d*, *d*OB, CO*e*, *e*O*f*, *f*OD, étant égaux, les arcs correspondans A*a*, *ab*, *bc*, *cd*, *d*B, C*e*, *ef*, *f*D, seront aussi égaux; donc AB contiendra cinq de ces arcs, et CD en contiendra trois, donc

$$\frac{AOB}{COD}=\frac{5}{3}=\frac{AB}{CD}.$$

THÉORÈME.

Fig. 51. 93. *Tout angle BAD* (Fig. 51) *qui a son sommet placé sur la circonférence d'un cercle, a pour mesure la moitié de l'arc compris entre ses côtés.*

Supposons d'abord que le centre du cercle soit situé dans l'angle BAD, on menera le diamètre AE et les rayons OB, OD. L'angle BOE, extérieur au triangle ABO, est égal à la somme des deux intérieurs OAB, ABO : mais le triangle BAO étant isocèle, l'angle OAB=ABO; donc l'angle BOE est double de BAO. L'angle BOE, comme angle au centre, a pour mesure l'arc BE; donc l'angle BAO aura pour mesure la moitié de BE. Par une raison semblable, l'angle OAD aura pour mesure la moitié de ED; donc BAO+OAD ou BAD aura pour mesure la moitié de BE+ED ou la moitié de BD.

THÉORÈME.

Fig. 52. 94. *L'angle BCD* (Fig. 52), *formé par une tangente et une corde, a pour mesure la moitié de l'arc CFED compris entre ses côtés.*

Au point de contact C menez le diamètre CE; l'angle BCE est droit, il a pour mesure la moitié de la demi-circonférence CFE, et l'angle ECD a pour mesure la moitié de ED; donc BCE+ECD ou BCD a pour mesure la moitié de CFE, plus la moitié de ED, ou la moitié de l'arc entier CFED.

On démontrerait de même que l'angle DCA a pour mesure la moitié de l'arc CD compris entre ses côtés.

THÉORÈME.

95. *L'angle BAC* (Fig. 53), *dont le sommet est placé hors du cercle, a pour mesure la moitié de la différence des arcs BC et DE compris entre ses côtés, arcs dont l'un tourne sa concavité vers le sommet, et l'autre sa convexité.* Fig. 53.

Par le point D menez DF parallèle à AC. Les angles CAB, FDB, étant égaux comme correspondans par rapport à la sécante BD, auront pour mesure la moitié de l'arc FB, compris entre ses côtés; et comme CF=DE, comme arcs interceptés par des cordes parallèles FB=CB —DE, donc l'angle BAC a pour mesure la moitié de l'arc BC moins la moitié de l'arc DE.

THÉORÈME.

96. *L'angle BOC* (Fig. 54), *dont le sommet est placé dans le cercle, entre le centre et la circonférence, a pour mesure la moitié de l'arc BC, compris entre ses côtés, plus la moitié de l'arc AE compris entre leurs prolongemens.* Fig. 54.

Prolongez BO et OC. Par le point E menez une parallèle EF à AC. Les angles FEB et BOC auront la même mesure, puisqu'ils sont égaux. Cette mesure est la moitié de l'arc BCF compris entre ses côtés, puisque son sommet est placé sur la circonférence (93) : mais les arcs AE et FC étant égaux, comme compris entre des cordes parallèles (91), il s'ensuit que l'arc BF, égal à BC+FC, sera aussi égal à BC+AE; et puisque sa moitié mesure l'angle FEB, et par conséquent son égal BOC; donc ce dernier aura aussi pour mesure la moitié de la somme des arcs BC et AE, somme équivalente à l'arc BF.

PROBLÈME.

97. *Décrire sur une droite AB* (Fig. 55) *un segment (ou une portion de cercle) AGB, capable, d'un angle donné M.* Fig. 55.

Faites à l'extrémité B de la droite donnée AB l'angle ABC égal à l'angle donné M. Au point E, milieu de AB, élevez EJ, perpendiculaire à cette droite; et au point B, élevez BI, perpendiculaire à BC; le point O, intersection des deux perpendiculaires, est le centre cherché de la circonférence AKBH, dont OB est le rayon. Car, puisque BC est perpendiculaire à l'extrémité du rayon OB, BC est une tangente, et l'angle ABC a pour mesure la moitié de l'arc AKB.

Il est évident que tous les angles AGB, AHB, ayan même mesure que l'angle ABC, seront égaux à l'angle donné M.

N. B. On énonce aussi ce problème comme il suit : *Décrire sur une droite donnée AB un cercle tel, que tous les angles ayant leur sommet à sa circonférence, placés du même côté de cette droite, et s'appuyant sur ses extrémités A, B, soient égaux à un angle donné M.*

PROBLÈME.

98. *D'un point donné A*, (Fig. 56), *situé hors d'un cercle BCcD, mener une tangente à ce cercle.* Fig. 56.

Du point A tirez la droite AO qui joigne le centre du cercle au point O; du point Q, moitié de cette droite, comme centre et d'un rayon égal à la moitié de AO, décrivez une demi-circonférence qui coupe la première au point B, et tirez AB, cette droite sera la tangente demandée.

Si, du point B on tire le rayon BO, l'angle ABO, qui est dans la demi-circonférence, a pour mesure la moitié de cette demi-circonférence; il est alors droit (93), AB est perpendiculaire au rayon BO, donc AB est la tangente demandée.

PROBLÈME.

Fig. 57. 99. *Par trois points donnés A, B, C,* (Fig. 57), *qui ne sont pas en ligne droite, faire passer une circonférence de cercle.*

Joignez les trois points donnés A, B, C, par deux lignes droites AB et BC; sur le milieu de AB élevez une perpendiculaire ED, sur le milieu de BC élevez une perpendiculaire FG; ces deux perpendiculaires se couperont en O, qui sera le centre du cercle; car le point O est également éloigné de A et de B, de B et de C; donc les trois droites AO, BO, CO, étant égales, sont les rayons (13) d'un même cercle.

C'est encore ainsi que l'*on trouve le centre d'un cercle ou d'un arc donné*. On prend dans le cercle, ou sur l'arc,

Fig. 56. deux cordes à volonté *ab* et *c*D (*Fig.* 56); sur le milieu de chacune de ces cordes on élève les perpendiculaires HG et EF, ces deux perpendiculaires se coupent au point O, et ce point est le centre demandé.

PROBLÈME.

100. *Décrire un cercle qui touche en un point donné A,*

Fig. 58. (Fig. 58), *une droite AB donnée de position, et, qui passe par un second point donné C.*

Elevez sur AB, par le point A, la perpendiculaire AO', puis joignez les points A et C; élevez aussi sur le milieu de AC la perpendiculaire DO', et le point d'intersection O' sera le centre du cercle demandé. En effet, le centre de ce cercle doit se trouver sur la droite AO' perpendiculaire à la tangente AB, et passant par le point A, où doit avoir lieu le contact du cercle et de la droite AB (88), il doit être pareillement sur DO', puisque cette droite est perpendiculaire sur le milieu de la droite AC, qui, joignant deux points A et C du cercle demandé, en est une corde (90): donc il est au point O', où ces deux perpendiculaires se rencontrent.

PROBLÈME.

101. *Décrire un cercle qui touche en un point donné A un autre cercle donné AE, et qui passe par un second point donné C.*

Joignez, comme dans le problème précédent, les points A et C, et la perpendiculaire DO', élevée sur le milieu de la corde AC, passera par le centre du cercle demandé: tirez ensuite par le centre O du cercle donné et par le point A une droite qui contiendra aussi le centre du cercle demandé; le point O', où cette droite prolongée, s'il est nécessaire, rencontrera la droite DO', sera donc, dans ce cas, le centre du cercle demandé.

La construction ne changerait pas si le point donné C passait en C', dans l'intérieur du cercle donné AE; car la perpendiculaire D' O'', élevée sur le milieu de AC', passerait par le centre O'' du cercle demandé, qui, dans ce cas, serait nécessairement enveloppé par le cercle donné AE.

THÉORÈME.

102. *Si d'un même point O, situé hors d'un cercle* (Fig. 59), *on mène les sécantes OB, OC, jusqu'à la partie de la circonférence la plus éloignée de ce point, les sécantes entières seront réciproquement proportionnelles à leurs parties extérieures, c'est-à-dire qu'on aura* Fig. 59.

$$OB : OC :: OD : OA.$$

Si l'on joint AB, BD, les triangles OAC, ODB, auront l'angle O commun; de plus l'angle B sera égal à l'angle C; donc ces triangles sont semblables, et les côtés homologues donnent cette proportion :

$$OC : OB :: OA : OD,$$

et alors

$$OC \times OD = OB \times OA.$$

103. *Remarque.* Si l'on conçoit que la sécante OB (*Fig.* 60) tourne autour du point O, en s'avançant vers Fig. 60. E, pour se dégager du cercle, les points A et B se rapprocheront sans cesse; lorsque la droite BO, étant devenue la tangente OE, on aura

$$OD : OE :: OE : OC,$$

donc la tangente OE est moyenne proportionnelle entre CO et DO. Ce qu'on peut aussi démontrer comme il suit :

Ayant tiré les cordes DE et CE, on aura les triangles DOE et COE, dans lesquels l'angle O sera commun, et les angles OCE et OED seront égaux, comme ayant leur sommet sur la circonférence et s'appuyant sur le même arc DE; la comparaison de leurs côtés homologues donnera

$$OD : OE :: OE : OC,$$

ce qui donne

$$\overline{OE}^2 = OD \times OC.$$

THÉORÈME.

104. *Les parties de deux cordes AB, CD* (Fig. 61), Fig. 61. *qui se coupent dans un cercle, sont réciproquement proportionnelles, c'est-à-dire qu'on a*

$$AO : DO :: CO : OB.$$

En joignant les points AC et BD par des droites : dans les triangles ACO, BOD, les angles en O sont égaux comme opposés au sommet; l'angle A est égal à l'angle D, parce qu'ils sont dans le même segment; et par la même raison l'angle C = B; donc ces triangles sont semblables, et les côtés homologues donnent la proportion

$$AO : DO :: CO : OB;$$

enfin, il résulte de cette proportion que l'on a

$$AO \times OB = DO \times CO.$$

PROBLÈME.

105. *Trouver une moyenne proportionnelle entre deux*
Fig. 62. *droites données A et B* (Fig. 62).

Tirez la droite indéfinie DE; prenez DF égal à la droite donnée A, et FE égale à la droite donnée B; au point O, milieu du diamètre DE, décrivez une demi-circonférence DCE; au point F, élevez une perpendiculaire qui rencontre la circonférence en C; FC sera la moyenne proportionnelle demandée.

Effectivement, en joignant DC, EC, on a le triangle EFC semblable au triangle DFC (69); leurs côtés homologues donnent la proportion suivante :

$$FD : FC :: FC : EF;$$

d'où résulte

$$\overline{FC}^2 = FD \times EF;$$

donc FC est moyenne proportionnelle entre FD et EF ou entre A et B.

106. *Remarques.* On peut trouver une moyenne proportionnelle entre deux droites données, en prenant la plus grande pour le diamètre DE; portant la seconde de E en F, élevant la perpendiculaire FC, et tirant la corde EC, qui sera, la moyenne proportionnelle demandée.

107. On peut aussi trouver une moyenne proportionnelle entre deux droites rapportées à une mesure commune, et exprimées par conséquent en nombres, en extrayant la racine carrée du produit de l'un par l'autre. Faisons A=20, B=5, et nous aurons

$$A \times B = 100.$$

Si on extrait la racine carrée de ce résultat, on aura

$$\sqrt{A \times B} = FC = 10;$$

donc la moyenne proportionnelle FC est celle demandée.

Enfin, les termes de la proportion

$$A : FG :: FC : B$$

étant exprimés en nombres, on aura

$$20 : 10 :: 10 : 5,$$

ce qui prouve que si une proportion a ses deux moyens égaux et inconnus, il faut, pour les déterminer, faire le produit des extrêmes, et la racine carrée de ce produit sera le résultat demandé et communs aux deux moyens, et la moyenne proportionnelle entre les deux extrêmes.

PROBLÈME.

Fig. 63. 108. *Partager une droite AB* (Fig. 63), *en moyenne et extrême raison, c'est-à-dire, de manière qu'on ait la proportion*

$$BC : AC :: AC : AB,$$

dans laquelle la partie AC est moyenne proportionnelle entre la droite AB et l'autre partie BC.

Elevez à l'une des extrémités de la droite AB la perpendiculaire BO, égale à la moitié de cette droite; tirez AO; du point O, comme centre avec le rayon BO, décrivez un cercle BED, et du point A, comme centre avec un rayon égal à AE, décrivez l'arc EC; cet arc, coupant la droite AB au point C, la partagera en moyenne et extrême raison.

Pour le prouver, on prolongera AO jusqu'en D, et l'on Fig. 63.
aura, par le n° 103,

$$AE : AB :: AB : AD;$$

d'où l'on tirera

$$AB - AE : AD - AB :: AE : AB;$$

mais

$$AB - AE = AB - AC = BC;$$

et puisque par construction BO est la moitié de AB, il s'ensuit que

$$AB = 2\,BO = DE,$$

d'où

$$AD - AB = AD - DE = AE = AC,$$

et par conséquent

$$BC : AC :: AC : AB,$$

proportion conforme à l'énoncé du problème.

PROBLÈME.

109. *Décrire un cercle qui passe par deux points donnés C et D* (Fig. 64), *et qui touche une ligne droite* Fig. 64.
indéfinie AB, donnée de position.

Joignez les points D et C par une droite que vous prolongez jusqu'à ce qu'elle rencontre AB, en B; prenez ensuite une moyenne proportionnelle entre BC et BD, par le procédé indiqué n° 106, et BE étant cette moyenne proportionnelle, vous la rapporterez sur AB, en décrivant du point B, comme centre avec un rayon égal à BE, l'arc EF; le point F sera celui où doit se faire le contact de la droite AB et du cercle demandé; on pourra donc décrire ce cercle suivant le procédé du n° 99, ou par celui du n° 100.

Cette solution se prouve en observant que la ligne BC est une sécante, et que la question se réduit à trouver sur AB la position du point de contact, pour lequel on doit avoir, d'après le n° 103,

$$BD : BF :: BF : BC,$$

d'où il suit que la distance BF s'obtiendra en prenant une moyenne proportionnelle entre BD et BC (106 et 107).

DES POLYGONES INSCRITS ET CIRCONSCRITS AU CERCLE.

110. On appelle *ligne inscrite dans le cercle*, celle dont les extrémités sont à la circonférence, comme AB
(*Fig.* 65); *angle inscrit*, un angle tel que BAC, dont Fig. 65.
le sommet est à la circonférence et qui est formé par deux cordes; *triangle inscrit*, un triangle tel que ABC, dont les trois angles ont leurs sommets à la circonférence; et en général *figure inscrite*, celle dont tous les angles ont leurs sommets à la circonférence : et en même temps on dit que le cercle est *circonscrit* au triangle ABC.

Un polygone est *circonscrit à un cercle* lorsque tous ses côtés sont des tangentes à la circonférence; dans le même cas on dit que le cercle est *inscrit* dans le polygone.

Remarque. Puisqu'on peut toujours faire passer un cercle par trois points donnés (99), on pourra aussi faire passer un cercle par les sommets des angles d'un triangle quelconque ABC.

PROBLÈME.

111. *Inscrire un cercle dans un triangle donné ABC*
Fig. 66. (Fig. 66), *c'est-à-dire décrire dans l'intérieur de ce triangle un cercle qui ne fasse qu'en toucher les côtés.*

Partagez les angles ABC, BAC, en deux parties égales par les droites BO, AO, dont le point d'intersection O est le centre cherché.

Effectivement, les perpendiculaires OE, OF, OD, sont égales et rayons du même cercle, puisque dans les deux triangles rectangles EBO, OBD, on a BO commun, et l'angle OBE égal à l'angle OBD; de même, les deux triangles AOE, OAF, sont égaux, puisque AO est commun, et que l'angle EAO est égal à l'angle OAF.

De plus, si vous joignez OC, l'angle OCA sera égal à l'angle OCB, car OC est commun aux deux triangles OFC, ODC, et de plus OF = OD.

THÉORÈME.

112. *Tout polygone d'un nombre quelconque de côtés, lorsqu'il est régulier, c'est-à-dire lorsqu'il a tous ses angles égaux et tous ses côtés égaux, peut être inscrit et circonscrit au cercle.*

Fig. 67. Soit le polygone ABCDEF (*Fig.* 67) dont on suppose que les angles ABC, BCD, etc., soient tous égaux entre eux, et qu'il en soit de même de tous ses côtés AB, BC, etc.

1° Le cercle qui passera par les sommités A, B, C, de trois quelconque des angles de ce polygone, passera par tous les autres; car si l'on mène, du centre O du cercle ABC, les droites AO, BO, CO, etc., les trois premières seront, par construction, rayons de ce cercle, et par conséquent égales; les triangles isocèles AOB et BOC, seront aussi égaux, comme ayant leurs côtés égaux chacun à chacun, puisque, par hypothèse, BC = AB; les angles OBA et OBC étant égaux, chacun d'eux sera la moitié de l'angle ABC du polygone : l'angle BCO sera donc aussi la moitié de l'angle BCD, égal à ABC, par hypothèse; OCD sera l'autre moitié, et sera, par conséquent, égal à BCO. Cela posé, CD étant, par l'hypothèse, égal à CB, les triangles BCO et OCD auront, chacun à chacun, un angle égal compris entre deux côtés égaux, seront égaux (21), et donneront OD = OC; ainsi le point D sera sur la circonférence du cercle ABC. On démontrerait de la même manière que le point E et tous ceux qui le suivent s'y trouvent aussi.

2° Si l'on abaisse une perpendiculaire OG sur l'un quelconque AB des côtés de ce polygone, le cercle GH décrit le point O comme centre avec le rayon GO, et touchant le côté AB au point G, touchera aussi chacun des autres dans leur milieu; car si du point O on abaisse sur le côté BC, la perpendiculaire OH, les triangles OBG et OBH rectangles, l'un en G et l'autre en H, seront égaux; ils donneront par conséquent OG = OH : le cercle GH touchera donc BC en H, point qui est le milieu de BC, puisque les obliques OB et OC sont égales. Le même raisonnement fera voir que ce cercle touche pareillement chacun des autres côtés.

113. *Remarque.* Les angles AOB, BOC, COD, etc., formés par les rayons, menés du centre O du polygone, à chacun de ses angles, se nomment *angles au centre*, pour les distinguer des *angles à la circonférence*, ABC, BCD, CDE, etc.

THÉORÈME.

114. *Les polygones réguliers d'un même nombre de côtés sont semblables, et leurs périmètres sont entre eux comme les rayons des cercles auxquels ils sont inscrits ou circonscrits.*

Soient les deux polygones réguliers ABCDEF, *abcdef*; la somme des angles est la même dans l'un et dans l'autre polygone; elle est égale à huit angles droits.

1° L'angle A est la sixième partie de cette somme aussi bien que l'angle *a*; donc les deux angles A et *a* sont égaux; il en est, par conséquent, de même des angles B et *b*, des angles C et *c*, etc. De plus, puisque par la nature de ces polygones les côtés AB, BC, CD, etc., sont égaux, ainsi que *ab*, *bc*, *cd*, etc., il est clair qu'on a les proportions

$$AB : ab :: BC : bc :: CD : cd, \text{ etc.};$$

donc les deux polygones dont il s'agit ont les angles égaux et les côtés homologues proportionnels; donc ils sont semblables (81).

2° Les angles AOB et *aob*, étant égaux, et les triangles AOB et *aob* étant d'ailleurs isocèles, seront semblables (62); ils donneront

$$AB : ab :: AO : ao,$$

et les périmètres des polygones proposés étant entre eux comme leurs côtés homologues (84), seront donc, d'après cette proportion, dans le rapport des rayons AO et *ao*, des cercles dans lesquels ces polygones sont inscrits.

La similitude des triangles AGO et *ago*, rectangles l'un en G et l'autre en *g*, est évidente à cause de l'égalité des angles BAO et *bao*, et donne

$$AO : ao :: OG : og;$$

d'où l'on conclut

$$AB : ab :: OG : og.$$

PROBLÈME.

115. *Un polygone d'un nombre quelconque de côtés étant inscrit au cercle, inscrire dans le même cercle un second polygone d'un nombre de côtés double de celui des côtés du premier, et trouver la valeur de l'un des côtés du second.*

Soit AB (*Fig.* 68), l'un des côtés du premier polygone, Fig. 68.
et AOB l'angle au centre de ce polygone; on divisera cet angle, ou l'arc AFB qui le mesure, en deux parties égales (38), au point F, et les droites AF et FB, égales

Fig. 68. entre elles, seront évidemment deux côtés contigus du nouveau polygone.

Pour trouver la valeur de AF, il faudrait prolonger le rayon FO jusqu'en D; on aurait alors (108)

$$\overline{AF}^2 = FD \times FE;$$

mais il est plus expéditif pour parvenir à cette valeur, de calculer, au lieu des côtés des polygones intermédiaires, les cordes BC, FC, des arcs qu'on ajoute aux arcs AB et AF, pour compléter la demi-circonférence.

Effectivement, puisque les triangles ABC, AFC, formés sur le diamètre AC et ayant un de leurs angles à la circonférence, sont nécessairement rectangles; on a

$$BC = \sqrt{\overline{AC}^2 - \overline{AB}^2},\ FC = \sqrt{\overline{AC}^2 - \overline{AF}^2},\ \text{etc.}$$

N. B. Cette marche sera suivie dans le nº 127, où on prendra le rayon AO pour unité, pour démontrer la formation du tableau qui se trouvera dans ce numéro.

116. Le plus simple des polygones réguliers, après le triangle équilatéral, est le quadrilatère dont les angles et les côtés sont égaux. Ce polygone se nomme *carré*.

La somme des quatre angles intérieurs de ce polygone, valant, d'après le nº 78, quatre angles droits, et étant tous égaux, chacun d'eux sera droit; ainsi le *carré*
Fig. 70. ABCD (*Fig.* 70) a ses quatre côtés AB, BC, CD, AD égaux, et ses quatre angles A, B, C, D droits.

117. *Remarques.* Il ne faut pas confondre le carré avec le parallélogramme qui n'a que ses côtés égaux, et dont
Fig. 71. les angles sont inégaux: ce dernier, dont ABCO (*Fig.* 71) représente un cas, se nomme *rhombe* ou *losange*. Quand les côtés contigus sont inégaux, mais que les angles demeurent droits, le parallélogramme étant rectangle, se
Fig. 69. nomme simplement *rectangle*: ABCD (*Fig.* 69) est un rectangle.

Tout rectangle peut s'inscrire dans un cercle, car les diagonales AC et BD étant égales dans ce cas, se couperont en un point O, également éloigné des points A, B, C, D, puisqu'en général AO=OC, DO=OB (76).

PROBLÈME.

118. *Construire un carré sur une ligne donnée AB*
Fig. 70. (Fig. 70).

Elevez sur les extrémités A et B de cette droite, deux perpendiculaires AD et BC, que vous ferez égales à AB; joignez leurs extrémités C et D par une droite, vous aurez le carré demandé ABCD. Effectivement, les côtés AD et BC étant parallèles et égaux, il en sera de même des côtés DC et AB; les angles ADC et BAD, internes d'un même côté, valent ensemble deux droits, et le second étant lui-même droit par construction, le premier sera droit aussi; on prouvera la même chose pour BCD, en le comparant avec ABC.

PROBLÈME.

119. *Inscrire dans un cercle un carré ou les polygones de 4, 8, 16, 32, 64, etc., côtés.*

La question se réduit d'abord à inscrire un carré, puisque les autres polygones se formeront par son moyen.

Pour inscrire un carré dans le cercle ABCD (*Fig.* 70), Fig. 70.
tirez deux diamètres AC, BD, qui se coupent à angles droits; joignez les extrémités A, B, C, D, et la figure ABCD sera le carré inscrit: car les angles AOB, BOC, etc., étant égaux, les cordes AB, BC, etc., sont égales.

Le triangle BOC étant rectangle et isocèle, on a

$$BC : BO :: \sqrt{2} : 1;$$

donc *le côté du carré inscrit : au rayon :: la racine carrée de* 2 : 1.

Un carré étant inscrit, si on divise les arcs soutendus par ses côtés en deux parties égales, et qu'on tire les cordes des demi-arcs, celles-ci formeront un polygone de huit côtés ou un octogone; ainsi de suite.

PROBLÈME.

120. *Inscrire dans un cercle un hexagone régulier ou les polygones de 3, 6, 12, 24, 48, etc., côtés.*

Le côté de l'exagone régulier s'offre le premier; il est égal au rayon du cercle circonscrit.

En effet, l'angle AOB (*Fig.* 71) est la sixième partie Fig. 72.
de quatre droits; ainsi, en prenant l'angle droit pour unité, on aura

$$AOB = \tfrac{4}{6} = \tfrac{2}{3};$$

les deux autres angles ABO, BAO, du même triangle, valent ensemble $2 - \frac{2}{3}$ d'angle droit, ou $\frac{4}{3}$, et comme ils sont égaux, chacun d'eux $= \frac{2}{3}$; donc le triangle ABO est équilatéral; donc le côté de l'hexagone inscrit est égal au rayon.

On inscrira donc un hexagone dans un cercle, en portant le rayon du cercle six fois sur sa circonférence, et en joignant par des droites les points de division consécutifs.

Pour parvenir à former le triangle équilatéral inscrit ACE, on joindra par des droites les angles de l'hexagone pris de deux en deux.

La figure ABCO est un losange, puisque

$$AB = BC = OC = AO;$$

donc la somme des carrés des diagonales $\overline{AC}^2 + \overline{BO}^2$, est égale à la somme des carrés des côtés, laquelle est $4\,\overline{AB}^2$ ou $4\,\overline{BO}^2$; retranchant de part et d'autre $\overline{BO}^2$, il restera $\overline{AC}^2 = 3\,\overline{BO}^2$; donc

$$\overline{AC}^2 : \overline{BO}^2 :: 3 : 1,$$

ou

$$AC : BO :: \sqrt{3} : 1;$$

donc *le côté du triangle équilatéral inscrit : au rayon :: la racine carrée de* 3 : 1.

Un hexagone régulier étant inscrit, si on divise les arcs soustendus par ses côtés en deux parties égales, et qu'on tire les cordes des demi-arcs, celles-ci formeront un polygone de douze côtés ou dodécagone; ainsi de suite.

PROBLÈME.

121. *Inscrire dans un cercle un décagone ou les polygones de 5, 10, 20, 40, etc., côtés.*

On trouve premièrement le côté du décagone en prenant le plus grand des deux segmens du rayon partagé en moyenne et extrême raison (108).

En effet, dans ce polygone, l'angle au centre ABO
Fig. 72. (*Fig.* 72) est la dixième partie de quatre droits, ou les $\frac{2}{5}$ d'un seul; il reste, pour les angles ABO et BAO, $2-\frac{2}{5}$ d'angle droit, ou $\frac{8}{5}$, ce qui donne $\frac{4}{5}$ pour chacun : l'angle BAO est donc double de l'angle AOB. Si l'on mène AG, qui fasse avec AB l'angle BAG égal à AOB, les deux triangles ABG et ABO, ayant encore un angle commun B, seront semblables et donneront

$$BG : AB :: AG : AO;$$

or, le triangle ABO étant isocèle, le triangle ABG le sera pareillement : on aura donc

$$AG = AB.$$

De plus, l'angle BAG étant égal à AOB, sera la moitié de BAO; l'autre moitié GAO sera par conséquent égale à AOB, ce qui donnera

$$GO = AG = AB;$$

et la proportion précédente, devenant alors

$$BG : GO :: GO : BO,$$

montre que le rayon BO est en effet partagé, au point G, en moyenne et extrême raison, et que AB est égal au plus grand des deux segmens.

Pour former le pentagone régulier ACDEF, on joindra par des droites les angles du décagone, pris de deux en deux. Nous ne nous arrêterons pas à calculer le côté du décagone, parce que cette recherche est plus curieuse qu'utile.

122. *Remarque.* AB étant toujours le côté du décagone, si on porte le rayon du cercle, qui est le côté de l'exagone, de A en *a*, l'arc B*a* sera, par rapport à la circonférence, $\frac{1}{6}-\frac{1}{10}$ ou $\frac{1}{15}$; donc la corde B*a* sera le côté du pentédécagone ou polygone régulier de quinze côtés. Au moyen de la division continuelle des arcs en deux parties égales, on obtiendra les polygones de 30, 60, 120, etc., côtés (1).

PROBLÈME.

123. *Un polygone régulier d'un nombre quelconque de côtés étant inscrit dans un cercle, circonscrire à ce cercle un polygone régulier du même nombre de côtés; et réciproquement, le polygone circonscrit étant donné, construire le polygone inscrit.*

Soit *abcde* (*Fig.* 78), le polygone proposé; on tirera Fig. 78.
les rayons O*a*, O*b*, O*c*, etc., à l'extrémité desquels on élèvera les perpendiculaires AE, BA, CB, etc.; l'ensemble de ces perpendiculaires qui toucheront la circonférence du cercle *abcde*, sera le polygone demandé. En effet, les triangles *a*A*b*, *b*B*c*, *c*C*d*, etc., sont tous égaux et isocèles, parce que les côtés *ab*, *bc*, *cd*, etc., sont égaux, et que les angles A*ab*, A*ba*, B*bc*, B*cb*, C*cd*, C*dc*, etc., formés sur ces côtés, comprennent des arcs égaux; *ab*, *bc*, *cd*, etc., sont aussi égaux (97). Le polygone ABCDE ayant donc ses angles égaux ainsi que ses côtés, sera tel qu'on le demande.

On déduira le polygone inscrit du polygone circonscrit, en joignant les points *a*, *b*, *c*, *d*, etc., qui sont les milieux des côtés de ce dernier, et dans lesquels il touche la circonférence. Pour s'en convaincre, il suffit d'observer que les triangles *a*A*b*, *b*B*c*, *c*C*d*, etc., sont maintenant égaux comme ayant un angle égal compris entre deux côtés égaux chacun à chacun, puisque les angles A, B, C, etc., sont ceux d'un polygone régulier, et que *a*A, A*b*, *b*B, etc., sont les moitiés des côtés AE, AB, BC, etc., égaux entre eux. Le polygone *abcde*, ayant ses angles et ses côtés égaux, est donc le polygone inscrit demandé.

On pourrait aussi former le polygone inscrit *a'b'c'd'e'*, qui ne diffère de *abcde* que par sa position, en tirant les droites AO, BO, CO, etc., des angles du polygone circonscrit ABCDE au centre du cercle inscrit, et joignant les points *a' b' c'*, etc., où ces lignes rencontrent la circonférence de ce même cercle.

124. *Remarque.* Il est important d'observer qu'à mesure qu'on multiplie les côtés du polygone inscrit, son périmètre augmente, tandis que celui du polygone circonscrit diminue dans la même circonstance.

Effectivement, si l'on divise en deux l'arc *aa'b*, et qu'on tire les cordes *aa'* et *a'b*, on aura deux côtés consécutifs du polygone inscrit, d'un nombre de côtés double de celui des côtés du polygone auquel appartient

(1) On a cru long-temps que ces polygones étaient les seuls qui pussent être inscrits par les procédés de la Géométrie élémentaire, ou, ce qui revient au même, par la résolution des équations du premier et du second degré : mais M. *F. Gauss* a prouvé, dans un ouvrage intitulé : *Desquisitiones Arithmeticæ* (publié en 1801 à Leipsic, et traduit en français par M. Delisle), qu'on peut inscrire par de semblables moyens le polygone régulier de dix-sept côtés, et en général celui de 2^n+1 côtés, pourvu que 2^n+1 soit un nombre premier.

Dans la pratique, pour diviser la circonférence : 1° *En sept, en quatorze*
Fig. 73. *et en quinze parties égales.* Après avoir tiré le diamètre GF (*Fig.* 73), on porte la moitié de sa longueur ou le rayon OF de F en A et en E, on tire AE, et la moitié AD de la corde AE sera celle de la division en sept parties. Pour avoir quatorze parties, on prend la moitié de ces dernières. Pour la partager en quinze, il faut de l'extrémité F du diamètre GF, décrire l'arc BC, et la partie CO du rayon GO sera la longueur cherchée.

2° *En cinq, huit, dix, onze et seize parties égales.* On tire les dia-
Fig. 74. mètres AB, CD (*Fig.* 74), croisés perpendiculairement; du point B, et d'un rayon égal à celui du cercle, on coupe la circonférence en I, et du point D on la coupe en G; du point I on décrit l'arc GEF; ensuite on tire la droite ED, et l'on a ED pour la corde de la cinquième partie de la circonférence, la distance EF pour la corde de la huitième, EO pour celle de la dixième, EG pour celle de la onzième, et EA pour celle de la seizième.

3° *En neuf, treize, dix-neuf et vingt parties égales.* On tire les dia-
Fig. 75. mètres AB, GD (*Fig.* 75), croisés perpendiculairement, et dont l'un d'eux GD est prolongé; de l'extrémité A du diamètre AB, et d'un rayon égal à celui du cercle, on coupe la circonférence en E; de l'autre extrémité B, on décrit l'arc EC qui vient couper le prolongement du diamètre GD; du point C on décrit les arcs EF, AH, et on a HD pour la corde de la neuvième partie de la circonférence, et OH pour celle de la dix-neuvième. Si du point D on décrit l'arc BL, et de L l'arc BJ, on aura LO pour la corde de la treizième partie, et JH pour celle de la vingtième.

4° *En dix-sept parties égales.* On tire un diamètre AB prolongé
(*Fig.* 76); on lui mène le rayon OD perpendiculairement; du point B et Fig. 76.
d'un rayon égal à celui du cercle, on coupe la circonférence en E; du milieu H du rayon OD, on décrit l'arc EF, et on a BF pour la corde de la dix-septième portée de la circonférence.

5° *En un nombre quelconque de parties égales (en sept par exemple).* On divise le diamètre en autant de parties égales que la circonférence doit
en avoir; des points B et C (*Fig.* 77), et d'un rayon égal au diamètre BC, Fig. 77.
on décrit des arcs qui se coupent en A; on mène AD passant par la seconde division E et on aura BD pour la septième partie de la circonférence donnée.

Fig. 78. ab. Tirant ensuite MN perpendiculairement à $a'O$, les droites aN, Na', $a'M$, Mb, seront des demi-côtés du polygone circonscrit correspondant à celui dont aa' fait partie. Maintenant, il est visible que les portions aAb, $aNMb$, ab, $aa'b$, seront contenues dans les polygones dont elles font partie, autant de fois que l'arc $aa'b$ l'est dans la circonférence entière, et seront, par conséquent, des parties semblables de chaque polygone.

Puisque le polygone inscrit augmente de périmètre, quand on multiplie ses côtés, tandis que celui du polygone circonscrit correspondant diminue, il en résulte que la différence entre les deux polygones décroît aussi dans la même circonstance. On peut même trouver un polygone, soit inscrit, soit circonscrit, tel que la différence entre son périmètre et la circonférence du cercle, soit moindre qu'une grandeur donnée, quelque petite qu'elle soit. Se rappelant que les périmètres de deux polygones réguliers d'un même nombre de côtés sont entre eux comme les rayons des cercles auxquels ils sont circonscrits (114), et désignant par Q le périmètre du polygone ABCDE, et par q celui du polygone $abcde$, on aura

$$Q : q :: Oa : OG;$$

d'où l'on conclura

$$Q-q : Q :: Oa-OG : Oa,$$

et

$$Q-q=\frac{a'G\times Q}{Oa}.$$

On peut donc, en multipliant, autant qu'il sera nécessaire, les côtés du polygone inscrit, rendre la quantité $Q-q$ aussi petite qu'on voudra.

C'est sur cette propriété que repose le procédé qu'*Archimède* employa pour parvenir à déterminer, d'une manière approchée, le rapport de la circonférence au diamètre.

THÉORÈME.

125. *Les circonférences des cercles sont entre elles comme leurs rayons ou leurs diamètres.*

Quelque soit le nombre de leurs côtés, pourvu qu'il soit le même dans l'un et dans l'autre, les périmètres de deux polygones réguliers étant entre eux comme les rayons des cercles dans lesquels ils sont inscrits, si l'on désigne par q et q' ces périmètres, et par R et R' les rayons des cercles correspondans, on aura $\frac{q'}{q}=\frac{R'}{R}$. Si donc $\frac{C'}{C}$ est le rapport des circonférences, la différence entre les rapports $\frac{C'}{C}$ et $\frac{q'}{q}$ s'il en existe une, pourra être réduite à tel degré de petitesse qu'on voudra.

Cette différence étant aussi celle des rapports invariables $\frac{C'}{C}$ et $\frac{R'}{R}$, puisque $\frac{q'}{q}=\frac{R'}{R}$, on peut prouver que la différence entre les quantités invariables $\frac{C'}{C}$ et $\frac{R'}{R}$ est au-dessous de toute grandeur donnée : on aura donc, pour la proposition précédente,

$$\frac{C'}{C}=\frac{R'}{R}, \text{ ou } C : C' :: R : R'.$$

126. *Corollaire.* La proposition précédente fait voir Fig. 78. que le rapport de la circonférence au diamètre est le même dans tous les cercles, et qu'on peut, au moyen de ce rapport, calculer la longueur d'une circonférence dont on connaît le rayon. En effet, si π (*prononcez* pi) désigne ce rapport, ou, ce qui revient au même, la circonférence du cercle dont le diamètre est l'unité, on aura cette proportion :

$$1 : \pi :: 2R : C,$$

de laquelle on tirera

$$C=2\pi\times R, \text{ et } R=\frac{C}{2\pi},$$

formules avec lesquelles on calculera la circonférence C, lorsque le rayon R sera donné, ou le rayon quand on connaîtra la circonférence.

PROBLÈME.

127. *Trouver le rapport approché de la circonférence au diamètre.*

Puisque, d'après le n° 124, les périmètres des polygones circonscrits diminuent sans cesse à mesure qu'ils approchent de la circonférence du cercle, tandis que ceux des polygones inscrits augmentent toujours dans la même circonstance, il est visible que la circonférence du cercle est moindre que le périmètre du polygone circonscrit, et plus grand que celui du polygone inscrit, et qu'on résoudra cette question en calculant, dans une des suites de polygones qu'on sait inscrire, le périmètre d'un certain nombre des premiers, et le périmètre des polygones circonscrits correspondans. On aura, par ce moyen, deux suites de nombres, les uns plus petits que la circonférence, les autres plus grands; et l'on s'arrêtera lorsque la différence des nombres correspondans des deux suites sera devenue moindre que le degré d'approximation qu'on veut obtenir dans la valeur de la circonférence.

128. Le rapport étant le même dans tous les cercles, il suffira de le calculer pour un seul cercle, que l'on choisira comme on le jugera à propos. Nous choisirons donc le cercle dont le rayon est égal à 1, c'est-à-dire à l'unité de linéaire; alors, pour résoudre ce problème, il faudra avoir les valeurs de la circonférence et du diamètre de ce cercle, puis diviser l'un par l'autre. La valeur du diamètre est évidemment 2, puisqu'on suppose le rayon égal à 1; il reste donc à calculer celle de la circonférence. Si l'on prend, pour la formation du tableau suivant, le rayon AO (*Fig.* 68) pour unité, à cause du Fig. 68. diamètre AC = 2, on trouvera

$$BC=\sqrt{4-\overline{AB}^2},$$

$$FC=\sqrt{4-\overline{AF}^2};$$

et comme on a

$$AF=\sqrt{2-\sqrt{4-\overline{AB}^2}},$$

il viendra

$$AF=\sqrt{2-BC},$$

ou

$$\overline{AF}^2=2-BC;$$

Fig. 68. mettant cette valeur dans celle de FC, il en résultera

$$FC = \sqrt{2 + BC}:$$

on passera donc de BC à FC en prenant la racine carrée de la première quantité augmentée de 2. Il est évident qu'on aura de même $GC = \sqrt{2 + FC}$, GC étant la corde de l'arc correspondant à AG, moitié de AF, et ainsi de suite.

En partant de AB = 1, on trouvera

$$BC = \sqrt{3} = 1\text{-}7320508075$$

$$FC = \sqrt{2 + 1\text{-}7320508075} = 1\text{-}9318516525$$

$$GC = \sqrt{2 + 1\text{-}9318516525} = 1\text{-}9828897227$$

$$HC = \sqrt{2 + 1\text{-}9828897227} = 1\text{-}9957178465$$

$$IC = \sqrt{2 + 1\text{-}9957178465} = 1\text{-}9989291749$$

$$JC = \sqrt{2 + 1\text{-}9989291749} = 1\text{-}9997322758$$

$$KC = \sqrt{2 + 1\text{-}9997322758} = 1\text{-}9999330678$$

$$LC = \sqrt{2 + 1\text{-}9999330678} = \sqrt{3\text{-}9999330678};$$

et comme BC répond au polygone de 6 côtés, ou à l'exagone, FC répondra à celui de 12, ou dodécagone, GC à celui de 24, HC à celui de 48, IC à celui de 96, JC à celui de 192, KC à celui de 384 (1), et LC à celui de 768. En nommant AL le côté de ce dernier, on aura

$$AL = \sqrt{4 - \overline{LC}^2} = \sqrt{4 - 3\text{-}9999330678} = \sqrt{0\text{-}0000669322} = 0\text{-}00818121;$$

en multipliant ce nombre par 768, on obtiendra le périmètre du polygone inscrit de 768 côtés, comme dans le tableau suivant : on calculera ensuite le polygone circonscrit correspondant.

Voici le calcul des polygones de 6, 12, 24, 48, 96, etc., côtés, prolongés jusqu'à ce qu'ils ne diffèrent plus que de deux unités décimales du septième ordre.

Corde de l'arc correspt. à un côté.	Nom de ce côté.	Nombre des côtés du polygone	Périmètre du polygone inscrit.	Périmètre du polygone circonscrit
BC	AB	6	6-0000000	6-9282042
FC	AF	12	6-2116571	6-4307806
GC	AG	24	6-2652572	6-3193199
HC	AH	48	6-2787004	6-2921724
IC	AI	96	6-2820639	6-2854292
JC	AJ	192	6-2829049	6-2837461
KC	AK	384	6-2831152	6-2833260
LC	AL	768	6-2831678	6-2832205
MC	AM	1536	6-2831809	6-2831941
NC	AN	3072	6-2831842	6-2831875
PC	AP	6144	6-2831850	6-2831858
QC	AQ	12288	6-2831852	6-2831854

On voit, par ce tableau, comment les périmètres des polygones inscrits et circonscrits, correspondans, se rapprochent de plus en plus ; ceux des polygones de 12288 côtés ne diffèrent que de 0-0000002, ou 2 *dix-millionièmes*. Les sept premiers chiffres, communs à l'un et à l'autre, appartiendront nécessairement à la circonférence du cercle, dont la longueur sera par conséquent 6-283185, *à moins d'un millionnième près*. Fig. 68.

Si l'on prend pour la circonférence du cercle le milieu entre le périmètre du polygone inscrit et celui du polygone circonscrit de 12288 côtés, on aura 6-2831853, valeur qui est exacte jusqu'au dernier chiffre inclusivement ; le rapport du diamètre à la circonférence sera donc

$$2 : 6\text{-}2831853,$$

ou, en divisant ces deux termes par 2,

$$1 : 3\text{-}1415926.$$

Ainsi 3-1415926 est une valeur approchée du rapport désigné par π, dans le n° 126 ; et en faisant C = 1, on trouvera

$$2R = 0\text{-}3183099,$$

nombre qui représente le diamètre, lorsque la circonférence est 1.

Archimède s'arrêta au polygone inscrit et circonscrit de 96 côtés, et trouva que la circonférence du cercle était

$$< 3\tfrac{10}{70} \text{ et } > 3\tfrac{10}{71};$$

ce qui donne le rapport si connu de

$$1 : 3\tfrac{1}{7} \text{ ou } 7 : 22.$$

Depuis, on a poussé l'exactitude beaucoup plus loin ; mais parmi les divers rapports connus, celui de 113 à 355 mérite une attention particulière par sa simplicité et son exactitude, puisque $\frac{355}{113}$, évalué en décimales, donne 3-1415929, résultat vrai jusqu'au sixième chiffre décimal. *Adrien Métius*, en rapportant dans sa *Geometriæ practica* le rapport ci-dessus, l'attribue à son père *Pierre Métius*, comme l'ayant publié dans une Réfutation de la quadrature du cercle, de *Simon Duchesne* (1).

Ludolphe de Cologne, autrement *Ludolphe à Ceulen*, a encore approché de plus près la vérité : car il a fait voir qu'en supposant le diamètre de

1-00000000000000000000000000000000,

la circonférence est moindre que le premier des nombres suivans, et plus grand que le second, qui ne diffère du premier que par une seule unité.

3-14159265358979323846264338327951.

3-14159265358979323846264338327950.

MM. *Hugueins* et *Lagny* ont travaillé depuis sur la même matière, et se sont rencontrés avec Ludolphe, quoique par des voies différentes de celle de Ludolphe. On a eu la patience de prolonger les décimales de notre premier rapport 3-14159, etc., jusqu'à la cent vingt-

(1) Les cordes KC, LC, etc., et les côtés AK, AL, etc., ne sont pas représentés dans la figure 68 par rapport à la petitesse de ces derniers.

(1) Les recherches des savans anglais dans l'Inde, nous ont fait connaître un rapport de la circonférence au diamètre plus approché que celui d'Archimède, et qu'ils regardent comme plus ancien : c'est celui de 3927 à 1250, consigné dans l'*Ayeen Akbery*, ouvrage persan. Il revient à 3-1416 : il est exact jusqu'aux dix-millièmes, et dépend par conséquent du polygone de 768 côtés.

Fig. 68. septième ou même jusqu'à la cent quarantième (1). Il est évident qu'une telle approximation équivaut à la vérité, et qu'on ne connaît pas mieux les racines des puissances imparfaites.

On se sert assez souvent du rapport de 1000 à 3142, parce que le nombre qui représente le diamètre n'étant que l'unité suivie de zéros., dispense d'une multiplication ou d'une division.

Si l'on sait, par exemple, que le diamètre d'un cercle est 500, on aura la circonférence de ce cercle par cette proportion :

$$1000 : 3142 :: 500 : x = 1571;$$

et réciproquement, si l'on connaissait la circonférence on aurait le diamètre en disant :

$$3142 : 1000 :: 1571 : y = 500.$$

Par le rapport d'Archimède, on trouverait $x = 1571\text{-}43$, quantité un peu plus grande que celle trouvée ci-dessus ; et cela devait être, car le rapport de 7 à 22 donne une circonférence plus grande qu'elle n'est réellement, d'environ la huit-centième partie du diamètre.

N. B. Il est bon de savoir que les rapports

$$7 : 22 \text{ et } 113 : 355$$

se présentent d'eux mêmes dans la suite des fractions approchées que l'on obtient lorsque l'on convertit en fraction continue (voir mon ouvrage intitulé l'*Art d'enseigner l'arithmétique en sa perfection*, 4e édition et suiv.) la fraction ordinaire qui correspond au rapport exprimé.

(1) Le rapport de la circonférence au diamètre donné par *Véga*, est calculé à 140 chiffres décimaux, ce qui lui fit connaître une faute qui était d'une unité en moins sur le 113e chiffre décimal, lequel doit être un 8 et non pas un 7, comme on l'avait imprimé partout d'après Lagny. Voici ce rapport :
1 : 3-14159265358979323846264338327950288419716939 9....
37510582097494459230781640628620899862803482534211 ....
7067982148086513282306647093844609550582226136.

SECTION DEUXIÈME.

DE L'AIRE DES POLYGONES ET DE CELLE DU CERCLE.

130. Par la surface d'une figure quelconque, on entend la portion d'étendue renfermée entre les lignes qui terminent cette figure. On appelle aussi cette étendue l'*aire* de la figure.

Lorsqu'on envisage l'étendue superficielle par rapport à sa grandeur, il serait plus convenable de la nommer *aire*. Deux figures de formes très-différentes peuvent renfermer des aires égales. Ces deux figures sont dites *équivalentes*. Voir la note, page 12.

131. Dans les triangles et dans les parallélogrammes, on choisit arbitrairement un des côtés, auquel on donne le nom de *base*, et l'on appelle *hauteur* la perpendiculaire abaissée de l'angle opposé à ce côté dans le triangle, ou d'un point quelconque du côté opposé dans le parallélogramme.

Fig. 79. BD et bd (*Fig.* 79), sont les hauteurs des triangles ABC, abc, en prenant les côtés AC, ac, pour bases. Le sommet de l'angle opposé à la base s'appelle le *sommet* du triangle.

La droite IJ est la hauteur du parallélogramme EFGH. Les triangles ABC, abc, et le parallélogramme EFGH, ont tous les trois même hauteur, puisque, entre les parallèles CF et BG, les droites BD, bd et IJ sont égales.

THÉORÈME.

132. *Deux parallélogrammes de même base et de même hauteur, sont équivalens.*

Soit AB la base commune des deux parallélogrammes ABCD et ABEF (*Fig.* 80), puisqu'ils sont supposés avoir Fig. 80.
la même hauteur, les bases supérieures DC, FE, seront situés sur une même ligne parallèle à AB. Or, on a par la nature des parallélogrammes AD=BC, et AF=BE; par la même raison on a DC=AB, et FE=AB; donc DC=FE; donc, retranchant DC et FE de la même ligne DE, les restes CE et DF seront égaux (75).

Mais si du quadrilatère ABED on retranche le triangle ADF, il reste le parallélogramme ABEF; et si du même quadrilatère ABED on retranche le triangle CBE, il reste le parallélogramme ABCD; donc les deux parallélogrammes ABCD, ABEF, qui ont même base et même hauteur, sont équivalens.

Tout parallélogramme ABCD (*Fig.* 81) est équivalent, Fig. 81.
au rectangle ABEF de même base et de même hauteur.

THÉORÈME.

133. *Tout triangle ABC (*Fig. 82*) est égal à la moi-* Fig. 82.
tié d'un parallélogramme de même base et de même hauteur que lui.

Si, du point B, on mène BC parallèle à AD, et, du point A, si l'on trace AC parallèle à BD, par cette construction on a la figure CADB qui est un parallélogramme. Dans les deux triangles ABD, ABC, on a l'angle ABD= BAC, comme étant alternes internes (49); le côté BD = AC; AB est commun aux deux triangles, donc le triangle ABD est égal au triangle BAC (23). Ces deux triangles étant égaux, leur somme est égale à celle du parallélogramme ABCD, donc le triangle ABD est égal à la moitié du parallélogramme ABDC, de même base et de même hauteur que lui.

PROBLÈME.

Fig. 83. 134. *Changer le triangle ABC* (Fig. 83) *en un autre qui ait son sommet au point D, sur le côté AB ou sur son prolongement, et qui soit équivalent.*

Joignez les deux points D et C par une droite; et par le point B, menez parallèlement à DC, la droite BE, qui déterminera sur le côté AC prolongé, un point E, lequel étant joint au point D, formera le triangle ADE, équivalent à celui ABC.

Les triangles CDE, DCB, sont égaux comme ayant la même base CD, et la même hauteur comprise entre les parallèles CD, BE (131), et si à chacun de ces triangles on ajoute ADC qui leur est commune, on aura ADE= ABC et la proportion

AB : AD :: AE : AC.

PROBLÈME.

Fig. 84. 135. *Changer le triangle ABC* (Fig. 84) *en un autre qui ait son sommet au point O, et qui soit équivalent.*

Menez AD parallèle à BC, et joignez les points B et O par une droite BO. Du point E où ces deux droites se coupent, menez une droite EC, et vous aurez un triangle BEC égal au proposé.

Cela fait, menez OC, sa parallèle EF et la droite OF; alors le triangle BOF aura toutes les conditions requises, et vous aurez la proportion :

BO : BE :: BC : BF.

Le problème n'aurait pas plus de difficulté si le point O était au-dessous du point A, ou dans l'intérieur du triangle.

PROBLÈME.

136. *Transformer un polygone d'un certain nombre de côtés en un autre qui ait un côté de moins, et qui soit équivalent.*

Prolongez AB, un des côtés du pentagone ABDCF
Fig. 85. (*Fig.* 85); menez DE parallèle à la diagonale BC, et du point de rencontre E menez EC qui déterminera le quadrilatère AECF, égal au pentagone donné.

Effectivement, les triangles BEC et BDC, ayant BC pour base commune et étant entre parallèles (131), sont égaux; mais si, de chacun de ces triangles on ôte la partie commune BOC, les restes BEO et DCO seront aussi égaux : donc la figure ABOCF sera autant augmentée par l'addition du triangle BEO, qu'elle a été diminuée par la suppression du triangle DOC : donc le quadrilataire ABECF est égal au pentagone donné, et l'on a la proportion

GC : GD :: GB : GE.

Si le polygone avait un angle rentrant, il faudrait joindre les angles saillans A et B (*Fig.* 86), mener par Fig. 86.
l'angle rentrant D la parallèle CD, et par le point C la droite CB qui détermine le quadrilatère BCEF, égal au pentagone donné. Car les triangles ACD et CBD, ayant une même base CD, étant entre parallèles sont égaux; mais si, de chacun on ôte la partie COD qui est commune, les triangles restant ACO et BOD seront aussi égaux, et le polygone BFECDB sera autant augmenté par le triangle BOD que par AOC : donc le quadrilatère BFEC est égal au pentagone donné, et l'on a

GB : GD :: GA : GC.

PROBLÈME.

137. *Changer un polygone donné en un triangle équivalent.*

Soit, par exemple, le polygone ABCDE (*Fig.* 87). Me- Fig. 87.
nez AC qui retranche le triangle ABC du polygone. Par le point B menez-lui une parallèle BF, et prolongez DC jusqu'en F. Menez AF, et les triangles AFC, ABC seront équivalens comme ayant même base et même hauteur. Donc le quadrilatère AFDE sera équivalent au pentagone ABCDE. De même, on transformerait le triangle AED en son équivalent AGD, de sorte qu'à son tour le quadrilatère deviendra équivalent au triangle AGF, qui sera donc le triangle demandé.

N. B. Ce problème est principalement utile pour la division des champs, qu'on fait facilement au moyen de ces sortes de transformation, lorsque la figure à partager n'est pas trop sinueuse, et que l'on ne veut point une très-grande précision dans le partage. Ces transformations se font très-promptement au moyen de l'un des instrumens dont on parlera dans le chapitre suivant.

PROBLÈME.

138. *Augmenter le nombre des côtés d'un polygone quelconque, en le conservant équivalent.*

Supposons, par exemple, qu'on veuille donner un côté de plus au triangle ADC (*Fig.* 88); pour cela, il n'y a Fig. 88.
qu'à joindre par une diagonale l'angle A à un point D pris sur le côté BC; par le point B mener EB parallèle à AD, et d'un point quelconque O, pris sur cette parallèle, tirer les droites AO et OD, et le quadrilatère AODC sera équivalent au triangle proposé.

139. *Remarques.* On peut changer un triangle en un quadrilatère équivalent, et réciproquement sans faire usage des parallèles, ce qui peut être quelquefois plus expéditif et plus exact dans la pratique.

Pour changer, par exemple, le triangle ABC (*Fig.* 89) Fig. 89.
en un quadrilatère équivalent, tracez une droite CE telle qu'elle coupe le côté AB en O; ensuite, prenez une distance arbitraire CD, que vous porterez de O en E; le quadrilatère ADBE sera équivalent au triangle ABC; car la somme des deux droites OD, OE, est évidemment égale à la droite OC.

Si l'on voulait transformer le quadrilatère ABCD
Fig. 90. (*Fig.* 90) en un triangle équivalent, on mènerait les diagonales AC et BD; on fixerait le point O à l'intersection des deux diagonales, et on porterait OD de B en E; le triangle AEC serait équivalent au quadrilatère proposé ABCD. L'opération serait encore vraie si E tombait de l'autre côté de B ou de D. Cette construction étant l'inverse de la précédente, n'a pas besoin de démonstration.

En général, *deux quadrilatères sont équivalens quand ils ont des diagonales égales, et qu'elles forment le même angle en se coupant*. C'est ainsi qu'en faisant
Fig. 91. (*Fig.* 91)

$$Aa = Cc \text{ ou } AC = ac,$$

$$Dd = Bb \text{ ou } DB = db,$$

le quadrilatère ABCD est équivalent à celui *abcd*, et ainsi des autres.

THÉORÈME.

140. *Deux rectangles de même hauteur ABCD et*
Fig. 92. *EFGH* (Fig. 92), *sont entre eux comme leurs bases.*

Supposons que nous ayons entre les deux bases AB et EF une commune mesure qui soit contenue 6 fois sur AB et 4 fois sur EF (on peut toujours supposer cela, car on peut prendre par la pensée la ligne aussi petite que possible). Par chacun des points de division *a*, *b*, *c*, *d*, *e*, I, J, K, élevons des perpendiculaires à AB et à EF, nous formerons ainsi une suite de petits rectangles qui seront tous égaux, car nous pourrons les faire coïncider. Alors, le rectangle ABCD contiendra 6 de ces petits rectangles, et EFGH en contiendra 4; c'est-à-dire que les aires des rectangles seront entre elles comme 6 est à 4. Mais déjà les bases sont entre elles comme 6 est à 4; donc on aura

$$ABCD : EFGH :: AB : EF.$$

THÉORÈME.

141. *Deux rectangles quelconques sont entre eux comme les produits de leur base par leur hauteur, ou comme les produits de deux côtés contigus.*

Fig. 93. Soient les deux rectangles ABCD, EFGA (*Fig.* 93) disposés de manière à ce qu'ils aient un angle opposé par le sommet. Prolongez FE et CD jusqu'à leur rencontre en H; les deux rectangles ABCD, EADH donnent la proportion

$$ABCD : EADH :: AB : AE.$$

De même, les deux rectangles EADH, FGAE donnent aussi la proportion

$$EADH : FGAE :: AD : AG.$$

Multipliant ces deux proportions termes à termes, et effaçant le facteur commun EADH dans le premier rapport, nous aurons

$$ABCD : EFGA :: AB \times AD : AG \times AE,$$

donc, le plus petit rectangle sera contenu dans le plus grand, le même nombre de fois ou de portions de fois que le nombre produit des unités linéaires de ses deux dimensions est contenu dans le produit des deux dimensions de l'autre.

142. *Remarque.* Mesurer des grandeurs, n'étant autre chose que comparer entre elles celles de même espèce, il est évident que la mesure des aires doit avoir pour but de savoir combien une aire quelconque en contient une autre, prise arbitrairement pour servir de terme de comparaison.

THÉORÈME.

143. *L'aire de tout rectangle ou parallélogramme, est égale au produit de sa base par sa hauteur.*

Soit le rectangle ABCD (*Fig.* 94), AB sa base et DA Fig. 94.
sa hauteur; si l'on divise la base AB en six parties égales, et qu'aux points de division on mène des parallèles à la hauteur, le rectangle ABCD se trouvera divisé en six rectangles égaux AD*xz*, *xzyv*, *vyur*, *ruts*, *stqo* et *oq*BC; si l'on divise ensuite la hauteur du rectangle en parties égales aux six de la base, que cette hauteur en contienne trois, et qu'à chaque point de division on mène les droites *pm*, *nl*, parallèles à la base AB; ces droites, par leur rencontre, formeront autant de carrés égaux entre eux que le produit des nombres 6×3 contient d'unités, c'est-à-dire 18.

144. *Corollaire.* Si les deux côtés du rectangle AB et AD devenaient égaux, auquel cas il se changerait en carré, son aire serait mesurée par la seconde puissance de son côté AB, c'est-à-dire qu'il contiendrait le carré A*zdn*, pris pour unité, autant de fois que la seconde puissance du nombre d'unités linéaires contenues dans son côté contiendrait l'unité numérique; et de là vient qu'on appelle aussi *carré* d'un nombre la seconde puissance de ce nombre. Tous les carrés formés par les rencontres des droites AB, *nl*, *pm*, AD, *zx*, etc., sont pris pour unités de mesure. Si l'on fait le mesurage en mètres, chaque carré contiendra un mètre carré; si l'on a mesuré en décamètres, chaque carré sera d'un décamètre carré.

Il est évident, d'après ce qui vient d'être démontré, que l'aire de tout parallélogramme est égale au produit de sa base par sa hauteur.

THÉORÈME.

145. *L'aire d'un triangle quelconque est égale à sa base multipliée par la moitié de sa hauteur.*

Soit un triangle ABD (*Fig.* 82); par les points A et B, Fig. 82.
menez les parallèles AC, BC aux côtés DB et DA, la figure ABDC est un parallélogramme composé de deux triangles ABD, ABC égaux entre eux, il est aisé de reconnaître alors que l'aire de ce parallélogramme étant égale à $DB \times AE$ (143) que ce même produit équivaut à la double aire du triangle ABD, et que, par conséquent, celle de ce triangle est égale à $DB \times \frac{1}{2} AE$; donc l'aire de tout triangle est égale à sa base multipliée par la moitié de sa hauteur.

THÉORÈME.

146. *La somme de deux triangles FBD, EAC*
(Fig. 95, 96, 97) *équivaut toujours* (sauf le cas de la Fig. 95, 96 et 97.
Fig. 98) *à un quadrilatère quelconque ABCD.* Fig. 98.

Si l'on abaisse sur la base CD les perpendiculaires BE et AF, et qu'on mène les droites FB et AE, on aura la somme des deux triangles FBD et EAC équivalens au quadrilatère ABCD. La figure ABEF équivaut à la somme des deux triangles rectangles AFE, BEF, comme ayant ensemble la même mesure.

Donc si l'on ajoute ou si l'on retranche de part et d'autre les triangles AFC, BED (selon que les perpendiculaires AF, BE tombent au-dedans ou au-dehors du quadrilatère ABCD), on aura le quadrilatère ABCD, équivalent à la somme des triangles FBD et EAC.

147. *Corollaire.* Si les perpendiculaires AF, BE (*Fig.* 98) tombaient toutes deux d'un même côté au-dehors du quadrilatère ABCD, l'aire de ce quadrilatère au lieu d'être égale à la somme des deux triangles FBD et EAC, serait égale à la différence de ces mêmes triangles. Fig. 98.

Effectivement, à cause de l'égalité des triangles AEF, ABF, de même base et de même hauteur, on a le triangle EAC égal au quadrilatère CABF; si donc on retranche de part et d'autre le triangle FBD, on aura

$$EAC-FBD=CABF-FBD=ABCD.$$

On peut, au moyen de ce principe, calculer la surface d'un quadrilatère. Ce que nous ferons plus loin.

Remarque. Ce théorème nous servira à mettre en équation un problème dont la solution est très-utile pour la pratique.

PROBLÈME.

148. *Construire un carré équivalent à un triangle donné ABC* (Fig. 99). Fig. 99.

L'aire du triangle ABC est égale à $BC\times\frac{1}{2}AD$ (145); il ne s'agit donc que de chercher une moyenne proportionnelle entre BC et $\frac{1}{2}$ AD. Soit EF cette moyenne proportionnelle; sur EF construisez le carré EFGH, et l'on aura le carré demandé.

Effectivement, EF étant moyenne proportionnelle entre BC et $\frac{1}{2}$ AD, on a la proportion

$$BC : EF :: EF : \tfrac{1}{2} AD;$$

donc

$$\overline{EF}^2 = BC \times \tfrac{1}{2} AD.$$

PROBLÈME.

149. *Construire un carré équivalent à un parallélogramme donné.*

Fig. 100. Soit le parallélogramme ABCD (*Fig.* 100), AD sa base et BJ sa hauteur; cherchez d'abord une moyenne proportionnelle entre ces deux droites. Soit FG cette moyenne proportionnelle; sur FG construisez le carré EFGH, ce sera la figure demandée.

La droite FG étant la moyenne proportionnelle entre AD et BJ, on a

$$AD : FG :: FG : BJ;$$

donc

$$\overline{FG}^2 = AD \times BJ.$$

PROBLÈME.

150. *Sur une droite donnée EF, faire un rectangle EFGH* (Fig. 101) *équivalent à un rectangle donné* Fig. 101.
ABCD.

Cherchez d'abord une quatrième proportionnelle aux trois droites EF, BC et CD. Soit FG cette quatrième proportionnelle, le rectangle construit par les droites EF et FG sera le rectangle demandé.

Effectivement, puisque FG est une quatrième proportionnelle aux trois droites EF, BC et CD, on a la proportion

$$EF : BC :: CD : FG;$$

d'où il résulte

$$EF\times FG=BC\times CD.$$

PROBLÈME.

151. *Construire un carré D qui soit au carré donné C* (Fig. 102) *comme la droite A est à la droite B.* Fig. 102.

Cherchez d'abord une quatrième proportionnelle aux droites A, B, et au côté du carré donné C; cette quatrième proportionnelle sera le côté du carré D; on aura ainsi la proportion

$$A : B :: \textit{côté}\ C : \textit{côté}\ D,$$

donc la figure D est le carré cherché.

Si le côté du carré C était inconnu et que son aire seule fût donnée, on obtiendrait facilement la connaissance de son côté puisqu'il est égal à la racine carrée de l'aire donnée.

152. *Corollaire.* On peut, par le moyen des problèmes précédens, transformer un polygone quelconque en un carré équivalent; il faudra d'abord le transformer en un triangle, par le procédé du n° 137, et l'on changera ensuite le triangle en un carré.

153. *Remarque.* Tout polygone pouvant être partagé en triangles, on évaluera son aire en calculant séparément celle de chacun des triangles qui le composent, et en prenant la somme des résultats.

THÉORÈME.

154. *L'aire d'un quadrilatère ABCD* (Fig. 103), *dans* Fig. 103.
lequel deux côtés sont parallèles, et qu'on nomme trapèze, *se mesure par le produit de la demi-somme des deux côtés parallèles AB et CD, multipliée par la hauteur EF prise entre ses côtés.*

En tirant la diagonale CB, on partagera le trapèze en deux triangles ABC et BCD, dont EF sera la hauteur commune; et parce que

$$ABCD=ABC+BCD,$$
$$ABC=\tfrac{1}{2}AB\times EF,$$
$$BCD=\tfrac{1}{2}CD\times EF,$$

on aura

$$ABCD=\tfrac{1}{2}AB\times EF+\tfrac{1}{2}CD\times EF=\tfrac{1}{2}(AB+CD)\times EF,$$

ce qui est l'énoncé du théorème. On peut encore dire que *l'aire du trapèze se mesure par le produit de sa hau-*

teur, multipliée par une droite menée à égale distance des deux bases parallèles.

THÉORÈME.

155. *Les aires des polygones semblables sont entre elles comme les carrés des côtés homologues de ces polygones.*

1° Si les polygones proposés sont des triangles quelconques ABC et abc (*Fig.* 104), les triangles rectangles BDC et bdc, formés par les hauteurs des premiers, seront semblables comme ayant, outre les angles droits D et d, les angles égaux B et b; on aura donc Fig. 104.

$$CD : cd :: BC : bc;$$

mais par la similitude des triangles ABC et abc, on a aussi

$$AB : ab :: BC : bc;$$

multipliant ces proportions par ordre, et divisant par 2 les deux termes du premier rapport de la proportion composée, il viendra

$$\tfrac{1}{2} AB \times CD : \tfrac{1}{2} ab \times cd :: \overline{BC}^2 : \overline{bc}^2,$$

résultat dont les deux premiers termes expriment les aires respectives des triangles ABC et abc (145) : donc

$$ABC : abc :: \overline{BC}^2 : \overline{bc}^2.$$

2° Deux polygones semblables ABCDE et $abcde$ (*Fig.* 45), étant partagés en un nombre de triangles semblables, et semblablement disposés, chaque triangle du premier polygone sera à son correspondant dans le second, comme le carré de l'un des côtés du premier polygone est au carré du côté homologue du second ; on aura Fig. 45.

$$ABC : abc :: \overline{BC}^2 : \overline{bc}^2,$$
$$ACD : acd :: \overline{CD}^2 : \overline{cd}^2,$$
$$ADE : ade :: \overline{DE}^2 : \overline{de}^2.$$

Mais la similitude des polygones donne cette suite de rapports égaux :

$$BC : bc :: CD : cd :: DE : de,$$

de laquelle on tire

$$\overline{BC}^2 : \overline{bc}^2 :: \overline{CD}^2 : \overline{cd}^2 :: \overline{DE}^2 :: \overline{de}^2,$$

ce qui prouve l'égalité des rapports de chaque triangle de l'un des polygones à son correspondant dans l'autre, et d'où il résulte

$$ABC : abc :: AEC : aec :: EDC : edc.$$

THÉORÈME.

156. *Les aires de deux triangles qui ont un angle commun, sont dans le rapport des produits des côtés que comprennent cet angle.*

Fig. 104. En abaissant les hauteurs CD et FG (*Fig.* 104), des triangles ABC et AEF, ont forme les triangles semblables ACD et AFG, qui donnent

$$CD : FG :: AC : AF;$$

et par le n° 145, il vient

$$ABC : AEF :: AB \times CD : AE \times FG :$$

si l'on multiplie ces deux proportions par ordre en supprimant le facteur CD, commun aux antécédens, et le facteur FG commun aux conséquens, il en résulte, conformément à l'énoncé que

$$ABC : AEF :: AB \times AC : AE \times AF.$$

THÉORÈME.

157. *Si une droite AC* (Fig. 105) *est divisée en deux parties AB, BC, le carré construit sur la droite entière AC contiendra le carré fait sur une partie AB, plus le carré fait sur l'autre partie BC, plus deux fois le rectangle compris sous les deux parties AB, BC, ce qu'on exprime ainsi,* $\overline{AC}^2$ *ou* Fig. 105.

$$(AB+BC)^2 = \overline{AB}^2 + \overline{BC}^2 + 2\,AB \times BC.$$

Construisez le carré ACDE, prenez AF=AB, menez FG parallèle à AC, et BH parallèle à AE.

Le carré ABCD est divisé en quatre parties : la première ABOF est le carré construit sur AB, puisqu'on a pris AF×AB ; la seconde OGDH est le carré construit sur BC ; car, puisqu'on a AC=AE, et AB=AF, la différence AC—AB est égale à la différence AE—AF, ce qui donne BC=EF ; mais à cause des parallèles OG×BC, et DG×EF, donc HOGD est égal au carré construit sur BC. Ces deux parties étant retranchées du carré total, il reste les deux rectangles BCGO, EFOH, qui ont chacun pour mesure AB×BC ; donc le carré construit sur AC contient le carré fait sur AB, plus le carré construit sur BC, plus deux fois le rectangle construit sur les parties AB, BC.

Nous allons démontrer ce même théorème en représentant les droites du carré proposé par des nombres d'unités ; exemple : le nombre 9 représentant AC, 3 et 6 représentant BC et AB, nous dirons que le carré de AC ou de 9 est 81 ; viennent ensuite les carrés des parties de 9, celui de 6 est 36, celui de 3 est 9. Opérons :

Le carré de 3 est................	9
Celui de 6 est....................	36
Plus le rectangle de 6×3=18×2= .	36
Total..............	81

donc le carré fait sur AC, etc.

Cette proposition revient à celle qu'on démontre en algèbre pour la formation du carré d'un binôme, et qui est ainsi exprimée :

$$(a+b)^2 = a^2 + 2ab + b^2.$$

THÉORÈME.

158. *Si la droite AC* (Fig. 106) *est la différence des deux droites AB, BC, le carré construit sur AC contiendra le carré de AB, plus le carré de BC, moins deux fois le rectangle construit sur AB et BC ; c'est-à-dire qu'on aura* $\overline{AC}^2$ *ou* Fig. 106.

$$(AB-BC)^2 = \overline{AB}^2 + \overline{BC}^2 - 2\,AB \times BC.$$

Construisez le carré ABOF, prenez AE=AC, menez CG parallèle à BO, HK parallèle à AB, et achevez le carré EFLK.

Les deux rectangles CDOL, GDKL, ont chacun pour

mesure AB×BC; si on les retranche de la figure entière ABOLKEA, qui a pour valeur $\overline{AB}^2 \times \overline{BC}^2$, il est clair qu'il restera le carré ACDE, donc le carré construit sur AB—BC est égal au carré construit sur AB, plus le carré construit sur BC, moins deux fois le rectangle fourni par les droites AB et BC.

Cette proposition revient à la formule d'algèbre

$$(a-b)^2 = a^2 + b^2 - 2ab.$$

THÉORÈME.

159. *Le rectangle construit sur la somme et la diffé-* Fig. 107. *rence de deux droites* (Fig. 107), *est égal à la différence des carrés de ces droites; ainsi on a*

$$(AB+BC)\times(AB-BC)=\overline{AB}^2-\overline{BC}^2.$$

Construisez sur AB et AC les carrés ABOF, ACDE; prolongez AB, d'une quantité BK=BC, et achevez le rectangle AKLE.

La base AK du rectangle est la somme des deux droites AB, BC, sa hauteur AE est la différence de ces mêmes droites; donc le rectangle

$$AKLE=(AB+BC)\times(AB-BC).$$

Mais ce même rectangle est composé de deux parties ABHE+BHKL; et la partie BHKL est égale au rectangle EDGF, car BH=DE et BK=EF; donc

$$AKLE=ABHE+EDGF.$$

Or, ces deux parties forment le carré ABOF moins le carré DHOG, qui est le carré fait sur BC; donc enfin

$$(AB+BC)\times(AB-BC)=\overline{AB}^2-\overline{BC}^2.$$

Cette proposition revient à la formule d'algèbre

$$(a+b)(a-b)=a^2-b^2.$$

THÉORÈME.

Fig. 108. 160. *Le carré BCDE* (Fig. 108) *construit sur l'hypothénuse d'un triangle rectangle ABC, est équivalent à la somme des carrés ACLK et ABHI, construits sur les deux autres côtés de ce triangle.*

Si l'on construit sur BC le carré BCDE, puis sur AB le carré ABHI, et sur AC le carré ACLK, le carré BCDE sera égal aux carrés ABHI et ACLK. Du point A, abaissons sur BC la perpendiculaire AG, prolongée jusqu'au point F sur le côté DE, alors le carré BCDE se trouve divisé en deux rectangles BGFE et CDFG; le rectangle BGFE sera égal au carré ABHI, comme le prouve la démonstration suivante :

Si l'on tire les droites AE et CH, on aura le triangle ABE égal au triangle BCH, car l'angle ABE est égal à l'angle CBH, et cela par la raison que l'angle ABE se trouve formé par un angle droit CBE, plus l'angle commun ABC, comme l'angle CBH est formé par un angle droit ABH, plus le même angle commun ABC; donc, comme il est dit plus haut, les deux angles ABE et CBH sont égaux. Par la construction faite on a AB=BH et BE=BC, alors les deux triangles ABE et BCH ont chacun un angle égal compris entre deux côtés égaux chacun à chacun, donc ils sont égaux (21).

L'aire d'un triangle ABE est égale à BE×$\frac{1}{2}$EF (145), Fig. 108. sa double aire est égale à BE×EF (133), l'aire du rectangle BGFE est égale à BE×EF (143), donc l'aire du triangle ABE est égale à la moitié du rectangle BGFE.

Le triangle BCH, qui est égal au triangle ABE, a pour aire BH×$\frac{1}{2}$HI; sa double aire est égale à BH×HI; l'aire du carré ABHI est aussi égale BH×HI; donc, puisque les doubles aires des triangles ABE et BCH sont égales, le rectangle BGFE est égal au carré ABHI.

Maintenant, passons au rectangle CDFG qui est aussi égal au carré ACLK; si l'on trace les droites AD, BL, on aura le triangle ACD égal au triangle BCL, car l'angle ACD est formé par l'angle droit BCD et par l'angle commun ACB; comme l'angle commun BCL est formé par l'angle droit ACL et par le même angle commun ACB, donc les deux angles ACD et BCL sont égaux; on a encore, par la construction faite, AC=CL et CD=BC, ces deux triangles, qui ont un angle égal compris entre deux côtés égaux chacun à chacun, sont donc égaux; l'aire du triangle ACD est égale à CD×$\frac{1}{2}$DF (145), sa double aire est donc égale à celle du rectangle CDFG; l'aire du triangle BCL est égale à CL×$\frac{1}{2}$LK, et sa double aire est égale à celle du carré ACLK, donc l'aire du rectangle CDFG est égale à celle du carré ACLK; donc, enfin, le carré construit sur l'hypothénuse du triangle rectangle est égal à la somme des carrés construits sur les deux autres côtés qui comprennent l'angle droit, ce qui s'exprime ainsi :

$$\overline{BC}^2=\overline{AC}^2+\overline{AB}^2$$

161. 1.er *Corollaire.* On voit par la démonstration qui précède que *le carré d'un des côtés de l'angle droit est égal au carré de l'hypothénuse, moins le carré de l'autre côté.*

Soit ABCD (*Fig.* 109) un carré quelconque, AC sa Fig. 109. diagonale, le triangle ABC étant rectangle en B et isocèle (40), on aura

$$\overline{AC}^2=\overline{AB}^2+\overline{BC}^2,$$

mais puisque AB=BC, on a $\overline{AC}^2=2\overline{AB}^2$, donc le carré fait sur la diagonale AC est double du carré fait sur l'un des côtés du carré ABCD. Si l'on traçait la diagonale BD, on aurait de même le triangle ABD, rectangle en A et isocèle, et alors

$$\overline{BD}^2=\overline{AB}^2+\overline{AD}^2;$$

ou, comme

$$AB=AD,\ \overline{BD}^2=2\overline{AB}^2.$$

On peut rendre cette propriété remarquable, si par les points A et C on mène des parallèles à BD, et qu'aux points B et D on mène des parallèles à AC, ces deux dernières parallèles rencontreront les premières aux points H et G, E et F; par leur rencontre on aura un nouveau carré EFGH, qui sera le même que celui fait sur AC; or, on voit que ce dernier carré contient huit triangles égaux à ABC, et que le carré ABC en contient quatre; donc le carré EFGH est double du carré ABCD. Puisqu'il vient d'être démontré que $\overline{AC}^2=2\overline{AB}^2$, le carré de ces côtés est donc comme 2 est à 1, et en extrayant le carré on a

$$AC : AB :: \sqrt{2} : 1,$$

on a donc

$$BD : AD :: \sqrt{2} : 1.$$

Déduisons de ce qui précède que, connaissant la diagonale BD d'un carré quelconque, si l'on veut avoir le côté du carré, on dira :

$$AB=\sqrt{\tfrac{1}{2}\overline{BD}},$$

et réciproquement, connaissant le côté du carré ABCD, si l'on veut avoir sa diagonale, on dira :

$$BD=\sqrt{2\,\overline{AB}.}$$

162. 2.me *Corollaire.* On a démontré que le rectangle
Fig. 108. BGFE (*Fig.* 108) est égal au carré ABHI; mais le rectangle BGFE et le carré BCDE, qui ont BE pour hauteur commune, sont entre eux comme leurs côtés BG et BC; si l'on supprime le rectangle BGFE et que l'on substitue à sa place le carré ABHI, qui lui est équivalent, on aura

$$\overline{BC}^2 : \overline{AB}^2 :: BC : BG;$$

donc le carré fait, l'hypothénuse d'un triangle rectangle est au carré d'un des côtés de l'angle droit, comme l'hypothénuse est au segment adjacent à ce côté.

163. 3.me *Corollaire.* On aurait encore

$$\overline{BC}^2 : \overline{AC}^2 :: BC : GC.$$

Il a été prouvé précédemment que les rectangles BGFE, CDFG étaient réciproquement égaux aux carrés ABHI et ACLK; ces deux rectangles ont GF pour hauteur commune; alors, puisqu'ils ont une même hauteur, ils sont entre eux comme leurs bases BG, CG, on a donc

$$BGFE : CDFG :: BG : CG;$$

supprimant les valeurs des rectangles et substituant à leur place celles des carrés ABHI, ACLK, on aura

$$ABHI : ACLK :: BG : CG,$$

donc les carrés des côtés qui comprennent l'angle droit, sont entre eux comme les segmens adjacens (1).

PROBLÈME.

164. *Construire un polygone semblable à un autre, et dont l'aire soit dans un rapport donné avec celle du premier, ou soit équivalent à un carré donné.*

Fig. 110. Dans le premier cas, si *bd* (*Fig.* 110) désigne l'un des côtés du polygone donné G, et que l'aire de ce polygone soit à celle du polygone cherché, dans le rapport de deux droites P et Q, prenez sur une droite indéfinie AF, deux parties AE et EF, qui soient dans le même rapport; sur leur somme AF, comme diamètre, décrivez une demi-circonférence; élevez la perpendiculaire DE; tirez les cordes AD et DF; enfin, portez sur AD, de D en B, le côté *b d* de la première figure, et ayant mené BC parallèle à AF, on aura en DC le côté qui, dans le polygone cherché, est un homologue à *b d*. La question sera donc ramenée à construire sur DC un polygone semblable au polygone G, ce qui s'effectuera par le procédé du n° 82.

Pour prouver la construction précédente, on déduit d'abord des triangles ADF et BDC, semblables entre eux, les proportions

$$AD : DF :: DB : DC$$

et

$$\overline{AD}^2 : \overline{DF}^2 :: \overline{DB}^2 : \overline{DC}^2.$$

Si le côté *b d* de la figure G excédait AD, on prolongerait cette droite en B', mais la construction et la démonstration ne changeraient pas pour cela.

PROBLÈME.

165. *Construire un rectangle équivalent à un carre donné C* (Fig. 111), *et dont les côtés adjacens fassent une somme donnée AB.* Fig. 111.

Sur AB, comme diamètre, décrivez une demi-circonférence, menez parallèlement au diamètre la droite DE à une distance AD égale au côté du carré donné C. Du point E, où la parallèle coupe la circonférence, abaissez sur le diamètre la perpendiculaire EF; donc AF et FB seront les côtés du rectangle cherché.

Car leur somme est égale à AB; et leur rectangle AF × FB est égal au carré de EF, ou au carré de AD; donc, ce rectangle est équivalent au carré donné C.

N. B. Le problème est impossible lorsque le côté du carré C excède la moitié de la droite AB.

PROBLÈME.

166. *Construire un rectangle équivalent à un carré donné, et dont les côtés adjacens aient entre eux la différence donnée AB* (Fig. 112). Fig. 112.

Sur la ligne donnée AB, comme diamètre, décrivez une circonférence; à l'extrémité du diamètre, menez la tangente AD égale au côté du carré donné : par le point D et le centre O tirez la sécante DE; donc DE et DF seront les côtés adjacens du rectangle demandé.

Car 1° la différence de ces côtés est égale au diamètre EF ou AB; 2° le rectangle DE × DF est égal à $\overline{AD}^2$; donc, ce rectangle sera équivalent au carré donné.

THÉORÈME.

167. *L'aire d'un triangle est égale à son périmètre multiplié par la moitié du rayon du cercle inscrit.*

Soit ABC (*Fig.* 66) le triangle proposé, on a d'abord Fig. 66.
l'aire du triangle AOB qui est égale à AB × ½OE; puis l'aire du triangle BOC égale à BC × ½ OD; et enfin, celle du triangle AOC égale à AC × ½ OF (145); mais les droites OE, OD, OF sont toutes égales au rayon du cercle inscrit EFD, et l'aire de trois triangles AOB, BOC et AOC est égale à l'aire du triangle total ABC, la somme de ces triangles étant égale à la somme des bases AB, BC, AC multipliée par la moitié du rayon OE, OD ou OF,

(1) La découverte de ce théorème qui est la quarante-septième proposition du *Premier Livre d'Euclide*, est attribuée au célèbre Pythagore que l'on dit avoir immolé cent bœufs (un hécatombe) à ses Dieux pour les en remercier, à cause du grand usage qu'on en fait dans la géométrie.

donc l'aire du triangle ABC est égale à son périmètre multiplié par la moitié du rayon du cercle inscrit.

THÉORÈME.

168. *L'aire d'un polygone régulier a pour mesure la moitié du produit de son périmètre par le rayon du cercle inscrit.*

Ce polygone peut être partagé en autant de triangles égaux qu'il y a de côtés; l'un de ces triangles ABO
Fig. 67. (*Fig.* 67), est mesuré par $\frac{1}{2}$ AB×OG; en répétant ce produit autant de fois que le polygone a de côtés, on aura, si N désigne ce nombre,

$$\tfrac{1}{2}N \times AB \times OG;$$

Mais N×AB sera le périmètre du polygone : en le désignant par P, il viendra donc $\frac{1}{2}$P×OG, comme le porte l'énoncé de la proposition.

Le rayon du cercle inscrit se nomme aussi *apothème;* et l'on dit en conséquence, que *l'aire d'un polygone régulier a pour mesure la moitié du produit de son périmètre par son apothème.*

169. *Corollaire.* Il suit du théorème précédent et du n° 114, que les aires des polygones réguliers d'un même nombre de côtés, étant entre elles comme les carrés de leurs côtés, sont aussi entre elles comme les carrés des rayons des cercles dans lesquels ils sont inscrits ou auxquels ils sont circonscrits. Effectivement on a successivement :

$$ABCDEF : abcdef :: \overline{AB}^2 : \overline{ab}^2$$
$$AB : ab :: AO : aO\ (114),$$
$$\overline{AB}^2 : \overline{ab}^2 :: \overline{AO}^2 : \overline{aO}^2,$$

d'où il résulte

$$ABCDEF : abcdef :: \overline{AO}^2 : \overline{aO}^2.$$

On trouve de même

$$ABCDEF : abcdef :: \overline{OG}^2 : \overline{Og}^2,$$

en observant que AO : aO :: OG : Og (114).

170. *Remarque.* En appliquant la proposition du numéro précédent aux polygones réguliers, inscrits et circonscrits au même cercle, on reconnaît qu'il est toujours possible de trouver deux polygones du même nombre de côtés, l'un inscrit et l'autre circonscrit, tels que la différence de leurs aires soit moindre qu'une grandeur donnée, quelque petite que soit cette grandeur.

Fig. 78. Effectivement, on a, dans la figure 78,

$$ABCDE : abcde :: \overline{Oa}^2 : \overline{OG}^2;$$

désignant par Q l'aire du polygone circonscrit, et par q celle du polygone inscrit, on aura

$$Q : q :: \overline{Oa}^2 : \overline{OG}^2,$$
$$Q-q : Q :: \overline{Oa}^2-\overline{OG}^2 : \overline{Oa}^2,$$

d'où

$$Q-q=\frac{Q\,(\overline{Oa}^2-\overline{OG}^2)}{\overline{Oa}^2}$$

valeur dans laquelle on peut rendre le facteur $\overline{Oa}^2-\overline{OG}^2$ aussi petit qu'on voudra, en multipliant les côtés des polygones.

171. *Corollaire.* Le polygone circonscrit étant visiblement plus grand que le cercle, tandis que le polygone inscrit est moindre, il suit de ce qui précède que l'on peut toujours assigner un polygone régulier, soit inscrit, soit circonscrit, dont l'aire diffère aussi peu qu'on voudra de celle du cercle donné. Il suffit pour cela de prendre le polygone d'un assez grand nombre de côtés, pour que la différence entre le polygone inscrit et le polygone circonscrit ne surpasse pas la quantité assignée. Fig. 78.

THÉORÈME.

172. *L'aire d'un cercle a pour mesure la moitié de la circonférence multipliée par le rayon, ou* $\frac{1}{2}$ *C×R, en nommant C la circonférence, et R le rayon.*

En effet, plus le nombre des côtés du polygone circonscrit augmente, plus aussi son périmètre Q approche de la circonférence, et plus le produit $\frac{1}{2}$Q × R approche de $\frac{1}{2}$C×R, qu'il surpassera toujours, mais d'aussi peu qu'on voudra; et d'un autre côté, l'aire du même polygone, toujours plus grande que celle du cercle, peut approcher de cette dernière d'aussi près qu'on voudra (170); enfin, le produit de $\frac{1}{2}$C×R est égal à la vraie mesure de l'aire du cercle.

Si l'on représente par π la circonférence dont le diamètre est 1, la surface de ce cercle sera

$$\tfrac{1}{4}\times\pi=\tfrac{1}{4}\pi;$$

on aura, en désignant le diamètre par D :

$$\tfrac{1}{4}\pi : \tfrac{1}{2}C\times R :: 1 : D^2,$$

d'où

$$\tfrac{1}{2}\,C\times R=\tfrac{1}{4}\pi\times D^2,$$

ce qui montre que l'aire d'un cercle est égale au carré du diamètre multiplié par le $\frac{1}{4}$ *du rapport de la circonférence au diamètre.* En mettant pour D² sa valeur 4 R², on aura π×R², ou le *carré du rayon multiplié par le rapport de la circonférence au diamètre* (1).

THÉORÈME.

173. *L'aire de la figure AEBO* (Fig. 114), *terminée* Fig. 114.

(1) Dans la pratique, on réduit les cercles en polygones rectilignes et réciproquement, comme il suit :

1° *Pour réduire un cercle à un carré équivalent,* on coupe le cercle donné par un diamètre GB (*Fig.* 113); on tire le rayon OA perpendiculaire à GB, de l'extrémité B du diamètre on décrit l'arc AH; de l'extrémité G on décrit l'arc HC; et l'on tire la corde AC, qui est le côté MN du carré F équivalent au cercle. Fig. 113.

2° *Pour réduire le carré à un cercle équivalent,* on décrit une circonférence ABEG d'un rayon arbitraire; on opère dessus comme nous venons de dire, pour réduire le cercle au carré; on porte sur la corde AC, qu'on prolonge s'il est nécessaire, une longueur égale à l'un des côtés du carré donné, de A en D; on coupe AD au milieu par une perpendiculaire IF, et le point d'intersection F qu'elle fait avec AE détermine FA pour le rayon du cercle équivalent au carré donné.

3° *Pour réduire le cercle au triangle équilatéral,* on coupe le cercle donné par un diamètre AB (*Fig.* 76); on mène le rayon OD perpendiculaire au diamètre; du point B et d'un rayon égal à celui du cercle, on coupe la circonférence en E; du point D on décrit l'arc EC qui détermine AC pour le côté d'un triangle équilatéral équivalent au cercle. Fig. 76.

4° *Pour réduire le triangle à un cercle équivalent,* on le réduit premièrement à un carré équivalent (145), et l'on réduit ce carré au cercle équivalent par la méthode précédente.

par les deux rayons AO, BO, faisant entre eux un angle quelconque, et par l'arc de cercle AEB, figure que l'on nomme secteur de cercle, *a pour mesure la moitié de l'arc AEB, multiplié par le rayon AO, ou $\frac{1}{2}$ AEB× AO.*

Si par le centre O, on élève DO perpendiculaire sur le diamètre AF, les côtés de l'angle droit AOD et l'arc ABD comprendront évidemment entre eux le quart de l'aire du cercle; et le raisonnement du nº 92 prouve que l'aire du secteur AEBO est à celle du secteur AOD, dans le rapport de l'arc AEB à l'arc AEBD.

Mais, puisque l'aire du secteur AOD est le quart de celle du cercle, on aura

$$AOD=\frac{1}{4}\times\frac{1}{2}C\times AO=\frac{1}{8}C\times AO,$$

et la proposition énoncée ci-dessus

$$AEBO : AOD :: AEB : AD \text{ ou } \frac{1}{4}C,$$

deviendra

$$AEBO : \frac{1}{8}C\times AO :: AEB : \frac{1}{4}C;$$

ce qui donnera

$$AEBO=\frac{1}{2}AEB\times AO,$$

comme le porte l'énoncé de la proposition.

174. *Remarque.* On obtiendra l'espace AEBA, compris entre l'arc AEB et la corde AB, que l'on nomme *segment*, en retranchant l'aire du triangle ABO de celle du secteur AEBO.

Cette dernière sera exprimée par $\frac{1}{2}$ BG×AO, si BG est perpendiculaire sur AO (145); et retranchant sa valeur de celle du secteur AEBO (173), on aura

$$AEBA=\frac{1}{2}AEB\times AO-\frac{1}{2}BG\times AO$$
$$=\frac{1}{2}(AEB-BG)\times AO,$$

c'est-à-dire *la moitié du produit de la différence entre l'arc AEB et la perpendiculaire BG, par le rayon AO.*

RÉFUTATION DE LA QUADRATURE DU CERCLE.

175. Il y a des vérités de différens genres, des certitudes de différens ordres, des probabilités de différens degrés. Les vérités qui sont purement intellectuelles, comme celle de la géométrie, se réduisent toutes à des vérités de définition : il ne s'agit pour résoudre le problème le plus difficile que de le bien entendre.

Il n'y a dans le calcul d'autres difficultés que celles de démêler ce que l'esprit humain y a confondu. Prenons, par exemple, la QUADRATURE DU CERCLE, cette question si fameuse, et qu'on a regardée long-temps comme le plus difficile de tous les problèmes; et examinons un peu ce qu'on nous demande, lorsqu'on nous propose de trouver au juste la mesure d'un cercle. Toute la difficulté du problème de la quadrature du cercle, consiste à bien entendre tous les termes de cette définition; car, quoiqu'elle paraisse très-claire et très-intelligible, elle renferme cependant un grand nombre d'idées et de suppositions desquelles dépend toute la solution de toutes les questions qu'on peut faire sur le cercle. Et pour prouver que toute difficulté ne vient que de cette définition, supposons pour un instant qu'au lieu de prendre la circonférence du cercle pour une courbe dont tous les points sont, à la rigueur, également éloignés du centre (13), nous prenions cette circonférence pour un assemblage de lignes droites aussi petites que vous voudrez; alors cette grande difficulté de mesurer un cercle s'évanouit, et il devient aussi facile à mesurer qu'un triangle. Mais ce n'est pas là ce qu'on nous demande; il faut trouver la mesure du cercle dans l'esprit de la définition. Considérons donc tous les termes de cette définition, et pour cela, souvenons-nous qu'on appelle point ce qui n'a aucune partie (11) : première supposition qui influe beaucoup sur toutes les questions mathématiques, et qui ne peut manquer de produire des difficultés insurmontables à tous ceux qui n'auront appris de la géométrie, que l'usage des signes et des symboles.

Mais suivons. Le point est donc ce qui n'a aucune partie; la ligne est une longueur sans largeur; la ligne droite (12) est celle dont tous les points sont posés également; la ligne courbe, celle dont tous les points sont posés inégalement; etc., etc. Voilà les définitions sur lesquelles roule toute la géométrie, et qu'il ne faut jamais perdre de vue en tâchant de les appliquer dans le sens même qui leur convient.

Cela posé, disons qu'en entendant bien la définition que l'on donne du cercle, on doit être en état de résoudre la question de la possibilité ou de l'impossibilité de sa quadrature. Nous avons déjà dit que la première chose qui se présente, en réfléchissant sur la définition de la ligne courbe, c'est qu'elle ne peut jamais être mesurée par une ligne droite, puisque dans toute son étendue, et dans tous les points, elle est *ligne courbe*, et par conséquent d'un autre genre que la ligne droite. De sorte que, par la seule définition de la ligne bien entendue, on voit clairement que la ligne droite ne peut pas plus mesurer la ligne courbe, que celle-ci ne peut mesurer la ligne droite, or, la quadrature du cercle dépend, comme nous venons de le faire voir, de la mesure exacte de la circonférence par quelque partie du diamètre prise pour l'unité; mesure impossible, puisque le diamètre est une droite, et la circonférence une courbe; donc *la quadrature du cercle est impossible.*

176. Pour mieux faire sentir la vérité de ce que je viens d'avancer, et pour prouver d'une manière entièrement convaincante que les difficultés des questions de géométrie ne viennent que des définitions, et que ces difficultés ne sont pas réelles, mais dépendent absolument des suppositions qu'on a faites (1), changeons pour un moment quelques définitions de la géométrie et faisons d'autres suppositions; appelons la circonférence d'un cercle une ligne dont tous les points sont également posés, et la ligne droite une ligne dont tous les points sont inégale-

(1) Voir la note, page 5, première colonne.

ment posés ; alors nous mesurerons exactement la circonférence du cercle sans pouvoir mesurer la ligne droite : or, je vais faire voir qu'il m'est loisible de donner à la ligne droite et à cette ligne courbe ces définitions, car la ligne doite, suivant sa définition ordinaire, est celle dont tous les points sont également posés, et la ligne courbe celle dont tous les points sont inégalement posés. Ce ne peut s'entendre qu'en imaginant que c'est par rapport à une autre ligne droite que cette position est égale ou inégale; et de même que les géomètres, en vertu de leurs définitions, rapportent tout à une ligne droite, je puis rapporter tout à un point en vertu de mes définitions, *et au lieu de prendre une ligne droite pour l'unité de mesure, je prendrai une ligne circulaire pour cette unité et je me trouverai par là en état de mesurer juste la circonférence du cercle, mais je ne pourrai plus mesurer le diamètre.*

Une autre difficulté qui tient de près à celle de la quadrature du cercle, et de laquelle on peut même dire que cette quadrature dépend, c'est l'incommensurabilité de la diagonale du carré avec le côté : difficulté invincible et générale pour toutes les grandeurs que nous appelons *incommensurables*. Aussi ces questions, qui ont beaucoup occupé les géomètres, lorsque les méthodes d'approximation étaient moins connues, sont maintenant reléguées parmi les questions oiseuses dont il n'est permis de s'occuper qu'à ceux qui ont à peine les premières notions de géométrie.

Chapitre Deuxième.

DES INSTRUMENS EN GÉNÉRAL.

NOTIONS PRÉLIMINAIRES.

177. Avant de nous occuper de la *trigonométrie rectiligne* (1), nous allons donner la description et l'emploi des instrumens qui servent au mesurage des lignes et des angles sur le terrain, et de ceux qui servent au rapport de ces lignes et de ces angles sur le papier. Nous aurons besoin de ces mesures en trigonométrie, donc il est utile de donner la description des divers instrumens dont on se sert pour ces opérations. Nous allons d'abord faire une observation sur la nouvelle division de la circonférence et le système des mesures métriques.

DIVISION DE LA CIRCONFÉRENCE.

178. Jusqu'à ces derniers temps les géomètres s'étaient accordés à partager la circonférence en 360 parties égales appelées *degrés*, le degré en 60 *minutes*, la minute en 60 *secondes*, etc. Cette graduation, qu'on appelle *sexagésimale*, présentait quelques facilités dans la pratique, à cause du grand nombre de diviseurs de 60 et 360 : mais elle était réellement sujette à l'inconvénient des nombres complexes, et elle nuisait souvent à la rapidité du calcul.

Les savans, à qui on doit l'invention du nouveau système des poids et mesures, ont pensé qu'il y aurait un grand avantage à introduire la graduation centigrade dans la mesure des angles. En conséquence, ils ont regardé comme unité principale le quart de la circonférence ou le *quadrant*, mesure de l'angle droit, et ils ont partagé cette unité en 100 parties égales appelées *grades*, le grade en 100 *minutes*, et la minute en 100 *secondes*, etc.

Nous emploierons désormais la nouvelle graduation ou la graduation centigrade.

179. Pour indiquer les degrés (ancienne graduation), on met la marque ° à la droite du nombre et un peu au-dessus; pour indiquer les grades (nouvelle graduation), on met la lettre ^{G}; le signe ' est le symbole des minutes, et l'on désigne les secondes par "; ainsi l'expression 24^G 19' 7" représente un arc ou un angle de 24 grades 19 minutes 7 secondes. Si on rapportait ce même arc au quadrant pris pour unité, il s'exprimerait par 0-241907. On voit en même temps que l'angle mesuré par cet arc est au quadrant :: 241907 : 1000000, rapport qu'on ne déduirait pas aussi facilement des expressions données par l'ancienne graduation.

Enfin, le déplacement d'un signe de deux rangs à droite ou à gauche, réduit les grades en fractions ou les fractions en grades.

RÉDUCTION DE LA GRADUATION SEXAGÉSIMALE EN GRADUATION CENTIGRADE, ET RÉCIPROQUEMENT.

180. Pour réduire en grades, par exemple, 138 deg. 25 min. 30 sec., prenez le sixième des secondes que vous mettrez à la droite des minutes, vous aurez 138 deg. 25 min.-5 dixièmes; prenez aussi le sixième de 25 min.-5 dixièmes, vous aurez 138 deg.-425 milliè m., qui, multiplié par $\frac{10}{9}$, vous donnera 153 grad. 80 min. 56 sec. pour le résultat demandé.

Pour convertir en degrés 153 grad. 80 min. 56 sec., retranchez-en le dixième, vous aurez 138 grad.-425 milliè m.; multipliez la fraction 0-425 par 6, vous aurez 138 grad. 25 min.-5 dixièm.; enfin, multipliez encore la fraction par 6, vous aurez 138 grad. 25 min. 30 sec. pour le résultat demandé.

On peut aussi opérer comme il suit :

9 degrés . . . = 10 grades,
3' anciennes = 5' nouvelles,
3" anciennes = 5" nouvelles;

donc, en faisant $3\times3\times9=81$ et $5\times5\times10=250$, on a le rapport $\frac{81}{250}$: ainsi, on peut faire la proportion

$$81 : 250 :: 138^o\ 25'\ 30'' : x,$$

ou, en réduisant le tout en secondes,

$$81 : 250 :: 498330'' : x;$$

ce qui donnera pour quatrième terme

$$1538056'', \text{ ou } 153^G\ 80'\ 56''.$$

Pour convertir en degrés, on peut faire

$$250 : 81 :: \text{le nombre de secondes nouvelles} : x.$$

(1) *Trigonométrie* vient des deux mots grecs τρίγωνον, *triangle*, μέτρον, *mesure*.

Pour convertir les anciennes minutes en nouvelles, on peut faire

27 : 50 :: le nombre de minutes anciennes : x.

Ce rapport vient de $3 \times 9 = 27$ et $5 \times 10 = 50$. On change les termes de ce rapport pour réduire les nouvelles minutes en anciennes.

Au surplus, les tables A et B ci-dessous, tiendront lieu de ces calculs, lorsqu'on les aura entre les mains.

TABLE A, *pour convertir la graduation sexagésimale du quart du cercle en graduation centigrade.*

		0	1	2	3	4	5	6	7	8	9
DEGRÉS.	0	0^{G}00'00"0	1^{G}11'11"1	2^{G}22'22"2	3^{G}33'33"3	4^{G}44'44"4	5^{G}55'55"6	6^{G}66'66"7	7^{G}77'77"8	8^{G}88'88"9	10^{G}00'00"0
	10	11 11 11 1	12 22 22 2	13 33 33 3	14 44 44 4	15 55 55 6	16 66 66 7	17 77 77 8	18 88 88 9	20 00 00 0	21 11 11 0
	20	22 22 22 2	23 33 33 3	24 44 44 4	25 55 55 6	26 66 66 7	27 77 77 8	28 88 88 9	30 00 00 0	31 11 11 1	32 22 22 2
	30	33 33 33 3	34 44 44 4	35 55 55 6	36 66 66 7	37 77 77 8	38 88 88 9	40 00 00 0	41 11 11 1	42 22 22 2	43 33 33 3
	40	44 44 44 4	45 55 55 6	46 66 66 7	47 77 77 8	48 88 88 9	50 00 00 0	51 11 11 1	52 22 22 2	53 33 33 3	54 44 44 4
	50	55 55 55 6	56 66 66 7	57 77 77 8	58 88 88 9	60 00 00 0	61 11 11 1	62 22 22 2	63 33 33 3	64 44 44 4	65 55 55 6
	60	66 66 66 7	67 77 77 8	68 88 88 9	70 00 00 0	71 11 11 1	72 22 22 2	73 33 33 3	74 44 44 4	75 55 55 6	76 66 66 7
	70	77 77 77 8	78 88 88 9	80 00 00 0	81 11 11 1	62 22 22 2	83 33 33 3	84 44 44 4	85 55 55 6	86 66 66 7	87 77 77 8
	80	88 88 88 9	90 00 00 0	91 11 11 1	92 22 22 2	93 33 33 3	94 44 44 4	95 55 55 6	96 66 66 7	97 77 77 8	98 88 88 9
MINUTES.	0	0'00"0	1'85"2	3'70"4	5'55"6	7'40"7	9'25"9	11'11"1	12'96"3	14'81"5	16'66"7
	10	18 51 9	20 37 0	22 22 2	24 07 4	25 92 6	27 77 8	29 63 0	31 48 1	33 33 3	35 18 5
	20	37 03 7	38 88 9	40 74 1	42 59 3	44 44 4	46 29 6	48 14 8	50 00 0	51 85 2	53 70 4
	30	55 55 6	57 40 7	59 25 9	61 11 1	62 96 3	64 81 5	66 66 7	68 51 9	70 37 0	72 22 2
	40	74 07 4	75 92 6	77 77 8	79 63 0	81 48 1	83 33 3	85 18 5	87 03 7	88 88 9	90 74 1
	50	92 59 3	94 44 4	96 29 6	98 14 8	1'00 00 0	1'01 85 2	1'03 70 4	1'05 55 6	1'07 40 7	1'09 25 9
SECONDES.	0	0" 0	3" 1	6" 2	9" 3	12" 3	15" 4	18" 5	21" 6	24" 7	27" 8
	10	30 9	34 0	37 0	40 1	43 2	46 3	49 4	52 5	55 6	58 6
	20	61 7	64 8	67 9	71 0	74 1	77 2	80 2	83 3	86 4	89 5
	30	92 6	95 7	98 8	1'01 9	1'04 9	1'08 0	1'11 1	1'14 2	1'17 3	1'20 4
	40	1'23 5	1'26 5	1'29 6	1 32 7	1 35 8	1 38 9	1 42 0	1 45 1	1 48 1	1 51 2
	50	1 54 3	1 54 7	1 60 5	1 63 6	1 66 7	1 69 8	1 72 8	1 75 9	1 79 0	1 82 1

TABLE B, *pour convertir la graduation centigrade du quart du cercle en graduation sexagésimale.*

		0	1	2	3	4	5	6	7	8	9
GRADES.	0	0°	0° 54'	1° 48'	2° 42'	3° 36'	4° 30'	5° 24'	6° 18'	7° 12'	8° 06'
	10	9	9 54	10 48	11 42	12 36	13 30	14 24	15 18	16 12	17 06
	20	18	18 54	19 48	20 42	21 36	22 30	23 24	24 18	25 12	26 06
	30	27	27 54	28 48	29 42	30 36	31 30	32 24	33 18	34 12	35 06
	40	36	36 54	37 48	38 42	39 36	40 30	41 24	42 18	43 12	44 06
	50	45	45 54	46 48	47 42	48 36	49 30	50 24	51 18	52 12	53 06
	60	54	54 54	55 48	56 42	57 36	58 30	59 24	60 18	61 12	62 06
	70	63	63 54	64 48	65 42	66 36	67 30	68 24	69 18	70 12	71 06
	80	72	72 54	73 48	74 42	75 36	76 30	77 24	78 18	79 12	80 06
	90	81	81 54	82 48	83 42	84 36	85 30	86 24	87 18	88 12	89 06
MINUTES.	0	0' 00"	0'32"4	1'04"8	1'37"2	2'09"6	2' 42"	3'14"4	3'46"8	4'19"2	4'51"6
	10	5 24	5 56 4	6 28 8	7 01 2	7 33 6	8 06	8 38 4	9 10 8	9 43 2	10 15 6
	20	10 48	11 20 4	11 52 8	12 25 2	12 57 6	13 30	14 02 4	14 34 8	15 07 2	15 39 6
	30	16 12	16 44 4	17 16 8	17 49 2	18 21 6	18 54	19 26 4	19 58 8	20 31 2	21 03 6
	40	21 36	22 08 4	22 40 8	23 13 2	23 45 6	24 18	24 50 4	25 22 8	25 55 2	26 27 6
	50	27 00	27 32 4	28 04 8	28 37 2	29 09 6	29 42	30 14 4	30 46 8	31 19 2	31 51 6
	60	32 24	32 56 4	33 28 8	34 01 2	34 33 6	35 06	35 38 4	36 10 8	36 43 2	37 15 6
	70	37 48	38 20 4	38 52 8	39 25 2	39 57 6	40 30	41 02 4	41 34 8	42 07 2	42 39 6
	80	43 12	43 44 4	44 16 8	44 49 2	45 21 6	45 54	46 26 4	46 58 8	47 31 2	48 03 6
	90	48 36	49 08 4	49 40 8	50 13 2	50 45 6	51 18	51 50 4	52 22 8	52 55 2	53 27 6
SECONDES.	0	0" 00	0" 324	0" 648	0" 972	1" 296	1" 62	1" 944	2" 268	2" 592	2' 916
	10	3 24	3 564	3 888	4 212	4 536	4 86	5 184	5 508	5 832	6 156
	20	6 48	6 804	7 128	7 452	7 776	8 10	8 424	8 748	9 072	9 396
	30	9 72	10 044	10 368	10 692	11 016	11 34	11 664	11 988	12 312	12 636
	40	12 96	13 284	13 608	13 932	14 256	14 58	14 904	15 228	15 552	15 876
	50	16 20	16 524	16 848	17 172	17 496	17 82	18 144	18 468	18 792	19 116
	60	19 44	19 764	20 088	20 412	20 736	21 06	21 384	21 708	22 032	22 356
	70	22 68	23 004	23 328	23 652	23 976	24 30	24 624	24 948	25 272	26 596
	80	25 92	26 244	26 568	26 892	27 216	27 54	27 864	28 188	28 512	28 836
	90	29 16	29 484	29 808	30 132	30 456	30 78	31 104	31 428	31 752	32 076

USAGE DE CES TABLES.

Pour effectuer une réduction avec l'une ou l'autre de ces tables qui sont à double entrée, cherchez les dizaines de degrés, de minutes, etc., dans la colonne latérale de la gauche, et les unités dans la ligne qui est en tête de la partie qui correspond dans la table avec l'espèce de graduation (degrés, minutes, etc.) que vous convertissez. Si vous réduisez des centaines cherchez-les comme des dizaines, et rangez les signes d'un rang vers la droite.

EXEMPLE.

181. *Soit toujours* 138 *deg.* 25 *min.* 30 *sec. à convertir en grades.*

Dans la table A prenez

Pour	100°	au concours de 10°, en rangeant les signes d'un rang vers la droite....	111ᴳ 11′ 11″
	38°	au concours de 30° et 8.....	42ᴳ 22′ 22″
	25′ ..	au concours de 20′ et 5.....	46′ 30″
	30″	au concours de 30″ et 0.....	93″
	138° 25′ 30″		153ᴳ 80′ 56″

Réciproquement, la table B donne

Pour	100ᴳ	au concours de 10ᴳ, en rangeant les signes d'un rang vers la droite...	90°
	53	au concours de 50ᴳ et 3.....	47° 42′
	80′ ..	au concours de 80′ et 0.....	43′ 12″
	56″	au concours de 50′ et 6.....	18″
	153ᴳ 80′ 56″		138° 25′ 30″

SYSTÈME DES MESURES MÉTRIQUES.

182. On appelle *système* (1), en général, un assemblage de principes vrais ou faux, liés ensemble. Le système des mesures métriques est l'assemblage des mesures approuvées par la loi.

On appelle *mesure* une quantité déterminée (15) servant à évaluer d'autres quantités appréciables.

La connaissance des mesures est de la plus haute importance dans les diverses branches de l'économie sociale. C'est elle qui sert de base à l'application du calcul, aux questions qui nous intéressent le plus, et qui se présentent journellement. Ce n'est donc pas un vain luxe de science que l'établissement d'un *système métrique décimal* bien ordonné.

Cette vérité, que de nombreux abus avaient portée au plus haut degré d'évidence, et qui avait fait désirer depuis plus d'un siècle une réforme dans les mesures, semble pourtant méconnue aujourd'hui, du moins si l'on en juge par l'obstination presque générale avec laquelle on continue à penser, à s'exprimer en anciennes mesures, et à retarder ainsi les heureux effets du plus utile des présens que les savans aient pu faire à la Société.

La base du système est variable. Quelques savans auraient voulu qu'on adoptât la toise; d'autres, qui veulent aller droit à la perfection, pour déterminer tous les peuples de la terre à adopter par la suite les mesures françaises, ont jugé convenables de prendre leur étalon, leur type, sur la terre elle-même.

Effectivement, de quel droit aurions-nous présenté aux étrangers, pour unité de longueur, la taille d'un empereur ou d'un roi de France? Notre globe possède des longueurs qui ne varient jamais, qu'on peut toujours retrouver, longueur que ne peuvent détruire ni les altérations du temps, ni les feux volcaniques, ni les inondations partielles et même générales; ce sont les dimensions de la terre elle-même.

183. On adopta pour base de tout le système métrique *le quart du méridien terrestre*, c'est-à-dire, la partie du méridien comprise entre le pôle nord et l'équateur. Puisque la base du système métrique dépend du quart du méridien terrestre, il faut connaître la grandeur de cet arc avec le plus de précision possible. MM. Delambre et Méchain furent chargés de mesurer l'arc du méridien compris entre Dunkerque et Barcelone. Ce ne fut qu'après sept années de peines et de travaux que fut terminé cette grande et belle opération. MM. Biot, Arago et quelques astronomes espagnols continuèrent la mesure de cet arc jusqu'à l'île de Formentera.

L'arc du méridien compris entre Dunkerque et Barcelonne, déterminé par des observations astronomiques, est de 10 grades 75 minutes 46 secondes 3 dixièmes; sa longueur fut trouvée de 551,585 toises. Il a été facile, avec ces données, de calculer rigoureusement la longueur d'un grade, et par conséquent celle de 100 grades, ou du quart du méridien terrestre. On a calculé, en ayant égard à l'aplatissement de la terre aux pôles (1), que le quart du méridien terrestre est de 5,130,740 toises, 74 centièmes. Divisant cette distance par 10 millions, on a eu pour la longueur du MÈTRE (2) 3 *pieds* 11 *lignes* 295,936 *millionièmes de lignes*, ou 3 *pieds* 11 *lignes* 296 *millièmes*, ou enfin, pour plus de simplicité 443 *lignes* 3 *dixièmes* (3).

Des savans prétendent aujourd'hui, d'après des opérations subséquentes, que le quart du méridien est de 5,131,850 toises, et la circonférence de la terre de 20,527,400 toises. Le mètre vaudrait, d'après ces données, 3 pieds 11 lignes 392 millièmes, différence avec le mètre légal de 0-096 millième de ligne. Cette différence est sans importance dans les usages civils.

Nous dirons en passant que le mètre provisoire adopté par la convention nationale était de 3 pieds 11 lignes 44 centièmes, parce que le méridien avait été trouvé de 5,130,430 toises. On doit suivre le système légal.

(1) *Système* vient de σύςημα; de συνίςημι, *j'assemble.*

(1) Cet aplatissement fut déterminé de $\frac{1}{334}$ ou de 9795 toises.

(2) *Mètre* vient du mot grec μέτρον, *mesure.*

(3) On voit, dans la *Mesure de la terre*, que Picart mesura, le long du pavé de Villejuif à Juvigny, une base de 11037 *mètres* 39 *centimètres*. On en mesura une en Laponie, sur la glace du fleuve Tornéo, de 14436 *mètres* 51 *centimètres*; en 1740, Cassini en mesura une près Paris, de 11203 *mètres*, et une autre près Perpignan, de 15452 *mètres*, etc.

Afin d'éviter les erreurs que pouvaient faire naître les dilatations et condensations que les changemens de température occasionneraient dans la longueur des étalons, fabriqués en *platine* ou en *or blanc*, on a toujours évalué cette longueur pour la température de la glace fondante.

Après avoir fait connaître les bases du système métrique, nous allons en donner la nomenclature.

184. La nomenclature de ce système se réduit à faire précéder le mot *grec* ou *latin* qui désigne chaque unité de mesure par les radicaux suivans qui désignent ensuite les plus grandes et les plus petites mesures que le *mètre*. Ainsi, il n'y a pas de différence entre un DÉCA et une *dizaine*, un HECTO et une *centaine*, etc., un DÉCI ou 0-1, un CENTI ou 0-01, etc.

TABLEAU DES SIGNIFICATIONS GÉNÉRIQUES.

MYRIA. signifie	*dix mille fois* ou	10000
KILO...........	*mille fois*......	1000
HECTO..........	*cent fois*.......	100
DÉCA...........	*dix fois*........	10
UNITÉ *principale*.		
DÉCI..........	*dixième partie*....	0-1
CENTI.........	*centième partie*...	0-01
MILLI.........	*millième partie*...	0-001

En plaçant le mot *mètre* en tête, on a formé le tableau suivant :

TABLEAU DES MESURES DE LONGUEUR.

Noms systématiques.	*Rapports.*	*Correspondances aux anciennes mesures.* tois.	pi.	po.	lig. mill.
Myriamètre...	10000 mètres......	5130	4	5	3-360
Kilomètre.....	1000 mètres......	513	0	5	3-936
Hectomètre....	100 mètres......	51	1	10	1-583
Décamètre.....	10 mètres......	5	0	9	4-959
MÈTRE....	*unité* principale...	0	3	0	11-296
Décimètre.....	0-1 de mètre..	0	0	3	8-330
Centimètre....	0-01 de mètre.	0	0	0	4-433
Millimètre....	0-001 de mètre.	0	0	0	0-443

185. *Remarque.* La détermination des aires ne dépend que d'un produit de deux facteurs, qu'on peut toujours regarder comme la base et la hauteur, c'est-à-dire les *deux dimensions* d'un rectangle équivalent à l'aire cherchée. Quand ces facteurs sont exprimés en mesures décimales, leur multiplication s'effectue à l'ordinaire; mais la dénomination des unités du résultat demande quelque attention. Pour les petites mesures on énonce la quantité de mètres suivante 234758 *mètres* 78 *centimètres*; pour l'aréage on prend le *décamètre* pour unité, et l'on énonce le nombre proposé 23475 *décamètres* 878 *centimètres*. Enfin, pour les mesures itinéraires actuellement adoptées, le nombre proposé s'énonce 23 *myriamètres* 47 *hectomètres* 58 *mètres* 78 *centimètres* ou 23 *myriamètres* 4 *kilomètres* 7 *hectomètres* 5 *décamètres* 8 *mètres* 7 *décimètres* 8 *centimètres*.

TABLEAU RÉDUCTIF.

Multipliez les	toises par 1 mètre	94904	vous aurez des MÈTRES (1).
	pieds par 0 mètre	32484	
	pouces par 0 mètre	02707	
	lignes par 0 mètre	00226	
	MÈTRES par 0 toise	51307	toises.
	3 pieds	07844	pieds.
	36 pouces	94130	pouces.
	443 lignes	29593	lignes.

MESURES DE PETITE AIRE.

186. L'unité nouvelle de petite aire est le MÈTRE CARRÉ, ou un carré qui a *un mètre* ou *dix décimètres* de côté.

TABLEAU DES MESURES DE PETITE AIRE.

Noms systématiques.	*Rapports.*	*Correspondances aux anc. mesures.* pi. car.	pouces carrés.
MÈTRE CARRÉ....	100 décimètres car.	9	68-662 milli.
Décimètre carré.	100 centimètres car.	0	13-647
Centimètre carré.	100 millimètres car.	0	0-136
Millimètre carré.	100 dix-millim. car.	0	0-001

187. Pour toiser par les nouvelles mesures *multipliez les mètres qui expriment la longueur du corps proposé par ceux qui en expriment la largeur, et le produit exprimera des mètres carrés pour unités et une fraction décimale de mètre carré*, dont les deux premiers chiffres à droite du trait exprimeront des *décimètres carrés*, les deux en suivant, des *centimètres carrés*, et les deux autres qui suivent encore, des *millimètres carrés*, etc.; ce qui fait correspondance avec les subdivisions du mètre linéaire.

Donc les *centièmes* du mètre carré expriment les *décimètres carrés*, les *dix-millièmes* du mètre carré expriment les *centimètres carrés*, les *millionnièmes* du mètre carré expriment les *millimètres carrés*, etc.

Quand les chiffres décimaux du mètre carré sont en nombre impair, *écrivez un zéro à la droite pour que le dernier ordre de la fraction décimale soit rapporté à une mesure carrée.*

TABLEAU RÉDUCTIF.

Multipliez les	toises carrées par 3 mèt. car.	-79874	vous aurez des MÈTRES CAR. ou CENTIARES.
	pieds carrés par 0 mèt. car.	-10552	
	pouces carrés par 0 mèt. car.	-00073	
	MÈT. CAR. ou CENT[res] par 0 tois. car.	26324	toises carrées.
	9 pi. car.	-47682	pieds carrés.
	1364 po. car.	-66210	pouces carrés.

NOUVELLES MESURES AGRAIRES.

188. L'unité nouvelle de grande aire ou agraire s'appelle ARE (2) : c'est le *décamètre carré* ou un carré de 10 *mètres de côté*.

(1) Lorsqu'on ne désire pas une grande approximation dans les résultats demandés par l'énoncé des questions, on peut simplifier beaucoup les opérations, en se dispensant d'employer tous les chiffres décimaux qui entrent dans les multiplicateurs réductifs.

(2) *Are* vient du mot latin *area*, surface, aire.

Les multiples de l'are se forment à l'aide des mêmes mots MYRIA, KILO, HECTO, etc., en retranchant particulièrement pour ces mesures la dernière lettre de chacun de ces mots; ainsi MYRIA-*are*, KILO-*are*, HECTO-*are*, etc., font *myriare*, *kilare*, *hectare*, etc., comme nous les représentons dans le tableau suivant :

TABLEAU DES MESURES AGRAIRES.

Noms systématiques.	*Significat.*	*Rapports.*	*Correspondances aux mesures anciennes.*	
—	—	—	—	
		mèt. carr.	tois. car.	pieds car.
Myriare...	10000 ares	1000000	263244	32-120 mil.
Kilare.....	1000 ares	100000	26324	17-712
Hectare....	100 ares	10000	2632	16-171
Décare.....	10 ares	1000	263	8-817
ARE......	*unité* princip.le	100	26	11-682
Déciare....	0-1 d'are	10	2	22-768
Centiare...	0-01 d'are	1	0	9-477
Milliare...	0-001 d'are	0-1	0	0-948

....

....

Entre toutes ces mesures l'*hectare*, l'*are* et le *centiare* sont celles que l'on emploie le plus souvent dans l'aréage (1).

Pour avoir l'aire d'un terrain de grande étendue, *multipliez les décamètres qui expriment la longueur par ceux qui expriment la largeur, et le produit vous donnera des décamètres carrés, ou*, pour mieux dire, *des* ARES *pour unités et une fraction décimale d'are*, dont les deux premiers chiffres à droite du trait exprimeront des *centiares*, les deux suivans des *dix-milliares*, etc.

On pourrait aussi, pour les mêmes aires, employer le *mètre* linéaire pour *unité*, ce qui donnerait des *centiares pour unités carrées*, et le troisième chiffre à gauche du trait exprimerait des *ares*; mais il est plus à propos de prendre le décamètre pour unité, puisqu'il exprime des *ares* au moindre calcul, et que ce calcul s'appelle *aréage*, c'est-à-dire *mesurer par ares.*

PROBLÈME.

Fig. 94. 189. *Quels sont les ares contenus dans une pièce de terre* (Fig. 94) *qui a 6 décamètres de longueur sur 3 décamètres de largeur?* Rép. 18 ares.

Opération.

Longueur AB ou DC... 6 décamètres.
Largeur AD ou BC... 3 décamètres.

Ares......... 18

(1) Chaque province de France avait ses mesures particulières et des noms particuliers pour ces mesures; souvent le même nom désignait une mesure bien différente.

Ici, par exemple, c'était des *arpens*, des *perches*, des *journaux de terre*; là, c'était des *septenées*, des *hommées*, des *boisselées*, des *bichetées*, des *cartades*; ailleurs, c'était des *ouvrées*, des *salmées*, des *bourrées*, des *éminées*, des *huitelées*, des *fossorées*, des *mencaudées*, des *bicherées*, des *quartenées*, etc., etc. Cette multitude de noms bizarres exigeait une étude particulière, et il en résultait de graves inconvéniens pour le commerce.

Je multiplie les 6 décamètres de la longueur par les 3 décamètres de largeur, et j'ai pour produit et aire de la pièce de terre proposée 18 ares.

PROBLÈME.

190. *Une pièce de terre* (Fig. 103) *a 28 décamètres 78 décimètres de largeur sur 4 décamètres 9 mètres de longueur par un côté, et 6 décamètres 416 centimètres de l'autre, quelle est son aire exprimée en ares?* Rép. 162 ares 83 centiares 72 dix-milliares 40 millionniares. Fig. 103

Opérations.

Addition.

Petite longueur CD... 4 décamètres 9 mètres.
Grande longueur AB.. 6 décamètres 416 centimètres.

Moitié de 11 décamètres 316 centimètres.

Moyenne longueur 5 décamètres 658 centimètres.

Multiplication.

Largeur EF....... 28 décamètres 78 décimètres.
Moyenne longueur.. 5 décamètres 658 centimètres.

23024
14390
17268
14390

L'aire en are est 162-83724

J'ajoute les 4 décamètres 9 mètres du petit côté avec les 6 décamètres 416 centimètres de l'autre, j'ai pour la longueur des deux côtés ensemble 11 décamètres 316 centimètres; ensuite pour avoir la longueur moyenne j'en prends la moitié qui est 5 décamètres 658 centimètres par laquelle je multiplie les 28 décamètres 78 décimètres de la largeur, et le produit ou l'aire de la pièce de terre est de 162 ares ou 1 hectare 62 ares 83 centiares 72 dix-milliares 40 millionniares.

Nous avons dit qu'on prenait ordinairement l'are pour unité; cependant, si le terrain qu'on mesure avait une très-grande valeur, il vaudrait mieux prendre le centiare pour unité et tenir compte des dix-milliares.

191. *Remarque.* Pour faire disparaître les difficultés que l'on apportait à l'adoption du nouveau système, à cause de la nomenclature des noms, le Gouvernement, tout en maintenant le *mètre* pour la seule dénomination de l'unité fondamentale de ce système, a déclaré qu'on pourrait dire indifféremment pour les mesures de longueur : *perche* ou *décamètres;* et pour les mesures agraires, *arpent* ou *hectare*, *perche carrée* ou *are*, *mètre carré* ou *centiare.*

L'usage des mesures agraires dans toutes les parties de la France, exige souvent des réductions de ces anciennes mesures aux nouvelles, et réciproquement. Pour éviter aux personnes, qui s'occupent de ce genre de travail, la peine de faire ces réductions, je mets ici des tableaux réductifs pour les mesures les plus connues.

TABLEAUX RÉDUCTIFS.

Mesures linéaires employées à la mesure des terres.

Multipliez les PERCHES de	par	Vous aurez des DÉCAM.
17 pieds 5 pouces	par......	0déc.-565762
18 — 0 —	par......	0 — 584711
18 — 4 —	par......	0 — 595539
20 — 0 —	par......	0 — 649679
20 — 2 —	par......	0 — 655093
21 — 8 —	par......	0 — 703819
22 — 0 —	par......	0 — 714647
24 — 0 —	par......	0 — 779615

Mesures agraires.

Multipliez les PERCHES CARRÉES de	par	Vous aurez des ARES.
17 pieds 5 po. de côté	par..	0are-3200865
18 — 0 —	par..	0 — 3418868
18 — 4 —	par..	0 — 3546664
20 — 0 —	par..	0 — 4220825
20 — 2 —	par..	0 — 4291468
21 — 8 —	par..	0 — 4953344
22 — 0 —	par..	0 — 5107198
24 — 0 —	par..	0 — 6077988

Multipliez les ARES par	Vous aurez des PERCHES CARR. à l'ancienne mesure qui y correspond.
3 perch. car.-124150	de 17 pi. 5 po. de côté.
2 — 924943	de 18 — 0 —
2 — 819550	de 18 — 4 —
2 — 369205	de 20 — 0 —
2 — 330205	de 20 — 2 —
2 — 018020	de 21 — 8 —
1 — 958020	de 22 — 0 —
1 — 645280	de 24 — 0 —

192. S'il fallait trouver en mètres linéaires la valeur de la perche de 19 pieds 6 pouces de longueur, à raison de 11 pouces par pied, on convertirait tout en pouces, et l'on aurait 215 à multiplier par la valeur d'un pouce linéaire, que la table donne de 0 *mètre* 02707 (184); le produit 5 *mètres* 82005 serait la quantité demandée.

On convertira cette perche en *ares* en multipliant 0 *mètre carré* 000732, qu'on trouve dans la table pour le pouce carré (187), par 46225 pouces carrés, carré de 215 pouces linéaires; le produit est égal à 33 *centiares* 8366, ou 0 *are* 338366; c'est la valeur qu'il fallait trouver.

Pour savoir ce que vaut un are en perche carrée de 19 pieds 6 pouces, ou 215 pouces, il suffit de diviser l'unité par 0-338366; on trouve 2 *perches carrées* 955 *millièmes*.

193. Il arrivera sans doute plus d'une fois que l'arpenteur n'aura pas de tables entre les mains pour faire ces réductions; alors il déterminera le rapport de la plus petite espèce au *mètre*. Il suffira qu'il n'oublie point que le mètre vaut 3 pieds 07844; le pied 0 mètre 32484, etc., comme on a vu dans le premier tableau réductif.

Si l'on voulait encore connaître ce que vaut, en mètres carrés, une perche carrée de 18 pieds, on dirait : puisque le pied vaut 0 *mètre* 32484, son carré vaudra ce nombre multiplié par lui-même, c'est-à-dire 0 *mètre carré* 10552; multipliant ce nombre par 324, carré de 18, on aura 34 *mètres carrés* 18848 pour le résultat cherché.

SECTION PREMIÈRE.

DES INSTRUMENS SERVANT AU MESURAGE DES LIGNES ET DES ANGLES SUR LE TERRAIN.

194. Si l'art de l'*arpentage* (1) n'a pas besoin d'études approfondies, il exige au moins des principes particuliers, et celui qui se propose de prendre l'état d'arpenteur, doit les étudier avec soin; il doit aussi examiner avec attention les instrumens dont on se sert pour opérer sur le terrain. Ceux que les arpenteurs emploient, sont : les *règles*, les *tréteaux*, pour mesurer une ligne exactement, l'*équerre* pour les opérations de petite étendue, le *graphomètre*, le *cercle répétiteur*, la *boussole*, la *planchette*, l'*octant de réflexion*, les *niveaux d'eau*, *à bulle d'air* et *à fil à plomb*, etc., etc.; il faut aussi des *fiches*, des *jalons*, une *chaîne*; et pour le dessin et le rapport sur le papier, un *compas*, un *rapporteur*, une *équerre*, une *fausse équerre*, une *double règle*, des *échelles de proportion*, un *compas de proportion*, un *pantographe*, un *compas de réduction*, et un *vérificateur*, etc., etc.

(1) Arpentage vient du mot *arpent*, appliqué à diverses mesures agraires en usage en France.

DES RÈGLES ET DES TRÉTEAUX.

195. Lorsqu'on veut mesurer une distance quelconque avec beaucoup d'exactitude, on fait usage de *règles* et de *tréteaux*. Les règles sont au nombre de deux; elles ont chacune cinq mètres de longueur, et reçoivent un niveau à bulle d'air. Les tréteaux sur lesquels on place les règles, sont au nombre de trois. Chacun de ces tré-

teaux est surmonté d'une vis, sur le haut de laquelle repose l'un des bouts de la règle. Au moyen de cette vis on parvient, en les baissant ou élevant, à mettre la règle de niveau.

PROBLÈME.

Fig. 115. 196. *Soit proposé de mesurer la ligne AB* (Fig. 115) *au moyen des règles et des tréteaux.*

Placez d'abord le premier tréteau au point de départ A, dirigez vous vers B, placez le bout d'une des règles sur le premier tréteau, et placez un deuxième tréteau *a* assez près de celui A pour que la règle ait ses deux extrémités appuyées sur les deux tréteaux indiqués. Cette première opération faite, portez le troisième tréteaux *b* assez près de celui *a* pour que le dernier bout de la deuxième règle repose sur le tréteaux *b*, en même temps que sa deuxième extrémité touche celle de la première règle sur le tréteau *a*.

En supposant chaque règle de cinq mètres, après les avoir posées toutes deux, la distance mesurée sera exactement de 1 décamètre au troisième tréteau. Après cette première opération, prenez le tréteau A pour le porter en *c*, assez près de celui *b* pour que la première règle, d'abord posée de A en *a*, puisse avoir ses deux extrémités appuyées sur les deux tréteaux *b*, *c*. En continuant cette opération, avec le soin de mettre les règles de niveau au moyen des vis décrites, vous parviendrez à placer le tréteau *b* au nouveau point *d*, et vous aurez alors la longueur de la ligne A*d* égale à 2 décamètres. Mais, comme nous l'avons dit, la ligne à mesurer se bornait au point B, nous avons donc à déduire sur les 2 décamètres trouvés, la distance du point B au tréteau *d*; cette distance étant de 25 décimètres, il résulte que la ligne donnée AB a exactement 1 décamètre 75 décimètres de longueur.

On mesurerait de la même manière toutes les lignes qui se présenteraient; cependant, on doit observer que ce procédé ne serait pas applicable au terrain trop incliné; effectivement, ayant mis la première règle de niveau et posé ses deux extrémités sur les tréteaux A et *a*, ayant ensuite mis la deuxième règle, au bout de la première, sur les tréteaux *a* et *b*, cette dernière règle sera dans la position de la première et, ainsi de suite, on formerait une même ligne droite et de niveau par le placement successif de toutes ces règles, cette ligne serait donc parallèle à l'horizon en partant du point A; si le terrain était montueux ou incliné, on conçoit qu'alors on parviendrait bientôt en un point où l'on ne pourrait plus élever assez les tréteaux, et que les règles ne formeraient plus une ligne droite ou de niveau. Nous allons expliquer comment on devra procéder dans cette circonstance.

PROBLÈME.

197. *Soit proposé de mesurer la ligne fort inclinée AB au moyen des deux derniers instrumens.*

Je suppose que le point A est beaucoup plus élevé que le point B, le tréteau *a* sera alors plus bas que celui A; par conséquent, pour poser de nouveau la règle que je dois appuyer sur ces deux tréteaux, il faut que j'élève la vis de celui *a* jusqu'au moment où ladite règle sera horizontale; portant ensuite le bout de la deuxième règle sur le même tréteau *a*, de manière à ce qu'elle touche la première règle, son autre bout se placera sur le tréteau *b*; il pourra alors arriver, à cause de la perte du terrain, que je ne puisse élever ce dernier tréteau assez haut pour que la deuxième règle qui s'y trouve appuyée d'un bout soit de niveau avec la première; voici comme on procédera quand cette difficulté se rencontrera: A partir de l'extrémité de la première règle, vous ferez descendre un *fil-à-plomb* (1) sur le deuxième tréteau *a*, et vous placerez l'extrémité de la deuxième règle sur la traverse supérieure de ce tréteau *a*, à la rencontre de ce même fil-à-plomb; vous élèverez ensuite la vis du tréteau *b* jusqu'au moment où la deuxième règle se trouvera horizontale, et vous mesurerez ainsi le premier décamètre de la ligne; on conçoit que le surplus de la ligne AB se mesurerait de même. Fig. 115.

Faisons remarquer maintenant qu'on obtiendrait le même résultat en ayant le soin de placer les tréteaux, au moyen d'un fil-à-plomb, de manière que leurs vis soient des verticales; alors on descendrait au besoin la vis du tréteau en ayant le soin de marquer sur sa tête le point qu'occupait le bout de la première règle; cette vis étant descendue, on placerait le bout de la deuxième règle au point marqué, et l'on monterait la vis du tréteau suivant jusqu'à ce que cette deuxième règle soit de niveau, et, ainsi de suite. Nous observerons que si cette méthode de chaînage est exacte, elle a en même temps le désavantage d'être lente et difficile, elle est alors rarement employée; on pourrait s'en servir pour le chaînage de la base d'une opération qui réclamerait une grande exactitude.

DE LA CHAINE ET DES FICHES.

198. Pour la majeure partie des opérations, au lieu de se servir des règles et des tréteaux, on emploiera la *chaîne* avec ses dix *fiches*.

La chaîne d'arpenteur est fixée, pour toute la France, à un décamètre de longueur (2); elle est divisée de mètre en mètre par des anneaux de cuivre; celui du milieu doit être un peu plus grand que les autres, et d'un métal différent, pour qu'on puisse compter plus facilement. Chaque mètre est encore divisé en deux parties égales par des anneaux un peu plus petits; par ce moyen, la chaîne se trouve partagée de demi-mètre en demi-mètre, et l'on peut pousser la division aussi loin qu'on le jugera convenable. Il y a à chaque bout un anneau M assez grand pour y passer deux ou trois doigts; ces anneaux, ou poignées,

(1) Le *fil-à-plomb* est une ficelle AB (*Fig.* 116), à une extrémité de laquelle on a attaché un morceau de plomb B. Fig. 116.

(2) On lit cependant, à la fin des tables de logarithmes de J. DE LALANDE, revues par le Baron REYNAUD, ce qui suit: « La nouvelle chaîne d'arpenteur est le double décamètre; elle vaut 20 mètres ou 10 toises 1 pied 6 pouces 10 lignes. »

font partie de la longueur de la chaîne (1), qu'on ne peut jamais tendre rigoureusement en ligne droite, sans s'exposer à la rompre ; mais on lui donne 5 millimètres de plus, qui, avec l'épaisseur de la fiche, doit compenser la courbure que fait cette chaîne en la tendant.

La chaîne qui vient d'être décrite est celle qui doit être préférée pour les pays à grandes cultures ; elle est un peu embarrassante et très-exacte. Dans les pays vignobles, morcelés de taillis ou au sein des constructions, on emploiera la même chaîne, à la différence près qu'elle devra être divisée de 2 en 2 décimètres au lieu de 5 en 5 ;
Fig. 118. la chaîne (*Fig.* 118) est moins pesante, le fil de fer que l'on emploie pouvant être moins fort par la raison que le chaînon a moins d'étendue ; cette chaîne légère est surtout nécessaire dans les vignes, parce qu'elle doit toujours être élevée au-dessus des ceps ou des échalas.

Nous ne parlerons pas du grand compas de bois d'une toise d'ouverture, qui était employé autrefois dans quelques provinces. Il est impossible, malgré l'habitude, d'opérer exactement avec ce compas : son usage doit être absolument détruit.

La chaîne doit être vérifiée tous les jours avant de commencer à mesurer, et même dans le cours des opérations lorsqu'elle commence à s'affaiblir.

Cette vérification s'opère en traçant avec exactitude une horizontale de 10 mètres le long d'un mur, ou sur une surface bien plane, si l'on ne peut pas disposer d'un mur assez long. On applique la chaîne sur cette mesure qui sert d'*étalon* ou *matrice* ; si la chaîne ne coïncide pas parfaitement avec l'étalon, il faut l'allonger ou la raccourcir, jusqu'à ce que la coïncidence ait lieu.

Dans le cadastre on accorde une tolérence de 2 *millimètres* sur les 10 mètres de la chaîne. Un géomètre en chef du cadastre (A. Lefèvre) pense qu'on peut porter cet excès à 5 *millimètres*.

199. Une fiche est ordinairement faite en fil de fer de
Fig. 117. 4 millimètres de diamètre (*Fig.* 117, A) pointue d'un bout pour entrer en terre, où on l'enfonce de 4 à 7 centimètres, arrondie à l'autre bout en forme d'anneau, ayant 4 centimètres de diamètre pour pouvoir y passer le pouce, et une longueur totale de 40 à 50 centimètres. Dans les dix fiches, l'une B, sera amincie au-dessus de la tête et renforcée vers le bas, afin que, restant suspendue et pincée par cette partie amincie entre deux doigts, elle s'échappe de ceux-ci par son propre poids, et tombe verticalement de son point de suspension, lorsqu'il sera temps de le faire comme nous le dirons ci-après.

Pour mesurer, deux hommes portent la chaîne ; le premier, ou celui qui marche devant, se nomme *porte-chaîne* ; il tient dans la main gauche toutes les fiches que lui a remises l'arpenteur (ou celui qui marche derrière) : après les avoir comptées, il en passe l'anneau sur son pouce ; et tout en marchant, ayant la première poignée de la chaîne placée dans la paume de la main droite dont elle embrasse Fig. 117.
les quatre doigts, il passe verticalement une fiche entre ses deux doigts du milieu, laquelle touche contre l'extérieur de la poignée de la chaîne dans le creux de la main qui est tenue fermée, les ongles en dehors. Lorsque le porte-chaîne arrive au bout de la chaîne, il fait un temps d'arrêt, pendant lequel l'arpenteur place son pied à la place où doit être le bout de la chaîne qu'il tient de la main droite fermée, les quatre doigts engagés dans la poignée, et le côté du pouce appuyé invariablement contre son jarret qu'il dresse exprès verticalement à cette place lorsqu'il n'y a pas encore de fiche plantée, ou enfin contre la tête de la fiche plantée. En ce moment, le porte-chaîne raidit la chaîne sans cependant forcer la main à l'arpenteur, appuie la paume de la main sur la fiche, et plante cette dernière d'aplomb, fait un nouveau temps d'arrêt, mais bien court, pour laisser à l'arpenteur le temps de lever la fiche dont il engage ensuite l'anneau ou tête sur son pouce droit en marchant, afin de conserver la main gauche libre pour tenir le cahier, et ainsi de suite jusqu'à ce qu'il soit nécessaire de s'arrêter pour écrire quelques dimensions, ou que le porte-chaîne soit arrivé à sa dernière fiche ; dans ce cas, il s'arrête et crie haut le mot *cent* (ou deux cents, c'est-à-dire le nombre de mètres mesurés) ; l'arpenteur jette bas le derrière de la chaîne, il rejoint le porte-chaîne, met son pied en place de la dernière fiche qu'il joint aux autres, et les rend toutes dix au porte-chaîne après les avoir comptées à sa participation ; et le chaînage continue plus loin de la même manière.

Lorsqu'il faut interrompre la mesure d'une grande ligne pour mesurer les perpendiculaires à droite et à gauche, après que l'arpenteur a compté et écrit la dimension de la ligne au point où se trouve le pied de la perpendiculaire, il fait tourner le porte-chaîne du côté du point où aboutit la perpendiculaire : partant de ce point, il laisse là toutes ses fiches à côté de la dernière plantée et qui reste debout, en avant (et quelquefois en arrière) le point de la perpendiculaire, il mesure cette dernière avec le peu de fiches qui restaient au porte-chaîne, auquel il rend ces mêmes fiches lorsque la perpendiculaire est mesurée et écrite. Alors on revient continuer le mesurage de la grande ligne à partir de la fiche laissée en attente, et où l'arpenteur reprend toutes celles qu'il y avait déposées.

Quand l'arpenteur prévoit qu'il ne reste pas assez de fiches au porte-chaîne pour mesurer une perpendiculaire ou une ligne d'écart quelconque, au lieu de laisser sur la ligne la dernière fiche plantée et celles que déjà il a relevées précédemment, il remplace cette dernière fiche par un signet quelconque, la joint à celles qu'il avait déjà, les compte à la participation du porte-chaîne auquel il les prête, et qui les lui rend bien comptées lorsqu'on revient reprendre le mesurage de la grande ligne sur laquelle l'arpenteur part du signet qui remplace la dernière fiche plantée précédemment.

200. Les lois ordinaires de la physique font connaître

(1) Cette longueur, qui doit être de 10 *mètres*, est comptée depuis l'extrémité d'une des poignées, ou *mains*, jusqu'à l'extrémité de l'autre poignée.

que les plantes, les arbres, etc., croissent dans une direction verticale, et que le terrain incliné à l'horizon ne produit rien au-delà de ce que pourrait fournir sa base de projection horizontale : d'ailleurs on ne pourrait rapporter sur le papier, à côté les uns des autres, les projections de surfaces courbes et de terrains inclinés; ces motifs, et d'autres encore, ont fait depuis long-temps adopter la méthode de mesurer tous les terrains par cultellation (1) ou horizontalement.

Fig. 118. Ce mesurage se fait en tenant la chaîne dans une position horizontale AB (*Fig.* 118) : à cet effet, celui des deux chaîneurs qui est plus bas que l'autre par rapport à l'horizon, tient la chaîne de niveau, en haussant le bout qu'il a en main assez pour atteindre la même hauteur que l'autre bout. Ensuite,

1° Si c'est l'arpenteur qui est plus bas que l'autre, le porte-chaîne ralentit un peu le pas, prend la chaîne et la fiche comme en terrain plat; l'arpenteur, tout en arrivant à la place de la fiche, tourne son côté droit vers le porte-chaîne, mettant entre ses deux pieds cette fiche plantée, où un bâton plus long (2) le maintient dans la position verticale en le tenant dans sa main gauche sur le milieu de sa poitrine, en le faisant passer sur son nez, il élève sa main droite avec la poignée de la chaîne vers le haut du bâton jusqu'au point A, où cette dernière sera de niveau avec l'autre bout B de la chaîne. Ce sera seulement lorsque le porte-chaîne verra que cette coïncidence est bien établie et peut être maintenue solidement, que, tendant la chaîne, il plantera sa fiche et ira se placer plus loin, tandis que l'arpenteur, relevant la fiche qu'il avait entre les pieds, ira prendre poste à la suivante.

2° Si c'est le porte-chaîne qui doit élever la chaîne, il se retournera pour faire face au second, il dégagera du creux de sa main la poignée de la chaîne et l'avancera sur le bout de ses doigts, de manière à pouvoir la pincer entre le pouce et les deux premiers doigts; il insinuera en même temps, entre ces mêmes doigts et touchant cette poignée, la tête plate de la grosse fiche : dès qu'il sera bien en position, que la chaîne sera tendue et ne balancera plus, il écartera légèrement les doigts sans bouger la main, la fiche tombera par son propre poids verticalement en terre à la place qu'elle doit occuper.

Dans les endroits trop rapides, il est quelquefois nécessaire de mesurer par demi-chaînes ou par 2 ou 3 mètres : il faut toujours que la condition de tenir la chaîne horizontale soit bien remplie.

Le porte-chaîne doit avoir soin de se créer un point de reconnaissance bien au-delà de la distance à mesurer : un arbre, une maison, une pierre, un chardon, etc., peuvent lui servir de point de reconnaissance (ce qu'on appelle un troisième point), et l'empêcher de s'écarter à droite ou à gauche.

A ce qui précède, nous devons ajouter l'indication des mesures dites *à ruban*, dont l'usage est très-commode, Fig. 118.
et, par cette raison, très-répandu aujourd'hui; elles consistent dans un ruban de fil qui s'enroule sur un axe de métal, et se place dans une boîte, de manière qu'une mesure de 10 mètres n'excède pas le volume d'une tabatière de médiocre grandeur. M. de Prony, qui s'est beaucoup servi de ces mesures, recommande celles que M. Champion fabrique, parce que, outre une grande exactitude dans les divisions, le ruban est préparé de sorte qu'il n'éprouve aucune altération par l'humidité.

N. B. Quand on ne cherche que des approximations, comme lorsqu'on se propose seulement de faire la reconnaissance d'un terrain, on mesure les distances par le nombre de pas qu'on fait en les parcourant. On convertit ensuite ce nombre en mesures ordinaires, en le multipliant par la longueur du pas.

201. Pour évaluer son pas, on parcourt une distance assez considérable, connue ou mesurée avec soin; on en divise la longueur par le nombre de pas trouvé. Si, par exemple, elle était de 1,000 mètres, et qu'on eût fait 1,210 pas, on en conclurait qu'un de ces pas vaut 0-827 millimètres, c'est-à-dire 83 centimètres environ. En répétant plusieurs fois cette épreuve, on viendra à bout de prendre une marche régulière, qui pourra servir à évaluer d'une manière assez approchée des distances même considérables. Selon M. *L. Lamotte* le pas moyen de l'homme est estimé avoir une longueur de 2 pieds 5 pouces 7 lignes ou de 0-8 décimètres : dans cette hypothèse, 100 pas formeront 80 mètres. Les officiers au corps royal des ingénieurs géographes ont adopté cette mesure, et ils ont réglé leur marche de manière à obtenir une grande précision.

On peut éprouver quelquefois de l'embarras en évaluant des grandes distances, parce que l'attention et la mémoire tombent souvent en défaut, et quand le nombre de pas devient un peu grand. C'est ce que l'on prévient au moyen d'une machine appelée *odomètre*, c'est-à-dire *compte-pas*, qu'on s'attache au genou, et sur laquelle se trouve marqué, à chaque instant, le nombre de pas qu'on a faits. On en a construit même qui retranchent ou *décomptent* les pas qu'on peut être obligé de faire dans une direction contraire.

RECTIFICATION DES MESURAGES A LA CHAINE.

202. Il n'est pas rare de voir une chaîne différer de sa longueur réelle. Cela arrive toutes les fois qu'on n'a pas le soin de la vérifier souvent, et il existe nécessairement une erreur dans l'aire en mesurant; dans ce cas, voici comment on peut rectifier cette erreur.

Nommons a la longueur réelle du décamètre, b celle du décamètre employé sur le terrain, c l'aire trouvée, et x celle rectifiée ou cherchée, nous aurons

$$a^2 : b^2 :: c : x = \frac{b^2 \times c}{a^2};$$

mais à cause que $a^2 = 1$, nous avons $x = b^2 \times c$; c'est-à-dire, que pour avoir l'aire rectifiée, il ne s'agit que de multiplier le carré de la longueur de la chaîne avec la-

(1) *Cultellation* vient du mot latin *cultellare*, mettre à plomb, unir au niveau.

(2) Le *bâton d'équerre* est préférable à tout autre; aussi, l'arpenteur le porte souvent avec lui en chaînant. Voir *Equerre*, n° 220.

Fig. 118. quelle on a mesuré, par l'aire que l'on a obtenue avec cette chaîne.

Supposons qu'après avoir mesuré une surface de 928 ares, on s'aperçoive que la chaîne avec laquelle on a mesuré était trop grande de 6 millimètres, c'est-à-dire, qu'elle était de 1 décamètre 0006 millimètres; au lieu de 1 décamètre, on aura

$(1\text{-}0006)^2$ ou $1\text{-}00120036 \times 928 = 929$ ares 11 centiares.

DU CORDEAU.

203. On appelle généralement *cordeau* une petite corde dont se servent les jardiniers, les ingénieurs, les arpenteurs, etc. Les instituteurs n'ont pas toujours des instrumens qui coûtent fort cher quand ils ont quelque précision, et il est cependant indispensable que les élèves opèrent sur le terrain, si l'on veut qu'ils aient des notions qui puissent s'appliquer. Si l'instituteur n'a pas de chaîne métrique, voyons le moyen qui peut y suppléer.

Ce moyen consiste à prendre un cordeau, et de le diviser en demi-mètres par des nœuds. Cette division doit être faite avec un grand soin par le maître; quand sa chaîne est bien régulière, il doit mesurer lui-même toutes les distances sur le terrain avec un élève intelligent. On comprend facilement qu'un cordeau étant fort extensible, si le mesurage était confié à des enfans, ils tendraient le cordeau inégalement, ils se feraient un jeu de cette opération importante, et commettraient un grand nombre d'erreurs.

Si le cordeau a été bien divisé, s'il est un peu gros, si on le vérifie souvent, et si on le rectifie toutes les fois que l'on s'en sert, il peut remplacer la chaîne métrique; mais les influences qu'exercent sur sa longueur l'humidité et la sécheresse, ne permettent pas d'employer le cordeau dans les opérations délicates.

TRACÉ DU CERCLE SUR LE TERRAIN.

Fig. 2. 204. On trace un cercle AGDE (*Fig.* 2) sur le terrain avec un cordeau dont on fixe une de ses extrémités à un point O autour duquel on fait tourner l'autre extrémité, en tenant le cordeau. Si l'on attache à cette dernière extrémité un petit objet en bois ou en fer, la trace que cet objet tracera sur le terrain, sera une circonférence de cercle AGDE qui aura pour rayon la longueur *a o* ou AO du cordeau.

TRACÉ DE L'ELLIPSE SUR LE TERRAIN.

205. *L'ellipse* (1) est une figure courbe que l'on trace quelquefois dans des parcs ou des jardins. La courbe
Fig. 179. ACBD (*Fig.* 179) est une ellipse.

La droite AB qui détermine la longueur de l'ellipse, se nomme le *grand diamètre*; et la droite CD qui coupe le grand diamètre par le milieu E et perpendiculairement, se nomme le *petit diamètre*; il détermine la largeur de cette même courbe. Les points F, G sont appelés les *foyers* (1) de l'ellipse, et leur distance l'un de l'autre l'*excentricité* (2).

PROBLÈME.

206. *Tracer une ellipse sur le terrain dont les deux diamètres, AB, CD, sont connus.*

Ces deux droites étant données, croisez-les perpendiculairement et par leur milieu E; de l'extrémité D du petit diamètre, et d'une longueur de cordeau égale à la moitié AE du grand diamètre, décrivez l'arc indéfini *m n* qui coupera le grand diamètre en F et en G; prenez ensuite un cordeau bien uni et sans aucun nœud, s'il est possible, dont la longueur égale le grand diamètre AB, fixez-en les bouts l'un en E et l'autre en F, faites glisser un piquet dans le pli O du cordeau, et la trace du piquet déterminera l'ellipse demandée.

C'est de cette manière que les jardiniers établissent cette courbe qu'ils appellent *ovale*, si ce n'est qu'ils lient les deux bouts du cordeau ensemble pour le laisser tourner autour des foyers F, G; il faut, dans ce cas, que le cordeau soit ralongé de la distance comprise entre les deux foyers F, G de l'ellipse.

Nous dirons en passant que c'est mal-à-propos qu'on confond l'ellipse avec l'ovale; cette dernière courbe à la forme d'un œuf (*Fig.* 173), d'où elle prend son nom. Fig. 173.
Nous indiquerons plus loin différentes manières de tracer l'ellipse sur le papier, celle-ci est la plus simple et la plus facile pour la décrire sur le terrain.

PROPRIÉTÉ DE L'ELLIPSE.

207. Une des principales propriétés de l'ellipse, est que, si d'un point quelconque O de son périmètre, on tire à ses foyers F, G (*Fig.* 179), deux droites OF et Fig. 179.
OG, la somme de ces droites est toujours égale à son grand diamètre AB.

C'est encore une des propriétés les plus considérables de cette courbe, que si une balle est poussée de l'un quelconque des deux foyers vers un point quelconque de son périmètre, par exemple du foyer F vers le point O, la courbe repoussera cette balle au foyer G.

Enfin, si l'on met un corps lumineux à l'un des deux foyers, tous les rayons de lumière iront se réunir à l'autre foyer.

TRACÉ DES COURBES POUR LES ROUTES.

208. On est dans l'usage d'unir les alignemens droits, formant un angle par des arcs circulaires et de manière qu'ils produisent le plus bel effet possible; l'ingénieur est généralement le maître de donner à ces courbes la forme qu'il croit la plus convenable. Il y a différens moyens pour tracer ces courbes.

Pour unir les deux droites BF, EG (*Fig.* 162), par un Fig. 162.
arc de cercle; après avoir déterminé le point B, où l'on veut que la courbe prenne naissance, on fait AE = AB;

(1) *Ellipse* vient du mot grec ἔλλειψις, *défaut*; de λείπω, *je manque.*

(1) *Foyer* vient du mot latin *focus*; de φώγω, φώζω, *brûler.*

(1) *Excentricité* vient de deux mots grecs ἐξ, *dehors*, κέντρον, *centre.*

sur B on élève la perpendiculaire BC, et le point d'intersection O qu'elle fait avec la droite AD qui divise l'angle en deux parties égales, sera le centre de la courbe qui raccorde les droites données.

L'opération serait la même si un angle était rentrant et un autre saillant; toute la différence qu'il y a, c'est que les centres se trouvent opposés, comme on voit dans la figure 168.

Si au lieu d'un arrondissement circulaire, on en trace un parabolique, on aura une courbe A*hgfedcba*B (*Fig.*
Fig. 180. 180) dont la naissance portera à volonté sur les droites OA, OB.

Dans la pratique on assujétit rarement le tracé de cette courbe aux lois de la géométrie; la manière la plus simple est de diviser OA, OB en un certain nombre de parties égales (1), et de joindre les points de division de la première avec ceux de la seconde, c'est-à-dire qu'on mène les droites B7, 16, 25, 34, 43, 52, 61, 7A.

L'intersection de la droite qu'on trace avec celle que l'on a conduite immédiatement avant, est un des points; tels sont les points *abcdefgh*.

Cette courbe n'est pas précisément tangente aux droites OA, OB, de sorte qu'on aura un petit coude aux points de naissance A et B; mais elle est tangente aux rayons OA, OB, lorsque le nombre de division est infini. Voici le tracé le plus rigoureux :

TRACÉ DE LA PARABOLE SUR LE TERRAIN.

209. On appelle *parabole* (2) une courbe dont le carré de l'*ordonnée* (3) est égal au rectangle du *paramètre* (4) par l'*abscisse* (5). La courbe de la parabole est la ligne que décrivent tous les corps qui sont lancés parallèle-
Fig. 181. ment et obliquement à l'horizon. La figure 181 est une parabole.

La droite AF qui partage en deux parties égales l'espace parabolique I'AJ', est l'*axe* de la parabole I'AJ'; le point A est l'*origine* de cet axe, et le *sommet* de la parabole. Il y a sur ce même axe un certain point O, que l'on appelle *foyer*. Nous en parlerons après avoir donné la manière de tracer cette courbe. La droite AB qui est le quadruple de la distance du foyer O de cette parabole à son sommet A, est appelé *paramètre*. Enfin, toute droite, telle que I *c'* ou I *o*, J *b'* ou J *p*, K *a'* ou K *q*, L *z* ou L *r*, M g ou M *s*, N *x* ou N *t*, V *v* ou V *u*, perpendiculaire à l'axe, et comprise entre ce même axe et la courbe I'AJ', se nomme une *ordonnée*.

(1) Plus les divisions seront petites, mieux la courbe sera tracée.

(2) *Parabole* vient de παραβολή, *comparaison*; de παραβάλλω, *je compare*. Le mot παραβάλλω, *j'égale*, présente la même étymologie.

(3) On nomme *ordonnée* une droite tirée d'un point de la circonférence d'une courbe, perpendiculairement à son axe. *Axe* vient du mot latin *axis*; de ἄξων, *axe*, *essieu*.

(4) *Paramètre* vient de deux mots grecs παρα, *à côté*, μέτρον, *mesure*.

(5) On appelle *abscisse* la portion de l'axe d'une courbe comprise entre le sommet de la courbe et la rencontre de l'ordonnée.

PROBLÈME. Fig. 181.

210. *Tracer une parabole sur le terrain dont le paramètre est connu.*

Pour tracer une parabole dont le paramètre donné est AB, au point A élevez une perpendiculaire indéfinie DC; prenez sur cette droite deux parties AD, AO, chacune égale au quart de AB; déterminez la grandeur de l'axe AF en donnant sur DC une longueur AF égale au paramètre AB; marquez ensuite sur cet axe autant de parties égales, FI, IJ, JK, KL, LM, MN, NV, que vous le voudrez, et en plus grand nombre possible; de chacun des points F, I, J, K, L, M, N, V, élevez des perpendiculaires indéfinies GH, *ha*, *ib*, *jc*, *kd*, *le*, *mf*, *ng*.

Cela fait, du foyer O pris pour centre, et avec la longueur DF pour rayon, décrivez un arc PQ qui coupe la droite GH aux deux points I' et J'; du même foyer O, et avec un rayon DI, tracez un arc RS qui coupe la perpendiculaire *ha* aux points *o* et *c'*; du même foyer O, toujours pris pour centre, et avec un rayon DJ, tracez un arc TU qui coupe la perpendiculaire *ib* aux points *p* et *b'*; du même foyer O, toujours pris pour centre, et avec un rayon DK, décrivez un arc XY qui coupe la perpendiculaire *jc* aux points *q* et *a'*; encore du même foyer O, pris pour centre, et avec un rayon DL, tracez un arc ZB' qui coupe la perpendiculaire *kd* aux points *r* et *z*; toujours du même foyer O, pris pour centre, et avec un rayon DM, tracez un arc A' D' qui coupe la perpendiculaire *le* aux points *s* et *y*; du même foyer O, pris pour centre, et avec un rayon DN, décrivez un arc C' E' qui coupe la perpendiculaire *mf* aux points *t* et *x*; enfin, du même foyer O, pris pour centre, et avec un rayon DV, décrivez le dernier arc F' G' qui coupe la dernière perpendiculaire *ng* aux points *u* et *v*; et la courbe qui passera par les points I', *o*, *p*, *q*, *r*, *s*, *t*, *u*, A, *v*, *x*, *y*, *z*, *a'*, *b'*, *c'*, J' déterminera la parabole demandée.

Quant au développement de cette courbe, comme de toute autre à peu près semblable, le plus simple et le plus exacte en pratique, est de la mesurer sur le terrain en appliquant dessus un cordeau.

PROPRIÉTÉ DE LA PARABOLE.

211. 1° Si l'on prolonge vers D l'axe FA d'une parabole, jusqu'à ce que le prolongement AD soit égal à la distance AO du sommet A au foyer O, la distance DI du point D à une ordonnée quelconque I *c'* à cet axe, sera toujours égale à la distance O *c'* du foyer O à l'extrémité *c'* de cette même ordonnée. Ainsi, les rayons O *c'* et O *o* seront toujours égaux, chacun à la distance DI; les rayons O *b'* et O *p*, à la distance DJ; ceux O *a'* et O *q*, à la distance DK; et ainsi des autres.

2° Si une balle est poussée du foyer O d'une parabole vers un point quelconque *q* de cette courbe, elle sera repoussée par cette même courbe, suivant une direction *q q'* parallèle à l'axe AF. Si au contraire elle est poussée vers la courbe, suivant la direction *q' q* parallèle à l'axe, et d'un point quelconque *q'* pris dans la parabole, elle

Fig. 181. ira au foyer O. Or, il en sera de même des rayons lancés par un corps lumineux qui serait placé au foyer O, ou à un autre point quelconque q' pris dans la parabole.

3° Enfin, si l'on fait un rectangle I'J'BE qui ait pour base I'J' perpendiculaire à l'axe FA, et ce même axe pour hauteur, l'axe de ce rectangle sera à celle de l'espace parabolique I'AJ' terminé par cette perpendiculaire I'J' : : 3 : 2. Ainsi, l'aire de cet espace est les deux tiers de celle de ce rectangle.

212. Il nous reste encore à parler et à décrire plusieurs courbes géométriques; nous ne les appliquerons pas à l'usage du cordeau, mais à celui du compas, qui est presque le même.

Quand on veut mesurer une longue distance on a besoin d'un guide le long duquel on puisse reporter le décamètre, pour cela on peut se servir d'un cordeau dont les extrémités sont attachées à deux piquets que l'on fixe en terre à chacun des deux points où doit passer la ligne, et on tend fortement le cordeau qui devient ainsi la ligne directrice du décamètre.

Les charpentiers, les maçons, se servent aussi d'un cordeau pour tracer des droites sur les pièces de bois ou sur les murs; pour cela, ils le frottent dans toute sa longueur avec du petit blanc, deux aides le tiennent fixe et tendu aux deux points extrêmes, et le maître, en le soulevant avec le pouce et l'index vers le milieu, le laisse retomber en fouettant d'aplomb, et la droite est tracée.

DU MICROMÈTRE.

213. Le *micromètre* (1) est un instrument qui peut remplacer dans bien des cas les mesures à la chaîne, et les donner même avec plus de précision que celle-ci, lorsque le terrain est accidenté; il peut aussi procurer l'économie d'un aide quand il est substitué à la chaîne. Cet instrument, dont la théorie est fondée sur ce seul principe, que *les angles sous lesquels un même objet est vu, sont en raison inverse de sa distance.*

Si l'on a vu un objet placé à une distance quelconque sous un angle de 25 minutes, et qu'après s'en être rapproché, il soit aperçu sous un angle de 50 minutes, on est assuré que la nouvelle distance est exactement la moitié de la première, parce que l'angle s'est trouvé double à la seconde station; mais si l'on forme un angle fixe dans la lunette, cet angle embrassera une plus ou moins grande partie d'un même objet, suivant que sa distance sera plus grande ou plus petite. Si, de plus, cet objet est d'une grandeur connue, et qu'il porte des divisions, on pourra connaître la distance à laquelle on est de l'objet, si l'on sait d'ailleurs le nombre de divisions auquel répond l'ouverture de l'angle fixe à une distance donnée. Telle est l'invention de la *stadia*, qui, avec la pièce placée au foyer de la lunette, forme tout l'appareil de ce procédé.

214. La stadia ou *mire* est une règle de sapin d'un peu plus de trois mètres de long, d'un décimètre de large, et de deux centimètres d'épaisseur. Elle est armée par le bas d'une pointe de fer; elle se plie en deux au milieu au moyen d'une charnière de toute la largeur de la règle; un fil-à-plomb attaché à la stadia sert à la placer dans une position verticale. La stadia est peinte en blanc; on trace en noir les divisions de 15 centimètres de hauteur, qui représente chacune 10 mètres. Une division de la stadia au milieu, et une dans la partie supérieure, seront divisées en 10 parties, et chaque partie représente un mètre.

Nous n'entrerons pas dans plus de détails sur ce bel instrument, qui, jusqu'à présent, n'a guère été employé que dans la topographie militaire (1).

DES JALONS.

215. Le *jalon* (*Fig.* 119) est un brin droit, bien ébranché, de coudrier, bourdaine, saule, etc., d'environ un mètre 50 centimètres de longueur, sur 2 à 3 centimètres de grosseur au milieu, pointu à chaque extrémité, dont la plus grosse est destinée à être enfoncée de 4 à 5 centimètres en terre, et l'autre fendue de 2 à 3 centimètres, pour recevoir un morceau de papier A d'une forme rectangulaire de 6 à 7 centimètres de longueur sur 3 à 4 centimètres de largeur, que l'on replie en deux branches, entre lesquelles on place la tête du jalon que ce papier fait découvrir de loin. L'exactitude des opérations que l'on fait sur le terrain dépend souvent du jalonnage. Cette pratique est une des premières à laquelle l'arpenteur doit s'exercer. Fig. 119.

PROBLÈME.

216. *Mener une ligne droite qui passe par les points A et B* (Fig. 120), *et la prolonger plus loin.* Fig. 120.

Plantez perpendiculairement à l'horizon deux jalons A et B, qui détermineront l'alignement qu'il faut établir. A peu près à égale distance, prenez un troisième jalon C, dont vous ajusterez la tête dans le rayon visuel qui passe par les sommets des deux premiers; et après l'avoir planté de la même manière que les autres, si le sommet s'est dérangé, ce qui arrive souvent, vous le remettrez dans ce rayon visuel.

A pareille distance, vous ferez une semblable opération en D, c'est-à-dire que le jalon D sera placé de manière que les deux premiers ne s'aperçoivent point, et vous continuerez de même aussi loin que vous voudrez, en observant d'en découvrir au moins deux, sans celui qu'on veut planter, et de les mettre à environ 180 pas l'un de l'autre.

Lorsque les jalons que l'on emploie ne sont pas parfaitement droits, il faut avoir soin de tourner la courbure de manière qu'elle soit avec la tête et le pied dans le même plan vertical. Sans cette attention il serait impossible de bien jalonner.

(1) *Micromètre* vient des deux mots grecs μικρὸς, *petit*, μέτρον, *mesure.*

(1) *Topographie* vient des deux mots grecs τόπος, *lieu*, γραφή, *description.*

PROBLÈME.

217. *Mener une ligne droite entre deux objets éloi-*
Fig. 121. *gnés A et B* (Fig. 121), *et visible l'un de l'autre.*

Plantez d'abord un jalon E vers le milieu de ces objets; mettez-en un second D dans l'alignement BE; ensuite, retournez au jalon E, pour examiner si le rayon visuel ED s'accorde avec le point A; s'il s'en écarte, vous reporterez le jalon E vers la droite ou vers la gauche, et vous remettrez le jalon D dans le nouvel alignement BE. Vous éprouverez encore si cet alignement prolongé aboutit au point A; s'il s'en écarte, vous recommencerez jusqu'à ce que l'alignement BE réponde exactement au milieu du point A; une fois les deux jalons D et E bien établis, vous continuerez l'alignement comme dans la pratique précédente, en mettant, ou faisant mettre les jalons nécessaires entre B et E, et entre A et D.

Si vous avez un porte-chaîne avec vous, faites autrement, placez-vous en A, envoyez le porte-chaîne vers B, avec un jalon F qu'il tiendra à côté de lui sur la droite; faites le signe d'avancer ou de retirer à lui le jalon, jusqu'à ce qu'il se trouve placé dans l'alignement de AB; au signe convenu, il enfoncera son jalon, avec lequel et l'objet A vous tracerez la ligne droite AB. Ce moyen de placer des jalons en ligne droite entre des objets visibles l'un de l'autre, est généralement suivi dans la pratique.

PROBLÈME.

218. *Mener une ligne droite en montant, et la prolonger sur le sommet d'un coteau.*

Fig. 122. Mettez un jalon J (*Fig.* 122) bien perpendiculaire au bas du coteau, et un autre I sur la rampe; puis alignez les sommets de ces jalons avec le pied d'un autre jalon D qui doit être dans le plan vertical de la ligne KD.

Pour prolonger la ligne au-delà du sommet du coteau, il faut, en arrivant sur le sommet, comme en E, prendre un petit jalon, et le poser, comme les autres, dans l'alignement DJIHE; dans le même alignement, et à peu de distance, on mettra un second jalon F, avec lequel on pourra prolonger la ligne sur le sommet, en plantant les jalons ABCG dans la direction EF. Il peut arriver que la rampe du coteau soit si inclinée, que l'on ne puisse, en montant tant soit peu, aligner les têtes des jalons D et C
Fig. 123. (*Fig.* 123) avec le pied du jalon E; dans ce cas, on fera mettre un petit jalon E dans le plan vertical de la ligne GFD, et l'on alignera le jalon C dans la direction DE.

En arrivant sur le sommet du coteau, on vérifiera son opération en prenant deux jalons A et B, qui doivent se rapporter exactement avec quelques-uns des jalons de la plaine, comme F ou G.

On s'y prendrait de la même manière pour jalonner en descendant, et pour établir une ligne dans la plaine.

PROBLÈME.

219. *Mener une ligne droite entre deux coteaux*, ou
Fig. 124. *traverser la vallée AF* (Fig. 124) *en menant une ligne ABCDEF.*

Après avoir descendu en C et remonté en D, comme on l'a vu précédemment, vous alignerez les deux jalons D et F, avec A et B, et vous continuerez avec cette même direction.

Il peut arriver que la distance AF soit tellement grande, que l'on ne puisse point distinguer facilement les extrémités des jalons; alors on enverra quelqu'un mettre quelque chose derrière le jalon A, afin de mieux apercevoir le jalon B.

DE L'ÉQUERRE.

220. On nomme *équerre d'arpenteur* un instrument auquel on donne plusieurs formes, parmi lesquelles nous donnons la préférence à celle d'un prisme droit et octogonal (*Fig.* 125) de 8 centimètres de hauteur sur Fig. 125.
6 centimètres de diamètre (1), de cuivre mince percé de deux traits de scie *in* et *lp*, bien d'équerre ou à angles droits, c'est-à-dire, pour obtenir sur le terrain des angles de 100 grades, et de deux autres traits de scie *ko* et *mq*, partageant également les distances des autres fentes ou pinnules, c'est-à-dire, divisant l'équerre en huit angles égaux, de manière à obtenir des angles de 50 grades sur le terrain. Nous lui donnons la préférence d'abord, à cause de la forme qui permet de la rendre forte par des contre-forts intérieurs, facile à porter en poche, et commode pour faire plonger le rayon visuel, surtout dans les terrains fort inclinés, où l'on ne pourrait se servir de l'équerre représentée par la figure 127, qui est depuis long-temps abandonnée, parce qu'elle était sujette à se déranger par le moindre choc.

L'équerre d'arpenteur est portée sur un pied TI (*Fig.*
126) d'environ un mètre 50 centimètres de longueur ou Fig. 126.
proportionné à la hauteur de l'œil de l'observateur, dont un bout T s'adapte à l'instrument par le moyen d'une douille placée au centre et au-dessus, et dont l'autre bout I se place en terre. Ce pied, appelé *bâton d'équerre*, doit aussi être divisé de manière à ce qu'on puisse vérifier la chaîne toutes les fois qu'on le désirera. La douille se dévisse; on la retourne et on la visse dans l'intérieur de l'instrument, qui, par ce moyen, se met très-commodément dans la poche, ou mieux dans un étui, quand l'opération est terminée.

Lorsqu'on opère dans les endroits garnis de pierres, ce bâton devient inutile, car alors on est obligé d'adapter à l'équerre un *trépied* (2) semblable à celui que porte le graphomètre, et qui se vend avec ce dernier instrument comme en faisant partie.

221. *Remarque.* S'il fallait faire de grandes opérations, l'équerre octogone ne donnerait pas autant de précision que l'ancienne, parce qu'à une grande distance les fentes ne déterminent pas aussi bien le point de visée que le crin des pinnules; mais il y a de ces équerres octogones qui ont le même avantage que les anciennes. On met également des crins ou des fils très-fins au milieu des fenêtres pra-

(1) Cette équerre est appelée ordinairement *octogone*.

(2) *Trépied* vient des mots latins *tripes* et *tripus*, de τριπους.

Fig. 126. tiquées dans l'instrument octogone; cependant, pour des opérations où l'on peut rencontrer des obstacles, je préfèrerais le cercle auquel serait adaptée une alidade mobile, qu'on pourrait fixer à volonté avec une vis, pour pouvoir faire des angles égaux. On en verra l'utilité dans la suite.

VÉRIFICATION DE L'ÉQUERRE.

222. Avant de se servir d'une équerre il faut la vérifier, et ne s'en servir que lorsqu'elle a été reconnue juste. Pour vous assurer de la justesse de votre équerre, faites placer deux jalons le plus éloigné de vous possible dans l'alignement des deux rayons visuels donnés par les pinnules; tournez ensuite l'instrument jusqu'à ce que la pinnule ou la fente objective se trouve à la place de l'oculaire, c'est-à-dire, de celle qui était à votre œil : si l'équerre est juste, vous apercevrez encore les deux jalons.

Au lieu de faire placer des jalons, on peut choisir un point d'où l'on aperçoive, par les fentes ou par les pinnules perpendiculaires, deux objets fixes très-éloignés, par exemple, la pointe de deux clochers.

USAGE DE L'ÉQUERRE.

223. Il a été donné, dans la géométrie plane, les moyens d'élever une perpendiculaire sur une droite et d'un point donné sur cette droite (35), et de mener une parallèle à une ligne donnée (50). Ces procédés ne sont pas ceux à suivre dans les opérations du terrain, car il serait impossible, on le conçoit, de décrire des arcs de cercle avec assez de précision, tandis que, sur le papier, ce travail se fait aisément au moyen d'un compas. Il n'existe que l'équerre, parmi les instrumens employés dans l'arpentage, assez parfait pour opérer ainsi sur le terrain.

PROBLÈME.

224. *Elever, au moyen de l'équerre, une perpendiculaire sur une droite donnée.*

Soit proposé d'élever d'un point R (1) et sur la droite
Fig. 125. AB (*Fig.* 125) une perpendiculaire à cette droite, piquez votre équerre en R, dirigez la fente *in* de l'équerre dans l'alignement des points A et B, de manière que la fente *lp* se trouve dans la direction du point C; faites placer un ou plusieurs jalons en suivant la ligne de la fente *lp* en allant de R en C, et de même en allant de R en D, cette ligne jalonnée CD sera la perpendiculaire demandée.

Lorsque l'alignement AB n'est pas tracé avec des jalons (193), il faut chercher le point R en visant d'abord sur un des objets A ou B, et en examinant si le rayon prolongé de l'autre côté passe sur l'autre objet; s'il n'y répond point, il faudra reculer le pied de l'équerre à gauche ou à droite, jusqu'à ce que les trois points A, R, B, se trouvent dans le même rayon que la fente *in*. Il en est de même lorsque le point C est donné, et qu'il faut que la perpendiculaire menée sur AB passe par ce point R.

(1) Nous supposons ici que R est le point central du haut de l'équerre ou le point désigné pour élever la perpendiculaire.

On se met d'abord à peu près à l'endroit où l'on juge qu'elle doit tomber, et si le point qu'on a pris au hasard n'est pas le pied de la perpendiculaire, on avance ou l'on recule sur AB jusqu'à ce qu'on ait trouvé le point R, duquel, dirigeant une des pinnules de l'équerre sur l'alignement AB, on aperçoive l'objet C par l'autre pinnule perpendiculaire.

Cette pratique n'est qu'une sorte de tâtonnement, mais avec l'habitude, on a bientôt trouvé le point R. Il est rare qu'on ne rencontre pas le jalon C au second, ou au plus, au troisième essai.

Quand on opère dans des endroits rocailleux ou pierreux, sans se servir d'un trépied comme nous avons dit plus haut, on doit prendre garde de forcer la douille en piquant le pied, et, à cet égard, on pourra prendre les précautions qu'on croira convenables.

PROBLÈME.

225. *Elever sur CE* (Fig. 21) *une perpendiculaire qui passe par un point donné F.* Fig. 21.

Mettez-vous à peu près vis-à-vis ce point, par exemple en C; dirigez, comme ci-dessus, un rayon visuel dans l'alignement CE, et regardez si le rayon CD répond exactement au point F; s'il n'y répond point, avancez en A, et voyez encore, après avoir dirigé un rayon dans l'alignement CE, si le rayon AB répond à ce même point F. S'il n'y répond pas encore, vous continuerez de la même manière, jusqu'à ce que vous trouviez le point F, duquel on puisse mener la perpendiculaire EF.

Pour ne point s'éloigner de l'alignement CE, en avançant ou en reculant dessus pour découvrir le point F, il est nécessaire de jalonner cette ligne.

PROBLÈME.

226. *Tracer, au moyen de l'équerre, une parallèle à une droite donnée.*

Soit proposé, par exemple, de mener du point C, situé hors de la droite AB, une parallèle à cette droite; la question se réduit à chercher un point A, sur la droite AB, duquel on puisse apercevoir le point donné C sous un angle de 100 grades, ou quadrant avec la droite AB; puis, à mener du point C, CD perpendiculaire sur CA; CE sera la parallèle demandée. En voici la preuve : il a été démontré (44) que lorsqu'une droite était perpendiculaire à une autre droite, elle était aussi perpendiculaire à une parallèle à cette droite; par conséquent, CA, qui est perpendiculaire à la droite AB, est aussi perpendiculaire à CD, donc CD est parallèle à AB.

PROBLÈME.

227. *Elever sur une ligne donnée une autre ligne sous un angle de 50 grades.*

Si du point R, indiqué au problème précédent, on demandait d'élever, sur la ligne AB en allant vers F, une autre ligne faisant avec la première un angle de 50 grades, l'on placerait des jalons dans la direction de la fente *o k*, et en allant de R en F, cette ligne RF serait celle demandée, c'est-à-dire que l'angle BRF serait de 50 grades. Si l'on prolongeait la ligne RF vers E, on aurait encore l'angle ARE de 50 grades.

Si l'on voulait avoir une autre ligne formant un angle de 50 grades avec la première ligne AB, toujours du même point R, vers G, on placerait des jalons dans la direction de la fente *qm* en allant vers ledit point G, la ligne RG serait la ligne demandée. La simple description de l'équerre suffit d'ailleurs pour convaincre que l'on peut, par son moyen, élever avec la même facilité les angles de 100 grades et ceux de 50 grades.

On se sert aussi de l'équerre avec un grand avantage pour tracer des alignemens, notamment dans des fonds et sur des coteaux; c'est d'ailleurs un moyen de vérifier facilement et promptement si un jalonnage est exact.

PROBLÈME.

Fig. 128. 228. *Mener une ligne ADGM* (Fig. 128) *dans des fonds et sur des coteaux.*

Posez une équerre sur le sommet du premier coteau D, dirigez un rayon visuel dans l'alignement AD, et faites planter dans le même alignement les jalons EFG, en descendant. Mettez un jalon au point D, et allez poser votre équerre dans le fond en G; dirigez un rayon dans l'alignement EFG, et faites planter dans le même rayon les jalons HIJK, et prolongez ce rayon vers le point M.

Avant d'ôter l'équerre qui est en K, il faut vérifier si le rayon visuel KLM répond exactement aux jalons ABCD. C'est par ce moyen qu'on vérifie, facilement et promptement, si les jalonneurs ne se sont pas trompés.

DU CERCLE.

229. On a vu, dans la géométrie plane, et l'on verra encore dans la trigonométrie rectiligne, tout le parti que l'on peut tirer de la mesure des angles pour la construction, ou le rapport des opérations géométriques pour la mesure de l'étendue et pour les calculs trigonométriques, aussi a-t-on imaginé divers instrumens pour déterminer ou mesurer les angles dont la construction repose sur les considérations suivantes : les arcs embrassés par les divers angles ont entr'eux les mêmes rapports que ces angles (92), par conséquent les arcs servent de mesure aux angles. Si l'on suppose le sommet O de l'angle AOB (*Fig.*
Fig. 129. 129), situé sur le centre d'un cercle dont la circonférence est CGEFHD, il est évident que l'angle EOF est égal à l'angle AOB, alors il a pour mesure l'arc EF compris entre ses côtés; l'angle AOB a aussi pour mesure l'arc EF, et cet arc comprend une partie de la circonférence entière; nous avons déjà dit (178) que la circonférence entière était partagée en 400 grades, par conséquent l'arc EF comprend sur la circonférence une portion de 400 grades. Les côtés de l'angle AOB étant prolongés jusqu'à leur rencontre avec la circonférence aux points D et C, forment encore un angle COD, qui est égal à l'angle AOB, comme étant opposés au sommet (19); cet angle a aussi pour mesure l'arc CD compris entre ses côtés, lequel fait aussi partie des 400 grades de la circonférence entière; l'arc CD est égal à l'arc EF, donc un angle au centre peut être mesuré par l'arc compris entre ses côtés prolongés.

Cela posé, prenons un cercle pour instrument, qu'un de ses diamètres DE (*Fig.* 130) soit fixe, qu'un autre CF Fig. 130.
soit mobile, et qu'enfin la circonférence de ce cercle soit partagée en 400 grades. Cet instrument servira à la mesure de tous les angles possibles autour d'un même point; car si l'on a à mesurer l'angle AOB, il suffira de placer le centre O du cercle sur le sommet O de l'angle AOB, puis de diriger le diamètre fixe DE sur le point A, et enfin de placer le diamètre mobile CF, que l'on nomme *alidade*, dans la direction du point B, et cette alidade et le diamètre formeront entre eux un angle EOF égal à l'angle AOB; or, ce premier angle a pour mesure l'arc EF compris entre ses côtés, et l'angle AOB a aussi pour mesure l'arc EF compris entre les deux diamètres qui se confondent, puisqu'elles sont dirigées sur les côtés AO et BO de l'angle AOB. Cet angle a aussi pour mesure l'arc CD, compris extérieurement entre le diamètre et l'alidade dirigés sur les côtés de l'angle AOB, donc tous les angles peuvent être mesurés avec cet instrument que l'on appelle *cercle.*

DE L'ÉQUIANGLE.

230. On appelle *équiangle*, autrefois *sauterelle*, deux règles en croix, portant des pinnules placées verticalement aux extrémités : une de ces règles est mobile et se fixe à volonté au moyen d'une vis. Le pied de l'équiangle peut être semblable à celui de l'équerre. Pour faire un angle égal à un autre, avec cet instrument, il suffit, quand on a pris l'ouverture de l'angle donné, de fixer la règle mobile dans cette position, et d'aller faire le même angle où cela est nécessaire. Cette opération se fait également avec le cercle ou le graphomètre. Les angles que l'on fait de cette manière sont appelés *angles géométriques*, pour les distinguer de ceux où l'on prend le nombre de grades, et que nous désignons sous le nom d'*angles trigonométriques.*

DU VERNIER CIRCULAIRE.

231. Le *limbe*, ou bord du cercle, est divisé en grades et en demi-grades. Cette division, qui suffit dans des opérations simples, se trouve insuffisante pour obtenir une grande précision; on y remédie en se servant d'un instrument très ingénieux appelé *vernier*, du nom de son auteur, qui le publia en 1631. Voici en quoi il consiste :

Il y a sur le limbe de l'alidade mobile un arc de cercle concentrique à la circonférence extérieure du limbe de l'instrument. L'espace d'un certain nombre de grades, pris sur la circonférence du cercle, est porté sur cet arc

concentrique, qu'on divise en autant de parties égales, plus une, qu'il y a de grades dans l'arc que l'on prend sur le limbe de l'instrument. Supposons cet arc de cercle de 19 grades du limbe : au lieu d'être divisé en 19 parties, on le divise en 20 parties égales; par conséquent
Fig. 131. la première division du vernier (*Fig.* 131) après le zéro vaudra les dix-neuf vingtièmes d'un grade, ou 95 minutes, c'est-à-dire que *a b* sera de 5 minutes, *c d* de 10 minutes, *e f* de 15, et ainsi de suite jusqu'à la vingtième et dernière division du vernier. Il faudra donc pousser l'alidade de 5 minutes pour faire coïncider la première division du vernier avec une des divisions du limbe; de même en la poussant de 10 minutes, il faudra regarder la seconde division de l'alidade, et ce sera celle qui coïncidera avec une division du limbe et réciproquement; quand la seconde division de l'alidade se rapportera avec une division du limbe, on comptera 10 minutes de plus que le nombre de grades marqué sur le limbe entre l'objet qu'on observe et la ligne de *foi*; ainsi des autres. On appelle ligne de *foi* celle qui passe par le centre de l'instrument, et qui marque les premières ou les deux centièmes divisions.

Si l'on prenait l'espace de 24 grades sur le limbe et qu'on les divisât sur l'alidade en 25 autres parties égales, chacune serait de 96 minutes, ce qui donnerait les divisions de 4 en 4 minutes. Enfin, si l'instrument était divisé en 50 minutes, on aurait les minutes de deux en deux. Beaucoup de ceux que l'on fait aujourd'hui donnent les minutes, ce qui est suffisant même pour des opérations qui sortent des bornes de l'arpentage. Voyons son usage.

PROBLÈME.

232. *Estimer le nombre des grades et parties de grade que contient un angle observé, quelque soit la division du vernier.*

Comptez sur le limbe, à l'aide d'une bonne loupe, le nombre des divisions comprises entre son zéro et le trait qui précède immédiatement le zéro du vernier, et multipliez ce nombre par la valeur angulaire de la plus petite division du limbe (c'est-à-dire par 50 minutes, si le limbe est divisé de 50 minutes en 50 minutes), vous aurez un premier résultat : comptez ensuite sur le vernier combien il y a de divisions depuis son zéro jusqu'au trait qui coïncide avec l'un de ceux de l'instrument, et multipliez ce nombre par la différence entre la valeur angulaire d'une division du cercle et la valeur angulaire d'une division du vernier, vous obtiendrez un deuxième résultat, qui, ajouté au premier, donnera la valeur de l'angle observé avec toute la précision dont l'instrument est susceptible.

Il faut bien faire attention que les minutes trouvées ci-dessus correspondent au petit arc compris entre le rayon visuel des pinnules qu'on appelle ligne de *mire*, et la division du limbe qui en est le plus près vers le point de zéro.

Ainsi, lorsque cette ligne de mire est plus loin qu'une division du limbe, indiquant un demi-grade, il faut ajouter 50 minutes au nombre de grades indiqués sur le Fig. 131.
limbe de l'instrument.

Il arrive souvent que l'on ne trouve point de divisions qui se rapportent exactement; alors on s'arrêtera à celles qui approchent le plus de tomber l'une sur l'autre, et l'on estime le mieux possible l'excès ou le défaut, en comptant d'ailleurs comme ci-dessus.

L'usage fait faire cette estimation avec autant de précision qu'on peut communément en espérer dans la pratique de l'arpentage. Par exemple, si en visant un objet, le point de mire répond au-delà de 39 grades sur le limbe, et que ce soit le quarante-cinquième grade du limbe qui réponde exactement avec une division de l'alidade, on comptera en retournant vers le point de mire; trouvant qu'il y a 12 divisions sur l'alidade, on comptera 24 minutes, si le vernier donne les divisions de 2 minutes en 2 minutes, de sorte que l'angle observé sera de 39 grades 24 minutes. Si la division se fût trouvée un peu au-dessous ou au-dessus de la division du limbe, par rapport à la ligne de mire de l'alidade, on aurait ajouté ou retranché à peu près deux minutes. Il en serait de même si le vernier donnait les divisions de une en une minute, etc.

DU GRAPHOMÈTRE.

233. Dans beaucoup d'opérations, le cercle peut être remplacé par le *graphomètre* (1), instrument en cuivre formant un demi-cercle, et spécialement destiné à la levée des plans.

Le graphomètre est composé d'un demi-cercle, de deux règles et d'un genou (*Fig.* 132), qui sert à poser cet ins- Fig. 132.
trument sur son pied dans la situation convenable. Le demi-cercle est exactement partagé en 200 grades marqués en allant de droite à gauche et réciproquement. La règle immobile est le diamètre du cercle, et l'autre l'alidade. L'alidade tourne sur le centre de l'instrument pour prendre les grades des angles avec lesquels on détermine les distances, les hauteurs, etc. A l'extrémité de chacune des règles se trouve une petite plaque en cuivre qui est perpendiculaire à son plan; au milieu de ces platines est une fente très-étroite ou pinnule, pour diriger le rayon visuel.

Aux platines opposées est une autre ouverture qui a la figure d'un rectangle, et à laquelle on donne le nom de *fenêtre*. Ces fenêtres sont disposées de manière que l'une se trouve au-dessus de la pinnule et l'autre au-dessous, et elles sont divisées verticalement en deux parties égales, par un fil de soie ou un crin bien fin.

Au centre du graphomètre, il y a ordinairement une *boussole* partagée en 400 grades. Cette boussole, qui est attachée à vis pour qu'on puisse l'ôter et la remettre à volonté, sert à donner la position du lieu où l'on opère, et des objets visés relativement aux quatre points cardinaux.

(1) *Graphomètre* vient des deux mots grecs γράφω, *je décris*, μέτρον, *mesure*.

Fig. 132.

TRÉPIED DU GRAPHOMÈTRE.

234. Le *trépied* sur lequel on pose le graphomètre est composé de quatre pièces en bois, dont l'une, supérieure, s'appelle *tige*, pour recevoir la virole qui tient au genou du graphomètre; les trois autres pièces sont attachées à la partie inférieure de la tige, par le moyen d'une vis et d'un écrou, de manière qu'on peut les approcher ou les écarter les uns des autres, suivant l'égalité ou l'inégalité du terrain sur lequel on est obligé de les placer, et la hauteur à laquelle on veut mettre le graphomètre. Ces pièces en bois sont armées d'une pointe de fer, à chacune de leurs extrémités inférieures, afin qu'elles ne puissent glisser sur le sol. Avant de se servir d'un graphomètre il faut être assuré de son exactitude, qui doit être garantie par l'artiste qui a vendu cet instrument.

VÉRIFICATION DU GRAPHOMÈTRE.

235. On peut vérifier un graphomètre en observant chacun des trois angles de plusieurs triangles; car si les angles sont bien pris, et si l'instrument est bon, on doit trouver, à très-peu de chose près, la valeur de deux droits (53), puisque la somme des trois angles de tout triangle rectiligne vaut 200 grades.

On peut aussi vérifier cet instrument en choisissant autour de soi un certain nombre d'objets que l'on puisse observer : on dirige des rayons visuels sur chacun de ces objets, en mesurant les angles qu'ils font avec l'instrument et faisant un *tour d'horizon*, toujours dans un même sens, jusqu'à ce que l'on soit arrivé à l'objet d'où l'on est parti; si l'instrument est bien exact et que l'on ait observé chaque angle avec une précision géométrique, la somme de tous ces angles devra faire quatre quadrans ou 400 grades : car nous avons vu que tous les angles autour d'un point (18), sur un même plan, valent quatre droits; mais cette rigueur mathématique ne peut exister dans les opérations du terrain, soit parce que la graduation de l'instrument est trop petite, soit à cause de l'imperfection de notre vue, lorsque la différence ne se trouve que de quelques minutes pour un graphomètre de 3 à 4 décimètres de diamètre, on conclura que l'instrument est suffisamment bon.

En général, on ne considérera point l'instrument comme défectueux, lorsque la différence, que l'on trouvera avec quatre droits dans un tour d'horizon, n'excédera pas un nombre de minutes égal à celui des angles faits sur les alignemens fixes pour former son tour d'horizon, si le vernier du graphomètre donne les minutes; ainsi, ayant pris 7 angles pour le tour d'horizon, si l'on ne trouve que 7 minutes de différence avec quatre droits, on s'en tiendra à cette observation, et les 7 minutes seront réparties sur les 7 angles, à moins que l'on ait plus de confiance à quelques-uns des angles qu'aux autres. Cette pratique est généralement usitée dans les opérations de petites étendues.

On fera bien de répéter cette opération plusieurs fois, parce qu'il pourrait se faire qu'une erreur faite sur l'un des angles, compensât celle de l'instrument; on pourrait, dans ce cas, croire l'instrument bon, tandis qu'il serait mauvais et occasionnerait des erreurs inévitables. Fig. 132.

Il faut encore vérifier le graphomètre quant à la position des pinnules, en dirigeant l'alidade sur le même point que le diamètre fixe, pour voir si ses pinnules se correspondent parfaitement, c'est-à-dire si les quatre fils se confondent dans un même plan lorsque les zéros des verniers coïncident avec la ligne de foi. Cela étant, on change la position de l'alidade de manière que le vernier qui se trouvait sur le zéro du limbe, soit sur 200 grades, et l'on examine si les quatre fils coïncident encore dans cette disposition.

Quelque précaution que prenne l'artiste dans la construction du graphomètre, il arrive assez souvent que les fils des pinnules ne coïncident pas toujours parfaitement. Il est rare de trouver un graphomètre à pinnules qui ne donne pas une petite erreur, que l'on appelle *parallélisme*, et que l'on rectifie ordinairement au moyen d'une vis de rappel, ou bien on y a égard en observant la valeur des angles.

On peut encore vérifier un graphomètre pour s'assurer de l'angle droit, comme on l'a fait pour l'équerre au n° 222. De plus, on examine les divisions soit avec un bon compas, soit en faisant successivement parcourir le vernier sur le limbe.

USAGE DU GRAPHOMÈTRE.

236. Nous devons observer que l'on doit de préférence tourner le demi-cercle de manière à ce qu'il soit opposé à l'angle à mesurer; l'opération en est plus facile, et l'on donne plus convenablement la direction nécessaire à l'alidade : comme ceci dépend de la volonté de celui qui opère, nous n'insisterons pas davantage sur ce point.

PROBLÈME.

237. *Mesurer, au moyen du graphomètre, l'angle POQ* (Fig. 132). Fig. 132.

Commencez par planter le trépied du graphomètre au sommet O de l'angle à mesurer, placez le plan de l'instrument bien de niveau, puis dirigez le diamètre fixe AB du demi-cercle sur le point P, faites ensuite tourner l'alidade CD jusqu'à ce qu'elle se trouve dans la direction du point Q; cela fait, l'arc AD embrassera, sur le graphomètre, une portion de circonférence qui sera la mesure de l'angle POQ.

Supposons maintenant que le point de zéro de la division de l'alidade passe la vingt-huitième division du limbe, et que la onzième de l'alidade corresponde à l'une des divisions du limbe, l'on comptera 28 divisions, à 50 minutes chacune, qui font 14 grades; la onzième division de l'alidade répondant à l'une des divisions du limbe, cela produit 22 minutes, puisque chacune des 11 divisions vaut 2 minutes, dès-lors l'angle POQ vaut 12 grades 22 minutes. L'on peut ainsi mesurer tous les angles qui se présenteraient, soit avec un cercle, soit avec un graphomètre.

AVANTAGES DU CERCLE SUR LE GRAPHOMÈTRE.

238. Quand on veut mettre beaucoup d'exactitude dans une triangulation, et s'étendre à des points très-distans les uns des autres, il faut se servir d'instrumens propres à donner une grande précision dans la mesure des angles.

La forme des instrumens a varié avec le temps; on y a introduit successivement des parties accessoires qui en facilitent beaucoup l'usage, et leur donnent une grande exactitude quoique sous de petites dimensions.

D'abord, on a substitué le demi-cercle au cercle entier dans les graphomètres. Ce changement ne paraît pas heureux. Le cercle entier est réellement préférable au graphomètre pour plusieurs raisons. Dans un graphomètre, la portion de l'alidade qui n'est pas appuyée sur le limbe se fausse aisément, et l'on s'en aperçoit, parce qu'on ne peut la faire rentrer sur le limbe qu'avec un petit effort; ce défaut ne saurait avoir lieu dans un cercle entier, parce que son alidade est toujours appuyée par ses deux extrémités sur le limbe.

De plus, il n'est pas aussi facile dans les graphomètres que dans les cercles entiers, de reconnaître si l'instrument est bien *centré*, c'est-à-dire, si les lignes qui marquent l'angle sur le diamètre fixe et l'alidade se coupent bien au centre. Cela se voit de suite dans le cercle entier, parce que les angles opposés au sommet n'embrassent plus des arcs égaux lorsque ce sommet n'est pas au centre; et en même temps on corrige l'erreur en prenant la moitié de la somme de ces arcs, puisque *tout angle, ayant son sommet dans le cercle, a pour mesure la moitié de l'arc compris entre ses côtés, plus la moitié de l'arc compris entre ses côtés prolongés* (96). On atténue par ce moyen les erreurs de la division de l'instrument, quand il s'en trouve. Le graphomètre ne peut produire aucun de ces avantages.

DES LUNETTES.

239. Pour rendre le *pointé* plus sûr et voir plus distinctement les objets éloignés, on a remplacé les alidades à pinnules par des lunettes, dans l'intérieur desquelles on a placé des fils perpendiculaires entre eux, et dont la rencontre répond au centre de l'ouverture apparente, ou *champ* de lunette.

Dans la plupart des graphomètres à lunettes, celle de l'alidade est élevée au-dessus du plan de l'instrument (*Fig.* 133), de manière qu'elle puisse se mouvoir perpendiculairement à ce plan, et par conséquent s'abaisser ou s'élever verticalement quand le demi-cercle est dans une situation bien horizontale. L'angle marqué alors sur l'instrument est celui que font les plans verticaux passant par le centre du demi-cercle et par les objets auxquels on vise; et c'est par conséquent, sans aucune réduction, l'angle horizontal tel qu'il doit être trouvé sur le plan qu'on lève. Fig. 133.

Si la lunette mobile était appliquée sur l'instrument, on ne pourrait mesurer que les angles compris dans le plan passant par les objets observés et par le centre du cercle, plan qui n'est presque jamais horizontal, et qui change quand on passe d'un objet à un autre.

A mesure qu'on perfectionnait le pointé des instrumens, il était nécessaire que leur division fût plus exacte et plus fine, pour qu'elle pût faire apprécier les petites différences d'alignement que rendait sensible le grossissement des images dans les lunettes : c'est à quoi l'on a très-bien réussi au moyen d'un vernier (*Fig.* 131). Fig. 131.

DES VIS DE RAPPEL.

240. Après être parvenu à rendre appréciables de très-petites parties de la division, il faut que les mouvemens de l'instrument et de son alidade s'effectuent sans secousse et par degrés presque insensibles. Les vis, travaillées avec art, ont fourni le moyen de donner des mouvemens beaucoup plus lents et plus gradués que ceux qu'on peut imprimer avec la main seule. Ayant fixé sur le limbe du graphomètre ou du cercle une pince portant un écrou dans lequel passe une vis attachée à l'alidade, celle-ci ne se déplace, à chaque tour de la vis, que de la hauteur du pas de cette vis, c'est-à-dire de la distance entre deux révolutions consécutives de son filet, ce qui dépend de sa finesse qu'on sait maintenant porter très-loin. L'appareil est en outre disposé de manière qu'on peut rendre l'alidade libre afin de la placer promptement à la main, dans telle ou telle direction qu'on voudra, la vis ne servant qu'à perfectionner le premier aperçu.

DU GENOU ET DE LA VIS DE PRESSION.

Des graphomètres assez anciens, auxquels on avait déjà appliqué les vis de rappel dont nous venons de parler, sont encore fixés par une tige OE (*Fig.* 132), à une boule reçue dans une cavité E où elle peut se mouvoir dans tous les sens, et est arrêtée en serrant une vis; c'est ce qu'on appelle un *genou*, à cause de la ressemblance avec cette articulation. Cependant, quelqu'ingénieux qu'ait pu paraître ce mode de mouvement, il ne saurait être assez doux et assez gradué pour repondre à la *sensibilité* des autres parties de l'instrument. C'est pourquoi on l'a remplacé par des mouvemens isolés qui s'exécutent d'abord librement avec la main, qu'on gradue ensuite au moyen de vis engrenées convenablement, et qu'on arrête enfin solidement avec des *vis de pression*. Fig. 132.

Pour saisir les rapports de ces mouvemens, il faut concevoir l'instrument placé dans une situation horizontale, et porté sur une tige verticale, brisée en deux parties par une charnière AB (*Fig.* 133), dont l'axe est horizontal, en sorte que le plan de l'instrument puisse prendre telle inclinaison qu'on voudra, par rapport à l'horizon, puisque la partie inférieure *cd* de la tige, demeurant verticale, tourne sur elle-même, afin qu'on puisse diriger vers tel point de l'horizon qu'on voudra l'axe de la charnière. Avec ces deux mouvemens, on peut toujours mettre le limbe de l'instrument dans le plan déterminé par le point qu'occupe l'œil de l'observateur, et ceux où il se propose de viser, puisque, par le mouvement horizontal, l'axe AB Fig. 133.

de la charnière, autour duquel se fait le mouvement vertical, peut toujours être rendu parallèle à la commune section du plan horizontal et du plan incliné qui contient les deux points à observer ; il ne restera plus qu'à faire tourner l'instrument autour de cet axe, pour lui donner l'inclinaison du premier plan.

Mais ce n'est pas tout d'avoir fait coïncider ces deux plans, il faut encore amener tel point du limbe qu'on voudra vers l'un de ceux auxquels on doit viser. C'est ce qui s'effectue en faisant tourner l'instrument sur son centre O, autour de la tige qui le porte immédiatement, et qui est alors perpendiculaire au plan des objets et de l'œil.

DU CERCLE RÉPÉTITEUR.

241. Un dernier perfectionnement ajouté au cercle entier par Borda, d'après une indication de Mayer, c'est la propriété de multiplier les angles observés, en sorte qu'au lieu de ne mesurer que l'angle simple, on puisse trouver marqué sur l'instrument un multiple de cet angle ; c'est
Fig. 134. ce qui lui a donné le nom de *cercle répétiteur* (*Fig.* 134). On voit d'abord que ce procédé doit rendre sensibles de petites fractions qui échapperaient dans l'angle simple.

Si, par exemple, on ne peut lire sur le limbe que la minute, le quart de minute qu'on n'apercevait pas dans l'angle simple formant 2 minutes lorsqu'il est répété 8 fois, devient très-appréciable. De plus, quelque soin qu'on apporte à la division du limbe, il s'y rencontre souvent de petites inégalités ; mais comme elles n'ont lieu que dans quelques points, et qu'à chaque répétition de l'angle on tombe sur un nouveau point du limbe, l'erreur peut s'anéantir par quelque compensation, ou diminuer beaucoup, lorsque, pour conclure de l'arc observé la mesure de l'angle simple, on divise cet arc par le nombre de répétitions qui ont eu lieu. D'ailleurs nous allons faire connaître la manœuvre de cet instrument.

USAGE DU CERCLE RÉPÉTITEUR.

242. Pour procéder à la mesure de l'angle AOB (*Fig.*
Fig. 135. 135), il faut d'abord amener les axes optiques des lunettes dans le plan de cet angle, et les y conserver pendant tout le cours de l'observation. Nous remarquerons, à cet égard, que le secours mutuel de deux observateurs fait éviter beaucoup de lenteur et de tâtonnement, en faisant usage de la méthode suivante.

On commence par disposer le limbe de manière que son plan passe à très-peu près sur les deux points de mire. Pour cela, on bornoie à la vue simple, en inclinant seulement le cercle et en faisant tourner un peu, s'il est nécessaire, tout l'instrument sur sa colonne, afin que les objets paraissent à égal distance du limbe ; ensuite, l'un des observateurs rendant la colonne immobile, donne un mouvement de rotation au limbe, jusqu'à ce que la lunette supérieure, fixée à zéro, soit sur un des objets B.

Le second observateur, de son côté, place la lunette inférieure dans la direction de l'autre objet A, et chacun choisissant une vis du pied de l'instrument, la plus voi- Fig. 135.
sine du vertical de son oculaire, la fait mouvoir pour amener l'image de l'objet dans le champ de sa lunette, et de là sur l'intersection même des fils. (Si les intersections de ces fils ne sont pas parallèles au plan du cercle, on les rectifiera au moyen de la lunette d'épreuve ; et si ces fils offrent une *parallaxe* (1), on rapprochera ou on éloignera le verre objectif des réticules (2) jusqu'à ce que les objets s'aperçoivent bien nettement.)

Maintenant, si, comme il est d'usage, les divisions du limbe sont écrites de gauche à droite, on amènera : 1° la lunette supérieure, toujours fixée à zéro, sur l'objet B ; 2° on amènera de même la lunette inférieure sur l'objet A, et quand les deux lunettes seront exactement dirigées sur les deux objets A et B, on aura la première partie de l'observation ou l'arc CD ; 3° sans déranger les lunettes, on fera tourner le limbe en dirigeant la lunette inférieure sur l'objet B, et alors l'objectif de la lunette supérieure aura été repoussé dans le même sens d'une quantité DD' égale à l'arc mesuré CD ; 4° on amènera enfin la lunette supérieure sur l'objet A, et par ce mouvement, qui n'a lieu que pour cette lunette, elle aura décrit un arc CD' double de celui CD, qui mesure l'angle proposé. On lira l'arc parcouru CD', dont la moitié CD sera la première mesure de l'angle AOB, abstraction faite, toutefois, de l'erreur causée par l'excentricité de la lunette inférieure.

Cette mesure s'obtient donc à l'aide de deux observations *conjuguées* ; dans la première, la lunette supérieure est fixe à l'égard du limbe, tandis que l'inférieure est mobile, et c'est tout le contraire dans la seconde observation. En répétant l'opération précédente 1, 2, 3, 4, etc., fois, et partant toujours du point où la lunette supérieure est arrivée sur le limbe à la seconde observation conjuguée, on aura évidemment le quadruple, le sextuple, l'octuple, etc., de l'angle, pourvu que l'on ne néglige pas de tenir compte, comme d'un seul arc, des circonférences entières que la lunette supérieure a parcourues depuis le premier point de départ.

On remarquera que la lunette inférieure est placée à côté du centre, ce qui change un peu l'angle. Il a fallu lui donner cette position pour que le limbe pût se mouvoir librement ; mais la correction que cette circonstance exigerait est insensible dès que la distance des points auxquels on vise est un peu grande par rapport au rayon de l'instrument.

Il est des cercles qui portent une lunette plongeante, ce qui évite *les réductions à l'horizon* dont il sera parlé ci-après ; mais alors il faut beaucoup de soins pour mettre le limbe horizontalement dans tous les sens ; il faut, en outre, prendre garde que le mouvement de cette lunette ne se dérange pas lors du transport de l'instrument, ou par toute autre cause, car c'est de la verticalité de cette lunette que dépend l'exactitude de la valeur de l'angle que l'on observe.

(1) Le mot *parallaxe* vient du mot grec παράλλαξις, *différence, variation* ; d'ἀλλάττω, *je change*.

(2) Fils disposés au foyer d'une lunette pour mesurer les angles.

DU THÉODOLITE RÉPÉTITEUR.

243. M. Reichenbach a construit un instrument appelé *théodolite répétiteur*, dont les lunettes plongeantes ont la propriété de se mouvoir de plusieurs grades dans un plan bien perpendiculaire au limbe; et des angles observés avec cet instrument, disposé horizontalement à l'aide de deux *niveaux à bulle d'air*, dont nous exposerons bientôt la construction, placés à angles droits et attachés au limbe, se trouvent réduits à l'horizon de l'observateur. Nous ne donnerons point la description du théodolite, mais nous indiquerons comment il faut s'y prendre pour le vérifier.

VÉRIFICATION DU THÉODOLITE RÉPÉTITEUR.

244. On adapte à l'axe de rotation deux crochets parfaitement égaux, auxquels est suspendu un niveau, et, lorsque l'instrument est calé au moyen des vis du pied, cet axe doit se trouver horizontal; le contraire arriverait si les deux crochets n'étaient pas exactement égaux, ce dont on s'assure en retournant le niveau bout pour bout; dans ce cas on corrige le niveau, moitié avec la vis du pied qui incline l'axe de rotation, et moitié avec la vis de rappel. On met ensuite cet axe parallèlement au plan du limbe.

Il faut examiner ensuite si l'axe optique est perpendiculaire à l'axe de rotation; pour s'en assurer, dirigez la lunette supérieure sur un objet éloigné, et renversez cette lunette de manière que le bout de l'axe qui était à gauche se trouve à droite. Ramenez la lunette sur l'objet, et voyez si l'axe optique répond au même point qu'avant le renversement; dans le cas contraire, on tournera le réticule jusqu'à ce que l'intersection du fil coupe en deux également la moitié de l'erreur observée, et l'on ramènera l'axe optique sur le premier point de visée, en donnant un mouvement horizontal à tout l'instrument. On répètera cette opération une seconde fois, et, s'il se trouvait encore une petite erreur, on ferait une correction semblable à celle qu'on vient d'indiquer, et l'on continuerait de la même manière, jusqu'à ce que l'angle optique soit bien perpendiculaire.

USAGE DU THÉODOLITE RÉPÉTITEUR.

245. Voici comment on mesure un angle entre deux objets terrestres avec cet instrument.

Les divisions sont ordinairement écrites de manière qu'elles se lisent de droite à gauche; on met l'un des verniers à zéro et l'on dispose le limbe horizontal. On amène la lunette supérieure sur l'objet à gauche, en faisant tourner à la fois les deux limbes concentriques, et la lunette supérieure étant indépendante de ce mouvement, est dirigée sur un objet quelconque servant de point de mire; ensuite, on amène la lunette supérieure sur l'objet à droite; alors l'arc parcouru sur le limbe extérieur, gradué par le vernier tracé sur le limbe intérieur, est la mesure de l'angle qu'il fallait mesurer. On peut répéter cette opération autant de fois qu'on le voudra, en remettant la lunette supérieure sur l'objet à gauche, au moyen d'un mouvement de rotation donné au cercle, et laissant toujours la lunette inférieure sur le point de visée ou de repère, ou l'y remettant, si elle s'en était écartée. L'instrument étant dans cet état, on desserre la lunette supérieure et on la met sur l'objet à droite; alors l'arc parcouru sera double; en continuant de la même manière, on aurait l'arc triple, quadruple, etc.

Cet instrument, lorsqu'il est bien fait, s'emploie avantageusement pour mesurer un angle entre deux objets fort éloignés l'un de l'autre, soit parce que les observations sont plus faciles, soit à cause qu'il n'y a pas de réduction à l'horizon à faire à l'angle.

Il reste maintenant à donner une idée de la manière dont on mesure l'inclination des lignes par rapport à l'horizon ou à la verticale.

PLACEMENT DU GRAPHOMÈTRE ET DU CERCLE RÉPÉTITEUR POUR LA MESURE DE L'INCLINAISON DES LIGNES.

246. Il est évident qu'il faut d'abord mettre le limbe du graphomètre à pinnules dans un plan vertical passant par l'objet auquel on veut viser; ensuite, si l'on attache un fil-à-plomb à la pinnule supérieure *e* (*Fig.* 136) Fig. 136.
de l'alidade, qu'il batte exactement sur le point correspondant de la pinnule inférieure *d*, en ne faisant que raser son bord, c'est-à-dire, sans paraître brisé ou former un angle, le diamètre *de* sera vertical, et par conséquent aussi le plan de l'instrument, si toutefois les pinnules *e* et *d* sont bien d'égale hauteur, et perpendiculaires au plan du graphomètre.

Cela posé, en dirigeant l'alidade sur le point A, l'angle DOA, mesuré par l'arc *be*, donnera l'inclinaison du rayon visuel OA, par rapport à la verticale OD; et comme cette verticale, étant prolongée, passe par le point du ciel qui répond perpendiculairement au-dessus du centre de l'instrument, et qu'on appelle *zénith*, l'angle AOZ, supplément de AOD, se nomme *distance au zénith*, et sert aussi à indiquer la position de la ligne OA, par rapport à la verticale.

Si l'on prend les angles à partir du rayon O*h*, perpendiculaire au rayon O*e*, et par conséquent horizontal, l'angle AOH, mesuré par l'arc *bh*, complément de *be*, donnera la situation de la ligne OA, par rapport à l'horizon. Dans la figure, le point A étant moins élevé que le point O, AOH indique *l'abaissement* ou la *dépression* du point A au-dessous de l'horizon. Par un point C, plus élevé que le point O, l'angle COH indiquera la *hauteur* au-dessus de l'horizon.

Au lieu de rendre vertical le diamètre *de*, on le place dans une situation horizontale, comme le montre la

Fig. 137. figure 137, au moyen d'un fil-à-plomb attaché sur la face opposée à la graduation de l'instrument, et qui doit battre sur une droite tracée d'avance perpendiculairement au diamètre *de*.

Les niveaux à bulle d'air indiquent avec précision la situation horizontale. Il suffirait d'en appliquer un sur le diamètre *de*, pour parvenir à rendre ce diamètre parallèle à l'horizon, et l'on pourrait alors se passer du fil-à-plomb; les instrumens exécutés avec soin ont d'ailleurs dans leur construction des moyens convenables pour les faire servir à la mesure des angles verticaux. Voici en abrégé ce qu'il faut faire avec le cercle répétiteur.

247. Quand on a rendu son plan vertical, en appliquant sur une de ses faces un fil-à-plomb, il faut amener
Fig. 138. la lunette supérieure O *b* (*Fig.* 138); puis la diriger vers le point A, auquel on veut viser. Supposons, pour fixer les idées, que la face graduée du limbe soit à la droite de l'observateur, la lunette inférieure, qui se trouve maintenant sur la face à gauche, porte un niveau à bulle d'air pour la placer dans une situation horizontale. Cela fait, on la fixera à l'instrument, qu'ensuite on fera tourner de manière que la face qui est à droite se trouve à
Fig. 139. gauche (*Fig.* 139). On vérifiera si la lunette portant le niveau est restée horizontale dans ce mouvement; si elle ne l'est pas, on la fera marcher à cet effet avec l'instrument. Enfin, la lunette supérieure O*b*, qui est alors dirigée derrière l'observateur, sera détachée de l'instrument et ramenée sur l'objet A, ce qui lui aurait fait parcourir un arc *bb'* double de celui qui mesure la distance de l'objet au zénith. En répétant cette manœuvre, on obtiendra le quadruple, et ainsi de suite. On abrège et on facilite beaucoup l'opération, quand on est deux; l'un dirige la lunette supérieure, l'autre examine le niveau et rectifie, s'il y a lieu, la position de la lunette inférieure.

Lorsqu'on veut apporter beaucoup de soin à la détermination des angles, on ne se borne pas à en mesurer deux dans chaque triangle : on mesure aussi le troisième, et l'on vérifie si *la somme de trois valeurs obtenues fait exactement la demi-circonférence, ou 200 grades*. On n'obtient presque jamais cette précision, mais on en approche d'autant plus que l'instrument est meilleur et l'observateur plus habile.

Le même procédé s'applique aux polygones, pourvu qu'ils soient tout entier dans un seul plan. On sait, par leur division en triangles (77), que *la somme des angles intérieurs doit faire autant de fois la demi-circonférence ou 200 grades qu'ils ont de côtés moins 2*, et l'on cherche si la réunion des valeurs observées compose cette somme. Si la différence entre le nombre déduit de la nature du polygone et celui qu'on a conclu des mesures prises sur le terrain, ne surpasse pas la limite de l'erreur dont ce genre d'observation est susceptible, avec les instrumens dont on s'est servi, on est assuré de n'avoir commis aucune faute grave, et on répartit l'erreur totale entre les divers angles de la figure.

DE L'OCTANT DE RÉFLEXION.

248. *L'octant de réflexion* (*Fig.* 140) est un instrument Fig. 140.
inventé pour l'usage des marins (1), qui est exempt de tous les inconvéniens particuliers à la boussole, qui est susceptible d'une précision beaucoup plus grande, qui, par-dessus tout cela, n'a pas besoin d'être posé sur un pied, et dont on peut par conséquent se servir à cheval. Il est encore peu connu des arpenteurs auxquels il serait néanmoins bien utile dans les reconnaissances.

L'alidade MI porte au centre M un miroir bien perpendiculaire au plan de l'instrument, et qui, lorsqu'elle est sur le premier point H de la division, devient parallèle à un autre miroir immobile N, placé sur le côté MG. Ce dernier miroir a une partie non étamée au travers de laquelle on regarde par une pinnule ou lunette placée en O sur l'autre côté MH de l'instrument un objet B. On fait ensuite tourner l'alidade MI jusqu'à ce que l'on aperçoive au bord de la partie étamée du miroir N l'image du point C, en contact avec le point B; et on lit sur l'arc IH la mesure de l'angle compris entre les objets B et C, au point où est l'observateur.

A proprement parler, l'arc IH n'est égal qu'à la moitié de celui qui mesure l'angle cherché; mais l'arc total GH, qui est de 50 grades, est divisé en 100 grades, et donne ainsi le double de la mesure de tous les arcs qu'il comprend. Comme cette propriété est le plus souvent énoncée sans démonstration, nous allons en donner une qui paraît complète et assez simple.

L'alidade MI porte un vernier dont on se sert quand on veut avoir une mesure précise de l'angle, autrement on se borne à la lire sur la division du limbe.

DÉMONSTRATION DE L'OCTANT DE RÉFLEXION.

249. Soient *b* et *c* (*Fig.* 141), les points observés; Fig. 141.
que l'œil placé en *o* aperçoive, au point *n*, l'image de l'objet *c*, renvoyée par le grand miroir *m* sur le petit miroir *n*; enfin, que l'on prolonge les rayons *bn* et *cm*, jusqu'à leur rencontre en *a*; il faut, en conséquence de la loi de la réflexion, que l'angle *oni*, qui est l'*angle de réflexion* sur le petit miroir *n*, soit égal à l'*angle d'incidence*, formé par la droite *mn* et le prolongement *ni*. Il suit de là que si l'on mène *ne*, perpendiculaire au petit miroir *n*, les angles *ane* et *mne*, complémens des précédens, sont encore égaux.

Par la même raison, les angles *cmd* et *dmn* formés, le premier par le rayon incident parti du point *c*, et la perpendiculaire *dm* au grand miroir *m*, le second par cette perpendiculaire et le rayon réfléchi *mn*, sont encore des angles égaux; donc l'angle *cmn* est double de *dmn*, comme *mne* est double *mne*.

Cela posé, *dmn* étant la moitié de l'angle *cmn* exté-

(1) L'*octant* doit son nom à ce que l'arc total qu'il embrasse est la huitième partie environ de la circonférence du cercle.

Fig. 141. rieur au triangle *amn*, est égal à la moitié de la somme des angles *man* et *mna*, qui sont les intérieurs opposés. Ce même angle *emn*, étant extérieur aussi au triangle *mne*, est égal à la somme des angles *men* et *mne*, qui sont les intérieurs opposés.

Ces deux sommes sont par conséquent égales entre elles; mais la moitié de l'angle *mna*, comprise dans la première, n'est autre chose que l'angle *mne* compris dans la seconde; en retranchant ces parties communes, on aura la moitié de *man* égale à *men*. Or, *me* et *ne* étant respectivement perpendiculaires aux droites *mi* et *ni*, l'angle *men* est égal à *nim*, et par conséquent à son alterne interne *imh* : donc, enfin, ce dernier n'est que la moitié de *man*.

L'angle *man* n'est pas précisément celui qu'il faut mesurer : c'est l'angle *bmc* formé au centre de l'instrument par les droites menées des points *b* et *c*; mais cet angle *bmc*, étant extérieur au triangle *bma*, est égal à la somme des intérieurs opposés *man* et *mbn*, dont le dernier devient d'autant plus petit que le point *b* est plus éloigné, parce que la ligne *mn* n'a au plus que quelques pouces; il peut donc être négligé dès que la distance *bn* est considérable, ce qui ne saurait être indiqué dans la figure.

USAGE DE L'OCTANT DE RÉFLEXION.

250. L'exactitude dont cet instrument est susceptible peut être poussée très-loin. Avec un rayon de trois pouces et un vernier, il peut donner l'angle à moins d'une minute près. Sans doute que cette exactitude est superflue pour les opérations de détail; mais il est toujours bien aisé de la négliger quand on n'en a pas besoin, ce qui abrège d'autant l'opération.

Le grand avantage de cet instrument sur tous les autres, et qui le recommande particulièrement bien, c'est de pouvoir être tenu à la main. Employé avec la mesure des distances, soit au pas, soit par le temps, l'octant de réflexion rendrait les plus grands services pour lever les plans rapidement et presque à vue.

En suivant un chemin, pour déterminer la position des objets situés de part et d'autre, il suffirait, comme le
Fig. 142. montre la figure 142, de mesurer, à chaque changement de direction, l'angle que fait celle qu'on quitte avec celle qu'on prend, d'évaluer les intervalles parcourus dans chacune, et d'observer de deux points du chemin, suffisamment éloignés, les angles que les objets placés des deux côtés font avec sa direction. Il est bon d'observer qu'en plaçant sur 100 grades l'alidade de l'octant, il peut remplacer l'équerre.

Depuis qu'on a remarqué l'utilité des instrumens à réflexion pour la levée des plans, on a cherché à les simplifier. M. Allent a donné l'idée d'une équerre de réflexion; d'autres officiers du génie ont aussi proposé des instrumens propres à mesurer les angles quelconques par une seule réflexion; mais les instrumens à double réflexion ont encore paru préférables.

DE LA BOUSSOLE.

251. La *boussole* (1), qui d'abord n'était employée que par les marins, qui l'appelaient *marinette*, a été plus tard appropriée au besoin de l'arpentage.

La boussole d'arpenteur (*Fig.* 143) se compose d'une Fig. 143.
aiguille aimantée (2), munie d'une chape d'agate; elle est soutenue dans une situation horizontale par la pointe d'un pivot aigu d'acier.

La pointe de l'aiguille répond à un limbe divisé en 400 grades.

La boussole est renfermée dans une boîte carrée ABCD, dont le couvercle s'adapte à coulisses. Pour empêcher que les mouvemens de l'air n'influent sur ceux de l'aiguille aimantée, le limbe est recouvert d'une glace qui intercepte toute communication avec l'extérieur.

Quand on transporte la boussole d'un lieu dans un autre, on empêche l'aiguille de ballotter au moyen d'un petit ressort E qui la rend immobile à volonté.

Sur un des côtés CD de la boîte est appliquée une alidade formée d'un tuyau mobile, par l'intérieur duquel on vise aux points à déterminer. Il y a plusieurs manières d'adapter l'alidade à la boîte, mais l'usage en est toujours le même.

Quelquefois on se contente de mettre sur les bords de la surface supérieure de la boîte deux petites platines qui s'élèvent perpendiculairement à cette surface : telles sont les pinnules de l'ancienne équerre d'arpenteur représentée par la figure 127. Dans toutes les méthodes, les pinnules sont dirigées du *nord* au *sud*, ou parallèlement à la droite qui passe par les points de 200 et de 400 grades.

La boussole s'adapte sur un pied par un genou à coquille, ou préférablement par un genou à deux mouvemens; elle doit être maintenue dans un plan horizontal, ce qui arrive lorsque l'aiguille est en équilibre sur son pivot, et que les pointes arasent le limbe.

La propriété qui fait préférer la boussole aux autres instrumens, pour la levée rapide des plans, c'est de dispenser de prendre deux alignemens à chaque angle, en sorte qu'on n'a jamais à viser qu'au seul point qu'on veut déterminer, ce qui ne demande pas un établissement aussi long et aussi stable que celui qu'exigent les autres instrumens; mais à côté de cet avantage se trouvent bien des défauts : l'aiguille peut être arrêtée par le frottement sur son pivot, dérangée par la présence du fer (3), et donne peu de précision dans la mesure des angles; enfin, il faut quelque temps pour placer l'instrument sur son pied, et

(1) *Boussole* vient du mot latin *buxula*, boîte; de πύξος, *buis*.

(2) Les Grecs nommaient l'aimant μαγνης, d'où est dérivée l'expression *magnétisme*.

(3) Il faut avoir soin en opérant de ne pas approcher la chaîne de la boussole, ce qui ferait varier l'aiguille aimantée. On a remarqué que dans certain temps on fait varier cette aiguille de plusieurs grades, en passant sur le verre qui la couvre un compas, une règle, un crayon, une bague et même du papier.

pour attendre que les oscillations de l'aiguille aient cessé.

N. B. Plusieurs arpenteurs habiles préfèrent cependant la boussole aux autres instrumens, pour relever de grandes aires; un de ses avantages est de ne pas laisser les erreurs s'accroître dans la mesure des angles.

VÉRIFICATION DE LA BOUSSOLE.

252. Pour éprouver la boussole, posez-la horizontalement sur son pied à l'extrémité d'une droite, et marquez le nombre de grades que fait l'aiguille aimantée avec cette droite; puis vous irez à l'autre extrémité de cette droite, pour y prendre, de la même manière, l'angle formé entre le jalon posé à la première station et l'aiguille aimantée.

Cet angle sera égal au supplément du premier, si la boussole est bonne. Cela s'appelle orienter une ligne à ses deux extrémités. Cette ligne doit être la plus longue possible. On connaît qu'une aiguille est bonne quand elle varie long-temps avant de se fixer. La vérification du *déclinatoire* se fait de la même manière.

USAGE DE LA BOUSSOLE.

253. L'usage de la boussole est fondé sur la propriété qu'a l'aiguille de rester constamment dans une même position, ou d'y revenir quand elle en a été écartée (du moins dans un même lieu et pendant un assez long intervalle de temps); d'où il suit que si l'on fait tourner la boîte de la boussole, on pourra juger de la quantité dont elle aura tourné, en comparant le point de la graduation auquel l'aiguille répondra avec celui auquel elle répondait d'abord.

PROBLÈME.

254. *Mesurer, au moyen de la boussole, les angles*
Fig. 144. *ACB, ACE, BCE, etc.* (Fig. 144).
Fig. 143. Dirigez la lunette ou pinnule CD (*Fig.* 143) le long
Fig. 144. de CA (*Fig.* 144), en supposant que la pointe de l'aiguille aimantée marque 400 grades ou zéro; du même point C, dirigez la pinnule sur CB, l'aiguille s'arrêtant sur 23 grades : cette ligne déclinera d'autant de degrés par rapport à la ligne CD ou CA, et l'angle ACB sera de 23 grades; comme la ligne CE déclinera de 58 grades 65 minutes par rapport à la première ligne, et de 35 grades 65 minutes par rapport à la seconde, l'angle ACE sera de 58 grades 65 minutes, et celui BCE de 35 grades 65 minutes; CF déclinera de 77 grades 86 minutes par rapport à la première ligne, de 54 grades 86 minutes à l'égard de la seconde, et de 19 grades 21 minutes par rapport à la troisième; enfin, l'angle ACF sera de 77 grades 86 minutes, celui BCF de 54 grades 86 minutes, et celui ECF de 19 grades 21 minutes. Si vous dirigez la pinnule vers la gauche, pour commencer, et que la pointe de l'aiguille aimantée marque 23 grades, comme on a vu plus haut, cette aiguille qui est mobile marquera ces 23 grades à droite de la ligne de foi ou *nord-sud*, tracée au fond de la boîte de la boussole, et parallèle à la pinnule; de même que si vous la dirigez à droite, elle marquera 377 grades, ou 23 grades depuis zéro, allant à gauche.

DÉCLINAISON DE L'AIGUILLE AIMANTÉE.

255. On appelle *déclinaison de l'aiguille*, l'angle que forme sa direction avec celle du *méridien terrestre* (1) du lieu. On a vu au nº 251 que la déclinaison de l'aiguille aimantée n'est pas la même pour tous les lieux de la terre, et qu'elle varie dans chaque lieu avec le temps; il n'est pas rare de la voir varier à différentes heures de la journée, mais d'une très-petite quantité. Cook et le chevalier Langle, dans leurs voyages aux deux pôles, n'ont jamais observé de déclinaison supérieure à 50 grades. Dans une expédition anglaise au pôle nord, on a observé sur la glace une déclinaison de 96 grades 66 minutes 67 secondes vers l'*occident*.

Si l'on porte l'aiguille successivement sur les différens points du globe, on en rencontre quelques-uns où sa direction est celle du méridien du lieu. Dans d'autre, elle s'écarte de ce plan, tantôt vers l'occident, tantôt vers l'orient. On dit que la déclinaison est *orientale*, quand le pôle austral de l'aiguille est tourné vers l'orient.

Les lignes sans déclinaison sont de deux espèces, les unes présentent à droite et à gauche la même direction dans l'aiguille aimantée; telle est celle qui passe près d'Irkouztk, en Sibérie; les autres offrent une direction différente de chaque côté, telle est la ligne qui passe à l'ouest de Kasan, dans la Russie européenne. Les points situés à l'ouest de cette ligne ont une déclinaison occidentale, tandis que ceux qui sont à l'est en ont une qui est orientale. La ligne qui passe par le nord de l'Amérique offre le même phénomène dans un sens inverse.

Il paraît, selon Buffon, qu'en l'année 1580, l'aiguille aimantée déclinait à Paris de 12 grades 77 minutes 78 secondes, vers l'est; qu'en 1618, elle déclinait de 8 grades 88 minutes 89 secondes; et qu'en l'année 1663, elle se dirigeait droit au pôle. L'aiguille aimantée s'est donc successivement approchée du pôle de 12 grades 77 minutes 78 secondes, pendant cette suite de quatre-vingt-trois ans; mais elle n'est demeurée qu'un an ou deux stationnaire dans cette direction, où la déclinaison était nulle; après quoi l'aiguille s'est de plus en plus éloignée de la direction au pôle, toujours en déclinant vers l'ouest : de sorte qu'en 1785, le 30 mai, la déclinaison était à Paris de 24 grades 44 minutes 44 secondes. De même on peut voir, par les observations faites à Londres, qu'avant l'année 1657, l'aiguille déclinait à l'est; et après cette année 1657, où sa direction tendait droit au pôle, elle a décliné successivement vers l'ouest (2).

(1) On appelle *méridien terrestre vrai* ou *astronomique* d'un lieu le plan qui passe par ce lieu et par l'axe de la terre.

(2) Ceci semble prouver que la marche de la ligne sans déclinaison ne se fait pas par un mouvement régulier qui ramènerait successivement la déclinaison de l'est à l'ouest; car Vienne en Autriche étant à 15 grades 60 mi-

La déclinaison s'est donc trouvée nulle à Londres six ans plus tôt qu'à Paris, et Londres est plus occidental que Paris de 2 grades 68 minutes 52 secondes.

Le *méridien magnétique* (1) coïncidait avec le méridien de Londres en 1657, et avec le méridien de Paris en 1663. Il a donc subi, pendant ce temps, un changement d'occident en orient, par un mouvement de 2 grades 70 minutes 37 secondes, en six ans, et l'on pourrait croire que ce mouvement serait relatif à l'intervalle des méridiens terrestres, si d'autres observations ne s'opposaient pas à cette supposition. Le méridien magnétique de la ligne, sans déclinaison, passait par Vienne, en Autriche, dès l'année 1638 : cette ligne aurait donc dû arriver à Paris plus tôt qu'à Londres, et cependant c'est à Londres qu'elle est arrivée six ans plus tôt qu'à Paris. Cela nous démontre que le mouvement de cette ligne n'est point relatif aux intervalles des méridiens terrestres.

Il ne nous paraît donc pas possible de déterminer la marche de ce mouvement de déclinaison, parce que sa progression est plus qu'irrégulière et n'est point du tout proportionnelle au temps, non plus qu'à l'espace; elle est tantôt plus prompte, tantôt plus lente, et quelquefois nulle, l'aiguille demeurant stationnaire, et même devenant rétrograde pendant quelques années, et reprenant ensuite du mouvement de déclinaison dans le même sens progressif.

M. Cassini, l'un de nos plus savans astronomes, a été informé qu'à Québec la déclinaison n'a varié que de 55 minutes 56 secondes pendant trente-sept ans consécutifs; c'est peut-être le seul exemple d'une station aussi longue. Mais on a observé plusieurs stations moins longues en différens lieux; par exemple à Paris, l'aiguille a marqué la même déclinaison pendant cinq années, depuis 1720 jusqu'en 1724, et aujourd'hui ce mouvement progressif est fort ralenti; car, pendant seize ans, la déclinaison n'a augmenté que de 2 grades 22 minutes 22 secondes, ce qui ne fait que 14 minutes 51 secondes par an, puisqu'en 1769, la déclinaison était de 22 grades 22 minutes 22 secondes, et qu'en 1785, elle s'est trouvée de 24 grades 44 minutes 44 secondes. Ce fait est confirmé par les observations de M. Cotte, qui prouvent que la déclinaison moyenne de l'aiguille aimantée, en 1786, n'a été à Laon (Aisne) que de 23 grades 90 minutes 74 secondes.

Nous ne croyons donc pas que l'on puisse, par des observations ultérieures, et même très-multipliées, déterminer quelque chose de précis sur le mouvement progressif ou rétrograde de l'aiguille aimantée, parce que son mouvement n'est point l'effet d'une loi de la nature.

nutes 19 secondes à l'est de Paris, cette ligne, sans déclinaison, aurait dû arriver à Paris plutôt qu'à Londres, qui est à l'ouest de Paris, et l'on voit que c'est tout le contraire, puisqu'elle est arrivée six ans plus tôt à Londres qu'à Paris.

(1) On appelle *méridien magnétique* ou *apparent* le plan passant par l'aiguille aimantée et par le support vertical qui la soutient.

TABLEAU DE QUELQUES DÉCLINAISONS DE L'AIGUILLE AIMANTÉE.

NOMS DES OBSERVATEURS et DES LIEUX DES OBSERVATIONS.	ÉPOQUE des observations.	DÉCLINAISON. Grades.	Minutes.	Secondes.	DIRECTION de l'aiguille.	NOMS des AUTEURS CONSULTÉS.
A Paris	1580	14	25	93	EST	F. S. Beudant.
Idem	1580	12	77	78	*idem*	C. Despretz et Buffon.
A Narva en Finlande	1594	»	»	»	zéro	Buffon.
Au cap des Aiguilles et à Constantinople	1600					
A Paris	1603	»	»	»	*idem*	F. S. Beudant.
Idem	1610	8	88	89	EST	Buffon.
M. de Langle vers le pôle nord	1616	50	»	»	OUEST	Buffon et C. Despretz.
A Paris	1618	8	88	89	EST	Buffon.
A l'île de Candie	1618	16	66	67	*idem*	*idem.*
A Malte et au détroit de Gibraltar	1618	»	»	»	zéro	*idem.*
A Palerme et à Alexandrie	1618	6	66	67	OUEST	*idem.*
A Vienne en Autriche	1638	»	»	»	zéro	*idem.*
A Paris	1640	3	33	33	EST	*idem.*
Idem	1653	»	»	»	zéro	C. Despretz.
A Londres	1657	»	»	»	*idem*	Buffon.
A Paris	1663	»	»	»	*idem*	Mastaing et Buffon.
Idem	1666	»	»	»	*idem*	A. Lefèvre.
Voyages de Thévenot (lieu inconnu)	1669	5	55	56	EST	Buffon.
A Paris	1670-78	1	66	67	OUEST	C. Despretz, Beudant et Buffon.
Idem	1680	2	96	30	*idem*	Buffon.
Idem	1681	2	77	78	*idem*	*idem.*
Idem	1683	4	25	92	*idem*	*idem.*
Idem	1684-85	4	62	96	*idem*	*idem.*
Idem	1686	5	»	»	*idem*	*idem.*
Idem	1692	6	48	15	*idem*	*idem.*

NOMS DES OBSERVATEURS et DES LIEUX DES OBSERVATIONS.	ÉPOQUE des observations.	DÉCLINAISON. Grades.	Minutes.	Secondes.	DIRECTION de l'aiguille.	NOMS des AUTEURS CONSULTÉS.
A Paris	1693	7	03	70	OUEST	Buffon.
Idem	1695	7	55	56	*idem*	*idem.*
Idem	1696	7	92	69	*idem*	*idem.*
Idem	1698	8	51	85	*idem*	*idem.*
Idem	1699	9	07	41	*idem*	*idem.*
Idem	1700	9	22	22	*idem*	C. Despretz.
Idem	1700	9	11	11	*idem*	Buffon.
Idem	1701	9	35	18	*idem*	*idem.*
Idem	1702	9	77	78	*idem*	*idem.*
Idem	1703	10	11	11	*idem*	*idem.*
Idem	1704	10	37	04	*idem*	*idem.*
Idem	1705	10	64	82	*idem*	*idem.*
Idem	1706	10	88	89	*idem*	*idem.*
Idem	1707	11	29	63	*idem*	*idem.*
Idem	1708	11	38	89	*idem*	*idem.*
Idem	1709	12	50	»	*idem*	*idem.*
Idem	1714-15	12	77	78	*idem*	*idem.*
Idem	1717	13	70	37	*idem*	*idem.*
Idem	1719	13	88	89	*idem*	*idem.*
Idem	1720-21					
Idem	1722-23	14	44	44	*idem*	C Despretz et Buffon.
Idem	1724					
Idem	1725	14	72	22	*idem*	Buffon.
Idem	1727-28	15	55	56	*idem*	*idem.*
Idem	1729	15	74	07	*idem*	*idem.*
Idem	1730	16	01	85	*idem*	*idem.*
Idem	1731	16	38	89	*idem*	*idem.*
Idem	1732-33	16	94	45	*idem*	*idem.*
Idem	1734-40	17	50	»	*idem*	*idem.*
Idem	1744-45					
Idem	1746-47	18	33	33	*idem*	*idem.*
Idem	1749					
Idem	1755	19	44	44	*idem*	*idem.*
Idem	1756	19	72	22	*idem*	*idem.*
Idem	1757-58	20	»	»	*idem*	*idem.*
Idem	1759	20	18	52	*idem*	*idem.*
Idem	1760	20	37	04	*idem*	*idem.*
Idem	1765	21	02	47	*idem*	*idem.*
Idem	1767	21	40	74	*idem*	*idem.*
Idem	1768	21	57	21	*idem*	*idem.*
Idem	1769	22	22	22	*idem*	*idem.*
Idem	1770-71	21	88	30	*idem*	*idem.*
Idem	1772	21	89	07	*idem*	*idem.*
M. Cook dans l'hémisphère austral (en février).	1773	47	88	89	*idem*	*idem.*
A Paris	1773	22	24	53	*idem*	*idem.*
Idem	1774	22	14	04	*idem*	*idem.*
Idem	1775	21	88	30	*idem*	*idem.*
Idem	1776	21	73	18	*idem*	*idem.*
Idem	1777	21	77	62	*idem*	*idem.*
Idem	1778	21	72	07	*idem*	*idem.*
Idem	1779	21	87	28	*idem*	*idem.*
Idem	1780	22	30	50	*idem*	*idem.*
Idem	1780	22	12	96	*idem*	C. Despretz.
M. Cotte à Montmorency près Paris	1781	22	53	64	*idem*	Buffon.
A Paris	1782	24	»	»	*idem*	*idem.*
Idem	1783	23	53	60	*idem*	*idem.*
Idem	1784	23	72	22	*idem*	*idem.*
Idem (en mai)	1785	24	44	44	*idem*	*idem.*
M. Cotte à Laon	1786	23	90	74	*idem*	*idem.*

NOMS DES OBSERVATEURS et DES LIEUX DES OBSERVATIONS.	ÉPOQUE des observations.	DÉCLINAISON. Grades.	Minutes.	Secondes.	DIRECTION de l'aiguille.	NOMS des AUTEURS CONSULTÉS.
A Paris	1805	24	53	70	OUEST...	C. Despretz.
Idem	1808	24	79	63	*idem*	A. Lefèvre.
Idem	1813	24	96	30	*idem*	F. S. Beudant.
Idem	1816	24	90	74	*idem*	Mastaing et C. Despretz.
Idem	1817	24	79	63	*idem*	Mastaing.
Idem	1818	24	92	59	*idem*	Mastaing et C. Despretz.
Idem	1819	24	98	15	*idem*	Mastaing.
Idem	1821	24	90	74	*idem*	*idem.*
Idem	1822	24	96	30	*idem*	C. Despretz.
Idem	1822	24	64	81	*idem*	Mastaing.
(Le 29 novembre à 1 heure ¼ du soir)	1823	24	87	04	*idem*	*idem.*
(Le 13 juin à 1 heure ¼ du soir)	1824	24	87	81	*idem*	*idem.*
Paris	1830	24	79	62	*idem*	F. S. Beudant.

D'après un nombre très-considérable d'observations faites à l'observatoire, par M. Arago, il paraît que l'aiguille se rapproche actuellement du méridien, c'est-à-dire que la déclinaison diminue. Des observations de M. le colonel Beaufoy, faites près de Londres, conduisent à la même conséquence. La rétrogradation annuelle entre 1818 et 1822 a été de trois minutes 71 secondes environ. L'aiguille continue à marcher vers le méridien (en 1829).

On a admis aussi que l'aiguille aimantée conserve la même direction pendant un certain nombre d'années. Ainsi à Paris, de 1720 à 1724, elle se tint constamment à 14 grades 44 minutes 44 secondes du méridien. Mais comme à cette époque la variation diurne n'était pas connue, on n'observait pas l'aiguille aimantée comme on le fait aujourd'hui à différentes heures du jour; il est possible que l'aiguille ait varié dans l'intervalle de 1720 à 1724, sans qu'on s'en soit aperçu.

L'aiguille aimantée marche vers l'occident depuis le lever du soleil jusqu'à une heure du soir, pour rétrograder ensuite vers l'est. Cette variation n'est pas la même, ni dans tous les mois de l'année, ni dans tous les lieux de la terre. Elle atteint son maximum à Paris, dans le mois de juin, et s'élève à 25 minutes 93 secondes; son minimum a lieu dans le mois de décembre, et est de 16 minutes 67 secondes. A Londres, la variation diurne en juin et juillet est de 35 minutes 37 secondes, et en décembre, elle n'est plus que de 13 minutes 15 secondes.

Les aurores boréales, les orages, influent beaucoup sur les variations de l'aiguille. La foudre, en tombant près d'une aiguille, change quelquefois tout-à-coup ses pôles.

Enfin, on observera, en se servant de la boussole, que son aiguille ne donne pas le vrai nord; que sa déclinaison change avec le temps, et qu'elle est à présent de 24 grades 80 minutes vers l'ouest. De temps à autre, il sera nécessaire de s'instruire des changemens qui surviendront dans cette déclinaison, ou d'en faire l'observation; la voici :

256. Tracez une ligne méridienne par la méthode des numéros 257 et suivans. Mettez une boussole sur cette ligne et visez par les pinnules sur un jalon placé vers le nord sur des points de la méridienne. Quand l'aiguille sera arrêtée dans cette position, le nombre de grades, minutes et secondes que la pointe septentrionale indiquera avec le point marqué *nord* au fond de la boîte, sera la véritable déclinaison de l'aiguille aimantée.

DES TRACÉS DE LA LIGNE MÉRIDIENNE.

257. Parmi les divers moyens de tracer une méridienne, les plus simples sont ceux que nous allons expliquer :

1° AU MOYEN DU GNOMON.

Elevez, sur un terrain horizontal, un bâton de 5 décimètres de haut, appelé *gnomon*, portant à son extrémité supérieure une plaque de fer percée d'un petit trou O (*Fig.* 145) et inclinée un peu à l'horizon. Par ce trou, faites passer un fil-à-plomb qui indiquera sur la terre le pied A d'une perpendiculaire dont le petit trou O de la plaque est le sommet. A dix heures du matin, quand il fait soleil, marquez sur le terrain le point brillant B, qui se trouve dans l'ombre projetée par la plaque. Ce point B est fourni par le petit trou O dont nous avons parlé. Du pied A de la perpendiculaire AO, indiquée par le fil-à-plomb, et avec un rayon terminé au point brillant B, décrivez un arc de cercle BC. Observez, après midi, l'instant où le centre du petit trou éclairé O tombe exactement sur l'arc BC que l'on a tracé. Si l'on joint par une droite le pied A de la perpendiculaire au milieu M de l'arc BC, dont les extrémités B et C ont été formées par les deux points lumineux, avant et après midi, cette droite AM sera la méridienne cherchée. Fig. 145.

Quoique deux ombres égales suffisent pour l'obtenir, on marque dans la matinée plusieurs points brillans dont on prend les correspondans après midi; chaque point déterminant la méridienne, on obtient ainsi des vérifications, et on peut en déduire une direction moyenne, quand celles qu'on a obtenues ne coïncident pas parfaitement.

Nous ferons remarquer que ce moyen, bien simple, n'est d'une grande exactitude qu'aux mois de juin et de décembre; il est moins exact dans les autres mois; cependant l'erreur n'est pas considérable, et peut être négligée dans l'*orientation* des plans ordinaires; ce que nous traiterons dans la levée des plans.

Lorsqu'on veut plus de précision, on peut corriger l'erreur, qui peut résulter de cette déclinaison, au moyen des Tables de la *Connaissance des Temps*.

2° AU MOYEN DE L'ÉTOILE POLAIRE.

258. Dans les régions situées, comme la nôtre, au nord de l'équateur, et encore assez éloignées du pôle, on peut employer à la détermination de la méridienne l'étoile polaire, qui est aisée à trouver quand on connaît la constellation si remarquable nommée la *grande Ourse*, ou le *grand Chariot*. Cette étoile, n'étant pas précisément au pôle, paraît décrire autour de ce point un cercle qui s'en écarte d'un grade 96 minutes 29 secondes. L'on commettrait donc une erreur assez forte, si l'on prenait l'alignement de l'étoile polaire, quand elle se trouve au point le plus oriental ou le plus occidental de son cercle diurne. Il faut, au contraire, tâcher de saisir le moment où elle est dans le méridien, ce qui lui arrive deux fois en 24 heures, savoir, une fois au-dessus du pôle, et l'autre fois au-dessous.

On reconnaît facilement ces instans, parce qu'alors l'étoile polaire se trouve dans le même plan vertical que la troisième de la queue de la grande Ourse. Pour s'en bien assurer, il faut suspendre un fil-à-plomb, se placer à quelque distance derrière, et attendre que les deux étoiles soient cachées par ce fil. Il ne s'agit plus alors que de tracer l'alignement indiqué par le fil et l'étoile; c'est ce qu'on peut faire, si l'on a eu l'attention de remarquer dans l'horizon, ou sur quelque objet éloigné, un point qui fût traversé par le fil en même temps que les deux étoiles. Cela fait, laissant en place le fil-à-plomb, on pourra, au jour, tirer une droite passant par son pied et par le point déterminé comme on vient de le dire, ce sera la méridienne demandée.

Nous avons déjà dit que l'étoile de la grande Ourse ne passait pas précisément au méridien au même instant que l'étoile polaire, donc la ligne que l'on trace de cette manière n'est pas la méridienne vraie. L'étoile polaire passe maintenant 6 minutes 44 à 45 secondes plus tard que la troisième de la queue de la grande Ourse (1); ainsi, lorsque les deux étoiles sont cachées par le fil-à-plomb élevé sur le point dont on cherche la méridienne, on attendra encore 6 minutes 45 secondes avant d'arrêter un objet placé dans l'alignement de l'étoile polaire qui sera alors dans le méridien. Si c'est une lunette, ou deux fils-à-plomb qui sont dirigés sur ces deux étoiles, ils restent dans cet état jusqu'au moment où le jour permet de mettre une suite de jalons dans leur direction, qui, aussi, est celle qui va directement vers le nord.

(1) On peut aussi déterminer, par le calcul, le moment où une étoile passe par le méridien. Consultez à cet égard l'*Astronomie* de Lalande, n°s 983 et suivans.

3° AU MOYEN DU SOLEIL A MIDI VRAI.

259. Si l'on avait une montre bien réglée sur le midi vrai, en observant à la fois et à l'instant de midi précis les deux bords du soleil, et faisant placer un jalon dans la direction de la moitié de l'angle observée, on aurait la ligne méridienne.

Lorsque vous observez le soleil, interposez un verre noir entre l'œil et l'oculaire de la lunette, afin de pouvoir fixer cet astre, et mettez ses deux bords en contact avec le fil vertical; alors la moitié de l'arc donne la direction du centre du soleil.

Les deux bords du soleil devant être observés au même instant, le secours de deux observateurs est nécessaire.

4° AU MOYEN DU SOLEIL VERS LE MATIN ET VERS LE SOIR.

260. On peut, le matin, placer un jalon dans la direction de l'un des bords du Soleil, et à pareille distance de midi, le soir (en ayant égard à la déclinaison); faire planter un second jalon dans la direction de l'autre bord de cet astre, la moitié de l'angle compris entre les jalons donnerait aussi la direction méridienne.

DE LA PLANCHETTE.

261. La *planchette*, l'un des instrumens les plus propres pour figurer de suite les détails d'un plan, n'est autre chose qu'une table rectangulaire de 8 décimètres sur 5, ayant un pied tel que celui décrit à l'article du graphomètre, et sur laquelle on fixe une feuille de papier.

Cette feuille de papier est fixée sur la planchette, soit avec de la *colle à bouche*, soit avec des *punaises* (1), soit enfin avec des rouleaux ou cylindres (2) adaptés le long de deux de ses bords opposés, et retenus par des écrous.

Pour que les dessins-minutes se conservent plus longtemps et n'éprouvent aucune détérioration pendant le travail sur le terrain, on peut coller son papier sur de la toile bien fine ou sur de la mousseline.

La planchette se compose donc de trois parties bien différentes, 1° de la planchette proprement dite, 2° du genou, 3° du trépied. Depuis l'invention de ces instrumens par *J. Prætorius*, de Nuremberg, au seizième siècle, on y a fait des perfectionnemens d'une haute importance qui laissent peu de chose à désirer dans la pratique.

Pour prendre les alignemens, on peut se servir d'une simple règle, épaisse, et que l'on place de champ sur la

(1) *Punaises*, épingles à tête plate.

(2) *Cylindre* vient du mot grec κύλινδρος, de κυλίω ou κυλινδέω, *je roule*.

planchette. Rien de plus simple que cet instrument, et aucun autre ne présente autant de facilité pour tracer sur le papier un angle égal à celui donné sur le terrain. Si le plan que l'on doit lever occupe une grande étendue en longueur, on se sert d'une planchette à cylindres; les cylindres permettent de réunir plusieurs grandes feuilles de papier collées ensemble, qui passent d'un rouleau sur l'autre, par un simple mouvement de manivelle.

PROBLÈME.

262. *Tracer sur un plan, au moyen de la planchette ordinaire et de la règle, un angle égal à celui BAC du*
Fig. 146. *terrain* (Fig. 146).

Soit *a* le sommet de l'angle à construire sur le plan; la feuille de papier étant fixée sur la planchette, au moyen d'un fil-à-plomb, placez la planchette de manière à ce que le point *a* réponde verticalement à son respectif A; placez ensuite le côté de la règle sur le point *a*, de manière à ce qu'elle se dirige sur le point B, et vous tracerez sur le papier ou sur le plan la droite *ab* au crayon, le long de la règle.

Cela fait, faites tourner la règle comme sur une charnière, autour du point *a*, jusqu'à ce qu'elle ait la direction du point C; dans cette position, vous tracerez sur le plan la droite *ac* au crayon le long de la règle, et l'angle *bac*, tracé sur le plan, sera égal à l'angle BAC du terrain.

Dans la position où la planchette est placée pour lever l'angle qui vient d'être donné, l'on conçoit qu'on ne peut tracer d'autres angles que ceux situés dans un même plan avec la position des trois points A, B, C, et que les angles tracés sur cette planchette ne seront horizontaux que dans le cas où le plan formé par la position des trois points A, B, C, serait lui-même horizontal; cela résulte de ce que la règle qui sert à prendre les directions est partout de même épaisseur, et que son côté supérieur appartient à un plan parallèle à la planchette. On ne peut donc, avec une règle, tracer des angles horizontaux sur la planchette que lorsque le plan formé par la position des côtés de l'angle sera lui-même horizontal. Une règle ne peut alors servir que bien rarement dans les opérations à la planchette.

DE L'ALIDADE ET DU DÉCLINATOIRE DE LA PLANCHETTE.

263. Ce défaut reconnu, on a remplacé la règle par
Fig. 147. une alidade ou règle de cuivre MN (*Fig.* 147), garnie de pinnules bien perpendiculaires dans tous les sens, sur la lame qui les joint, et bien hautes, afin que sans incliner la planchette on puisse viser aux points du terrain qui sont plus élevés ou plus bas.

L'alidade suffit, avec la planchette, pour construire toute sorte de figures, et par conséquent pour lever les détails d'une commune; néanmoins, il est bon de faire en même temps usage du *déclinatoire*, qui n'est autre chose qu'une boîte rectangulaire, dans laquelle est une aiguille aimantée. Cet instrument sert à orienter la planchette toujours au même degré de déclinaison, et avertit celui qui opère des erreurs graves qu'il pourrait commettre.

VÉRIFICATION DE L'ALIDADE.

264. Avant de se servir d'une alidade, il faut aussi la vérifier; pour cela, étant dans la campagne avec une petite table posée horizontalement, et sur laquelle vous enfoncerez perpendiculairement deux aiguilles; appliquez votre alidade contre ces aiguilles, et faites mettre à une certaine distance des jalons dans le rayon visuel, que vous dirigez des deux côtés par les pinnules de votre alidade; ensuite, retournez cette alidade, et appliquez-la de nouveau contre les aiguilles; si, en regardant par les pinnules vous apercevez encore les deux jalons, ce sera une preuve certaine que l'alidade est juste.

DE LA LUNETTE PLONGEANTE DE LA PLANCHETTE.

265. Dans les pays montueux, il est nécessaire de placer une lunette plongeante sur l'alidade au lieu de pinnules, pour être à même de viser à tous les objets sans incliner l'instrument; par ce moyen, les rayons visuels que l'on trace sur la planchette mise de niveau sont dans un même plan horizontal, et n'ont pas besoin de réduction. C'est là un des avantages de cette planchette dans les pays où le terrain présente de grandes irrégularités.

Il faut avoir le soin que la planchette ne s'ébranle pas sous la main qui dessine, et que les lignes que l'on trace conservent bien la direction des rayons visuels. On s'assure de cela lorsqu'on prend un angle, en remettant l'alidade sur le premier point visé, pour vérifier si la planchette s'est conservée dans l'alignement du point qui est à l'extrémité de ce côté tracé sur le papier.

PROBLÈME.

266. *Tracer, au moyen de l'alidade à lunette, un angle sur la planchette égal à l'angle BAC* (Fig. 148), Fig. 148.
réduit à l'horizon, cet angle étant dans un plan incliné.

Placez d'abord la planchette de niveau, ou parallèlement à l'horizon, et de manière à ce que le point *a*, qui est le sommet de l'angle à tracer, réponde verticalement à son respectif A; ensuite, dirigez la lunette sur le point B, en plaçant le côté de l'alidade contre le point *a*; cela étant fait, tracez sur le papier une droite *ab*, au crayon, et le long de l'alidade; continuez l'opération en faisant tourner l'alidade autour du point *a*, jusqu'à ce que l'on puisse apercevoir le point C, en faisant mouvoir la lunette dans son sens vertical; dans cette position, tirez la droite *ac* au crayon, et le long de l'alidade; par ce moyen, l'angle *bac* de la planchette sera égal à l'angle BAC ramené à l'horizon.

N. B. On rencontre des personnes qui pensent que la planchette ne donne pas assez de précision pour être employée aux levées des plans. Nous convenons que si l'on aspirait à une grande exactitude dans la mesure des aires, il ne faudrait pas en faire usage, puisque, avec cet instrument, les contenances se déduisent des opéra-

Fig. 148. tions graphiques. Si l'on voulait se donner la peine de faire les calculs nécessaires, le graphomètre serait, sans contredit, préférable; mais quel est l'arpenteur qui voudrait s'assujéter à tant de calculs, surtout lorsque le plan contient beaucoup de détails? Il faut donc avoir recours au rapporteur pour construire son plan, et nous pensons qu'alors l'avantage qu'on obtient d'abord au graphomètre se perd, et peut-être au-delà, par le rapport, surtout dans les pays couverts et peuplés d'abitations.

Malgré plusieurs de ses défauts (qui sont la difficulté de la transporter, son dérangement par le vent, le papier qu'il faut y assujétir, la moindre pluie qui empêche de travailler, et le retrait du papier causé par les différentes températures), la planchette aura toujours beaucoup de partisans, et l'expérience démontre suffisamment qu'on peut l'employer avec succès pour faire les détails d'une carte; elle a d'ailleurs, dans ces sortes d'opérations, un avantage sur le graphomètre ou tout autre instrument analogue, en ce qu'on peut vérifier son travail sur le terrain chaque fois qu'on aperçoit un objet déjà posé sur la planchette, parce qu'avec cet instrument on rapporte toutes les opérations à la vue même des objets que l'on veut représenter.

Telle est la marche que l'on suit dans la levée des plans à la planchette; plus loin nous donnerons des explications très-détaillées sur cette méthode d'arpentage.

DES NIVEAUX.

267. Comme on suppose qu'une partie assez étendue de la terre est horizontale, on dit que les verticales sont des perpendiculaires à la surface de la terre.

Les arts emploient plusieurs moyens pour reconnaître si une droite est horizontale, tels que les *niveaux à fil-à-plomb* ou *du maçon*, *niveau d'eau*, *niveau à bulle d'air*.

Le plus simple de tous les niveaux est une équerre portant à l'extrémité de l'un de ses côtés un fil-à-plomb,
Fig. 149. et ayant sur ce côté un trait *ab* (*Fig.* 149), bien perpendiculaire sur le bord AC. Quand ce dernier est horizontal, le fil-à-plomb tombe exactement sur le trait *ab*; on posera donc le côté AC sur une règle bien dressée et soutenue à l'un de ses bouts, puis on abaissera ou on élevera l'autre jusqu'à ce que le fil-à-plomb vienne battre sur le trait qui est parallèle à AB.

Fig. 150. La *figure* 150 représente la forme la plus ordinaire du niveau des maçons. Pour qu'il soit exact, il faut que le fil-à-plomb AF, lorsqu'il tombe sur la *ligne de foi* ou le trait marqué dans la traverse DE, soit perpendiculaire sur la droite BC, ce qui a lieu quand les distances AB et BC sont égales entre elles, ainsi que les distances AD et AE, et que le point F est le milieu de DE.

On se sert du niveau à fil-à-plomb avec deux règles d'un double mètre chacune, divisées en décimètres et centimètres. On pose le niveau sur une des règles placées horizontalement, et quand le fil-à-plomb couvre la ligne de foi, on s'assure avec l'autre règle, que l'on tient verticalement, de la différence des niveaux.

VÉRIFICATION DU NIVEAU A FIL-A-PLOMB.

268. Ce niveau se vérifie aisément; car lorsqu'il est dans une situation où le fil-à-plomb couvre le trait marqué sur DE, il faut qu'en le retournant de manière que le point B vienne prendre la place du point C, et réciproquement, le fil-à-plomb reste encore sur le trait. Le niveau précédent se vérifierait de même en le retournant.

DU NIVEAU D'EAU, ET DE SON USAGE.

269. Les deux niveaux précédens, ne pouvant servir que pour des lignes très-courtes, seraient fort incommodes dans les opérations de l'arpentage; on les remplace par le niveau d'eau, représenté dans la *figure* 151. Fig. 151.
Celui-ci se compose d'un tube de fer-blanc relevé verticalement aux deux extremités, et terminé par deux petits tubes en verre. On verse de l'eau colorée en rouge dans un des tubes, jusqu'à ce qu'il y en ait suffisamment. Le niveau est horizontal quand l'eau s'élève également dans les tubes.

Avec le niveau d'eau, on se sert pour niveler, d'une règle épaisse de 3 à 4 mètres de hauteur, qu'on appelle *mire*, et qui doit être divisée en mètres, décimètres et centimètres. Sur cette règle, on fait glisser une seconde règle nommée *voyant*, qui porte une raie noire, ou un carton d'un décimètre carré, blanc d'un coté de la verticale et noir de l'autre. Le côté blanc se distingue facilement quand il se détache sur la terre ou sur des objets de couleur foncée; le côté noir se détache sur le ciel.

PROBLÈME.

270. *Déterminer la différence de niveau de deux points* A, B (Fig. 152). Fig. 152.

Fixez le niveau au point C; envoyez au point A quelqu'un pour placer bien verticalement la mire; alors faites signe de monter ou de descendre le voyant, jusqu'à ce que le rayon visuel donné par la surface de l'eau passe exactement par le point de mire. Prenez sur la règle A la hauteur exacte du voyant, et la mire est transportée en B; mesurez de même la hauteur du voyant en B, et cette différence sera celle des niveaux.

Soit A=0-095 centimètres et B=0-25 décimètres. La différence des niveaux est de 0-155 centimètres. Si la distance de A en B était de 15 décamètres 5 mètres, la différence du niveau serait de 0-001 centimètre par mètre (1).

Règle générale. Pour avoir la différence de niveau par mètre, il faut diviser la différence des niveaux par la distance nivelée.

PROBLÈME.

271. *Niveler plusieurs points E, B, C, D, F,* (Fig. 153) Fig. 153.
sur un terrain rompu par des sinuosités.

(1) Nous prions d'observer que nous prendrons toujours le *décamètre* pour *unité linéaire* et *l'are* pour *unité superficielle*, comme nous l'avons démontré au système des mesures métriques.

Placez le niveau d'eau en A, et mesurez les distances des points E, B, C, D, F, à la ligne de niveau GH; supposez que E soit éloigné de la ligne GH de 0-19 décimètres, B de 0-36 décimètres, C de 0-175 centimètres, D de 0-32 décimètres, F de 0-21 décimètres. Si l'on voulait niveler ce terrain au point B, on voit qu'il faudrait baisser E de 0-17 décimètres, C de 0-185 centimètres, D de 0-04 décimètres, et F de 0-15 décimètres.

Si, au contraire, on voulait faire couler une source d'eau de E en F, on aurait à calculer la pente que l'on veut donner à l'eau.

Lorsqu'on rencontre un terrain très-inégal, il faut faire *donner un coup de niveau* à tous les points enfoncés ou élevés.

PROBLÈME.

272. *Niveler la pente très-forte d'un terrain.*

Fig. 154. Etablissez au point A (*Fig.* 154) le niveau qui n'atteint que le point B; placez ensuite le pied de l'instrument en B, ce qui change la ligne de niveau. On en fait autant au point C. Cette opération n'est pas plus difficile que les précédentes pour le calcul; car les droites DE, CF, BG, MN, étant toutes parallèles, il suffira de mesurer les distances OP, PQ, ou celles *bc*, *cd*, et de les ajouter au nivellement en A, pour avoir la hauteur de DE au-dessus du sol.

Nous ferons remarquer que plus on donnera de coups de niveau, moins l'opération sera exacte, et que, par conséquent, avant de niveler, il faut bien observer la disposition du terrain, afin de ne pas faire d'opérations inutiles.

DU NIVEAU A BULLE D'AIR.

273. Au lieu des niveaux décrits prédemment, qui sont embarrassans et qui ne donnent pas une exactitude suffisante pour les opérations délicates, on se sert du niveau à bulle d'air. La sensibilité de ce niveau est assez connue, puisqu'il sert à l'établissement des billards. Il consiste, comme on sait, dans un tube de verre, qui, n'étant pas tout-à-fait rempli par un liquide, contient une portion d'air ou *bulle d'air*, tendant toujours vers la partie la
Fig. 155. plus élevée A ou B (*Fig.* 155), et occupant rigoureusement une place marquée O, quand le tube est horizontal. On donne quelquefois à ce tube une légère courbure, afin de rendre plus régulier le mouvement de la bulle.

Ce niveau se vérifie comme les autres par le renversement.

Lorsqu'on veut s'assurer qu'un plan est horizontal, il faut placer le niveau successivement sur deux lignes, faisant entre elles un angle assez ouvert. C'est pour faciliter cette opération que les graphomètres et les cercles à lunettes plongeantes, construits avec soin, portent dans leur plan deux niveaux à bulle d'air placés à angle droit.

En substituant au tube un vase à fond plat et circulaire, recouvert d'une calotte sphérique au sommet de laquelle est marqué l'espace circulaire que doit occuper la bulle d'air quand le fond est horizontal, on a construit un niveau qui se place commodément sur la planchette, pour la rendre horizontale.

Le niveau d'eau représenté dans les *figures* 151 et 152, avec lequel on ne peut embrasser à chaque station qu'un intervalle assez petit, est remplacé par une lunette portant un niveau à bulle d'air (*Fig.* 156). Cette lunette, Fig. 156.
donnant plus d'étendue et de précision au pointé, permet de donner les coups de niveau beaucoup plus longs.

Les instrumens propres à déterminer avec précision les plus petits angles, peuvent servir aussi au nivellement. Lorsqu'outre la distance des deux points, on connaît l'inclinaison du rayon visuel, qui va de l'un à l'autre, on trouve sans peine de combien l'un de ces points est plus élevé ou plus bas que l'autre.

VÉRIFICATION DU NIVEAU A LUNETTE.

274. Avant de se servir d'un niveau à lunette, il est prudent de s'assurer de sa justesse. Il y a plusieurs manières de faire cet examen. Nous indiquerons la plus ordinaire.

On place le niveau à un point arbitraire D (*Fig.* 157), Fig. 157.
auquel on dispose cet instrument horizontalement, ensorte que la bulle d'air soit dans le milieu du tuyau; alors on enverra présenter la mire à une distance de 100 mètres environ; comme au point G, l'observateur fera hausser ou baisser la tablette jusqu'à ce que le rayon visuel EA ait rencontré le point de mire; tournant ensuite la lunette, et regardant par son autre bout F, l'observateur dirigera un second rayon visuel au même point A. S'il arrive que la soie ou le fil de la lunette donne dans le même point, c'est une marque que le niveau est juste; mais si, au contraire, le rayon visuel donnait plus haut ou plus bas que le premier observé, par exemple au point B, alors le point C, qui marque le milieu des deux différences, sera le vrai point du niveau apparent.

Ceux qui désireraient connaître la description de plusieurs autres sortes de niveaux peuvent consulter les traités de MM. Picart, Bezout et L. Puissant.

Comme le nivellement est une opération très-employée pour les routes et les conduites d'eau, nous croyons qu'il sera d'une grande utilité d'en faire connaître les opérations les plus compliquées, par un chapitre qui terminera cet ouvrage, et sera intitulé : NIVELLEMENT SIMPLE ET COMPOSÉ.

SECTION DEUXIÈME.

DES INSTRUMENS SERVANT AU RAPPORT DES LIGNES ET DES ANGLES SUR LE PAPIER.

275. Pour construire sur le papier une ligne, un angle, etc., semblables à ceux du terrain levé et mesuré, il faut que celui qui opère soit muni d'un étui de mathématiques, et d'une *échelle des parties égales*, plus ou moins longue, pour donner la même proportion aux distances mesurées avec la chaîne, ou déterminées par le calcul.

L'étui de mathématiques doit contenir des *règles* de bois, dont une au moins ait un rapport déterminé avec le mètre; plusieurs *compas* de différentes grandeurs; un *compas de proportion*, des *équerres* et des *fausses équerres* de bois ou de cuivre, plusieurs *rapporteurs* de différentes grandeurs, un *vérificateur*, un *compas de réduction*, un *panthographe* (1), un *piquoir*, un *tire-ligne*, un *porte-crayon*, etc., etc. Plusieurs de ces objets sont trop connus, pour qu'il soit besoin d'en donner les figures; nous parlerons seulement des principaux.

Pour travailler avec succès sur le papier, il faut se rappeler les premiers élémens de géométrie plane, au moyen desquels on résout les problèmes suivans, dont la connaissance est indispensable à l'arpenteur qui veut marcher dans la route la plus courte et la plus assurée.

DE LA RÈGLE.

276. Une règle pour l'usage habituel, doit avoir de trois à quatre décimètres de longueur, sur cinq centimètres de largeur, et quatre millimètres d'épaisseur environ. Un de ses bords doit être évidé en bizeau et coupé, ainsi que l'autre, à vive-arrête. On choisit cette règle en bois dur, de droit fil, et non sujet à venir gauche; ainsi, le poirier, le pommier sec, l'ébène, le bois des îles et quelques autres, sont préférables au chêne qui se cambre, et au bois blanc qui est trop tendre.

Une règle d'un mètre est nécessaire pour tirer les grandes lignes. On doit en avoir d'un demi-mètre, et de plus petites encore, pour tirer les droites qui viennent aboutir au sommet d'un angle.

(1) *Panthographe* vient de deux mots grecs πᾶν, génit. παντὸς, *tout*; γράφω, *je décris*.

La règle sert à tracer des lignes droites (12). On trace ces droites avec le *crayon*, avec le *tire-ligne* ou avec la *plume*.

On se sert de crayons en bois, de *Brokmann* ou de *Conté*, portant le n° 3; si les traits doivent être effacés, il vaut mieux faire usage de crayons portant le n° 2, qui sont moins durs. Les plumes dont on se sert habituellement pour le dessin des plans sont celles de corbeau; elles sont fort dures, se taillent très-fin, et donnent un trait délié. On peut cependant se servir également de bouts d'aile de bonne qualité.

Quelques personnes emploient des plumes de canard, dont le tuyau a été durci dans la cendre chaude.

277. Pour tracer une droite sur le papier, tenez la règle fortement appuyée avec la main gauche, glissez la pointe d'un crayon taillé à plat, le long du bord de la règle qui touche au papier et qui est appliquée contre les deux points par lesquels doit passer la droite, et la trace laissée par le crayon sera la trace fidèle de la ligne ou arrête qui termine le bord de la règle.

On ne se sert de la règle à bizeau que quand on trace des droites à la plume; elle a pour usage d'empêcher l'encre de couler sur le papier; de plus, il ne faut pas placer la règle sur les points donnés, mais au-dessous, de manière que quand la plume est appuyée contre la règle, son bec puisse passer par ces points; et on doit avoir le soin de le maintenir à la même distance de la règle dans toute la longueur de la droite que l'on trace: mais quand on se sert du tire-ligne qui doit être préféré toutes les fois qu'il s'agit de quelque dessin un peu important, la règle doit porter à plat sur le papier et être tenue, ainsi que le tire-ligne, d'après les principes donnés ci-dessus.

VÉRIFICATION DE LA RÈGLE.

278. Avant de se servir d'une règle, il faut s'assurer si elle est droite. Pour cela, prenez deux points sur un plan, appliquez-y la règle; puis avec une pointe qui s'appuie constamment contre elle, tracez une ligne. Cela fait, passez la règle de l'autre côté de la ligne; répétez l'opération, en ayant eu le soin de faire coïncider avec le plan l'autre côté de la règle. Si les deux lignes coïncident, la règle est juste; car, entre deux points donnés (12), il ne peut y avoir qu'une droite.

C'est aussi en visant le long du bord d'une règle, comme si on voulait l'aligner sur un point, que l'on reconnaît si elle ne bombe pas ou si elle ne creuse pas entre ses extrémités, et par conséquent si elle est juste ou non, mais ce résultat ne fournit qu'une approximation.

Avec une règle juste ou bien dressée, on s'assure si une surface est plane ou non; car, dans le premier cas, le bord de la règle s'applique dans tous les points sur cette surface, dans quelque sens qu'on le place, ce qui n'a pas lieu dans le cas contraire.

DU COMPAS ORDINAIRE ET A VERGE.

Fig. 158. 279. Le *compas* (*Fig.* 158) pour être bon, doit avoir ses pointes bien fines, elles doivent coïncider avec une grande précision, quand le compas est fermé, et la charnière doit être convenablement serrée. Dans les compas fins, on serre et on desserre la charnière avec une petite clé à deux pointes.

On recommande le plus grand soin dans la conservation de cet instrument; il ne faut jamais s'en servir pour jouer, il faut l'essuyer quand on s'en est servi, pour que l'humidité ne rouille point les pointes.

Dans les compas dont on fait usage pour tracer des cercles, une des branches doit être à rechange, c'est-à-dire qu'on peut y adapter, à l'aide d'une petite vis de pression, un porte-crayon ou un tire-ligne, pliant à genou. Cette pointe de rechange a besoin d'être nettoyée très-proprement; c'est au maître à exercer une surveillance active.

Quand vous employez le compas garni d'un crayon ou d'un tire-ligne, l'ouverture des branches étant déterminée, posez légèrement la pointe fine sur le papier maintenu par votre main gauche, pendant que vous faites tourner la tête entre le pouce et l'index de la main droite, de manière à ce que l'autre pointe laisse sa trace en décrivant une ligne courbe. Le crayon doit aussi être taillé très-fin, parce que plus les lignes d'un tracé seront fines, plus il y aura de justesse et de régularité dans ses proportions.

Il arrive assez souvent qu'on est obligé de se servir plusieurs fois de la même ouverture de compas, après en avoir employé une ou plusieurs autres; alors, comme l'écart ou le rapprochement des branches du compas, pour obtenir des ouvertures différentes, peut occasionner de petites erreurs, il serait nécessaire que celui qui opère eût à sa disposition un nombre suffisant de compas, afin de ne point avoir de ces différences qui sont presque inévitables lorsqu'on élargit ou qu'on resserre les branches de son compas pour obtenir toutes les ouvertures exigées pour la solution du problème.

Fig. 159. On se sert du *compas à verge* (*Fig.* 159) quand les longueurs à prendre sont trop grandes pour le compas ordinaire.

USAGE DU COMPAS POUR RACCORDER LES LIGNES.

280. Le *raccordement des lignes* est l'art d'unir plusieurs lignes de mêmes ou de différentes espèces, sans qu'elles offrent de jarrets ni de coudes aux points de jonction.

PROBLÈME.

281. *Décrire une courbe à l'extrémité d'une droite donnée et qui se raccorde avec cette droite.*

Elevez à l'extrémité A (*Fig.* 160), de la droite donnée AE, une perpendiculaire AB, et d'un rayon quelconque AD, pris sur la perpendiculaire AB, décrivez l'arc ACF. Fig. 160.

On voit que ce problème est indéterminé, car on pourrait d'un autre point, pris sur la perpendiculaire, décrire une courbe qui se raccorderait également avec la droite donnée.

PROBLÈME.

282. *Trouver le centre d'une courbe qui doit se raccorder avec une droite, lorsqu'on connaît un point A* (Fig. 161), *par où doit passer cette courbe.* Fig. 161.

Joignez par une droite le point donné A à l'extrémité B de la droite donnée; menez une perpendiculaire CD au milieu de AB; élevez-en une autre à l'extrémité B de la droite BL, et l'intersection O de ces deux perpendiculaires sera le centre de la courbe AFB qui se raccordera avec la droite donnée.

Ce problème est déterminé, le centre et le rayon étant donnés par la rencontre des deux perpendiculaires.

PROBLÈME.

283. *Raccorder deux droites BF, EG* (Fig. 162) *qui vont en convergeant.* Fig. 162.

Figurez leur prolongement; partagez l'angle A qu'elles forment en deux parties égales; élevez une perpendiculaire BC à l'extrémité B de la droite BF, et le point d'intersection O qu'elle fait avec la droite AD, sera le centre de la courbe qui raccordera les droites données.

PROBLÈME.

284. *Raccorder deux droites qui vont en divergeant.*

Après avoir partagé l'angle que forment les deux droites données, comme dans le problème précédent, par une droite AD (*Fig.* 163), élevez une perpendiculaire BC Fig. 163.
à l'extrémité B de l'une des droites, et le point d'intersection O qu'elle fait avec la droite AD, sera le centre de la courbe qui raccordera les droites données.

285. Si l'on ne peut figurer le sommet par prolongement, il faut tirer une droite quelconque EF; partager en deux parties égales les quatre angles dont les sommets sont en F et en E; la droite AD qui passe par les points d'intersection G et H des lignes de division, partage l'angle en deux parties égales, et l'on opère comme il vient d'être dit.

PROBLÈME.

286. *Raccorder deux parallèles d'égale longueur.*

Joignez les extrémités A et B (*Fig.* 164), et du milieu C de la droite AB, décrivez l'arc ADB qui raccordera les parallèles données. Fig. 164.

PROBLÈME.

287. *Raccorder deux parallèles, placées de manière que la droite qui joindra leurs extrémités ne leur soit pas perpendiculaire.*

Fig. 165. Elevez aux points A et B (*Fig.* 165) les perpendiculaires BF, AE d'une longueur indéfinie ; joignez les points A et B ; menez DC au milieu des droites données, et qui leur soit parallèle ; portez la longueur AC de C en D ; enfin par le point D menez DH perpendiculaire à AB, le point O sera le centre de l'arc AD, et le point Q celui de l'arc BD.

PROBLÈME.

288. *Raccorder une droite avec un arc de cercle donné dont on connaît le centre.*

Fig. 160. Joignez le point A (*Fig.* 160) de la courbe ACF que vous voulez raccorder, à son centre D ; et la perpendiculaire AE, élevée au point A sur la droite AB, sera la droite qui se raccordera avec l'arc ACF.

PROBLÈME.

289. *Décrire une courbe qui se raccorde avec les extrémités d'une droite donnée.*

Fig. 166. Elevez des perpendiculaires AD, BC (*Fig.* 166) sur les extrémités de la droite donnée ; tirez à une distance quelconque de AB la parallèle FF ; des points d'intersection G et H décrivez les arcs AJ, BI ; et du point K, milieu entre J et I ou G et H, décrivez la demi-circonférence JLI, et le problème sera résolu.

PROBLÈME.

290. *Trouver le centre d'une courbe qui doit se raccorder avec une autre courbe donnée, et passer par un point désigné.*

Fig. 167. De l'extrémité A de la courbe donnée AEH (*Fig.* 167), tirez une droite AG qui passe par le centre C, qu'il faut chercher si vous ne le connaissez pas (99) ; joignez aussi le point donné B au point A ; élevez sur la droite AB une perpendiculaire DF, et le point d'intersection O qu'elle fera avec AG, sera le centre de la courbe cherchée AJB.

Si le point B est placé au-dessus de la courbe AEH (*Fig.*
Fig. 168. 168), tirez une droite GK qui passe par le centre C du cercle, et à l'extrémité A de la courbe AEH que vous voulez raccorder, joignez les points B et A ; menez une perpendiculaire IF au milieu de la droite AB, et l'intersection O qu'elle fera avec HG, sera le centre de la courbe cherchée AJB.

PROBLÈME.

291. *Tracer une ligne spirale* (1).

Fig. 169. Tirez la droite CD (*Fig.* 169), B sera le centre du premier arc A*a*, et A celui de l'arc *ab* ; si vous faites une seconde révolution, B sera encore le centre de l'arc *bc*, et A celui de l'arc *cd* ; et si vous faites une troisième révolution, B sera encore le centre de l'arc *de*, etc.

En construisant une spirale avec des demi-circonférences décrites successivement de chaque côté d'une droite, on n'obtient pas autant de régularité qu'en décrivant seulement des tiers, des quarts, des cinquièmes, etc., de circonférences autour d'un polygone régulier quelconque. Plus le polygone régulier a de côtés, plus la spirale est régulière. Voyons pour en construire sur plusieurs espèces de polygones réguliers.

292. Pour construire la spirale par *tiers* ou *autour d'un triangle équilatéral*, tirez les trois droites AF, BE, CD (*Fig.* 170), formant un triangle équilatéral ABC à leur Fig. 170.
naissance, C sera le centre du premier arc A*a*, B celui de l'arc *ab*, et A celui de l'arc *bc* ; si vous faites une seconde révolution, C sera encore le centre de l'arc *cd*, B celui de l'arc *de*, et A celui de l'arc *ef* ; et si vous faites une troisième révolution, C sera encore le centre de l'arc *fg*, etc.

293. Pour construire la spirale par *quarts* ou *autour d'un carré*, tirez les quatre droites AJ, BO, CI, DQ (*Fig.* 171) formant un carré à leur naissance, A sera le Fig. 171.
centre du premier arc D*a*, B celui de l'arc *ab*, C celui de l'arc *bc*, et D celui de l'arc *cd* ; si vous faites une seconde révolution, A sera encore le centre de l'arc *de*, B celui de l'arc *ef*, C celui de l'arc *fg*, et D celui de l'arc *gh* ; et si vous faites une troisième révolution, A sera encore le centre de l'arc *hi*, etc.

294. Pour construire la spirale par *cinquièmes* ou *autour d'un pentagone régulier*, tirez les cinq droites AF, BG, CH, DI, EJ (*Fig.* 172), formant un pentagone régu- Fig. 172.
lier à leur naissance, A sera le centre du premier arc E*a*, B celui de l'arc *ab*, C celui de l'arc *bc*, D celui de l'arc *cd*, et E celui de l'arc *de* ; si vous faites une seconde révolution, A sera encore le centre de l'arc *ef*, B celui de l'arc *fg*, C celui de l'arc *gh*, D celui de l'arc *hi*, et E celui de l'arc *ij* ; et si vous faites une troisième révolution, A sera encore le centre de l'arc *jk*, etc.

On voit que tous les arcs en général ont leur centre au sommet de l'angle qu'ils comprennent, et que cette dernière spirale est beaucoup plus régulière que la première.

Cette figure est aussi appelée *ligne courbe indéfinie* ou *trait sans fin*. Cependant on peut terminer la spirale en décrivant une circonférence entière d'un même centre.

295. On obtient la longueur de la ligne spirale en faisant cette proportion 7 : 22 :: la somme du premier et du dernier rayon : x. La réponse, multipliée par le nombre de tours et partie de tour de la spirale, déterminera sa longueur.

Donc, pour la figure 169, on a

$$7 : 22 :: AB + Af : x,$$

et x multiplié par 3 tours égale la longueur A*abcdef*, de cette spirale.

Pour la figure 170 on a

$$7 : 22 :: AC + Al : x,$$

et x multiplié par 4 tours égale la longueur A*abcdefg*, etc., de cette spirale.

(1) *Spirale* vient du mot grec σπεῖρα, *entortillement.*

Pour la figure 171 on a

$$7 : 22 :: AD + Dp : x,$$

et x multiplié par 4 tours égale la longueur D*abcde* *f*, *g*, etc., de cette spirale.

Pour la figure 172 on a

$$7 : 22 :: AE + Et : x,$$

et x multiplié par 4 tours égale la longueur E*abcd*, etc., de cette spirale. S'il y avait 4 tours $\frac{1}{2}$ ou 5 $\frac{2}{3}$ etc., on multiplierait le quatrième terme de la proportion par 4 $\frac{1}{2}$ ou 5 $\frac{2}{3}$ etc., comme il vient d'être démontré.

PROBLÈME.

Fig. 173. 296. *Tracer une ovale* (Fig. 173) *lorsqu'on connaît son petit diamètre.*

Tirez une droite AB, égale au petit diamètre de l'ovale; élevez une perpendiculaire CD sur le milieu de AB; portez la longueur AC de C en D; tirez les droites AD, DB, prolongées au-delà du point D; du point C, et d'un rayon égal à AC, décrivez la demi-circonférence AGB; des extrémités A et B du petit diamètre, décrivez les arcs BE, AF; et de l'intersection D, décrivez l'arc FE, et vous aurez l'ovale demandée.

Quand on ne connaît que le grand diamètre, on le partage en moyenne et extrême raison (108), et le petit segment est le rayon de la demi-circonférence de l'ovale; le reste se détermine par la connaissance de celui-ci.

PROBLÈME.

297. *Tracer l'anse de panier lorsqu'on connaît sa base et sa hauteur.*

Fig. 174. Elevez perpendiculairement CD (*Fig.* 174), hauteur de l'anse, sur le milieu de AB, qui est sa base; joignez les extrémités AB de la base au sommet D de la perpendiculaire; portez la hauteur CD de l'anse de C en F; portez la différence AF des deux axes de D en M et en E; au milieu I et J de BM à AE, élevez les perpendiculaires JO, IO, qui concourront en un point O de l'axe CD prolongé; les points L et G seront les centres des arcs BH, AK, et le point O sera celui de l'arc HDK. Nous ferons voir que cette méthode peut servir pour faire une ellipse dont les diamètres sont donnés.

PROBLÈME.

Fig. 175. 298. *Tracer un cintre surmonté* (Fig. 175) *lorsqu'on connaît sa base.*

Tirez une droite AB, égale à la base du cintre; élevez une perpendiculaire CG sur le milieu de AB; portez la longueur AC de C en D; tirez les droites AD, BD, prolongées au-delà du point D; des extrémités A et B de la base, décrivez les arcs BE, AF; et de l'intersection D, décrivez l'arc FGE, et vous aurez le cintre demandé. Cette méthode peut servir pour faire une ellipse dont le petit diamètre est donné.

PROBLÈME.

Fig. 176. 299. *Tracer un cintre surbaissé* (Fig. 176) *lorsqu'on ne connaît que sa base.*

Tirez une droite MN de la longueur de la base du cintre; partagez cette droite en trois parties égales AM, AB, BN; faites sur sa partie AB, au-dessous de la droite MN, le triangle équilatéral ABO; ensuite, des points A et B comme centres, décrivez les arcs MP, NQ, jusqu'aux côtés AO, OB du triangle prolongé, et du point O, et d'un rayon égal à OP, décrivez l'arc PQ.

Pour connaître la longueur du pourtour ou *profil* (1) d'un cintre surbaissé ou surmonté, on fera cette proportion, 49 : 180 :: la moitié du diamètre, plus la montée : la longueur du profil du cintre.

Donc, pour le cintre surbaissé (*Fig.* 174), on a Fig. 174.

$$49 : 180 :: \frac{AB}{2} + CD : x = \text{profil AKDHB}.$$

Pour le cintre surmonté (*Fig.* 175) on a aussi Fig. 175.

$$49 : 180 :: \frac{AB}{2} + CG : x = \text{profil AFGEB}.$$

PROBLÈME.

300. *Tracer une ellipse ordinaire.*

Tirez une droite AB (*Fig.* 177) de la longueur de l'ellipse que vous voulez tracer; partagez cette droite en trois parties égales AC, CD, DB; faites sur la partie CD les triangles équilatéraux CED, CFD; ensuite, des points C et D, comme centres, décrivez les arcs IAG, JBH, jusqu'aux côtés des triangles prolongés; et des points E et F, et d'un rayon égal à EI, décrivez les arcs IJ et GH. Fig. 177.

Quand on ne connaît que le petit diamètre, on le prolonge d'un quart, et on a le grand diamètre sur lequel on opère comme il vient d'être dit.

PROBLÈME.

301. *Tracer une ellipse* (Fig. 178) *lorsqu'on connaît ses deux diamètres.* Fig. 178.

Croisez perpendiculairement, et par le milieu les deux diamètres AB, MN; joignez les extrémités AB du grand diamètre à celles MN du petit diamètre; portez la moitié OM ou ON du petit diamètre, sur la moitié du grand diamètre, de O en I; portez la différence IA des demi-diamètres de N en K et en P, et de M en Q et en R, au milieu E, F, J et H de AQ, BR, BP et AK, élevez les perpendiculaires ED, FD, JC, HC, qui concourront en deux points C et D du petit diamètre, qui seront les centres des arcs UNV, TMS; les points G et L seront ceux des arcs VS, UT.

Pour tracer l'ellipse d'un mouvement continu sur le papier (*Fig.* 179), on tend un fil avec un crayon ou une plume (206), et si on le fait glisser dans le pli O de ce même fil, toujours bien tendu, on tracera l'ellipse. La parabole (*Fig.* 181) se trace avec le compas, sur le papier, comme avec le cordeau sur le terrain (210). Fig. 179. Fig. 181.

PROBLÈME.

302. *Déterminer les centres d'une ellipse décrite dans un losange et qui soit tangente à ses côtés.*

(1) On appelle *profil* la délinéation d'un ouvrage représenté dans son élévation comme coupé par un plan perpendiculaire. On dit aussi le *développement* d'un centre, d'une courbe (121).

Joignez les angles opposés du losange par des diagonales AB, CD (*Fig.* 182); cherchez le milieu de ses côtés G, H, K, L; menez par ces points des perpendiculaires aux côtés qui détermineront, par leur intersection avec la diagonale AB, les points I et J pour les centres des arcs GK, HL, et par celle qu'elles font avec CD, les centres des arcs GH, KL. Fig. 182.

PROBLÈME.

303. *Tracer une mappemonde* (1).

Après avoir décrit le premier méridien ATEHJCPA (*Fig.* 183), coupez-le par deux diamètres perpendiculaires entre eux; partagez la circonférence en tous ses grades (2); de l'une des extrémités du diamètre CD, tirez des droites aux points de divisions I, J, K, L, M, O, P, Q, qui détermineront, par leur intersection *h*, *g*, *f*, *e*, *d*, *c*, *b*, *a*, avec le diamètre AB, les troisièmes points où devront passer les arcs C*a*D, C*b*D, C*c*D, C*d*D, C*e*D, C*f*D, C*g*D, C*h*D. De l'une des extrémités A du diamètre AB, tirez des droites aux points de division E, F, G, H, I, J, K, L, qui détermineront aussi *i*, *j*, *k*, *l*, *m*, *n*, *o*, *p*, avec le diamètre CD, les troisièmes points par où devront passer les arcs M*i*L, O*j*K, P*k*J, Q*l*I, R*m*H, S*n*G, T*o*F, U*p*E, qui termineront la mappemonde. Fig. 183.

Ces arcs étant faciles à décrire par le problème du numéro 99, il est inutile d'en donner ici la démonstration. Dans la figure que nous présentons, les arcs C*a*D, C*h*D, ont leur centre, l'un au point *f* et l'autre au point *c*, et ceux C*b*D, C*g*D, ont leur centre l'un en *h* et l'autre en *a*.

Nous dirons en passant que 1° la mappemonde, lorsqu'elle présente toute la surface de la terre, est composée de deux hémisphères (3), parce que la terre étant ronde comme une boule, on ne peut voir à la fois qu'une moitié de sa surface; 2° le diamètre AB, qui partage chaque *hémisphère* en deux parties égales, se nomme *équateur*, ou *ligne équinoxiale* (4); 3° les lignes courtes, qui vont de droite à gauche indiquent les grades de *latitude*; 4° les courbes qui vont du point C au point D, indiquent les grades de *longitude* (5); 5° les points C et D se nomment *pôles* (6); 6° enfin le pôle *nord* s'appelle pôle *arctique* (7), et celui opposé *antartique* (8).

(1) *Mappemonde* vient de deux mots latins *mappa*, *mundi*.

(2) Pour abréger et éviter la confusion qui naîtrait d'une trop grande quantité de lignes, nous n'indiquerons les grades que de vingt en vingt, c'est-à-dire que nous diviserons la circonférence en vingt parties égales.

(3) *Hémisphère* vient de deux mots grecs ἡμιόυς, *demi*; σφαῖρα, *globe*.

(4) *Equinoxial* vient de deux mots latins *equus*, égale; *nox*, nuit. Quand le soleil se trouve perpendiculairement sur cette ligne, le jour et la nuit sont égaux pour tous les peuples du monde.

(5) *Longitude* et *latitude* viennent de deux mots latins *longitudo* et *latitudo*; le premier signifie *longueur*, et le second *largeur*, cela vient de ce que les anciens, qui ignoraient la véritable forme de la terre, connaissaient une plus grande étendue de pays du levant au couchant que du midi au nord.

(6) *Pôle* vient du mot grec πόλος, *ciel*; de πολεῖν, *tourner*.

(7) *Arctique* vient du mot grec ἄρκτος, *ourse*; parce que ce pôle correspond à une étoile qui fait partie de la réunion d'étoiles appelée *Petite Ourse*.

(8) *Antarctique* vient de deux mots grecs ἀντι, *contre*; ἄρκτος, *ourse*.

DU DOUBLE-DÉCIMÈTRE.

304. On sait que le mètre est l'unité des mesures de longueur pour le toisé, et que le décamètre est celle que l'on adopte pour la mesure des aires sur le terrain. Mais s'il s'agit d'un dessin sur le papier, on compte par millimètres, et ces grandeurs sont gravées sur un instrument en forme de règle à trois faces, appelée *double-décimètre* (Fig. 194), et souvent *kutsch* (nom de l'inventeur). Fig. 194.

Le côté AB de cette figure représente le double décimètre dans sa grandeur naturelle; les distances AC, CD, etc., sont les centimètres; et les petites, les millimètres. La partie EF contient 7 pouces. Les distances EG, GH, etc., sont ces pouces divisés en lignes.

Pour savoir, par exemple, combien il y a de millimètres dans une droite dont les deux points extrêmes sont AB (*Fig.* 1re), prenez cette longueur avec votre compas à pointes *fixes* ou *sèches*, et présentez l'écartement des deux pointes devant les divisions du kutsch, à partir de A. Il devient facile alors de connaître la longueur de la droite évaluée en millimètres; s'il y avait un reste, c'est-à-dire, une fraction de millimètre, on le négligerait, ou bien on se contenterait de l'évaluer approximativement; cependant on peut évaluer ces fractions à l'aide d'un *vernier droit*. Ce que nous allons démontrer. Fig. 1re.

DU VERNIER DROIT.

305. Quand on veut évaluer des fractions de millimètres, comme cela est souvent nécessaire pour des dessins ou pour des constructions de certains objets d'art, on se sert d'un *vernier droit* (Fig. 184). Fig. 184.

Voici en quoi consiste cet instrument : à côté d'une longue règle AB fixe et divisée en millimètres, on en place une petite et mobile CD (c'est celle qui se nomme vernier). Toutes deux sont ajustées de manière à ce que le vernier puisse glisser facilement dans une coulisse qui lui est ménagée sur la règle AB, et conserver la position qu'on veut lui donner.

Supposons qu'on veuille évaluer des dixièmes de millimètre, alors nous donnons au vernier CD une longueur de 9 millimètres, et nous la divisons en dix parties égales, de sorte que chacune de ces parties vaut $\frac{9}{10}$ de millimètre.

Quand le vernier est fermé, comme dans cette figure, les deux extrémités marquées A et C se correspondent sur la même ligne; mais l'extrémité D du vernier correspond à 9 de la règle AB; par conséquent le point 1 de l'un et le point 1 de l'autre sont à $\frac{1}{10}$ de millimètre de distance; les points 2 et 2 sont $\frac{2}{10}$ ou $\frac{1}{5}$ de millimètre; les points 3 et 3, à $\frac{3}{10}$ de millimètre; le point 4 et 4, à $\frac{4}{10}$ ou $\frac{2}{5}$ de millimètre; enfin, les points 10 et 10 sont distans de $\frac{10}{10}$ ou d'un millimètre; de sorte que si nous voulons évaluer la longueur 9*i*, nous ferons glisser le vernier jusqu'à ce que l'extrémité C soit en i, et le chiffre 7 correspondra à une des divisions de la règle; nous en pourrons conclure que de l'extrémité A de celle-ci à l'extrémité C de l'autre, ou dans la longueur $9i$, il y a une distance de 9 millimètres $\frac{7}{10}$, ou bien de $\frac{97}{10}$ de millimètre.

Voici comment on se sert de l'instrument : Après avoir mesuré une droite, j'ai trouvé, par exemple, qu'elle contient 8 décimètres 28 millimètres et un reste. Pour évaluer ce reste, je reprends, avec un compas, la longueur excédant les huit décimètres, et je fais glisser le vernier jusqu'à ce que son extrémité C et l'extrémité A de la règle, laissent entre elles une distance égale à l'ouverture du compas, et s'évalue la fraction comme il vient d'être dit.

On peut même obtenir une évaluation plus approchée en observant que, si l'extrémité du vernier ne tombe pas précisément sur une division de la règle, la fraction sera sensiblement égale à la moitié d'un dixième, c'est-à-dire, à un vingtième. Cet instrument aura aussi l'avantage de faire très-bien comprendre l'usage et l'utilité du vernier circulaire dont nous avons déjà parlé.

DU RAPPORTEUR.

Fig. 185. 306. Le *rapporteur* (Fig. 185) est un instrument qui sert à mesurer et à construire des angles sur le papier. L'usage en est commode et fréquent. On en fait de différentes grandeurs : ceux qui ont de plus grands diamètres sont préférables, parce qu'on peut évaluer avec plus de précision les parties du grade.

Le rapporteur en corne est préféré à celui en cuivre, parce qu'il n'a pas l'inconvénient de salir le papier, et que l'on voit à travers les opérations que l'on fait, ce qui est assez commode; cependant il ne donne pas la même précision que celui en cuivre, parce qu'il se déjette d'une manière sensible, par l'effet de l'humidité ou de la sécheresse. On est obligé de ne pas le laisser exposé au soleil ou à l'humidité, et de le mettre en presse entre deux objets unis pour le conserver bien droit.

Les rapporteurs sont divisés en grades ou demi-grades, suivant la longueur de leur diamètre. On en trouve avec la double division du limbe en 200 grades et en 180 degrés. Le centre de cet instrument est marqué par un petit trou, et quelquefois par une échancrure.

PROBLÈME.

307. *Mesurer la grandeur de l'angle CAB sur le papier.*

Posez le rayon db du rapporteur sur le côté AB, de manière que le centre du demi-cercle se trouve précisément au sommet A de l'angle proposé, et remarquez sur le limbe du rapporteur le nombre de grades qui se trouvent compris dans l'angle bc. Si, par exemple, ce nombre est 30, l'angle CAB sera de 30 grades.

Il arrive souvent que la droite AB se trouve placée de manière que le rayon du rapporteur excède le papier sur lequel on opère; alors, on ne peut point déterminer la valeur de l'angle sans s'exposer à commettre des erreurs; mais on peut éviter cette difficulté en prolongeant AC au-dessous de AB, et prenant la valeur de l'angle opposé (19). Si l'espace qui se trouve au-dessous de AB n'était pas lui-même assez grand pour pouvoir prendre avec le rapporteur la valeur de cet angle, il faudrait transporter l'angle à mesurer sur un papier assez grand pour pouvoir en obtenir la mesure. Fig. 185.

Il faut avoir le soin, dans ces opérations graphiques, de bien appliquer la ligne centrale, ou le diamètre du rapporteur, sur celle donnée sur le papier; c'est principalement de cette attention que dépend l'exactitude de ces mesures.

Il est assez difficile, au premier abord, de pouvoir apprécier les minutes sur un rapporteur qui ne donne que les grades ou les demi-grades; cependant, par une longue habitude, par un usage constant du rapporteur, on y parvient avec une certaine exactitude. Si l'on veut la valeur de l'angle CAB avec plus de précision, on peut faire adapter au rapporteur un vernier (130) semblable à celui qui est sur l'alidade du graphomètre.

PROBLÈME.

308. *Faire, au moyen du rapporteur, un angle d'un nombre de grades donnés.*

Soit proposé de faire un angle de 30 grades, tirez la droite AB, placez le diamètre db du rapporteur sur cette droite, de manière que le centre tombe en A, qui est le sommet de l'angle. Marquez un point c au nombre 30, et par ce point et le centre A, menez la droite AcC. L'angle CAB sera l'angle demandé.

Il a été donné, dans la géométrie linéa-plane, la manière d'élever une perpendiculaire, et de mener une parallèle à une droite donnée (38 et 50). Ces procédés peuvent être remplacés par ceux que nous allons indiquer.

PROBLÈME.

309. *D'un point donné A sur la droite DB, élever, au moyen du rapporteur, une perpendiculaire sur cette droite.*

Placez le diamètre ab du rapporteur sur la droite donnée, et le centre sur le point donné A; marquez ensuite un point e à l'endroit du papier où vient aboutir la division du limbe, 100 grades; tirez par ce point e et le centre A la droite AE, qui sera la perpendiculaire demandée; donc

$$DAE = BAE = dAe = bAe = 1 \text{ droit (17)};$$

il résulte de là que

$$DAE + dAe = BAE + bAe = 2 \text{ droits}.$$

Enfin, on a de même

$$DAE + BAE = dAe + bAe = 2 \text{ droits}.$$

On mène une ligne parallèle à une autre au moyen du rapporteur, en élevant deux perpendiculaires sur une même droite, et par des points donnés sur cette droite.

Plus loin, nous donnerons les moyens de suppléer à l'insuffisance des rapporteurs ordinaires.

DE L'ÉQUERRE.

310. On appelle *équerre* un instrument souvent com-
Fig. 186. posé de deux règles BA et AC (*Fig.* 186), en bois ou en métal, unies ensemble par leurs extrémités A, et perpendiculaires l'une à l'autre. Souvent aussi les deux règles sont jointes, vers le milieu, par un quart de cercle qui, en ajoutant à la solidité de l'instrument, a encore d'autres usages selon la profession de celui qui s'en sert. Les équerres en cuivre sont exactes, mais elles offrent un grand inconvénient, celui de salir le papier.

Les équerres en bois doivent être faites en poirier ou en pommier bien sec. Le mérite d'une équerre *abc* (*Fig.* 187) est d'avoir l'angle droit *a* parfaitement juste, et les arrêtes bien vives. Vers le milieu de sa largeur, elle est percée d'un trou qui, en permettant au doigt d'y pénétrer, en facilite le maniement.

PROBLÈME.

Fig. 16. 311. *D'un point donné D sur la droite AB* (Fig. 16) *élever, au moyen de l'équerre, une perpendiculaire sur cette droite.*

Appliquez l'un des côtés de l'angle droit de l'équerre sur la droite AB, de manière que l'autre côté passe par le point D sur lequel vous voulez faire tomber la perpendiculaire; ensuite, fixant l'équerre dans cette position avec la main gauche, faites glisser le crayon ou le tire-ligne avec les mêmes précautions que pour le tracé des droites avec la règle (276), et la droite DC sera la perpendiculaire demandée, puisqu'elle formera de part et d'autre deux angles droits (17). Cette méthode est d'un grand usage dans la pratique.

On est dans l'usage, lorsqu'on a plusieurs perpendiculaires à élever sur la même droite, d'appliquer une règle le long de la droite AB; puis, maintenant, celle-ci dans la même situation, en appuyant fortement dessus, on fait glisser l'équerre aux différens points où doivent être élevées les perpendiculaires. Les droites tracées le long de cette équerre seront les perpendiculaires demandées, et par conséquent parallèles entre elles. Ce procédé pourrait remplacer celui du n° 284.

312. *Par un point donné A hors d'une droite BC*
Fig. 17. (Fig. 17), *mener, au moyen de l'équerre, une perpendiculaire à cette droite.*

Couchez un des côtés de l'angle droit de l'équerre sur la droite BC, et faites-la glisser le long de cette droite jusqu'à ce que l'autre côté de l'angle droit passe par le point A; la droite AE, que vous tracerez le long de ce dernier côté, sera la perpendiculaire demandée.

PROBLÈME.

313. *Mener, au moyen de l'équerre, une parallèle à*
Fig. 21. *une droite donnée AB* (Fig. 21).

Elevez, comme au n° 311, une perpendiculaire AC à Fig. 21.
cette droite; puis, placez un des côtés de l'angle droit de l'équerre le long de cette perpendiculaire, et tirez une droite CD dans la direction de l'autre côté de l'angle droit de l'équerre; cette droite CD sera parallèle à celle donnée AB, car les deux angles BAC, DCA, sont droits, puisque AC est perpendiculaire aux droites CD et AB.

S'il fallait mener par un point donné, une parallèle à une droite, on éleverait d'abord à cette ligne une perpendiculaire sur laquelle on en menerait une autre que l'on ferait passer par le point donné; mais il est plus expéditif d'employer l'un des instrumens indiqués ci-après.

VÉRIFICATION DE L'ÉQUERRE.

314. Avant de se servir d'une équerre, il faut s'assurer de son exactitude. Les ouvriers ne les font pas toujours très-justes; d'ailleurs, une équerre qui le serait peut cesser de l'être par le travail du bois.

Pour vérifier une équerre, tracez d'abord une droite d'une grandeur indéterminée, mais au moins double de la longueur de l'équerre; présentez un des côtés de son angle droit vers le milieu de cette droite, et du point où correspond le sommet de l'angle droit de l'équerre, tracez une droite dans toute la longueur de l'autre côté; puis, retournez l'équerre sur son autre face en laissant toujours le même côté appliqué contre la droite, et si l'angle adjacent est parfaitement droit, l'équerre est juste.

DE LA DOUBLE RÈGLE ET DE SON USAGE.

315. On appelle *double règle* ou *règles parallèles* un
instrument composé de deux règles AB et CD (*Fig.* 188), Fig. 188.
qui se rapprochent et s'éloignent à volonté par deux ployans qui viennent se loger dans l'intérieur des règles, lorsque ces dernières se touchent, sans cesser d'être parallèles l'une à l'autre. La double-règle sert à mener des parallèles.

On peut suppléer avantageusement à ces règles assemblées, par une seule portant deux roulettes de même dimension et fixées sur un même axe; alors, en appuyant la main sur le milieu de la règle, on la fera mouvoir parallèlement, et elle ne se dérangera du parallélisme qu'en faisant effort de part ou d'autre, surtout si les deux roulettes sont dentelées. Ces règles se trouvent chez les marchands d'instrumens de mathématiques.

Les dessinateurs emploient aussi le T. Cet instrument consiste en deux règles superposées l'une à l'autre; elles se meuvent autour d'un pivot. Une vis de pression les force, quand il le faut, à conserver une inclinaison donnée. L'une de ces règles, beaucoup plus courte et placée en-dessous de l'autre, guide cette dernière dans les positions parallèles, en s'appuyant contre l'épaisseur de la table.

Enfin, l'art de la gravure demandant souvent un grand nombre de parallèles très-rapprochées et équidistantes, on a inventé, pour remplir ce but, des instrumens beaucoup plus compliqués. Je pense que cet instrument peut être remplacé par celui que nous indiquons ci-après.

DE LA FAUSSE ÉQUERRE ET DE SON USAGE.

Fig. 189. 316. La *fausse équerre* (*Fig.* 189) consiste en deux règles en bois ou en métal, réunies par un pivot sur lequel elles peuvent tourner, et dont l'ouverture indique l'angle. Quand le tracé n'exige pas une grande rigueur de précision, on peut faire usage de la fausse équerre pour reporter un angle.

Pour relever un angle donné, appliquez sur ses côtés et bord à bord le côté extérieur de chaque règle ; reportez-le en posant le bord d'une des règles le long d'une droite, tracée d'avance, qui doit former un des côtés de l'angle. L'instrument posé, suivez de l'œil la direction que doit suivre l'autre règle pour arriver jusqu'au point désigné pour être le sommet de l'angle ; car la fausse équerre, par sa construction, ne peut en avoir un, et c'est le plus souvent une règle appliquée sur la trace indiquée, qui sert à conduire la droite devant former le second côté de l'angle égal à l'angle donné.

317. Le *piquoir* est une pointe fine emmanchée, qui sert à piquer les plans. Cet instrument est trop simple pour en donner la description. Nous démontrerons son usage dans la copie des plans.

DES ÉCHELLES.

318. On nomme *échelle* une ou plusieurs droites parallèles divisées en un certain nombre de parties égales, dont les unes représentent l'unité qui a servi de mesure sur le terrain, comme le mètre, le décamètre, etc., et dont les autres forment communuément dix de ces unités. L'échelle est ordinairement tracée sur le papier, sur le bois, sur l'ivoire ou sur le cuivre.

Une carte de géographie, un plan figuratif quelconque, est ordinairement accompagné d'une échelle tracée sur l'un des côtés du dessin, faisant connaître dans quel rapport l'objet représenté est avec le dessin, ou plus rigoureusement, le rapport des lignes de cet objet avec celles de la représentation sur le plan.

Lorsqu'on dit qu'une échelle est de 1 à 2000, de 1 à 2500, etc., cela signifie qu'une partie de l'échelle représentant sur le papier une unité de mesure de terrain, est la deux-millième, la deux-mille-cinq-centième, etc., partie de cette unité. Ainsi, une distance qui, sur le papier, comprendrait 47 parties de l'échelle, représenterait une distance de 47 décamètres, si l'unité de mesure territoriale était le décamètre, et la distance sur le papier serait la deux-millième ou la deux-mille-cinq-centième partie de la distance réelle sur le terrain, suivant que l'échelle serait construite dans le rapport de 1 à 2000, ou de 1 à 2500.

C'est encore ainsi qu'un dessin d'architecture porte, le plus souvent, une échelle de 1 à 100 ou de 1 à 500, c'est-à-dire, qu'une longueur d'un centimètre ou de deux millimètres, prise au compas sur l'échelle, représente une longueur réelle de 1 mètre. Quelquefois, la droite qui sert d'échelle n'est point tracée, on se contente d'indiquer la proportion du dessin à l'objet en écrivant : *échelle de 1 à 1000, de 1 à 1250, etc.*; et c'est celui qui doit se servir du dessin qui construit lui-même son échelle, soit en mètre, soit en décamètre, puisque le rapport est indiqué en nombres abstraits.

319. L'échelle dont on se sert le plus ordinairement se nomme échelle des *parties égales*, et quand elle est construite de manière à ce que l'on puisse prendre les parties décimales, on lui donne le nom d'*échelle des dîmes* ou *décimales*. Il n'y a aucune règle générale pour adopter telle ou telle échelle.

Prenons pour exemple l'une des échelles du cadastre de la France; elle est représentée par la figure 206 ; Fig. 206. son rapport est de 1 à 2500, c'est-à-dire, qu'un mètre ou un décamètre pris sur cette échelle sera, comme nous l'avons déjà dit, $\frac{1}{2500}$ d'un mètre ou d'un décamètre; alors, si l'on veut trouver la longueur proportionnelle de 100 mètres, il faut ajouter deux zéros au numérateur de la fraction $\frac{1}{2500}$, et on aura la nouvelle fraction $\frac{100}{2500}$, ou $\frac{1}{25}$, qui sera 100 fois plus forte que la première ; puis, divisant le numérateur 100 par le dénominateur 2500, on aura pour quotient 0-04 centimètres, qui sera la longueur proportionnelle demandée. Ainsi, puisque 0-04 centimètres valent 100 mètres, on aura la proportion

0 mèt.-04 : 100 mèt. :: 100 mèt. : 2500 mèt.;

effectivement,

0 mèt. 0-4 × 2500 mèt. = 100 mèt. × 100 mèt.

La longueur de cette ligne étant déterminée, elle doit servir de base pour la construction de l'échelle; donc il sera toujours facile de faire une échelle dans un rapport donné.

CONSTRUCTION DE L'ÉCHELLE.

320. Lorsqu'il faut renfermer un plan sur une feuille de papier de grandeur donnée, telle que du *grand-raisin* ou du *colombier* (1), on est obligé d'adopter, pour représenter le mètre, une longueur qui n'est pas une division exacte du décimètre, il faut construire une échelle.

PROBLÈME.

321. *Construire l'échelle de* 1 *à* 2500.

Pour construire cette échelle, tirez une droite indéfinie AH (*Fig.* 206), et portez sur cette droite, en par-

(1) Le papier appelé *grand raisin* a 0-48 centimètres de hauteur, sur 0-65 centimètres de largeur, et celui appelé *colombier* 0-637 millimètres sur 0-845 millimètres.

Fig. 206. tant du point A, dix fois de suite une ouverture de compas égale à 0-04 centimètres (279); prenez la distance AD de ces dix ouvertures, et portez-la de D en G, de G en H, etc.; des points A, D, G, etc., menez à la droite AH les perpendiculaires indéfinies AB, DC, GE, HE, etc., sur lesquelles vous porterez dix ouvertures de compas égales entre elles, et par les points de division de ces perpendiculaires, menez des droites que vous couperez par des transversales, dont la première partira du point D et tombera sur le point *a* de la première division de la droite CB. La seconde partira du point 1, et tombera à la seconde division *b*, et ainsi de suite jusqu'à la dernière, qui partira du point 9 et joindra le point B; enfin, numérotez les divisions comme elles le sont dans cette figure, et l'échelle sera construite.

Au moyen de cette échelle, on peut prendre avec un compas les longueurs depuis 0 mètre 1 décimètre jusqu'à 30 décamètres ou 300 mètres.

Effectivement, d'après la construction, il est évident que les divisions de DH comprennent 10 décamètres chacune, et que les divisions de AD en comprennent chacune 1; de plus, les distances *cd*, *ef*, *gh*, *ij*, *kl*, etc., représentent 1 mètre, 2 mètres, 3 mètres, 4 mètres, 5 mètres, etc., puisque les triangles semblables CD*a*, *c*D*d*, *e*D*f*, *g*D*h*, etc., (62) donnent

$$cd : Ca :: Dc : DC,$$
$$ef : Ca :: De : DC,$$
$$gh : Ca :: Dg : DC, \text{ etc.},$$

ou, puisque C*a* vaut 1 décamètre, et que DC est divisé en 10 parties égales à *c*D,

$$cd : 1 \text{ déca} :: 1 : 10,$$
$$ef : 1 \text{ déca} :: 2 : 10,$$
$$gh : 1 \text{ déca} :: 3 : 10, \text{ etc};$$

donc *cd* vaut 1 mètre, *ef* vaut 2 mètres, *gh* vaut 3 mètres, etc.

Remarque. Lorsqu'on a un grand plan détaillé à rapporter à la même échelle, les pointes du compas dégradent cette échelle de manière qu'il n'est plus possible de s'en servir. Pour éviter d'en construire de nouvelles chaque fois que l'une est altérée, on pourra la faire graver sur une règle de cuivre; alors cette échelle servira d'étalon pour en faire de semblables.

Pour rendre ces échelles portatives, il faut coller du papier un peu épais sur une règle de bois sec, puis rapporter dessus l'échelle qui est sur la règle de cuivre, et recommencer cette opération toutes les fois qu'on le croira nécessaire. Si l'on opère avec celle de cuivre, elle sera beaucoup plus de temps à être endommagée, mais il faudra, pour prendre les mesures sur cette échelle, un compas à pointes sèches.

USAGE DES ÉCHELLES.

322. Si l'on veut prendre sur cette échelle une longueur de 18 décamètres, on fixera la pointe d'un compas au point G, et l'autre pointe de compas au point de division 8, l'ouverture du compas qui en résultera comprendra 18 décamètres, puisque

$$G8 = GD + D8 = 10 \text{ déca.} + 8 \text{ déca.} = 18 \text{ déca.}$$

Pour prendre sur la même échelle une longueur de 20 décamètres 5 mètres, ce sera la distance *ul* qui représentera cette quantité, puisque

$$ul = ku + kl = HG + GD + 5 \text{ mè.} = 10 \text{ déca.} + 10 \text{ déca.} + 5 \text{ mè.} = 20 \text{ déca.} - 5 \text{ mè.}$$

Si l'on voulait prendre une longueur de 14 décamètres 7 mètres, on prendrait la distance *vx*, puisque

$$vo = vx + op + px = GD + op + 4 \text{ déca.} = 10 \text{ déca.} + 7 \text{ mè.} + 4 \text{ déca.} = 14 \text{ déca.-}7 \text{ mè.}$$

Enfin, si l'on demandait 26 décamètres 35 décimètres, comme la fraction décimale se trouve entre 0-3 et 0-4, on prendrait la distance *yz*. Car il est évident que

$$yz = HG + GD + \frac{gh + ij}{2} + D6 = 10 \text{ déca.} + 10 \text{ déca.} + \frac{3 \text{ mè.} + 4 \text{ mè.}}{2} + 6 \text{ déca.} = 26 \text{ déca.} + 35 \text{ déci.}$$

Ordinairement on ne tient compte, dans la construction des plans, que des centièmes parties du décamètre ou des décimètres; pour s'habituer à prendre ces parties ou fractions sur l'échelle, on subdivise les parties D*c*, *ce*, *eg*, etc., en dix parties égales, et, à chaque point de division, on conduit des parallèles à AD : c'est sur ces parallèles que l'on prend les parties fractionnaires du mètre, ses dixièmes ou les décimètres; lorsqu'on s'est familiarisé avec l'échelle pour prendre les fractions du mètre à première vue, ces dernières divisions deviennent inutiles, on ne les trace plus. Les géomètres expérimentés prennent très-exactement les décimètres sur l'échelle sans le concours d'autres divisions que celles qui servent à donner les mètres.

Les moyens de construction et d'usage de cette échelle, pour le rapport de 1 à 2500, sont applicables à tous les autres rapports, soit de 1 à 5000, de 1 à 1250, de 1 à 10000, etc.

EXPLICATION DES ÉCHELLES LES PLUS GÉNÉRALEMENT ADOPTÉES.

323. On doit éviter de donner à une échelle moins de deux millimètres pour un décamètre, parce qu'il n'est pas possible de faire des opérations exactes sur des plans construits avec une échelle au-dessous de ce nombre; il faut, autant qu'il est possible, dans la pratique du levé des plans, donner quatre ou cinq millimètres pour un décamètre.

TABLEAU DES PRINCIPAUX RAPPORTS.

GENRE DE RÉDACTION AUQUEL ON APPLIQUE L'ÉCHELLE le plus généralement.	RAPPORT		LONGUEUR	
	entre LES UNITÉS.	FRACTIONNAIRE.	SUR L'ÉCHELLE représentant UN DÉCAMÈTRE sur le terrain.	SUR LE TERRAIN représentant UN CENTIMÈTRE sur l'échelle.
Pour les détails des constructions, les projets d'architecture, les plans de bâtimens, d'usines, etc., on emploie généralement le rapport de (1)	1 à 100.	$\frac{1}{100}$	1 décimètre (2).	1 mètre (3).
S'il s'agit d'un terrain en culture où l'on ait besoin de marquer des détails des divisions, chemins, rigoles, aisances, etc., comme cela est nécessaire pour éclairer une affaire ou un procès par expertisse, on emploie ordinairement une échelle (*Fig.* 209) de	1 à 1,000.	$\frac{1}{1000}$	1 centimètre.	1 décamètre.
Pour la levée des plans des places de guerre, forêts, etc., qui demande moins de détails, on peut employer l'échelle (*Fig.* 208) de	1 à 2,000.	$\frac{1}{2000}$	5 millimètres.	2 décamètres.
Pour les profils, le quadruple, ou l'échelle (*Fig.* 211), de	1 à 500.	$\frac{1}{500}$	2 centimètres.	5 mètres.
Pour les plans généraux des cours d'eau et abornemens, *la même*	*idem.*	*idem.*	*idem.*	*idem.*
Pour les petits détails des plans du cadastre on prend le plus ordinairement l'échelle (*Fig.* 210) de	1 à 625.	$\frac{1}{625}$	16 millimètres.	6 mèt. 25 centimèt.
Les parties moins détaillées sont traités avec l'échelle (*Fig.* 207) de	1 à 1,250.	$\frac{1}{1250}$	8 millimètres.	1 déca. 25 décimèt.
L'échelle la plus ordinaire des feuilles cadastrales est celle (*Fig.* 206) de	1 à 2,500.	$\frac{1}{2500}$	4 millimètres.	2 décamèt. 5 mèt.
Pour les plans des détails des forêts, des masses étendues, et des pays à grande culture on emploie l'échelle (*Fig.* 204) de	1 à 5,000.	$\frac{1}{5000}$	2 millimètres.	5 décamètres.
Pour un terrain dont le plan demande à peu près le même détail, on peut employer successivement les échelles suivantes. L'échelle (*Fig.* 203) de	1 à 3,000.	$\frac{1}{3000}$	3 millimètres $\frac{1}{3}$.	3. décamètres.
Celle (*Fig.* 205) de	1 à 4,000.	$\frac{1}{4000}$	2 millimètres $\frac{1}{2}$.	4 décamètres.
Et celle (*Fig.* 202) de	1 à 7,500.	$\frac{1}{7500}$	1 millimètre $\frac{1}{3}$.	7 décamèt. 5 mèt.
Pour les plans d'ensemble et le rapport des triangulations, on emploie les échelles suivantes. L'échelle (*Fig.* 201) de	1 à 10,000.	$\frac{1}{10000}$	1 millimètre.	10 décamètres.
Puis celle (*Fig.* 200) de	1 à 15,000.	$\frac{1}{15000}$	$\frac{2}{3}$ de millimètre.	15 décamètres.
Celle (*Fig.* 199) de	1 à 20,000.	$\frac{1}{20000}$	$\frac{1}{2}$ millimètre.	20 décamètres.
Et celle (*Fig.* 198) de	1 à 25,000.	$\frac{1}{25000}$	$\frac{2}{5}$ de millimètre.	25 décamètres.
Le dépôt de la guerre emploie pour les cartes topographiques, outre les quatre échelles précédentes, celle (*Fig.* 197) de	1 à 40,000.	$\frac{1}{40000}$	$\frac{1}{4}$ de millimètre.	40 décamètres.
Et celle (*Fig.* 196) de	1 à 80,000.	$\frac{1}{80000}$	$\frac{1}{8}$ de millimètre.	80 décamètres.
L'échelle employée par Cassini pour la carte de France (*Fig.* 195) est de	1 à 86,400.	$\frac{1}{86400}$	$\frac{86}{751}$ de millimèt.	86 décamèt. 4 mèt.

(1) Cette échelle n'est pas représentée sur notre planche. Un mètre bien divisé suffit pour la remplacer.
(2) Ces longueurs servent à construire les échelles.
(3) Ces longueurs suffisent pour se servir du double-décimètre, pour remplacer ces échelles.

On voit, comme nous l'avons déjà dit, que le choix de l'échelle dépend de l'objet que l'on se propose de représenter, et que les cartes géographiques se traitent à des échelles infiniment petites, de manière à faire contenir le plan ou la figure de tout un pays, d'un royaume entier, dans l'étendue d'une ou de plusieurs feuilles de papier ordinaire.

RECTIFICATION DE L'ERREUR PRODUITE PAR UNE ÉCHELLE PRISE POUR UNE AUTRE.

324. Il n'est pas rare de voir sur une même feuille de papier le plan de plusieurs parties séparées les unes des autres, et rapportées avec des échelles de différentes grandeurs, que l'on place au bas du plan avec une indication

de la portion à laquelle elles ont rapport; alors, en opérant sur ces plans, il peut arriver que l'on se serve d'une échelle pour une autre; dans ce cas, voici comment on peut rectifier l'erreur qui pourrait résulter de cette méprise.

Faisons p la longueur d'un décamètre de l'échelle du plan, d celle d'un décamètre de l'échelle dont on s'est servi, t l'aire trouvée, s celle qu'on aurait trouvée en mesurant avec l'échelle du plan, nous avons

$$p^2 : d^2 :: t : s, \text{ ou } s=\frac{d^2\times t}{p^2}$$

Soit, par exemple, l'échelle du plan de 5 millimètres pour un décamètre, celle dont on s'est servi de 4 millimètres $\frac{1}{2}$ pour un décamètre, et l'aire trouvée de 48 ares, on aura

$$s=\frac{4{\cdot}5^2\times 48}{5^2}=\frac{20{\cdot}25\times 48}{25}=38 \text{ ares } 88 \text{ centiares},$$

et ainsi des autres.

MANIÈRE DE TROUVER ET RÉTABLIR L'ÉCHELLE D'UN PLAN.

325. Dans le cas où l'on aurait oublié de mettre l'échelle sur un plan, ou bien si elle se trouvait endommagée, on pourrait la rétablir en opérant comme il suit.

On choisit dans le plan un triangle dont l'aire soit connue; on réduit cette figure en un carré équivalent (148); on divise le côté de ce carré en autant de parties égales qu'il y a d'unités dans la racine carrée de l'aire, et on prend une de ces parties pour celle de l'échelle cherchée.

Fig. 99. Soit, par exemple, le triangle ABC (*Fig.* 99), que nous supposons de 144 ares d'aire. Si l'on prend une moyenne proportionnelle entre la base BC et la moitié de la perpendiculaire CD (69), on aura le côté du carré égal en aire au triangle donné; or, comme cette aire égale 144 ares, dont la racine carrée est 12 décamètres, si l'on divise le côté du carré en douze parties égales, une de ces parties sera la valeur d'une division de l'échelle; donc, si l'on prend dix de ces divisions, on aura le côté du carré de l'échelle, qu'on construira comme nous l'avons enseigné (321).

Si l'aire du triangle que l'on choisit dans le plan n'est pas un carré parfait, sa racine carrée contiendra nécessairement des subdivisions de l'unité principale. Alors on multipliera cette racine carrée par un nombre tel, que ces subdivisions disparaissent, et l'on augmentera la moyenne proportionnelle dans la même proportion, pour avoir une ligne qu'on divisera en autant de parties égales que cette racine carrée multipliée contiendra d'unités.

Si, par exemple, l'aire du triangle que l'on choisit est de 126 ares 56 centiares 25 dix-milliares, sa racine carrée sera de 11 décamètres 25 décimètres; on fait disparaître les subdivisions de cette racine carrée en la multipliant par 4, ce qui donne 45 décamètres; on quadruple la moyenne proportionnelle pour avoir une nouvelle ligne que l'on divise en 45 parties égales, dont chacune vaut une division de l'échelle.

On voit que si les subdivisions étaient des millièmes ou des dix-millièmes, cette opération serait presque impossible. On peut, dans la pratique, prendre un triangle dont l'aire soit assez près d'un carré parfait, pour que l'échelle que l'on veut construire ne diffère que très-peu de la véritable. S'il n'était pas possible de trouver un tel triangle, on prendrait une figure quelconque que l'on réduirait à un triangle équivalent.

DU VÉRIFICATEUR ET DE SON USAGE.

326. On appelle *vérificateur* un rectangle de papier transparent (1) contenant environ 2 décimètres carrés, divisés par des parallèles tracées en petits carreaux et espacées entre elles de 2 en 2 millimètres, et ayant tout autour des 2 décimètres un bord d'environ 4 millimètres de largeur, tel qu'on le voit par la figure 190, qui contient une partie de cet instrument construit à l'échelle de 1 à 5000. Fig. 190.

Les lignes marquant les divisions de 10 en 10 décamètres sont mieux marquées que les autres parallèles établies de 10 en 10, tant en long qu'en travers, et, pour que son usage soit encore plus facile, on divise en quatre les carrés de 100 décamètres carrés; donc les carrés de 10 décamètres de côté représentent des hectares; les divisions en quatre contiennent chacune 25 ares, et chaque petit carré marque un are.

On se sert aussi d'un vérificateur, composé d'un chassis rectangulaire en bois dur, et dont le cadre est couvert d'un treillis posant sur une des faces, composé de fils bien tendus, de soie rouge pour les hectares, bleu-clair pour les quarts d'hectares, et noir pour les petits carrés d'un are.

Pour se servir du vérificateur, placez le chassis sur le plan où se trouve la figure que vous voulez calculer, ou dans laquelle vous voulez établir une ligne de division, ayant le soin que les fils de soie ou les lignes tracées sur le papier transparent touchent immédiatement cette figure.

Supposons ici que le vérificateur soit placé pour voir jusqu'où il faudra avancer sur la droite AB, qui est censée une ligne magistrale dans un bois, pour y établir perpendiculairement sur cette droite, une autre droite *bc*, qui laisse entre elle et le périmètre *cehBtsrmgb*, une aire de 1 hectare 40 ares 24 centiares.

On voit qu'on a disposé le vérificateur de manière qu'une de ses lignes de 10 décamètres coïncidât sur la droite de division AB du bois, la ligne CB passant sur la borne B.

(1) Ce papier est connu sous le nom de *papier végétal*.

		ares.	cent.
1° rectangle $Befp$.	25 ares dans le carré *dehi*, ci.........	25	00
	25 ares dans celui *dijf*, ci............	25	00
	La partie B*tujih* comprend dans le rectangle B*qpjih*, un peu plus de 15 carrés, ci.........................	15	25
2° rectangle $fpCl$.	25 ares dans le carré *gfjk*, ci.........	25	00
	La partie *juszk* comprend dans le rectangle *jpzk* 12 ares, ci.............	12	00
	celle *gvxnzk* équivaut, dans le rectangle *glmCnk* à 21 carrés, ci	21	00
	3° Un léger excédent *nrx*, au midi de la ligne BC, produit un carré, ci..............	1	00
	4° Prenant enfin dans la colonne 00' une tranche de 2 décamètres de large sur 16 décamètres de longueur, on apprécie facilement à vue, 16 carrés, ci.........................	16	00
	Total....................	140	25

Pour continuer à se servir du vérificateur, afin de préparer les divisions à faire toujours parallèlement à la ligne *bc*, au nord de cette ligne, changez l'instrument de place pour rapporter la ligne IJ sur cette première perpendiculaire *bc* du plan, laissant toujours celle 20 20 de l'instrument sur celle AB du plan; vous compterez alors au nord de cette ligne *bc*, jusqu'à concurrence de 140 ares 25 centiares, comme pour une première subdivision, et ainsi de suite.

Il y a beaucoup d'avantage à se servir d'un plus grand vérificateur que celui décrit par la figure 190, parce qu'on peut plus facilement en subdiviser les carrés représentant un are.

DU COMPAS DE PROPORTION.

Fig. 192. 327. Le *Compas de proportion* (*Fig.* 192) est fondé sur la similitude des triangles semblables. Cet instrument, qui est assez semblable au *pied-de-roi*, se compose de deux règles égales ordinairement en cuivre, attachées l'une à l'autre, mais de manière à pouvoir tourner librement sur leur charnière.

Sur chacune des faces de cet instrument sont tracées deux lignes AB, AC ou *ab*, *ac*, se réunissant au centre A ou *a* de la charnière, forment un angle BAC ou *bac* d'environ 10 grades. D'un côté les lignes *ab*, *ac*, sont divisées en parties égales et numérotées de 5 en 5, jusqu'à 100 ou 200, suivant les dimensions de l'instrument. C'est ce qu'on appelle les *parties égales*.

De l'autre côté, les lignes AB, AC, sont divisées en 200 parties inégales, ce qu'on appelle *les cordes*.

328. Pour tracer les cordes sur le compas de proportion, décrivez du point O et du rayon AO ou OB, égal à la moitié de la ligne à diviser AB, la demi-circonférence ADB; partagez cette demi-circonférence en 200 grades; du centre A de la charnière et de chaque grade ou demi-grade, décrivez un arc qui, venant aboutir à la Fig. 192.
ligne AB, y détermine les cordes correspondantes.

USAGE DU COMPAS DE PROPORTION.

329. On employait autrefois le compas de proportion aux mêmes usages que le graphomètre; mais ce dernier instrument, mesurant les angles avec plus de précision, lui est préférable.

Les divisions des lignes et les ouvertures proportionnelles du compas de proportion servent à découvrir les rapports réciproques qui existent entre les lignes, les surfaces, les polygones, les solides semblables, les métaux de calibres proportionnels, et même entre les nombres. Nous donnerons simplement quelques-uns de ses usages sur les cordes et les parties égales.

PROBLÈME.

330. *Partager, au moyen du compas de proportion, une droite donnée DE en un nombre quelconque de parties égales, en 5, par exemple.*

Prenez, avec un compas ordinaire, la longueur de la droite DE; ouvrez le compas de proportion jusqu'à ce que l'une des pointes du premier compas étant posée sur une division de la ligne des parties égales qui soit multiple de 5, par exemple, sur le point 175, l'autre tombe précisément sur le point correspondant 175 de la double ligne des parties égales.

Conservez cette ouverture du compas de proportion; divisez 175 par 5, vous aurez pour quotient 35; prenez, avec un compas ordinaire, la distance du point 35 au point 35; l'ouverture de compas que vous aurez sera la partie qu'il faut porter 5 fois sur la droite proposée D, pour que cette droite soit partagée en cinq parties égales.

Effectivement, puisque 35 est la cinquième partie de 175, il s'ensuit que mn est la cinquième partie de MN, et que les triangles man, MaN sont semblables (61); de sorte que l'on a cette proportion :

$$am : aM :: mn : MN.$$

Enfin, la droite MN est égale à la droite proposée DE. Donc la droite $mn = \frac{DE}{5}$.

PROBLÈME.

331. *Trouver, au moyen du compas de proportion, une quatrième proportionnelle à trois lignes données.*

Portez la plus grande droite du centre *a* du compas de proportion sur une de ses branches marquant les parties égales, supposons qu'elle tombe sur 127; prenez la longueur de la moyenne droite, et ouvrez le compas de proportion de manière que cette longueur soit égale à la distance du point 127 au point 127; laissant le compas de proportion dans cette position, portez la longueur de la plus petite droite du centre *a* sur les mêmes parties égales; supposons qu'elle tombe sur 42 : la distance que vous trouverez entre les deux points correspondans 42 et 42 sera la longueur de la quatrième proportionnelle.

Fig. 192.

PROBLÈME.

332. *Trouver, au moyen du compas de proportion, une troisième proportionnelle à deux droites données.*

Portez la plus grande des deux droites données, du centre *a* du compas, sur la ligne des parties égales, en 190, par exemple; ouvrez le compas de proportion de manière que la longueur de la plus petite droite soit égale à la distance du point 190 au point 190; conservant la même ouverture de compas, vous porterez cette même droite du centre *a* sur la branche, et du point où elle tombera, vous prendrez la distance correspondante : elle sera la troisième proportionnelle cherchée.

PROBLÈME.

333. *Diviser, au moyen du compas de proportion, une droite en une raison donnée quelconque.*

Soit proposé, par exemple, de diviser une droite en deux parties égales qui soient entr'elles :: 110 : 70 et supposons que cette droite vaille 125.

Faites la somme du numérateur et du dénominateur de l'expression fractionnaire qui exprime la raison donnée, ce qui vous donnera pour somme 180; ouvrez le compas de proportion jusqu'à ce que la longueur 125 tombe sur les deux points correspondans 180 et 180 : l'instrument demeurant ainsi ouvert, prenez la distance du point 110 au point 110, et du point 70 au point 70; ces distances seront les deux droites qui expriment une raison égale à celle de 110 à 70.

PROBLÈME.

334. *D'un point donné sur une droite, élever, au moyen du compas de proportion, une perpendiculaire sur cette droite.*

Du point donné comme centre, décrivez un arc indéfini qui aboutisse à la droite donnée, et ouvrez le compas de proportion jusqu'à ce que les deux points correspondans 66 et 66 soient à une distance égale au rayon de cet arc; prenez la longueur de la droite qui se termine à 100 dans le compas de proportion; portez-la comme corde sur l'arc indéfini, et le point d'intersection sera celui par lequel on conduira du point donné la perpendiculaire demandée.

PROBLÈME.

335. *Trouver, au moyen du compas de proportion, une droite égale à la circonférence d'un cercle donné.*

Sachant que le diamètre d'un cercle est à sa circonférence à peu près :: 71 : 177, ouvrez le compas de proportion jusqu'à ce que la distance du point 71 au point 71 soit égale au diamètre du cercle. Le compas de proportion restant ainsi ouvert, la distance du point 177 au point 177 sera égale à la circonférence demandée.

On verra dans le problème suivant que le compas de proportion peut aussi servir d'échelle.

PROBLÈME.

336. *Trouver, au moyen du compas de proportion, une droite quelconque qui représente une longueur mesurée sur le terrain, 100 décamètres, par exemple.* Fig. 192.

Prenez, avec un compas ordinaire, la longueur de cette droite; ouvrez ensuite le compas de proportion jusqu'à ce que cette longueur tombe sur les points correspondans 100 et 100 des lignes des parties égales; l'instrument restant ainsi ouvert; alors, la distance du point 10 au point 10 représentera 10 décamètres; celle du point 11 au point 11 en représentera 11; celle du point 12 au point 12 en représentera 12, etc.

Si vous voulez que la même droite représente 6 décamètres, ouvrez le compas de proposition de manière que le compas ordinaire étant ouvert de la grandeur de cette droite, ses pointes tombent sur les points correspondans 60 et 60 des lignes des parties égales; il est évident que la distance du point 10 au point 10 représentera un décamètre; celle du point 2 au point 2 représentera 0-2 mètres; celle du point 7 au point 7 vaudra 0-7 mètres, ainsi des autres distances.

PROBLÈME.

337. *Faire, au moyen du compas de proportion, un angle d'un nombre donné de grades, par exemple de 48 grades.*

Tirez une droite indéfinie, de l'une de ses extrémités et d'un rayon arbitraire, décrivez un arc indéfini; portez la longueur du rayon sur le compas de proportion, de manière que les pointes du compas qui contient cette longueur, portent l'une et l'autre sur les points correspondans 66 et 66 du côté des cordes; conservez le compas de proportion dans la même ouverture, et prenez la longueur de l'écartement des points correspondans 48 et 48; portez-la sur l'arc, à partir de la droite donnée : le point d'intersection sera celui auquel il faudra mener une droite pour déterminer l'angle demandé.

PROBLÈME.

338. *Sur une droite donnée, prendre, au moyen du compas de proportion, un nombre quelconque de parties égales, par exemple les $\frac{43}{179}$.*

Prenez, avec le compas ordinaire, la longueur de la droite donnée; portez une des pointes du compas sur la cent soixante-dix-neuvième division, puis ouvrez le compas de proportion jusqu'à ce que vous puissiez appliquer l'autre pointe sur la division correspondante de l'autre branche de l'instrument; le compas de proportion restant ainsi ouvert, vous prendrez la distance du point 43 au point 43, et vous aurez les $\frac{43}{179}$ de la droite donnée.

PROBLÈME.

339. *Connaître, au moyen du compas de proportion, le nombre de grades d'un arc ou d'un angle.*

Prenez une ouverture de compas ordinaire, égale au rayon de cet arc, et portez-la sur le compas de proportion, en l'ouvrant de manière que les pointes du compas qui contient cette longueur portent l'une et l'autre sur les points correspondans 66 et 66 des cordes de chaque

Fig. 192. branche; prenez ensuite une ouverture de compas égale à la corde de l'arc donné; portez-la sur le compas de proportion, en suivant parallèlement les lignes des cordes marquées sur les deux branches : l'endroit sur lequel se fera la rencontre des mêmes divisions, sera le nombre des degrés cherchés.

PROBLÈME.

340. *Deux côtés d'un triangle et l'angle compris étant donnés, trouver le troisième côté, au moyen du compas de proportion.*

Supposons que les deux côtés sont, l'un de 97 décamètres, et l'autre de 69 décamètres, et l'angle compris de 44 grades; prenez, avec le compas ordinaire, et du côté des cordes, une ouverture égale à la corde de l'angle de 44 grades; posez les pointes de ce compas sur les points correspondans 100 et 100 des parties égales, et laissez le compas de proportion ainsi ouvert; ouvrez le compas ordinaire de manière qu'une de ses pointes étant posées sur le point 97 de la ligne des parties égales, l'autre tombe exactement sur le point 69 de l'autre ligne des parties égales : cette ouverture sera le troisième côté du triangle.

PROBLÈME.

341. *Sur un cercle, prendre, au moyen du compas de proportion, un arc ou un angle d'un nombre quelconque de grades, de 29, par exemple.*

Ouvrez le compas de proportion de manière que la distance du soixante-sixième grade d'une branche au soixante-sixième grade de l'autre, soit égale au rayon du cercle; vous prendrez la distance du point 29 au point 29 que vous porterez sur le cercle; la quantité que le compas embrassera sera l'arc demandé.

PROBLÈME.

342. *Mesurer, au moyen du rapporteur, les droites du périmètre d'un polygone dont un des côtés contient un nombre de parties égales.*

Prenez, avec un compas ordinaire, la longueur de la droite donnée, et mettez-la, sur la ligne des parties égales, au nombre des parties, sur chaque côté qui exprime sa longueur; le compas de proportion restant dans cette situation, mettez la longueur de chacune des autres droites parallèlement à la première, et les nombres où chacune d'elles tombera, exprimeront la longueur de ces droites.

On peut faire usage du compas de proportion dans les opérations de l'aréage lorsqu'on ne veut point une précision rigoureuse; mais quand le travail exige de l'exactitude, on doit abandonner cet instrument, parce que l'artiste qui le construit et celui qui en fait usage ne peuvent jamais atteindre le degré de précision convenable pour rendre insensibles les erreurs qu'il occasionne.

DE LA VITRE A CALQUER ET DE SON USAGE.

343. On appelle *vitre à calquer* un grand carreau de verre, encadré dans un chassis de bois, qui peut se soutenir à peu près comme un pupitre.

Pour se servir de cet instrument, posez sur la vitre le le dessin sur lequel est attaché une feuille de papier blanc destinée à recevoir le nouveau dessin, et comme on voit ordinairement au travers, suivez légèrement avec un crayon tous les traits du plan, et vous aurez la copie exacte que vous mettrez ensuite à l'encre. On abrège cette opération en passant de suite au tracé avec la plume au lieu de celui au crayon.

Il vaut mieux, au lieu d'un verre encadré dans un chassis, ajuster ce verre dans une moyenne table posée horizontalement, et mettre dessous une ou plusieurs glaces qui produiront le même effet, si on ne laisse dans l'appartement dans lequel on travaille que le jour nécessaire. D'ailleurs, le pupître, qui est toujours incliné, fatigue plus que la table horizontale.

Quand votre dessin au crayon est entièrement terminé, mettez-le au trait; ensuite, frottez-le avec un petit morceau de mie de pain rassis, c'est-à-dire, cuit de plusieurs jours, ou un morceau de gomme élastique, pour effacer les fausses lignes que vous pouvez avoir faites.

Il existe des instrumens qui fournissent avec exactitude, et en très-peu de temps la copie d'un plan à telle échelle que l'on veut.

DU PENTOGRAPHE.

344. Le *pentographe* (*Fig.* 191) est un instrument composé de quatre règles AB, BD, CD, AC, qui pivotent autour de quatre points A, B, C, D, de manière à former toujours un parallèlogramme ABCD, mais dont les angles sont variables et toujours égaux deux à deux. La description du pentographe se trouve dans différens ouvrages, et son usage est connu de tous les dessinateurs : c'est l'instrument même qu'il faut se procurer; il est ordinairement accompagné d'une instruction sur la manière de s'en servir. Cet instrument coûte trois à quatre cents francs. Fig. 191.

Quant à son usage, nous nous bornerons maintenant à dire que le point ou le pivot O est fixé sur la table qui contient le plan à copier, que l'on promène l'extrémité *b* ou le calquoir de l'instrument sur la figure *e*, *f*, *g*, que l'on veut reproduire, et que le point ou le crayon B trace cette figure EFG proportionnellement au plan original.

DU MICROGRAPHE.

345. On appelle *micrographe* (1) ou *prosopographe* le pentographe simplifié et inventé par M. Letellier, en 1785. Cet instrument, qui est infiniment simple, donne suffisamment de précision quand il est construit par un artiste habile.

Le micrographe doit avoir la préférence sur le pentographe, puisqu'en donnant presqu'autant de précision, il réunit l'avantage d'être moins pesant, moins embarrassant, et de ne coûter qu'environ ving-cinq francs.

VÉRIFICATION DU MICROGRAPHE.

Pour vérifier un micrographe, tracez avec cet instrument deux droites à peu près perpendiculaires, et examinez si elles ont précisément la longueur qu'elles doivent avoir suivant leur rapport; cela étant, vous êtes assuré de l'exactitude du micrographe, et vous pouvez vous en servir pour réduire les plans. De plus, il est essentiel que le calquoir b, le crayon B et le pivot O soient toujours en ligne droite.

Quant à la division, on s'assure si elle est régulière, en faisant la distance du pivot O au crayon B, ou au calquoir $b=1$, et p celle du pivot O à chaque point de division sur la règle Cb du calquoir b, on a, pour la division marquée $\frac{1}{2}$, $p=\frac{1}{3}$; pour celle marquée $\frac{1}{3}$, $p=\frac{1}{4}$; pour $\frac{1}{4}$, $p=\frac{1}{5}$; pour $\frac{1}{5}$, $p=\frac{1}{6}$; pour $\frac{1}{6}$, $p=\frac{1}{7}$; pour $\frac{1}{7}$, $p=\frac{1}{8}$.... etc.; pour $\frac{2}{3}$, $p=\frac{2}{5}$; pour $\frac{2}{4}$ ou $\frac{1}{2}$, $p=\frac{2}{6}$ ou $\frac{1}{3}$; pour $\frac{2}{5}$, $p=\frac{2}{7}$; pour $\frac{2}{6}$ ou $\frac{1}{3}$ $p=\frac{2}{8}$ ou $\frac{1}{4}$; pour $\frac{2}{7}$, $p=\frac{2}{9}$...., etc.; pour $\frac{3}{4}$, $p=\frac{3}{7}$; pour $\frac{3}{5}$, $p=\frac{3}{8}$; pour $\frac{3}{6}$ ou $\frac{1}{2}$, $p=\frac{3}{9}$ ou $\frac{1}{3}$; pour $\frac{3}{7}$, $p=\frac{3}{10}$.... etc.; pour $\frac{4}{5}$, $p=\frac{4}{9}$; pour $\frac{4}{6}$ ou $\frac{2}{3}$, $p=\frac{4}{10}$ ou $\frac{2}{5}$; pour $\frac{4}{7}$, $p=\frac{4}{11}$.... etc.; pour $\frac{5}{6}$, $p=\frac{5}{11}$; pour $\frac{5}{7}$, $p=\frac{5}{12}$.... etc., etc.

(1) *Micrographe* vient de deux mots grecs *μικρος*, *petit*, *γράφω*, *je décris*.

La même division existe sur la règle AB du crayon B, si ce n'est qu'elle est tracée à l'autre bout de la règle.

Remarque. Nous devons ici faire observer que si la minute d'un plan est construite à l'échelle de 1 à 2,500, il faudra monter l'instrument, savoir : au $\frac{1}{4}$, si la réduction doit être faite à l'échelle de 1 à 10,000; au $\frac{1}{8}$, si elle doit être faite dans la proportion de 1 à 20,000, et au $\frac{1}{16}$, si elle doit être dans la proportion de 1 sur le papier, à 40,000, sur le terrain.

On peut, pour la théorie et l'usage des deux instrumens dont nous venons de parler, consulter le *Traité de Topographie d'Arpentage et de Nivellement* de M. Puissant. Il renferme des développemens qui peuvent intéresser les dessinateurs-géomètres.

DU COMPAS DE RÉDUCTION.

346. Le *compas de réduction*, ou *à quatre pointes* (Fig. 193), consiste en un compas double, dans lequel le Fig. 193.
pivot O est mobile sur une longueur graduée. Cet instrument sert à prendre des longueurs deux, trois, quatre, etc., fois plus grandes ou plus petites.

Si le pivot O sur lequel se croisent les branches AD, BC, est fixé de manière à ce que AO=2OD, les angles AOB, COD, seront toujours égaux comme opposés par le sommet (19), mais la droite qui joindra les pointes A, B, sera double de celle qui joindra les pointes C, D.

Imaginons maintenant que, par un moyen quelconque, on fasse glisser le pivot O dans une rainure faite dans les branches AD, BC, et qu'on puisse le fixer de telle manière qu'il rende la branche DO le tiers de AO; la droite AB sera alors le triple de CD.

Enfin, si au lieu de mesurer les lignes du dessin avec les branches AO, DE, nous les mesurons avec les petites branches CO, DO, et si nous reportons sur la copie avec les deux autres, notre copie sera alors double, triple, quadruple, etc. du dessin, selon le rapport que nous aurons choisi.

Chapitre Troisième.

TRIGONOMÉTRIE RECTILIGNE.

NOTIONS GÉNÉRALES SUR LES LIGNES TRIGONOMÉTRIQUES.

347. La trigonométrie rectiligne a pour objet de résoudre les triangles rectilignes, c'est-à-dire, de déterminer leurs angles et leurs côtés par le moyen d'un nombre de données suffisant (1).

Dans un triangle, nous avons reconnu six élémens, trois côtés et trois angles (29), et nous savons que la détermination de ce triangle dépend de la connaissance de trois de ces élémens, pourvu qu'il y ait au moins un côté.

Dans les problèmes annexés au chapitre 1er, nous avons donné les moyens graphiques pour avoir les trois élémens restans; mais ces procédés donnant des résultats dont l'exactitude dépend et de la perfection des instrumens qu'on emploie, et de l'adresse de celui qui les manie, on a cherché à y substituer le calcul susceptible d'atteindre à un degré de précision satisfaisant.

Pour résoudre un triangle par le calcul, il s'agit donc de trouver les relations qui existent entre les côtés et les angles de ce triangle, afin de déduire les parties inconnues de la connaissance de celles qui sont données.

Au lieu de cette relation entre les angles et les côtés d'un triangle, on s'est occupé à rechercher celles qui existent entre les côtés d'un triangle quelconque et des lignes qui, substituées aux angles, les représentent et les font connaître.

348. Ces lignes que l'on a substituées aux angles, sont ce qu'on appelle les *lignes trigonométriques*; elles ne leur sont point proportionnelles, quoiqu'elles croissent et décroissent en même temps que les angles aigus qu'elles représentent, ou en même temps que les arcs qui mesurent ces angles.

Les arcs et les angles sont exprimés indistinctement dans le calcul par des nombres de grades, minutes et secondes. Ainsi nous continuerons à désigner l'angle droit ou le cadran par 100 grades, deux angles droits par 200 grades, quatre angles droits ou la circonférence du cercle par 400 grades.

Le *complément* d'un angle ou d'un arc est ce qui reste en retranchant cet angle ou cet arc de 100 grades. Ainsi un angle de 27 grades 35 minutes 48 secondes a pour complément 72 grades 64 minutes 52 secondes (48).

En général, A étant un angle ou un arc quelconque, $100^G - A$ est le complément de cet angle ou de cet arc. D'où l'on voit que, si l'angle ou l'arc dont il s'agit est plus grand que 100 grades, son complément sera négatif. C'est ainsi que le complément de 150 grades 25 minutes 50 secondes est — 50 grades 25 minutes 50 secondes. Dans ce cas, le complément, pris positivement, serait la quantité qu'il faudrait retrancher de l'angle ou de l'arc donné, pour que le reste fût égal à 100 grades.

Le *supplément* d'un angle ou d'un arc est ce qui reste en ôtant cet angle ou cet arc de 200 grades, valeur de deux angles droits ou d'une demi-circonférence. Ainsi, A étant un angle ou arc quelconque, $200^G - A$ est son supplément.

Dans tout triangle, un angle est le supplément de la somme des deux autres, puisque les trois font 200 grades (142).

349. Voici quelles sont les lignes trigonométriques :

1° *Le* sinus *d'un arc est la perpendiculaire abaissée de l'extrémité de cet arc sur le rayon qui passe par l'autre extrémité.*

2° *La* tangente *d'un arc est la perpendiculaire élevée à l'extrémité d'un rayon, et comprise entre ce rayon et l'autre rayon prolongé.*

3° *La* sécante *d'un arc est le rayon qui, passant par l'extrémité de cet arc, est prolongé jusqu'à sa rencontre avec la tangente.*

4° *Le* cosinus *d'un arc est le sinus du complément de cet arc.*

5° *La* cotangente *d'un arc est la tangente du complément de cet arc.*

6° *La* cosécante *d'un arc est la sécante du complément de cet arc.*

Ainsi MP (*Fig.* 212), est le sinus de l'arc AM ou de Fig. 212.

(1) La Trigonométrie est appelée par certains auteurs les *Mathématiques amusantes.*

Fig. 212. l'angle AOM. AT est la tangente du même arc, et OT en est la sécante.

L'arc MD étant le complément de l'arc AM ; MQ, DS, qui sont respectivement le sinus, la tangente et la sécante de l'arc MD, sont le cosinus, la cotangente et la cosécante de l'arc AM. On peut donc prendre pour cosinus d'un arc la partie du rayon comprise entre le centre de l'arc et le pied du sinus.

Le triangle MQO est, par construction, égal au triangle OPM, ainsi on a OP=MQ ; donc dans le triangle rectangle OPM, dont l'hypothénuse est égale au rayon, les deux côtés MP, OP, sont le sinus et le cosinus de l'arc AM. Quant aux triangles OAT, ODS, ils sont semblables aux triangles égaux OPM, OQM, et ainsi ils sont semblables entre eux. De là, nous déduirons bientôt les différens rapports qui existent entre les lignes que nous venons de définir ; mais auparavant il faut voir quelle est la marche progressive de ces mêmes lignes, lorsque l'arc auquel elles se rapportent augmente depuis zéro jusqu'à 200 grades.

Il est essentiel de remarquer que lorsqu'on a pris un point sur la circonférence, pour servir de point de départ, il doit rester fixe, et c'est là que commencent toutes les tangentes trigonométriques. On doit toujours porter les arcs dans le même sens quand ils doivent s'ajouter les uns aux autres ; on les porte en sens contraire quand ils doivent être retranchés. Les cotangentes se comptent aussi à partir d'un point fixe distant du premier d'un quadrant. D'ailleurs le rayon pris d'abord à volonté reste le même dans tout le cours des opérations.

Alors, supposons qu'une extrémité de l'arc demeure fixe en A, et que l'autre extrémité marquée M parcourt successivement toute l'étendue de la circonférence depuis A jusqu'à B dans le sens ADB.

Lorsque le point M est réuni en A, ou lorsque l'arc AM est zéro, les trois points T, M, P, se confondent avec le point A ; d'où l'on voit que le sinus et la tangente d'un arc zéro sont zéro, et que le cosinus de ce même arc est égal au rayon, ainsi que sa sécante. Donc, en désignant par R le rayon du cercle, on aura

$$\sin. 0=0,\ \text{tang}. 0=0,$$
$$\cos. 0=R^{n},\ \text{séc}. 0=R^{n}.$$

A mesure que le point M s'avance vers D, le sinus augmente, ainsi que la tangente et la sécante ; mais le cosinus, la cotangente et la cosécante diminuent.

Lorsque le point M se trouve au milieu de AD, ou lorsque l'arc AM est de 50 grades, ainsi que son complément MD, le sinus MP est égal au cosinus MQ ou OP, et le triangle OMP, devenu isocèle, donne la proportion

$$MP : OM :: 1 : \sqrt{2},$$

ou

$$\sin. 50^{G} : R :: 1 : \sqrt{2}$$

Donc

$$\sin. 50^{G}=\cos. 50^{G}=\frac{R}{\sqrt{2}}=\tfrac{1}{2} R\times\sqrt{2}.$$

Dans ce même cas, le triangle OAT devient isocèle et égal au triangle ODS ; d'où l'on voit que la tangente de 50 grades et sa cotangente sont toutes deux égales au rayon, et qu'ainsi on a Fig. 212.

$$\text{tang}. 50^{G}=\cot. 50^{G}=R.$$

L'arc AM continuant d'augmenter, le sinus augmente jusqu'à ce que le point M soit parvenu en D ; alors le sinus est égal au rayon, et le cosinus est zéro. On a donc

$$\sin. 100^{G}=R \text{ et } \cos. 100^{G}=O ;$$

et l'on peut remarquer que ces valeurs sont une suite de celles que nous avons trouvées pour les sinus et cosinus de l'arc zéro ; car le complément de 100 grades étant zéro, on a

$$\sin. 100^{G}=\cos. 0^{G}=R$$

et

$$\cos. 100^{G}=\sin. 0^{G}=0.$$

Quant à la tangente, elle augmente d'une manière très-rapide à mesure que le point M s'approche de D ; et enfin, lorsqu'il est parvenu en D, il n'existe plus proprement de tangente, parce que les droites AT, OD, étant parallèles, ne peuvent se rencontrer. C'est ce qu'on exprime en disant que la tangente de 100 grades est infinie, et on écrit tang. $100^{G}=\infty$.

Le complément de 100 grades étant zéro, on a

$$\text{tang}. 0=\cot. 100^{G} \text{ et } \cot. 0=\text{tang}. 100^{G}.$$

Donc

$$\cot. 0=\infty \text{ et } \cot. 100^{G}=0.$$

Le point M continuant à avancer de D vers B, les sinus diminuent et les cosinus augmentent. Ainsi, on voit que l'arc Am a pour sinus mp, et pour cosinus mQ ou Op. Mais l'arc mB est supplément de Am, puisque Am + mB est égal à une demi-circonférence ; d'ailleurs, si l'on mène mM parallèle à AB, il est clair que les arcs AM, Bm, qui sont compris entre parallèles, seront égaux (38), ainsi que les perpendiculaires ou sinus MP, mp. Donc le sinus d'un arc ou d'un angle est égal au sinus du supplément de cet arc ou de cet angle.

L'arc ou l'angle A a pour supplément $200^{G}-A$: ainsi on a en général

$$\sin. A=\sin. (200^{G}-A).$$

La même propriété s'exprimerait aussi par l'équation

$$\sin. (100^{G}+B)=\sin. (100^{G}-B),$$

B étant l'arc DM ou son égal Dm.

Les mêmes arcs Am, AM, qui sont supplément l'un de l'autre, et qui ont encore des sinus égaux, ont aussi les cosinus égaux Op, OP ; mais il faut observer que ces cosinus sont dirigés dans des sens différens. Cette différence de situation s'exprime dans le calcul par l'opposition des signes ; de sorte que si l'on regarde comme positifs ou affectés du signe +, les cosinus des arcs moindres que 100 grades, il faudra regarder comme négatifs ou affectés du signe —, les cosinus des arcs plus grands que 100 grades. On aura donc en général

$$\cos. A=-\cos. (200^{G}-A),$$

ou

$$\cos. (100^{G}+B)=-\cos. (100^{G}-B) ;$$

c'est-à-dire que le cosinus d'un arc ou d'un angle plus

Fig. 212. grand que 100 grades est égal au cosinus de son supplément, pris négativement.

Le complément d'un arc plus grand que 100 grades étant négatif, il n'est pas étonnant que le sinus de ce complément soit négatif; mais pour rendre cette vérité encore plus palpable, cherchons l'expression de la distance du point A à la perpendiculaire MP. Si l'on fait l'arc $AM = x$, on aura $OP = \cos. x$, et la distance cherchée

$$AP = R - \cos. x.$$

La même formule doit exprimer la distance du point A à la droite MP, quelle que soit la grandeur de l'arc AM, dont l'origine est au point A. Supposons donc que le point M vienne en m, en sorte que x désigne l'arc Am, on aura encore en ce point

$$Ap = R - \cos. x;$$

donc

$$\cos. x = R - Ap = AO - Ap = -Op;$$

Ce qui fait voir que $\cos. x$ est alors négatif; et parce que

$$Op = OP = \cos. (200^G - x),$$

on a

$$\cos. x = -\cos. (200^G - x),$$

comme on l'a déjà trouvé.

On voit par là qu'un angle obtus a le même sinus et le même cosinus que l'angle aigu qui lui sert de supplément, avec cette seule différence que le cosinus de l'angle obtus doit être affecté du signe. — Ainsi, on a

$$\sin. 150^G = \sin. 50^G = \tfrac{1}{2} R^n \times \sqrt{2},$$

et

$$\cos. 150^G = -\cos. 50^G = -\tfrac{1}{2} R \times \sqrt{2}.$$

Quant à l'arc ADB égal à la demi-circonférence, son sinus est zéro, et son cosinus est égal au rayon pris négativement; on a donc

$$\sin. 200^G = 0, \text{ et } \cos. 200^G = -R.$$

C'est aussi ce que donneraient les formules

$$\sin. A = \sin. (200^G - A),$$

et

$$\cos. A = -\cos. (200^G - A),$$

en y faisant $A = 200$ grades.

Examinons maintenant ce que devient la tangente d'un arc Am plus grand que 100 grades. Suivant la définition, elle doit être déterminée par le concours des droites AT, Om. Ces droites ne se rencontrent point dans le sens AT, mais elles se rencontrent dans le sens opposé AC; d'où l'on voit que la tangente d'un arc plus grand que 100 grades est négative. D'ailleurs, si on observe que AC est la tangente de l'arc AN, supplément de Am (puisque NAm est une demi-circonférence), on en conclura que la tangente d'un arc ou d'un angle plus grand que 100 grades est égale à celle de son supplément, prise négativement, de sorte qu'on a

$$\text{tang. } A = -\text{tang. } (200^G - A).$$

Il en est de même de la cotangente représentée par Ds, laquelle est égale en sens contraire à DS cotangente de AM. On a donc aussi

$$\cot. A = -\cot. (200^G - A).$$

Les tangentes et les cotangentes sont donc négatives ainsi que les cosinus, depuis 100 grades jusqu'à 200 grades. Et dans cette dernière limite on a $\text{tang. } 200^G = 0$, et Fig. 212.

$$\cot. 200^G = -\cot. 0 = -\infty.$$

350. Dans la trigonométrie il n'y a pas lieu de considérer les sinus, cosinus, etc., des arcs ou des angles plus grands que 200 grades; car c'est toujours entre le zéro et 200 grades que sont compris les angles des triangles tant rectilignes que *sphériques* (1), et les côtés de ces derniers. Mais dans diverses applications de la géométrie, il n'est pas rare de considérer des arcs plus grands que la demi-circonférence, et même des arcs comprenant plusieurs circonférences. Il est donc nécessaire de trouver l'expression des sinus et cosinus de ces arcs, quelle que soit leur grandeur.

Observons d'abord que deux arcs égaux et de signes contraires AM, AN, ont des sinus égaux et des signes contraires MP, PN, tandis que le cosinus CP est le même pour l'un et pour l'autre. On a donc en général

$$\sin. (-x) = -\sin. x$$
$$\cos. (-x) = \cos. x,$$

formules qui serviront à exprimer les sinus et cosinus des arcs négatifs.

Depuis zéro jusqu'à 200 grades, les sinus sont toujours positifs, parce qu'ils sont situés d'un même côté du diamètre AB; depuis 200 grades jusqu'à 400 grades, les sinus sont négatifs, parce qu'ils sont situés de l'autre côté de ce diamètre. Soit $ADBn = x$ un arc plus grand que 200 grades, son sinus pn est égal à PM sinus de l'arc

$$AM = x - 200^G;$$

donc on a en général

$$\sin. x = -\sin. (x - 200^G).$$

Cette formule donnerait les sinus entre 200 grades et 400 grades au moyen des sinus entre zéro et 200 grades; elle donne en particulier

$$\sin. 400^G = -\sin. 200^G = 0.$$

En effet, il est évident que si un arc est égal à la circonférence entière, les deux extrémités se confondent en un même point, et le sinus se réduit à zéro.

Il n'est pas moins évident que, si à un arc quelconque AM on ajoute une ou plusieurs circonférences, on retombera exactement sur le point M, et l'arc ainsi augmenté aura le même sinus que l'arc AM; donc si C désigne une circonférence entière ou 400 grades, on aura

$$\sin. x = \sin. (C + x) = \sin. (2C + x) = (3C + x) \text{ etc....}$$

La même chose aurait lieu pour les cosinus, tangente, etc.

Maintenant, quel que soit l'arc proposé x, il est facile de voir que son sinus pourra toujours s'exprimer, avec un signe convenable, par le sinus d'un arc moindre que 100 grades. Car d'abord, on peut retrancher de l'arc x autant de fois 400 grades qu'ils peuvent y être

(1) Les *triangles sphériques* sont ceux tracés sur une *sphère* ou *globe*.

Fig. 212. contenus; soit le reste y, on aura sin. $x=$ sin. y. Ensuite, si y est plus grand que 200 grades, on fera

$$y=200^G+z,$$

et on aura

$$\sin. y=-\sin. z.$$

Tous les cas sont donc réduits à celui où l'arc proposé est moindre que 200 grades, et comme d'ailleurs on a

$$\sin. (100^G+x)=\sin. 100^G-x,$$

il est clair qu'ils se réduisent ultérieurement au cas où l'arc proposé est entre zéro et 100 grades.

351. Les cosinus se réduisent toujours aux sinus en vertu de la formule

$$\cos. A=\sin. (100^G-A),$$

ou, si l'on veut, de la formule

$$\cos. A=\sin. (100^G+A);$$

ainsi, sachant évaluer les sinus dans tous les cas possibles, on saura de même évaluer les cosinus. Au reste, on voit directement par la figure que les cosinus négatifs sont séparés des cosinus positifs par le diamètre DE, en sorte que tous les arcs dont l'extrémité tombe à gauche de DE ont un cosinus positifs, tandis que ceux dont l'extrémité tombe à droite ont un cosinus négatif.

Ainsi, de zéro à 100 grades, les cosinus sont positifs; de 100 grades à 300 grades, ils sont négatifs; de 300 grades à 400 grades, ils redeviennent positifs; et après une révolution entière, ils prennent les mêmes valeurs que dans la révolution précédente, car on a aussi

$$\cos. (400^G+x)=\cos. x.$$

D'après ces explications, il est aisé de voir que les sinus et cosinus des arcs multiples du quadrant, ont les valeurs suivantes : Fig. 212.

$\sin. 0^G=0$
$\sin. 200^G=0;$
$\sin. 400^G=0;$
$\sin. 600^G=0;$
$\sin. 800^G=0$, etc.....

$\sin. 100^G=R;$
$\sin. 300^G=-R;$
$\sin. 500^G=R;$
$\sin. 700^G=-R;$
$\sin. 900^G=R$, etc.....

$\cos. 0^G=R;$
$\cos. 200^G=-R;$
$\cos. 400^G=R,$
$\cos. 600^G=-R;$
$\cos. 800^G=R$, etc.....

$\cos. 100^G=0;$
$\cos. 300^G=0;$
$\cos. 500^G=0;$
$\cos. 700^G=0;$
$\cos. 900^G=0$, etc.....

Ce que nous venons de dire des sinus et cosinus nous dispense d'entrer dans aucun détail particulier sur les tangentes, cotangentes, etc., des arcs plus grands que 200 grades; car les valeurs de ces quantités et leurs signes sont toujours faciles à déduire de celles des sinus et cosinus des mêmes arcs, ainsi qu'on le verra par les formules que nous allons exposer.

SECTION PREMIÈRE.

DÉTERMINATION DES LIGNES TRIGONOMÉTRIQUES SUBSTITUÉES AUX ANGLES.

352. Déterminer les sinus, tangentes, etc., c'est déterminer combien les sinus, tangentes, etc., contiennent de parties du rayon que l'on suppose composé d'un grand nombre de parties, par exemple, de 10 millions ou de 100 millions de parties. Cherchons d'abord comment on peut déterminer tous les sinus, tangentes, cosinus, cotangentes, etc.

THÉORÈME.

353. *Le sinus d'un arc quelconque est la moitié de la corde qui sous-tend un arc double.*

Car le rayon AO, perpendiculaire à MN, divise en deux parties égales la corde MN et l'arc sous-tendu MAN; donc MP, sinus de l'arc MA, est la moitié de la corde MN, qui sous-tend l'arc MAN, double de MA.

La corde qui sous-tend la sixième partie de la circonférence ou 66 grades $\frac{2}{3}$ est égale au rayon, et le sinus du

Fig. 212. tiers de l'angle droit ou de 33 grades $\frac{1}{3}$ est égal à la moitié de cette corde ou du rayon.

Il résulte de là, que le sinus de 100 grades est égal au rayon, l'arc double de 100 grades étant 200 grades, moitié de la circonférence, et la corde de 200 grades étant le diamètre, c'est pourquoi le sinus s'appelle indifféremment *sinus* 100 *grades*, *sinus total*, *rayon*.

N. B. Nous dirons en passant que l'arc égal au rayon du cercle est 63 grades 66 minutes 19 secondes -772367581343075535, il se trouve en divisant la demi-circonférence 2 000 000 secondes par 3-14159, etc. En effet,

3-14159 etc. : 1 : : circonférence : diamètre,
: : demi-circonf. : rayon,
: : 2000 000 sec. : rayon exprimé en sec.,
$= \frac{2000\,000 \text{ secondes}}{3\text{-}14159, \text{ etc.}}$

En astronomie, on fait grand usage de cet arc égal au rayon.

Pour ce qui va suivre, nous croyons utile de rappeler qu'il faut avoir parfaitement présent à l'esprit tout ce qui a été démontré aux articles 160, 161, et similitude des triangles.

PROBLÈME.

354. *Etant donné le sinus MP de l'arc AM, trouver son cosinus.*

D'après ce qui a été démontré (161), j'ai de suite

$$OP = \sqrt{\overline{MP}^2 - \overline{MO}^2},$$

ou, ce qui est la même chose,

$$\cos.\ AM = \sqrt{\overline{R}^2 - \overline{\sin.}^2 AM}, \text{ (1)}$$

ce que j'obtiens facilement, puisque je connais le rayon et le sinus MP; j'élèverai donc le rayon et le sinus à leur carré; je retrancherai le carré du sinus de celui du rayon, et je prendrai la racine carrée du reste, qui sera la valeur de OP ou du cos. AM. Donc *le carré du sinus d'un arc, plus le carré de son cosinus, est égal au carré du rayon.*

Si, par exemple, on demandait le cosinus de 33 grades $\frac{1}{3}$; comme on a vu (353) que ce sinus est la moitié du rayon que nous supposons ici de 100000 parties, ce sinus serait 50000; retranchant son carré 2 500 000 000 du carré 10 000 000 000 du rayon, on a 7 500 000 000, dont la racine carrée 86603 est le cosinus de 33 grades $\frac{1}{3}$, ou le sinus de 66 grades $\frac{2}{3}$.

Enfin, puisqu'on sait que le sinus d'un arc de 100 grades est le rayon, et que le sinus d'un arc de 33 grades $\frac{1}{3}$ est la moitié du rayon, on se servira de cette découverte pour déterminer les sinus de beaucoup d'arcs. Par exemple, on pourra connaître le sinus de la moitié, du quart, du huitième, etc., des arcs de 100 grades et de 33 grades $\frac{1}{3}$ par le problème suivant.

PROBLÈME.

355. *Etant donné le sinus MP de l'arc AM* (Fig. 213), *trouver le sinus de la moitié de cet arc.* Fig. 213.

Je calcule d'abord le cosinus (354) de l'arc AM. Ce cosinus étant calculé, je le retranche du rayon, ce qui donne le sinus-verse AP; je fais le carré de AP, et je l'ajoute avec celui du sinus MP; la somme (161) sera le carré de la corde AM. Extrayant la racine carrée de cette somme, j'aurai AM, dont la moitié est le sinus FM de l'arc EM, moitié de AEM.

Effectivement,

$$FM = \frac{AM}{2};$$

or,

$$\overline{AM}^2 = \overline{MP}^2 \times \overline{AP}^2,$$

ainsi,

$$AM = \sqrt{\overline{MP}^2 + \overline{AP}^2}$$

ou, ce qui est la même chose,

$$\sin.\ \frac{AM}{2} = \frac{\sqrt{\overline{\sin.}^2 AM + \overline{\sin.\ ver.}^2 AM}}{2}.$$

Donc le sinus de la moitié d'un arc connu et dont on connaît le sinus, se trouve en prenant la moitié de la racine carrée de la somme des carrés du sinus et du sinus-verse.

On pourra encore déterminer beaucoup d'autres sinus par les procédés suivans :

PROBLÈME.

356. *Etant donné le sinus de l'arc AM* (Fig. 214), *trouver le sinus d'un arc double.* Fig. 214.

Je calcule le cosinus OP (354) de l'arc AM, et je fais cette proportion :

$$R : \cos.\ AM :: 2 \sin.\ AM : \sin.\ EM,$$

dans laquelle les trois premiers termes seront alors connus, et dont il sera facile de calculer le quatrième.

En effet, j'ai deux triangles semblables EMF et EOP, parce qu'ils ont un angle commun en E, et de plus chacun un angle droit; donc ils donnent

$$FM : EM :: OP : EO;$$

d'où

$$FM = \frac{EM \times OP}{EO} = \frac{2 \sin.\ AM \times \cos.\ AM.}{R}$$

Donc le sinus du double d'un arc dont on connaît le sinus se trouve en multipliant le double du sinus de cet arc par le cosinus de ce même arc, et en divisant le produit par le rayon.

PROBLÈME.

357. *Les sinus GM et BD* (Fig. 215) *des arcs BM et BE étant donnés, trouver le sinus de la somme de ces deux arcs, c'est-à-dire, le sinus de l'arc EM.* Fig. 215.

(1) On désigne ici par $\overline{\sin.}^2$ AM le carré du sinus de l'arc AM, et semblablement par $\overline{\cos.}^2$ AM le carré du cosinus de l'arc AM.

Fig. 215. Après avoir calculé les cosinus (354) des arcs proposés, je multiplie le sinus de l'arc BE par le cosinus de l'arc BM, puis le cosinus de l'arc BE par le sinus de l'arc BM, et je divise la somme des deux produits par le rayon, ce qui donne le sinus CM de la somme des deux arcs proposés, ou de l'arc EM.

En effet, pour déterminer CM, après avoir tiré toutes les droites que l'on voit dans la figure, je dis que

$$\text{CM (sin. BE+BM)}=\text{CI}+\text{IM}=\text{FG}+\text{IM}.$$

Il faut donc trouver la valeur de IM et de FG. Or, d'un côté les triangles semblables BDO et FGO donnent cette proportion :

$$\text{FG : BD :: GO : BO},$$

c'est-à-dire

$$\text{FG : sin. BE :: cos. BM : R},$$

d'où

$$\text{FG}=\frac{\text{sin. BE}\times\text{cos. BM}}{\text{R}}.$$

D'un autre côté, les triangles BDO et IGM donnent cette proportion :

$$\text{IM : DO :: GM : BO},$$

c'est-à-dire

$$\text{IM : cos. BE :: sin. BM : R},$$

d'où

$$\text{IM}=\frac{\text{cos. BE}\times\text{sin. BM}}{\text{R}}.$$

Donc

$$\text{FG+IM (ou sin. BE+BM)}$$
$$=\frac{(\text{sin. BE}\times\text{cos. BM})+(\text{sin. BM}\times\text{cos. BE})}{\text{R}};$$

Donc le sinus de la somme de deux arcs connus, dont le sinus et cosinus sont aussi connus, se trouve en multipliant le sinus de chaque arc par le cosinus de l'autre, en additionnant ensemble ces deux produits et divisant le tout par le rayon.

PROBLÈME.

358. *Les sinus des arcs BM et BE étant donnés, trouver le cosinus de la somme de ces arcs.*

Après avoir calculé les cosinus (354) de chacun de ces deux arcs, je multiplie ces deux cosinus GO, DO, l'un par l'autre; je multiplie pareillement les deux sinus GM, BD; je retranche le second produit du premier, et je divise le reste par le rayon, ce qui donne le cosinus de la somme des deux arcs BM et BE.

En effet, d'après les constructions de l'article précédent, la similitude des triangles BDO, FGO, GIM, donne les proportions

$$\text{BO : DO :: GO : FO},$$
$$\text{BO : BD :: GM : GI}.$$

ou, ce qui est la même chose,

$$\text{R : cos. BE :: cos. BM : FO},$$
$$\text{R : sin. BE :: sin. BM : GI ou CF},$$

d'où résulte Fig. 215.

$$\text{FO}=\frac{\text{cos. BE}\times\text{cos. BM}}{\text{R}}$$

et

$$\text{CF}=\frac{\text{sin. BE}\times\text{sin BM}}{\text{R}};$$

mais CO, qui est le cosinus demandé, est égal à FO—CF, donc en ôtant CF de FO on aura CO, qui est le cosinus de l'arc EM.

Donc il suffit, pour avoir le cosinus de la somme de deux arcs, les sinus de ces arcs étant donnés, de calculer les cosinus de ces arcs pour que les trois premiers termes des deux proportions énoncées ci-dessus soient connus; les quatrièmes termes se trouvent par les propriétés des proportions.

PROBLÈME.

359. *Les sinus des arcs BM et BE étant donnés, trouver le sinus et le cosinus de la différence de ces deux arcs.*

Ce problème est entièrement dépendant des deux précédens; nous les rappellerons dans les démonstrations qui vont suivre.

J'ai dit que les deux triangles GIM et BDO étaient semblables (358) : il est donc évident que le triangle AHM est semblable au triangle BDO; par conséquent leurs côtés homologues donneront les proportions suivantes :

$$\text{BO : OD :: AM ou 2 sin. BM : HM},$$
$$\text{BO : BD :: AM ou 2 sin. BM : AH}.$$

ou, ce qui est la même chose,

$$\text{R : cos. BE :: 2 sin. BM : HM},$$
$$\text{R : sin. BE :: 2 sin. BM : AH},$$

d'où résulte

$$\text{HM}=\frac{\text{cos. BE}\times 2\text{ sin. BM}}{\text{R}};$$

et

$$\text{AH}=\frac{\text{sin. BE}\times 2\text{ sin. BM}}{\text{R}}.$$

Mais puisque l'arc AB est égal à l'arc BM, l'arc AE est la différence des deux arcs BM, BE, et la perpendiculaire AN est le sinus de cette différence, lequel est égal à CM — HM, ou égal à CH; donc le sinus de la différence des deux arcs BM et BE est égal au sinus de la somme de ces arcs, moins la hauteur HM.

Pour ce qui regarde le cosinus NO, j'ai, par les proportions précédentes, AH qui est connu, lequel est égal à CN, j'ai

$$\text{CO}+\text{CN}=\text{NO},$$

donc

$$\text{cos. EABM}+\text{CN}=\text{cos. AE},$$

et le cosinus de la différence des deux arcs BM et BE.

THÉORÈME.

360. *La somme des sinus des deux arcs AB, AC* (Fig. 216) *est à la différence de ces mêmes sinus, comme la tangente de la moitié de la somme de ces deux arcs* Fig. 216.

Fig. 216. *est à la tangente de la moitié de leur différence, c'est-à-dire que*

$$sin.\,\mathrm{AB}+\mathrm{AC} : sin.\,\mathrm{AB}\text{-}\mathrm{AC} :: tang.\frac{\mathrm{AB}+\mathrm{AC}}{2} : tang.\frac{\mathrm{AB}\text{-}\mathrm{AC}.}{2}$$

Après avoir tiré le diamètre AM, je porte l'arc AB de A en D ; je tire la corde BD qui sera perpendiculaire sur AM. Par le point C, je tire CP perpendiculaire, et CF parallèle à AM. Du point F, je mène les cordes FB et FD ; et d'un rayon FG égal à celui du cercle BAD, je décris l'arc IGK rencontrant CF en G, et en ce point G, j'élève HL perpendiculaire à CF ; les droites GH et GL sont les tangentes des angles GFH et GFL, ou CFB et CFD qui ayant leurs sommets à la circonférence, ont pour mesure la moitié des arcs CB, CD, sur lesquels ils s'appuient (93), c'est-à-dire, la moitié de la différence BC, et la moitié de la somme CD des deux arcs AB, AC ; ainsi, GL et GH sont les tangentes de la moitié de la somme, et de la moitié de la différence de ces mêmes arcs.

Cela posé, il est visible que DS étant égal à BS, la droite DE vaut

$$\mathrm{BS} + \mathrm{SE} \text{ ou } \mathrm{BS} + \mathrm{CP},$$

c'est-à-dire, la somme des sinus des arcs AB, AC : pareillement BE vaut

$$\mathrm{BS} - \mathrm{SE} \text{ ou } \mathrm{BS} - \mathrm{CP},$$

c'est-à-dire, la différence des sinus de ces mêmes arcs. Or, à cause des parallèles BD, HL, on a (63)

$$\mathrm{DE} : \mathrm{BE} :: \mathrm{LG} : \mathrm{GH} ;$$

donc la somme des cosinus de deux arcs est à la différence de ces cosinus, comme la cotangente de la moitié de la somme de ces deux arcs est à la tangente de la moitié de leur différence.

Car les cosinus n'étant autre chose que des sinus de complément, il suit de la proposition précédente, que la somme des cosinus est à leur différence, comme la tangente de la moitié de la somme des complémens est à la tangente de la moitié de la différence des mêmes complémens : or, la moitié de la somme des complémens de deux arcs est le complément de la moitié de la somme de ces deux arcs ; et la demi-différence des complémens est la même que la demi-différence des arcs ; donc, etc.

PROBLÈME.

361. *Étant donné le sinus et le cosinus de l'arc AM*
Fig. 212. (Fig 212), *trouver sa tangente.*

Après avoir multiplié le rayon AO par le sinus MP, j'ai un produit que je divise ensuite par le cosinus OP, ce qui donne pour quotient la valeur AT de la tangente de l'arc AM.

En effet, les triangles semblables MPO et AOT donnent cette proportion :

$$\mathrm{AT} : \mathrm{MP} :: \mathrm{AO} : \mathrm{OP},$$

c'est-à-dire,

$$tang.\ \mathrm{AM} : sin.\ \mathrm{AM} :: \mathrm{R} : cos.\ \mathrm{AM},$$

donc Fig. 212.

$$tang.\ \mathrm{AM} = \frac{\mathrm{R} \times sin.\ \mathrm{AM}}{cos.\ \mathrm{AM}};$$

donc la tangente d'un arc dont on connaît le sinus et le consinus, se trouve en multipliant le rayon par le sinus et divisant ensuite le produit par le cosinus.

PROBLÈME.

362. *Étant donné le sinus et le cosinus de l'arc AM, trouver sa cotangente.*

Après avoir multiplié le rayon AO par le cosinus OP, j'ai un produit que je divise ensuite par le sinus MP, ce qui donne pour quotient la valeur DS de la cotangente de l'arc AM.

Effectivement, les triangles semblables MOQ et DOS donnent cette proportion :

$$\mathrm{DS} : \mathrm{MQ} :: \mathrm{DO} : \mathrm{OQ},$$

c'est-à-dire,

$$cot.\ \mathrm{AM} : cos.\ \mathrm{AM} :: \mathrm{R} : sin.\ \mathrm{AM},$$

donc

$$cot.\ \mathrm{AM} = \frac{cos.\ \mathrm{AM} \times \mathrm{R}}{sin.\ \mathrm{AM}};$$

donc la cotangente d'un arc, dont le sinus et le cosinus sont connus, se trouve en multipliant le rayon par le cosinus de cet arc et en divisant ensuite le produit par le sinus.

PROBLÈME.

363. *Étant donné le sinus et le cosinus de l'arc AM, trouver sa sécante.*

Pour trouver la sécante de l'arc AM, je fais le carré du rayon ; je le divise ensuite par le cosinus OP, et j'ai pour quotient la valeur OT de la sécante de l'arc proposé.

Effectivement, les triangles semblables MOP et AOT donnent cette proportion :

$$\mathrm{OT} : \mathrm{MO} :: \mathrm{AO} : \mathrm{OP},$$

c'est-à-dire,

$$séc.\ \mathrm{AM} : \mathrm{R} :: \mathrm{R} : cos.\ \mathrm{AM};$$

donc

$$séc.\ \mathrm{AM} = \frac{\mathrm{R}^2}{cos.\ \mathrm{AM}},$$

donc la sécante d'un arc dont on connaît le sinus et le cosinus, se trouve en divisant le carré du rayon par le cosinus.

PROBLÈME.

364. *Étant donné le sinus et le cosinus de l'arc AM, trouver sa cosécante.*

Pour déterminer la valeur OS de la cosécante de l'arc AM, je fais le carré du rayon et je le divise par le sinus MP.

En effet, les triangles semblables MOQ et DOS donnent cette proportion :

$$\mathrm{OS} : \mathrm{MO} :: \mathrm{DO} : \mathrm{OQ},$$

c'est-à-dire,

$$\text{coséc. AM} : R :: R : \text{sin. AM};$$

donc

$$\text{coséc. AM} = \frac{R^2}{\text{sin. AM}};$$

donc la cosécante d'un arc dont on connaît le sinus et le cosinus, se trouve en divisant le carré du rayon par le sinus.

CONSTRUCTION DES TABLES DE SINUS.

365. On appelle *table de sinus* des tables où l'on trouve à côté de chaque arc exprimé en grades, minutes, etc., la valeur de son sinus, de son cosinus, de sa tangente, etc.

Les savans utiles, à qui l'on doit la première construction des tables de sinus, ont fondé leurs calculs sur des méthodes ingénieuses, mais dont l'application était fort pénible. L'analyse a fourni depuis des méthodes beaucoup plus expéditives pour remplir cet objet; mais les calculs étant déjà faits, ces méthodes seraient restées sans applications, si l'établissement du système métrique n'eût fourni l'occasion de calculer de nouvelles tables conformes à la graduation centésimale du cercle.

Pour donner une idée des méthodes que nous avons suivies dans la construction de notre table, supposons qu'il s'agisse de calculer les sinus de tous les arcs de minute en minute, depuis une minute jusqu'à 10 000 minutes ou 100 grades, et que le rayon du cercle soit égal à l'unité.

366. Prenons, pour point de départ, le triangle ADO (*Fig.* 217) qui est rectangle en O, par conséquent l'angle AOD est de 100 grades, et son sinus est égal au rayon (349); calculons ensuite les sinus de 50 grades, de 25 grades, de 12 grades 50 minutes, de 6 grades 25 minutes, de 3 grades 12 minutes 50 secondes, de 1 grade 56 minutes 25 secondes, de 78 minutes 12 secondes 50 tierces, de 39 minutes 6 secondes 25 tierces, de 18 minutes 53 secondes 12 tierces 50 dixièmes, de 9 minutes 26 secondes 56 tierces 25 centièmes, de 4 minutes 63 secondes 28 tierces 125 millièmes, etc., que l'on trouve par les procédés indiqués dans l'article 318, égaux à ceux des tables.

Donc on a

$$\begin{aligned} R \text{ ou } DO &= \text{sin. ACD ou } 100^G,\\ BD &= \text{sin. CFD ou } 50_G,\\ DE &= \text{sin. FGD ou } 25^G,\\ DI &= \text{sin. GD ou } 12_G\ 50', \text{ etc., etc.} \end{aligned}$$

Cela posé, on remarque que quand les arcs sont forts petits, ils ne diffèrent pas sensiblement de leurs sinus, et sont par conséquent, à très peu près, proportionnels à ces sinus; ainsi, pour trouver le sinus de 1 minute, on fera cette proportion : *l'arc de 4 minutes 63 secondes 28 tierces 125 millièmes est à l'arc de 1 minute, comme le sinus de ce premier arc est au sinus de 1 minute.*

Si dans ce calcul, on suppose le rayon de 100000 parties seulement, il faudra calculer les sinus des arcs que nous venons de rapporter, avec trois décimales, pour être en droit d'en conclure les suivans, à moins d'une moitié près; alors on remontera facilement aux autres en cette manière :

Depuis 1 minute jusqu'à 3 grades, il suffira de multiplier le sinus de 1 minute successivement par 2, 3, 4, 5, etc., pour avoir les sinus de 2 minutes, 3 minutes, etc., jusqu'à 3 grades, à moins d'une unité près.

367. Pour calculer les sinus des arcs au-dessus de 3 grades, on fera usage de ce qui a été dit aux numéros 355 et 356; mais on abrégera considérablement le travail en ne calculant ces sinus par ce principe, que de grades en grades seulement. Quant aux minutes intermédiaires, on y satisfera en prenant la différence des sinus de deux degrés consécutifs, et formant cette proportion : 100 *minutes sont au nombre de minutes proposé, comme la différence des sinus des deux grades voisins est à un quatrième terme* qui sera ce qu'on doit ajouter au plus petit des deux sinus pour avoir le sinus du nombre de grades et minutes proposé. Par exemple, si après avoir trouvé que les sinus de 9 grades et de 10 grades sont 14090 et 15643, je voulais avoir le sinus de 9 grades 23 minutes, je prendrais la différence 1553 de ces sinus, et je calculerais le quatrième terme de la proportion suivante :

$$100' : 23' :: 1553 : x.$$

Ce quatrième terme, qui est 357 à très peu près, étant ajouté à 14090, donne, 14447 pour le sinus de 9 grades 23 minutes, tel qu'il est dans la table, à moins d'une unité près.

368. La raison de cette pratique est fondée sur ce que l'arc KL, lorsqu'il est petit, comme de 1 grade, par exemple, les différences LM, JR des sinus LN, JH, sont à très peu près proportionnelles aux différences KL, KJ des arcs correspondans QL, QJ, parce que les triangles KLM et JKR, pouvant être considérés comme rectilignes, sont semblables.

Cette méthode ne doit cependant être employée que jusqu'à 95 grades, parce que passé ce terme, on ne peut se permettre de prendre Ux pour la différence des sinus LN, SV, parce que la quantité xV, toute petite qu'elle est, a un rapport sensible avec Ux, et d'autant plus sensible, que l'arc LQ approche plus de 100 grades. Dans ce cas, il faut se rappeler que (164) les droites DT, Dz, qui sont les différences entre le rayon et les sinus LN, VS, sont proportionnelles aux carrés des cordes DL et DV, ou (à cause que les arcs DL et DV sont forts petits) aux carrés des arcs DL et DV; c'est pourquoi, ayant calculé le sinus de 95 grades, on prendra sa différence avec le rayon 100000; et pour trouver le sinus de tout autre arc entre 95 et 100, on fera cette proportion : *Le carré 5 grades ou de 500 minutes, est au carré du nombre des minutes du complément de l'arc proposé, comme la différence du rayon au sinus de 95 grades est à un quatrième terme qui sera* Dz, et qui étant retranché du rayon, donnera Oz ou Sx, sinus de l'arc proposé. Par exemple, ayant trouvé que le sinus de 95 grades est 99695, si je veux avoir le sinus de 98 grades 49 minutes, dont le complément est 1 grade 51 minutes ou 151 minutes, je ferai cette proportion :

$$\overline{500}' : \overline{151}' :: 307 :: Dz,$$

par laquelle je trouve que Dz vaut 28 à très peu de chose près; retranchant 28 du rayon 100000, j'ai 99972 pour le sinus de 98 grades 49 minutes, tel qu'il est, en effet, dans la table.

Ces données doivent faire concevoir comment notre table ont été calculées, à l'exception cependant des tangentes qui n'ont pas été conclues par ces procédés; il a fallu d'abord calculer les sinus de tous les arcs, et calculer ensuite les tangentes de ces arcs par le procédé établi n.° 36 1

N. B. Quoique *les tables des sinus et tangentes en nombres naturels* ne soient pas aujourd'hui employées en France, il faut toujours déterminer toutes les lignes trigonométriques qu'elles contiennent, afin de pouvoir établir celles employées aujourd'hui, qu'on appelle *tables trigonométriques centésimales* ou *des logarithmes des sinus et tangentes, suivant la graduation centésimale du cercle.*

DES LOGARITHMES.

369. On appelle *logarithmes* une suite de nombres en *progression par différence* (1) qui correspond, terme pour terme, à une autre suite de nombres en *progression par quotient* (2).

Comme par exemple :

÷1 . 2 . 3 . 4 . 5 . 6 . 7 . 8 . 9 . 10 . etc.
∺3 : 9 : 27 : 81 : 243 : 729 : 2187 : 6561 : 19683 : 59049 : etc.

Chaque terme de la suite supérieure s'appelle le logarithme du terme qui lui correspond dans la suite inférieure. Ainsi 1 est le logarithme de 3; 2 le logarithme de 9; 3 est celui de 27; 4 celui de 81; etc.

Il est facile de voir qu'un même nombre peut avoir une infinité de logarithmes différens, puisqu'à une même progresssion par quotient on peut faire correspondre une infinité de progressions par différence, et réciproquement. Mais comme nous ne considérons ici les logarithmes que relativement à l'usage que l'on en fait dans les tables, nous ne parlerons que des progressions sur lesquelles ces tables sont basées.

(1) On appelle *progression par différence* une suite de nombres tels que chacun surpasse celui qui le précède ou en est surpassé, d'un *nombre constant* qu'on nomme la *raison* ou la *différence* de la progression. Ainsi, soient les deux suites :

÷2 . 5 . 8 . 11 . 14 . 17 . 20 . 23 . 26 . 29 . 31.... etc.,
÷60 . 56 . 52 . 48 . 44 . 40 . 36 . 32 . 28 . 24 . 20.... etc.;

la première est dite une progression *croissante*, dont la raison est 3, et la seconde une progression *décroissante*, dont la raison est 4.

(2) On nomme *progression par quotient* une suite de nombres dont chacun est égal à celui qui le précède, multiplié par un *nombre* constant, qui est appelé la *raison* de la progression.

La progression est dite *croissante* ou *décroissante*, suivant que la *raison*, ou le nombre qui exprime le rapport d'un terme à celui qui le précède, est *plus grand* ou *plus petit* que l'unité. Ainsi, soient les deux suites de nombres :

∺2 : 6 : 18 : 54 : 162 : 486 : 1458 : .....,
∺24 : 12 : 6 : 3 : $\frac{3}{2}$: $\frac{3}{4}$: $\frac{3}{8}$: .....

Dans la première, chaque terme est égal à celui qui le précède, multiplié par 3; ainsi, c'est une progression par quotient, dont la *raison* est 3. Dans la seconde, chaque terme est la moitié de celui qui le précède, ou bien est égal à celui qui le précède, multiplié par la fraction $\frac{1}{2}$; donc, c'est une progression par quotient dont la raison est $\frac{1}{2}$.

PROPRIÉTÉ DES LOGARITHMES.

370. *Définitions des logarithmes.* On appelle *logarithme d'un nombre* l'exposant de la puissance à laquelle il faut élever une quantité convenue pour avoir ce nombre. (Cette quantité convenue est ordinairement 10.)

Au moyen des logarithmes, on ramène la *multiplication* à l'*addition*, la *division* à la *soustraction*, l'*élévation aux puissances* à la *multiplication*, l'*extraction des racines* à la *division*, c'est-à-dire que :

1° *Le logarithme d'un produit égale la somme des logarithmes des facteurs de ce produit*; ainsi :

$$\log.\ (a \times b) = \log.\ a + \log.\ b,$$
$$\log.\ (a \times b \times c) = \log.\ a + \log.\ b + \log.\ c.$$

2° *Le logarithme d'un quotient égale le logarithme du dividende, moins le logarithme du diviseur*, ou

$$\log.\frac{a}{b} = \log.\ a - \log.\ b.$$

3° *Le logarithme d'une puissance quelconque d'un nombre égale le logarithme de ce nombre multiplié par le nombre qui indique la puissance*, ou, en d'autres termes, *par l'exposant de la puissance*; ainsi

$$\log.\ a^2, \text{ ou } \log.\ a \times a = 2 \log.\ a,$$
$$\log.\ a^5, \text{ ou } \log.\ a \times a \times a \times a \times a = 5 \log.\ a.$$

4° *Le logarithme de la racine d'un nombre égale le logarithme de ce nombre divisé par l'exposant de la racine*, ce qui donne

$$\log.\ \sqrt{a} = \frac{\log.\ a}{2}.$$
$$\log.\ \sqrt[3]{a} = \frac{\log.\ a}{3}.$$

CONSTRUCTION DES TABLES DE LOGARITHMES.

371. Les considérations précédentes suffisent pour faire concevoir l'utilité *d'une table de logarithmes*, c'est-à-dire d'une table renfermant, d'une part, une série de nombres en progression par quotient, et de l'autre, leurs logarithmes, ou des nombres en progression par différence, (les deux progressions devant satisfaire à la condition énoncée au numéro 369.)

Comme on a vu d'ailleurs que toutes les opérations sur des nombres d'une nature quelconque, se ramènent toujours à des opérations sur des nombres entiers, il s'ensuit que, pour la simplification des calculs, il suffirait que la table contînt les logarithmes des nombres entiers. Or, voici comment on est parvenu à former une pareille table.

Entre tous les systèmes, *en nombre infini*, de deux progrogressions, l'une par quotient, et l'autre par différence, que l'on pourrait prendre, on a d'abord choisi la progression décuple

$$\div 1 : 10 : 100 : 1000 : 10000 : 100000 : 1000000 : \text{etc.}$$

et la suite naturelle des nombres

$$\div 0 \,.\, 1 \,.\, 2 \,.\, 3 \,.\, 4 \,.\, 5 \,.\, 6 \,.\, \text{etc.}$$

Cela posé, concevons qu'entre les nombres 1 et 10, 10 et 100, 100 et 1000, etc., on insère (1) un certain nombre de *moyens proportionnels* (qui soit le même pour chaque compte); mais un assez grand pour qu'on soit assuré que 2, 3, 4, 5.....9 | 11, 12, 13, 14.....99 | 101, 102, 103..... 999, soient compris parmi ces moyens proportionnels, ou du moins ne diffèrent de quelques-uns d'entre eux que d'une quantité si petite, qu'on puisse les substituer, sans erreur sensible, à ces moyens proportionnels.

Concevons ensuite qu'entre les termes 0 et 1, 1 et 2, 2 et 3, 3 et 4, etc., de la progression par différence, on insère *autant* de moyens différentiels qu'on avait inséré de moyens proportionnels; il est clair, d'après ce qui a été dit précédemment, que les termes de la nouvelle progression par différence seront les logarithmes des termes de la nouvelle progression par quotient.

Maintenant supposons que dans le nombre immense des termes des deux progressions, on ne tienne compte que des nombres entiers 1, 2, 3, 4, 5, 6,..... 9, 10, 11, 12, 13, etc., appartenant à la progression par quotient, ainsi que des logarithmes qui leur correspondent, on obtiendra une table qui renfermera : d'une part, tous les nombres entiers consécutifs, et de l'autre, leurs logarithmes.

Ainsi, les propriétés relatives aux diverses opérations arithmétiques, sont applicables à tous les nombres de cette table et à leurs logarithmes.

372. Voici une méthode élémentaire qui ne suppose que des extractions successives de racines carrées.

Supposons qu'on veuille déterminer le logarithme de 5.

Comme ce chiffre est compris entre 1 et 10, insérons *un seul moyen proportionnel* entre 1 et 10, nous aurons

$$1 : x :: x : 10 :$$

d'où

$$x = \sqrt{10} = 3\text{-}16227766.....,$$

puis *un* moyen différentiel entre 0 et 1, nous aurons

$$0 \,.\, z : z \,.\, 1 ;$$

d'où

$$z = \tfrac{1}{2} \text{ ou } 0\text{-}5.$$

Cela posé, $\frac{1}{2}$ ou 0-5 sera évidemment le logarithme de $\sqrt{10}$; résultat qui s'accorde avec la propriété du numéro 370, 4°, puisque l'on a

$$\log.\ \sqrt{10} = \frac{\log.\ 10}{2} = \tfrac{1}{2}.$$

Maintenant, comme 5 est plus grand que 3-16227766... et plus petit que 10, insérons un nouveau moyen proportionnel entre 3-16227766... et 10, puis un moyen différentiel entre 0-5 et 1 ; il vient

$$3\text{-}16227766... : x :: x : 10 ;$$

d'où

$$x = \sqrt{3\text{-}16227766... \times 10},$$

ou

$$x = \sqrt{31\text{-}6227766...} = 5\text{-}623...,$$

et

$$\tfrac{1}{2} \,.\, z : z \,.\, 1 ;$$

d'où

$$z = \tfrac{3}{4} \text{ ou } 0\text{-}75.$$

Ce moyen différentiel est d'ailleurs le logarithme du nouveau moyen proportionnel.

Le nombre 5 se trouvant compris entre 3-16227766... et 5-623..., nous sommes encore conduits à prendre un moyen proportionnel entre 3-16227766... et 5-623..., puis un moyen différentiel entre 0-5 et 0-75.

Or, il est évident qu'en continuant cette série d'insertions de moyens proportionnels, on parviendra à en déterminer deux qui ne différeront l'un de l'autre que d'une quantité aussi petite qu'on voudra, et qui comprendront le nombre 5. On pourra donc, sans erreur sensible, substituer 5 à l'un de ces moyens proportionnels, et le moyen différentiel, correspondant au moyen proportionnel, sera le logarithme demandé. On obtiendrait, par des opérations analogues, les logarithmes des nombres premiers 2, 3, 7, 11, 13..., etc. Observons d'ailleurs qu'il suffit de calculer directement les logarithmes de ces nombres premiers; écartons les autres nombres entiers résultant de la multiplication de ces différens facteurs entre eux ; leurs logarithmes peuvent (370) s'obtenir par l'addition des logarithmes des nombres premiers.

C'est ainsi que, 4 étant décomposable en 2×2, on a

$$\log.\ 4 = \log.\ 2 + \log.\ 2 \text{ ou } 2 \log.\ 2 ;$$

6 étant décomposable en 2×3, on a aussi

$$\log.\ 6 = \log.\ 2 + \log.\ 3 ;$$

de même

$$24 = 2^3 \times 3 \text{ ou } 2 \times 2 \times 2 \times 3 ;$$

donc

$$\log.\ 24 = 3 \log.\ 2 + \log.\ 3.$$

Soit encore

$$360 = 2^3 \times 3^2 \times 5 ;$$

il en résulte

$$\log.\ 360 = 3 \log.\ 2 + 2 \log.\ 3 + \log.\ 5 ;$$

et ainsi de suite.

Il suffisait également de placer dans les tables de logarithmes des nombres entiers; car en vertu de la propriété

(1) Voyez, dans notre Arithmétique, les *progressions par quotient*.

(370, 2°) relative à la division, on obtient le logarithme d'un nombre fractionnaire en retranchant le logarithme du diviseur de celui du dividende.

DISPOSITIONS DES TABLES ORDINAIRES.

373. On appelle *logarithmes ordinaires* ou *vulgaires*, ceux dont la formation est fondée sur le système des deux progressions $\left\{\begin{array}{l} \div 1 : 10 : 100 : 1000 \ldots \text{etc.}, \\ \div 0 \,.\, 1 \,.\, 2 \,:\, 3 \ldots \text{etc.}, \end{array}\right\}$, parce que c'est de cette table qu'on se sert le plus communément.

La *raison* de la progression par quotient, ou 10, est ce qu'on appelle la *base* du système vulgaire.

Il résulte de l'inspection des deux progressions, 1° que *le logarithme de la base ou de 10 est égal à 1*; 2° que *le logarithme de l'unité est égal à* 0.

On voit aussi que les logarithmes de tous les nombres entiers ou fractionnaires, compris entre 1 et 10, sont *plus petits que l'unité*; que ceux des nombres compris entre 10 et 100 se composent d'une unité et d'une certaine fraction; que ceux des nombres compris entre 100 et 1000 se composent de deux unités et d'une certaine fraction, et ainsi de suite.

Dans notre table (1), ces fractions ont été évaluées en décimales. Ainsi, les logarithmes des nombres d'un *seul* chiffre sont représentés par une *fraction décimale*; les logarithmes des nombres de *deux* chiffres ont 1 pour *partie entière*, laquelle est d'ailleurs suivie d'une fraction décimale. Les logarithmes des nombres de *trois* chiffres ont deux pour partie entière; ceux des nombres de *quatre* chiffres ont 3, et ainsi de suite; c'est-à-dire, que la partie entière du logarithme d'un nombre renferme *autant d'unités moins une* qu'il y a de chiffres dans le nombre.

On a donné le nom de *caractéristique* à la partie entière du logarithme d'un nombre, parce que l'on voit, à la seule inspection, entre quels ordres d'unités tombe le nombre qui correspond à ce logarithme. Ainsi, 2-8129134 correspond à un nombre de trois chiffres, c'est-à-dire, à un nombre compris entre 100 et 1000; de même, 5-0085576 est le logarithme d'un nombre compris entre 10000 et 100000. *La caractéristique se compose d'autant d'unités* MOINS UNE *qu'il y a de chiffres dans le nombre*.

374. Connaissant le logarithme d'un nombre quelconque, on peut obtenir facilement celui d'un nombre 10, 100, 1000, etc. fois plus grand. Il suffit, pour cela, *d'ajouter* 1, 2, 3, etc. *unités à la caractéristique*.

Soit en effet, a, un nombre dont on connaît déjà le logarithme; on a (370, 1°)

$$\log.(a \times 10) = \log. a + \log. 10 = \log. a + 1,$$
$$\log.(a \times 100) = \log. a + \log. 100 = \log. a + 2,$$
$$\log.(a \times 1000) = \log. a + \log. 1000 = \log. a + 3, \text{ etc.}$$

(1) Ce que nous allons dire de notre *table de logarithmes* est également applicable à beaucoup d'autres. Nous faisons cette observation une fois pour toutes.

Réciproquement, le logarithme d'un nombre étant connu, pour obtenir celui d'un nombre 10, 100, 1000, etc. fois plus petit, il suffit de *retrancher à la caractéristique* 1, 2, 3, etc. *unités*.

Effectivement, on a (370, 2°)

$$\log.\frac{a}{10} = \log. a - \log. 10 = \log. a - 1,$$
$$\log.\frac{a}{100} = \log. a - \log. 100 = \log. a - 2,$$
$$\log.\frac{a}{1000} = \log. a - \log. 1000 = \log. a - 3, \text{ etc.}$$

375. Il faut remarquer, par rapport aux logarithmes négatifs, qu'on est dans l'usage, pour la commodité des calculs, de les représenter sous une forme positive, en augmentant de 10 la caractéristique du logarithme du numérateur. Pour plus de facilité, on réduit la fraction en décimales; d'où il résulte que *les logarithmes des nombres plus petits que l'unité, exprimés en décimales, ont leur caractéristique égale au nombre 10 moins le nombre de zéros qui précèdent la première figure significative de la décimale, en y comprenant le zéro placé avant le trait.* Donc la caractéristique du logarithme de la fraction 0-7, qui a un zéro avant la première figure significative, sera égale à

$$10 - 1 = 9;$$

pour la fraction 0-07, elle sera égale à

$$10 - 2 = 8;$$

et pour celle 0-007, elle sera égale à

$$10 - 3 = 7, \ldots \text{ etc.}$$

Il suit de là que les logarithmes des nombres qui ont les mêmes figures significatives, tels que 8945, 894-5, 89-45, 8-945, 0-8945, 0-08945, 0-008945, ne diffèrent entre eux que par leurs caractéristiques, qui sont, savoir : 3 pour le premier nombre, 2 pour le second, 1 pour le troisième, 0 pour le quatrième, 9 pour le cinquième, 8 pour le sixième, 7 pour le septième, etc.

C'est là ce qui rend le système, dont la base est 10, plus avantageux que tout autre. Comme on a souvent besoin de multiplier ou diviser par 10, 100, 1000, etc., ces opérations se réduisent à de simples additions ou soustractions d'unités. *Les logarithmes des fractions décimales sont, à la caractéristique près, les mêmes que ceux des nombres que l'on obtient en faisant abstraction du trait.*

Notre table comprend les logarithmes à 7 décimales. Sa disposition est à peu près la même que celle de la table à 5 décimales de Jérôme Delalande (un vol. in-18, stéréotype); elle ne contient cependant que la partie décimale des logarithmes. Nous y avons supprimé les caractéristiques qu'on supplée aisément par les règles données ci-dessus.

Nous publions notre table des logarithmes avec 7 décimales, parce que nous nous proposons de calculer celle des logarithmes des sinus, tangentes, etc., avec 7 chiffres décimaux.

La première colonne de la table contient les nombres depuis 1000 jusqu'à 10000. On trouve les logarithmes de ces nombres dans la seconde colonne, et les différences tabulaires dans la troisième.

USAGE DE NOTRE TABLE DE LOGARITHMES.

376. Nous avons dit que les logarithmes des nombres qui ont les mêmes figures significatives ne diffèrent entre eux que par leurs caractéristiques. D'après cela, quel que soit un nombre proposé, on pourra toujours déterminer la partie décimale de son logarithme en ne considérant que ses figures significatives, et il ne restera plus qu'à ajouter la caractéristique qui convient, d'après les règles données ci-dessus.

PROBLÈME.

377. *Un nombre entier de quatre chiffres étant donné, trouver son logarithme par notre table à sept décimales.*

Soit 2589 le nombre dont on demande le logarithme. Je cherche ce nombre dans la première colonne de la table; ensuite j'entre dans la seconde colonne et j'y trouve le nombre 4131321, qui est la partie décimale du logarithme demandé.

Il ne reste plus qu'à trouver la caractéristique pour le nombre proposé 2589 : or, par les règles données ci-dessus, cette caractéristique $=3$, on aura donc

$$\log. 2589=3\text{-}4131321.$$

PROBLÈME.

378. *Un nombre entier de trois chiffres étant donné, trouver son logarithme par notre table.*

Soit 618 le nombre dont on demande le logarithme, j'ajoute un zéro à ce nombre, ce qui donne 6180; je cherche le nombre 6180 dans la première colonne, ensuite j'entre dans la seconde colonne, et j'y trouve 7909885 pour la partie décimale du logarithme demandé. Si le nombre 6180 était celui proposé, la caractéristique serait égale à 3 comme dans le problème précédent; mais comme nous y avons ajouté un zéro pour avoir quatre figures, nous ne considérerons plus que trois chiffres, et la caractéristique sera égale à 2; enfin, on aura

$$\log. 618=2\text{-}7909885.$$

PROBLÈME.

379. *Un nombre entier de deux chiffres étant donné, trouver son logarithme.*

Soit 79 le nombre dont on demande le logarithme. Après avoir ajouté deux zéros au nombre proposé, j'ai 7900 que je cherche dans la première colonne; ensuite, j'entre dans la seconde colonne et j'y trouve 8976271, qui est la partie décimale du logarithme demandé. Il reste maintenant à trouver la caractéristique : en ne considérant que les deux premières figures, cette caractéristique est 1; donc on a

$$\log. 79 = 1\text{-}8976271.$$

PROBLÈME.

380. *Un seul chiffre, autre que 0 et 1, étant donné, trouver son logarithme.*

Soit 7 le nombre dont on demande le logarithme. J'ajoute d'abord trois zéros à ce nombre, ce qui fait 7000, que je cherche dans la première colonne; ensuite, j'entre dans la seconde colonne et j'y trouve 8450980, qui est la partie décimale du logarithme demandé.

Sachant maintenant qu'il n'y a qu'un seul chiffre significatif au nombre cherché dans la première colonne, je trouve que la caractéristique $=0$; donc on a

$$\log. 7=0\text{-}8450980.$$

PROBLÈME.

381. *Une fraction décimale étant donnée, trouver son logarithme.*

Soit 0-2589 le nombre dont on demande le logarithme. Je cherche le logarithme de 2589, et j'ai sa partie décimale qui est 4131321. Ensuite, j'ajoute la caractéristique qui, par les règles données n° 375 est égale à

$$10-1=9,$$

on aura donc

$$\log. 0\text{-}2589=9\text{-}4131321.$$

On aurait également

$$\begin{aligned}\log. 0\text{-}02589 &= 8\text{-}4131321,\\ \log. 0\text{-}002589 &= 7\text{-}4131321,\\ \log. 0\text{-}0002589 &= 6\text{-}4131321,\ldots \text{etc.}\end{aligned}$$

PROBLÈME.

382. *Une fraction ordinaire étant donnée, trouver son logarithme.*

Soit $\frac{3}{4}$ la fraction dont on demande le logarithme.

On a vu précédemment (370, 2°) que le logarithme d'un quotient égale le logarithme du dividende, moins le logarithme du diviseur; ainsi, considérant la fraction proposée comme une division, j'ai

$$\log. \tfrac{3}{4}=\log. 3-\log. 4=-(\log. 4-\log. 3);$$

ou

$$\begin{aligned}\log. 4&=0\text{-}6020600\\ \log. 3&=0\text{-}4771213\\ \hline \log. \tfrac{3}{4}&=-0\text{-}2249387\end{aligned}$$

ce qui fournit cette règle.

Pour obtenir le logarithme d'une fraction ordinaire, soustrayez le logarithme du numérateur de celui du dénominateur, et prenez le résultat avec le signe —.

N. B. Quand on emploie les logarithmes négatifs, on les soustrait partout où il faut les ajouter, et réciproquement.

383. D'après le numéro 375, on évite les logarithmes négatifs en augmentant de 10 la caractéristique du logarithme du numérateur; mais alors, pour rétablir l'éga-

lité dans les opérations, *on supprime une dixaine à la caractéristique du logarithme définitif, dans lequel est entré celui de la fraction.* Ainsi on a

$$\begin{array}{l} \log.\ 3 = 10\text{-}4771213 \\ \log.\ 4 = \ \ 0\text{-}6020600 \\ \hline \log.\ \frac{3}{4} = \ \ 9\text{-}8750613 \end{array}$$

Pour plus de facilité, on réduit la fraction ordinaire en décimales, ce qui donne le même résultat.

Si l'on veut, par exemple, le logarithme de la fraction proposée $\frac{3}{4}$ = 0-75, on a

$$\log.\ 0\text{-}75 = \log.\ 75 - \log.\ 100\,;$$

mais d'après ce qui précède, on augmentera la caractéristique du nombre 75 de 10; et comme le logarithme ou la caractéristique de 100 = 2, on aura

$$\log.\ 0\text{-}75 = 9\text{-}8750613.$$

On a également, d'après le numéro 374,

$$\begin{array}{l} \log.\ \ 0\text{-}075 = 8\text{-}8750613 \\ \log.\ \ 0\text{-}0075 = 7\text{-}8750613 \\ \log.\ 0\text{-}00075 = 6\text{-}8750613, \text{ etc.} \end{array}$$

PROBLÈME.

384. *Un nombre fractionnaire étant donné, trouver son logarithme.*

Soit le nombre 12 $\frac{2}{3}$ dont on demande le logarithme. Je réduis d'abord l'entier en une fraction qui a 3 pour dénominateur, ce qui donne $\frac{38}{3}$; c'est une division indiquée; ainsi on a

$$\begin{array}{r} \log.\ 38 = 1\text{-}5797836 \\ \log.\ \ 3 = 0\text{-}4771213 \\ \hline \log.\ 12\frac{2}{3} \text{ ou } \frac{38}{3} = 1\text{-}1026623 \end{array}$$

De même,

$$\begin{array}{l} \log.\ 37\,\frac{43}{59} = \log.\ \frac{2226}{59} \\ = \log.\ 2226 - \log.\ 59 \\ = 3\text{-}3475252 - 1\text{-}7708520 = 1\text{-}5766732 \end{array}$$

PROBLÈME.

385. *Un nombre décimal étant donné, trouver son logarithme.*

Soit 4-856 le nombre décimal dont on demande le logarithme. Considérant ce nombre décimal comme si c'était un nombre entier, j'en cherche le logarithme qui est 3-6862787; et comme le nombre proposé ne contient qu'un chiffre pour la partie entière, d'après le nº 375, la caractéristique = 0, j'ai

$$\log.\ 4\text{-}856 = 0\text{-}6862787.$$

On aurait également

$$\begin{array}{l} \log.\ 48\text{-}56 = 1\text{-}6862787, \\ \log.\ 485\text{-}6 = 2\text{-}6862787, \\ \log.\ 4856 = 3\text{-}6862787. \end{array}$$

Donc, *pour trouver le logarithme d'un nombre décimal, il faut le considérer comme si c'était un nombre entier; chercher son logarithme et retrancher ensuite de la caractéristique autant d'unités qu'il y avait de chiffres décimaux.*

En effet, comme le nombre proposé était mille fois plus petit que 4856, il ne s'agissait que de retrancher 3 unités de la caractéristique pour avoir le résultat demandé.

Nous allons enseigner ce qu'il faut faire pour chercher le nombre répondant à un logarithme qui ne se trouve point dans notre table, soit que ce logarithme excède les limites de notre table, soit qu'il tombe entre deux logarithmes de cette table; et réciproquement, pour chercher le logarithme des nombres qui ne se trouvent point dans notre table, c'est-à-dire, des nombres entiers au-dessus de 10000.

N. B. Il était impossible de placer dans notre table les logarithmes de tous les nombres, puisque celles de Callet, qui sont les plus fortes jusqu'à présent, ne vont qu'à 108000

MANIÈRE D'ÉTENDRE NOTRE TABLE AU-DELA DE SA LIMITE.

386. Les méthodes que nous allons donner ne sont pas rigoureuses; mais elles sont plus que suffisantes pour les usages ordinaires.

Voici les deux questions qu'il est indispensable de savoir résoudre : 1º *Un nombre quelconque étant donné, déterminer son logarithme;* 2º *un logarithme étant donné, déterminer le nombre qui lui appartient.*

PROBLÈME.

387. *Un nombre étant donné, déterminer son logarithme.*

Soit à déterminer le logarithme de 357859. Ce nombre ayant 6 chiffres, la caractéristique de son logarithme est 5; ainsi, la question se réduit à trouver la partie décimale de ce logarithme.

Or, il résulte de ce qui a été dit nº 375, que cette partie décimale est la même que celle du logarithme de 3578-59.

Par cette préparation, qui consiste à *séparer vers la droite du nombre assez de chiffres pour que la partie à gauche se trouve dans la table,* j'obtiens un nombre compris entre 3578 et 3579; ainsi, son logarithme est égal à celui 3578, plus une partie de la différence qui existe entre

$$\log.\ 3579 \text{ et } \log.\ 3578.$$

Je cherche dans la table le logarithme de 3578, que je trouve être 3-5536403; je prends en même temps à côté de ce logarithme, la différence 1214, entre ce même logarithme et celui 3579.

Maintenant, pour trouver ce que je dois ajouter au logarithme trouvé, à cause de la partie à droite du trait, j'établis cette proportion : *Si, pour une unité de différence entre les nombres* 3579 *et* 3578, *on a* 1214 DIX-MILLIONNIÈMES *de différence entre leurs logarithmes, combien, pour* 0-59 *de différence entre les deux nombres* 3578-59 *et* 3578 *aura-t-on de différence entre leurs logarithmes*; ou bien,

$$1 : 1214 :: 0\text{-}59 : x;$$

d'où

$$x = 1214 \times 0\text{-}59 = 716\text{-}26;$$

et ce quatrième terme 716-26, ou simplement 716, en négligeant les décimales, est ce qu'il faut ajouter *de dix-millionnièmes* au logarithme 3-5536403 pour avoir le logarithme demandé.

J'ajoute 716 au logarithme 3-5536403 de 3578, et j'ai 3-5537119 pour logarithme de 3578-59; il ne s'agit plus, pour avoir celui de 357859, que d'ajouter deux unités à la caractéristique du logarithme qu'on vient de trouver, et on aura 5-5537119 pour le logarithme cherché, puisque 357859 est 100 fois plus grand que 3578-59.

Ordinairement, on dispose ainsi les calculs :

Nombre proposé, 357859;

séparant deux chiffres vers la droite, 3578-59

	log. 3578 =	5536403
Différence entre les deux logarithmes consécutifs....	1214	
Différence des nombres...	0-59	
	10926	
	6070	
Produit..............	716-26	
A ajouter au log. 3578.................		716
Somme................		= 5537119

donc log. 357859 = 5-5537119.

On voit que dans la pratique on multiplie le nombre décimal qui est à la droite du trait, par la différence tabulaire, comme si cette différence était un nombre entier, et dans le produit qui en résulte, on se contente des entiers que l'on ajoute au dernier chiffre du logarithme, ou aux deux derniers, si les entiers de ce produit sont composés de deux chiffres. Quand le premier chiffre décimal de ce produit est plus grand que 5, il faut augmenter les entiers de ce produit d'une unité, pour plus d'exactitude.

Si les chiffres qu'on doit séparer sur la droite étaient tous des zéros, après avoir trouvé dans la table le logarithme de la partie qui reste à gauche, il n'y aurait autre chose à faire qu'à ajouter autant d'unités à la caractéristique qu'on aurait séparé de zéros.

PROBLÈME.

388. *Un logarithme quelconque étant donné, trouver le nombre qui lui correspond.*

Lorsque, pour effectuer certaines opérations arithmétiques on emploie le secours des logarithmes, on parvient ordinairement à un résultat qui exprime le logarithme *du nombre cherché*, et il faut, au moyen de la table, déterminer à quel nombre correspond ce logarithme.

Nous allons considérer le cas où la caractéristique est 3, c'est-à-dire, la plus forte de celles qui se trouvent dans notre table.

389. Soit à trouver le nombre correspondant au logarithme 3-4593624.

Je commence par chercher ce logarithme parmi ceux des nombres de quatre chiffres, et je trouve qu'il est compris entre 3-4592417 et 3-4593925 qui sont les logarithmes de 2879 et 2880; donc le nombre cherché est égal à 2879 plus une certaine fraction.

Pour obtenir cette fraction, je prends la différence tabulaire 1508, et la différence 1207 entre le logarithme donné et celui de 2879; puis j'établis la proportion : *Si pour* 1508 DIX-MILLIONNIÈMES *de différence entre log.* 2880 *et log.* 2879, *on a une unité de différence entre ces nombres, combien, pour* 1207 DIX-MILLIONNIÈMES *de différence entre le logarithme donné et celui de* 2879, *doit-on avoir de différence entre les nombres correspondans*; ou bien

$$1508 : 1 :: 1207 : x;$$

d'où

$$x = \tfrac{1207}{1508} = 0\text{-}8.$$

Ajoutant ce quatrième terme à 2879, j'obtiens 2879-8 pour le nombre demandé.

Voici les calculs :

Logarithme proposé.................	3-4593624
On trouve dans la table, pour le plus petit des deux logarithmes qui le comprennent.........................	3-4592417
Différence..............	1207
Différence tabulaire... ..	1508

Proportion,

$$1508 : 1 :: 1207 : x = 0\text{-}8;$$

donc le nombre cherché = 2879-8.

390. *Remarque.* Il est bon de faire observer ici que lorsqu'on cherche dans la table le nombre qui correspond à un logarithme, il ne faut pas faire attention à la différence qu'il pourrait y avoir entre le logarithme dont il s'agit et celui qui dans la table en approche le plus, lorsque cette différence n'est que d'*une unité du dernier ordre des décimales.*

Si, le logarithme étant positif, sa caractéristique est moindre que 3, on commence par *rendre la caractéristique égale à* 3, par l'addition d'un nombre convenable d'unités (afin que les nombres sur lesquels on doit opérer soient au-dessus de 1000); *on cherche le nombre qui correspond à ce nouveau logarithme; après quoi l'on divise ce nombre par* 10, 100, 1000,... etc., suivant que l'on a été obligé d'ajouter 1, 2, 3, etc., unités à la caractéristique.

391. Ainsi, soit à déterminer le nombre correspondant au logarithme 1-5683426.

J'ajoute 2 unités au logarithme proposé et je trouve 3-5683426. Ensuite, je cherche, d'après la règle ci-dessus, le nombre correspondant à ce nouveau logarithme, et je trouve

$$3\text{-}5683426 = \log.\ 3701\text{-}2.$$

Or, puisqu'en ajoutant 2 unités à la caractérisque, j'ai (374) multiplié le nombre cherché par 100, il faut, pour celui-ci, diviser 3701-2 par 100; ce qui donne enfin 37-012 pour le nombre demandé, à moins d'un centième près.

Soit encore à trouver le nombre correspondant au logarithme 0-8678386.

J'ai d'abord

3-8678386 = log. 7376-3;

donc

0-8678386 = log. 7-3763, à moins de $\frac{1}{10000}$ près.

Soit enfin proposé de déterminer le nombre correspondant au logarithme 5-4765833.

Retranchant d'abord deux unités, j'ai

3-4765833 = log. 2996-3;

et comme en ôtant deux unités de la caractéristique, j'ai rendu le nombre 100 fois trop petit, il faut multiplier 2986-3 par 100, ce qui donne 299630 pour le nombre demandé, à une dizaine près.

Tout ce que nous venons de dire trouvera abondamment des applications par la suite. Bornons-nous, quant à présent, à donner une idée, par quelques exemples, de l'avantage que les complémens arithmétiques et les logarithmes procurent pour la facilité et la promptitude des calculs.

DES COMPLÉMENS ARITHMÉTIQUES.

392. On appelle *complémens arithmétiques* d'un logarithme, ce qui manque à ce logarithme pour faire 10 unités; en d'autres termes, c'est *le résultat qu'on obtient en soustrayant ce logarithme, de* 10.

Les complémens arithmétiques ont été imaginés pour ramener une suite d'opérations à une seule addition; car il arrive souvent, dans les applications logarithmiques que l'on a à déterminer le résultat de l'addition et de la soustraction de plusieurs logarithmes.

393. Pour obtenir un complément, il faut évidemment, d'après la règle de la soustraction, *retrancher le premier chiffre significatif à droite, de* 10, *et chacun des autres chiffres, de* 9.

Ainsi,

Compl. arith. 3-4725843 = 10 — 3-4725843 = 6-5274157;

de même,

Compl. arith. 1-5910646 = 10 — 1-5910646 = 8-4089354;

enfin,

Compl. arith. 5-0085959 = 4-9914041.

Si le dernier chiffre à droite du logarithme était un zéro, il faudrait retrancher le premier chiffre significatif à la gauche de ce zéro, de 10, et les autres chiffres, à gauche, de 9.

Ainsi,

Compl. 4-9334620 = 5-0665380.

De même,

Compl. 5-325700 = 4-674300.

394. Règle générale. Pour soustraire une somme de logarithmes d'une somme de logarithmes, *prenez les complémens arithmétiques des logarithmes à soustraire; faites une somme totale de ces complémens et des logarithmes dont il faut soustraire; puis, retranchez de la caractéristique du résultat autant de fois* 10, *ou autant de dizaines que vous avez pris de complémens.* Le résultat ainsi obtenu, est la différence demandée.

Par le moyen ordinaire, il faudrait faire la somme des termes additifs, celle des termes soustractifs; puis, soustraire la plus petite somme de la plus grande, ce qui entraînerait dans deux additions et une soustraction, tandis que par celui-ci on n'a qu'une seule addition à effectuer, sauf les opérations qui consistent à prendre les complémens, et qui sont trop simples pour entrer en ligne de compte.

Nous ferons usage des complémens arithmétiques dans ce qui va suivre.

APPLICATION DES LOGARITHMES.

395. Pour faire une multiplication par logarithmes, *il faut ajouter*, suivant le n° 370, 1°, *le logarithme du multiplicande au logarithme du multiplicateur;* la somme sera le logarithme du produit, c'est pourquoi, cherchant cette somme parmi les logarithmes de la table, on trouvera le produit à côté. Voyons pour exposer quelques exemples.

PROBLÈME.

396. *Soit proposé de multiplier* 174 *par* 49, *par logarithmes.*

Je trouve dans la table que log. 174 = 2-2405492
et que..................... log. 49 = 1-6901961

log. du produit = 3-9307453.

Effectivement, ce logarithme répond dans la table au nombre 8526 qui est le produit demandé.

Soit encore à multiplier 274 par 167.

log. 274 = 2-4377506
log. 167 = 2-2227165

log. du produit = 4-6604671
log. 4575 = 4-6603911 (1)

Différence = 760

Le nombre cherché est entre 4576 et 4575; la différence entre le logarithme de 4576 et le logarithme de 4575 est 949.

Ainsi, d'après le n.° 388,

$$949 : 1 :: 760 : x = \frac{760}{949} = 0\text{-}8;$$

donc

4-6604671 = log. 45758.

(1) On voit que nous observons la grandeur des caractéristiques, seulement à la fin des opérations.

Soit enfin proposé de multiplier 74-2641 par 11-24491, à moins d'un millième près

log. 74-26 = 1-8707549
0-41 multiplié par 585 = 240
log. 11-24 = 1-0507663.
0-491 multiplié par 3862 = 1896

log. du produit = 2-9217348
log. de 83-50 = 2-9216865

Différence = 483

Le nombre cherché est entre 8350 et 8351; la différence entre le logarithme de 8350 et le logarithme de 8351 est 520.

Ainsi,

$$520 : 1 :: 483 : x = \frac{483}{520} = 0\text{-}929;$$

donc

$$2\text{-}9217348 = \log.\ 835\text{-}0929.$$

PROBLÈME.

397. *Soit proposé de diviser 3845 par 49, en exprimant le quotient avec cinq décimales.*

D'après le n.° 170, 2°,

log. 3845 = 3-5848963
compl. log. 49 = 8-3098039

Somme — 10 = 1-8947002
log. 7846 = 1-8946483

Différence = 519

Le nombre cherché est entre 7846 et 7847; prenant la différence entre le logarithme de 7846 et le logarithme de 7847, j'ai 554.

Ainsi,

$$554 : 1 :: 519 : x = \frac{519}{554} = 0\text{-}937;$$

donc le quotient cherché = 78-46737.

PROBLÈME.

398. *Trouver la vingt-unième puissance de 1-25.*

D'après le n.° 370, 3°,

log. 1-25 = 0-0969100
multiplié par 21

969100
1938200

On a log. $(1\text{-}25)^{21}$ = 2-0351100

Ce logarithme est compris entre 2-0350295 et 2-0354297, dont la différence est 4002; les nombres qui correspondent à ces deux logarithmes sont 1084 et 1085; 907 est la différence entre le logarithme cherché et le logarithme de 1084, et donne

$$4002 : 1 :: 1084 : x = \frac{4002}{1084} = 0\text{-}27;$$

donc, la vingt-unième puissance cherchée = 108-427.

PROBLÈME.

399. *Extraire la racine quatrième de 364, à un millionnième près.*

D'après le n.° 370, 4°,

log. de 364 = 2-5611014
le $\frac{1}{4}$ = 0-6402753.

Le logarithme de ce nombre est compris entre 0-6401832 et 0-6402826; les quatre premiers chiffres significatifs sont donc 4367; la différence entre les deux logarithmes consécutifs est 994, celle entre le logarithme cherché et le logarithme de 4367 est 921.

Ainsi,

$$994 : 1 :: 921 : x = \frac{921}{994} = 0\text{-}926$$

donc la racine cherchée = 4-367926.

PROBLÈME.

400. *A quelle puissance faut-il élever le nombre 2 pour avoir le nombre 32768.*

log. 3276 = 3-5153439
0-8 multiplié par 1325 = 1060

log. 32768 = 4-5154499

Je divise le logarithme 4-5154499 ou ce qui en diffère peu 4-51545 par le logarithme de 2 = 0-3010300; le quotient 15 est le degré de la puissance cherchée.

N. B. Ce problème, des plus importans dans la pratique, méritait seul qu'on inventât les logarithmes.

PROBLÈME.

401. *Soit la proportion*

37-05 : 259-48 :: 2-434 : x

dont on demande le quatrième terme, avec quatre chiffres décimaux.

On sait, d'après les règles de l'arithmétique, que

$$x = \frac{259\text{-}48 \times 2\text{-}434}{37\text{-}05};$$

Mais, d'après les numéros 370, 1°, et 370, 2°, on aura le logarithme du nombre cherché, en ajoutant les logarithmes des deux facteurs et en soustrayant le log. du diviseur. Au lieu de soustraire le logarithme du diviseur, il sera plus simple d'ajouter le complément du même logarithme; c'est-à-dire qu'on a

$$\log.\ x = \log.\ 259\text{-}48 + \log.\ 2\text{-}434 - \log.\ 37\text{-}05.$$

Type du calcul.

log. 259-4 = 2-4139700
pour 0-8 1339

log. 259-48 = 2-4141039
log. 2-434 = 0-3863206
compl. log. 37-05 = 8-4312118

Somme — 10 = 1-2316363
log. 1704 = 1-2314696

Différence = 1667

Le nombre cherché est entre 1704 et 1705; prenant les différences des deux logarithmes 2548, on divisera 1667 par 2548, le quotient = 0-65.

Donc le quatrième terme cherché 17-0465, comme le donne le calcul ordinaire, est beaucoup plus long.

PROBLÈME.

402. *Soit proposé de trouver, par logarithme, la valeur de*

$$x = \frac{37 \times 49 \times 17 \times 175}{29 \times 69 \times 154} \text{ (1)};$$

Prenant toujours x pour le produit cherché, on a, d'après le n.° 370, 2°,

l. x = l. 37 + l. 49 + l. 17 + l. 175 — (l. 29 + l. 69 + l. 154);

log. 37 = 1-5682017
log. 49 = 1-6901961
log. 17 = 1-2304489
log. 175 = 2-2430380
compl. log. 29 = 8-5376020
compl. log. 69 = 8-1611509
compl. log. 154 = 7-8124793

Somme — 30 = 1-2431169
log. 1750 = 1-2430380

Différence 789 qui donne 0-32.

Donc log. x = 1-2431169;
d'où x = 17-5032 à un dix-millième près.

DES LOGARITHMES CONSTANS.

403. Nous allons donner un résumé des logarithmes constans dont on fait le plus d'usage dans la pratique de la Géodésie.

Pour connaître, au moyen des logarithmes, les grades, les minutes et les secondes centésimales en degrés, minutes et secondes sexagésimales, j'ai

Logarithmes.
pour les { grades...9-9542425
minutes..1-7323938
secondes.3-5105450 }

En prenant les complémens arithmétiques de ces trois logarithmes, j'ai, comme on voit ci-dessous, les trois autres logarithmes nécessaires à la conversion de l'ancienne graduation en nouvelle.

Logarithmes.
Pour les { degrés...0-0457575
minutes..8-2676062
secondes.6-4894550 }

Pour réduire, par exemple, 2 degrés 19 minutes ou 139 minutes, en grades, minutes, etc., je fais l'addition suivante:

log. 8-2676062
log. 139 = 2-1430148

0-4106210 = 2G 57' 40".

(1) Cette expression peut être regardée comme le terme inconnu dans une *règle de trois composée*.

Par la table de la page 38, j'obtiens

8 deg. = 2G 22' 22"-2
19 min. = 35 18 -5

2G 57' 40"-7 dixièm.

On doit déjà voir que l'usage des logarithmes constans simplifie beaucoup les calculs, et qu'il donne des résultats très-exacts.

404. Pour convertir, au moyen des logarithmes, les toises, pieds, pouces et lignes en mètres, j'ai

Logarithmes.
pour les { toises..0-2898200
pieds..9-5116687
pouces.8-4324875
lignes..7-3533062 }

Au moyen des complémens arithmétiques de ces logarithmes, on convertit les mètres en toises, ou en pieds, ou en pouces, ou en lignes. Voici ces logarithmes réductifs:

Logarithmes.
Pour les mètres en { toises..9-7101800
pieds..0-4883313
pouces.1-5675125
lignes..2-6466938 }

Pour réduire, par exemple, 12 toises 4 pieds 10 pouces ou 922 pouces en mètres et parties décimales du mètre, je fais l'addition suivante:

8-4324875
log. 922 = 2-9647309

1-3972184 = 24 mèt.-959.

Cette fois, les logarithmes constans ne doivent plus laisser de doutes sur la simplification des calculs. Sachant que le pouce vaut 1 mètre 0-02707 cent-millièmes de mètre, si, pour la preuve, je multiplie 922 pour faire cette fraction de mètre, j'aurai, comme il vient d'être trouvé, 24 mètres 959 millimètres.

Logarithmes.
Nombre de sec. compris { nouv. graduation. 5-8038801
dans le rayon (R") du cercle { anc. graduation..5-3144251

Ces logarithmes sont aussi les complémens arithmétiques de log. sin. 1".

Logarithmes.
Rayon de la terre (R) supposée sphérique.. 6-8038801
Rayon de l'équateur (r), en supposant l'applatissement de { $\frac{1}{334}$. 6-8045305 ; $\frac{1}{337}$. 6-8045286 }
Rayon de la terre au pôle dans l'hypothèse de $\frac{1}{334}$ d'applatissement 6-8032283

Tous nos calculs, dans lesquels ces logarithmes entrent, seront faits dans l'hypothèse de $\frac{1}{334}$.

Logarithmes.
Rapport du diamètre à la circonférence { $\frac{7}{22}$. 9-5026753 ; $\frac{113}{355}$. 9-5028501 }

Les complémens arithmétiques de ces logarithmes sont évidemment les logarithmes du rapport de la circonférence au diamètre. Les voici:

Logarithmes.
Rapport de la circonfér^e au diamètre. { $\frac{22}{7}$. 0-4973247 ; $\frac{355}{113}$. 0-4971499 }

Voici d'autres logarithmes constans assez usités :

		Logarithmes.
Log. circonférence du cercle.........	=log. diamètre.....	+0-4971499
	=log. rayon.......	+0-7981799
Log. surf. du cercle	=2 log. diamètre...	+9-8950899
	=2 log. rayon......	+0-4971499
	=2 log. circonférᵉ...	+8-9007901
Log. de l'arc de n^G	=log. n+log. diamè.	+7-8950899
	=log. n+log. rayon.	+8-1961199
Log. surface du secteur de n^G......	=log. n+2 log. diam.	+7-2930299
	=log. n+2 log. ray..	+7-8950899
	=log. n+2 log. circᵉ.	+6-2987301
Log. surface de la sphère............	=2 log. diamètre....	+0-4971499
	=2 log. rayon......	+1-0992099
	=2 log. circonférᵉ...	+9-5028501

DES LOGARITHMES DES SINUS.

405. L'emploi des logarithmes, abrégeant beaucoup les calculs trigonométriques, et les logarithmes des nombres entiers, des sinus, des cosinus, des tangentes et des cotangentes, suffisant toujours pour calculer les parties inconnues des triangles, nos tables ne renferment que ces logarithmes. De sorte que les longueurs des lignes trigonométriques ne se trouvent plus dans les tables.

Ce qui précède suffit pour donner une idée de la manière dont on a pu *construire une table des logarithmes des lignes trigonométriqeus*. En effet, les longueurs des sinus, des cosinus, des tangentes et des cotangentes, étant connues, on cherchera les logarithmes des nombres décimaux qu'expriment ces longueurs; ce qui déterminera les logarithmes de ces lignes. La *base* des logarithmes est égale à 10, et pour éviter les logarithmes négatifs, on a supposé le rayon R = 10^{10}. De sorte que le logarithme du rayon est égal à 10. Par exemple, on a

Sin. 23^G = 0-3534, etc., cos. 23^G = 0-9354, etc.

Cherchant les logarihmes des nombres décimaux, 0-3534, etc., 0-9354, etc., comme il est indiqué plus loin (381), et observant que le logarithme du rayon = 10, on trouvera, comme dans nos tables

log. sin. 23^G = 9-5483585, log. cos. 23^G = 9-9710178

A l'égard des logarithmes, des tangentes et cotangentes, on les a par une simple addition et une soustraction, lorsqu'une fois on a ceux des sinus; cela est évident d'après ce qui a été dit au numéro 372.

USAGE DES TABLES TRIGONOMÉTRIQUES.

406. Les tables ne donnent les sinus, tangentes et autres lignes trigonométriques, que pour le premier quart de cercle. On les concluera facilement pour les trois autres quarts, au moyen du tableau suivant :

Soit A *un arc quelconque plus petit que* 100 *grades.*

PREMIER QUART.	SECOND QUART.	TROISIÈME QUART.	QUATRIÈME QUART.
+ sin. A	sin. (100^G + A) = + cos. A	sin. (200^G + A) = — sin. A	sin. (300^G + A) = — cos. A
+ cos. A	cos. (100^G + A) = — sin. A	cos. (200^G + A) = — cos. A	cos. (300^G + A) = + sin. A
+ tang. A	tang. (100^G + A) = — cot. A	tang. (200^G + A) = + tang. A	tang. (300^G + A) = — cot. A
+ cot. A	cot. (100^G + A) = — tang. A	cot. (200^G + A) = + cot. A	cot. (300^G + A) = — tang. A

Dans la résolution des triangles, on n'a jamais que des angles ou des arcs positifs, et moindres que la demi-circonférence. Dans les formules analytiques, on emploie indifféremment les angles ou les arcs de toutes grandeurs, négatifs aussi bien que positifs. Mais aux arcs négatifs, tels que —A, on peut toujours substituer 400^G = A, et, par conséquent, ne considérer que des arcs ou angles positifs.

Ainsi, pour chercher dans les tables les lignes trigonométriques qui appartiennent à un arc plus grand que 100 grades, il faut :

1° Rejeter toutes les centaines de degrés qui s'y trouvent, et ne considérer que le reste.

2° Si le nombre des centaines est impair, il faut changer les mots *sinus* et *tangente* en *cosinus* et *cotangente*, et réciproquement.

Quant aux signes, il faut distinguer,

3° Si le nombre des centaines rejetées est impair, le signe des tangentes est —; il serait +, si le nombre des centaines était pair; car les tangentes changent de signes à chaque quart de la circonférence.

4° Les sinus ne changent de signes que de 200 grades en 200 grades, le signe est —, si le nombre des centaines rejetées est de la forme

$(4n + 2)$ et $(4n + 3)$.

Le signe serait +, si le nombre était de la forme

$(4n)$ et $(4n + 1)$;

5° Les cosinus ont le signe —, quand le nombre des centaines est de la forme

$(4n + 1)$ et $(4n + 2)$;

et le signe +, quand le nombre est de la forme

$(4n)$ et $(4n + 3)$ (1).

(1) On dit qu'un nombre est de la forme $(4n)$, $(4n + 1)$, $(4n + 2)$, $(4n + 3)$, lorsque, divisé par 4, il donne pour reste 0, 1, 2 ou 3.

Si l'on ne connaît qu'une seule ligne trigonométrique d'un angle, on trouvera toujours deux quarts de cercle où l'on pourra placer cette ligne avec son signe. Ainsi, un sinus positif appartient également au premier et au deuxième quart; une tangente positive appartient au premier et au troisième, etc.; mais si l'on connaît deux lignes qui ne soient pas réciproques l'une de l'autre, c'est-à-dire, dont les logarithmes ne soient pas complémens l'un de l'autre, on ne trouvera qu'un seul quart qui satisfasse aux deux signes à la fois.

Si l'on trouve une tangente par une expression de la forme $\frac{a}{b}$, on considérera le numérateur comme représensentant le sinus, et le dénominateur le cosinus; et la réunion de ces deux signes déterminera le quart où l'on doit placer l'arc.

Ainsi, $\frac{+a}{+b}$ appartient au premier quart, $\frac{+a}{-b}$ au second, $\frac{-a}{-b}$ au troisième, et $\frac{-a}{+b}$ au quatrième.

Nous allons maintenant suivre notre table dans toutes ses parties.

Notre table renferme les logarithmes des sinus, des cosinus, des tangentes et des cotangentes, pour tous les grades et centigrades ou minutes centésimales du quart de la circonférence. Ces logarithmes ayant sept décimales, nous n'avons pas donné leur différence (on peut les avoir par le moindre calcul). Pour tous les angles moindres que 50 grades, les *grades* sont placés en haut des pages, et les *minutes* se trouvent dans la première et dans la septième colonnes verticales à gauche de chaque page. Les grades des angles plus grands que 50 grades, sont en bas des pages, et les minutes correspondantes se trouvent dans la première et dans la septième colonnes verticales à droite de chaque page.

407. Le log. du sinus de 50 grades étant 9.8494850, les logarithmes des sinus des angles moindres que 50 grades, sont moindres que 9-8494850, les logarithmes des sinus des angles plus grands que 9-8494850; et la réciproque est vraie pour les angles aigus. Enfin la tangente de 50 grades étant égale (349) au rayon, on a

$$\text{log. tang. } 50^G = \text{log. R ou } 10;$$

les logarithmes des tangentes des angles aigus sont donc moindres ou plus grands que 10, selon que ces angles sont moindres ou plus grands que 50 grades. Pour les angles aigus plus grands que 50 grades, nous n'avons mis dans notre table que le chiffre des unités des caractéristiques des logarithmes des tangentes de ces angles; de sorte que chaque caractéristique doit être augmentée de 10. Ainsi,

$$\text{log. tang. } 62^G\ 41' = 10\text{-}1737791;$$

la table donne 0-1737791.

Lorsqu'on ne voudra calculer que les degrés et les minutes, l'inspection de la table suffira pour résoudre le problème proposé. Ainsi,

$$\text{log. sin. } 42^G\ 60' = 9\text{-}7926205;$$

il est évident que

$$\text{log. cos. } 57^G\ 40' = 9\text{-}7926205,$$

parce que le complément de 57 grades 40 minutes est 42 grades 60 minutes.

$$\text{Log. tang. } 39^G\ 99' = 9\text{-}9080072;$$

aussi

$$\text{log. cot. } 60_G\ 01' = 9\text{-}9080072.$$

Pour trouver le log. du sinus d'un angle obtus, il suffit de chercher le logarithme du sinus du supplément de cet angle; ainsi,

$$\text{log. sin. } 160^G = \text{log. sin. } 40^G = 9\text{-}7692187.$$

Pour trouver à quel angle répond le logarithme d'un sinus, on observera que le logarithme du sinus de 50 grades étant 9-8494850, les logarithmes moindres ou plus grands que 9-8494850, répondent à des angles aigus moindres ou plus grands que 50 grades; on devra donc chercher ces logarithmes dans les colonnes dont les titres placés en haut ou en bas de la page, sont *sinus*.

PROBLÈME.

408. *Resoudre l'équation*

$$\text{log. sin. } x = 9\text{-}7901944.$$

Pour calculer l'angle inconnu x dans cette équation, j'observe que cet angle sera moindre que 50 grades; donc je cherche ce logarithme dans les colonnes verticales dont le titre supérieur est *sinus*, et je trouve $x = 42^G\ 32'$. Dans l'équation

$$\text{log. sin. } x = 9\text{-}9955676,$$

l'angle x sera plus grand que 50 grades; on cherchera donc ce logarithme dans les colonnes verticales dont le titre inférieur est *sinus*, et l'on trouvera $x = 90^G\ 92'$. L'équation

$$\text{log. cos. } x = 9955676,$$

donnera $x = 9^G\ 08'$.

409. Pour calculer les grades, les minutes et les secondes, on détermine d'abord les grades et les minutes, comme il vient d'être indiqué, et l'on trouve les secondes au moyen d'une proportion. Dans ce cas, les calculs relatifs aux sinus et aux tangentes, étant plus simples que pour les cosinus et les cotangentes, on doit toujours ramener la question à considérer des sinus ou des tangentes, ce qui sera très-facile à l'aide des complémens.

PROBLÈME.

410. *Trouver le logarithme du cosinus de* 62 *grades* 64 *minutes* 81 *secondes.*

Pour calculer le logarithme du cosinus de 62 grades 64 minutes 81 secondes, j'observe que ce logarithme est le même que celui de sin. 37 grades 35 minutes 19 secondes; il suffit donc de chercher ce dernier. Or, le logarithme de sin. 37 grades 35 minutes 19 secondes, tombe entre les logarithmes des sinus de 37 grades 35 minutes et 37 grades 36 minutes. Ces deux logarithmes sont 9-7432036 et 9-7433062; leur différence est 0-0001026.

Afin de trouver combien je dois ajouter au logarithme 9-7432036 de sin. 37 grades 35 minutes, pour obtenir le logarithme de sin. 37 grades 35 minutes 19 secondes, je dis :

Si pour 100 secondes de plus à l'angle 37 *grades* 35 *minutes, on doit ajouter* 0-0001026 *au logarithme du sinus de cet angle; combien pour* 19 *secondes de plus à cet angle doit-on ajouter au logarithme de sin.*37 *grades* 35 *minutes?*

Les trois premiers termes de cette proportion sont donc

$$100'' : 0\text{-}0001026 :: 19'' : x,$$

ou

$$100 : 0\text{-}0001026 :: 19 : x,$$

ou bien encore

$$100 : 1026 :: 19 : x = 195;$$

le quatrième terme, ou x, est 0-0000195. Ajoutant ce dernier nombre au logarithme de sin. 37 grades 35 minutes, la somme 9-7432231 exprimera le logarithme du sinus de 37 grades 35 minutes 19 secondes.

PROBLÈME.

411. *Trouver le logarithme de la tangente de* 81 *grades* 56 *minutes* 62 *secondes.*

Pour trouver le logarithme de la tangente de 81 grades 56 minutes 62 secondes, je cherche dans la table le log. de tang. 81 grades 56 minutes, qui est 10-5257299; la différence entre les logarithmes des tangentes de 81 grades 56 minutes et 81 grades 57 minutes étant 0-0001493 je pose la proportion

$$100'' : 0\text{-}0001493 :: 62'' : x,$$

ou

$$100 : 1493 :: 62 : x = 926.$$

Ce quatrième terme 0-0000926, ajouté au logarithme de tang. 81 grades 56 minutes, donnera 10-5258225 pour le logarithme de tang. 81 grades 56 minutes 62 secondes.

Si l'on demandait le logarithme de cot. 18 grades 43 minutes 38 secondes, on observerait que le complément de cet arc étant 81 grades 56 minutes 62 secondes, il suffit de chercher le logarithme de tang. 81 grades 56 minutes 62 secondes; le logarithme demandé serait donc 10-5258225.

PROBLÈME.

412. *Résoudre l'équation*

$$\log.\ \sin.\ x = 9\text{-}7432231.$$

Pour calculer l'angle inconnu x, dans cette équation, je cherche ce logarithme dans les colonnes dont les titres supérieurs sont *sin.*; je vois que le logarithme donné tombe entre les logarithmes des sinus de 37 grades 35 minutes et 37 grades 36 minutes; ensuite la différence entre les logarithmes 9-7432036 et 9-7433062, qui comprennent le logarithme donné, étant 0-0001026, je calcule la différence 1026 dix-millionnièm. entre le logarithme donné et la logarithme tabulaire immédiatement plus petit; pour trouver les *secondes*, je dis :

Si pour 0-0001026 *de plus au logarithme* 9-7432036, *on doit ajouter* 100 *secondes à l'angle* 37 *grades* 35 *minutes : combien pour* 0-0000195 *de plus à ce logarithme, doit-on ajouter à cet angle?*

Les trois premiers termes de cette proportion sont

$$0\text{-}0001026 : 100'' :: 0\text{-}0000195 : x'';$$

ou

$$1026 : 100 :: 195 : x = 19''.$$

Le quatrième terme est donc 19 secondes, à moins d'une seconde près : de sorte que l'angle demandé est 37 grades 35 minutes 19 secondes.

PROBLÈME.

413. *Résoudre l'équation*

$$\log.\ \text{tang.}\ x = 10\text{-}5258225.$$

J'observe que l'angle x étant plus grand que 50 grades, je dois chercher le logarithme donné dans les colonnes dont les titres inférieurs sont *tang*, en ayant le soin de diminuer la caractéristique de 10 unités. Je vois que le logarithme donné tombe entre les logarithmes des tangentes 81 grades 56 minut. et 81 grades 57 minutes; la différence entre ces logarithmes est 0-0001493; la différence entre le logarithme donné et le logarithme tabulaire immédiatement plus petit est 0-0000926; pour trouver les *secondes*, je fais la proportion

$$0\text{-}0001493 : 100'' :: 0\text{-}0000926 : x'',$$

ou

$$1493 : 100 :: 926 : x = 62''$$

Le quatrième terme étant 62 secondes, il s'ensuit que l'angle cherché est 81 grades 56 minutes 62 secondes.

Si l'équation proposée était

$$\log.\ \cot.\ x = 10\text{-}5258225,$$

je pourrais faire des calculs analogues aux précédens, mais il est plus simple de ramener la question aux tangentes; car en nommant y, le complément de x, j'ai

$$\log.\ \cot.\ x = \log.\ \text{tang}\ y = 10\text{-}5258225.$$

Cherchant y, je trouverai que cette tangente est 81 grades 56 minutes 62 secondes. Le complément de y ou de cette tangente exprimera l'angle x; de sorte que x ou la cotangente est 18 grades 43 minutes 38 secondes.

Ces exemples suffisent pour être en état de résoudre tous les cas qui peuvent se présenter.

SECTION DEUXIÈME.

RÉSOLUTION DES TRIANGLES RECTILIGNES.

414. Nous avons dit ci-dessus (324), que pour être en état de calculer ou de résoudre un triangle, il fallait connaître trois des six parties qui le composent, et que parmi les trois choses connues, il fallait qu'il y eût au moins un côté.

THÉORÈME.

415. *Dans tout triangle rectiligne, les sinus des angles sont proportionnels aux côtés opposés à ces angles.*

Fig. 218. En effet, si j'inscris (120) le triangle ABC (*Fig.* 218), dans un cercle, chaque côté sera la corde d'un arc double de celui qui est la mesure de l'angle opposé à ce côté, et, par conséquent, la moitié de chaque côté sera égale au sinus de l'angle qui lui est opposé (93).

Donc, j'aurai

$$\frac{BC}{2}=\sin. A;$$
$$\frac{AC}{2}=\sin. B;$$
$$\frac{AB}{2}=\sin. C.$$

Or, j'ai

$$\frac{BC}{2} : BC :: \frac{AC}{2} : AC :: \frac{AB}{2} : AB;$$

donc

$$\text{Sin. } A : BC :: \sin. B : AC :: \sin. C : AB;$$

donc, dans tout triangle rectiligne, etc.

THÉORÈME.

416. *Dans tout triangle rectangle, le sinus d'un des angles aigus est au côté opposé à cet angle, comme le rayon des tables est à l'hypothénuse.*

Fig. 219. En effet, soit le triangle rectangle ABC (*Fig.* 219); du point C, comme centre, et du rayon CD, égal au rayon des tables, je décris l'arc DE, qui sera la mesure de l'angle C; j'abaisse sur CD la perpendiculaire EF, qui sera le sinus de l'angle C. Les triangles CBA, CEF, sont semblables et donnent la proportion

$$CE : EF :: BC : AB;$$

donc, j'ai

$$\text{Sin. } C : AB :: R : \text{l'hypoth. } BC;$$

donc, dans tout triangle rectangle, etc.

PROBLÈME.

417. *Dans tout triangle rectangle, la tangente d'un des angles aigus est au côté opposé à cet angle, comme le rayon des tables est au côté de l'angle droit adjacent à ce même angle aigu.*

Effectivement, les deux triangles semblables ABC et CDG donnent

$$DG : AB :: CD : AC;$$

donc, j'ai

$$\text{Tang. } : AB :: R : AC;$$

donc; dans tout triangle rectangle, etc.

THÉORÈME.

418. *Dans tout triangle rectangle, la sécante d'un des angles aigus est au rayon des tables, comme l'hypothénuse est au côté de l'angle droit adjacent à ce même angle aigu.*

Effectivement, les triangles semblables ABC et CDC donnent

$$CG : CD :: BC : AC;$$

donc, j'ai

$$\text{Séc. } C : R :: \text{l'hypoth. } BC : AC;$$

donc, dans tout triangle rectangle, etc.

Avant d'établir les deux théorèmes qui servent à résoudre les autres cas des triangles, il convient de placer ici une proposition qui sera utile pour l'application de ces deux théorèmes.

THÉORÈME.

419. *Si l'on connaît la somme de deux quantités, et leur différence, on aura la plus grande de ces deux quantités, en ajoutant la moitié de la différence, à la moitié de la somme; et la plus petite, en retranchant au contraire la moitié de la différence de la moitié de la somme.*

Si j'ai, par exemple, deux nombres dont la somme soit 40, et la différence soit 8, le plus grand de ces deux nombres est égal à la moitié de 40, plus à la moitié de 8, ces deux moitiés sont

$$20 + 4 = 24,$$

et le plus petit des deux nombres est égal à la moitié de la somme moins la moitié de la différence, c'est-à-dire à

$$20 - 4 = 16.$$

Fig. 220. Pour le démontrer, je prends l'angle AOD (*Fig.* 220), égal à la somme des deux angles AOB, BOD; et après avoir divisé par la droite HO, l'angle AOD en deux angles égaux, AOH, HOD, je fais l'angle AOG égal à l'angle BOD. Il est évident que l'angle GOB est la différence des deux angles AOB, BOD, et que les angles GOH, HOB, sont chacun la moitié de cette différence.

Or, le plus grand angle

$$AOB = AOH + HOB,$$

et le plus petit angle

$$BOD = HOD - HOB;$$

donc, le plus grand angle vaut la moitié, etc.

THÉORÈME.

420. *Dans tout triangle rectiligne, si du sommet d'un angle quelconque on abaisse une perpendiculaire sur le côté opposé pris pour base (et prolongé, s'il est nécessaire), cette base sera à la somme des deux autres côtés, comme la différence de ces deux côtés est à la différence des deux segmens faits sur la base par la perpendiculaire (ou à la somme de ces segmens, si la perpendiculaire tombe en dehors du triangle).*

Fig. 221. Soit le triangle ABO (*Fig.* 221), je décris la circonférence BDEF; du point O pris pour centre, et avec un rayon égal au côté BO (le plus petit côté), je prolonge le côté AO, jusqu'à ce qu'il rencontre cette circonférence en F.

Or, j'ai

$$AB : AF :: AE : AD,$$

ou bien

$$AB : AO + BO :: AO - BO : AC - BC;$$

donc, dans tout triangle rectiligne, etc.

Fig. 222. J'aurais aussi dans le triangle OPQ (*Fig.* 222),

$$PQ : PM :: PN : PT,$$

ou bien

$$PQ : OP + OQ :: OP - OQ : KP + KQ;$$

Or,

$$KP + KQ = PQ + 2KQ.$$

THÉORÈME.

421. *Dans tout triangle rectiligne, la somme de deux côtés quelconques est à la différence de ces mêmes côtés, comme la tangente de la moitié de la somme des angles opposés à ces côtés, est à la tangente de la moitié de la différence de ces mêmes angles.*

Fig. 223. Soit le triangle BFO (*Fig.* 223); du point O, pris pour centre, et de l'intervalle du petit côté FO, pris pour rayon, je décris une circonférence de cercle; je mène la droite FD, puis je tire la parallèle AB, qui est rencontrée par la droite ACF, abaissée du point où le prolongement de BO rencontre la circonférence; il est clair que la droite ACF étant perpendiculaire à la droite DF, est aussi perpendiculaire à la parallèle AB. Il n'est pas moins évident que j'ai cette proportion Fig. 223.

$$CB : BD :: AC : AF.$$

Or, il est aisé de voir que BC est la somme des deux côtés BO, FO; et que BD est la différence de ces mêmes côtés. Reste donc à démontrer, 1° que AC est la tangente de la moitié de la somme des angles BFO, FBO; et 2° que AF est la tangente de la moitié de la différence de ces mêmes angles.

$$1^\circ\ AC = \text{tang.} \frac{BFO + FBO}{2}.$$

Car si je prends AB pour rayon, AC sera la tangente de l'angle ABC, et, par conséquent, de l'angle CFD; mais l'angle inscrit CDF est la moitié de l'angle central COF, qui est égal à la somme des angles BFO, FBO; donc

$$ABC = \frac{BFO + FBO}{2};$$

donc,

$$AC = \text{tang.} \frac{BFO + FBO}{2}.$$

$$2^\circ\ AF = \text{tang.} \frac{BFO - FBO}{2}.$$

Car si je prends AB pour rayon, AF sera la tangente de l'angle ABF. Or, il est clair que l'angle ABF est égal à la moitié de la différence des angles BFO, FBO; car l'excès de l'angle FDO ou DFO, sur l'angle FBO, est l'angle ABF, ou son égal BFD. Mais ce même angle BFD égal à l'angle ABF, est l'excès de l'angle BFO sur l'angle DFO; donc le double de l'angle ABF est égal à la différence des deux angles BFO, FBO, et par conséquent l'angle AFB est la moitié de la différence de ces deux angles; donc

$$AF = \text{tang.} \frac{BFO - FBO}{2}.$$

Ainsi, la proportion

$$BC : BD :: AC : AF,$$

se change en celle-ci,

$$BO + FO : BO - FO :: \text{tang.} \frac{BFO + FBO}{2} : \text{tang.} \frac{BFO - FBO}{2};$$

donc, dans tout triangle rectiligne, etc.

APPLICATION AUX TRIANG. RECTILIGNES.

422. Nous allons présenter une figure triangulaire explicative pour représenter les proportions que nous avons indiquées dans les numéros 415, 416, 417 et 418, pour résoudre les triangles rectangles. Il est évident que cette figure servira d'appui aux formules qui suivront ces proportions.

Fig. 224. Soit A l'angle droit d'un triangle rectangle ABC (*Fig.* 224), B et C les deux autres angles ; soit a l'hypothénuse, b le côté opposé à l'angle B, et c le côté opposé à l'angle C. Il faudra se rappeler que les deux angles B et C sont complémens l'un de l'autre, et qu'ainsi, suivant les différens cas, on peut prendre

$$\text{Sin. } C = \text{cos. } B\text{, sin. } B = \text{cos. } C\text{,}$$

et pareillement

$$\text{Tang } B = \text{cot. } C\text{, tang. } C = \text{cot. } B.$$

Voici le résumé des proportions que nous avons données pour la résolution des triangles rectangles.

$$R : \begin{cases} \text{Sin. } B :: a : b, \\ \text{Cos. } B :: a : c, \\ \text{Tang. } B :: c : b, \end{cases}$$

De ces proportions je tire

$$a = \frac{b \times R}{\text{sin. } B} = \frac{c \times R}{\text{sin. } C} \ldots\ldots\ldots\ldots\ldots (1),$$

$$b = \frac{a \times \text{sin. } B}{R} = \frac{c \times \text{tang. } B}{R} = \frac{c \times R}{\text{tang. } C} \ldots\ldots (2),$$

$$c = \frac{a \times \text{sin. } C}{R} = \frac{b \times \text{tang.}}{R} = \frac{b \times R}{\text{tang. } B} \ldots\ldots (3),$$

$$\text{Sin. } B = \frac{b \times R}{a} \ldots\ldots\ldots\ldots\ldots (4),$$

$$\text{Sin. } C \text{ ou cos. } B = \frac{c \times R}{a} \ldots\ldots\ldots\ldots\ldots (5),$$

$$\text{Tang. } B = \frac{b \times R}{c} \ldots\ldots\ldots\ldots\ldots (6),$$

$$\text{Tang. } C = \frac{c \times R}{b} \ldots\ldots\ldots\ldots\ldots (7).$$

On voit, d'après tout ce que nous avons déjà dit et répété par les formules précédentes, que *dans un triangle rectangle le sinus d'un des angles aigus est égal au côté opposé à cet angle, multiplié par le rayon divisé par l'hypothénuse*, et que *la tangente d'un des angles aigus est égale au côté opposé à cet angle, multiplié par le rayon divisé par l'autre côté de l'angle droit.*

Au moyen des équations (1), (2) et (3), quand on connaîtra un côté et un angle aigu, on pourra calculer les deux autres côtés ; de même, quand on aura deux quelconques des côtés, on trouvera les angles aigus, et par conséquent le troisième côté.

Par la propriété du triangle rectangle (70), on a encore

$$\left.\begin{aligned} a &= \sqrt{b^2+c^2}, \\ b &= \sqrt{(a+c)\times(a-c)}, \\ c &= \sqrt{(a+b)\times(a-b)}, \end{aligned}\right\} \ldots\ldots\ldots (8).$$

423. Observons, avant de commencer les calculs, que le complément arithmétique du

$$\text{logarithme} \begin{cases} \text{Sin.} = \text{log. de la cosécante,} \\ \text{Cos.} = \text{log. de la sécante,} \\ \text{Tang.} = \text{log. de la cotangente.} \end{cases}$$

Nous allons appliquer quelques-unes de ces formules à des exemples.

PROBLÈME.

424. *Etant donnés l'hypothénuse et un côté de l'angle droit d'un triangle rectangle, déterminer le troisième côté et les deux angles aigus.*

Soit le triangle ABC (*Fig.* 225), dont on connaisse l'hypothénuse BC de 326 décamèt. et le côté AB de 200 décamèt. La formule (5) donnera l'angle aigu C. Fig. 2

En opérant par les logarithmes, j'obtiens

$$\begin{aligned} \text{log. } AB = \text{log. } 200 \text{ déca.} &= 2\text{-}3010300 \\ \text{log. } R &= 10\text{-}0000000 \\ \text{C. log. } BC = \text{C. log. } 326 \text{ déca.} &= \underline{7\text{-}4867824} \\ \text{Somme} - 10 = \text{log. sin. } C &= 9\text{-}7878124 \end{aligned}$$

Cherchant ce logarithme dans les tables, je trouve C = 42 grad.-05 min. ; et comme

$$B = 100^G - C,$$

j'ai

$$B = 100^G - 42^G\ 05' = 57^G\ 95'.$$

Remarquons, en passant, que le logarithme du rayon ayant 10 pour caractéristique, et des zéros pour ses autres chiffres, on peut, lorsqu'il s'agit de l'ajouter ou de le retrancher, se dispenser de l'écrire, et se contenter d'ajouter ou d'ôter une unité aux dizaines de la caractéristique du logarithme auquel il doit être ajouté, ou dont il doit être recherché. La dizaine que nous avons soustraite (424) à la caractéristique du résultat précédent, vient de ce que nous avons pris un complément arithmétique.

425. Pour le troisième côté AC, la formule (2) donne, par les logarithmes,

$$\begin{aligned} \text{log. } BC = \text{log. } 326 \text{ déca.} &= 2\text{-}5132176 \\ \text{log. sin. } B = \text{log. sin. } 57^G\ 95' &= \underline{9\text{-}8974475} \\ \text{Somme} - \text{log. } R &= 2\text{-}4106651 \end{aligned}$$

Ce logarithme répond, dans les tables, à 257-4 ; ainsi j'ai AC = 257 décam.-4 mèt.

On peut déterminer ce côté, si l'on ne veut pas faire usage des angles, en mettant la valeur des côtés connus dans la formule (8). Ainsi, j'ai par les logarithmes :

$$\begin{aligned} \text{log. } (BC + AB) = \text{log } (326 \text{ déc.} + 200 \text{ déc.}) &= \\ \text{log. } 526 \text{ déc.} &= 2\text{-}7209857 \\ \text{log. } (BC - AB) = \text{log. } 126 \text{ déc.} &= \underline{2\text{-}1003705} \\ \text{log. } AC^2 &= 4\text{-}8213562 \\ \text{log. } AC &= 2\text{-}4106781 \end{aligned}$$

Ce logarithme répond à 257 décamètres 4 mètres, donc AC = 257 décam.-4 mèt., comme dans l'opération précédente.

PROBLÈME.

426. *Etant donnés les deux côtés de l'angle droit, trouver l'hypothénuse et les angles.*

Soit le triangle ABC (*Fig.* 226), dont on connaisse le côté AB de 200 décamèt. et le côté AC de 257 déca.-4 mèt. La formule (7) donnera l'angle C, et j'aurai par les logarithmes, Fig. 226.

$$\begin{aligned} \text{log. } AB = \text{log. } 200 \text{ déca.} &= 2\text{-}3010300 \\ \text{C. log. } AC = \text{C. log. } 257 \text{ déc.-4 m.} &= \underline{7\text{-}5893915} \\ \text{log. tang. } C. &= 9\text{-}8904215 \end{aligned}$$

Cherchant ce logarithme dans les tables, je trouve qu'il répond à 42 grad.-05 min.; donc C = 42^{G} 05', et par conséquent B = 57^{G} 95'.

On trouverait aussi l'angle B directement par la formule (6). En voici l'opération par logarithmes :

log. AC = log. 257 décam.-4 mèt. = 2-4106085
C. log. AB = C. log. 200 décamèt. = 7-6989700

Somme — 10 = log. tang. B = 9-1095785

Ce logarithme répond à 57 grades 95 minutes; ainsi l'angle B = 57 grades 95 minutes, comme on l'a vu plus haut.

427. Pour connaître l'hypothénuse BC, connaissant l'angle B, j'opère d'après la formule (1), et j'ai par les logarithmes,

log. AC = log. 257 déc.-4 m. = 2-4106085
C. log. sin. B = C. log. 57^{G} 95 = 0-1025525

log. BC = 2-5131610

qui répond, dans les tables, à 326 décamèt. à 0-01 près; donc l'hypothénuse BC = 326 décamèt.

On peut avoir BC directement par la formule (8), mais l'expression est peu commode pour le calcul logarithmique.

PROBLÈME.

428. *Etant donnés l'hypothénuse et un angle aigu, déterminer les deux autres côtés.*

Fig. 227. Soit le triangle ABC (*Fig.* 227), dont on connaisse l'hypothénuse BC de 326 décamèt., et l'angle B de 57 grad.-95 min. Les formules (2) et (3) donneront les deux autres côtés AB et AC. En opérant par les logarithmes, j'obtiens

log. BC = log. 326 déca. = 2-5132176
log. sin. C = log. 42^{G} 05' = 9-7878340

Somme — log. R. = 2-3010516

Ce logarithme répond, dans les tables, à 200 décamèt., donc le côté AB = 200 décamèt.

Quant au côté AC, nous l'avons trouvé dans le numéro 425, de 257 décam.-4 mèt., par la formule (2), comme il vient d'être dit.

PROBLÈME.

429. *Etant donnés un côté de l'angle droit avec l'un des angles aigus, trouver l'hypothénuse et l'autre côté.*

Fig. 228. Soit le triangle ABC (*Fig.* 228) dont on connaisse le côté AB de 200 décamèt., et l'angle B de 57 grad.-95 min.

Il sera d'abord facile de déterminer l'angle C, puisqu'il est le supplément de 100 grad.; ainsi l'angle B étant de 57 grad.-95 min., l'angle C sera de 42 grad.-05 min. Ensuite les formules (1) et (2) donnent par les logarithmes,

log. AB = log. 200 déca. = 2-3010300
C. log. sin. C = C. log. sin. 42^{G} 05' = 0-2121660

log. BC. = 2-5131960

qui répond, dans les tables, à 326 décamèt. à 0-01 près; donc BC = 326 décamèt. Ce résultat fut encore obtenu par la formule (1), dans le numéro 427: les données étaient l'angle B et le côté AC.

Connaissant l'hypothénuse BC, je pourrais m'en servir pour trouver le côté AC, comme je l'ai fait dans le numéro 425; mais pour rendre le problème général, j'en suivrai les données et j'aurai donc

log. AB = log. 200 décam. = 2-3010300
log. tang. B = log tang. 57^{G} 95' = 0-1096135

Somme. = 2-4106435

Ce logarithme donne, comme celui trouvé dans le numéro 425, AC = 257 décamèt.-4 mèt.

APPLICATION AUX TRIANG. OBLIQUANGLES.

430. Nous allons présenter, comme pour les triangles rectangles, une figure explicative pour représenter les proportions que nous avons données dans les numéros 415, 420 et 421, pour la résolution des triangles rectilignes quelconques. Il est évident que les formules qui suivront les proportions se rapporteront toujours à cette figure.

431. Si, comme nous l'avons déjà dit, de l'angle A d'un triangle quelconque ABC (*Fig.* 229), on abaisse une perpendiculaire AD sur le côté opposé (prolongé s'il est nécessaire), on formera deux triangles rectangles qui donneront Fig. 229.

$$R : \begin{cases} \text{Sin. C} :: b : \text{AD}, \\ \text{Sin. B} :: c : \text{AD}, \end{cases}$$

d'où je tire

$$\text{Sin. C} :: \text{Sin. B} :: c : b;$$

c'est-à-dire *que dans un triangle rectiligne quelconque* (415), *les sinus des angles sont entre eux comme les côtés opposés à ces angles.*

J'aurai donc les proportions suivantes, qui sont, en quelque sorte, celles que nous avons données plus haut pour la résolution des triangles rectilignes quelconques.

$$\text{Sin. C} : \text{sin. B} :: c : b \ldots\ldots\ldots\ldots (0)$$
$$\text{sin. C} : \text{sin. A} :: c : a$$
$$\text{sin. A} : \text{sin. B} :: a : b$$

Tirant la valeur des côtés et des angles, j'ai

$$a = \frac{b \times \text{sin. A}}{\text{sin. B}} = \frac{c \times \text{sin. A}}{\text{sin. C}} \ldots\ldots\ldots (1),$$

$$b = \frac{a \times \text{sin. B}}{\text{sin. A}} = \frac{c \times \text{sin B}}{\text{sin. C}} \ldots\ldots\ldots (2),$$

$$c = \frac{a \times \text{sin. C}}{\text{sin. A}} = \frac{b \times \text{sin. C}}{\text{sin. B}} \ldots\ldots\ldots (3).$$

$$\text{Sin. A} = \frac{a \times \text{sin. B}}{b} = \frac{a \times \text{sin. C}}{C} \ldots\ldots\ldots (4).$$

$$\text{sin. B} = \frac{b \times \text{sin. C}}{c} = \frac{b \times \text{sin. A}}{a} \ldots\ldots\ldots (5),$$

$$\text{sin. C} = \frac{c \times \text{sin. B}}{b} = \frac{c \times \text{sin. A}}{a} \ldots\ldots\ldots (6).$$

Au moyen de ces équations, on calculera le triangle lorsqu'on connaîtra deux angles et un côté; et quand on aura un angle et deux côtés dont l'un sera opposé à l'angle donné, on déterminera l'un des angles inconnus.

Dans ce dernier cas, l'angle cherché aura deux valeurs, c'est-à-dire que l'angle aigu que la table donnera pourrait être aussi celui de son supplément; ce cas n'est donc solubre qu'autant qu'on connaît l'espèce de l'angle que l'on veut avoir.

Quand on est sur le terrain, les opérations que l'on établit font généralement connaître l'espèce de cet angle.

Il reste à résoudre le triangle lorsqu'on connaît deux côtés et l'angle compris, et quand les trois côtés sont donnés.

432. Quand on connaît deux côtés et l'angle compris, la proportion (0) donne

$$b+c : b-c :: \sin.\ B+\sin.\ C : \sin.\ B-\sin.\ C,$$

et comme

$$\sin.\ B+\sin.\ C : \sin.\ B-\sin.\ C :: \text{tang.}\tfrac{1}{2}(B+C) : \text{tang.}\ \tfrac{1}{2}(B-C);$$

j'ai

$$b+c : b-c :: \text{tang.}\ \tfrac{1}{2}(B+C) : \text{tang.}\ \tfrac{1}{2}(B-C);$$

d'où je tire

$$\text{tang.}\ \tfrac{1}{2}(B-C)=\frac{b-c\times\text{tang.}\tfrac{1}{2}(B+C)}{b+c}\dots(7)$$

Cette équation fera connaître la moitié de la différence des angles inconnus. Pour avoir le plus grand angle, il faut ajouter la moitié de la somme à la moitié de la différence, et pour avoir le plus petit angle, on ôte cette demi-différence de la moitié de la somme.

L'angle A, par exemple, se trouve aussi par l'une des formules

$$\text{tang.}\ A=\frac{a\times\sin.\ B}{c-a\times\cos.\ B};$$

$$\cot.\ A=\frac{c\times\cos.\ B-\cot.\ B.}{a}$$

Une fois les angles calculés par l'une des formules ci-dessus, le troisième côté s'obtient par la formule (1).

On peut trouver ce côté sans être obligé de calculer ces angles. Voici la formule qu'il faut suivre dans ce cas.

$$b=\sqrt{a^2+c^2\mp2\,a\times c\times\cos.\ B}\dots\dots\dots(8).$$

Le signe + a lieu lorsque B est obtus.

De la formule précédente je tire

$$\cos.\ B=\frac{a^2+c^2-b}{2\,a\times c}.$$

433. Si je fais la moitié de la somme des trois côtés $=m$, j'aurai

$$a+b-c=2m-2c,$$
$$b+c-a=2m-2a,$$

ce qui donne enfin

$$\sin.\ \tfrac{1}{2}B=\sqrt{\frac{(m-c)\times(m-a)}{a\times c}}\dots\dots(9.)$$

434. Pour résoudre un triangle obliquangle lorsqu'on connaît les trois côtés, de la demi-somme des trois côtés, retranchez successivement chacun des côtés qui comprennent l'angle cherché; à la somme des logarithmes des deux restes ajoutez les complémens arithmétiques des côtés qui comprennent cet angle; la moitié de cette somme sera le logarithme du sinus de la moitié de l'angle cherché.

On a aussi

$$\text{tang.}\ \tfrac{1}{2}B=\sqrt{\frac{(m-a)\times(m-c)}{m\times(m-b)}}\dots(10);$$

$$\cos.\ \tfrac{1}{2}B=\sqrt{\frac{m\times(m-b)}{a\times c}}\dots\dots\dots(11).$$

Cette dernière expression doit avoir la préférence sur les deux autres lorsque l'angle approche de deux droits.

Nous allons appliquer quelques unes de ces formules à des exemples.

PROBLÈME.

435. *Étant donnés deux angles et un côté, trouver les deux autres côtés.*

1° Soit le triangle ABC (*Fig.* 230), dont on connaisse les angles B de 84 grades 91 minutes, C de 42 grades 41 minutes, et le côté BC de 250 décamètres. Fig. 230.

Il en résulte de ces données que l'angle A est de 72 grades 68 minutes.

J'ai, par la formule (2) du numéro 431, pour le côté AC,

log. BC = log. 250 déca. = 2-3979400
log. sin. B = log. sin 84G 91' = 9-9876837
C. log. sin. A = C. log. sin. 72G 68' = 0-0412817
Somme — log. R = 2-4269054

Ce logarithme répond à 267-24; ainsi, j'ai AC = 267 décam.-24 décimètres.

2° Pour trouver AB, j'ai, par la formule (3) du numéro 431,

log. BC = log. 250 déca. = 2-3979400
log. sin. C = log. sin. 42G 41' = 9-7909766
C. log. sin. A = C. log. sin. 72G 68' = 0-0412817
Somme — log. R = 2-2301983

Ce logarithme répond à 169-87; ainsi, j'ai AB = 169 décamètres 9 mètres.

3° Si le côté connu était AC (*Fig.* 231), la formule (1) donnerait, pour le côté BC, Fig. 231.

log. AC = log. 267 déca.-24 déci. = 2-4269015
log. sin. A = log. sin. 72G 68' = 9-9587183
C. log. sin. B = C. log. sin. 84G 91' = 0-0123163
Somme — log. R = 2-3979361

Logarithme qui répond à 250; donc BC = 250 décamètres.

4° Si on demandait le côté AB, la formule (3) donnerait

log. AC = log. 267 déca.-24 déci. = 2-4269015
log. sin. C = log. sin. 42G 41' = 9-7909766
C. log. sin. B = C. log. sin. 84G 91' = 0-0123163
Somme — log. R = 2-2301944

Logarithme qui répond à 169-9; donc, AB = 169 décamètres 9 mètres.

Fig. 232. 5° Si, au contraire, c'est le côté AB (*Fig.* 232) qui est connu, j'aurai, par la formule (1), pour le côté BC,

log. AB = log. 169 déca.-9 mèt. = 2-2301934
log. sin. A. = log. sin. 72G 68' = 9-9587183
C. log. sin. C = C. log. sin. 42G 41' = 0-2090234

Somme — log. R = 2-3979351

Ce logarithme répond à 250 décamètres, comme on l'a vu (435, 3°).

6° Quant au côté AC, je l'obtiens par la formule (2), ce qui donne par les logarithmes,

log. AB = log. 169 déca.-9 mèt. = 2-2301934
log. sin. B. = log. sin. 84G 91' = 9-9876837
C. log. sin. C. = C. log. sin. 42G 41' = 0-2090234

Somme — log. R = 2-4269005

Ce logarithme répond, comme au numéro 435, 1°, à 267 décamètres 24 décimètres.

PROBLÈME.

436. *Étant donnés deux côtés et l'angle opposé à l'un de ces côtés, déterminer les autres parties du triangle.*

Fig. 233. Soit le triangle ABC (*Fig.* 233), dont on connaisse les côtés AC de 267 décamètres 24 décimètres, BC de 250 décamètres, et l'angle A de 72 grades 68 minutes.

Je cherche d'abord à déterminer l'angle B opposé au côté A par la formule (5), et j'ai, en opérant par logarithmes,

log. AC = log. 267 déca.-24 déci. = 2-4269015
log. sin. A = log. sin. 72G 68' = 9-9587183
C. log. BC = C. log. 250 décamèt. = 7-6020600

Somme — log. R = 9-9876798

Logarithme qui répond au sinus de 84 grades 91 min. et au sinus de 115 grades 09 minutes.

437. *Remarque.* Il faut observer, ainsi qu'on l'a dit au numéro 431, que l'angle B ne peut être déterminé qu'autant qu'on saura s'il est aigu ou obtus; car le sinus qui répond à son logarithme peut être le sinus d'un angle aigu ou de son supplément. Ainsi, sachant que l'angle B est aigu, je trouve qu'il est de 84 grades 91 minutes. La formule (0) présente la même ambiguité.

Quant au troisième côté AB, je le détermine par la formule (3), et j'ai, comme au numéro 435, 2°, AB = 169 décamètres 9 mètres.

438. Nous allons donner plusieurs exemples sur la difficulté de savoir si l'angle donné est aigu ou obtus.

Fig. 234. 1° Soit un triangle ABC (*Fig.* 234), dont on connaisse les côtés AB de 180 décamètres, BC de 466 décamètres, et l'angle A de 136 grades. Pour avoir l'angle C, j'ai par les logarithmes,

log. sin A. = log. sin. 136G ou 64G = 9-9265112
log. AC = log. 180 déca. = 2-2552725
C log. BC = C. log. 466 déca. = 7-3316141

Somme — log. R = 9-5133978

Ce logarithme répond au sinus de 21 grades 15 min. et au sinus de 78 grades 85 minutes.

J'observe ici que l'angle C doit être de 21 grades 15 minutes, puisque AC est plus petit que BC.

Les autres parties du triangle s'obtiennent sans difficulté.

2° Soit encore un triangle ABC (*Fig.* 235) dont on connaisse les côtés AB et AC chacun de 250 décamètres, et l'angle C de 42 grades 41 minutes. En opérant par logarithmes, j'ai Fig. 235.

log. sin. C = log. sin. 42G 41' = 9-7909766
log. AC = log. 250 déca. = 2-3979400
C. log. AB = C. log. 250 déca. = 7-6020600

Somme — log. R. = 9-7909766

Puisque le sinus d'un angle est aussi le sinus du supplément de cet angle, il est évident que ce dernier logarithme répond exactement au sinus de 42 grades 41 minutes et au sinus de 57 grades 59 minutes.

Mais ici l'angle B doit être aigu, et par conséquent, il est de 42 grades 41 minutes, puisque AB = AC.

Cette circonstance aurait même pu donner l'angle B sans calcul, puisque dans un triangle isocèle les angles opposés aux côtés égaux sont égaux.

PROBLÈME.

439. *Étant donnés deux côtés et l'angle compris, trouver les deux autres angles et le troisième côté.*

Soit le triangle ABC (*Fig.* 236) dont on connaisse les côtés AB de 169 décamètres 9 mètres, AC de 267 décamètres 24 décimètres, et l'angle compris A de 72 grades 68 minutes. Fig. 236.

Mettant les valeurs dans la formule (7), j'ai, en opérant par les logarithmes,

Log. t. $\frac{1}{2}$(B—C) = log. tang. $\frac{1}{2}$(200G — 72G 68') =
log. tang. 63G 66' = 0-1923727
log. (AC—AB) = log. 97 déca -34 déci. = 1-9882913
C. log. (AB+AC) = C. log. 437 déca.-14 déci. = 7-3593795

Somme ou log. tang. $\frac{1}{2}$(B—C) = 9-5400435

Ce logarithme répond à la tangente de 21 grades 25 minutes, puisque

tang. $\frac{1}{2}$(B—C) = 21G 25',

il est évident que la demi-différence des deux angles B et C est de 21 grades 25 minutes.

Leur demi-somme étant de 63 grades 66 minutes, j'ai

B = 63G 66' + 21G 25' = 84G 91',

et

C = 63G 66' — 21G 25 = 42G 41'.

Lorsqu'on connaîtra ainsi les angles de ce triangle, on déterminera la valeur du côté BC par l'analogie ordinaire.

La formule (8) donne le moyen de trouver ce côté sans calculer les angles. En voici une application par les logarithmes et avec les mêmes données.

log. AC² = 2 log. AC =
2 log. 267 déca.-24 déci. = 4-8538030 = 71417
log. AB² = 2 log. 169 déca. 9 mètr. = 4-4603868 = 28866

AC² + AB² = 100283

Je détermine l'autre membre comme il suit :

log. 2 AC = log. 534 déca.-48 déci. = 2-7279315
log. AB = log. 169 déca.-9 mèt. = 2-2301934
log. cos. A = log. cos. 72G 68' = 9-6191876

Somme — 10 = log. 2 AC × AB × cos. A = 4-5773125

Ce logarithme répond à 37784; donc

BC^2 = 100283 — 37784 = 62499.

Extrayant la racine carrée de 62499, j'ai BC = 250 décamètres.

La moitié du logarithme de 62499 répond effectivement à 250 décamètres.

PROBLÈME.

440. *Étant donnés les trois côtés d'un triangle, trouver les angles.*

Fig. 237. Soit le triangle ABC (*Fig.* 237) dont on connaisse les trois côtés AB de 169 décamètres 9 mètres, AC de 267 décamètres 24 décimètres, et BC de 250 décamètres.

Ce problème se trouve résolu par l'une des formules (9), (10) ou (11).

En désignant encore par m, la moitié de la somme des trois côtés, et mettant ces données dans la formule (9), j'ai

log. (m — AC) = log. (343 déca.-57 déci. — 267 déca.-24 déci.) =
log. 76 déca.-33 déci. = 1-8826953
log. (m — AB) = log. 173 déca.-67 déci. = 2-2397248
C. log. AC = C. log. 267 déca.-24 déci. = 7-5730985
C. log. AB = C. log. 169 déca.- 9 mèt. = 7-7698066

log. $\sin^2.\frac{1}{2}$A = 19-4653252
log. sin. $\frac{1}{2}$A = 9-7326626

Ce logarithme répond au sinus de 36 grades 34 minutes; donc, l'angle cherché A = 72 grades 68 minutes.

Si j'avais cherché l'angle B, j'aurais eu, par la même formule,

log. (m — BC) = log. 93 déca.-57 déci. = 1-9711306
log. (m — AB) = log. 173 déca.-67 déci. = 2-2397248
C. log. BC = C. log. 250 déca. = 7-6020600
C. log. AB = C. log. 169 déca.-9 mèt. = 7-7698066

log. $\sin^2.\frac{1}{2}$B = 19-5827280
log. sin. $\frac{1}{2}$B = 9-7913640

Ce logarithme répond de même au sinus de 42 grades 45 minutes 5 dixièmes; donc, l'angle B = 84 grades 91 minutes.

Pour vérifier cette opération, je cherche ce même angle par la formule (10) ou la formule (11); par cette dernière j'ai

log. m = log. 343 déca.-57 déci. = 2-5360182
log. (m — AC) = log. 76 déca.-33 déci. = 1-8826953
C. log. BC = C. log. 250 déca. = 7-6020600
C. log. AB = C. log. 169 déca.-9 mèt. = 7-7698066

log. $\cos^2.\frac{1}{2}$B = 19-7905771
log. cos. $\frac{1}{2}$B = 9-8952885

Ce logarithme répond à un angle qui, étant doublé, donne aussi 84 grades 91 minutes, à très-peu-près.

N. B. Quand l'angle B est petit, il faut éviter cette formule; la vérification par la formule (2) est préférable. Il faut aussi, pour plus de précision, plutôt déterminer les deux autres angles à l'aide des trois côtés, que de conclure le second à l'aide du premier, et le troisième de la somme des deux autres. Enfin, pour chercher les deux autres angles par la proportion des côtés avec les angles (431), il faut être bien certain que l'on ne s'est pas trompé dans le calcul du premier.

DES ANGLES QU'IL FAUT CHERCHER A ÉVITER DANS LES TRIANGULATIONS.

441. Il faut, en général, dans la résolution des triangles, chercher à éviter les angles ou trop aigus ou trop obtus, parce que la plus petite erreur sur la mesure de tels angles, a une grande influence sur la longueur des côtés. Nous allons en donner la preuve par différens problèmes.

PROBLÈME.

442. *Connaissant le côté AB du triangle ABC* (Fig. 238), *réellement de* 150 *décamètres, l'angle A de* Fig. 238. 99 *grades* 35 *minutes, et l'angle B de* 98 *grades* 67 *minutes, déterminer le côté BC.*

Il résulte de ces données, que l'angle C est de 1 grade 98 minutes.

Ainsi, j'ai par la formule (1) et par les logarithmes,

log. AB = log. 150 décamèt. = 2-1760913
log. sin. A = log. sin. 99G 35' = 9-9999774
C. log. sin. C = C. log. sin. 1G 98' = 1-5072850

Somme — 10 = log. BC = 3-6833537

logarithme qui répond à 4823 décamèt.-4 mètres; donc, le côté BC = 4823 décamèt.-4 mètres.

Supposons maintenant qu'en mesurant l'angle A, je le trouve de 99 grades 36 minutes, et que la mesure de l'angle B donne 98 grades 68 minutes, l'angle C doit nécessairement être de 1 grade 96 minutes.

Faisant toujours les mêmes calculs, j'ai

log. AB = log. 150 décamèt. = 2-1760913
log. sin. A = log. sin. 99G 36' = 9-9999781
C. log. sin. C = C. log. sin. 1G 96' = 1-5116927

Somme — 10 = log. BC = 3-6877621

ce logarithme répond à 4872 décamètres 6 mètres; ainsi je trouve, d'après cette hypothèse, que BC = 4872 décamèt.-6 mètres.

On voit par là qu'une différence d'une minute sur les angles de la base, donne 49 unités 2 dixièmes, ou plus de 49 décamètres d'erreur sur la longueur de BC.

443. Supposons maintenant que l'angle C du triangle ABC (*Fig.* 239) soit de 47 grades 17 minutes, l'angle B Fig. 239. de 52 grades 83 minutes, et le côté BC de 200 décamè-

Fig. 239. tres. Ce qui fait conclure l'angle A de 99 grades 98 minutes. J'ai alors,

log. BC = log. 200 décamèt. = 2-3010300
log. sin. B = log. sin. 52^G 85' = 9-8680818
C. log. sin. A = C. log. sin. 99^G 98' = 0-0000000

Somme — 10 = log. AC = 2-1691118

Ce logarithme répond à 147 décamètres 6 mètres, donc le côté AC = 147 décamètres 6 mètres.

En supposant que dans la mesure des angles B et C on commette une erreur d'une minute en plus, c'est-à-dire, ici que l'on prenne B de 52 grades 86 minutes, et C de 47 grades 18 minutes, il restera donc 99 grades 96 minutes pour l'angle A.

Ainsi l'on aura

log. BC = log. 200 décamèt. = 2-3010300
log. sin. B = log. sin. 52^G 86' = 9-8681442
C. log. sin. A = C. log. sin. 99^G 96' = 0-0000000

Somme — 10 = log. AC = 2-1691742

Ce logarithme répond à 147 décamètres 63 décimètres; ainsi AC = 147 décamètres 63 décimètres.

On voit que dans ce cas une erreur d'une minute sur les angles de la base ne donne que 0-03 centièmes de différence sur la longueur du côté AC.

Il résulte de là qu'une différence d'une minute dans les angles de la base, en apporte une assez considérable dans la longueur des côtés, quand ces angles sont presque droits, et qu'elle n'en apporte qu'une très-légère, quand la somme des angles de la base approche de 100 grades.

DES CAS D'IMPOSSIBILITÉ QUI PEUVENT SE PRÉSENTER DANS LA RÉSOLUTION DES TRIANGLES.

444. Nous allons faire connaître quelques cas d'impossibilité qui se présentent dans la résolution des triangles; on verra que ces cas d'impossibilité ne viennent que par des données mal observées, absurdes ou imaginaires.

PROBLÈME.

445. *Etant donnés l'hypothénuse et un côté de l'angle droit, résoudre le triangle.*

Fig. 240. Prenons pour exemple le triangle ABC (*Fig.* 240), et supposons qu'il est rectangle en B, que AC est de 100 décamètres et BC de 150 décamètres 9 mètres; avec ces données je trouve

log. BC = log. 150 décam.-9 mèt. = 2-1786892
C. log. AC = C. log. 100 décam. = 2-0000000

log. sin. A = 10-1786892

Le calcul dénote l'impossibilité de l'existence du triangle, puisqu'il donne pour logarithme du sinus de l'angle aigu A, un nombre plus grand que le logarithme du sinus d'un angle droit; en effet, d'après les données, l'hypothénuse étant plus petite qu'un côté de l'angle droit, la construction du triangle est impossible.

Si, par exemple, j'avais eu AC = 100 décamètres et BC = 100 décamètres, j'aurais trouvé

log. sin. A = 10 = sin. A = R,

c'est-à-dire que l'angle A serait droit d'après ces données, ce qui dénote encore l'impossibilité du triangle, puisqu'il y avait alors deux angles droits; en effet, l'hypothénuse étant alors égale au côté de l'angle droit, la construction du triangle est impossible.

PROBLÈME.

446. *Etant donnés deux côtés et l'angle opposé à l'un des côtés, résoudre le triangle.*

Supposons que dans le triangle ABC (*Fig.* 241), on connaisse le côté AB de 206 décamètres, celui BC de 150 décamètres 6 mètres et l'angle B de 80 grades 10 minutes, voici le calcul logarithmique de ces données: Fig. 241.

log. sin. B = log. sin. 80^G 10' = 9-9784274
log. AB = log. 206 déca. = 2-3138672
C. log. AC = C. log. 150 déca.-6 mèt. = 7-8221750

Somme — 10 = log. sin. C = 10-1144696

Ce résultat dénote évidemment une absurdité, puisque je trouve pour le logarithme du sinus d'un angle, un nombre plus grand que le logarithme du rayon qui est 10, il faut donc en conclure que le triangle est impossible.

Effectivement, en abaisant la perpendiculaire AD, j'ai le triangle rectangle ABD, dans lequel je connais AB et l'angle B, de sorte qu'en calculant la perpendiculaire AD, je la trouve de 196 décamètres, tandis que le côté donné AC, qui est une oblique, n'est que de 150 décamètres 6 mètres, c'est-à-dire moindre que la perpendiculaire; le triangle est donc impossible.

PROBLÈME.

447. *Etant donnés deux côtés et l'angle opposé à l'un des côtés, résoudre le triangle.*

Supposons maintenant que le côté AB du triangle ABC (*Fig.* 242) est de 250 décamètres, celui AC de 70 décamètres 01 décimètres, et l'angle B de 18 grades 07 minutes, dont voici le calcul: Fig. 242.

log. sin. B = log. sin. 18^G 07' = 9-4472307
log. AB = log. 250 décamèt. = 2-3979400
C. log. AC = C. log. 70 déca.-01 déci. = 8-1548293 (1)

Somme — 10 = log. sin. C = 10-0000000

Ce résultat donnant le logarithme du sinus C égal à 10 ou au logarithme du rayon, indique que l'angle C est droit et que le triangle proposé est rectangle et ne peut être obliquangle, d'après les données actuelles.

Cette conclusion sera confirmée si l'on calcule dans le triangle ABD rectangle en D, la perpendiculaire que l'on trouvera être de 70 décamètres 01 décimètre environ.

(1) Une petite différence en plus, dans la donnée de l'angle B, nous excite, pour une démonstration plus nette, à augmenter le logarithme AC de 106 dix-millionièmes.

Par les exemples que nous venons de donner, on a dû voir que les cas d'impossibilité qui peuvent se présenter dans la résolution des triangles, sont indiqués par le calcul qui donne alors des résultats absurdes; mais pour ne point errer, il est plus prudent d'examiner, avant de résoudre un triangle, s'il peut exister d'après les données, afin de ne point faire des opérations inutiles.

Nous allons maintenant donner quelques notions très-succinctes sur la trigonométrie sphérique.

NOTIONS DE TRIGONOMÉTRIE SPHÉRIQUE.

448. La *trigonométrie sphérique* consiste à résoudre les triangles formés sur la surface de la terre, supposée ronde, par trois arcs de grand cercle. Les côtés de ces triangles sont comme les angles, évalués en grades, minutes, etc.

La somme des trois angles d'un triangle sphérique peut varier dans les limites de 200 grades à six angles droits. La somme des trois côtés est toujours moindre que six angles droits et plus grande que deux angles droits. *Donc un triangle sphérique peut avoir ses trois angles droits, et même ses trois angles obtus.*

On voit donc que la somme des trois angles d'un triangle sphérique n'est pas une quantité qui soit toujours la même comme dans les triangles rectilignes; et par conséquent, on ne peut pas, de deux angles connus, conclure le troisième.

449. *Deux triangles sphériques tracés sur une même sphère, ou sur des sphères égales, sont égaux : 1° lorsqu'ils ont un côté égal adjacent à deux angles égaux chacun à chacun; 2° lorsqu'ils ont un angle égal compris entre trois côtés égaux chacun à chacun; 3° lorsqu'ils ont les trois côtés égaux chacun à chacun; 4° lorsqu'ils ont les trois angles égaux chacun à chacun.*

Les trois premiers cas se démontrent précisément de la même manière que pour les triangles rectilignes (21, 22 et 23). Le quatrième n'a pas lieu pour les triangles rectilignes; il ne présente pas assez de difficulté pour exiger une démonstration particulière.

450. 1° *Dans un triangle sphérique isocèle, les deux angles opposés aux côtés égaux, sont égaux; et réciproquement, si deux angles d'un triangle sphérique sont égaux, les côtés qui leur sont opposés sont aussi égaux; 2° dans tout triangle sphérique, le plus grand côté est opposé au plus grand angle et réciproquement.*

Les propositions que nous venons d'établir sont utiles pour se diriger dans la résolution des triangles sphériques, où tout ce que l'on cherche se détermine par des sinus et des tangentes, qui, appartenant indifféremment à des arcs plus petits que 100 grades, ou à leurs supplémens, peuvent souvent laisser dans l'incertitude sur celui de ces deux arcs qu'on doit adopter; mais les connaissances ne sont pas suffisantes pour découvrir dans quel cas ce que l'on cherche doit être plus grand ou plus petit que 100 grades, et dans quel cas il peut être indifféremment plus grand ou plus petit.

451. Quoique deux angles et même les trois angles d'un triangle sphérique rectangle puissent être droits, et que par conséquent il puisse y avoir deux et trois hypothénuses, néanmoins nous n'appellerons *hypothénuse* que le côté opposé à l'angle droit que nous considérons; et nous appellerons les deux autres angles, *angles obliques*.

452. *Chacun des deux angles obliques d'un triangle sphérique rectangle est de même espèce que le côté qui lui est oppposé, c'est-à-dire, qu'il est 100 grades, si ce côté est de 100 grades; et plus grand ou plus petit que 100 grades, selon que ce côté est plus grand ou plus petit que 100 grades.*

453. *Si les deux côtés, ou les deux angles d'un triangle sphérique rectangle sont tous deux plus petits ou tous deux plus grands que 100 grades, l'hypothénuse sera toujours plus petite que 100 grades, et au contraire, elle sera plus grande que 100 grades, si les deux côtés ou les deux angles sont de différentes espèces.*

PRINCIPES POUR LA RÉSOLUTION DES TRIANGLES SPHÉRIQUES.

454. La résolution des triangles sphériques rectangles ne dépend que de trois principes que nous allons exposer successivement. Le premier de ces principes est commun aux triangles rectangles et aux triangles obliquangles.

Chaque cas des triangles sphériques rectangles peut être résolu par une seule proportion, que l'on trouvera toujours par l'un ou l'autre des trois principes suivans :

1° Dans tout triangle sphérique on a toujours cette proportion : *Le sinus d'un des angles est au sinus du côté opposé à cet angle, comme le sinus d'un autre angle est au sinus du côté opposé à celui-ci.*

Si l'un des angles comparés est droit; comme son sinus est alors égal au rayon (349), la proportion peut être enoncée ainsi : *Le rayon est au sinus de l'hypothénuse, comme le sinus d'un des angles obliques est au sinus du côté opposé.*

2° Dans tout triangle sphérique rectangle, *le rayon est au sinus d'un des côtés de l'angle droit, comme la tangente de l'angle oblique opposé à l'autre côté de l'angle droit est à la tangente de ce même côté.*

3° Dans tout triangle sphérique rectangle, *si l'on prolonge les deux côtés d'un des angles obliques, de manière qu'ils soient chacun de 100 grades, et qu'on joigne les extrémités par un arc de grand cercle, on aura un nouveau triangle rectangle, dont les parties seront egales à celles du triangle proposé*, ou à leur complément.

Donc, lorsqu'on connaît trois choses dans un triangle, on connaît aussi trois choses dans chacun des deux triangles. On voit, en même tems, que les trois autres parties qui resteraient à trouver dans le triangle, feraient connaître les trois autres parties de chacun de ces triangles, et réciproquement. Nous nommerons dorénavant ces triangles, *triangles supplémentaires.*

Donc, lorsqu'ayant à résoudre un triangle, on ne

pourra pas faire usage immédiatement, ni de l'un, ni de l'autre des deux principes posés (454, 1° et 2°), on aura recours à l'un ou à l'autre des deux triangles complémentaires; et alors l'application de l'un ou de l'autre de ces principes aura lieu, et fera connaître les parties de ces triangles qui donneront ensuite la connaissance des parties du triangle proposé par le principe qu'on vient de poser en dernier lieu.

A l'égard des triangles sphériques rectangles, remarquons, comme nous l'avons fait pour les triangles rectilignes rectangles, que l'angle droit étant un angle connu, il suffit, pour être en état de résoudre un triangle rectangle, de connaître deux choses, outre l'angle droit.

Ce que nous venons de dire est suffisant pour faire voir comment on doit se conduire dans les autres cas; mais pour épargner à ceux qui auraient de ces sortes de calculs à faire, la peine de recourir aux triangles complémentaires, je joins, à la page 112, une table (1) qui indique quelle proportion il faut faire dans chaque cas. Cette table fera aussi connaître qu'il y a des cas où l'on ne peut trouver un côté et un angle, à moins que l'on ne sache s'ils doivent être aigus ou obtus : ils sont connus sous le nom de *cas douteux*. Ces cas douteux se trouvent toujours compris dans un énoncé comme celui qui suit :

Étant donnés un angle et son côté opposé, pour trouver les trois autres parties du triangle, il faut savoir si ces parties inconnues sont au-dessus ou au-dessous d'un angle droit.

455. Voici d'autres formules qui donnent directement la solution de tous les cas des triangles sphériques rectangles :

$$\begin{aligned}
\text{Sin.}\,b &= \text{sin. B} \times \text{sin.}\,a,\\
\text{cos.}\,a &= \text{cos.}\,b \times \text{cos.}\,c,\\
\text{cot.}\,a &= \text{cot.}\,b \times \text{cos. C},\\
\text{cos.}\,a &= \text{cot. B} \times \text{cot. C},\\
\text{cos. B} &= \text{sin. C} \times \text{cos. B},\\
\text{tang. B} &= \text{tang}\,b \times \text{cos.}\,c.
\end{aligned}$$

Ces opérations sont aussi sous une forme commode pour l'emploi des logarithmes; c'est pourquoi on décompose ordinairement les triangles sphériques en triangles rectangles, par l'abaissement d'une perpendiculaire.

456. Les triangles sphériques rectangles se résolvent, dans tous les cas, par une seule analogie, ainsi qu'on vient de le voir. Il n'en est pas de même des triangles sphériques obliquangles : dans plusieurs cas, il faut faire deux analogies. Ces cas exigent qu'on abaisse, de l'un des angles du triangle proposé, un arc de grand cercle, perpendiculairement sur le côté opposé. Cet arc peut tomber, ou sur le côté même, ou sur le prolongement de ce côté, selon les différens rapports de grandeur des côtés et des angles.

(1) Cette table se rapporte au triangle ABC (*Fig.* 343), dans lequel l'angle A est supposé droit.

La seconde proportion, ou la seconde formule de la table que nous avons donnée pour les triangles rectangles, suffit pour la résolution des triangles sphériques obliquangles, ou du moins pour déterminer les sinus ou les tangentes des différentes parties qui les composent; il y a plusieurs cas où trois choses données suffisent pour déterminer tout le reste; mais il y en a plusieurs aussi où la question reste indéterminée, parce que ces données ne sont pas suffisantes pour décider si la chose cherchée est moindre ou plus grande que 100 grades. Cependant, quoiqu'à envisager la chose généralement, le nombre de ces derniers cas soit assez considérable, il est très-rare, dans les usages ordinaires de la trigonométrie sphérique, qu'on ne sache pas de quelle espèce doit être le côté ou l'angle qu'on demande.

Nous allons donner plusieurs formules applicables à la résolution des triangles sphériques obliquangles.

Si l'on fait la moitié de la somme des trois côtés $= m$, on a

$$\text{Sin.}\,\tfrac{1}{2}\,\text{A} = \sqrt{\frac{\text{sin.}(m-b)\times\text{sin.}(m-c)}{\text{sin.}\,b\times\text{sin.}\,c}}\;\ldots\ldots(x).$$

Voici la règle. Prenez la moitié de la somme des trois côtés; de cette demi-somme, retranchez successivement chacun des deux côtés qui comprennent l'angle cherché, ce qui vous donnera deux restes.

En employant les logarithmes, l'opération se fait comme il suit :

Ajoutez les logarithmes des sinus de ces deux restes, au double du logarithme du rayon, et du total retranchez la somme des logarithmes des sinus des deux côtés qui comprennent l'angle cherché; le reste sera le logarithme du carré du sinus de la moitié de cet angle. Prenez la moitié de ce logaritme restant, et cherchez à quel nombre de grades et minutes elle répond dans la table, ce sera la moitié de l'angle demandé

On a aussi

$$\text{Cos.}\,\tfrac{1}{2}\,\text{A} = \sqrt{\frac{\text{sin.}\,m\times\text{sin.}\,(m-a)}{\text{sin.}\,b\times\text{sin.}\,c}}\;\ldots\ldots\ldots\ldots(y),$$

$$\text{Tang.}\,\tfrac{1}{2}\,\text{A} = \sqrt{\frac{\text{sin.}\,(m-b)\times\text{sin.}\,(m-c)}{\text{sin.}\,m\times\text{sin.}\,(m-a)}}\;\ldots\ldots(z).$$

Ces équations sont de même forme que celles 10 et 11 du numéro 434; elles servent à ramener à l'horizon des angles pris dans un plan incliné; car cette opération se réduit à changer les angles d'un triangle sphérique dont on connaît les trois côtés. Le trigonomètre géodésiste fera donc un fréquent usage de ces formules.

Si l'angle A est petit, prenez l'une des deux expressions (x) ou (z), et employez la formule (y) lorsque cet angle sera très-obtus. Nous avons déjà fait observer ceci par la résolution des triangles rectilignes.

TABLE POUR LA RÉSOLUTION DES TRIANGLES SPHÉRIQUES RECTANGLES.

ÉTANT DONNÉS	TROUVER	PROPORTIONS A FAIRE.	FORMULES CORRESPONDANTES.	CAS OU CE QUE L'ON CHERCHE doit être moindre que 100 grad.
	B	Sin. a : R :: sin. b : sin. B.	Sin. B $= \frac{R \times \sin. b}{\sin. a}$	si b est moindre que 100 grades.
b, a	C	Cot. b : cot. a :: R : cos. C.	Cos. C $= \frac{\cot. a \times R}{\cot. b}$	si a et b sont de même espèce.
	c	Cos. b : cos. a :: R : cos. c.	Cos. $c = \frac{\cos. a \times R}{\cos. b}$	si a et b sont de même espèce.
	C	Sin. b : R :: tang. c : tang. C.	Tang. C $= \frac{R \times \text{tang.} c}{\sin. b}$	si c est moindre que 100 grades.
b, c	B	Sin. c : R :: tang. b : tang. B.	Tang. B $= \frac{R \times \text{tang.} b}{\sin. c}$	si b est moindre que 100 grades.
	a	R : cos. c :: cos. b : cos. a.	Cos. $a = \frac{\cos. c \times \cos. b}{R}$	si b et c sont de même espèce.
	B	R : cos. b :: sin. C : cos. B.	Cos. B $= \frac{\cos b \times \sin C}{R}$	si b est moindre que 100 grades.
b, C	a	R : cos. C :: cot. b : cot. a.	Cot. $a = \frac{\cos. C \times \cot. b}{R}$	si b et C sont de même espèce.
	c	R : sin. b :: tang. C : tang. c.	Tang. $c = \frac{\sin. b \times \text{tang.} C}{R}$	si C est moindre que 100 grades.
	C	Cos. b : R :: cos. B : sin. C.	Sin. C $= \frac{R \times \cos. B}{\cos. b}$	douteux.
b, B	a	Sin. B : sin. b :: R : sin. a.	Sin. $a = \frac{\sin. b \times R}{\sin. B}$	douteux.
	c	Tang. B : tang. b :: R : sin. c.	Sin. $c = \frac{\text{tang.} b \times R}{\text{tang.} B}$	douteux.
	C	Sin. a : R :: sin. c : sin. C.	Sin. C $= \frac{R \times \sin. c}{\sin. a}$	si c est moindre que 100 grades.
c, a	B	Cot. c : cot. a :: R : cos. B.	Cos. B $= \frac{\cot. a \times R}{\cot. c}$	si a et c sont de même espèce.
	b	Cos. c : cos. a :: R : cos. b.	Cos. $b = \frac{\cos. a \times R}{\cos. c}$	si a et c sont de même espèce.
	B	Cos. c : R :: cos. C : sin. B.	Sin. B $= \frac{R \times \cos. C}{\cos. c}$	douteux.
c, C	a	Sin. C : sin. c :: R : sin. a.	Sin. $a = \frac{\sin. c \times R}{\sin. C}$	douteux.
	b	Tang. C : tang. c :: R : sin. b.	Sin. $b = \frac{\text{tang.} c \times R}{\text{tang.} C}$	douteux.
	C	R : cos. c :: sin. B : cos. C.	Cos. C $= \frac{\cos. c \times \sin. B}{R}$	si c est moindre que 100 grades.
c, B	a	R : cos. B :: cot. c : cot. a.	Cot. $a = \frac{\cos. B \times \cot. c.}{R}$	si c et B sont de même espèce.
	b	R : sin. c :: tang. B : tang. b.	Tang. $b = \frac{\sin. c \times \text{tang.} B}{R}$	si B est moindre que 100 grades.
	B	Cos. a : R :: cot. C : tang. B.	Tang. B $= \frac{R \times \cot. C.}{\cos. a}$	si a et C sont de même espèce.
a, C	b	Cos. C : R :: cot. a : cot. b.	Cot. $b = \frac{R \times \cot. a}{\cos. C}$	si a et C sont de même espèce.
	c	R : sin. a :: sin. C : sin. c.	Sin. $c = \frac{\sin. a \times \sin. C}{R}$	si C est moindre que 100 grades.
	C	R : cos. a :: tang. B : cot. C.	Cot. C $= \frac{\cos. a \times \text{tang.} B}{R}$	si a et B sont de même espèce.
a, B	b	R : sin. a :: sin. B : sin. b.	Sin. $b = \frac{\sin. a \times \sin. B}{R}$	si B est moindre que 100 grades.
	c	Cos. B : R :: cot. a : cot. c.	Cot. $c = \frac{R \times \cot. a}{\cos. B}$	si a et B sont de même espèce.
	a	Tang. B : cot. C :: R : cos. a.	Cos. $a = \frac{\cot. C \times R}{\text{tang.} B}$	si B et C sont de même espèce.
C, B	b	Sin. C : cos. B :: R : cos. b.	Cos. $b = \frac{\cos. B \times R}{\sin. C}$	si B est moindre que 100 grades.
	c	Sin. B : cos. C :: R : cos. c.	Cos. $c = \frac{\cos. C \times R}{\sin. B}$	si C est moindre que 100 grades.

Remarque. En supposant toujours qu'aucune partie d'un triangle sphérique n'est de plus de 200 grades, on peut déterminer, par une règle assez simple, si ce qu'on cherche doit être moindre que 100 grades, ou s'il peut indifféremment être plus grand ou plus petit.

Voici cette règle : si le quatrième terme de la proportion que vous êtes obligé de faire pour résoudre un triangle sphérique est un sinus, l'arc auquel il appartiendra peut indifféremment être de moins ou de plus de 100 grades, excepté le cas où le triangle étant rectangle, parmi les trois choses connues, il s'en trouverait une qui serait opposée dans le triangle à celle que l'on cherche. Dans ce cas, ces deux dernières quantités sont toujours de même espèce entre elles.

Mais si le quatrième terme est un cosinus ou une cotangente, ou une tangente, alors observez, à l'égard des termes connus de la proportion, la règle suivante.

Donnez le signe + au rayon et à tous les sinus, soit que les arcs auxquels ils appartiennent soient plus grands, soit qu'ils soient plus petits que 100 grades ; donnez pareillement le signe + à tous les cosinus, tangentes et cotangentes des arcs plus petits que 100 grades ; et au contraire donnez le signe — à tous les cosinus, tangentes et cotangentes des arcs plus grands que 100 grades. Alors, si le nombre des signes — est zéro ou pair, l'arc qui répond au quatrième terme sera toujours moindre que 100 grades ; il sera, au contraire, plus grand que 100 grades, si le nombre des signes — est impair.

Cette règle est fondée sur ce qui a été observé (349 *et suiv.*) relativement aux sinus, cosinus, etc., des arcs plus petits ou plus grands que 100 grades.

RÉSOLUTION DES TRIANGLES RECTILIGNES, AU MOYEN DE L'ÉCHELLE, DU COMPAS ET DU RAPPORTEUR.

457. On peut résoudre avec l'échelle, le compas et le rapporteur, et d'une manière très-expéditive, tous les problèmes de trigonométrie rectiligne qui n'exigent pas une exactitude rigoureuse. Ces procédés graphiques se rapportent à la similitude des triangles ; nous allons les appliquer à quelques-uns des problèmes donnés précédemment (1).

PROBLÈME.

458. *Etant donnés l'hypothénuse et un côté de l'angle droit d'un triangle rectangle, déterminer le troisième côté et les deux angles aigus.*

Fig. 225. Soit le triangle ABC (*Fig.* 225), dont on connaisse l'hypothénuse BC de 326 décamèt. et le côté AB de 200 décamèt.

Faites, avec le rapporteur, l'angle A de 100 grades ; prenez, sur une échelle de proportion, autant de parties que le côté AB contient de mesures, c'est-à-dire 200 décamètres, et portez cette ouverture de compas de A en B. Ce côté étant déterminé, prenez sur la même échelle une longueur BC qui est de 326 décamètres ; du point B comme centre, décrivez avec cette ouverture un arc de cercle qui déterminera la longueur du côté AC en le coupant au point C.

Ensuite, prenez avec le compas la longueur du côté AC, portez-la sur l'échelle, et vous trouverez que la longueur de AC est de 257 décamètres 4 mètres. Enfin, si vous mesurez les deux angles aigus de ce triangle, vous trouverez l'angle B de 57 grades 95 minutes, et par conséquent l'angle C de 42 grades 05 minutes, puisqu'ils sont complément l'un de l'autre.

PROBLÈME.

459. *Etant donnés les deux côtés de l'angle droit, trouver l'hypothénuse et les angles.*

Soit le triangle ABC (*Fig.* 226), dont on connaisse le côté AB de 200 décamèt. et le côté AC de 257 déca.-4 mèt. Fig. 226.

Faites l'angle A de 100 grades, comme dans le problème précédent ; prenez, sur l'échelle que vous avez adoptée, une longueur de 200 décamètres, qui est celle du côté donné AB, et portez-la de A en B ; prenez ensuite une ouverture de compas égale à 257 décam.-4 mèt., longueur du côté AC, et portez-la de A en C. Cela posé, vous tirerez une droite BC, dont la longueur portée sur l'échelle vous fera connaître que ce côté doit être de 326 décamètres. Enfin, les deux angles se déterminent comme il a été dit plus haut.

PROBLÈME.

460. *Etant donnés l'hypothénuse et un angle aigu, déterminer les deux autres côtés.*

Soit le triangle ABC (*Fig.* 227), dont on connaisse l'hypothénuse BC de 326 décamètres, et l'angle B de 57 grades 95 minutes. Fig. 227.

Faites l'angle B de 57 grades 95 minutes ; prenez, sur l'échelle que vous avez adoptée, une longueur de 326 décamètres, qui est celle du côté donné BC, et portez-la de B en C. Cela fait, abaissez, du point C, une perpendiculaire AC sur la droite AB (36), et le triangle sera entièrement déterminé.

Enfin, prenez la longueur du côté AB et celle de celui AC ; portez-les l'une après l'autre sur l'échelle, vous trouverez que AB est de 200 décamètres et AC de 257 décamètres 4 mètres.

Il serait peut-être plus expéditif de chercher l'angle C par la connaissance des deux autres A, B, puisque cet angle C est complément de l'angle B ; l'angle A étant droit ou de 100 grades, et l'angle B étant de 57 grades 95 minutes, il est évident que l'angle C doit être de

$$200^{g} - 157^{g}\ 95' = 42^{g}\ 05'.$$

Donc, on peut tirer une droite de 326 décamètres de

(1) Voyez le *rapporteur exact* que nous donnons au commencement du chapitre suivant, pour suppléer à l'insuffisance du *rapporteur ordinaire* indiqué ci-dessus.

notre échelle, construire un angle de 57 grades 95 minutes à son extrémité B, et un autre angle de 42 grades 05 minutes à l'autre extrémité C, et le triangle sera construit dans toutes ses proportions. Enfin, la longueur des côtés se détermine comme il a été dit plus haut.

PROBLÈME.

461. *Etant donné un côté de l'angle droit avec l'un des angles aigus, trouver l'hypothénuse et l'autre côté.*

Fig. 228. Soit le triangle ABC (*Fig.* 228) dont on connaisse le côté AB de 200 décamètres, et l'angle B de 57 grades 95 minutes.

Tirez une droite AB égale à 200 décamètres de votre échelle, construisez un angle de 57 grades 95 minutes à l'extrémité B de cette droite, un autre angle de 100 grades à l'autre extrémité A (ce qui revient à élever une perpendiculaire au point A sur la droite AB), et le triangle sera construit proportionnellement aux données du problème. Le reste comme précédemment.

PROBLÈME.

462. *Etant donnés deux angles et un côté d'un triangle rectiligne quelconque, trouver les deux autres côtés.*

Fig. 230. Soit le triangle ABC (*Fig.* 230) dont on connaisse les angles B de 84 grades 91 minutes, C de 42 grades 41 minutes, et le côté BC de 250 décamètres.

Tirez une droite BC de 250 décamètres de votre échelle, à son extrémité B, faites un angle de 84 grades 91 minutes, et à l'autre extrémité C un angle de 42 grades 41 minutes; le triangle étant ainsi construit, vous déterminerez la longueur des côtés AB et AC en les portant séparément sur l'échelle que vous avez adoptée pour la construction du triangle. Cela fait, vous trouvez que AC est de 267 décamètres 24 décimètres, et AB de 169 décamètres 9 mètres.

Fig. 231. Quant à la résolution du triangle ABC (*Fig.* 231), on détermine l'angle C par la connaissance des deux autres A et B, et l'on résout ensuite le triangle par le procédé que nous venons d'indiquer.

Il en est de même de la résolution du triangle représenté par la figure 232. Voir la construction n° 28.

PROBLÈME.

463. *Etant donnés deux côtés et l'angle opposé à l'un des côtés d'un triangle rectiligne quelconque, déterminer les autres parties du triangle.*

Fig. 232. Soit le triangle ABC (*Fig.* 232) dont on connaisse les côtés AC de 267 décamètres 24 décimètres, BC de 250 décamètres, et l'angle A de 72 grades 68 minutes.

Tracez une droite AC de 267 décamètres 24 décimètres de votre échelle; à son extrémité A faites un angle de 72 grades 68 minutes; de l'autre extrémité C, comme centre avec BC ou 250 décamètres de votre échelle pour rayon, décrivez un arc de cercle qui coupera généralement AB en deux points, toutes les fois que le côté opposé à l'angle donné sera, comme dans ce problème, plus petit que celui qui lui est adjacent. Ainsi, l'angle B ne peut être déterminé qu'autant qu'on saura s'il est aigu ou obtus; car le côté demandé AB peut être, par exemple, d'une longueur égale à CI ou à CG (*Fig.* 13). Fig. 13.

Donc, sachant que l'angle B (*Fig.* 233) est aigu, je Fig. 233.
trouve qu'il est de 84 grades 91 minutes, et que AC, porté sur l'échelle que vous avez adoptée, présente une longueur de 169 décamètres.

N. B. D'après la construction du numéro 30, il est évident que la même ambiguité n'existe pas quand le côté opposé à l'angle donné est égal ou plus grand que celui qui est adjacent à cet angle.

PROBLÈME.

464. *Etant donnés deux côtés et l'angle compris d'un triangle rectiligne quelconque, trouver les deux autres angles et le troisième côté.*

Soit le triangle ABC (*Fig.* 236) dont on connaisse les Fig. 236.
côtés AB de 169 décamètres 9 mètres, AC de 267 décamètres 24 décimètres, et l'angle compris A de 72 grades 68 minutes.

Faites l'angle A de 72 grades 68 minutes; portez sur AB une longueur de 169 décamètres 9 mètres de votre échelle, et sur AC une longueur de 267 décamètres 24 décimètres; joignez B et C, et le triangle sera constant. Les angles demandés se déterminent facilement au moyen du rapport; enfin, tout se résout comme il a été dit plus haut. Voir la construction n° 28.

PROBLÈME.

465. *Etant donnés les trois côtés d'un triangle rectiligne quelconque, trouver les trois angles.*

Soit le triangle ABC (*Fig.* 237) dont on connaisse les Fig. 237
trois côtés AB de 169 décamètres 9 mètres, AC de 267 décamètres 24 décimètres, et BC de 250 décimètres.

Tirez BC de 250 décamètres de votre échelle; du point B comme centre, avec AB ou 169 décamètres 9 mètres de la même échelle, décrivez un arc de cercle vers A; du point C comme centre, avec AC ou 267 décamètres 24 décimètres, décrivez un autre arc de cercle qui coupera le premier en A; joignez AB et AC, et le triangle sera construit. Chaque angle se détermine avec le rapporteur, comme il vient d'être dit.

Chapitre Quatrième.

LONGI-ALTIMÉTRIE.

OBSERVATIONS SUR LES PROCÉDÉS GRAPHIQUES.

466. Nous parlons ici des procédés graphiques, parce que nous nous promettons de les appliquer à la solution de quelques problèmes, souvent employés dans la pratique.

On a déjà vu (307) qu'il fallait avoir le soin, dans les opérations graphiques, de bien appliquer la ligne cen-
Fig. 185. trale, ou le diamètre *b d* du rapporteur (*Fig.* 185), sur le papier, et que c'était principalement de cette attention que dépendait l'exactitude de cette méthode.

Lorsqu'on veut rapporter de grandes lignes, le rapporteur ordinaire est insuffisant, cet instrument ne pouvant procurer quelque exactitude que sur de grandes dimensions, qui le rendraient fort incommode. On voit sans peine l'effet que produit, sur le prolongement des lignes, une très-petite différence dans l'angle, lorsqu'elle se trouve près du sommet : il est donc à propos, non seulement de marquer cet angle avec le plus grand soin, mais encore d'en déterminer l'ouverture le plus loin qu'il sera possible du sommet. On y supplée avantageusement par une table des cordes telle que celle que nous allons donner plus loin. Cette table est connue sous le nom de *rapporteur exact.*

Il y a, je trouve, une grande commodité à écrire toutes les cordes pour un rayon égal à l'unité, parce qu'on passe facilement de celui-là à tel autre que ce fût. Quand le rayon est 100000, il faut, pour passer au rayon 1, séparer cinq chiffres décimaux sur la droite du nombre marqué dans la table; pour passer au rayon 10, il faut en séparer quatre, et ainsi de suite, ce qui donne plus d'embarras qu'à prendre deux, trois, quatre, etc., chiffres décimaux pour un rayon égal à 10, à 100, à 1000, etc. Voici un problème dont la solution recevra l'application pour différens rayons.

PROBLÈME.

Fig. 244. 467. *Rapporter l'angle BAC* (Fig. 244) *de* 70 *grades.*

Je prends sur une échelle quelconque, divisée en parties décimales, une ouverture de compas de 1000 *parties*, représentant chacune *un mètre* ou *un décamètre*, avec laquelle je décris du point A l'arc BC (il est clair que nous prenons le rayon égal à 1000). Cherchant ensuite dans la table la corde qui répond à l'arc de 70 grades, je la trouve de 1045 parties, ou mètres, ou décamètres; avec cette distance, prise sur l'échelle que j'ai adoptée pour cette opération, et du point B comme centre, je décris un autre petit arc qui coupe le premier au point C, par lequel je tire AC; donc l'angle BAC est celui demandé.

Si l'angle était donné de 66 grades 67 minutes, la corde serait égale au rayon (349). Effectivement, l'angle proposé dans le problème précédent, étant de 70 grades, a pour corde 1045 parties, c'est-à-dire 1 rayon 045 millièmes de rayon. Si, par exemple, on avait un angle de 50 grades à construire, en prenant toujours le rayon égal à 1000, on aurait une corde moins grande que le rayon, c'est-à-dire de 765 parties.

Enfin, quand on décrit l'arc avec une ouverture de compas de 1000 parties, c'est que l'on considère le rayon de 1000 parties, et l'on ne prend que trois chiffres décimaux pour la valeur de la corde; un arc décrit avec 100 parties fait considérer le rayon divisé en 100 et la corde avec deux chiffres décimaux; celui décrit avec 10 parties, etc.

Quand l'angle est obtus, on l'obtient avec plus de précision en construisant son supplément, c'est-à-dire l'angle formé sur le prolongement du côté donné; mais si l'on n'a pas assez de place sur le papier pour prolonger suffisamment ce côté, on peut prendre la corde de la moitié de l'arc donné, et la porter deux fois sur celui qu'on a écrit du sommet comme centre. De cette manière on n'a besoin des cordes que jusqu'à 100 grades.

On voit aisément que, par le moyen des cordes, on peut déterminer aussi la mesure d'un angle déjà tracé sur le papier; car ayant décrit l'arc BC avec le rayon qu'on a choisi, on portera sur l'échelle la distance BC pour en obtenir la valeur, et on trouvera, dans la table des cordes, à quel arc elle correspond.

Il faut éviter dans les opérations sur le papier, et par

conséquent sur le terrain, d'employer des lignes qui se rencontreraient sous des angles trop petits ou trop grands. Celles que l'on trace sur le papier ayant toujours une certaine l'argeur, leur intersection est, dans le fait, une petite surface, mais d'autant moindre que le trait est plus fin. Nous l'avons exagéré dans la figure actuellement en démonstration, afin de rendre la chose plus sensible. On y voit que l'intersection D, où les lignes se coupent presque à angles droits, est plus resserrée et plus précise que l'intersection E des lignes qui se rencontrent très-obliquement. Ajoutons à cela, que dans ce dernier cas, une légère erreur commise dans le tracé ou dans la mesure de l'angle, en occasionnerait une grande sur le point de rencontre cherché.

TABLE DES CORDES, *DITE* RAPPORTEUR EXACT.

GRADES	MINUTES.	CORDES.	GRADES.	MINUTES.	CORDES.	GRADES	MINUTES.	CORDES.	GRADES	MINUTES.	CORDES.	GRADES	MINUTES.	CORDES.	GRADES	MINUTES.	CORDES.	GRADES.	MINUTES.	CORDES.
0	»	0-0000	5	»	0-0785	10	»	0-1569	15	»	0-2351	20	»	0-3129	25	»	0-3902	30	»	0-4669
	10	0-0015		10	0-0801		10	0-1585		10	0-2366		10	0-3144		10	0-3917		10	0-4684
	20	0-0031		20	0-0817		20	0-1600		20	0-2381		20	0-3160		20	0-3933		20	0-4699
	30	0-0047		30	0-0832		30	0-1616		30	0-2398		30	0-3170		30	0-3948		30	0-4715
	40	0-0063		40	0-0848		40	0-1631		40	0-2413		40	0-3190		40	0-3963		40	0-4730
	50	0-0079		50	0-0864		50	0-1647		50	0-2429		50	0-3206		50	0-3970		50	0-4745
	60	0-0094		60	0-0879		60	0-1663		60	0-2444		60	0-3222		60	0-3994		60	0-4760
	70	0-0109		70	0-0895		70	0-1679		70	0-2460		70	0-3237		70	0-4010		70	0-4776
	80	0-0126		80	0-0911		80	0-1694		80	0-2475		80	0-3253		80	0-4025		80	0-4791
	90	0-0141		90	0-0926		90	0-1710		90	0-2491		90	0-3268		90	0-4042		90	0-4806
1	»	0-0157	6	»	0-0942	11	»	0-1726	16	»	0-2507	21	»	0-3284	26	»	0-4056	31	»	0-4824
	10	0-0173		10	0-0958		10	0-1742		10	0-2522		10	0-3299		10	0-4071		10	0-4837
	20	0-0188		20	0-0973		20	0-1757		20	0-2538		20	0-3315		20	0-4087		20	0-4852
	30	0-0204		30	0-0989		30	0-1773		30	0-2553		30	0-3330		30	0-4102		30	0-4867
	40	0-0220		40	0-1005		40	0-1788		40	0-2569		40	0-3346		40	0-4117		40	0-4882
	50	0-0236		50	0-1021		50	0-1804		50	0-2585		50	0-3361		50	0-4133		50	0-4898
	60	0-0251		60	0-1036		60	0-1820		60	0-2600		60	0-3377		60	0-4148		60	0-4913
	70	0-0267		70	0-1052		70	0-1835		70	0-2618		70	0-3392		70	0-4163		70	0-4928
	80	0-0283		80	0-1068		80	0-1851		80	0-2631		80	0-3408		80	0-4179		80	0-4943
	90	0-0298		90	0-1083		90	0-1867		90	0-2645		90	0-3423		90	0-4195		90	0-4959
2	»	0-0314	7	»	0-1100	12	»	0-1882	17	»	0-2662	22	»	0-3439	27	»	0-4209	32	»	0-4974
	10	0-0330		10	0-1115		10	0-1898		10	0-2678		10	0-3454		10	0-4224		10	0-4989
	20	0-0346		20	0-1130		20	0-1913		20	0-2693		20	0-3470		20	0-4240		20	0-5004
	30	0-0361		30	0-1146		30	0-1929		30	0-2709		30	0-3485		30	0-4255		30	0-5019
	40	0-0377		40	0-1162		40	0-1945		40	0-2725		40	0-3500		40	0-4271		40	0-5035
	50	0-0393		50	0-1177		50	0-1960		50	0-2740		50	0-3516		50	0-4286		50	0-5050
	60	0-0408		60	0-1193		60	0-1976		60	0-2756		60	0-3531		60	0-4302		60	0-5065
	70	0-0424		70	0-1208		70	0-1992		70	0-2771		70	0-3547		70	0-4317		70	0-5080
	80	0-0440		80	0-1224		80	0-2007		80	0-2787		80	0-3561		80	0-4332		80	0-5095
	90	0-0455		90	0-1240		90	0-2023		90	0-2802		90	0-3579		90	0-4348		90	0-5110
3	»	0-0471	8	»	0-1256	13	»	0-2038	18	»	0-2818	23	»	0-3593	28	»	0-4363	33	»	0-5126
	10	0-0487		10	0-1271		10	0-2054		10	0-2834		10	0-3609		10	0-4378		10	0-5141
	20	0-0502		20	0-1287		20	0-2070		20	0-2849		20	0-3624		20	0-4393		20	0-5156
	30	0-0518		30	0-1303		30	0-2085		30	0-2865		30	0-3640		30	0-4409		30	0-5171
	40	0-0534		40	0-1319		40	0-2101		40	0-2880		40	0-3655		40	0-4424		40	0-5187
	50	0-0550		50	0-1334		50	0-2116		50	0-2895		50	0-3670		50	0-4440		50	0-5201
	60	0-0565		60	0-1350		60	0-2132		60	0-2911		60	0-3785		60	0-4455		60	0-5216
	70	0-0581		70	0-1366		70	0-2148		70	0-2927		70	0-3701		70	0-4470		70	0-5232
	80	0-0597		80	0-1381		80	0-2163		80	0-2942		80	0-3717		80	0-4485		80	0-5247
	90	0-0613		90	0-1397		90	0-2179		90	0-2958		90	0-3732		90	0-4500		90	0-5262
4	»	0-0628	9	»	0-1413	14	»	0-2195	19	»	0-2973	24	»	0-3748	29	»	0-4516	34	»	0-5277
	10	0-0644		10	0-1428		10	0-2210		10	0-2989		10	0-3763		10	0-4531		10	0-5292
	20	0-0660		20	0-1444		20	0-2226		20	0-3005		20	0-3778		20	0-4547		20	0-5309
	30	0-0675		30	0-1460		30	0-2242		30	0-3020		30	0-3794		30	0-4562		30	0-5322
	40	0-0691		40	0-1475		40	0-2257		40	0-3033		40	0-3809		40	0-4577		40	0-5338
	50	0-0707		50	0-1491		50	0-2273		50	0-3051		50	0-3825		50	0-4592		50	0-5353
	60	0-0722		60	0-1507		60	0-2288		60	0-3067		60	0-3840		60	0-4608		60	0-5368
	70	0-0738		70	0-1522		70	0-2304		70	0-3082		70	0-3856		70	0-4623		70	0-5383
	80	0-0754		80	0-1537		80	0-2319		80	0-3098		80	0-3871		80	0-4638		80	0-5399
	90	0-0769		90	0-1553		90	0-2335		90	0-3113		90	0-3886		90	0-4654		90	0-5414

GRADES.	MINUTES.	CORDES.	GRADES.	MINUTES.	CORDES.	GRADES.	MINUTES.	CORDES.	GRADES.	MINUTES.	CORDES.	GRADES.	MINUTES.	CORDES.	GRADES.	MINUTES.	CORDES.	GRADES.	MINUTES.	CORDES.
35	»	0-5429	41	»	0-6330	47	»	0-7216	53	»	0-8087	59	»	0-8939	65	»	0-9772	71	»	1-0584
	10	0-5444		10	0-6344		10	0-7230		10	0-8110		10	0-8954		10	0-9786		10	1-0597
	20	0-5459		20	0-6359		20	0-7245		20	0-8115		20	0-8968		20	0-9798		20	1-0610
	30	0-5474		30	0-6374		30	0-7260		30	0-8130		30	0-8981		30	0-9813		30	1-0624
	40	0-5889		40	0-6389		40	0-7275		40	0-8144		40	0-8996		40	0-9827		40	1-0637
	50	0-5504		50	0-6404		50	0-7289		50	0-8159		50	0-9009		50	0-9841		50	1-0650
	60	0-5519		60	0-6418		60	0-7304		60	0-8173		60	0-9020		60	0-9855		60	1-0665
	70	0-5535		70	0-6433		70	0-7319		70	0-8187		70	0-9037		70	0-9868		70	1-0677
	80	0-5550		80	0-6448		80	0-7333		80	0-8202		80	0-9051		80	0-9882		80	1-0690
	90	0-5565		90	0-6463		90	0-7348		90	0-8216		90	0-9066		90	0-9896		90	1-0703
36	»	0-5580	42	»	0-6478	48	»	0-7363	54	»	0-8230	60	»	0-9079	66	»	0-9909	72	»	1-0716
	10	0-5595		10	0-6493		10	0-7377		10	0-8245		10	0-9094		10	0-9923		10	1-0729
	20	0-5610		20	0-6508		20	0-7392		20	0-8259		20	0-9108		20	0-9937		20	1-0743
	30	0-5625		30	0-6523		30	0-7406		30	0-8273		30	0-9122		30	0-9950		30	1-0756
	40	0-5640		40	0-6537		40	0-7421		40	0-8287		40	0-9136		40	0-9964		40	1-0769
	50	0-5655		50	0-6552		50	0-7435		50	0-8302		50	0-9149		50	0-9977		50	1-0783
	60	0-5670		60	0-6567		60	0-7450		60	0-8316		60	0-9163		60	0-9991		60	1-0796
	70	0-5685		70	0-6582		70	0-7464		70	0-8331		70	0-9178		70	1-0004		70	1-0809
	80	0-5700		80	0-6597		80	0-7479		80	0-8345		80	0-9192		80	1-0018		80	1-0823
	90	0-5715		90	0-6612		90	0-7494		90	0-8359		90	0-9206		90	1-0032		90	1-0837
37	»	0-5730	43	»	0-6627	49	»	0-7508	55	»	0-8373	61	»	0-9219	67	»	1-0045	73	»	1-0849
	10	0-5746		10	0-6642		10	0-7523		10	0-8388		10	0-9233		10	1-0059		10	1-0862
	20	0-5761		20	0-6656		20	0-7537		20	0-8402		20	0-9247		20	1-0072		20	1-0875
	30	0-5776		30	0-6671		30	0-7552		30	0-8416		30	0-9261		30	1-0086		30	1-0888
	40	0-5791		40	0-6686		40	0-7567		40	0-8430		40	0-9275		40	1-0099		40	1-0901
	50	0-5805		50	0-6700		50	0-7581		50	0-8444		50	0-9289		50	1-0113		50	1-0915
	60	0-5821		60	0-6715		60	0-7596		60	0-8459		60	0-9303		60	1-0127		60	1-0928
	70	0-5836		70	0-6730		70	0-7610		70	0-8473		70	0-9317		70	1-0140		70	1-0941
	80	0-5851		80	0-6745		80	0-7625		80	0-8487		80	0-9330		80	1-0154		80	1-0954
	90	0-5865		90	0-6760		90	0-7639		90	0-8501		90	0-9344		90	1-0167		90	1-0967
38	»	0-5881	44	»	0-6775	50	»	0-7654	56	»	0-8516	62	»	0-9359	68	»	1-0180	74	»	1-0980
	10	0-5896		10	0-6789		10	0-7668		10	0-8530		10	0-9372		10	1-0194		10	1-0994
	20	0-5911		20	0-6804		20	0-7683		20	0-8544		20	0-9386		20	1-0208		20	1-1007
	30	0-5926		30	0-6819		30	0-7697		30	0-8558		30	0-9400		30	1-0221		30	1-1019
	40	0-5941		40	0-6834		40	0-7712		40	0-8572		40	0-9414		40	1-0235		40	1-1033
	50	0-5956		50	0-6849		50	0-7726		50	0-8586		50	0-9428		50	1-0248		50	1-1046
	60	0-5971		60	0-6864		60	0-7740		60	0-8600		60	0-9442		60	1-0262		60	1-1059
	70	0-5986		70	0-6879		70	0-7755		70	0-8615		70	0-9456		70	1-0275		70	1-1072
	80	0-6001		80	0-6894		80	0-7769		80	0-8629		80	0-9469		80	1-0289		80	1-1085
	90	0-6016		90	0-6909		90	0-7784		90	0-8644		90	0-9483		90	1-0302		90	1-1098
39	»	0-6031	45	»	0-6924	51	»	0-7798	57	»	0-8657	63	»	0-9497	69	»	1-0316	75	»	1-1111
	10	0-6046		10	0-6937		10	0-7812		10	0-8671		10	0-9510		10	1-0329		10	1-1124
	20	0-6061		20	0-6951		20	0-7827		20	0-8685		20	0-9525		20	1-0343		20	1-1137
	30	0-6076		30	0-6967		30	0-7842		30	0-8699		30	0-9539		30	1-0356		30	1-1151
	40	0-6091		40	0-6981		40	0-7856		40	0-8714		40	0-9552		40	1-0369		40	1-1164
	50	0-6106		50	0-6996		50	0-7871		50	0-8728		50	0-9566		50	1-0383		50	1-1177
	60	0-6121		60	0-7011		60	0-7885		60	0-8742		60	0-9580		60	1-0396		60	1-1189
	70	0-6136		70	0-7025		70	0-7899		70	0-8757		70	0-9594		70	1-0409		70	1-1205
	80	0-6150		80	0-7040		80	0-7914		80	0-8771		80	0-9608		80	1-0423		80	1-1216
	90	0-6165		90	0-7055		90	0-7928		90	0-8785		90	0-9621		90	1-0437		90	1-1229
40	»	0-6180	46	»	0-7070	52	»	0-7943	58	»	0-8799	64	»	0-9635	70	»	1-0450	76	»	1-1242
	10	0-6195		10	0-7084		10	0-7957		10	0-8813		10	0-9649		10	1-0463		10	1-1255
	20	0-6210		20	0-7099		20	0-7972		20	0-8827		20	0-9663		20	1-0477		20	1-1268
	30	0-6225		30	0-7115		30	0-7986		30	0-8841		30	0-9676		30	1-0490		30	1-1281
	40	0-6240		40	0-7128		40	0-8001		40	0-8855		40	0-9690		40	1-0504		40	1-1294
	50	0-6255		50	0-7143		50	0-8015		50	0-8869		50	0-9703		50	1-0517		50	1-1307
	60	0-6270		60	0-7158		60	0-8029		60	0-8883		60	0-9718		60	1-0530		60	1-1319
	70	0-6285		70	0-7172		70	0-8044		70	0-8897		70	0-9731		70	1-0544		70	1-1333
	80	0-6299		80	0-7187		80	0-8058		80	0-8911		80	0-9745		80	1-0557		80	1-1345
	90	0-6315		90	0-7202		90	0-8072		90	0-8925		90	0-9759		90	1-0570		90	1-1358

GRADES.	MINUTES.	CORDES.	GRADES.	MINUTES.	CORDES.	GRADES.	MINUTES.	CORDES.	GRADES.	MINUTES.	CORDES.	GRADES.	MINUTES.	CORDES.	GRADES.	MINUTES.	CORDES.	GRADES.	MINUTES.	CORDES.
77	»	1-1571	80	30	1-1794	83	60	1-2209		90	1-2615	90	20	1-3013	93	50	1-3402		80	1.3782
	10	1-1584		40	1-1806		70	1-2221	87	»	1-2627		30	1-3025		60	1-3414		90	1-3794
	20	1-1597		50	1-1819		80	1-2233		10	1-2639		40	1-3037		70	1-3425	97	»	1 3805
	30	1-1410		60	1-1832		90	1-2246		20	1 2651		50	1-3049		80	1-3437		10	1 3817
	40	1-1423		70	1-1844	84	»	1-2258		30	1-2664		60	1-3060		90	1-3449		20	1-3828
	50	1-1436		80	1-1857		10	1-2272		40	1-2676		70	1-3072	94	»	1-3460		30	1-3839
	60	1-1449		90	1-1869		20	1-2283		50	1-2688		80	1 3084		10	1 3472		40	1-3850
	70	1-1462	81	»	1-1882		30	1-2297		60	1-2700		90	1-3096		20	1-3483		50	1-3862
	80	1-1474		10	1-1895		40	1-2307		70	1-2712	91	»	1-3108		30	1-3495		60	1.3873
	90	1-1487		20	1-1908		50	1-2320		80	1-2724		10	1.3120		40	1 3507		70	1-3884
78	»	1-1500		30	1-1920		60	1-2333		90	1-2736		20	1-3132		50	1-3518		80	1-3896
	10	1-1513		40	1-1933		70	1-2345	88	»	1 2748		30	1-3144		60	1-3530		90	1-3907
	20	1-1526		50	1-1946		80	1-2357		10	1 2761		40	1-3155		70	1-3541	98	»	1-3918
	30	1-1539		60	1-1958		90	1-2370		20	1-2773		50	1-3167		80	1-3553		10	1-3929
	40	1-1551		70	1-1972	85	»	1-2382		30	1-2785		60	1-3179		90	1-3564		20	1-3941
	50	1-1564		80	1-1983		10	1-2394		40	1-2797		70	1-3191	95	»	1-3576		30	1-3952
	60	1-1577		90	1-1996		20	1-2407		50	1-2809		80	1-3203		10	1-3588		40	1-3963
	70	1-1590	82	»	1-2008		30	1-2419		60	1-2821		90	1-3214		20	1-3599		50	1-3974
	80	1-1603		10	1-2021		40	1-2431		70	1-2833	92	»	1-3226		30	1-3611		60	1-3985
	90	1-1615		20	1-2034		50	1-2443		80	1-2845		10	1-3238		40	1-3622		70	1-3997
79	»	1-1628		30	1-2046		60	1-2455		90	1-2857		20	1-3250		50	1-3634		80	1-4008
	10	1-1641		40	1-2059		70	1-2468	89	»	1-2869		30	1-3262		60	1-3645		90	1-4019
	20	1-1654		50	1-2071		80	1-2480		10	1-2881		40	1-3273		70	1-3657	99	»	1-4031
	30	1-1667		60	1-2084		90	1-2493		20	1-2893		50	1-3285		80	1 3668		10	1-4042
	40	1-1679		70	1-2096	86	»	1-2505		30	1-2905		60	1-3297		90	1-3679		20	1.4053
	50	1-1692		80	1-2109		10	1-2517		40	1-2917		70	1-3308	96	»	1-3691		30	1-4064
	60	1-1705		90	1-2121		20	1-2529		50	1-2929		80	1-3320		10	1-3702		40	1 4075
	70	1-1718	83	»	1-2134		30	1-2542		60	1-2941		90	1-3332		20	1-3714		50	1-4087
	80	1-1731		10	1-2146		40	1-2554		70	1.2953	93	»	1-3344		30	1-3725		60	1-4098
	90	1-1743		20	1-2160		50	1-2566		80	1-2965		10	1-3355		40	1-3737		70	1-4109
80	»	1-1756		30	1-2171		60	1-2578		90	1-2977		20	1-3367		50	1-3748		80	1-4120
	10	1-1768		40	1-2182		70	1-2590	90	»	1-2989		30	1-3379		60	1-3760		90	1-4131
	20	1-1781		50	1-2196		80	1-2603		10	1-3000		40	1-3390		70	1-3771	100	»	1-4142

SECTION PREMIÈRE.

LONGIMÉTRIE.

468. Nous allons reprendre quelques problèmes du chapitre premier, et appliquer ces principes de géométrie linéaire aux opérations sur le terrain. Nous présenterons diverses solutions pour résoudre le même problème, afin de mettre les personnes qui s'occupent de ce genre de travail, soit par nécessité, soit pour leur agrément, à même de surmonter toutes les difficultés qui peuvent se rencontrer.

PROLONGEMENT DES LIGNES.

469. On a déjà vu (**216** *et suiv.*), la manière de mener une ligne droite, 1° qui passe par deux points donnés, et la prolonger plus loin; 2° entre deux objets éloignés et visibles l'un de l'autre; 3° en montant, et la prolonger sur le sommet d'un coteau; 4° entre deux coteaux; 5° dans des fonds et sur des coteaux.

PROBLÈME.

470. *Prolonger une ligne au-delà d'un obstacle, avec des jalons.*

Soit AB (*Fig.* **245**) la ligne à prolonger; je choisis un point C d'où je puisse voir les deux objets A et B, et j'y mets un jalon; j'en mets un second D dans l'alignement AC, et un troisième E dans une direction quelconque CB, de manière pourtant que l'alignement ED aille rencontrer le prolongement de AB au-delà de l'obstacle, et que je puisse jalonner jusqu'à l'intersection de ces lignes. Fig. 245.

Fig. 245. Ensuite, je mets à volonté un quatrième jalon a dans l'alignement ED, un cinquième b à l'intersection de aC et AB; je pose deux autres jalons c, d, le premier à l'endroit où bD, aA se coupent, et le second à la rencontre des rayons aB, bE; enfin, je prolonge les lignes cd, DE, et l'intersection F se trouve sur la droite AB.

On a vu aux numéros 216 et suivans, la manière de mettre une suite de jalons dans un même alignement.

Pour pouvoir prolonger AB, il faut encore au moins un point que j'obtiens en changeant la direction de la ligne DE, ce qui déplace seulement les jalons a, c, d, et je les place comme ci-dessus.

On peut même, pour s'assurer de l'exactitude de l'opération, chercher un troisième, un quatrième, etc., points, qui doivent tous être dans l'alignement BF.

PROBLÈME.

Fig. 246. 471. *Prolonger la ligne AB* (Fig. 246) *donnée entre DE*, cd, *et le point C, avec des jalons.*

Cette solution ne diffère pas beaucoup de la précédente. Je choisis encore un point C d'où je puisse voir les deux objets A et B, et j'y mets un jalon; j'en mets un second D dans le prolongement AC, et un troisième E dans une direction quelconque sur le prolongement BC, de manière pourtant que l'alignement ED aille rencontrer le prolongement de AB au-delà de l'obstacle, et que je puisse jalonner jusqu'à l'intersection de ces lignes.

Ensuite, je mets à volonté un quatrième jalon a dans l'alignement ED, un cinquième b à l'intersection de aC et AB; je pose deux autres jalons c, d, le premier à l'endroit où bD, aA se coupent, et le second à la rencontre des rayons aB, bE; enfin, je prolonge les lignes cd, DE, et l'intersection F se trouve sur la droite AB.

Fig. 247. Au lieu de fixer le point F (*Fig.* 247) par le concours de cd, comme il vient d'être démontré dans ce problème, je détermine ce point par une direction prise au-dessus de AB. En supposant que cette direction passe par le point C, je place les jalons D, a, b, d, comme dans le problème précédent, et j'en mets deux autres c, e, dans l'alignement Cd, le premier sur Ab, et le second sur aD; je prolonge les droites De, bc jusqu'à leur rencontre en f, et la droite Cf concourt au point F.

Ces positions ne sont pas les seules qu'on puisse faire; elles varient comme la position du point que l'on prend à volonté ou suivant la disposition du terrain.

Par exemple, après avoir posé les jalons C, D, E (*Fig.*
Fig. 248. 248), j'en place un en a, par l'intersection AE, BD; un autre b sur DE, et à l'intersection avec Ca, si j'en mets un en c sur BC, dans l'alignement Ab, et que je prolonge AE, cD, jusqu'à leur rencontre en d, la ligne Cd concourt au point F avec DE et AB.

PROBLÈME.

Fig. 249. 465. *Prolonger la ligne AB* (Fig. 249), *au moyen de l'équerre.*

Ce problème est très-facile; je mets à volonté deux jalons a, b, j'élève la perpendiculaire ac sur le rayon AB, celle bd sur aB, celle eb sur Aa, celle af sur Bb, et les lignes ef, cd, prolongées, se rencontrent en un point g, qui se trouve dans l'alignement de AB.

PROBLÈME.

473. *Prolonger une ligne AB* (Fig. 250) *au-delà d'un obstacle, avec une chaîne et des jalons.* Fig. 250.

Prenez sur la ligne donnée AB une longueur quelconque, et formez au point C un triangle isocèle ABC; prolongez les côtés d'une longueur égale à AC, BC, menez DE, vous aurez deux triangles égaux, et le prolongement de la ligne DE sera parallèle à la ligne demandée.

Ensuite, prenez sur ce prolongement une longueur FG égale à AB, et formez le triangle FGJ semblable à CDE; prolongez ses côtés d'une longueur égale à AC, BC, et vous aurez les points H et I dans la direction demandée.

PROBLÈME.

474. *Prolonger une ligne au-delà d'un obstacle, au moyen de l'équerre et de la chaîne.*

Soit AB (*Fig.* 251) la ligne à prolonger, abaissez une Fig. 251.
perpendiculaire AC, faites un angle droit en C, et prolongez C jusqu'en D; formez au point D un angle droit, et prenez la longueur DE égale à AC : la ligne EF élevée perpendiculairement au point E, sera la ligne demandée.

N. B. La solution de ce problème demande des angles de la dernière précision.

PROBLÈME.

475. *Prolonger une droite AB* (Fig. 252) *au-delà d'un obstacle, avec une chaîne, une équerre ou un équiangle.* Fig. 252.

Je mène CF à une distance quelconque de la ligne donnée AB, je fais des angles égaux aux points C, D, E, F, pris à volonté, et j'ai

$$EG = \frac{CE \times BD - AC \times DE}{CD},$$

$$FH = \frac{CF \times BD - AC \times DF}{CD}.$$

On simplifie ces équations en faisant égales les distances CD, DE, EF; car on a

$$EG = 2\,BD - AC,$$
$$FH = 3\,BD - 2\,AC.$$

Si l'on voulait, par le même procédé, connaître un troisième point, on aurait de même

$$x = 4\,BD - 3\,AC.$$

PROBLÈME.

476. *Prolonger une ligne au-delà d'un obstacle, en formant un angle quelconque avec cette ligne, et au moyen de la chaîne, de l'équerre et de l'équiangle.*

Soit AB (*Fig.* 253) la ligne à prolonger, je mène AE Fig. 253.
sous un angle aigu; je mesure sur cette ligne une longueur quelconque AC; j'élève CB perpendiculaire sur AE, et je mesure BC bien exactement.

Fig. 253. Ensuite, aux points D et E, pris à volonté, j'élève les perpendiculaires indéfinies DF, EG ; je mesure, avec toute l'exactitude possible, les intervalles CD, DE, et je trouve la longueur de ces deux dernières perpendiculaires par les proportions

$$AC : BC :: AD : DF,$$
$$AC : BC :: AE : EG. ;$$

d'où je tire les équations

$$DF = \frac{BC \times AD}{AC},$$

$$EG = \frac{BC \times AE}{AC}.$$

Enfin les longueurs DF et EG déterminent les points F et G sur le prolongement de la droite AB. Il n'est point nécessaire, pour que l'équation ait lieu, que les droites BC, DF, soient perpendiculaires sur AE ; il suffit que les angles construits au point C et au point D soient égaux.

Quand l'angle A est de 50 grades, il est inutile de chercher la longueur de EG : on fait au point F, sur DF, un angle de 150 grades, et le rayon FG se trouve exactement dans l'alignement AB.

L'angle A étant de 50 grades, comme il vient d'être dit, si l'on fait les angles en C, D, E, de chacun 100 grades, on aura

$$DF = AD, EG = AE.$$

Tous les procédés que nous venons de donner peuvent être indistinctement appliqués au prolongement des lignes, lorsqu'on rencontre des obstacles dans le cours de leur direction.

PROBLÈME.

477. *Jalonner une ligne droite dans un bois, entre deux points donnés.*

Fig. 254. Soient les deux bornes A et B (*Fig.* 254) qui séparent deux bois.

Pour établir une laie entre ces deux bornes, envoyez quelqu'un sur la borne A pour y tirer un coup de fusil, ou y lancer une fusée ; dirigez au son du bruit, ou vers la fusée, une droite que vous ferez ouvrir d'une petite largeur que l'on nomme *filet*.

Si cette droite prolongée tombe sur la borne A, dressez-la en faisant ouvrir une laie de séparation ; mais si elle s'éloigne de la borne A, comme cela arrive le plus souvent, elle tombera, par exemple, en C.

Pour établir la ligne demandée, au moyen du filet BC, du point C, élevez sur BC une perpendiculaire AC, que vous mesurerez bien exactement, ainsi que la ligne AC ; ensuite d'un point D pris à volonté sur BC, élevez une perpendiculaire DE, dont vous obtiendrez la longueur par la proportion

$$BC : AC :: BD : DE,$$

que donne les triangles semblables ABC, EBD. De cette proportion on tire

$$DE = \frac{AC \times BD}{BC}.$$

Le point E étant connu et fixé, si l'on prolonge la droite AE, elle passera nécessairement sur la borne B, d'où l'on est parti.

Ce procédé sera très-utile aux géomètres forestiers. Nous allons donner la solution de plusieurs problèmes à-peu-près semblables.

PROBLÈME.

478. *Etablir dans un bois, ou partout ailleurs, une droite* AB (Fig. 255), *lorsqu'il se trouve un arbre ou un petit obstacle dans l'alignement.* Fig. 255.

Quand on trace une ligne droite dans une forêt, il est indispensable de couper les branches, brins et arbres qui se trouvent dans l'alignement des jalons et empêcheraient d'aller plus loin. Cependant, lorsqu'une ligne ne doit s'étendre beaucoup au-delà du point où elle est rencontrée par un arbre, on peut se dispenser de faire couper celui-ci, en opérant comme il suit :

Prenez une petite branche droite, à laquelle vous donnez 3 ou 4 décimètres de longueur (on peut employer la chaîne lorsque l'obstacle est un petit bâtiment) ; à côté du dernier jalon *b*, planté immédiatement devant l'arbre, mettez-en un second *f* à une distance de 3 ou 4 décimètres, que vous mesurez au pied et au sommet ; reculez vers A sur la ligne déjà jalonnée jusqu'à l'avant-dernier jalon *a*, à côté duquel vous en mettez un autre *e*, comme le précédent *f* et du même côté.

Ensuite, reportez-vous au-delà de l'arbre, tracez sur les deux jalons *e*, *f*, un nouvel alignement avec les deux jalons *g*, *h* ; à côté du jalon *g*, plantez immédiatement après l'arbre et toujours à la même distance, un autre jalon *c*, que vous mesurez au pied et au sommet ; reculez vers B sur le nouvel alignement jusqu'au dernier jalon *h* à côté duquel vous en mettez un autre *d*, comme le précédent *c*, et du même côté.

Enfin, vous continuez l'établissement de votre ligne sur les deux jalons *c*, *d*, et l'opération sera effectuée. Il est clair que les jalons *a*, *b*, *c*, *d*, sont en ligne droite, puisqu'ils sont parallèles aux quatre autres *e*, *f* ; *g*, *h*, qui sont aussi dans le même alignement.

Remarque. On peut cependant, dans ce cas, continuer l'alignement des deux premiers jalons *e*, *f*, mis en double, parce qu'en couplant deux fois la ligne, on courrait le risque de n'être plus parfaitement sur son premier alignement. En opérant comme il vient d'être dit, on se trouverait, au bout de l'alignement, à 3 ou 4 décimètres, selon la distance qu'on aurait employée dans l'opération, à côté de l'alignement réel B, ce qui se rectifierait facilement.

Pour effectuer de simples opérations dans les forêts, on donne aux lignes la moindre largeur possible ; mais les laies de coupes, les laies sommières et les tranchées sont établies sur des largeurs déterminées par le Code ou des instructions spéciales.

PROBLÈME.

479. *Mener avec l'équerre une ligne droite entre deux objets éloignés et invisibles l'un de l'autre par l'i-*

négalité du terrain, ou par derrière lesquels on ne peut viser pour faire jalonner.

Ce problème a déjà été résolu (217) avec des jalons; les données étant à-peu-près les mêmes, nous allons en donner la solution avec l'équerre.

Fig. 256. Soient A et B (*Fig.* 256) les deux points donnés, je cherche en tâtonnant un point intermédiaire en me plaçant successivement à divers points, tels que *a*, *b*, *c*; et lorsque regardant dans les fentes de l'équerre en avant et en arrière, j'aperçois les points A et B, je suis certain d'être sur la direction de la ligne AB; alors je la fais jalonner.

On a souvent besoin de savoir résoudre ce problème lorsque deux points sont trop éloignés l'un de l'autre, ou lorsqu'il y a des obstacles qui empêchent d'apercevoir ces deux points l'un de l'autre et de pouvoir jalonner.

PROBLÈME.

480. *Mener avec l'équerre et la chaîne une ligne droite entre deux points donnés et invisibles l'un de l'autre par un obstacle autre que l'inégalité du terrain.*

Fig. 257. Soient A et B (*Fig.* 257) les deux points donnés, choisissez un point C qui soit visible de chacun des points A et B. Tirez les droites AC, CB, et par le milieu de chacune menez FG qui sera parallèle à la droite demandée; abaissez de chaque point A et B une perpendiculaire AF, BG, et des points D et E élevez aussi les perpendiculaires EI et DH; prenez la longueur de AF ou de BG, et portez-la de D en H et de E en I: la ligne qui passera par les points AH et BI sera la réponse.

PROBLÈME.

481. *Tracer une ligne droite entre les deux points* A

Fig. 258. *et* B (Fig. 258) *séparés par un obstacle impénétrable, lorsque la distance est très-grande.*

Choisissez un point C qui soit visible de chacun des points A et B, menez les droites AC, BC, que vous mesurerez, ainsi que l'angle C; avec ces données, construisez sur le papier un triangle *abc* semblable à celui ABC sur le terrain, en prenant une échelle à votre volonté.

Cela posé, faites, au moyen de l'équiangle ou du graphomètre, les angles A et B égaux aux angles *a* et *b*, et par conséquent vous connaîtrez la direction de AB.

Le procédé trigonométrique du numéro 439 fournit le moyen de trouver des angles A et B avec la plus grande précision possible. Nous croyons qu'il est inutile d'en faire l'application à cette dernière figure.

PROBLÈME.

482. *Déterminer plusieurs points d'une ligne droite coupée par des objets impénétrables, lorsque la distance est très-grande.*

Fig. 259. Soient A et B (*Fig.* 259) les deux extrémités de la ligne donnée. Choisissez, comme dans le problème précédent, un point C d'où vous puissiez voir les points A et B; mesurez les distances AC et BC; faites un triangle *abc* semblable au triangle ABC sur le terrain, ce qui vous donnera les angles A et B.

Ensuite, faites planter des jalons dans une direction quelconque CJ; mesurez l'angle ACJ, ce qui vous donnera, dans le triangle ACD, le côté AC et les deux angles adjacens, et vous déterminera, d'après l'échelle que vous avez adoptée, la longueur que doit avoir CD, au bout de laquelle vous ferez planter un jalon qui devra se trouver dans la direction de la droite AB.

On s'y prendra de la même manière pour fixer la position de tout autre point E de l'alignement AB.

Pour procéder à la résolution de ce problème par la trigonométrie, on mesurera aussi les distances AC et BC, soit avec la chaîne, si cela est possible, soit en formant des triangles dont ces lignes deviennent des côtés; on calculera ensuite l'angle ACB du triangle ABC dont on connaît les deux côtés AC, BC et l'angle compris; ayant fait planter des jalons dans une direction quelconque, comme il a été dit plus haut, on mesurera l'angle ACJ et l'on calculera le côté CD, dont on connaît le côté AC et les deux angles adjacens DAC, DCA, après quoi on prolongera l'alignement CJ, jusqu'à ce qu'il ait la longueur CD, que le calcul trigonométrique (435) aura fournie. Le point E se trouve de même.

PROBLÈME.

483. *Déterminer plusieurs points sur l'alignement de la ligne droite AB* (Fig. 260) *coupée par des obstacles* Fig. 260. *impénétrables, lorsqu'il est impossible de trouver une station d'où l'on aperçoive les deux points donnés A et B.*

Choisissez un point C d'où vous apercevrez le point A, et un autre point E d'où vous apercevrez le point B et le point C. Alors, mesurant, d'après ce que nous avons vu jusqu'ici, les distances AC, CE et BE, vous observerez au point E l'angle BEC, et au point C l'angle ACE, d'où il sera facile de calculer le côté BC, et l'angle BCE, et par suite l'angle BCA qui est ACE — BCE. Alors vous vous trouverez dans le cas précédent.

On s'y prend de la même manière pour déterminer la position de tout autre point F de l'alignement AB.

Le calcul trigonométrique s'applique très-bien à la solution de ce problème. Car, retombant sur le triangle BCA dont on connaît deux côtés et l'angle compris, on est ramené au cas où les deux objets sont vus de la station.

484. *Remarques.* 1° Les points A, B, C, (*Fig.* 245 Fig. 245. *et suivantes*) peuvent être inaccessibles : il suffit alors qu'on sache placer un jalon entre deux points inaccessibles et dans leur alignement, tel qu'il a été démontré au numéro 479, au moyen de l'équerre, et au numéro 217 avec des jalons. C'est une opération bien simple, surtout quand elle est faite simultanément par deux personnes; la voici : vous faites marcher, vers la ligne, deux indicateurs portant des jalons, se regardant mutuellement et fixant simultanément leurs jalons quand ils aperçoivent, dans un même alignement, le point inaccessible vers lequel ils font face, le jalon de l'autre indicateur et celui qu'ils ont aux mains. Enfin, tout ceci revient presque toujours au numéro cité plus haut.

Fig. 245. 2° Quand il est question de placer un jalon à l'intersection de deux lignes diagonales d'un quadrilatère déterminé par quatre jalons, un indicateur peut être dirigé par les commandemens de deux observateurs placés aux extrémités des diagonales; mais il est plus facile de prolonger d'un côté chaque diagonale par un jalon auxiliaire; alors ce cas revient au précédent, et un seul indicateur peut marquer l'intersection des diagonales.

3° Dans les opérations ci-dessus détaillées, comme dans celles que nous avons encore à exposer, il faut avoir attention de placer les jalons bien verticalement, pour qu'ils soient tous parallèles, ce qui facilite et rend plus exacts les alignemens; et puis, parce que notre théorie, supposant que tout se passe dans un plan unique, que pour plus de simplicité nous faisons horizontal, il faut que tous les points des jalons puissent être pris pour celui où ils rencontrent ce plan; ce qui exige qu'ils lui soient perpendiculaires.

4° Il faut donner à ces constructions le plus d'étendue qu'on le pourra; car, plus les jalons qui déterminent une ligne seront éloignés les uns des autres, et plus il sera facile d'en placer exactement de nouveaux dans leur alignement; l'espèce d'arbitraire qui entre dans la fixation des premiers jalons, permettra le plus souvent de tirer parti du terrain sur lequel on opère pour observer ce précepte; il faut aussi éviter les angles trop aigus (442 et 443); il est difficile de les marquer avec précision; cependant, si l'on est obligé de marquer le point de concourt de deux lignes formant un angle très-aigu, il ne faudra pas négliger la correction suivante : ayant fixé un premier point où les quatre rayons visuels portés aux jalons qui déterminent les lignes commencent à se réduire à deux, on reculera ou on avancera jusqu'à un second point où les deux rayons commencent à se diviser en quatre, puis on place un jalon au milieu de l'intervalle entre ces deux points; il sera assez exactement au point de concourt des deux lignes.

PROBLÈME.

485. *Par un point donné, tirer une ligne au point de concourt, qui ne peut être vu de deux lignes dont les directions sont données.*

Cette question est l'inverse de ce qui a été traité au numéro 470.

Fig. 261. Soient AB, CD et E (*Fig.* 261) les deux droites et le point donnés; par le point E menez deux droites quelconques aEb, cEd; prolongez bc, ad jusqu'à leur rencontre en O, et menez à volonté la droite Oef. Conduisez encore af, de; l'intersection F sera un des points de la droite demandée.

La droite Of étant menée à volonté, il est évident que l'on peut obtenir autant de points de cette droite que l'on voudra.

486. Pour résoudre ce problème, lorsque le point donné est hors de l'angle des deux droites, par le point Fig. 262. E (*Fig.* 262), menez à volonté Ea, Eb; conduisez encore ae, bi et Eod.

Enfin, prolongez les droites ac, ed jusqu'à leur rencontre en F; ce point d'intersection sera un de ceux de la droite que l'on veut tracer.

TRACÉ DES PARALLÈLES.

487. Il a été donné (50), dans la Géométrie plane, le moyen de tracer sur le papier une parallèle à une ligne donnée. Ce tracé n'étant pas celui à suivre dans les opérations sur le terrain, nous avons donné (226) un autre procédé pour mener cette parallèle sur terrain au moyen de l'équerre. Ici nous allons donner plusieurs applications pour le tracé des parallèles, avec des jalons, un équiangle et graphomètre.

La ligne et le point donné peuvent être *accessibles* ou *inaccessibles.*

PROBLÈME.

488. *Par un point donné, mener une parallèle à deux lignes parallèles entre elles.*

La solution est la même que pour le problème précédent, car les parallèles sont censées concourir à une distance infinie.

PROBLÈME.

489. *Du point C, sur le terrain, mener une parallèle à la ligne AB* (Fig. 263) *avec une chaîne et des jalons.* Fig. 263.

Je prends à volonté les points E et F sur AB, et je fais EH = HF; je mets des jalons aux points E, H, F, C, et un autre D à volonté dans l'alignement CE; je mets encore un jalon a à l'intersection des alignemens CF, DH; le point G, pris sur DF dans la direction Ea, sera un de ceux de la parallèle demandée.

Voici une autre solution : je forme le triangle DEF, de manière que le côté DE passe par le point C; je mesure bien exactement DF, CD, CE, et j'ai le point G, par la connaissance de la droite DG qui sera déterminée par la proportion

$$DE : DC :: DF : DG;$$

d'où je tire l'équation

$$DG = \frac{DC \times DF}{DE}.$$

Enfin, cette solution dépend entièrement du théorème que nous avons donné au numéro 64, et n'exige pas de connaître la longueur de EF.

490. Si l'on ne pouvait pas opérer avec le point D du même côté que le point donné, il faudrait procéder comme il suit :

Soient AB et O la droite et le point donnés; placez à volonté un jalon D, cependant de manière à couper AB; tirez DO passant par un point quelconque E; faites EH = HF; mettez des jalons aux points E, H, F, O; mettez encore un jalon o à l'intersection des alignemens FO, DHJ; le point I, pris sur DF prolongé, dans la direction Eo, sera un de ceux de la parallèle demandée.

491. Voici encore une autre construction très-simple : je prends un point a quelconque, d'où je puisse aller aux
Fig. 264. deux extrémités de la ligne AB (*Fig.* 264); je forme alors un triangle aAB de manière que le côté aB passe par le point C, et à faire

$$aD=\frac{aC\times aB}{aA};$$

ce qui revient à la proportion

$$aA : aC : : aB : aD.$$

Nous dirons aussi, en passant, que deux alignemens sur un même objet très-éloigné, donnent deux lignes d'autant plus sensiblement parallèles, que l'objet est à une plus grande distance. Par exemple, les ombres solaires ou lunaires des deux jalons, observées en même temps, sont deux lignes parallèles; deux alignemens pris en même temps sur une étoile sont deux droites parallèles.

492. De tous les procédés connus pour conduire des alignemens parallèles sur le terrain, il n'y a que le suivant sur lequel on peut s'assurer dans ses opérations; c'est la meilleure solution pour ce genre de construction sur le terrain. On a beau employer le graphomètre et les autres instrumens qui donnent les angles, avant d'avoir un résultat aussi exact que celui dont nous allons nous occuper.

PROBLÈME.

493. *Par le point C donné sur le terrain, mener un*
Fig. 101. *alignement parallèle à la droite AD* (Fig. 101) *avec une équerre et une chaîne.*

Elevez aux points A et D les perpendiculaires indéfinies AB et CD; prenez la longueur de CD, portez-la de A en B; et la droite qui passera par les points C et B sera la parallèle demandée.

Il est évident qu'il faut toujours abaisser la première perpendiculaire, du point C, sur la droite donnée ou sur son prolongement, afin de connaître exactement l'éloignement de ce point à la droite donnée.

PROBLÈME.

494. *Par un point donné D, dans la plaine, mener, au moyen du graphomètre, une parallèle à la ligne AB*
Fig. 25. (Fig. 25).

Mettez un jalon au point donné D; posez un graphomètre sur un point quelconque B de la ligne AB; mesurez l'angle ABD formé par AB et le rayon BD. Cela fait, mettez un jalon à la place du graphomètre; revenez au point D faire sur BD un angle égal à celui ABD, et le côté CD de cet angle sera la parallèle demandée, puisque ces angles alternes-internes (49) sont égaux.

PROBLÈME.

495. *Par un point donné C, mener une parallèle à une*
Fig. 265. *ligne inaccessible AB* (Fig. 265), *avec les jalons.*

Je remarque sur la droite donnée deux points quelconques a, b, et je mets à volonté un jalon E; par le point donné C, je mène une parallèle indéfinie à la droite aE; je mets un jalon D dans l'alignement aC, un autre c à l'intersection de cette parallèle et de l'alignement DE; par le point c, je mène encore une parallèle à bE, et je mets un jalon à l'endroit F, où elle coupe le rayon bD; la ligne CF est la droite parallèle demandée.

PROBLÈME.

496. *Du point C, sur le terrain, mener une parallèle CF à la ligne inaccessible AB* (Fig. 266), *avec le gra-* Fig. 266.
phomètre.

Remarquez deux points quelconques a et b sur la ligne inaccessible; prenez un point D à volonté et visible de tous les autres points observés; prenez la valeur des angles bCD, aCD, et mesurez la distance CD, ainsi que les angles CDa, CDb.

Cela étant fait, calculez par la similitude des triangles ou par la trigonométrie rectiligne les deux côtés aC, bC; cherchez l'angle aCb; construisez au point C un angle bCF, égal à l'angle trouvé aCb, et tirez la ligne indéfinie CF, qui sera la parallèle demandée.

Si D était le point donné et C celui pris à volonté, on procéderait à la mesure de la base CD et de tous les angles, comme il vient d'être dit; après avoir déterminé l'angle aDC, on construirait au point D un angle bcD, égal à l'angle trouvé aDC, et on tirerait la ligne indéfinie DcE, qui serait la parallèle demandée.

497. Voici une construction qui est plus facile que la précédente, quand on peut placer un jalon sur le prolongement de la ligne inaccessible.

Soient AB et C (*Fig.* 267) la ligne inaccessible et le point Fig. 267.
donnés. Pour trouver la parallèle CD, je marque un point b dans l'alignement de la droite AB; je mesure les angles b et C, d'où je connais l'angle A par le moindre calcul; au point C, je tire une ligne CD qui fait l'angle ACD égal à l'angle bAC, et cette ligne est parallèle à AB.

Le point A peut être pris à volonté sur la ligne inaccessible. Il doit être fixe et bien remarquable à la vue.

PROBLÈME.

498. *Par un point C, sur le terrain, mener, par le calcul, une parallèle à la ligne AB* (Fig. 268). Fig. 268.

Déterminez, avec l'équerre, les points D et E, de manière que les angles AEB et ADB soient droits, et que la droite BE passe par le point donné C, ce qui est toujours possible; marquez le point O de concours des deux lignes AD, BE; mesurez EO, DO et CO; cherchez OF par la proportion

$$DO : CO : : EO : FO;$$

d'où l'on tire la formule

$$FO=\frac{CO\times EO}{DO}.$$

Enfin, portant la longueur FO de O en F, et tirant CF, on a la ligne parallèle demandée.

DIVISION DES LIGNES DROITES.

PROBLÈME.

499. *Partager une ligne droite en deux parties égales, au moyen des jalons.*

Fig. 263. Soit IO (*Fig.* 263) la droite donnée; menez-lui une parallèle AB par le procédé du numéro 489; tirez vers un point quelconque D les lignes ID, OD, qui coupent la parallèle AB en E et en F; placez le point o à l'intersection des deux alignemens IE et OF, et la droite Do prolongée coupera IO en J en deux parties égales IJ, JO.

On voit que les extrémités I et O de la ligne peuvent être inaccessibles.

PROBLÈME.

500. *Diviser une ligne droite donnée en un nombre quelconque de parties égales, avec le seul secours des jalons.*

Fig. 269. Soit AB (*Fig.* 269) la ligne à diviser; tirez AC à volonté, et par un point E quelconque sur cette ligne, menez ED parallèle à AB; mettez un jalon a à l'intersection de AD et BE; tirez aC qui coupera AB en b, et vous aurez

$$Ab = bB = \tfrac{1}{2}AB.$$

Mettez un jalon e à l'intersection de AD et bE; menez Ce qui coupera AB en c, et vous aurez

$$Ac = \tfrac{1}{2}Bc = \tfrac{1}{3}AB.$$

Mettez de même un jalon i à l'intersection de AD et Ec; menez Ci qui coupera AB en d, et vous aurez

$$Ad = db = \tfrac{1}{2}bB = \tfrac{1}{4}AB.$$

Mettez encore un jalon o à l'intersection de AD et dE; menez Co qui coupera AB en f, et vous aurez

$$Af = \tfrac{1}{5}AB.$$

Si vous mettez encore un jalon u à l'intersection de AD et Ef, vous aurez encore la nouvelle division

$$Ag = gc = bc = \tfrac{1}{2}bg = \tfrac{1}{3}gB = \tfrac{1}{6}AB.$$

On voit maintenant de quelle manière il faudrait continuer pour obtenir une partie qui fût

$$= \tfrac{1}{7}AB, = \tfrac{1}{8}AB, \ldots\ldots\ldots\ldots = \tfrac{1}{n}AB;$$

n étant un nombre entier quelconque.

Soit A$j = \frac{1}{n}$; on aura

$$Bj = \frac{n-1}{n}AB.$$

Cherchez, par le procédé qu'on vient d'indiquer, une dernière partie jh sur Bj, qui soit égal à n-1 Bj, alors vous aurez

$$Bh = \frac{n-2}{n}AB;$$

on détachera de la même manière la dernière partie $\frac{1}{n-2}$ Bh, le reste sera égal à $\frac{n-3}{n}$AB; et ainsi de suite; de sorte qu'on arrivera enfin à un reste égal à $\frac{1}{n}$AB, qui aura son extrémité au point B, et par conséquent, on aura pu marquer le long de AB toutes les divisions demandées. Fig. 269.

Effectivement on a

$$Ac = \frac{AB \times Ab}{AB + Bb};$$

$$Ad = \frac{Ab \times Ac}{Ab + bc};$$

$$Af = \frac{Ac \times Ad}{Ac + cd};$$

et ainsi du reste; mais

$$Ab = bB = \tfrac{1}{2}AB;$$

donc

$$Ac = \frac{\frac{1}{2}\overline{AB}^2}{\frac{3}{2}AB} = \tfrac{1}{3}AB;$$

donc

$$bc = \tfrac{1}{2}AB - \tfrac{1}{3}AB = \tfrac{1}{6}AB;$$

donc A$d = \frac{1}{4}$AB; donc

$$cd = \tfrac{1}{3}AB - \tfrac{1}{4}AB = \tfrac{1}{12}AB;$$

donc A$f = \frac{1}{5}$AB, et ainsi de suite.

En général, on voit que la suite des parties Ac, Ad, Af, etc., est récurrente, et qu'un terme quelconque de la suite dépend des deux termes précédens, suivant la relation exprimée par l'équation

$$x = \frac{y \times z}{2y - z};$$

y, z, x, étant trois termes consécutifs quelconques.

N. B. Ce problème pourrait servir à se former sur le terrain, une échelle de lever, si l'on n'avait pas à sa disposition une des mesures reçues, et que l'on connût d'ailleurs la longueur totale de la ligne prise pour échelle.

DIVISION D'UN ANGLE EN PARTIES ÉGALES.

501. On verra dans le cours de cet ouvrage qu'on fait quelquefois usage de la moitié d'un angle pour connaître une distance qu'on ne peut mesurer directement. Nous allons donner plusieurs procédés résolus avec la chaîne et les jalons, pour faire voir qu'il n'est point absolument nécessaire d'avoir recours au graphomètre, ou tout autre instrument analogue, pour faire cette opération.

PROBLÈME.

502. *Diviser un angle accessible CAB* (Fig. 29) *en deux parties égales, avec une chaîne et des jalons.* Fig. 29.

Du sommet de l'angle A mesurez deux distances égales sur les côtés AB et AC; mesurez la ligne DE, et mettez un jalon au milieu de cette ligne; la droite menée de A par le milieu de DE sera la division demandée, à cause du triangle isocèle ADE (40).

Si l'on ne peut point mesurer le côté DE pour y mener la ligne de division, on porte encore deux distances égales à la suite des premières : on a alors deux triangles isocèles, et l'intersection des deux diagonales BD, CE, sera évidemment dans la direction de la ligne de division.

Fig. 29. Si l'on ne pouvait pas opérer dans l'ouverture CAB, on formerait un triangle isocèle sur les prolongemens AB et AC, et on opérerait comme il vient d'être dit. Il est évident que l'angle construit sur les prolongemens indiqués sera toujours égal à son opposé CAB, d'après le numéro 19.

Quand on veut employer le calcul, on mesure les trois côtés AD, DE et EA, et l'on cherche le milieu de DE, que nous nommons x par la proportion

$$AD + AE : AE :: DE : Ex;$$

d'où l'on tire l'équation

$$Ex = \frac{AE \times DE}{AD + AE}.$$

Il est évident que l'on peut faire aussi facilement

$$AD + AE : AD :: DE : Dx,$$

et de même

$$Dx = \frac{AD \times DE}{AD + AE}.$$

Enfin, ces formules sont applicables à tous les triangles isocèles dont on veut diviser le côté adjacent aux deux angles égaux. On pourrait, par conséquent, déterminer le milieu de BC, par les procédés que nous avons employés à la détermination du milieu de DE.

PROBLÈME.

Fig. 269. 503. *Diviser un angle donné ACB* (Fig. 269) *dont le sommet C est inaccessible et visible, en deux parties égales.*

Prenez à volonté deux points accessibles E et D sur les côtés de l'angle donné; divisez chacun des angles AED, EDB, en deux parties égales, de manière à avoir

$$AEB = BED, \text{ et } EDA = ADB,$$

et le point a, intersection des lignes qui divisent ces deux angles, est un des points de la ligne qui divise l'angle ACB en deux parties égales; donc Ca est la droite demandée.

Il peut arriver qu'on n'aperçoive pas l'angle inaccessible C, et qu'on ne puisse placer le point a, ou parce qu'il est trop éloigné, ou parce qu'il tombe dans un ravin, etc.; mais alors on suivra la solution du numéro 485, pour mener par le point a une ligne qui concourra avec les lignes de directions données CE, DE; ou bien on prendra sur CE et ED d'autres points sur lesquels on répétera la même construction pour obtenir un second point de la ligne qui partage l'angle en deux parties égales.

PROBLÈME.

504. *Diviser un angle en deux parties égales sans apercevoir son sommet.*

Fig. 163. Soient les droites EI et FB (*Fig.* 163) les côtés de l'angle inaccessible donnés de position.

Placez deux jalons quelconques E, F, sur les côtés donnés, et tirez EF; partagez en deux parties égales chacun des quatre angles dont les sommets sont en E et en F; menez la droite AD par les points d'intersection G et H des lignes de division, et l'angle inaccessible sera divisé en deux parties égales.

505. Pour diviser un angle avec le graphomètre, par exemple, l'angle BAC (*Fig.* 19), observez sa valeur respective; prenez-en la moitié; mettez l'alidade mobile sur ce nombre, et, sans déranger l'instrument, faites placer un jalon D ou E dans la direction du rayon visuel de cette alidade, et la droite AD ou AE sera la division demandée. Fig. 19.

TRACÉ DES PERPENDICULAIRES.

506. Nous avons déjà dit (223) qu'il avait été donné, dans la Géométrie plane, les moyens d'élever une perpendiculaire sur une droite et d'un point donné sur cette droite (35), et que ces procédés n'étaient pas ceux à suivre dans les opérations sur le terrain. On a vu (224 *et* 225) la manière d'élever une perpendiculaire sur une ligne donnée et par un point donné, au moyen de l'équerre et sur un terrain accessible de toutes parts.

Nous allons exposer la solution de plusieurs problèmes avec tous les instrumens; nous commencerons par ceux qui n'exigent qu'une chaîne et des jalons. La ligne et le point donnés peuvent être accessibles ou inaccessibles.

PROBLÈME.

507. *Elever une perpendiculaire sur une droite donnée AB* (Fig. 270) *en un point donné B, avec une chaîne et des jalons.* Fig. 270.

Posez un jalon C à volonté sur la ligne donnée, un autre E dans une direction quelconque; mesurez BC que vous porterez sur cette direction en E; mesurez encore BE, que vous porterez de B en D et de E en F sur la direction EC; tirez la droite DG, sur laquelle vous porterez deux fois la longueur BC, et la ligne BG sera la perpendiculaire demandée.

Le point E peut être pris au-dessus de AB, ce qui donnerait le point G, direction de la perpendiculaire, de l'autre côté de la ligne AB. Cette construction présente les triangles semblables BCE, CDF, et par conséquent l'angle EBD égal à celui BDG.

Si le terrain ne permet pas d'opérer des deux côtés de AB, au lieu de porter BE de E en F, portez BC de B en H; prolongez DH jusqu'à ce que vous ayez HI=BC, et le point I sera dans la direction de la perpendiculaire. Cette construction est un peu plus simple que la précédente.

508. Voici une autre construction du même problème :

La ligne AB (*Fig.* 271) est celle sur laquelle on veut élever une perpendiculaire; prenez une longueur quelconque AC, que vous porterez deux fois de suite sur AB, savoir : de A en C et de C en B, puis dans des directions quelconques, une fois de C en E, et une fois de C en D; marquez le point a, intersection de AD et BE, et le point o, intersection de AE et BD; cela fait, tirez la droite aoO, qui sera la perpendiculaire demandée sur la ligne AB. Fig. 271.

C'est une application du théorème qui établit : *que les*

Fig. 270. *trois perpendiculaires abaissées des angles d'un triangle rectiligne sur les côtés opposés, se coupent en un seul point.*

En effet, dans le triangle A*a*B, les droites AE, BD, sont des perpendiculaires abaissées de deux angles sur les côtés opposés; donc la droite *a*O menée du troisième angle par le point d'intersection des perpendiculaires AE, BD, est aussi perpendiculaire sur le troisième côté AB.

Si vous voulez que la perpendiculaire soit élevée au point donné A, prenez deux longueurs égales sur la perpendiculaire *a*O (supposons que ce soient les longueurs *ao*, *o*O); marquez sur *a*A le point D, où B*o* la rencontre, et sur *a*B le point F, où elle est croisée par la direction DO; cela fait, tirez AF, qui sera la perpendiculaire demandée; car, par cette construction, AF est parallèle à *a*O (490).

PROBLÈME.

509. *Tracer par un point donné sur le terrain une perpendiculaire à une ligne donnée de position, au moyen d'une chaîne, des jalons et du calcul.*

Fig. 272. Soient AB (*Fig.* 272) la ligne donnée, et C le point où doit tomber la perpendiculaire.

Menez CD de manière que l'angle ACD soit aigu; prenez la longueur AC et portez-la de C en D; par les points A et D, tracez un alignement ADO; mesurez AD avec soin, et faites

$$AO=\frac{2\,\overline{AC}^2}{DO}.$$

Le point O appartiendra à la perpendiculaire, dont l'alignement se trouvera ainsi déterminé par les deux points C et O.

En effet, le triangle ACO étant rectangle en C, si l'on conçoit C*e* perpendiculaire sur l'hypothénuse AO, on aura (422)

$$\overline{AC}^2=AO\times Ae.$$

mais, par construction, $Ae=\frac{1}{2}DO$; donc on a aussi

$$\overline{AC}^2=\tfrac{1}{2}AO\times DO;$$

et, par conséquent,

$$AO=\frac{2\,\overline{AC}^2}{DO}.$$

Enfin, il est évident que la longueur AO étant trouvée, il n'y a qu'à la porter sur l'alignement AD, et le point O sera déterminé.

PROBLÈME.

510. *Élever une perpendiculaire sur un point d'un alignement où l'on ne peut établir l'équerre ni aucun autre instrument.*

Fig. 273. Soit AB (*Fig.* 273), une haie sur le point C de laquelle il s'agit d'élever une perpendiculaire.

Planter deux jalons aux points D et E, de manière que la distance AD, prise à volonté, soit égale à celle BE (il est évident que AD et BE doivent être perpendiculaires sur la ligne donnée ou sur celle d'opération DE); choisissez un point F sur DE, tel qu'en plaçant votre équerre d'arpenteur sur ce point, vous apercevriez le point C à travers les pinnules, lorsque les pinnules rectangulaires coïncident avec la ligne d'opération DE, et la droite FCG sera la perpendiculaire demandée.

PROBLÈME.

511. *Déterminer du point C un alignement perpendiculaire à la ligne AB* (Fig. 38), *lorsque le point C ne peut être aperçu du point de AB, sur lequel il doit tomber.* Fig. 38.

Prenez sur la ligne donnée un point B quelconque, duquel vous puissiez voir le point C; mesurez l'angle ABC; et au point C, faites avec le graphomètre un angle BCD d'un nombre de degrés égal au complément de ABC, l'angle BDC sera droit, et CD perpendiculaire sur AB.

Si, par exemple, l'angle ABC a été trouvé de 72 grades 10 minutes, il faudra faire BCD de 27 grades 90 minutes, puisque d'après le numéro 53, on a

$$ABC+BCD=BDC.$$

ou plutôt,

$$27^{g}\,90'+72^{g}\,10'=100 \text{ grades}.$$

512. L'opération que nous venons de faire au numéro précédent pour avoir la direction d'une perpendiculaire, n'exige aucun calcul; mais le terrain ne peut pas toujours arriver au point que l'on cherche. Dans ce cas, on y supplée par une construction assez simple, dont le calcul est toujours très-facile à faire.

Voici cette construction : Sur AB, menez BC et AC de manière que les deux angles ABC et BAC soient aigus, et déterminez le pied D de la perpendiculaire, en calculant BD par l'expression

$$BD=\frac{\overline{AB}^2+\overline{BC}^2-\overline{AC}^2}{2\,AB}.$$

Ainsi, connaissant la longueur de BD, il est facile de trouver exactement le point D, en portant cette longueur de B en D. Si l'on ne pouvait mesurer de B en D par rapport à des obstacles, on aurait toujours

$$AB-BD=AD,$$

puisque

$$AD+BD=AB.$$

PROBLÈME.

513. *Par le point B dont on ne peut approcher, mener un alignement perpendiculaire à AB* (Fig. 63), *au moyen du graphomètre.* Fig. 63.

Faites au point A et avec le graphomètre un angle quelconque BAD, transportez l'instrument sur un point de AD, tel qu'en fixant le diamètre dans la direction AD, et regardant le point B à travers les pinnules de l'alidade, l'angle AOB soit le complément de BAD.

Ainsi, ayant fait l'angle A de 25 grades, on choisira une direction convenable pour faire l'angle AOB de 75 grades, qui est son complément.

PROBLÈME.

514. *D'un point donné abaisser une perpendiculaire sur une ligne inaccessible dont on aperçoit deux points avec les jalons ou l'équerre.*

Fig. 268. Soient AB (*Fig.* 268) la ligne inaccessible, et O le point donné.

Remarquez sur cette ligne deux objets, A et B, de chacun desquels vous abaisserez une perpendiculaire sur le côté opposé du triangle AOB, comme il est indiqué au numéro 507; l'intersection *a* de ces perpendiculaires sera un point de celle que vous cherchez, de sorte que O*a*, prolongé vers G, tombera perpendiculairement sur AB.

Cette opération se fait promptement avec l'équerre, lorsque le terrain est libre sur les alignemens AO, BO.

Si le point O était inaccessible, on éleverait à AB une perpendiculaire d'un point quelconque par l'un des procédés indiqués, et on lui menerait une parallèle (488) passant par le point O; cette parallèle serait la perpendiculaire demandée.

Enfin, quand on ne peut pas élever la perpendiculaire demandée, comme il vient d'être dit, on mène une parallèle à la ligne inaccessible, et sur cette parallèle on élève une perpendiculaire par le point donné. Pour cette construction, par exemple, on aurait élevé *b* O ou *b* G, ce qui aurait été aussi exact.

515. Voici deux constructions assez simples et très-utiles dans la pratique; elles ont de l'analogie avec celles des numéros 507 et 509 :

1° Si le point G est inaccessible, d'un point quel-
Fig. 107. conque E (*Fig.* 107) menez une perpendiculaire AE (123), à laquelle vous en éleverez une autre indéfinie EH; avancez sur cette droite jusqu'à ce que d'un point D vous aperceviez l'objet G, duquel vous abaisserez une perpendiculaire GD sur EH, et cette perpendiculaire, prolongée en C, sera la perpendiculaire demandée sur AB.

Fig. 104. 2° Si c'est le pied D (*Fig.* 104) de la perpendiculaire qui est inaccessible, mesurez une longueur quelconque AD, faites, avec l'équerre divisée en 8 parties, ou le graphomètre, un angle BAC de 50 grades, et déterminez la longueur AC par la formule

$$AC = \sqrt{\overline{AD}^2 + \overline{CD}^2};$$

ou, puisque la longueur CD est inconnue,

$$AC = \sqrt{2\,\overline{AD}^2}.$$

Connaissant la longueur AC, on la porte de A en C, et la droite CD est la perpendiculaire demandée.

Si, par exemple, AD était de 12 décamètres, on ferait

$$12 \times 12 = 144,$$

la racine carrée du double de 144 étant 17 décamètres environ, il est évident que c'est la longueur de AC, puisque le carré de l'hypothénuse est égal à la somme des carrés des deux autres côtés d'un triangle rectangle (70).

MESURE DES LIGNES INACCESSIBLES.

516. Les lignes sur lesquelles on ne peut pas mesurer peuvent être accessibles aux deux extrémités, ou à l'une seulement, ou bien encore elles peuvent être entièrement inaccessibles. Ces différens cas seront distingués dans l'énoncé de chaque problème; nous allons commencer par établir les procédés les plus faciles, et nous finirons par la mesure des lignes entièrement inaccessibles, par les procédés trigonométriques que nous avons donnés dans le chapitre précédent.

PROBLÈME.

517. *Trouver la longueur de la ligne AB* (Fig. 264), *dont les extrémités A et B sont accessibles.* Fig. 264.

Je prends un point *a* quelconque, d'où je puisse aller aux deux extrémités, et je mesure *a*A et *a*B; ensuite, s'il est possible de prolonger ces alignemens, je fais

$$aD = aA \text{ et } aC = aB;$$

je mesure CD, qui est la longueur de AB, à cause des triangles égaux *a*AB, *a*CD.

On aurait encore le même résultat si l'on faisait

$$aD = aB \text{ et } aC = aA.$$

Ainsi, par cette opération très-simple on obtient la longueur de la ligne à mesurer sans faire de calcul.

Quand on ne peut point prolonger *a*A, *a*B de leur longueur entière, on prend la moitié, le tiers, etc., de ces lignes mesurées, et CD est la moitié, le tiers, etc., de la ligne inaccessible AB. Ainsi, il ne s'agit plus que de doubler, tripler, etc., le résultat trouvé.

En général, on peut prendre un point quelconque D sur le prolongement de *a*A, et déterminer le point C par la proportion

$$aA : aD :: aB : aC;$$

d'où

$$aC = \frac{aD \times aB}{aA}.$$

Quand le point C est déterminé par le calcul et fixé par un jalon, on mesure la longueur CD pour avoir celle de AB par la proportion suivante :

$$aD : CD :: aA : AB;$$

d'où l'on tire l'équation

$$AB = \frac{CD \times aA}{aD}.$$

Voici une proportion qui donne aussi la longueur de AB directement :

$$aC : CD :: aB : AB;$$

d'où

$$AB = \frac{CD \times aB}{aC}.$$

La première équation est préférable à celle-ci, parce qu'on peut choisir le point D, de manière que la longueur de la ligne *a*D soit exprimée par un nombre entier, ce qui rend la division plus facile.

Supposons maintenant que dans cette dernière construction on a trouvé

$$aA = 8 \text{ décam. et } aB = 7 \text{ décam.};$$

prenons un point D ou une longueur quelconque *a*D de 6 décamètres sur le prolongement de *a*A, nous détermi-

Fig. 264. nerons le point C par l'équation déjà donnée

$$aC = \frac{aD \times aB}{aA};$$

ce qui nous donne

$$aC = \frac{6 \text{ déca.} \times 7 \text{ déca.}}{8 \text{ déca.}} = 5 \text{ déca.-}25 \text{ déci.}$$

Maintenant, nous pouvons fixer le point C sur le prolongement de aB, en portant 5 décamètres 25 décimètres de a en C, et mesurant CD que nous trouvons, par exemple, de 6 décamètres 5 mètres.

Cela fait, on trouve facilement la longueur de la ligne inaccessible proposée, par l'équation

$$AB = \frac{CD \times aB}{aC};$$

ou

$$AB = \frac{6 \text{ déca.-}5 \text{ m.} \times 7 \text{ déca.}}{5 \text{ déca.-}25 \text{ déci.}} = 8 \text{ déca.-}667 \text{ centimèt.}(1).$$

Donc la longueur de la ligne inaccessible AB est de 8 décamètres 667 centimètres.

PROBLÈME.

Fig. 226. 518. *Trouver la longueur de la ligne BC* (Fig. 226) *accessible seulement à ses deux extrémités.*

Choisissez, avec l'équerre, un point A d'où vous puissiez apercevoir, sous un angle droit, les extrémités B, C de la ligne inaccessible proposée; mesurez les côtés AB, AC, et vous aurez, d'après le numéro 70 et la formule (8) du numéro 422,

$$\overline{BC}^2 = \overline{AB}^2 + \overline{AC}^2,$$

ou

$$BC = \sqrt{\overline{AB}^2 + \overline{AC}^2}.$$

Ayant trouvé

$$AB = 200\text{-}0 \text{ et } AC = 257\text{-}4,$$

il est évident que

$$\overline{BC}^2 = 200\text{-}0^2 + 257\text{-}4^2;$$

donc, on a enfin

$$BC = \sqrt{4000 + 66254\text{-}76} = \sqrt{106254\text{-}76} = 326 \text{ décam.}$$

519. Pour trouver la longueur de BC sans aucun calcul, c'est-à-dire par les procédés graphiques, il faut toujours construire sur le terrain l'angle A de 100 grades, mesurer les deux côtés, et opérer comme il a été démontré au problème 439, qui se rapporte à la figure que nous démontrons.

Nous ne parlerons pas de la solution de ce problème par le secours de la trigonométrie; celle que nous avons démontrée plus haut (426) peut trouver son application à ces sortes d'opération.

(1) Nous avertissons nos lecteurs que dorénavant, pour abréger le texte des opérations numériques, nous remplacerons les unités, qui seront toujours des *décamètres linéaires* ou *carrés*, par un petit trait, comme nous l'avons déjà fait dans les opérations sur les logarithmes, pages 91, 93 et suivantes. Nous représenterons toujours les *mètres linéaires* par un zéro, et les *mètres carrés* par deux zéros, quand il s'agira d'énoncer ou représenter le résultat d'une surface sur laquelle on opère; donc, ces deux zéros disparaîtront dans le produit des nombres employés dans les opérations sur les mesures de longueur. Nous faisons ces observations une fois pour toutes.

PROBLÈME.

520. *Trouver la longueur de la ligne AC* (Fig. 225) *accessible seulement à ses deux extrémités.* Fig. 225.

A l'une A des deux extrémités, élevez la perpendiculaire AB, tirez BC, mesurez AB et BC, vous aurez, d'après le numéro 70,

$$\overline{AC}^2 = \overline{BC}^2 - \overline{AB}^2,$$

ou

$$AC = \sqrt{\overline{BC}^2 - \overline{AB}^2}.$$

Ayant trouvé

$$BC = 326\text{-}0 \text{ et } AB = 200\text{-}0,$$

il est évident que

$$\overline{AC}^2 = 326\text{-}0^2 - 200\text{-}0^2;$$

donc on a

$$AC = \sqrt{106276 - 40000\text{-}0} = \sqrt{66276} = 257\text{-}4.$$

Enfin, la ligne inaccessible AC est de 257 décamètres 4 mètres.

Pour déterminer cette longueur par les procédés graphiques, il n'y a qu'à suivre le numéro 458 de point en point; la solution est justement appliquée à la résolution du problème que nous venons de donner.

Quant à la solution de ce problème par les procédés trigonométriques, elle est bien éclaircie au numéro 424, établi à ce sujet.

PROBLÈME.

521. *Déterminer, au moyen de l'équerre, la longueur de la ligne inaccessible CD* (Fig. 37). Fig. 37.

A l'extrémité D de cette ligne, élevez une perpendiculaire indéfinie DB; joignez le point C à un point B quelconque pris sur cette perpendiculaire; de ce même point B sur la ligne BC élevez la perpendiculaire AB; prolongez-la jusqu'à ce qu'elle rencontrera la ligne CD, prolongée en A, et vous aurez, d'après la conséquence du théorème n° 69,

$$AD : BD :: BD : CD,$$

d'où l'on peut tirer la formule

$$CD = \frac{\overline{BD}^2}{AD}.$$

Supposons maintenant que la perpendiculaire BD est de 4 décamètres, et la partie AD de 3 décamètres 5 mètres, nous aurons

$$CD = \frac{4^2}{3\text{-}5} = \frac{16}{3\text{-}5} = 4\text{-}57;$$

donc la ligne inaccessible CD est de 4 décamètres 57 décimètres.

PROBLÈME.

522. *Déterminer, au moyen de l'équerre, la largeur*

d'une rivière, d'un étang, d'un marais, etc., ou la dis-
Fig. 274. *tance AB* (Fig. 274) *que l'on ne peut mesurer.*

Du point B élevez BC perpendiculairement sur AB et jalonnez BC; cherchez, sur cette ligne jalonnée, un point D, duquel vous puissiez apercevoir le point A sous un angle de 50 grades avec la droite BD; alors la distance BD, que l'on peut mesurer, est celle demandée. Le triangle ABD est un triangle isocèle, par conséquent AB = BD. Il est inutile d'en dire davantage, puisqu'en mesurant le côté BD, on connaît son égal AB.

Si l'on voulait connaître seulement la longueur A*b*, on retrancherait la partie B*b*, qu'on peut mesurer, de la ligne AB, et le reste serait la longueur demandée A*b*.

523. Voici une autre construction. Elevez une perpendiculaire indéfinie BC; élevez, d'un point C pris à volonté sur BC, une autre perpendiculaire CE que vous terminerez en un point E aussi pris à volonté; tracez une ligne droite AE qui coupe la perpendiculaire BC en un point D; mesurez les lignes BD, CD, CE, et vous aurez la longueur de AB, par la proportion donnée par les triangles semblables ABD, CDE,

$$CD : BD :: CE : AB,$$

d'où

$$AB = \frac{BD \times CE}{CD}.$$

Si l'on trouve, par exemple,

$$CD = 3\text{-}5,$$
$$BD = 10\text{-}0,$$
$$CE = 3\text{-}4,$$

on aura

$$AB = \frac{10\text{-}0 \times 3\text{-}4}{3\text{-}5} = 9 \text{ décam.- } 7 \text{ mèt.}$$

524. Après avoir élevé la perpendiculaire BD d'une longueur arbitraire, on peut encore élever à cette dernière ligne une perpendiculaire FG, qui soit terminée par la ligne droite AD; cela fait, les triangles semblables ABD, DFG, donnent le moyen de connaître la ligne AB, par la proportion

$$FD : FG :: BD : AB,$$

d'où l'on peut avoir

$$AB = \frac{FG \times BD}{DF}.$$

Si, par exemple, on connaît les mesures suivantes :

$$FG = 3\text{-}4,$$
$$BD = 10\text{-}0,$$
$$DF = 3\text{-}5,$$

il est évident qu'on aura

$$AB = \frac{3\text{-}4 \times 10\text{-}0}{3\text{-}5} = 9 \text{ décam.-}7 \text{ mèt.}$$

comme dans le numéro précédent.

Il existe encore une construction très-simple pour connaître, avec l'équerre et sans calcul, la longueur d'une
Fig. 101. ligne inaccessible, la voici : Soit AD (*Fig.* 101) la ligne inaccessible; élevez AB perpendiculairement sur AD, et BC perpendiculairement sur AB; puis élevez encore sur BC une perpendiculaire au point D, et mesurez BC qui sera la longueur demandée, puisque d'après le numéro 117, BC = AD.

PROBLÈME.

525. *Mesurer une ligne inaccessible* AB (Fig. 275) Fig. 275.
avec une chaîne et des jalons.

Je prolonge AB à volonté vers C, et du point C je mène une droite CE faisant avec AC un angle à peu près droit. J'établis ensuite, avec deux jalons, une droite CE; et du point D, milieu de CE, je mène une ligne droite BD, que je prolonge vers F, en faisant, avec la chaîne, DF = BD.

Cela fait, je mène, par les points E et F, un alignement EG; par le point D, je mène un autre alignement vers A, que je prolonge au-dessous de CE jusqu'à ce qu'il rencontre EG en G, où je plante un jalon.

Enfin je mesure FG; cette ligne est égale à la distance demandée AB. Ce qui est évident, car par la construction, AC est parallèle à EG, et les triangles ABD, DFG sont égaux.

Si de la ligne AB on retranche la partie *a*B, que l'on peut mesurer, il restera la ligne *a*A pour la largeur de la rivière, de l'étang, etc.

PROBLÈME.

526. *Déterminer la longueur de la ligne* AB (Fig. 276) Fig. 276.
accessible seulement à ses deux extrémités.

D'un point D pris à volonté, élevez une perpendiculaire indéfinie DC sur BD; élevez sur cette ligne DC une autre perpendiculaire AC qui passe par l'extrémité A de la ligne inaccessible proposée.

Cela construit, mesurez les trois côtés BD, CD, AC; ôtez AC de BD, ce qui vous donnera BE, dont le carré ajouté à celui de AE ou CD, est égal au carré de AB; donc, on a, d'après le théorème du numéro 160,

$$AB = \sqrt{\overline{BE}^2 + \overline{CD}^2};$$

en faisant

$$AC = 5\text{-}0,$$
$$CD = 9\text{-}0,$$
$$BD = 9\text{-}8,$$

on a premièrement

$$BE = 9\text{-}8 - 5\text{-}0 = 4\text{-}8,$$

et ensuite

$$AB = \sqrt{\overline{4\text{-}8}^2 + \overline{9\text{-}0}^2},$$

ou enfin

$$AB = \sqrt{23\text{-}04 + 81} = \sqrt{104\text{-}04} = 10\text{-}2.$$

Donc la ligne inaccessible AB a 10 décamètres 2 mètres de longueur.

Les points A, B, peuvent être invisibles l'un de l'autre, ainsi que les deux points B, E.

527. Voici encore une autre solution : Pour trouver la longueur de la ligne inaccessible AB (*Fig.* 277), à l'une Fig. 277.
B des extrémités de cette ligne, menez à volonté une ligne indéfinie BE, prolongez AB d'une longueur quelconque BC

que vous mesurerez, faites l'angle CBD égal à celui ABE, puis avancez sur les lignes BD, BE, jusqu'à ce que vous puissiez faire avec l'équerre les angles droits AFC, AGC.

Cela fait, mesurez les distances BF, BG, que vous multiplierez l'un par l'autre; divisez le produit par la distance BC, et le quotient sera la longueur de la ligne AB, c'est-à-dire que l'on aura

$$AB = \frac{BF \times BG}{BC}.$$

Sachant que

$$BF = 7{\cdot}0,$$
$$BG = 6{\cdot}0,$$
$$BC = 5{\cdot}0,$$

on aura

$$AB = \frac{7{\cdot}0 \times 6{\cdot}0}{5{\cdot}0} = 8{\cdot}4;$$

donc la ligne inaccessible AB a 8 décamètres 4 mètres de longueur.

Effectivement, la ligne AC est le diamètre d'un cercle qui passe par les points F et G. C'est une conséquence du théorème 104.

Enfin, *deux lignes qui se coupent dans un cercle, le produit des deux parties de l'une est égal au produit des deux parties de l'autre.*

PROBLÈME.

528. *Déterminer la longueur de la ligne inaccessible*
Fig. 278. *AB* (Fig. 278) *avec les jalons et la chaîne.*

Je mets à volonté les jalons C, D, dans l'alignement AB, je mesure les distances BC, CD, et je porte sur une direction quelconque DG, à droite ou à gauche de la ligne donnée, la distance CD de D en E, et la distance BC de E en F; je mets un jalon P à l'intersection des droites BE, CF; j'en pose un autre en O, à la rencontre de DO, AF; enfin, je marque l'endroit G où les droites DF, BO se rencontrent, et j'ai

$$DG = AD,$$
$$EG = AC,$$
$$FG = AB;$$

Donc, si l'on trouve FG de 4 décamètres, il est évident que la ligne inaccessible AB aura aussi 4 décamètres de longueur.

529. Voici une autre construction que l'on résout en ne mesurant qu'une seule ligne; elle est due à Carnot.

Fig. 279. Placez un jalon D dans l'alignement AB (*Fig.* 279); mettez un second jalon I dans une direction quelconque, un troisième K à volonté sur DI, et un autre O à l'intersection des droites AK, BI; mettez encore un jalon en J sur BK, à la rencontre de DO, et remarquez sur BD le point C dans l'alignement IJ; mesurez les distances BC, CD, et vous aurez

$$AD = \frac{BD \times CD}{CD - BC}.$$

Sachant que

$$BC = 2{\cdot}0,$$
$$CD = 3{\cdot}5,$$
$$BD = 5{\cdot}5,$$

on a

$$AD = \frac{5{\cdot}5 \times 3{\cdot}5}{3{\cdot}5 - 2{\cdot}0} = \frac{19{\cdot}25}{1{\cdot}5} = 13 \text{ décamèt.}$$

Si l'on marquait le point k sur DK, dans la direction AJ, on aurait encore

$$DI = \frac{DK \times Dk}{Dk - Kk}.$$

PROBLÈME.

530. *Trouver la longueur de la ligne inaccessible AB* (Fig. 280), *au moyen de l'équerre et de la chaîne.* Fig. 280.

Choisissez trois points C, D, E, tels que les angles ACB, ADB, AEB, soient droits, ou seulement égaux (ce qui est plus simple, puisque le premier angle est pris à volonté), et sur CE élevez la perpendiculaire DF avec l'instrument; mesurez CD, DE, DF, et vous aurez

$$AB = \frac{CD + DE}{DF}.$$

Sachant que

$$CD = 5{\cdot}4,$$
$$DE = 4{\cdot}5,$$
$$DF = 2{\cdot}2,$$

on a

$$AB = \frac{5{\cdot}4 \times 4{\cdot}5}{2{\cdot}2} = \frac{24{\cdot}3}{2{\cdot}2} = 11{\cdot}05;$$

donc la ligne inaccessible AB a 11 décamètres 4 décimètres de longueur.

531. Voici encore une autre construction : Supposons
que BE (*Fig.* 83) est une ligne inaccessible dont on veut Fig. 83.
connaître la longueur, formons un triangle quelconque BAE, portons la distance AB, de A en C, nous aurons évidemment AC = AB; mesurons AB, AE, BC, nous aurons

$$BE = \sqrt{\frac{AE \times \overline{BC}^2}{AB} + \overline{CE}^2}.$$

Supposons maintenant que

$$AB = 4{\cdot}0,$$
$$AE = 6{\cdot}0,$$
$$BC = 3{\cdot}8;$$

puisque AE = 6·0, et que

$$CE = AE - AC \text{ ou } AB,$$

nous aurons

$$CE = 6{\cdot}0 - 4{\cdot}0 = 2{\cdot}0;$$

ainsi

$$BE = \sqrt{\frac{6{\cdot}0 \times \overline{3{\cdot}8}^2}{40} + \overline{2{\cdot}0}^2} = \sqrt{21{\cdot}66 + 4} = 5{\cdot}065;$$

donc la ligne inaccessible BE a 5 décamètres 65 centimètres de longueur.

Nous allons appliquer quelques procédés trigonométriques à la mesure des lignes inaccessibles.

PROBLÈME.

532. *Déterminer la longueur de la ligne inaccessible* Fig. 268. *AO* (Fig. 268), *au moyen des jalons et du calcul trigonométrique.*

Construisez le triangle AOB en posant à volonté un jalon B; plantez deux jalons D et E dans les alignemens AO, BO, vous aurez les deux triangles ABD, ABE, dont vous mesurerez les trois côtés de chacun.

Cela fait, déterminez l'angle OAB ou DAB par la formule suivante tirée du n° 433 :

$$\text{Sin.}\,\tfrac{1}{2}\,\text{OAB} = \sqrt{\frac{(m-\text{AD})\times(m-\text{AB})}{\text{AD}\times\text{AB}}},$$

et l'angle ABO ou ABE par celle

$$\text{Sin.}\,\tfrac{1}{2}\,\text{ABO} = \sqrt{\frac{(m-\text{BE})\times(m-\text{AB})}{\text{BE}\times\text{AB}}}.$$

Supposons, par exemple, que

AB = 9-6,
AD = 2-0,
AE = 8-2,
BD = 9-0,
BE = 5-4;

on aura, sachant maintenant que $m = 10\text{-}3$, dans la première formule,

$$\text{Sin.}\,\tfrac{1}{2}\,\text{OAB} = \sqrt{\frac{(10\text{-}3-2\text{-}0)\times(10\text{-}3-9\text{-}6)}{2\text{-}0\times 9\text{-}6}};$$

dans la seconde formule, ou $m = 11\text{-}6$, on aura aussi

$$\text{Sin.}\,\tfrac{1}{2}\,\text{ABO} = \sqrt{\frac{(11\text{-}6-5\text{-}4)\times(11\text{-}6-9\text{-}6)}{5\text{-}4\times 9\text{-}6}}.$$

Effectuant ces calculs par les logarithmes, on a, pour la première formule,

log. 10-3 — 2-0 = log. 8-3 = 0-9190781
log. 10-3 — 9-6 = log. 0-7 = 9-8450980
C. log. 2-0 = 9-6989700
C. log. 9-6 = 9-0177288

Somme — 10 = log. sin² ½ OAB = 19-4808749
log. sin. ½ OAB = 9-7404374

Ce logarithme répond au sinus de 37 grades 8 minutes; donc l'angle cherché OAB = 74 grades 16 minutes.

Cet angle étant déterminé, on pourrait trouver l'angle ABO par la formule (5) du numéro 431, ou par la formule (7) du numéro 432; mais il vaut mieux effectuer les calculs établis dans la seconde formule, comme il suit :

log. 11-6 — 5-4 = log. 6-2 = 0-7923917
log. 11-6 — 9-6 = log. 2-0 = 0-3010300
C. log. 5-4 = 9-2676062
C. log. 9-6 = 9-0177288

log. sin² ½ ABO = 19-3787567
log. sin. ½ ABO = 9-6893783

Ce logarithme répond au sinus de 32 grades 53 minutes; donc l'angle cherché ABO = 65 grades 6 minutes.

Les deux angles OAB, ABO, et la base AB, étant connus, on trouve AO par la formule (2) du numéro 431. Voyons à déterminer cette longueur par les logarithmes.

Il résulte des angles que l'on vient de trouver que l'angle O est de 60 grades 78 minutes.

log. 9-6 = 0-9822712
log. sin. 65ᴳ 06' = 9-9310163
C. log. sin. 60ᴳ 78' = 0-0882259

Somme — 10 = log. AO = 1-0015134

logarithme qui répond à 10 décamètres 03 décimètres, longueur de la ligne inaccessible AO.

S'il fallait trouver DO, on mesurerait une distance quelconque AD que l'on retrancherait de AO, et le reste serait la longueur exacte de la ligne inaccessible DO.

Nous allons continuer de résoudre les problèmes par les principes trigonométriques, parce que nous supposerons toujours les angles déterminés avec le graphomètre ou tout autre instrument donnant les grades, les minutes, etc.

PROBLÈME.

533. *Déterminer la distance du point C à un objet inaccessible B* (Fig. 281), *avec le graphomètre.* Fig. 281.

Prenez à droite de C un point quelconque D; mesurez la distance de C à D, et les angles BCD, BDC.

Sachant qu'on a trouvé

CD = 7-6,
BCD = 54ᴳ 10',
BDC = 117ᴳ 40',

on en conclut le troisième angle CBD = 28 grades 50 minutes; et pour connaître la distance de B à C, on fait, d'après le numéro 431,

log. 7-6 = 0-8808136
log. sin. 117ᴳ 40' = log. sin. 82ᴳ 60' = 9-9835724
C. log. sin. 28ᴳ 50' = 0-3636399

Somme — 10 = log. BC = 1-2280259

Ce logarithme répond dans les tables à 16-905; donc la distance de B à C est de 16 décamètres 9 mètres 5 centimètres.

Cette opération est analogue à celles du numéro 435; elle est suffisamment démontrée pour pouvoir l'appliquer à la mesure de toutes les lignes qui sont inaccessibles à une de leurs extrémités seulement.

En parlant des lignes inaccessibles, voyons, pour déterminer la longueur de celle AC, inaccessible à l'extrémité A.

Supposons qu'on ait trouvé, en mesurant la base CD, et les angles ACD, ADC,

CD = 7-6,
ACD = 102ᴳ 10',
ADC = 55ᴳ,

il résulte de ces données que le troisième angle CAD = 42 grades 90 minutes; et pour avoir la longueur de AC, on fera

log. 7-6 = 0-8808136
log. sin. 55ᴳ = 9-8810455
C. log. sin. 42-90 = 0-2048043

Somme — 10 = log. AC = 0-9666634

Ce logarithme répond dans les tables à 9-26; donc la ligne inaccessible AC a 9 décamètres 26 décimètres de longueur.

PROBLÈME.

534. *Mesurer la distance qui se trouve entre deux* Fig. 281. *objets inaccessibles A, B* (Fig. 281).

Déterminez AC et BC, comme dans l'exemple précédent, et vous aurez en même temps l'angle compris

ACB = ACD — BCD.

Sachant, d'après l'opération précédente, que

BC = 16-905,
AC = 9-26,
ACB = 48ᴳ,

pour trouver AB, il faudra résoudre le triangle ABC, dans lequel on connaît deux côtés et l'angle compris (439). Ainsi on a, par les logarithmes,

log. tang. $\frac{1}{2}$ (200ᴳ — 48ᴳ) = log. tang. 76ᴳ = 0-4023838
log. (16-905 — 9-26) = log. 7-645 = 0-8833775
C. log. (16-905 + 9-26) = C. log. 26-165 = 8-5822793

Somme ou log. tang. $\frac{1}{2}$ (A—B) = 9-8680406

Ce logarithme répond à la tangente de 40 grades 48 minutes; donc la demi-différence des deux angles A et B est de 40 grades 48 minutes.

Leur demi-somme étant de 76 grades, on a

A = 76ᴳ + 40ᴳ 48′ = 116ᴳ 48′

et

B = 76ᴳ — 40ᴳ 48′ = 35ᴳ 52′.

Maintenant, pour avoir la distance de A à B, on aura, d'après la formule (3) du numéro 431, et par les logarithmes,

log. 16-905 = 1-2280152
log. sin. 48ᴳ = 9-8354033
C. log. sin. 83ᴳ 52′ = 0-0147170

Somme — 10 = log. AB = 1-0781355

logarithme qui répond à 11-97; donc la distance cherchée AB est de 11 décamètres 97 décimètres.

La formule (8) du numéro indiqué plus haut, donne le moyen de trouver AB sans calculer les angles. Le voici par les logarithmes :

log. BC² = 2 log. 16-905 = 2-4560304 = 285-78
log. AC² = 2 log. 9-26 = 1-9332220 = 85-75

BC² + AC² = 371-53

L'autre membre se détermine comme il suit :

log. 2 BC = log. 33-81 = 1-5290452
log. 9-26 = 0-9666110
log. cos. 48ᴳ = 9-8627088

Somme — 10 = log. 2 BC × AC × cos. C = 2-3583650

Ce logarithme répond à 228-23; donc

AB² = 371-53 — 228-23 = 143-3.

Extrayant la racine carrée de 143-3, j'ai, comme dans l'opération précédente, AB = 11 décamètres 97 décimètres. Effectivement, la moitié du logarithme de 143-3 répond à 11-97.

AUTRE SOLUTION PEU CONNUE.

535. On sait que les tangentes ne fournissent pas toute l'exactitude désirée, surtout lorsque l'angle approche de 100 grades; voici une méthode qui fournit des résultats plus exacts :

Après avoir déterminé AC et BC comme dans le problème précédent, je cherche, par la formule (3) du numéro 422, la longueur d'une perpendiculaire A a, abaissée sur BC; par les logarithmes, j'ai

log. 9-26 = 0-9666110
log. sin. 48ᴳ = 9-8354033

Somme — log. R = log. Aa = 0-8020143

Donc, la perpendiculaire demandée Aa est de 6 décamètres 339 centimètres, puisque le logarithme trouvé répond à 6-339.

Maintenant, sachant que l'angle aAC = 52 grades, je détermine le côté aC du triangle rectangle AaC comme il suit :

log. 9-26 = 0-9666110
log. sin. 52ᴳ = 9-8627088

Somme — log. R = log. aC = 0-8293198

Ce logarithme répond à 6-75; donc, aC = 6 décamètres 75 décimètres. Par conséquent,

aB = 16-905 — 6-75 = 10-155.

Enfin connaissant, dans le triangle rectangle AaB, les côtés Aa de 6 décamètres 339 centimètres, et aB de 10 décamètres 155 centimètres, on trouve l'hypothénuse ou la distance AB par la formule (8) du numéro 422, qui donne, par la propriété du triangle rectangle (70),

$$AB \sqrt{\overline{Aa}^2 + \overline{aB}^2}$$

ou

$$AB = \sqrt{\overline{6\text{-}339}^2 + \overline{10\text{-}155}^2}.$$

Effectuant le calcul on a, par les logarithmes,

2 log. 6-339 = 1-6040416 = 40-183
2 log. 10-155 = 2-0133598 = 103-12

AB² = 143-203

Extrayant la racine carrée de 143-203, j'ai AB = 11 décamètres 97 décimètres, comme il vient d'être dit plus haut. La moitié du logarithme de 143-203 répond effectivement à 11-97.

PROBLÈME.

536. *Déterminer la distance des deux points A et B* (Fig. 282), *séparés par une colline qui empêche que de* Fig. 282. *l'un de ces points on puisse apercevoir l'autre.*

Prenez deux points C et D à volonté, de manière, cependant à ce que, de chacun d'eux on puisse apercevoir les points A et B; supposons qu'en mesurant les angles nécessaires, vous ayez trouvé

CAD = 99^G 59',
ACD = 48^G 80',
ADC = 51^G 61',
CBD = 58^G 20',
BDC = 60^G,
BCD = 81^G 80',
CD = 5-4.

Cela déterminé, cherchez la longueur du côté AC par les procédés trigonométriques, vous aurez, en employant les logarithmes,

log. 5-4 = 0-7323938
log. sin. 51^G 61' = 9-8601950
C. log. sin. 99^G 59' = 0-0000090

Somme — log. R = log. AC = 0-5925978

Ce logarithme répond à 3 décamètres 914 centimètres, qui est la longueur du côté AC.

Maintenant, pour connaître le côté BC, faites, par le secours des logarithmes,

log. 5-4 = 0-7323938
log. sin. 60^G = 9-9079376
C. log. sin. 58^G 20' = 0-1012328

Somme — log. R. = log. BC = 0-7415842

donc le côté BC = 5 décamètres 516 centimètres.

Ainsi, connaissant, dans le triangle ABC, les côtés AC de 3 décamètres 914 centimètres, BC de 5 décamètres 516 centimètres, et l'angle compris ACB de 130 grades 60 minutes, somme des angles ACD, BCD; on aura, d'après la formule (7) du numéro 432 et par les logarithmes,

log. tang. $\frac{1}{2}$ (BAC + ABC) = log. tang. $\frac{1}{2}$
(200^G — 130^G 60') = 9-7827144
log. (5-516 — 3-914) = 0-2046625
C. log. (5-516 + 3-914) = 9-0254883

Somme — 10 = log. tang. $\frac{1}{2}$ (BAC — ABC) = 9-0128652

Ce logarithme répond à tangente de 6 grades 54 minutes; puisque

tang. $\frac{1}{2}$ (BAC — ABC) = 6^G 54'.

Il est évident qu'en ajoutant 6 grades 54 minutes à la demi-somme des angles BAC et ABC, qui est 34 grades 70 minutes, on aura l'angle BAC de 41 grades 24 minutes; si au contraire on ôte 6 grades 54 minutes de cette demi-somme, on aura l'angle ABC de 28 grades 16 minutes.

Pour avoir le côté AB du triangle ABC, j'ai, par les logarithmes et d'après l'analogie ordinaire,

log. 5-516 = 0-7416243
log. sin. 69^G 40' = 9-9477710
C. log. sin. 41^G 24' = 0-2193726

Somme — 10 = log. AB = 0-9087679

Ce logarithme répond à 8 décamètres 105 centimètres, qui est la distance du point A au point B.

PROBLÈME.

537. *Déterminer, d'une hauteur connue H, la distance horizontale de deux points inaccessibles A et B* (Fig. 283). Fig. 283.

Pour connaître la longueur de la ligne inaccessible AB, qui se trouve invisible de deux points quelconques du terrain, imaginez la verticale HV, qui se trouve de 3 décamètres 66 decimètres; du point H, mesurez l'angle AHV, que nous supposons ici de 51 grades 25 minutes, et cherchez le côté AH par la formule (1) du numéro 422.

Il résulte de ces données que l'angle HAV est de 47 grades 34 minutes; donc on a, par les logarithmes,

log. 3-75 = 0-5740313
C. log. sin. 47^G 34' = 0-1694415

Somme ou log. AH = 0-7434728

Ce logarithme répond à 5-539; donc le côté AH = 5 décamètres 539 centimètres.

Du même point H, mesurez l'angle BHV, que nous supposons de 35 grades 45 minutes, ce qui donne 64 grades 55 minutes pour la valeur de l'angle HBV; cherchez le côté BH du triangle BHV, par l'analogie précédente, et vous aurez, toujours par le calcul logarithmtique,

log. 3-75 = 0-5740313
C. log. sin. 64^G 55' = 0-0711304

Somme ou log. BH = 0-6451617

Ce logarithme répond à 4 décamètres 417 centimètres, longueur du côté BH.

Cela fait, mesurez l'angle AHB, que nous supposons de 60 grades; dans le triangle ABH, dont les côtés AH et BH sont connus, ainsi que l'angle compris AHB, calculez le côté AB, comme l'indique la formule (7) du numéro 432, vous aurez par les logarithmes

log. tang. $\frac{1}{2}$ (ABH + BAH) = log. tang. $\frac{1}{2}$
(200^G — 60^G) = 0-2928341
log. (5-539 — 4-417) = 0-0499929
C. log. (5-539 + 4-417) = 9-0019151

log. tang. $\frac{1}{2}$ (ABH — BAH) = 9-3447421

Ce logarithme répondant à la tangente de 11 grades 08 minutes, on a, sachant que la demi-somme des deux angles cherchés est 70 grades,

ABH = 70^G + 11^G 08' = 81^G 08',

et

BAH = 70^G — 11^G 08' = 58^G 92.

Enfin, on trouve le côté AB du triangle ABH par l'analogie ordinaire, qui donne, par les logarithmes,

log. 4-417 = 0-6451274
log. sin. 60^G = 9-9079576
C. log. sin. 58^G 92' = 0-0974915

Somme — 10 = log. AB = 0-6505765

Ce logarithme répond à 4-473; donc la distance de A à B est de 4 décamètres 473 centimètres.

N. B. Cette solution ne résout ces problèmes qu'autant que les points donnés A et B sont dans le même plan horizontal; nous donnerons plus loin un procédé applicable à la détermination de la distance de A à B, lorsque ces deux points ne sont pas dans un même plan horizontal.

Ce que nous avons dit jusqu'à présent peut suffire pour faire voir l'utilité de la trigonométrie pour la mesure des longueurs inaccessibles ; néanmoins, afin de faire encore mieux sentir la généralité des solutions précédentes, nous allons encore donner un problème sur la longimétrie, par lequel on verra que l'on peut, par le moyen de la trigonométrie, trouver la distance des planètes à la terre.

PROBLÈME.

538. *Trouver la distance de la Lune à la Terre.*

Quoique cette théorie ne soit pas tout-à-fait analogue à l'ouvrage que nous traitons, nous allons néanmoins rapporter succinctement l'opération qu'il faut faire pour obtenir cette distance.

Fig. 284. Le petit cercle dont C (*Fig.* 284) est le centre et CT le rayon, représente la terre ; la ligne AH, qui touche la terre au point T, représente l'horizon sensible ; le petit globe L, qui est dans le plan de l'horizon, représente la lune ; enfin, l'arc AB est une partie du firmament auquel on rapporte les planètes.

Si l'on voyait la lune du centre C de la terre, on la rapporterait au point B du firmament ; mais si on la regardait du point T, on la rapporterait à un point inférieur du firmament, par exemple, au point A. Le point B, auquel on rapporterait la lune vue du centre de la terre, est appelé *le lieu vrai* de la lune ; le point A, auquel on la rapporte, étant vu de dessus la surface de la terre, est nommé le lieu apparent de la lune ; et AB, compris entre ces deux points, est appelé *parallaxe*. Or, le firmament étant à une distance immense de la terre, de la lune et des autres planètes, on peut regarder chacune des planètes comme le centre du firmament ; ainsi, l'arc AB est la mesure de l'angle ALB et de l'angle CLT opposé au sommet (19) ; c'est pourquoi l'un et l'autre de ces deux angles est encore appelé *parallaxe*.

Cela posé, voici comment on trouve la distance de la lune à la terre : le triangle TCL, formé par le rayon CT de la terre T et par les rayons visuels CL et TL, est rectangle, parce que le rayon de la terre est perpendiculaire à la tangente AH qui représente l'horizon sensible ; ainsi l'angle T est droit. D'ailleurs, on connaît l'angle CLT mesuré par la parallaxe horizontale AB que l'on trouve dans les tables astronomiques. Mais on connaît encore le côté CT, qui est un rayon de la terre que l'on a déterminé de 12732396 mètres ou 1432 lieues communes de France ; ainsi, on pourra trouver, par la formule (1) du numéro 422, le côté CL, qui est la distance de la lune au centre de la terre.

On sait que la lune n'est pas toujours également éloignée de la terre ; mais si on la prend dans sa moyenne distance, on trouve, par la parallaxe AB, que l'angle L est d'environ 1 grade 6 minutes 26 secondes lorsque la lune répond au plan de l'horizon ; on aura donc la proportion suivante :

$$\sin. L : CT :: \sin. R : CL,$$

ou

$$\sin. 1^{G}\ 06'\ 26'' : 1432 :: \sin. R. : CL.$$

Enfin, cherchant le quatrième terme de cette proportion par les logarithmes, et d'après la formule indiquée plus haut, on a

$$\begin{aligned} \log. 1432 &= 3\text{-}1559430 \\ \text{C. log. sin. } 1^{G}\ 06'\ 50'' &= 1\text{-}7775305 \\ \hline \log. CL &= 4\text{-}9334735 \end{aligned}$$

Ce logarithme répond à 85880 ; donc le côté CL, qui est la distance moyenne de la lune au centre de la terre, est de 85800 lieues ; par conséquent la distance moyenne de la lune à la terre, marquée par DL, n'est que de 84368 lieues ; car on a

$$CL - CD = DL,$$

ou, d'après les données et le résultat,

$$85800 - 1432 = 84368 \text{ lieues.}$$

N. B. La parallaxe d'une planète est d'autant plus petite que la planète est plus éloignée de la terre.

SECTION DEUXIÈME.

ALTIMÉTRIE.

539. On appelle *altimétrie* (1) une partie de la géométrie-pratique qui a pour objet la mesure des hauteurs accessibles et inaccessibles.

Nous donnons le nom d'*accessibles* aux objets dont on peut approcher de la base pour mesurer sa distance au point de la station d'où la hauteur doit être prise. Nous donnons au contraire le nom d'*inaccessibles* aux objets dont on ne peut approcher ; ces objets peuvent être verticaux ou inclinés, soit à l'horizon, soit au terrain.

Il est des cas, quoique l'altimétrie paraisse étrangère à l'arpentage, où il est nécessaire de connaître les hauteurs des objets élevés au-dessus de l'horizon, pour les indiquer sur le plan.

(1) *Altimétrie* vient de *altus*, haut, et de μέτρον, *mesure*.

Les méthodes qu'on emploie pour mesurer la hauteur des objets diffèrent peu de celles que nous avons exposées dans la section précédente ; les opérations sont même plus simples lorsque l'objet est vertical, parce qu'alors l'angle formé par la verticale qui passe par le sommet de de l'objet donné et la ligne horizontale est exactement droit, et qu'il n'y a qu'un triangle rectangle à résoudre.

Nous allons faire connaître successivement plusieurs procédés par des exemples.

PROBLÈME.

Fig. 285. 540. *Mesurer la hauteur* (Fig. 285) *AB d'un arbre accessible par le pied, et perpendiculaire à l'horizon, au moyen d'une chaîne et de jalons.*

Choisissez une station H de niveau avec le pied B de l'arbre proposé, et plantez-y bien à-plomb un jalon FH ; éloignez-vous ensuite du jalon d'une distance quelconque GH, et plantez un second jalon DG plus petit que le premier, et de manière que vous puissiez voir l'extrémité A de l'arbre par un rayon visuel DFA qui passe exactement par l'extrémité du jalon.

Portez la hauteur DG du jalon G de B en E, et remarquez le point E ; regardez le point E de l'arbre par un rayon horizontal DE, et remarquez le point I du jalon par lequel passe ce rayon horizontal. Cela fait, mesurez exactement les distances BH et HG et les hauteurs DG et FH. On sait que

$$DI = GH, \; DE = BG,$$
$$EI = BH, \; BE = IH \quad DG.$$

Les triangles semblables ADE, DFI, donneront la proportion

$$DI : FI :: DE : AE,$$

d'où je tire

$$AE = \frac{FI \times DE}{DI};$$

or, connaissant AE, il faut ajouter BE, pour avoir la hauteur AB de l'arbre ou de tout autre objet disposé perpendiculairement au terrain sur lequel on opère.

Supposons maintenant que le mesurage a été effectué, et que l'on a eu

$$BG = 1\text{-}9,$$
$$GH = 0\text{-}2,$$
$$DG = 0\text{-}16,$$
$$FH = 0\text{-}28.$$

Ainsi, on aura évidemment

$$FI = FH - IH = 0\text{-}28 - 0\text{-}16 = 0\text{-}12,$$

donc

$$AE = \frac{0\text{-}12 \times 1\text{-}9}{0\text{-}2} = 1\text{-}14;$$

ajoutant 0-16 à 1-14, on aura définitivement AB = 1 décamètre 3 mètres pour la hauteur cherchée.

541. Voici la même solution avec un seul jalon. Après avoir planté le jalon FH, comme dans le numéro précédent, cherchez le point C, déterminé par le rayon visuel AF, et les triangles semblables ABC, CFH, donneront la hauteur cherchée par la proportion

$$CH : FH :: CB : AB,$$

d'où je tire immédiatement

$$AB = \frac{FH \times CB}{CH}.$$

Ainsi, substituant dans cette expression les valeurs de FH, CB et CH, que l'on aura mesurées avec exactitude, et dont les longueurs respectives sont 0-28, 2-169 et 0-467, on trouvera

$$AB = \frac{0\text{-}28 \times 2\text{-}167}{0\text{-}467} = 1\text{-}3.$$

Donc AB = 1 décamètre 3 mètres, ou 13 mètres, comme dans le numéro précédent.

On peut aussi résoudre ce problème par la réflexion des rayons visuels opérée dans un miroir, ou encore par le moyen de l'ombre que projettent les objets ; mais ces deux méthodes, plus curieuses qu'utiles, ne donnent pas toute la précision demandée en les employant.

Voici une autre manière très-pratique qui présente des résultats assez exacts ; l'opération a de l'analogie avec celle du numéro 522.

Pour trouver, par exemple, la hauteur AB de l'arbre proposé, je fais en bois ou en carton un triangle rectangle et isocèle CFH d'une grandeur arbitraire ; je porte ce triangle sur la droite horizontale CB, de manière qu'un côté CH de l'angle droit soit dirigé vers le pied B de l'arbre, et l'hypothénuse ou le côté CF vers le sommet A de cet arbre.

Cela fait, je mesure la distance BC qui est aussi celle de AB, hauteur de l'arbre.

PROBLÈME.

542. *Déterminer la hauteur AB* (Fig. 286) *d'un édifice, dont le pied est accessible et de niveau avec le terrain sur lequel on opère.* Fig. 286.

Choisissez, sur le terrain supposé de niveau, un point quelconque C, duquel vous puissiez aller directement au pied B, pour mesurer la base BC avec exactitude ; placez un graphomètre à ce point C, et mettez son diamètre dans une position bien verticale, au moyen d'un fil-à-plomb avec lequel ce diamètre doit coïncider dans toute son étendue ; fixez-le dans cette position ; dirigez l'alidade de manière à ce que vous puissiez apercevoir à travers les pinnules le sommet A de l'édifice, et observez l'angle ADO.

Alors, dans le triangle ADE, rectangle en E, connaissant le côté DE, l'angle ADE, complément de l'angle ADO, et l'angle droit D, vous déterminerez la longueur du côté AE par les formules (2) ou (3) du numéro 422. Le côté AE étant déterminé, on y ajoute la hauteur BE de l'instrument, ce qui donne AB pour la hauteur demandée.

Si effectivement on a trouvé, en mesurant comme il vient d'être dit,

BC ou DE = 5-8,
ADO = 47^G 82',

on aura

ADE = 100^G — 47^G 82' = 52^G 18';

quant à l'angle A, il est égal à celui ADO (49), puisque

A = 100^G — 52^G 18' = 47^G 82'.

Ainsi on a, par les logarithmes, et d'après les deux formules précitées,

log. 5-8 = 0-7634280
log. tang. 52^G 18 = 0-0297667
log. AE = 0-7931947

et par les formules du numéro 431,

log. 5-8 = 0-7634280
log. sin. 52^G 18' = 9-8638587
C. log. sin. 47^G 82' = 0-1659080
Somme — 10 = log. AE = 0-7931947

Ces logarithmes semblables nous démontrent que l'on peut résoudre les triangles rectangles par les formules destinées à la résolution des triangles obliquangles; ils répondent dans nos tables à 6 décamètres 21 décimètres; donc,

AB = 6-21 + BE.

Si l'on fait BE = 0-12, on aura définitivement, pour la hauteur de l'édifice

AB = 6-21 + 0-12 = 6 décamèt.-33 décimèt.

Quoique la distance BC soit prise d'une longueur arbitraire, elle doit cependant être telle que les angles ADE, EAD, soient égaux le plus possible. Si l'on faisait l'angle ADE de 50 grades, on aurait DE = AE, ce qui éviterait de faire aucun calcul pour déterminer la hauteur demandée (522).

PROBLÈME.

543. *Déterminer la hauteur d'un objet, comme une tour, un clocher, etc., dont le pied est accessible, sans être de niveau avec le terrain sur lequel on opère.*

Nous avons supposé, dans le numéro précédent, que le terrain sur lequel on a opéré et mesuré la base, était de niveau avec le pied de l'édifice. Maintenant, nous allons donner le procédé qu'il faut employer lorsqu'on opère sur un terrain incliné pour déterminer la hauteur d'un édifice quelconque.

Fig. 283. Soit HV (*Fig.* 283) la hauteur à déterminer étant placée au point B sur le terrain incliné BV; le pied V de l'objet est supposé accessible et plus élevé que le point de station B.

Imaginez une ligne visuelle toujours parallèle au terrain; en portant sur l'objet à mesurer et du point V une hauteur égale à celle de l'instrument placé en B, vous aurez un triangle BHV qui ne sera plus rectangle en V, c'est-à-dire au pied de l'édifice, comme il l'était dans l'opération précédente; prenez la valeur de l'angle HBV, disposez le diamètre de l'instrument de manière qu'il soit bien vertical, fixez-le dans cette position et mesurez l'angle CBH qui est égal à l'angle BHV; mesurez la base BV, vous connaîtrez dans le triangle obliquangle BVH les angles HBV, BHV, et le côté BV. Quant à l'angle HVB, il est facile de le déterminer, puisque l'on sait que

HVB = 200^G — (HBV + BHV).

Cela posé, il n'y a plus qu'à calculer le côté HV, qui, en y ajoutant la hauteur de l'instrument, sera la hauteur de l'objet proposé.

Supposons maintenant que

BV = 2-4,
HBV = 65^G 20',
BHV = 28^G 80';

nous aurons alors

HVB = 200^G — (28^G 80' + 65^G 20) = 106^G.

Enfin on a, par les logarithmes et en employant la formule (2) du numéro 431,

log. 2-4 = 0-3802112
log. sin. 65^G 20' = 9-9315989
C. log. sin. 28^G 80' = 0-3594035
Somme — log. R = log. HV = 0-6712136

Ce logarithme répond à 4-69; donc la hauteur HV = 4 décamètres 69 décimètres. Il y aura la hauteur de l'instrument à ajouter à celle de HV; si elle était de 0-12 décimètres, on aurait, pour la hauteur de l'objet proposé, 4 décamètres 81 décimètres, ou 48 mètres.

PROBLÈME.

544. *Mesurer la hauteur AB* (Fig. 287) *d'une tour, ou de tout autre objet, lorsque le pied B est inaccessible.* Fig. 287.

Prenez deux points D et F qui soient de niveau avec le pied de la tour, pour y placer le graphomètre, dont le diamètre devra être mis dans une position bien verticale, au moyen d'un fil-à-plomb avec lequel ce diamètre doit coïncider dans toute son étendue; mesurez, comme dans les exemples précédens, les angles ACP, AEQ, ainsi que la base DF = CE; alors vous aurez, dans le triangle ACE, le côté CE, l'angle ACE, complément de ACP, et l'angle AEC = AEQ + 100 grades. On déterminera donc le côté AC par la formule (1) du numéro 431.

Cela fait, vous connaîtrez, dans le triangle rectangle ACH, le côté AC que vous venez de calculer, l'angle ACH, complément de ACP, et l'angle H, qui est droit; ainsi, vous aurez le côté AH par les formules (2) ou (3) du numéro 422; et si, à ce côté, vous ajoutez la hauteur BH du graphomètre, vous aurez celle de la tour AB.

Remarque On peut aussi commencer par déterminer le côté AE du triangle obliquangle ACE, pour que ce côté AE serve à déterminer celui AH du triangle rectangle AEH. Il est clair que l'on connaîtrait aussi l'angle AEH, complément de AEQ, et l'angle droit H, commun aux triangles ACH, AEH. Nous allons appliquer ces deux sortes d'opération à la résolution du problème énoncé.

Supposons maintenant qu'en mesurant la base et les angles nécessaires à la détermination de la hauteur demandée, on a trouvé

DF ou CE = 7-2,
ACP ou CAH = 51ᴳ 41',
ACH = 48ᴳ 59',
AEQ ou EAH = 38ᴳ 75',
AEH = 61ᴳ 25',
AEC = 138ᴳ 75';

on aura ensuite

CAE = 200ᴳ — (48ᴳ 59' + 138ᴳ 75') = 12ᴳ 66'.

Tous ces angles étant connus, on détermine le côté AC par la formule précitée, ce qui donne par les logarithmes,

log. 7-2 = 0-8573325
log. sin. 138ᴳ 75' ou 61ᴳ 25' = 9-9140264
C. log. sin. 12ᴳ 66' = 0-7036362

Somme — 10 = log. AC = 1-4749951

Ce logarithme répond à 29-85; donc le côté AC = 29 décamètres 85 décimètres.

Ainsi, lorsqu'on connaît le côté AC du triangle obliquangle ACE, on résout le triangle rectangle ACH dont on connaît l'ypothénuse AC de 29 décamètres 85 décimètres, l'angle ACH de 48 grades 59 minutes, et l'angle CAH de 51 grades 41 minutes; ce dernier angle est le complément de son précédent et de même ouverture que celui ACP. Cela étant connu, on détermine le côté AH comme il suit :

log. 29-85 = 1-4749445
log. sin. 48ᴳ 59' = 9-8396499

Somme — log. R = log. AH = 1-3145942

Cherchant ce logarithme dans les tables, on trouve que le côté AH est de 20 décamètres 63 décimètres; et si, à ce côté AH, on ajoute la hauteur BH de l'instrument qui est de 0-12 décimètres, on aura

AB = AH + BH,

ou

AB = 20-63 + 0-12 = 20-75;

donc la hauteur AB de la tour proposée est de 20 décamètres 75 décimètres.

Voyons maintenant pour résoudre ce problème en commençant par déterminer le côté AE, ce qui donne par les logarithmes

log. 7-2 = 0-8573325
log. sin. 48ᴳ 59' = 9-8396499
C. log. sin. 12ᴳ 66' = 0-7036362

Somme — 10 = log. AE = 1-4006186

Donc l'hypoténuse du triangle rectangle AEH = 25 décamètres 15 décimètres, sachant que l'angle AEH est de 61 grades 25 minutes et l'angle EAH son complément, de 38 grades 75 minutes, on a

log. 25-15 = 1-4005380
log. sin. 61ᴳ 25' = 9-9140264

Somme — log. R = log. AH = 1-3145644

Cela suffit pour faire voir que l'on peut indistinctement déterminer l'un ou l'autre des deux côtés inconnus du triangle ACE, pour être ensuite l'hypothénuse du triangle rectangle que l'on veut résoudre. Enfin, nous laissons ces différentes manières d'opérer à la disposition de ceux qui s'occuperont de la mesure des hauteurs par les procédés trigonométriques.

Si l'on ne trouvait pas deux points qui fussent de niveau avec le pied de la tour, on se conduirait comme dans le problème suivant.

PROBLÈME.

545. *Mesurer la hauteur d'un objet quelconque, lorsque le pied est inaccessible et placé sur un terrain qui n'est pas de niveau avec celui sur lequel on est placé pour opérer.*

Soit H (*Fig.* 283) le sommet de l'objet, et V le point où tomberait le fil-à-plomb tendu du sommet H de cet objet sur le terrain; alors HV est la hauteur qu'il faut déterminer. Fig. 283.

Mesurez les angles CBH, CBV; mettez un jalon en un point quelconque A, et mesurez l'angle ABV; enfin, mesurez AB, ainsi que l'angle BAV.

Cela fait, vous connaîtrez, dans le triangle ABV, l'angle ABV, l'angle BAV et le côté AB; ainsi, vous trouverez le côté BV par la formule (2) du numéro 431.

Ensuite vous connaîtrez aussi, dans le triangle BHV, le côté BV que vous aurez déterminé par le calcul, l'angle BHV = CBH, et l'angle HBV = CBV — CBH; ce qui est nécessaire par connaître HV par la formule précitée.

Supposons maintenant que

AB = 1-48'
CBH ou BHV = 27ᴳ 30'
CBV = 80ᴳ 81'
ABV = 92ᴳ 15'
BAV = 76ᴳ;

nous aurons alors

HBV = 80ᴳ 81' — 27ᴳ 30' = 53ᴳ 51'.

Connaissant, dans le triangle ABV, l'angle ABV de 92 grades 15 minutes, l'angle BAV de 76 grades, et le côté AB de 1 décamètre 48 décimètres, on trouve le côté BV par l'analogie ordinaire.

D'après ces données, il est évident que l'angle AVB = 31 grades 85 minutes. Ainsi l'on a par les logarithmes,

log. 1-48 = 0-1702617
log. sin. 76ᴳ = 9-9683786
C. log. sin. 31ᴳ 85' = 0-3258485

Somme — 10 = log. BV = 0-4644888

Ce logarithme répond à 2-914; donc le côté BV est de 2 décamètres 914 centimètres.

Enfin, connaissant les angles et le côté BV du triangle BHV, on a, par les logarithmes,

log. 2-914 = 0-4644895
log. sin. 53ᴳ 51' = 9-8721556
C. log. sin. 27ᴳ 30' = 0-3811107

Somme — 10 = log. HV = 0-7177558

Donc le côté HV, ou la hauteur de l'objet proposé, est de 5 décamètres 22 décimètres, ou 52 mètres 20 centimètres.

PROBLÈME.

546. *Trouver combien le sommet E d'une montagne*
Fig. 34. *ED* (Fig. 34) *est plus élevé que le point D.*

Au point D imaginez la droite DF élevée perpendiculairement à l'horizon, et observez l'angle D, qui est l'inclinaison de la montagne, avec la verticale FD; mesurez la distance DE, en suivant la pente de la montagne; du point E imaginez la droite EF menée parallèlement à l'horizon, et vous aurez le triangle DEF rectangle en F, dans lequel vous connaîtrez l'hypoténuse DE et l'angle D; quant à l'angle E, quand on ne veut pas l'observer étant au point E pour vérifier l'angle D, on a

$$E = 200^G - (D+F),$$

ou

$$E = 100^G - D.$$

Cela posé, on trouve la longueur DF, qui est la hauteur de la montagne, par la formule (1) du numéro 422.

Effectivement, si

$$DE = 3\text{-}75,$$
$$E = 60^G\ 50',$$
$$D = 39^G\ 50',$$

on aura, en employant les logarithmes,

$$\log.\ 3\text{-}75 = 0\text{-}5740313$$
$$\log.\ \sin.\ 60^G\ 50' = 9\text{-}9104155$$
$$\text{Somme} - \log.\ R = \log.\ DE = 0\text{-}4844468$$

Enfin, si l'on cherche ce logarithme dans les tables, on trouvera que le côté DF, hauteur de la montagne proposée, est de 3 décamètres 05 décimètres.

547. *Remarques.* On ne rencontre pas toujours des montagnes dont la pente soit régulière comme celle que nous venons de supposer, au contraire elle est très-souvent variée par des sinuosités qui présentent l'aspect de plusieurs montagnes qui se succèdent, quoique resserrées entre elles; on trouve donc, en parcourant ces pentes, plusieurs points qui ne sont pas dans la ligne de pente générale, et qui, par conséquent, s'écartent de la ligne mesurée sur le flanc de la montagne; on doit alors faire une opération particulière à chaque ondulation que l'on rencontre en montant la montagne : enfin, lorsqu'on opère dans ces endroits tourmentés, il est de rigueur d'en faire autant que chaque changement de pente l'exige.

548. Lorsque l'observateur se trouve à une grande distance de l'objet qu'il mesure, les calculs ont besoin de quelques petites corrections.

Dans la pratique, on ne considère comme erreur que celle qui dépend de la différence du niveau *vrai* avec le niveau *apparent* (1); il me semble que cette erreur est très-peu de chose en raison de celles qui peuvent résulter de la mesure des angles, lorsque l'instrument dont on se sert est petit ou mal divisé, ce qui arrive souvent.

Ce n'est qu'avec de bons instrumens que l'on pourrait compter sur les opérations altimétriques et autres; cependant, voici ce que dit M. Amici au sujet des résultats obtenus par l'observation des angles :

Il est impossible, même en supposant les divisions d'un instrument mathématiquement exactes, que l'on puisse discerner trois secondes sur le limbe d'un instrument, avec des verniers et de petits microscopes simples; pour le prouver, dit-il, je trace ici avec de l'encre, sur une feuille de papier, deux gros traits en lignes droites, chacun de l'épaisseur d'une ligne environ, placés comme dans la figure 288. Ces deux traits peuvent être considérés comme appartenant, l'un au limbe, et l'autre au vernier de l'instrument. J'expose ce papier dans un lieu bien éclairé, et je m'en éloigne, perpendiculairement à son plan, à la distance de 28 pieds; je regarde ces traits d'un œil; je les vois unis comme si ce n'était qu'un seul trait
continue AB (*Fig.* 288) et uniforme partout; je juge alors Fig. 288.
qu'*il y a coïncidence* des lignes, quoique, dans le fait, chaque point de l'une soit éloigné du point correspondant de l'autre, de toute la largeur du trait ou d'une ligne. *Voilà donc la limite* de ma vision; cette limite, exprimée par l'angle sous-tendu de l'objet dans l'œil de l'observateur, répond à 51 secondes (ancienne division).

Partant, dans un cercle de 9 pieds de circonférence, l'arc d'une seconde occupe 0-001 d'une ligne; et si nous calculons l'angle que ce petit arc sous-tend dans l'œil armé d'un microscope d'un pouce de foyer, on le trouvera de 17 secondes (anc. div.), par conséquent invisible pour moi, si même il était triple, c'est-à-dire 51 secondes (anc. div.)

Ainsi, sur un cercle de trois pieds, dans lequel on fait usage des verniers et des microscopes de la force indiquée, il me serait impossible de voir un angle de 3 secondes (anc. div.). Cet angle étant inaccessible, on ne doit plus s'étonner des différentes données par le même instrument et dans les mêmes circonstances.

Enfin, l'emploi du baromètre dans les mesures de grandes hauteurs, est souvent préférable aux meilleurs instrumens possibles. Voici son usage :

MESURES DES HAUT.[s] PAR LE BAROMÈTRE.

549. L'application du baromètre, à la mesure des hauteurs, s'est présentée à l'esprit des mathématiciens bientôt après la fameuse expérience du Puy-de-Dôme, faite pour confirmer la découverte de Toricelli; cependant, la première idée de cette méthode est due à Halley. Depuis lors elle est devenue l'objet d'un grand nombre de travaux.

La densité des couches atmosphériques décroissant à mesure qu'on s'élève, il est clair que la colonne de mercure devra s'abaisser. Une évaluation grossière montre qu'en s'élevant de 10 mètres 50 centimètres, le baromè-

(1) Voir à la fin de l'ouvrage le chapitre intitulé NIVELLEMENT SIMPLE ET COMPOSÉ.

tre baisse à peu près d'une ligne pour 12 toises. Voyons, pour donner quelques formules générales.

Si nous désignons par 1 la hauteur de la première couche, par 2 celle de la seconde, par 3 celle de la troisième, par 4 celle de la quatrième, etc., etc., par 1 la densité à la hauteur 0, ou à la surface de la terre, par $\frac{1}{d}$ la densité à la hauteur 1, par $\frac{1}{d^2}$ la densité à la hauteur 2, par $\frac{1}{d^3}$ celle à la hauteur 3, par $\frac{1}{d^4}$ celle à la hauteur 4, etc., etc., nous aurons les deux progressions suivantes :

Hauteurs.

0, 1, 2, 3, 4, 5, 6, 7, 8, 9, 10, etc.

Densités correspondantes.

1, d^1, d^2, d^3, d^4, d^5, d^6, d^7, d^8, d^9, d^{10}, etc.

Il est évident que la première suite est une progression par différence, et la seconde une progression par quotient.

Cela posé, on peut, d'après le numéro 369, considérer les termes de la première comme les logarithmes des termes correspondans de la seconde, dans un système particulier de logarithmes.

Si l'on désigne les deux hauteurs quelconques par H et H', et les densités atmosphériques correspondantes par $\frac{1}{D}$ et $\frac{1}{D'}$ on aura

$$H = \log.\frac{1}{D}\ H' = \log.\frac{1}{D'};$$

et par conséquent

$$H - H' = \log.\frac{1}{D} - \log.\frac{1}{D'} = \log.\frac{D'}{D}.$$

Les densités des couches d'air dans lesquelles se trouve le baromètre étant proportionnelles aux poids des colonnes d'air qui pèsent sur le mercure dans le baromètre, et ces poids étant eux-mêmes proportionnels aux hauteurs du mercure dans le baromètre, ces dernières sont donc entre elles comme les densités. Ainsi, désignant par h la hauteur du baromètre dans la densité $\frac{1}{D}$, et par h' cette hauteur dans la densité $\frac{1}{D'}$ on aura

$$\frac{h'}{h} = \frac{D'}{D},$$

et, par conséquent,

$$H - H' = \log.\frac{h'}{h} = \log.h' - \log.h.$$

La différence de niveau des hauteurs H, H', est donc égale à la différence des logarithmes des hauteurs du mercure. Ainsi, pour mesurer une hauteur quelconque, il suffit de prendre les hauteurs du baromètre à sa base et à son sommet, et de retrancher le logarithme de la seconde hauteur observée du logarithme de la première.

Il en résulte qu'en divisant la différence des logarithmes des deux hauteurs du baromètre par la différence de niveau des deux lieux où les baromètres ont été placés, on doit toujours avoir le même quotient. Ce nombre constant est appelé *module barométrique;* si nous désignons ce facteur constant par M, nous aurons

$$M = \frac{H - H'}{\log.h' - \log.h};$$

donc, pour déterminer ce facteur constant, il suffit de deux observations faites à des hauteurs dont on connaît le niveau. Voyons pour donner un exemple sur la détermination du module barométrique.

Sachant, par exemple, que la hauteur d'un objet est de 12 toises 497 millièmes, qu'à la station inférieure la hauteur du mercure est de 348 lignes de Paris, et qu'à la station supérieure cette hauteur est de 347 lignes, on a, en réduisant 12 toises 497 millièmes en 10797 lignes 408 millièmes,

$$M = \frac{10797{\cdot}408}{\log.348 - \log.347} = 8640000.$$

Ainsi, les hauteurs du baromètre étant exprimées en lignes, la formule

$$H - H' = 8640000 \times (\log.h' - \log.h)$$

donnera également en lignes la différence des deux hauteurs H, H'.

Pour avoir les différences de niveau demandées, en toises de Paris, on ramène cette dernière formule à la suivante, en observant que la toise contient 864 lignes, et que ce nombre de lignes est le $\frac{1}{10000}$ du facteur constant 8640000, on a

$$H - H' = 10000 \times (\log.h' - \log.h).$$

Nous allons donner un problème à résoudre pour appliquer la formule précédente à la détermination des hauteurs, par les observations barométriques.

PROBLÈME.

550. *Le baromètre marquant* 338 *lignes au bas d'une montagne, et* 215 *lignes à son sommet, on demande la hauteur de cette montagne ou la différence de niveau de sa base à celui de son sommet..*

Après avoir déterminé les logarithmes de ces hauteurs barométriques exprimées en lignes, j'ai

log. 338 = 2·5289167
log. 215 = 2·3324385
Différence = 0·1964782

Cette différence étant connue, il ne s'agit plus que de la multiplier par le facteur constant 10000; effectivement

1964782 × 10000 = 1964 toises 782 millièmes,

hauteur de la montagne proposée.

La température varie dans les deux stations où le baromètre se trouve placé, les dilatations du mercure varient également, et ses hauteurs dans le tube en sont influencées. Cette erreur se corrige en cherchant la température moyenne entre les températures des deux stations, ce que l'on trouve facilement en prenant la moitié de la somme des hauteurs thermométriques observées à chaque station.

Lorsque la température moyenne est de 16 degrés $\frac{3}{4}$ du thermomètre de Réaumur, ce qu'on appelle *température normale*, il n'y a aucune réduction à faire ; mais, lorsqu'elle est plus grande ou plus petite, on ajoute ou soustrait de la hauteur trouvée autant de fois $\frac{1}{215}$ de cette même hauteur qu'il y a de degrés en plus ou en moins de 16 degrés $\frac{3}{4}$. On a donc, en désignant par t le nombre de degrés dont la température moyenne des observations diffère de la température normale, et par x la différence des niveaux,

$$x = 10000 \times (\log. h' - \log. h) \times \left(1 \pm \frac{t}{215}\right).$$

Lorsque la température moyenne est plus grande que la normale, on prend le signe $+$, et lorsqu'elle est plus petite, on prend le signe $-$.

M. Tremblay a trouvé, par une suite d'observations, qu'on approchait encore plus près de la vérité en prenant 11 degrés $\frac{1}{2}$ pour température normale, et en ajoutant ou retranchant $\frac{1}{173}$ de la hauteur pour chaque degré au-dessus ou au-dessous de cette température.

Il était réservé à M. de Laplace de donner une méthode dont le plan a été entièrement tracé par la théorie elle-même. Cette méthode s'applique à tous les lieux de la terre et à toutes les hauteurs au-dessus de la mer, et donne plus d'exactitude que toutes celles connues jusqu'à ce jour.

Le coefficient constant de la méthode de M. de Laplace dépend du rapport entre le poids d'un volume déterminé de mercure et celui d'un volume égal d'air, à la température de la glace fondante et à la hauteur moyenne du baromètre, qui est celle du niveau de la mer, laquelle est, à très peu près, de 28 pouces ou 0-76 centimètres.

Ce coefficient s'obtient de deux manières : 1° à l'aide des observations barométriques et des hauteurs connues, comme nous l'avons déjà démontré plus haut ; 2° en le déduisant directement du rapport entre les densités de l'air et celles du mercure.

M. Ramond employa la première méthode précitée, dans les montagnes des Pyrénées, où il trouva que ce coefficient était de 18336 mètres. C'est pourquoi on le nomme *coefficient de Ramond*.

Revenons à la formule de M. de Laplace, et disons qu'une fois ce coefficient connu, si l'on exprime par T la température de l'air en degrés du thermomètre centigrade, et par H la hauteur du baromètre dans la station inférieure ; par T' la température en degrés centigrades, et par H' la hauteur du baromètre dans la station inférieure, et enfin par x la différence des niveaux, on aura, d'après ce géomètre,

$$x = 18336 \times \left(1 + 2\frac{T+T'}{1000}\right) \times \log. \left(\frac{H}{H'\left(1 + \frac{T-T'}{5550}\right)}\right).$$

Cette formule donne la valeur de x en mètres, et la correction qui se trouve représentée par le second terme du dénominateur du dernier facteur, a été déduite de l'expérience qui a fait connaître que le mercure se dilate de $\frac{1}{5550}$ de son volume, pour chaque degré du thermomètre centigrade (1). Quant à la température moyenne, que l'on suppose entre les deux extrêmes, elle peut différer un peu de la vérité, mais l'erreur qui peut résulter de cette supposition ne sera d'aucune considération dans la pratique.

On doit à M. Ottmans des tables qui n'exigent point un calcul aussi long pour arriver au résultat ; nous les donnons ici d'après l'*Annuaire du bureau des longitudes*.

TABLE POUR CALCULER LES HAUTEURS AVEC LE BAROMÈTRE.

551. Soit h la hauteur barométrique de la station inférieure exprimée en millimètres ; h' celle de la station supérieure ; T et T' les températures centigrades des baromètres ; t et t' celles de l'air.

On cherche dans la *première table* le nombre qui correspond à h : appelons-le a ; on cherche de même celui qui correspond à h' : désignons-le par la lettre b ; appelons c le nombre généralement très-petit qui, dans la *deuxième table*, est en face de de $T - T'$; la hauteur approchée sera

$$a - b - c.$$

Si $T - T'$ était négatif, il faudrait écrire

$$a - b + c.$$

Pour appliquer à cette hauteur approchée la correction dépendante de la température des couches d'air, il suffira de multiplier la *millième partie* de cette hauteur par la double somme $2(t - t')$ des thermomètres libres ; la correction sera positive ou négative suivant que $t + t'$ sera lui-même positif ou négatif.

La seconde et dernière correction, celle de la latitude et de la diminution de la pesanteur, s'obtiendra en prenant, dans la *troisième table*, le nombre qui correspond verticalement à la latitude et horizontalement à la hauteur approchée ; cette correction, qui ne peut jamais surpasser 28 mètres, est toujours additive.

Dans les cas très-rares où la station inférieure serait elle-même très-élevée au-dessus du niveau de la mer, il faudrait appliquer au résultat une petite correction dont on trouverait la valeur à l'aide de la *table quatrième*.

Au reste, voyez un exemple de calcul à la fin de la table.

(1) On a cru long-temps que cette dilatation était $\frac{1}{5412}$.

TABLE PREMIÈRE. — ARGUMENT h ET h'.

MILLIM.	MÈTRES.	MILLIM.	MÈTRES.	MILLIM.	MÈTRES.	MILLIM.	MÈTRES.	MILLIM.	MÈTRES.	MILLIM.	MÈTRES.	MILLIM.	MÈTRES.
370	418-5	430	1615-3	490	2655-4	550	3575-3	640	4399-8	670	5146-9	730	5829-9
371	440-0	431	1633-8	491	2671-6	551	3589-8	611	4412-8	671	5158-8	731	5840-8
372	461-5	432	1652-2	492	2687-9	552	3604-2	612	4425-9	672	5170-6	732	5851-7
373	482-9	433	1670-6	493	2704-1	553	3618-6	613	4438-6	673	5182-5	733	5862-5
374	504-2	434	1689-0	494	2720-2	554	3633-0	614	4451-9	674	5194-3	734	5873-4
375	525-4	435	1707-3	495	2736-3	555	3647-4	615	4464-8	675	5206-1	735	5884-2
376	546-6	436	1725-6	496	2752-3	556	3661-7	616	4477-7	676	5217-9	736	5895-1
377	567-8	437	1743-8	497	2768-3	557	3676-0	617	4490-7	677	5229-7	737	5905-9
378	588-9	438	1762-1	498	2784-4	558	3690-3	618	4503-6	678	5241-4	738	5916-7
379	609-9	439	1780-3	499	2800-4	559	3704-6	619	4516-4	679	5253-2	739	5927-5
380	630-9	440	1798-4	500	2816-3	560	3718-8	620	4529-3	680	5264-9	740	5938-2
381	651-8	441	1816-5	501	2832-2	561	3733-0	621	4542-1	681	5276-6	741	5949-0
382	672-7	442	1834-5	502	2848-1	562	3747-2	622	4554-9	682	5288-3	742	5959-7
383	693-5	443	1852-5	503	2864-0	563	3761-3	623	4567-7	683	5300-0	743	5970-4
384	714-3	444	1870-4	504	2879-8	564	3775-4	624	4580-5	684	5311-6	744	5981-2
385	735-0	445	1888-3	505	2895-6	565	3789-5	625	4593-2	685	5323-2	745	5991-9
386	755-6	446	1906-2	506	2911-3	566	3803-6	626	4606-0	686	5334-8	746	6002-5
387	776-2	447	1924-0	507	2927-0	567	3817-7	627	4618-7	687	5346-4	747	6013-2
388	796-8	448	1941-8	508	2942-7	568	3831-7	628	4631-4	688	5358-0	748	6023-8
389	817-3	449	1959-6	509	2958-4	569	3845-7	629	4664-0	689	5369-6	749	6034-4
390	837-8	450	1977-3	510	2974-0	570	3859-7	630	4656-7	690	5381-1	750	6045-1
391	858-2	451	1994-9	511	2989-6	571	3873-7	631	4669-3	691	5392-7	751	6055-7
392	878-5	452	2012-6	512	3005-2	572	3887-6	632	4682-0	692	5404-2	752	6066-3
393	898-8	453	2030-2	513	3020-7	573	3901-5	633	4694-5	693	5415-7	753	6076-9
394	919-0	454	2047-8	514	3036-2	574	3915-4	634	4707-1	694	5427-2	754	6087-5
395	939-2	455	2065-3	515	3051-7	575	3929-3	635	4719-7	695	5438-7	755	6098-0
396	959-3	456	2082-8	516	3067-2	576	3943-1	636	4732-2	696	5450-1	756	6108-6
397	979-4	457	2100-2	517	3082-6	577	3956-9	637	4744-7	697	5461-5	757	6119-1
398	999-5	458	2117-6	518	3097-9	578	3970-7	638	4757-2	698	5472-9	758	6129-6
399	1019-5	459	2135-0	519	3113-3	579	3984-5	639	4769-7	699	5484-3	759	6141-1
400	1039-4	460	2152-3	520	3128-6	580	3998-2	640	4782-1	700	5495-7	760	6150-6
401	1059-3	461	2169-6	521	3143-9	581	4011-9	641	4794-6	701	5507-1	761	6161-1
402	1079-1	462	2186-9	522	3159-2	582	4025-6	642	4807-9	702	5518-4	762	6171-5
403	1098-9	463	2204-1	523	3174-4	583	4039-3	643	4819-4	703	5529-8	763	6182-0
404	1118-6	464	2221-3	524	3189-7	584	4052-9	644	4831-7	704	5541-1	764	6192-4
405	1138-3	465	2238-4	525	3204-9	585	4066-6	645	4844-1	705	5552-4	765	6202-8
406	1157-9	466	2255-5	526	3220-0	586	4080-2	646	4856-4	706	5563-7	766	6213-2
407	1177-5	467	2272-6	527	3235-1	587	4093-8	647	4868-7	707	5575-0	767	6223-6
408	1197-1	468	2289-6	528	3250-2	588	4107-3	648	4881-0	708	5586-2	768	6234-0
409	1216-6	469	2306-6	529	3265-3	589	4120-8	649	4893-3	709	5597-5	769	6244-4
410	1236-0	470	2323-6	530	3280-3	590	4134-3	650	4905-6	710	5608-7	770	6254-7
411	1255-4	471	2340-5	531	3295-3	591	4147-8	651	4917-8	711	5619-9	771	6265-0
412	1274-8	472	2357-4	532	3310-3	592	4161-3	652	4930-0	712	5631-1	772	6275-4
413	1294-1	473	2374-2	533	3325-3	593	4174-7	653	4942-2	713	5642-2	773	6285-7
414	1313-3	474	2391-1	534	3340-2	594	4188-1	654	4954-4	714	5653-4	774	6296-0
415	1332-5	475	2407-9	535	3355-1	595	4201-5	655	4966-6	715	5664-6	775	6306-2
416	1351-7	476	2424-6	536	3370-0	596	4214-9	656	4978-7	716	5675-7	776	6316-5
417	1370-8	477	2441-3	537	3384-8	597	4228-2	657	4990-9	717	5686-8	777	6326-7
418	1389-9	478	2458-0	538	3399-6	598	4241-6	658	5003-0	718	5697-9	778	6337-0
419	1408-9	479	2474-6	539	3414-4	599	4254-9	659	5015-1	719	5709-0	779	6347-2
420	1427-9	480	2491-3	540	3429-2	600	4268-2	660	5027-2	720	5720-1	780	6357-4
421	1446-8	481	2507-9	541	3443-9	601	4281-4	661	5039-2	721	5731-1	781	6367-6
422	1465-7	482	2524-3	542	3458-6	602	4294-7	662	5051-2	722	5742-1	782	6377-8
423	1484-6	483	2540-8	543	3473-3	603	4307-9	663	5063-3	723	5753-1	783	6388-0
424	1503-4	484	2557-3	544	3487-9	604	4321-1	664	5075-3	724	5764-2	784	6398-2
425	1522-2	485	2573-7	545	3502-5	605	4334-3	665	5087-2	725	5775-1	785	6408-3
426	1540-8	486	2590-2	546	3517-2	606	4347-4	666	5099-2	726	5786-1	786	6418-5
427	1559-5	487	2606-6	547	3531-8	607	4360-5	667	5111-2	727	5797-1	787	6428-6
428	1578-2	488	2622-9	548	3546-3	608	4373-7	668	5123-1	728	5808-0	788	6438-7
429	1596-8	489	2639-2	549	3560-8	609	4386-7	669	5135-0	729	5819-0	789	6448-8

TABLE DEUXIÈME.

Argument T—T'. *Thermomètre centigrade du Baromètre.*

Degrés.	Mètres.	Degrés.	Mètres.	Degrés.	Mètres.	Degrés.	Mètres.	Degrés.	Mètres.	Degrés.	Mètres.	Degrés.	Mètres.	Degrés.	Mètres.	Degrés	Mètres.
0-2	0-3	2-4	3-5	4-6	6-8	6-8	10-0	9-0	13-2	11-2	16-5	13-4	19-7	15-6	22-9	17-8	26-2
0-4	0-6	2-6	3-8	4-8	7-1	7-0	10-3	9-2	13-5	11-4	16-8	13-6	20-0	15-8	23-2	18-0	26-5
0-6	0-9	2-8	4-1	5-0	7-4	7-2	10-6	9-4	13-8	11-6	17-1	13-8	20-3	16-0	23-5	18-2	28-8
0-8	1-2	3-0	4-4	5-2	7-6	7-4	10-9	9-6	14-1	11-8	17-4	14-0	20-6	16-2	23-8	18-4	27-1
1-0	1-5	3-2	4-7	5-4	7-9	7-6	11-2	9-8	14-4	12-0	17-6	14-2	20-9	16-4	24-1	18-6	27-4
1-2	1-8	3-4	5-0	5-6	8-2	7-8	11-5	10-0	14-7	12-2	17-9	14-4	21-2	16-6	24-4	18-8	27-7
1-4	2-1	3-6	5-3	5-8	8-5	8-0	11-8	10-2	15-0	12-4	18-2	14-6	21-5	16-8	24-7	19-0	28-0
1-6	2-3	3-8	5-6	6-0	8-8	8-2	12-1	10-4	15-3	12-6	18-5	14-8	21-8	17-0	25-0	19-2	28-2
1-8	2-6	4-0	5-9	6-2	9-1	8-4	12-4	10-6	15-6	12-8	18-8	15-0	22-1	17-2	25-3	19-4	28-5
2-0	2-9	4-2	6-2	6-4	9-4	8-6	12-6	10-8	15-9	13-0	19-1	15-2	22-4	17-4	25-6	19-6	28-8
2-2	3-2	4-4	6-5	6-6	9-7	8-8	12-9	11-0	16-2	13-2	19-4	15-4	22-7	17-6	25-9	19-8	29-1

TABLE TROISIÈME.

Latitude sexagésimale du lieu. (*Correction toujours additive*).

Hauteur approchée.	0°	5°	10°	15°	20°	25°	30°	35°	40°	45°	50°	55°
mètres.	mèt.	mèt.	mèt.	mèt.	mèt.	mèt.	mèt.	mèt.	mèt.	mèt.	mèt.	mèt.
200	1-2	1-2	1-2	1-0	1-0	1-0	0-8	0-8	0-6	0-6	0-6	0-4
400	2-4	2-4	2-4	2-2	2-0	2-0	1-8	1-7	1-4	1-2	1-0	0-8
600	3-4	3-4	3-4	3-2	3-0	2-8	2-6	2-4	2-0	1-8	1-6	1-2
800	4-5	4-5	4-5	4-3	4-1	3-8	3-5	3-1	2-8	2-4	2-0	1-7
1000	5-7	5-7	5-7	5-3	5-1	4-8	4-3	3-8	3-4	3-1	2-6	2-2
1200	7-0	7-0	6-8	6-4	6-0	5-8	5-1	4-6	4-2	3-6	3-1	2-6
1400	8-2	8-2	8-0	7-6	7-1	6-7	6-1	5-4	4-8	4-2	3-6	3-0
1600	9-2	9-2	9-0	8-8	8-2	7-6	7-0	6-2	5-6	4-8	4-1	3-4
1800	10-4	10-4	10-2	9-8	9-4	8-6	8-0	7-0	6-3	5-4	4-6	3-8
2000	11-6	11-5	11-3	11-0	10-4	9-6	8-8	7-3	7-0	6-0	5-1	4-2
2200	12-8	12-6	12-6	12-1	11-4	10-6	9-7	8-6	7-6	6-6	5-6	4-6
2400	14-0	14-0	13-8	13-3	12-5	11-6	10-6	9-4	8-4	7-2	6-1	5-1
2600	15-2	15-2	15-0	14-4	13-6	12-6	11-6	10-5	9-2	8-0	6-8	5-6
2800	16-6	16-5	16-4	15-6	14-8	13-6	12-6	11-4	10-0	8-8	7-4	6-2
3000	17-9	17-7	17-6	16-8	15-8	14-6	13-6	12-2	10 8	9-4	8-0	6-6
3200	19-1	18-9	18-7	18-0	17-0	15-7	14-6	13-1	11-5	10-1	8-6	7-0
3400	20-5	20-3	20-1	19-3	18-4	16-9	15-7	14-1	12-4	10-9	9-2	7-7
3600	21-8	21-7	21-4	20-4	19-6	18-0	16-7	15-0	13-4	11-6	9-8	8-2
3800	23-1	22-9	22-6	21-6	20-6	19-1	17-7	15-9	14-3	12-4	10-5	8-7
4000	24-6	24-4	24-0	22-9	21-9	20-3	18-7	17-0	15-1	13-1	11-2	9-4
4200	25-9	25-7	25-3	24-3	23-0	21-6	19-9	18-0	15-9	14-0	12-0	10-1
4400	27-5	27-3	26-8	25-8	24-3	23-0	21-1	19-1	16-9	15-0	12-9	10-8
4600	28-9	28-7	28-2	27-1	25-6	24-3	22-3	20-3	18-0	15-9	13-6	11-5
4800	30-4	30-2	29-6	28-4	27-0	25-5	23-4	21-3	19-0	16-7	14-3	12-1
5000	31-8	31-6	30-9	29-8	28-4	26-7	24-6	22-3	19-9	17-4	15-0	12-7
5200	33-0	32-8	32-1	31-0	29-7	28-0	25-7	23-3	20-8	18-2	15-7	13-3
5400	34-3	34-1	33-5	32-4	30-8	29-2	26-7	24-3	21-7	19-1	16-4	13-9
5600	35-7	35-5	34-8	33-7	32-1	30-2	27-8	25-3	22-6	19-9	17-2	14-5
5800	37-1	36-9	36-1	35-0	33-2	31-3	28-9	26-3	23-6	20-7	17-8	15-1
6000	38-5	38-3	37-5	36-3	34-3	32-3	30-0	27-3	24-6	21-5	18-5	15-7

TABLE QUATRIÈME. — Correction pour 1000 mètres de hauteur. *(Elle est toujours additive.)*

h	MÈTRES.	h	MÈTRES.	h	MÈTRES.	h	MÈTRES.
400	1-71	500	1-11	600	0-63	700	0-22
450	1-39	550	0-86	650	0-42	750	0-03

Soit, par exemple, à la station inférieure, h = 600 millimètres; la différence de niveau = 1500 mètres; vous aurez 1000 mèt. : 0-63 centimèt. : : 1500 mèt. : 0-945 millimèt.; donc la différence de niveau corrigée = 1500 mèt.-945 millimèt.

TYPE DU CALCUL.

552. Hauteur Guanaxuato, observée par M. de Humboldt.

Latitude = 21°.

Haut. du barom., stat. supér., ou h' = 600 millim.-95;
le thermomètre du baromètre, ou T'. = + 21°-3 dixièm.,
et le thermomètre libre, ou t'....... = + 21°-3 dixièm.

Au bord de la mer, haut. du bar., ou h = 763 millim.-15;
le thermomètre du baromètre, ou T.. = + 25°-3 dixièm.,
et le thermomètre libre, ou t....... = + 25°-3 dixièm.

Table Ire donne { pour 763 millim.-15 — 6183 mèt.-5 . . a
Table Ire donne { pour 600 millim.-95 — 4280 mèt.-7 . . b
Table IIe donne, pour T — T' = 4°. — 5 mèt.-9 . . c

$a - b - c$, ou hauteur approchée..... 1896mèt.-9déc.
1re correction = $\frac{1897}{1000} \times 2\,(t+t')$...... + 176mèt.-8déc.

Somme 2073mèt.-7déc.

2e correction. Table IIIe donne, pour 2073 et 21°........................ + 10mèt.-6déc.

Somme ou hauteur définitive = 2084mèt.-3déc.

Chapitre Cinquième.

LEVÉE ET CONSTRUCTION DES PLANS.

OPÉRATIONS PRÉLIMINAIRES SUR LA LEVÉE ET LA CONSTRUCTION DES PLANS.

553. On appelle *levée des plans* la partie de l'arpentage qui a pour objet de prendre sur le terrain les mesures nécessaires pour la construction des plans.

Construire un plan c'est rendre, sur le papier, les figures planes dans leur configuration et dans leurs proportions. Ainsi, après avoir déterminé, par des mesures prises sur le terrain, la grandeur et les relations angulaires de toutes les lignes droites par lesquelles on lie entre elles ses diverses parties, ce qui se réduit en résumé à former un réseau de triangles, il s'agit de construire sur le papier une figure semblable, c'est-à-dire un réseau de triangles dont les angles soient respectivement égaux aux angles des triangles du terrain, et dont les côtés soient proportionnels à leurs côtés.

Les sommets des angles se rapportant généralement aux points principaux du terrain, ces points se trouvent ainsi fixés sur le papier; et pour avoir une représentation exacte de l'ensemble, il suffit ensuite de dessiner les objets en employant des traits plus ou moins vifs et des signes conventionnels capables de donner à chaque détail son caractère distinctif.

Les plans construits ont leurs dimensions ramenées à l'horizon, en sorte que, dans les opérations sur le terrain, toutes les mesures prises pour servir à la construction d'un plan, doivent être chaînées horizontalement (200), c'est-à-dire, être ramenées parallèlement à l'horizon, car un plan proprement dit ne peut rendre que la mesure de l'étendue *en longueur et largeur*, et non en *hauteur*. Donc, en faisant abstraction de ce qui appartient à l'art du dessin, la *levée des plans*, réduit à son élément primitif, n'est donc que la construction, sur le papier, d'un triangle semblable à un triangle donné, opération qui ne présente aucune difficulté.

554. Un plan géométrique est une figure dont les angles sont égaux et les côtés homologues proportionnels au terrain qu'il représente. Cette ressemblance se prouve par la similitude des triangles. Supposons, par exemple, que le polygone ABCDE (*Fig.* 45) représente un terrain quelconque, et que le polygone *abcde* représente le plan de ce terrain. Si l'on imagine les diagonales AC, AD, le terrain sera divisé en trois triangles ABC, ACD et ADE; et si l'on tire les mêmes lignes dans le plan, on formera des triangles semblables à ceux tracés dans le polygone ABCDE, en même nombre et sous le rapport des angles et celui des côtés proportionnels (84). Le terrain et le plan sont donc en proportion ; en effet, l'on aura : l'angle A est à l'angle *a*, comme les côtés AB, AE, sont aux côtés *ab*, *ae*, c'est-à-dire, que l'angle A est égal à l'angle *a*, et que les côtés AB, AE, sont proportionnels aux côtés *ab*, *ae*; alors, si le côté AB est de 15 décamètres, *ab* contiendra aussi 15 parties en proportion avec le décamètre ; il en est de même à l'égard des autres angles et des autres côtés de ces figures. Quant à la détermination des parties en proportion avec le décamètre, on les obtient sur une échelle quelconque, comme il a été démontré dans le numéro 322. Fig. 45.

Il est évident que toutes les lignes qu'on pourrait tracer sur le terrain, ainsi que sur le plan, formeraient des figures semblables; c'est pourquoi les plans servent à la division des terrains, comme on le verra en son lieu.

Nous avons déjà dit (441 *et suiv.*) que ces triangles réunissent les conditions les plus avantageuses lorsqu'ils sont un peu grands et qu'ils approchent d'être équilatéraux.

Il est évident qu'en relevant tous les angles de ces triangles, et en mesurant un des côtés au moins de l'un d'eux, on a (414) tous les élémens nécessaires pour calculer les distances entre les sommets.

Enfin, si l'on connaît, par exemple, le côté AB du triangle ABC, on connaîtra bientôt, par les formules du numéro 431, toutes les autres parties de ce triangle, et

Fig. 28. par conséquent la longueur du côté AC (*Fig.* 28); prenant à son tour ce côté AC pour *base*, on résoudra encore le triangle ACE, et l'on aura CE, qui servira pour connaître CED, et ainsi de suite jusqu'au dernier. On vérifie de temps en temps les opérations, en mesurant directement un des côtés; et si le calcul est d'accord avec l'observation, ou s'il en diffère peu, l'opération a été bien faite.

Dans l'opération dirigée par Delambre et Méchain pour la mesure d'un arc du méridien, on trouve qu'à Perpignan (Pyrén. Orient.) la base calculée d'après celle de Melun (Seine-et-Marne) différait de 0·27 centimètres (10 pouces) de la base effectivement mesurée. Ces 0·27 centimètres étaient la résultante de toutes les erreurs commises dans les mesures des bases, dans les angles et les calculs des 60 triangles qui joignaient ensemble ces deux bases.

La première opération sera donc, après avoir examiné à peu près les endroits où il faudra placer des *signaux*, la *mesure de la base*; de là on passera à la mesure des angles; mais comme il est rare qu'on puisse se placer au point mathématique choisi pour sommet de l'angle, l'angle observé a besoin d'une correction connue sous le nom de *réduction au centre de la station*; de plus, comme il est fort rare aussi que les angles observés soient déterminés par des points parfaitement de niveau, ces angles observés étant inclinés à l'horizon, il faut les y réduire. Cette opération est connue sous le nom de *réduction à l'horizon*.

Avant de donner les moyens de faire ces calculs, nous allons exposer la résolution de plusieurs problèmes relatifs à la levée des principaux points d'un *canevas*. Les arpenteurs-géomètres qui sont chargés de faire une triangulation, doivent être familiers avec les problèmes suivans.

Il est impossible d'entrer dans tout le détail des opérations qui se présentent lors de la levée d'un canevas trigonométrique, mais la solution des questions que nous allons présenter mettra sur la voie et suffira pour guider dans toute espèce de triangulation.

PROBLÈME.

555. *Déterminer la position d'un point P qu'on ne peut observer d'aucune station, mais duquel on peut observer trois points connus et inaccessibles A, B, C*

Fig. 289. (Fig. 289).

Cette question est une des plus importantes pour la construction du fond d'une carte; elle présente plusieurs cas que nous allons établir, pour que l'on ne soit jamais embarrassé dans son application.

On veut rattacher le point P à l'un des trois côtés AB, BC, AC, à BC, par exemple; mais les points A, B, C que l'on aperçoit du point P sont inaccessibles, il s'agit de calculer la distance du point P aux deux points B et C.

Supposons maintenant que les élémens du triangle proposé ABC, déterminés relativement à des stations d'où ils ont été observés, sont

AB = 6-2;
BC = 7-3;
AC = 8-2;
BAC = 67ᴳ;
ABC = 80ᴳ 40';
ACB = 52ᴳ 60'.

D'après ce qui précède, le triangle ABC est entièrement déterminé, mais le point P peut être, relativement à ce triangle, dans quatre positions différentes, savoir :

1° A l'extérieur du triangle;
2° Dans l'intérieur;
3° Sur l'un des côtés;
4° Sur le prolongement de l'un des côtés.

Nous allons traiter successivement ces quatre cas, où toutes les démonstrations nécessaires seront données pour faciliter le plus possible l'intelligence des élèves.

556. *Premier cas.* Le point P étant à l'extérieur du triangle.

Etant au point P, mesurez les angles APC, APB, et toute l'opération sera terminée sur le terrain.

Placez sur le papier le point P dans la position à peu près où il paraît être; joignez le point P aux points B et C, par rapport auxquels vous voulez avoir la distance de P, et circonscrivez une circonférence au triangle BPC (99); par le point A et le point P, tirez une droite ADP rencontrant la circonférence en D, et menez les droites BD, CD.

On saura toujours si le point A tombe en dedans ou en dehors de la circonférence circonscrite au triangle ABC; il sera dans l'intérieur de cette circonférence, si l'angle APC est plus grand que celui ABC, et à l'extérieur, si l'angle APC est plus petit que celui ABC. Si ces angles étaient égaux, le problème serait indéterminé, puisqu'alors les quatre points seraient sur la même circonférence.

Cela posé, nous allons résoudre le cas où le point A tombe en dehors de la circonférence.

Connaissant dans le triangle BCD,

BC = 7-3;
BCD = DPB = APB = 44ᴳ 75';
CBD = DPC = APC = 66ᴳ;

On pourra donc déterminer le côté BD. Effectivement, connaissant les angles BCD, CBD, on connaît facilement celui BDC pour être de 89 grades 25 minutes, et en opérant d'après la formule (1) du numéro 431 et par les logarithmes, on a

log. 7-3 = 0-8633229
log. sin. 44ᴳ 75' = 9-8105396
C. log. sin. 89ᴳ 25' = 0-0062214

Somme — 10 = log. BD = 0-6800839

Ce logarithme répond à 4-787; donc le côté BD = 4 décamètres 787 centimètres.

Fig. 289. Maintenant, dans le triangle ABD on connaît

BD = 4-787 ;
AB = 6-2 ;
ABD = ABC — DBC =
ABC — APC = 80G 40' — 66G = 14G 40' ;

On peut donc calculer BDA, qui fera connaître son supplément BDP = BCP. Ainsi, la formule (7) du numéro 432 donne, par les logarithmes,

log. tang. ½ (ADB + BAD) = log. tang. ½ (200G — 14G 40') =
log. tang. 92G 80' = 0-9446904
log. (6-2 — 4-787) = 0-1501422
C. log. (6-2 + 4-787) = 8-9591209

Somme — 10 = log. tang. ½ (ADB — BAD) = 0-0539535

Ce logarithme répond à la tangente de 53 grades 94 minutes; donc, sachant que la demi-somme des deux angles cherchés est 92 grades 80 minutes, on a

ADB = 92G 80' + 53G 94' = 146G 74',

et

BAD = 92G 80' — 53G 94' = 38G 86'.

Ainsi, l'angle ADB étant connu, on trouve son supplément BDP en faisant

BDP = 200G — 146G 74' = 53G 26' ;

donc

BDP = BCP = 53G 26'.

D'après ce dernier résultat, on connaîtra facilement le troisième angle du triangle CBP, puisqu'on a

PBC = 200G — (APB + APC + BCP) = 200G — (BPC + BCP),

ou

PBC = 200G — (110G 75' + 53G 26') = 35G 99'.

Ensuite, connaissant dans le triangle CBP,

BC = 7-3 ;
BCP = 53G 26' ;
PBC = 35G 99' ;

on cherche les côtés BP, CP, par l'analogie ordinaire, ce qui donne en opérant par les logarithmes,

log. 7-3 = 0-8633229
log. sin. 53G 26' = 9-8706225
C. log. sin. 110G 75' ou 89G 25' = 0-0062214

Somme — 10 = log. BP = 0-7401668

Ce logarithme donne 5 décamètres 497 centimètres pour la longueur du côté BP. On détermine aussi le côté CP par la même analogie, ce qui fournit

log. 7-3 = 0-8633229
log. sin. 35G 99' = 9-7289169
C. log. sin. 110G 75' ou 89G 25' = 0-0062214

Somme — 10 = log. CP = 0-5984612

Ce logarithme répond à 3-967 ; donc, enfin, on a pour les deux côtés demandés,

BP = 5-497, et CP = 3-967,

ce à quoi il fallait parvenir pour déterminer la position du point P par rapport avec les points B et C.

537. Voici les procédés qu'il faut suivre lorsque le point A tombe en dedans de la circonférence, comme, par exemple, dans la figure 290. Quant aux données du triangle ABC, elles sont encore les mêmes que dans la figure précédente. Fig. 290.

Observez, comme il vient d'être dit plus haut, les angles APC, APB, et l'opération sera faite sur le terrain.

Placez sur le papier le point P dans la position à peu près où il paraît être ; tirez les rayons BP, CP ; inscrivez le triangle BPC dans une circonférence ; tirez par les points A et P une droite PAD rencontrant la circonférence en D, et menez les droites BD, CD.

Les deux angles déterminés du point P étant

APB = 62G,
APC = 88G,

on connaît alors, dans le triangle BCD,

BC = 7-3 ;
BCD = BPD = APB = 62G ;
CBD = CPD = APC = 88G ;

ce qui est nécessaire pour trouver le côté BD ; car d'après ces données, il est évident que l'angle BDC doit être de 50 grades, et que l'on aura, par les logarithmes,

log. 7-3 = 0-8633229
log. sin. 62G = 9-9175478
C. log. sin. 50G = 0-1505150

Somme — 10 = log. BD = 0-9313857

Ce logarithme répond à 8-539 ; donc, le côté BD = 8 décamètres 539 centimètres.

Maintenant, dans le triangle ABD, on connaît

BD = 8-539 ;
AB = 6-2
ABD = CBD — ABC = CPD — ABC =
APC — ABC = 88G — 80G 40' = 8G 40' ;

on peut donc calculer ADB ou BDP = BCP. Ainsi l'on a, par les logarithmes et d'après la formule (7) du n° 432,

log. tang. ½ (BAD + ADB) = log. tang. ½ (200G — 8G 40') =
log. tang. 95G 80' = 1-1800001
log. (8-539 — 6-2) = 0-3690302
C. log. (8-533 + 6-2) = 8-8315320

Somme — 10 = log. tang. (BAD — ADB) = 0-3805623

Ce logarithme répond à la tangente de 74 grades 88 minutes ; la demi-somme des angles cherchés étant de 95 grades 80 minutes ; on a

BAD = 95G 80' + 74G 88' = 170G 68',

et

ADB = 95G 80' — 74G 88' = 20G 92' ;

donc

BCP = BDP = ADP = 20G 92'.

Fig. 290. Enfin, connaissant dans le triangle BPC

BC = 7-3,
BCP = 20G 92',
CBP = 200G — (BPC + BCP) =
200G — (150G + 20G 92') = 29G 08';

on cherche les côtés BP, CP, par l'analogie ordinaire, et l'on a, par les logarithmes,

log. 7-3 = 0-8633229
log. sin. 20G 92' = 9-5088370
C. log. sin. 150G ou 50G = 0-1505150

Somme — 10 = log. BP = 0-5226749

Ce logarithme répond à 3 décamètres 33 décimètres pour la longueur du côté BP. On trouve, par la même analogie,

log. 7-3 = 0-8633229
log. sin. 29G 08' = 9-6445049
C. log. sin. 150G ou 50G = 0-1505150

Somme — 10 = log. CP = 0-6583428

Ce logarithme répond à 4-554; donc enfin, on a, pour les deux côtés demandés,

BP = 3-33 et CP = 4-554.

Il est clair que ces résultats suffisent pour joindre le point P aux points B et C. On a vu que la solution de chacune des deux figures précédentes était à peu près la même.

558. *Deuxième cas*. Le point P étant dans l'intérieur du triangle.

Les données du triangle sont toujours les mêmes que dans les figures précédentes.

Fig. 291. Etant au point P (*Fig.* 291), mesurez les angles APB, APC, et toute l'opération sera terminée sur le terrain.

Placez sur le papier le point P dans la position à peu près où il paraît être dans le triangle connu ABC; tirez les rayons BP, BC, inscrivez le triangle BCP dans une circonférence, tirez par les points A et P une droite APD rencontrant la circonférence en D, et menez les droites BD, CD.

Ainsi, les angles observés du point P étant

APB = 146G 74',
APC = 164G 01';

on connaît alors, dans le triangle BCD,

BC = 7-3,
BCD = BPD = 200G — APB = 200G — 146G 74' = 53G 26',
CBD = CPD = 200G — APC = 200G — 164G 01' = 35G 99'.

D'après ces données, il est évident que l'angle BDC = 110 grades 75 minutes. On trouve BD, par les logarithmes, en faisant

log. 7-3 = 0-8633229
log. sin. 53G 26' = 9-8706225
C. log. sin. 110G 75' ou 89G 25' = 0-0062214

Somme — 10 = log. BD = 0-7401668

Ce logarithme répond à 5-372; donc le côté BD = 5 décamètres 372 centimètres.

Maintenant on connaît, dans le triangle ABD, Fig. 291.

AB = 6-2,
BD = 5-497,
ABD = ABC + CBD = ABC + CPD =
ABC + 200G — APC = ABC + 200G — 164G 01' =
80G 40' + 200G — 164G 01 = 116G 39;

on peut donc calculer ADB ou BDP = BCP. Ainsi l'on a, par les logarithmes et d'après la formule (7) du n° 432,

log. tang. $\frac{1}{2}$ (ADB + BAD) = log. tang. $\frac{1}{2}$
(200G — 116G 39') =
log. tang. 41G 80' = 9-8868628
log. (6-2 — 5-497) = 9-8469553
C. log. (6-2 + 5-497) = 8-9319255

Somme — 20 = log. tang. $\frac{1}{2}$ (ADB — BAD) = 8-6657436

Ce logarithme répond à la tangente de 2 grades 95 minutes. La demi-somme des angles cherchés étant 41 grades 80 minutes, on a

ADB = 41G 80' + 2G 95' = 44G 75',

et

BAD = 41G 80' — 2G 95' = 38G 85';

donc

ADB = PDB = PCB = 44G 75'.

Enfin, connaissant, dans le triangle BPC,

BC = 7-3.
BCP = 44G 75',
BPC = 89G 25',

on peut calculer BP et CP par la formule correspondante, ce qui donne, en opérant par les logarithmes,

log. 7-3 = 0-8633229
log. sin. 44G 75' = 9-8105396
C. log. sin. 89G 25' = 0-0062214

Somme — 10 = log. BP = 0-6800839

Ce logarithme répond à 4-787; donc le côté BP = 4 décamètres 787 centimètres.

On détermine de même le côté CP en faisant

log. 7-3 = 0-8633229
log. sin. 66G = 9-9348730
C. log. sin. 89G 25' = 0-0062214

Somme — 10 = log. CP = 0-8044173

donc enfin, on a, pour les deux côtés demandés,

BP = 4-787 et CP = 6-374;

ce à quoi il fallait parvenir pour déterminer la position du point P par rapport avec les points B et C.

559. *Troisième cas*. Le point P étant sur l'un des côtés du triangle.

Nous conservons encore les données précédentes pour le triangle connu.

Etant au point P (*Fig.* 292), mesurez l'angle BPC, et toute l'opération sera terminée sur le terrain. Fig. 292.

Placez sur le papier le point P dans la position à peu près où il paraît être sur un des côtés du triangle connu, sur AC, par exemple; tirez le rayon BP, et inscrivez le triangle BPC dans une circonférence.

Fig. 292. L'angle déterminé du point P étant

BPC = 88°,

on connaît alors, dans le triangle BCP,

BC = 7-3,
BPC = 88°,
BCP = ACB = 52° 60',

ce qui est nécessaire pour calculer les côtés BP, CP.

Il est évident, d'après ces données, que l'angle CBP doit être de 59 grades 40 minutes; ainsi, pour trouver BP, on a, toujours par les logarithmes,

log. 7-3 = 0-8633229
log. sin. 52° 60' = 9-8665165
C. log. sin. 88° = 0-0077615

Somme — 10 = log. BP = 0-7376009

Ce logarithme répond à 5 décamètres 465 centimètres. On détermine encore le côté CP en faisant

log. 7-3 = 0-8633229
log. sin. 59° 40' = 9-9049542
C. log. sin. 88° = 0-0077615

Somme — 10 = log. CP = 0-7760386

donc enfin, on a, pour les deux côtés demandés,

BP = 5-465, et CP = 5-971.

Il fallait en effet connaître ces côtés pour déterminer la position du point P par rapport avec les points B et C.

560. *Quatrième cas.* Le point P étant sur le prolongement d'un des côtés du triangle.

Ce triangle est encore le même que ceux démontrés précédemment.

Fig. 293. Mesurez l'angle APC ou BPC (*Fig.* 293), et toute l'opération sera encore finie sur le terrain.

Placez sur le papier le point P dans la position à peu près où il paraît être sur le prolongement d'un des côtés du triangle connu, sur le prolongement de AB, par exemple; tirez AP, CP, et inscrivez le triangle BCP dans une circonférence.

L'angle observé du point P étant

APC = 50°,

on connaît alors, dans le triangle BPC,

AC = 8-2,
APC = 50°,
CAP = 200° — BAC = 200° — 67° = 133°,

ce qui est nécessaire pour calculer les côtés BP, CP.

Quant à l'angle ACP, il est, d'après ces données, de 17 grades; donc on a, toujours par la même analogie et par les logarithmes, le côté CP, en faisant

log. 8-2 = 0-9138139
log. sin. 133° ou 67° = 9-9388356
C. log. sin. 50° = 0-1505150

Somme — 10 = log. CP = 1-0031745

Ce logarithme répond à 10 décamètres 07 décimètres.

On trouve encore BP par l'analogie ordinaire, car en faisant

BCP = ACP + ACB,

on a définitivement

BCP = 17° + 80° 40' = 97° 40';

ce qui donne

log. 7-3 = 0-8633229
log. sin. 97° 40' = 9-9996377
C. log. sin. 50° = 0-1505150

Somme — 10 = log. BP = 1-0134756

donc le côté BP est de 10 décamètres 314 centimètres. Si l'on ôte 6 décamètres 2 mètres, qui est la longueur de AB, de 10 décamètres 314 centimètres, on aura 4 décamètres 114 centimètres pour la longueur du côté AP.

Enfin, on a, pour la détermination du point P par rapport avec les points B et C,

CP = 10-07, et BP = 10-314.

561. *Remarque.* Il pourrait arriver que du point P (*Fig.* 294) il ne fût possible d'apercevoir que trois points A, B, C, placés en lignes droites, connus et déterminés. Fig. 294.

Prenez la valeur des angles APB, CPB, et toute l'opération sera faite sur le terrain.

Placez sur le papier le point P dans la position à peu près où il paraît être; tirez AP, CP, et inscrivez le triangle ACP dans une circonférence.

Les angles observés étant

APB = 46° 10',
CPB = 32° 74',

et les côtés connus

AB = 3-5,
BC = 4-0,

on connaît alors dans le triangle ACD

AC = AB + BC = 3-5 + 4-0 = 7-5,
ACD = APB = 46° 10',
CAD = CPD = 32° 74'.

Il résulte de ces données que l'angle ADC = 121 grades 16 minutes.

On peut donc déterminer la longueur du côté AD. Ce qui donne, en opérant par logarithmes,

log. 7-5 = 0-8750613
log. sin. 46° 10' = 9-8211789
C. log. sin. 121° 16' ou 78° 84' = 0-0244449

Somme — 10 = log. AD = 0-7206301

Ce logarithme répond à 5-256; donc le côté AD est de 5 décamètres 256 centimètres.

Maintenant, connaissant dans le triangle ABD les côtés AB, AD, et l'angle compris BAD, je cherche les deux autres angles par la formule (7) du numéro 432, ce qui domine en opérant par les logarithmes,

log. tang. $\frac{1}{2}$(ABD + ADB) = log. tang. $\frac{1}{2}$ (200° — 32° 74') =
log. tang. 83° 63' = 0-5801090
log. (5-256 — 3-5) = 0-2445245
C. log. (5-256 + 3-5) = 9-0576942

Log. tang. $\frac{1}{2}$(ABD — ADB) = 9-8823277

Ce logarithme répond à la tangente de 41 grades 48

Fig. 294. minutes ; donc la demi-somme des angles ABD, ADB, étant de 83 grades 63 minutes, on a

$$ABD = 83^G 63' + 41^G 48' = 125^G 11'$$

et

$$ADB = 83^G 63' - 41^G 48' = 42^G 15'.$$

L'angle ABD étant déterminé de 125 grades 11 minutes, il est clair que celui CBP est aussi de 125 grades 11 minutes, puisqu'ils sont opposés au sommet (19) ; donc le supplément de l'angle CBP donne

$$ABP = BCD = 200^G - CBP = 200^G - 125^G 11' = 74^G 89' ;$$

d'où il résulte que l'on connaît dans le triangle ABP,

$$AB = 3\text{-}5,$$
$$APB = 46^G 10',$$
$$ABP = 74^G 89',$$
$$BAP = 200^G - (46^G 10' + 74^G 89') = 79^G 01' ;$$

puis dans le triangle CBP,

$$BC = 4\text{-}0,$$
$$BPC = 32^G 74',$$
$$CBP = 125^G 11',$$
$$BCP = 200^G - (32^G 74' + 125^G 11') = 42^G 15'.$$

Donc pour calculer le côté AP par les logarithmes, on a, d'après l'analogie ordinaire,

log. 3-5 = 0-5440680
log. sin. 74^G 89' = 9-9653038
C. log. sin. 46^G 10' = 0-1788211

Somme − 10 = log. AP = 0-6881929

Ce logarithme répond à 4 décamètres 88 décimètres.

Pour déterminer le côté CP on a encore

log. 4-0 = 0-6020600
log. sin. 125^G 11' ou 74^G 89' = 9-9653038
C. log. sin. 32^G 74' = 0-3181170

Somme − 10 = log. CP = 0-8864708

Ce logarithme répond à 7 décamètres 7 mètres.

Enfin, les distances AP et CP sont celles qu'il fallait connaître pour placer le point P.

PROBLÈME.

562. *Rattacher un point inaccessible à un côté de l'un des triangles d'un canevas, lorsqu'on ne peut observer ce point que de l'une des extrémités du côté donné.*

Fig. 45. Soit ABC (*Fig.* 45) le triangle connu, et E le point à rattacher au côté AC, le point E pouvant s'observer du point A.

Pour déterminer la position du point E, il faudrait connaître le côté AE ou l'angle ACE, puisque l'on connaît déjà dans le triangle ACE l'angle observé CAE et le côté AC ; mais, comme tout ce qui précède ne s'obtient pas facilement, voilà le procédé qu'il faut suivre pour la résolution de ce problème.

Choisissez sur le terrain un point D, d'où vous puissiez apercevoir les points A, C et E ; mesurez les angles ADC, DAC, et vous calculerez le côté AD ; ensuite, mesurez les angles ADE, DAE, et vous calculerez les côtés AE, ED.

Supposons que AC = 7 décamètres 3 mètres, et que Fig. 45. les angles mesurés dans le triangle CAD sont

$$ADC = 106^G 50',$$
$$DAC = 18^G 50'.$$

Il résulte d'après ces données que

$$ACD = 200^G - (106^G 50' + 18^G 50') = 88^G.$$

Ainsi, on détermine le côté AD en faisant

log. 7-3 = 0-8633229
log. 88^G = 9-9922385
C. log. sin. 106^G 50' ou 93^G 50' = 0-0022677

Somme − 10 = log. AD = 0-8578291

Ce logarithme répond à 7-208 ; donc le côté AD est de 7 décamètres 208 centimètres.

Maintenant, sachant que dans le triangle AEB l'on a AD = 7 décamètres 208 centimètres, et que les angles observés sur le terrain sont,

$$ADE = 19^G 10',$$
$$EAD = 27^G 50' ;$$

il résulte d'après ces données, que

$$AED = 200^G - (27^G 50' + 19^G 10') = 153^G 40'$$

Cela posé, on trouve le côté AE par l'analogie ordinaire, et l'on a, par les logarithmes,

log. 7-208 = 0-8578148
log. sin. 19^G 10' = 9-4706182
C. log. sin. 153^G 40' ou 46^G 60' = 0-1749946

Somme − 10 = log. AE = 0-5034276

Ce logarithme répond à 3-187 ; donc le côté AE est de 3 décamètres 187 centimètres.

Enfin, on détermine de même le côté DE, et l'on a, toujours par la même formule,

log. 7-208 = 0-8578148
log. sin. 27^G 50' = 9-6218612
C. log. sin. 153^G 40' ou 46^G 60' = 0-1749946

Somme − 10 = log. DE = 0-6546705

Ce logarithme répond à 4 décamètres 515 centimètres.

Les distances AE et DE sont donc celles qu'il fallait connaître pour placer le point E.

Si l'on ne trouvait un point d'où l'on pût voir A, C et E, on chercherait AE par le procédé du numéro 539.

PROBLÈME.

563. *Rattacher un point à un côté de l'un des triangles d'un canevas, lorsque ce point ne peut être aperçu d'aucune des stations de ce canevas.*

Le point C (*Fig.* 295) ne peut être observé d'aucun des Fig. 295. points du canevas dont la position est déterminée ; il s'agit de le rattacher au côté AB.

Choisissez un point S, duquel vous puissiez apercevoir les points A et C ; déterminez, suivant les procédés des numéros 480 et 481, un des points E de l'alignement AC ; du point Z, et par les mêmes procédés, déterminez un

Fig. 295. des points F de l'alignement BC pour y planter des jalons, et vous mesurerez les angles EAB, ABF.

Supposons qu'après ces mesures effectuées on connaît, dans le triangle ABC,

$$AB = 6\text{-}5,$$
$$ABC = 64_G,$$
$$BAC = 66^G.$$

Il résulte de ces données que

$$ACB = 70^G.$$

Pour connaître le côté AC, j'ai, en opérant par les logarithmes et d'après l'analogie ordinaire,

$$\begin{aligned} \log.\ 6\text{-}5 &= 0\text{-}8129134 \\ \log.\ \sin.\ 64^G &= 9\text{-}9265112 \\ C.\ \log.\ \sin.\ 70^G &= 0\text{-}0501191 \\ \text{Somme} - 10 = \log.\ AC &= 0\text{-}7895437 \end{aligned}$$

Ce logarithme répond à 6 décamètres 16 décimètres, qui est la longueur du côté AC.

On a aussi, en cherchant la longueur de BC,

$$\begin{aligned} \log.\ 6\text{-}5 &= 0\text{-}8129134 \\ \log.\ \sin.\ 66^G &= 9\text{-}9348730 \\ C.\ \log.\ \sin.\ 70^G &= 0\text{-}0501191 \\ \text{Somme} - 10 = \log.\ BC &= 0\text{-}7979055 \end{aligned}$$

Donc, on a pour la détermination du point C sur le plan ou le canevas

$$AB = 6\text{-}16, \text{ et } BC = 6\text{-}28.$$

564. S'il était impossible de placer un point E de l'alignement AC, on prendrait sur AB ou sur son prolongement un point D tel, qu'il fût possible de trouver un point de l'alignement CD pour y planter un jalon en K; alors, chaînant AD pour le retrancher de AB ou pour l'y ajouter, selon que le point D sera sur AB ou sur son prolongement, on connaîtra le côté BD et les angles B et D; on pourra donc résoudre le triangle BCD.

Si l'on ne peut déterminer aucun point des alignemens AC et BC, on choisira deux points d'où l'on puisse apercevoir A, B et C; on rattachera ces deux points à AB, et ensuite on liera le point C à ces deux points auxiliaires.

PROBLÈME.

Fig. 296. 565. *Connaissant la distance AB* (Fig. 296) *de deux objets auxquels il est impossible d'aller, trouver celle CD de deux autres objets que l'on ne peut observer d'aucun endroit, mais de chacun desquels on peut apercevoir les trois autres.*

Pour résoudre ce problème, il faut supposer une longueur quelconque à CD, et chercher la longueur de AB. Il est évident que la longueur de AB ne peut pas être exacte, parce que CD, qui lui est en rapport, n'est simplement qu'une longueur supposée. Voyons pour faire connaître les procédés qu'il faut suivre pour la résolution de ce problème.

Du point C observez l'angle ACD, et du point D l'angle ADC; puis donnant une valeur approximative à CD, vous calculerez le côté AC du triangle ACD.

Du point D, observez l'angle BDC, et du point C l'angle BCD, et d'après la valeur approximative de CD, vous calculerez le côté BC du triangle BCD. Fig. 296.

Alors, dans le triangle ACB, vous connaîtrez AC, BC, et l'angle compris

$$ACB = ACD - BCD;$$

on en déduira donc AB par le calcul.

Si la longueur trouvée pour AB est différente de celle que cette ligne doit avoir, ce qui arrive presque toujours, on en conclura que la longueur supposée à CD n'est pas sa longueur réelle; mais comme la valeur des angles C et D ne changera pas, quelle que soit la longueur qu'on puisse supposer à la droite CD, les côtés des triangles qui résulteront de la longueur supposée à cette ligne, seront proportionnels aux côtés homologues des triangles qui donneraient la véritable longueur de cette même ligne; donc on aura :

$$AB \text{ faux} : AB \text{ vrai} :: CD \text{ faux} : x = CD \text{ vrai}.$$

Supposons que CD est de 10 décamètres, et que les angles observés dans le triangle ACD sont

$$ACD = 99^G\ 99';$$
$$ADC = 38^G\ 12';$$

il résulte de ces données que l'angle CAD est de 61 grades 89 minutes.

Ainsi, pour trouver le côté AC par le calcul logarithmique, on a :

$$\begin{aligned} \log.\ 10 &= 1\text{-}0000000 \\ \log.\ \sin.\ 38^G\ 12' &= 9\text{-}7810029 \\ C.\ \log.\ \sin.\ 61^G\ 89' &= 0\text{-}0829631 \\ \text{Somme} - 10 = \log.\ AC &= 0\text{-}8339660 \end{aligned}$$

Ce logarithme répond à 6 décamètres 823 centimètres, qui est la longueur de AC.

Maintenant, supposons que les angles observés dans le triangle BCD sont

$$BDC = 90^G\ 12',$$
$$BCD = 27^G\ 14';$$

et que l'angle CBD, résultant de ces données, est de 82 grades 74 minutes, on trouvera la longueur du côté BC en faisant

$$\begin{aligned} \log.\ 10 &= 1\text{-}0000000 \\ \log.\ \sin.\ 90^G\ 12' &= 9\text{-}9947488 \\ C.\ \log.\ \sin.\ 82^G\ 74' &= 0\text{-}0161610 \\ \text{Somme} - 10 = \log.\ BC &= 1\text{-}0109098 \end{aligned}$$

Ce logarithme répond à 10 décamètres 26 décimètres.

Ainsi, après avoir observé l'angle ACB, on connaît dans le triangle ABC,

$$AC = 6\text{-}823$$
$$BC = 10\text{-}26$$
$$ACB = 72^G\ 85'$$

Cela déterminé, on calcule les angles CAB, ABC par la formule (7) du numéro 432, et l'on a, en opérant par

Fig. 296. les logarithmes,

$$\text{log. tang. } \tfrac{1}{2}\,(\text{CAB}+\text{ABC}) = \text{log. tang. } \tfrac{1}{2}\,(200^{g} - 72^{g}\ 85') =$$

$$\text{log. tang. } 63^{g}\ 57' = 0\text{-}1910231$$

$$\text{log. } (10\text{-}26 - 6\text{-}823) = 0\text{-}5361795$$

$$\text{C. log. } (10\text{-}26 + 6\text{-}823) = 8\text{-}7674359$$

$$\text{log. tang. } \tfrac{1}{2}\,(\text{CAB} - \text{ABC}) = 9\text{-}4946385$$

Ce logarithme répond à la tangente de 19 grades 27 minutes.

Donc, sachant que la demi-somme des deux angles est 63 grades 57 minutes, on aura

$$\text{CAB} = 63^{g}\ 87' + 19^{g}\ 27' = 83^{g}\ 14',$$

et

$$\text{ABC} = 63^{g}\ 87' - 19^{g}\ 27' = 43^{g}\ 60'.$$

Cela posé, on détermine AB par l'analogie ordinaire, et l'on a, par les logarithmes,

$$\text{log. } 10\text{-}26 = 1\text{-}0111474$$

$$\text{log. sin. } 72^{g}\ 85' = 9\text{-}9592471$$

$$\text{C. log. sin. } 83^{g}\ 14' = 0\text{-}0154118$$

$$\text{Somme} - 10 = \text{log. AB} = 0\text{-}9858063$$

Ce logarithme répond à 9 décamètres 68 décimètres.

Enfin, puisque la fausse longueur de AB est 9 décamètres 68 décimètres, la vraie longueur 8 décamètres 8 mètres, et la fausse longueur de CD 10 décamètres, il est évident que l'on aura la vraie longueur de CD par la proportion

AB *faux* : AB *vrai* :: CD *faux* : CD *vrai*,

ou

$$9\text{-}68 : 8\text{-}8 :: 10 : \text{CD};$$

ce qui donne

$$\text{CD} = \frac{8\text{-}8 \times 10}{9\text{-}68} = \frac{88}{9\text{-}68} = 9\text{-}09.$$

En effet, si l'on cherche le quatrième terme de la proportion précédente par les logarithmes, on a

$$\text{log. } 88 = 1\text{-}9444827$$

$$\text{C. log. } 9\text{-}68 = 9\text{-}0141246$$

$$\text{Somme} - 10 = \text{log. CD} = 0\text{-}9586073$$

Ce logarithme répond aussi à 9 décamètres 09 décimètres.

Remarque. Les nombres les plus convenables pour la longueur supposée de CD, sont 1, 10, 100, 1000, etc.; l'unité est souvent employée à ce sujet, c'est elle qui offre un calcul plus simple.

On peut faire des proportions analogues pour connaître les autres lignes AC, AD, BC, BD, si l'on en a besoin, comme cela arrive dans les opérations trigonométriques, pour continuer une suite de triangles.

Ce problème sert aussi à lier ensemble deux bases, dont l'une ne peut être vue de l'autre, à cause qu'il se trouve, par exemple, une ville entre les deux, mais que des extrémités de chacune on aperçoit deux points dont on peut connaître la distance.

N. B. Voici un problème demandé par plusieurs arpenteurs-géomètres nos correspondans.

PROBLÈME.

366. *Connaissant les parties AD, BE*, (Fig. 259) *de la ligne inaccessible AB, et les angles ACD, DCE, BCE, évidemment observés du point C, déterminer la longueur DE.* Fig. 259.

On a, par la formule suivante :

$$\text{DE} = -\left(\frac{\text{BE}+\text{AD}}{2}\right) \pm \sqrt{\frac{(\text{BE}-\text{AD})^2}{4} + \frac{\text{sin.}(\text{BCE}+\text{DCE}) \times \text{sin.}(\text{DCE}+\text{ACD}) \times \text{BE} \times \text{AD}}{\text{sin. BCE} \times \text{sin. ACD}}}$$

La valeur de DE étant toujours une quantité positive, on prendra le signe + ou le signe — dans la première équation, selon que l'on aura BE plus grand ou plus petit que AD.

Si, par exemple, en mesurant sur l'alignement AB, on se trouvait arrêté par un obstacle interposé entre D et E, on arrêterait sa mesure au point D où l'on mettrait un jalon; on se porterait au point E où l'on en mettrait un autre; on mesurerait l'autre distance BE, et on mettrait encore un jalon en B.

Ensuite, on choisirait un point C, duquel on puisse apercevoir les jalons A, D, E, B, et l'on mesurerait les angles ACD, DCE, BCE.

Supposons que

$$\text{AD} = 4\text{-}0,$$

$$\text{BE} = 5\text{-}4,$$

$$\text{ACD} = 28^{g},$$

$$\text{DCE} = 37^{g},$$

$$\text{BCE} = 52^{g},$$

on aura

$$\left(\frac{\text{BE}+\text{AD}}{2}\right) = \left(\frac{5\text{-}4+4\text{-}0}{2}\right) = 4\text{-}7,$$

et

$$\frac{(\text{BE}-\text{AD})^2}{4} = \frac{(5\text{-}4-4\text{-}0)^2}{4} = \frac{1\text{-}96}{4} = 0\text{-}49,$$

puis

$$\text{log. sin. } (52^{g}+37^{g}) = 9\text{-}9934844$$

$$\text{log. sin. } (37^{g}+28^{g}) = 9\text{-}9334521$$

$$\text{log. } 5\text{-}4 = 0\text{-}7323938$$

$$\text{log. } 4\text{-}0 = 0\text{-}6020600$$

$$\text{C. log. sin. } 52^{g} = 0\text{-}1372912$$

$$\text{C. log. sin. } 28^{g} = 0\text{-}3708155$$

$$\text{Somme} - 20 = 1\text{-}7694970$$

Ce logarithme, répondant à 58-816, donne

$$\text{DE} = -4\text{-}7 \pm \sqrt{0\text{-}49 + 58\text{-}816},$$

ou

$$\text{DE} = -4\text{-}7 \pm \sqrt{59\text{-}306} = 7\text{-}7;$$

donc,

$$\text{DE} = 7\text{-}7 - 4\text{-}7 = 3\text{-}0.$$

Enfin, l'on a

$$\text{AB} = 4\text{-}0 + 3\text{-}0 + 5\text{-}4 = 12\text{-}4.$$

Fig. 259. 567. Voici le procédé qu'il faut suivre pour simplifier cette opération.

En mesurant, par exemple, sur l'alignement AB, arrêtez votre mesure au point D, où vous mettez un jalon; portez ensuite la distance AD de B en E, où vous mettrez un autre jalon E, et mesurez les angles ACD, DCE, BCE.

Cela fait, il est évident que AD = BE, et que la formule du numéro précédent se simplifie en devenant

$$DE = \sqrt{\frac{\sin(BCE+DCE)\times\sin(DCE+ACD)\times\overline{AD}^2}{\sin.\ BCE\times\sin.\ ACD}} - AD$$

Supposons maintenant que

$$AD = 4\text{-}0,$$
$$BE = 4\text{-}0,$$
$$ACD = 28^{\circ},$$
$$DCE = 57^{\circ},$$
$$BCE = 32^{\circ},$$

la formule donnera

$$\begin{aligned} \log.\ \sin.\ (32^{\circ}+57^{\circ}) &= 9\text{-}9934844 \\ \log.\ \sin.\ (57^{\circ}+28^{\circ}) &= 9\text{-}9878315 \\ \log.\ 16\text{-}0 &= 1\text{-}2041200 \\ C.\ \log.\ \sin.\ 32^{\circ} &= 0\text{-}3171750 \\ C.\ \log.\ \sin.\ 28^{\circ} &= 0\text{-}3708155 \\ \hline \text{Somme} - 20 &= 1\text{-}8734264 \end{aligned}$$

Ainsi l'on a

$$\tfrac{1}{2}\,1\text{-}8734264 = \log.\ 0\text{-}9367132 = 8\text{-}644.$$

Donc

$$DE = 8\text{-}644 - AD = 8\text{-}644 - 4\text{-}0 = 4\text{-}644.$$

Remarques. On peut toujours ramener l'opération du numéro précédent à celle que nous venons de donner, puisque les jalons D, E peuvent être, l'un ou l'autre, éloignés de l'obstacle qui est entre eux. Au reste, que les jalons soient ou ne soient pas éloignés de l'obstacle, l'opération est très-facile lorsqu'on a mesuré une distance égale sur chacune des deux parties accessibles de l'alignement proposé.

Enfin, lorsque l'obstacle se trouve à l'extrémité de l'alignement, on prolonge celui-ci au-delà du premier; on mesure une longueur égale à celle que l'on connaît au-delà de l'obstacle, et l'on opère comme il vient d'être dit.

RÉDUCTION DES ANGLES A L'HORIZON.

568. Il est rare que tous les points d'un territoire soient dans un même plan horizontal, c'est-à-dire à la même hauteur d'un point de la surface de la terre, pris pour terme de comparaison. On n'a point égard à ces différences de hauteur dans la levée des plans, parce qu'il est impossible de les représenter sur le papier, et que d'ailleurs il est reconnu que le produit d'un terrain incliné n'excède pas celui du terrain horizontal qui lui sert de base; les végétaux, les arbres surtout, poussant généralement dans une direction verticale, il est évident que le terrain incliné n'en contient pas plus que son étendue de niveau.

On pourrait cependant contester ce principe par rapport aux grénées et aux plantes basses; mais alors, on conclura que les terrains de niveau sont toujours mieux ensemencés que ceux inclinés où la semence se trouve éparse inégalement, et dont l'engrais est entraîné par les pluies; d'un autre côté, ces terrains retenant moins l'humidité que les autres, toutes choses d'ailleurs égales, ne donnent pas autant de productions, et leur culture est plus dispendieuse, parce qu'elle est plus difficile.

Toutes ces diverses circonstances font qu'on doit réellement compter la surface d'un terrain incliné pour une étendue moindre, c'est-à-dire déterminée à la surface horizontale.

La méthode qui consiste à lever les plans, sans égard aux différences de hauteur, se nomme *cultellation;* elle se réduit à ramener les angles observés dans un plan incliné à ceux qu'on observerait dans le plan horizontal.

569. Comme tout polygone se compose de triangles, nous allons considérer un terrain de forme triangulaire.

Soit donc le terrain incliné ABC (*Fig.* 297), dont les points A, B, C, sont inégalement élevés entre eux, les points B et C étant élevés au-dessus du plan horizontal passant par A, sur lequel on suppose que tous les points du terrain doivent être rapportés. Fig. 297.

Les points qui représentent sur le plan de l'horizon la position des points B, C, sont les extrémités des lignes à plomb qu'on imaginerait tendues de ces objets, de sorte que le triangle incliné ABC est représenté sur le plan de l'horizon par le triangle A*bc*, et les distances AB, AC, pour les distances A*b*, A*c*.

Il est évident que les distances A*b*, A*c*, sont plus courtes que AB, AC, puisqu'elles sont des perpendiculaires menées du point A sur les droites B*b*, C*c*, tandis que les droites AB, AC, sont des obliques. Il est facile de voir aussi que la distance *bc* est plus courte que BC, et que par conséquent la surface du triangle A*bc* est moindre que celle du triangle incliné ABC.

570. Pour fixer sur le papier la position des points *b* et *c*, qu'on nomme les *projections* des points B et C, il s'agit de trouver la longueur des distances horizontales A*b*, A*c*, et la grandeur de l'angle *b*A*c*.

Si l'on mesure les angles d'élévation BA*b*, CA*c*, et les distances AB, AC, que l'on nomme *rampes*, on connaîtra, dans les triangles rectangles BA*b*, CA*c* l'hypothénuse et un angle aigu; on pourra donc calculer les distances horizontales A*b*, A*c*.

Ainsi, l'on peut dire que pour réduire la distance entre un point situé dans le plan de l'horizon et un point élevé au-dessus de ce plan, à la distance entre le premier point et la projection du deuxième, il faut faire cette analogie: *Le rayon des tables est au cosinus de l'angle d'élévation comme la longueur de la rampe est à celle de la distance cherchée.*

571. Règle générale. Pour réduire un angle observé au-dessus du plan horizontal, à celui qu'on observerait dans ce plan, observez au point A, par exemple, outre l'angle BAC, les angles verticaux BAV, CAV, appelés *distances au zénith*, et formés par les rayons visuels AB, AC, avec la verticale AV; de la demi-somme des trois angles observés, retranchez successivement chacun des angles verticaux; à la somme des logarithmes des sinus des deux restes, ajoutez les complémens arithmétiques des logarithmes des sinus des deux angles verticaux, et la moitié du reste sera le logarithme du sinus de la moitié de l'angle cherché.

Effectivement, si l'on considère le point A comme le centre d'une sphère, et si d'un même rayon on décrit dans chacun des plans BAC, BAV, CAV, les arcs EF, EG, FG, ils détermineront par leur intersection un triangle sphérique, dans lequel les côtés EF, EG, FG, sont respectivement la mesure des angles BAC, BAV, CAV, connus par l'observation, et dans lequel l'angle G est égal à l'angle cherché bAc; la question est donc réduite à trouver l'angle d'un triangle sphérique dont on connaît les trois côtés, ce qui s'obtient facilement en employant la formule (x) du numéro 456.

Notre intention étant de faire connaître plusieurs procédés relatifs à la réduction des angles à l'horizon, nous allons donner une application de la règle précédente avant d'en entreprendre d'autre.

PROBLÈME.

572. *Réduire l'angle BAC observé de 48 grades 94 minutes, à l'angle* b*A* c *dans le plan de l'horizon.*

Supposons que les angles BAV, CAV, ont été donnés par l'observation, comme il suit :

$$BAV = 70^G\ 88',$$
$$CAV = 68^G\ 24'.$$

La moitié de la somme des trois angles observés étant 94 grades 03 minutes, on a, d'après la formule (x), démontrée plus haut,

$$\begin{aligned}\text{log. sin. } (94^G\ 03' - 70^G\ 88') &= 9\text{-}5510569\\ \text{log. sin. } (94^G\ 03' - 68^G\ 24') &= 9\text{-}5956267\\ \text{C. log. sin. } 70^G\ 88' &= 0\text{-}0471123\\ \text{C. log. sin. } 68^G\ 24' &= \underline{0\text{-}0564478}\\ \text{log. sin}^2 \tfrac{1}{2}\, bAc &= 19\text{-}2502437\end{aligned}$$

Donc, la moitié de ce logarithme est celui du sinus de la moitié de l'angle horizontal, ainsi on a

$$9\text{-}6251218 = \text{log. sin. } \tfrac{1}{2}\, bAc = \text{log. sin. } 27^G\ 72';$$

donc, l'angle horizontal bAc = 55 grades 44 minutes.

573. Nous allons faire connaître un autre procédé (assez long) pour réduire les angles à l'horizon par la trigonométrie rectiligne.

Fig. 298. Soit l'angle incliné BAC (*Fig.* 298) qu'il faut réduire à l'angle BDC dans le plan de l'horizon.

Mesurez l'angle proposé ainsi que les distances au zénith, ou les angles verticaux BAV et CAV, que forment les côtés de l'angle BAC, avec la verticale AV, que l'on suppose d'une longueur arbitraire; du point V imaginez les droites BV, CV, menées perpendiculairement à la verticale AV, vous aurez les triangles AVB, AVC, tous deux rectangles en V, dans lesquels le côté AV (d'une longueur supposée), les angles BAV, CAV, sont connus; vous connaîtrez encore les angles ABV, ACV, puisqu'ils sont respectivement les complémens des angles observés BAV, CAV; ainsi, en déterminant la valeur des côtés AB, BV, AC et CV, vous aurez, dans le triangle ABC, les côtés AB, AC, et l'angle compris BAC, avec lesquels vous déterminerez facilement le côté BC.

Enfin, ayant un nouveau triangle BCV, dans lequel vous connaîtrez les trois côtés, vous déterminerez la valeur de l'angle BVC qui sera celle de l'angle BAC réduit à l'horizon.

Supposons maintenant que

$$BAC = 48^G\ 94',$$
$$BAV = 70^G\ 88',$$
$$CAV = 68^G\ 24',$$

et que la longueur prise à volonté pour la verticale AD est de 6 décamètres 5 mètres.

D'après ces connaissances, il est évident que

$$ABV = 100^G - BAV = 100^G - 70^G\ 88' = 29^G\ 12',$$
$$ACV = 100^G - CAV = 100^G - 68^G\ 24' = 31^G\ 76'.$$

Pour trouver la valeur des côtés AB, BV, AC, BC, par les logarithmes, j'ai, pour le côté AB,

$$\begin{aligned}\text{log. } 6\text{-}5 &= 0\text{-}8129134\\ \text{C. log. sin. } 29^G\ 12' &= \underline{0\text{-}3549403}\\ \text{log. AB} &= 1\text{-}1678537\end{aligned}$$

Ce logarithme répond à 14-718; donc AB = 14 décamètres 718 centimètres.

Pour avoir BV par la formule (2) du n° 422, j'ai

$$\begin{aligned}\text{log. sin. } 6\text{-}5 &= 0\text{-}8129134\\ \text{log. tang. } 70^G\ 88' &= \underline{0\text{-}3078280}\\ \text{log. BV} &= 1\text{-}1207414\end{aligned}$$

Ce logarithme répond à 13-205; donc BV = 13 décamètres 205 centimètres.

Pour connaître AC, je fais

$$\begin{aligned}\text{log. } 6\text{-}5 &= 0\text{-}8129134\\ \text{C. log. sin. } 31^G\ 76' &= \underline{0\text{-}3201665}\\ \text{log. AC} &= 1\text{-}1330799\end{aligned}$$

Ce logarithme répond à 13-585; donc AC = 13 décamètres 585 centimètres.

Pour avoir CV, j'ai, par l'analogie ordinaire,

$$\begin{aligned}\text{log. } 6\text{-}5 &= 0\text{-}8129134\\ \text{log. tang. } 68^G\ 24' &= \underline{0\text{-}2637187}\\ \text{log. CV} &= 1\text{-}0766321\end{aligned}$$

Ce logarithme répond à 11-93; donc CV = 11 décamètres 93 décimètres.

Cela étant déterminé, je connais dans le triangle ABC les côtés AB, AC, et l'angle observé BAC compris entre

Fig. 298. ces côtés; alors je cherche la valeur du côté BC par la formule (7) du n° 432, en faisant, par les logarithmes,

$$\log. \text{tang.} \tfrac{1}{2}(\text{ACB}+\text{ABC}) =$$
$$\log. \text{tang.} \tfrac{1}{2}(200^G - 48^G\ 94') =$$
$$\log. \text{tang.}\ 75^G\ 53' = 0\text{-}3891765$$
$$\log.\ (14\text{-}718 - 13\text{-}585) = 0\text{-}0542299$$
$$\text{C. log.}\ (14\text{-}718 + 13\text{-}585) = 8\text{-}5481675$$
$$\log. \text{tang.} \tfrac{1}{2}(\text{ACB}-\text{ABC}) = 8\text{-}9915739$$

Ce logarithme répond à la tangente de 6 grades 22 minutes; la demi-somme des angles ACB, ABC, étant 75 grades 53 minutes, j'ai

$$\text{ACB} = 75^G\ 53' + 6^G\ 22' = 81^G\ 75',$$

et

$$\text{ABC} = 75^G\ 53' - 6^G\ 22' = 69^G\ 31'.$$

Maintenant, je trouve le côté BC en faisant, d'après l'analogie ordinaire,

$$\log.\ 13\text{-}585 = 1\text{-}1330596$$
$$\log. \sin.\ 48^G\ 94' = 9\text{-}8421320$$
$$\text{C. log. sin.}\ 69^G\ 31' = 0\text{-}0524071$$
$$\text{Somme} - 10 = \log.\ \text{BC} = 1\text{-}0275987$$

D'après ce logarithme, BC = 10 décamètres 656 centimètres; donc je connais les trois côtés du triangle BCV, déterminés plus haut comme il suit :

$$\text{BV} = 13\text{-}205,$$
$$\text{CV} = 11\text{-}\ 93,$$
$$\text{BC} = 10\text{-}656.$$

Enfin, sachant que la demi-somme de ces trois côtés est 17 décamètres 895 centimètres, je détermine la valeur de l'angle BAC d'après la formule (9) du n° 433, ce qui donne, en opérant par les logarithmes,

$$\log.\ (17\text{-}895 - 13\text{-}205) = 0\text{-}6711728$$
$$\log.\ (17\text{-}895 - 11\text{-}\ 93) = 0\text{-}7756104$$
$$\text{C. log.}\ 13\text{-}205 = 8\text{-}8792616$$
$$\text{C. log.}\ 11\text{-}\ 93 = 8\text{-}9233596$$
$$\log. \sin^2 \tfrac{1}{2}\ \text{BDC} = 19\text{-}2494044$$
$$\log. \sin. \tfrac{1}{2}\ \text{BDC} = 9\text{-}6247022$$

Ce logarithme répond au sinus de 27 grades 70 minutes; donc l'angle cherché dans le plan horizontal du triangle imaginé BVC est de 55 grades 40 minutes. (La petite différence qui existe entre le résultat de cette opération et celui de l'opération précédente, vient de ce que nous avons négligé des petites choses dans chacune de ces dernières opérations partielles de logarithmes.)

Pour faire connaître la formule (x) indiquée plus haut, et les cas d'impossibilité que l'on rencontre dans la résolution des triangles que nous considérons sphériques d'après son emploi, nous allons reprendre la résolution d'un problème à peu près semblable à ceux que nous avons résolus précédemment.

PROBLÈME.

Fig. 299. 574. *Réduire l'angle incliné BAC* (Fig. 299) *à l'angle* b*A*c *dans le plan horizontal.*

Nous supposons ici que les deux objets B et C sont tellement situés à l'égard du point A, qui est la station de l'observateur, que l'un se trouve au-dessous de l'horizon A*b* de la quantité B*b*, l'autre au-dessus de l'horizon A*c* de la quantité C*c*, et que l'angle incliné et les deux angles verticaux observés du point A sont respectivement Fig. 299.

$$\text{BAC} = 64^G\ 45'$$
$$\text{BAV} = 105^G\ 42'$$
$$\text{CAV} = 98^G\ 13'.$$

Considérant ces trois angles comme étant la valeur respective des trois côtés EF, EV, FV, d'un triangle sphérique EFV, imaginé dans notre figure, et dont le point A est considéré comme le centre de la sphère sur laquelle il se trouve, il est évident que la formule (x) du numéro 456 doit être préférée pour la résolution de tous problèmes semblables, sauf le cas d'impossibilité que nous ferons connaître dans le numéro suivant.

Si, de cette formule (x) appliquée à la solution des triangles sphériques, on fait

$$\sin. \tfrac{1}{2}\text{A} = \sqrt{\frac{\sin. \frac{1}{2}(a+c-b) \times \sin. \frac{1}{2}(a+b-c)}{\sin.\ b \times \sin.\ c}},$$

on aura, pour la résolution du triangle sphérique EFV,

$$\sin. \tfrac{1}{2}\text{V} = \sqrt{\frac{\sin. \frac{1}{2}(\text{EF}+\text{FV}-\text{EV}) \times \sin. \frac{1}{2}(\text{EF}+\text{EV}-\text{FV})}{\sin. \text{EV} \times \sin. \text{FV}}};$$

puisque les côtés du triangle sphérique sont semblables aux angles observés, il est évident que l'on déterminera la valeur horizontale de l'angle incliné BAC, par la formule

$$\sin. \tfrac{1}{2}\text{A} = \sqrt{\frac{\sin \frac{1}{2}(\text{BAC}+\text{CAV}-\text{BAV}) \times \sin \frac{1}{2}(\text{BAC}+\text{BAV}-\text{CAV})}{\sin. \text{BAV} \times \sin. \text{CAV}}}$$

Si l'on abandonne toutes explications relatives aux triangles sphériques, et que l'on fasse

$$\tfrac{1}{2}(\text{BAC}+\text{CAV}-\text{BAV}) = \tfrac{1}{2}(64^G\ 45' + 98^G\ 13' - 105^G\ 42')$$
$$= \tfrac{1}{2}(162^G\ 58' - 105^G\ 42') = \tfrac{1}{2}\ 57^G\ 16' = 28^G\ 58',$$

puis ensuite

$$\tfrac{1}{2}(\text{BAC}+\text{BAV}-\text{CAV}) = \tfrac{1}{2}(64^G\ 45' + 105^G\ 42' - 98^G\ 13')$$
$$= \tfrac{1}{2}(169^G\ 87' - 98^G\ 13') = \tfrac{1}{2}\ 71^G\ 74' = 35^G\ 87',$$

on aura, par les logarithmes,

$$\log. \sin.\ 28^G\ 58' = 9\text{-}6374948$$
$$\log. \sin.\ 35^G\ 87' = 9\text{-}7276238$$
$$\text{C. log. sin.}\ 105^G\ 42' \text{ ou } 94^G\ 58' = 0\text{-}0015759$$
$$\text{C. log. sin.}\ 98^G\ 13' = 0\text{-}0001874$$
$$\log. \sin^2 \tfrac{1}{2}\ b\text{A}c = 19\text{-}3668819$$
$$\log. \sin. \tfrac{1}{2}\ b\text{A}c = 9\text{-}6834409$$

Ce logarithme répond au sinus de 32 grades 05 minutes. Donc l'angle BAC observé de 64 grades 45 minutes dans un plan incliné à l'horizon, se réduit à celui *b*A*c* de 64 grades 10 minutes, lorsqu'il est projeté sur le plan de l'horizon A*bc*.

575. Soit maintenant l'angle incliné BAC (*Fig.* 300) observé au point A, et les points B et C abaissés au-dessous du plan horizontal passant par A. Fig. 300.

Par les points B et C imaginez les verticales B*b*, C*c*, l'angle BAC devient *b*A*c* sur le plan horizontal.

Fig. 300. Ayant observé au point A l'angle BAC, et les angles verticaux BAP, CAP, formés par les rayons visuels AB, AC, et la ligne à plomb P, supposons que l'on a

$$\begin{aligned} BAC &= 69^{g}\ 57' \\ BAP &= 97^{g}\ 85' \\ CAP &= 86^{g}\ 79'. \end{aligned}$$

D'après la formule (x), on trouvera, par les logarithmes, sachant que la demi-somme des trois côtés EF, EG et FG, du triangle sphérique EFG, représentés respectivement par les angles BAC, BAP et CAP, est 127 grades 10 minutes,

$$\begin{aligned} \log.\ \sin.\ (127^{g}\ 10' - 97^{g}\ 85') &= 9\text{-}6468567 \\ \log.\ \sin.\ (127^{g}\ 10' - 86^{g}\ 79') &= 9\text{-}7721146 \\ \text{C.}\log.\ \sin.\ 97^{g}\ 85' &= 0\text{-}0002477 \\ \text{C.}\log.\ \sin.\ 86^{g}\ 79' &= 0\text{-}0094176 \\ \hline \sin^2 \tfrac{1}{2} b\,\mathrm{A}c &= 19\text{-}4286366 \\ \sin.\ \tfrac{1}{2} b\,\mathrm{A}c &= 9\text{-}7143183 \end{aligned}$$

Ce logarithme répond au sinus de 34 grades 66 minutes. Donc, l'angle incliné BAC se réduit à celui $b\mathrm{A}c$ de 69 grades 32 minutes, lorsqu'il est projeté sur le plan horizontal $\mathrm{A}bc$.

Remarques. L'emploi de la formule (x) et de celles qui en dépendent n'est pas toujours possible; nous allons donner quelques éclaircissemens relatifs au triangle sphérique qui la compose.

La nature d'un triangle sphérique établissant des relations entre ses parties, lorsqu'on prend les trois données au hazard, elles peuvent n'appartenir à aucun triangle sphérique. Nous allons donner le moyen de distinguer si trois données, prises au hasard, appartiennent à un triangle sphérique.

Prenons pour exemple les données qui sont les trois côtés a, b, c, de la formule (x); on peut facilement reconnaître si elles conviennent à un triangle sphérique. En effet, soit a le côté qui n'est pas moindre qu'aucun des autres, on trouvera que a ne peut pas être plus petit que b, ni a plus petit que c, d'où

$$b < a + c,\ c < a + b.$$

Quand le triangle existera, on aura :

$$a + b + c < 400^{g}, a < b + c.$$

Lorsque a ne sera pas moindre que $b + c$, le triangle n'existera pas, car, s'il existait, a serait moindre que $b + c$. Le côté a sera égal à $b + c$, ou sera plus grand que $b + c$.

Tous les triangles sphériques que l'on peut construire avec les trois côtés donnés a, b, c, sont égaux dans toutes leurs parties. Par conséquent, selon que le côté a est moindre que $b + c$, ou n'est pas moindre que $b + c$; la formule (x) résout le problème donné, ou ce problème est impossible.

576. Voici encore différentes formules que l'on peut employer dans la réduction des angles à l'horizon, selon le cas où l'on se trouve; elles se tirent toutes de celles qui précèdent, et que nous avons déjà employées pour la résolution de plusieurs problèmes.

Lorsqu'il se trouve un côté horizontal dans l'observation de l'angle incliné à l'horizon, en nommant A l'angle observé entre les objets, D la distance au zénith, et a l'angle réduit à l'horizon, on a la formule

$$\cos.\ a = \frac{\cos.\ \mathrm{A}}{\sin.\ \mathrm{D}} \ldots\ldots\ldots\ldots (\mathrm{X}).$$

Lorsque les deux angles verticaux ou au zénith sont égaux, on a

$$\sin.\ \tfrac{1}{2}\, a = \frac{\cos.\ \frac{1}{2}\mathrm{A}}{\sin.\ \mathrm{D}} \ldots\ldots\ldots\ldots (\mathrm{Y}).$$

Enfin, si l'un des objets était élevé au-dessus de l'horizon, de la même quantité dont l'autre est abaissé, on aurait :

$$\cos.\ \tfrac{1}{2}\, a = \frac{\cos.\ \frac{1}{2}\mathrm{A}}{\sin\ \mathrm{D}} \ldots\ldots\ldots\ldots (\mathrm{Z}).$$

Nous dirons en passant que dans la formule (X), l'angle réduit est toujours plus petit que l'angle observé; il en est de même lorsque l'un des objets est au-dessus de l'horizon ou de l'observateur, et l'autre au-dessous. Dans la formule (Y), l'angle réduit est plus grand que l'angle observé. Enfin, lorsque les deux objets sont différemment inclinés, soit au-dessus, soit au-dessous de l'observateur, l'angle horizontal peut être plus ou moins grand que l'angle observé; ces deux angles peuvent même être égaux. Voyons pour donner quelques applications numériques.

PROBLÈME.

577. *Réduire l'angle incliné BAC* (Fig. 301), *à l'angle* $b\mathrm{A}c$ *dans le plan horizontal, sachant que le côté AB se trouve horizontal.* Fig. 301.

Si l'on imagine, par le point C, la verticale Cc, l'angle BAC observé de 86 grades 66 minutes, devient l'angle BAc sur le plan horizontal.

Ayant observé au point A l'angle BAC, et l'angle vertical ou la distance au zénith CAV, formé par le rayon visuel AC et la ligne verticale AV; supposons que l'on a

$$\mathrm{CAV} = 95^{g}\ 15';$$

suivant la formule (X), on aura :

$$\text{Cos. BA}c = \frac{\cos.\ 86^{g}\ 66'}{\sin.\ 95^{g}\ 15'};$$

puis, par les logarithmes,

$$\begin{aligned} \log.\ \cos.\ 86^{g}\ 66' &= 9\text{-}3180928 \\ \text{C.}\log.\ \sin.\ 95^{g}\ 15' &= 0\text{-}0012615 \\ \hline \log.\ \cos.\ \mathrm{BA}c &= 9\text{-}3193543 \end{aligned}$$

Ce logarithme répond au cosinus de 86 grades 62 minutes; donc l'angle horizontal BAc est de 86 grades 62 minutes.

Cet angle est de 4 minutes plus petit que l'incliné, ce qui arrive toujours lorsqu'il y a un côté horizontal dans celui observé. Enfin, toute l'opération dépend toujours des données qui sont tirées du triangle sphérique EFV.

PROBLÈME.

Fig. 302. 578. *Réduire l'angle incliné BAC* (Fig. 302), *à l'angle* b*Ac dans le plan horizontal, sachant que les angles aux zénith ou verticaux sont égaux.*

Supposons qu'après les observations nécessaires, on a trouvé :

$$BAC = 50^G\,48',$$
$$BAV \text{ ou } CAV = 88^G\,88';$$

on aura, d'après la formule (Y) :

$$\sin.\tfrac{1}{2}\,bAc = \frac{\sin.\tfrac{1}{2}\,50^G\,48'}{\sin.\,88^G\,88'} = \frac{\sin.\,25^G\,24'}{\sin.\,88^G\,88'}$$

ce qui s'effectue, par les logarithmes, en faisant :

$$\log.\sin.\,25^G\,24' = 9\text{-}5867714$$
$$C.\log.\sin.\,88^G\,88' = 0\text{-}0066592$$
$$\log.\sin.\tfrac{1}{2}\,bAc = 9\text{-}5934306$$

Cherchant ce logarithme dans les tables, on trouve qu'il répond au sinus de 25 grades 65 minutes; donc l'angle réduit bAc est de 51 grades 30 minutes.

Il est évident que les côtés EV, FV, du triangle sphérique EFV, sont aussi égaux; enfin, c'est des trois côtés de ce triangle sphérique que dépend aussi la formation de la formule que nous venons d'employer, puisqu'elle a de l'analogie avec la formule *(x)*.

PROBLÈME.

Fig. 303. 579. *Réduire l'angle incliné BAC* (Fig. 303), *à l'angle* b*Ac dans le plan de l'horizon, sachant que le point B est élevé au-dessus de l'horizon, de la même quantité dont l'autre est abaissé.*

Si l'on imagine les verticales Bb, Cc, il est évident que l'angle BAC deviendra celui bAc sur le plan horizontal.

Supposons maintenant que l'on a mesuré l'angle incliné BAC, les distances au zénith BAV, CAV, et que l'on a eu pour résultat :

$$BAC = 60^G\,12'$$
$$BAV = 102^G\,50'$$
$$CAV = 97^G\,50'.$$

Il est évident que la formule (Z) donnera :

$$\cos.\tfrac{1}{2}\,bAc = \frac{\cos.\tfrac{1}{2}\,60^G\,12'}{\sin.\,97^G\,50'} = \frac{\cos.\,30^G\,06'}{\sin.\,97^G\,50'}$$

Donc, en opérant par les logarithmes, on aura définitivement :

$$\log.\cos.\,30^G\,06' = 9\text{-}9496721$$
$$C.\log.\sin.\,97^G\,50' = 0\text{-}0003350$$
$$\log.\sin.\tfrac{1}{2}\,bAc = 9\text{-}9500071$$

Ce logarithme répondant au cosinus de 29 grades 96 minutes, il est évident que l'angle bAc est de 59 grades 92 minutes, c'est-à-dire 20 minutes plus petit que l'angle observé BAC.

Quant au triangle sphérique EFV, la démonstration est toujours la même.

580. Essayons maintenant un procédé pour réduire graphiquement à l'horizon un angle incliné quelconque; ce procédé donne des résultats assez exacts dans la pratique; nous allons en faire l'application.

Soit, par exemple, l'angle incliné BAC (*Fig.* 297) à réduire sur le plan de l'horizon, sachant que les observations ont donné : Fig. 297.

$$BAC = 48^G\,94',$$

et les deux angles verticaux, ou les distances au zenith,

$$BAV = 70^G\,88'$$
$$CAV = 68^G\,24',$$

comme il a été dit aux numéros 569 et suivans.

Il faut reprendre les parties connues de la figure précitée pour la construction de l'angle réduit, et opérer sur le papier comme il suit :

Tirez une droite indéfinie BC (*Fig.* 304); sur un point Fig. 304.
quelconque V de cette droite, élevez la perpendiculaire AV d'une longueur arbitraire; d'un point A pris à volonté sur AV, menez les droites AB, AC, de manière que vous ayez l'angle BAV de 70 grades 88 minutes, et celui CAV de 68 grades 24 minutes, c'est-à-dire respectivement égaux aux angles au zénith.

Cela fait, construisez un angle $bA'c$ de 48 grades 94 minutes, valeur de l'angle observé dans un plan incliné à l'horizon; prenez les longueurs AB, AC, que vous porterez respectivement de A' en b et de A' en c, et tirez la droite bc.

Ensuite, des points b et c, comme centres, décrivez, avec les rayons BV, CV, deux petits arcs de cercle qui se couperont en un point a; tirez ab, ac, et bac sera l'angle horizontal cherché.

Enfin, si l'on mesure cet angle, on trouvera qu'il est de 55 grades 44 minutes, comme celui bAc déterminé par le calcul dans le numéro 572, qui correspond avec la figure 297 déjà citée dans ce numéro.

581. Nous avons supposé que les objets B et C (*Fig.* 305), dont on veut fixer le lieu sur le plan horizontal, Fig. 305.
étaient relevés d'un seul point A; mais s'il pouvait l'être de deux points; si, par exemple, le point B pouvait s'observer de A et de C, il suffirait de réduire à l'horizon les angles BAC, BCA, sans qu'il fût nécessaire de chercher les distances AD, CP, puisque le point D est déterminé par l'intersection des lignes AD, CP.

RÉDUCTION DES ANGLES AU CENTRE DE LA STATION.

582. Lorsqu'il est impossible de placer le pied central du graphomètre au point d'où l'on veut observer un angle, ce qui arrive quand les points de station sont des tours, des clochers, etc., on transporte le graphomètre dans le point le plus voisin possible; mais comme l'angle observé à côté du centre diffère nécessairement de celui que l'on aurait pris si l'instrument avait été placé à ce centre, la longueur des côtés du triangle se trouve alté-

rée, surtout quand ces côtés sont d'une grande étendue. La méthode suivante a pour objet de ramener au centre des lieux d'observation les angles observés des environs de ce centre.

Ces réductions, que l'on fait ordinairement après celle des angles à l'horizon, peuvent souvent être négligées dans les petites levées; mais il est indispensable d'y avoir égard dans les opérations de quelque importance.

Nous allons, avant de faire connaître cette réduction, donner l'explication des différentes dénominations qu'on a communément employées jusqu'à présent.

1° Les distances comprises entre le point où l'on ob-
Fig. 306. serve et le centre C (*Fig.* 306), telles que CD, CI, CF, CJ, CE, etc., se nomment *distances au centre*.

2° Les droites AC, BC, sont appelées *rayons centraux*.

3° Les angles formés par un rayon visuel et la distance au centre, tels que BDC, AIC, BIC, AFC, BEC, AJC, etc., se nomment *angles à la direction*.

4° Les angles compris entre un rayon visuel et le rayon central correspondant, sont connus sous le nom d'*angles opposés à la distance*.

Cela posé, en prenant la valeur des angles à réduire au centre, l'observateur peut être placé dans la direction du centre à l'un des objets, ou entre les rayons centraux, ou bien encore il peut être placé entièrement au dehors de ces rayons. Enfin, il peut se trouver dans cinq positions différentes à l'égard du centre et des objets à observer, ce qui fournit *cinq cas à parcourir*. Nous donnerons non seulement les formules relatives à chaque cas différent, mais aussi des applications numériques.

Faisons, à ce sujet,

$r =$ la distance au centre,
$y =$ l'angle à la direction,
$d =$ le rayon central à droite,
$g =$ le rayon central à gauche,
$m =$ l'angle opposé à la distance, à gauche,
$n =$ l'angle opposé à la distance, à droite,
$C =$ l'angle réduit ou l'angle ACB,
$o =$ l'angle observé entre A et B.

583. *Premier cas.* L'observateur étant placé dans la direction du centre à l'un des objets, et au-delà de ce centre, en E, par exemple; on n'emploie, dans cette solution, qu'un seul des angles opposés à la distance; c'est, pour cette position, celui à droite que l'on détermine, en faisant

$$n = \frac{r \times \sin.\ o}{d};$$

donc, on a l'angle réduit en employant la formule

$$C = o + n,$$

qui revient à celle

$$C = o + \frac{r \times \sin.\ o}{d}. \qquad \ldots\ldots\ldots\ldots (a)$$

Si, par exemple, l'observateur était en G, sachant que l'angle opposé à la distance, à gauche, se trouve par l'expression Fig. 306.

$$m = \frac{r + \sin.\ o}{g},$$

on déterminerait l'angle réduit, par la formule

$$C = o + m,$$

ou, ce qui est le même, par

$$C = o + \frac{r \times \sin.\ o}{g}. \qquad \ldots\ldots\ldots\ldots (a')$$

Si l'on avait plusieurs angles à réduire au même centre, il faudrait tâcher de se placer de manière à ce qu'on pût apercevoir tous les objets de cet endroit, parce qu'alors il suffit de mesurer un seul angle de direction.

Nous allons faire une application pour le cas que nous traitons, en considérant l'observation faite au point E, et en supposant

$$\begin{aligned} o &= AEB = 41^G\ 25', \\ d &= BC = 16\text{-}6, \\ r &= CE = 10\text{-}4, \\ n &= CBE. \end{aligned}$$

La formule (a) revenant à l'expression

$$ACB = AEB + CBE,$$

ou à la formule

$$ACB = AEB + \frac{CE \times \sin.\ AEB}{BC},$$

ou, enfin, à l'expression

$$ACB = 41^G\ 25' + \frac{10\text{-}4 \times \sin.\ 41^G\ 25'}{16\text{-}6},$$

donne, par les logarithmes,

$$\begin{aligned} \log.\ 10\text{-}4 &= 1\text{-}0170333 \\ \log.\ \sin.\ 41^G\ 25' &= 9\text{-}7807175 \\ C.\ \log.\ \sin.\ 16\text{-}6 &= 8\text{-}7798919 \\ \hline \log.\ \sin.\ n = \log.\ \sin.\ CBE &= 9\text{-}5776427 \end{aligned}$$

Ce logarithme répond au sinus de 24 grades 69 minutes; donc, on a

$$ACB = 41^G\ 25' + 24^G\ 69' = 65^G\ 94'.$$

Cela est évident, puisque l'angle extérieur de tout triangle est égal à la somme des deux angles intérieurs qui lui sont opposés.

Voici la règle générale que l'on suit dans la pratique, relativement au cas que nous traitons. *A l'angle observé, ajoutez l'angle sous lequel est vue, de l'un des objets, la distance du centre à la station.* Ce qui s'accorde effectivement avec les formules (a) et (a').

Si, comme nous l'avons déjà dit plus haut, l'observateur était en G, en supposant les observations et les mesures déterminées comme il suit :

$$\begin{aligned} o &= AGB = 45^G, \\ g &= AC = 24\text{-}5, \\ r &= CG = 12\text{-}19, \\ m &= CAG, \end{aligned}$$

la formule (a') donnerait

$$ACB = AGB + CAG,$$

Fig. 306. ou bien

$$ACB = AGB + \frac{CG \times \sin. AGB}{AC};$$

ce qui revient à l'expression

$$ACB = 45^G + \frac{12\text{-}19 \times \sin. 45^G}{24\text{-}5}.$$

Ainsi, l'on trouve la valeur de m en faisant, par les logarithmes,

log. 12·19 = 1-0860037
log. sin. 45ᴳ = 9-8125444
C. log. sin. 24-5 = 8-6108339

log. sin. m = log. sin. CAG = 9-5093820

Ce logarithme, répondant au sinus de 20 grades 79 minutes, donne encore

$$ACB = 45^G + 20^G\,94' = 65^G\,94'$$

pour la valeur de l'angle réduit; nos formules vont probablement nous donner ce résultat à chaque opération. Voyons au deuxième cas.

584. *Deuxième cas*. L'observateur étant placé dans la direction du centre à l'un des objets, et en deçà de ce centre, en D, par exemple; l'angle opposé à la distance, à droite, est encore exprimé pour ce cas, par l'expression

$$n = \frac{r \times \sin. o}{d};$$

donc, on a l'angle réduit en faisant

$$\left.\begin{array}{l} C = o - n, \\ \text{ou} \\ C = o - \dfrac{r \times \sin. o}{d}. \end{array}\right\} \ldots\ldots\ldots (a'')$$

Si, par exemple, on observait du point F, sachant que l'angle opposé à la distance, à gauche, vaut encore, pour ce même cas,

$$m = \frac{r \times \sin. o}{g},$$

l'angle réduit s'obtient par l'expression

$$\left.\begin{array}{l} C = o - m, \\ \text{ou par celle} \\ C = o - \dfrac{r \times \sin. o}{g}. \end{array}\right\} \ldots\ldots\ldots (a''')$$

Faisons l'application pour le cas qui nous occupe, et supposons que l'on a, en observant du point D,

o = ADB = 90ᴳ,
d = BC = 16-6,
r = DC = 6-2,
n = CBD.

La formule (a'') devient donc

$$ACB = ADB - CBD,$$

ou

$$ACB = ADB - \frac{DC \times \sin. ADB}{BC};$$

ou enfin Fig. 306.

$$ACB = 90^G - \frac{6\text{-}2 \times \sin. 90^G}{16\text{-}6}.$$

Pour trouver la valeur de n, on fait, par les logarithmes,

log. 6-2 = 0-7923917
log. sin. 90ᴳ = 9-9946199
C. log. sin. 16-6 = 8-7798919

log. sin. n = log. sin. CBD = 9-5669035

Ce logarithme répond au sinus de 24 grades 06 minutes; donc on a encore

$$ACB = 90^G - 24^G\,06' = 65^G\,94'.$$

Voici le raisonnement suivi dans la pratique. *De l'angle observé, retranchez l'angle sous lequel est vue, de l'un des objets, la distance du centre à la station.* Ce raisonnement est analogue aux formules (a'') et (a''').

En effet, l'angle

$$ADB = ACB + CBD,$$

donc

$$65^G\,94' + 24^G\,06' = 90^G,$$

valeur de l'angle observé.

Si, par exemple, on était établi au point F, on trouverait

o = AFB = 75ᴳ,
g = AC = 24-5,
r = CF = 3-76,
m = CAF.

La formule (a''') donnerait

$$ACB = AFB - CAF,$$

ou bien

$$ACB = AFB - \frac{CF \times \sin. AFB}{AC};$$

ce qui revient à l'expression

$$ACB = 75^G - \frac{3\text{-}76 \times \sin. 75^G}{24\text{-}5}.$$

Ainsi, l'on détermine la valeur de m par les logarithmes, ce qui donne

log. 3-76 = 0-5751878
log. sin. 75ᴳ = 9-9656153
C. log. 24-5 = 8-6108339

log. sin. m = log. sin. CAF = 9-1516370

Ce logarithme répond au sinus de 9 grades 06 minutes; ce qui donne, pour résultat conforme aux précédens,

$$ACB = 75^G - 9^G\,06' = 65^G\,94'.$$

585. *Troisième cas*. L'observateur étant placé au-delà du centre, par rapport aux objets, et la direction de la station au centre passant dans l'intérieur de l'angle au centre, en H, par exemple; les angles opposés à la distance sont exprimés, pour ce cas, l'un par

$$n = \frac{r \times \sin. y'}{d}\ (1),$$

(1) Ici y' indique l'angle opposé à la distance, à droite, et y celui à gauche.

Fig. 306. et l'autre par

$$m = \frac{r \times \sin. y}{g}.$$

Ainsi, l'on a l'angle réduit en faisant

$$\left.\begin{array}{l} C = o + n + m, \\ \text{ou} \\ C = o + \frac{r \times \sin. y'}{d} + \frac{r \times \sin. y}{g}. \end{array}\right\} \ldots (a'''')$$

Cela déterminé, nous allons en faire l'application, en supposant que l'on a trouvé, par des observations faites au point H,

$$\begin{aligned} o &= \text{AHB} = 40^G, \\ y &= \text{AHC} = 24^G\ 50', \\ y' &= \text{BHC} = 15^G\ 50', \\ d &= \text{BC} = 16\text{-}6, \\ g &= \text{AC} = 24\text{-}5, \\ r &= \text{CH} = 13\text{-}55, \\ n &= \text{CBH}, \\ m &= \text{CAH}. \end{aligned}$$

La formule (a'''') revenant à l'expression

$$\text{ACB} = \text{AHB} + \text{CBH} + \text{CAH},$$

ou bien à la formule

$$\text{ACB} = \text{AHB} + \frac{\text{CH} \times \sin. \text{BHC}}{\text{BC}} + \frac{\text{CH} \times \sin. \text{AHC}}{\text{AC}},$$

ou enfin, à l'expression

$$\text{ACB} = 40^G + \frac{13\text{-}55 \times \sin. 15^G\ 50'}{16\text{-}6} + \frac{13\text{-}55 \times \sin. 24^G\ 50'}{24\text{-}5}.$$

La valeur de n, ou de l'angle CBH, s'obtient, par les logarithmes, en faisant

log. 13-55 = 1-1319393
log. sin. 15ᴳ 50' = 9-3821523
C. log. 16-6 = 8-7798919

log. sin. n = log. sin. CBH = 9-2939835

Ce logarithme répond au sinus de 12 grades 62 minutes; donc on a

$$n = \text{CBH} = 12^G\ 62'.$$

Passons à la valeur de m = CAH, que l'on trouve par la même analogie et par les logarithmes, ce qui donne

log. 13-55 = 1-1319393
log. sin. 24ᴳ 50' = 9-5745123
C. log. 24-5 = 8-6108339

log. sin. m = log. sin. CAH = 9-3172855

Ce logarithme répond au sinus de 13 grades 32 minutes, ce qui donne

$$m = \text{CAH} = 13^G\ 32'.$$

Ces deux angles étant déterminés, il est évident que l'on a

$$\text{ACB} = 40^G + 12^G\ 62' + 13^G\ 32' = 65^G\ 94'.$$

Ce cas nous ramène aussi à la règle générale que l'on emploie dans la pratique; voici comme on la conçoit. *A l'angle observé, ajoutez la somme des angles sous lesquels on voit, des deux objets, la distance du centre à la station.* Fig. 306.

En effet,

$$\text{ACB} = \text{ACI} + \text{BCI};$$

mais

$$\text{ACI} = \text{AHC} + \text{CAH},$$

et

$$\text{BCI} = \text{BHC} + \text{CBH};$$

donc

$$\text{ACB} = \text{AHC} + \text{CAH} + \text{BHC} + \text{CBH} = \text{AHB} + \text{CAH} + \text{CBH}.$$

586. *Quatrième cas.* L'observateur étant placé en-deçà du centre, par rapport aux objets, et la direction de la station au centre passant dans l'intérieur de l'angle au centre, en I, par exemple; les angles opposés n et m se trouvent par les formules données pour le cas que nous venons de traiter précédemment.

Ainsi, l'angle réduit s'obtient en faisant

$$\left.\begin{array}{l} C = o - (n + m), \\ \text{ou} \\ C = o - \left(\frac{r \times \sin. y'}{d} + \frac{r \times \sin. y}{g}\right). \end{array}\right\} \ldots (a^{v})$$

Cette formule étant connue, nous allons en faire l'application, en supposant

$$\begin{aligned} o &= \text{AIB} = 91^G, \\ y &= \text{AIC} = 151^G, \\ y' &= \text{BIC} = 158^G, \\ d &= \text{BC} = 16\text{-}6, \\ g &= \text{AC} = 24\text{-}5, \\ r &= \text{CI} = 5\text{-}99, \\ n &= \text{CBI}, \\ m &= \text{CAI}. \end{aligned}$$

La formule (a^v) revient à l'expression

$$\text{ACB} = \text{AIB} - (\text{CBI} + \text{CAI}),$$

ou bien à la formule

$$\text{ACB} = \text{AIB} - \left(\frac{\text{CI} \times \sin. \text{BIC}}{\text{BC}} + \frac{\text{CI} \times \sin. \text{AIC}}{\text{AC}}\right),$$

ou enfin, à

$$\text{ACB} = 91^G - \left(\frac{5\text{-}99 \times \sin. 158^G}{16\text{-}6} + \frac{5\text{-}99 \times \sin. 151^G}{24\text{-}5}\right).$$

Si l'on cherche la valeur de n = CBI, on aura, en opérant par les logarithmes,

log. 5-99 = 0-7774268
log. sin. 158ᴳ ou 42ᴳ = 9-7873946
C. log. 16-6 = 8-7798918

log. sin. n = log. sin. CBI = 9-3447132

Ce logarithme répond au sinus de 14 grades 19 minutes; donc on a

$$n = \text{CBI} = 14^G\ 19'.$$

La valeur de m = CAI s'obtient aussi par la même ana-

Fig. 306. logie, et l'on a

$$\begin{aligned}\text{log. } 5\text{-}99 &= 0\text{-}7774268\\ \text{log. sin. } 49^G &= 9\text{-}8425548\\ \text{C. log. } 24\text{-}5 &= 8\text{-}6108339\end{aligned}$$

$$\text{log. sin. } m = \text{log. sin. CAI} = 9\text{-}2308155$$

Ce logarithme répond au sinus de 10 grades 87 minutes, ce qui donne

$$m = \text{CAI} = 10^G\ 87'.$$

Donc, on a évidemment

$$\text{ACB} = 91^G - (14^G\ 19' + 10^G\ 87').$$

Voici la règle générale que l'on suit dans le cas que nous traitons. *De l'angle observé, retranchez la somme des angles sous lesquels on voit, des deux objets, la distance du centre à la station.*

Effectivement

$$\text{ACB} = \text{ACI} + \text{BCI};$$

donc

$$\text{ACB} = \text{AIB} - \text{CAI} - \text{CBI} = \text{AIB} - (\text{CAI} + \text{CBI}).$$

587. *Cinquième cas.* L'observateur étant placé de manière que la direction de la station au centre ne passe pas dans l'intérieur de l'angle au centre, en J, par exemple; les angles opposés n et m se déterminent, pour ce cas (seulement lorsque l'observateur est à droite du centre), le premier par l'expression

$$n = \frac{r \times (o + y)}{d},$$

et le second par celle

$$m = \frac{r \times y}{g}.$$

Ainsi, l'on a l'angle réduit en faisant

$$\left.\begin{aligned}&C = o + n - m,\\ &\text{ou, ce qui revient au même,}\\ &C = o + \frac{r \times (o + y)}{d} - \frac{r \times y}{g}.\end{aligned}\right\}\ldots\ldots(a^{vi})$$

Si l'observateur est à gauche du centre, en K, par exemple, on a la valeur des angles opposés n et m par les formules respectives

$$n = \frac{r \times y'}{d},$$

et

$$m = \frac{r \times (o + y')}{g}.$$

Donc, l'angle réduit se trouve, lorsque l'observateur est à gauche du centre, en faisant

$$\left.\begin{aligned}&C = o + m - n,\\ &\text{ou}\\ &C = o + \frac{r \times (o + y')}{g} - \frac{r \times y'}{d}.\end{aligned}\right\}\ldots\ldots(a^{vii})$$

Ces formules étant connues, nous allons commencer par faire une application, en supposant que les observations faites du point J ont donné Fig. 306.

$$\begin{aligned}o &= \text{AJB} = 36^G\ 50',\\ y &= \text{AJC} = 32^G,\\ d &= \text{BC} = 16\text{-}6,\\ g &= \text{AC} = 24\text{-}5,\\ r &= \text{CJ} = 12\text{-}22,\\ n &= \text{CBJ}.\\ m &= \text{CAJ}.\end{aligned}$$

La formule (a^{vi}) revient à l'expression

$$\text{ACB} = \text{AJB} + \text{CBJ} - \text{CAJ},$$

ou bien à la formule

$$\text{ACB} = \text{AJB} + \frac{\text{CJ} \times \text{sin. (AJB} + \text{AJC)}}{\text{BC}} - \frac{\text{CJ} \times \text{sin. AJC}}{\text{AC}},$$

ou enfin à

$$\text{ACB} = 36^G\ 50' + \frac{12\text{-}22 \times \text{sin. } (36^G\ 50' + 32^G)}{16\text{-}6} - \frac{12\text{-}22 \times \text{sin. } 32^G}{24\text{-}5}.$$

Pour trouver la valeur de n = CBJ, on fait, par les logarithmes,

$$\begin{aligned}\text{log. } 12\text{-}22 &= 1\text{-}0870712\\ \text{log. sin. } (36^G\ 50' + 32\ ) &= 9\text{-}9445139\\ \text{C. log. } 16\text{-}6 &= 8\text{-}7798918\end{aligned}$$

$$\text{log. sin. } n = \text{log. sin. CBJ} = 9\text{-}8114769$$

Ce logarithme répond au sinus de 44 grades 88 minutes; donc on a

$$n = \text{CBJ} = 44^G\ 88'.$$

La valeur de m = CAJ s'obtient aussi par la même analogie, ce qui donne

$$\begin{aligned}\text{log. } 12\text{-}22 &= 1\text{-}0870712\\ \text{log. sin. } 32^G &= 9\text{-}6828250\\ \text{C. log. } 24\text{-}5 &= 8\text{-}6108339\end{aligned}$$

$$\text{log. sin. } m = \text{log. sin. CAJ} = 9\text{-}3807301$$

Ce logarithme répond au sinus de 15 grades 44 minutes; donc on a

$$m = \text{CAJ} = 15^G\ 44'.$$

Cela déterminé, il est facile de voir que

$$\begin{aligned}\text{ACB} &= 36^G\ 50' + 44^G\ 88' - 15^G\ 44'\\ &= 36^G\ 50' + 29^G\ 44' = 65^G\ 94.\end{aligned}$$

Dans la pratique, la règle générale de ce dernier cas s'explique aussi comme il suit : *A l'angle observé, ajoutez l'angle sous lequel est vue, de l'objet situé du côté de la station, la distance du centre à la station, et retranchez ensuite l'angle sous lequel on voit cette même distance de l'objet opposé à la station.*

Effectivement,

$$\text{A}a\text{B} = a\text{JB} + a\text{BJ} = \text{AJB} + \text{CBJ},$$

et

$$\text{A}a\text{B} = a\text{CA} + \text{CA}a = \text{ACB} + \text{CAJ};$$

donc les deux valeurs de l'angle AaB doivent être égales; donc

$$\text{AJB} + \text{CBJ} = \text{ACB} + \text{CAJ};$$

d'où il résulte que

$$\text{ACB} = \text{AJB} + \text{CBJ} - \text{CAJ}.$$

Fig. 306. *N. B.* Plus les rayons centraux AC, BC, de l'angle réduit sont éloignés de l'égalité, plus la réduction est considérable, surtout si les angles AJC, BJC, diffèrent beaucoup.

Supposons maintenant que l'on a trouvé, en observant du point K,

$$o = AKB = 71^{\circ},$$
$$y' = BKC = 53^{\circ},$$
$$d = BC = 16\text{-}6,$$
$$g = AC = 24\text{-}5,$$
$$r = CK = 10\text{-}75,$$
$$n = CBK,$$
$$m = CAK.$$

La formule (a^{vii}) revient à l'expression

$$ACB = AKB + CAK - CBK,$$

ou bien encore, à

$$ACB = AKB + \frac{CK \times \sin.(AKB + BKC)}{AC} - \frac{CK \times \sin.\ BKC}{BC}$$

ou enfin, à

$$ACB = 71^{\circ} + \frac{10\text{-}75 \times \sin.\ (71^{\circ} + 53^{\circ})}{24\text{-}5} - \frac{10\text{-}75 \times \sin.\ 53^{\circ}}{16\text{-}6}.$$

On trouve la valeur $m = CAK$, en faisant, par les logarithmes,

$$\log.\ 10\text{-}75 = 1\text{-}0314085$$
$$\log.\ \sin.\ (71^{\circ} + 53^{\circ}) = 9\text{-}9683786$$
$$C.\ \log.\ 24\text{-}5 = 8\text{-}6108339$$
$$\log.\ \sin.\ m = \log.\ \sin.\ CAK = 9\text{-}6106210$$

Ce logarithme répond au sinus de 26 grades 75 minutes, donc

$$m = CAK = 26^{\circ}\ 75'.$$

Cherchant aussi la valeur de $n = CBK$, par l'analogie précédente, on a :

$$\log.\ 10\text{-}75 = 1\text{-}0314085$$
$$\log.\ \sin.\ 53^{\circ} = 9\text{-}8690152$$
$$C.\ \log.\ 16\text{-}6 = 8\text{-}7798918$$
$$\log.\ \sin.\ n = \log.\ \sin.\ CBK = 9\text{-}6803155$$

Ce logarithme répond au sinus de 31 grades 81 minutes; donc

$$n = CBK = 31^{\circ}\ 81'.$$

Enfin l'on a

$$ACB = 71^{\circ} + 26^{\circ}\ 75' - 31^{\circ}\ 81' = 65^{\circ}\ 94'.$$

588. Il existe assez souvent une difficulté, c'est de connaître r lorsque cette distance ne peut être mesurée directement, c'est-à-dire lorsqu'il n'est point possible d'aller du point de la station à la verticale qui passe par le point C.

Si cet objet C est élevé au milieu d'une tour, d'un moulin à vent, ou de tout autre bâtiment à base circulaire, mesurez d'abord jusqu'au mur, et ensuite vous chercherez le diamètre de cet édifice par les méthodes que donne la géométrie.

On peut, par exemple, appliquer bien exactement une corde ou une chaîne à beaucoup de chaînons, le long du mur circulaire; la longueur de cette chaîne ou de cette corde, mesurée avec soin, sera la circonférence du cercle. Fig. 306.

Supposons que l'on a trouvé une circonférence de 5 décamètres 328 centimètres; pour connaître le diamètre de la base circulaire de cet édifice, on a, par les logarithmes,

$$\log.\ 5\text{-}328 = 0\text{-}7265642$$
$$C.\ \log.\ 3\text{-}1416 = 9\text{-}5028491$$
$$\text{Somme} - 10 = \log.\ \text{diamètre} = 0\text{-}2294133$$

Ce logarithme répond à 1 décamètre 6959 millimètres qui est la longueur du diamètre de l'édifice; donc, le rayon cherché est de 8 mètres 4745 dix-millièmes.

Les logarithmes constans que nous avons donnés *(404)*, fournissent des résultats assez conformes au précédent; si l'on prend celui qui correspond au rapport d'Archimède, on aura :

$$\log.\ 5\text{-}328 = 0\text{-}7265642$$
$$\log.\ \tfrac{7}{22} = 9\text{-}5026753$$
$$\text{Somme} - 10 = \log.\ \text{diamèt.} = 0\text{-}2292396$$

Le diamètre correspondant sera de 1 décamètre 6953 millimètres; donc le rayon se trouvera de 8 mètres 4765 dix-millièmes. On devait s'attendre à un résultat trop fort puisque c'est un des rapports les plus simples.

Le logarithme constant qui correspond au rapport d'Adrien Métius, donne

$$\log.\ 5\text{-}328 = 0\text{-}7265642$$
$$\log.\ \tfrac{113}{355} = 0\text{-}5027501$$
$$0\text{-}2294143$$

Ce résultat présente un diamètre semblable à celui que nous avons trouvé dans la première opération pour laquelle nous avons pris le rapport de 1 à 3-1416; donc on doit éviter le rapport de 7 à 22, lorsque l'on veut des résultats exacts.

On peut aussi renfermer le cercle dans quatre droites qui lui soient tangentes; après s'être assuré que toutes ces lignes sont égales, la moitié de l'une d'elles sera le rayon du cercle, ou la longueur qu'il faut ajouter à la distance du mur à la station pour connaître r, ou la distance du centre C à la station.

Lorsqu'on se trouve dans un clocher pour observer, on détermine la ligne verticale qui passe par le centre en attachant un fil-à-plomb à la flèche de cet édifice, et l'on mesure la distance du point d'observation à ce fil-à-plomb, avec une chaîne, un cordeau ou une longue règle divisée.

MANIÈRE D'OBTENIR LA DISTANCE RESPECTIVE DES POINTS D'UN CANEVAS.

589. Il arrive souvent, lorsqu'on veut rapporter les principaux points d'un plan sur le papier, qu'on rencontre de la difficulté à donner à une ligne fort longue autant de parties de l'échelle de la carte qu'on a trouvé de me-

sures par le calcul pour son exacte longueur sur le terrain ; on a imaginé, pour éviter ces inconvéniens, de rapporter la position de chaque point à une droite qu'on appelle *méridienne* (255), et à une autre droite perpendiculaire à celle-ci, que l'on nomme la *perpendiculaire*.

Cette opération est une des plus importantes dans la levée des plans.

On sait que la méridienne est une ligne tracée dans la direction du nord au midi. Nous avons donné le moyen de la déterminer aux numéros 257, 258 et 259. Comme il importe peu que cette ligne se dirige directement au vrai nord, pour l'opération dont il s'agit, l'aiguille aimantée est suffisante pour avoir sa direction.

On a coutume de faire passer ces deux lignes par le lieu principal de la triangulation ; c'est ordinairement le clocher de la commune. On dit alors que ces points sont rapportés au méridien du lieu ; mais on peut rapporter à tout autre point, cela est indifférent pour l'opération.

Quand on a la distance de tous les points d'un canevas à la méridienne et à sa perpendiculaire, rien n'est plus facile que d'avoir la distance de ces points entre eux. Voici les procédés qu'il faut suivre :

590. Il peut se présenter quatre cas que nous allons successivement parcourir. La lettre x indique le point où
Fig. 307. les parallèles rencontrent la méridienne NS (*Fig.* 307 *et suivantes*); celle y indique celui où elles rencontrent la perpendiculaire EO.

Premier cas. Soient, par exemple, les deux points A et B (*Fig.* 307), dont on connaît les distances à la méridienne NS et à la perpendiculaire EO.

Mesurez des deux points A et B des parallèles à la méridienne et à sa perpendiculaire, vous formerez le triangle rectangle ABC, dans lequel il faut chercher l'hypothénuse AB, connaissant les côtés AC et BC de l'angle droit C.

AC est connu, car il vaut

$$Ay - Cy = Ay - By,$$

différence entre les distances des points A et B à la perpendiculaire.

BC est connu également, car il vaut

$$Bx - Cx = Bx - Ax,$$

différence entre les distances des points A et B à la méridienne.

Sachant maintenant que

$$Ay = 3\text{-}2,\quad By = 1\text{-}7,\quad Ax = 4\text{-}6,\quad Bx = 6\text{-}9,$$

on a, d'après ce qui vient d'être dit,

$$AC = 3\text{-}2 - 1\text{-}7 = 1\text{-}5,$$

puis

$$BC = 6\text{-}9 - 4\text{-}6 = 2\text{-}3.$$

Ainsi, pour connaître la longueur de AB, on a, d'après la première des formules (8) du numéro 422, et en opérant par les logarithmes,

$$\log.\ AC^2 = 2\log.\ 1\text{-}5 = 0\text{-}3521826 = 2\text{-}25$$
$$\log.\ BC^2 = 2\log.\ 2\text{-}3 = 0\text{-}7234556 = 5\text{-}29$$
$$AC^2 = BC^2 = 7\text{-}54 = AB^2$$

et ensuite

$$\log.\ AB^2 = \log.\ 7\text{-}54 = 0\text{-}8773713$$
$$\log.\ AB = 0\text{-}4386856$$

Ce logarithme, qui est la moitié de celui du carré de AB, répond à 2-7459; ainsi, il est évident que le point A est éloigné du point B de 2 décamètres 7459 millimètres, longueur de l'hypothénuse cherchée.

591. Règle générale. Pour obtenir la distance entre deux objets d'un canevas, par le moyen des distances de ces deux objets à la méridienne et à sa perpendiculaire, il s'agit de trouver l'hypothénuse d'un triangle rectangle par la connaissance des deux côtés de l'angle droit. Ces côtés sont l'un, la somme ou la différence des distances à la méridienne, suivant que l'hypothénuse coupe ou ne coupe pas la méridienne, et l'autre, la somme ou la différence des distances à la perpendiculaire, suivant que l'hypothénuse coupe ou ne coupe pas la perpendiculaire.

On peut donc, par ce moyen, vérifier si les côtés des triangles d'un canevas sont tels que les a fournis la résolution de ces triangles, et acquérir ainsi la certitude que l'on a bien opéré.

592. *Deuxième cas.* Soient, par exemple, les deux points A et B (*Fig.* 308), situés de manière que la droite Fig. 308.
qui les réunit coupe la méridienne.

Menez des deux points A et B des parallèles indéfinies à la méridienne et à la perpendiculaire, vous formerez le triangle rectangle ABC, dans lequel il faut chercher l'hypothénuse AB, connaissant AC et BC.

AC est connu, car il vaut

$$Ay - Cy = Ay - By,$$

différence entre les distances des points A et B à la perpendiculaire.

BC est connu également, car il vaut

$$Bx + Cx = Bx + Ax;$$

somme des distances des points A et B à la méridienne. Cette démonstration est analogue à celle que l'on pourrait faire du triangle rectangle ABc.

Sachant que

$$Ay = 3\text{-}6,\quad By = 1\text{-}3,\quad Ax = 2\text{-}4,\quad Bx = 4\text{-}9,$$

on a

$$AC = 3\text{-}6 - 1\text{-}3 = 2\text{-}3,$$

et

$$BC = 4\text{-}9 + 2\text{-}4 = 7\text{-}3.$$

La formule que nous avons employée dans le cas précédent, donne encore, en opérant par les logarithmes,

log. AC² = 2 log. 2-3 = 0-7234556 = 5-29
log. BC² = 2 log. 7-3 = 1-7266458 = 53-29

AC² + BC² = 58-58 = AB²

et ensuite

log. AB² = log. 58-58 = 1-7677494
log. AB = 0-8838747

Ce dernier logarithme, qui est la moitié du précédent ou de celui du côté de AB, répond à 7 décamètres 6538 millimètres, longueur de l'hypothénuse AB du triangle rectangle ABC.

593. *Troisième cas.* Soient, par exemple, les deux
Fig. 309. points A et B (*Fig.* 309), situés de manière que la droite qui les joint coupe la perpendiculaire à la méridienne.

Menez des deux points A et B des parallèles indéfinies à la méridienne et à la perpendiculaire, vous formerez le triangle rectangle ABC, dans lequel il faut chercher l'hypothénuse AB, connaissant AC et BC.

AC est connu, car il vaut

$$Ay + Cy = Ay + By,$$

somme des distances des points A et B à la perpendiculaire.

BC est connu également, puisqu'il vaut

$$Bx - Cx = Bx - Ax,$$

différence entre les distances des points A et B à la méridienne. Nous ne nous occuperons pas de la démonstration du triangle rectangle AB*c*, attendu qu'elle a beaucoup d'analogie avec celle du triangle ABC, que nous traitons.

Sachant que

A*y* = 3-6,
B*y* = 4-1,
A*x* = 2-5,
B*x* = 5-7,

il est clair que

AC = 3-6 + 4-1 = 7-7,

et

BC = 5-7 — 2-5 = 3-2.

Pour connaître la distance du point A au point B, on fait, par les logarithmes et d'après la formule ordinaire qui donne la longueur de l'hypothénuse d'un triangle rectangle dans les deux côtés de l'angle droit,

log. AC² = 2 log. 7-7 = 1-7729814 = 59-29
log. BC² = 2 log. 3-2 = 1-0103000 = 10-24

AC² + BC² = 69-53 = AB²

et ensuite

log. AB² = log. 69-53 = 1-8421722
log. AB = 0-9210861

Ce logarithme répond à 8 décamètres 3385 millimètres, longueur de l'hypothénuse AB.

594. *Quatrième cas.* Soient, par exemple, les deux
Fig. 310. points A et B (*Fig.* 310), situés de manière que la droite qui les réunit coupe la méridienne et sa perpendiculaire.

Menez des deux points A et B des parallèles indéfinies Fig. 310.
à la méridienne et à sa perpendiculaire, vous formerez le triangle rectangle ABC, dans lequel il faut chercher l'hypothénuse AB, connaissant AC et BC.

AC est connu, car il vaut

$$Ax + Cx = Ax + Bx,$$

somme des distances des points A et B à la méridienne.

BC est également connu, puisqu'il vaut

$$By + Cy = By + Ay,$$

somme des distances des points A et B à la perpendiculaire. Même démonstration que la précédente pour le triangle rectangle A B*c*.

Sachant maintenant que

A*x* = 3-1,
B*x* = 6-2,
A*y* = 5-0,
B*y* = 3-3,

on a évidemment

AC = 3-1 + 6-2 = 9-3,

puis

BC = 3-3 + 5-0 = 8-3.

On trouve la valeur de l'hypothénuse AB en faisant, par l'analogie ordinaire et les logarithmes,

log. AC² = log. 9-3 = 1-9369658 = 86-49
log. BC² = log. 8-3 = 1-8381562 = 68-89

AC² + BC² = 155-38 = AB²

puis

log. AB² = log. 155-38 = 2-1913951
log. AB = 1-0956975

Ce logarithme répond à la distance du point A au point B, qui est de 12 décamètres 465 centimètres; il est évident que c'est aussi la longueur de l'hypothénuse AB du triangle rectangle ABC.

On peut donc, par ces opérations, vérifier si les côtés des triangles d'un canevas sont tels que les a fournis la résolution de ces triangles, et acquérir ainsi la certitude qu'on a bien opéré. C'est le procédé le plus court et le plus sûr que l'on puisse faire connaître pour ces sortes de vérification.

Voici encore deux problèmes que l'on rencontre souvent dans la levée des plans; nous les mettrons donc, ainsi que ce qui précède, au rang des opérations préliminaires; le suivant a de l'analogie avec le dernier cas que nous venons de traiter.

PROBLÈME.

595. *Etant données les distances des deux points A et B* (Fig. 311) *d'un lieu quelconque H, à la méridienne* Fig. 311.
et à sa perpendiculaire, trouver l'angle que forme la droite AB avec la parallèle à la méridienne qui passe par le point A.

On a coutume, en calculant les distances à la méridienne et à sa perpendiculaire, d'indiquer, à chaque point, l'angle que fait la méridienne avec le côté qui re-

Fig. 311. présente l'hypothénuse du triangle rectangle que l'on calcule; c'est ainsi que nous ferons, quand nous nous occuperons de ce travail (ce qui aura lieu dans la deuxième section de ce chapitre). Dans ce cas, l'angle demandé par l'énoncé de ce problème se trouve déterminé, si l'on a mis de l'ordre dans les calculs; mais si l'on avait oublié d'inscrire cet angle, on le trouverait de cette manière.

Ajoutez, comme dans le numéro précédent, les distances à la méridienne qui sont

$$\text{A}x = 3\text{-}9,$$
$$\text{B}x = 1\text{-}4,$$

vous aurez, dans le triangle rectangle ABC, le côté

$$\text{BC} = 3\text{-}9 + 1\text{-}4 = 5\text{-}3.$$

Ajoutez aussi les distances à la perpendiculaire qui sont

$$\text{A}y = 1\text{-}7,$$
$$\text{B}y = 5\text{-}0,$$

vous aurez l'autre côté de l'angle droit exprimé par

$$\text{AC} = 1\text{-}7 + 5\text{-}0 = 6\text{-}7.$$

Cela posé, vous connaîtrez les deux côtés de l'angle droit du triangle rectangle proposé, et par conséquent l'angle BAC, que vous déterminerez par l'une des formules (6) ou (7) du numéro 422, qui revient ici à celle

$$\text{tang. BAC} = \frac{\text{BC}}{\text{AC}},$$

ou à l'expression numérique

$$\text{tang. BAC} = \frac{5\text{-}3}{6\text{-}7};$$

ce qui donne par les logarithmes

$$\text{log. } 5\text{-}3 = 0\text{-}7242759$$
$$\text{C. log. } 6\text{-}7 = 9\text{-}1739252$$
$$\text{log. tang. BAC} = 9\text{-}8982011$$

Ce logarithme répond à 42 grades 61 minutes; donc, l'angle BAC = 42 grades 61 minutes.

On pourrait ainsi, en connaissant cet angle, trouver la longueur de l'hypothénuse AB; le calcul serait peut-être plus court que celui que nous avons employé dans le numéro dernier. Enfin, la formule (1) du numéro 422 se résoudrait mieux par les logarithmes que la première formule (8) du même numéro; mais il faudrait avant tout déterminer un angle aigu, ce qui ferait deux opérations pour une.

On voit assez ce qu'il y aurait à faire, si les points A et B avaient une autre position, par rapport à la méridienne du point H, à laquelle ils sont rapportés.

Cette méthode fournit le moyen de lier ensemble deux points appartenans à deux chaînes différentes des triangles, dont tous les sommets sont rapportés à une méridienne et à sa perpendiculaire.

PROBLÈME.

596. *Connaissant les distances de trois points A, B,*
Fig. 312. *C, (Fig. 312) à la méridienne et à la perpendiculaire d'un lieu donné, déterminer les trois côtés du triangle formé par ces points.* Fig. 312.

Ce problème a de l'analogie avec le précédent.

En supposant que les distances Ax, Bx, Cx, des trois objets connus à la méridienne, sont respectivement indiqués par a, b, c, et les trois distances Ay, By, Cy, à la perpendiculaire, par a', b', c', on a, par la propriété du triangle rectangle,

$$\text{AB} = \sqrt{(b-a)^2 + (a'-b')^2},$$
$$\text{AC} = \sqrt{(c-a)^2 + (a'-c')^2},$$
$$\text{BC} = \sqrt{(c-b)^2 + (b'-c')^2},$$

Dans ces trois formules, il faut faire attention à la position des trois objets, relativement à la méridienne et à sa perpendiculaire. Dans cet exemple, la situation des trois sommets nous donne

$$a > b,\ b > c,$$

et

$$a' > b',\ a' > c'.$$

Cela posé, et sachant que

$$a = \text{A}x = 4\text{-}2,$$
$$b = \text{B}x = 6\text{-}7,$$
$$c = \text{C}x = 11\text{-}8,$$
$$a' = \text{A}y = 7\text{-}5,$$
$$b' = \text{B}y = 3\text{-}4,$$
$$c' = \text{C}y = 2\text{-}0,$$

on prépare les calculs, en faisant

$$b - a = \text{B}x - \text{A}x = 2\text{-}5,$$
$$c - a = \text{C}x - \text{A}x = 7\text{-}6,$$
$$c - b = \text{C}x - \text{B}x = 5\text{-}1,$$
$$a' - b' = \text{A}y - \text{B}y = 4\text{-}1,$$
$$a' - c' = \text{A}y - \text{C}y = 5\text{-}5,$$
$$b' - c' = \text{B}y - \text{C}y = 1\text{-}4,$$

et la formule que nous avons donnée pour déterminer AB revient à celle

$$\text{AB} = \sqrt{(\text{B}x - \text{A}x)^2 + (\text{A}y - \text{B}y)^2},$$

ou à l'expression

$$\text{AB} = \sqrt{\overline{2\text{-}5}^2 + \overline{4\text{-}1}^2},$$

que l'on résout par les logarithmes, ce qui donne

$$\text{log. } (\text{B}x - \text{A}x) = 2 \text{ log. } 2\text{-}5 = 0\text{-}7958800 = 6\text{-}25$$
$$\text{log. } (\text{A}y - \text{B}y) = 2 \text{ log. } 4\text{-}1 = 1\text{-}2255678 = 16\text{-}81$$
$$\text{AB}^2 = 23\text{-}06$$

puis ensuite

$$\text{log. AB}^2 = \text{log. } 23\text{-}06 = 1\text{-}3628593$$
$$\text{log. AB} = 0\text{-}6814296$$

Ce logarithme, qui est la moitié de celui du carré de AB, répond, dans les tables, à 4 décamètres 8021 millimètres, longueur du côté AB du triangle proposé.

En effet, la formule peut être mise sous la forme suivante :

$$\text{AB}^2 = (b-a)^2 + (a'-b')^2,$$

Fig. 312. qui revient de même à

$$AB^2 = (Bx - Ax)^2 + (Ay - By)^2.$$

Pour déterminer la longueur de AC, on résout, par les logarithmes, ou d'une autre manière, la seconde formule qui revient à celle

$$AC = \sqrt{(Cx - Ax)^2 + (Ay - Cy)^2},$$

ou à l'expression

$$AC = \sqrt{7{\cdot}6^2 + 5{\cdot}5^2},$$

ce qui donne

$$\log.\,(Cx - Ax)^2 = 2 \log.\ 7{\cdot}6 = 1{\cdot}7616272 = 57{\cdot}76$$
$$\log.\,(Ay - Cy)^2 = 2 \log.\ 5{\cdot}5 = 1{\cdot}4807254 = 30{\cdot}25$$
$$AC^2 = 88{\cdot}01$$

et ensuite

$$\log.\ AC^2 = \log.\ 88{\cdot}01 = 1{\cdot}9445320$$
$$\log.\ AC = 0{\cdot}9722660$$

D'après ce dernier logarithme, on trouve que le côté AC du triangle proposé est de 9 décamètres 3814 millimètres.

La seconde formule pouvait encore être rapportée comme il suit :

$$AC^2 = (c - a)^2 + (a' - c')^2,$$

ou bien comme celle

$$AC^2 = (Cx - Ax)^2 + (Ay - Cy)^2.$$

Enfin, la troisième et dernière formule que nous avons donnée plus haut, et qui revient à celle

$$BC = \sqrt{(Cx - Bx)^2 + (By - Cy)^2},$$

et à l'expression

$$BC = \sqrt{5{\cdot}1^2 + 1{\cdot}4^2},$$

donne la longueur de BC, en faisant, par les logarithmes,

$$\log.\,(Cx - Bx)^2 = 2 \log.\ 5{\cdot}1 = 1{\cdot}4151404 = 26{\cdot}01$$
$$\log.\,(By - Cy)^2 = 2 \log.\ 1{\cdot}4 = 0{\cdot}2922560 = 1{\cdot}96$$
$$BC^2 = 27{\cdot}97$$

et ensuite

$$\log.\ BC^2 = \log.\ 27{\cdot}97 = 1{\cdot}4466925$$
$$\log.\ BC = 0{\cdot}7233462$$

Ce logarithme répond à 5 décamètres 2887 millimètres, longueur de BC.

Quant à la formule que nous venons de résoudre, on sait qu'elle peut se mettre sous la forme suivante :

$$BC^2 = (c - b)^2 + (b' - c')^2,$$

ainsi que nous l'avons dit des deux autres.

DESSIN A LA PLUME POUR LES PLANS ET LES CARTES.

597. Pour traiter toutes les opérations que l'on rencontre dans la levée et la construction des plans, des cartes, etc., par des démonstrations nettes, évidentes et suivies d'applications générales, nous allons parler de toutes les parties qui peuvent couvrir la surface d'un plan, en Fig. 312.
détaillant, autant que possible, la manière de les représenter.

Pour parvenir à dessiner purement à la plume, il faut beaucoup d'exercice et de hardiesse, et surtout pour exécuter un plan sur une grande échelle. Il faut s'habituer à dessiner avec les plumes ordinaires, qui, pourvu qu'elles soient de bonne qualité, peuvent être taillées aussi fines qu'on peut le désirer.

On peut finir entièrement un plan ou un dessin topographique avec une plume et de l'encre de la Chine ; tous les accidens du terrain peuvent être rendus par ce procédé ; mais il est plus difficile d'exprimer les différentes cultures par ce moyen que par celui des teintes. Nous ne parlerons du lavis et des teintes conventionnelles que vers la fin de l'ouvrage, où nous mettrons en parallèle les anciens dessins et les modernes.

Voyons pour donner tout ce qui est relatif à la confection des dessins que l'on appelle terminés ou anciens.

DES OMBRES.

598. Quoique les ombres soient indispensables dans le dessin, elles ne le sont pas dans ce genre, si l'on se contente d'un simple trait indicatif des contours de chaque pièce de terre, comme on le fait pour la plupart des plans terriers ; mais, dans le dessin des plans géométriques, on les emploie pour produire de l'effet et donner à ce plan un aspect agréable.

On a coutume de supposer que tous les objets sont éclairés de gauche à droite par le soleil élevé sur l'horizon, de manière à les frapper de ses rayons par un angle de 50 grades, comme le représente la figure 313, où l'on voit un double mètre recevoir la lumière à gauche et porter, par conséquent, son ombre à droite.

Les arbres isolés et les vignes qui présentent de l'élévation sur la carte portent donc une ombre égale à leur hauteur (522). Effectivement, si l'on expose bien verticalement au soleil élevé de 50 grades au-dessus de l'horizon un double mètre AB (*Fig.* 313), son ombre A*b*, Fig. 313.
projetée sur un terrain de niveau, sera aussi de 2 mètres de longueur.

Il est difficile de donner une règle générale pour ce genre de dessin ; si l'on suivait la loi précédente, un arbre dessiné sur une grande échelle chargerait trop le plan de son ombre portée : en suivant ce procédé, l'ombre de l'objet suivra la direction d'une ligne formant un angle de 50 grades avec la base du dessin, comme, par exemple, dans la figure 314, où l'ombre *ab* du double mètre *a* fait un angle de 50 grades avec la droite AB qui est parallèle à la base du dessin. L'ombre du double mètre *a* étant alors de 2 mètres, il est évident que celle *cd* du mètre *c* sera de 1 mètre, et sera toujours dessinée en faisant le même angle avec la droite AB.

Enfin, il y a beaucoup de géomètres qui supposent que les édifices, les haies, et en général tout ce qui forme sur nature une enceinte saillante et élevée, ont un mètre au-dessus du sol et portent, par conséquent, une ombre d'un mètre de largeur; ils font sentir les côtés éclairés en leur donnant un trait délié, et ils accusent vigoureusement les côtés dans l'ombre.

N. B. Nous allons donner connaissance de la construction de tous les dessins anciens et modernes, sans exciter notre lecteur à suivre tel ou tel procédé, attendu qu'il n'y en a pas un qui soit suivi généralement par tous les arpenteurs-géomètres.

DES ARBRES.

599. Pour parvenir à bien dessiner les arbres avec facilité, il faut beaucoup s'exercer à faire des études de feuillages et des groupes isolés. Rien sur un plan ne produit autant d'effet que la représentation soignée des arbres des chemins ou grandes routes; mais l'agrément disparaît lorsque, dans un plan exact, les arbres et les bois ne présentent qu'un amas de taches plus ou moins noires et confuses. Les arbres sont véritablement difficiles à dessiner; on verra cependant qu'un travail de plusieurs heures, d'après ce qui va suivre, menera facilement au succès.

Dessinez légèrement pendant quelques heures l'exer-
Fig. 315. cice de la figure 315; accoutumez-vous à faire sentir assez fort l'ombre de chaque partie, quelle que soit sa position; ne négligez rien dans la grandeur de vos premiers coups de plume, qui doivent être arrondis sans être bouclés.

Passez ensuite à l'exécution des dessins semblables à ceux donnés dans la figure 316, en ayant le soin de prononcer en vigueur le côté de l'ombre, comme nous l'avons déjà dit plus haut. En combinant quelques-uns de ces
Fig. 317. feuillers et les rattachant à un centre *a* (*Fig.* 317), pour qu'il y ait de l'unité, vous aurez la forme d'une cépée de taillis, du centre de laquelle vous descendrez une tige qui vous donnera le dessin d'un arbre à tige.

Ce dessin régulier et méthodique ayant peu de grâce, et étant contraire à la nature, ne remplit pas son but; voici le procédé qu'il faut suivre pour avoir un arbre qui ait de l'analogie avec le dessin de la figure 318. Faites des grands feuillers et des petits entremêlés, de manière que l'équilibre de l'arbre soit établi, et qu'il ne paraisse pas dégarni d'un côté et trop touffu de l'autre.

Fig. 319. Les figures 319, 320, 321 et 322 donnent différens modèles d'arbres employés sur les chemins, grandes routes, etc.; l'arbre de la figure 319 est un pommier, celui de la figure 320 est un peuplier, celui 321 un sapin, et
Fig. 322. celui 322 un saule. On ne prend pas souvent la peine de reproduire ces arbres avec autant d'exactitude.

Maintenant beaucoup de géomètres soumettent les arbres à la projection horizontale, et les expriment par des masses de feuillages en rapport avec l'échelle, du moins autant que cela est possible. Les arbres isolés étant ainsi dessinés, il est impossible de faire sentir leur nature; les sapins seuls peuvent s'exprimer d'une manière particulière.

Effectivement, les arbres donnés par les figures 319 et 320, étant rapportés à la projection horizontale, produisent presque toujours la même chose, c'est-à-dire des dessins semblables à ceux A, B, C, D, E, F (*Fig.* 323), Fig. 323.
quelle que soit la hauteur des arbres. Les sapins produisent tout-à-fait des dessins analogues à leur situation naturelle; si, par exemple, on rapporte le sapin de la figure 321 à la projection de l'horizon, on aura, au moyen d'échelles plus petites, toujours des dessins semblables à ceux *a*, *b*, *c*, *d*, *e*, *f*, *g* (*Fig.* 324). Quant au saule représenté par la figure 322, il n'est pas possible de le projeter avec distinction, il produirait le même effet que les pommiers, poiriers, ormes, peupliers, etc., que l'on indique, dans ce cas, par les dessins de la figure 323.

N. B. Nous avons cru qu'il était inutile de donner des exercices analogues à ceux des figures 315 et 316, pour introduire au dessin exact de ce qui compose les figures 323 et 324; car il est facile de faire la projection horizontale d'un objet quelconque, surtout d'un arbre, quand on sait le dessiner comme il a été dit plus haut.

600. Pour ombrer les arbres à projection horizontale, les détacher des fonds et leur donner le relief convenable, les ombres portées pour représenter leurs formes doivent être hachées par de petites tailles très-fines et très-serrées, et dirigées de manière à former un angle de 50 grades avec la base du dessin, comme nous l'avons démontré au numéro 598, appuyé par la figure 314.

On peut, d'après ce qui vient d'être dit, distinguer les différentes formes des arbres dont les dessins sont projetés sur le plan horizontal. Par exemple, si l'arbre B (*Fig.* 323) est un pommier, on le distinguera très-bien
par le dessin ombré A (*Fig.* 325); si c'est un peuplier, Fig. 325.
on le distinguera encore mieux par B; enfin, le sapin *b* (*Fig.* 324), par exemple, produit, étant ombré, un dessin C (*Fig.* 325) d'une forme aussi intelligible que celui de la figure 321.

L'ombre des pommiers et celle des peupliers distinguent ces arbres aussi bien que les figures 319 et 320. Cette sorte de dessin paraît encore assez suivie. Nous recommandons bien de placer l'ombre à une petite distance de l'arbre sur les plans à petite échelle. Voyez à ce sujet les dessins ombrés de la figure 326. On peut aussi, par ce procédé, distinguer certains écarts de la nature qui peuvent se rencontrer dans les espèces d'arbres que nous
venons d'indiquer; la figure 327 est un de ces dessins. Fig. 327.

Nous terminons ces applications en disant qu'aujourd'hui l'usage a trouvé de l'avantage à ne figurer sur le plan que la circonférence des arbres sur les chemins, comme s'ils étaient sciés à fleur de terre. Donc, les arbres isolés, ou ceux qui bordent les routes et les canaux, sont représentés par des points, comme ceux de l'avenue P' *t* (*Fig.* 348).

DES BOIS ET FORÊTS.

601. Les bois sont plutôt du domaine des tracés géométriques que de celui des cartes topographiques; aussi, est-il rare qu'ils soient représentés en petites parcelles sur les derniers; il faut, dans tous les cas, les dessiner avec beaucoup de légèreté, de manière à ce qu'ils ne fassent pas tache sur le dessin, et à ce qu'ils ne puissent

pas cacher les détails du trait ni les écritures du plan.

La nature des bois ou des forêts, et des parties qui les composent, peut être facilement exprimée par le dessin, en serrant et multipliant les masses d'arbres pour les bois épais ou de haute futaie; les rendant beaucoup plus petites et plus clairsemées pour les taillis; et enfin, ne plaçant que des petits arbres séparés dans les parties de jeune plantation. Il faut un peu détailler les touffes de manière à faire sentir les parties ombrées, et à détacher celles qui sont exposées au rayon lumineux. C'est donc un feuiller plus ou moins serré qui doit faire sentir le relief; les fonds doivent être couverts par un pointillé, presque semblable à celui des ombres de la figure 325, et les ombres portées seront indiquées par des hachures fines, serrées et placées tout-à-fait comme dans la figure précitée.

Il y a peu de temps, les géomètres étaient encore dans l'usage de représenter les bois, par de petits arbres dessinés en élévation, comme nous l'avons fait pour les figures 245, 254 et 260; mais aujourd'hui ils les soumettent presque toujours à la projection horizontale, et les expriment par des masses de feuillages distribuées comme il vient d'être dit plus haut. On doit, autant que possible, dessiner toutes ces choses en rapport avec l'échelle du plan.

Enfin, nous finissons cet article en indiquant six divisions qui peuvent entrer dans le dessin des bois; c'est ce qui est suivi maintenant dans les bureaux des ingénieurs, géomètres, etc. Les voici :

Fig. 328. 1° Les hautes futaies (*Fig.* 328);
2° Les bois marécageux (*Fig.* 329);
3° Les gaulis (*Fig.* 330);
4° Les taillis (*Fig.* 331);
5° Les jeunes plantations (*Fig.* 332);
6° Les broussailles (*Fig.* 333).

DES VIGNES.

602. On était, il y a encore peu de temps, dans l'usage de représenter les vignes par des petits traits verticaux, qui représentaient les échalas entourés d'une espèce de ligne sinueuse qui imitait le bois de la vigne, et de donner un coup de plume au pied de l'échalas pour former l'ombre portée, par exemple, comme A (*Fig.* 334); mais aujourd'hui on les soumet à la projection horizontale, c'est-à-dire qu'on les représente, en les traitant, à l'échelle du plan s'il est possible, dans le même esprit que les arbres; l'ombre portée indique la forme du cep et de
Fig. 335. l'échalas, comme l'indique A (*Fig.* 335).

Il faut avoir bien soin de placer les vignes régulièrement et sur des lignes bien parallèles. Les dessins B (*Fig.* 334 *et* 335) représentent des terres cultivées en vignes.

DES HOUBLONS.

603. Les houblons se dessinent à peu près comme les vignes, mais sur une dimension au moins trois fois plus forte; on entoure assez souvent l'échalas de plusieurs lignes sinueuses, et ces sinuosités se répètent davantage que pour les vignes. Le dessin A (*Fig.* 336) est une touffe Fig. 336.
de houblon en élévation et ombrée, comme il a été dit plus haut (598); les dessins B sont d'autres touffes données à la projection horizontale; c'est cette dernière sorte de dessin que nous préférons; enfin, la grosseur de la tête de la touffe et l'espace plus grand entre les sillons, peuvent seuls les distinguer des vignes. Le dessin C représente une pièce de terre cultivée en houblons.

DES HAIES ET JARDINS.

604. Les haies doivent être traitées dans le même genre que les bois, c'est-à-dire que le côté frappé par la lumière sera plus clair que le côté opposé. Elles doivent aussi être en rapport avec l'échelle du plan, du moins autant que cela est possible. Les haies libres se représentent en ombrant des endroits plus forts les uns que les autres pour faire paraître les touffes ou les petits arbres les plus vigoureux. La figure 337 présente plusieurs sortes de haies; dans la figure 273, la ligne brisée ACB est encore un dessin qui représente une haie.

Les jardins sont divisés par petites pièces de terres, circonscrites par des lignes en points allongés très-fins.

Lorsque l'on traite sur une très-grande échelle le plan d'une propriété particulière, on est obligé de représenter les jardins avec tous leurs détails, plates-bandes, bordures, vergers, etc. La figure 338 représente un jardin entouré de haies.

DES FRICHES ET BRUYÈRES.

605. Les friches se font sentir par des points très-fins, allongés et verticaux, représentant les herbages et jetés par masses inégales plus ou moins grandes et serrées, parsemées d'arbres et d'arbustes dessinés comme il a été dit plus haut à l'article des arbres (599). Les points représentant les herbages doivent être peu élevés; on ne leur donne une figure un peu allongée que pour les distinguer des points ronds destinés à exprimer les sables.
Le dessin de la figure 339 représente des friches. Fig. 339.

Les surfaces couvertes de bruyères sont pointillées d'abord également; ensuite on revient sur différentes petites parties que l'on couvre davantage, et qui se détachent un peu sur le fond. *Voy.* la figure 340.

DES PRÉS, MARAIS ET LANDES.

606. Les prés sont traités de la même manière que les bruyères, mais en pointillé plus uni et presque sans herbage, comme la figure 341.

Pour dessiner les marais, il faut avoir l'attention de les indiquer par de légers traits horizontaux un peu indécis et rapprochés qui marquent mieux les flaques d'eau dont les contours sont très-variables, qu'un trait plus arrêté.
La figure 342 est une pièce de marais. Les prés humides Fig. 342.
se dessinent à peu près comme les marais; les flaques d'eau se font moins sentir que dans ces derniers.

Dans le dessin des landes, les parties de verdure doivent être faites comme les prairies, en forçant les dessous pour leur donner le relief convenable; les parties sablonneuses doivent être couvertes par des points ronds très-fins et très-serrés, surtout le long des herbages qui portent ombre dessus, comme on voit dans la figure 343. Fig. 343.

DES TOURBIÈRES ET RIZIÈRES.

607. On représente les tourbières par des bassins rectangulaires, carrés, etc., couchés sur un fond de prairies; les eaux qui les remplissent sont traitées comme celles des flaques citées plus haut pour les marais, ou comme celles des étangs donnés dans les figures 264, 278 et 280. La figure 344 représente des tourbières.

Les terrains cultivés en riz sont coupés par des petits canaux ou fossés, perpendiculaires les uns aux autres; on remplit les espaces cultivés par un dessin de prairie un peu foncée, et les fossés par une eau que l'on dessine à volonté. La figure 345 présente le dessin des rizières. Fig. 345.

DES VERGERS ET TERRES LABOURÉES.

608. Le fond des vergers se fait comme celui des prés; les arbres qui les forment doivent être rangés symétriquement comme dans la figure 346.

Après avoir divisé en quadrilatères, triangles, etc., la partie du plan qui représente des terres labourées, on représente leurs sillons par des lignes de points allongés; il faut bien éviter de leur donner une régularité trop grande, une finesse trop uniforme, de faire des lignes trop droites, et surtout trop tranchantes, ce qui occasionnerait la sécheresse la plus désagréable; on peut faire des traits parallèles, mais un peu interrompus et tremblotés. Pour faire sentir le relief de chaque pièce, ou, pour mieux dire, le sillon plus profond qui les sépare les unes des autres, il est indispensable de donner une double touche sur les côtés opposés à la lumière. *Voy.* la figure 347. Fig. 347.

DES RIVIÈRES, CANAUX ET ÉTANGS.

609. On représente les eaux de deux manières différentes. La première, appelée *eaux filées*, consiste à tracer une certaine quantité de lignes parallèles et légèrement ondulées, qui suivent exactement les contours des rivages de la mer, des rivières et des étangs; ces parallèles doivent être très-fines et très-serrées d'abord, s'écartant l'une de l'autre, et diminuant de force à mesure qu'elles s'éloignent des bords. Pour parvenir à faire ce filé avec perfection, il faut beaucoup d'exercice et de soin; c'est une opération très-longue, et qui, si elle n'est pas parfaitement exécutée, rend le dessin sec et désagréable.

La seconde, nommée *eaux hachées*, se fait avec des traits droits, parallèles et horizontaux, qui partent tous du rivage et vont s'adoucir à quelque distance, lorsque la surface est un peu grande. On glisse souvent un autre trait plus fin entre les premiers, près du rivage; on l'appelle *entre-taille*.

Les figures 265, 266, 267, 274, 275, 276, 277, 279, 281, 347 et 348, représentent des rivières et des cours d'eau. On voit dans ces figures que les côtes frappées par un rayon de lumière (598) sont exprimées par un trait fin, tandis que celles qui lui sont opposées sont beaucoup plus fortes.

Les flèches placées dans le courant indiquent leur direction.

Les canaux se représentent de différentes manières; AB (*Fig.* 296) est un canal découvert et donné par deux fortes lignes parallèles; la partie AB (*Fig.* 348) est un autre dessin de canal découvert, celle BC représente un canal souterrain. Fig. 348.

Les figures 264, 278, 280, 296, représentent, ainsi que D (*Fig.* 348), des étangs dont les eaux sont filées comme celles des rivières indiquées plus haut; on en trouve avec les eaux hachées, dans les figures 329, 342, 343 et 344.

La ligne brisée ou la clôture EFGH (*Fig.* 348) est un fossé. Fig. 348.

DES PONTS, BACS ET MOULINS.

610. On figure les ponts en traçant leurs parapets et leurs piles. Voici plusieurs dessins qui les feront distinguer : I est un pont en pierre, J un pont en bois, K un autre en fer, L un pont-levis, B un pont tournant, M un pont suspendu, N un autre suspendu pour les piétons seulement; O est un pont de pontons, et P un de bateaux. Le pont volant se fait comme Q; une ligne ponctuée et deux petits pieux indiquent le câble attaché à chaque rive; R est un bac à traille, et S un bac simple. T représente un passage de bateaux; U est un gué à cheval ou un endroit où l'on peut traverser un courant d'eau à cheval; V en est un à pied.

Le dessin X représente un moulin à eau avec des bâtimens et ses accessoires. Les moulins à vent se distinguent facilement par leur dessin; dans la figure 132, P représente un moulin en bois, et Q un moulin en maçonnerie; la figure 142 en donne encore un comme le premier.

DES SABLES, DUNES, CAILLOUTAGES ET SALINES.

611. Les bancs de sable, ou les parties sablonneuses d'un terrain, doivent être couverts de points ronds, fins et plus serrés sur les bords, et surtout sur les côtés qui portent ombre, que dans le centre des bancs. Y représente une côte de sable, et Z un banc de sable toujours à découvert, qui, avec le prolongement *a*, forment un barrage. Les bancs qui ne découvrent jamais sont seulement indiqués par le tracé en points ronds de leur périmètre, comme *b*; ceux qui couvrent et découvrent, par deux lignes, dont l'intérieure est plus forte; voyez le banc *c*. La vase s'indique comme les sables, excepté au lavis.

Les dunes se dessinent comme les sables; on y figure en plus des petites élévations comme on le voit dans la partie de terrain sablonneux indiqué par *d*. Quant aux cailloutages, on les représente comme dans la partie de terrain *e*. On voit aussi que *fg* présente un ensemble de bassins à l'usage de salines.

DES ROCHERS ET SIGNES DANS LA MER.

612. Toutes les ombres occasionnées par les brisûres des rochers doivent être exprimées par des hachures plus ou moins serrées, plus ou moins fortes, afin de varier les tons, de faire sentir les cavités plus ou moins profondes et les oppositions variées de la lumière, qui seule donne le relief convenable à ces masses de pierres. L'étude apprendra à bien faire sentir les arrachemens et les brisures de manière à exprimer les effets les plus naturels.

Les escarpemens, les ravins, les berges, etc., se traitent de la même manière, mais beaucoup plus légèrement : *h* représente des rochers dans la mer.

Les récifs ou brisans s'indiquent sur les cartes à petites échelles, par un amas de croix simples, comme en *i*; ceux qui restent constamment cachés sous les eaux, par des doubles croix, *j*.

Il y a beaucoup d'objets intéressans qu'il faut indiquer sur les plans, surtout sur ceux qui ont une destination spéciale, soit pour les sciences, soit pour l'administration, mais la plupart de ces objets ou de ces renseignemens ne peuvent être représentés que par des signes qui sont de simple convention, et dont l'explication se trouve sur les légendes. Ainsi, par exemple, sur les plans qui comprennent une partie de mer ou de rivière, on indique les ports par deux ancres croisées, *m*; une pêcherie, *k*; une madrague ou pêcherie du ton, *l*; une balise ou marque des écueils, *n*; un ancre A indique que la rivière est navigable; enfin, le signe énoncé par *o* indique que la rivière est flottable.

DES MONTAGNES.

613. Le dessin des montagnes a été le sujet de différens systèmes, c'est surtout celui des plans topographiques qui a attiré l'attention des savans et des artistes.

Il existe un procédé, pratiqué d'abord d'une manière très-grossière, mais qui obtient de jour en jour des améliorations remarquables, le voici :

Imaginez, par la pensée, les courbes que décriraient sur la surface du terrain des gouttes de pluie ou d'autres graves obéissant aux lois de la pesanteur; déterminez à vue les projections de ces courbes, et ce sera par ces projections que vous désignerez les courbures variées des hauteurs, dont elles représentent, dans toutes les directions, les pentes les plus rapides; c'est ce système qui est employé maintenant pour l'exécution de nos plus belles cartes en rapport avec de grandes échelles; c'est lui qui offre le plus de ressource à la géographie physique, et qui donne une image plus fidèle des accidens du terrain.

La méthode des tailles ou hachures est bien positive; on établit d'abord la masse des configurations du terrain par une suite de sections horizontales, menées dans le flanc des montagnes par des plans de niveau également distant entre eux; on détermine ainsi les sommets les
Fig. 349. plus élevés et la base des pentes (*Fig.* 349).

Ces sections ou tranches se rapprochent de plus en plus à mesure que la pente devient plus raide, et se confondent dans les chûtes verticales. Comme elles ne sont employées que comme préparation et base du travail, il faut les dessiner légèrement au crayon, et les multiplier en raison de la grandeur de l'échelle de la carte et du plus grand nombre de détails.

Quand ces tranches sont déterminées, comme l'indique la figure 349, on trace les tailles ou hachures avec la plume, en dirigeant toujours normalement à la section supérieure de chaque tranche, comme dans la figure 350. Fig. 350.
Dans les parties où les sections se rapprochent, les tailles doivent aussi se resserrer pour forcer le ton; celles qui se trouvent dans l'ombre doivent être fortes et noires, et celles dans la partie éclairée doivent être fines et d'une encre moins foncée. La partie B*p*C*q* (*Fig.* 348) est une montagne sous laquelle passe le canal souterrain indiqué plus haut (609).

Il faut beaucoup d'exercice pour parvenir à dessiner ces hachures avec hardiesse et régularité.

DES BATIMENS, CIMETIÈRES ET RUINES.

614. Les édifices se dessinent selon les dimensions qu'ils ont d'après la levée. On voit que *r* (*Fig.* 348) est le plan Fig. 348.
d'une église; cet édifice est au milieu d'un cimetière que l'on représente en traçant de petites croix éparses. Quand il y a des monumens dans un cimetière on en dessine le plan. Le plan indiqué *s* est celui d'un château qui a deux ailes *a'*, *a''* : les lignes qui partagent ces bâtimens sont les divisions de toiture. Cette manière d'indiquer la couverture n'a lieu que pour des édifices importans.

Enfin, tous plans de bâtimens autres que ceux dont on vient de parler, seront remplis par des hachures fines, parallèles, serrées et tracées dans une même direction. Il est inutile d'indiquer des hachures particulières pour les faire connaître; nous avons donné ces sortes de dessins dans les figures 245, 246, 247, etc. On voit encore une chapelle *u* (*Fig.* 348), et des bâtimens *v x*, dessinés par le même procédé. Le plan de ville *y* présente encore le même ouvrage.

Il y a des personnes qui dessinent tous les objets en élévation, même les bâtimens; en voici des exemples : B (*Fig.* 130 *et* 144) représentent chacune un dessin à différente échelle; les figures 142, 265, etc., en donnent d'autres qui méritent d'être étudiées. L'hexagone C (*Fig.* 306) représente les fondations d'une tour; Z (*Fig.* 348) fait connaître la place d'un obélisque.

Enfin, il arrive quelquefois que sur les terrains levés on rencontre des ruines; on les indique en dessinant quelques pierres posées l'une sur l'autre, comme à la figure 351, à moins qu'elles ne soient assez considérables Fig. 351.
pour exiger plus de détails. Il faut encore un peu de hardiesse et d'habileté pour dessiner une ruine, de manière que le relief en soit facile à saisir, et ne laisse que le moins d'équivoque possible. A' (*Fig.* 348) est un ancien lit de rivière, et B' C' un aqueduc ancien ou nouveau.

DES FORTIFICATIONS.

615. Les fortifications se dessinent en faisant sentir leurs ombres par des hachures de différentes directions et de différentes forces, disposées de manière à donner
Fig. 352. au plan le relief le plus convenable. La figure 352 représente des fortifications ; AB est une redoute, et AC sont les retranchemens; DE représente l'ouvrage des assiégeans appelé *tranchée*, F est une batterie.

DES ROUTES, DIGUES ET AVENUES.

616. Il y a plusieurs manières d'exprimer les routes, suivant la nature, la grandeur et la destination du plan sur lequel on doit les tracer; si l'on veut indiquer les différentes classes de ces routes, on combinera des traits particuliers qui pourront les distinguer. Ainsi, les grandes routes pourront être dessinées par quatre traits parallèles, comme la partie E' F' (*Fig.* 348); la partie D' F' est encaissée, et celle G' H' est une chaussée sur une digue. Les routes d'une classe inférieure doivent être dessinées par deux traits parallèles, un gros et un fin, comme la partie I' P; les chemins communaux par deux lignes fines et parallèles, comme D' I'; les chemins vicinaux par un trait plein et une suite de points allongés, comme J' K'; et les sentiers par un fort trait comme la partie I' *q* UL'. J' M' représente un chemin de fer; on voit qu'il est dessiné par des lignes ponctuées avec des points carrés.

Enfin, P' *t* est une avenue du château *s*, et N'O' est un mur qui sépare ce dernier des bâtimens de la basse-cour.

SIGNES CONVENTIONNELS RELATIFS AUX ARMÉES.

617. Les troupes sont distinguées par une division différente des quadrilatères qui les représentent, et par une disposition différente des hachures qui les tiennent. Voici quelques-uns de ces signes : quartier général (*Fig.*
Fig. 353 et suiv. 353); bataillon, A (*Fig.* 354); artillerie, B; escadron, C.

Les anciennes positions se font de même que ces dernières, mais seulement avec des points allongés; on n'y dessine pas de hachures.

Parc de sapeurs (*Fig.* 355); parc de charrois (*Fig.* 356), parc d'artillerie (*Fig.* 357); parc de vivres (*Fig.* 358); direction du génie (*Fig.* 359); poudrerie (*Fig.* 360).

La figure 361 rappelle l'endroit d'une bataille gagnée; celle 362 l'endroit d'une bataille perdue; celle 363 l'endroit d'un combat gagné, et celle 364 l'endroit d'un combat perdu.

DES ÉCRITURES DES PLANS.

618. Les écritures du plan ne se font que lorsqu'il a été complètement achevé. La plus convenable est celle dite *moulée ;* le dessinateur doit être fort habile dans ce genre d'écriture, car des lettres mal formées suffisent pour déparer le plan le mieux dessiné.

Il ne faut pas s'attacher à chercher des mesures géométriques pour ces écritures, on écrira mieux en copiant des beaux caractères sortis des fonderies de M. Didot, qu'en suivant tous les principes que quelques auteurs ont cru devoir traiter longuement.

On parviendra, avec de l'exercice, à tracer ces écritures avec pureté, élégance et hardiesse; mais on doit commencer par dessiner beaucoup de lettres au crayon, puis on les repassera avec une plume fine et de l'encre bien noire.

1° Les indications générales, comme *section*, *commune de..... plan des bois de.....* etc., se tracent en capitales droites :

SECTION A.
COMMUNE DE....

2° Les forêts, grandes routes, en capitales inclinées :

FORÊTS DE. . . .
ROUTE DE. . . . A. . . .

3° Les bourgs, routes de traverse, ruisseaux, bois, etc., en romain :

Bourg de. . . .
Route de. . . . à. . . .

4° Les villages, hameaux, fermes, bois, etc., en italique :

Ferme de. . . . .
Bois de. . . . .

Cette dernière est souvent remplacée par l'anglaise :

Ferme de. . . . .
Bois de. . . . .

N. B. J'ai vu beaucoup de plans cadastraux avec toutes les écritures en anglaise, excepté les lettres indicatives A, B, C, etc.; ce qui produisait un assez bel effet.

Les indications générales s'écrivent en tous sens; mais les autres écritures doivent être placées, autant que possible, parallèlement à la base du plan, et distribuées de manière qu'elles ne soient ni trop près ni trop éloignées les unes des autres.

L'écriture doit se proportionner à l'échelle du plan. On doit toujours commencer par les noms les plus importans, ceux qui exigent les caractères les plus hauts et le plus grand développement; on passe ensuite aux noms moins saillans, et l'on termine par l'italique ou l'anglaise.

On ne peut, en vérité, donner un nom positif à l'écriture des cartes à grandes échelles que nous avons jusqu'à ce jour : si, par exemple, nous l'appelons *italique*, les g que l'on écrit ne pourront plus entrer dans ce genre, puisqu'ils sont anglais; si nous disons que l'écriture est *anglaise*, les *p* fermés et les lettres initiales de chaque nom nous privent encore de l'emploi de ce mot. On peut suivre cette dernière qui est la plus facile.

Lorsque les lettres des grands titres ont un centimètre et plus de hauteur, on peut les faire *à jour*, *grisées* ou *avec des ornemens*, par exemple, comme à la figure 365.

On compose assez souvent les titres de divers genres d'écriture, que l'on enlace de traits.

DU SIGNE D'ORIENTEMENT.

619. Il est utile d'orienter les plans et les cartes, ce qui se fait au moyen d'une boussole que l'on dessine dans l'endroit le moins chargé de détail. La figure 366 est un Fig. 366. des dessins que l'on emploie.

DES CADRES OU BORDURES DES DESSINS.

620. L'encadrement que l'on fait ordinairement autour du dessin doit être proportionné à sa grandeur; s'il est trop lourd, il nuira à l'effet général; s'il est trop maigre, au contraire, il manquera de grâce. Nous avons figuré, sous la figure 367, quelques modèles de ces cadres; le Fig. 367. goût du dessinateur le guidera dans le plan qu'il doit faire.

SECTION PREMIÈRE.

LEVÉE ET CONSTRUCTION DES PLANS SANS FAIRE USAGE DES ANGLES.

621. On doit savoir que les moyens à employer pour construire les plans ne sont nullement modifiés, soit que l'on emploie une grande ou une petite échelle pour représenter le terrain, il suffit donc de savoir que l'on travaille dans le rapport de 1 à 1250, ou de 1 à 2500, et l'on prend alors toutes les dimensions sur l'échelle choisie; ainsi, pour les figures qui vont suivre dans ce chapitre, excepté les triangulations pour lesquelles nous emploierons des échelles particulières, toutes les mesures seront prises sur l'échelle de 1 à 2500 (*Fig.* 206).

Les plans construits sur le papier étant dans des dimensions en rapport avec celles du terrain qu'ils représentent, il résulte de là que chacune des mesures prises sur le plan équivaut, sur l'échelle du plan, au même nombre d'unités de mesures linéaires que celui que l'on trouverait sur le terrain, si l'on y mesurait cette même distance représentée.

C'est avec des ouvertures de compas que l'on prend les mesures linéaires sur les plans, ces ouvertures sont ensuite appliquées sur l'échelle qui a servi à la construction de ces plans, pour évaluer les nombres de mesures représentées par ces ouvertures; les nombres déterminés d'unités de mesures linéaires indiquent les distances des points du terrain respectifs à ceux du plan; conséquemment, avec un plan et l'échelle qui ont servi à sa construction, on peut évaluer toutes les distances réelles de l'espace du terrain que le plan embrasse; donc les calculs des surfaces s'effectuent sur le plan même comme sur le terrain. Ces opérations s'appellent *calculs graphiques des surfaces*; nous traiterons ces calculs plus loin avec exactitude.

N. B. Nous devons faire observer aux personnes qui s'occupent de ces sortes d'opérations, qu'une échelle à biseau divisée dans le rapport convenable donne des résultats aussi exacts et plus subtilement qu'avec l'échelle ordinaire et le compas.

Nous aurons le soin, pour faciliter l'étude de la construction des plans, de placer à côté de chacune de nos figures construites à l'échelle de proportions, un *croquis* ou *canevas visuel* représentant le terrain et donnant toutes les mesures et indications prises au moment de la levée.

On appelle *canevas visuel* un plan géométrique représentant, mais imparfaitement, les objets qui y sont situés; ce plan s'obtient sans lever aucun angle, sans mesurer aucune longueur ni largeur, et enfin sans faire aucun calcul; néanmoins ces sortes de plans tiennent à des principes. Voilà comment on peut s'y prendre pour les confectionner : choisissez un homme qui connaisse bien la démarcation du terrain, afin de pouvoir le parcourir entièrement avec lui; figurez sur le papier destiné à recevoir le canevas visuel les chemins, les maisons et autres bâtimens, les cours et les jardins, qui se trouvent de part et d'autre; entrez dans le détail de chaque chantier, commencez par les pièces de terre bornées par des chemins, des haies, des rivières, etc., en prenant leurs courbures et leurs limites; écrivez les noms des propriétaires dans l'intérieur du canevas visuel de leur pièce de terre, ou bien par des lettres de renvoi; transportez-vous avec l'indicateur sur les pièces triangulaires et sur celles faisant plusieurs retours, qu'on appelle *haches*, afin de connaître à peu près à quelle hauteur peuvent être ces haches et triangles, et continuez de la même manière jusqu'à ce que le plan du terrain soit ainsi représenté sur le papier.

On ne parvient à dessiner le terrain avec une assez bonne approximation que par un grand usage, et en s'appliquant à donner aux lignes et aux angles à peu près leur valeur respective. Un angle se fait assez bien égal à celui du terrain en se plaçant au sommet et en traçant des lignes dans la direction des côtés.

Enfin, nous terminons ces articles en observant que l'on pourra vérifier les rapports de chaque plan en prenant sur l'échelle les mesures indiquées sur le croquis, et les appliquant sur le plan à la partie correspondante de ce croquis.

DE LA LEVÉE A LA CHAINE.

622. Pour lever un plan avec la chaîne seulement, il faut qu'on puisse entrer dans le terrain : quand on a parcouru, ou en parcourant le terrain, on en fait un croquis; on fait ensuite mesurer tous les côtés sur le terrain, et l'on porte leur longueur sur chaque côté correspondant du croquis. Cette première opération étant finie, on met le plan au net, c'est-à-dire que l'on rectifie, au moyen d'une échelle adoptée, toutes les lignes du canevas visuel ou du croquis d'après les longueurs mesurées.

N. B. Nous indiquerons les points des croquis par des lettres capitales, et ceux qui correspondent avec eux sur le plan par des lettres italiques ou anglaises.

PROBLÈME.

Fig. 368. 623. *La droite AB* (Fig. 368) *étant donnée sur un terrain horizontal, construire cette ligne sur le papier, dans un rapport* 2500 *fois plus petit que l'espace qu'elle embrasse.*

Pour construire cette droite dans le rapport donné, il faut commencer par en mesurer la longueur AB sur terrain au moyen de la chaîne (199).

Cela fait, supposons que l'on a trouvé 5 décamètres 6 mètres. Puisque nous adoptons l'échelle de 1 à 2500, la solution de ce problème se réduit à tirer, du point *a*, une ligne indéfinie *ab*, puis à porter sur cette droite une ouverture de compas de *a* en *b* égale aux 5 décamètres 6 mètres pris d'abord sur l'échelle. La ligne *ab* sera celle demandée et le plan exact, mais réduit des 5 décamètres 4 mètres trouvés sur le terrain.

Fig. 369. Si le point B de l'extrémité de la ligne AB (*Fig.* 369) était plus bas que le point A de l'autre extrémité, le chaînage n'étant pas fait horizontalement, il faudrait réduire cette ligne à l'horizon avant de la construire sur le papier. Il y a plusieurs moyens de faire cette réduction. Voyons pour faire connaître premièrement celui qui donne des résultats plus exacts.

Supposons que la ligne AB, mesurée sur un terrain incliné, a aussi 5 décamètres 6 mètres de longueur, et que le point B est 1 décamètre 6 mètres plus bas que celui A. La ligne projetée sur le plan de l'horizon doit prendre la direction AC; par conséquent, on aura un croquis qui représentera un triangle rectangle ABC. Fig. 369.

D'après le numéro 70 et les formules (8) du numéro 422, qui présentent l'équation

$$AC = \sqrt{\overline{AB}^2 - \overline{BC}^2},$$

on a

$$AC = \sqrt{5\text{-}6^2 - 1\text{-}6^2} = \sqrt{31\text{-}36 - 2\text{-}56} = 5\text{-}36.$$

En effet, le logarithme de 28-8 est 1-4593925, dont la moitié, qui est 0-7296962, répond à 5-3666, longueur de la ligne AB réduite à celle AC projetée sur le plan horizontal.

Donc, en portant sur la droite *ab* une ouverture de compas de *a* en *b* égale aux 5 décamètres 36 décimètres pris sur l'échelle, on aura la droite *ab*, qui sera le plan exact de la ligne AB mesurée sur un plan incliné et réduite à l'horizon.

On peut aussi réduire cette ligne à la projection horizontale par une opération graphique : l'exemple que nous allons donner à ce sujet est analogue au problème du numéro 458.

Les données étant encore celles que nous venons de traiter par le calcul, tirez une droite indéfinie *cd*; abaissez, à l'extrémité *d* de cette droite, une perpendiculaire *de* de 1 décamètre 6 mètres pris sur l'échelle; cette différence de niveau BC étant posée, prenez sur la même échelle une longueur AB qui est de 5 décamètres 6 mètres; du point *e* comme centre, décrivez, avec cette ouverture, un arc de cercle qui coupera *cd* en *f*, et la partie *fd* sera le plan exact de la ligne AB projetée sur le plan horizontal.

Il est évident que *ab* (*Fig.* 368) est égal au rayon *ef* Fig. 368. (*Fig.* 369), puisque c'est la longueur mesurée sur le ter- Fig. 369. rain et rapportée simplement à l'échelle.

624. C'est encore dans la levée des plans que l'on a recours aux procédés indiqués dans la première section du quatrième chapitre, et relativement à la mesure des lignes inaccessibles.

Si, en levant un plan il fallait connaître, par exemple, la longueur de la ligne inaccessible AB (*Fig.* 264), après l'avoir déterminée de 8 décamètres 667 centimètres, comme dans le problème correspondant (517), on prendrait une ouverture de compas de 8 décamètres 67 décimètres, que l'on porterait sur une ligne indéfinie tirée sur le papier, et l'on aurait une droite *ab* (*Fig.* 370) qui Fig. 370. serait le plan exact de la ligne inaccessible mesurée sur le terrain.

Le plan de la ligne AB (*Fig.* 276) serait représenté par *cd* (*Fig.* 370); celui de la ligne AB (*Fig.* 277) le serait par la droite *ef* (*Fig.* 370), ainsi des autres.

PROBLÈME.

625. *Lever, au moyen de la chaîne, le plan d'une ligne brisée ABCD* (Fig. 371) *donnée sur le terrain.* Fig. 371.

Il faut d'abord, étant sur le terrain, exécuter le croquis des lieux, de manière à rendre à peu près sur le papier la figure de la ligne ABCD; tirez ensuite une droite du point A au point D, et mesurez les deux parties AE, ED, de cette ligne magistrale, ainsi que les distances AB, BE, CE, CD, qui donnent respectivement

$$\begin{aligned} AE &= 5\text{-}4, \\ ED &= 3\text{-}8, \\ AB &= 3\text{-}4, \\ BE &= 2\text{-}4, \\ CE &= 2\text{-}75, \\ CD &= 1\text{-}9. \end{aligned}$$

Ces différentes mesures étant prises sur le terrain, il s'agit de construire le plan de la ligne proposée. Tirez, sur le papier, une droite indéfinie *a d*, sur laquelle vous porterez de *a* en *e* la distance AE, ou 5 décamètres 4 mètres, prise sur l'échelle; prenez ensuite la distance *de* égale à celle DE, encore prise sur l'échelle, et les distances mesurées sur le terrain dans la direction de la ligne d'opération seront rapportées sur le plan égales aux mesures qui leur sont respectives sur l'échelle.

Maintenant, du point *a* comme centre et d'une ouverture de compas prise sur l'échelle égale à 3 décamètres 4 mètres, décrivez un petit arc de cercle; au point *e* comme centre et d'une autre ouverture de compas égale à 2 décamètres 4 mètres pris sur l'échelle, décrivez un autre arc qui coupera le premier au point *b*; cela fait, joignez les points *ab* et *be*, vous aurez une partie de la ligne brisée demandée.

Enfin, prolongez *be* d'une longueur *ec* égale à 2 décamètres 75 décimètres de l'échelle; tirez *cd*, qui doit être de 1 décamètre 9 mètres de la même échelle, si l'opération est bien faite, et la ligne *abcd* sera le plan exact de la ligne brisée ABCD mesurée sur le terrain.

PROBLÈME.

626. *Lever, au moyen de la chaîne, le plan d'une* Fig. 372. *pièce de terre triangulaire ABC* (Fig. 372).

Supposons que le triangle ABC représente un terrain horizontal, et qu'en mesurant ses trois côtés séparément, on a eu, comme le croquis l'indique,

$$\begin{aligned} AB &= 10\text{-}4, \\ AC &= 9\text{-}1, \\ BC &= 7\text{-}5. \end{aligned}$$

Tirez la droite *ab* égale à 10 décamètres 4 mètres de l'échelle; ensuite, du point *a* comme centre, et d'une ouverture de compas prise sur l'échelle égale à 9 décamètres 1 mètre, décrivez un petit arc de cercle; au point *b* comme centre, et avec une autre ouverture de compas égale à 7 décamètres 5 mètres pris sur l'échelle, décrivez un autre petit arc qui coupera le premier au point *c*; cela fait, joignez les points *ac*, *bc*, et le triangle *abc* sera le plan exact de la pièce de terre proposée.

Ce problème est absolument le même que celui démontré dans les principes de géométrie (25); la différence qui existe c'est que nous avons employé ici des mesures effectives dans nos démonstrations.

627. Pour construire plusieurs plans les uns à côté des autres, lorsque les mesures nécessaires pour les établir Fig. 372. ont été chaînées sur des plans plus ou moins inclinés, il est indispensable de réduire toutes ces mesures à l'horizon.

Supposons alors, pour rendre ce problème général, que le point A est abaissé, par rapport aux deux autres B et C, de 3 décamètres 3 mètres au-dessous du plan horizontal.

D'après la propriété du triangle rectangle (70) et ce que nous venons de dire plus haut (623), on a

$$AB = \sqrt{10\text{-}4^2 - 3\text{-}3^2} = \sqrt{108\text{-}16 - 10\text{-}89} = 9\text{-}862$$

et

$$AC = \sqrt{9\text{-}1^2 - 3\text{-}3^2} = \sqrt{82\text{-}81 - 10\text{-}89} = 8\text{-}48.$$

Donc, en tirant une droite *a' b'* de 9 décamètres 86 décimètres de l'échelle, et décrivant deux arcs de cercle, l'un du point *a'* comme centre et de 8 décamètres 48 décimètres d'ouverture de compas, et l'autre du point *b'* comme centre d'une ouverture de compas prise sur la mesure effective déterminée sur le terrain, on a la position du point *c'*, et le triangle *a' b' c'* est le plan exact de la pièce de terre ABC mesurée sur un plan incliné et réduite sur le plan de l'horizon.

Nous avons dit que les points B et C se trouvaient sur le même plan horizontal; s'ils ne s'y trouvaient pas, la solution serait presque toujours la même, parce que l'on réduirait chaque côté à l'horizon d'après la différence de niveau qui se trouverait d'une extrémité à l'autre de ce côté. La construction reste la même, mais elle est impossible lorsque la longueur d'un côté surpasse la somme des deux autres.

On doit juger de la difficulté que présente le jalonnage des lignes sur un terrain incliné (216 *et suiv.*); le mesurage des lignes sur des pentes est aussi difficile, puisqu'il faut presque toujours employer les parallèles à l'horizon pour en construire le plan. On doit maintenant apprécier combien de précautions on doit apporter à ces sortes d'opérations et toutes les difficultés qui peuvent se présenter; des imperfections et des inexactitudes sont nécessairement la conséquence de ces difficultés.

Enfin, l'on voit que la feuille de papier sur laquelle on trace les configurations du terrain, étant plane, il serait impossible d'y porter les vraies distances et les vrais angles, et d'y assembler régulièrement les pièces, sans donner aux contours des formes défectueuses.

PROBLÈME.

628. *Lever, au moyen de la chaîne, le plan d'une pièce de terre triangulaire ABC* (Fig. 373) *dont un côté* Fig. 373. *BC est inaccessible.*

Ce triangle est une pièce de terre habitée et close de deux côtés par une haie, et de l'autre côté par des bâtimens et un courant d'eau qui empêchent d'en mesurer la longueur.

Pour connaître le côté inaccessible AC du triangle proposé, mesurez les deux côtés accessibles, ce qui vous

Fig. 373. donnera

AB = 5-7,
BC = 3-5;

prolongez, avec des jalons et sur un terrain emprunté, les côtés AB, BC, d'une longueur indéfinie; portez la longueur AB de B en *a*, et celle BC de B en *c*, et tirez la droite *ac* qui sera la longueur du côté inaccessible AC.

Donc

AC = *ac* = 3-2,

ce qui est nécessaire pour contruire le triangle *a' b c'* d'après les procédés démontrés aux numéros 25 et 626. Ce dernier triangle est le plan exact de la pièce de terre proposée, sauf les accidens du terrain que nous ne pouvons encore construire ici.

Cette solution a de l'analogie avec celle du numéro 517, pour la détermination de la longueur du côté inaccessible. On se contente quelquefois de ne prolonger les côtés accessibles que de la moitié de leur longueur, ce qui donne la moitié de la longueur du côté inaccessible. Enfin, on peut porter la longueur d'un côté inaccessible, ou sa moitié, sur le prolongement de l'autre, cela ne change rien à la solution; au contraire, cela évite quelquefois d'entrer dans des terrains défectueux qui nuiraient à l'exactitude du résultat.

PROBLÈME.

629. *Lever, au moyen de la chaîne, le plan du quadrilatère ABCD* (Fig. 374). Fig. 374.

Jalonnez, dans cette pièce de terre que l'on peut traverser, une diagonale AC que vous mesurerez, ainsi que les quatre côtés du quadrilatère, ce qui donnera les distances suivantes :

AC = 6-2,
AB = 4-3,
BC = 5-2,
CD = 4-0,
AD = 5-9.

Le canevas étant construit, et la valeur de chacun de ces côtés étant écrite le long de son côté correspondant, il n'y a plus qu'à construire le plan.

Ainsi, tirez la droite *ac* égale à 6 décamètres 2 mètres de l'échelle; du point *a* comme centre et d'une ouverture de compas prise sur l'échelle égale à 4 décamètres 3 mètres, décrivez un arc; au point *c* comme centre et d'une ouverture de compas égale à 5 décamètres 2 mètres de l'échelle, décrivez un autre arc qui coupera le premier au point *b*; cela fait, joignez les points *ab* et *bc*, et le triangle *abc* sera une partie du plan demandé.

Enfin, déterminez le point *d* comme vous avez déterminé celui *b*; joignez les points *a d* et *c d*, vous aurez la partie triangulaire *ac d*, qui, avec celle *abc* déterminée précédemment, forment le plan exact du quadrilatère proposé ABCD.

PROBLÈME.

630. *Lever, avec la chaîne, le plan de la pièce de pré ABCD* (Fig. 375), *dans laquelle il se trouve un étang.* Fig. 375.

Cette opération est presque semblable à la précédente; il se trouve une difficulté en plus, celle de ne pouvoir mesurer directement une diagonale de A en C.

Après avoir chaîné les côtés du quadrilatère, qui sont

AB = 4-0,
BC = 4-8,
CD = 4-7,
AD = 3-1,

prolongez les côtés AB et BC, chacun d'une longueur indéfinie; prenez une longueur de 4 décamètres, que vous porterez de B en *a* sur le prolongement de BC; portez de même 4 décamètres 8 mètres de B en *c* sur le prolongement de AB; tirez une droite *ac* qui sera d'une longueur égale à la diagonale que vous auriez tiré de A en C si la figure avait été accessible à l'intérieur.

Cela fait, mesurez la ligne *ac* = AC, que vous trouverez de 6 décamètres 4 mètres; tirez une droite *ac* égale à 6 décamètres 4 mètres de l'échelle; construisez sur cette ligne les deux parties triangulaires *a'b c'* et *a' d c'*, vous aurez un quadrilatère *a' b c' d* qui sera le plan exact de la pièce de pré proposée. Quant au contour de l'étang, il est presque impossible d'en lever le plan avec la chaîne seulement; nous parlerons de ces plans plus loin.

On voit, dans cette opération sur le terrain, que nous avons indiqué de mettre les plus longs prolongemens à la suite des plus longs côtés; nous avons déjà dit plus haut (628) que ceci restait à la volonté de celui qui opérait sur le terrain.

N. B. Tous quadrilatères accessibles ou inaccessibles à l'intérieur, tels que ceux des figures 43, 91, 94, 95, 96, 97, 98, 100, 101, 102, 103 et 105, présentent toujours une opération semblable à l'un ou l'autre des deux problèmes résolus (629 et 630) qui précèdent.

PROBLÈME.

631. *Lever, au moyen de la chaîne, le plan du pentagone ABCDE* (Fig. 376). Fig. 376.

Après avoir parcouru le terrain pour construire votre croquis ou canevas visuel, et planter des jalons à tous les angles de la pièce de terre proposée, divisez le pentagone en trois triangles par les diagonales AC, AD, que vous mesurez, ainsi que tous les côtés qui terminent l'espace polygonal, ce qui vous donnera

AC = 4-2,
AD = 3-8,
AB = 2-3,
BC = 2-8,
CD = 2-1,
DE = 3-3,
AE = 2-2.

Cela connu, tirez une droite *a c* égale à 4 décamètres 2 mètres de l'échelle, sur laquelle vous construisez, d'après les procédés connus (25), les triangles *ab c* et *ac d*;

Fig. 376. enfin, sur ad construisez le triangle ade semblable à celui ADE du terrain, vous aurez le pentagone $abcde$ qui sera le plan exact de la pièce de terre proposée.

On peut lever, par le même procédé, le plan des pentagones indiqués par les figures 41, 85, 86 et 87. La figure 44 présente très-bien le croquis ABCDE et le plan $abcde$ qui lui correspond. On s'aperçoit bien encore du parallélisme qui existe entre les côtés BC, bc, CD, cd, DE, de.

PROBLÈME.

632. *Lever, avec la chaîne, le plan d'une pièce de* Fig. 377. *terre ABCDE* (Fig. 377), *couverte de bâtimens qui ne permettent pas de mesurer les lignes intérieures.*

La solution de ce problème est presque semblable à celle du problème précédent; après avoir fait le croquis de la figure proposée, et déterminé la longueur de chaque côté du pentagone, comme il suit :

$$AB = 4\text{-}0,$$
$$BC = 1\text{-}8,$$
$$CD = 6\text{-}7,$$
$$DE = 2\text{-}8,$$
$$AE = 2\text{-}0,$$

on cherche, par la méthode des prolongemens que nous avons donnée plus haut (628), la longueur des diagonales AC, AD, que l'on ne peut jalonner ni mesurer directement.

Le prolongement de chacun des côtés AB, BC, AE, DE, étant jalonné, on s'aperçoit que l'on ne peut, à cause d'une rivière, porter la longueur BC de B en c, ni celle DE de E en d. Ainsi, l'on fait les prolongemens par moitié, c'est-à-dire que l'on construit sur le terrain

$$a'B = \tfrac{1}{2}AB = 2\text{-}0,$$
$$Bc = \tfrac{1}{2}BC = 0\text{-}9,$$

ce qui donne

$$a'c = 2\text{-}5 = \tfrac{1}{2}AC,$$

et par conséquent

$$AC = 2\text{-}5 \times 2 = 5\text{-}0.$$

Cette diagonale étant déterminée, on a l'autre en faisant sur le terrain

$$aE = \tfrac{1}{2}AE = 1\text{-}0,$$
$$dE = \tfrac{1}{2}DE = 1\text{-}4,$$

ce qui donne encore

$$ad = 1\text{-}5 = \tfrac{1}{2}AD;$$

et par conséquent

$$AD = 1\text{-}5 \times 2 = 3\text{-}0.$$

Cela posé, l'on tire sur le papier une droite $a''c'$ égale à 5 décamètres de l'échelle, sur laquelle on construit, toujours avec la même échelle et d'après les longueurs connues, les triangles $a''bc'$ et $a''c'd'$; enfin, sur le côté $a''d'$ de ce dernier triangle, on construit de même le triangle $a''d'e$, et le pentagone $a''bc'd'e$ est le plan exact, sans parler des bâtimens, de la pièce de terre ou d'*héritage* proposée.

Cette opération suffit pour faire connaître la marche qu'il faut suivre lorsqu'on ne peut prolonger les côtés d'une longueur égale à chacun d'eux.

PROBLÈME.

633. *Lever, avec la chaîne seulement, le plan de la pièce de terre ABCDEF* (Fig. 42) *que l'on peut traverser en tous sens.* Fig. 42.

Cette opération facile se traite, pour la levée, comme celles des numéros 629 et 631.

La seule différence qui existe c'est qu'il faut jalonner et mesurer dans l'hexagone une diagonale de plus que dans le pentagone.

Pour construire le plan de l'hexagone proposé, il faut tirer sur le papier une droite qui représente la diagonale BE, et sur cette droite construire, comme on a vu plus haut (25), deux triangles semblables à ceux BEC, ABE, formés sur le terrain. Construire ensuite les deux autres triangles AEF, CDE, le premier sur la diagonale AE, et l'autre sur celle CE.

Il faut absolument, pour avoir un plan exact, commencer par construire les deux premiers triangles sur la diagonale du milieu, afin de ne plus avoir qu'un triangle à construire de chaque côté. Enfin, si l'on commençait la construction par un côté, sur celui DE ou DC, par exemple, il faudrait successivement construire quatre triangles, ce qui entraînerait à des erreurs assez sensibles dans les derniers, parce que l'on ne peut pas prendre sur l'échelle des ouvertures de compas qui puissent se rapporter exactement aux plus petites divisions du décamètre, par exemple, aux décimètres, centimètres, etc., indiqués sur le croquis.

La démonstration est suffisante; nous avons cru qu'il était inutile de présenter la construction, qui est très-simple et analogue à toutes les autres qui précèdent.

On peut aussi lever et construire le plan de ce polygone d'après le procédé que nous allons démontrer pour les surfaces inaccessibles; on verra que cette construction a de l'avantage sur toutes les autres.

PROBLÈME.

634. *Lever, au moyen de la chaîne, le plan d'un bois ABCDEF* (Fig. 378). Fig. 378.

Pour lever le plan de l'hexagone irrégulier proposé, jalonnez des prolongemens aux côtés qui forment trois angles saillans pris de deux en deux; portez la longueur de chaque côté sur son prolongement, et la droite tirée d'une extrémité d'un prolongement à l'autre vous donnera la longueur de la diagonale qui lui est supposée parallèle dans l'espace couvert de bois, c'est-à-dire que vous aurez, d'après le numéro 525,

$$AC = ac = 3\text{-}4,$$
$$CE = c'e = 5\text{-}5,$$
$$AE = a'e' = 3\text{-}05.$$

Ces trois diagonales étant connues, commencez le plan par la construction exacte du triangle $a''c''ç''$ qui

Fig. 378. correspondra à celui ACE que vous auriez pu tracer sur un terrain accessible à l'intérieur : sur les côtés *a'' c''*, *c'' e''*, *e'' a''*, construisez respectivement les trois triangles *a'' b c''*, *c'' d e''*, *e'' f a''*, et le polygone *a'' b c'' d e'' f* sera le plan exact de l'hexagone couvert de bois ABCDEF.

C'est le meilleur procédé que l'on puisse suivre pour lever et construire le plan de tous les hexagones irréguliers, accessibles ou inaccessibles, qui n'ont pas deux angles rentrans adjacens.

PROBLÈME.

635. *Lever, avec la chaîne, le plan de la pièce de*
Fig. 379. *terre ABCDEFG* (Fig. 379).

Après avoir mesuré tous les côtés de l'eptagone proposé, qui sont

AB = 3-5,
BC = 3-2,
CD = 2-2,
DE = 1-5,
EF = 2-0,
FG = 1-75,
AG = 1-85.

Tirez, en partant de l'angle rentrant D, les diagonales BD, DF et BF ; coupez le quadrilatère formé avec cette dernière et les côtés AB, AG et GF, par la diagonale la plus courte que vous pourrez tirer d'un angle à un autre, par celle AF, par exemple; mesurez ces quatre diagonales, vous aurez :

BD = 3-05,
DF = 2-9,
BF = 4-7,
AF = 2-7.

Ces mesures étant déterminées pour construire le plan, tirez une diagonale *bf* égale à 4 décamètres 7 mètres de l'échelle; sur cette diagonale, avec la longueur de chacune des trois autres et celle du côté AB, construisez les deux triangles *abf* et *bdf*; construisez les trois autres triangles *agf*, *def*, *dcb*, respectivement sur les diagonales *af*, *df*, *bd*, vous aurez le polygone *abcdefg*, qui sera le plan exact de la pièce de terre proposée.

Cette construction présente des résultats très-exacts ; cette disposition de triangles évite les petites erreurs qui, en s'accumulant par une trop grande quantité de lignes construites successivement l'une sur l'autre, deviennent assez souvent préjudiciables à la confection parfaite des plans.

PROBLÈME.

636. *Lever, au moyen de la chaîne, le plan d'un bois*
Fig. 380. *ABCDEFG* (Fig. 380), *dans lequel il est impossible de mener des diagonales.*

Supposant que tous les côtés du périmètre de l'heptagone ont été mesurés et trouvés comme il suit :

AB = 3-8,
BC = 4-5,
CD = 2-25,
DE = 2-5,
EF = 2-5,
FG = 2-7,
AG = 2-0.

On trouvera, d'après la méthode des prolongemens (630), que les diagonales BD et FD sont respectivement l'un de 4 décamètres 5 mètres et l'autre de 3 décamètres.

Cela posé, pour trouver la longueur réelle de la principale diagonale BF, on jalonnera un prolongement indéfini à chacun des côtés AB et GF; on mesurera les prolongemens supplémentaires A *o* et G*o*; on portera la longueur du premier de *o* en *a*, et celle de l'autre de *o* en *g*, et l'on aura :

$$ag = AG = 2\text{-}0,$$

si l'on a pris des précautions dans le jalonnage.

Si le faux côté *ag* n'était pas long de 2 décamètres, il faudrait commencer par rectifier cette opération pour avoir cette longueur, ce qui offre une preuve infaillible pour ces sortes d'opérations.

Cette vérification faite, on portera la distance AB de *a* en *b'*, celle GF de *g* en *f*, et la droite *b'f* sera égale à la diagonale BF qui doit être de 5 décamètres 5 mètres. On profite de cette construction pour connaître la longueur de la diagonale BG, qui est égale à celle *b'g*, c'est-à-dire à 4 décamètres 1 mètre.

Enfin, la construction du polygone *abcdefg*, faite d'après le numéro précédent, donne le plan exact du bois proposé. Nous terminons la levée à la chaîne en disant qu'on peut, par ces procédés, lever le plan de toutes les pièces de terre que l'on peut traverser, sans avoir égard aux angles ni à la quantité de côtés qui forment leur périmètre. Nous allons en donner un exemple.

637. Si, dans la pièce de terre ABCDE (*Fig.* 45), on Fig. 45.
jalonne et mesure les diagonales AC, AD, BE, BD, les côtés du polygone étant connus, il est certain que l'on pourra construire le plan exact de cette pièce de terre, en tirant la droite *ab*, et construisant sur elles les triangles semblables *abc*, *abd*, *abe*, ce qui donne, en joignant enfin *dc* et *de*, le plan *abcde* qui est semblable et proportionnel à celui ABCDE proposé. Voyez les numéros 82, 83 et 84.

DE LA LEVÉE A L'ÉQUERRE.

638. Nous allons faire voir qu'excepté des cas assez rares, l'équerre d'arpenteur et la chaîne suffisent au lever des plans.

C'est avec l'équerre que l'on forme le détail des subdivisions d'un plan qui échappent aux autres instrumens par leur peu d'étendue; nous verrons plus loin qu'elle sert à tracer des perpendiculaires pour rapporter sur le papier les parties curvilignes. Nous ne nous occuperons pas de la démonstration du tracé des perpendiculaires, nous avons suffisamment traité cette partie dans les numéros 220 et suivans, pour les lignes accessibles, et dans ceux 507 et suivans, pour les inaccessibles.

La plupart des arpenteurs ne connaissent pas d'autre instrument avec lequel ils lèvent tout un plan; mais comme il exige la mesure de beaucoup de distances à la chaîne, il ne convient qu'aux parcelles de terre d'une moyenne étendue. Enfin, nous avons déjà fait voir (220 *et suiv.*) que l'équerre servait aussi à tracer des alignemens, non seulement sur les terrains horizontaux, mais encore à travers les coteaux et les vallons; ces dernières opérations sont plutôt du ressort de l'équerre sphérique que de celle de l'équerre octogone.

N. B. Nous répétons ici qu'il est essentiel d'observer que l'équerre doit toujours être placée de manière que les fentes soient bien perpendiculaires à l'horizon.

PROBLÈME.

639. *Lever le plan de la ligne brisée ABCD* (Fig.
Fig. 381. 381).

Après avoir exécuté, sur le terrain, le croquis des lieux de manière à rendre à peu près sur le papier la figure de la ligne ABCD, jalonnez une droite qui passe par le point A et le point D, et de dessus cette droite élevez, sur les points B et C, les perpendiculaires BE et FC; mesurez la distance que ces deux perpendiculaires laissent entre elles, ainsi que la distance de ces perpendiculaires aux deux extrémités A et D de la ligne proposée, qui sont

AE = 2-4,
EF = 3-7,
FD = 1-0;

mesurez encore les deux perpendiculaires, que vous trouverez comme il suit :

BE = 1-4,
CF = 1-35.

Ces différentes mesures étant prises sur le terrain, il s'agit de construire le plan de la ligne proposée. Tirez, sur le papier, la droite indéfinie *ad*, sur laquelle vous porterez *ae* = AE pris sur l'échelle; prenez ensuite *ef* et *fd* égales à EF et FD encore pris sur l'échelle, ainsi les distances trouvées sur le terrain seront rapportées, sur le plan, égales aux mesures qui leur sont respectives sur l'échelle, en sorte que AE ayant été trouvé de 2 décamètres 4 mètres sur le terrain, *ae* doit être égal à 2 décamètres 4 mètres pris sur l'échelle; il en est de même des autres lignes *ef* et *fd*.

Maintenant, élevez aux points *e* et *f* les perpendiculaires *eb* et *fc*, comme vous l'avez fait sur le terrain; portez *eb* égal à 1 décamètre 4 mètres de l'échelle; portez de même *fc* égal à 1 décamètre 35 décimètres pris sur l'échelle; tirez les droites *ab*, *bc*, *cd*, et la ligne *abcd* sera le plan exact de la ligne brisée ABCD.

PROBLÈME.

640. *Lever le plan de la ligne brisée ABCDE* (Fig.
Fig. 382. 382) *que l'on ne peut traverser.*

Nous supposerons que la ligne proposée est une muraille, ou toute autre clôture à peu près semblable.

Le plan visuel étant construit, tirez une droite EF qui passe par B, et, de dessus cette droite élevez, sur les points A, C, D, les perpendiculaires AF, CG et DH, mesurez les distances BF, BG, GH et EH, qui donnent

BF = 3-85,
BG = 2-6,
GH = 2-3,
EH = 4-15;

mesurez encore les trois perpendiculaires, que vous trouverez comme il suit :

AF = 1-2,
CG = 0-9,
DH = 1-2.

Ces différentes mesures étant prises sur le terrain, il s'agit de construire le plan de la ligne proposée. Tirez, sur le papier, la droite indéfinie *ef*, sur laquelle vous porterez les distances *bf*, *bg*, *gh* et *eh*, chacune respectivement égale à BF, BG, GH et EH pris sur l'échelle. Maintenant, aux points *f*, *g*, *h*, élevez les perpendiculaires *af*, *cg* et *dh*, comme vous l'avez fait sur le terrain; portez *af* égale à 1 décamètre 2 mètres prise sur l'échelle, *cg* égale à 9 mètres, et *dh* égale à 1 décamètre 2 mètres de la même échelle; tirez les droites *ab*, *bc*, *cd* et *de*, et la ligne *abcde* sera le plan demandé.

PROBLÈME.

641. *Lever le plan d'une ligne courbe AD'QM'B*
(Fig. 383). Fig. 383.

Cette opération a beaucoup d'analogie avec celle du numéro 639; l'une et l'autre sont très-souvent en usage dans la levée des plans; ce que nous verrons détaillé au fur et à mesure que nous avancerons dans ce chapitre.

Pour lever le plan de la ligne AD'QM'B, qui peut être la limite d'une pièce de terre terminée par un chemin ou un petit rideau, ou bien encore par une haie que l'on peut traverser en un point quelconque Q, il faut commencer, étant sur le terrain, par diviser la courbe en plusieurs points AA', A'B', B'C', C'D'...... QK', K'L', L'M', etc., de manière que les parties prises sur la ligne sinueuse, et entre ses différens points, se confondent en quelque sorte avec une ligne droite; les points doivent être pris assez près l'un de l'autre pour que les fractions de la ligne qui existe entre ces points et sur la courbe s'approchent autant que possible d'une droite.

Cela fait, tirez la droite AB, et sur cette droite élevez, vers les points A', B', C', D', E'..... K', L', M', etc., les perpendiculaires A'C, B'D, C'E, D'F...... K'M, L'N, M'O, etc.; mesurez les longueurs de ces perpendiculaires, ainsi que les distances AC, CD, DE, EF...... QM, MN, NO, etc., qui les séparent, vous aurez, pour les perpendiculaires,

A'C = 1-3,
B'D = 1-9,
C'E = 2-3,

D'F = 2-6,
E'G = 2-7,
F'H = 2-7,
G'I = 2-4,
H'J = 2-2,
I'K = 1-8,
J'L = 1-1,
K'M = 0-4,
L'N = 0-8,
M'O = 0-9,
N'P = 1-0,
UR = 0-8,
VS = 0-7,
XT = 0-5,

et, pour les distances entre ces dernières,

AC = 1-0,
CD = 0-7,
DE = 0-8,
EF = 0-8,
FG = 1-1,
GH = 0-8,
HI = 0-8,
IJ = 0-5,
JK = 0-6,
KL = 0-6,
LQ = 1-0,
QM = 0-7,
MN = 1-0,
NO = 0-5,
OP = 0-7,
PR = 0-6,
RS = 0-5,
ST = 0-6,
TB = 1-0;

voilà pour l'opération sur le terrain.

Maintenant, tirez, sur le papier qui doit servir à recevoir le plan, la doite indéfinie *ab*; sur cette droite, portez successivement les distances *ac*, *cd*, *de*, *ef*, *fg*, *gh*, *hi*, etc., égales chacune à leur valeur respective, à 1 décamètre, 7 mètres, 8 mètres, 8 mètres, 1 décamètre 1 mètre, 8 mètres, etc., prises successivement sur l'échelle; aux points *c*, *d*, *e*, *f*, *g*, *h*, etc., élevez les perpendiculaires *a'c*, *b'd*, *c'e*, *d'f*, etc., sur lesquelles vous porterez respectivement les longueurs 1 décamètre 3 mètres, 1 décamètre 9 mètres, 2 décamètres 3 mètres, 2 décamètres 6 mètres, etc., prises sur l'échelle.

Enfin, tracez le mieux possible sur le plan, en arrêtant aux divisions, les courbes *aa'*, *a'b'*, *b'c'*, *c'd'*, etc., que le terrain pourrait encore faire entre les points ou les extrémités des perpendiculaires, et la ligne *aa'b'c'd'*...... *q'k'l'm'*, etc., sera le plan exact de la courbe proposée.

Pour tracer les petites courbures des lignes sinueuses, on se sert ordinairement d'un instrument en bois mince, qu'on nomme *pistolet* ou *virgule*, ou bien encore *cherche*, et dans lequel on trouve à peu près toutes les courbes. La figure 384 représente l'instrument précité. Fig. 384.

Si l'on ne pouvait traverser la ligne courbe, on en leverait le plan d'après le procédé suivi pour la solution du problème 640; nous pensons qu'il est inutile de donner une application particulière à ce sujet.

PROBLÈME.

642. *Lever le plan d'une pièce de terre de forme carrée ABCD* (Fig. 385). Fig. 385.

La levée du plan d'un carré se fait, au moyen de l'équerre, aussi facilement, lorsque sa surface est couverte de bois, bâtimens, etc., que lorsqu'elle est accessible de toutes parts.

Pour lever le plan de la pièce de terre proposée, plantez d'abord des jalons aux points A, B, C, D, et assurez-vous avec l'équerre que les quatre angles sont chacun de 100 grades, ainsi que nous l'avons expliqué au numéro 116. Il suffit, pour cela, que vous reconnaissiez que trois angles sont droits, car alors le quatrième l'est nécessairement aussi.

Cela fait, jalonnez un ou plusieurs côtés que vous mesurez pour vous assurer que la figure n'est pas un rectangle, et vous aurez

AB = BC = CD = AD = 4-15.

Il n'est pas nécessaire de mesurer les quatre côtés; si les quatre angles sont droits, et si deux côtés adjacens sont d'égale longueur, la figure est nécessairement carrée.

Pour tracer, sur le papier, la figure *abcd*, tirez une droite *ab* égale à 4 décamètres 15 décimètres de l'échelle; élevez, sur les deux extrémités *a* et *b* de cette droite, comme il a été dit plus haut (118), deux perpendiculaires *ad*, *bc*, que vous ferez égales à *ab*; joignez leurs extrémités *c* et *d* par une droite, vous aurez le carré *abcd* qui sera le plan exact de la pièce de terre proposée.

Pour lever le plan d'un carré avec la chaîne seulement, il faut pouvoir entrer dans la pièce de terre pour mesurer une diagonale BD, afin de construire le plan sur celle *bd*; ce qui est très-facile en ayant la longueur d'un côté.

PROBLÈME.

643. *Lever le plan d'une pièce de terre rectangulaire ABCD* (Fig. 386). Fig. 386.

Ce problème a beaucoup d'analogie avec le précédent; on lève le plan d'un rectangle inaccessible aussi facilement que si la surface était accessible de toutes parts.

Après s'être assuré que les quatre angles du rectangle sont égaux, mesurez deux côtés adjacens, vous aurez

AB = CD = 4-71,
AD = BC = 3-25.

Cela connu, tirez sur le papier une droite *ab* égale à 4 décamètres 71 décimètres de l'échelle; élevez sur les deux extrémités *a* et *b* de cette droite les deux perpendiculaires *ad* et *bc*, que vous ferez chacune égale à 3 décamètres 25 décimètres; joignez leurs extrémités *c* et *d* par une droite, et la figure *abcd* sera le plan exact de la pièce de terre proposée.

Pour lever le plan d'un rectangle avec la chaîne seulement, on tire sur le terrain une diagonale BD, que l'on mesure ainsi que les côtés nécessaires; on tire sur le papier une droite *b d* sur laquelle on construit le plan qui doit être l'image fidèle de la pièce de terre mesurée.

PROBLÈME.

644. *Lever le plan d'une pièce de terre de forme triangulaire ABC* (Fig. 387).

Fig. 387. La levée de ce triangle ne présente aucune difficulté; il est facile, après avoir planté un jalon à chaque angle et posé l'équerre en A, de voir que la figure du terrain proposé est un triangle rectangle dont on peut lever et construire le plan comme dans le problème précédent.

En effet la construction d'un triangle rectangle a beaucoup d'analogie avec celle d'un rectangle de même longueur et de même hauteur que lui, puisque, dans ce cas, le triangle rectangle est exactement égal à la moitié du rectangle correspondant.

Enfin, sachant que

AB = 3-8,
AC = 6-98,

pour construire le triangle *a b c*, tirez une droite *a c* égale à 6 décamètres 98 décimètres de l'échelle; sur l'extrémité *a* de cette droite, élevez une perpendiculaire *a b* égale à 3 décamètres 8 mètres; tirez une droite *b c*, vous aurez la figure *a b c*, qui sera le plan exact du triangle rectangle proposé.

On voit, d'après ce qui vient d'être dit, que le plan d'un triangle rectangle couvert de bois, de bâtimens, etc., se lève toujours comme si la surface était libre.

PROBLÈME.

645. *Lever le plan d'une pièce de terre de la forme*
Fig. 388. *d'un triangle quelconque ABC* (Fig. 388), *dont on peut traverser la surface en tous sens.*

Plantez un jalon à chaque angle A, B, C, et abaissez avec l'équerre, du point B sur un des côtés AC pris pour base, une perpendiculaire BD, que vous mesurerez ainsi que les segmens AD, CD, ce qui donnera

BD = 2-52,
AD = 3-14,
CD = 4-52.

Cela déterminé, pour tracer le plan tirez sur le papier une ligne indéfinie *a c*, sur laquelle vous porterez, avec le compas, des longueurs *a d*, *d c*, respectivement égales à 3 décamètres 14 décimètres et 4 décamètres 52 décimètres de l'échelle. Ensuite, élevez en *d* une perpendiculaire *b d* égale à 2 décamètres 52 décimètres de l'échelle; tirez, par le point *b* ainsi déterminé, les droites *a b*, *b c*, et la figure *a b c* sera le plan exact du triangle proposé.

PROBLÈME.

646. *Lever, avec l'équerre, le plan d'un bois triangu-*
Fig. 389. *laire ABC* (Fig. 389) *que l'on ne peut traverser par des rayons visuels.*

On ne peut pas prendre le plus grand côté AB de ce triangle pour base, comme dans la solution du problème précédent, parce qu'il est impossible d'abaisser une perpendiculaire de l'angle obtus C sur ce grand côté, attendu que la surface du triangle est supposée couverte de bois, ou de toute autre chose empêchant de pouvoir la parcourir.

Pour lever le plan de ce triangle, prenez celui des deux autres côtés que vous jugerez le plus commode pour l'opération, celui AC, par exemple; jalonnez un prolongement à ce côté jusqu'en D, pour élever une perpendiculaire BD, que vous mesurerez ainsi que le côté AC et son prolongement, ce qui fournit les mesures suivantes :

BD = 2-8,
AC = 5-3,
CD = 1-68.

Quant au tracé de ce plan, on tire sur le papier une indéfinie *a c*, sur laquelle on porte, avec le compas, des longueurs *a c*, *c d*, respectivement égales à 5 décamètres 3 mètres, et 1 décamètre 68 décimètres de l'échelle; on élève en *d* une perpendiculaire *b d* égale à 2 décamètres 8 mètres de l'échelle; par le point *b* ainsi déterminé, on tire les droites *a b*, *b c*, et le triangle *a b c* est le plan exact du bois proposé.

On a coutume de jalonner le plus long des deux côtés qui forment l'angle obtus, ce qui donne une plus courte perpendiculaire à mesurer sur le terrain.

PROBLÈME.

647. *Lever le plan d'un quadrilatère ABCD* (Fig. 390) Fig. 390.
que l'on peut traverser en tous sens.

Après avoir planté des jalons en A, B, C et D, au moyen de l'équerre, abaissez, sur le plus grand côté AD, les deux perpendiculaires BE, CF, que vous mesurerez ainsi que les distances AE, EF, DF, qui sont exprimées comme il suit :

BE = 3-52,
CF = 2-08,
AE = 1-75,
EF = 4-66,
DF = 2-0.

Cela connu, pour tracer la figure, portez sur une droite indéfinie *a d* les longueurs *a e*, *e f*, *d f*, respectivement égales à 1 décamètre 75 décimètres, 4 décamètres 66 décimètres, et 2 décamètres; élevez en *e* et *f* des perpendiculaires *b e*, *c f*, la première égale à 3 décamètres 52 décimètres de l'échelle, et l'autre égale à 2 décamètres 68 décimètres, ce qui déterminera les hauteurs *b* et *c*; enfin, tirez *a b*, *b c*, *c d*, et la construction polygonale *a b c d* sera le plan exact du quadrilatère proposé.

Nous ne parlerons pas de la levée du plan d'un trapèze que l'on peut traverser en tous sens, elle est semblable à celle que nous venons de démontrer, nous osons même dire plus facile, parce qu'étant certain du parallélisme des deux côtés, il n'y a qu'une perpendiculaire à chaîner.

La construction du plan est aussi semblable à cette dernière.

648. Pour lever le plan d'un autre quadrilatère ABCD
Fig. 391. (*Fig.* 391), il faut abaisser une perpendiculaire BE sur un des deux plus longs côtés, sur AD, par exemple, comme dans le numéro précédent; jalonner un prolongement à ce côté jusqu'en F, élever une perpendiculaire CF, qu'il faut mesurer, ainsi que celle BE, le prolongement DF et les parties AE, ED du côté prolongé, ce qui doit donner

CF = 1-8,
BE = 2-62,
DF = 1-88,
AE = 2-11,
DE = 2-74.

On trace la figure comme dans le numéro précédent, en portant sur une droite *af* les longueurs *ae*, *ed*, *df*, convenables aux mesures trouvées sur le terrain et rapportées à l'échelle; on élève en *e* et *f* des perpendiculaires *be*, *cf*, égales à la hauteur obtenue, ce qui détermine les sommets *b* et *c*; enfin, l'on tire *ab*, *bc*, *cd*, et la figure *abcd* doit être le plan exact du quadrilatère proposé.

C'est aussi de cette manière qu'on lève le plan du parallélogramme; l'opération est encore plus facile, car il n'y a qu'une perpendiculaire à abaisser, sur la base quand la surface est accessible, et sur le prolongement de cette base quand on ne peut traverser le parallélogramme.

N. B. On peut aussi lever le plan d'un quadrilatère en prenant un des plus petits côtés pour base. Voir à ce sujet la figure 98, où les deux perpendiculaires AF, BE, tombent en dehors du quadrilatère.

PROBLÈME.

Fig. 392. 649. *Lever le plan du quadrilatère ABCD* (Fig. 392) *accessible en dedans seulement.*

La simplicité de cette opération la fait toujours préférer à toutes les autres, lorsqu'on peut traverser le terrain en tous sens et intérieurement; non-seulement elle est simple pour la levée, mais elle est encore la plus expéditive pour l'évaluation des surfaces.

Pour lever ce plan, plantez des jalons en A, B, C, D, et selon une diagonale BD, la figure se trouvera formée de deux triangles ABD, CBD, qui ont une base commune BD; au moyen de l'équerre, levez-les séparément, en abaissant, sur la diagonale BD, les deux perpendiculaires AE, CF, que vous mesurerez ainsi que les distances BE, EF, FD, ce qui donne

AE = 1-8,
CF = 2-8,
BE = 2-1,
EF = 2-0,
FD = 3-28.

Le tracé géométrique *abcd* se réduit maintenant à faire deux triangles *abd*, *cbd*, sur la même base (642), en élevant les perpendiculaires *ae*, *cf*, proportionnellement aux mesures trouvées sur le terrain.

PROBLÈME.

650. *Lever le plan d'un quadrilatère ABCD* (Fig. 393) *couvert de bois.* Fig. 393.

Jalonnez deux prolongemens CF, DE, au côté CD qui est adjacent à deux angles obtus C, D; au moyen de l'équerre, vous abaisserez sur ces prolongemens les deux perpendiculaires AE, BF, que vous mesurerez, ainsi que le côté prolongé et ses prolongemens, ce qui vous donnera

AE = 2-6,
BF = 1-58,
CD = 3-58,
CF = 2-0,
ED = 2-0.

Le tracé géométrique *abcd*, qui est le plan exact du quadrilatère inaccessible proposé, se trace toujours comme il a été démontré pour les problèmes précédens.

Enfin, il est évident que ces opérations sur les quadrilatères deviennent plus simples quand on rencontre un angle droit adjacent au côté que l'on prend pour base, ce qui se reconnaît assez souvent au moment d'élever les perpendiculaires avec l'équerre.

PROBLÈME.

651. *Lever, avec l'équerre, le plan d'un polygone quelconque ABCDEFGHI* (Fig. 394) *que l'on peut* Fig. 394.
traverser en tous sens.

Pour lever ce plan, plantez un jalon à chaque sommet A, B, C, D, etc., du polygone; jalonnez une diagonale DH, qui sera la directrice; portez l'équerre aux points J, K, L, M, N, O, P, de manière à déterminer sur cette directrice les pieds des perpendiculaires IJ, AK, GL, etc., abaissées des sommets; cela déterminé, mesurez les perpendiculaires, en notant, sur le croquis, le sens suivant lequel elles tombent par rapport à la directrice DH, vous aurez

IJ = 1-44,
AK = 2-98,
GL = 1-34,
BM = 1-7,
FN = 2-32,
CO = 1-32,
EP = 2-00;

mesurez aussi les parties de la directrice comprises entre les pieds de ces perpendiculaires, ce qui vous donnera

HJ = 1-32,
JK = 0-5,
KL = 2-1,
LM = 0-3,
MN = 1-5,
NO = 1-0,
OP = 1-6,
PD = 0-9.

Cela posé sur le croquis, pour tracer le plan, tirez sur le papier une ligne indéfinie *dh*, sur laquelle vous porterez des ouvertures de compas *hj*, *jk*, *kl*, etc., d'autant d'unités de l'échelle que les parties correspondantes HJ, JK, KL, etc., contiennent de mètres; par les points *j*, *k*, *l*, *m*, etc., ainsi déterminés, élevez des perpendiculaires *ij*, *ak*, *gl*, etc., sur *dh*, chacune du côté qui lui appartient, et donnez-leur des longueurs conformes à leurs mesures respectives, exprimées à l'aide de l'échelle; enfin, joignez par des droites les points *h*, *i*, *a*, *b*, *c*, *d*, etc., ainsi obtenus, vous aurez le polygone demandé *abcdefghi*.

Remarque. Quand il se trouve des sinuosités à gauche et à droite de la directrice, comme dans cette dernière figure, il vaut mieux élever d'abord toutes les perpendiculaires qui sont, par exemple, à droite, sans avoir égard à celles de la gauche, et en chaînant on compte la mesure, toujours sans interrompre, au pied de chacune. Ensuite, on retourne sur cette même base en élevant les perpendiculaires de la gauche et en mesurant de la même manière. Si le total de chaque mesurage est sensiblement le même, on conclut que le chaînage est bon; s'il y avait une petite différence, on pourrait la partager par le milieu, et appliquer la correction dans l'endroit le moins sensible, c'est-à-dire où les perpendiculaires sont moins longues.

PROBLÈME.

Fig. 395. 652. *Lever, avec l'équerre, le plan d'un polygone quelconque ABCDE.... etc.* (Fig. 395), *inabordable intérieurement ou couvert de bois.*

Le terrain qu'il s'agit de lever ne pouvant être traversé, on ne peut employer les moyens indiqués jusqu'ici, soit pour le séparer en triangles par des diagonales menées du sommet d'un même angle (651), soit pour tirer une directrice sur laquelle on abaisse des perpendiculaires des sommets de tous les angles, comme dans l'opération précédente, soit enfin pour le diviser en triangle rectangle par des perpendiculaires élevées sur des diagonales.

Voici le procédé que l'on suit habituellement pour parvenir à la levée des polygones inabordables intérieurement.

Tirez la droite PQ, de manière à ce qu'elle passe, s'il est possible, sur le point K; au point Q, avec l'équerre, menez QN perpendiculaire sur PQ, de manière à passer sur le point A; au point N, menez NO perpendiculaire sur NQ, de manière à passer par le point B. Enfin, au point O, élevez OP perpendiculaire sur NO, de manière à passer par les points F et G, et cette droite OP sera évidemment perpendiculaire sur la base de départ PQ.

Il ne s'agit plus, pour construire le plan, que de connaître la longueur de chaque partie comprise entre les droites PQ, QN, NO, OP, et le contour du bois, que l'on obtiendra en abaissant, de tous les angles que forme le bois, des perpendiculaires CR, DS, ET, HU, etc., telles qu'elles sont indiquées sur le croquis par des lignes ponctuées.

Ces perpendiculaires étant fixées, jalonnées et mesurées sur le terrain, voici les résultats obtenus :

CR = 1-5,
DS = 1-84,
ET = 0-8,
HU = 1-4,
IV = IY = 0-6,
JX = 1-42,
LZ = 0-9,
A'M = 1-82.

Les distances jalonnées et mesurées à la chaîne sur les côtés du rectangle, sont, pour le côté PQ,

PY = 0-6,
XY = 4-01,
KX = 2-74,
KZ = 1-6,
A'Z = 2-6,
A'Q = 1-17,
PQ = 12-72.

Puisque PQ est de 12 décamètres 72 décimètres, les mesures prises sur le côté opposé NO doivent produire la même somme, si l'opération est bien faite.

Vous pourrez vérifier ceci par l'addition des quantités suivantes :

OT = 4-78,
ST = 1-5,
RS = 3-3,
BR = 1-0,
BN = 2-14,
NO = 12-72.

Ce résultat est justement semblable au précédent, c'est-à-dire que nous avons

PQ = NO = 12-72.

Si vous vérifiez de même les deux chaînages sur les autres côtés, vous aurez, pour le côté OP,

PV = 0-6,
UV = 1-6,
GU = 1-1,
FG = 1-64,
FO = 1-44,
OP = 6-38,

et, pour le chaînage du côté NQ,

AN = 2-28,
AQ = 4-1,
NQ = 6-38,

donc l'expression

OP = NQ = 6-38

prouve le parallélisme qui existe entre les droites ON et PQ, et par conséquent l'exactitude du chaînage.

Pour tracer le plan, construisez, sur le papier, un rectangle *nopq* long de 12 décamètres 72 décimètres, pris sur l'échelle, et haut de 6 décamètres 38 décimètres; portez, sur un des côtés, *pq*, des ouvertures de compas *a'q*, *a'z*, *zk*, etc., d'autant d'unités de l'échelle que les parties correspondantes A'Q, A'Z, ZK, etc., contiennent de décamètres; par les points ainsi déterminés, élevez des perpendiculaires *a'm*, *lz*, etc., sur *pq*; donnez-leur des longueurs conformes à leurs mesures respectives exprimées à l'aide de l'échelle; placez de même les autres perpendiculaires qui doivent être sur les deux autres *no*, *op*, et joignez par des droites les points *m*, *l*, *k*, *j*, etc., ainsi obtenus, vous aurez le polygone demandé *a*, *b*, *c*, *d*, *e*, *f*, *g*, etc.

Enfin, il résulte de toutes les constructions précédentes, que, sans avoir effectivement mesuré les angles, ni les côtés d'un polygone, ces quantités deviennent connues, puisqu'en appliquant le rapporteur sur la figure vous pouvez évaluer la valeur de chaque angle; et que, portant sur l'échelle des ouvertures de compas égales aux côtés de la figure, vous saurez combien ces côtés contiennent de décamètres.

DE LA LEVÉE A LA PLANCHETTE.

653. Nous avons déjà dit (261) que la planchette était un des instrumens les plus propres pour figurer de suite les détails d'un plan; nous avons même fait connaître son usage en démontrant la solution de deux problèmes analogues à la mesure des angles; le premier, pour lever le plan d'un angle horizontal, est indiqué par le numéro 262; et l'autre, pour lever et réduire en même temps un angle incliné, est énoncé dans le numéro 266. Enfin, l'on peut recourir à l'article de la planchette pour l'explication du collage du papier et de l'emploi de plusieurs sortes d'alidades (1).

PROBLÈME.

654. *Sur l'extrémité B d'une droite donnée AB* (Fig.
Fig. 396. 396), *élever, au moyen de la planchette, une perpendiculaire BC.*

(1) Nous avertissons nos lecteurs que nous représenterons la planchette, à la projection horizontale, sans dessin d'alidade, et par conséquent sans la moindre trace de son trépied. Nous la distinguerons des quadrilatères seulement par deux lignes parallèles, l'une destinée à faire paraître son périmètre, et l'autre à faire paraître celui du papier. Nous éviterons, par ce procédé, toutes les lignes doublées et confuses qui nuisent toujours aux démonstrations. On verra qu'il serait impossible de représenter la planchette en rapport avec l'échelle du plan qui lui correspond; nous la représenterons, sur la planche, par un carré de 2 centimètres de côté, au milieu duquel chaque plan sera considéré établi d'après l'échelle que nous avons adoptée (621).

Le point du terrain, que nous indiquons le plus souvent par une lettre capitale, et celui du plan par une lettre italique, se trouvant, lorsque la planchette est sur le premier, dans une même ligne verticale, nous les indiquerons par une lettre capitale à jour qui désignera les deux points verticaux, comme B (*Fig.* 396), par exemple. Enfin, les lettres indicatives et différentes pour le terrain et le plan resteront toujours les mêmes pour les démonstrations dans le texte.

Après avoir fixé le papier sur la planchette (261), placez-la de manière que le point *b* du papier (on sait que la lettre à jour représente l'italique sur le plan et la capitale sur le terrain) corresponde verticalement avec le point B du terrain, et que son plan soit dans une situation horizontale. Cette situation s'obtient au moyen d'un niveau quelconque (267); une bille posée sur cette tablette indique aussi qu'il faut relever le côté par où elle roule.

Cela fait, fixez une aiguille sur le plan au point *b*, et serrez contre cette aiguille une des extrémités de l'alidade, en dirigeant l'autre vers le jalon en A. Dans cette position, faites glisser une pointe de crayon le long de l'alidade dans la direction AB, vous aurez une droite correspondante *ab*.

Ensuite, prolongez cette droite d'une longueur quelconque *bn*; portez cette longueur de *b* en *m*, et élevez sur *mn* la perpendiculaire *bc* (35). Enfin, serrez l'alidade contre l'aiguille *b*, et de manière qu'elle coïncide parfaitement à la perpendiculaire *bc*; faites planter un jalon C dans le rayon visuel que vous indiqueront les pinnules de l'alidade ainsi dirigée, et l'alignement BC sera perpendiculaire à la droite donnée AB.

On peut, par ce procédé, élever des perpendiculaires et tirer des droites parallèles, comme il a été démontré pour l'équerre (220).

PROBLÈME.

655. *Lever, au moyen de la planchette, le plan de la pièce de terre triangulaire ABC* (Fig. 397). Fig. 397.

Plantez d'abord des jalons aux trois angles A, B, C; choisissez un point O d'où vous puissiez apercevoir les trois jalons, et mettez la planchette à ce point. Il est inutile de répéter qu'elle doit être dressée bien horizontalement, puisque c'est une condition indispensable de l'exactitude du plan.

Le point *o* étant déterminé sur le plan par une aiguille enfoncée perpendiculairement, dirigez l'alidade de *o* en A, de manière qu'elle soit appuyée contre l'aiguille plantée en *o*, et que vous aperceviez par les pinnules le jalon planté en A; tracez alors la droite indéfinie *oa*; dirigez ensuite successivement l'alidade sur les points B, C, et tracez sur le plan les droites indéfinies *ob*, *oc*.

Cela déterminé, mesurez à la chaîne les distances AO, BO, CO, et prenez autant de parties sur l'échelle qu'il y a d'unités de mesure dans les distances chaînées sur le terrain, vous aurez les points *abc*; il ne reste plus qu'à tracer sur le plan les côtés *ab*, *bc*, *ac*, et le plan *abc* sera le plan exact de la pièce de terre proposée.

Revenons sur la construction de ce plan, et supposons qu'en chaînant on a trouvé

$$\begin{aligned} AO &= 1\text{-}75, \\ BO &= 2\text{-}65, \\ CO &= 1\text{-}87. \end{aligned}$$

Pour former le périmètre de ce triangle, on prend alors une ouverture de compas égale à 1 décamètre 75 décimètres de l'échelle; on la porte sur le plan de *o* en *a*; on prend de même une autre ouverture de 2 décamètres 65 décimètres, que l'on porte de *o* en *b*; puis une dernière ouverture de 1 décamètre 87 décimètres; enfin, l'on tire les droites *ab*, *bc*, *ac*, comme il vient d'être dit, et la construction est terminée.

Cette construction étant faite avec toute l'exactitude possible, on peut évaluer la longueur des trois côtés du triangle séparément, en prenant ces longueurs sur le plan et les portant sur l'échelle adoptée. Donc, on peut, par ce procédé, mesurer la longueur des côtés inaccessibles d'une figure quelconque, dans laquelle on peut entrer, et dont les angles sont abordables.

PROBLÈME.

656. *Lever, avec la planchette, le plan d'un quadri-*
Fig. 398. *latère quelconque ABCD* (Fig. 398).

Placez votre planchette en O, de manière à pouvoir distinguer simultanément tous les jalons en A, B, C, D; déterminez le point *o* sur le plan par une aiguille; dirigez l'alidade de *o* en A, de manière que vous aperceviez par les pinnules le jalon planté en A; tracez une droite indéfinie *ao*; dirigez ensuite successivement l'alidade sur les points B, C, D, et tracez sur le plan les droites indéfinies *ob*, *oc*, *od*.

Mesurez à la chaîne les distances AO, BO, CO, DO, que vous trouverez comme il suit :

AO = 2-2,
BO = 2-78,
CO = 2-6,
DO = 2-4;

prenez une ouverture de compas égale à 2 décamètres 2 mètres, que vous porterez de *o* en *a*; prenez-en une autre de 2 décamètres 78 décimètres, que vous porterez de *o* en *b*; portez de même 2 décamètres 6 mètres de *o* en *c*, et enfin 2 décamètres 4 mètres de *o* en *d*. Les points *a*, *b*, *c*, *d*, étant fixés, tracez sur le plan les côtés *ab*, *bc*, *cd*, *ad*, vous aurez un quadrilatère *a*, *b*, *c*, *d*, qui sera le plan exact de la pièce de terre proposée.

Il est inutile de répéter que l'on peut évaluer la longueur de chaque côté en le portant sur l'échelle au moyen du compas, puisque toutes les parties d'un plan sont proportionnelles à celles du terrain, lorsque plusieurs de ces parties sont exactement rapportées à l'échelle du plan.

PROBLÈME.

657. *Lever, au moyen de la planchette, le plan d'un*
Fig. 399. *polygone quelconque ABCDE* (Fig. 399).

Après avoir planté des jalons à tous les angles A, B, C, D, E, choisissez ensuite un point O d'où vous puissiez apercevoir tous les jalons; mettez la planchette à ce point, et, faisant tourner l'alidade vis-à-vis de chaque jalon, en l'appuyant contre l'aiguille en *o*, marquez chaque rayon visuel par les droites indéfinies *oa*, *ob*, *oc*, *od*, *oe*; mesurez ensuite les distances AO, BO, CO, etc., que vous trouverez comme il suit :

AO = 2-2,
BO = 1-42,
CO = 1-1,
DO = 2-5,
EO = 1-45.

Ces mesures étant déterminées, portez sur la planchette une partie *ao* prise sur l'échelle, proportionnellement à la distance AO; portez de même une partie *bo* proportionnelle à BO, une partie *co* proportionnelle à CO, une partie *do* proportionnelle à DO, une partie *eo* proportionnelle à EO; enfin, liez par des droites les points *a*, *b*, *c*, *d*, *e*, et vous aurez le plan *abcde* semblable à la pièce de terre proposée ABCDE.

PROBLÈME.

658. *Lever, au moyen de la planchette, le plan d'un polygone limité par des lignes sinueuses.*

Il sera toujours facile de lever le plan d'un terrain quelconque avec la planchette, en une seule station, lorsqu'on pourra y entrer.

Prenons pour exemple la figure 400. Placez la plan- Fig. 400.
chette au milieu O du terrain; du point *o* qui correspond à ce dernier sur la planchette, dirigez des rayons aux points F, I; mesurez ces rayons que vous proportionnerez sur l'échelle adoptée : vous aurez, sur le papier, leur représentation *fi*, et par conséquent la droite FI, que vous ferez cependant mesurer, et sur laquelle vous élèverez des perpendiculaires aux sinuosités FG, GH, HI, du terrain.

Quant aux droites AI, AB, BC, CD, DE, EF, on les tracera, comme on le voit, suivant leurs directions, qui sont toujours déterminées par la longueur des rayons qu'on a dirigés aux points qui en sont les extrémités. Enfin, la construction étant faite, le plan *abcdefghi* est exactement en rapport avec le polygone proposé.

Si la petite élévation, qui permet d'observer tous les jalons, au lieu de se trouver au milieu du polygone, comme dans les opérations précédentes, se trouvait sur un de ses côtés ou de ses angles, c'est là qu'il faudrait établir la station, pourvu que de ce point on découvrît simultanément tous les jalons plantés ou sommet des angles. Nous allons traiter ce cas, qui ne présente aucune difficulté.

PROBLÈME.

659. *Lever, au moyen de la planchette, le plan d'un*
polygone ABCDEF (Fig. 401). Fig. 401.

Si, par rapport aux accidens du terrain, vous ne pouvez mettre la planchette au milieu, comme vous l'avez fait dans les problèmes précédens, placez-la en A; marquez sur le plan un point *a* qui coïncide par une verticale au sommet A du polygone; plantez une aiguille au point *a*; dirigez l'alidade selon AB, et dès que vous apercevrez le jalon B à travers les pinnules, vous ferez glisser une pointe de crayon le long de l'alidade, ce qui déterminera sur le plan la droite indéfinie *ab*; faites pivoter l'alidade autour de l'aiguille *a*, et dirigez-la sur C; tracez alors la droite indéfinie *ac*; dirigeant l'alidade, toujours appuyée contre l'aiguille *a*, dans l'alignement AD, tracez sur le plan la droite indéfinie *ad*, et agissez de la même manière pour tracer les autres droites indéfinies *ae* et *af*.

Cela posé, mesurez sur le terrain les distances AB, AC, etc., que vous trouverez comme il suit :

AB = 3-14,
AC = 4-3,
AD = 3-85,
AE = 5-0,
AE = 2-8.

Prenez sur l'échelle autant de décamètres, mètres, etc., qu'il y en a dans les mesures précitées et déterminées sur le terrain, et marquez sur le plan les points *b*, *c*, *d*, *e*, *f*. Il ne reste plus qu'à tirer à l'encre *ab*, *bc*, *cd*, *de*, *ef*, *af*, qui sont les côtés du polygone *abcdef*, semblable au polygone du terrain ABCDEF.

Si l'élévation, au lieu de se trouver dans l'intérieur ou sur un côté ou un angle du polygone, se trouvait en dehors, c'est encore en cet endroit qu'il faudrait placer la planchette, pourvu cependant que de ce point on pût découvrir simultanément tous les jalons plantés aux sommets des angles. Ce cas ne présentant aucune difficulté, nous allons résoudre seulement un problème qui lui sera analogue.

PROBLÈME.

660. *Lever, au moyen de la planchette, le plan du*
Fig. 402. *polygone ABCDE* (Fig. 402).

Si, par rapport aux accidens du terrain, vous ne pouvez mettre la planchette sur un des angles du polygone, comme dans le problème précédent, placez-là au dehors, en F, par exemple; marquez sur le plan un point *f* qui coïncide par une verticale au point F choisi pour la station; plantez une aiguille au point F; de ce point, dirigez des rayons aux angles A, B, C, D, E; mesurez leurs longueurs, que vous trouverez comme il suit :

AF = 2-7,
BF = 3-55,
CF = 3-84,
DF = 2-8,
EF = 2-35,

réduisez proportionnellement ces longueurs sur le papier, et les extrémités de ces rayons détermineront les points *a*, *b*, *c*, *d*, *e*, que vous joindrez par les droites *ab*, *bc*, *cd*, *dc*, *ac*. Enfin, la figure *abcde* sera le plan exact du polygone proposé.

PROBLÈME.

661. *Lever, au moyen de la planchette, le plan d'un*
Fig. 403. *bois triangulaire ABC* (Fig. 403), *dont un côté AB est inaccessible.*

Cette opération a beaucoup d'analogie à celle du numéro 659; on peut encore opérer comme dans le numéro 660, pour qu'on place la planchette de manière à apercevoir les trois angles d'une même station. Voyons pour lever ce plan et trouver la longueur de la ligne inaccessible AB.

Placez votre planchette en C; marquez sur le plan un point *c* qui coïncide par une verticale au sommet C du triangle; plantez une aiguille au point *c*; dirigez l'alidade selon AC, et dès que vous apercevrez le jalon A à travers les pinnules, vous tracerez le long de l'alidade une droite indéfinie *ac*; faites pivoter l'alidade autour de l'aiguille *c*, et dirigez-là sur B, et tracez la droite indéfinie *ab*.

Cela fait, mesurez les deux côtés accessibles, qui sont

AC = 3-22,
BC = 4-25;

construisez le triangle sur la planchette, d'après les numéros 28 et 464, et le triangle *abc* sera le plan exact du bois proposé.

Enfin, pour connaître la longueur du côté inaccessible AB, on prend sur le plan une ouverture de compas égale à *ab*; on la porte sur l'échelle adoptée, et l'on trouve la longueur de ce côté, évaluée en décamètres, mètres, etc.

On lève le plan de tous les triangles qui ont deux accessibles, par le procédé que nous venons de démontrer. Passons maintenant à une autre manière d'employer la planchette pour la levée des plans inaccessibles intérieurement.

PROBLÈME.

662. *Lever, au moyen de la planchette, le plan d'un bois ABCDE* (Fig. 404). Fig. 404.

La planchette ne présente pas les mêmes avantages, pour la solution de ce problème que pour ceux qui précèdent, parce que les sommets des angles du polygone couvert de bois ne peuvent pas être aperçus d'un seul point, ni même de deux points, comme dans les problèmes que nous démontrerons après celui-ci; voici comment on doit opérer dans cette circonstance :

Placez d'abord le point *e* fixé sur la planchette dans une position respective à celle du point E du terrain, et de manière que ce point *e* réponde verticalement à celui E. Dans cette position, faites tourner l'alidade autour du point *e*, jusqu'à ce qu'elle ait sa direction sur le point D, et tracez la droite indéfinie *de* sur la planchette; dirigez ensuite l'alidade sur le point A, en la conservant toujours près du point *e*, et tracez la droite indéfinie *ae* sur la planchette. Mesurez la longueur du côté AE, que vous trouverez de 2 décamètres 32 décimètres; prenez cette longueur sur l'échelle et portez-la de *e* en *a*.

Transportez la planchette au point A, et placez-la de manière à ce que le point *a*, déjà indiqué sur la planchette, réponde verticalement à son respectif A, et que la droite *ae* prenne la direction de sa respective AE; dans cette position, dirigez l'alidade sur le point E, et tracez la droite *ab* sur la planchette. Mesurez la longueur

Fig. 404. du côté AB que vous trouverez de 1 décamètre 8 mètres, et portez-la de *a* en *b* sur le papier.

Transportez la planchette au point B, et placez-la de manière à ce que le point *b* réponde verticalement à son respectif B, et que la droite *ab*, tracée sur la planchette, soit dans la direction de sa respective AB; dans cette position, dirigez l'alidade sur le point C, et tracez la droite *bc* sur la planchette. Mesurez la longueur du côté BC, que vous trouverez de 2 décamètres 68 décimètres, et portez-la de *b* en *c* sur le papier.

Transportez la planchette au point C, et placez-la de manière à ce que le point *c* réponde verticalement à son respectif C, et que la droite *bc*, tracée sur la planchette, prenne la direction de sa respective BC; dans cette dernière position, dirigez l'alidade sur le point D, et tracez la droite *cd*, laquelle coupe, au point D, la droite *ed* menée du point *e*; le polygone *abcde*, tracé sur la planchette, sera le polygone demandé.

Pour vérifier le plan ou l'opération, il faut mesurer le côté CD et porter sur le plan, sur son respectif *cd*, les 2 décamètres 34 décimètres pris sur l'échelle; placer la planchette au point D de manière que le point D réponde verticalement à son respectif D du terrain, et que la droite *cd* soit dans la direction de sa respective CD; diriger ensuite l'alidade dans la direction du point E, et mesurer la longueur du côté DE, qui est de 2 décamètres 48 décimètres, pour la porter sur son respectif *de*. L'opération sera exacte ou régulière si le plan présente les trois résultats suivans :

1° Le nombre d'unités prises sur l'échelle, répondant à celui trouvé sur le terrain, qui est 2 décamètres 34 décimètres pour la longueur du côté CD, doit s'appliquer exactement sur son côté respectif *cd*;

2° Lorsque la planchette est placée au point D, le point *d* répondant verticalement à son respectif D, la droite *cd* placée dans la direction de sa respective CD, et l'alidade étant dirigée sur le point E, il faut que cette même alidade soit sur la direction de la droite *de* placée sur la planchette;

3° Enfin, il faut que le nombre d'unités prises sur l'échelle et répondant à celui trouvé sur le terrain, qui est 2 décamètres 48 décimètres pour la longueur du côté DE, s'applique exactement sur son côté respectif *de*; alors on peut conclure de la parfaite exactitude de l'opération.

Si le plan ne produisait pas ces trois résultats, si l'on y trouvait de légères différences, on rapprocherait les côtés du plan au moyen de ces dernières données, on les en éloignerait, en raison de l'erreur trouvée, et par ce moyen on rendrait le plan aussi exact que possible.

663. Dans les problèmes précédens que nous avons résolus avec la planchette, il a fallu mesurer un grand nombre de distances sur le terrain. Voici un procédé très rapides pour éviter de prendre toutes ces mesures; on l'appelle *méthode des intersections*.

Il suffit, pour construire un plan d'après cette méthode, de prendre arbitrairement deux points quelconques, desquels on puisse apercevoir tous les angles que forme le polygone du terrain à lever, et d'imaginer des droites menées de ces deux points à tous les angles dudit polygone; il sera alors divisé en plusieurs triangles, dont chacun aura pour côté commun celui formé par l'espace compris entre les deux points pris arbitrairement; par conséquent, il suffit, pour construire le plan du polygone proposé, de mesurer l'espace ou la distance comprise entre ces deux points arbitraires, et de mesurer ensuite, à chacun de ces deux points, les différens angles que forme la ligne menée sur les deux points arbitraires avec les différentes lignes dirigées de ces mêmes points à tous les angles du polygone.

PROBLÈME.

664. *Lever, au moyen de la planchette, le plan du triangle ABC* (Fig. 405) *représentant un pré traversé par une rivière.* Fig. 405.

Placez d'abord le point *a*, sur la planchette, dans une position respective à celle du point A du terrain, et de manière à pouvoir construire le plan proposé sur la planchette; placez la planchette bien horizontalement, et de manière que le point *a* du papier se trouve verticalement au-dessus de son respectif A du terrain; dirigez ensuite l'alidade sur le point B en la faisant tourner autour du point *a*, et tracez le long de cette alidade la direction *ab*; continuez à faire tourner l'alidade autour du point *a*, jusqu'à ce qu'elle se dirige vers le point C, et, dans cette position, tracez une droite le long de l'alidade, laquelle aura la direction *ac* vers le point C; cela fait, mesurez sur le terrain la longueur du côté ou de la ligne AC, que vous trouverez de 3 décamètres 6 mètres; prenez cette longueur sur l'échelle adoptée, et portez-la de *a* en *c*.

Cette première partie de l'opération étant faite, transportez la planchette au point C, et placez-la de manière que le point *c* du papier réponde verticalement au-dessus de son respectif C du terrain, et que la droite *ac*, tracée sur la planchette, prenne sa direction sur le point A, puis, dans cette position, faites tourner l'alidade autour du point *c*, jusqu'à ce qu'elle ait sa direction vers le point B; tracez alors une droite le long de l'alidade, laquelle coupera la droite *ab* au point *b*; le triangle *abc*, tracé sur la planchette, sera le plan demandé.

Voici la preuve de l'exactitude de cette opération : Aux points A et C on a construit, sur la planchette, des angles *bac* et *acb* respectivement égaux aux angles BAC et ACB du terrain; dès-lors l'angle *abc* est égal à son respectif ABC, donc ces deux triangles ont leurs angles et leurs côtés égaux chacun à chacun, et sont par conséquent semblables; donc le triangle *abc* est le plan exact de la pièce de pré proposée.

PROBLÈME.

665. *Lever, au moyen de la planchette, le plan d'un polygone quelconque ABCDE* (Fig. 406). Fig. 406.

Après avoir fixé, sur la planchette, le papier destiné à recevoir le plan, placez le point *a*, sur ce papier, dans une position convenable pour que le plan proposé puisse

Fig. 406. y être rapporté; placez la planchette au point A de manière à ce que le point a réponde verticalement au-dessus de son respectif A; dans cette position, dirigez l'alidade sur le point B, en la faisant tourner autour d'une aiguille enfoncée perpendiculairement au point a, et tracez, sur la planchette, le long de l'alidade, la droite ab. Cela fait, dirigez l'alidade sur le point C, en l'appuyant contre l'aiguille a, et, dans cette position, tracez la droite ac, sur la planchette, le long de l'alidade. Faites tourner de même l'alidade autour de l'aiguille en a, jusqu'à ce qu'elle se dirige sur le point D, et, dans cette position, tracez la droite ad, sur la planchette, le long de l'alidade.

Pour connaître la position de l'arbre isolé X, dirigez l'alidade sur ce point X, en la tournant autour de l'aiguille plantée en a, et, dans cette position, tracez la droite ax, sur la planchette, le long de l'alidade. Continuez à faire tourner l'alidade autour de l'aiguille a, jusqu'à ce qu'elle se dirige sur le point E, et, dans cette position, tracez la droite ae, sur la planchette, le long de l'alidade.

Ces rayons déterminés, mesurez la ligne AE du terrain, que vous trouverez de 3 décamètres 6 mètres; prenez cette longueur sur l'échelle adoptée, et portez-la de a en e. Transportez votre planchette au point E; placez-la de manière à ce que le point e réponde verticalement au-dessus de son respectif E, et que la droite ae, déjà tracée sur la planchette, ait sa direction sur le point A; dans cette position, dirigez l'alidade sur le point X, en la faisant tourner autour de l'aiguille plantée perpendiculairement au point e; tracez, sur la planchette, la droite ex le long de l'alidade, laquelle coupera l'autre droite ax au point x. Faites tourner l'alidade autour de l'aiguille e, jusqu'à ce qu'elle se dirige sur le point B, et, dans cette position, tracez, le long de l'alidade et sur la planchette, la droite be, laquelle coupera celle ab au point b. Dirigez l'alidade sur le point C, en la faisant tourner autour de l'aiguille en e, et tracez, sur la planchette, la droite ce le long de l'alidade, laquelle coupera l'autre droite ac au point c. Faites ensuite tourner l'alidade autour de l'aiguille e, jusqu'à ce qu'elle se dirige sur le point D, et, dans cette dernière position, tracez, le long de l'alidade et sur la planchette, la droite de, laquelle coupera celle ad au point d. Enfin, tirez les droites BC et CD, et la figure $abcde$ sera le plan exact du polygone proposé.

PROBLÈME.

666. *Lever, au moyen de la planchette, le plan du*
Fig. 407. *polygone ABCDEFGHI* (Fig. 407) *dans lequel on ne peut apercevoir B, C, D, des points donnés G et H.*

Puisque des points G et H il est impossible d'apercevoir ceux B, C, D, vous commencerez par choisir deux points A et E, desquels vous puissiez apercevoir tous les angles saillans et rentrans du polygone, jalonnés comme à l'ordinaire. Ensuite, vous placerez le point a sur la planchette ou sur le papier qui y est placé, dans une position respective à celle du point A du terrain, et de manière à ce que le point a de la planchette réponde verticale- Fig. 407.
ment à son respectif A; dans cette position, faites tourner l'alidade autour de l'aiguille enfoncée perpendiculairement en a, jusqu'à ce qu'elle se dirige sur le point B, et, dans cette position, tracez le long de l'alidade la droite ab. Cela fait, continuez à tourner l'alidade autour de l'aiguille en a, jusqu'à ce qu'elle ait sa direction sur les points C et D qui se trouvent, par hasard, dans un même alignement, et indiquez la direction acd, sur la planchette, par une droite tracée le long de l'alidade. Faites encore marcher l'alidade, et toujours autour de l'aiguille a, jusqu'à ce qu'elle ait sa direction sur le point E, et, dans cette position, tracez la droite ae le long de l'alidade. Dirigez ensuite l'alidade sur le point F, toujours en conservant sa position près de l'aiguille a, et tracez, sur la planchette, la droite bf le long de l'alidade. Continuez à diriger successivement l'alidade selon les directions AG, AI, AH, et tracez, sur la planchette, les droites indéfinies ag, ai, ah.

Cette première partie de l'opération, ou cette première station, étant achevée, mesurez la longueur de la ligne directrice AE du terrain, que vous trouverez de 3 décamètres 72 décimètres; prenez cette longueur sur l'échelle, et portez-la sur la droite ae, de a en e. Transportez ensuite la planchette au point E, et placez-la de manière à ce que le point e, qui se trouve déjà marqué sur la planchette, réponde verticalement à son respectif E du terrain, et que la droite ae prenne la direction de sa respective AE. Plantez l'aiguille en e sur la planchette, et dirigez successivement l'alidade sur les points D, C, B, I, H, G, F, et traçant sur la planchette les droites de, ce, be, ie, he, ge, fe, au moyen de l'alidade tournant autour de l'aiguille e, ces droites couperont les premières ab, acd, af, ag, ai, ah, tracées de la station A, aux points b, c, d, f, g, i, h. Cela fait, tirez les droites bc, cd, fg, gh, hi, et la figure $abcdefghi$ sera le plan exact du polygone proposé.

Il est évident que l'on peut fixer les points stationnaires en dedans du polygone comme en dehors. Ce dernier cas, que nous allons traiter, est encore assez suivi lorsqu'on ne peut aborder les pièces de terre pour en lever le plan.

PROBLÈME.

667. *Lever, au moyen de la planchette, le plan du polygone A'B'CDEFG* (Fig. 408) *que l'on ne peut ap-* Fig. 408.
procher, mais dont on aperçoit les angles.

Ce problème nécessite une nouvelle démonstration. Aux extrémités A et B de la droite AB, prise arbitrairement comme directrice du plan, plantez des jalons et mesurez cette base à la chaîne, que vous trouverez, par exemple, de 3 décamètres 45 décimètres; placez la planchette en A, et tracez, selon la direction AB, une droite ab sur le plan, proportionnelle aux 3 décamètres 45 décimètres trouvés sur le terrain. Au point a est plantée une aiguille contre laquelle vous appuierez l'alidade, que vous dirigerez successivement selon AA', AB', AG, AC,

Fig. 408. AF, AD, AE, et vous tracerez sur le plan les droites indéfinies aa', ab', ag, ac, af, ad, ae.

Transportez ensuite la planchette au point B, de manière que le point b du plan tombe bien perpendiculairement sur l'extrémité B de la directrice.

Plantez une aiguille en b sur le plan, et dirigez successivement l'alidade selon BG, BA', BF, BB', BEC, BD, vous tracerez les droites indéfinies bg, ba', bf, bb', bec, bd, sur le plan; leur intersection avec les lignes indéfinies, tracées de la station A, déterminera les points a', b', c, d, e, f, g.

Donc, il n'y aura plus qu'à tirer les droites $a'b'$, $b'c$, cd, de, ef, fg, $a'g$, qui sont les côtés du polygone $a'b'cdefg$, semblable au polygone proposé.

PROBLÈME.

668. *Lever, avec la planchette, le plan d'une campagne, d'une commune, d'une masse de polygones, etc.*

Soient, par exemple, les objets A', B', C, D, E, F,
Fig. 409. G, H, I (*Fig.* 409); choisissez un terrain où vous puissiez établir une base assez longue, et que de ses extrémités vous puissiez découvrir les objets proposés. A l'une des extrémités A de cette base, tracez sur la planchette, un rayon dans l'alignement AB; ensuite, du même point A dirigez successivement l'alidade sur tous les objets, et tracez des rayons visuels.

Donnez au rayon ab une longueur proportionnelle à la base AB, qui est de 36 décamètres 11 décimètres, en prenant cette longueur sur l'échelle de 1 à 5000, et la portant de a en b; on écrit souvent sur chaque rayon le nom de l'objet où il est dirigé.

Transportez la planchette au point B; et après avoir fait la même préparation que pour les opérations précédentes, du point B dirigez aussi des rayons vers les objets I, A', H, B', G, C, D, E, et les points i, a', h, b', g, c, d, e, où ils couperont les rayons de la première station, seront en distance avec leur base ab, comme tous les objets correspondans sont avec leur base AB sur le terrain. Il faut, pour réussir dans ces opérations, que la planchette soit toujours de niveau en dirigeant les rayons visuels : nous l'avons déjà recommandé plus haut (650).

669. *Remarque.* Il arrive quelquefois que les rayons visuels dirigés d'un point situé sur la planchette ne passent pas par leurs correspondans marqués sur le papier, il faut, dans ce cas, rechercher sur quel point porte l'erreur, afin de la vérifier. D'abord, la vérification ne doit se fixer qu'à partir des points fixés par le calcul, et qui doivent servir de base à l'opération. Si donc d'un de ces points les rayons visuels ne coïncidaient pas avec un ou plusieurs objets de détails, il faudrait mesurer de ce point dans l'alignement d'un autre point bien déterminé, et élever avec l'équerre des perpendiculaires aux points douteux; en rapportant ces perpendiculaires, il sera facile de rectifier l'erreur, mais il sera bon encore de faire mesurer du point rectifié à tout autre point dont on sera assuré de la position et de la distance, et préférablement à ceux qui doivent servir de bases à l'opération; après la Fig. 409.
rectification faite, il faudra recommencer la vérification, et si elle est satisfaisante, on continuera les détails comme à l'ordinaire.

On pourrait multiplier à l'infini les exemples sur les levées à la planchette, puisqu'elle sert aux mêmes usages que les autres instrumens de géométrie; mais au moyen des explications que nous avons données, on sera toujours à même d'exécuter sur le terrain toutes les opérations qui pourraient se présenter.

La planchette présente beaucoup d'avantages, puisqu'on ne mesure qu'une seule ligne, et que le plan se trouve tout tracé, même en supposant que le terrain ne soit pas horizontal, parce que les pinnules permettent de voir par rayons plongeans ou montans les divers points du paysage, et que ces lignes se trouvent toutes réduites à l'horizon. Et comme le plan s'exécute sur les lieux mêmes, on y ajoute facilement à vue les objets de détails qu'on ne regarde pas comme assez importans pour exiger une détermination précise; on inscrit, en chaque place, les usines, les moulins à vent, les arbres, et diverses espèces de cultures.

ORIENTEMENT DE LA PLANCHETTE.

670. Il se présente assez souvent deux cas : ou la direction de l'aiguille aimantée n'aura pas été tracée sur le papier qui contiendra la position des principaux objets du pays dont on se propose de lever le plan, ou cette direction aura été observée et tracée sur la planchette.

Voici la résolution analogue au premier cas : placez la planchette dans l'alignement de deux points déterminés, de manière à les apercevoir à travers l'alidade; alors, ayant fixé la planchette dans cette situation, posez-y une boussole ou déclinatoire (263) que vous tournez jusqu'à ce que l'aiguille se soit arrêtée précisément sur la ligne nord-sud gravée au fond de la boîte, et tenant le déclinatoire immobile, tracez, le long d'un de ses côtés parallèles à l'aiguille, une ligne qui représente celle de l'aiguille aimantée.

Pour résoudre l'autre cas, posez le côté du déclinatoire, qui est parallèle à la ligne nord-sud, le long de la ligne qui représente l'aiguille aimantée, ayant le soin de mettre le dard, dessiné sur le limbe, du même côté que celui marqué sur la ligne de direction tracée sur le papier; ensuite, sans déranger le déclinatoire, vous tournerez la planchette jusqu'à ce que l'aiguille se fixe exactement au point nord, ou s'arrête dans le plan de la ligne nord-sud gravée au fond de la boîte; alors la planchette sera orientée,

Il est essentiel, pour ne pas commettre d'erreur grave, d'employer le déclinatoire, qui sert, comme on vient de le voir, à orienter la planchette d'une manière invariable. Il y a des géomètres qui sont dans l'usage d'orienter la planchette à chaque station. Effectivement, la planchette étant bien orientée, tous les points qui sont situés sur son plan doivent correspondre avec ceux du terrain dont ils sont les représentans.

SECTION DEUXIÈME.

LEVÉE ET CONSTRUCTION DES PLANS EN FAISANT USAGE DES ANGLES.

670. Nous allons maintenant faire connaître les principaux procédés qu'il faut suivre pour lever les plans avec les instrumens gradués. Nous commencerons par appliquer l'équerre divisée en huit angles égaux à la levée des plans des terrains inabordables, c'est-à-dire que l'on ne peut approcher; nous donnerons ensuite les levées à la boussole et au graphomètre.

DE LA LEVÉE A L'ÉQUERRE DIVISÉE EN HUIT ANGLES ÉGAUX.

671. L'usage de cette équerre n'a jamais été démontré entièrement par aucun auteur; plusieurs ont donné la manière de mesurer la longueur d'une ligne inaccessible à une de ses extrémités, mais aucun d'eux n'osa seulement parler de mesurer cette ligne lorsqu'elle est entièrement inabordable. Ce qu'il y a encore de plus étonnant, c'est que tous les arpenteurs-géomètres, les professeurs des colléges, et une partie des instituteurs de la campagne, ont tous chacun une équerre divisée en huit angles égaux, dont beaucoup ne connaissent pas l'usage. Si l'on demandait à celui qui, le premier, a fendu ou fait fendre des équerres en huit parties, à quel usage il les destinait, il pourrait simplement dire, avant d'avoir pris connaissance de cet ouvrage, que c'était pour construire des angles de 50 grades, et par là mesurer la largeur d'une rivière, ou, ce qui est le même, la longueur d'une ligne inaccessible par une de ses extrémités.

Effectivement, tout ce que nous allons présenter dans nos problèmes sera considéré inaccessible de toutes parts, et, par conséquent, résolu par des procédés analogues à l'évaluation des longueurs des lignes inaccessibles que nous avons traitée plus haut (522).

N. B. Nous avertissons nos lecteurs que nous ne déterminerons pas les longueurs ni les angles employés dans cette section, par les procédés graphiques, mais par le calcul en nombres naturels ou les logarithmes. Nous construirons encore nos plans à l'échelle de 1 à 1250.

PROBLÈME.

672. *Lever, au moyen de l'équerre divisée en huit angles égaux, le plan de la ligne inabordable AB* (Fig. 410), *et en déterminer la longueur par le calcul.* Fig. 410.

L'opération sur le terrain a beaucoup d'analogie avec celle du numéro 522. Pour lever la position de la ligne AB, jalonnez, sur un terrain le plus uni possible, une ligne d'opération CD; abaissez sur cette directrice, et des points A et B, les deux perpendiculaires AE, BF.

Ces deux perpendiculaires suffiraient pour connaître la position de la ligne AB, si l'on connaissait la longueur de chacune.

Pour déterminer la longueur de la perpendiculaire A, cherchez, sur la ligne directrice ou base, et au moyen de l'équerre divisée en huit, un point G, duquel vous puissiez apercevoir le point A sous un angle de 50 grades avec cette base CD, et plantez-y un jalon. Cherchez, étant sur la même base, un point H, duquel vous puissiez apercevoir le point B sous un angle de 50 grades avec cette base, et laissez-y votre équerre.

Cela fait, mesurez les distances EH, GH, FG, que vous trouverez comme il suit :

$$EH = 0\text{-}7,$$
$$GH = 2\text{-}4,$$
$$FG = 2\text{-}2;$$

et, par la propriété du triangle isocèle (522), vous aurez, pour les perpendiculaires,

$$AE = EG = EH + HG,$$

ou

$$AE = 0\text{-}7 + 2\text{-}4 = 3\text{-}1,$$

puis

$$BF = FH = FG + GH,$$

ou

$$BF = 2\text{-}2 + 2\text{-}4 = 4\text{-}6.$$

Quant à la construction du plan, elle est très-simple. Sachant que

$$EF = EH + GH + GF,$$

ou

$$EF = 0\text{-}7 + 2\text{-}4 + 2\text{-}2 = 5\text{-}3;$$

tirez, sur le papier, une droite *ef* égale à 5 décamètres 3 mètres de l'échelle adoptée; sur les extrémités *ef* de cette droite, élevez les perpendiculaires indéfinies *ae*, *bf*; prenez une ouverture de compas égale à 3 décamètres 1 mètre de l'échelle, et portez-la de *e* en *a* sur la perpendiculaire indéfinie *ae*; portez une autre ouverture de 4

Fig. 410. décamètres 6 mètres de f en b sur l'autre perpendiculaire ; tirez une droite ab, vous aurez la position exacte de la ligne AB par rapport à la directrice CD ou EF.

673. On pourrait connaître la longueur de la droite AB en prenant celle de ab déterminée sur le plan, pour l'évaluer sur l'échelle, mais le résultat ne serait qu'approximatif. Voici un procédé qui fournit des résultats aussi exacts que possibles ; il a de l'analogie avec les numéros 526 et 591.

Quand vous avez fait, sur le terrain, toutes les opérations indiquées dans le numéro précédent, vous connaissez, par le moindre calcul, la longueur de chaque côté de l'angle droit du triangle rectangle ABI imaginé sur le croquis.

En effet, l'on a, pour le plus grand des deux côtés précités,

$$AI = EF = 5{\cdot}3,$$

et pour l'autre,

$$BI = BF - AE = 4{\cdot}6 - 3{\cdot}1 = 1{\cdot}5,$$

ce qui donne, d'après le numéro 70,

$$AB = \sqrt{\overline{AI}^2 + \overline{BI}^2},$$

qui revient à

$$AB = \sqrt{\overline{5{\cdot}3}^2 + \overline{1{\cdot}5}^2} = \sqrt{30{\cdot}34} = 5{\cdot}508.$$

Enfin, la somme de ces deux côtés, élevés séparément à leur carré, étant 30-34, pour en extraire la racine carrée (399), on cherche parmi les tables son logarithme, qui est 1-4820156 ; on prend la moitié, qui est 0-7410078, et ce nombre répond, dans les tables, à 5 décamètres 508 centimètres, qui est la longueur de l'hypothénuse du triangle rectangle imaginé ABI.

PROBLÈME.

674. *Lever, au moyen de l'équerre divisée en huit* Fig. 411. *angles, le plan d'une ligne brisée* ***ABCD*** (Fig. 411) *que l'on ne peut approcher, et en déterminer la longueur par le calcul.*

Pour lever le plan de la ligne proposée, jalonnez une ligne directrice EF ; sur cette directrice, abaissez, des points A, B, C, D, les perpendiculaires AG, BH, CI, DJ ; cherchez sur cette même directrice des points K, L, M, N, desquels vous puissiez apercevoir successivement chacun des points A, B, C, D, sous un angle de 50 grades ; alors les distances GK, HL, IM, JN, que vous pouvez mesurer, sont respectivement les hauteurs des perpendiculaires AG, BH, CI, DJ.

Sachant que les parties mesurées sur la directrice sont

$$GH = 3{\cdot}5,$$
$$HK = 0{\cdot}6,$$
$$KI = 0{\cdot}75,$$
$$IL = 1{\cdot}4,$$
$$LJ = 1{\cdot}65,$$
$$JM = 0{\cdot}6,$$
$$NM = 1{\cdot}3,$$

vous aurez la longueur de chaque perpendiculaire, en Fig. 411. faisant

$$AG = GK = GH + HK,$$

ou, ce qui revient au même,

$$AG = 3{\cdot}5 + 0{\cdot}6 = 4{\cdot}1 ;$$

on a aussi

$$BH = HL = HK + KI + IL,$$

qui revient à

$$BH = 0{\cdot}6 + 0{\cdot}75 + 1{\cdot}4 = 2{\cdot}75 ;$$

de même

$$CI = IM = IL + LJ + JM,$$

revient à

$$CI = 1{\cdot}4 + 1{\cdot}65 + 0{\cdot}6 = 3{\cdot}65 ;$$

faisant encore

$$DJ = JN = JM + MN,$$

le résultat est

$$DJ = 0{\cdot}6 + 1{\cdot}3 = 1{\cdot}9.$$

La construction de cette ligne brisée est aussi facile que la précédente. Sachant que toutes les distances comprises entre la perpendiculaire AG et celle DJ, donnent

$$GJ = 3{\cdot}5 + 0{\cdot}6 + 0{\cdot}75 + 1{\cdot}4 + 1{\cdot}65 = 7{\cdot}9,$$

tirez une droite gj égale à 7 décamètres 9 mètres de l'échelle adoptée ; élevez sur cette droite les perpendiculaires ag, bh, ci, dj, respectivement égales aux longueurs suivantes : 4 décamètres 1 mètre, 2 décamètres 75 décimètres, 3 décamètres 65 décimètres, et 1 décamètre 9 mètres, prises sur la même échelle ; joignez les points a, b, c, d, par les droites ab, bc, cd, et la ligne $abcd$ sera le plan exact de la ligne brisée ABCD sur le terrain.

675. Toutes les opérations sur le terrain étant faites comme il a été dit précédemment, on obtient facilement, sans opérations graphiques, la longueur de la ligne ABCD.

Imaginons, par la pensée, les trois triangles rectangles ABO, BCP, CDQ, nous aurons les deux côtés de l'angle droit de celui ABO en faisant simplement

$$BO = GH = 3{\cdot}5,$$

et

$$AO = AG - BH = 4{\cdot}1 - 2{\cdot}75 = 1{\cdot}35 ;$$

la somme des carrés de ces deux côtés est 14-07, son logarithme est 1-1482941 ; pour avoir la racine carrée de 14-07, prenons la moitié de son logarithme, nous aurons 0-5741470, qui répond, dans les tables, à 3-751. Donc, l'hypothénuse AB, qui est une partie de la ligne brisée, est exactement de 3 décamètres 751 centimètres.

Les deux côtés de l'angle droit du triangle rectangle BCP s'obtiennent encore en faisant

$$BP = HI = HK + KI = 0{\cdot}06 + 0{\cdot}75 = 1{\cdot}35,$$

et

$$CP = CI - BH = 3{\cdot}65 - 2{\cdot}75 = 0{\cdot}9 ;$$

la somme des carrés de ces deux côtés est 2-63, son logarithme est 0-4199557 ; si nous le divisons par 2, le résultat 0-2049778 répondra, dans les tables, à 1-622, qui est la racine carrée de 2·63. Ainsi, l'hypothénuse BC, qui est encore une partie de la ligne brisée proposée, est exactement de 1 décamètre 622 centimètres.

Pour connaître la longueur des côtés CP, DQ, de l'angle droit du triangle rectangle CDQ, nous faisons encore

$$DQ = IJ = IL + LJ = 1\text{-}4 + 1\text{-}65 = 3\text{-}05,$$

et

$$CQ = CI - DJ = 3\text{-}65 - 1\text{-}9 = 1\text{-}75;$$

la somme des carrés de ces deux côtés étant 12-365, et son logarithme 1-0921941, si nous prenons la moitié de ce dernier, nous aurons 0-5460970, qui, dans les tables, répond à 3 décamètres 516 centimètres : c'est la longueur de l'hypothénuse CD, qui est encore une partie de la ligne proposée.

Enfin, la somme des trois résultats que nous venons de trouver, donne

$$ABCD = 3\text{-}751 + 1\text{-}622 + 3\text{-}516 = 8\text{-}889.$$

Nous allons démontrer la levée des plans des terrains, au moyen de l'équerre divisée en huit parties égales.

PROBLÈME.

676. *Lever, au moyen de l'équerre divisée en huit angles égaux, le plan d'un triangle quelconque ABC* (Fig. 412), *dont on ne peut approcher.* Fig. 412.

Nous allons profiter de la disposition du triangle proposé pour faire connaître une simplification que l'on peut rencontrer assez souvent ; la voici :

Plantez votre équerre exactement sur l'alignement d'un côté AB du triangle, en D, par exemple, et, dans cette position, faites jalonner une directrice DD' qui fasse un angle de 50 grades avec la droite AB prolongée en D.

Ensuite, des points A, B, C, abaissez, sur la directrice DD', les perpendiculaires AE, BF, CG ; déterminez la longueur de cette dernière, en cherchant, avec l'équerre, sur la directrice DD', un point H, duquel vous puissiez apercevoir le point C sous un angle de 50 grades avec cette base, et laissez-y votre équerre.

Cela fait, mesurez les distances fixées sur la directrice, vous aurez

$$DE = 1\text{-}6,$$
$$EH = 1\text{-}4,$$
$$HF = 1\text{-}0,$$
$$FG = 2\text{-}2;$$

et par conséquent, la longueur des perpendiculaires suivantes :

$$AE = DE = 1\text{-}6;$$

puis

$$BF = DF = DE + EH + HF,$$

qui revient à

$$BF = 1\text{-}6 + 1\text{-}4 + 1\text{-}0 = 4\text{-}0;$$

et enfin

$$CG = HG = HF + FG = 1\text{-}0 + 2\text{-}2 = 3\text{-}2.$$

On voit que l'on a évité, dans cette opération sur le terrain, la construction de deux angles de 50 grades. C'est le tâtonnement qui, comme dans les opérations précédentes, demandait le plus de temps. La construction primitive de l'angle BDD', sur le prolongement du côté AB, n'exige aucun tâtonnement, donc il y a simplification toutes les fois que cela se peut faire.

Pour construire le plan de ce triangle, tirez une droite *eg* égale à 4 décamètres 6 mètres de l'échelle, et élevez les perpendiculaires indéfinies *ae*, *bf*, *cg*, sur lesquelles vous porterez successivement les distances 1 décamètre 6 mètres, 4 décamètres, 3 décamètres 2 mètres ; tirez les droites *ab*, *bc*, *ac*, et le triangle *abc* sera le plan exact du triangle proposé.

PROBLÈME.

677. *Lever, avec l'équerre divisée en huit parties égales, le plan d'un bois triangulaire ABC* (Fig. 413), *que l'on ne peut approcher.* Fig. 413.

La solution de ce problème est impossible, lorsque des trois sommets d'un triangle couvert de bois on ne peut abaisser respectivement trois perpendiculaires sur la ligne d'opération.

Nous démontrons encore la résolution du problème proposé par le procédé abréviatif appliqué au problème précédent, c'est-à-dire en fixant la directrice DE, de manière à ce qu'elle fasse un angle de 50 grades avec le côté AB prolongé en D, où doit être primitivement posée l'équerre.

Abaissez, sur cette base ainsi déterminée, les perpendiculaires AF, CG, BE ; cherchez, sur la même base, un point H, duquel vous puissiez apercevoir le point C sous un angle de 50 grades ; mesurez les parties de bases suivantes :

$$DF = 2\text{-}4,$$
$$FH = 0\text{-}3,$$
$$GH = 3\text{-}05,$$
$$EG = 1\text{-}9,$$

vous aurez, pour les perpendiculaires,

$$AF = DF = 2\text{-}4,$$

puis

$$CG = GH = 3\text{-}05,$$

et enfin

$$BE = DE + FH + GH + EG,$$

qui revient à

$$BE = 2\text{-}4 + 0\text{-}3 + 3\text{-}05 + 1\text{-}9 = 7\text{-}65.$$

La construction du plan se fait en tirant d'abord une droite *ef* égale à 5 décamètres 25 décimètres de l'échelle adoptée, et élevant ensuite sur cette droite les perpendiculaires *af*, *cg*, *be*, respectivement égales aux longueurs 2 décamètres 4 mètres, 3 décamètres 05 décimètres, et 7 décamètres 65 décimètres, prises sur l'échelle ; et tirant les droites *ab*, *bc*, *ac*, on a le triangle *abc*, qui est le plan exact du bois proposé.

Nous allons parler de la levée dés plans des quadrilatères inaccessibles, au moyen de l'équerre; nous espérons réussir aussi bien qu'à la levée des triangles.

PROBLÈME.

678. *Lever, avec l'équerre fendue en huit parties*
Fig. 414. *égales, le plan d'un quadrilatère ABCD* (Fig. 414), *qui se trouve inabordable.*

Pour lever ce plan sans faire beaucoup d'opérations avec l'équerre, prolongez un alignement qui passe par deux points quelconques AC du quadrilatère proposé; du point E sur cet alignement, dirigez la directrice EF, de manière à ce qu'elle fasse un angle de 50 grades avec l'alignement CE; abaissez, des points A, B, C, D, les perpendiculaires AG, BH, CI, DJ; cherchez leur largeur comme dans les problèmes précédens, celle de BH, en construisant un angle de 50 grades en L sur le prolongement EL de la base, et celle de DJ, en construisant encore un angle semblable au point K.

Cela déterminé, mesurez les différentes parties de la base LF, que vous trouverez comme il suit :

LE = 2-5,
GE = 2-5,
GH = 1-15,
HK = 1-2,
KI = 3-35,
IJ = 1-25,

et vous aurez la longueur de chaque perpendiculaire en faisant

AG = EG = 2-5:

puis

BH = LH = LE + EG + GH,

qui revient à

BH = 2-5 + 2-5 + 1-15 = 6-15;

et de même

CI = EI = EG + GH + HK + KI,

donne

CI = 2-5 + 1-15 + 1-2 + 3-35 = 8-2;

enfin

DJ = KJ = KI + IJ = 3-35 + 1-25 = 4-6.

Le plan se construit en tirant une droite *gj* égale à 6 décamètres 95 décimètres de l'échelle, sur laquelle on élève les perpendiculaires *ag*, *bh*, *ci*, *dj*, en rapport avec les longueurs déterminées sur le terrain; on tire de l'extrémité de chaque perpendiculaire les droites *ab*, *bc*, *cd*, *ad*, et le plan *abcd* est exactement celui du quadrilatère ABCD.

Voyons si, par les mêmes procédés, on peut lever le plan de quelques quadrilatères couverts de bois et inabordables.

PROBLÈME.

679. *Lever, avec l'équerre à huit fentes, le plan d'un bois de la forme d'un quadrilatère ABCD* (Fig. 415). Fig. 415.

On peut lever le plan de tous les polygones couverts de bois, broussailles, etc., lorsque, sur une directrice bien fixée de position, on peut abaisser des perpendiculaires de tous les sommets des angles de ces polygones.

Pour lever le plan de ce terrain couvert de bois, abrégez l'opération sur le terrain en construisant en E, dans l'alignement du côté AD, un angle AEF de 50 grades; prolongez EF jusqu'en K, abaissez, des points A, B, C, D, les perpendiculaires AF, DG, CH, BI, déterminez la longueur de ces deux dernières par les angles CJH, BKI, chacun de 50 grades, mesurez toutes les parties séparées qui se trouvent sur la base F, et vous aurez

JK = 2-6,
IJ = 1-3,
IH = 0-82,
HE = 2-2,
GE = 2-9,
FG = 3-1.

Ces longueurs étant déterminées, il est certain que les perpendiculaires s'obtiennent en faisant successivement

BI = IK = 2-6 + 1-3 = 3-9,
CH = HJ = 1-3 + 0-82 = 2-12,
DG = GE = 2-9,
AF = EF = 2-9 + 3-1 = 6-0.

Enfin, l'on construit le plan *abcd* d'après toutes ces longueurs; nous ne nous y arrêterons pas pour en donner la démonstration, qui est, à la vérité, très-facile.

PROBLÈME.

680. *Lever, avec l'équerre à huit fentes, le plan d'un polygone quelconque ABCDEFGH* (Fig. 416), *dont on* Fig. 416.
ne peut approcher.

Ce problème est encore semblable aux précédens; la seule différence consiste en ce qu'il est beaucoup plus compliqué.

Fixez votre directrice de manière qu'elle fasse, avec deux points quelconques CH du polygone, un angle de 50 grades qui ait son sommet en un point J, sur le prolongement de CH, et faites jalonner JK.

Abaissez de tous les angles saillans et rentrans les perpendiculaires AJ, HL, BM, GN, CO, EP, DQ, FR; déterminez la longueur de chacune de ces perpendiculaires en construisant, sur cette base, des angles de 50 grades où il en faut encore, et mesurez toutes les distances arrêtées sur cette directrice.

Sachant qu'elles sont

JL = 2-1,
LM = 0-8,
MS = 0-4,
SN = 2-1,
NO = 1-5,
OT = 1-1,
TP = 0-5,

PU = 0-9,
UQ = 1-3,
QR = 0-98,
RK = 1-55,

vous aurez la longueur de chaque perpendiculaire, en faisant successivement

AJ = JS = 2-1 + 0-8 + 0-4 = 3-3,
HL = JL = 2-1,
BM = MU = 0-4 + 2-1 + 1-5 + 1-1 + 0-5 + 0-9 = 6-5,
GN = NT = 1-5 + 1-1 = 2-6,
CO = JO = 2-1 + 0-8 + 0-4 + 2-1 + 1-5 = 6-9,
EP = PK = 0-9 + 1-3 + 0-98 + 1-55 = 4-73,
DQ = NQ = 1-5 + 1-1 + 0-5 + 0-9 + 1-3 = 5-3,
FR = RK = 1-55.

Quant à la construction du plan *abcdefgh*, elle est trop facile pour nous y arrêter, le dessin seul suffit pour la faire connaître.

PROBLÈME.

681. *Lever, avec l'équerre à huit fentes, le plan d'un*
Fig. 417. *marais ABCDEF* (Fig. 417), *dans lequel on ne peut entrer pour y porter la chaîne.*

Pour lever le plan de ce marais rempli d'eau et de vase, tirez une directrice A'B'; abaissez, des points A, B, C, D, E, F, G, H, I, J, K, L, M, N, O, P, Q, R, les perpendiculaires AA', BB'', RR', CC', DD', PP', OO', EE', FF', GG', HH', MM', LL', KK', II', JB'. On remarquera que l'on ne peut abaisser la perpendiculaire QQ', parce que le petit bois NOP empêche de diriger un rayon visuel sur le point Q; nous ferons cependant connaître la manière d'obtenir la longueur de cette perpendiculaire, ce qui se fait très-subtilement.

Ces perpendiculaires étant fixées sur la directrice, cherchez leur longueur en construisant des angles de 50 grades à droite ou à gauche des points A', S, T, C', U, O', F', V, G', H', M', L', K', J', B', et mesurez toutes les distances arrêtées entre ces angles et les pieds des perpendiculaires, vous aurez

A'S = 0-48,
SB'' = 0-68,
B''T = 1-49,
TR' = 0-99,
R'C' = 1-75,
C'D' = 0-88,
D'U = 0-3,
UP' = 0-68,
P'O' = 0-94,
O'Q' = 0-2,
Q'E' = 0-8,
E'F' = 1-54,
F'V = 1-96,
VG' = 0-5,
G'H' = 2-33,
H'M' = 0-8,
M'L' = 0-6,
L'K' = 3-0,
K'I' = 0-6,
I'B' = 1-1.

Pour connaître la longueur de chaque perpendiculaire, on fait les additions nécessaires et relatives à chaque côté qui correspond à l'angle de 50 grades établi pour la déterminer, et l'on a

AA' = A'T = 2-65,
BB'' = B''U = 5-41,
RR' = A'R = 3-64,
CC' = C'V = 7-3,
DD' = D'M' = 8-61,
PP' = P'V = 5-44,
OO' = O'T = 5-54,
EE' = E'K' = 10-73,
E'N = E'T = 6-54,
FF' = F'S = 10-25,
GG' G'C' = 7-80,
HH' = O'H' = 7-33,
MM' = F'M = 5-59,
LL' = G'L' = 3-73,
KK' = H'K' = 4-4,
II' = F'I' = 9-79,
JB' = B'M' = 5-3.

Quant à la hauteur de la perpendiculaire QQ', on l'obtient en prenant la moitié de la distance qui se trouve entre les sommets S, M', des angles B'SQ, A'M'Q, chacun de 50 grades. Donc l'on a

QQ' = $\frac{1}{2}$ SM' = SQ' = Q'M = 7-91.

En effet

SM' = 15-82 = 2 SQ' = 2 QM = 2 QQ' = 7-91 × 2.

Enfin, cette perpendiculaire et toutes les précédentes étant connues, construisez le plan comme il a été dit, et la figure *abcdefg*.... sera le plan exact du marais proposé. Il est nécessaire de mettre une boussole d'orientement sur un plan semblable; la place X serait la plus convenable.

Nous espérons que cette méthode sera préférée à celle de la planchette, qui, par les intersections, ne présente pas des résultats exacts. Un des grands avantages de la levée à l'équerre à huit fentes, c'est que l'on construit tous les plans seulement à l'aide de perpendiculaires élevées sur la base, et l'on sait qu'il est très-facile de tracer exactement une perpendiculaire, tandis qu'il est presque impossible de tracer un angle donné, sur le papier, sans qu'il soit défectueux la moindre des choses, surtout avec un rapporteur.

Remarque. Nous avons presque toujours dit, dans les opérations précédentes, qu'en mesurant telle ligne, sur le terrain, on aurait tel nombre de décamètres, mètres, décimètres, etc.; il est évident que ce nombre de décamètres, mètres, décimètres, etc., n'est applicable qu'à la ligne qui concourt à former le périmètre d'une pièce de terre proposée, ou à une seule ligne donnée, ou enfin à une directrice choisie. Donc le mot *par exemple* ou celui *supposons que* est sous-entendu.

DE LA LEVÉE A LA BOUSSOLE.

682. Nous avons dit (251) ce que c'était que la boussole ; nous avons donné 1° la manière de vérifier cet instrument (252); 2° son usage (253); 3° une application à la mesure des angles (254).

Nous répétons encore une fois que l'aiguille de la boussole ne donne pas le vrai nord, que sa déclinaison change avec le temps, et qu'elle est à présent de 24 grades 90 minutes 74 secondes. De temps à autre il sera nécessaire de s'instruire des changemens qui surviendront dans cette déclinaison, ou d'en faire l'observation, ce que nous avons déjà dit (255) en renvoyant au n° 256.

PROBLÈME.

683. *Lever, au moyen de la boussole, le plan du polygone boisé ABCDEFG* (Fig. 418). Fig. 418.

Placez d'abord la boussole au point A; dirigez son alidade sur le point B, et dans cette position, l'aiguille se tournant vers N (les lettres N et S n'indiquent pas la méridienne terrestre, mais bien la magnétique), prenez l'angle BAN formé par l'aiguille et la ligne de foi, ou le diamètre du cercle de boussole qui est tracé parallèlement à l'alidade, que vous trouvez de 69 grades 25 minutes; mesurez successivement les côtés du polygone que vous trouvez comme il suit :

AB = 5-65,
BC = 5-7,
CD = 8-72,
DE = 13-75,
EF = 12-0,
FG = 8-7,
AG = 9-45,

et en mesurant ces lignes, à mesure que vous arrivez aux différens points B, C, D, E, F, G, mesurez, comme il vient d'être indiqué pour le point A, les différens angles que l'aiguille de la boussole forme avec tous les autres côtés du polygone, qui sont

CBS = 60^G 75',
DCN = 79^G 70',
EDS = 40^G 40',
FES = 66^G 35',
GFN = 43^G 20',
AGN = 30^G 10'.

Toutes ces mesures étant prises sur le terrain et cotés sur un croquis, tracez, sur le papier destiné à recevoir le plan, une droite *ns*, dans une position respective à celle NS indiquée au point A du croquis, par la direction de l'aiguille de la boussole ; puis placez le point *a* sur cette droite *ns*, dans une position respective à celle de A ; ensuite, à ce point *a* construisez l'angle *ban* égal à 69 grades 25 minutes ; portez *ab* égal à 5 décamètres 65 décimètres pris sur l'échelle que vous aurez choisie pour cette construction ; au point *b*, menez *bn* ou *sn* parallèle à *nas*, construisez l'angle *cbs* égal à 60 grades 75 minutes, et portez *bc* égal à 5 décamètres 7 mètres pris sur la même échelle ; au point *c*, menez *cn* ou *sn* parallèle à *sbn*, et construisez l'angle *den* égal à 79 grades 70 minutes ; construisez de même et successivement, aux points *d*, *e*, *f*, *g*, des parallèles à la droite *ncs*, puis, des angles respectivement égaux à ceux trouvés sur le terrain, et les côtés *cd*, *de*, *ef*, *fg*, *ag*, respectivement égaux aux longueurs trouvées sur le terrain, et l'on aura le plan *abcdefg*, qui sera celui demandé.

Nous terminons cet article en ne conseillant l'emploi de la boussole que lorsque les autres instrumens ne peuvent être mis en usage. Enfin, le procédé que nous venons d'indiquer n'est mis en usage que pour la levée des plans des forêts d'une grande étendue ; on obtient rarement des résultats exacts.

DE LA LEVÉE AU GRAPHOMÈTRE.

684. Nous avons fait connaître la description et l'usage du cercle, du graphomètre et du théodolite, depuis le n° 229 jusqu'au n° 247 inclusivement ; ces numéros comprennent aussi la vérification de ces instrumens. Nous allons faire voir que l'on peut remplacer la planchette et l'équerre divisée en huit angles égaux, par le graphomètre, ou tout autre instrument gradué ; nous reprendrons alors quelques problèmes résolus plus haut au moyen de la planchette.

PROBLÈME.

685. *Lever, avec le graphomètre, le plan d'un triangle quelconque ABC* (Fig. 403), *dont un côté AB est inaccessible, même pour les rayons visuels.* Fig. 403.

Cette opération a beaucoup d'analogie avec celle du numéro 661 ; la différence qui existe entre les deux opérations vient de ce que celle que nous exposons ici sera résolue par la trigonométrie, tandis que l'autre n'était qu'une opération graphique, et par conséquent moins exacte.

Placez votre graphomètre (ou tout autre instrument donnant les angles) en C ; mesurez l'angle ACB, que vous trouverez de 58 grades 74 minutes, et que vous coterez sur le croquis, comme à l'ordinaire, ainsi que les longueurs de AC, BC, qui sont respectivement 3 décamètres 22 décimètres et 4 décamètres 25 décimètres, et toute l'opération sera faite sur le terrain.

Cela connu, on pourrait construire le triangle avec un rapporteur, comme il a été démontré au numéro 464 ; mais il vaut mieux résoudre le triangle d'après la formule (7) du numéro 432, qui revient à

$$\text{tang.}\ \tfrac{1}{2}(A - B) = \frac{BC - AC \times \text{tang.}\ \tfrac{1}{2}(A + B)}{BC + AC}.$$

On a, par les logarithmes,

log. tang. ½ (200G — 58G 74') =
log. tang. 70G 63' = 0-3035367
log. (4-25 — 3-22) = log. 1-03 = 0-0128372
C. log. (4-25 + 3-22) = C. log. 7-47 = 9-1266793
Somme = log. tang. ½ (A — B) = 9-4430532

Ce logarithme répond à la tangente de 17 grades 22 minutes.

La moitié de la demi-différence des deux angles A et B est par conséquent de 17 grades 22 minutes, et l'on a

A = 70G 63' + 17G 22' = 87G 85',
B = 70G 63' — 17G 22' = 53G 41'.

Les angles de ce triangle étant connus, on détermine la longueur du côté inaccessible AB par l'une des formules (4), (5) ou (6), et l'on a, par les logarithmes,

log. 3-22 = 0-5078559
log. sin. 58G 74' = 9-9015814
C. log. sin. 53G 41' = 0-1284562
Somme — 10 = log. AB = 0-5378935

Ce logarithme répond, dans les tables, à 3 décamètres 45 décimètres, qui est la longueur du côté inaccessible AB du triangle ABC proposé.

Quant à la construction (25), elle est trop facile pour nous y arrêter.

PROBLÈME.

686. *Lever, au moyen du graphomètre, le plan du* Fig. 405. *triangle ABC* (Fig. 405), *dont deux côtés AB et BC sont inaccessibles.*

Placez votre graphomètre en A, pour mesurer l'angle BAC que vous trouverez de 68 grades; mesurez le côté AC qui sera de 3 décamètres 6 mètres, et mesurez l'angle ACB que vous trouverez de 80 grades. Il résulte de ces opérations que l'angle B est de 52 grades.

Cela étant connu, on détermine la longueur des deux autres côtés du triangle par l'une des formules (1), (2) et (3).

Pour connaître la longueur de AB, on fait, par les logarithmes,

log. 3-6 = 0-5563025
log. sin. 80G = 9-9783063
C. log. sin. 52G = 0-1372912
Somme — 10 = log. AB = 0-6718000

Ce logarithme répond à 4 décamètres 697 centimètres, longueur du côté AB.

On a le côté BC par la même analogie, c'est-à-dire en faisant

log. 3-6 = 0-5563025
log. sin. 68G = 9-9426561
C. log. sin. 52G = 0-1372912
Somme — 10 = log. BC = 0-6362498

Ce logarithme répond à 4 décamètres 329 centimètres, qui est la longueur de l'autre côté BC; donc, avec ces résultats exacts, il est facile de construire le plan du triangle proposé, ce qui se rapporte au numéro 25 déjà cité dans celui qui précède.

687. Si le triangle était situé de manière à ne pouvoir mesurer les trois côtés avec la chaîne, on se placerait au milieu, comme en O (*Fig.* 397), par exemple; on mesu- Fig. 397. rerait, avec le graphomètre, les angles AOB, BOC, AOC, ainsi que les rayons visuels AO, BO, CO. Ensuite, on déterminerait la longueur de deux côtés du triangle par la formule (7), et l'autre côté par l'une des formules (1), (2), (3). Ces trois côtés déterminés, on construirait le triangle comme il vient d'être dit plus haut.

PROBLÈME.

688. *Lever, au moyen du graphomètre, le plan d'un quadrilatère quelconque ABCD* (Fig. 281), *dont trois* Fig. 281. *côtés sont inaccessibles.*

Après avoir mesuré les angles nécessaires et le côté accessible CD, et déterminé la longueur du rayon BC, du côté AC et de celui AB, comme dans les numéros 281 et 282, on trouve la longueur du côté BD en continuant par les logarithmes, ce qui donne, d'après les données et les résultats des numéros précités,

log. 7-6 = 0-8808136
log. sin. 54G 10' = 9-8757261
C. log. sin. 28G 50' = 0-3636399
Somme — 10 = log. BD = 1-1201796

Ce logarithme répondant à 13 décamètres 19 décimètres, on a

BC = 16-905,
AC = 9-26,
AB = 11-97,
BD = 13-19,
CD = 7-6;

ce qui est suffisant pour construire le plan exact du quadrilatère proposé; ce qui doit s'effectuer en tirant une diagonale analogue à celle BC, et en construisant sur cette diagonale, et dans le même rapport, des triangles semblables à ceux ABC et BCD. Enfin, cette construction est la même que celle du plan *abcd* (*Fig.* 374), dé- Fig. 374. montrée au numéro 629.

689. Si tous les côtés du quadrilatère étaient situés de manière à ne pouvoir porter la chaîne sur aucun d'eux, on se placerait au milieu, comme en O (*Fig.* 398), par Fig. 398. exemple; on mesurerait avec le graphomètre les angles AOB, BOC, COD, DOA, ainsi que les rayons AO, BO, CO, DO, et l'on déterminerait la longueur de trois ou quatre côtés sur la trigonométrie. Pour construire exactement un quadrilatère d'après une levée semblable, il faudrait déterminer la longueur d'une diagonale AC ou BD, pour pouvoir suivre la marche que nous avons indiquée dans le numéro précédent.

PROBLÈME.

690. *Lever, au moyen du graphomètre, le plan d'un*

Fig. 406. *polygone quelconque ABCDE* (Fig. 406), *dont un seul côté est accessible.*

Placez d'abord votre graphomètre en A ; mesurez les angles suivans :

BAE = 79ᴳ 75',
CAE = 60ᴳ,
DAE = 53ᴳ 40',
XAE = 23ᴳ 15',

ainsi que le côté AB que vous trouverez de 3 décamètres 6 mètres ; placez ensuite le graphomètre au point E, et mesurez de même les angles qui suivent :

AED = 99ᴳ,
AEC = 67ᴳ 50',
AED = 57ᴳ 90',
AEX = 22ᴳ.

Toutes ces mesures étant prises et consignées sur un croquis, pour ne pas chercher la longueur de tous ces côtés par la trigonométrie, prenez la feuille de papier destinée à recevoir le plan, tracez la droite *ae* (nous allons prendre pour démonstration le plan qui se trouve construit sur la planchette) d'une longueur de 3 décamètres 6 mètres prise sur l'échelle ; ensuite, au point *a*, conduisez les rayons visuels *ab*, *ac*, *ad*, *ax*, formant différens angles avec le côté *ae*, respectivement égaux à ceux trouvés par les observations faites au point A sur le terrain. Au point *e*, conduisez les rayons visuels *ed*, *ec*, *eb*, *ex*, formant, avec la droite *ae*, différens angles respectivement égaux à ceux trouvés à la station respective E sur le terrain. Ces derniers rayons couperont les premiers aux points *b*, *c*, *d*, *x* ; par conséquent, en tirant différentes droites *ab*, *bc*, *cd*, *de*, par les points d'intersection de ces différens rayons, ces lignes formeront le plan demandé.

Cette construction étant établie d'après la table des cordes (467), on abrège de beaucoup l'opération, et le résultat est presque aussi exact que par le calcul trigonométrique que nous avons employé pour la résolution des problèmes précédens.

Fig. 407, 408, 409. Les figures 407 et 408, puis le paysage de celle 409, se lèvent et se construisent d'après tous ces procédés. Nous croyons en avoir suffisamment dit sur ces petites opérations : nous allons faire connaître un moyen de construction qui ne laisse rien à désirer en exactitude, et qui sert à faire trouver ensuite la distance respective de tous les points entre eux.

DES TRIANGULATIONS.

691. Nous répétons ici ce que nous avons donné, relativement aux triangulations semblables à celle qui va nous occuper dans ces deux numéros :

1° La détermination de la position d'un point qu'on ne peut observer d'aucune station, mais duquel on peut observer trois points connus et inaccessibles ; démontrée du numéro 555 à celui 561 inclusivement ;

2° Le rattachement d'un point inaccessible à un côté de l'un des triangles d'un canevas, lorsqu'on ne peut observer ce point que de l'une des extrémités du côté donné ; démontré au numéro 562 ;

3° Le rattachement d'un point à un côté de l'un des triangles d'un canevas, lorsque ce point ne peut être aperçu d'aucune des stations de ce canevas ; démontré aux numéros 563 et 564 ;

4° La manière de trouver, en connaissant la distance de deux objets auxquels il est impossible d'aller, celle de deux autres objets que l'on ne peut approcher d'aucun endroit, mais de chacun desquels on peut apercevoir les trois autres ; démontrée au numéro 565.

5° La solution d'un problème à peu près semblable ; démontrée aux numéros 566 et 567 ;

6° La réduction générale des angles à l'horizon ; démontrée du numéro 571 à celui 581 inclusivement ;

7° La réduction générale des angles au centre de la station ; démontrée du numéro 582 à celui 588 inclusivement ;

8° La manière d'obtenir la distance respective des points d'un canevas ; démontrée du numéro 589 à celui 594 inclusivement ;

9° La manière de lier ensemble deux points appartenant à deux chaînes différentes des triangles, dont tous les sommets sont rapportés à une méridienne et à sa perpendiculaire ; démontrée au numéro 595 ;

10° La solution d'un problème analogue au précédent ; démontrée avec beaucoup d'exactitude au numéro 596.

Toutes ces opérations préliminaires étant connues, nous allons passer de suite à la démonstration d'une triangulation assez compliquée.

PROBLÈME.

692. *Soient A, B, C, D, E, F, G, H, I, J, K, L, M, N, O, P, R, S, T* (Fig. 419), *les points d'un terrain qu'on veut faire entrer dans le canevas du plan.* Fig. 419.

Après avoir déterminé la ligne de circonscription du territoire par la plantation des jalons sur différens points de cette ligne, établissez des signaux dans les lieux qui doivent entrer dans le canevas, et vous formerez ensuite un premier dessin ou croquis, comme il a été dit au numéro 621, sur lequel vous représenterez les objets A, B, C, D, E, F, etc., dans la position où ils paraissent à l'œil, afin de n'en omettre aucun.

La pratique a fait reconnaître que de petits arbres bien droits, auxquels on ôte les branches vers le bas, et dont les têtes sont en forme de cônes allongés, sont de bons signaux qu'on aperçoit de loin ; cependant, il est d'usage de donner à ces signaux, pour les triangulations du premier et du second ordre, la forme pyramidale quadrangulaire, dont les faces sont couvertes en planches, excepté le bas, qu'on laisse libre pour les observations, et on les dispose de manière que les faces soient à peu près perpendiculaires aux lignes que l'observateur, au centre, sur le sol, dirigera aux stations suivantes. La base d'un signal doit être de la moitié de sa hauteur; de pareils signaux, placés sur les élévations, s'aperçoivent de dix à douze lieues.

Ces signaux, qui doivent être placés bien verticalement, peuvent avoir besoin d'être peints, pour mieux les distinguer lorsqu'ils se projettent en terre, dans le ciel, ou sur un objet voisin. Le signal projeté dans le ciel doit être de couleur noire, et projeté sur un arbre, un bois, un bâtiment, etc., de couleur blanche.

On se sert plus souvent de perches que de signaux en planches; ces premières sont enfoncées en terre de 7 ou 8 décimètres, et consolidées par des pierres, et même, s'il est nécessaire, par des étais.

Ce croquis fait, choisissez sur le terrain la portion la plus unie et la mieux disposée, pour prendre une base AB, des extrémités de laquelle on puisse apercevoir le plus grand nombre possible des objets à faire entrer dans le canevas. Ayant fixé les extrémités de cette base par des signaux apparens, mesurez-la avec une chaîne portée bien horizontalement; répétez plusieurs fois cette opération, en sens contraire, pour en assurer l'exactitude, et faites, des divers résultats, une somme qui, divisée par le nombre de fois que vous avez mesuré, vous donnera la véritable valeur de la base.

On construit aussi assez souvent, pour mesurer une base, des règles de bois de sapin ou de cuivre, de la longueur de 5 mètres, et l'on opère comme il a été démontré dans les numéros 196 et 197. Il faut encore, dans ces opérations, avoir l'attention d'éviter le recul causé par l'effet du choc, ce qui n'a pas été recommandé dans les démonstrations des deux numéros précités.

Il est essentiel de choisir une base dont tous les points soient de niveau, et l'on doit s'attacher à ce qu'elle présente l'avantage de laisser voir de chacune de ses extrémités le plus grand nombre d'objets possibles, et surtout le signal élevé à l'autre extrémité. Il faut aussi qu'elle ne forme pas, avec les rayons visuels dirigés sur les objets du canevas, des angles trop aigus.

Lorsque l'intervalle qui sépare les extrémités de la base est coupée par des bois, des étangs, etc., qui ne permettent pas de laisser chaîner facilement, on doit avoir recours à une base auxiliaire, sur laquelle on puisse appliquer la chaîne, et des extrémités de laquelle on aperçoive celles de la base principale. Si l'on ne trouve pas de base auxiliaire qui remplisse cette dernière condition, on en choisit deux qui, se coupant sous un angle quelconque que l'on mesure, joignent les extrémités de la première; on obtient, après les avoir chaînées, un triangle dont la base principale est un côté, et qui renferme les données suffisantes pour la calculer par la trigonométrie.

Une fois la longueur de la base obtenue et bien vérifiée, tracez-la sur le croquis, et de chacun des points que vous pouvez apercevoir des extrémités de la base AB du terrain, tirez au crayon, sur le croquis, des droites aux extrémités de la base, ce qui formera une suite de triangles dont la base est le côté commun.

Cela fait, voilà l'ordre qu'il faudra suivre dans les observations.

A l'une des extrémités A de la base établissez le graphomètre de manière que le centre réponde au point A, et que le diamètre fixe coïncide parfaitement avec AB; puis dirigeant successivement l'alidade sur tous les objets E, D, K, S, R, etc., que vous voyez du point A, observez la grandeur des angles formés par AB avec chacun des rayons visuels, et à mesure que vous obtenez la grandeur d'un angle, notez-le sur un registre d'observations semblable à celui qui suit.

Registre des observations trigonométriques faites à l'extrémité A de la base.

BASES.				ANGLES OBSERVÉS.				TOUR D'HORIZON, ou récapitulation des plus grands angles.
Extrémités.	Longueur.			Désignation.	Valeur.			
	déca.	mèt.	cent		grad.	min.	sec	
AB	100	»	»	BAQ	14	46	»	BAD = 133^{G} 15'
				BAC	14	46	»	DAF = 119^{G} 14'
				BAT	25	02	»	BAF = 146^{G} 12'
				BAR	54	51	»	
				BAS	78	41	»	398^{G} 41'
				BAK	98	33	»	
				BAD	133	14	»	*N. B.* Ce tour d'horizon est *inexact*, il y a une correction additive à faire sur tous ces angles, elle est de 1 grade 59 minutes, ou de 400 grades, moins 398 grades 41 minutes.
AD	66	6	»	DAE	37	99	»	
				DAF	119	14	»	
AB	100	»	»	BAN	20	02	»	
				BAP	24	98	»	
				BAH	37	75	»	
				BAM	47	50	»	
				BAJ	56	48	»	
				BAG	76	90	»	
				BAF	146	12	»	

Comme le rayon visuel dirigé vers le point E formerait un angle trop obtus avec la base AB, transportez le diamètre fixe du graphomètre sur l'alignement AD, que vous chaînerez, et dirigeant successivement l'alidade sur les points E et F, inscrivez au registre la grandeur des angles DAE et DAF.

Tous les autres objets que vous pouvez voir du point A étant relevés de la base AB, faites la vérification dite du *tour d'horizon*, c'est-à-dire qu'ayant pris la somme des angles BAD, DAF, BAF, formés par les alignemens AB, AD et AF, vous vérifierez si elle est égale à 400 grades. Si cela arrive, ou qu'il n'y ait qu'une différence de quelques minutes, vous pourrez compter sur la justesse des observations, en répartissant toutefois la différence proportionnellement sur tous les angles observés du point central A.

Dans les opérations précédentes, par exemple, où l'on a trouvé une correction additive de 1 grade 41 minutes, on fait la somme de tous les angles observés du même point A, ce qui donne 925 grades 21 minutes, et l'on a la correction additive de chaque angle partiel par une proportion; celle de l'angle BAQ, par exemple, par la.

proportion

$$925^G\,21' : 14^G\,46' :: 1^G\,59' : x,$$

ce qui revient à l'expression

$$x = \frac{14^G\,46' \times 1^G\,59'}{925^G\,21'};$$

donc la valeur de x étant connue, on a celle de l'angle corrigé BAQ, représentée par

$$BAQ + x = 14^G\,46' = \text{l'angle corrigé}.$$

On a de même la correction de l'angle BAC, en faisant

$$925^G\,21' : 14^G\,46' :: 1^G\,59' : x;$$

ainsi des autres.

Les observations au point A et la vérification du tour d'horizon étant terminées, transportez-vous au point B, où vous placerez le centre de l'instrument; puis faisant coïncider le diamètre fixe avec AB, observez les angles ABC, ABD, ABT, ABK, ABR, ABS et ABQ, dont vous inscrirez la valeur de chacun sur le registre, comme il suit.

Observations faites à l'extrémité B de la base.

BASES.				ANGLES OBSERVÉS.				TOUR D'HORIZON, ou récapitulation des plus grands angles.
Extrémités.	Longueur.			Désignation.	Valeur.			
	déca.	mèt.	cent		grad.	min.	sec	
AB	100	»	»	ABC	22	49	»	ABQ = $95^G\,10'$
				ABD	26	70	»	IBQ = $104^G\,90'$
				ABT	30	17	»	IBN = $91^G\,75'$
				ABK	39	56	»	ABN = $108^G\,25'$
				ABR	45	23	»	
				ABS	48	50	»	$400^G\,00'$
				ABQ	95	10	»	
BQ	23	1	10	IBQ	104	90	»	*N. B.* Il n'y a pas de corrections à faire sur ces angles observés du point B.
BI	22	3	»	IBN	91	75	»	
BN	34	9	»	FBN	98	50	»	
AB	100	»	»	ABG	29	61	»	
				ABH	39	61	»	
				ABP	50	97	»	
				ABJ	66	85	»	
				ABM	73	60	»	
				ABN	108	25	»	

Transportant le diamètre fixe sur BQ, que vous chaînerez, observez l'angle IBQ, et le transportant ensuite sur BI, que vous chaînerez, observez l'angle IBN; enfin, le transportant sur BN, observez l'angle FBN, pour en déduire celui ABF, qui est trop aigu pour être mesuré de la base AB, ce qui se fait en soustrayant ce dernier de ABN.

Tous les autres objets que vous pouvez voir du point B étant relevés de la base AB, faites le *tour d'horizon* en ajoutant ensemble les principaux angles ABQ, IBQ, IBN et ABN, vous aurez, si les observations ont été faites avec exactitude, la somme de 400 grades exactement.

Les observations aux points A et B terminées, transportez-vous aux extrémités D, F, Q, I, N, des premiers pointés, ou bases auxiliaires AD, AF, BQ, BI, BN, pour y relever tous les objets qui peuvent être aperçus de ces points, et notamment pour y observer les angles ADB, ADK, ADE, ADF, AFD, AFB, BNA, BNI, BIN, BIQ, BQI et BQA, que vous cotez sur le registre comme il suit.

Observations faites à l'extrémité de chacune des bases auxiliaires.

BASES AUXILIAIRES.				ANGLES OBSERVÉS.				TOUR D'HORIZON, ou récapitulation des plus grands angles.
Extrémités.	Longueur.			Désignation.	Valeur.			
	déca.	mèt.	cent		grad.	min.	sec	
AD	66	6	»	ADB	40	15	»	ADK = $88^G\,22'$
				ADK	88	22	»	LDK = $127^G\,50'$
				ADE	83	98	»	LDE = $100^G\,30'$
				ADF	19	20	»	ADE = $83^G\,98'$
AF	24	»	»	AFD	61	66	»	
				AFB	44	13	»	$400^G\,00'$
BN	34	9	»	BNA	71	73	»	
				BNI	39	»	»	*N. B.* D'après l'exactitude de ce tour d'horizon, aucun des angles observés du point D n'ont besoin de correctives, ni soustractives, ni additives.
BI	22	3	»	BIN	69	25	»	
				BIQ	48	50	»	
BQ	23	1	10	BQI	46	60	»	
				BQA	90	44	»	
DK	38	5	»	LDK	127	50	»	
				DKL	26	04	»	
				DKO	45	81	»	
LD	23	1	»	LDE	100	30	»	
LK	53	»	»	KLO	40	51	»	
				KLD	46	46	»	
				DLE	65	95	»	
				LKO	19	77	»	

Quant aux objets tels que L et O qui ne peuvent être aperçus, ni des extrémités de la base principale, ni de celles des premières bases auxiliaires AD, AF, transportez-vous à deux points déjà observés, tels que D et K, desquels vous puissiez voir, s'il est possible, les objets L et O; alors, prenant DK pour seconde base auxiliaire, mesurez-la avec la chaîne, s'il est possible, et rattachez-y le point L (c'est le seul qui peut observer de cette base), en mesurant au point D les angles LDK, LDE (ce dernier angle sert à la vérification de ses adjacens), et au point K les angles DKL, DKO.

Enfin, le point O ne pouvant s'apercevoir de l'extrémité D de cette dernière base auxiliaire, transportez-vous au point L, et, prenant LK pour base, que vous chaînerez, s'il est facile, rattachez le point O en observant les angles KLO, KLD, LKO; ces deux derniers angles doivent être observés afin de pouvoir vérifier les trois angles du triangle LKD.

N. B. On ne ferait pas mal, étant au point K, d'observer l'angle AKD, afin de calculer le triangle ADK pour la vérification des bases AD et DK que l'on a chaînées, et d'observer de même celui AKB qui vérifierait le calcul des angles du triangle ABK. Nous supposerons ces observations faites.

D'après les observations notées au registre, les triangles ABC, ABT, ABR, ABS, ADE, ABG, ABH, ABP, ABJ, ABM, LOK, LDE, ont deux angles déterminés par l'observation, et quelques-uns, tels que ABQ, IBQ,

IBN, ABN, ABF, ADF, ADB, DKL, en ont trois. A l'égard des triangles de la première espèce, la grandeur du troisième angle pourrait se déduire de celle des deux angles connus; mais on doit, autant que possible, se garder de le faire, il vaut mieux se transporter à chacun des objets sur lesquels on a dirigé des rayons visuels, non seulement pour mesurer l'angle sous lequel sont vus, de ce lieu, les points d'où on l'a observé, mais encore pour y relever les objets du terrain qui peuvent y être aperçus, quoiqu'ils aient déjà pu être relevés d'autres points. Cette précaution prévient les erreurs qui pourraient se glisser dans la mesure des angles, malgré la vérification du tour d'horizon; elle fournit aussi des observations multipliées qui, servant à la concordance des opérations trigonométriques, facilitent les moyens de redresser les erreurs et de réparer les omissions. Il convient même, pour assurer l'exactitude des opérations, de reporter le même point à plusieurs bases.

693. Le but de ces opérations est d'avoir trois angles et un côté dans un triangle, pour calculer ensuite les deux autres côtés, calcul qui s'effectue dans le cabinet à l'aide du registre où l'on a dû insérer la grandeur des angles et la longueur des bases.

Si les objets à faire entrer dans le canevas étaient en trop grand nombre, pour éviter la confusion on les diviserait en différentes classes, suivant leur importance, et l'on ferait autant de croquis et de registres qu'on aurait établi de classes. Au surplus, les moyens de rendre l'opération facile se présentent tout naturellement à celui qui a acquis un peu d'habitude.

Au lieu des lettres par lesquelles nous avons désigné les points du canevas, il faut porter au registre et au croquis le nom de ces objets mêmes ; et quand on inscrit un angle, il est bon d'avoir l'attention d'écrire les trois objets, de manière que celui qui forme le sommet de l'angle soit écrit le second, et que l'objet sur lequel a été dirigée l'alidade soit le troisième. Cet arrangement prévient les erreurs, mais on ne s'en sert pas toujours.

CALCULS DE LA TRIANGULATION,

ou

MÉTHODE POUR RAPPORTER SUR LE PAPIER LES POINTS DU CANEVAS.

694. Ayant tracé, sur le papier destiné à recevoir le plan, une droite AB composée d'autant de parties égales de l'échelle conventionnelle que la base du terrain contient d'unités de mesure, de 100 décamètres, par exemple, on pourrait rapporter les points du canevas à chacune des extrémités de cette droite AB, à l'aide du rapporteur, des angles égaux à ceux qui forment, avec la base, les rayons visuels, joignant ses extrémités avec les objets observés ; mais la difficulté de placer exactement par ce moyen les objets sur le plan, en a fait imaginer un qui ne laisse rien à désirer en exactitude, et qui sert à faire trouver ensuite la distance respective de tous les points entre eux. Voici quel est ce moyen :

A l'extrémité A de la base AB du terrain, tracez une méridienne et sa perpendiculaire, mesurez la grandeur de l'angle qui forme la base avec cette méridienne, tracez ensuite sur le croquis du plan cette méridienne N'S' et sa perpendiculaire E'O', en indiquant la grandeur de l'angle N'AB, qui est ici de 62 grades 28 minutes.

Par tous les points B, C, T, R, S, K, D, O, L, E, F, G, H, P, J, M, N, I, Q, du canevas marqués sur le croquis, soient menées des parallèles indéfinies à la méridienne et à la perpendiculaire. (Ces parallèles sont indiquées sur la figure par des lignes à demi-ponctuées; le point où elles rencontrent la méridienne est indiqué par la lettre x, et celui où elles rencontrent la perpendiculaire est indiqué par la lettre y.)

Cela posé, calculez les angles et les côtés des triangles du canevas que vous insérerez sur un registre semblable à celui qui est à la fin de toutes les opérations comprises dans cette triangulation.

Commencez par le triangle ABC, dont vous connaissez les trois angles et le côté AB, et cherchez la longueur du côté AC par les logarithmes, en faisant, d'après l'une des formules (1), (2) et (3) du numéro 531,

log. 100 = 2-0000000
log. sin. 22^G 49' = 9-5390380
C. log. sin. 163^G 05' = 0-2609293
log. AC = 1-7999673

Ce logarithme répond à 63 décamètres 09 décimètres, longueur du côté AC.

Cherchant le côté BC du même triangle, vous aurez, encore par les logarithmes,

log. 100 = 2-0000000
log. sin. 14^G 46' = 0-3525474
C. log. sin. 163^G 05' = 0-2609293
log. BC = 1-6134767

Ce logarithme répond à 41 décamètres 07 décimètres, qui est la longueur du côté BC. Donc, le triangle ABC est entièrement connu.

Passez à la résolution du triangle ABQ, dans lequel vous connaissez deux côtés et les trois angles, et cherchez le troisième côté AQ, par l'analogie ordinaire, ce qui vous donnera

log. 100 = 2-0000000
log. sin. 95^G 10' = 9-9987123
C. log. sin. 90^G 44' = 0-0049153
log. AQ = 2-0036276

Ce logarithme répond à 100 décamètres 84 décimètres, qui est la longueur du côté AQ. Donc, on a aussi

CQ = AQ — AC = 100-84 — 63-09 = 37-75.

Passant à la résolution du triangle ABT, dans lequel vous connaissez le côté AB et ses trois angles, vous aurez le côté BT, en faisant, par les logarithmes,

log. 100 = 2-0000000
log. sin. 25ᴳ 02' = 9-5831689
C. log. sin. 144ᴳ 81' = 0-1178508
log. BT = 1-7010197

Ce logarithme répond à 50 décamètres 24 décimètres, longueur du côté BT.

Pour connaître le côté AT du même triangle, vous faites, par la même analogie,

log. 100 = 2-0000000
log. sin. 30ᴳ 17' = 9-6593154
C. log. sin. 144ᴳ 81' = 0-1178508
log. AT = 1-7771662

Ce logarithme répond à 59 décamètres 86 décimètres, qui est la longueur du côté AT.

Maintenant, connaissant, dans le triangle ABR, le côté AB et les trois angles, vous aurez le côté BR, en opérant comme il suit:

log. 100 = 2-0000000
log. sin. 54ᴳ 51' = 9-8781682
C. log. sin. 700ᴳ 26' = 0-0000036
log. BR = 1-8781718

Ce logarithme répond à 75 décamètres 54 décimètres, longueur du côté BR.

On obtient la longueur du côté AR en faisant

log. 100 = 2-0000000
log. sin. 42ᴳ 23' = 9-7894099
C. log. sin. 100ᴳ 26' = 0-0000036
log. AR = 1-7894135

Ce logarithme répond à 61 décamètres 58 décimètres, longueur du côté AR.

Connaissant encore les trois angles et le côté AB du triangle ABS, vous aurez la longueur du côté BS, en faisant, par les logarithmes,

log. 100 = 2-0000000
log. sin. 78ᴳ 41' = 9-9745314
C. log. sin. 73ᴳ 09 = 0-0400127
log. BS = 2-0145441

Ce logarithme répond à 103 décamètres 4 mètres, longueur du côté BS.

Cherchez la longueur du côté AS, vous aurez, en opérant toujours comme plus haut,

log. 100 = 2-0000000
log. sin. 48ᴳ 50' = 9-8390072
C. log. sin. 73ᴳ 09' = 0-0400127
log. AS = 1-8790199

Ce logarithme répond à 75 décamètres 69 décimètres, longueur du côté AS.

Ensuite, sachant la valeur de chacun des angles du triangle ABK, puis la longueur du côté AB, vous aurez celle du côté BK, en faisant

log. sin. 100 = 2-0000000
log. sin. 98ᴳ 33' = 9-9998506
C. log. sin. 62ᴳ 11 = 0-0819432
log. BK = 2-0817938

Ce logarithme répond à 120 décamètres 72 décimètres, qui est la longueur de BK.

Pour connaître le côté AK du même triangle, faites, toujours par les logarithmes,

log. 100 = 2-0000000
log. sin. 39ᴳ 56' = 9-7650571
C. log. sin. 62ᴳ 11' = 0-0819432
log. AK = 1-8470003

Ce logarithme répond à 70 décamètres 31 décimètres, longueur du côté AK.

Pour avoir la longueur du côté BD, seul élément inconnu dans le triangle ABD, opérez comme précédemment, vous aurez

log. 100 = 2-0000000
log. sin. 133ᴳ 15' = 9-9382503
C. log. sin. 40ᴳ 15' = 0-2293764
log. BD = 2-1676267

Ce logarithme répond à 147 décamètres 1 mètre, longueur du côté BD.

Pour avoir la longueur du côté BF, qui est le seul inconnu dans le triangle ABF, faites

log. 100 = 2-0000000
log. sin. 146ᴳ 12' = 9-8744025
C. log. sin. 44ᴳ 13' = 0-1945018
log. BF = 2-0689043

Ce logarithme répond à 117 décamètres 2 mètres, qui est la longueur du côté BF.

Connaissant, dans le triangle ABG, les trois angles et le côté AB, vous aurez celui BG, en faisant, par les logarithmes,

log. 100 = 2-0000000
log. sin. 76ᴳ 90' = 9-9707594
C. log. sin. 93ᴳ 49' = 0-0022745
log. BG = 1-9730339

Ce logarithme répond à 93 décamètres 98 décimètres, longueur du côté BG.

Vous aurez la longueur du côté AG, en opérant encore par les logarithmes, comme il suit:

log. 100 = 2-0000000
log. sin. 29ᴳ 61' = 9-6517853
C. log. sin. 93ᴳ 49' = 0-0022745
log. AG = 1-6540598

Ce logarithme répond à 45 décamètres 09 décimètres, qui est la longueur du côté AG.

Passant au triangle ABH, dans lequel vous connaissez

les trois angles et le côté AB, vous aurez la longueur de celui BH, en faisant

log. 100 = 2-0000000
log. sin. 37G 75' = 9-7472806
C. log. sin. 122G 64' = 0-0280621
log. BH = 1-7753427

Ce logarithme répond à 59 décamètres 61 décimètres, longueur du côté BH.

Le côté AH se trouve déterminé par la même analogie, et vous avez

log. 100 = 2-0000000
log. sin. 39G 61' = 9-7655331
C. log. sin. 122G 64' = 0-0280621
log. AH = 1-7935952

Ce logarithme donne 62 décamètres 17 décimètres pour la longueur du côté AH.

Pour avoir la longueur du côté BP, du triangle ABP, dont vous connaissez les trois angles et le côté AB, faites

log. 100 = 2-0000000
log. sin. 24G 98' = 9-5825101
C. log. sin. 124G 05' = 0-0317566
log. BP = 1-6142667

Ce logarithme répond à 41 décamètres 14 décimètres, longueur du côté BP.

La longueur du côté AP s'obtient en faisant

log. 100 = 2-0000000
log. sin. 50G 97' = 9-8560024
C. log. sin. 124G 05' = 0-0317566
log. AP = 1-8877590

Ce logarithme donne 77 décamètres 25 décimètres pour la longueur de AP.

Connaissant encore le côté AB et les trois angles du côté ABJ, vous aurez BJ, en faisant

log. 100 = 2-0000000
log. sin. 56G 48' = 9-8894683
C. log. sin. 76G 67' = 0-0298395
log. BJ = 1-9193078

Ce logarithme donne la longueur du côté BJ, qui est de 83 décamètres 04 décimètres.

Le côté AJ s'obtient de même, par le calcul suivant :

log. 100 = 2-0000000
log. sin. 66G 85' = 9-9382503
C. log. sin. 76G 67' = 0-0298395
log. AJ = 1-9680898

Ce logarithme répond à 92 décamètres 91 décimètres, longueur de AJ.

Vous pouvez, toujours par la même analogie, trouver la longueur du côté BM, du triangle ABM, dont on connaît les trois angles et le côté AB, ce qui s'effectue en faisant

log. 100 = 2-0000000
log. sin. 47G 50' = 9-8317423
C. log. sin. 78G 90' = 0-0243038
log. BM = 1-8560461

Ce logarithme répond à 71 décamètres 79 décimètres, qui ont la longueur de BM.

La longueur de AM se trouve par le calcul suivant :

log. 100 = 2-0000000
log. sin. 73G 60' = 9-9615355
C. log. sin. 78G 90' = 0-0243038
log. AM = 1-9858393

Ce logarithme répond à 96 décamètres 79 décimètres, longueur de AM.

Pour déterminer AN, qui est le seul élément inconnu dans le triangle ABN, faites

log. 100 = 2-0000000
log. sin. 108G 25' = 9-9963430
C. log. sin. 71G 75' = 0-0443059
log. AN = 2-0406489

Ce côté AN est de 108 décamètres 8 mètres.

Connaissant encore les trois angles et les côtés BI, BN du triangle BIN, vous aurez celui IN, en faisant

log. 34-90 = 1-5428254
log. sin. 91G 75' = 9-9963430
C. log. sin. 69G 25' = 0-0527642
log. IN = 1-5919326

Ce logarithme répond à 39 décamètres 08 décimètres, longueur de IN.

Le côté IQ du triangle BIQ, dont vous connaissez les trois angles et les côtés BI et BQ, s'obtient aussi en faisant

log. 23-11 = 1-3637999
log. sin. 104G 90' = 9-9987123
C. log. sin. 48G 50' = 0-1609928
log. IQ = 1-5235050

Ce logarithme répond à 33 décamètres 39 décimètres, qui est la longueur de IQ.

Vous aurez encore la longueur du côté DE du triangle ADE, dont vous connaissez celui AD et les trois angles, en faisant

log. 66-6 = 1-8234742
log. sin. 37G 99' = 9-7497005
C. log. sin. 78G 03' = 0-0263918
log. DE = 1-5995665

Ce logarithme répond à 39 décamètres 77 décimètres, longueur du côté DE.

Quant à la longueur du côté AE, vous l'obtiendrez en faisant

log. 66-6 = 1-8234742
log. sin. 83G 98' = 9-9861019
C. log. sin. 78G 03' = 0-0263918
log. AE = 1-8359679

Ce logarithme répond à 68 décamètres 54 décimètres, qui est la longueur du côté AE.

Pour connaître DF, seule chose inconnue dans le triangle ADF, faites

log. 66-6 = 1-8234742
log. sin. 119ᴳ 14' = 9-9800689
C. log. sin. 61ᴳ 66' = 0-0840374

log. DF = 1-8875805

Ce logarithme donne 77 décamètres 19 décimètres pour la longueur de DF.

Vous aurez de même la longueur du côté EL, qui est le seul inconnu dans le triangle DEL, en faisant

log. 23-1 = 1-3636120
log. sin. 100ᴳ 30' = 9-9999952
C. log. sin. 33ᴳ 75' = 0-2961437

log. EL = 1-6597509

Ce logarithme répond à la longueur du côté EL, qui est de 45 décamètres 68 décimètres.

Enfin, connaissant dans ce dernier triangle KLO les trois angles, et le côté LK, qui est encore une base de troisième ordre, vous aurez celui LO, en faisant

log. 53-0 = 1-7242759
log. sin. 19ᴳ 77' = 9-4851255
C. log. sin. 139ᴳ 72' = 0-0906610

log. LO = 1-3000604

Ce logarithme donne 19 décamètres 96 décimètres pour la longueur de LO. Celle du côté KO s'obtient en faisant

log. 53-0 = 1-7242759
log. sin. 40ᴳ 51' = 9-7739673
C. log. sin. 139ᴳ 72' = 0-9006610

log. KO = 1-5889042

La longueur du côté KO du triangle KLO est donc de 38 décamètres 81 décimètres.

Les angles et les côtés des triangles du canevas étant connus et insérés sur un registre semblable à celui que nous donnons à la fin de cet article, il s'agit de calculer la distance des points B, C, D, E, F, G, H, I, J, K, L, M, N, O, P, Q, R, S et T à la méridienne et à la perpendiculaire, passant par l'extrémité A de la base adoptée AB.

695. Avant de calculer toutes ces distances, il faut indiquer une méridienne sur le plan (589), et la supposer tracée sur le terrain.

Pour cela, il ne s'agit que de connaître sur le terrain, étant à un point et sur une droite du plan à lever, l'angle que forme cette droite, qui est ordinairement la base principale, avec le nord ou la ligne méridienne. Cet angle s'obtient le plus ordinairement comme nous allons l'indiquer. Etant sur le terrain, au point A, par exemple, avec une boussole, dirigez le point de mire de cette boussole sur la droite AB, et laissez l'aiguille aimantée agir librement, elle se dirigera nécessairement vers le point nord, c'est-à-dire, à 24 grades 90 minutes 74 secondes à l'ouest du vrai nord. Supposant que sa direction est A *n*, et qu'elle forme au point A un angle de 87 grades 18 minutes 74 secondes avec la base AB, l'aiguille de la boussole déclinant de 24 grades 90 minutes 74 secondes vers l'ouest, vous ôtez cette somme de celle 87 grades 18 minutes 74 secondes, et vous avez ainsi le nord vrai N'S', formant un angle de 62 grades 28 minutes, comme il a déjà été dit plus haut (694), avec la base AB.

Donc, sur le plan, au point A, dirigez une droite N'S' sous un angle de 62 grades 28 minutes avec la base AB, et cette droite N'S' sera la méridienne de tous les points de la triangulation proposée. Vous aurez la perpendiculaire à la méridienne en élevant E'O' perpendiculaire sur N'S', laquelle aura sa direction de l'est à l'ouest.

Ayant trouvé que la base AB formait avec le nord un angle de 62 grades 28 minutes, en ajoutant cette somme à celle de l'angle BAP, qui est de 24 grades 98, vous aurez 87 grades 26 minutes qui sera nécessairement la valeur de l'angle que forme le côté AP avec le nord. L'angle E'AP est par conséquent le complément de celui que vous venez de déterminer; il est de 12 grades 74 minutes. Ajoutant 62 grades 28 minutes à l'angle BAN, qui est de 20 grades 02 minutes, vous aurez 82 grades 30 minutes pour somme, qui est la valeur de l'angle que forme le côté AN avec le nord. Vous aurez aussi, d'après la marche suivie plus haut, l'angle E'AN de 17 grades 70 minutes.

Retranchant maintenant l'angle BAC ou BAQ, qui est de 14 grades 46 minutes, de 62 grades 28 minutes, vous aurez 47 grades 82 minutes pour reste, qui est la valeur de l'angle que forme le côté AC ou AQ avec le nord. L'angle complémentaire E'AC ou E'AQ est par conséquent de 52 grades 18 minutes. Les angles N'AT, N'AR se déterminant de la même manière, on les a respectivement de 37 grades 26 minutes et 7 grades 77 minutes. Les complémentaires E'AT, E'AR sont respectivement de 62 grades 74 minutes et 92 grades 23 minutes.

Ensuite, de l'angle BAS, qui est de 78 grades 41 minutes, ôtez 62 grades 28 minutes, vous aurez pour reste la valeur de l'angle N'AS, qui est de 16 grades 13 minutes. L'angle complémentaire SAO', est par conséquent de 83 grades 87 minutes. Les angles N'AK, N'AD se déterminent aussi comme il vient d'être dit; on a, pour le premier, 36 grades 05 minutes, et pour l'autre, 70 grades 87 minutes. Les complémentaires KAO', DAO' sont respectivement de 63 grades 95 minutes et 29 grades 13 minutes.

Si, du point A, vous concevez la ligne du nord prolongée vers le sud, vous aurez A *b'*, prolongement de AB, formant un angle de 62 grades 28 minutes avec le prolongement de la ligne nord passant au point A, qui est égal à celui que forme AB avec cette même ligne nord, puisqu'il sont opposés par le sommet. O'A*b'* est, par la même raison, égal à son opposé BAE'. La determination de ces angles opposés que l'on considère observés sur le terrain, sont très-utiles, surtout quand on observe beaucoup de points de l'extrémité de la base principale. On ne s'en sert pas ici pour trouver la valeur de l'angle EAO'; car sachant que celui DAE est de 37 grades 99 minutes, et celui DAO' de 29 grades 13 minutes, on a la valeur de EAO', en faisant la différence de ces deux angles, qui est de 8 grades 86 minutes. On obtient encore l'angle FAS' par la même analogie; car connaissant l'angle BAF de 146 grades 12 minutes, si vous en ôtez un autre de 137 grades 72 minutes, vous aurez pour reste la valeur de l'angle FAS' qui est de 8 grades 40 minutes. Quant aux angles complémentaires EAS', FAO', on les trouve chacun par une soustraction, ce qui donne leur valeur respective de 91 grades 14 minutes et 91 grades 60 minutes.

Enfin, les angles GAE', JAE', MAE', se déterminent toujours par la même analogie ; on les trouvera respectivement de 39 grades 18 minutes, 18 grades 76 minutes et 9 grades 78 minutes. Leurs complémentaires GAS', JAS', MAS', sont aussi de 60 grades 82 minutes, 81 grades 24 minutes et 90 grades 22 minutes.

Voici en tableau la valeur de chacun des angles aigus formés par les côtés AH, AP, AN, AB, AC ou AQ, AT, etc., etc., avec la méridienne N'S' et sa perpendiculaire E'O'. (Nous abandonnons les points L et O dans cette récapitulation.)

SITUATION DES POINTS TRIGONOMÉTRIQUES PAR RAPPORT A LA MÉRIDIENNE ET A SA PERPENDICULAIRE.

HYPOTHÉNUSE DES TRIANGLES rectangles.	VALEUR DES ANGLES AIGUS QUE LE COTÉ CONNU FAIT AVEC la méridienne.	grades.	minutes.	la perpendiculaire.	grades.	minutes.	RÉGIONS.
AP	N'AP =	87	26	E'AP =	12	74	*Nord-est.*
AN	N'AN =	82	30	E'AN =	17	70	*Idem.*
AB ou AI	N'AB ou N'AI =	62	28	E'AB ou E'AI =	37	72	*Idem.*
AC ou AQ	N'AC ou N'AQ =	47	82	E'AC ou E'AQ =	52	18	*Idem.*
AT	N'AT =	37	26	E'AT =	62	74	*Idem.*
AR	N'AR =	7	77	E'AR =	92	23	*Idem.*
AS	N'AS =	16	13	O'AS =	83	87	*Nord-ouest.*
AK	N'AK =	36	05	O'AK =	63	95	*Idem.*
AD	N'AD =	70	87	O'AD =	29	13	*Idem.*
AE	S'AE =	91	14	O'AE =	8	86	*Sud-ouest.*
AF	S'AF =	8	40	O'AF =	91	60	*Idem.*
AG	S'AG =	60	82	E'AG =	39	18	*Sud-est.*
AJ	S'AJ =	81	24	E'AJ =	18	76	*Idem.*
AM	S'AM =	90	22	E'AM =	9	78	*Idem.*
AH	S'AH =	100	»	»	»	»	*Est.*

La vérification de tous ces angles se fait facilement en ajoutant l'angle à la méridienne avec celui à la perpendiculaire, ce qui doit toujours donner exactement 100 grades pour somme.

Ces angles étant connus, il s'agit de calculer la distance des points B, C, T, R, S, etc., etc., à la méridienne et à la perpendiculaire passant par l'extrémité A de la base principale AB.

Pour plus d'ordre, on distingue souvent ces points en trois classes : 1° Extrémités de la base principale: 2° points relevés des extrémités de la base principale; 3° points relevés des extrémités d'une base auxiliaire.

1° Extrémité de la base principale AB.

Les résultats que nous allons obtenir seront inscrits sur un registre semblable à celui que nous donnons à la suite de toutes ces opérations.

696. La recherche de la distance Bx de l'extrémité B de la base à la méridienne, et de la distance By ou Ax de cette même extrémité à la perpendiculaire sur la méridienne, se réduit à trouver les côtés Bx et Ax du triangle rectangle A x B, dont les données sont AB, et l'angle xAB formé par la base et la méridienne, et donné par l'observation.

Vous aurez la distance du point B à la méridienne, en faisant, par les logarithmes, et d'après les formules (2) et (3) du n.° 422, démontrée au n.° 428,

$$\begin{aligned} \log.\ 100 &= 2\text{-}0000000 \\ \log.\ \sin.\ 62^G\ 28' &= 9\text{-}9188398 \\ \hline \text{Somme} - \log.\ R &= 1\text{-}9188398 \end{aligned}$$

Ce logarithme répond, dans les tables, à 82 décamètres 95 décimètres, distance du point B à la méridienne. Cette distance doit encore être inscrite sur un registre semblable à celui qui suit ces opérations.

Pour connaître la distance du même point B à la perpendiculaire, faites, par la même analogie,

$$\begin{aligned} \log.\ 100 &= 2\text{-}0000000 \\ \log.\ \sin.\ 27^G\ 72' &= 9\text{-}7469767 \\ \hline \text{Somme} - \log.\ R &= 1\text{-}7469767 \end{aligned}$$

Ce logarithme répond à 55 décamètres 84 décimètres, qui est la longueur de By ou la distance du point B à la perpendiculaire. Cette longueur doit aussi être inscrite sur le registre ; nous ne répéterons plus cette observation.

2° Points relevés des extrémités de la base principale.

697. Par les points P, N, C, Q, T, R, S, etc., relevés des extrémités de la base principale, il faut observer que les distances de ces points à la méridienne sont Px, Nx, Cx, Qx, Tx, Rx, Sx, etc., et que les distances de ces mêmes points à la perpendiculaire sont Py, Ny, Cy, Qy, Ty, Ry, Sy, etc.

La recherche des distances Py et Ay = Px du point P se réduit aussi à déterminer les côtés Py et Ax du triangle rectangle APy, dont les données sont AP et l'angle yAP. L'angle complémentaire est par conséquent APy = N'AP.

Vous aurez la distance du point P à la méridienne en faisant, par les logarithmes,

log. 77-23 = 1-8877860
log. sin. 87^G 26' = 9-9912451
Somme — log. R = 1-8790311

Ce logarithme répond à 75 grades 69 minutes, qui est la longueur de Px = Ay.

La distance du point P à la perpendiculaire se trouve en faisant

log. 77-23 = 1-8877860
log. sin. 12^G 74' = 9-2983867
Somme — 10 = 1-1861727.

D'après ce logarithme, la distance Py est de 15 décamètres 35 décimètres.

La recherche des distances Nx = Ay et Ny du point N, se réduit à calculer les côtés Ny et Ay du triangle rectangle AyN, dont les données sont le côté AN et l'angle E'AN = yAN. L'angle complémentaire N'AN = ANy.

La distance du point N à la méridienne se trouve en faisant, par les logarithmes,

log. 108-80 = 2-0366289
log. sin. 82^G 30' = 9-9829934
Somme — 10 = 2-0196223

D'après ce logarithme, le point N est à 102 décamètres 24 décimètres de la méridienne N'S'.

Son éloignement de la perpendiculaire E'O' se détermine de la même manière, et l'on a,

log. 108-80 = 2-0366289
log. sin. 17^G 70' = 9-4384834
Somme — 10 = 1-4751123

Ce logarithme donne 29 décamètres 86 décimètres pour la distance du point N à la perpendiculaire.

La recherche des distances Cx = Ay et Cy du point C, se réduit à calculer les côtés Cy et Ay du triangle rectangle AyC, dont les données sont le côté AC, et l'angle E'AC = yAC. Le complément de cet angle est par conséquent N'AC = ACy.

Les logarithmes donnent la distance du point C à la méridienne, en faisant

log. 63-09 = 1-8099605
log. sin. 47^G 82' = 9-8340920
Somme — 10 = 1-6440525

En effet, l'on trouve que ce résultat équivaut à 44 décamètres 06 décimètres qui est la distance cherchée.

La distance de ce même point C à la perpendiculaire se trouve aussi en faisant

log. 63-09 = 1-8099605
log. sin. 52^G 18' = 9-8638587
Somme — 10 = 1-6738192

Ainsi, la distance du point C à la perpendiculaire est 47 décamètres 19 décimètres.

La recherche des distances Qx = Ay et Qy du point Q, se réduit à calculer les côtés Qy et Ay du triangle rectangle AyQ dont les données sont le côté AQ et l'angle E'AQ = yAQ. L'angle complémentaire est N'AQ = AQy.

Le côté Qx ou Ay s'obtient en faisant, par les logarithmes,

log. 100-84 = 2-0036328
log. sin. 47^G 82' = 9-8340920
Somme — 10 = 1-8377248

Ce logarithme répond à 68 décamètres 82 décimètres, qui est la distance du point Q à la méridienne.

Quant au côté Qy, on l'obtient comme il suit :

log. 100-84 = 2-0036328
log. sin. 52^G 18' = 9-8638587
Somme — 10 = 1-8674915

Ce logarithme donne 73 décamètres 70 décimètres pour la distance du point Q à la perpendiculaire.

La recherche des distances Tx = Ay et Ty du point T, se réduit à calculer les côtés Ty et Ay du triangle rectangle AyT, dont les données sont le côté AT et l'angle E'AT = yAT. Le complément de cet angle est N'AT = ATy.

Voyons pour déterminer le côté Tx ou Ay, par les logarithmes, en faisant

log. 59-86 = 1-7771367
log. sin. 37^G 26' = 9-7422786
Somme — 10 = 1-5194153

Ce logarithme répond à 33 décamètres 07 décimètres, qui est la distance du point T à la méridienne.

Le côté Ty se détermine comme il suit :

log. 59-86 = 1-7771367
log. sin. 62^G 74' = 9-9209359
Somme — 10 = 1-6980726

Ce logarithme répond à 49 décamètres 90 décimètres, qui est la distance du point T à la perpendiculaire.

La recherche des distances Rx = Ay et Ry, se réduit à calculer les côtés Ry et Ay du triangle AyR, dont les données sont le côté AR et l'angle E'AR = yAR. L'angle complémentaire est N'AR = ARy.

Pour connaître la distance du point R à la méridienne, faites, toujours, par la même analogie,

log. 61-58 = 1-7894397
log. sin. 7G 77' = 9-0854621
Somme — 10 = 0-8749018

Ce logarithme répond à 7 décamètres 5 mètres, qui est la distance du point R à la méridienne.

La distance de ce même point à la perpendiculaire se détermine en faisant

log. 61-58 = 1-7894397
log. sin. 92G 23' = 9-9967572
Somme — 10 = 1-7861969

En effet, ce logarithme répond à 61 décamètres 12 décimètres, qui est la distance du point R à la perpendiculaire.

La recherche des distances Sx = Ay et Sy du point S, se réduit à calculer les côtés Sy et Ay du triangle rectangle AyS, dont les données sont le côté AS et l'angle O'AS = yAS. Le complément de cet angle est N'AS = ASy.

On aura la distance du point S à la méridienne, en faisant

log. 75-69 = 1-8790385
log. sin. 16G 13' = 9-3990976
Somme — 10 = 1-2781361

D'après ce résultat logarithmique, cette distance à la méridienne est de 18 grades 97 minutes.

La distance de ce même point à la perpendiculaire se détermine par la même opération, en faisant

log. 75-69 = 1-8790385
log. sin. 83G 87' = 9-9859082
Somme — 10 = 1-8649467

Ce logarithme donne 73 décamètres 27 décimètres pour la distance du point S à la perpendiculaire.

La recherche des distances Kx = Ay et Ky du point K, se réduit à calculer les côtés Ky et Ay du triangle rectangle Ay K, dont les données sont le côté AK et l'angle O'AK = yAK. L'angle complémentaire est N'AK = AKy.

La distance du point K à la méridienne se trouve par le résultat de l'opération suivante :

log. 70-31 = 1-8470171
log. sin. 36G 05' = 9-7295614
Somme — 10 = 1-5765785

Ce résultat répond à 37 décamètres 72 décimètres, distance du point K à la méridienne.

La distance de ce même point à la perpendiculaire se déduit toujours de la même manière, en faisant

log. 70-31 = 1-8470171
log. sin. 63G 95' = 9-9262945
Somme — 10 = 1-7733116

La distance du point K à la perpendiculaire est donc de 59 décamètres 34 décimètres.

La recherche des distances Dx = Ay et Dy du point D, se réduit à calculer les côté Dy et Ay du triangle rectangle AyD, dont les données sont le côté AD et l'angle O'AD = yAD. Le complément de cet angle est N'AD = ADy.

La distance du point D à la méridienne se trouve en faisant

log. 66-60 = 1-8234742
log. sin. 70G 87' = 9-9528541
Somme 10 = 1-7763283

En effet, ce logarithme répond à 59 décamètres 75 décimètres, qui est la distance cherchée.

On trouve la distance de ce point D à la perpendiculaire par

log. 66-60 = 1-8234742
log. sin. 29G 13' = 9-6451982
Somme 10 = 1-4686724

Ce qui donne 29 décamètres 42 décimètres pour la longueur de Dy.

La recherche des distances Ex = Ay et Ey du point E, se réduit à calculer les côtés Ey et Ay du triangle rectangle AyE, dont les données sont, le côté AE et l'angle O'AE = yAE. L'angle complémentaire est S'AE = AEy.

Le côté Ex ou Ay s'obtient en faisant

log. 68-54 = 1-8359441
log. sin. 91G 14' = 9-9957804
Somme 10 = 1-8317245

Ce logarithme répond à 67 décamètres 88 décimètres, qui est la distance du point E à la méridienne.

La distance de ce même point à la perpendiculaire se trouve par l'analogie ordinaire, en faisant

log. 68-54 = 1-8359441
log. sin. 8G 86' = 9-1421507
Somme 10 = 0-9780948

Ce logarithme donne 9 décamètres 51 décimètres pour la distance du point E à la perpendiculaire.

La recherche des distances Fx = Ay et Fy du point F, se réduit à calculer les côtés Fy et Ay du triangle rectangle AyF, dont les données sont le côté AF et l'angle O'AF = yAF. L'angle complémentaire est S'AF = AFy.

La distance du point F à la méridienne se termine en faisant, toujours par les logarithmes,

log. 24-0 = 1-3802112
log. sin. 8G 40' = 9-1191383
Somme — 10 = 0-4993495

Ce logarithme répond à 3 décamètres 16 décimètres, qui est la distance du point F à la méridienne.

La distance de ce même point à la perpendiculaire s'obtient en faisant

log. 24-0 = 1-3802112
log. sin. 91G 60' = 9-9962085
Somme — 10 = 1-3764197

En effet, ce logarithme donne 23 décamètres 79 décimètres pour la distance cherchée.

La recherche des distances $Gx = Ay$ et Gy du point G, se réduit à calculer les côtés Gy et Ay du triangle rectangle AyF, dont les données sont le côté AG et l'angle $E'AE = yAG$. L'angle complémentaire est $S'AG = AGy$.

On a la distance du point G à la méridienne en faisant

$$\begin{aligned} \log.\ 45\text{-}09 &= 1\text{-}5540802 \\ \log.\ \sin.\ 60^G\ 82' &= 9\text{-}9119672 \\ \hline \text{Somme} - 10 &= 1\text{-}5660474 \end{aligned}$$

Effectivement, ce logarithme répond à 36 décamètres 82 décimètres, qui est la distance du point G à la méridienne.

La distance à la perpendiculaire se détermine aussi comme il suit :

$$\begin{aligned} \log.\ 45\text{-}09 &= 1\text{-}6540802 \\ \log.\ \sin.\ 39^G\ 18' &= 9\text{-}7614138 \\ \hline \text{Somme} - 10 &= 1\text{-}4154940 \end{aligned}$$

Ce logarithme répond à 26 décamètres 03 décimètres, qui est la distance du point G à la perpendiculaire.

La recherche des distances $Jx = Ay$ et Jy du point J, se réduit à calculer les côtés Jy et Ay du triangle rectangle AyJ, dont les données sont le côté AJ et l'angle $E'AJ = yAJ$. L'angle complémentaire est $S'AJ = AJy$.

On a la distance du point J à la méridienne, en faisant

$$\begin{aligned} \log.\ 92\text{-}91 &= 1\text{-}9680625 \\ \log.\ \sin.\ 81^G\ 24' &= 9\text{-}9808642 \\ \hline \text{Somme} - 10 &= 1\text{-}9489267 \end{aligned}$$

Ce logarithme répond à 88 décamètres 91 décimètres, qui est la distance du point J à la méridienne.

La distance de ce point à la perpendiculaire se trouve aussi par la même analogie,

$$\begin{aligned} \log.\ 92\text{-}91 &= 1\text{-}9680625 \\ \log.\ \sin.\ 18^G\ 76' &= 9\text{-}4630489 \\ \hline \text{Somme} - 10 &= 1\text{-}4311114 \end{aligned}$$

Donc la distance cherchée est de 26 décamètres 98 décimètres. Les points G et J se trouvent à peu près sur la même parallèle à la perpendiculaire.

Enfin, la recherche des distance $Mx = Ay$ et My du point M, se réduit à calculer les côtés My et Ay du triangle rectangle AyM, dont les données sont le côté AM et l'angle $E'AM = yAM$. Le complément de cet angle est $S'AM = AMy$.

La distance du point M à la méridienne se détermine comme à l'ordinaire, en faisant

$$\begin{aligned} \log.\ 96\text{-}79 &= 1\text{-}9858305 \\ \log.\ \sin.\ 90^G\ 22' &= 9\text{-}9948550 \\ \hline \text{Somme} - 10 &= 1\text{-}9806855 \end{aligned}$$

Cette distance cherchée est de 95 décamètres 75 décimètres. On aura la distance du point M à la perpendiculaire, en faisant encore

$$\begin{aligned} \log.\ 96\text{-}79 &= 1\text{-}9858305 \\ \log.\ \sin.\ 9^G\ 78' &= 9\text{-}1847491 \\ \hline \text{Somme} - 10 &= 1\text{-}1705796 \end{aligned}$$

Ce logarithme répond à 14 décamètres 81 décimètres, qui est la distance du point M à la perpendiculaire.

Quant à la distance du point H à la méridienne, on sait qu'elle est égale au côté AH, du triangle ABH, qui est de 62 décamètres 17 décimètres.

3° Points relevés d'une base auxiliaire.

698. Pour le point I, relevé de la base BQ, les distances de ce point à la méridienne et à la perpendiculaire sont Ix et Iy; mais

$$Ix = Ii + ix = Ii + Bx;$$

et comme Bx est connu, il suffit de trouver Ii.

La question est donc ramenée, pour le point I, à trouver Ii et Bi dans le triangle rectangle BiI, dont les données sont le côté BI et l'angle

$$IBi = ABQ + IBQ - ABi.$$

Cet angle ABi est le supplément de l'angle observé, N'AB il équivaut à l'expression suivante :

$$ABi = S'AB = 200^G - 62^G\ 28' = 137^G\ 72'.$$

Donc, sachant que ces données sont $BI = 22$ décamètres 3 mètres, et

$$IBi = 95^G\ 10' + 104^G\ 90' - 137^G\ 72' = 62^G\ 28',$$

on a la longueur du côté Ii, en faisant,

$$\begin{aligned} \log.\ 22\text{-}30 &= 1\text{-}3483049 \\ \log.\ \sin.\ 62^G\ 28' &= 9\text{-}9188398 \\ \hline \text{Somme} - 10 &= 1\text{-}2671447 \end{aligned}$$

Ce logarithme donne 18 décamètres 50 décimètres pour la longueur de Ii.

Puisque

$$Ix = Ii + Bx,$$

on aura, pour la distance du point I à la méridienne,

$$Ix = 18\text{-}5 + 82\text{-}95,$$

ou

$$Ix = 101 \text{ décamètres } 45 \text{ décimètres.}$$

La distance du point I à la perpendiculaire peut être déterminée par une opération semblable à la précédente; mais il est plus facile d'opérer comme il suit :

Sachant que l'angle IBi est de 62 grades 28 minutes, on aura son complément BIi, en faisant,

$$BIi = 100^G - 62^G\ 28' = 37^G\ 72',$$

et la distance du point I à la perpendiculaire, que l'on représente par

$$Iy = Bi + By,$$

en faisant, par les logarithmes,

$$\begin{aligned} \log.\ 22\text{-}30 &= 1\text{-}3483049 \\ \log.\ \sin.\ 37^G\ 72' &= 9\text{-}7469767 \\ \hline \text{Somme} - 10 &= 1\text{-}0952816 \end{aligned}$$

Ce logarithme répond à 12 décamètres 45 décimètres, qui est la longueur de Bi.

Puisque

$$Iy = Bi + By,$$

on aura, pour la distance du point I à la perpendiculaire,

$$Iy = 12\text{-}45 + 55\text{-}84,$$

ou

$$Iy = 68 \text{ décamètres } 29 \text{ décimètres.}$$

N. B. Le point I se trouve ici sur l'alignement de la base principale, ce qui arrive rarement dans ces opérations; surtout lorsqu'on ne peut apercevoir, par exemple, le point A, étant au point I.

Pour le point L relevé de la base auxiliaire DK, les distances de ce point à la méridienne et à la perpendiculaire sont Lx et Ly; or,

$$Lx = Ld' + d'x = Ld' + Dx;$$

et comme Dx est connu, il suffit de trouver Ld'.

La question est donc ramenée, pour le point L, à trouver Ld' et Dd' dans le triangle rectangle $Ld'D$, dont les données DL et l'angle

$$LDd' = ADK + KDL - ADd'.$$

Cet angle ADd' est le supplément de l'angle N'AD; il équivaut à l'expression suivante :

$$ADd' = S'AD = 200_G - 70^G\ 87' = 129^G\ 13'.$$

Donc, sachant que ces données sont DL = 23 décamèt.-10 décimèt., et

$$LDd' = 88^G\ 22' + 127_G\ 50' - 129^G\ 13' = 86^G\ 59',$$

on a la longueur du côté Ld', en faisant

$$\begin{aligned} \log.\ 23\text{-}10 &= 1\text{-}3636120 \\ \log.\ \sin.\ 86_G\ 59' &= 9\text{-}9902929 \\ \hline \text{Somme} - 10 &= 1\text{-}3539049 \end{aligned}$$

Ce logarithme donne 22 décamètres 59 décimètres, longueur de Ld'.

Puisque

$$Lx = Ld' + Dx,$$

on aura, pour la distance du point L à la méridienne,

$$Lx = 22\text{-}59 + 59\text{-}75,$$

ou

$$Lx = 82 \text{ décamèt.-}34 \text{ décimèt.}$$

La distance de ce point à la perpendiculaire peut être déterminée par une opération semblable à cette dernière, mais nous préférons encore celle qui suit, comme étant plus facile.

Sachant que l'angle LDd' est de 86 grades 59 minutes, on aura son complément DLd', en faisant

$$DLd' = 100^G - 86^G\ 59' = 13^G\ 41',$$

et la distance du point L à la perpendiculaire, que l'on représente par

$$Ly = Dd' + Dy,$$

en faisant, par les logarithmes,

$$\begin{aligned} \log.\ 23\text{-}10 &= 1\text{-}3636120 \\ \log.\ \sin.\ 13^G\ 41' &= 9\text{-}3203322 \\ \hline \text{Somme} - 10 &= 0\text{-}6839442 \end{aligned}$$

Ce logarithme répond à 4 décamètres 83 décimètres, qui est la longueur de Dd'.

Puisque

$$Ly = Dd' + Dy,$$

on a, pour la distance du point L à la perpendiculaire,

$$Ly = 4\text{-}83 + 29\text{-}42,$$

ou

$$Ly = 34 \text{ décamèt.-}25 \text{ décimèt.}$$

Pour le point O relevé de la base KL, les distances à la méridienne et à la perpendiculaire sont Ox et Oy; mais

$$Ox = l'x - l'O = Lx - l'O;$$

et Lx étant connu, il faut trouver $l'O$.

La question est donc ramenée, pour le point O, à trouver $l'O$ et $l'L$ dans le triangle rectangle $Ll'O$, dont les données sont LO, et l'angle

$$\begin{aligned} l'LO &= DLl' - (DLK + KLO) \\ &= \text{supplément } LDd' - (DLK + KLO). \end{aligned}$$

Le supplément de l'angle LDd' équivaut à l'expression suivante :

$$DLl' = LDy = 200_G - 86^G\ 59' = 113^G\ 41',$$

donc

$$l'LO = 113_G\ 41' - (46^G\ 46' + 40^G\ 51') = 26_G\ 44'.$$

Sachant que LO = 19 décamètres 96 millimètres, on a la longueur de $l'O$ en faisant

$$\begin{aligned} \log.\ 19\text{-}96 &= 1\text{-}3001605 \\ \log.\ \sin.\ 26^G\ 44' &= 9\text{-}6058235 \\ \hline \text{Somme} - 10 &= 0\text{-}9059840 \end{aligned}$$

Ce logarithme répond à 8 décamètres 05 décimètres, qui est la longueur de $l'O$.

Puisque

$$Ox = Lx - l'O,$$

il est évident qu'on aura, pour la distance du point O à la méridienne,

$$Ox = 82\text{-}34 - 8\text{-}05 = 74\text{-}29.$$

Nous allons encore déterminer la distance de ce point à la perpendiculaire, comme nous l'avons fait plus haut, pour les points I et L.

Sachant que l'angle $l'LO$ est de 26 grades 44 minutes, on aura son complément $l'OL$, en faisant

$$l'OL = 100^G - 26^G\ 44' = 73^G\ 56',$$

et la distance du point O à la perpendiculaire, que l'on représente par

$$Oy = l'y = Ly + l'L,$$

en faisant, par les logarithmes,

$$\log. 19\text{-}96 = 1\text{-}3001605$$
$$\log. \sin. 73^o 56' = 9\text{-}9614153$$
$$\text{Somme} - 10 = 1\text{-}2615758$$

Ce logarithme répond à 18 décamètres 26 décimètres, longueur de l'L.

Puisque

$$\text{O}y = \text{L}y + l'\text{L},$$

on a, pour la distance du point O à la perpendiculaire,

$$\text{O}y = 34\text{-}25 + 18\text{-}26 = 52\text{-}51.$$

On voit donc que pour obtenir la distance de tous les points du canevas à la méridienne et à sa perpendiculaire, *il faut trouver les côtés de l'angle droit d'un triangle rectangle dont on connaît l'hypothénuse et l'angle aigu formé par le rayon visuel d'une station, et la méridienne de cette station.* La formule est très-simple.

Remarque. On a vu que pour trouver la distance du point L à la méridienne et à la perpendiculaire, il fallait calculer les côtés L d' et D d' du triangle rectangle L d' D, où l'on connaît DL et l'angle LD d', et que cet angle LD d' s'obtient en retranchant de (ADK + KDL) l'angle ADd' ou S'AD. Mais il pourrait arriver que les observations faites au point D, et consignées au registre, ne donnassent pas l'angle ADK, le point K n'ayant pu s'apercevoir du point D; alors voici comment on déterminera l'angle LD d'.

Dans le triangle rectangle Dd''K, les côtés d''K et d''D de l'angle droit sont connus, car

$$d''\text{K} = d''x - \text{K}x = \text{D}x - \text{K}x,$$

différence des distances déjà calculées des points D et K à la méridienne, et

$$d''\text{D} = d''y - \text{D}y = \text{K}y - \text{D}y,$$

différence des distances déjà calculées des points D et K à la perpendiculaire; on pourra donc calculer l'angle d''DK, et avoir ensuite l'angle

$$\text{LD}d' = \text{LDK} - d''\text{DK}.$$

La distance de tous les points du canevas à la méridienne et à sa perpendiculaire étant calculée, rien n'est plus facile que la construction du canevas. Nous allons donner la marche que l'on suit le plus souvent dans cette opération.

699. Pour construire le canevas de la triangulation qui nous occupe, par exemple, tirez sur le papier destiné à recevoir le plan des droites verticales et horizontales également distantes, pour former des carrés dont les côtés contiennent un certain nombre de parties de l'échelle à volonté, en indiquant par un trait plus fort les droites qui représentent la méridienne et la perpendiculaire, et inscrivez ensuite sur les bords du papier, aux extrémités de chacune des parallèles à la méridienne et à la perpendiculaire, sa distance à la méridienne et à la perpendiculaire.

Cette opération préparatoire étant faite, pour placer un point quelconque B du canevas sur le papier, prenez sur le registre sa distance orientale ou occidentale à la méridienne; alors, la parallèle à la méridienne qui se trouve sur sa droite et sur sa gauche, et dont les extrémités portent le nombre égal à cette distance, est la ligne sur laquelle doit être placé le point B du canevas.

Prenez également sur le registre le nombre qui exprime la distance boréale ou méridionale à la perpendiculaire, et la parallèle à la perpendiculaire qui se trouve au-dessus ou au-dessous de cette perpendiculaire, et dont les extrémités portent le nombre égal à cette distance, est la ligne sur laquelle doit être placé le point B du canevas.

Ainsi, dans ce cas, l'intersection de la parallèle à la méridienne sur laquelle doit être placé le point, et de la parallèle à la perpendiculaire sur laquelle ce même point doit être placé, est sa situation exacte.

700. Si aucune parallèle à la méridienne ne porte le nombre égal à la distance du point du canevas à la méridienne, arrêtez-vous à celle qui porte le nombre immédiatement inférieur, et c'est sur la droite ou sur la gauche de cette parallèle, selon qu'elle est à l'orient ou à l'occident de la méridienne, que devra être placé le point.

De même, si aucune parallèle à la perpendiculaire ne porte le nombre égal à la distance du point du canevas, arrêtez-vous à celle notée du nombre immédiatement inférieur, et c'est au-dessus ou au-dessous de cette parallèle, selon qu'elle est septentrionale ou méridionale, par rapport à la perpendiculaire, que devra être porté le point.

La situation du point n'est pas encore précisément fixée, le carré dans lequel il doit trouver place est seulement indiqué; pour trouver la position définitive du point, fixez d'abord la pointe du compas sur le point d'intersection des parallèles à la méridienne et à sa perpendiculaire auxquelles vous vous êtes arrêté : ouvrez le compas d'une grandeur égale, d'après l'échelle, à l'excès de la distance du point à la méridienne, sur le nombre que porte la parallèle à la méridienne à laquelle vous vous êtes arrêté, et avec l'autre pointe de compas, marquez un point sur la parallèle à la perpendiculaire; ensuite, ouvrez le compas d'une grandeur égale à l'excès de la distance du point à la perpendiculaire sur le nombre que porte la parallèle à la perpendiculaire à laquelle vous vous êtes arrêté, et avec l'autre pointe du compas, marquez un point sur la parallèle à la méridienne; enfin, de chacun des points ainsi marqués et d'un rayon égal à la distance comprise entre l'autre point et l'intersection des deux parallèles, décrivez deux petits arcs de cercle dont l'intersection sera le lieu du point du canevas à reporter. On suit la même marche pour tout autre point.

Quand on a la distance de tous les points du canevas à la méridienne et à la perpendiculaire, rien n'est plus facile que d'avoir la distance de ces points entre eux. Les procédés que nous avons nettement exposés aux numéros 589 à 595, sont ceux qu'il faut suivre à ce sujet.

Nous avons déjà dit (691) que les numéros 555 à 567 fournissaient les solutions des questions qui se présentent assez souvent dans la levée des points d'un cavenas.

RÉSUMÉ DES OBSERVATIONS ET DES CALCULS.

DÉSIGNATION		VALEUR des ANGLES.		COTÉS DES TRIANG.			SOMMETS des angles.	DISTANCES				RÉGIONS.
des TRIANG.	des ANGLES.			DÉSIGNATION.	LONGUEUR.			à la méridienne.		à la perpendiculaire.		
		grades.	minutes.		décam.	décim.		décam.	décim.	décam.	décim.	
ABC	BAC	14	46	AB	100	»	A	....		....		....
	ABC	22	49	BC	41	07	B	82	95	55	84	*nord-est.*
	ACB	163	05	AC	63	09	C	44	06	47	19	*idem.*
		200	00									
ABQ	BAQ	14	46	AB	100	»	A	....		....		....
	ABQ	95	10	BQ	23	11	B	82	95	55	84	*nord-est.*
	AQB	90	44	AQ	100	84	Q	68	82	73	70	*idem.*
		200	00									
ABT	BAT	25	02	AB	100	»	A	....		....		....
	ABT	30	17	BT	50	24	B	82	95	55	84	*nord-est.*
	ATB	144	81	AT	59	86	T	35	07	49	90	*idem.*
		200	00									
ABR	BAR	54	51	AB	100	»	A	....		....		....
	ABR	45	23	BR	75	54	B	82	95	55	84	*nord-est.*
	ARB	100	26	AR	61	58	R	7	50	61	12	*idem.*
		200	00									
ABS	BAS	78	41	AB	100	»	A	....		....		....
	ABS	48	50	BS	103	40	B	82	95	55	84	*nord-est.*
	ASB	73	09	AS	75	69	S	18	97	73	27	*nord-ouest.*
		200	00									
ABK	BAK	98	33	AB	100	»	A	....		....		....
	ABK	39	56	BK	120	72	B	82	95	55	84	*nord-est.*
	AKB	62	11	AK	70	31	K	37	72	59	34	*nord-ouest.*
		200	00									
ABD	BAD	133	15	AB	100	»	A	....		....		....
	ABD	26	70	BD	147	10	B	82	95	55	84	*nord-est.*
	ADB	40	15	AD	66	60	D	59	75	29	42	*nord-ouest.*
		200	00									
ABF	BAF	146	12	AB	100	»	A	....		....		....
	ABF	9	75	BF	117	20	B	82	95	55	84	*nord-est.*
	AFB	44	13	AF	24	»	F	3	16	23	79	*sud-ouest.*
		200	00									
ABG	BAG	76	90	AB	100	»	A	....		....		....
	ABG	29	61	BG	93	98	B	82	95	55	84	*nord-est.*
	AGB	93	49	AG	45	09	G	36	82	26	03	*sud-est.*
		200	00									
ABH	BAH	37	75	AB	100	»	A	....		....		....
	ABH	39	61	BH	59	61	B	82	95	55	84	*nord-est.*
	AHB	122	64	AH	62	17	H	62	17	....		*est.*
		200	00									
ABP	BAP	24	98	AB	100	»	A	....		....		....
	ABP	50	97	BP	41	14	B	82	95	55	84	*nord-est.*
	APB	124	05	AP	77	23	P	75	69	15	35	*idem.*
		200	00									

DÉSIGNATION des triang.	DÉSIGNATION des angles.	VALEUR des angles. grades.	minutes.	CÔTÉS DES TRIANG.ˢ désignation.	Longueur. décam.	décim.	SOMMETS des angles.	DISTANCES à la méridienne. décam.	décim.	DISTANCES à la perpendiculaire. décam.	décim.	RÉGIONS.
ABJ	BAJ	56	48	AB	100	»	A	....		....		....
	ABJ	66	85	BJ	83	04	B	82	95	55	84	*nord-est.*
	AJB	76	67	AJ	92	91	J	88	91	26	98	*sud-est.*
		200	00									
ABM	BAM	47	50	AB	100	»	A	....		....		....
	ABM	73	60	BM	71	79	B	82	95	55	84	*nord-est.*
	AMB	78	90	AM	96	79	M	95	75	14	81	*sud-est.*
		200	00									
ABN	BAN	20	02	AB	100	»	A	....		....		....
	ABN	108	25	BN	34	90	B	82	95	55	84	*nord-est.*
	ANB	71	73	AN	108	80	N	102	24	29	86	*idem.*
		200	00									
BIN	IBN	91	75	BI	22	30	B	82	95	55	84	*nord-est.*
	BIN	69	25	IN	39	08	I	101	45	68	29	*idem.*
	BNI	39	»	BN	34	90	N	102	24	29	86	*idem.*
		200	00									
BIQ	IBQ	104	90	BI	22	30	B	82	95	55	84	*nord-est.*
	BIQ	48	50	IQ	35	39	I	101	45	68	29	*idem.*
	BQI	46	60	BQ	25	11	Q	68	82	75	70	*idem.*
		200	00									
ADK	DAK	36	30	AD	66	60	A	....		....		....
	ADK	88	22	DK	38	50	D	59	75	29	42	*nord-ouest.*
	AKD	75	48	AK	70	31	K	37	72	59	34	*idem.*
		200	00									
ADE	DAE	37	99	AD	66	60	A	....		....		....
	ADE	83	98	DE	39	77	D	59	75	29	42	*nord-ouest.*
	AED	78	03	AE	68	54	E	67	88	9	51	*sud-ouest.*
		200	00									
ADF	DAF	119	14	AD	66	60	A	....		....		....
	ADF	19	20	DF	77	19	D	59	75	29	42	*nord-ouest.*
	AFD	61	66	AF	24	»	F	3	16	23	79	*sud-ouest.*
		200	00									
DKL	KDL	127	50	DK	38	50	D	59	75	29	42	*nord-ouest.*
	DKL	26	04	KL	53	»	K	37	72	59	34	*idem.*
	DLK	46	46	DL	23	10	L	82	34	34	25	*idem.*
		200	00									
DEL	EDL	100	30	DE	39	77	D	59	75	29	42	*nord-ouest.*
	DEL	33	75	EL	45	68	E	67	88	9	51	*sud-ouest.*
	DLE	65	95	DL	23	10	L	82	34	34	25	*nord-ouest.*
		200	00									
KLO	LKO	19	77	KL	53	»	K	37	72	59	34	*nord-ouest.*
	KLO	40	51	LO	19	96	L	82	34	34	25	*idem.*
	KOL	139	72	KO	38	81	O	74	29	52	51	*idem.*
		200	00									

Nous allons maintenant donner la manière de vérifier le calcul de la triangulation.

701. Les opérations du calcul que l'on fait pour fixer les principaux points d'un plan ou d'une carte à deux lignes perpendiculaires entre elles, peuvent être vérifiées très-promptement au moyen d'une table des carrés (1). Pour éviter le calcul du carré d'un nombre et celui relatif à l'extraction de sa racine carrée, il faudrait avoir cette table ou toute autre semblable entre les mains.

L'usage de la table des carrés est facile; le registre final des opérations trigonométriques donnant toujours les distances à la méridienne et à sa perpendiculaire, faites une somme des carrés de ces deux nombres, et cherchez dans la colonne des carrés celui qui en approche le plus; le nombre qui se trouvera vis-à-vis sera celui du côté que vous vérifiez, et vous verrez s'il s'accorde, à une demi-unité près, avec la distance donnée par la trigonométrie. S'il en est ainsi, vous pourrez conclure que vous ne vous êtes point trompé dans le calcul de la méridienne et de sa perpendiculaire.

PROBLÈME.

702. *Soit à vérifier le côté AT, dont la distance du point T à la méridienne est 33 décamètres 07 décimètres, et celle à sa perpendiculaire 49 décamètres 90 décimètres.*

Prenez dans la table le carré de chacun des nombres, et vous aurez

$$Tx^2 = 1093\text{-}6249$$
$$Ty^2 = 2490\text{-}0100$$
$$\text{Somme} = AT^2 = 3583\text{-}6349$$

Cherchez à quel nombre répond la somme de ces deux carrés, et il se trouvera entre 59-86 et 59-87; mais comme il est beaucoup plus près du premier (puisqu'il ne diffère que de 0-41 centièmes de son carré), vous conclurez que l'hypothénuse du triangle que vous venez de vérifier est de 59 décamètres 86 décimètres, longueur exactement semblable à celle inscrite sur le registre de récapitulation.

Si l'on avait à prendre le carré de 1407-7, on ne pourrait pas le considérer comme un nombre entier, parce qu'alors il serait plus grand que le dernier de la table.

Dans ce cas, on peut, sans inconvénient, négliger la fraction, lorsque le chiffre fractionnaire est au-dessous de 5, et augmenter d'une unité lorsqu'il est au-dessus; la différence sera toujours au-dessous d'une unité dans le résultat.

703. Lorsque la triangulation du terrain dont on veut lever le plan est terminée, et qu'elle est rapportée sur le papier, on s'occupe du détail compris entre les points trigonométriques.

(1) La table des carrés de M. Séguin, publiée par Bachelier, libraire à Paris, donne directement la seconde puissance d'un nombre au-dessous de 10,000, et, par conséquent, la racine carrée d'un nombre qui n'excède pas 100,000,000. Les cubes des nombres y sont aussi, mais ils sont inutiles pour les calculs dont il s'agit.

La levée des objets qui ne font pas partie du canevas, et qui ne sont pas très-rapprochés les uns des autres, pourrait s'effectuer comme celle des objets du canevas même, en suivant la division indiquée dans le n.° 693, pour éviter la confusion; ce serait même le moyen d'obtenir des résultats plus exacts; mais pour plus de célérité, on emploie divers instrumens, parmi lesquels le graphomètre et la planchette occupent le premier rang; on sait que ce dernier a l'avantage de construire le plan en même tems qu'il le lève. L'emploi de ces instrumens étant très-bien exposé plus haut (653 et 684), nous n'en parlerons plus ici.

Non seulement on peut prendre pour stations les extrémités de la base principale, mais encore celles des bases auxiliaires et même deux points quelconques du terrain, dont la position a déjà été fixée sur le plan, en ayant l'attention de faire correspondre les points de station aux points homologues du plan.

On peut aussi employer la boussole pour lever les petits détails d'un plan, tels que les sinuosités d'un chemin, les contours d'un ruisseau, etc.; mais, nous l'avons déjà dit, on ne doit s'en servir qu'avec beaucoup de réserve et de précaution, et n'y avoir recours que dans le cas où l'emploi de la planchette devient difficile par le rapprochement des objets. L'emploi de la boussole est connu plus haut (682).

Enfin on emploie l'équerre pour former le détail des subdivisions d'un plan qui échappent aux autres instrumens par leur peu d'étendue; elle sert à tracer des perpendiculaires pour rapporter sur le papier les parties curvilignes. La levée des plans à l'équerre étant expliquée plus haut (638), nous n'en parlerons pas dans notre triangulation.

Tels sont les moyens qu'on peut employer pour lever les détails d'un plan de quelque étendue, lorsque le pays permet d'apercevoir les points trigonométriques; mais si le terrain sur lequel on opère ne permettait pas de voir ces objets que de quelques points autres que ceux des stations, comme cela arrive dans plusieurs parties de la France, où le pays est tellement boisé et fourré, qu'il résiste quelque fois à l'intelligence du trigonomètre, le géomètre tracerait dans l'intérieur du terrain plusieurs lignes droites ou brisées, pour en tenir l'ensemble, et ces lignes, qu'on mesurerait plusieurs fois en sens contraire, seraient rattachées à la triangulation qu'on aurait pu faire dans l'étendue du terrain.

Les points déterminés par la trigonométrie sont invariables, toutes les opérations subséquentes doivent y être subordonnées, puisque l'on dit, en pratique, *que les opérations du détail doivent céder à celles de la triangulation.* Effectivement, le travail du détail étant fait avec la chaîne, ne peut jamais être aussi juste que celui de la trigonométrie, à cause des coteaux, des haies, ravins, etc., qu'on est souvent obligé de traverser, malgré toutes les précautions que l'on peut prendre, soit dans la mesure des angles ou en tenant la chaîne le plus horizontalement possible.

Donc on doit diminuer ou augmenter les mesures du détail jusqu'à ce qu'elles coïncident avec la triangulation.

DE LA LEVÉE DU PLAN D'UNE VILLE.

705. Pour lever le plan d'une ville, d'un bourg, d'un village, etc., il faut d'abord lever chaque massif de maisons, ou chaque îlot, chaque place, etc., séparément, et les considérer comme autant de polygones dont les côtés sont les faces de ces îlots présentant les angles saillans et rentrans des rues, places, édifices, culs-de-sac, etc.

Il y a des géomètres qui forment, comme pour les terres, un canevas trigonométrique qui renferme les objets les plus remarquables, tels que clochers, tours, pavillons, etc. Ce procédé exigeant une certaine triangulation dont les points sont souvent des sommets des édifices dans lesquels on n'arrive pas toujours au centre, on ne le suit pas beaucoup.

Nous allons donner quelques problèmes pour préparer les opérations de ces levées.

PROBLÈME.

706. *Déterminer, au moyen de l'équerre, l'angle saillant que forment deux murs AB, BC.* (Fig. 420.) Fig. 420.

Pour lever le plan de l'angle proposé, prolongez un côté AB jusqu'en E; à ce point élevez la perpendiculaire ED; par ce moyen vous connaîtrez la grandeur de l'angle ABC que vous construirez sans difficulté. Nous faisons observer qu'il faut que le prolongement BE soit aussi grand qu'il sera possible de le tracer.

707. Si l'on avait à mesurer, au moyen du graphomètre, un angle ABC (*Fig.* 421) formé par deux murs AB, BC, on mènerait *ab* et *bc* parallèles aux murs, et l'on mesurerait l'angle *abc*, en plaçant l'instrument en *b*. Fig. 421.

Les lignes qui sont parallèles entr'elles (25) ayant mêmes directions, les angles qu'elles forment respectivement entr'elles sont égaux; donc abc = ABC. L'opération est trop simple pour nous y arrêter davantage.

PROBLÈME.

708. *Déterminer, au moyen de l'équerre, l'angle rentrant que forment deux murs AB, BC.* (Fig. 422.) Fig. 422.

Le commencement de cette opération a beaucoup d'analogie avec celle du numéro 706; car on prend aussi en avant du mur AB des distance égales, par exemple de un mètre, tant à un bout qu'à l'autre; la droite *ab* qui joint les points ainsi déterminés est parallèle à AB. On plante l'équerre au point *b*, et, sur *ab* ou AB, on élève une perpendiculaire *b*D.

Cela fait, portez l'équerre en D, pour y former l'angle droit BDE ou *b*DE, B étant au sommet de l'angle; et vous mesurerez BD et DE. Il sera facile de tracer sur le papier le triangle rectangle BDE, qui déterminera l'angle démandé ABC, composé de l'angle aigu DBE, et de l'angle droit ABD.

Cette opération ne peut se faire que quand l'angle des deux murs est obtus; s'il est droit, on le reconnaît bientôt avec l'équerre.

709. Si l'angle que forment les deux murs était aigu, tel que celui BAC (*Fig.* 34), on placerait l'équerre en un point H sur AC, ou plutôt sur sa parallèle, de manière à trouver les longueurs perpendiculaires AH, GH. Le triangle rectangle AHG sera facile à tracer, et fera connaître l'angle BAC ou HAG. Le point G est ici l'un quelconque du côté AB; mais on trouve de l'avantage à le prendre éloigné de A, et même, s'il se peut, au sommet B d'un autre angle du mur. Fig. 34.

710. Si l'on avait à mesurer, au moyen du graphomètre, un angle aigu MAN (*Fig.* 423) formés par deux murs AM, AN, on mènerait, *am* et *an* parallèles aux murs, et l'on mesurerait l'angle *man*, en plaçant l'instrument en *a*. D'après le numéro 52, on aura MAN = *man*. Fig. 423.

Il est très-utile de bien examiner la solution du problème suivant, pour comprendre la manière de lever le plan d'un village, d'un bourg, d'une ville, etc.

PROBLÈME.

711. *Lever le plan de plusieurs massifs de maisons, d'une place publique et de plusieurs rues adjacentes.* (Fig. 424.) Fig. 424.

Après avoir parcouru les lieux et en avoir fait le canevas visuel le plus analogue possible, déterminez les lignes directrices AC, AD, CD, BC, BD, que vous mesurerez exactement.

1° Sur la droite AC qui part exactement de l'angle A, élevez aux angles O, N, M, E', F', G' les perpendiculaires AO, G'*g*", N*n*', F'*n*', E'*e*', M*m*', que vous mesurerez ainsi que les côtés ON, MN, E'F', F'G', et cotez exactement ces longueurs sur le canevas. La mesure de ces côtés est une vérification de la justesse des perpendiculaires; souvent on est encore obligé de faire des états dans lesquels il faut énoncer les longueurs des façades des maisons, les largeurs des rues, des places publiques, etc. Il est inutile de recommander la mesure de chaque distance entre les perpendiculaires, on sait qu'elle s'effectue toujours d'un bout à l'autre de chaque directrice.

2° Sur la directrice AD, élevez aux angles G', H', P', les perpendiculaires G'*g*', H*h*', P*p*, que vous mesurerez ainsi que les côtés G'H', H'I', PQ, AP, et notez ces longueurs. La mesure des longueurs H'I', PQ, n'est destinée qu'à la vérification du plan.

3° Sur la ligne CD qui passe exactement par le point I', élevez aux angles A', B', T, C', D', E', Z, les perpendiculaires A'*a*", B'*c*"', T*t*', C'*c*"', D*d*", E'*e*, Z*z*, que vous mesurerez ainsi que les côtés A'Z, A'B', B'T, C'I', C'D', D'E', que vous inscrirez à l'ordinaire.

4° Sur BC qui rencontre exactement l'angle B, élevez, aux angles L, K, J, X, Y, Z, les perpendiculaires CL, K*k*, J*j*, X*x*, Y*y*, Z*z*', que vous mesurerez ainsi que les côtés LK, JK, JB, XY, YZ, que vous coterez sur le canevas.

5° Sur la droite BD qui part exactement du point B, élevez, aux angles X, V, U, T, Q, R, S, E, *a*, *b*, les

Fig. 424. perpendiculaires Xx, Vv, Uu, Tt, Qq, Rr, Ss, EF, aa', bb' que vous mesurerez ainsi que les côtés VX, UV, TU, RS, SE, que vous noterez comme à l'ordinaire. Pour vérifier le plan ou en aider l'exacte construction, il faut mesurer la distance QR, et la face $ab = dc$ de l'obélisque que l'on voit au milieu de la place.

Pour lever presque toute la place publique proposée dans cette figure, dirigez une droite de B en E, et sur cette droite et aux points I, H, G, b, c, élevez les perpendiculaires Ii, Hh, Gg, cc'', bb'', que vous mesurerez ainsi que les côtés IH, GH, EG, $bc = ad$ que vous coterez de même sur le canevas. On peut aussi élever sur la perpendiculaire EF les deux perpendiculaires dd', cc', pour se justifier de la position de l'édifice $abcd$. On poursuit des opérations semblables dans les rues J', K', L', M'.

Enfin, nous terminons cet article en conseillant de mesurer le plus exactement possible les angles CAD, CBD, BCD, ACD, ADC, BDC et DBE qui doivent se vérifier eux-mêmes en servant de guide pour la construction dudit plan. Cette construction exige un grand soin : on commence par le plan linéaire, c'est-à-dire par former un canevas exact des lignes directrices, soit par leurs longueurs respectives, soit par le moyen des angles observés qu'elles forment entr'elles. Les petites opérations de détails doivent céder au plan linéaire.

Nous allons maintenant indiquer la méthode de lever le plan d'une ville et d'un bourg ou d'un village.

PROBLÈME.

712. *Lever, au moyen du graphomètre, de l'équerre et de la chaîne, le plan de la ville représentée par la* Fig. 425. *figure* 425.

Après avoir fait l'examen et le canevas de la place publique, du jeu de paume, des rues, etc., placez un graphomètre au centre de la ville, à un point A, duquel vous puissiez observer de grandes directions. A ce point, mesurez les angles BAC, CAD, DAE, BAE, qui forment le tour d'horizon; sur la droite ou le rayon AB, marquez les points F, Y, Z, et plantez des jalons à ces points, en cotant leurs distances, ainsi que celles de toutes les lignes d'opération; sur AC, marquez le point T; sur AD, marquez ceux U, M, Q, et sur AE ceux o, a, b, c.

Cela fait, menez une cinquième ligne d'opération de F en G sur laquelle vous marquerez les points J, K, H; au point K élevez une perpendiculaire KL; dirigez sur M une dernière directrice LM sur laquelle vous élèverez une perpendiculaire ON; sur cette dernière vous fixerez le point P en y plantant un jalon.

Ensuite, transportez le graphomètre au point F, et à ce point mesurez l'angle AFJ; au point Y, mesurez l'angle AYV; au point Z, mesurez celui FZJ. On pourrait aussi mesurer celui FZX, dont un rayon visuel XZ se dirige dans les rangées d'arbres qui entourent la ville.

Au point V, faites un tour d'horizon pour la détermination des angles XVY, XVT, TVY; au point T, faites un second tour d'horizon pour connaître les angles ATV, CTV, ATS, CTS; faites-en autant au point M pour connaître la valeur des angles AML, AMR, QML, QMR.

Maintenant, aux points U, S, Q, P, L, E, J, H, mesurez respectivement les angles SUM, TSU, MQP, QPO, MLE, ELK, AEL, IJH, JHI. La grande partie de ces angles ayant un côté sur les lignes d'opération, on peut en mesurer le supplément pour vérifier l'opération; il en est de même des angles FJZ, JIH, qui se déterminent encore par la connaissance des autres angles de chaque triangle.

Le plan de la place publique se lève à l'aide du rayon AE sur lequel on abaisse, avec l'équerre, des perpendiculaires aux points o, a, b, c. La place du monument M' se fixe aussi par le même procédé; on s'appuie, pour bien opérer, sur les deux rayons AE, AM, qui n'en sont pas éloignés. Tous les petits détails se font d'après les principes donnés dans le numéro précédent.

Enfin, ayant coté sur le canevas la grandeur des angles, la mesure de leurs côtés, ainsi que les perpendiculaires et les détails pris sur ces lignes, construisez le plan linéaire, ou de toutes les lignes de bases, au rapport duquel il faut apporter beaucoup d'exactitude, puisque la justesse du plan dépend de cette première opération.

Si, à l'extérieur de la ville, on pouvait placer arbitrairement deux points desquels on pût apercevoir quelques édifices de l'intérieur de la ville, l'opération serait aussi facile et plus exacte, car après avoir observé les angles nécessaires, on calculerait les longueurs des côtés par les formules trigonométriques connues, ainsi que les distances de ces différens points à la méridienne et à sa perpendiculaire, et l'on pourrait les placer sur le plan; ils deviendraient les points d'appui de toute l'opération.

Ce moyen doit être employé de préférence, car presque toujours on peut du dehors découvrir différens points remarquables de l'intérieur d'une ville, tels que clocher, tour, etc.

Si l'on proposait de lever le détail de toute une ville, on arrêterait d'abord les limites des différentes propriétés, en mesurant les lignes tracées pour la levée des rues, ensuite l'intérieur des bâtimens et leurs différentes distributions qui seraient levés d'après les principes détaillés dans le numéro suivant; donc ce n'est pas assez qu'un arpenteur sache lever le plan d'un terrain, il faut aussi qu'il puisse lever celui d'un bâtiment, soit pour la curiosité de celui qui l'emploie, soit pour y projeter des changemens, des augmentations, etc.

PROBLÈME.

713. *Lever le plan de l'intérieur d'une maison* (Fig. 426), *avec ses différentes distributions.* Fig. 426.

Pour lever le plan d'un bâtiment et de ses distributions, il faut, comme à l'ordinaire, en former le canevas, prendre exactement les dimensions des principales parties de ce bâtiment, telles que sa longueur et sa largeur extérieures, la longueur et la largeur des pièces qui le composent, en ayant soin de mesurer toutes les parties de chacune de ces différentes pièces. On représente chaque chose telle qu'elle paraît à l'œil, et l'on écrit à mesure toutes ces dimensions sur ce canevas visuel.

Le plan de la figure proposée est facile à lever ; mesurez l'une des faces FF pour établir la face et la largeur de chaque porte d'entrée ; ensuite entrez dans les appartemens ; tirez les directrices AA, CC, perpendiculairement sur la ligne principale BB qui traverse le corps de logis, et, sur ces lignes d'opérations, levez successivement le plan de chaque pièce en particulier, en observant de mesurer non seulement la longueur des côtés de chaque pièce, mais encore la largeur des portes, celle des fenêtres, la largueur et la profondeur des cheminées, etc. Enfin, menez et mesurez une diagonale dans chaque pièce, d'un angle à son opposé ; n'oubliez pas de coter toutes ces mesures sur un canevas. Les fenêtres sont indiquées par F, F,...... ; les portes à l'intérieur, par P, P,..... ; la largeur des cheminées, par *aa*, *aa*,.... ; le lit, par L, et la première marche de l'escalier, par *m*.

Nous n'avons parlé que du rez-de-chaussée, mais les étages supérieurs en diffèrent peu ; il n'y a pour l'ordinaire que quelques détails à changer ou à ajouter ; au surplus la pratique et les localités peuvent seules indiquer les moyens qu'on doit employer.

On a souvent besoin de connaître le diamètre d'une tour ou de tout autre bâtiment de forme circulaire ; dans ce cas, on aura recours aux démonstrations du numéro 588.

Chapitre Sixième.

COPIE ET RÉDUCTION DES PLANS.

PRÉPARATION DU PAPIER A DESSIN.

714. Pour fixer et tendre le papier, passez une éponge humectée d'eau bien claire sur un des côtés de la feuille que vous voulez tendre; lorsqu'elle sera bien également humectée et imbibée, retournez-la et fixez-la sur la table ou sur la planche à dessiner, avec la colle à bouche; commencez par les quatre milieux; posez une règle sur le bord de l'un des côtés de la feuille, en ne laissant passer que la largeur de 5 ou 6 millimètres du bord, sous lequel vous promenez la colle à bouche pour en enduire à la fois le papier et la table; puis ôtez la règle, et frottez avec l'ongle et sur une petite bande de papier, le bord du papier ainsi préparé, qui se colle bien solidement, et passez successivement aux autres côtés.

La feuille de papier humectée doit être étendue le mieux possible, et sans s'inquiéter des godets ou des plis qu'elle forme. Il ne faut pas dessiner sur le papier avant qu'il soit entièrement sec, car le crayon le couperait. On ne doit pas non plus le faire sécher au feu ni au soleil, car il se tend trop vite et trop fort, se décolle ou se déchire. Pour détacher facilement de la table le papier ainsi collé, coupez-le avec un canif ou une règle, à 5 ou 6 millimètres de ses bords.

Indiquons maintenant le procédé le plus suivi pour joindre ensemble plusieurs feuilles de papier.

Pour assembler plusieurs feuilles de papier pour n'en faire qu'une seule, choisissez celle qui doit être dessus, passez une règle à 5 ou 6 millimètres du bord qui doit être collé sur l'autre feuille, et, avec un canif, coupez à moitié l'épaisseur du papier, de manière que vous puissiez le plier avec facilité (plus on le coupe, plus le bord reste épais); ensuite, mettez la feuille sur la table, la petite coupure par dessous et à votre droite; tenez-la de votre main gauche; prenez de l'autre le bout de la petite marge pliée, et tirez-le dans la direction de la diagonale, du haut en bas, et du côté de la feuille, en déchirant et en enlevant, d'un bout à l'autre, le surplus de la demi-épaisseur de la feuille de papier.

Si quelques parties du bord de la feuille restaient trop épaisses, il faudrait les enlever à l'aide du grattoir. Cette opération, pour réunir deux feuilles, se répète quand il y en a trois ou quatre. On doit toujours mettre les feuilles de droite sur celle de gauche, afin d'éviter les ombres des coutures.

Voici les dimensions de quelques sortes de papier employées ordinairement; il est important de les connaître, surtout quand les plans sont grands, et que l'on doit réunir plusieurs feuilles ensemble.

Sans cette précaution de calculer les dimensions des feuilles, on s'exposerait à éprouver beaucoup de déchet ou à perdre une partie du travail commencé.

	Largeur.		Hauteur.	
Grand-aigle	0-975	millimèt.	0-665	millimèt.
Colombier	0-845	*id.*	0-650	*id.*
Chapelet	0-800	*id.*	0-580	*id.*
Jésus	0-690	*id.*	0-525	*id.*
Grand-raisin	0-650	*id.*	0-480	*id.*
Petit-raisin	0-585	*id.*	0-445	*id.*
Carré	0-550	*id.*	0-420	*id.*

Quant à la colle à bouche, on sait que c'est simplement de la colle de Flandre, purifiée, fondue au bain-marie avec un peu de sucre blanc, auquel on ajoute quelques gouttes d'eau de fleur d'orange ou de suc de citron.

Enfin, pour travailler sur des imprimés, des cartes, plans, etc., dont le papier est très-souvent privé de colle, et qu'il boit, on y remédie, en passant sur ces imprimés une couche de la composition suivante :

Pour faire cet encollage, faites dissoudre, dans un litre d'eau distillée, gros comme une noix de colle de Flandre bien claire; joignez-y une quantité semblable de savon blanc, réduits en parties le plus petites que possible, et faites bouillir le tout dans un pot de terre neuf; avant l'entier refroidissement, ajoutez-y de l'alun réduit en poudre, et vous obtiendrez ainsi une espèce de lait qui pourra se conserver quelque tems. Cet encollage s'étend sur le papier avec une brosse plate bien douce.

SECTION PREMIÈRE.

COPIE DES PLANS.

715. On a souvent besoin de copier un plan. Par exemple, après un lever à la planchette, il arrive que le planminute n'a pas conservé toute la fraîcheur qu'on désire; c'est pourquoi il faut le refaire.

On peut avoir la copie exacte d'un plan de plusieurs manières. Lorsqu'on est pressé, on se sert d'un moyen très-expéditif qui est le suivant.

COPIE A LA PIQURE.

716. Pour piquer un plan, posez-le sur la feuille de papier qui doit le recevoir; étendez-l'y bien soigneusement, et attachez-l'y, soit avec la colle à bouche, soit avec des punaises, afin qu'il ne se dérange pas; ensuite, avec une aiguille emmanchée, que l'on nomme *piquoir*, piquez les extrémités de toutes les lignes, les sinuosités des rivières et des ruisseaux, les issues des chemins, les maisons, et généralement tout ce qui est nécessaire pour faire facilement la copie du plan.

Il faut, pendant ce travail, tenir le piquoir bien perpendiculaire, ne pas le poser deux fois sur le même point, et éviter aussi d'en omettre aucun; si cependant cela arrivait, il serait facile d'y remédier au moyen de sections tracées de deux points connus.

Quand le plan est convenablement piqué, ôtez le dessin de dessus la feuille de papier, et au moyen des points que vous voyez sur cette feuille, mettez la copie au crayon ou à l'encre de Chine, en suivant les piqûres marquées sur la feuille blanche. Sans avoir le plan original sous les yeux, il est presqu'impossible de reconnaître comment les points se lient entre eux.

Il ne faut pas multiplier les piqûres, car on aurait alors une multitude de trous qui rendrait le tracé à l'encre impossible.

Toutes les lignes seront tracées au moyen des règles droite ou courbe et avec le tire-ligne.

Quand on ne peut point piquer un plan dans la crainte de le gâter, on emploie le procédé suivant.

DU CALQUE.

717. Le calque est la copie la plus facile et la plus expéditive que l'on puisse faire d'un plan, d'une carte, etc. Le numéro 343 indique la manière de calquer à la vitre, nous ne parlerons plus ici de cette sorte de calque.

Il existe plusieurs papiers transparens propres à faire des calques. Il faut rejeter ceux dits *vernis* et *huilés*. Les seuls qui ont un véritable avantage par leur clarté, et qui offrent le moins d'inconvénient par leur préparation, sont le *papier végétal* ou de *paille*, et le *papier à la gélatine*.

Le premier, que l'on trouve sur toutes les dimensions du papier à dessiner, est le meilleur que l'on puisse employer, d'une belle transparence, ne portant pas d'odeur, ne jaunissant pas ni le dessin, ni le papier avec lesquels il est mis en contact. On ne peut que regreter les difficultés qu'il présente au lavis. Le papier à la gélatine est d'une seule dimension, le carré; il a une odeur très-forte et il jaunit; mais il présente un avantage sur le précédent : en le frottant avec une éponge humide, on dégraisse assez sa surface pour pouvoir laver ensuite dessus avec la plus grande facilité. Il jaunit cependant moins que le papier huilé.

718. Pour calquer avec le papier transparent, posez-le sur le dessin, fixez l'un à l'autre au moyen des punaises, et dessinez le plan, ce qui se fait avec une très-grande facilité. Assez souvent on calque de suite avec de l'encre le trait, les détails et même les écritures; ce qu'il serait difficile d'obtenir ainsi par le procédé du numéro 343, c'est-à-dire sur la vitre à calquer.

Il existe des instrumens au moyen desquels on obtient, avec autant d'exactitude que de célérité, la copie d'un plan quelconque. Les deux principaux sont le *pentographe* et le *micrographe* indiqués aux numéros 344 et 345. Nous ne parlerons plus ici de la description de ces deux instrumens.

DES DIFFÉRENTES COPIES AU COMPAS.

719. On peut quelquefois obtenir la copie d'un plan, en se servant uniquement d'un compas; mais il faut que ce plan ne contienne pas beaucoup de détails ni de sinuosités trop multipliés. Le procédé des *neuf points fixes*, et celui des *carreaux* ou du *treillis* doivent être préférés. Nous allons donner quelques problèmes relatifs à l'emploi du compas dans plusieurs procédés.

PROBLÈME.

720. *Copier, au moyen du compas seulement, le plan du polygone ABCDEF* (Fig. 427). Fig. 427.

Fig. 427. Après avoir fait un cadre $a' b' c' d'$ exactement semblable à celui A'B'C'D' du plan que vous voulez copier, tirez, dans une direction convenable, la diagonale $bf=$ BF, sur laquelle vous construirez au crayon les deux triangles abf, bcf, respectivement égaux à ceux ABF, BCF.

Les points a et d étant déterminés exactement sur le côté af, df, bd, construisez les triangles bcd, def, afg, respectivement égaux à ceux BCD, DEF, AFG, vous aurez la copie exacte du périmètre du polygone proposé.

Enfin, prenez la distance BJ que vous porterez de b en j; celle IF que vous porterez de i en f, et tirez la division ij qui sera analogue à celle IJ du plan original. Celle $oh=$OH s'obtient de la même manière.

Le problème du numéro 83, se rapportant à la figure 45, présente une solution analogue au sujet que nous traitons ici; ce procédé doit être supérieur au précédent, surtout en remplaçant le rapporteur par le compas, car tous les sommets des triangles sont déterminés de la même manière.

Ces procédés produisent des résultats exacts, mais ils sont trop longs pour être employés dans les cas ordinaires. Ils sont très-utiles pour la position de quelques points primitifs seulement.

Fig. 392. La construction du plan $abcd$ (*Fig.* 392), et celle de
Fig. 395. celui $abcdefghijklm$ (*Fig.* 395), sont aussi des procédés à suivre. On élève les perpendiculaires au moyen de l'équerre en bois.

Voici une autre manière de copier les plans avec le compas.

PROBLÈME.

721. *Copier, au moyen de neuf points fixes, le plan*
Fig. 428. *du polygone JLMNOP* (Fig. 428).

Pour copier le plan proposé, après avoir tracé le cadre ABCD, tirez les diagonales AD, BC, et les parallèles EF, GH, vous aurez, en comptant le centre I, neuf points sur lesquels vous pourrez vous appuyer. Construisez le cadre $abcd$ exactement semblable au premier; divisez-le par des lignes analogues ad, bc, ef, gh; et pour avoir, par exemple, le point j sur la copie, prenez sur le modèle, et avec un compas, la distance IJ que vous porterez de i en j. Prenez ensuite les distances IL, CL; décrivez respectivement des points i, c, deux petits arcs de cercle dont l'intersection l représentera le point L du modèle, et tirez la droite jl. Avec les distances EM, FM, décrivez respectivement des points ef, deux petits arcs de cercle dont l'intersection m sera le point analogue à celui M de l'original, et tirez la droite lm. Les points n, o se déterminent des points i et f, pris pour centres, et celui p, des points i, g.

Enfin, on a les divisions rs, tu, en prenant simplement les distances LT, LS, OR, OU, et les portant respectivement de l en t et en s, et de o en r et en u.

Ce procédé, qui est encore assez long, a l'avantage de ne pas laisser accumuler d'erreurs, puisqu'on ne prend que des points fixes pour centres. Donc il produit des résultats plus exacts que le précédent. Nous allons maintenant parler de la copie par le treillis ou les carreaux.

PROBLÈME.

722. *Copier, au moyen d'un treillis, le plan de la figure* 429. Fig. 429.

Pour copier le plan proposé, renfermez-le dans un rectangle, divisez le haut, le bas et les côtés en autant de parties égales que vous le jugez convenable, et suivant le plus ou moins grand nombre de détails que vous aurez à traduire, tirez des lignes horizontales et verticales pour tous ces points de division, ce qui formera des carreaux que vous numéroterez comme la figure l'indique.

Cela fait, établissez le rectangle et les carreaux semblables sur le papier qui doit servir à la copie, et reportez sur ce papier, carreau par carreau, tout ce qui se trouve sur l'original, ainsi qu'on le voit sur les deux figures dans les carreaux.

Si le plan que l'on veut copier est trop précieux pour qu'on puisse y tracer directement des lignes, on peut remplacer ces lignes par des fils de soie bien tendus, et fixés sur une tablette ou sur les côtés d'un chassis, ou bien l'on peut encore tracer les carreaux sur une feuille de papier transparent ou sur une glace, que l'on applique ensuite sur ce plan.

Enfin, il y a des personnes qui placent encore des points essentiels au moyen du compas, ceux, par exemple, qui se trouvent vers le milieu des carreaux; d'autres subdivisent les carreaux qui comprennent beaucoup de détails.

SECTION DEUXIÈME.

RÉDUCTION ET AUGMENTATION DES PLANS.

723. Les carreaux offrent non seulement le moyen le plus commode et le plus satisfaisant pour faire un plan semblable à un autre, mais ils servent aussi à le faire plus grand ou plus petit, et dans tel rapport que l'on veut; car il s'agit seulement d'établir ce rapport entre les carreaux du plan original et ceux de la copie. Les figures 430 suffisent pour indiquer la marche que l'on doit suivre pour cette réduction.

Plus on veut obtenir de facilité et d'exactitude, plus on doit multiplier les carreaux et les faire petits.

RECHERCHE DU RAPPORT ENTRE LES CARREAUX.

Sans s'occuper de la levée des plans, on a souvent besoin d'obtenir un carré d'une surface deux fois plus petite, et il est impossible d'en imaginer la construction, si l'on ne connaît pas la solution du problème suivant, c'est-à-dire la géométrie. Ce problème est d'une grande utilité dans la pratique.

PROBLÈME.

724. *Réduire un plan à moitié.*

Après avoir enveloppé le plan d'un carré semblable à
Fig. 70. celui ABCD (*Fig.* 70), par exemple, tirez les diagonales AC, BD, qui se couperont au point O, et donneront les longueurs égales AO, BO, CO, DO; chacune d'elles est le côté d'un carré deux fois plus petit.

Si, sur la droite AO, par exemple, vous construisez un carré pour la copie, et le divisez en autant de petits carrés que le plan-modèle en contient, il n'y aura plus qu'à copier, carreau par carreau, tout ce qui se trouve dans le plan. Cette copie terminée sera le plan exactement réduit à moitié de l'original.

Nous allons donner la contre-partie de cette solution; elle est également très-utile dans les arts pour obtenir un carré d'une surface deux fois plus grande.

PROBLÈME.

725. *Construire un plan le double d'un autre.*

Après avoir enveloppé le plan d'un carré semblable à celui ABCD, par exemple, tirez une diagonale AC, et elle sera le côté d'un carré deux fois plus grand.

Donc, en construisant sur AC un carré pour la copie, et le divisant en autant de grands carreaux que le plan-modèle en contient, il n'y aura plus qu'à copier comme il a été dit plus haut.

PROBLÈME.

726. *Réduire un plan au tiers.*

Pour réduire un plan au tiers, après l'avoir enveloppé d'un carré, tirez une droite AC (*Fig.* 71) égale au côté Fig. 71.
de ce carré; des extrémités A, C, comme centres, et avec un rayon égal à la diagonale de ce même carré, décrivez deux arcs de cercle qui se couperont en E. Sur le milieu BC élevez une perpendiculaire; élevez-en une autre sur le milieu de CE : ces deux perpendiculaires se couperont au point O. Du point O comme centre, et avec une ouverture de compas égale à AO, décrivez une circonférence qui passera par les trois sommets A, C, E, du triangle équilatéral. Le rayon de ce cercle sera le côté du carré trois fois plus petit.

Donc, en construisant sur AO un carré pour la copie, et le divisant en autant de petits carreaux que le plan-modèle en contient, on copie comme à l'ordinaire.

Dans la pratique, et pour éviter de grandes constructions, on prend la moitié, le tiers, le quart, etc., du côté AB du cadre de l'original, on fait la même construction que ci-dessus, et le rayon du cercle se trouve respectivement la moitié, le tiers, le quart, etc., du côté du carré de la copie trois fois plus petite.

PROBLÈME.

727. *Construire un plan le triple d'un autre.*

Pour tripler un plan, après l'avoir enveloppé d'un carré, décrivez, avec un des côtés de ce carré, comme rayon, une circonférence ABCDEF (*Fig.* 71); portez six fois le rayon sur cette circonférence (120), et joignez les points d'intersection deux à deux, ce qui vous donnera un triangle équilatéral ACE, dont un côté sera le côté du carré triple.

Donc, en construisant sur AC un carré pour la copie, et le divisant en autant de grands carreaux que le plan-modèle en contient, on n'a plus qu'à copier comme il vient encore d'être dit.

On peut aussi prendre la moitié, le tiers, le quart, etc., du côté du carré de l'original, pour rayon du cercle que l'on veut construire, faire la construction comme ci-dessus, et le côté du triangle équilatéral sera la moitié, le tiers, le quart, etc., du côté du carré de la copie.

728. *Pour quadrupler un plan*, il n'y a qu'à doubler

le côté du carré de l'original; on a de suite le côté du carré quatre fois plus grand.

729. *Pour faire un plan quatre fois plus petit*, il n'y a qu'à prendre la moitié du côté du carré de l'original; on a de même le côté du carré quatre fois plus petit.

On se sert aussi d'une échelle pour déterminer certaines longueurs qui ne le peuvent être par le moyen des carreaux, comme lorsqu'une ligne se termine dans un carreau, et qu'il est nécessaire de savoir son étendue depuis le côté jusqu'à son extrémité, ou lorsqu'une ligne traverse un côté, on veut avoir exactement la distance de l'angle du carreau au point de section.

Pour connaître ce que les intervalles ont de longueur, on les porte sur l'échelle du plan, et à mesure qu'on les connaît, on prend le nombre de parties que chacune contient sur la nouvelle échelle, afin de déterminer les points dont on a besoin, et de faire toutes sortes de réductions ou d'augmentions.

RECHERCHE ENTRE LE RAPPORT DES ÉCHELLES.

730. Il ne faut pas confondre le rapport des échelles avec celui de la surface. Les données suivantes serviront à établir le rapport dont il est question, d'une échelle avec une autre.

PROBLÈME.

731. *Construire une échelle moitié d'une autre.*

La solution de ce problème a beaucoup d'analogie avec celle du problème 724. Nous allons presque la répéter.

Pour avoir une échelle moitié d'une autre, faites un carré ABCD (*Fig.* 70) dont le côté AB ait un nombre déterminé de parties de l'échelle que vous voulez réduire (6, par exemple); la moitié AO de la diagonale sera la grandeur demandée; vous la diviserez en un même nombre de parties, qui *seront géométriquement la moitié de celle que vous aviez à réduire.*

Enfin, si l'on fait D = dix divisions, par exemple, du plan, et D' = dix divisions de l'échelle à construire, on aura, pour la réduction à moitié,

$$D' = D \times \sqrt{\tfrac{1}{2}}.$$

Cette expression est trop facile pour nous y arrêter.

Lorsqu'il ne se trouve pas d'échelle sur le plan, on la cherche par le numéro 323.

PROBLÈME.

732. *Construire une échelle le double d'une autre.*

Cette opération est une contre-partie de la précédente; elle se rapporte fort à celle indiquée par le numéro 725.

Pour déterminer une échelle le double d'une autre, construisez le même carré que la solution précédente; la diagonale AC sera la mesure que vous diviserez aussi en même nombre de parties que vous aurez supposé que le côté AB était divisé.

Enfin, si l'on désigne par D dix divisions, par exemple, de l'échelle du plan, et par D' dix divisions de l'échelle à construire, on aura, pour doubler le plan,

$$D' = D \times \sqrt{2}.$$

Même observation qu'au problème précédent.

PROBLÈME.

733. *Construire une échelle au tiers d'une autre.*

La solution de ce problème a beaucoup d'analogie avec celle du problème 726.

Pour construire une échelle au tiers d'une autre, composez une ligne AC (*Fig.* 71) d'un certain nombre de parties de l'échelle connue, des extrémités A, C, comme centres, et avec un rayon égal à AC, décrivez deux arcs de cercle qui se couperont en E; sur le milieu de AC élevez une perpendiculaire; élevez-en une autre sur le milieu de CE : ces deux perpendiculaires se couperont au point O. De ce dernier point comme centre, et avec une ouverture de compas égale à AO, décrivez une circonférence ABCDEF. Le rayon AO sera la mesure demandée, que vous diviserez aussi en même nombre de parties que vous aurez supposé que le côté AC était divisé.

Enfin, en faisant D = dix divisions, par exemple, de l'échelle du plan, et D' = dix divisions de l'échelle à construire, on aura, pour la réduction au tiers,

$$D' = D \times \sqrt{\tfrac{1}{3}}.$$

Nous croyons cette expression assez développée.

PROBLÈME.

734. *Construire une échelle triple d'une autre.*

Ce problème est une contre-partie du précédent, il est analogue à celui du numéro 727.

Pour tripler une échelle, décrivez une circonférence ABCDEF (*Fig.* 71), dont le rayon AO ait un nombre déterminé de parties de l'échelle que vous voulez réduire; portez six fois le rayon sur cette circonférence (120); joignez les points d'intersection deux à deux, ce qui vous donnera un triangle équilatéral ACE dont un côté sera la grandeur demandée, que vous diviserez aussi en même nombre de parties que vous aurez supposé que le rayon AO était divisé.

Enfin, si l'on fait D = dix divisions, par exemple, de l'échelle du plan, et D' = dix divisions de l'échelle à construire, on aura, pour tripler le plan,

$$D' = D \times \sqrt{3}$$

Même observation que précédemment.

735. Pour faire une échelle le quart d'une autre, on divise en deux parties égales l'échelle connue, et l'une des deux moitiés est l'échelle demandée.

Donc, d'après les désignations données dans les numéros précédens, on aura, pour la réduction au quart,

$$D' = D \times \sqrt{\tfrac{1}{4}}$$

et ensuite, pour la réduction au cinquième,

$$D' = D \times \sqrt{\tfrac{1}{5}};$$

pour celle au sixième,

$$D' = D \times \sqrt{\tfrac{1}{6}};$$

et ainsi de suite.

736. Pour faire une échelle quatre fois plus grande qu'une autre, on double l'échelle connue, et cette nouvelle échelle plus longue du double est le quadruple de celle donnée.

Donc, en suivant toujours les mêmes expressions algébriques, on aura, pour quadrupler,

$$D' = D \times \sqrt{4};$$

et ensuite, pour faire une échelle cinq fois plus grande,

$$D' = D \times \sqrt{5};$$

pour une autre six fois plus grande,

$$D' = D \times \sqrt{6};$$

et ainsi de suite.

Enfin, on conçoit toujours bien qu'avec la valeur de D', on construira une échelle qui fera le plan dans la proportion demandée.

RÉDUCTION A L'ÉCHELLE.

737. Il y a plusieurs manières à employer pour réduire ou augmenter l'étendue d'un plan au moyen de l'échelle. Nous allons donner ce qui est le plus en usage dans la pratique; la position des objets de détail déterminée par intersection est rigoureuse dans la théorie, et exige beaucoup de temps, surtout lorsque le plan à réduire est très-compliqué.

PROBLÈME.

738. *Réduire, au moyen de deux échelles et d'un*
Fig. 45. *compas, le plan du polygone ABCDE* (*Fig.* 45).

Pour réduire le plan proposé, construisez, d'après les procédés que nous venons de faire connaître, une échelle analogue à la transformation que vous voulez faire. Divisez la figure en trois triangles ABC, ADB, AEB; déterminez, sur l'échelle du plan, la longueur du côté AB, que nous prenons ici pour base; tracez, d'après le nombre de parties déterminées sur cette échelle, une droite *ab* d'un même nombre de parties pris sur l'échelle destinée à la construction de la copie; construisez, toujours en réduisant les longueurs prises sur l'échelle du plan à celle de l'échelle de la copie, les triangles *acb*, *adb*, *aeb*, semblables à ceux ACB, ADB, AEB; joignez les points *b c d e a* par des droites, vous aurez une figure semblable à celle proposée, c'est-à-dire le plan exact du polygone ABCDE, mais plus petit.

Si l'on avait un plan semblable au proposé à augmenter au lieu de réduire, l'opération serait toujours la même. La seule différence serait dans la disposition des deux échelles; enfin, dans le cas d'augmentation, l'échelle de la copie est immanquablement plus grande que celle de l'original.

Voici un problème plus compliqué que le précédent, mais dont les longueurs sont cotées sur le plan.

PROBLÈME.

739. *Réduire, au moyen du compas et de l'échelle de la copie seulement, le plan du polygone* ABCD.....
(*Fig.* 379) *sur lequel toutes les longueurs sont notées.* Fig. 379.

Pour réduire le plan proposé, tirez une diagonale *bf*, de 4 décamètres 7 mètres de l'échelle de la copie; sur cette diagonale, avec la longueur de chacune des trois autres diagonales BD, DF, AF, et celle du côté AB, toutes prises sur l'échelle de la copie, construisez les deux triangles *abf* et *bdf*; construisez de même les autres triangles *agf*, *def*, *bcd*, respectivement sur les trois diagonales *af*, *df*, *bd*, vous aurez le polygone *abcdefg*, qui sera le plan réduit exactement de la pièce de terre proposée.

Cette construction se rapporte à celle du numéro 635. Ce procédé est applicable à toutes les figures comprises du numéro 372 à celle 395 inclusivement. Les dispositions des figures 390, 392 et 394 doivent être préférées; mais il faut prendre de grandes précautions dans le rapport de toutes les petites parties qui composent la principale ligne d'opération; on doit vérifier cette longueur en masse sur l'échelle de la copie.

RÉDUCTION PAR LE PARALLÉLISME DES PÉRIMÈTRES.

740. La méthode des lignes parallèles est assez exacte pour réduire ou augmenter l'étendue d'un plan; elle fournit les résultats avec toute la promptitude désirée. Nous allons réduire une figure rectiligne.

PROBLÈME.

741. *Réduire le polygone ABCDE* (Fig. 44) *de ma-* Fig 44.
*nière que le côté A*b *de la copie soit égal à celui donné FG, c'est-à-dire dans les rapports de AB à FG.*

Tracez sur le plan proposé, que vous voulez réduire, les diagonales AD, AC; prenez sur le côté AB une partie A*b* égale au rapport donné FG; par le point *b*, menez *bc* parallèlement au côté BC; par le point *c*, menez *cd* parallèlement à CD; par le point *d*, menez *ed* parallèlement à ED, vous aurez le plan du polygone ABCDE réduit, d'après le rapport donné, à celui A*bcde*.

Si la figure avait des sinuosités, on les obtiendrait par des perpendiculaires sur les lignes, tel qu'on l'a fait pour la planchette dans la figure 400, sur la ligne FI.

Enfin, quand le plan réduit est dessiné au crayon sur l'original, on le pique ou on le calque comme il a été dit plus haut (715 *et suivans*).

La réduction d'un plan se fait encore en marquant un point en dedans et tirant des rayons à tous ses angles; en voici un exemple:

PROBLÈME.

Fig. 67. 742. *Réduire le plan du polygone ABCDEF* (Fig. 67) *dans le même rapport que* ab *est à AB.*

Pour effectuer cette réduction, marquez un point O environ au milieu du plan-modèle, et tirez des lignes aux points A, B, C, D, E, F. (Nous considérons le polygone *abcdef* placé ou construit dans celui ABCDEF.)

D'après cette dernière observation, menez *ab* parallèle au côté AB, la droite *bc* parallèle à BC, celle *cd* parallèle à CD, ainsi des autres, et vous aurez la figure *abcdef* semblable, mais plus petite que le plan original à réduire, et dans le rapport demandé. Cette copie peut être piquée ou calquée d'après les principes connus.

Enfin, s'il fallait augmenter le plan dans un rapport quelconque, l'opération ne serait pas plus difficile : on prolongerait les rayons au dehors du plan, puis on mènerait des lignes parallèles à celles du périmètre, comme il vient d'être dit.

Quand la figure forme des haches, des angles rentrans très-aigus, etc., les droites qui composent le périmètre de la copie traversent plus ou moins de fois celle de l'original.

EMPLOI DE L'ANGLE DE RÉDUCTION.

743. Au lieu d'employer l'échelle, les parallèles, etc., pour ces réductions, on peut faire usage de *l'angle réducteur*, qui n'est autre chose qu'un triangle isocèle, dont les deux côtés égaux représentent un nombre déterminé de parties de l'échelle de l'original, et le troisième côté le même nombre de parties de l'échelle du nouveau plan à construire.

PROBLÈME.

Fig. 44. 744. *Réduire, au moyen de l'angle de réduction, le plan ABCDE* (Fig. 44) *à celui* abcde, *dans les rapports de AB à FG.*

Pour établir l'angle de réduction dans la proportion donnée, tirez une droite indéfinie A'B' (*Fig.* 431); de l'extrémité A', et d'un rayon égal à AB (*Fig.* 44 *et* 45), décrivez l'arc C'D' (*Fig.* 431) (1); du point D', et d'un rayon égal à la droite donnée FG, coupez cet arc en E'; tirez la droite A'J', et l'angle B'A'J' servira à déterminer les longueurs proportionnelles de la manière suivante :

Tirez la droite *ab* égale à FG, et pour avoir la longueur du côté *bc* de la copie, prenez celle BC du plan à réduire, portez-la de A' en I' et en H', et la distance I'H' vous donnera la longueur de *bc*; pour avoir *ac*, portez AC de A' en G' et en F' : la distance G'F' sera la longueur de la diagonale *bc*, qui, avec les côtés *ab* et *bc*, fera connaître, par la méthode des intersections, le sommet *c* du triangle *abc*. Opérez comme il vient d'être dit, vous aurez toutes les autres parties de la copie demandée qui est le polygone *abcde*.

On peut de la même manière réduire les plans, les cartes topographiques, etc., à une dimension quelconque.

Si la copie devait être plus grande que le plan original, on suivrait la même marche; mais l'angle réducteur B'A'J' serait plus ouvert, les côtés A'B' et A'J' étant plus courts que celui D'E, qui dans ce cas joindrait les extrémités.

Il est évident qu'il faut construire un angle de réduction pour chaque copie différente.

On pourrait encore faire ces sortes de réductions au moyen du compas de réduction (*Fig.* 193), dont l'usage est expliqué au numéro 346. Le compas de proportion (*Fig.* 192) peut aussi être d'une grande utilité dans la réduction des plans (330 *et suivans*). Le pentographe (*Fig.* 191) présente de grands avantages sur tous les autres, par la promptitude avec laquelle on réduit ou augmente les plans. Fig. 193. Fig. 192. Fig. 191.

Tels sont les moyens graphiques qu'on peut employer pour réduire ou augmenter les plans. Ces méthodes sont simples, mais elles exigent beaucoup de temps et deviennent presque impraticables pour les cartes qui présentent un grand nombre de détails.

(1) Les lettres indicatives suivies du signe ' que l'on nomme *prime*, servent à la démonstration de la figure 431, et les autres à celle des figures 44 et 45.

Nous faisons observer ceci pour éviter différentes répétitions de figures à la suite de chaque groupe de lettres.

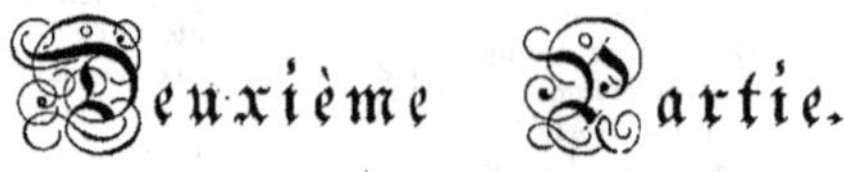

Deuxième Partie.

MESURE ET DIVISION DES SURFACES.

NOTIONS PRÉLIMINAIRES.

745. Cette partie de notre ouvrage peut être considérée comme la GÉODÉSIE *proprement dite*, puisque c'est celle des Mathématiques qui traite de l'*étendue à deux dimensions* et de ses différens rapports.

Nous croyons bien qu'on aura compris tout ce que nous avons donné, pour le système des mesures métriques, du numéro 182 à celui 188; cependant nous devons exposer ici l'énoncé régulier d'un produit résultant de la multiplication de deux nombres quelconques de mètres et de parties décimales du mètre l'un par l'autre. Cette observation est applicable au *métrage* ou *toisé métrique*, et à l'évaluation des terrains lorsqu'on prend le mètre pour unité.

Après avoir évalué une surface dont le produit donnera des décimales, on se souviendra que les deux premiers chiffres, après le trait, expriment (188) des décimètres carrés, et les deux en suivant des centimètres carrés, etc.

D'après cet exposé, le nombre 11 mètres carrés 2744, par exemple, s'exprime en disant : 11 mètres carrés 27 décimètres carrés 44 centimètres carrés, ou, plus simplement, 11 mètres carrés 2744 centimètres carrés.

Le premier chiffre à droite du trait est donc des dizaines de décimètres carrés, le deuxième des unités de décimètres carrés, le troisième des dizaines de centimètres carrés, et le quatrième des unités de centimètres carrés. C'est pourquoi si le nombre des décimales n'était pas pair, il faudrait y ajouter un zéro. Ainsi, 9 mètres carrés 4, s'exprimera : 9 mètres 40 décimètres carrés, et 8 mètres carrés 233, se lira : 8 mètres carrés 23 décimètres carrés 30 centimètres carrés, ou bien 8 mètres carrés 2330 centimètres carrés.

On pourrait aussi donner au premier chiffre à droite du trait le nom de dixième de mètre carré; au deuxième celui de centième, etc. Par cette méthode, le nombre ci-dessus 11 mètres carrés 2744 s'exprimerait : 11 mètres carrés 2 dixièmes de mètre carré 7 centièmes de mètre carré, etc., ou bien 11 mètres carrés 42 centièmes de mètre carré. Il est à remarquer que le centième de mètre est précisément le décimètre carré.

746. On sait que l'*are* (188) est une surface de dix mètres de côté ou 100 mètres carrés de superficie; le centiare, qui est sa centième partie, vaut 1 mètre carré. L'hectare est une surface de 100 mètres de côté, 10000 mètres carrés de superficie; ainsi, l'on réduit les mètres carrés en ares, en rangeant le trait de deux chiffres vers la gauche; et pour avoir des hectares, il faut le ranger de quatre; ainsi, 27892 mètres carrés font 2 hectares 78 ares 92 centiares.

747. On peut aussi prendre, pour unité de surface, le *kilomètre carré*, c'est-à-dire un carré dont chaque côté vaut 1 kilomètre. Le kilomètre carré vaut 100 hectares.

Enfin, on peut aussi prendre pour unité de surface le *myriamètre carré*, c'est-à-dire un carré dont chaque côté vaut 1 myriamètre. Le myriamètre carré vaut 100 kilomètres carrés ou 10000 hectares.

Le kilomètre carré ne s'emploie que dans les cas où il s'agit d'évaluer soit la surface d'une province, soit celle d'un royaume. Ces unités sont trop grandes pour être employées commodément au mesurage des propriétés particulières.

DES PARTAGES.

748. Les différentes natures de biens champêtres ne produisant pas toujours également dans leur étendue, l'arpenteur doit user avec intelligence et équité des lumières qu'il peut acquérir sur le terrain même, et faire en sorte que chacun des copartageans ait une égale portion du bon, du médiocre et du mauvais terrain. On peut prendre des renseignemens près des anciens cultivateurs du pays sur la valeur de la propriété que l'on veut estimer, ou sur le prix qu'on peut l'affermer; mais ces renseignemens doivent être vérifiés.

Si le champ est borné par une rivière, par un chemin, un bois, etc., chaque part doit aboutir vers cette limite, et participer, comme nous l'avons déjà dit, au bien ou au mal qu'elle produit: on doit du moins y avoir égard.

S'il s'agit d'un champ de nature variable, comme ceux sujets aux inondations, les parts inégales en qualité devront différer en quantité, pour mettre les lots en balance. Il suffit donc de connaître, par l'évaluation, combien une part doit être plus grande qu'une autre part, en raison de la différence des produits, pour établir ce partage. Si le terrain est de nature à produire, par exemple, 20 pour cent vers l'un des bouts, tandis que vers l'autre il ne donne que 10 pour cent, il est de toute justice que la portion qui contient le moindre terrain soit au moins double de celle qui contient le meilleur. Nous donnerons plus loin l'exemple d'un partage fait d'après les produits dans différentes qualités de terrain.

DES BORNES.

749. Les bornes sont des points fixes de séparation: on dresse ordinairement un procès-verbal de leur plantation. Quand on veut mesurer une pièce de terre, de bois, de vigne, etc., il faut voir si les limites ne sont pas assurées par des bornes, qui ne sont autre chose que des pierres ou des grès plantés en terre pour séparer les possessions.

Quelque fois les propriétaires, par acte passé entre eux, conviennent qu'une haie ou certains arbres plantés entre leurs héritages leur serviront de bornes, alors ces arbres deviennent *mitoyens*. Quelque fois ce sont des rivières, des ruisseaux, des chemins, des fontaines, des étangs, des bois, des haies vives, des murs, etc., qui servent de bornes aux propriétaires; et quoique plusieurs de ces objets soient sujets aux variations, on les regarde néanmoins comme le bornage le plus certain.

Quelque fois aussi, par convention entre les particuliers, les bornes sont enfoncées en terre pour les garantir du soc de la charrue. Outre le cas de convention, on met sous les bornes quatre moellons qu'on appelle *témoins de la borne;* au milieu de ces moellons on casse une tuile dont on rapproche les morceaux que l'on appelle *témoins muets*. Au lieu de tuile, on met aussi du charbon, des ardoises, une assez grande quantité de petites pierres ou cailloux. Enfin, nous pensons qu'il faut encore mieux briser un cailloux en plusieurs parties, en deux, par exemple, et écrire avec une épingle sur une de ces deux parties la portée de chaîne du côté même qu'on veut la mettre dans le trou, et sur l'autre la portée de chaîne de l'autre côté, et la ranger aussi vers ce côté dans le même trou, sous la même borne, comme il vient d'être dit. Il est reconnu que l'écriture faite avec le cuivre sur la partie cassée d'un cailloux noir mis à l'abri du mauvais temps, reste lisible plusieurs siècles.

Les bornes se placent ordinairement aux angles des figures, afin qu'elles servent pour le bout et le côté; on en met aussi sur la longueur, mais elles ne peuvent servir que pour le côté.

Nous donnerons plus loin quelques dispositions du Code relatives aux partages, l'abornement, et les formules nécessaires aux arpenteurs pour la réduction des compromis, des procès-verbaux, etc.

Chapitre Septième.

MESURE ET DIVISION DES QUADRILATÈRES RÉGULIERS.

OPÉRATIONS PRÉLIMINAIRES SUR LA MESURE ET LA DIVISION DES QUADRILATÈRES RÉGULIERS (1).

750. Les numéros 116 et 117 comprennent la définition de chacun de ces quadrilataires ; ceux 143 et 144 se rapportent particulièrement à la surface de ces figures. Avant d'entrer en matière, il est nécessaire de donner la méthode qu'il faut suivre pour trouver la longueur ou la largeur que doit avoir un quadrilatère régulier dont on connaît la superficie.

PROBLÈME.

751. *Trouver le côté d'un carré dont la surface donnée est de 17 ares 22 centiares.*

Puisqu'on appelle *carré d'un nombre* (144) la seconde puissance de ce nombre, il est évident que le côté du carré proposé équivaut à

$$\sqrt{17\text{-}22}.$$

Si l'on extrait la racine carrée par la méthode ordinaire, ou par les logarithmes comme il suit, on aura

$$\log.\ 17\text{-}22 = 1\text{-}2360331$$
$$\tfrac{1}{2}\log.\ 17\text{-}22 = 0\text{-}6180165 = 4\text{-}15,$$

donc le côté du carré proposé est de 4 décamètres 15 décimètres. Ceci se vérifie par la figure 385.

Le numéro 151 donne le moyen de construire deux carrés dans un rapport donné.

Le numéro 165 donne la manière de construire un rectangle équivalent à un carré donné, pour que deux côtés adjacens de ce rectangle fassent une somme donnée.

Le numéro 166 indique la méthode qu'il faut suivre pour construire un rectangle équivalent à un carré donné, pour que deux côtés adjacens de ce rectangle aient entre eux une différence donnée.

(1) Nous appelons *quadrilatères réguliers* ceux qui ont leurs côtés parallèles et leurs angles égaux deux à deux, tels sont *le carré*, *le rectangle*, *le parallélogramme* et *le losange*.

PROBLÈME.

752. *Construire un triangle équivalent à un carre donné ABCD* (Fig. 432), *dont la hauteur soit égale au* Fig. 432.
côté de ce carré.

Cette transformation est très-facile, car, d'après l'expression (144 *et* 145)

$$AC \times CD = \tfrac{1}{2}AC \times 2CD$$
$$= \tfrac{1}{2}AC \times (CD + DE) = \tfrac{1}{2}AC \times CE,$$

je prends $ac = AC$ pour faire la hauteur du triangle ; ensuite je trace la base d'une longueur égale à

$$ce = CE = 2CD = CD + DE,$$

et la droite ae détermine le triangle rectangle ace qui équivaut au carré donné.

Le triangle peut être escalène ou isocèle, tels sont ceux $a'ce$ et $a''ce$; on pourrait encore faire subir plusieurs transformations au triangle trouvé, soit en augmentant la hauteur pour diminuer la base, soit en augmentant la base pour diminuer la hauteur.

Enfin, si la surface seule du carré était connue, on trouverait le côté par le procédé du numéro 751.

Le numéro 2° de la note page 34, fournit un procédé pratique pour réduire le carré à un cercle équivalent.

753. Quand on connaît la surface d'un rectangle ou parallélogramme et l'une des deux dimensions, il suffit, pour trouver l'autre, de *diviser le nombre d'ares qui indique la surface*, *par le nombre de décamètres qui indique la dimension connue*, le quotient donne la longueur de la dimension inconnue. Cela est évident, puisque *la surface est égale au produit des deux dimensions*.

PROBLÈME.

754. *Trouver la hauteur d'un rectangle dont on con-*

(1) Nous allons continuer à donner les résultats tels que les produisent les logarithmes des tables; nous ne nous occuperons pas de l'exactitude rigoureuse que l'on peut obtenir au moyen des différences tabulaires appliquées dans les numéros 387 et 388.

naît la surface de 15 ares 31 centiares, et la base de 4 décamètres 71 décimètres.

Si je divise la surface donnée par la base 4 décamètres 71 décimètres, le quotient 3 décamètres 25 décimètres sera la hauteur du rectangle ou la largeur d'une pièce de terre de même forme; donc, l'opération se réduit à

$$\frac{15\text{-}31}{4\text{-}71} = 3\text{-}25.$$

Si l'on avait connu la surface du même rectangle et sa hauteur, on aurait la base 4 décamètres 71 décimètres en faisant

$$\frac{15\text{-}31}{3\text{-}25} = 4\text{-}71.$$

Ces deux cas peuvent être vérifiés par la figure 386.

PROBLÈME.

755. *Construire un carré équivalent au rectangle* Fig. 386. *donné ABCD* (Fig. 386), *dont on connaît la surface 15 ares 31 centiares* (1).

(1) Nous avertissons nos lecteurs que toutes les fois que nous renvoyons sur les planches à un numéro composé de deux figures, c'est la plus petite qui nous fournit les dimensions, au moyen de l'échelle adoptée (celle de 1 à 2500), et c'est la plus grande ou le croquis qui nous sert de démonstrations pour le texte explicatif, parce que ses lettres indicatives sont en grandes capitales et qu'elle est plus compliquée que l'autre.

Si la surface du rectangle à transformer n'était pas donnée, il faudrait connaître ses deux dimensions pour la déterminer.

Pour connaître le côté du carré demandé, j'extrais la racine carrée de la surface donnée 15 ares 31 centiares, je trouve que la longueur du côté d'un carré équivalent doit être de 3 décamètres 91 décimètres. En effet,

$$\sqrt{15\text{-}31} = 3\text{-}9128.$$

Cette opération revient exactement à celle du numéro 149 où la donnée est un parallélogramme au lieu d'un rectangle; mais cela ne change rien à la solution du problème.

Le numéro 150 indique la manière de construire, sur une droite donnée, un rectangle équivalent à un rectangle donné.

On transforme le rectangle en un triangle aussi facilement que le carré (752); on augmente la base ou la hauteur d'une longueur égale à la primitive, selon que l'on veut avoir un triangle plus ou moins long.

Pour réduire le rectangle à un cercle équivalent, on commence par le transformer en carré, comme il vient d'être dit, et ensuite de carré à un cercle équivalent.

Tout ce que nous venons de dire relativement au rectangle, est applicable au parallélogramme et au losange.

SECTION PREMIÈRE.

MESURE DES QUADRILATÈRES RÉGULIERS.

756. Avant d'entrer en matière, nous croyons devoir remettre sous les yeux quelques articles que nous nous dispenserons de répéter souvent dans le cours de nos démonstrations; voici une grande partie des articles qu'il faut se représenter :

1° L'usage de la chaîne et des fiches pour la mesure de lignes horizontales et inclinées sur le terrain; donné aux numéros 198, 199 et 200;

2° La rectification des mesurages à la chaîne, quand celle-ci diffère de sa longueur réelle; donnée au numéro 202;

3° L'usage des jalons pour mener, sur le terrain, des lignes droites en montant ou en traversant des vallées; donné aux numéros 216 et suivans;

4° L'usage de l'équerre d'arpenteur pour élever, sur le terrain, des perpendiculaires et des parallèles, pour construire des angles de 50 grades, et mener des lignes droites dans des fonds et sur des coteaux; donné aux numéros 224 et suivans;

5° L'usage du graphomètre et du cercle répétiteur; donné aux numéros 236, 237 et 242;

6° L'usage de la boussole pour la mesure des angles; donné aux numéros 253 et 254;

7° Le moyen de lever un angle avec la planchette; donné aux numéros 262 et 266;

8° Le prolongement des lignes inaccessibles sur le terrain; donné du numéro 470 à celui 485 inclusivement;

9° Le tracé des parallèles et des perpendiculaires pour le cas où la ligne et le point donnés sur le terrain peuvent être accessibles ou inaccessibles; donné du numéro 488 à celui 498, et du numéro 507 à celui 514 inclusivement;

10° La mesure des lignes inaccessibles, donnée du numéro 516 à celui 537 inclusivement.

Il est nécessaire aussi de bien connaître toutes les opérations que nous avons décrites dans les deux sections du chapitre des levée et construction des plans, parce que pour mesurer une pièce de terre il faut, pour le bien, en faire un canevas visuel sur lequel on cote les longueurs et les angles déterminés par des opérations semblables à celles données dans les deux sections précitées.

757. Mesurer une *surface*, c'est, d'après le numéro 142, déterminer combien de fois elle contient une autre surface prise pour l'*unité de mesure*. Nous prendrons toujours l'*are* pour l'unité des mesures agraires (746) qui vont suivre. Les personnes qui voudront appliquer nos opérations au nouveau toisé, prendront le *mètre carré* pour unité (745) ou le *centiare*.

Toutes les dimensions de nos figures seront toujours
Fig. 206. rapportées à l'échelle de 1 à 2500 (*Fig.* 206).

Quand on mesure une surface sur le papier ou sur le terrain dont les dimensions diffèrent beaucoup, c'est la plus petite qu'il faut apprécier avec le plus de soin ; car l'erreur que l'on pourrait commettre en estimant cette petite dimension, doit être multipliée par la plus grande, tandis que l'erreur que l'on pourrait commettre en évaluant la plus grande dimension serait seulement multipliée par la plus petite, et que, par conséquent, à erreurs égales sur la longueur de la dimension mesurée, le premier produit serait plus inexact que le second.

MESURE DU CARRÉ.

758. Quoiqu'il n'existe pas de possessions champêtres qui aient la forme du carré, du rectangle ou du parallélogramme, il peut arriver que ces figures se trouvent dans un partage comme le résultat d'une opération antérieure, dans une construction ou dans un jardin.

D'après le numéro 144, on détermine la surface d'un carré quelconque en multipliant par lui-même le nombre de décamètres et de parties décimales du décamètre contenu dans la longueur d'un côté; le produit est égal au nombre de décamètres carrés ou d'ares et de parties décimales du décamètre carré contenu dans la surface du carré. Cette règle ne change jamais, même pour le cas où la surface du carré ne peut être traversée en tous sens.

PROBLÈME.

759. *Déterminer la surface d'un carré A B C D*
Fig. 385. (Fig. 385).

Les mesurages effectués dans le numéro 642 pour la levée du plan de ce carré, donnent,

$$AB = BC = CD = AD = 4\text{-}15;$$

puisque le côté du carré est de 4 décamètres 15 décimètres, on aura

$$AB \times AB = AB^2 = 4\text{-}15 \times 4\text{-}15 = 17\text{-}2225;$$

donc, la surface du carré proposé est de 17 ares 22 centiares.

Une chaîne et une équerre d'arpenteur suffisent pour mesurer la superficie d'un carré quelconque. Nous allons commencer à donner quelques exemples du calcul graphique des superficies.

PROBLÈME.

760. *Trouver, par le calcul graphique, la surface d'une pièce de terre représentée par le carré EFGH*
(Fig. 100) *construit à l'échelle de 1 à 2500.* Fig. 100.

On sait que chacune des mesures prises sur un plan équivaut, sur l'échelle de ce plan, au même nombre d'unités de mesures linéaires que celui que l'on trouverait sur le terrain, si l'on y avait mesuré les distances respectives à celles du plan; par conséquent, pour déterminer la longueur du côté de cette pièce de terre il faut prendre, sur le plan, la longueur d'un côté, de celui GH, par exemple, avec une ouverture de compas que l'on appliquera sur l'échelle de 1 à 2500; cette ouverture répondra, par exemple, à 3 décamètres 37 décimètres, qui sera la longueur du côté du carré sur le terrain.

Quant à la surface, on sait qu'elle se détermine comme il suit :

$$GH \times GH = 3\text{-}37 \times 3\text{-}37 = 11\text{-}3569.$$

Enfin, la surface de la pièce de terre représentée par le carré proposé est de 11 ares 36 centiares.

MESURE DES RECTANGLES.

761. D'après la règle du numéro 143, on détermine la surface d'un rectangle en multipliant le nombre de décamètres contenu dans la base, par le nombre de décamètres contenu dans la hauteur : le produit est égal au nombre d'ares contenu dans la surface du rectangle.

Cette règle est semblable à celle du numéro 758, elle est applicable aux rectangles que l'on ne peut traverser, comme à ceux accessibles intérieurement.

PROBLÈME.

762. *Trouver la surface d'une pièce de terre rectangulaire ABCD* (Fig. 386). Fig. 386.

Toutes les opérations effectuées dans le numéro 643 pour lever le plan de cette pièce de terre, donnent, pour les deux dimensions,

$$AB = CD = 4\text{-}71,$$
$$AD = BC = 3\text{-}25.$$

Cela connu, la surface cherchée sera égale à

$$AB \times AD = BC \times CD = 15\text{-}3075;$$

donc la surface de la pièce de terre proposée est de 15 ares 31 centiares.

La solution ne change pas pour le cas où les deux dimensions diffèrent beaucoup; en voici un exemple :

PROBLÈME.

763. *Calculer la surface d'un trottoir A B C D*
(Fig. 433). Fig. 433.

Cherchez la longueur AB qui se trouve être de 48 décamètres 8 mètres, ensuite mesurez la largeur AD,

Fig. 433. vous trouvez de 0-21 décimètres. Puisque la figure proposée est un rectangle, on a

$$AB = CD = 48\text{-}8,$$
$$AD = BC = 0\text{-}21.$$

Si l'on fait, d'après la règle du numéro 761,

$$AB \times AD = 10\text{-}248,$$

on trouvera que la surface du trottoir proposé équivaut à 10 ares 25 centiares.

PROBLÈME.

764. *Trouver, par le calcul graphique, la surface du*
Fig. 101. *terrain que le plan ABCD* (Fig. 101) *représente.*

Il a été démontré dans les numéros précédens que la surface d'un rectangle est égale à sa base multipliée par sa hauteur; en conséquence, je prends la longueur de la base AD avec une ouverture de compas que j'applique sur l'échelle qui a servi à la construction du plan, cette ouverture répond, sur l'échelle, à 5 décamètres; ensuite je prends AB avec une ouverture de compas, laquelle répond, sur l'échelle, à 1 décamètre 5 mètres; ainsi, d'après ce qui précède, on a

$$AD = BC = 5\text{-}0,$$
$$AB = CD = 1\text{-}5.$$

Enfin, la surface de la pièce de terre représentée par le rectangle proposé, équivaut à

$$AD \times AB = 5\text{-}0 \times 1\text{-}5 = 7\text{-}5,$$

ou 7 ares 50 centiares.

MESURE DES PARALLÉLOGRAMMES ACCESSIBLES EN DEDANS ET EN DEHORS.

765. Les parallélogrammes se mesurent comme les rectangles, c'est-à-dire en suivant la règle du numéro 761, établie sur le numéro 143.

PROBLÈME.

766. *Mesurer la surface d'un parallélogramme ABCD*
Fig. 434. (Fig. 434).

Cherchez la longueur de la base AB qui est de 11 décamètres 2 mètres. D'un point quelconque E, abaissez, au moyen de l'équerre, une perpendiculaire EF sur la base CD; mesurez cette perpendiculaire que vous trouverez, dans ce cas, de 5 décamètres 6 mètres.

Ainsi, l'on a, pour les dimensions,

$$AB = CD = 11\text{-}2$$
$$EF = 5\text{-}6,$$

et pour la surface,

$$AB \times EF = 11\text{-}2 \times 5\text{-}6 = 62\text{-}72,$$

ou 62 ares 72 centiares.

On détermine la surface du losange aussi facilement que celle du parallélogramme et par le même procédé; en voici un exemple.

PROBLÈME.

767. *Déterminer la surface d'un losange ABCD*
(Fig. 435). Fig. 435.

Après avoir mesuré, comme dans la solution précédente, la base AB ou CD, et la perpendiculaire AE, ce qui donne

$$AB = CD = 5\text{-}8,$$
$$AE = 5\text{-}6,$$

on effectue le calcul suivant:

$$AB \times AE = 5\text{-}8 \times 5\text{-}6 = 32\text{-}48,$$

et l'on a 32 ares 48 centiares pour la superficie du losange proposé.

Ces deux dernières solutions sont identiques.

MESURE DES PARALLÉLOGRAMMES ACCESSIBLES EN DEHORS SEULEMENT.

768. Le calcul qu'il faut effectuer pour trouver la surface d'un parallélogramme ou d'un losange que l'on ne peut traverser, est encore le même que le précédent; seulement il se présente une petite difficulté sur le terrain, celle de pouvoir mesurer directement la hauteur perpendiculaire entre les deux bases. Nous allons donner la manière d'évaluer cette hauteur, et poursuivre l'opération.

PROBLÈME.

769. *Chercher la surface d'une pièce d'aunaie ABCD*
(Fig. 436), *que l'on ne peut traverser.* Fig. 436.

Plantez un jalon à chaque angle A, B, C, D, et abaissez avec l'équerre, du point B sur le prolongement DE de la base CD, une perpendiculaire BE, que vous mesurerez ainsi que la base CD ou celle AB, ce qui donnera

$$AB = CD = 6\text{-}7,$$
$$BE = 5\text{-}6.$$

L'expression ordinaire (761) est

$$AB \times BE = 6\text{-}7 \times 5\text{-}6 = 37\text{-}52;$$

qui donne 37 ares 52 centiares pour la surface de la pièce d'aunaie proposée. Il est évident que le losange se mesure de même.

Nous allons terminer par une opération relative au calcul graphique de la superficie du parallélogramme ou du losange.

PROBLÈME.

770. *Trouver, par le calcul graphique, la surface d'une pièce de terre représentée par la figure ABCD*
(Fig. 100). Fig. 100.

Prenons la longueur de la base AD ou BC avec une ouverture de compas que nous appliquerons sur l'échelle qui a servi à la construction du plan, celle de 1 à 2500, cette ouverture répondra, sur l'échelle, à 5 décamètres 6 mètres.

Abaissons ensuite BJ, perpendiculaire sur la base AD, laquelle est la hauteur du parallélogramme; prenons BJ avec une ouverture de compas, laquelle répondra, sur l'échelle adoptée, à 1 décamètre 9 mètres. Ainsi, connaissant

$$AD = BC = 5\text{-}6,$$ Fig. 100.
$$BJ = 1\text{-}9,$$

il est facile d'en déduire l'expression

$$AD \times BJ = 5\text{-}6 \times 1\text{-}9 = 10\text{-}64,$$

qui donne 10 ares 64 centiares pour la surface de la pièce de terre représentée par la figure proposée.

On suit le même procédé pour le losange.

SECTION DEUXIÈME.

DIVISION DES QUADRILATÈRES RÉGULIERS.

770. Le partage des pièces de terre présente assez souvent des difficultés et des obstacles insurmontables à ceux qui n'ont aucune connaissance de la géométrie; de sorte que ces partages se font toujours avec incertitude, et présentent souvent des erreurs sensibles. Pour obvier à cet inconvénient, nous allons donner tous les procédés nécessaires pour partager en un nombre quelconque de parties égales ou inégales toutes sortes de plans réguliers et irréguliers. Ces méthodes seront traitées par la pratique et la théorie.

La division d'un terrain peut se faire de deux manières:

1° En cherchant, par le calcul, les longueurs inconnues, au moyen de celles déterminées sur le terrain;

2° En levant d'abord le plan de la pièce de terre, et faisant ensuite la division sur ce plan rapporté à la plus grande échelle possible.

Ces deux méthodes sont également vraies en théorie; la première est préférable dans la pratique de l'arpentage, parce que les longueurs trouvées par le calcul sont toujours plus exactes que celles que l'on déduit des opérations graphiques; cependant, pour ne rien laisser à désirer à cet égard, nous appliquerons la méthode graphique à la solution de la division de plusieurs figures, à la suite des développemens de la première.

L'arpenteur doit se conformer aux conditions que peuvent imposer les personnes qui font procéder au partage, et apporter précision et justice dans toutes ses opérations. Nous allons essayer de lui tracer des routes certaines pour l'exactitude; quant à l'impartialité, sa conscience seule doit le guider.

DIVISION DU CARRÉ EN PARTIES ÉGALES.

771. Les opérations suivantes sont si simples, que nous n'en parlons que pour la forme. Ces quadrilatères réguliers ayant toujours leurs côtés opposés parallèles, on divise ceux-ci comme on veut que la surface le soit.

PROBLÈME.

772. *Diviser un carré ABCD* (Fig. 385) *en deux triangles égaux.* Fig. 385.

La solution de ce problème est facile; si vous tirez, de l'angle B à son opposé D, une diagonale BD, cette dernière partagera le carré donné en deux triangles égaux qui sont ABD et BCD.

Sachant que la surface du carré proposé est égale à

$$AB^2 = 4\text{-}15 \times 4\text{-}15 = 17\text{-}2225,$$

on fait la preuve de cette division en déterminant la surface d'un des triangles, de celui BCD, par exemple, ce qui revient, d'après le numéro 145, à

$$CD \times \tfrac{1}{2} BC = 4\text{-}15 \times \tfrac{1}{2} 4\text{-}15$$
$$= 4\text{-}15 \times 2\text{-}075 = 8\text{-}61125;$$

le triangle BCD est, par conséquent, de 8 ares 61 centiares, moitié du carré donné, puisque l'on a

$$CD \times \tfrac{1}{2} BC \times 2 = CD^2 = AB^2$$
$$= 8\text{-}61125 \times 2 = 17\text{-}2225.$$

La division du carré en deux triangles quelconques ne peut se faire autrement.

PROBLÈME.

774. *Diviser un carré ABCD* (Fig. 437) *en deux rectangles égaux.* Fig. 437.

D'après la nature des carrés, leurs côtés opposés sont parallèles; il suit de là que si l'on divise les côtés AB et CD en deux parties égales respectivement aux points E et F, et que l'on joigne EF par une droite, on aura les deux rectangles AECF, BEDF qui ont même hauteur et même base, donc ils sont égaux.

En effet, l'on a, relativement à la surface de chaque rectangle,

$$BE \times BD = AC \times AE = 5\text{-}6 \times 2\text{-}8 = 15\text{-}68.$$

Fig. 437. Cette surface de 15 ares 68 centiares est exactement la moitié de celle du carré proposé, puisque

$$AB \times AC = 2\,AE \times AC = 2\text{-}8 \times 5\text{-}6 \times 2 = 5\text{-}6 \times 5\text{-}6 = 31\text{-}36.$$

La division du carré en deux rectangles est trop facile pour nous y arrêter davantage.

Enfin, *partager un carré quelconque en un nombre* n *de rectangles égaux, revient à diviser le côté du carré en* n *parties égales.* Dans le cas que nous traitons, par exemple, chaque division revient à $\frac{AB}{n}$ ou à $\frac{5\text{-}6}{n}$, ou enfin à $\frac{5\text{-}6}{2}$. Cette explication ne nous empêchera pas de donner plus loin des exemples de division en trois, quatre, etc., rectangles égaux.

775. Il arrive assez souvent qu'on est obligé de faire partir les lignes de division d'un point donné sur un des côtés, ou dans l'intérieur de la pièce de terre, parce que ceux qui ont droit au partage veulent que chaque pièce héritée ou achetée, aboutisse à un puits, un pressoir, une sortie, une maison, etc., etc., afin que chacun puisse arriver à cet endroit, sans passer sur le terrain de son voisin. Tout ceci s'expliquera à fur à mesure que l'occasion se présentera.

PROBLÈME.

Fig. 438. 776. *Partager une pièce de terre ABCD* (Fig. 438) *en deux parties égales, par une ligne partant d'un point E donné sur le côté AB, cette pièce de terre étant un carré parfait.*

Nous supposons ici que le point donné E est une servitude à laquelle ont droit les deux copartageans.

Pour connaître le point où doit tomber la ligne de division sur le côté CD, mesurez BE, distance du point donné E à l'angle le plus près B, vous trouverez, pour ce cas, de 1 décamètre 6 mètres; portez cette longueur de C en F; tirez la ligne EF, la pièce de terre proposée sera divisée en deux parties égales comme l'exige le problème.

Si l'on ne pouvait mesurer BE directement, on mesurerait AE, d'où l'on déduirait BE = CF, puisque l'on a

$$AB - AE = BE = 1\text{-}6,$$

et, par conséquent,

$$CF = BE = CD - DF = 1\text{-}6.$$

Sachant que la surface du carré est égale à

$$(AE + BE) \times AC = AB \times AC = AB^2$$

qui revient à

$$(4\text{-}0 + 1\text{-}6) \times 5\text{-}6 = 5\text{-}6 \times 5\text{-}6 = 31\text{-}36,$$

il est évident que la surface d'un des deux trapèzes, de celui AECF, par exemple, doit être exactement la moitié de celle du carré. Pour cette preuve, faisons, d'après le numéro 154,

$$\tfrac{1}{2}(AE + CF) \times AC = \tfrac{1}{2} AB \times AC$$
$$= \tfrac{1}{2}(4\text{-}0 + 1\text{-}6) \times 5\text{-}6 = 2\text{-}8 \times 5\text{-}6 = 15\text{-}68,$$

nous aurons 15 ares 68 centiares pour la surface du trapèze AECF, qui est exactement la moitié de la pièce de terre proposée.

Le carré peut toujours être divisé en deux trapèzes égaux, lorsque le point donné est sur un des côtés.

PROBLÈME.

777. *Diviser un carré ABCD* (Fig. 439) *en deux parties égales qui aboutissent au point E donné sur le côté CD, et de manière qu'une de ces parties soit un carré parfait appuyé sur ce dernier côté.* Fig. 439.

Après avoir déterminé la surface de ce carré, qui est de 31 ares 36 centiares, j'extrais la racine carrée de la moitié, ou de 15 ares 68 centiares, j'ai 3 décamètres 96 décimètres pour la longueur du côté du carré demandé.

Cela déterminé, je mesure du point donné E une longueur EF de 3 décamètres 96 décimètres, sur laquelle je construis (118) le carré EFGH, qui équivaut au polygone irrégulier ABDFHGEC. Donc, on a, par la différence de chaque carré,

$$AB^2 - GH^2 = 5\text{-}6 \times 5\text{-}6 - 3\text{-}96 \times 3\text{-}96$$
$$= 31\text{-}36 - 15\text{-}68 = 15\text{-}68.$$

Si le point E, commun aux deux parties, avait été donné à 1 décamètre 19 décimètres de l'angle C, l'angle EFH aurait parfaitement coïncidé avec celui BDF, et le polygone restant aurait été plus régulier.

La solution de ce problème serait impossible, si, pour ce cas, le point donné E était à plus de 1 décamètre 19 décimètres de l'angle C.

PROBLÈME.

778. *Partager une pièce de terre de forme carrée ABCD* (Fig. 440) *en deux parties égales, qui aboutissent* Fig. 440. *au point E donné sur le côté CD, et de manière qu'une de ces parties soit un rectangle quelconque appuyé sur ce côté.*

Après avoir déterminé la surface de ce carré, qui est de 31 ares 36 centiares, je divise la moitié de cette surface (753), ou 15 ares 68 centiares, par 3 décamètres 6 mètres, longueur de DE, sur lequel il faut construire le rectangle, j'ai le quotient 4 décamètres 356 centimètres, au moyen duquel je construis le rectangle DEFG, qui équivaut à la moitié de la surface du carré proposé, car sachant que

$$DE = FG = 3\text{-}6,$$
$$DG = EF = 4\text{-}356,$$
$$AB = AC = 5\text{-}6,$$

on aura, pour la surface du rectangle,

$$DE \times DG = 3\text{-}6 \times 4\text{-}356 = 15\text{-}68,$$

puis, pour celle du carré,

$$AB^2 = 5\text{-}6 \times 5\text{-}6 = 31\text{-}36;$$

si l'on fait

$$31\text{-}36 - 15\text{-}68 = 15\text{-}68,$$

on trouvera que le polygone ABGFEC équivaut au rectangle DEFG ; donc le carré est exactement partagé en deux parties égales.

Ce problème est toujours soluble ; si l'on ne pouvait construire de E en D, on le ferait de C en E, c'est-à-dire qu'il faut toujours construire le rectangle sur la partie du côté du carré donné qui est la plus grande.

PROBLÈME.

Fig. 441. 779. *Partager une pièce de terre ABCD* (Fig. 441), *en deux parties égales, par une ligne quelconque tirée de l'angle A à celui D, et passant par le point E, donné dans la pièce de terre.*

Pour partager cette pièce de terre, abaissez d'abord, sur le côté AC, une perpendiculaire EH, que vous trouverez pour ce cas, de 1 décamètre 3 mètres ; mesurez aussi la partie CH qui est de 2 décamètres 35 décimètres.

Cela mesuré et noté sur le canevas, transportez-vous sur le côté opposé BC ; mesurez 2 décamètres 35 décimètres de B en G ; à ce dernier point G, élevez une perpendiculaire FG de 1 décamètre 3 mètres, l'extrémité F de cette perpendiculaire sera le second point où doit passer la ligne de division.

Enfin, tirez les lignes AE, EF, FD, vous aurez la ligne AEFD, qui partagera le carré donné en deux parties égales et semblables. La droite EF passe toujours sur le centre du carré.

Si l'on ne pouvait abaisser ou élever les perpendiculaires EH, FG sur les côtés AC, BD, on opérerait sur la diagonale AD, d'après le numéro 639.

PROBLÈME.

Fig. 442. 780. *Diviser un carré ABCD* (Fig. 442) *en deux parties égales, par une ligne de division qui passe par le point E donné dans la figure, et aboutisse au milieu des côtés AB, CD.*

Cette opération a beaucoup d'analogie avec celle du problème précédent. Après avoir déterminé le point H dans une position homologue à celle du point E, on tire les lignes IE, EH, HJ, et cette ligne IEHJ divise le carré proposé en deux parties égales et semblables.

Les perpendiculaires peuvent être abaissées ou élevées sur les côtés AB, CD, ou sur la directrice IJ.

PROBLÈME.

Fig. 443. 781. *Partager une pièce de terre ABCD* (Fig. 443) *en deux parties égales, de manière que tout le mur EFG puisse servir de clôture sur une partie de la ligne de division.*

Cette opération est presque semblable à la précédente ; mesurez les distances :

AH = 1-4
IH = 0-8
CI = 3-4

AC = 5-6

puis les perpendiculaires : Fig. 443.

FH = 1-9
GI = 2-7

et la partie

AE = 3-9

faites, du côté opposé de la figure,

DK = AH = 1-4
JK = IH = 0-8
BJ = CI = 3-4

BD = 5-6

élevez les perpendiculaires

KM = FH = 1-9,
JL = IG = 2-7,

et faites, sur le côté CD,

AE = DN = 3-9,

tout cela déterminera les points L, M, N, par lesquels vous tirerez la ligne GLMN, qui, avec le mur EFG, divisera la pièce de terre proposée en deux parties égales.

Ces sortes de divisions peuvent être variées à l'infini ; nous allons parler de la division du carré en trois parties égales ; le carré ne peut être divisé en trois triangles égaux et isocèles.

PROBLÈME.

782. *Diviser un carré ABCD* (Fig. 444) *en trois rectangles égaux.* Fig. 444.

Ce problème se résout comme celui du numéro 774 ; on divise les côtés AB, CD, chacun en trois parties égales ; on tire, par les points trouvés E, F, G, H, les lignes EG, FH, qui divisent exactement le carré proposé en trois rectangles égaux.

En effet, chaque rectangle équivaut à

$\frac{1}{3}$ AB² = $\frac{1}{3}$ (5-6 × 5-6) = 10-45,

puisque, pour le rectangle AECG, par exemple, on a

AE × AC = 1-867 × 5-6 = 10-45.

La division du carré en 4, 5, 6, etc. parties égales se fait de la même manière.

PROBLÈME.

783. *Diviser un carré ABCD* (Fig. 445), *en trois parties égales, par deux lignes partant des points E et F donnés sur le côté AB.* Fig. 445.

Après avoir mesuré les distances suivantes :

AE = 3-1,
EF = 1-2,
BF = 1-3,

je trouve les distances correspondantes

AF = AE + EF = 3-1 + 1-2 = 4-3,
AB = AE + EF + BF = 5-6,
BE = BF + EF = 1-3 + 1-2 = 2-5.

Sachant que, dans la solution du problème précédent,

Fig. 445. la largeur de chaque rectangle était de 1 décamètre 867 centimètres pour la même division, je détermine la distance DH, ou le point de division H, en faisant

$$\tfrac{1}{3}AB - BF = 1\text{-}867 - 1\text{-}3 = 0\text{-}567,$$

qui donne

$$DH = \tfrac{1}{3}AB + (\tfrac{1}{3}AB - BF) = 1\text{-}867 + 0\text{-}567 = 2\text{-}434.$$

Pour connaître la distance DG, ou le point de division G, je fais

$$\tfrac{2}{3}AB - BE = 3\text{-}73 - 2\text{-}5 = 1\text{-}23,$$

qui donne

$$DG = \tfrac{2}{3}AB + (\tfrac{2}{3}AB - BE) = 3\text{-}73 + 1\text{-}23 = 4\text{-}96.$$

Cela déterminé, je fixe le point H en mesurant, sur CD, une longueur de 2 décamètres 434 centimètres de D en H, et le point G en mesurant 4 décamètres 96 décimètres de D en G. Ensuite je tire les lignes FH, EG, qui divisent le carré proposé en deux parties égales. On a particulièrement la longueur de GH, par

$$GH = DG - DH = 4\text{-}96 - 2\text{-}434 = 2\text{-}526.$$

Enfin, je prouve l'exactitude de cette opération en ramenant ces trois trapèzes égaux, à trois rectangles égaux qui doivent avoir chacun 1 décamètre 87 décimètres de largeur, comme il suit :

$$\tfrac{1}{2}(BF + DH) = \tfrac{1}{2}(1\text{-}3 + 2\text{-}434) = 1\text{-}867$$
$$\tfrac{1}{2}(EF + GH) = \tfrac{1}{2}(1\text{-}2 + 2\text{-}526) = 1\text{-}863$$
$$\tfrac{1}{2}(AE + CG) = \tfrac{1}{2}(3\text{-}1 + 0\text{-}64) = \underline{1\text{-}87}$$
$$AB = 5\text{-}600$$

Ce résultat est exactement de 5 décamètres 6 mètres, longueur de chacun des côtés du carré proposé; les dimensions moyennes diffèrent un peu parce que 3 ne divise pas exactement la longueur 5-6.

Si les angles B et D étaient inaccessibles, on chercherait, par exemple, la distance de CG, en faisant

$$CG = \tfrac{1}{3}AB - (AE - \tfrac{1}{3}AB),$$

puis celle CH, en faisant

$$CH = \tfrac{2}{3}AB - (AF - \tfrac{2}{3}AB);$$

qui donne aussi

$$GH = CH - CG.$$

La division du carré en 4, 5, 6, etc., trapèzes égaux se fait toujours d'après ce procédé. La solution ne change même pas quand les points sont donnés sur deux côtés opposés, comme F et G, par exemple, se trouvent dans le problème précédent.

PROBLÈME.

784. *Partager une pièce de terre qui est un carré*
Fig. 446. *parfait ABCD* (Fig. 446), *en trois parties égales, par deux lignes partant des points H et I donnés sur le côté AB.*

Après avoir limité la partie BDEI par la ligne de division IE, le carré se trouve partagé dans le rapport de 1 à 2; donc il faut partager la partie AICE en deux parties égales pour que le problème soit résolu.

Pour déterminer cette dernière ligne de division, je cherche la hauteur d'un triangle rectangle dont je connais la surface et la base, c'est-à-dire que je fais, d'après le numéro 145 et en désignant par S la surface du carré,

$$AF = \frac{\tfrac{1}{3}S}{\tfrac{1}{2}AH};$$

Sachant que

$$\tfrac{1}{3}S = \frac{31\text{-}36}{3} = 10\text{-}453,$$

et

$$\tfrac{1}{2}AH = \frac{4\text{-}1}{2} = 2\text{-}05,$$

il est facile d'en déduire

$$AF = \frac{10\text{-}453}{2\text{-}05} = 5\text{-}099;$$

donc le côté AF du triangle rectangle AFH, est de 5 décamètres 1 mètre.

Cette longueur étant connue, je la porte, sur le terrain, de A en F, l'hypothénuse ou la ligne FH divise le trapèze ACEI en deux parties égales, et le problème est résolu.

Cette division en trois parties égales par deux points donnés sur le même côté, ne peut jamais donner plus d'un triangle rectangle et un trapèze parmi les trois résultats.

Il est évident qu'il faudrait faire, pour la division en 4 parties égales, $\tfrac{1}{4}$ S; pour celle en 5, $\tfrac{1}{5}$ S, et ainsi de suite.

PROBLÈME.

785. *Partager une pièce de terre carrée ABCD* (Fig. 447), *en trois parties égales qui aboutissent au point* Fig. 447.
E donné sur le côté AB.

Après avoir déterminé le point de division F, en faisant, comme dans les deux numéros précédens,

$$FD = 1\text{-}867 + (1\text{-}867 - 1\text{-}0) = 2\text{-}734,$$

je cherche le point G, en effectuant le calcul indiqué par

$$AG = \frac{\tfrac{1}{3}(AB)^2}{\tfrac{1}{2}AE},$$

qui, en effet, revient à

$$AG = \frac{10\text{-}453}{2\text{-}3} = 4\text{-}54;$$

donc, en portant 4 décamètres 54 décimètres de A en G, et tirant la ligne EG, la pièce de terre se trouve divisée en trois parties égales qui aboutissent au point donné E.

Cette division par deux lignes partant d'un même point ne peut donner qu'un triangle et un trapèze parmi les trois résultats; si le point donné était le sommet d'un des angles du carré, on aurait deux triangles rectangles et un quadrilatère irrégulier dont les côtés seraient égaux deux à deux; nous ferons connaître cette division plus loin (789).

Enfin, si le point était donné sur le milieu d'un des côtés du carré proposé, l'opération serait facile et reviendrait à la solution du problème suivant.

PROBLÈME.

786. *Diviser un carré en trois parties égales, de manière qu'il y ait un triangle isocèle appuyé sur un des côtés de ce carré.*

La solution de ce problème est trop facile pour la démontrer par une figure particulière. On divise en six parties égales le côté sur lequel on veut appuyer le côté particulier du triangle isocèle, et en deux parties égales le côté opposé; ensuite on tire, du milieu de ce dernier côté, à la première et à la cinquième division de l'autre côté opposé, deux lignes égales qui déterminent le triangle demandé et partage, par conséquent, le carré proposé en trois parties égales.

Prenons pour exemple la figure 444 dans laquelle nous réformerons les deux parallèles intérieures; supposons qu'on veut la diviser comme il vient d'être dit et que l'on veut le triangle sur CD, il n'y aura, pour satisfaire à cette question, qu'à tirer deux lignes de division du milieu de EF, l'une directement au milieu de CG, et l'autre directement au milieu de DH.

PROBLÈME.

787. *Diviser un carré en trois parties égales, de manière qu'il y ait un rectangle et deux triangles rectangles.*

Si nous prenons encore la figure 444 pour démonstration, nous aurons le rectangle BFDH pour le tiers de la surface du carré; si, en reformant la ligne EF, nous tirons ensuite une ligne de C en F, nous aurons les triangles rectangles ACF, CFH, qui seront aussi chacun égal au tiers du carré proposé.

La ligne de division pourrait être tirée directement de A en H, si la question l'indiquait.

PROBLÈME.

788. *Diviser un carré en trois parties égales, par deux lignes de division perpendiculaires entre elles.*

Prenant toujours la figure 444 pour ces sortes de démonstrations, on voit qu'après avoir déterminé un rectangle, celui BFHD, par exemple, égal au tiers de la surface du carré, il n'y a plus, en réformant la ligne EG, qu'à tirer du milieu de FH directement au milieu de AC, une ligne de division qui résout le problème.

Nous ne prouverons pas ces deux dernières opérations, l'inspection seule de la figure suffit pour en connaître l'exactitude.

PROBLÈME.

Fig. 448. 789. *Diviser un carré ABCD* (Fig. 448) *en trois parties égales, par deux lignes droites partant d'un même angle B.*

La solution de ce problème est assez facile, du moins elle n'exige pas un long calcul.

Je divise en trois parties égales chacun des côtés adjacens AC, CD, ce qui donne les points de division E, F, G, H.

Si je tirais les droites BE, BF, BC, BG, BH, j'aurais Fig. 448.
les triangles ABE, EBF, FBC de même base et d'une même hauteur AB, et ceux CBG, GBH, HBD de même base et d'une même hauteur BD = AB, par conséquent équivalens tous entre eux et chacun à la sixième partie de la surface du carré donné, puisque chaque triangle donne pour surface

$$\tfrac{1}{2}\,AC \times \tfrac{1}{3}\,AB = 1\text{-}867 \times 2\text{-}7 = 5\text{-}227\,;$$

ainsi la surface totale du carré équivaut à

$$5\text{-}227 \times 6 = 31\text{-}36\,,$$

ou à 31 ares 36 centiares.

Cela déterminé, rien n'est plus facile que de diviser le carré en trois parties égales; sachant que chaque triangle est un sixième de sa surface, je tire les lignes BF et BG qui divisent le carré proposé en trois parties composées chacune de *deux sixièmes* ou du *tiers* de la surface de ce même carré.

En effet, le triangle rectangle ABG équivaut aux deux sixièmes ou triangles ABE et EBF; le quadrilatère (785) irrégulier BFCG équivaut aux deux sixièmes ou triangles FBC et CBG, et l'autre triangle rectangle aux deux sixièmes ou triangles GBH et HBD.

L'on pourrait éviter la division en trois de chaque côté, en divisant en trois seulement la longueur ACD; ce qui produirait le même effet.

Enfin, pour cette sorte de division voici la marche qu'il faut séparément suivre : on divise les deux côtés du carré donné en autant de parties égales que l'on veut partager sa surface; on tire ensuite une droite au centre toutes les deux distances déterminées sur ces côtés du carré, et la figure se trouve exactement divisée en parties égales. Quand le nombre de parties que l'on désire avoir est impair, il n'y a pas de diagonale dans la division; la division par un nombre multiple de 2, comprend toujours une diagonale.

Voici une abréviation relativement aux multiples de 2 : pour diviser en 4, on divise chaque côté seulement en 2; pour en 6 c'est en 3; pour 8 c'est en 4, et ainsi de suite.

PROBLÈME.

790. *Partager une pièce de terre ABCD* (Fig. 449) Fig. 449.
en trois parties égales, par deux lignes partant, l'une du point E donné sur AB, et l'autre du point F donné sur BD.

La solution de ce problème a de l'analogie avec celle des numéros 784 et 785.

Pour trouver le point G, par exemple, où doit être dirigée la droite qui partira du point donné E, je fais, en indiquant par S la surface du carré,

$$AG = \frac{\tfrac{1}{3}\,S}{\tfrac{1}{2}\,AE}\,,$$

d'où je déduis, par le calcul,

$$AG = \frac{10\text{-}453}{2\text{-}45} = 4\text{-}266\,;$$

Fig. 449. je porte de A en G une longueur de 4 décamètres 27 décimètres qui détermine le point G par lequel je tire la première ligne de division EG qui donne le triangle rectangle AEG pour le tiers de la surface du carré. Ainsi ce triangle équivaut, d'après la règle générale du numéro 145, à

$$\tfrac{1}{3}\,S = \frac{AG}{\tfrac{1}{2}\,AE},$$

qui revient à

$$4\text{-}266 \times 2\text{-}45 = 10\text{-}452,$$

ou à 10 ares 45 centiares environ.

Pour trouver le point H, où doit être tiré la seconde ligne de division qui partira du point F, je fais

$$DH = \frac{\tfrac{1}{3}\,S}{\tfrac{1}{2}\,DF},$$

ou

$$DH = \frac{10\text{-}453}{2\text{-}1} = 4\text{-}978;$$

ce qui donne 4 décamètres 978 centimètres pour la distance du point demandé H à celui D.

Cela connu, je tire la ligne FH qui divise le polygone BDCGE en deux parties égales; il est évident que le triangle rectangle DFH équivaut à

$$4\text{-}978 \times 2\text{-}1 = 10\text{-}453$$

ou à 10 ares 45 centiares, qui est le tiers de la surface du carré proposé.

Si le point E, par exemple, était donné exactement sur le tiers du côté AB, c'est-à-dire à 1 décamètre 867 centimètres de B, il n'y aurait aucun calcul à faire, on tirerait, comme dans le problème précédent, la ligne de division de E en C.

791. Quand il n'y a qu'un des deux points de donné, E, par exemple, le partage peut être fait par deux lignes parallèles. Voici ce simple procédé : après avoir fixé le point G et tiré la ligne EG, on mesure exactement BE, que l'on porte sur CD de C en H; ensuite on en fait autant de la distance CG, que l'on porte de B en F, et l'on tire la ligne FH qui divise le polygone BEGCHDF en deux parties égales, comme celle EG divise celui BEAGCHF; donc le carré proposé se trouve divisé en trois parties égales par deux lignes parallèles.

PROBLÈME.

Fig. 450. 792. *Diviser un carré ABCD* (Fig. 450) *en trois parties égales qui n'aboutissent que sur les deux côtés BD, CD.*

Cette opération a de l'analogie avec celle du numéro 777. Après avoir déterminé la surface de ce carré, qui est de 31 ares 36 centiares, j'extrais la racine carrée de ses deux tiers, ou de 20 ares 91 centiares, j'ai 4 décamètres 57 centimètres pour les distances des points E et F à l'angle D.

Ces points E et F étant déterminés, j'y élève respectivement les perpendiculaires EG, FG, qui se rencontrent au point G, et divisent le carré ABCD dans le rapport de Fig. 450.
1 à 2, c'est-à-dire que le polygone ABFGEC équivaut au tiers de la figure, tandis que le carré DEGF équivaut aux deux tiers.

En effet l'on a, pour la différence de ces deux carrés,

$$AB^2 - GF^2 = 5\text{-}6 \times 5\text{-}6 - 4\text{-}573 \times 4\text{-}573$$
$$= 31\text{-}36 - 20\text{-}91 = 10\text{-}45.$$

Maintenant, pour diviser le carré DEGF en deux parties égales qui aboutissent sur les deux côtés DE et DF, j'extrais la racine carrée de 10 ares 45 centiares, moitié de sa surface, j'ai 3 décamètres 23 décimètres par les distances des points H et I à l'angle D. De ces points j'élève deux perpendiculaires qui se rencontrent en J, et divisent le carré DEGF en deux parties égales. Effectivement l'on a, pour la différence de ces deux derniers carrés

$$GF^2 - JH^2 = 4\text{-}573 \times 4\text{-}573 - 3\text{-}233 \times 3\text{-}233$$
$$= 20\text{-}91 - 10\text{-}45 = 10\text{-}45.$$

Enfin, les deux polygones et le petit carré trouvés sont tous égaux, et chaque partie aboutit sur les deux côtés BD, CD du carré donné, comme l'exige le problème.

Cette sorte de solution est toujours possible; ainsi on peut diviser en autant de parties égales ou inégales qu'on le juge convenable.

PROBLÈME.

793. *Diviser un carré ABCD* (Fig. 450) *en trois parties égales, de manière qu'il y ait deux trapèzes rectangles égaux et un carré.* Fig. 450.

Cette division ne demande pas autant de temps que la précédente. Après avoir déterminé la surface du carré donné, j'extrais la racine carrée du tiers, ou de 10 ares 45 centiares, j'ai 3 décamètres 23 décimètres pour le côté du petit carré demandé. Ainsi, je porte cette longueur de l'angle D en H et en I; je forme le carré DIJH comme dans la solution précédente, qui est celui demandé.

Cela fait, la surface donnée se trouve divisée comme 1 est à 2, c'est-à-dire que le petit carré équivaut au tiers de celui donné, et le polygone ABHJIC à ses deux tiers. Donc si je divise ce polygone en deux trapèzes rectangles égaux, en tirant une ligne de l'angle A du grand carré à celui J du petit, le problème sera résolu.

794. Si, en réformant la ligne EGF, on plaçait le petit carré au milieu du carré donné, de manière que les diagonales de l'une et de l'autre figure coïncident dans la plus petite, le carré serait aussi divisé dans le rapport de 1 à 2, et l'on aurait encore deux figures égales en tirant une diagonale dans le grand carré sans le faire passer dans le petit.

Si maintenant, en réformant la ligne IJH, on tirait dans le carré DEGF une diagonale DG, ce dernier serait évidemment partagé en deux parties égales, et le carré ABCD en trois parties égales.

Les deux tiers de la figure proposée, ou le carré DEGF pourrait être divisé en deux parties égales par une ligne partant du milieu de FG en allant directement au milieu de DE.

PROBLÈME.

Fig. 451. 795. *Diviser un carré ABCD* (Fig. 451) *en trois parties égales, qui aboutissent au point O donné exactement au milieu de cette figure.*

La solution de ce problème a beaucoup d'analogie avec celle du numéro 789; elle n'exige pas beaucoup de calcul.

Après avoir divisé chaque côté du carré proposé en trois parties égales qui déterminent les points de divisions E, F, G, H, I, J, K, L, si je tirais du centre O les droites AO, EO, FO, BO, GO, HO, DO, IO, etc., j'aurais les triangles AOE, EOF, FOB, BOG, GOH, HOD, DOI, IOJ, etc., de même base et d'une même hauteur $\frac{1}{2}$BD $=\frac{1}{2}$ AB $=\frac{1}{2}$ AC $=\frac{1}{2}$CD, par conséquent, équivalens tous entre eux et chacun à la douzième partie de la surface du carré donné, puisque chaque triangle, celui AOE par exemple, donne pour surface

$$\frac{1}{3}\,AB \times \frac{1}{4}\,BD = AE \times \frac{1}{4}\,BD = 1\text{-}867 \times 1\text{-}4 = 2\text{-}614\,;$$

ainsi la surface totale du carré équivaut à

$$2\text{-}614 \times 12 = 31\text{-}36,$$

ou à 31 ares 36 centiares.

Cela déterminé, rien n'est plus facile que de diviser ce carré en trois parties égales; sachant que chaque triangle est un douzième de sa surface, je tire les lignes BO, IO, LO, qui divisent le carré proposé en trois parties égales, composées chacune de *quatre douzièmes*, ou du *tiers* de la surface de ce même carré.

On pourrait éviter la division en trois parties de chaque côté, en divisant en trois seulement la somme des quatre côtés du carré proposé.

Il serait facile, d'après cette simple division, de partir d'un point donné sur l'un des côtés du carré; mais si l'on tenait à la division de chaque côté en trois parties égales, si le point de départ était donné entre les points B et F, par exemple, après avoir déterminé ceux B, I, L, on le placerait entre les points D et I, L et K, dans une position analogue à celle qu'il a sur le côté du carré.

796. La division en quatre parties égales se fait en tirant deux lignes perpendiculaires qui aboutissent soit aux angles du carré donné, soit à un point donné sur un des côtés du carré proposé.

Voici la règle générale qu'il faut suivre dans cette sorte de division. On divise chaque côté du carré donné en autant de parties égales que l'on veut partager sa surface; on tire ensuite une droite au centre de quatre en quatre distances déterminées sur le contour du carré, et la figure se trouve exactement divisée en parties égales. Quand le nombre de parties que l'on désire avoir est impair, il n'y a pas de diagonale dans la division; la division par un nombre multiple de 2, comprend une diagonale, et par multiple de 4 elle en comprend deux.

Voici une abréviation relative aux multiples de 4 : pour diviser en 8, on divise chaque côté seulement en 2; pour 12, c'est en 3; pour 16, c'est en 4; pour 20, en 5, et ainsi de suite.

PROBLÈME.

797. *Diviser un carré ABCD* (Fig. 452) *en trois parties égales, de manière qu'il y ait deux triangles égaux et appuyés chacun sur un côté du carré, et un quadrilatère équivalent et appuyé sur les deux autres côtés.* Fig. 452.

La solution de ce problème est très-simple, elle pourrait cependant embarrasser certaine personne avant d'avoir jeté les yeux sur la figure.

Pour déterminer facilement le point O, où doivent aboutir les trois surfaces demandées, je divise un des côtés du carré proposé, celui AB, par exemple, en trois parties égales; au point E, j'élève une perpendiculaire EO égale au tiers de AB, ou à AE, et l'extrémité O de cette perpendiculaire est le point demandé.

Cela fixé, je tire du point O, aux trois angles les plus éloignés, les droites BO, CO, DO, qui divisent exactement le carré proposé en trois parties égales.

Effectivement, le triangle BOD, par exemple, équivaut exactement à celui BGD (*Fig.* 448), puisqu'ils ont le côté du carré pour base commune, et que la hauteur DG de ce dernier est égale à celle KO du triangle BOD (*Fig.* 452).

Enfin, je n'ai pas besoin de comparer ces deux triangles par le calcul pour prouver l'exactitude de cette opération; l'inspection seule des carrés construits dans notre figure suffit pour la vérifier à la vue.

Si le point était donné dans l'intérieur de la figure, pour y faire aboutir les trois parties, on agira comme dans le problème suivant.

PROBLÈME.

798. *Diviser un carré ABCD* (Fig. 453) *en trois parties égales qui aboutissent au point O, donné dans l'intérieur de ce carré, et de manière qu'une des lignes de division parte du point E donné sur le côté AB.* Fig. 453.

La solution de ce problème a un peu d'analogie avec celle de chacun des numéros 784, 785 et 790.

Après avoir déterminé la surface du carré, je tire une première ligne de division EO. J'imagine le triangle BOE, dont je cherche la surface, d'après le numéro 145, en faisant

$$EF + BF \times \frac{1}{2}\,FO = BE \times \frac{1}{2}\,FO.$$

Sachant que

$$EF = 1\text{-}4,$$
$$BF = 2\text{-}2,$$
$$FO = 4\text{-}2,$$

j'ai

$$1\text{-}4 + 2\text{-}2 \times \frac{1}{2}\,4\text{-}2 = 3\text{-}6 \times \frac{1}{2}\,4\text{-}2 = 3\text{-}6 \times 2\text{-}1 = 7\text{-}56.$$

Ainsi, la surface du triangle BOE est de 7 ares 56 centiares; cette surface n'est pas assez grande pour former une des trois parties égales demandées, il faut encore y ajouter une partie triangulaire qui ait sa base sur le côté BD et son sommet en O. La hauteur du triangle à ajouter étant déterminée par la longueur de la perpendiculaire HO, abaissée sur la base BD, je trouve la base BG

Fig. 453. en divisant la surface qu'il faut ajouter à celle du triangle BOE pour avoir 10 ares 45 centiares environ, par 1 décamètre 1 mètre, moitié de la perpendiculaire HO, ce qui revient à

$$BG = \frac{10\text{-}453 - 7\text{-}56}{\frac{1}{2}HO} = \frac{2\text{-}893}{1\text{-}1} = 2\text{-}63\,;$$

donc la base BG du triangle BOG doit être de 2 décamètres 63 décimètres; portant cette longueur de B en G, et tirant la ligne de division GO, j'ai le quadrilatère BEOG, qui est exactement le tiers du carré proposé.

Cela fait, il faut déterminer une seconde partie qui soit encore le tiers du carré et adjacente à la ligne de division FO; pour cela, je commence par évaluer, d'après le numéro 145, la surface du triangle AOE, dont je connais la base AE de 2 décamètres et la hauteur FO de 4 décamètres 2 mètres, en faisant

$$AE \times \tfrac{1}{2} FO = 2 \times 2\text{-}1 = 4\text{-}2\,;$$

la surface du triangle AOE est alors de 4 ares 20 centiares; cette surface n'équivalent pas au tiers du carré proposé, il faut encore y ajouter une partie triangulaire de 6 ares 25 centiares environ. Pour déterminer la base AI de cette partie, connaissant la hauteur

$$JO = AE + EF = 2\text{-}0 + 1\text{-}4 = 3\text{-}4,$$

je fais

$$AI = \frac{10\text{-}453 - 4\text{-}2}{\frac{1}{2}JO} = \frac{6\text{-}253}{1\text{-}7} = 3\text{-}68\,;$$

donc la base AI du triangle AOI sera de 3 décamètres 68 décimètres; portant cette longueur de A en I, et tirant la ligne de division IO, j'ai le quadrilatère AEOI, qui est encore exactement le tiers du carré proposé.

Puisque les deux quadrilatères BEOG, AEOI, équivalent ensemble aux deux tiers du carré donné, il est évident que celui CDGOI qui reste est égal à l'autre tiers de ce même carré.

En effet, si l'on fait, d'après le numéro 154, la surface des deux trapèzes CIOK et DGOK, qui composent le polygone restant, on aura, pour le premier,

$$\tfrac{1}{2}(CI + KO) \times CK = \tfrac{1}{2}(1\text{-}92 + 1\text{-}4) \times 3\text{-}4$$
$$= 1\text{-}66 \times 3\text{-}4 = 5\text{-}64,$$

et, pour l'autre,

$$\tfrac{1}{2}(DG + KO) \times DK = \tfrac{1}{2}(2\text{-}97 + 1\text{-}4) \times 2\text{-}2$$
$$= 2\text{-}185 \times 2\text{-}2 = 4\text{-}81\,;$$

donc

Trapèze...... CIOK = 5-64
Trapèze...... DGOK = 4-81
Polygone..... CDGOI = 10-45

Cette opération est alors prouvée, puisque les 10 ares 45 centiares de ce polygone restant sont le tiers de la surface du carré proposé.

Enfin, l'opération n'aurait pas présenté plus de difficulté si le point E eût été donné sur un autre côté du carré, ou exactement au sommet d'un des angles de ce carré.

PROBLÈME.

799. *Diviser un carré en quatre rectangles égaux.*

Si l'on tire dans la figure 437, par exemple, deux lignes en plus, et partant, d'un côté, au milieu de AE et de BE, et de l'autre côté au milieu de CF et de DF, le problème sera résolu. Fig. 437.

Pour diviser un carré en parties égales carrées, il est nécessaire que ces parties soient représentées par un nombre dont la racine soit exacte: on peut partager un carré en 4, en 9, en 16, en 25, etc., parties carrées; mais on ne le peut en 3, en 5, en 6, en 7, en 8, en 10, etc.

La figure 109 présente plusieurs divisions analogues à celle que nous venons d'indiquer. Le carré EFGH est divisé en quatre carrés égaux par les lignes AC, BD. Le carré ABCD se trouve divisé en quatre parties égales représentant chacune un triangle isocèle; celui EFGH l'est en huit triangles semblables.

Si l'on tirait une diagonale dans chacun des deux rectangles du carré ABCD (*Fig.* 437), ce carré se trouverait divisé en quatre triangles rectangles égaux. Chacun de ces deux rectangles pourrait encore être divisé en deux trapèzes rectangles égaux, comme on l'a fait du carré ABCD (*Fig.* 438).

PROBLÈME.

800. *Diviser un carré ABCD* (Fig. 454) *en quatre parties égales, de manière qu'une ligne de division parte du point E donné sur le côté AB.* Fig. 454.

Cette opération facile est analogue à celle du numéro 776.

Après avoir divisé le carré en deux parties égales, comme dans le numéro précité, je porte la distance BE de A en G et de D en H; je tire la ligne GH, qui coupe EF au point O, et le carré ABCD est divisé en quatre quadrilatères égaux. Les angles au centre O doivent tous être droits.

PROBLÈME.

801. *Partager une pièce de terre carrée ABCD* (Fig. 455) *en quatre parties égales par trois lignes partant des points E, F, G, donnés sur les côtés AB et BD.* Fig. 455.

Après avoir déterminé la surface du carré, je le divise en deux parties égales par la ligne FH, comme je l'ai fait dans le problème donné au numéro 776.

Ensuite, le procédé déjà employé dans les numéros 784, 785 et 790, donne la distance DI en effectuant le calcul de l'expression suivante, dans laquelle je représente la surface totale par S,

$$DI = \frac{\frac{1}{4}S}{\frac{1}{2}DG} = \frac{7\text{-}84}{2\text{-}3} = 3\text{-}41\,;$$

portant alors la longueur 3 décamètres 41 décimètres de D en I, et tirant la droite GI, j'ai le triangle rectangle DGI, qui équivaut au quart de la surface donnée.

Fig. 455. Enfin, je trouve AJ en faisant

$$AJ = \frac{\frac{1}{4} S}{\frac{1}{2} AE} = \frac{7\text{-}84}{1\text{-}7} = 4\text{-}61\,;$$

je tire du point J, éloigné du point A de 4 décamètres 61 décimètres, la ligne EJ qui résout entièrement le problème donné.

Si l'on voulait faire partir les trois lignes de division d'un seul point donné sur un des côtés, on diviserait le carré en deux parties égales, comme on vient de le faire, et l'on déterminerait les autres distances par la division ou par les comparaisons, selon comme les autres lignes de division tomberaient sur les côtés adjacens ou sur le côté opposé.

PROBLÈME.

Fig. 456. 802. *Diviser un carré ABCD* (Fig. 456) *en quatre parties égales, par trois lignes parallèles, y compris une diagonale.*

Après avoir déterminé la surface du carré, qui est, pour ce cas, de 31 ares 36 centiares, et avoir tiré la diagonale BC, pour trouver la longueur de chacun des côtés des triangles rectangles isocèles qui doivent former chacun une partie égale au quart de la surface trouvée, j'extrais la racine carrée de 15 ares 68 centiares, moitié de la surface du carré donné, j'ai 3 décamètres 96 décimètres pour le côté d'un carré de 15 ares 68 centiares, et, par conséquent, pour chacun des deux côtés d'un triangle rectangle isocèle de 7 ares 84 centiares.

Cela déterminé, je porte la longueur 3 décamètres 96 décimètres de A en E et en J, et de D en G et en H; je tire ensuite les lignes EF, GH, qui divisent le carré proposé en quatre parties égales, comme l'exige le problème.

On sait que l'on obtient la racine carrée de 15-68 en faisant, d'après le numéro 399,

$$\log.\ 15\text{-}68 = 1\text{-}1953461$$
$$\tfrac{1}{2}\log.\ 15\text{-}68 = 0\text{-}5976730 = \log.\ 3\text{-}96.$$

Le nombre 3 décamètres 96 décimètres correspond effectivement au demi-logarithme de 15 ares 68 centiares.

PROBLÈME.

Fig. 457. 803. *Diviser un carré ABCD* (Fig. 457) *en quatre parties égales qui aboutissent au point O, donné dans l'intérieur de ce carré, et de manière que deux parties adjacentes aboutissent à l'angle A, et les deux autres à l'angle D.*

La solution de ce problème est analogue à celles des numéros 779 et 798.

Après avoir calculé la surface du carré proposé et l'avoir divisé en deux parties égales par la ligne AOED, ce que j'ai fait comme on l'a vu au numéro 779, je fais la surface du triangle AOB (145), ce qui donne 7 ares 28 centiares; ce triangle n'est pas tout-à-fait suffisant pour former une des quatre parties égales demandées, puisque chacune doit être de 7 ares 84 centiares; il manque donc 0-56 centiares qu'il faut prendre sur le côté BG.

Pour connaître la base BF, par exemple, que doit Fig. 457.
avoir la partie triangulaire à ajouter, connaissant la hauteur HO de 3 décamètres 7 mètres, je divise les 0-56 centiares à ajouter par 1 décamètre 85 décimètres, moitié de HO, j'ai 0-3 mètres pour la base demandée; portant cette longueur de B en F, et tirant ensuite la ligne FO, j'ai les quadrilatères ABFO, DEOF, chacun égal à 7 ares 85 centiares, quart du carré donné.

Maintenant, pour diviser l'autre moitié en deux parties égales, je commence par évaluer (145) la surface du triangle AOC, que je trouve de 5 ares 32 centiares; ce triangle n'équivaut pas à la moitié du quadrilatère ACDOE, ni, par conséquent, au quart du carré proposé; il se trouve une différence de 2 ares 52 centiares, qu'il faut déterminer sur le côté CD.

Si je divise cette surface par 1 décamètre 5 mètres, moitié de la perpendiculaire JO, qui est aussi la hauteur du triangle à reprendre, j'aurai 1 décamètre 67 décimètres pour la longueur de la base CJ. Enfin, portant cette longueur de C en J, et tirant la droite JO, j'aurai les quadrilatères ACJO, DJOE, chacun égal au carré proposé.

Il serait bon d'étudier ces sortes de division avec attention, car elles sont d'un grand usage dans l'arpentage.

PROBLÈME.

804. *Partager une pièce de terre ABCD* (Fig. 458) *en cinq parties égales, de manière qu'il y ait quatre figures égales et un carré parfait.* Fig. 458.

Ce problème a de l'analogie avec celui du numéro 777. Après avoir déterminé la surface du carré proposé, qui est de 31 ares 36 centiares, j'extrais la racine carrée de 6 ares 27 centiares, cinquième de la surface trouvée, j'ai 2 décamètres 504 centimètres pour le côté du carré EFGH, que je place exactement au milieu du carré ABCD; ensuite, tirant les lignes AE, BF, CH, DG, j'ai les quatre trapèzes ABEF, BDGF, CDGH, ACHE, qui sont les quatre parties égales demandées, qui, avec le carré EFGH, sont les *cinq cinquièmes* ou la surface totale du carré donné ABCD.

Le carré EFGH pourrait être posé de toute autre direction par rapport à ses angles, mais en restant toujours exactement au milieu du carré donné. Enfin, les lignes qui divisent la surface qui entoure le petit carré peuvent être tirées, dans le trapèze ABEF, par exemple, du milieu du côté AB au milieu de celui EF, ou de l'angle A à l'angle F, ou bien encore d'un des angles au milieu, au tiers, au quart, etc. d'un des côtés.

805. La division du carré en cinq rectangles égaux se fait en suivant le procédé appliqué aux numéros 774 et 782 pour la division en 2 et 3 rectangles égaux. Au reste, nous avions déjà dit, dans le dernier numéro précité, que la division en 5, 6, 7, 8, etc., était toujours la même.

La division du carré en 5 parties égales par 4 lignes droites partant de 4, de 3, ou de 2 points donnés sur un ou deux côtés du carré, se pratique comme on l'a vu aux numéros 783, 784 et 790. La solution est toujours la même, soit que l'on divise en 6, 7, 8, 9, etc., parties égales.

Si un seul point était donné sur un côté du carré, pour la division en 5, 6, 7, etc., parties égales, on suivrait le procédé déjà appliqué au numéro 785.

La figure 448 présente une division en six parties triangulaires et égales : on a vu plus haut (789) la règle générale qu'il faut suivre dans ces sortes d'opérations. Le numéro 796 présente une règle analogue à la division par des lignes partant d'un même point donné exactement au milieu du carré. La figure 451 indique une division de ce genre, elle est en 12 parties égales; on y aperçoit facilement la division en quatre qui se rapporte beaucoup à celle du numéro 800.

Enfin, les opérations dans lesquelles on n'a que deux points donnés, l'un dans la surface et l'autre sur un des côtés de la figure, trouvent leur solution en suivant le procédé indiqué dans chacun des numéros 798 et 803. Nous allons parler de la division en parties inégales.

DIVISION DU CARRÉ EN PARTIES INÉGALES.

806. Nous allons maintenant développer tous les procédés connus et applicables à la division des carrés; nous reprendrons souvent ceux qui nous ont servi plus haut relativement à plusieurs divisions en parties égales.

PROBLÈME.

Fig. 459. 807. *Diviser le carré ABCD* (Fig. 459) *en deux rectangles qui soient entre eux comme 2 est à 3.*

Pour procéder à ce partage, qui se fait sans chercher la surface de chaque partie, je fais la somme des deux nombres donnés pour le rapport, ce qui donne 5; ce nombre est le dénominateur de deux fractions, dont les chiffres 2 et 3 du rapport sont les numérateurs; ces fractions $\frac{2}{5}$ et $\frac{3}{5}$ indiquent qu'il faut un rectangle équivalent aux $\frac{2}{5}$ de la surface du carré, et l'autre aux $\frac{3}{5}$ de cette même surface; ainsi la surface du carré peut être considérée équivalente à $\frac{5}{5}$.

Cela posé, si je considère la surface totale de $\frac{5}{5}$, il est évident que je dois aussi supposer le côté AB de $\frac{5}{5}$, ou *divisé en 5 parties égales*, puisque ce côté est positivement la somme des bases AE, BE, par exemple, des deux rectangles. Ainsi, pour déterminer le point E, où doit tomber la ligne de division, je fais, sachant que chaque côté du carré est de 5 décamètres 6 mètres,

$$\frac{AB}{5} = \frac{5\text{-}6}{5} = 1\text{-}12;$$

puisque la cinquième partie de 5 décamètres 6 mètres est exactement de 1 décamètre 12 décimètres, j'aurai, pour la largeur du plus petit rectangle,

$$AE = 2 \times \frac{AB}{5} = 2 \times 1\text{-}12 = 2\text{-}24,$$

et pour l'autre

$$BE = 3 \times \frac{AB}{5} = 3 \times 1\text{-}12 = 3\text{-}36,$$

ou, en connaissant AE,

$$BE = AB - AE = 5\text{-}6 - 2\text{-}24 = 3\text{-}36.$$

Maintenant, portant une longueur de 2 décamètres 24 décimètres de A en E et de C en F, ou 3 décamètres 36 décimètres de B en E et de D en F, j'ai les points E, F, entre lesquels je tire la ligne de division EF qui partage le carré ABCD dans le rapport exigé par le problème, c'est-à-dire de manière que le rectangle AEFC se trouve équivalent aux $\frac{2}{5}$ de la surface donnée, et celui BEFD aux $\frac{3}{5}$ de cette même surface.

Enfin, pour prouver l'exactitude de cette opération, on peut effectuer les calculs (143) de chaque rectangle comme il suit :

$$\text{Surface}\begin{cases} AEFC = AC \times AE = 5\text{-}6 \times 2\text{-}24 = 12\text{-}544 \\ BEFD = BD \times BE = 5\text{-}6 \times 3\text{-}36 = 18\text{-}816 \\ ABCD = AB \times AC = 5\text{-}6 \times \ 5\text{-}6 = 31\text{-}360 \end{cases}$$

On trouvera que la somme des deux rectangles équivaut à la surface totale du carré proposé.

AUTRES SOLUTIONS.

808. On peut aussi, d'après les indications du numéro 67, diviser le côté AB sur le terrain et fixer le point E à la deuxième division à droite, ou à la troisième en commençant par la gauche, et, pour le reste, opérer comme il vient d'être dit.

Suivant le procédé du numéro 754, on détermine la surface du carré proposé; on prend, pour le plus petit rectangle, les $\frac{2}{5}$ de cette surface, ce qui équivaut à 12 ares 544 millièmes d'are; on divise ce nombre d'ares par 5 décamètres 6 mètres, base du petit rectangle AEFC, le quotient est exprimé par 2 décamètres 24 décimètres, qui est la hauteur AE du rectangle précité. Sachant que AE = CF, on continue l'opération comme dans le numéro précédent.

Enfin, *partager un carré en deux rectangles qui soient entre eux comme* m *est à* n, *revient à trouver le point de division E par la proportion*

$$m + n : AB :: m : x = AE \text{ ou } BE,$$

qui revient, pour un côté, à

$$x = \frac{m \times AB}{m + n},$$

et, pour l'autre, à

$$x = \frac{n \times AB}{m + n}.$$

Dans le cas que nous venons de traiter, si nous faisons

$$m = 2 \text{ et } n = 3,$$

nous aurons de même

$$AE = \frac{2 \times 5\text{-}6}{5} = 2\text{-}24,$$

ou bien

$$BE = \frac{3 \times 5\text{-}6}{5} = 3\text{-}36.$$

Nous reviendrons encore sur ce genre de division, afin de ne laisser rien à désirer quand on divise par des rapports donnés.

PROBLÈME.

Fig. 460. 809. *Diviser un carré ABCD* (Fig. 460) *en deux parties qui soient entre elles comme 2 est à 5, par une ligne de division partant du point E donné sur le côté AB, de manière que la plus petite partie aboutisse à l'angle B.*

La solution de ce problème a de l'analogie avec celle du numéro 776.

Après avoir fait la surface du carré proposé, qui est de 31 ares 36 centiares, j'en prends les $\frac{2}{7}$, qui sont chacun de 4 ares 48 centiares, ce qui donne 8 ares 96 centiares pour la plus petite surface.

Pour établir la plus petite partie sur le côté BD du carré, je commence par faire la surface d'un rectangle BEFD qui a le côté BD pour base et la distance BE pour hauteur, ce qui donne 5 ares 60 centiares. Sachant qu'il faut à cette partie 8 ares 96 centiares de surface, et que celle du rectangle BEFD n'est que de 5 ares 60 centiares, il est évident qu'en soustrayant celle-ci de l'autre on trouvera qu'il reste 3 ares 36 centiares à prendre dans le rectangle AEFC, qui est, par conséquent, trop fort de 3 ares 36 centiares.

Cela connu, rien n'est plus facile que de déterminer le point où doit être tirée la ligne de division; ne pouvant rien prendre sur la distance AE, il faut que je cherche la hauteur d'un triangle rectangle (784) dont je connais la surface et la base EF, ainsi j'ai la distance FG en faisant

$$FG = \frac{3\text{-}36}{\frac{1}{2}\,EF} = \frac{3\text{-}36}{2\text{-}8} = 1\text{-}2;$$

portant une longueur de 1 décamètre 2 mètres de F en G et tirant la ligne de division EG, la pièce de terre ABCD se trouve divisée dans le rapport de 2 à 5.

En effet, si l'on fait la surface des deux trapèzes séparément, on aura, d'après le numéro 154,

$$\text{Trapèze } BEGD = BD \times \tfrac{1}{2}(BE \times DG)$$
$$= 5\text{-}6 \times \tfrac{1}{2}(1\text{-}0 \times 2\text{-}2) = 5\text{-}6 \times 1\text{-}6 = 8\text{-}96;$$

ces 8 ares 96 centiares sont exactement les $\frac{2}{7}$ de la surface du carré donné. On a encore, pour l'autre partie,

$$\text{Trapèze } ACGE = AC \times \tfrac{1}{2}(AE \times CG)$$
$$= 5\text{-}6 \times \tfrac{1}{2}(4\text{-}6 \times 3\text{-}4) = 4\text{-}6 \times 4\text{-}0 = 22\text{-}4.$$

Enfin, si l'on ajoute ces 22 ares 40 centiares, qui sont exactement les $\frac{5}{7}$ de la surface totale, avec ceux qui expriment la surface de la petite partie, on aura immanquablement 31 ares 36 centiares, nombre d'ares égal à celui du carré proposé. Ceci nous conduit à la solution suivante.

AUTRES SOLUTIONS. Fig. 460.

810. Voici un procédé qui me semble assez facile et plus court que le précédent pour déterminer la distance DG; on fait la surface du carré à diviser, on en prend, pour ce cas, les $\frac{2}{7}$ qui sont 8 ares 96 centiares, que l'on divise par 5 décamètres 6 mètres, base d'un rectangle équivalent, dont le quotient 1 décamètre 6 mètres est exactement la hauteur.

Maintenant, pour changer ce rectangle en un trapèze équivalent qui ait un côté égal à BE qui est de 1 décamètre, je cherche l'autre côté DG, en indiquant la hauteur du rectangle équivalent par h et en faisant

$$DG = 2\,h - BE = (2 \times 1\text{-}6) - 1\text{-}0$$
$$= 3\text{-}2 - 1\text{-}0 = 2\text{-}2;$$

donc, portant une longueur de 2 décamètres 2 mètres de D en G et tirant la droite EG le carré se trouve divisé comme l'indique le problème.

On pourrait encore déterminer un point de division sur AB, comme on l'a fait dans le numéro 807, et opérer avec la distance de ce point au point B comme nous venons de le faire avec la hauteur d'un rectangle équivalent. Il ne se présenterait pas plus de difficulté si l'on opérait à partir du côté AC, seulement il faudrait remplacer le signe — par celui +.

Enfin, si l'on voulait que la plus petite partie aboutisse à l'angle A, on déterminerait un triangle AEH équivalent à 8 ares 96 centiares ou aux $\frac{2}{7}$ de la surface du carré, en appliquant le procédé que nous avons suivi dans le numéro 784 pour déterminer le triangle AFH (*Fig.* 446). Au reste, pour la figure 460 que nous traitons, on aurait le côté inconnu AH du triangle AEH, en faisant

$$AH = \frac{\frac{2}{7}\,ABCD}{\frac{1}{2}\,AE} = \frac{8\text{-}96}{2\text{-}3} = 3\text{-}9;$$

portant une longueur de 3 décamètres 9 mètres de A en H, et tirant la ligne de division EH, le carré proposé serait encore divisé dans le rapport demandé.

PROBLÈME.

811. *Partager une pièce de terre ABCD* (Fig. 461) *en deux parties, par une ligne de division partant de l'angle B, de manière qu'une partie soit de 2 ares 82 centiares plus petite que l'autre, et que la plus grande aboutisse à l'angle D.* Fig. 461.

La solution de ce problème n'est pas si difficile qu'elle le paraît au premier abord. Après avoir déterminé la surface du carré donné, qui est de 31 ares 36 centiares, je vois que la question se réduit à diviser le carré ABCD en deux parties, qui, étant réunies, fassent 31 ares 36 centiares, et dont l'une surpasse l'autre de 2 ares 82 centiares. Or il est facile de voir que dès que l'une de ces parties sera connue, la seconde le sera aussi, puisque, si la plus grande, par exemple, était connue, il ne s'agirait plus que d'en ôter 2 ares 82 centiares pour avoir la plus petite.

Fig. 461. Si je représente la plus grande partie par x, j'aurai, en imitant ce procédé,

La plus grande partie...... $= x$
La plus petite sera donc.... $= x - 2\text{-}82$
Ces deux parties réunies... $= 2x - 2\text{-}82$

Or, par les conditions de la question, il est évident qu'elles doivent faire 31 ares 36 centiares.

Donc

$$2x - 2\text{-}82 = 31\text{-}36,$$

changeant les signes, j'ai

$$2x = 31\text{-}36 + 2\text{-}82,$$

et divisant, j'ai

$$x = \frac{31\text{-}36 + 2\text{-}82}{2},$$

ou

$$x = \frac{31\text{-}36}{2} + \frac{2\text{-}82}{2};$$

ce qui donne, pour la plus grande partie,

$$x = 15\text{-}68 + 1\text{-}41 = 17\text{-}09,$$

ou bien, 17 ares 09 centiares.

Ainsi l'on voit que, lorsqu'on connaît la somme de deux surfaces indéterminées ou inconnues, et leur différence, on a la plus grande de ces deux surfaces inconnues *en prenant la moitié de la surface totale, et y ajoutant la moitié de la différence.*

Puisque la plus petite des deux parties équivaut à

$$x - 2\text{-}82,$$

elle sera donc égale à

$$\frac{31\text{-}36}{2} + \frac{2\text{-}82}{2} - 2\text{-}82,$$

qui revient à

$$\frac{31\text{-}36}{2} - \frac{2\text{-}82}{2} = 15\text{-}48 - 1\text{-}41 = 14\text{-}27,$$

ou bien, à 14 ares 27 centiares.

Donc, pour avoir la plus petite partie, *on retranche la moitié de la différence de la moitié de la surface totale.*

Sachant que

$x = 17\text{-}09$
$x - 2\text{-}82 = 14\text{-}27$
Surface totale $= 31\text{-}36$

Pour connaître le point E, par exemple, où doit tomber la ligne de division BE, qui sera l'hypoténuse du triangle rectangle ABE que je veux déterminer d'une surface de 14 ares 27 centiares, je fais, d'après le numéro 145,

$$AE = \frac{14\text{-}27}{\frac{1}{2}AB} = \frac{14\text{-}27}{2\text{-}8} = 5\text{-}1.$$

Portant une longueur de 5 décamètres 1 mètre de A en E, tirant ensuite la ligne BE, le problème est résolu, puisque le triangle ABE équivaut à 14 ares 27 centiares et le trapèze BDCE à 17 ares 09 centiares, et que la différence de ces deux parties est exactement de 2 ares 82 centiares, comme l'exige ce problème.

Il arrive quelquefois que l'on peut opérer sur un côté de la pièce de terre à diviser; nous allons en donner un exemple.

PROBLÈME.

812. *Diviser un carré ABCD* (Fig. 459) *en deux rectangles, dont le plus grand surpasse le plus petit de 6 ares 27 centiares.* Fig. 459.

Cette question se résout sans déterminer la surface du carré; on opère sur le côté AB, par exemple, pour déterminer la largeur de chacune des deux parties rectangulaires demandées, comme nous l'avons fait dans le problème précédent pour déterminer la surface de chacune des deux parties qui devaient ensemble faire la surface totale. Ainsi, il suffit de déterminer la largeur ou hauteur d'un des deux rectangles pour que le problème soit résolu.

Je commence par chercher la largeur d'un rectangle qui équivale à la différence 6 ares 27 centiares, dont je connais la base de 5 décamètres 6 mètres, ce que j'obtiens en faisant

$$\frac{6\text{-}27}{5\text{-}6} = 1\text{-}12;$$

les deux largeurs qui composent le côté AB diffèrent donc entre elles de 1 décamètre 12 décimètres.

Représentant la plus grande largeur par.. x
Le plus petit sera...................... $x - 1\text{-}12$
Ces deux largeurs font ensemble......... $2x - 1\text{-}12$

Or, d'après ce que nous venons de dire, elles doivent donner pour somme 5 décamètres 6 mètres, longueur d'un côté AB du carré à diviser; il faut donç que

$$2x - 2\text{-}12 = AB = 5\text{-}6.$$

Faisant, par transposition,

$$2x = 5\text{-}6 + 1\text{-}12,$$

on a, pour la largeur du plus grand rectangle,

$$x = \frac{5\text{-}6 + 1\text{-}12}{2},$$

ou, ce qui revient au même,

$$x = \frac{5\text{-}6}{2} + \frac{1\text{-}12}{2}$$
$$= \tfrac{1}{2}\,5\text{-}6 + \tfrac{1}{2}\,1\text{-}2$$
$$= 2\text{-}8 + 0\text{-}56 = 3\text{-}36.$$

Ce résultat est très-exact, puisque ces 3 décamètres 36 décimètres sont aussi, dans la solution du numéro 807, la largeur BE du rectangle BEFD. Il n'y a plus de calcul à faire pour déterminer AE; on sait qu'il est égal à

$$5\text{-}6 - 3\text{-}36 = 2\text{-}24.$$

Au reste, on a vu, dans le numéro précité, que lorsqu'on connaît la somme de deux quantités inconnues et leur différence, on a la plus grande en ajoutant la moitié de la différence à la moitié de la somme.

Si l'on avait cherché la largeur AE du plus petit rec-

Fig. 459. tangle, que nous avons représenté par $x - 1\text{-}12$, on aurait eu

$$AE = \frac{AB}{2} + \frac{1\text{-}2}{2} - 1\text{-}2,$$

ou, en réduisant,

$$AE = \frac{AB}{2} - \frac{1\text{-}12}{2},$$

qui revient à

$$\begin{aligned} AE &= \frac{5\text{-}6}{2} - \frac{1\text{-}12}{2} \\ &= \tfrac{1}{2}\,5\text{-}6 - \tfrac{1}{2}\,1\text{-}12 \\ &= 2\text{-}8 - 0\text{-}56 = 2\text{-}24. \end{aligned}$$

On aurait donc eu 2 décamètres 24 décimètres par la largeur du plus petit rectangle. La largeur du plus grand rectangle se déterminerait par une soustraction, comme nous venons de le faire relativement à l'autre largeur.

Enfin, on doit encore avoir vu, dans le numéro 807, que lorsque l'on connaît la somme de deux quantités inconnues, et leur différence, on a la plus petite en retranchant la moitié de la différence de la moitié de la somme.

Si les problèmes relatifs aux figures 439, 440, 442 et 443, exigeaient des divisions en parties inégales, on les résoudrait en suivant les procédés que nous venons d'employer dans les solutions précédentes; elles sont générales et assez simples pour trouver leur application avec facilité. Nous en répéterons quelques-unes pour la division en plus de deux parties inégales.

PROBLÈME.

813. *Partager une pièce de terre qui est un carré*
Fig. 462. *ABCD* (Fig. 462) *en trois rectangles inégaux qui soient entre eux comme les nombres* 3, 5 *et* 7, *c'est-à-dire dont le premier soit au second* :: 3 : 5, *et au troisième* :: 3 : 7.

Cette opération a de l'analogie avec celle du numéro 807. Pour résoudre cette solution sans chercher la surface d'aucune partie, je fais la somme des nombres qui indiquent le rapport donné, ce qui donne 15. Cette somme indique que la surface totale des trois rectangles inégaux peut être considérée équivalente à $\frac{15}{15}$; si je considère la surface de $\frac{15}{15}$, il est évident que je dois aussi supposer le côté AB de $\frac{15}{15}$, ou *divisé en quinze parties égales*, puisque ce côté est exactement la somme des bases des trois rectangles.

Sachant que chaque côté du carré est de 5 décamètres 6 mètres, en faisant

$$\frac{AB}{15} = \frac{5\text{-}6}{15} = 0\text{-}373,$$

j'ai 373 centimètres pour la longueur de chacun des *quinzièmes* qui composent le côté du carré.

Cela connu, j'ai la largeur AE du premier rectangle, en faisant

$$AE = 0\text{-}373 \times 3 = 1\text{-}12;$$

je porte cette longueur 1 décamètre 119 centimètres de A en E et de C en F; je tire la ligne de division EF, j'ai le premier rectangle ACEF qui équivaut à $\frac{3}{15}$ ou $\frac{1}{5}$ du carré proposé. Fig. 462.

Ensuite, j'ai la largeur EG du second rectangle, en faisant

$$EG = 0\text{-}373 \times 5 = 1\text{-}87;$$

portant cette longueur de E en G et de F en H, et tirant la ligne de division GH, j'ai le second rectangle EFGH, qui équivaut à $\frac{4}{15}$ ou $\frac{1}{3}$ du carré donné, et le troisième rectangle GHBD à $\frac{7}{15}$ de cette même figure.

Il est évident qu'on a aussi la largeur du plus grand ou du troisième rectangle, en faisant

$$\begin{aligned} BG &= AE + EC \\ BG &= AB - (AE + EG) \\ &= 5\text{-}6 - (1\text{-}12 + 1\text{-}87) \\ &= 5\text{-}6 - 2\text{-}99 = 2\text{-}61. \end{aligned}$$

Nous pensons qu'il est inutile d'analyser davantage cette solution en faisant la surface de chaque rectangle en particulier.

AUTRE SOLUTION.

814. Cette solution n'exige pas non plus la mesure de la surface; il faut aussi connaître la dimension du carré, qui est, dans ce cas, de 5 décimètres 6 mètres.

La somme des trois nombres qui indiquent les rapports demandés dans le problème étant 15, j'ai la largeur du premier rectangle en faisant

$$15 : AB :: 3 : x = AE,$$

ou

$$15 : 5\text{-}6 :: 3 : AE,$$

qui revient à la formule

$$AE = \frac{5\text{-}6 \times 3}{15} = 1\text{-}12,$$

même largeur que celle trouvée dans le numéro qui précède.

J'ai de même la largeur du second rectangle par la proportion

$$15 : AB :: 5 : x = EG,$$

ou

$$15 : 5\text{-}6 :: 5 : EG,$$

qui revient à l'expression

$$EG = \frac{5\text{-}6 \times 5}{15} = 1\text{-}87,$$

même largeur que celle trouvée dans le numéro précédent et dans le problème du numéro 782.

Maintenant, j'ai la largeur du troisième et dernier rectangle en faisant

$$15 : AB :: 7 : x = BG,$$

ou

$$15 : 5\text{-}6 :: 7 : BG;$$

qui donne la formule

$$BG = \frac{5\text{-}6 \times 7}{15} = 2\text{-}61.$$

Fig. 462. Cette dernière largeur peut se déduire des deux autres, comme nous l'avons fait voir à la fin du numéro précédent.

815. Voici la formule générale qui doit toujours être appliquée à ces sortes de divisions.

Supposons, pour établir cette généralité, qu'il faut diviser le carré ABCD, ou mieux le côté AB de ce carré, en trois parties qui soient entre elles :: $m : n : p$, on aura également

$$m + n + p : \mathrm{AB} :: m : x = \mathrm{AE},$$

qui revient à la formule

$$\mathrm{AE} = \frac{m \times \mathrm{AB}}{m + n + p}.$$

Pour la seconde partie, on aura de même

$$m + n + p : \mathrm{AB} :: n : x = \mathrm{EG},$$

qui forme l'expression

$$\mathrm{EG} = \frac{n \times \mathrm{AB}}{m + n + p}.$$

La troisième partie se détermine en faisant, toujours par la même analogie,

$$m + n + p : \mathrm{AB} :: p : x = \mathrm{BG},$$

qui donne

$$\mathrm{BG} = \frac{p \times \mathrm{AB}}{m + n + p}.$$

Cette dernière quantité se déduit souvent des deux autres; on sait aussi que, pour le cas que nous traitons, on a

$$\mathrm{AE} = \mathrm{CF},$$
$$\mathrm{EG} = \mathrm{FH},$$
$$\mathrm{BG} = \mathrm{DH}.$$

Les rapports exprimés par quatre, cinq, six, etc. nombres dans les données, ne présenteraient pas plus de difficulté dans la solution, on suivrait toujours la règle que nous venons d'établir.

Voyons maintenant pour appliquer ces formules à la détermination des surfaces mêmes.

PROBLÈME.

Fig. 463. 816. *Diviser un carré ABCD* (Fig. 463) *en trois parties qui soient entre elles :: 3 : 7 : 11, par deux lignes de division partant, l'une d'un point E, et l'autre d'un point F, donnés sur le côté AB, de manière que la première partie aboutisse à l'angle A et la seconde à l'angle B.*

Après avoir déterminé la surface du carré proposé, que je trouve, pour ce cas, de 31 ares 36 centiares, et avoir fait la somme des trois rapports, qui est 21, je cherche la surface de la première partie par la proportion

$$21 : 3 :: 31\text{-}36 : x,$$

qui revient à

$$x = \frac{3 \times 31\text{-}36}{21} = 4\text{-}48.$$

La proportion Fig. 463.

$$21 : 7 :: 31\text{-}36 : x,$$

donne la surface de la seconde partie, qui est

$$x = \frac{7 \times 31\text{-}36}{21} = 10\text{-}45.$$

J'ai la surface de la troisième partie par la proportion

$$21 : 11 :: 31\text{-}36 : x,$$

qui donne

$$x = \frac{11 \times 31\text{-}36}{21} = 16\text{-}43.$$

Nous avons déjà dit plusieurs fois que cette dernière surface se déduisait souvent par une soustraction, mais en la déterminant comme les autres on peut vérifier le calcul comme il suit :

Surface { de la première partie.. 4 ares 48 centiares.
de la deuxième partie.. 10 ares 45 centiares.
de la troisième partie.. 16 ares 43 centiares.
du carré ABCD....... 31 ares 36 centiares.

Cela étant exactement connu, j'ai le côté AG, par exemple, du triangle AEG que je veux faire équivalent à 4 ares 48 centiares, en faisant

$$\mathrm{AG} = \frac{4\text{-}48}{\frac{1}{2}\mathrm{AE}} = \frac{4\text{-}48}{1\text{-}1} = 4\text{-}07;$$

portant une longueur de 4 décamètres 07 décimètres de A en G, et tirant l'hypothénuse EG, j'ai la première partie qui aboutit à l'angle A, comme l'exige le problème.

Maintenant, pour avoir la longueur du côté DH du trapèze BDHF, qu'il faut déterminer équivalent à 10 ares 45 centiares, surface de la deuxième partie, je cherche la hauteur moyenne de ce trapèze en faisant

$$\frac{10\text{-}45}{\mathrm{BD}} = \frac{10\text{-}45}{5\text{-}6} = 1\text{-}87;$$

j'ai la différence de cette hauteur et de celle du petit côté BF en faisant

$$1\text{-}87 - \mathrm{BF} = 1\text{-}87 - 1\text{-}4 = 0\text{-}47.$$

Donc, j'ai

$$\mathrm{DH} = \mathrm{BF} + (0\text{-}47 \times 2) = 1\text{-}4 + 0\text{-}94 = 2\text{-}34.$$

Enfin, je porte une longueur de 2 décamètres 34 décimètres de D en H; je tire la ligne de division FH, qui résout entièrement le problème. La solution ne serait pas plus difficile si les deux lignes de division devaient partir d'un même point.

PROBLÈME.

817. *Diviser un carré ABCD* (Fig. 464) *en trois parties qui soient entre elles :: 3 : 5 : 7, par deux lignes de division partant de l'angle B, de manière que la première partie aboutisse à l'angle A et la seconde à l'angle D.* Fig. 464.

Cette opération a beaucoup d'analogie avec celle du numéro 813. Je fais la somme des deux côtés AC, CD,

Fig. 464. qui est, pour ce cas, de 11 décamètres 2 mètres que je divise en trois parties comme il suit :

Sachant que la somme des trois nombres du rapport est 15, j'ai, d'après le numéro 814, la base du triangle qui forme la première partie, en faisant

$$15 : 11\text{-}2 :: 3 : x = \mathrm{AE},$$

ainsi

$$\mathrm{AE} = \frac{3 \times 11\text{-}2}{15} = 2\text{-}24;$$

si je porte une longueur de 2 décamètres 24 décimètres de A en E, et que je tire la ligne de division BE, j'aurai le triangle rectangle ABE qui sera la première partie demandée. Ce procédé n'exige pas la mesure de la surface à diviser, les parties se trouvent déterminées proportionnellement au surplus ou au manquant de la surface du carré proposé.

Maintenant je cherche la base de la seconde partie triangulaire qui doit aboutir à l'angle D, en faisant

$$15 : 11\text{-}2 :: 5 : x = \mathrm{DF};$$

donc, j'ai

$$\mathrm{DF} = \frac{5 \times 11\text{-}2}{15} = 3\text{-}73;$$

portant de même 3 décamètres 73 décimètres de D en F, et tirant la ligne de division BF, j'ai le triangle rectangle BDF qui équivaut à la seconde partie demandée.

Quant à la plus grande ou la troisième partie, elle équivaut exactement au quadrilatère restant BECF.

Enfin, cette opération est exacte, puisque la longueur de la base de chacune de ces parties triangulaires (le quadrilatère étant pris en deux) est évidemment le double de la largeur de chacun des rectangles de la figure 462, qui sont déterminés dans les mêmes rapports.

PROBLÈME.

Fig. 464. 817. *Diviser un carré ABCD* (Fig. 464) *en trois parties qui soient entre elles* :: 3 : 5 : 7, *par trois lignes partant du milieu O de la figure, de manière que la première et la troisième aboutissent au point E donné sur AB.*

La solution de ce problème est presque semblable à celle du numéro précédent.

Après avoir déterminé le point du milieu O, et le contour du carré proposé, pour connaître la base de deux triangles qui doivent former la première partie, je fais

$$15 : 22\text{-}4 :: 3 : x = 4\text{-}48.$$

Soustrayant la distance AE de ce résultat, il reste 0-48 décimètres, que je porte de A en F pour tirer la ligne de division FO. Ce quadrilatère AEOF équivaut exactement à la première partie demandée, puisqu'il est formé des deux triangles AEO, AFO, dont la somme des bases AE, AF est double de la base de la partie triangulaire déterminée dans le problème précédent, parce que la hauteur de celle-ci est double de celle des triangles AEO, AEO.

Ensuite, je cherche la somme des bases des triangles qui doivent former la troisième partie, en faisant

$$15 : 22\text{-}4 :: 7 : x = 10\text{-}58;$$

en ôtant de ce résultat les distances BE et BD, qui font ensemble 7 décamètres 2 mètres, il reste 3 décamètres 38 décimètres pour la distance du point G à l'angle D; tirant la ligne de division DO le problème est résolu. Fig. 464.

Enfin, nous pensons qu'il est inutile de comparer les bases BE, BD, DG, avec celles qui composent la troisième partie déterminée dans le problème précédent, l'inspection seule fait voir que ces dernières ne sont que de moitié des autres, parce que les triangles partiels ont double de hauteur.

PROBLÈME.

818. *Diviser un carré ABCD* (Fig. 466) *en trois triangles qui soient entre eux* :: 2 : 3 : 5. Fig. 466.

Ce problème n'est soluble qu'autant que le plus grand triangle équivaut exactement à la moitié du carré proposé. Ainsi, quand le plus fort nombre des rapports n'est pas égal à la somme des deux autres, le problème est insoluble.

Le triangle qui équivaut à la moitié du carré, devant immanquablement avoir un côté CD de ce carré pour base et la même valeur AB pour hauteur, nous pouvons faire varier la position de son sommet E sur tous les points du côté AB, et ce sommet doit être exactement le point de division qui détermine la longueur des deux autres bases.

En abandonnant, par conséquent, le rapport 5 qui équivaut à ceux 2 et 3, je cherche la base d'un des deux autres triangles, celle du plus petit, par exemple, en faisant, d'après le numéro 814,

$$2 + 3 : 2 :: 5\text{-}6 : x = \mathrm{AE}$$

qui revient à

$$\mathrm{AE} = \frac{2 \times 5\text{-}6}{5} = 2\text{-}24;$$

portant ensuite une longueur de 2 décamètres 24 décimètres de A en E, j'ai le point E duquel je tire les lignes de division CE, DE, qui résolve le problème.

Enfin, les calculs suivans prouvent l'exactitude de cette opération.

$$\text{Surface}\begin{cases}\text{du triangle ACE} = 5\text{-}6 \times 1\text{-}12 = 6\text{-}272\\ \text{du triangle BDE} = 5\text{-}6 \times 1\text{-}68 = 9\text{-}408\\ \text{du triangle CED} = 5\text{-}6 \times 2\text{-}28 = \underline{15\text{-}68}\\ \text{du carré ABCD} = 5\text{-}6 \times 5\text{-}6 = 31\text{-}360\end{cases}$$

Le résultat 31 ares 36 centiares est exactement la surface du carré proposé.

PROBLÈME.

819. *Partager la pièce de terre ABCD* (Fig. 462) *en trois parties rectangulaires, dont la plus grande surpasse la plus petite de 8 ares 35 centiares, et dont la moyenne surpasse la plus petite de 4 ares 20 centiares.* Fig. 462.

Cette question a beaucoup d'analogie avec celle du numéro 811. Nous allons résoudre ce problème en déterminant chaque surface rectangulaire, afin d'en chercher la largeur ou hauteur.

Fig. 462. Sachant que le carré proposé est de 31 ares 36 centiares, j'ai, en indiquant les parties inconnues par x,

La plus petite est..................	x
Donc la moyenne est................	$x + 4\text{-}20$
Et la plus grande....................	$x + 8\text{-}35$.
Or, ces trois parties réunies font	$3x + 12\text{-}55$

D'ailleurs le problème exige qu'elles fassent 31-36.
Il faut donc que

$$3x + 12\text{-}55 = 31\text{-}36.$$

Suivant les règles des numéros 810 et 811, j'ai

$$3x = 31\text{-}36 - 12\text{-}55 = 18\text{-}81,$$

et, par conséquent, pour le plus petit rectangle

$$x = \frac{18\text{-}81}{3} = 6\text{-}27,$$

ce qui donne, pour la largeur,

$$\text{AE} = \frac{6\text{-}27}{5\text{-}6} = 1\text{-}12.$$

Pour le moyen rectangle, j'ai alors

$$6\text{-}27 + 4\text{-}20 = 10\text{-}47,$$

dont la largeur équivaut à

$$\text{EG} = \frac{10\text{-}47}{5\text{-}6} = 1\text{-}87.$$

Ces largeurs, semblables à celles déterminées dans le numéro 812, suffisent pour déterminer, par la soustraction seulement, la largeur BG du plus grand rectangle; ainsi, j'ai

$$\text{BG} = 5\text{-}6 - (1\text{-}12 + 1\text{-}87) = 2\text{-}61.$$

Enfin, les résultats obtenus dans le numéro précité suffisent pour faire connaître l'exactitude de ce procédé. On pourrait opérer sur la division du côté AB, en déterminant la largeur de chacun des excédens 4 ares 20 centiares et 8 ares 35 centiares, et les comparant, comme je l'ai fait, des surfaces mêmes.

820. Pour résoudre tous les problèmes dans lesquels il s'agit de partager une pièce de terre connue en trois parties, par exemple, telles que l'excès de la plus grande sur la plus petite soit une surface connue, ainsi que l'excès de la moyenne sur la plus petite, *on détermine cette plus petite partie en retranchant de la surface qu'il s'agit de partager, les deux excès, et prendre le tiers du reste : alors les deux autres sont faciles à trouver.* Ceci se résout souvent sans le secours de l'Algèbre.

PROBLÈME.

Fig. 467. 821. *Rectifier le partage d'un carré ABCD* (Fig. 467), *par des lignes parallèles à sa diagonale BC, et en suivant la répartition proportionnelle aux contenances des parcelles selon les titres.*

La première pièce AEF doit contenir.	5 *ares* 24 *centiar.*
La deuxième EFGH..............	6 *ares* 76 *centiar.*
La troisième GBIJCH............	10 *ares* 95 *centiar.*
Enfin la quatrième DIJ...........	11 *ares* 55 *centiar.*
Surface du carré (d'après les titres).	34 *ares* 50 *centiar.*

Je commence par déterminer la surface du carré proposé, que je trouve de 31 ares 36 centiares, c'est-à-dire de 3 ares 14 centiares plus petite que l'indiquent les titres. Pour me justifier de cette erreur et voir dans quelle partie elle existe, je mesure séparément chaque partie (d'après les règles données plus loin), j'ai Fig. 467.

	ares cent.		ares cent.
pour celle AEF.........	5-14,	pertes d'après le titre.	0-10,
pour celle EFGH.........	6-75,		0-01,
pour celle GBIJCH.......	9-19,		1-76,
pour celle DIJ...........	10-28,		1-27,
et pour celle ABCD......	31-36,	Différence	3-14,

Ceci prouve qu'une personne appelée pour terminer les contestations, doit toujours,

1° S'assurer de la quantité de terrain attribuée par les titres de chacun;

2° Mesurer en masse tous les champs qui aboutissent à une même directrice, à moins qu'une haie, une borne ou un fossé, ne fixe la ligne de départ;

3° Mesurer chaque champ en particulier.

Il est constant que le mesurage en masse donne plus exactement la contenance totale que la surface totale des parties mesurées séparément, parce que plus les opérations sont répétées, moins on peut compter sur la vérité du calcul. Au reste, il est rare que la surface totale des pièces particulières ne présente pas une différence comparativement avec la masse. C'est pourquoi une différence de ce genre ou de tout autre doit être répartie proportionnellement sur chaque partie.

Il est évident que les parties trouvées séparément sur le terrain ne peuvent rester fixées de cette manière. La troisième partie perdrait 1 are 76 centiares, tandis que la seconde, qui lui est adjacente, ne perdrait que 1 centiare, chose qui ne doit pas être; il faut absolument que chaque partie perde proportionnellement à son titre. Ce que nous allons déterminer.

Pour connaître la surface que doit avoir la première partie, la proportion

$$34\text{-}5 : 31\text{-}36 :: 5\text{-}24 : x,$$

donne

$$x = \frac{31\text{-}36 \times 5\text{-}24}{34\text{-}5} = 4\text{-}76,$$

ou, par les logarithmes,

$$\begin{aligned} \log. 31\text{-}36 &= 1\text{-}4963761 \\ \log. 5\text{-}24 &= 0\text{-}7193313 \\ \text{C. log. } 34\text{-}50 &= 8\text{-}4621809 \\ \text{Somme} - 10 &= 0\text{-}6778883 \end{aligned}$$

Ce logarithme répond aussi, dans les tables, à 4 ares 76 centiares pour la surface de la première partie; donc cette partie perd, d'après son titre, environ 48 centiares.

Pour avoir la surface de la seconde partie, je fais

$$34\text{-}5 : 31\text{-}36 : : 6\text{-}76 : x,$$

qui revient à l'expression

$$x = \frac{31\text{-}36 \times 6\text{-}76}{34\text{-}5} = 6\text{-}15,$$

Fig. 467. ou bien à

log. 31-36 = 1-4963761
log. 6-76 = 0-8299467
C. log. 34-50 = 8-4621809
Somme — 10 = 0-7885037

Ce logarithme répond de même à 6 ares 15 centiares pour la surface de la seconde partie; donc cette partie perd, d'après son titre, environ 62 centiares.

J'ai de même la troisième partie, par la proportion

$$34\text{-}5 : 31\text{-}36 :: 10\text{-}95 : x,$$

qui fournit l'expression

$$x = \frac{31\text{-}36 \times 10\text{-}95}{34\text{-}5} = 9\text{-}95,$$

et revient, par les logarithmes, à

log. 31-36 = 1-4963761
log. 10-95 = 1-0394141
C. log. 34-50 = 8-4621809
Somme — 10 = 0-9979711

Ce logarithme répond à 9 ares 95 centiares pour la troisième partie; donc cette partie perd, d'après son titre, environ 1 are.

On pourrait déterminer la quatrième partie *en ôtant la surface des trois autres de celle du carré*; mais, nous allons pousser notre opération à bout par la proportion

$$34\text{-}5 : 31\text{-}36 :: 11\text{-}55 : x$$

qui donne

$$x = \frac{31\text{-}36 \times 11\text{-}55}{34\text{-}5} = 10\text{-}50,$$

qui se résout par les logarithmes, en faisant

log. 31-36 = 1-4963861
log. 11-55 = 1-0625820
C. log. 34-50 = 8-4621809
Somme — 10 = 1-0211390

Cette quatrième et dernière partie équivaut effectivement à 10 ares 50 centiares; donc cette partie perd, d'après son titre, 1 are 05 centiares.

En récapitulant, j'ai

	ar. cent.		ar. cent.		cent.
1re ..	4-76	Pertes d'après le titre.	0-48	Pertes d'après le terrain.	0-38
2e...	6-15		0-61		0-60
					0-98
3e...	9-95		1-00	Gains d'après le terrain.	0-76
4e...	10-50		1-05		0-22
Carré	31-36	Différence	3-14	Comparaison	0-98

Cela déterminé, pour ne pas prendre les peines de rectifier la division de ce carré, opération qui serait assez difficile, je le divise de nouveau en donnant à chaque partie la quantité proportionnelle à son titre, telle que nous venons de la déterminer.

Commençant par la première partie qui est un triangle isocèle rectangle, j'ai, pour un côté de l'angle droit,

$$AE = \sqrt{4\text{-}76 + 4\text{-}76} = \sqrt{9\text{-}52} = 3\text{-}085;$$

je porte cette longueur 3 décamètres 085 centimètres de Fig. 467.
A en E et F; je tire la ligne de division EF, qui limite la première partie de 4 ares 76 centiares.

Maintenant, en extrayant la racine carrée du double de la surface des deux premières parties, j'ai

$$AG = \sqrt{(4\text{-}76 + 6\text{-}15) \times 2} = \sqrt{21\text{-}83} = 4\text{-}672,$$

d'où je déduis

$$EG = AG - AE = 4\text{-}672 - 3\text{-}085 = 1\text{-}587;$$

portant cette longueur 1 décamètre 59 décimètres de E en G et de F en H; tirant ensuite la ligne de division GH, j'ai la seconde partie de 6 ares 15 centiares.

Pour laisser la troisième partie, je cherche un côté de l'angle droit du triangle isocèle rectangle qui forme la quatrième partie, en faisant

$$DI = \sqrt{10\text{-}50 + 10\text{-}50} = \sqrt{21\text{-}0} = 4\text{-}641.$$

Enfin je porte, de D en I et en J, une longueur de 4 décamètres 64 décimètres; je tire des points I, J, la ligne de division IJ, j'ai le triangle DIJ qui équivaut à la quatrième partie, ou à 10 ares 50 centiares. La troisième partie qui reste est immanquablement de 9 ares 95 centiares.

PROBLÈME.

822. *Diviser un carré ABCD* (Fig. 468) *en cinq par-* Fig. 468.
ties, dont une soit un carré équivalent au quart de la surface, et les quatre autres chacune équivalente au quart du reste et de même forme.

Ce problème, plus curieux qu'utile, ne présente aucune difficulté, l'inspection seule de la figure suffit pour connaître la marche que l'on a suivie dans la solution de cette opération.

Le carré se trouve partagé en 16 carrés égaux; le carré demandé DGOM équivaut par conséquent à 4 petits carrés, et chacun des polygones à 3 de ces mêmes carrés. Le polygone AYTSRJ se compose de trois carrés AXSI, XYTS, IJRS; celui BYTUVM se compose des carrés BEUL, YETU, LMVU, et ainsi de suite. Nous abandonnons ici une très-grande quantité de problèmes curieux; il vaut mieux donner des démonstrations utiles.

DIVISION DES RECTANGLES EN PARTIES ÉGALES.

823. Presque tous les procédés que nous venons d'appliquer à la division du carré peuvent aussi servir à la division des rectangles; nous allons faire connaître ceux qui s'appliquent à l'une et l'autre figure, et donner des exemples démontrés pour les applications qui présenteront une petite différence dans la solution.

PROBLÈME.

824. *Diviser un rectangle ABCD* (Fig. 386) *en deux* Fig. 386.
triangles égaux.

Fig. 386. La solution de ce problème est très-facile et semblable à celle du numéro 772.

En effet, si vous tirez, de l'angle B à son opposé D, une diagonale BD, cette dernière partagera le rectangle donné en deux triangles égaux qui sont ABD et BCD.

La division du rectangle en deux triangles quelconques ne peut se faire autrement.

825. La division du rectangle en deux, trois, quatre, etc., rectangles égaux par des lignes parallèles à la longueur ou à la largeur, se fait en suivant les procédés appliqués à la division du carré dans les numéros 774, 782 et 799. La figure 94, par exemple, présente les divisions dont nous venons de parler ; les lignes ponctuées indiquent les divisions en travers, et celles demi-ponctuées *l n*, *m p*, indiquent celles d'un partage en long. On n'éprouverait pas davantage de difficulté à diviser de même le rectangle représenté par la figure 433.

826. Pour diviser un rectangle quelconque en deux trapèzes égaux, on suit le procédé du numéro 776 pour la division du carré. Le procédé employé au numéro 777 n'est pas praticable pour le partage des rectangles.

PROBLÈME.

827. *Partager une pièce de terre rectangulaire* Fig. 469. *ABCD* (Fig. 469) *en deux parties égales qui aboutissent au point E donné sur le côté AC, et de manière qu'une de ces parties soit un rectangle quelconque appuyé sur ce côté.*

Après avoir déterminé la surface de ce rectangle qui est, pour ce cas, égale à

$$AB \times AC = 11\text{-}0 \times 5\text{-}6 = 61\text{-}60;$$

je divise la moitié de cette surface (754), ou 30 ares 80 centiares, par 4 décamètres, longueur de CE, sur lequel il faut construire le rectangle, j'ai le quotient 7 décamètres 7 mètres au moyen duquel je construis le rectangle ECFG, qui équivaut à la moitié de la surface du rectangle proposé.

En effet, l'on a, pour la surface du rectangle trouvé,

$$CE \times CF = 7\text{-}7 \times 4\text{-}0 = 30\text{-}8,$$

qui est exactement la moitié de la surface du rectangle ABCD.

828. La solution des problèmes 779, 780 et 781, est applicable à tous les rectangles en général.

La division du rectangle en 3, 4, 5, 6, etc., rectangle égaux se fait toujours comme nous l'avons déjà dit dans le numéro 825.

PROBLÈME.

Fig. 470. 829. *Diviser un rectangle ABCD* (Fig. 470), *en trois parties égales, par deux lignes de division partant des points E et F, donnés sur le côté AB.*

Ce problème est encore semblable à celui du numéro 783 ; nous en parlons une seconde fois, parce qu'il est assez souvent reproduit dans le partage des propriétés rurales.

Après avoir mesuré les distances suivantes : Fig. 470.

$$AE = 4\text{-}5,$$
$$EF = 4\text{-}8,$$
$$BF = 1\text{-}7,$$

je trouve les distances correspondantes,

$$AF = 4\text{-}5 + 4\text{-}8 = 9\text{-}3,$$
$$BE = 4\text{-}8 + 1\text{-}7 = 6\text{-}5.$$

Sachant qu'en divisant le rectangle proposé en trois rectangles égaux, j'aurai, pour la largeur de chacune,

$$\tfrac{1}{3}AB = \frac{11\text{-}0}{3} = 3\text{-}667,$$

je détermine la distance DH, ou le point de division H, en faisant

$$\tfrac{1}{3}AB - BF = 3\text{-}667 - 1\text{-}7 = 1\text{-}967,$$

qui donne

$$DH = \tfrac{1}{3}AB + (\tfrac{1}{3}AB - BF)$$
$$= 3\text{-}667 + 1\text{-}967 = 5\text{-}634.$$

Pour connaître la distance DG, ou le point de division G, je fais

$$\tfrac{2}{3}AB - BE = 7\text{-}334 - 6\text{-}5 = 0\text{-}834,$$

qui donne

$$DG = \tfrac{2}{3}AB + (\tfrac{2}{3}AB - BE)$$
$$= 7\text{-}334 + 0\text{-}834 = 8\text{-}168.$$

Cela connu, je fixe le point H en portant sur CD une longueur de 5 décamètres 634 centimètres de D en H, et le point G en portant 8 décamètres 168 centimètres de D en G. Ensuite je tire les lignes FH, EG, qui divisent le rectangle proposé en trois parties égales.

L'usage fera voir la marche qu'il faudrait suivre si l'on déterminait les points de division en partant du point A, par exemple ; il n'y aurait que les signes à observer à ce sujet.

Enfin la division du rectangle en 4, 5, 6, etc., trapèzes égaux se fait toujours d'après ce procédé ; mais, nous le répétons, il faut faire attention aux signes que l'on emploie dans la solution.

830. La solution des problèmes 784, 785, 786, 787, 788, 789 et 790, est encore analogue et exactement applicable à tous les rectangles. Celle des problèmes 792 et 793 l'est aussi ; mais on ne peut résoudre ces problèmes appliqués aux rectangles, par la racine carrée ; on suit alors le procédé du numéro 827. La solution du problème 795 est applicable à la division analogue des rectangles ; le numéro 796 indique la division en quatre parties égales ; le rectangle ABCD (*Fig.* 69) est divisé en quatre triangles équivalens par les diagonales AC, BD ; ils sont égaux deux à deux.

La solution du problème 797 s'applique très bien à la division d'un rectangle quelconque.

PROBLÈME.

831. *Partager un rectangle ABCD* (Fig. 471) *en trois parties égales qui aboutissent à l'extrémité F du mur EF, donné dans l'intérieur de la figure, et dont on veut faire une des trois lignes de division.* Fig. 471.

Fig. 471. La solution de ce problème a beaucoup d'analogie avec celle du problème 798.

Après avoir déterminé la surface du carré, qui est de 61 ares 60 centiares, j'imagine le triangle BEF, dont je cherche la surface, d'après le numéro 145, en faisant

$$BE \times \tfrac{1}{2}FG = 9\text{-}0 \times 1\text{-}7 = 15\text{-}3.$$

Ainsi la surface du triangle BFE est de 15 ares 30 centiares; cette surface n'est pas assez grande pour former une des trois parties égales demandées, il faut encore y ajouter une partie triangulaire qui ait sa base sur le côté BD et son sommet en F. La hauteur du triangle à ajouter étant déterminée par la longueur de la perpendiculaire FH, qui est égale à sa parallèle BG, je trouve la base BI en divisant les 5 ares 23 centiares qu'il faut ajouter au triangle BFE pour avoir le tiers du rectangle proposé, par 1 décamètre 55 décimètres, longueur de FH, ce qui revient à

$$BI = \frac{5\text{-}23}{1\text{-}55} = 3\text{-}37\,;$$

donc la base BI du triangle BFI doit être de 3 décamètres 37 décimètres; portant cette longueur de B en I, et tirant la ligne de division BF, j'ai le quadrilatère BEFI, qui est le tiers du carré proposé.

Cela fait, il faut encore déterminer une seconde partie qui soit encore le tiers du rectangle et adjacente au mur EF; pour cela, je commence par évaluer, d'après le numéro 145, la surface du triangle AEF, dont je connais la base AE de 2 décamètres et la hauteur FG de 3 décamètres 4 mètres, en faisant

$$AE \times \tfrac{1}{2}FG = 2\text{-}0 \times 1\text{-}7 = 3\text{-}4\,;$$

la surface du triangle AEF est alors de 3 ares 40 centiares; cette surface est loin d'équivaloir au tiers du rectangle proposé; il faut encore y ajouter 17 ares 13 centiares environ. Pour déterminer la base AJ de cette partie triangulaire, dont la hauteur FK est de 7 décamètres 9 mètres, je fais

$$AJ = \frac{17\text{-}13}{\tfrac{1}{2}FK} = \frac{17\text{-}13}{3\text{-}45} = 4\text{-}97\,;$$

donc la base AJ du triangle AFJ sera de 4 décamètres 97 décimètres; portant cette longueur de A ou J, et tirant la ligne de division FJ, j'ai le quadrilatère AEFJ, qui est encore le tiers du rectangle proposé. Donc le polygone CDIFJ qui reste est égal à l'autre tiers de ce même rectangle, et l'opération exactement faite.

832. La solution des problèmes 800 et 801 est applicable aux rectangles; celle du problème 802 ne peut être appliquée aux rectangles qu'en employant la division des triangles par des lignes parallèles, ce que nous démontrerons dans le chapitre suivant.

La solution du problème 803 ne présente pas de difficulté dans son application à la division des rectangles; celle du problème 804 est peu employée pour le carré et ne peut l'être pour les rectangles.

Enfin, on peut consulter le numéro 805 relativement à plusieurs autres divisions en parties égales, qui sont encore applicables aux rectangles.

DIVISION DES RECTANGLES EN PARTIES INÉGALES.

833. Ce que nous reprenons ici pour la division des rectangles en parties inégales, est encore, à très-peu près, ce que nous avons dit et expliqué dans les problèmes 807 et suivans, relativement au carré; chaque procédé peut alors servir pour résoudre les mêmes problèmes sur les rectangles. Voici plusieurs cas assez en usage; nous ne parlerons plus de la division en deux parties inégales, les numéros 807, 808, 809, 810, 811 et 812 suffisent pour connaître la marche qu'il faut suivre à ce sujet.

PROBLÈME.

834. *Diviser le rectangle ABCD* (Fig. 472) *en cinq parties inégales, de manière que la première contienne le $\frac{1}{10}$ du rectangle, la deuxième les $\frac{3}{25}$, la troisième le $\frac{1}{5}$, la quatrième les $\frac{7}{25}$, et la cinquième les $\frac{3}{10}$, et par des lignes de division parallèles à AC.* Fig. 472.

Pour ramener cette solution à la règle générale indiquée par les numéros 808 et 815, je mets d'abord les surfaces de chacune des cinq parties, ou les fractions du rectangle proposé, sous une même dénomination; j'ai alors les surfaces des première, deuxième, troisième, quatrième et cinquième parties, respectivement égales à $\frac{10}{100}$, $\frac{12}{100}$, $\frac{20}{100}$, $\frac{28}{100}$ et $\frac{30}{100}$ du rectangle ABCD proposé; donc, en abandonnant le dénominateur commun, les cinq rectangles seront entre eux comme les nombres 10, 12, 20, 28 et 30.

La somme des cinq nombres qui indiquent ces rapports étant 100, j'ai la largeur du premier rectangle en faisant, d'après les numéros précités,

$$100 : AB :: 10 : x = AE,$$

ou

$$100 : 11\text{-}0 :: 10 : AE,$$

qui revient à la formule

$$AE = \frac{11\text{-}0 \times 10}{100} = 1\text{-}1\,;$$

donc en portant une longueur de 1 décamètre 1 mètre de A en E et de C en F, et tirant la ligne de division EF, j'ai le rectangle AECF qui équivaut à $\frac{1}{10}$ du rectangle proposé.

J'ai la largeur du second rectangle par la proportion

$$100 : AB :: 12 : x = EG,$$

ou

$$100 : 11\text{-}0 :: 12 : EG,$$

qui revient à l'expression

$$EG = \frac{11\text{-}0 \times 12}{100} = 1\text{-}32\,;$$

la largeur de cette seconde partie étant de 1 décamètre 32 décimètres, la ligne de division GH détermine le rectangle EGFH qui équivaut aux $\frac{3}{25}$ du rectangle proposé.

La largeur du troisième rectangle se trouve par la pro-

Fig. 472. portion

$$100 : AB :: 20 : x\,GI,$$

ou

$$100 : 11\text{-}0 :: 20 : GI,$$

qui donne

$$GI = \frac{11\text{-}0 \times 20}{100} = 2\text{-}2;$$

la largeur de la troisième partie étant de 2 décamètres 2 mètres, il est évident que la ligne de division IJ détermine le rectangle GIHJ qui équivaut à $\frac{1}{5}$ du rectangle proposé. En effet, cette partie doit être exactement le double de la première.

La largeur de la quatrième partie se déduit par la proportion

$$100 : AB :: 28 : x = IK,$$

ou

$$100 : 11\text{-}0 :: 28 : IK,$$

qui revient à

$$IK = \frac{11\text{-}0 \times 28}{100} = 3\text{-}08;$$

cette largeur de 3 décamètres 08 décimètres fournit la ligne de division KL qui détermine le quatrième rectangle IKJL qui équivaut aux $\frac{7}{25}$ du rectangle proposé.

La largeur de la cinquième et dernière partie se trouve par la connaissance des autres, seulement au moyen d'une soustraction ; mais, pour commencer à prouver ce que nous faisons, nous allons déterminer cette largeur en faisant, toujours par la même analogie,

$$100 : AB :: 30 : x = BK,$$

ou

$$100 : 11\text{-}0 :: 30 : BK,$$

qui fournit l'expression

$$BK = \frac{11\text{-}0 \times 30}{100} = 3\text{-}3 :$$

il est facile de voir que cette largeur est exacte, puisqu'elle est trois fois plus forte que celle de la première partie.

On peut aussi ajouter ensemble tous ces résultats afin de savoir si la somme totale équivaut exactement à

$$AB = CD = 11\text{-}0;$$

ainsi, je rassemble ces largeurs et j'ai

$$\begin{aligned} AE &= CF = 1\text{-}1, \\ EG &= FH = 1\text{-}32; \\ GI &= HJ = 2\text{-}2, \\ IK &= JL = 3\text{-}08, \\ BK &= DL = 3\text{-}3, \\ \hline AB &= CD = 11\text{-}00. \end{aligned}$$

Voici maintenant le résumé de chaque surface :

$$\text{Surface du rectangle}\left\{\begin{aligned} AECF &= 5\text{-}6 \times 1\text{-}1 = 6\text{-}16 \\ EGFH &= 5\text{-}6 \times 1\text{-}32 = 7\text{-}39 \\ GIHJ &= 5\text{-}6 \times 2\text{-}2 = 12\text{-}32 \\ IKJL &= 5\text{-}6 \times 3\text{-}08 = 17\text{-}25 \\ BKDL &= 5\text{-}6 \times 3\text{-}3 = 18\text{-}48 \\ ABCD &= 5\text{-}6 \times 11\text{-}0 = 61\text{-}60 \end{aligned}\right.$$

Ce résultat prouve une seconde fois l'exactitude de cette opération ; nous avons déjà vu dans les numéros précédens que la surface du rectangle ABCD était de 61 ares 60 centiares,

Cette application démontrée, pas plus que celles précédentes qui lui sont analogues, n'exige que la surface de la figure proposée soit déterminée pour effectuer les divisions demandées.

Enfin, la marche que nous indiquons pour ces opérations est très-utile, car elle conduit à des avantages incalculables. Si, par exemple, la figure que nous venons de partager ne contenait que 50 ares 60 centiares, les première, deuxième, troisième, quatrième et cinquième parties seraient comptées respectivement pour 10, 12, 20, 28 et 30 de ces ares ; il faudrait donc, après, réduire chacune de ces parties en proportion de la surface réelle, car 10 ares se trouvent en moins dans le rectangle ABCD. Suivant notre manière d'opérer, ces parties sont divisées dans les rapports donnés, elles sont, par conséquent, réduites en proportion de leur surface et en raison des 10 ares en moins, sans que l'on ait à s'occuper d'autres calculs.

PROBLÈME.

835. *Diviser un rectangle ABCD* (Fig. 473) *en cinq parties inégales qui soient entre elles* :: 5 : 6 : 10 : 14 : 15, *de manière que chaque partie soit limitée par une portion égale de la ligne AB, c'est-à-dire par $\frac{1}{5}$ de cette ligne.* Fig. 473.

La division de ce rectangle est encore la même pour les surfaces ; on voit que ces chiffres correspondent exactement aux numérateurs déterminés dans la solution précédente ; nous allons opérer sur la surface pour déterminer ensuite, au moyen des parties égales de AB, celles de son côté opposé CD. Le problème 816 est presque résolu de cette manière.

Après avoir déterminé la surface du rectangle proposé, que je trouve, pour ce cas, de 61 ares 60 centiares, et avoir fait la somme des cinq rapports, qui est 50, je cherche la surface de la première partie par la proportion

$$50 : 5 :: 61\text{-}6 : x,$$

qui, simplifiée, fait

$$10 : 1 :: 61\text{-}6 : x,$$

qui revient à

$$x = \frac{61\text{-}6}{10} = 6\text{-}16,$$

résultat trouvé pour la première partie dans le problème précédent.

La proportion

$$50 : 6 :: 61\text{-}6 : x,$$

donne, pour la surface de la seconde partie,

$$x = \frac{6 \times 61\text{-}6}{50} = 7\text{-}392,$$

qui est le résultat trouvé pour cette même partie dans le problème précédent.

Fig. 473. Je cherche la troisième partie par la proportion

$$50 : 10 :: 61\text{-}6 : x,$$

ou, par la même proportion simplifiée,

$$5 : 1 :: 61\text{-}6 : x,$$

qui revient à

$$x = \frac{61\text{-}6}{5} = 12\text{-}32,$$

surface déjà trouvée pour la troisième partie.

La proportion

$$50 : 14 :: 61\text{-}6 : x,$$

donne

$$x = \frac{16\text{-}6 \times 14}{50} = 17\text{-}248,$$

qui est la surface de la quatrième partie, comme on l'a déjà vu dans la solution précédente.

J'ai enfin la valeur de la cinquième partie en faisant

$$50 : 15 :: 61\text{-}6 : x,$$

ce qui donne

$$x = \frac{61\text{-}6 \times 15}{50} = 18\text{-}48.$$

Cette dernière partie se réduit souvent par une soustraction, nous la déterminons comme les autres pour vérifier les calculs comme il suit :

Surface	de la première partie............	6-16
	de la deuxième partie...........	7-392
	de la troisième partie...........	12-32
	de la quatrième partie..........	17-248
	de la cinquième partie..........	18-48
	totale, ou du rectangle ABCD.....	61-600

Les parties AE, EF, FG, CH, BH, étant chacune égale à 2 décamètres 2 mètres, pour avoir la largeur d'un rectangle ou la longueur moyenne d'un trapèze équivalent à 6 ares 16 centiares, première partie demandée, je fais

$$\frac{6\text{-}16}{AC} = \frac{6\text{-}16}{5\text{-}6} = 1\text{-}1;$$

puisque la hauteur d'un rectangle est de 1 décamètre 1 mètre, en tirant la ligne de division CE j'aurai le triangle rectangle ACE de 6 ares 16 centiares, comme l'exige l'énoncé du problème.

Pour avoir la longueur du côté CI du trapèze CEFI qu'il faut déterminer équivalent à 7 ares 39 centiares 2 dixièmes, surface de la deuxième partie, je cherche la longueur moyenne de ce trapèze, en faisant

$$\frac{7\text{-}392}{AC} = \frac{7\text{-}392}{5\text{-}6} = 1\text{-}32;$$

j'ai la différence de cette longueur et de celle du grand côté EF en faisant

$$EF - 1\text{-}32 = 2\text{-}2 - 1\text{-}32 = 0\text{-}88.$$

Donc, j'ai

$$CI = EF - (0\text{-}88 \times 2) = 2\text{-}2 - 1\text{-}76 = 0\text{-}44;$$

je porte cette longueur 44 décimètres de C en I; je tire la ligne de division FI, qui détermine la seconde partie CEFI égale à 7 ares 39 centiares environ.

Maintenant pour avoir la longueur du côté IJ de la partie FGIJ que l'on veut de 12 ares 32 centiares, surface de la troisième partie, je fais Fig. 473.

$$\frac{12\text{-}32}{AC} = \frac{12\text{-}32}{5\text{-}6} = 2\ 2;$$

puisque cette longueur, qui est de 2 décamètres 2 mètres, est égale à la longueur FG, il n'y a pas de soustraction à faire, seulement il faut la porter de I en J et tirer la ligne de division GJ qui détermine le parallélogramme FGIJ de 12 ares 32 centiares pour la troisième partie demandée.

Enfin, pour avoir la longueur du côté JK du trapèze GHJK, que l'on demande de 17 ares 25 centiares environ, surface de la quatrième partie, je cherche la longueur moyenne de ce trapèze en faisant

$$\frac{17\text{-}248}{AC} = \frac{17\text{-}248}{5\text{-}6} = 3\text{-}08;$$

j'ai la différence de cette longueur et de celle du petit côté en faisant

$$3\text{-}08 - GH = 3\text{-}08 - 2\text{-}2 = 0\text{-}88.$$

Donc, j'ai

$$JK = GH + (0\text{-}88 \times 2) = 2\text{-}2 + 1\text{-}76 = 3\text{-}96,$$

que je porte de J en K; ensuite je tire la ligne de division HK qui détermine le trapèze GHJK de 17 ares 24 centiares 8 dixièmes, surface de la quatrième partie. Quant à la longueur on la trouve par une soustraction, comme il a déjà été dit plus haut.

PROBLÈME.

836. *Diviser le rectangle ABCD* (Fig. 474) *en quatre parties inégales, de manière que la première soit de 10 ares 50 centiares et aboutisse à l'angle A, la deuxième de 13 ares à l'angle B, la troisième de 18 ares à l'angle C, et la quatrième de 20 ares 10 centiares à l'angle D.* Fig. 474.

Cette solution ne présente aucune difficulté, elle dépend entièrement des numéros 753 et 754.

Pour résoudre ce problème, je commence par diviser le rectangle ABCD en deux autres rectangles dont l'un soit égal aux deux plus petites parties ou à 23 ares 50 centiares, et l'autre à 38 ares 10 centiares, surface des deux autres parties.

Ainsi, je trouve la largeur du rectangle qui doit contenir les deux petites parties, en faisant

$$\frac{23\text{-}5}{AB} = \frac{23\text{-}5}{11\text{-}0} = 2\text{-}136;$$

donc je porte une longueur de 2 décamètres 136 centimètres de A en E et de B en F, j'ai le rectangle ABEF de 23 ares 50 centiares, et celui CDEF de 38 ares 10 centiares.

Cela fait, je cherche la longueur du rectangle de la première partie qui doit être de 10 ares 50 centiares, par

Fig. 474. l'expression

$$\frac{10\text{-}5}{AE} = \frac{10\text{-}5}{2\text{-}136} = 4\text{·}915;$$

portant cette longueur 4 décamètres 915 centimètres de A en G et de E en H, j'ai le rectangle AEGH de 10 ares 50 centiares, et celui BFGH de 13 ares.

Enfin, j'ai la longueur du rectangle de la troisième partie qui doit être de 18 ares, en faisant

$$\frac{18\text{·}0}{CE} = \frac{18\text{-}0}{3\text{-}464} = 5\text{-}2;$$

cette longueur étant portée de E en I et de C en J, j'ai le rectangle ECHJ de 18 ares, et celui DFHJ de 20 ares 10 centiares, et le problème est résolu.

Les problèmes qui correspondent aux figures 464, 465, 466 et 468 sont tous applicables aux rectangles; ils sont peu usités.

DIVISION DES PARALLÉLOGRAMMES EN PARTIES ÉGALES.

837. La division des parallélogrammes en parties égales est encore assez facile; ces figures ayant, comme les carrés et les rectangles, toujours leurs côtés égaux parallèles, on divise souvent ceux-ci comme on veut que la surface le soit. Nous allons faire l'application des solutions le plus en usage.

PROBLÈME.

Fig. 43. 838. *Diviser un parallélogramme ABCD* (Fig. 43) *en deux triangles égaux.*

La solution de ce problème est facile, si je tire, de l'angle B à son opposé D, une diagonale BD; cette dernière partagera le parallélogramme donné en deux triangles égaux qui sont ABD, BCD.

Si je tirais la diagonale AC, je diviserais de même le parallélogramme en deux autres triangles égaux.

La division du parallélogramme en deux triangles quelconques ne peut se faire autrement.

PROBLÈME.

Fig. 475. 839. *Diviser un parallélogramme ABCD* (Fig. 475) *en trois parties égales.*

D'après la nature des parallélogrammes, leurs côtés opposés sont parallèles; il suit de là que si je divise les côtés AC, BD en trois parties égales respectivement aux points E, F, G, H, et que je tire les lignes de division EG, FH, j'aurai les trois parallélogrammes ABEG, EGFH, CDFH qui ont même hauteur et même base, dont ils sont égaux.

Effectivement, sachant que, pour les hauteurs, j'ai

$$BK = LM = 1\text{-}867,$$
$$LM = JK = NO = 1\text{-}867,$$
$$NO = IJ = PQ = 1\text{-}867,$$

et pour les bases Fig. 475.

$$AB = EG = FH = CD = 9\text{-}6,$$

j'aurai, relativement à la surface de chaque parallélogramme, d'après le numéro 766,

$$\text{Surface}\begin{cases} ABEG = AB \times LM = 9\text{-}6 \times 1\text{-}867 = 17\text{-}92 \\ EGFH = EG \times NO = 9\text{-}6 \times 1\text{-}867 = 17\text{-}92 \\ CDFH = FH \times PQ = 9\text{-}6 \times 1\text{-}867 = 17\text{-}92 \\ ABCD = AB \times BI = 9\text{-}6 \times 5\text{-}6 \quad = 53\text{-}76 \end{cases}$$

Enfin, l'on voit que cette dernière surface de 53 ares 76 centiares est exactement la somme totale des trois parties et la vraie surface du parallélogramme donné.

La solution du problème 776 trouve son application dans la division des parallélogrammes quelconques. Celle du numéro 777 n'est pas applicable à cette dernière sorte de figure.

PROBLÈME.

840. *Partager une pièce de terre de la forme du parallélogramme ABCD* (Fig. 476) *en deux parties égales, qui aboutissent au point E donné sur le côté AC, et de manière qu'une de ces parties soit un parallélogramme quelconque appuyé sur ce côté.* Fig. 476.

Après avoir déterminé la surface de ce parallélogramme, qui est de 53 ares 76 centiares, je divise la moitié de cette surface, ou 26 ares 88 centiares, par 4 décamètres 2 mètres, hauteur du parallélogramme demandé, déterminée par la perpendiculaire EF abaissée sur CD, j'ai le quotient exact 6 décamètres 4 mètres, au moyen duquel je construis le parallélogramme CHGE, qui équivaut à la moitié de la surface de la pièce de terre proposée.

841. La solution de chacun des problèmes 779, 780, 781, 782 et 783 s'appliquerait aussi à chaque problème correspondant qui serait donné sur les parallélogrammes.

Les solutions des numéros 784, 785, 786, 787 et 788 ne sont pas applicables à la division des parallélogrammes.

PROBLÈME.

842. *Diviser un parallélogramme ABCD* (Fig. 477) *en trois parties égales, par deux lignes droites partant d'un même angle B.* Fig. 477.

Ce problème est analogue à celui du numéro 780; nous l'appliquons à ce parallélogramme pour faire une démonstration plus généralisée qu'au numéro précité.

Je divise en trois parties égales chacun des côtés adjacens AC, CD, ce qui donne les points de division F, G, H, J.

Si je tire les droites BF, BG, BH, BJ, BC, j'aurai les triangles BAH, BHJ, BCJ de même base et d'une même hauteur DI, et ceux BDG, BGF, BCF de même base et d'une même hauteur BE, par conséquent équivalent chacun à la sixième partie de la surface du parallélogramme donné, puisque chaque triangle donne pour surface

$$\tfrac{1}{3}AC \times \tfrac{1}{2}DJ = 1\text{-}948 \times 4\text{-}6 = 8\text{·}96;$$

ce résultat vient d'un des hauts triangles. Voici la même

Fig. 477. application à un des autres triangles,

$$\frac{1}{2}CD \times \frac{1}{2}BE = 3\text{-}2 \times 2\text{-}8 = 8\text{-}96\,;$$

ainsi la surface totale du parallélogramme équivaut, en prenant l'une ou l'autre des deux sortes de triangles qui les composent, à

$$8\text{-}96 \times 6 = 53\text{-}76\,,$$

ou à 53 ares 76 centiares, surface déjà trouvée dans les numéros précédens.

Cela démontré, rien n'est plus facile que de diviser le parallélogramme en trois parties égales; sachant que chaque triangle est un sixième de la surface, je tire les lignes BF et BJ qui divisent le parallélogramme proposé en trois parties composées chacune de *deux sixièmes* ou du *tiers* de la surface de ce même parallélogramme.

En effet, le triangle ABJ équivaut à deux sixièmes ou aux triangles ABH et HBJ; le quadrilatère irrégulier BFCJ équivaut à deux sixièmes ou aux triangles BCJ et BCF, et l'autre triangle BDF à deux autres sixièmes ou aux triangles BFG et BGD.

L'on pourrait éviter la division en trois de chaque côté, en divisant en trois la longueur ACD seulement, ce qui produirait le même effet.

Enfin, on peut consulter la règle générale qui se trouve à la fin du numéro 789.

843. La solution du numéro 790 et celles des numéros 792 et 793, ne sont pas applicables à la division des parallélogrammes; tandis que celles des numéros 795, 796 et 797, peuvent résoudre les mêmes divisions, soit avec des rectangles, soit avec des parallélogrammes, dans l'énoncé des problèmes.

Le parallélogramme ABCD *(Fig. 43)* se trouve divisé en quatre triangles équivalens; cette division est trop facile pour nous y arrêter.

PROBLÈME.

Fig. 478. 844. *Diviser un parallélogramme ABCD* (Fig. 478) *en trois parties égales qui aboutissent au point O donné dans l'intérieur de cette figure, et de manière qu'une des lignes de division parte de l'angle C.*

La solution de ce problème est analogue à celle du numéro 798.

Après avoir déterminé la surface du parallélogramme, je tire une première ligne de division CO; j'abaisse du point donné O, sur CD, une perpendiculaire FO que je trouve, pour ce cas, de 4 décamètres; je cherche sur le côté CD la base d'un triangle qui ait son sommet en O, et dont la surface soit de 17 ares 92 centiares, en indiquant la surface du parallélogramme par S, et faisant

$$\frac{\frac{1}{3}S}{\frac{1}{2}FO} = \frac{17\text{-}92}{2\text{-}0} = 8\text{-}96\,;$$

donc, portant sur CD une longueur de 8 décamètres 96 décimètres de C en G, et tirant la droite GO, j'ai la première partie ou le triangle COG de 17 ares 92 centiares.

Cela fait, il faut maintenant déterminer une seconde partie qui soit encore égale au tiers du parallélogramme Fig. 478. et adjacente à la ligne de division GO; pour cela, je commence par évaluer la surface du triangle DOG, en faisant

$$DG \times \frac{1}{2}FO = 0\text{-}64 \times 2 = 1\text{-}28\,;$$

cette surface de 1 are 28 centiares est déjà une petite partie connue dans le deuxième tiers que je veux déterminer.

J'imagine encore le triangle BDO, dont je connais la base BD de 5 décamètres 82 décimètres et la hauteur HO de 3 décamètres 25 décimètres, j'en cherche la surface en faisant

$$BD \times \frac{1}{2}HO = 5\text{-}82 \times 1\text{-}625 = 9\text{-}46\,;$$

cette surface de 9 ares 46 centiares, ajoutée à celle de 1 are 28 centiares qui précède, donne pour somme 10 ares 74 centiares; cette surface n'équivaut pas encore au tiers du parallélogramme, il faut encore y ajouter une partie triangulaire de 7 ares 18 centiares. Pour déterminer la base BJ de cette partie, connaissant la hauteur

$$IO = BE - FO = 5\text{-}6 - 4 = 1\text{-}6\,,$$

je fais

$$BJ = \frac{7\text{-}18}{\frac{1}{2}IO} = \frac{7\text{-}18}{0\text{-}8} = 8\text{-}975\,;$$

donc la base BJ du triangle BOJ sera de 8 décamètres 975 centimètres; portant cette longueur de B en J, et tirant JO, j'ai le pentagone BDGOJ qui est encore exactement le tiers du parallélogramme proposé.

Enfin, il reste le quadrilatère ACOJ qui équivaut aussi à 17 ares 92 centiares, qui font la troisième partie demandée, et le problème est résolu.

845. La solution de chacun des numéros 799, 800 et 801 est encore applicable aux parallélogrammes. Celle du problème 456 ne peut être appliquée au parallélogramme qu'en employant la division des triangles par des lignes parallèles; ce que nous donnerons plus loin.

Le problème 803, appliqué au carré, peut l'être aussi facilement au parallélogramme; la solution reviendrait à peu près à celle du numéro 844. Celle du problème 804 n'est applicable qu'au carré.

Nous ne parlerons pas du losange qui se divise de même.

DIVISION DU PARALLÉLOGRAMME EN PARTIES INÉGALES.

846. La division des parallélogrammes en parties inégales n'est pas beaucoup plus difficile que celle en parties égales; ce que nous allons dire sur cette partie suffira pour diviser le peu de pièces de terre qui se présentent de cette forme.

PROBLÈME.

847. *Partager une pièce de terre ABCD* (Fig. 479) *en trois parallélogrammes inégaux qui soient entre eux comme les nombres* 3, 5 *et* 7. Fig. 479.

Fig. 479. On a déjà vu, aux numéros 814 et 815, que cette solution n'exigeait pas la connaissance de la surface de la pièce de terre ; il s'agit seulement de connaître l'un des côtés sur lesquels doivent tomber les points de division : nous avons, pour ce problème,

$$AB = CD = 9\text{-}6.$$

La somme des trois nombres qui indiquent les rapports demandés dans le problème étant 15, j'ai un des petits côtés du premier parallélogramme en faisant

$$15 : 9\text{-}6 :: 3 : x = AE,$$

qui revient à

$$AE = \frac{9\text{-}6 \times 3}{15} = 1\text{-}92;$$

ainsi, je porte cette longueur de A en E et de C en F, et je tire la ligne de division EF qui détermine le premier parallélogramme ACFE, qui équivaut à

$$AE \times BG = 1\text{-}92 \times 5\text{-}6 = 10\text{-}75.$$

J'ai de même l'un des deux côtés du second parallélogramme par la proportion

$$15 : 9\text{-}6 :: 5 : x = EH,$$

qui donne

$$EH = \frac{9\text{-}6 \times 5}{15} = 3\text{-}2;$$

donc, en portant cette longueur de E en H et de F en I, et tirant la droite HI, j'ai le parallélogramme EFIH, dont la surface équivaut à

$$EH \times BG = 3\text{-}2 \times 5\text{-}6 = 17\text{-}92.$$

Il est évident qu'au moyen d'une soustraction on a les dimensions du dernier parallélogramme BDIH, qui équivaut à

$$BH \times BG = 4\text{-}48 \times 5\text{-}6 = 25\text{-}09.$$

Enfin, je prouve l'exactitude de cette opération en récapitulant les surfaces partielles comme il suit :

Surface { de la première partie . . 10 ares 75 centiares.
de la deuxième partie . . 17 ares 92 centiares.
de la troisième partie . . 25 ares 09 centiares.
du parallélogramme . . . 53 ares 76 centiares.

La surface de ce parallélogramme est en effet de 53 ares 76 centiares exactement.

PROBLÈME.

Fig. 480. 848. *Diviser un parallélogramme ABCD* (Fig. 480) *en trois autres parallélogrammes inégaux, de manière que le premier, qui doit être de 7 ares 50 centiares, aboutisse à l'angle D ; le deuxième, que l'on veut de 20 ares 11 centiares, aboutisse aux angles A et B ; et le troisième, qui doit être de 26 ares 15 centiares, aboutisse à l'autre angle C.*

Cette figure se divise à peu près comme celle 474 ; je commence par déterminer la ligne de division HI, au moyen de la surface de la deuxième partie, en faisant

$$\frac{20\text{-}11}{AB} = \frac{20\text{-}11}{9\text{-}6} = 2\text{-}094;$$

cette longueur étant connue, je la porte de B en F sur la perpendiculaire BE abaissée sur le prolongement DE du côté CD, et de A en L sur la perpendiculaire AG abaissée sur CD ; du point F, et par le point L, je tire la ligne de division HI qui détermine la deuxième partie ABHI de 20 ares 11 centiares, et, par conséquent, la surface totale des deux autres parties. Fig. 480.

Enfin, je détermine la longueur de la troisième et plus grande partie, qui doit être de 26 ares 15 centiares, en faisant

$$\frac{26\text{-}15}{GL} = \frac{26\text{-}15}{3\text{-}506} = 7\text{-}46;$$

portant cette longueur de I en J et de C en K, et tirant la ligne de division JK, j'ai le parallélogramme GIJK de 26 ares 15 centiares, et celui DHJK de 7 ares 50 centiares.

Les losanges se divisent toujours par les mêmes procédés. Nous ne pousserons pas plus loin la division de ces sortes de figures que l'on ne rencontre pas très-souvent.

Nous ne parlerons pas de la division des quadrilatères réguliers au moyen de la connaissance des angles ; nous avons aussi abandonné la mesure de cette sorte de figure par le même moyen. Ces opérations ne se rencontrent jamais.

MANIÈRE DE FAIRE DES REPRISES DANS LES QUADRILATÈRES RÉGULIERS.

849. Il arrive souvent qu'après avoir mesuré toutes les parties égales ou inégales qui composent un polygone connu, on en trouve de trop fortes et de trop petites ; dans ce cas, il faut faire des reprises. Nous allons indiquer la manière de procéder à ces opérations dans les différens partages des quadrilatères réguliers que nous avons donnés plus haut.

La marche que nous avons suivie dans le numéro 821 pour rectifier la division du carré ABCD (*Fig.* 467) a beaucoup de rapport avec ce que nous allons dire relativement aux reprises.

PROBLÈME.

850. *Reprendre, d'après des arrangemens particuliers, 1 are 96 centiares dans le rectangle AECF* (Fig. 437). Fig. 437.

Cette reprise est facile ; je divise la surface à reprendre, ou 1 are 96 centiares, par la dimension 5 décamètres 6 mètres, j'ai alors

$$\frac{1\text{-}96}{AC} = \frac{1\text{-}96}{5\text{-}6} = 0\text{-}35;$$

donc, en portant cette largeur 0-35 décimètres de E en A sur AE, et de F en C sur CF, j'ai les points où doit être tirée la ligne de reprise qui annulera celle de division EF.

Si l'on avait une semblable reprise à faire sur le tra-
Fig. 438. pèze BEFD (*Fig.* 438), on ferait la division comme ci-dessus, et l'on porterait 0-35 décimètres de E en B sur BE, et de F en D sur DF, et le problème serait résolu.

PROBLÈME.

Fig. 445. 851. *Augmenter le trapèze AECG* (Fig. 445) *de 2 ares 25 centiares, sans déranger le point de division E fixé sur AB.*

Cette solution revient évidemment à chercher une reprise triangulaire de 2 ares 25 centiares qui ait son sommet en E et sa base sur GH. J'ai la longueur de cette base en faisant

$$\frac{2\text{-}25}{\frac{1}{2}AC} = \frac{2\text{-}25}{2\text{-}8} = 0\text{-}8;$$

donc, en portant une longueur de 8 mètres de G en H sur GH, tirant une ligne de reprise de l'extrémité de cette longueur au point E, et annulant la ligne de division EG, le trapèze AECG sera plus grand de 2 ares 25 centiares.

PROBLÈME.

Fig. 447. 852. *Reprendre, sur le triangle AEG* (Fig. 447), *une surface de 4 ares, sans changer le point E commun aux trois parties.*

Cette reprise se fait encore comme la précédente; je divise les 4 ares demandés par 2 décamètres 3 mètres, moitié de la hauteur AE du triangle que l'on veut diminuer, j'ai 1 décamètre 74 décimètres pour la base du triangle qu'il faut reprendre de G en A sur AG, et le problème est résolu.

PROBLÈME.

853. *Diminuer le quadrilatère régulier DEOJ* (Fig.
Fig. 457. 457) *de 2 ares 75 centiares, en changeant l'extrémité J de la ligne de division JO.*

Cette opération est très-facile; je fais

$$\frac{2\text{-}75}{\frac{1}{2}IO} = \frac{2\text{-}75}{1\text{-}5} = 1\text{-}83;$$

je trouve qu'il faut porter une longueur de 1 décamètre 83 centimètres de J en D sur DJ, et tirer, de l'extrémité de cette longueur au point O, une ligne de reprise qui satisfera à l'énoncé du problème.

Nous terminons ici ce que nous avons à dire sur les reprises; cette sorte d'opération exigera davantage de démonstrations dans les chapitres suivans.

DIVISION GRAPHIQUE DES QUADRILATÈRES RÉGULIERS.

854. La division graphique des quadrilatères réguliers est très-peu en usage; nous n'avons pas besoin de la démontrer relativement aux figures 437, 438, 444, 448, 451, 452, 454, 458, 465, 468, 472, 474, 475, 476, 477, 479 et 480, on les divise sur le papier comme nous l'avons fait sur le terrain. On sait qu'après avoir déterminé sur le papier les longueurs, largeurs, hauteurs, etc., des parties demandées, il n'y a plus qu'à les porter sur le terrain, en ayant le soin de bien les évaluer avec l'échelle et le compas. Au reste, il est impossible de réussir aussi bien dans ces sortes de division que dans toutes celles déterminées et fixées par le calcul.

PROBLÈME.

855. *Diviser le carré ABCD* (Fig. 445) *en trois par-* Fig. 445.
ties équivalentes, par deux lignes partant des points E et F donnés sur le côté AB.

Cette opération a beaucoup d'analogie avec celle du numéro 783.

Après avoir levé et construit le plan de ce carré à la plus grande échelle possible, avec la position respective des points de division E et F, je divise, avec le compas, les côtés AB, CD, chacun en trois parties égales, j'ai le carré ABCD partagé en trois rectangles égaux, comme on le voit dans la figure 444.

Cela fait, je place le point H autant à gauche de la ligne de division correspondante que le point F se trouve à droite de cette même ligne, et je tire la véritable ligne de division FH; ensuite je fixe de même le point G autant à gauche de l'autre ligne correspondante que le point E est à droite; je tire l'autre véritable ligne de division EG, et la division est faite sur le plan.

Enfin, j'estime, sur l'échelle, les distances

AE = 3-1,
BF = 1-3,
CG = 0-64,
DH = 2-434,

que je porte respectivement sur le terrain de A en E, de B en F, de C en G, et de D en H, et l'opération est terminée.

Nous allons encore démontrer une autre division graphique en parties égales.

PROBLÈME.

856. *Diviser, par une opération graphique, le carré ABCD* (Fig. 453) *en trois parties égales qui aboutissent* Fig. 453.
au point O, donné dans l'intérieur de ce carré, et de manière qu'une des lignes de division parte du point E donné sur le côté AB.

Après avoir levé et construit (642) le plan de ce carré à la plus grande échelle possible (ce qu'il faut toujours faire dans ce cas), avec les longueurs

AE = 2-0,
EF = 1-4,
BF = 2-2,
AB = 5-6,

cotées exactement, ainsi que la longueur de la perpendiculaire FO, j'imagine le triangle BEO; j'évalue sa surface au moyen de l'échelle et du compas, ce qui donne

Fig. 453. 7 ares 56 centiares; cette surface n'est pas assez grande pour former une des trois parties demandées, il faut encore y ajouter une partie triangulaire que je détermine par la perpendiculaire HO, abaissée sur BD au moyen de l'équerre en bois, et mesurée sur l'échelle avec le compas : faisant sur le papier les calculs indiqués au numéro 798 pour opérer sur le terrain, j'aurai le plan du carré exactement divisé en trois parties égales.

Enfin, ce bornage sur le terrain est très-facile; je porte une longueur de 2 décamètres 63 décimètres de B en G, une autre de 3 décamètres 68 décimètres de A en I, et l'opération est terminée.

PROBLÈME.

Fig. 459. 857. *Diviser le carré ABCD* (Fig. 459) *en deux rectangles qui soient entre eux* :: 2 : 3, *au moyen d'une opération graphique.*

Après avoir levé et construit le plan du carré proposé, à la plus grande échelle possible, je divise les côtés AB, CD, chacun en 7 parties égales; je tire de la deuxième division sur AB, et de l'autre deuxième sur CD, la ligne de division EF qui divise le plan comme 2 est à 5.

Donc, j'estime, avec l'échelle et le compas, les distances

$$AE = CF = 2{\cdot}24,$$

que je porte, sur le terrain, de A en E et de C en F, et l'opération est terminée.

La figure 462 se mesure de même.

Enfin, nous arrêtons ici ces sortes de démonstrations peu usitées.

Chapitre Huitième.

MESURE ET DIVISION DES TRIANGLES.

OPÉRATIONS PRÉLIMINAIRES SUR LA MESURE ET LA DIVISION DES TRIANGLES.

858. Les numéros 20, 21, 22, 23, 24, 25, 26, 27, 28, 29, 30, 31 et 131, comprennent les définition et construction de ces triangles; ceux 133, 145, 146 et 147 se rapportent particulièrement à la surface de ces figures. Nous allons commencer par donner la manière de trouver la hauteur ou la base que doit avoir un triangle dont on connaît la surface et une dimension.

PROBLÈME.

859. *Trouver le côté d'un triangle équilatéral dont la surface donnée est de 17 ares 22 centiares.*

Après avoir déterminé le côté d'un carré équivalent, qui est de 4 décamètres 15 décimètres, tel qu'il a été dit au numéro 751 d'après la figure 385, je réduis ce carré à un cercle équivalent par le procédé pratique du numéro 2° de la note page 34; ensuite je transforme ce cercle au triangle équilatéral demandé par le n° 3 de la note précitée, et le problème est résolu.

860. Quand on connaît la surface d'un triangle quelconque et l'une des deux dimensions (753), il suffit, pour trouver l'autre, de *diviser le nombre d'ares qui indique la surface par la moitié du nombre de décamètres qui indique la dimension connue*, le quotient donne la longueur de la dimension inconnue. Cela est évident, puisque, d'après le numéro 145, *la surface est égale au produit d'une dimension multipliée par la moitié de l'autre.* Nous avons déjà suivi cette marche pour la résolution de beaucoup de problèmes dans la section précédente.

PROBLÈME.

861. *Trouver la hauteur d'un triangle dont on connaît la surface de 13 ares 26 centiares, et la base de 6 décamètres 98 centimètres.*

Toute cette opération se réduit à la division suivante :

$$\frac{13\text{-}26}{\frac{1}{2}\,6\text{-}98}=\frac{13\text{-}26}{3\text{-}48}=3\text{-}8;$$

donc la hauteur de ce rectangle est 3 décamètres 8 mètres.

Si l'on connaissait, par exemple, la surface du même triangle et sa hauteur, on aurait la base 6 décamètres 98 décimètres en faisant

$$\frac{13\text{-}26}{\frac{1}{2}\,3\text{-}8}=\frac{13\text{-}26}{1\text{-}9}=6\text{-}98.$$

Ces deux cas se vérifient par les dimensions de la figure 387.

862. Le numéro 134 donne le moyen de *changer le triangle ABC* (Fig. 83) *en un autre qui ait son sommet au point D donné sur le côté AB, ou sur son prolongement, qui soit équivalent.* Ce problème n'ayant été résolu que par une opération graphique, nous allons faire connaître la marche qu'il faut suivre pour déterminer le point E, par le calcul, étant sur le terrain. Fig. 83.

Pour trouver la longueur de AE, je fais la proportion

$$AD : AC :: BD : CE,$$

qui, en supposant

$$AC = 3\text{-}2,$$
$$AD = 2\text{-}4,$$
$$BD = 1\text{-}6,$$

donne celle

$$2\text{-}4 : 3\text{-}2 :: 1\text{-}6 : x = CE,$$

qui revient à

$$CE=\frac{3\text{-}2\times 1\text{-}6}{2\text{-}4}=2\text{-}133.$$

Si, dans pareil cas, le point E était connu, on aurait le point D ou la longueur BD en faisant

$$AC : AD :: CE : BD.$$

863. Le numéro 135 indique le procédé graphique qu'il faut suivre pour *changer le triangle ABC* (Fig. 84) Fig. 84.

Fig. 84. *en un autre qui ait son sommet au point O, et qui soit équivalent.*

Après avoir changé sur le terrain le triangle ABC en celui EBC de même surface, sachant que

BC = 4-2,
BO = 7-2,
EO = 2-7,

j'ai le point F ou la distance CF par le proportion

BO : BC : : EO : CF,

ou par celle

7-2 : 4-2 : : 2-7 : x = CF,

qui revient à l'expression

$$CF = \frac{4\text{-}2 \times 2\text{-}7}{7\text{-}2} = 1\text{-}576.$$

Voici plusieurs problèmes qui ont de l'analogie avec ce qui a été dit au numéro 752.

PROBLÈME.

864. *Transformer un triangle quelconque* ca' e
Fig. 432. (Fig. 432) *en un triangle rectangle de même base et de même surface.*

Cette solution est assez facile; élevez à l'une des extrémités de la base une perpendiculaire *ac*, égale à la hauteur du triangle donné *c a' e* que vous voulez réduire ; Fig. 432.
joignez par une droite le sommet *a* de la perpendiculaire à l'autre extrémité *e* de la base, et vous aurez le triangle rectangle *c a e*, égal en superficie à celui *c a' e*.

Ces deux triangles ont une base commune et une même hauteur.

PROBLÈME.

865. *Transformer le triangle* ca' e *en un triangle isocèle de même base et de même surface.*

Pour faire cette seconde transformation, élevez au milieu de la base *c e* du triangle *ca' e* une perpendiculaire égale à la hauteur du triangle que vous réduisez, et joignez l'extrémité *a"* de cette perpendiculaire aux deux extrémités *c* et *e* de la base, vous aurez le triangle isocèle *c a" e*, qui sera équivalent à celui *c a' e*.

Le numéro 752 indique la marche qu'il faut suivre pour réduire le carré à un triangle.

Nous avons déjà dit (755) que la transformation d'un rectangle en un triangle était aussi facile que celle du carré.

Enfin, le numéro 136 et particulièrement ceux 137 et 139, indiquent les procédés à employer pour réduire les polygones à des triangles.

SECTION PREMIÈRE.

MESURE DES TRIANGLES.

866. Il n'est pas rare de rencontrer des champs de la forme du triangle; quand deux chemins, par exemple, se rencontrent, l'espace qui les sépare est angulaire; il suffit qu'une ligne de sillon joigne ces chemins pour que le triangle existe.

On a vu, aux numéros 133, 143 et 145, les principes généraux sur lesquels repose la mesure des triangles. Nous allons donner plus de développement à cet article, pour en faciliter l'application sur le terrain, selon les différentes circonstances où l'on peut se trouver.

Dans toutes les solutions qui vont suivre, il est supposé qu'on n'entreprendra point la mesure d'un triangle sans en avoir fait le canevas. La connaissance du terrain étant prise, on forme souvent ce canevas à mesure que l'on opère.

MESURES DES TRIANGLES ACCESSIBLES EN DEDANS ET EN DEHORS.

867. Dans la pratique, il arrive rarement que les angles se trouvent exactement droits; d'ailleurs, il serait trop long de les essayer tous pour le savoir. On verra ci-après qu'il est plus simple de prendre tout de suite le plus grand côté d'un triangle pour base, et d'élever sur celle-ci une perpendiculaire que l'on mesure, ainsi que la base.

D'après le numéro 145, on détermine la surface d'un triangle quelconque, en multipliant le nombre de décamètres et de parties décimales du décamètre contenu dans la base, par la moitié du nombre de décamètres et de parties décimales du décamètre contenu dans la hauteur, et le produit est égal au nombre de décamètres carrés ou d'ares et de parties décimales du décamètre carré contenu dans la surface du triangle.

PROBLÈME.

868. *Déterminer la surface d'un triangle quelconque ABC* (Fig. 388). Fig. 388.

Les mesurages effectués dans le numéro 645 pour la levée du plan de ce triangle, donnent les dimensions suivantes :

BD = 2-52,
AD = 3-14,
CD = 4-52,

Fig. 388. j'ai la longueur de base AC en faisant

$$AC = AD + CD = 3\text{-}14 + 4\text{-}52 = 7\text{-}66.$$

Donc, en suivant la règle générale de la mesure des triangles (145 *et* 867), je fais

$$AC \times \tfrac{1}{2} BD = 7\text{-}66 \times 1\text{-}26 = 9\text{-}65,$$

qui donne 9 ares 65 centiares pour la surface du triangle proposé.

On peut indifféremment prendre la moitié de la base ou la moitié de la hauteur pour évaluer la surface des triangles; en effet, l'on a de même

$$BD \times \tfrac{1}{2} AC = 2\text{-}52 \times 3\text{-}83 = 9\text{-}65.$$

Enfin, quelques géomètres-arpenteurs déterminent la surface du triangle en faisant, pour le cas que nous traitons,

$$\frac{AC \times BD}{2} = \frac{7\text{-}66 \times 2\text{-}52}{2} = \frac{19\text{-}30}{2} = 9\text{-}65.$$

Une chaîne et une équerre suffisent pour évaluer la superficie d'un triangle quelconque. Voici la marche que l'on suit généralement pour l'évaluation graphique des triangles.

PROBLÈME.

869. *Trouver, par le calcul graphique, la surface d'une pièce de terre représentée par le triangle ABC*
Fig. 38. (Fig. 38) *construit à l'échelle de 1 à 2500.*

Le calcul graphique des triangles a tant de rapport avec la solution du problème précédent, que nous avons peu de démonstrations à donner sur ce point.

Il a été démontré (145) que la surface d'un triangle est égale à sa base multipliée par la moitié de sa hauteur; en conséquence je prends la longueur de la base AB avec une ouverture de compas que j'applique sur l'échelle adoptée; cette ouverture répond, pour ce cas, à 2 décamètres 66 décimètres. Ensuite j'abaisse, sur la base AB, la perpendiculaire CD qui est la hauteur du triangle; je prends, avec le compas, une ouverture CD qui répond à 3 décamètres 7 mètres.

Quant à la surface, je la détermine comme à l'ordinaire, en faisant

$$AB \times \tfrac{1}{2} CD = 2\text{-}66 \times 1\text{-}85 = 4\text{-}92,$$

qui donne 4 ares 92 centiares pour la surface de la pièce de terre proposée.

Dans ces sortes d'opérations on peut se dispenser d'élever les perpendiculaires, surtout lorsqu'il n'est question que de déterminer leur longueur, car il a été démontré (33) que la perpendiculaire abaissée d'un point sur une droite est plus courte que toute oblique menée de ce même point sur cette droite; alors comme, avec un compas, on peut avoir la longueur de la perpendiculaire CD sans que cette perpendiculaire soit tracée sur le plan, il suffit de chercher une ouverture de compas au moyen de laquelle, du point C comme centre, on décrit un arc qui touche la base AB en un seul point D.

MESURE DES TRIANGLES ACCESSIBLES EN DEHORS SEULEMENT.

870. L'évaluation de la surface d'un triangle que l'on ne peut traverser peut presque toujours être ramenée à la précédente, seulement il se présente souvent une difficulté sur le terrain, celle de pouvoir abaisser et mesurer la perpendiculaire dans le triangle. Voici plusieurs problèmes relatifs à ce cas.

PROBLÈME.

871. *Déterminer la surface de la pièce de broussailles ABC* (Fig. 387). Fig. 387.

Les opérations effectuées dans le numéro 644, pour la levée du plan de ce triangle, donnent

$$AB = 3\text{-}8,$$
$$AC = 6\text{-}98;$$

puisque le côté AB est exactement la hauteur du triangle, je fais la surface par l'expression

$$AC \times \tfrac{1}{2} AB = 6\text{-}98 \times 1\text{-}9 = 13\text{-}26,$$

qui m'assure 13 ares 26 centiares pour la surface du triangle proposé.

Enfin, le triangle rectangle, accessible à l'intérieur, se mesure toujours comme il vient d'être dit. Il existe peu de triangles rectangles sur le terrain autres que ceux donnés par les lignes d'opération.

PROBLÈME.

872. *Trouver la surface d'un triangle quelconque ABC* (Fig. 389). Fig. 389.

Le numéro 646 donne, relativement à la levée du plan de ce triangle, les deux distances

$$AC = 5\text{-}3,$$
$$BD = 2\text{-}8;$$

la longueur du prolongement CD ne se mesure qu'autant que l'on veut construire le plan de ce triangle.

La surface se détermine toujours de la même manière; si je fais

$$AC \times \tfrac{1}{2} BD = 5\text{-}3 \times 1\text{-}4 = 7\text{-}42,$$

j'aurai la surface du triangle proposé, qui est de 7 ares 42 centiares.

Il est essentiel de toujours prolonger le plus long des deux côtés qui forment l'angle obtus, afin d'avoir une plus courte perpendiculaire sur le terrain.

Enfin, il peut arriver que, dans un triangle, il soit impossible d'abaisser une perpendiculaire, et surtout de la mesurer. Voici un moyen d'obtenir la surface d'un triangle dont on ne peut mesurer que les trois côtés.

PROBLÈME.

873. *Déterminer, sans le secours de l'équerre, la*

Fig. 372. *surface du triangle ABC* (Fig. 372), *considéré dans une position horizontale.*

Je mesure les trois côtés du triangle proposé, j'ai

AB = 10-4,
AC = 9-1,
BC = 7-5,

et toute l'opération est faite sur le terrain. Ce moyen évite la mesure de la hauteur du triangle et l'erreur qui en est inséparable.

Ces trois côtés étant connus, je les ajoute ensemble; j'ai pour somme

$$10\text{-}4 + 9\text{-}1 + 7\text{-}5 = 27\text{-}0,$$

dont la moitié est

$$\frac{27\text{-}0}{2} = 13\text{-}5;$$

je retranche successivement, de cette demi-somme, chacun des trois côtés, j'ai les trois restes

$$13\text{-}5 - 10\text{-}4 = 3\text{-}1,$$
$$13\text{-}5 - 9\text{-}1 = 4\text{-}4,$$
$$13\text{-}5 - 7\text{-}5 = 6\text{-}0,$$

dont je multiplie le premier par le second, ce qui donne

$$3\text{-}1 \times 4\text{-}4 = 13\text{-}64;$$

je multiplie ce produit par le troisième reste, j'ai le produit

$$13\text{-}64 \times 6\text{-}0 = 81\text{-}84,$$

que je multiplie ensuite par 13 décamètres 5 mètres, demi-somme des trois côtés, en faisant

$$81\text{-}84 \times 13\text{-}5 = 1104\text{-}84.$$

Donc, le produit des trois restes et de la demi-somme est 1104-84 centièmes. Extrayant la racine carrée de cette quantité, j'ai

$$\sqrt{1104\text{-}84} = 33\text{-}239,$$

ou 33 ares 24 centiares pour la surface du triangle proposé.

Ce procédé, qui est aussi remarquable par son élégance que par son utilité, est infiniment commode et dispense de la nécessité de mesurer les angles dans les cas les plus ordinaires de l'arpentage. Voici la formule générale :

Si l'on représente, par exemple, les trois côtés d'un triangle rectiligne quelconque par a, b, c, et la demi-somme de ces trois côtés par m, on aura, en indiquant par S la surface du triangle,

$$S = \sqrt{m \times (m-a) \times (m-b) \times (m-c)}.$$

Pour ne point courir le risque de se tromper dans les calculs de ce mesurage, il faut les faire d'après cette dernière formule, de laquelle on déduit, pour la pratique, la *règle générale* suivante :

Faites la demi-somme des trois côtés, et retranchez successivement, de cette demi-somme, chacun des côtés; faites le produit des trois restes et de la demi-somme, la racine carrée de ce produit sera la surface du triangle.

Maintenant, il est très-important de faire connaître ici la marche qu'il faudrait suivre, si l'on voulait abréger ce calcul au moyen des logarithmes; la voici :

$$\text{Log.}\begin{cases} 3\text{-}1 = 0\text{-}4913617 \\ 4\text{-}4 = 0\text{-}6434527 \\ 6\text{-}0 = 0\text{-}7781513 \\ 13\text{-}5 = 1\text{-}1303338 \end{cases}$$

$$\text{Log. du produit} = 3\text{-}0432995$$

prenant la moitié, on a........ 1-5216497;
ce logarithme répond, dans les tables, à 33 ares 24 centiares, même résultat que le précédent.

Ce procédé est quelquefois employé pour l'évaluation des triangles de libre accès, surtout lorsque la perpendiculaire doit être très-longue et difficile à chaîner.

MESURE DES TRIANGLES QUI ONT DES PARTIES INACCESSIBLES.

874. C'est sous ce titre que nous allons résoudre quelques problèmes au moyen de la chaîne et des jalons, et par la connaissance des angles ou la trigonométrie.

PROBLÈME.

875. *Déterminer la surface du triangle rectangle ABC* (Fig. 225), *dont un côté AC est inaccessible.* Fig. 225.

Pour connaître la longueur du côté inaccessible AC, je fais une opération semblable à celle du numéro 425, je trouve de même 257 décamètres 4 mètres pour la longueur du côté AC, hauteur du triangle proposé.

Connaissant la longueur de la base AB, qui est 200 décamètres, j'évalue la surface de ce triangle rectangle en faisant

$$AB \times \tfrac{1}{2} AC = 200\text{-}0 \times 123\text{-}7 = 257\text{-}4,$$

qui donne 257 ares 40 centiares.

Le même numéro donne la même longueur, et n'exige pas la connaissance des angles (520).

N. B. Ce triangle et les autres qui se trouvent sur la planche cinquième ne sont pas construits à l'échelle de 1 à 2500, comme les figures que nous construisons ordinairement pour nos démonstrations.

PROBLÈME.

876. *Trouver la surface du triangle rectangle ABC* (Fig. 227), *dont les deux côtés AB, AC, sont inaccessibles.* Fig. 227.

Les calculs trigonométiques du numéro 428 donnent les résultats suivans :

AB = 200-0,
AC = 257-4;

la surface est donc égale à 257 ares 40 centiares, comme dans le problème précédent.

PROBLÈME.

877. *Déterminer, au moyen de l'équerre et des jalons,*

Fig. 274. *la surface du triangle ABD* (Fig. 274), *dont les deux côtés AB, AD, sont inaccessibles.*

Pour connaître la hauteur AB de ce triangle, d'un point F pris à volonté sur le côté accessible AD, élevez à ce dernier une perpendiculaire FG, qui soit terminée par l'hypothénuse AD; les triangles semblables ABD, DFG, donneront la longueur du côté AB, par la proportion

$$FD : BD :: GF : AB,$$

qui revient à

$$AB = \frac{BD \times GF}{FD}.$$

Sachant que le chaînage a donné

$$GF = 3\text{-}4,$$
$$FD = 3\text{-}5,$$
$$BF = 6\text{-}5,$$

et, par conséquent

$$BD = 10\text{-}0,$$

on trouve, par la formule suivante

$$AB = \frac{10\text{-}0 \times 3\text{-}4}{3\text{-}5} = \frac{0\text{-}34}{3\text{-}5} = 9\text{-}7.$$

Puisque la hauteur du triangle est de 9 décamètres 7 mètres, longueur déjà trouvée aux numéros 523 et 524, la surface du triangle équivaut à

$$AB \times \tfrac{1}{2} BD = 10\text{-}0 \times 4\text{-}85 = 48\text{-}5,$$

ou à 48 ares 50 centiares.

Si l'on ne voulait point entrer dans le triangle, on prolongerait les deux côtés qui forment l'angle D; on élèverait, d'un point C pris à volonté sur le prolongement de BD, une perpendiculaire CE qui se terminerait à la rencontre du prolongement de AD, et l'on aurait la longueur de AB, par la proportion

$$CD : BD :: CE : AB,$$

qui donnerait

$$AB = \frac{10\text{-}0 \times 3\text{-}4}{3\text{-}5} = 9\text{-}7;$$

ce résultat serait encore le même, et l'opération n'est pas plus difficile.

PROBLÈME.

878. *Calculer la surface d'un triangle rectangle ABE* Fig. 276. (Fig. 276), *dont les deux côtés AB et AE sont inaccessibles.*

Cette opération n'est pas difficile; après avoir fixé, comme dans le numéro 526, la parallèle CD d'une longueur égale au côté AE, je la mesure ainsi que le côté accessible BE, j'ai

$$CD = 9\text{-}0,$$
$$BE = 4\text{-}8.$$

Cela déterminé sur le terrain, je fais, d'après le numéro 145,

$$CD \times \tfrac{1}{2} BE = 9\text{-}0 \times 2\text{-}4 = 21\text{-}6;$$

ce qui donne 21 ares 60 centiares pour la surface demandée.

PROBLÈME.

879. *Déterminer, au moyen de la chaîne et des jalons, la surface du triangle ABC* (Fig. 373), *dont un* Fig. 373. *côté AC est inaccessible.*

Après avoir fait, comme dans la solution du problème 628,

$$Bc = BC = 3\text{-}5,$$
$$aB = AB = 5\text{-}7,$$

je mesure *ac* que je trouve de 3 décamètres 2 mètres; j'ai alors

$$AC = ac = 3\text{-}2.$$

Cela déterminé, puisque je connais la longueur de chacun des trois côtés, je cherche la surface du triangle *aBc* ou ABC, en suivant la formule ou la règle générale du numéro 873, qui donne, pour la demi-somme des trois côtés,

$$\frac{3\text{-}5 + 5\text{-}7 + 3\text{-}2}{2} = \tfrac{1}{2}(3\text{-}5 + 5\text{-}7 + 3\text{-}2) = 6\text{-}2;$$

j'ai les trois restes en faisant

$$6\text{-}2 - 3\text{-}5 = 2\text{-}7,$$
$$6\text{-}2 - 5\text{-}7 = 0\text{-}5,$$
$$6\text{-}2 - 3\text{-}2 = 3\text{-}0,$$

qui, étant multipliés successivement l'un par l'autre, donne

$$2\text{-}7 \times 0\text{-}5 \times 3\text{-}0 = 4\text{-}05;$$

faisant maintenant

$$4\text{-}05 \times 6\text{-}2 = 25\text{-}11,$$

j'ai le produit 25-11 dont la racine carrée 5 ares 01 centiare environ, est la surface du triangle proposé.

Si l'on avait préféré abaisser une perpendiculaire du point *c* sur *a*B, on aurait eu la surface du triangle, sachant que cette perpendiculaire aurait été de 1 décamètre 76 décimètres, en faisant

$$5\text{-}7 \times \tfrac{1}{2}\, 1\text{-}76 = 5\text{-}7 \times 0\text{-}88 = 5\text{-}01,$$

même résultat que par l'autre formule.

L'on pourrait prolonger l'un ou l'autre des deux côtés *ac*, B*c*, pour abaisser la perpendiculaire sur le prolongement, si quelques obstacles se présentaient encore sur le terrain.

Enfin, si l'on voulait absolument évaluer la surface du triangle par la connaissance de la perpendiculaire, on déterminerait, d'après le procédé du numéro 512 et sur le plus grand côté, la distance du pied de la perpendiculaire à l'un des deux angles adjacens, ce qui donnerait la longueur de la perpendiculaire en soustrayant le carré du segment de celui de l'hypothénuse.

Le numéro 429 donnerait de même la longueur de la perpendiculaire; ce que nous allons faire connaître.

PROBLÈME.

880. *Déterminer, par le calcul, la surface du triangle ABC* (Fig. 236) *qui a le côté BC inaccessible, et* Fig. 236. *dont on ne peut mesurer les angles B et C.*

Fig. 236. Après avoir mesuré l'angle A et les deux côtés adjacens, j'ai

$$BAC = 72^G\,68',$$
$$AB = 169\text{-}9,$$
$$AC = 267\text{-}24.$$

Puisque la surface d'un triangle est égale au produit de sa base par la moitié de sa hauteur (145), dans le triangle proposé, il ne s'agit que de connaître la hauteur d'une perpendiculaire abaissée du sommet B sur le côté opposé AC.

Supposant le rayon des tables égal à l'unité, je trouve, d'après le numéro 422, une perpendiculaire que nous désignons par P, en faisant

$$1 : \sin.\ A :: AB : x = P,$$

qui donne la formule

$$P = \sin.\ A \times AB;$$

connaissant les mesures, j'ai alors

$$P = \sin.\ 72^G\,68' \times 169\text{-}9 = 154\text{-}49,$$

ou par les logarithmes, comme au numéro 428, en faisant

$$\log.\ 169\text{-}9 = 2\text{-}2301934$$
$$\log.\ \sin.\ 72^G\,68' = 9\text{-}9587183$$
$$\text{Somme} - 10 = 2\text{-}1889117$$

Ce logarithme répond aussi, dans les tables, à 154 décamètres 49 décimètres ; ainsi, la surface du triangle proposé équivaut à

$$AC \times \tfrac{1}{2} P = 267\text{-}24 \times 77\text{-}245 = 20642\text{-}96,$$

ou à 206 hectares 43 ares environ.

Donc, la longueur d'une perpendiculaire abaissée sur un côté dans un triangle quelconque, est égale au sinus d'un des angles adjacens à ce côté, multiplié par l'autre côté qui forme cet angle.

881. La surface du triangle peut encore s'obtenir par cette formule très-utile et très-remarquable, indiquant par S la surface totale, on a généralement

$$S = \frac{AB \times AC \times \sin.\ A}{2},$$

qui donne, pour ce cas,

$$S = \tfrac{1}{2}\,(169\text{-}9 \times 267\text{-}24 \times \sin.\ 72^G\,68'),$$

que je résous facilement par les logarithmes, en faisant

$$\log.\ 169\text{-}9 = 2\text{-}2301934$$
$$\log.\ 267\text{-}24 = 2\text{-}4269015$$
$$\log.\ \sin.\ 72^G\,68' = 9\text{-}9587183$$
$$\text{Somme} - 10 = 4\text{-}6158132$$

Ce logarithme répond à 41286, dont la moitié est de 206 hectares 43 ares pour la surface du triangle ABC.

Donc la surface d'un triangle dont on connaît deux côtés et l'angle compris entre ses côtés, est égale à la moitié du produit de ces côtés multiplié par le sinus de l'angle connu.

PROBLÈME.

882. *Déterminer, par le calcul, la surface du triangle ABC* (Fig. 230), *dont on peut seulement mesurer le côté BC et les deux angles adjacens B et C.* Fig. 230.

Si je cherche la longueur du côté AC, comme au numéro 435, j'aurai la surface de ce triangle en effectuant les calculs indiqués dans l'expression suivante, où S indique la surface

$$S = \tfrac{1}{2}\,(AC \times BC \times \sin.\ C);$$

cette formule se rapporte exactement au numéro précédent.

Les mesures sur le terrain donnant

$$BC = 250\text{-}0,$$
$$ABC = 84^G\,91',$$
$$ACB = 42^G\,41',$$

j'ai l'angle BAC en faisant

$$BAC = 200^G - (ABC + ACB)$$
$$= 200^G - (84^G\,91' + 42^G\,41')$$
$$= 200^G - 127^G\,32' = 72^G\,68'.$$

Pour déterminer la surface de ce triangle au moyen d'une perpendiculaire abaissée de l'angle A sur le côté BC, je cherche la longueur de cette dernière, que nous indiquons par P, en faisant

$$P = \frac{BC \times \sin.\ B \times \sin.\ C}{\sin.\ A},$$

qui revient, pour le cas que nous traitons, à l'expression

$$P = \frac{250 \times \sin.\ 84^G\,91' \times \sin.\ 42^G\,41'}{\sin.\ 72^G\,68'},$$

que je résous par les logarithmes comme il suit :

$$\log.\ 250 = 2\text{-}3979400$$
$$\log.\ \sin.\ 84^G\,91' = 9\text{-}9876837$$
$$\log.\ \sin.\ 42^G\,41' = 9\text{-}7909766$$
$$C.\ \log.\ \sin.\ 72^G\,68' = 0\text{-}0412817$$
$$\text{Somme} - 2\log.\ R = 2\text{-}2178820$$

Ce logarithme répond à 165 décamètres 14 décimètres, qui est la longueur d'une perpendiculaire abaissée de l'angle sur le côté BC.

Cela connu, je fais, en indiquant la surface du triangle par S,

$$S = BC \times \tfrac{1}{2} P = 250 \times 82\text{-}57 = 20642\text{-}5.$$

Donc le produit des sinus de deux angles et du côté adjacent, divisé par le sinus de l'autre angle, donne la longueur d'une perpendiculaire abaissée de ce dernier angle sur le côté connu.

883. Voici la formule qu'il faut suivre pour obtenir directement la surface du triangle ; prenant toujours S pour l'indication de la surface, j'ai

$$S = \frac{BC \times BC \times \sin.\ B \times \sin.\ C}{2 \times \sin.\ A},$$

ou

$$S = \frac{BC^2 \times \sin.\ B \times \sin.\ C}{2 \times \sin.\ A}:$$

qui revient à l'expression

$$S = \frac{250^2 \times \sin.\ 84^G\,91' \times \sin.\ 42^G\,41'}{2 \times \sin.\ 72^G\,68'},$$

Fig. 230. que je calcule comme il suit :

$$
\begin{aligned}
2 \log. 250 = \log. 250^2 &= 4\text{-}7958800 \\
\log. \sin. 84^\circ 91' &= 9\text{-}9876837 \\
\log. \sin. 42^\circ 41' &= 9\text{-}7909766 \\
C. \log. 2 &= 9\text{-}6989700 \\
C. \log. \sin. 72^\circ 68' &= 0\text{-}0412817 \\
\text{Somme} - 3 \log. R &= 4\text{-}3117920
\end{aligned}
$$

Ce logarithme répond, dans les tables, à 20643, qui indique 206 hectares 43 ares pour la surface du triangle proposé. Nous avons toujours le même résultat.

Donc la surface d'un triangle dont on connaît un côté et les deux angles adjacens est égale à la moitié du carré du côté donné, multiplié par le produit des sinus des angles adjacens, divisé par le sinus de l'autre angle.

Enfin, il est facile de voir qu'on obtient l'équation relative à cette solution en prenant d'abord l'expression d'un des inconnus (431), qu'on substitue dans la formule qui donne la perpendiculaire (882), et multipliant par $\frac{1}{2}$ BC.

PROBLÈME.

884. *Déterminer, par le calcul, la surface du triangle ABC* (Fig. 233) *dont on ne peut mesurer que les côtés AC, BC, et un angle opposé A.* Fig. 233.

Si, par exemple, je détermine l'angle C par la connaissance de celui B, que je trouve en suivant la solution du numéro 436, j'aurai la surface demandée en suivant les formules des numéros 880, 881, 882 et 883.

Cela se pratique encore avec facilité; mais en général il vaut mieux employer des formules établies pour chacun des cas qui se présentent.

Voici la formule qui donne directement (c'est-à-dire après avoir déterminé un second angle) la surface du triangle; faisant S égale à la surface demandée, j'ai

$$S = \frac{AC \times BC \times \sin. (A + B)}{2},$$

qui revient, pour le cas que nous traitons et en prenant la valeur de l'angle D trouvée dans le numéro 436, à l'expression suivante :

$$S = \frac{267\text{-}24 \times 250 \times \sin. (157^\circ 59')}{2},$$

que je résous par les logarithmes, comme il suit :

$$
\begin{aligned}
\log. 267\text{-}24 &= 2\text{-}4269015 \\
\log. 250 &= 2\text{-}3979400 \\
\log. \sin. 157^\circ 59' \text{ ou } 42^\circ 41' &= 9\text{-}7909766 \\
\text{Somme} - 10 &= 4\text{-}6158181
\end{aligned}
$$

Ce logarithme répond, dans les tables, à 41286, dont la moitié, 206 hectares 43 ares, est la surface du triangle ABC proposé. Ceci se rapporte beaucoup au numéro 879; en effet, l'on aperçoit dans l'opération le sinus de l'angle C compris entre les deux côtés donnés, déguisé sous la figure du complément de l'angle 157 grades 59 minutes.

Enfin, la surface du triangle est égale à la moitié du produit des côtés donnés, multiplié par le sinus de la somme de l'angle donné et de l'autre angle opposé au côté connu.

N. B. La surface de chacun des triangles ABC (*Fig.* 231 *et* 232) se détermine facilement en suivant la règle du numéro 883; dans la figure 231 on a l'angle C par une soustraction, et l'angle B dans la figure 232 par la même opération.

PROBLÈME.

885. *Déterminer, par le calcul, la hauteur et la surface du triangle ABC* (Fig. 229), *dont on ne peut mesurer que les trois côtés.* Fig. 229.

Ayant donné dans le numéro 874 la manière de calculer la surface d'un triangle par la connaissance de ses trois côtés seulement, nous allons ici résoudre le même problème en déterminant cette surface au moyen de la perpendiculaire AD abaissée sur le côté BC, qu'il faut déterminer par le calcul.

Supposons qu'en chaînant le triangle proposé l'on a eu les longueurs suivantes (1) :

$$
\begin{aligned}
AB &= 6\text{-}3, \\
AC &= 8\text{-}6, \\
BC &= 12\text{-}4.
\end{aligned}
$$

Pour avoir la longueur de la perpendiculaire AD, je commence par établir la proportion suivante :

$$BC : AC + AB :: AC - AB : x;$$

le quatrième terme de cette proportion, ou x, équivaut à

$$BC - 2BD,$$

c'est-à-dire qu'il faut le retrancher de la base BC pour avoir la double distance du point B au pied D de la perpendiculaire AD.

Mettant les valeurs données, j'ai la proportion

$$12\text{-}4 : 8\text{-}6 + 6\text{-}3 :: 8\text{-}6 - 6\text{-}3 : x,$$

ou, en additionnant et soustrayant, celle

$$12\text{-}4 : 14\text{-}9 :: 2\text{-}3 : x,$$

qui revient à

$$x = \frac{14\text{-}9 \times 2\text{-}3}{12\text{-}4} = 2\text{-}764.$$

Par les logarithmes, je fais

$$
\begin{aligned}
\log. 14\text{-}9 &= 1\text{-}1731863 \\
\log. 2\text{-}3 &= 0\text{-}3617278 \\
C. \log. 12\text{-}4 &= 8\text{-}9065783 \\
\text{Somme} - \log. R &= 0\text{-}4414924
\end{aligned}
$$

Ce logarithme répond à 2 décamètres 764 centimètres, comme dans la formule précédente.

D'après ce que nous venons de dire relativement à la valeur de x, j'ai le point D où doit tomber la perpendiculaire, en faisant

$$BD = \frac{BC - x}{2},$$

(1) Nous reprenons ici l'échelle de 1 à 2500. Nous allons continuer, dans le reste de cet ouvrage, à supposer les dimensions de nos figures établies d'après ce rapport.

Fig. 239. qui donne, sachant que x vaut 2 décamètres 764 centimètres

$$BD = \frac{1}{2}(12\text{-}4 - 2\text{-}764)$$
$$= \frac{1}{2}\,9\text{-}636 = 4\text{-}818\,;$$

j'aurais de même

$$CD = \frac{BC - x}{2} + x,$$

qui donne

$$CD = \frac{1}{2}(12\text{-}4 - 2\text{-}764) + 2\text{-}764$$
$$= (\frac{1}{2}\,9\text{-}636) + 2\text{-}764$$
$$= 4\text{-}818 + 2\text{-}764 = 7\text{-}582.$$

En effet,

$$BC = BC + CD = 4\text{-}818 + 7\text{-}582 = 12\text{-}4,$$

longueur trouvée sur le terrain.

Maintenant, pour avoir la longueur de la perpendiculaire AB, j'ai le triangle ABD rectangle en D, dans lequel l'hypothénuse AB et le côté BD sont connus; j'ai donc, en mettant la valeur des côtés dans la formule (8) du numéro 422 et en opérant par les logarithmes,

$$\log.\ AB + BD = \log.\ 11\text{-}118 = 1\text{-}0460267$$
$$\log.\ AB - BD = \log.\ \ 1\text{-}482 = 0\text{-}1708432$$
$$\log.\ AD^2 = 1\text{-}2168749$$
$$\log.\ AD = 0\text{-}6084374$$

Ce logarithme répond à 4 décamètres 06 décimètres, qui est la longueur de la perpendiculaire AD.

Enfin, la surface du triangle proposé est égale à

$$BC \times \frac{1}{2} AD = 12\text{-}4 \times 2\text{-}03 = 25\text{-}17,$$

ou à 25 ares 17 centiares.

N. B. La formule du numéro 512 peut être employée avec autant d'avantage que cette dernière.

PROBLÈME.

Fig. 397. 886. *Calculer la surface du triangle ABC* (Fig. 397) *dont on ne peut mesurer les côtés, ni sortir dehors pour mesurer les angles.*

Je me place dans l'intérieur du triangle, en O, par exemple, et je mesure les angles et les rayons suivans :

$$AOB = 154^G\ 10',$$
$$BOC = 122^G\ 60',$$
$$AOC = 123^G\ 30',$$
$$AO = 1\text{-}75,$$
$$BO = 2\text{-}62,$$
$$CO = 1\text{-}87.$$

Ces mesures me font connaître deux côtés et l'angle compris de chacun des triangles ABO, BCO, ACO; je commence par chercher la surface de celui ABO, par la formule du numéro 881 qui donne, pour le cas que nous traitons et en désignant la surface de chaque triangle partiel par S,

$$S = \frac{AO \times BO \times \sin.\ AOB}{2},$$

qui revient à l'expression suivante :

$$S = \frac{1}{2}(1\text{-}75 \times 2\text{-}62 \times \sin.\ 154^G\ 10'),$$

que je résous par les logarithmes en faisant Fig. 397.

$$\log.\ 1\text{-}75 = 0\text{-}2430380$$
$$\log.\ 2\text{-}62 = 0\text{-}4183013$$
$$\log.\ \sin.\ 154^G\ 18' \text{ ou } 45^G\ 90' = 9\text{-}8196313$$
$$\text{Somme} - 10 = 0\text{-}4809706$$

Ce logarithme répond à 3-03, dont la moitié 1 ares 51 centiares est la surface du triangle BAO.

Maintenant je trouve la surface du deuxième triangle BCO, par la même formule, qui donne

$$S = \frac{BO \times CO \times \sin.\ BOC}{2},$$

qui revient à l'expression

$$S = \frac{1}{2}(2\text{-}62 \times 1\text{-}87 \times \sin.\ 122^G\ 60'),$$

dont j'effectue le calcul en faisant, par les logarithmes,

$$\log.\ 2\text{-}62 = 0\text{-}4183013$$
$$\log.\ 1\text{-}87 = 0\text{-}2718416$$
$$\log.\ \sin.\ 122^G\ 60' \text{ ou } 77^G\ 40' = 9\text{-}9720391$$
$$\text{Somme} - 10 = 0\text{-}6621720$$

Ce logarithme répond à 4-59, dont la moitié 2 ares 29 centiares est la surface du deuxième triangle BCO.

Ensuite, pour la surface du troisième triangle ACO, la formule donne

$$S = \frac{CO \times AO \times \sin.\ AOC}{2},$$

qui revient à l'expression

$$S = \frac{1}{2}(1\text{-}87 \times 1\text{-}75 \times \sin.\ 123^G\ 30'),$$

que je résous par les logarithmes comme il suit :

$$\log.\ 1\text{-}87 = 0\text{-}2718416$$
$$\log.\ 1\text{-}75 = 0\text{-}2430380$$
$$\log.\ \sin.\ 123^G\ 30' \text{ ou } 76^G\ 70' = 9\text{-}9702390$$
$$\text{Somme} - 10 = 0\text{-}4851186$$

Ce logarithme répond à 3-05, dont la moitié 1 are 02 centiares est la surface du dernier triangle ACO.

Enfin, j'ai la surface totale qui est égale à

$$1\text{-}51 + 2\text{-}29 + 1\text{-}02 = 4\text{-}82\,;$$

il est probable que j'aurais eu 4 ares 83 centiares pour la surface de ce triangle, si je n'avais pas négligé aucune décimale.

PROBLÈME.

887. *Trouver, par le calcul, la surface du triangle ABC* (Fig. 481), *dont on ne peut mesurer qu'un seul angle A.* Fig. 481.

Prenez à droite de A, par exemple, un point quelconque D, et mesurez exactement la distance AD et les angles BAC, CAD, ADB et BDC.

Sachant que ces mesures donnent sur le terrain

$$AD = 7\text{-}98,$$
$$BAC = 44^G,$$
$$CAD = 76^G,$$
$$ADB = 43^G,$$
$$BDC = 32^G\,;$$

Fig. 481. On a ensuite l'angle

$$BAD = BAC + CAD$$
$$= 44^G + 76^G = 120^G,$$

et celui

$$ADC = ADB + BDC$$
$$= 43^G + 32^G = 75^G.$$

Il est évident que dans le triangle ABD l'on a l'angle

$$ABD = 200^G - (BAD + ADB)$$
$$= 200^G - (120^G + 43^G) = 200^G - 163^G = 37^G.$$

Cela connu, cherchez la longueur du côté AB du triangle ABD, dans lequel vous connaissez un côté AD et les trois angles, en opérant d'après le numéro 431, ce qui donne la proportion suivante :

$$\sin. ABD : AD :: \sin. ADB : x = AB,$$

qui revient à

$$AB = \frac{7\text{-}98 \times \sin. 43^G}{\sin. 37^G},$$

que l'on résout par les logarithmes comme il suit :

log. 7-98 = 0-9020029
log. sin. 43ᴳ = 9-7960486
C. log. sin. 37ᴳ = 0-2604096
Somme — 10 = 0-9584611

Ce logarithme répond à 9 décamètres 088 centimètres, qui est la longueur exacte du côté AB du triangle proposé ; donc vous connaissez un côté et un angle dans ce triangle.

Pour avoir le côté AC du triangle ACD, dont on connaît le côté AD et ses deux angles adjacens, on a l'angle ACD en faisant d'abord

$$ACD = 200^G - (76^G + 75^G) = 49^G,$$

et ensuite

$$\sin. ACD : AD :: ADC : x = AC,$$

qui revient à

$$AC = \frac{7\text{-}98 \times \sin. 75^G}{\sin. 49^G},$$

que l'on résout par les logarithmes comme il suit :

log. 7-98 = 0-9020029
log. sin. 75ᴳ = 9-9656153
C. log. sin. 49ᴳ = 0-1574452
Somme — 10 = 1-0250634

Ce logarithme donne 10 décamètres 59 décimètres pour la longueur du côté AC. On aurait aussi la longueur du côté BC, par la formule du numéro 432 ; mais il vaut mieux évaluer la surface de ce triangle d'après le numéro 881, qui donne, en désignant la surface par S,

$$S = \frac{AB \times AC \times \sin. BAC}{2},$$

qui revient à

$$S = \tfrac{1}{2}(9\text{-}088 \times 10\text{-}59 \times \sin. 44^G),$$

dont le calcul logarithmique suit : Fig. 481.

log. 9-088 = 0-9584683
log. 10-59 = 1-0248960
log. sin. 44ᴳ = 9-8044284
Somme — 10 = 1-7877927

Ce logarithme répond à 61-34, dont la moitié 30 ares 67 centiares est la surface du triangle proposé.

Si le triangle était couvert de bois, de bâtimens, etc., on prolongerait la ligne d'opération à gauche comme à droite, et l'on calculerait les deux côtés du triangle comme on vient de le faire. Dans ce cas, la mesure de l'angle accessible devient inutile.

MESURE DES TRIANGLES INACCESSIBLES DANS TOUTES LEURS PARTIES.

888. C'est ici la place où je vais faire connaître une espèce d'opération très-exacte, qui n'avait jamais été entreprise par aucun auteur de traités d'arpentage. Ce n'est plus la mesure d'une ligne, ni la levée d'une pièce de terre, entièrement inaccessibles (671, 672, 674 et 676), que je veux démontrer, mais *la manière de déterminer avec l'équerre divisée en 8 angles égaux la surface d'un triangle que l'on ne veut ou que l'on ne peut approcher.* Ce triangle peut être couvert de bois, de bâtimens, etc. Nous pensons même pouvoir donner dans les chapitres suivans la mesure des quadrilatères et des polygones réguliers par les mêmes procédés.

PROBLÈME.

889. *Trouver, au moyen de l'équerre divisée en huit angles égaux, la surface d'un triangle quelconque ABC* (Fig. 412) *que l'on ne peut approcher.* Fig. 412.

Après avoir effectué toutes les opérations détaillées au numéro 676, établi pour la figure qui nous occupe, je trouve que les distances fixées sur la directrice sont :

DE = 1-6,
EH = 1-4,
FH = 1-0,
FG = 2-2,

qui donnent, pour longueur des perpendiculaires,

AE = 1-6,
BF = 4-0,
CG = 3-2,

Ces résultats suffisent pour déterminer la surface de ce triangle sans l'approcher : je commence par chercher le côté AC de ce triangle, en déterminant, d'après la formule (8) du numéro 422, la longueur de l'hypothénuse du triangle rectangle ACF que j'imagine, et dont les côtés de l'angle droit F sont :

$$AF = EG = EH + FH + FG$$
$$= 1\text{-}4 + 1\text{-}0 + 2\text{-}2 = 4\text{-}6,$$

Fig. 412.

$$CF = CG - FG = CG - AE$$
$$= 3\text{-}2 - 1\text{-}6 = 1\text{-}6.$$

Connaissant la longueur de ces deux côtés j'ai

$$AC = \sqrt{\overline{AF}^2 + \overline{CF}^2} = \sqrt{\overline{1\text{-}6}^2 + \overline{1\text{-}6}^2},$$

que je calcule comme il suit :

$$4\text{-}6^2 = 4\text{-}6 \times 4\text{-}6 = 21\text{-}16$$
$$1\text{-}6^2 = 1\text{-}6 \times 1\text{-}6 = \ \ 2\text{-}56$$
$$AF^2 + CF^2 = 23\text{-}72 = AC^2.$$

J'extrais la racine carrée par les logarithmes, j'ai

$$\log.\ AC^2 = \log.\ 23\text{-}72 = 1\text{-}3751147$$
$$\log.\ AC = 0\text{-}6870373.$$

Ce logarithme, qui est la moitié du précédent, répond, dans les tables, à 4 décamètres 86 décimètres, qui est la longueur du côté AC.

Maintenant, je cherche par la même analogie la longueur du côté AB, qui est l'hypothénuse du triangle rectangle ABJ que j'imagine, dont les deux côtés de l'angle droit J sont

$$AJ = EF = EH + FH$$
$$= 1\text{-}4 + 1\text{-}0 = 2\text{-}4,$$
$$BJ = BF - JF = BF - AE$$
$$= 4\text{-}0 - 1\text{-}6 = 2\text{-}4.$$

J'ai alors, en connaissant ces deux côtés,

$$AB = \sqrt{\overline{AJ}^2 + \overline{BJ}^2} = \sqrt{\overline{2\text{-}4}^2 + \overline{2\text{-}4}^2},$$

que je résous comme il suit :

$$2\text{-}4^2 + 2\text{-}4^2 = 2\text{-}4 \times 2\text{-}4 \times 2 = 11\text{-}52 = AB^2,$$

l'extraction de la racine carrée par les logarithmes donne

$$\log.\ AE^2 = \log.\ 11\text{-}52 = 1\text{-}0614525$$
$$\tfrac{1}{2}\log.\ AB^2 = \log.\ AB = 0\text{-}5307262.$$

Ce logarithme répond à 3 décamètres 39 décimètres, qui est la longueur du côté AB.

Ensuite, je détermine la longueur du dernier côté BC, qui est l'hypothénuse du triangle rectangle BCK que j'imagine, dont les côtés de l'angle droit sont :

$$CK = FG = 2\text{-}2,$$
$$BK = BF - FK = BF - CG,$$
$$= 4\text{-}0 - 3\text{-}2 = 0\text{-}8.$$

Connaissant ces deux côtés, j'ai

$$BC = \sqrt{\overline{CK}^2 + \overline{BK}^2} = \sqrt{\overline{2\text{-}2}^2 + \overline{0\text{-}8}^2},$$

que je résous comme il suit :

$$2\text{-}2^2 = 2\text{-}2 \times 2\text{-}2 = 4\text{-}84$$
$$0\text{-}8^2 = 0\text{-}8 \times 0\text{-}8 = 0\text{-}64$$
$$CK^2 + BK^2 = 5\text{-}48 = BC^2$$

faisant par les logarithmes

$$\log.\ BC^2 = \log.\ 5\text{-}48 = 0\text{-}7387806$$
$$\tfrac{1}{2}\log.\ BC^2 = \log.\ BC = 0\text{-}3693903.$$

Ce logarithme répond à 2 décamètres 34 décimètres, qui est la longueur de BC. Donc les trois côtés du triangle sont :

Fig. 412.

$$AC = 4\text{-}86,$$
$$AB = 3\text{-}39,$$
$$BC = 2\text{-}34,$$
$$\text{Somme} = 10\text{-}59$$
$$\tfrac{1}{2}\ \text{somme} = 5\text{-}295.$$

Cela fait, d'après la règle générale du numéro 873, je retranche de cette demi-somme chacun des trois côtés successivement, j'ai les trois restes

$$5\text{-}295 - 4\text{-}86 = 0\text{-}435,$$
$$5\text{-}295 - 3\text{-}39 = 1\text{-}905,$$
$$5\text{-}295 - 2\text{-}34 = 2\text{-}955;$$

je les multiplie ensuite l'un par l'autre ainsi que la demi-somme, en faisant par les logarithmes

$$\log.\ 0\text{-}435 = 9\text{-}6384893$$
$$\log.\ 1\text{-}905 = 0\text{-}2798950$$
$$\log.\ 2\text{-}955 = 0\text{-}4705575$$
$$\log.\ 5\text{-}295 = 0\text{-}7238660$$
$$\text{Somme} - 10 = 1\text{-}1128078$$
$$\tfrac{1}{2}\log. = 0\text{-}5564039$$

Ce logarithme répond à 3 ares 60 centiares, qui est la surface du triangle inaccessible proposé.

SOLUTION PLUS SIMPLE.

890. Après avoir opéré sur le terrain comme pour la solution précédente, je fais la surface du trapèze ABFE, qui équivaut à

$$\tfrac{1}{2}(AE + BF) \times EF = \tfrac{1}{2}(1\text{-}6 + 4\text{-}0) \times 2\text{-}4$$
$$= \tfrac{1}{2}\ 5\text{-}6 \times 2\text{-}4 = 6\text{-}72,$$

ou à 6 ares 72 centiares.

Je fais de même celle du trapèze BCGF, qui est égale à

$$\tfrac{1}{2}(BF + CG) \times FG = \tfrac{1}{2}(4\text{-}0 + 3\text{-}2) \times 2\text{-}2$$
$$= \tfrac{1}{2}\ 7\text{-}2 \times 2\text{-}2 = 7\text{-}92,$$

ou à 7 ares 92 centiares.

Ainsi, la surface du polygone ABCGE est égale à

$$6\text{-}72 + 7\text{-}92 = 14\text{-}64.$$

Cette surface étant connue de 14 ares 64 centiares, il ne s'agit plus que de déterminer la surface du trapèze ACGE, qui équivaut à

$$\tfrac{1}{2}(AE + CG) \times EG = \tfrac{1}{2}(1\text{-}6 + 3\text{-}2) \times 4\text{-}6$$
$$= \tfrac{1}{2}\ 4\text{-}8 \times 4\text{-}6 = 11\text{-}04,$$

ou à 11 ares 04 centiares.

Donc, en ôtant cette dernière surface de celle du polygone ABCGE, j'ai le reste 3 ares 60 centiares pour la surface du triangle proposé; ce résultat est exactement semblable au précédent.

On peut encore déterminer la longueur du côté AB en cherchant cette longueur pour l'hypothénuse du triangle rectangle ABJ, comme nous l'avons fait dans le numéro précédent; ensuite, abaisser, sur le terrain, du point D sur le prolongement HL de l'alignement CH, une perpendiculaire DM que l'on mesure.

Cette perpendiculaire DM, que l'on trouve, pour ce cas, de 2 décamètres 13 décimètres, est égale à sa paral-

Fig. 412. lèle BN, et sont l'une et l'autre la hauteur du triangle proposé ABC, dont la surface se trouve en faisant

$$AB \times \tfrac{1}{2} BN = AB \times \tfrac{1}{2} DM$$
$$= 3\text{-}39 \times \tfrac{1}{2} 2\text{-}13 = 3\text{-}39 \times 1\text{-}065 = 3\text{-}61.$$

Enfin, l'on voit que les résultats obtenus sur le terrain au moyen des instrumens, ne sont jamais aussi exacts que ceux que l'on obtient par le calcul; en effet, les deux solutions données par le calcul sont chacune de 3 ares 60 centiares, et cette dernière indique une surface de 3 ares 61 centiares.

PROBLÈME.

891. *Déterminer, au moyen de l'équerre fendue en huit angles égaux, la surface du triangle ABC* (Fig. 413), *qui est couvert de bois et que l'on ne peut approcher.* Fig. 413.

Nous avons déjà dit, dans le numéro 677, que ce problème était insoluble, lorsque de chacun des trois angles du triangle on ne pouvait abaisser une perpendiculaire sur la ligne d'opération.

Toutes les opérations étant faites comme elles sont indiquées dans le numéro précité, on a les distances suivantes :

DF = 2-4,
FH = 0-3,
GH = 3-05,
EG = 1-9,
DE = 7-65,

et les perpendiculaires

AF = 2-4,
CG = 3-05,
BE = DE = 7-65.

Nous pensons qu'il est inutile de démontrer encore ici l'évaluation de cette surface au moyen des trois côtés connus, comme nous l'avons fait dans le numéro 889; en jetant les yeux sur l'opération, on s'aperçoit aussitôt que,

1° Le côté AB est l'hypothénuse du triangle rectangle ABJ;

2° Celui BC l'hypothénuse du triangle rectangle BCI;

3° Celui AC l'hypothénuse du triangle rectangle ACK.

Quant aux côtés de l'angle droit de chaque triangle rectangle, on détermine leur longueur par des soustractions, comme on vient de le faire plus haut (889). Voici la solution préférée :

Je détermine d'abord la surface du trapèze ABEF en faisant

$$\tfrac{1}{2}(AF + BE) \times EF = \tfrac{1}{2}(2\text{-}4 + 7\text{-}65) \times 5\text{-}25$$
$$= \tfrac{1}{2} 9\text{-}05 \times 5\text{-}25 = 23\text{-}76.$$

Cette surface étant connue de 23 ares 76 centiares, il s'agit d'évaluer la surface du trapèze ACGF et celle du trapèze BCGE; j'ai la surface du premier en faisant

$$\tfrac{1}{2}(AF + CG) \times FG = \tfrac{1}{2}(2\text{-}4 + 3\text{-}05) \times 3\text{-}35$$
$$= \tfrac{1}{2} 5\text{-}45 \times 3\text{-}35 = 9\text{-}21,$$

qui donne 9 ares 21 centiares.

La surface du trapèze BCGE équivaut à Fig. 413.

$$\tfrac{1}{2}(CG + BE) \times EG = \tfrac{1}{2}(3\text{-}05 + 7\text{-}65) \times 1\text{-}9$$
$$= \tfrac{1}{2} 10\text{-}7 \times 1\text{-}9 = 10\text{-}17.$$

Ainsi, la surface des deux trapèzes ou du polygone ACBEF, équivaut à

9-21 + 10-17 = 19-38.

Donc, en ôtant les 19 ares 38 centiares de la surface du trapèze ABEF, qui est de 23 ares 76 centiares, j'aurai le reste 4 ares 38 centiares pour la surface du triangle proposé ABC.

Enfin, voici une autre solution : Si l'on détermine la longueur du côté AB que l'on considère comme l'hypothénuse du triangle rectangle AB, et que l'on abaisse ensuite une perpendiculaire DM sur le prolongement HL de la direction CH, on aura, sachant que cette perpendiculaire est de 1 décamètre 91 décimètres, et que le côté AB est de 4 décamètres 59 décimètres, la surface du triangle ABC égale à

$$AB \times \tfrac{1}{2} CN = AB \tfrac{1}{2} DM$$
$$= 4\text{-}59 \times \tfrac{1}{2} 1\text{-}91 = 4\text{-}59 \times 0\text{-}955 = 4\text{-}38,$$

ou à 4 ares 38 centiares, comme dans la solution précédente.

PROBLÈME.

892. *Déterminer, par le calcul, la surface d'un triangle quelconque ABC* (Fig. 482) *que l'on ne peut approcher.* Fig. 482.

La solution de ce problème ne présente pas de grandes difficultés, seulement elle exige trois opérations trigonométriques pour connaître successivement la longueur de trois rayons qui partent d'une même station.

Les opérations sur le terrain se réduisent à jalonner et mesurer une ligne d'opération, dès extrémités de laquelle on puisse toujours apercevoir les trois angles du triangle proposé, et à mesurer, avec le graphomètre placé au point D, les angles

ADB = 31°,
BDC = 22°,
CDE = 31° 50',
ADE = 84° 50';

et, étant au point E, ceux

AEC = 61° 50',
AEB = 14° 20',
BED = 38°,
CED = 113° 70'.

Cela déterminé, sachant que

DE = 11-6,
ADE = 84° 50',
AED = 52° 20',

il est évident que dans le triangle ADE, l'angle

$$DAE = 200° - (84° 50' + 52° 20')$$
$$= 200° - 136° 70' = 63° 30',$$

et que l'on aura, d'après le numéro 431, la longueur du

Fig. 182. côté AD du triangle ADE par la proportion

Sin. DAE : sin. AED :: DE : x = AD,

qui revient à l'expression

$$AD = \frac{11\text{-}6 \times \sin.\ 52^G\ 20'}{\sin.\ 63^G\ 30'},$$

que je calcule par les logarithmes comme il suit :

log. 11-6 = 1-0644580
log. sin. 52^G 20' = 9-8639860
C. log. sin. 63^G 30' = 0-0765564
Somme — 10 = 1-0050004

Ce logarithme répond, dans les tables, à 10 décamètres 116 centimètres, qui est la longueur du rayon ou du côté AD.

Maintenant, je cherche le côté BD du triangle BDE, dans lequel je connais

DE = 11-6,
BED = 38^G,
BDE = 53^G 50',

et, par conséquent, l'angle

DBE = 200^G — (38^G + 53^G 50')
= 200^G — 91^G 50' = 108^G 50',

en établissant la proportion suivante :

Sin. DBE : sin. BED :: DE : x = BD,

qui donne l'expression

$$BD = \frac{11\text{-}6 \times \sin.\ 38^G}{\sin.\ 108^G\ 50'},$$

que je résous, en opérant par les logarithmes, comme il suit :

log. 11-6 = 1-0644580
log. sin. 38^G = 9-7498007
C. log. sin. 108^G 50' ou 91^G 50' = 0-0038826
Somme — 10 = 0-8181413

Ce logarithme répond à 6 décamètres 58 décimètres, qui est la longueur du rayon ou du côté BD.

Je cherche de même le côté CD du triangle CDE, dans lequel je connais

DE = 11-6,
CDE = 31^G 50',
CED = 113^G 70',

et, par conséquent, l'angle

DCE = 200^G — (31^G 50' + 313^G 70')
= 200^G — 149^G 20' = 50^G 80',

en faisant, toujours par la même analogie,

Sin. DCE : sin. CED :: DE : x = CD,

qui revient à la formule numérique

$$CD = \frac{11\text{-}6 \times \sin.\ 113^G\ 70'}{\sin.\ 50^G\ 80'},$$

que je calcule par les logarithmes, en faisant

log. 11-6 = 1-0644580
log. sin. 113^G 70' ou 86^G 30' = 9-9898652
C. log. sin. 50^G 80' = 0-1451255
Somme — 10 = 1-1994487

Ce logarithme répond à 15 décamètres 83 décimètres, Fig. 182.
qui est la longueur du rayon, ou du côté CD.

Ces trois dernières opérations donnent

AD = 10-116,
BD = 6-579,
CD = 15-83,

et les observations sur le terrain, donnant l'angle

ADC = ADB + BDC
= 31^G + 22^G = 53^G,

je commence par calculer, d'après le numéro 881, la surface du triangle ACD dont je connais les côtés AD, CD, et l'angle compris ADC; j'établis, en indiquant la surface par S, la formule

$$S = \frac{AD \times CD \times \sin.\ ADC}{2},$$

qui revient à l'expression numérique

$$S = \tfrac{1}{2}\,(10\text{-}116 \times 15\text{-}83 \times \sin.\ 53^G),$$

que je résous, par les logarithmes, en faisant

log. 10-116 = 1-0050088
log. 15-83 = 1-1994809
log. sin. 53^G = 9-8690152
Somme — 10 = 2-0735049

Ce logarithme répond à 118-44, dont la moitié, 59 ares 22 centiares, est la surface du triangle ACD.

Cela fait, il n'y a plus qu'à déterminer la surface totale des deux triangles ABD, CBD, pour l'ôter des 59 ares 22 centiares que nous venons de trouver par celle du triangle ACD.

La surface du triangle ABD, s'obtient en faisant

$$S = \frac{AD \times BD \times \sin.\ ADB}{2},$$

qui revient à l'expression

$$S = \tfrac{1}{2}\,(10\text{-}116 \times 6\text{-}579 \times \sin.\ 31^G)$$

que je résous en faisant, par les logarithmes,

log. 10-116 = 1-0050088
log. 6-579 = 0-8181599
log. sin. 31^G = 9-6701807
Somme — 10 = 1-4933494

Ce logarithme répond à 31-14, dont la moitié, 15 ares 57 centiares, est la surface du triangle ABD.

La surface du triangle CDE s'obtient par la formule

$$S = \frac{BD \times CD \times \sin.\ BDC}{2},$$

qui donne l'expression numérique

$$S = \tfrac{1}{2}\,(6\text{-}579 \times 15\text{-}83 \times \sin.\ 22^G),$$

que je résous par les logarithmes, en faisant

log. 6-579 = 0-8181599
log. 15-83 = 1-1994809
log. sin. 22^G = 9-5298638
Somme — 10 = 1-5475046

Ce logarithme répond à 35-28, dont la moitié, 17 ares 64 centiares, est la surface du triangle CDE.

Enfin, la surface du triangle ABC est égale à celle du triangle ACD, moins celle des deux triangles ABD, CDB, ou à

59-22 — (15-57 + 17-64)
= 59-22 — 33-21 = 26-01,

ou enfin, à 26 ares 01 centiare.

PROBLÈME.

893. *Déterminer, par le calcul, la surface d'un trian-*
Fig. 483. *gle quelconque ABC* (Fig. 483) *que l'on ne peut approcher.*

Après avoir jalonné et mesuré, comme dans le problème précédent, une ligne d'opération DE, qui se trouve de 7 décamètres 8 mètres, de l'extrémité D de cette ligne, je mesure les angles

ADB = 52° 50',
BDC = 31° 80',
CDE = 30° 70',
ADE = 115° 00',

qui donnent ceux

ADC = ADB + BDC = 52° 50' + 31° 80' = 83° 20',

et

BDE = BDC + CDE = 31° 80' + 30° 70' = 62° 50'.

De l'autre extrémité E de cette ligne je mesure de même les angles

AED = 40° 50',
AEB = 52° 80',
BEC = 39° 70',
CED = 133° 00',

qui donnent aussi ceux

BED = AED + AEB = 40° 50' + 52° 80' = 93° 30',

et

AEC = AEB + BEC = 52° 80' + 39° 70' = 92° 50'.

Toutes ces opérations étant faites sur le terrain, je commence par calculer, d'après le numéro 431, le côté AD du triangle ADE, dans lequel je connais

DE = 7-8,
ADE = 115°,
AED = 40° 50',

et par conséquent, le troisième angle

DAE = 200° — (115° + 40° 50') = 44° 50',

par la proportion

Sin. DAE : sin. AED :: DE : x = AD,

qui revient à

$$AD = \frac{7\text{-}8 \times \sin.\ 40^{\circ}\ 50'}{\sin.\ 44^{\circ}\ 50'},$$

que j'obtiens en faisant, par les logarithmes,

log. 7-8 = 0-8920946
log. sin. 40° 50' = 9-7738749
C. log. sin. 44° 50' = 0-1914812
Somme — 10 = 0-8574507

Ce logarithme répond à 7 décamètres 202 centimètres, Fig. 483.
qui est la longueur du côté AD du triangle ADE.

Pour déterminer la longueur du côté BD du triangle BDE, dans lequel je connais

DE = 7-8,
BDE = 62° 50',
BED = 93° 30',

et par conséquent, le troisième angle

DBE = 200° — (62° 50' + 93° 30') = 44° 20',

j'établis la proportion suivante :

Sin. DBE : sin. BED :: DE : x = BD,

qui donne l'expression numérique

$$BD = \frac{7\text{-}8 \times \sin.\ 93^{\circ}\ 30'}{\sin.\ 44^{\circ}\ 20'},$$

que je résous en faisant, par les logarithmes,

log. 7-8 = 0-8920946
log. sin. 93° 30' = 9-9975904
C. log. sin. 44° 20' = 0-1939276
Somme — 10 = 1-0836126

Ce logarithme répond à 12 décamètres 12 mètres, qui est la longueur du côté BD du triangle BDE.

Je trouve de même le côté CD du triangle CDE, dans lequel je connais

DE = 7-8,
CDE = 30° 70',
CED = 133°,

et par conséquent, le troisième angle

DCE = 200° — (30° 70' + 133°) = 36° 30',

en faisant

Sin. DCE : sin. CED :: DE : x = CD,

qui revient à

$$CD = \frac{7\text{-}8 \times \sin.\ 133^{\circ}}{\sin.\ 36^{\circ}\ 30'},$$

que je résous par les logarithmes, comme il suit :

log. 7-8 = 0-8920946
log. sin. 133° ou 67° = 9-9388356
C. log. sin. 36° 30' = 0-2677674
Somme — 10 = 1-0986976

Ce logarithme répond à 12 décamètres 55 décimètres, qui est la longueur du côté CD du triangle CDE. Donc, ces trois rayons ou côtés, sont

AD = 7-202,
BD = 12-12,
CD = 12-55.

Cela déterminé, je cherche la surface du triangle ABD, dans lequel je connais deux côtés et l'angle compris, ce qui donne, d'après le numéro 881, en indiquant la surface par S,

$$S = \frac{AD \times BD \times \sin.\ ADB}{2},$$

qui revient à

$$S = \tfrac{1}{2}\,(7\text{-}202 \times 12\text{-}12 \times \sin.\ 52^{\circ}\ 50').$$

Fig. 483. que je résous par les logarithmes, comme il suit :

log. 7-202 = 0-8574531
log. 12-12 = 1-0835026
log. sin. 52° 50′ = 9-8658868

Somme — 10 = 1-8068425

Ce logarithme répond à 64-098, dont la moitié, 32 ares 05 centiares, est la surface du triangle ABD.

J'ai la surface du triangle BCD, dans lequel je connais deux côtés et l'angle compris, en faisant

$$S = \frac{BD \times CD \times \sin. BDC}{2},$$

qui revient à

$$S = \tfrac{1}{2}(12\text{-}12 \times 12\text{-}55 \times \sin. 31^\circ\ 80'),$$

que je calcule comme il suit :

log. 12-12 = 1-0835026
log. 12-55 = 1-0986437
log. sin. 31° 80′ = 9-6803340

Somme — 10 = 1-8624803

Ce logarithme répond à 72-86, dont la moitié, 36 ares 43 centiares, est la surface du triangle BCD.

Maintenant, je calcule la surface du triangle ACD, pour l'ôter de la somme des deux précédentes que nous venons de terminer, en faisant, toujours par la même analogie,

$$S = \frac{AD \times CD \times \sin. ADC}{2},$$

qui revient à

$$S = \tfrac{1}{2}(7\text{-}202 \times 12\text{-}55 \times \sin. 83^\circ\ 20'),$$

que je résous, par les logarithmes,

log. 7-202 = 0-8574531
log. 12-55 = 1-0986437
log. sin. 83° 20′ = 9-9846990

Somme — 10 = 1-9407958

Ce logarithme répond à 87-256, dont la moitié, 43 ares 63 centiares, est la surface du triangle ACD.

Enfin, la surface du triangle inaccessible ABC est égale à

$$(32\text{-}05 + 36\text{-}43) - 43\text{-}63 = 24\text{-}85,$$

ou à 24 ares 85 centiares.

PROBLÈME.

Fig. 484. 894. *Calculer la surface du triangle ABC* (Fig. 484) *qui est couvert de bois et que l'on ne peut approcher.*

La solution de ce problème a beaucoup d'analogie avec celle du numéro 892 ; seulement, il faut prendre une base plus courte ou s'éloigner davantage de la pièce à mesurer, afin que, des deux stations, on aperçoive les trois angles, sans quoi il serait impossible de déterminer la surface, puisqu'elle est supposée couverte de bois, c'est-à-dire de manière à ne pouvoir la traverser par des rayons visuels. Nous profitons de cette position pour faire connaître une méthode qui abrège les opérations sur le terrain et le calcul en général.

Etant sur le terrain, je prolonge le côté du triangle donné, qui forme un angle le moins aigu avec la ligne d'opération, celui BC, par exemple ; de l'extrémité D du prolongement CD je mesure une petite base DE, qui est ici de 7 décamètres ; d'une extrémité D de cette base je mesure les angles Fig. 484.

ADC = ADB = 70° 80′,
CDE = BDE = 62°,

ADE = 132° 80′,

et, de l'autre extrémité E, ceux

AED = 36° 50′,
AEC = 25° 40′,
BEC = 37°,

BED = 98° 90′.

Ces angles connus donnent, par l'addition, ceux

AEB = AEC + BEC
= 25° 40′ + 37° = 62° 40′,

et

CED = AED + AEC
= 36° 50′ + 25° 40′ = 61° 90′.

Ces opérations étant faites sur le terrain, je détermine le côté AD du triangle ADE, dans lequel je connais

DE = 7-0,
ADE = 132° 80′,
AED = 36° 50′,

et par conséquent, le troisième angle

DAE = 200° — (132° 80′ + 36° 50′) = 30° 70′,

en établissant, d'après le numéro 431, la proportion

Sin. DAE : sin. AED :: DE : x = AD,

qui revient à l'équation numérique

$$AD = \frac{7\text{-}0 \times \sin. 36^\circ\ 50'}{\sin. 30^\circ\ 70'},$$

que je résous par les logarithmes, comme il suit :

log. 7-0 = 0-8450980
log. sin. 36° 50′ = 9-7343529
C. log. sin. 30° 70′ = 0-3337067

Somme — 10 = 0-9131576

Ce logarithme répond à 8 décamètres 188 centimètres, qui est la longueur du côté AD.

Je cherche la longueur du côté CD du triangle CDE, dans lequel je connais

DE = 7-0,
CDE = 62°,
CED = 61° 90′,

et par conséquent, le troisième angle

DCE = 200° — (62° + 61° 90′) = 76° 10′,

par la proportion

Sin. DCE : sin. CED :: DE : x = CD,

qui revient à l'équation

$$CD = \frac{7\text{-}0 \times \sin. 61^\circ\ 90'}{\sin. 76^\circ\ 10'},$$

Fig. 181. que je résous en faisant

log. 7-0 = 0-8450980
log. sin. 61ᴳ 90′ = 9-9170834
C. log. sin. 76ᴳ 10′ = 0-0313520
Somme — 10 = 0-7933334

Ce logarithme répond à 6 décamètres 213 centimètres, qui est la longueur du côté CD.

Maintenant, je cherche la longueur du côté BD du triangle BDE, dans lequel je connais

DE = 7-0,
BDE = 62ᴳ,
BED = 98ᴳ 90′,

et par conséquent, le troisième angle

DBE = 200ᴳ — (62ᴳ + 98ᴳ 90′) = 39ᴳ 10′,

par la proportion

Sin. DBE : sin. BED :: DE : x = BD,

qui revient à

$$BD = \frac{7\text{-}0 \times \sin.\ 98^G\ 90'}{\sin.\ 39^G\ 10'},$$

que je calcule comme il suit :

log. 7-0 = 0-8450980
log. sin. 98ᴳ 90′ = 9-9999352
C. log. sin. 39ᴳ 10′ = 0-2393592
Somme — 10 = 1-0843924

Ce logarithme répond à 12 décamètres 145 centimètres, qui est la longueur du côté BD. Quant à la longueur de BC, on pourrait l'obtenir en faisant

BC = BD — CD = 12-145 — 6-213 = 5-932.

Maintenant, connaissant les rayons

AD = 8-188,
CD = 6-213,
BD = 12-145,

je calcule, d'après le numéro 881, la surface du triangle ABD, que je désigne par S, en faisant

$$S = \frac{AD \times BD \times \sin.\ ADB}{2},$$

qui donne

$S = \frac{1}{2}$ (8-188 × 12-145 × sin. 70ᴳ 80′),

que je résous comme il suit :

log. 8-188 = 0-9131778
log. 12-145 = 1-0843975
log. sin. 70ᴳ 80′ = 9-9526186
Somme — 10 = 1-9501939

Ce logarithme répond à 89-165, dont la moitié, 44 ares 58 centiares, est la surface du triangle ABD, de laquelle il faut ôter celle du triangle ACD pour connaître celle demandée dans le problème.

Ainsi, je détermine cette surface ACD en faisant

$$S = \frac{AD \times CD \times \sin.\ ADC}{2},$$

qui revient à

$S = \frac{1}{2}$ (8-188 × 6-213 × sin. 70ᴳ 80′),

que je calcule, par les logarithmes, comme il suit :

log. 8-188 = 0-9131778
log. 6-213 = 0-7933014
log. sin. 70ᴳ 80′ = 9-9526186
Somme — 10 = 1-6590978

Ce logarithme répond à 45-614, dont la moitié, 22 ares 81 centiares, est la superficie du triangle ACD.

Enfin, la surface du triangle proposé ABC équivaut à

S = 44-58 — 22-81 = 21-77,

ou à 21 ares 77 centiares.

PROBLÈME.

895. *Déterminer, par le calcul, la surface du triangle ABC* (Fig. 485), *qui est couverte de bois, et que l'on ne peut approcher.* Fig. 485.

Cette opération est un peu plus compliquée que les précédentes relativement au calcul; mais il n'y a que quatre angles à mesurer sur le terrain. Voici les procédés que l'on doit appliquer à l'évaluation de cette surface.

Après avoir prolongé à volonté le côté AB du triangle proposé, jusqu'en D, par exemple, et celui AC jusqu'en E, je jalonne, de l'extrémité D d'un prolongement à l'extrémité E de l'autre, une base DE que je mesure et qui se trouve, pour ce cas, de 15 décamètres 8 mètres.

Cela fait, je mesure les angles

ADC = BDC = 26ᴳ,
CDE = 31ᴳ,
ADE = BDE = 57ᴳ,

et ceux

AEB = CEB = 44ᴳ,
BED = 18ᴳ,
AED = CED = 62ᴳ.

Ces opérations étant faites sur le terrain, je commence, pour la première solution, à déterminer (431) la longueur du côté AD du triangle ADE dans lequel je connais

DE = 15-8,
ADE = 57ᴳ,
AED = 62ᴳ,

et, par conséquent, le troisième angle

DAE = 200ᴳ — (57ᴳ + 62ᴳ) = 81ᴳ,

par la proportion

sin. DAE : sin. AED :: DE : x = AD,

qui revient à l'expression numérique

$$AD = \frac{15\text{-}8 \times \sin.\ 62^G}{\sin.\ 81^G}$$

que je calcule, par les logarithmes, comme il suit :

log. 15-8 = 1-1986571
log. sin. 62ᴳ = 9-9175478
C. log. sin. 81ᴳ = 0-0196361
Somme — 10 = 1-1358410

Fig. 485. Ce logarithme répond à 13 décamètres 672 centimètres qui est la longueur du côté AD.

Je cherche la longueur du côté BD du triangle BDE dans lequel je connais

$$DE = 15\text{-}8,\quad BDE = 57^G,\quad BED = 18^G,$$

et, par conséquent, le troisième angle

$$DBE = 200^G - (57^G + 18^G) = 125^G,$$

par la proportion

$$\sin.\ DBE : \sin.\ BED :: DE : x = BD,$$

qui revient à la formule

$$BD = \frac{15\text{-}8 \times \sin.\ 18^G}{\sin.\ 125^G},$$

que je calcule par les logarithmes, en faisant

$$\begin{aligned} \log.\ 15\text{-}8 &= 1\text{-}1986571 \\ \log.\ \sin.\ 18^G &= 9\text{-}4455904 \\ \text{C. log. sin. } 125^G \text{ ou } 75^G &= 0\text{-}0372734 \\ \text{Somme} - 10 &= 0\text{-}6815209 \end{aligned}$$

Ce logarithme répond à 4 décamètres 803 centimètres qui est la longueur du côté BD. Donc, j'ai déjà la longueur du côté AB du triangle proposé, en faisant

$$AB = AD - BD = 13\text{-}672 - 4\text{-}803 = 8\text{-}869,$$

qui donne 8 décamètres 869 centimètres.

Connaissant déjà le côté DE et les angles du triangle ADE, je cherche le côté AE de ce triangle, par la proportion

$$\sin.\ DAE : \sin.\ ADE :: DE : x = AE,$$

qui revient à l'expression suivante :

$$AE = \frac{15\text{-}8 \times \sin.\ 57^G}{\sin.\ 81^G},$$

que je résous, par les logarithmes, comme il suit :

$$\begin{aligned} \log.\ 15\text{-}8 &= 1\text{-}1986571 \\ \log.\ \sin.\ 57^G &= 9\text{-}8923342 \\ \text{C. log. sin. } 81^G &= 0\text{-}0196361 \\ \text{Somme} - 10 &= 1\text{-}1106274 \end{aligned}$$

Ce logarithme répond à 12 décamètres 9 mètres qui est la longueur du côté AE.

Je cherche la longueur du côté CE du triangle CDE, dans lequel je connais

$$DE = 15\text{-}8,\quad CED = 62^G,\quad CDE = 31^G,$$

et, par conséquent, le troisième angle

$$DCE = 200^G - (62^G + 31^G) = 93^G,$$

en établissant la proportion

$$\sin.\ DCE : \sin.\ CDE :: DE : x = CE,$$

qui revient à l'expression

$$CE = \frac{15\text{-}8 \times \sin.\ 31^G}{\sin.\ 93^G},$$

que je calcule en faisant Fig. 485.

$$\begin{aligned} \log.\ 15\text{-}8 &= 1\text{-}1986571 \\ \log.\ \sin.\ 31^G &= 9\text{-}6701807 \\ \text{C. log. sin. } 93^G &= 0\text{-}0026307 \\ \text{Somme} - 10 &= 0\text{-}8714685 \end{aligned}$$

Ce logarithme répond à 7 décamètres 438 centimètres qui est la longueur de CE. Donc, on a la longueur du côté AC, en faisant

$$AC = AE - CE = 12\text{-}9 - 7\text{-}438 = 5\text{-}462,$$

qui donne 5 décamètres 462 centimètres.

Enfin, d'après le numéro 881, j'ai la surface du triangle ABC dans lequel je connais les côtés

$$AB = 8\text{-}869,\quad AC = 5\text{-}462,$$

et l'angle compris

$$BAC = 81^G,$$

en faisant, sachant que S indique cette surface,

$$S = \frac{AB \times AC \times \sin.\ BAC}{2},$$

qui revient à

$$S = \tfrac{1}{2}(8\text{-}869 \times 5\text{-}462 \times \sin.\ 81^G),$$

que je calcule, par les logarithmes, comme il suit :

$$\begin{aligned} \log.\ 8\text{-}869 &= 0\text{-}9478747 \\ \log.\ 5\text{-}462 &= 0\text{-}7373517 \\ \log.\ \sin.\ 81^G &= 9\text{-}9803639 \\ \text{Somme} - 10 &= 1\text{-}6655903 \end{aligned}$$

Ce logarithme répond à 46-301, dont la moitié 23 ares 15 centiares est la surface du triangle proposé ABC.

AUTRE SOLUTION.

896. Après avoir déterminé la longueur du côté AD du triangle ADE, comme dans le numéro précédent, j'ai la surface de ce triangle en faisant

$$S = \frac{AD \times DE \times \sin.\ ADE}{2},$$

qui revient à

$$S = \tfrac{1}{2}(13\text{-}672 \times 15\text{-}8 \times \sin.\ 57^G),$$

que je calcule, par les logarithmes, comme il suit :

$$\begin{aligned} \log.\ 13\text{-}672 &= 1\text{-}1358320 \\ \log.\ 15\text{-}8 &= 1\text{-}1986571 \\ \log.\ \sin.\ 57^G &= 9\text{-}8923342 \\ \text{Somme} - 10 &= 2\text{-}2268233 \end{aligned}$$

Ce logarithme répond à 168-59, dont la moitié 84 ares 29 centiares est la surface du triangle ADE.

Connaissant la surface de ce triangle, il s'agit maintenant d'en ôter celle du quadrilatère BCDE, formé par les deux triangles BCD et CDE.

Pour calculer la surface totale de ces deux triangles par le procédé du numéro 881, il est évident qu'il faut chercher, en employant les angles BDC, CDE, la longueur des rayons BD, CD et DE.

Fig. 485. Ce dernier côté DE étant connu sur le terrain, et le premier BD se déterminant comme au numéro précédent, où il est trouvé de 4 décamètres 803 centimètres, je cherche la longueur du côté CD du triangle CDE dans lequel je connais

$$DE = 15\text{-}8,$$
$$CDE = 31^G,$$
$$CED = 62^G,$$

et, par conséquent, le troisième angle

$$DCE = 200^G - (31^G + 62^G) = 107^G,$$

par la proportion

$$\sin. DCE : \sin. CED :: DE : x = CD,$$

qui revient à

$$CD = \frac{15\text{-}8 \times \sin.\ 62^G}{\sin.\ 107^G},$$

que je calcule, par les logarithmes, en faisant

log. 15-8 = 1-1986571
log. sin. 62ᴳ = 9-9175478
C. log. sin. 107ᴳ ou 93ᴳ = 0-0026307
Somme — 10 = 1-1188356

Ce logarithme répond à 13 décamètres 147 centimètres qui est la longueur du côté ou du rayon CD.

Ce rayon étant déterminé, je calcule la surface du triangle BCD, par la formule suivante :

$$S = \frac{BD \times CD \times \sin.\ BDC}{2},$$

qui revient à

$$S = \tfrac{1}{2}(4\text{-}803 \times 13\text{-}147 \times \sin.\ 26^G),$$

que je résous, par les logarithmes, comme il suit : Fig. 485.

log. 4-803 = 0-6815126
log. 13-147 = 1-1188267
log. sin. 26ᴳ = 9-5989523
Somme — 10 = 1-3992916

Ce logarithme répond à 25-074 dont la moitié 12 ares 54 centiares est la surface du triangle BCD.

J'ai ensuite la surface du triangle CDE, par la formule

$$S = \frac{CD \times DE \times \sin.\ CDE}{2},$$

qui revient à

$$S = \tfrac{1}{2}(13\text{-}147 \times 15\text{-}8 \times \sin.\ 31^G),$$

que je résous en faisant

log. 13-147 = 1-1188276
log. 15-8 = 1-1986571
log. sin. 31ᴳ = 9-6701807
Somme — 10 = 1-9876645

Ce logarithme répond à 97-2 dont la moitié 48 ares 60 centiares est la surface du triangle CDE.

Enfin, sachant que la surface totale des deux triangles BCD et CDE est égale à

$$S = 12\text{-}54 + 48\text{-}60 = 61\text{-}14,$$

ou à 61 ares 14 centiares, j'ai la surface du triangle proposé ABC en ôtant la surface de ces deux triangles, de celle du triangle ADE, ce qui donne

$$S = 84\text{-}29 - 61\text{-}14 = 23\text{-}15,$$

ou 23 ares 15 centiares, même résultat que dans le numéro précédent.

SECTION DEUXIÈME.

DIVISION DES TRIANGLES.

897. Les différens cas que l'on peut supposer dans la division d'un triangle ne se présentent pas très-souvent. Nous allons cependant en indiquer la solution analysée, parce que le cas peut arriver, par exemple, où l'on ait un terrain triangulaire à partager, et que les co-partageans veuillent faire aboutir toutes les divisions à une servitude, comme une sortie, un abreuvoir, un puits, etc.; et d'ailleurs ce sera, avec la division des carrés, des rectangles et des parallélogrammes (770), une introduction au partage des pièces de terre d'un plus grand nombre de côtés.

Le partage des triangles peut se faire de quatre manières :

1° Par la division d'un côté du triangle, comme on veut que sa surface le soit;

2° Par le rapport de la surface totale du triangle au carré de la longueur, et le rapport de la surface de la portion que l'on veut prendre au carré de la longueur de cette portion;

3° Par le rapport simple de la longueur du triangle, à la longueur de la portion que l'on veut obtenir;

4° Par le moyen des lignes proportionnelles.

Nous allons commencer par traiter tous ces cas pour la division en parties égales.

DIVISION DES TRIANGLES EN PARTIES ÉGALES, PAR DES LIGNES TIRÉES D'UN DES ANGLES.

898. Nous ferons très-peu de distinction entre la division des surfaces accessibles et celle des surfaces inaccessibles. On verra bien, au premier coup-d'œil, si le procédé est applicable à l'un et à l'autre cas, et il sera toujours possible de diviser l'une et l'autre surface par le même procédé, toutes les fois que les lignes de division devront aboutir au contour du triangle; mais lorsque plusieurs lignes de division doivent se réunir dans la surface inaccessible du triangle, il faut lever et construire le plan du terrain, le diviser soit par le calcul, soit graphiquement, et procéder au bornage d'après les résultats obtenus. Nous ferons connaître ces sortes de divisions plus loin.

PROBLÈME.

Fig. 486. 899. *Diviser un triangle quelconque ABC* (Fig. 486) *en deux parties égales, par une ligne de division tirée de l'angle B sur le côté opposé AC.*

Divisez la base AC en deux parties égales, vous aurez pour ce cas, sachant que AC est de 10 décamètres 2 mètres,

$$\begin{aligned} AD &= 5\text{-}1, \\ CD &= 5\text{-}1, \\ \hline AC &= 10\text{-}2; \end{aligned}$$

et les triangles ABD, BCD, de même base et de même hauteur BE, et par conséquent égaux entr'eux.

En effet, sachant que BE est de 5 décamètres 4 mètres, l'on a, relativement à la surface de chaque triangle (868),

$$AD \times \tfrac{1}{2} BE = CD \times \tfrac{1}{2} BE = 5\text{-}1 \times 2\text{-}7 = 13\text{-}77.$$

Cette surface de 13 ares 77 centiares est exactement la moitié de celle du triangle proposé, puisque

$$(AD + CD) \times \tfrac{1}{2} BE = 10\text{-}2 \times 2\text{-}7 = 27\text{-}54.$$

La division du triangle en deux triangles égaux par une ligne tirée d'un angle, sur le côté opposé, est trop facile pour nous y arrêter davantage.

Enfin, *partager un triangle quelconque en un nombre* n *de triangles égaux qui aboutissent à un même angle, revient à diviser le côté opposé à cet angle en* n *parties égales*. Dans ce problème, par exemple, chaque division revient à $\frac{AC}{n}$ ou $\frac{10\text{-}2}{n}$, ou enfin à $\frac{10\text{-}2}{2}$. Nous allons cependant donner un second exemple sur cette division.

PROBLÈME.

900. *Diviser une pièce de terre triangulaire ABC*
Fig. 487. (Fig. 487), *en trois triangles équivalens qui aboutissent à un même angle B.*

Ce problème se résout comme le précédent : on divise le côté AC, qui est de 10 décamètres 2 mètres, en trois parties égales; on tire par les points trouvés D, E, les lignes de division BD, BE, qui divisent exactement le triangle proposé en trois triangles équivalens, qui ont une hauteur commune BF de 5 décamètres 4 mètres.

En effet, chaque triangle équivaut à

$$\tfrac{1}{3} AC \times \tfrac{1}{2} BF = 3\text{-}4 \times 2\text{-}7 = 9\text{-}18,$$

puisque, pour le triangle ABD, par exemple, l'on a

$$AD \times \tfrac{1}{2} BF = 3\text{-}4 \times 2\text{-}7 = 9\text{-}18.$$

Enfin, le triangle ABC équivaut à

$$AC \times \tfrac{1}{2} BF = 10\text{-}2 \times 2\text{-}7 = 27\text{-}54,$$

ou 27 ares 54 centiares.

DIVISION DES TRIANGLES EN PARTIES ÉGALES, PAR DES LIGNES PARALLÈLES A UN DES COTÉS.

901. Cette espèce de division s'effectue de plusieurs manières qui mènent à un même résultat exact; chacune d'elles exige une ou plusieurs extractions de racine carrée, selon que l'on divise en une ou plusieurs parties égales.

PROBLÈME.

902. *Diviser un triangle quelconque ABC* (Fig. 488) Fig. 488.
en deux parties égales, par une ligne parallèle au côté AC.

Pour déterminer un triangle BEF égal à la moitié du triangle proposé ABC, cherchez *une moyenne proportionnelle* (105 *et* 107) entre le côté AB et la moitié de ce côté, vous aurez le côté BE du triangle BEF demandé. Si vous cherchez une moyenne proportionnelle entre l'autre côté BC et sa moitié, vous aurez l'autre côté BF du triangle partiel BEF.

En effet, sachant seulement que

$$AB = 9\text{-}5, \qquad BC = 5\text{-}75,$$

on a la moyenne proportionnelle, ou le côté BE, en faisant

$$BE = \sqrt{AB \times \tfrac{1}{2} AB} = \sqrt{9\text{-}5 \times 4\text{-}75};$$

qui revient à extraire la racine carrée de

$$9\text{-}5 \times 4\text{-}75 = 45\text{-}125,$$

ce qui donne

$$\sqrt{45\text{-}125} = 6\text{-}717$$

pour la longueur du côté BE.

Si l'on emploie les logarithmes, on aura de même,

$$\begin{aligned} \log.\ 9\text{-}5 &= 0\text{-}9777236 \\ \log.\ 4\text{-}75 &= 0\text{-}6766936 \\ \hline \log.\ BE^2 &= 1\text{-}6544172 \\ \tfrac{1}{2} \log.\ BE^2 = \log.\ BE &= 0\text{-}8272086 \end{aligned}$$

Ce logarithme répond, dans les tables, à 6-717, qui est aussi la longueur du côté BE.

Portant cette longueur, 6 décamètres 717 centimètres de B en E sur AB, le point E sera celui où doit tomber la

Fig. 488. ligne de division qui coupera le triangle en deux parties égales.

Maintenant, en menant EF parallèle au côté AC, la division sera effectuée. Voici plusieurs moyens de mener cette parallèle, c'est-à-dire de déterminer sur BC le point F où doit tomber cette parallèle :

1° En cherchant une moyenne proportionnelle entre BC et $\frac{1}{2}$ BC, ce qui donne

$$BF = \sqrt{BC \times \tfrac{1}{2} BC} = \sqrt{5\text{-}75 \times 2\text{-}875},$$

ou, en opérant,

$$BF = \sqrt{16\text{-}531} = 4\text{-}066;$$

2° En cherchant le quatrième terme de la proportion suivante, établie (64) d'après la division du côté AB,

$$AB : BC :: BE : x = BF,$$

ou de celle

$$9\text{-}5 : 5\text{-}75 :: 6\text{-}717 : x,$$

qui revient à l'expression

$$BF = \frac{5\text{-}75 \times 6\text{-}717}{9\text{-}5} = 4\text{-}066$$

On voit par cette méthode que *sans avoir égard à la surface d'un triangle, on peut le partager en autant de parties égales qu'on le voudra*, pourvu que l'on connaisse la longueur de chacun des deux côtés sur lesquels doivent aboutir les lignes parallèles de division.

Cette division étant faite, pour la vérifier, je cherche une moyenne proportionnelle entre la hauteur BD, qui est de 5 décamètres 4 mètres, et sa moitié, j'ai la hauteur du triangle BEF égale à

$$BG = \sqrt{BD \times \tfrac{1}{2} BD} = \sqrt{5\text{-}4 \times 2\text{-}7},$$

ou à

$$BG = \sqrt{14\text{-}58} = 3\text{-}818.$$

Cherchant maintenant la longueur de la base EF de ce même triangle, par la connaissance de celle AC du triangle proposé, qui est de 10 décamètres 2 mètres, je trouve

$$EF = \sqrt{AC \times \tfrac{1}{2} AC} = \sqrt{10\text{-}2 \times 5\text{-}1},$$

ou

$$EF = \sqrt{52\text{-}02} = 7\text{-}212.$$

Ainsi, calculant les deux parties séparément, au moyen de ces derniers résultats, je trouve

Surface
$$\begin{cases} BEF = EF \times \tfrac{1}{2} BG = 7\text{-}212 \times 1\text{-}909 = 13\text{-}767 \\ ACEF = \tfrac{1}{2}(AC+EF) \times DG = 8\text{-}706 \times 1\text{-}582 = 13\text{-}773 \\ ABC = AC \times \tfrac{1}{2} BD = 10\text{-}2 \times 2\text{-}7 = 27\text{-}540 \end{cases}$$

Le résultat 27 ares 54 centiares est exactement la surface du triangle proposé.

903. En effet, les triangles ABC et BEF étant semblables, on a

$$ABC : BEF :: AB^2 : BE^2$$
$$ABC : BEF :: BC^2 : BF^2$$
$$ABC : BEF :: AC^2 : EF^2$$
$$ABC : BEF :: BD^2 : BG^2$$

Ainsi, Fig. 488.

$$BEF = \frac{ABC}{2};$$

donc les opérations précédentes reviennent à

$$BE = \sqrt{\frac{AB^2}{2}} = AB \times \sqrt{\frac{1}{2}}$$

On a de même

$$BF = \sqrt{\frac{BC^2}{2}} = BC \times \sqrt{\frac{1}{2}};$$

ce qui signifie que BE et BF sont moyens proportionnels, savoir : BE entre AB et $\frac{AB}{2}$, et BF entre BC et $\frac{BC}{2}$.

Nous avons vu, dans la preuve de l'opération précédente, que l'on a de même

$$BG = \sqrt{\frac{BD^2}{2}} = BD \times \sqrt{\frac{1}{2}};$$

$$EF = \sqrt{\frac{AC^2}{2}} = AC \times \sqrt{\frac{1}{2}}.$$

Cela posé, on voit que le dernier terme de chaque formule indique que la division d'un triangle quelconque, en deux parties égales, par une ligne parallèle à l'un des côtés, revient à *multiplier séparément les côtés ou les autres lignes qui dépendent de sa composition, par la racine carrée de $\frac{1}{2}$ ou 0-5 dixièmes*. Dans ce cas, les résultats trouvés seront exactement les dimensions d'un triangle qui aura une surface moitié de celle du triangle proposé.

Pour prouver ce que nous venons d'avancer, extrayons la racine carrée de 0-5 dixièmes, nous aurons 0-7071 dix-millièmes pour le *multiplicateur géodésique* de tous les triangles en général que l'on voudra partager en deux parties égales par une ligne parallèle à un des côtés.

Appliquant ce multiplicateur à la division que nous venons de faire, nous devons immanquablement trouver les mêmes résultats. En effet,

$$BE = AB \times 0\text{-}7071 = 9\text{-}5 \times 0\text{-}7071 = 6\text{-}717,$$
$$BF = BC \times 0\text{-}7071 = 5\text{-}75 \times 0\text{-}7071 = 4\text{-}066.$$

Cette partie suffit pour la division exacte du triangle ABC; mais, poussant plus loin, relativement aux base et hauteur du triangle BEF, on a de même

$$BG = BD \times 0\text{-}7071 = 5\text{-}4 \times 0\text{-}7071 = 3\text{-}818,$$
$$EF = AC \times 0\text{-}7071 = 10\text{-}2 \times 0\text{-}7071 = 7\text{-}212.$$

Enfin, l'on voit que cette manière de diviser les triangles est rigoureusement exacte, qu'il n'y a seulement pas 0-001 *millième de décamètre*, ou 0-01 *centimètre* d'erreur avec les dimensions vérifiées plus haut (902).

904. Concluons de là que, pour diviser un terrain de forme triangulaire par des lignes parallèles à la base en parties égales, en 5, par exemple, on obtient sur les côtés du triangle les points de division :

1° *En cherchant et menant de l'angle opposé au côté pris pour base, une moyenne proportionnelle entre cha-*

Fig. 488. *cun des deux côtés du triangle et le $\frac{1}{5}$, les $\frac{2}{5}$, les $\frac{3}{5}$, les $\frac{4}{5}$ de ce même côté ; ou*

2° *En multipliant chacun des deux côtés du triangle par la racine carrée de $\frac{1}{5}$, de $\frac{2}{5}$, de $\frac{3}{5}$, de $\frac{4}{5}$.*

Reprenons la démonstration générale de cette division, en supposant que nous avons divisé le triangle ABD en n parties égales, c'est-à-dire que nous avons fait

$$BEF = \frac{ABC}{n}.$$

D'après cela, l'on a généralement,

$$BE = \sqrt{\frac{\overline{AB}^2}{n}} = AB \times \sqrt{\frac{1}{n}};$$

$$BF = \sqrt{\frac{\overline{BC}^2}{n}} = BC \times \sqrt{\frac{1}{n}};$$

il résulte de là, comme nous l'avons déjà dit dans le numéro précédent, que BE est moyen proportionnel entre

$$AB \text{ et } \frac{AB}{n}, \text{ et BF entre BC et } \frac{BC}{n}.$$

On a de même

$$BG = \sqrt{\frac{\overline{BD}^2}{n}} = BD \times \sqrt{\frac{1}{n}};$$

$$EF = \sqrt{\frac{\overline{AC}^2}{n}} = AC \times \sqrt{\frac{1}{n}}.$$

Pour diviser ce triangle en plus de deux parties égales, on aurait, pour la deuxième, troisième, quatrième etc., partie

$$BE = \sqrt{\frac{2}{n}},\quad BF = \sqrt{\frac{2}{n}},$$

$$BE = \sqrt{\frac{3}{n}},\quad BF = \sqrt{\frac{3}{n}},$$

$$BE = \sqrt{\frac{4}{n}},\quad BF = \sqrt{\frac{4}{n}},$$

Voici la formule ou la manière pratique pour faire ces divisions au moyen des lignes proportionnelles.

Pour diviser un triangle quelconque par des lignes parallèles à un des côtés, en deux parties égales, *prenez la moitié de la longueur du côté sur lequel vous cherchez un point de division* ; si c'est en trois parties égales, *prenez le $\frac{1}{3}$ du côté* ; si c'est en quatre parties, *prenez-en le $\frac{1}{4}$* ; si c'est en cinq, *prenez le $\frac{1}{5}$* ; en six, *le $\frac{1}{6}$*, etc., *et multipliez la longueur de ce côté par la moitié, le $\frac{1}{3}$, le $\frac{1}{4}$, le $\frac{1}{5}$ ou le $\frac{1}{6}$*, etc., *de ce même côté* ; *extrayez la racine carrée du produit, et cette racine carrée est*, comme nous l'avons vu (902), *un côté de la première partie, qui est toujours un triangle ; le reste est la longueur d'un côté de la deuxième partie, qui est toujours un trapèze.*

Maintenant, pour avoir la première partie, en divisant le triangle en trois parties égales, *prenez le $\frac{1}{3}$ du côté sur lequel vous cherchez les points de division ; multipliez le côté par ce tiers, et la racine carrée du produit vous donnera la longueur d'un côté du triangle qui est la première partie.* Pour avoir la longueur d'un côté de la deuxième partie, *prenez les $\frac{2}{3}$ de la longueur totale du côté à diviser ; multipliez le côté par ces deux tiers, et la racine carrée du produit vous donnera la longueur de la première partie, plus celle d'un côté de la deuxième ; alors, ôtez, de cette racine carrée, la longueur du côté de la première partie, et le reste sera celle du côté de la deuxième.* Pour avoir la dernière longueur ou celle d'un côté de la troisième partie *retranchez les deux premières longueurs de la longueur totale.* Fig. 488.

Il faut toujours observer que quand on a obtenu la racine carrée du deuxième produit, la longueur du côté de la première partie y est comprise ; de même quand on a obtenu la racine carrée du troisième produit, la longueur des côtés de la première et de la deuxième partie y est encore comprise ; enfin, quand on a obtenu la racine carrée du quatrième, du cinquième, du sixième produit, la longueur des côtés des parties précédentes y est aussi comprise ; c'est pourquoi il faut ôter de la racine la longueur des côtés des parties déjà connues ; le reste donne la longueur cherchée.

La première partie est toujours un triangle semblable à celui que l'on divise ; il en est de même de la deuxième partie ajoutée à la première, de la troisième avec les deux premières, etc. ; par conséquent toutes les parties, excepté la première, sont toujours des trapèzes.

N. B. Pour trouver la longueur d'un côté de la seconde partie, au lieu de multiplier la longueur totale du côté à diviser par ses deux tiers, il suffit de doubler le premier produit qui résulte de la multiplication de cette longueur totale par son tiers ; il en est de même quand on veut partager en 4, en 5, en 6, en 7, etc., parties égales.

PROBLÈME.

905. *Partager la pièce de terre triangulaire ABC* (Fig. 489), *en trois parties égales, par des lignes paral-* Fig. 489.
lèles au côté AC.

Je commence par déterminer un triangle BEF égal au tiers du triangle proposé ABC, en cherchant une moyenne proportionnelle (105 *et* 107) entre le côté AB et le tiers de ce côté, ce qui donne BE pour le côté du triangle demandé BEF. Cherchant ensuite une moyenne proportionnelle entre l'autre côté BC et son tiers, j'ai BF pour second côté du triangle BEF.

Connaissant seulement les côtés

$$AB = 6\text{-}0,\quad BC = 13\text{-}8,$$

j'ai la moyenne proportionnelle ou le côté BE, en faisant

$$BE = \sqrt{AB \times \tfrac{1}{3} AB} = \sqrt{6\text{-}0 \times 2\text{-}0};$$

qui revient à extraire la racine carrée de

$$6\text{-}0 \times 2\text{-}0 = 12\text{-}0,$$

ce qui donne

$$\sqrt{12\text{-}0} = 3\text{-}464,$$

pour la longueur du côté BE.

Portant cette longueur, 3 décamètres 464 centimètres de B en E sur AB, le point E sera l'endroit où doit tomber la ligne de division qui déterminera le triangle BEF.

Fig. 489 Maintenant, pour éviter une extraction de racine carrée, je détermine le point F où doit tomber, sur BC, la ligne de division EF, par la proportion

AB : BC :: BE : x = BF,

ou celle

6-0 : 13-8 :: 3-464 : x,

qui revient à

$$BF = \frac{13\text{-}8 \times 3\text{-}464}{6\text{-}0} = 7\text{-}967\,;$$

donc, portant cette longueur 7 décamètres 967 centimètres de B en F, sur BC, le point F est déterminé; alors j'ai le triangle BEF, dont la surface équivaut au tiers de celle du triangle proposé ABC; par conséquent le trapèze ACEF équivaut au deux autres tiers de la surface.

Pour déterminer la longueur du côté EG de la deuxième partie EFGH, je cherche la longueur du côté BG du triangle BGH qui doit avoir une surface égale aux deux tiers de celle du triangle proposé ABC, c'est-à-dire double de celle de la première partie, en cherchant une moyenne proportionnelle entre le côté AB et les deux tiers de côté; j'ai cette moyenne proportionnelle en faisant, d'après les numéros 105 et 107,

$$BG = \sqrt{AB \times \tfrac{2}{3} AB} = \sqrt{6\text{-}0 \times 4\text{-}0},$$

qui revient à extraire la racine carrée de

6-0 × 4-0 = 24-0,

ou du double du premier produit qui résulte de la longueur totale multipliée par son tiers (904), ce qui donne

$$BG = \sqrt{24\text{-}0} = 4\text{-}9.$$

Connaissant la longueur BG, je trouve celle EG en faisant

EG = BG — BE = 4-9 — 3-464 = 1-436;

on a de même

AG = AB — BG = 6-0 — 4-9 = 1-1.

Donc, on détermine le point de division G, sur le côté AB,

1° En portant 4 décamètres 9 mètres de B en G;

2° En portant 1 décamètre 436 centimètres de E en G;

3° En portant 1 décamètre 1 mètre de A en G.

Quant à la distance CH, je l'obtiens par la proportion

AB : BC :: AG : x = CH,

ou celle

6-0 : 13-8 :: 1-1 : x,

qui revient à

$$CH = \frac{13\text{-}8 \times 1\text{-}1}{6\text{-}0} = 2\text{-}526\,;$$

donc, portant cette longueur 2 décamètres 526 centimètres de C en H sur BC, le point H est déterminé; alors j'ai les trapèzes EFGH, ACGH, chacun équivalent au tiers du triangle proposé.

Le point H pourrait aussi être déterminé en portant du point F une longueur égale à

FH = BC—(CH + BF)
= 13-8—(2-526 + 7-967) = 3-307.

Cette méthode n'exige, malgré la division en trois parties égales, que la connaissance des deux côtés sur lesquels on veut avoir les points de division.

D'après un second procédé que nous avons fait connaître précédemment (904), nous aurions les mêmes résultats. Car, pour la première partie qui doit être le tiers de la surface totale, on a Fig. 489.

$$\sqrt{\frac{1}{3}} = 0\text{-}5773\,,$$

ce qui donne déjà exactement

BE = AB × 0-5773 = 6-0 × 0-5773 = 3-464;
BF = BC × 0-5773 = 13-8 × 0-5773 = 7-967.

Sachant aussi que la première et la deuxième parties doivent faire ensemble les deux tiers de la surface totale, on a

$$\sqrt{\frac{2}{3}} = 0\text{-}8165\,,$$

ce qui donne de même

BG = AB × 0-8165 = 6-0 × 0-8165 = 4-9;
BH = BC × 0-8165 = 13-8 × 0-8165 = 11-274,

d'où l'on tire les longueurs EG, FH, par une soustraction.

On pourrait aussi effectuer cette division en formant le triangle BGH égal aux deux tiers de la surface, et divisant ensuite ce dernier triangle en deux parties égales comme plus haut (902).

Enfin, si l'on voulait connaître, pour vérifier cette division, la base EF et la hauteur BI du triangle BEF, on ferait

EF = AC × 0-5773 = 10-2 × 0-5773 = 5-89;
BI = BD × 0-5773 = 5-4 × 0-5773 = 3-117.

Pour avoir la base GH et la hauteur IJ du trapèze EFGH, on ferait

GH = AC × 0-8165 = 10-2 × 0-8165 = 8-33;
BJ = BD × 0-8165 = 5-4 × 0-8165 = 4-409;

alors, on a

IJ = BJ — BI = 4-409 — 3-117 = 1-292.

Il en est de même pour trouver DJ, car

DJ = BD — BJ = 5-4 — 4-409 = 0-991.

Donc, sachant que la base moyenne du trapèze EFGH équivaut à

½ (EF × GH) = ½ (5-89 × 8-33) = 7-11,

et celle du trapèze ACGH, à

½ (GH × AC) = ½ (8-33 × 10-2) = 9-265,

la preuve de l'exactitude de cette division se termine en faisant

Surface { BEF = EF × ½ BI = 5-89 × 1-5585 = 9-18
EFGH = 7-11 × IJ = 7-11 × 1-292 = 9-18
ACGH = 9-265 × DJ = 9-265 × 0-991 = 9-18
ABC = AC × ½ BD = 10-2 × 2-7 = 27-54 }

906. Nous allons donner les multiplicateurs nécessaires pour les divisions en deux parties égales, en trois, en quatre, en cinq, etc., jusqu'à la division en douze parties égales inclusivement. Il arrive rarement que la division surpasse ce dernier nombre de parties égales, surtout pour les triangles.

MULTIPLICATEURS GÉODÉSIQUES

POUR DIVISER PROMPTEMENT ET RIGOUREUSEMENT LES TRIANGLES PAR DES LIGNES PARALLÈLES.

Désignat. de la divis.	PARTIE DE SURFACE à prendre dans l'angle opposé aux lignes parallèles.	MULTIPLICATEUR géodésique.
P. moitié.	1/2	0-7071
P. tiers.	1/3	0-5773
	2/3	0-8165
P. quart	1/4	0-5 = $\frac{1}{2}$
	3/4	0-8660
En 5 part. ég.	1/5	0-4472
	2/5	0-6325
	3/5	0-7745
	4/5	0-8944
En 6 part. égal.	1/6	0-4036
	2/6 = 1/3	»
	3/6 = 1/2	»
	4/6 = 2/3	»
	5/6	0-9129

Désignat. de la divis.	PARTIE DE SURFACE à prendre dans l'angle opposé aux lignes parallèles.	MULTIPLICATEUR géodésique.
En 7 parties égales.	1/7	0-3780
	2/7	0-5345
	3/7	0-6547
	4/7	0-7559
	5/7	0-8451
	6/7	0-9247
En 8 parties égales.	1/8	0-3536
	2/8 = 1/4	»
	3/8	0-6054
	5/8	0-7906
	6/8 = 3/4	»
	7/8	0-9354
En 9 part. ég.	1/9	0-33 = $\frac{1}{3}$
	2/9	0-4714
	3/9 = 1/3	»
	4/9	0-67 = $\frac{2}{3}$

Désignat. de la divis.	PARTIE DE SURFACE à prendre dans l'angle opposé aux lignes parallèles.	MULTIPLICATEUR géodésique.
En 9 part. ég.	5/9	0-7454
	6/9 = 2/3	»
	7/9	0-8819
	8/9	0-9428
En 10 parties égales.	1/10	0-3162
	2/10 = 1/5	»
	3/10	0-5471
	4/10 = 2/5	»
	6/10 = 3/5	»
	7/10	0-8367
	8/10 = 4/5	»
	9/10	0-9487
En 11 part. ég.	1/11	0-3015
	2/11	0-4264
	3/11	0-5222
	4/11	0-6031

Désignat. de la divis.	PARTIE DE SURFACE à prendre dans l'angle opposé aux lignes parallèles.	MULTIPLICATEUR géodésique.
En 11 parties égales	5/11	0-6742
	6/11	0-7385
	7/11	0-7977
	8/11	0-8528
	9/11	0-9045
	10/11	0-9535
En 12 parties égales.	1/12	0-2887
	2/12 = 1/6	»
	3/12 = 1/4	»
	4/12 = 1/3	»
	5/12	0-6455
	6/12 = 1/2	»
	7/12	0-7637
	8/12 = 2/3	»
	9/12 = 3/4	»
	10/12 = 5/6	»
	11/12	0-9574

Pour pouvoir apprécier l'avantage de cette table, nous allons résoudre le problème suivant au moyen des multiplicateurs qu'elle renferme.

PROBLÈME.

Fig. 490. 907. *Partager la pièce de terre ABC* (Fig. 490) *en six parties égales, par des lignes parallèles au côté AB.*

Cette opération n'exige que la mesure des deux côtés AC et BC sur lesquels on veut fixer les points de division; donc, sachant que

$$AC = 10\text{-}2,\ BC = 12\text{-}7,$$

on a les côtés CD, CE, du triangle CDE qui doit être équivalent au sixième de celui proposé ABC, en multipliant chacun de ces deux côtés par le multiplicateur géodésique de $\frac{1}{6}$, comme il suit :

$$CD = BC \times 0\text{-}4036 = 12\text{-}7 \times 0\text{-}4036 = 5\text{-}126;$$
$$CE = AC \times 0\text{-}4036 = 10\text{-}2 \times 0\text{-}436 = 4\text{-}117.$$

Pour connaître les côtés CF, CG, du triangle CFG qui doit être égal aux deux sixièmes de la pièce de terre proposée, on emploie le multiplicateur de $\frac{2}{6}$ qui est le même que pour $\frac{1}{3}$, ce qui donne

$$CF = BC \times 0\text{-}5773 = 12\text{-}7 \times 0\text{-}5773 = 7\text{-}332;$$
$$CG = AC \times 0\text{-}5773 = 10\text{-}2 \times 0\text{-}5773 = 5\text{-}888.$$

D'où l'on a, par une simple soustraction qu'il faut toujours faire en employant d'autres procédés,

$$DF = CF - CD = 7\text{-}332 - 5\text{-}126 = 2\text{-}206;$$
$$EG = CG - CE = 5\text{-}888 - 4\text{-}117 = 1\text{-}771.$$

On a de même les côtés CH, CI, du triangle CHI de $\frac{3}{6}$ ou de la moitié de la surface proposée ABC, en employant le multiplicateur de $\frac{3}{6}$ ou de $\frac{1}{2}$, ce qui fait

$$CH = BC \times 0\text{-}7071 = 12\text{-}7 \times 0\text{-}7071 = 8\text{-}98;$$
$$CI = AC \times 0\text{-}7071 = 10\text{-}2 \times 0\text{-}7071 = 7\text{-}212.$$

Ainsi, par une soustraction, l'on obtient

$$FH = CH - CF = 8\text{-}98 - 7\text{-}332 = 1\text{-}648;$$
$$GI = CI - CG = 7\text{-}212 - 5\text{-}888 = 1\text{-}324.$$

Pour avoir la longueur de chacun des côtés CJ, CK, du triangle CJK qui doit être les quatre sixièmes ou les deux tiers de la surface que l'on partage, on multiplie par le multiplicateur de $\frac{4}{6}$, en faisant

$$CJ = BC \times 0\text{-}8165 = 12\text{-}7 \times 0\text{-}8165 = 10\text{-}37;$$
$$CK = AC \times 0\text{-}8165 = 10\text{-}2 \times 0\text{-}8165 = 8\text{-}328;$$

d'où l'on tire

$$JH = CJ - CH = 10\text{-}37 - 8\text{-}98 = 1\text{-}39;$$
$$IK = CK - CI = 8\text{-}328 - 7\text{-}212 = 1\text{-}116.$$

Ensuite l'on a les côtés CL, CM, du triangle CLM qui doit avoir une surface égale aux cinq sixièmes de celle de la pièce de terre proposée, en prenant le multiplicateur de $\frac{5}{6}$, ce qui produit

$$CL = BC \times 0\text{-}9129 = 12\text{-}7 \times 0\text{-}9129 = 11\text{-}59;$$
$$CM = AC \times 0\text{-}9129 = 10\text{-}5 \times 0\text{-}9129 = 9\text{-}31.$$

Au moyen de ces deux résultats, l'on a facilement les

quatre qui suivent :

$$JL = CL - CJ = 11\text{-}59 - 10\text{-}37 = 1\text{-}22;$$
$$KM = CM - CK = 9\text{-}31 - 8\text{-}328 = 0\text{-}982;$$
$$BL = BC - CL = 12\text{-}7 - 11\text{-}59 = 1\text{-}11;$$
$$AM = AC - CM = 10\text{-}2 - 9\text{-}31 = 0\text{-}89.$$

Enfin, si l'on voulait avoir la longueur de chacun des côtés DE, FG, HI, etc., d'après le même procédé, on mesurerait le côté AB sur le terrain, et l'on aurait ces côtés en opérant comme il suit :

$$DE = AB \times 0\text{-}4036;$$
$$FG = AB \times 0\text{-}5773;$$
$$HI = AB \times 0\text{-}7071;$$
$$JK = AB \times 0\text{-}8165;$$
$$LM = AB \times 0\text{-}9129.$$

On voit maintenant l'avantage de ces multiplicateurs; ces longueurs, comme toutes celles déterminées dans cette opération, ne se déterminent l'une de l'autre, ce qui ne permet pas de faire accumuler des erreurs sur les derniers résultats, comme on le voit assez souvent dans certaines opérations.

DIVISION DES TRIANGLES EN PARTIES ÉGALES, PAR DES LIGNES PERPENDICULAIRES A UN DES COTÉS.

908. Cette espèce de division a beaucoup d'analogie avec celle qui précède.

La division en deux parties égales par une perpendiculaire à un des côtés est très-facile lorsque le triangle est équilatéral; pour diviser, par exemple, celui ABO (*Fig.*
Fig. 67. 67), il n'y a qu'à partager en deux parties égales un des côtés du triangle, celui AB, par exemple, et la ligne de division GO satisfait à la division.

Si le triangle était isocèle, comme celui EMO (*Fig.*
Fig. 214. 214), par exemple, on le partagerait en deux parties égales en élevant une perpendiculaire OP, du milieu P du côté ME qui doit être plus long ou plus court que l'un des deux autres.

PROBLÈME.

Fig. 491. 909. *Diviser un triangle quelconque ABC* (Fig. 491), *en deux parties égales, par une perpendiculaire élevée sur le côté AC.*

Du point B, abaissez la perpendiculaire BD, et mesurez les segmens AD, CD, qui sont, pour ce cas,

$$AD = 3\text{-}2,$$
$$CD = 7\text{-}0,$$
$$AC = 10\text{-}2.$$

Cela connu, cherchez une moyenne proportionnelle (105 *et* 107) entre le côté AC et la moitié du segment CD, ce qui donnera la longueur CE que vous porterez de C en E sur CD. Ainsi, en effectuant le calcul, on trouve Fig. 491.

$$CE = \sqrt{AC \times \tfrac{1}{2} CD} = \sqrt{10\text{-}2 \times 3\text{-}5};$$

qui revient à

$$CE = \sqrt{35\text{-}7} = 5\text{-}975.$$

Portant cette longueur 5 décamètres 975 centimètres de C en E, le point E sera celui par lequel élevant la perpendiculaire EF, le triangle ABC sera partagé en deux parties égales CEF, ABEF.

Pour ne pas élever la perpendiculaire EF, mesurez le côté BC, que vous trouverez, pour ce cas, de 8 décamètres 841 centimètres, vous aurez la distance BF par la proportion suivante :

$$CD : BC :: DE : x = BF,$$

ou celle

$$7\text{-}0 : 8\text{-}841 :: 1\text{-}025 : x,$$

qui donne

$$BF = \frac{8\text{-}841 \times 1\text{-}025}{7\text{-}0} = 1\text{-}31.$$

On aurait aussi la longueur de CF par la proportion suivante :

$$CD : BC :: CE : x = CF;$$

mais, on a de même

$$CF = CB - BF = 8\text{-}841 - 1\text{-}31 = 7\text{-}531.$$

Cherchant maintenant la longueur de la perpendiculaire EF, au moyen de celle BD que l'on trouve de 5 décamètres 4 mètres, on a, par la proportion

$$CD : CE :: BD : x = EF,$$

ou celle

$$7\text{-}0 : 5\text{-}975 :: 5\text{-}4 : x,$$

qui donne

$$EF = \frac{5\text{-}975 \times 5\text{-}4}{7\text{-}0} = 4\text{-}609.$$

Enfin, sachant que la base moyenne du trapèze BDEF équivaut à

$$\tfrac{1}{2}(BD + EF) = \tfrac{1}{2}(5\text{-}4 + 4\text{-}609) = 5\text{-}0045;$$

on vérifie l'opération en évaluant les parties que l'on ajoute ensemble comme il suit :

$$\text{Surface}\begin{cases} ABD = AD \times \tfrac{1}{2} BD = 3\text{-}2 \times 2\text{-}7 = 8\text{-}64 \\ BDEF = DE \times 5\text{-}0045 = 1\text{-}025 \times 5\text{-}0045 = 5\text{-}13 \end{cases} = 13\text{-}77$$
$$\text{Surface}\begin{cases} CEF = CE \times \tfrac{1}{2} EF = 5\text{-}975 \times 2\text{-}3045 = 13\text{-}77 = 13\text{-}77 \\ ABC = AC \times \tfrac{1}{2} BD = 10\text{-}2 \times 2\text{-}7 = 27\text{-}54 = 27\text{-}54 \end{cases}$$

910. L'opération n'est pas plus difficile à effectuer quand le triangle doit être partagé en un plus grand nombre de parties égales. Supposons, pour une démonstration générale, que nous avons divisé le triangle ABC en n parties égales, c'est-à-dire que nous avons fait

$$CEF = \frac{ABC}{n}.$$

D'après cela l'on a, pour la première division,

$$CE = \sqrt{AC \times \frac{CE}{n}};$$

Fig. 491. pour la deuxième division,

$$CE = \sqrt{AC \times \frac{2\,CE}{n}};$$

pour la troisième,

$$CE = \sqrt{AC \times \frac{3\,CE}{n}}, \text{ etc., etc.}$$

S'il arrivait que la deuxième ou la troisième partie surpassât la perpendiculaire, il faudrait reprendre l'opération à l'autre segment du triangle, c'est-à-dire de l'autre côté de la perpendiculaire.

Il est très-facile de savoir sur quel segment, une ou plusieurs parties doivent être entièrement établies; il suffit d'évaluer les deux segmens séparément, et de les comparer aux parties qu'ils doivent comprendre; par exemple, si l'on veut prendre deux parties de chacune 15 ares sur un segment qui ne présente, en surface, que 29 ares, il est inutile d'opérer sur ce segment pour être obligé de recommencer sur l'autre; mais ces deux parties peuvent être calculées sur un segment qui présente 30 ares et plus. Passons à la division en trois parties égales.

PROBLÈME.

Fig. 492. **911.** *Diviser un triangle quelconque ABC* (Fig. 492), *en trois parties égales, par des perpendiculaires au côté AC.*

En mesurant les segmens AD, CD, qui sont pour ce cas, respectivement égaux à

$$AD = 3\text{-}4, \qquad CD = 6\text{-}8,$$

je m'aperçois que le premier, celui AD, est exactement le tiers du côté AC; donc le triangle ABD est aussi (899) le tiers du triangle ABC; et par conséquent le triangle BCD en est les deux tiers.

Ainsi, il ne s'agit plus que de partager en deux parties égales ce dernier triangle, par une perpendiculaire au segment CD.

Or, pour trouver le point E d'où il faut élever cette perpendiculaire, je cherche, comme au numéro 909, une moyenne proportionnelle entre le segment CD et sa moitié, j'ai

$$CE = \sqrt{CD \times \tfrac{1}{2}\,CD} = \sqrt{6\text{-}8 \times 3\text{-}4},$$

qui donne

$$CE = \sqrt{23\text{-}12} = 4\text{-}808.$$

Portant cette longueur 4 décamètres 808 centimètres de C en E sur le segment CD, j'ai le point E par lequel j'élève sur CD une perpendiculaire EF qui détermine les deux autres tiers du triangle ABC, ou divise celui BCD en deux parties égales.

Il vaut mieux chercher le point F sur le côté BC du triangle proposé, que d'élever tout simplement sur le terrain une perpendiculaire du point E; c'est une simple proportion à faire comme il suit :

$$CD : CE :: BC : x = CF,$$

ou

Fig. 492.

$$6\text{-}8 : 4\text{-}808 :: 8\text{-}683 : x,$$

qui donne

$$CF = \frac{4\text{-}808 \times 8\text{-}683}{6\text{-}8} = 6\text{-}146;$$

on porte cette longueur de C en F, on tire la perpendiculaire EF qui divise exactement le triangle BCD en deux parties égales.

Quant à BF on le trouve de 2 décamètres 537 centimètres par une soustraction.

Si l'on voulait connaître la longueur de EF, on ferait

$$CD : CE :: BD : x = EF,$$

ou l'on multiplierait la perpendiculaire BD par le multiplicateur géodésique de $\frac{1}{2}$, c'est-à-dire par 0-7071. En effet,

$$EF = BD \times 0\text{-}7071 = 5\text{-}4 \times 0\text{-}70\text{-}71 = 3\text{-}818;$$

comme l'aurait donné la proportion précédente.

Enfin, cette opération est trop simple pour que nous nous arrêtions à sa vérification; le triangle ABD étant déjà connu équivalent au tiers de celui ABC, celui BCD étant exactement divisé en deux parties égales, il est évident que celui ABC est divisé en trois parties égales.

PROBLÈME.

912. *Diviser un triangle quelconque ABC* (Fig. 493) *en trois parties égales, par des perpendiculaires au côté AC.* Fig. 493.

Les deux segmens ayant été trouvés comme il suit :

$$AD = 2\text{-}0, \qquad CD = 8\text{-}2,$$

je cherche d'abord une moyenne proportionnelle entre le côté AC et le tiers du segment CD, en faisant

$$CE = \sqrt{AC \times \tfrac{1}{3}\,CD} = \sqrt{10\text{-}2 \times 2\text{-}733};$$

ce qui donne

$$CE = \sqrt{27\text{-}877} = 5\text{-}28.$$

Si j'emploie les logarithmes dans ce calcul, j'aurai un résultat semblable, avec plus de promptitude; ainsi

$$\begin{aligned} \log.\ 10\text{-}2 &= 1\text{-}0086002 \\ \log.\ 2\text{-}733 &= 0\text{-}4366396 \\ \log.\ CE^2 &= 1\text{-}4452398 \\ \tfrac{1}{2}\log.\ CE^2 = \log.\ CE &= 0\text{-}7226199 \end{aligned}$$

Ce logarithme répond de même à 5 décamètres 23 décimètres; portant cette longueur de C en E sur CD, j'ai le point E par lequel j'élève la perpendiculaire EF sur le segment CD, et le triangle CEF est déterminé équivalent au tiers de la surface proposée.

Maintenant, pour connaître le point G où je dois élever la dernière ligne perpendiculaire de division, je cherche une moyenne proportionnelle entre le côté AC et les deux tiers du segment CD, ce que j'obtiens en faisant

$$CG = \sqrt{AC \times \tfrac{2}{3}\,CD} = \sqrt{10\text{-}2 \times 5\text{-}467},$$

ce qui donne

$$CG = \sqrt{55\text{-}76} = 7\text{-}467.$$

Fig. 493. Portant cette longueur 7 décamètres 467 centimètres de C en G sur CD, j'ai le point G où est élevée la perpendiculaire GH qui détermine le triangle CGH égal aux deux tiers de la surface de triangle proposé ABC.

Cela fait, si l'on ne voulait pas élever, au moyen de l'équerre, les perpendiculaires EF, GH, jusqu'à la rencontre du côté BC, on mesurerait celui-ci, qui se trouve, pour ce cas, de 9 décamètres 818 centimètres, et l'on ferait

$$CD : CE :: BC : x = CF,$$

ou

$$8\text{-}2 : 5\text{-}28 :: 9\text{-}818 : x;$$

qui revient à

$$CF = \frac{5\text{-}28 \times 9\text{-}818}{8\text{-}2} = 6\text{-}322.$$

longueur qu'il faudrait porter de C en F sur BC.

Cette proportion résolue par les logarithmes donne le même résultat, en effet,

$$\begin{aligned} \log.\ 5\text{-}28 &= 0\text{-}7226339 \\ \log.\ 9\text{-}818 &= 0\text{-}9920230 \\ C.\ \log.\ 8\text{-}2 &= 9\text{-}0861861 \\ \hline \log.\ CF &= 0\text{-}8008430 \end{aligned}$$

Ce logarithme répond de même à 6 décamètres 322 centimètres pour la longueur de CF.

On aurait la distance FH en cherchant celle CH par la proportion suivante :

$$CD : CG :: BC : x = CH,$$

ou celle

$$8\text{-}2 : 7\text{-}467 :: 9\text{-}818 : x,$$

qui revient à

$$CH = \frac{7\text{-}467 \times 9\text{-}818}{8\text{-}2} = 8\text{-}94,$$

comme par les logarithmes, comme il suit :

$$\begin{aligned} \log.\ 7\text{-}467 &= 0\text{-}8731462 \\ \log.\ 9\text{-}818 &= 0\text{-}9920230 \\ C.\ \log.\ 8\text{-}2 &= 9\text{-}0861861 \\ \hline \log.\ CH &= 0\text{-}9513553 \end{aligned}$$

Ce logarithme répond à 8 décamètres 94 décimètres, longueur déjà trouvée par la proportion précédente, et l'on peut la porter de C en H, pour connaître le point H.

On a les distance FH, BH, par les soustractions suivantes :

$$FH = CH - CF = 8\text{-}94 - 6\text{-}322 = 2\text{-}668;$$
$$BH = BC - CH = 9\text{-}818 - 8\text{-}94 = 0\text{-}879.$$

Enfin, il est évident que l'on aurait aussi la longueur des perpendiculaires EF et GH en faisant

$$CD : CE :: BD : x = EF;$$
$$CD : CG :: BD : x = GH.$$

N. B. Il est évident que l'on peut déterminer la longueur du côté BC par l'extraction de la racine carrée de la somme des carrés de la perpendiculaire et du segment correspondant. Cependant, dans cette opération, et dans plusieurs des précédentes, nous en indiquons la mesure sur le terrain, mesure qui deviendrait alors inutile lorsqu'on connaîtrait la perpendiculaire et la base du triangle.

PROBLÈME.

913. *Partager une pièce de terre triangulaire ABC* (Fig. 494), *en quatre parties égales, par des lignes perpendiculaires au côté AC.* Fig. 494.

Sachant que les segmens AD, CD, ont été trouvés sur le terrain comme il suit :

$$AD = 7\text{-}3, \qquad CD = 2\text{-}9,$$

pour connaître le point E, je cherche une moyenne proportionnelle entre le côté AC et le quart du segment AD, ce que j'obtiens en faisant

$$AE = \sqrt{AC \times \tfrac{1}{4} AD} = \sqrt{10\text{-}2 \times 1\text{-}825};$$

ce qui donne

$$AE = \sqrt{18\text{-}615} = 4314.$$

Portant cette longueur 4 décamètres 314 centimètres de A en E sur AD, j'ai le point E, par lequel j'élève la perpendiculaire EF, qui détermine la première partie AEF, dont la surface est un quart de celle du triangle proposé ABC.

J'ai la distance AG en cherchant une moyenne proportionnelle entre le côté AC et les deux quarts ou la moitié du segment AD, ce qui se détermine en faisant

$$AG = \sqrt{AC \times \tfrac{1}{2} AD} = \sqrt{10\text{-}2 \times 3\text{-}65};$$

ce qui donne

$$AG = \sqrt{37\text{-}23} = 6\text{-}1.$$

Je porte cette longueur de A en G sur AD, j'ai alors le point G par lequel j'élève la perpendiculaire GH, qui détermine le triangle AGH, qui est égal à la moitié de la surface de la pièce de terre proposée.

On a la distance EG par une soustraction comme il suit :

$$EG = AG - AE = 6\text{-}1 - 4\text{-}314 = 1\text{-}786.$$

Maintenant, il est facile de voir que l'on ne peut plus prendre la troisième partie demandée sur le segment AD, parce qu'il est impossible de pouvoir trouver un quart de la surface proposée dans la partie BDGH, puisque la base du triangle BCD excède le quart du côté AC, et par conséquent le quart de la surface proposée.

Cela posé, je détermine sur le segment CD une longueur CI, qui sera la base du triangle CIJ équivalent au quart du triangle ABC, en cherchant une moyenne proportionnelle entre le côté AC et le quart du segment CD, comme il suit :

$$CI = \sqrt{AC \times \tfrac{1}{4} CD} = \sqrt{10\text{-}2 \times 0\text{-}725},$$

ou

$$CI = \sqrt{7\text{-}395} = 2\text{-}719.$$

Portant cette longueur de C en I sur CD, j'ai le point I par lequel j'élève la perpendiculaire IJ, qui détermine la quatrième partie. Donc, la troisième partie est formée des trapèzes BDGH, BDIJ, qui valent un quart de la surface de la pièce de terre proposée.

Fig. 494. Enfin, l'on aurait les points F, H, J, sur les côtés AB, BC, par les proportions suivantes :

$$AD : AE :: AB : x = AF;$$
$$AD : AG :: AB : x = AH;$$
$$CD : CI :: BC : x = CJ.$$

La hauteur de chacune des perpendiculaires EF, GH, IJ, se détermine aussi par les proportions, comme on l'a vu dans les opérations précédentes.

DIVISION DES TRIANGLES EN PARTIES ÉGALES, PAR DES LIGNES TIRÉES D'UN OU DE PLUSIEURS POINTS DONNÉS.

914. Cette espèce de division n'est pas la moins employée; souvent plusieurs co-partageans veulent, ou ont le droit d'aller tous à une servitude qui peut se trouver, soit sur les côtés des triangles, soit dans l'intérieur de ces triangles, alors il faut des règles particulières.

PROBLÈME.

Fig. 495. 915. *Diviser un triangle quelconque ABC* (Fig. 495), *en deux parties égales, par une ligne partant du point D donné sur le côté de la base AC.*

Après avoir mesuré le côté BC, qui est, pour ce cas, de 8 décamètres 5 mètres, et les parties de celui AC, qui sont

$$\begin{aligned} AD &= \ \ 2\text{-}4,\\ CD &= \ \ 7\text{-}8,\\ \hline AC &= 10\text{-}2, \end{aligned}$$

cherchez le point de division F ou la distance CF par la proportion

$$CD : \tfrac{1}{2}\,AC \text{ ou } CE :: BC : x = CF,$$

ou celle

$$7\text{-}8 : 5\text{-}1 :: 8\text{-}5 : CF,$$

qui revient à

$$CF = \frac{5\text{-}1 \times 8\text{-}5}{7\text{-}8} = 8\text{-}5.$$

Portant cette longueur 5 décamètres 557 centimètres de C en F sur BC, vous aurez le point F, duquel vous tirerez la ligne DF, qui divisera le triangle proposé en deux parties égales.

En effet, l'on voit encore, comme aux numéros 134, 135, 862 et 863, que le triangle BCE a, avec celui CDF, une partie commune CEOF; le triangle BDF étant égal au triangle BDE, comme ayant même base BD et même hauteur comprise entre les parallèles BD, EF, si l'on ôte de ces deux triangles la partie commune BDO, les restes DEO et BFO sont aussi égaux entre eux; ainsi, l'un ou l'autre de ces derniers restes, ajouté à CEOF, fait la valeur du triangle CDF ou BCE.

Enfin, si l'on ne pouvait porter CF sur le terrain, on déterminerait BF en faisant

$$BF = BC - CF = 8\text{-}5 - 5\text{-}557 = 2\text{-}943.$$

PROBLÈME.

916. *Partager une pièce de terre triangulaire ABC* (Fig. 496), *en trois parties égales, par deux lignes partant du point D donné sur un côté AC.* Fig. 496.

Après avoir mesuré le côté

$$BC = 9\text{-}0,$$

et celui AC par parties, comme il suit :

$$\begin{aligned} AD &= \ \ 2\text{-}4,\\ CD &= \ \ 7\text{-}8,\\ \hline AC &= 10\text{-}2, \end{aligned}$$

j'ai le point H ou la distance CH par la proportion

$$CD : \tfrac{1}{3}\,AC \text{ ou } CG :: BC : x = CH,$$

ou celle

$$7\text{-}8 : 3\text{-}4 :: 9\text{-}0 : CH,$$

qui revient à

$$CH = \frac{3\text{-}4 \times 9\text{-}0}{7\text{-}8} = 3\text{-}92.$$

Portant cette longueur 3 décamètres 92 décimètres de C en H sur BC, j'ai le point H, duquel je tire la ligne DH qui divise le triangle proposé en deux parties, qui sont entre elles *comme* 1 *est à* 2, c'est-à-dire que le triangle CDH est égal au tiers de la surface de la pièce de terre proposée.

Cela posé, j'ai le point F ou la distance CF par la proportion

$$CD : \tfrac{2}{3}\,AC \text{ ou } CE :: BC : x = CF,$$

ou celle

$$7\text{-}8 : 6\text{-}8 :: 9\text{-}0 : CF,$$

qui revient à

$$CF = \frac{6\text{-}8 \times 9\text{-}0}{7\text{-}8} = 7\text{-}846.$$

Cette longueur étant portée de C en F sur BC, j'ai le point F, duquel je tire la ligne DF qui divise la partie ABHD en deux parties égales.

Si l'on ne pouvait mesurer CH sur le terrain, on aurait BH en faisant

$$BH = BC - CH = 9\text{-}0 - 3\text{-}92 = 5\text{-}08.$$

Enfin, si la distance CF ne pouvait être mesurée facilement sur le terrain, on porterait BF, qui équivaut à

$$BF = BC - CF = 9\text{-}0 - 7\text{-}846 = 1\text{-}154.$$

N. B. Nous avons fait paraître toutes les lignes dans la figure, parce qu'elle présente deux démonstrations semblables à celle du numéro précédent.

PROBLÈME.

917. *Diviser un triangle ABC* (Fig. 497), *en trois parties égales, par deux lignes partant d'un même point D donné sur AC.* Fig. 497.

Cette opération a beaucoup d'analogie avec la précédente; connaissant les côtés

$$AB = 10\text{-}1, \qquad BC = 5\text{-}7,$$

Fig. 497. et celui AC, mesuré séparément,

$$AD = 4\text{-}8,$$
$$CD = 5\text{-}4,$$
$$AC = 10\text{-}2,$$

je trouve le point G ou la distance AG par la proportion

$$AD : \tfrac{1}{2} AC \text{ ou } AE :: AB : x = AG,$$

ou celle

$$4\text{-}8 : 5\text{-}4 :: 10\text{-}1 : AG,$$

qui revient à

$$AG = \frac{5\text{-}4 \times 10\text{-}1}{4\text{-}8} = 7\text{-}15.$$

Cette longueur étant portée de A en G sur AB, j'ai le point G, duquel je tire la droite DG, qui détermine le triangle ADG égal au tiers du triangle proposé ABC.

Je cherche le point H ou la distance CH par la proportion

$$CD : \tfrac{1}{2} AC \text{ ou } CF :: BC : x = CH,$$

ou celle

$$5\text{-}4 : 5\text{-}4 :: 5\text{-}7 : CH,$$

qui donne

$$CH = \frac{5\text{-}4 \times 5\text{-}7}{5\text{-}4} = 5\text{-}59.$$

Portant cette longueur de C en H sur BC, j'ai le point H, où doit tomber la ligne DH, qui détermine le triangle CDH égal au tiers de celui proposé, et divise, par conséquent, la partie BCDG en deux parties égales.

Enfin, la démonstration de cette opération est absolument la même que celles qui précèdent; toutes les lignes tirées dans la figure rendent cette division très-évidente.

PROBLÈME.

Fig. 498. 918. *Partager un triangle quelconque ABC* (Fig. 498), *en trois parties égales, de manière que les trois divisions aboutissent au point D donné dans l'intérieur du triangle, et qu'une des lignes de division soit perpendiculaire sur le côté AC.*

La solution de ce problème a beaucoup d'analogie avec celle de chacun des numéros 798, 803 et 831.

Après avoir déterminé la surface du triangle proposé, qui est de 27 ares 54 centiares, j'abaisse perpendiculairement, du point D sur le côté AC, la première ligne de division DE, que je trouve, pour ce cas, égale à 2 décamètres 4 mètres. Je mesure ensuite les parties du côté AC, qui sont

$$AE = 5\text{-}5,$$
$$CE = 4\text{-}7,$$
$$AC = 10\text{-}2.$$

Puisque la surface du triangle proposé est de 27 ares 54 centiares, le tiers de cette surface équivaut à 9 ares 18 centiares.

Faisant la surface du triangle CDE que j'imagine, je la trouve égale à

$$CE \times \tfrac{1}{2} DE = 4\text{-}7 \times 1\text{-}2 = 5\text{-}64;$$

ce triangle de 5 ares 64 centiares n'étant pas assez grand pour former une des trois parties demandées, il faut alors Fig. 498. y ajouter la différence de 9 ares 18 centiares à 5 ares 64 centiares, c'est-à-dire 3 ares 54 centiares.

La hauteur de la partie triangulaire de 3 ares 54 centiares à ajouter étant déterminée par la longueur de la perpendiculaire DF, abaissée sur le côté BC, je trouve la base CH en faisant

$$CH = \frac{3\text{-}54}{\tfrac{1}{2} DF} = \frac{3\text{-}54}{1\text{-}45} = 2\text{-}44;$$

je porte cette longueur 2 décamètres 44 décimètres de C en H sur BC, j'ai le point H, duquel je tire la ligne de division DH, qui détermine la partie CEDH égale au tiers du triangle proposé ou à 9 ares 18 centiares.

Cela fait, il faut déterminer une seconde partie qui soit encore le tiers du triangle proposé; pour cela, je commence par évaluer la surface du triangle ADE, qui équivaut à

$$AE \times \tfrac{1}{2} DE = 5\text{-}5 \times 1\text{-}2 = 6\text{-}6;$$

ce triangle n'étant que de 6 ares 60 centiares, il faut encore y ajouter une surface égale à la différence de 9 ares 18 centiares à 6 ares 60 centiares, c'est-à-dire de 2 ares 58 centiares. La hauteur de la partie triangulaire de 2 ares 58 centiares à ajouter étant déterminée par la longueur de la perpendiculaire DG, abaissée sur le côté AB, je trouve la base AI en faisant

$$AI = \frac{2\text{-}58}{\tfrac{1}{2} DG} = \frac{2\text{-}58}{0\text{-}7} = 3\text{-}7.$$

Portant cette longueur de A en I, j'ai le point I, duquel je tire la seconde et dernière ligne de division DI, qui détermine la partie AEDI de 9 ares 18 centiares, tiers du triangle proposé. Donc la partie BHDI équivaut à l'autre tiers de la surface proposée.

Enfin, l'opération ne changerait pas s'il fallait tirer la ligne de division d'un point donné dans le triangle à un autre point donné sur un des côtés ou à un angle de ce triangle. Les numéros que nous avons cités au commencement de cette solution suffisent pour se guider dans ces différens cas.

PROBLÈME.

919. *Diviser un triangle quelconque ABC* (Fig. 499) Fig. 499. *en quatre parties équivalentes et semblables.*

Les trois côtés étant mesurés et trouvés comme il suit :

$$AC = 10\text{-}2, \quad BC = 5\text{-}6, \quad AB = 10\text{-}0,$$

si on les divise chacun en deux parties égales, et que l'on tire des points de division D, E, F, les lignes DE, DF, EF, on aura les quatre triangles semblables ADE, BEF, CDF, DEF.

En effet, chaque triangle partiel donne

$$AD = CD = EF = 5\text{-}1,$$
$$AE = BE = DF = 5\text{-}0,$$
$$BF = CF = DE = 2\text{-}8,$$
$$\tfrac{1}{2}(AC = AB = BC) = 12\text{-}9.$$

Enfin, cette espèce de division peu usitée peut être

faite exactement en 4, 16, 64, 256, 1024, etc. parties égales et semblables, parce que ces nombres représentent la première, la deuxième, la troisième, la quatrième puissance de 4.

PROBLÈME.

Fig. 500. 920. *Diviser un triangle quelconque ABC* (Fig. 500) *en trois parties égales, par trois lignes droites tirées de chaque angle.*

Ce problème est très-facile ; il s'agit seulement de tirer une parallèle à un des côtés AB, par les points E, D, qui sont déterminés, le premier, par la distance BE, tiers du côté BC, et le second, par la distance AD, tiers de l'autre côté AC ; de diviser cette parallèle DE en deux parties égales, ce qui donne le point O, duquel on tire directement aux trois angles A, B, C, les droites AO, BO, CO, qui divisent le triangle proposé en trois parties égales.

Remarque. Si l'on prolongeait ces lignes de division jusqu'aux côtés AB, AC, BC, chacun des prolongemens serait égal à la moitié de la ligne prolongée, ce qui fait voir qu'on pourrait éviter la parallèle DE, en tirant une des lignes de division d'un angle au milieu du côté opposé à cet angle, et en tirant ensuite les deux autres lignes des angles en allant aux deux tiers de celle qui traverserait la figure.

Enfin, il est évident que si les lignes de division de cette figure étaient prolongées jusqu'à la rencontre ou sur le milieu des côtés du triangle, celui-ci serait partagé en six parties égales.

PROBLÈME.

Fig. 501. 921. *Partager la pièce de terre ACD* (Fig. 501), *en trois parties égales, par des lignes tirées des points D, E, donnés sur le côté AC.*

Ce problème se résout comme ceux des numéros 915 et 916.

Après avoir mesuré le côté AB, qui est de 7 décamètres 9 mètres, et les parties de celui AC, qui sont

$$\begin{aligned} AD &= 5\text{-}6, \\ DE &= 2\text{-}2, \\ CE &= \underline{2\text{-}4,} \\ AC &= 10\text{-}2 \end{aligned}$$

je trouve le point G ou la distance AG par la proportion

$$AD : \tfrac{1}{3}\,AC \text{ ou } AF :: AB : x = AG,$$

ou celle

$$5\text{-}6 : 3\text{-}4 :: 7\text{-}9 : AG,$$

qui revient à

$$AG = \frac{3\text{-}4 \times 7\text{-}9}{5\text{-}6} = 4\text{-}8;$$

portant cette longueur de A en G, j'ai le point G duquel je tire la ligne de division DG qui détermine la première partie ADG égale au tiers de la pièce de terre proposée.

Ensuite, pour connaître le point H, je résous la proportion

$$AE : \tfrac{2}{3}\,AC \text{ ou } AI :: AB : x = AH,$$

ou celle

$$7\text{-}8 : 6\text{-}8 :: 7\text{-}9 : AH,$$

qui donne effectivement

$$AH = \frac{6\text{-}8 \times 7\text{-}9}{7\text{-}8} = 6\text{-}9;$$

cette longueur portée de A en H, détermine le point H, duquel je tire la ligne de division EH, qui partage la partie BCDG en deux parties égales.

Enfin, l'on voit que l'opération est semblable à celles des numéros précédens ; la démonstration est aussi la même ; on peut en faire l'explication au moyen des lignes que nous avons tracées dans l'intérieur de la figure.

Voici une division qui mérite d'être examinée relativement à la régularité des parties qu'elle détermine dans les triangles.

PROBLÈME.

922. *Diviser un triangle quelconque ABC* (Fig. 502), *en trois parties égales, par deux lignes partant des angles A, B.* Fig. 502.

Cette opération a beaucoup d'analogie avec celles des numéros 899 et 900.

Je divise la base AC en trois parties égales qui sont chacune de 3 décamètres 4 mètres ; à un point D de division, je tire la ligne BD qui détermine le triangle BCD égal au tiers de la surface proposée.

Cela fait, je tire, de l'angle A au milieu E de la ligne de division BD, la droite AE qui divise le triangle ABD en deux parties égales, et l'opération est terminée.

DIVISION DES TRIANGLES EN PARTIES INÉGALES, PAR DES LIGNES TIRÉES D'UN DES ANGLES.

923. Nous allons assez souvent reprendre les procédés qui nous ont guidé dans la division des triangles en parties égales.

PROBLÈME.

924. *Diviser un triangle quelconque ABC* (Fig. 503), *en deux autres triangles qui soient entre eux :: 2 : 3, par une ligne de division partant de l'angle A.* Fig. 503.

Cette division se fait sans connaître la surface du triangle proposé.

D'après la règle du numéro 808, je détermine la base de la plus petite partie par la proportion

$$2 + 3 : 2 :: AC : x = AE,$$

ou celle

$$5 : 2 :: 10\text{-}2 : AE,$$

qui revient à

$$AE = \frac{2 \times 10\text{-}2}{5} = 4\text{-}08;$$

je porte cette longueur 4 décamètres 08 décimètres de A en E, par exemple ; je tire la ligne de division BE qui partage la surface proposée dans le rapport de 2 à 3.

Fig. 503. L'opération serait la même si l'on voulait connaître CE, ou la base de la plus grande partie ; on ferait

$$2 + 3 : 3 :: AC : x = CE,$$

ou bien

$$5 : 3 :: 10\text{-}2 : CE,$$

qui revient à

$$CE = \frac{3 \times 10\text{-}2}{5} = 6\text{-}12.$$

En effet, ceci prouve l'exactitude de cette division, car, connaissant AE, l'on a de même

$$CE = AC - AE = 10\text{-}2 - 4\text{-}08 = 6\text{-}12.$$

Enfin, abaissant la perpendiculaire BD, qui est de 5 décamètres 4 mètres et la hauteur commune des deux triangles partiels, on peut vérifier cette division en faisant

$$\text{Surface}\begin{cases} ABE = AE \times \frac{1}{2} BD = 4\text{-}08 \times 2\text{-}7 = 11\text{-}016 \\ BCE = CE \times \frac{1}{2} BD = 6\text{-}12 \times 2\text{-}7 = 16\text{-}524 \\ ABC = AC \times \frac{1}{2} BD = 10\text{-}2 \times 2\text{-}7 = 27\text{-}540 \end{cases}$$

N. B. En jetant un coup d'œil sur les bases partielles AE, CE, on s'aperçoit de suite de la régularité des rapports : les 4 décamètres de la base AE sont les $\frac{2}{3}$ des 6 décamètres de la base CE, comme les 8 décimètres de la première sont les $\frac{2}{3}$ des 12 décimètres de la seconde ; enfin, comme 2 est les $\frac{2}{3}$ de 3.

925. Voici la règle que l'on suit lorsqu'il s'agit de diviser une surface quelconque ou la base d'un triangle quelconque en deux parties, dans un rapport, par exemple, :: $m : n$.

Pour diviser, par exemple, la base du triangle précédent, on aurait

$$m + n : m :: AC : x,$$

qui revient, pour un côté, à

$$x = \frac{m \times AC}{m = n},$$

et, pour l'autre côté,

$$m + n : n :: AC : x,$$

qui revient à

$$x = \frac{n \times AC}{m + n}.$$

Ces formules présentent une répétition du numéro 808.

PROBLÈME.

Fig. 504. 926. *Partager une pièce de terre ABC* (Fig. 504) *en trois triangles qui soient entre eux :: 3 : 5 : 7, par deux lignes de division partant de l'angle B.*

Cette division s'effectue comme la précédente ; connaissant le côté AC, je trouve la longueur de la base AE du premier triangle ou de la plus petite partie, en opérant d'après le numéro 815, c'est-à-dire par la proportion

$$3 + 5 + 7 : 3 :: AC : x = AE,$$

ou celle

$$15 : 3 :: 10\text{-}2 : AE,$$

qui revient à Fig. 504.

$$AE = \frac{3 \times 10\text{-}2}{15} = 2\text{-}04 ;$$

portant cette longueur 2 décamètres 04 décimètres de A en E, j'ai le point E duquel je tire la ligne de division BE, qui détermine exactement la plus petite partie triangulaire demandée.

Maintenant, je cherche la longueur de la base CF de la plus grande partie, par la proportion

$$3 + 5 + 7 : 7 :: AC : x = CF,$$

ou celle

$$15 : 7 :: 10\text{-}2 : CF,$$

qui revient à

$$CF = \frac{7 \times 10\text{-}2}{15} 4\text{-}773 ;$$

cette longueur étant portée de C en F sur AC, j'ai le point F duquel je tire la ligne de division BF qui détermine la plus grande partie triangulaire demandée, et, par conséquent, la deuxième ou moyenne partie dont la base est EF, que l'on détermine comme il suit :

$$EF = AC - (AE + CF) = 10\text{-}2 - 6\text{-}813 = 3\text{-}387.$$

On aurait eu directement la base EF du triangle BEF, par la proportion

$$3 + 5 + 7 : 5 :: AC : x = EF.$$

Enfin, si l'on voulait la longueur de AF, on ferait, toujours par la même analogie,

$$3 + 5 + 7 : 3 + 5 :: AC : x = AF.$$

Nous ne nous occuperons pas de la vérification de ce partage dont la solution était si facile.

PROBLÈME.

927. *Diviser le triangle ABC* (Fig. 503), *en deux parties, par une ligne partant de l'angle B et déterminant un triangle de 11 ares 02 centiares, adjacent à l'angle A.* Fig. 503.

Après avoir abaissé la perpendiculaire BD, que je trouve, pour ce cas, de 5 décamètres 4 mètres, je détermine la base AE du triangle demandé, en faisant

$$AE = \frac{11\text{-}02}{\frac{1}{2}\,5\text{-}4} = \frac{11\text{-}02}{2\text{-}7} = 4\text{-}08.$$

Donc, portant cette longueur 4 décamètres 08 décimètres de A en E, j'ai le point E duquel je tire la ligne BE qui divise exactement le triangle proposé comme l'exige le problème.

Enfin, l'on a

$$\text{Surface } ABE = AE \times \tfrac{1}{2} BD = 4\text{-}08 \times 2\text{-}7 = 11\text{-}02.$$

PROBLÈME.

928. *Déterminer, dans le triangle ABC* (Fig. 504), *par une ligne de division partant de l'angle B, un triangle de 14 ares 65 centiares vers l'angle A.* Fig. 504.

Ce problème est semblable au précédent. Pour connaître la distance AF, connaissant la perpendiculaire BD,

Fig. 504. je fais

$$AF = \frac{14\text{-}65}{\frac{1}{2}BD} = \frac{14\text{-}65}{\frac{1}{2}5\text{-}4} = 5\text{-}427;$$

portant cette longueur 5 décamètres 427 centimètres de A en F, j'ai le point F duquel je tire la ligne de division BF qui détermine le triangle BAF de 14 ares 65 centiares.

On peut prendre plusieurs parties dans un triangle aussi facilement que nous avons pris celle-ci; il est évident qu'on peut les déterminer aussi petites et aussi inégales que l'on veut.

Jusqu'alors nous avons toujours divisé les triangles proposés sans en connaître la surface; mais comme il est très-urgent de connaître tous les procédés, nous allons présenter deux problèmes à ce sujet.

PROBLÈME.

929. *Partager en deux parties le triangle ABC* (Fig.
Fig. 503. 503), *dont on ne connaît que la surface de 27 ares 54 centiares, et la hauteur BD de 5 décamètres 4 mètres, par une ligne partant de l'angle B, de manière que les deux parties soient entre elles* : : 2 : 3, *et que la plus petite soit adjacente à l'angle A.*

D'après le numéro 925, j'ai la surface de la plus petite partie désignée par x, par la proportion

$$2 + 3 : 2 :: 27\text{-}54 : x,$$

qui revient à

$$x = \frac{2 \times 27\text{-}54}{2+3} = \frac{55\text{-}08}{5} = 11\text{-}02;$$

et ensuite, la base AE, en faisant

$$AE = \frac{11\text{-}02}{\frac{1}{2}BD} = \frac{11\text{-}02}{2\text{-}7} = 4\text{-}08.$$

Cette longueur est exactement la base du triangle BAE qui équivaut à 11 ares 02 centiares, comme on l'a vu dans les problèmes précédens.

Enfin, on aurait la surface de la plus grande, par une soustraction, et en faisant comme il suit :

$$2 + 3 : 3 :: 27\text{-}54 : x.$$

PROBLÈME.

930. *Partager en trois parties le triangle ABC* (Fig.
Fig. 504. 504), *dont on ne connaît que la surface 27 ares 54 centiares, et la hauteur BD de 5 décamètres 4 mètres, par des lignes partant de l'angle B, de manière que les parties soient entre elles* : : 3 : 5 : 7, *et que la plus petite soit adjacente à l'angle A et la plus grande à l'angle C.*

Le numéro 927 donne encore le moyen de trouver la surface de la plus petite partie que je désigne par x, en faisant

$$3 + 5 + 7 : 3 :: 27\text{-}54 : x,$$

qui revient à

$$x = \frac{3 \times 27\text{-}54}{3+5+7} = \frac{82\text{-}62}{15} = 5\text{-}51;$$

et la base AE de la plus petite partie, en faisant

$$AE = \frac{5\text{-}51}{\frac{1}{2}BD} = \frac{5\text{-}51}{2\text{-}7} = 2\text{-}04;$$

donc la base AE du triangle BAE est de 2 décamètres 04 centimètres. Fig. 504.

Pour avoir la surface de la plus grande partie que je désigne par z, je fais

$$3 + 5 + 7 : 7 :: 27\text{-}54 : z,$$

qui donne

$$z = \frac{7 \times 27\text{-}54}{3+5+7} = \frac{192\text{-}78}{15} = 12\text{-}85;$$

et, pour la base CF de la plus grande partie,

$$CF = \frac{12\text{-}85}{\frac{1}{2}BD} = \frac{12\text{-}85}{2\text{-}7} = 4\text{-}773;$$

donc la base CF du triangle BCF, est de 4 décamètres 773 centimètres.

Ainsi, l'on a la base EF du triangle BEF, qui est la deuxième et moyenne partie, par la soustraction suivante :

$$EF = AC - (AE + CF) = 10\text{-}2 - (2\text{-}04 + 4\text{-}773) = 3\text{-}387.$$

Enfin, nous terminons ici la division des triangles par des lignes tirées d'un même angle.

DIVISION DES TRIANGLES EN PARTIES INÉGALES, PAR DES LIGNES PARALLÈLES A UN DES COTÉS.

931. Nous allons reprendre la division des triangles par des lignes parallèles; on verra que la marche que l'on doit suivre pour cette division, n'est pas tout-à-fait celle qui nous a guidé dans les numéros 902, 904 et suivans.

PROBLÈME.

932. *Diviser un triangle quelconque ABC* (Fig. 505), Fig. 505.
en deux parties qui soient entre elles : : 3 : 5, *par une ligne parallèle au côté AC, et de manière que la grande partie soit adjacente au côté AC.*

Puisque la surface doit être divisée : : 3 : 5, il est évident que, sans connaître la surface totale, je dois avoir la plus petite partie égale aux $\frac{3}{8}$ de cette surface totale. Donc, en multipliant les côtés AB, BC du triangle, chacun par la racine carrée de la fraction $\frac{3}{8}$, j'aurai la longueur de chacun des deux côtés BE, BF, du triangle BEF qui doit former la plus petite partie ou les $\frac{3}{8}$ de la surface du triangle proposé.

Ainsi, sachant que

$$AB = 6\text{-}5, \qquad BC = 8\text{-}4,$$

j'ai le côté BE en faisant

$$BE = AB \times \sqrt{\tfrac{3}{8}} = AB \times \sqrt{0\text{-}375}$$
$$= 6\text{-}5 \times 0\text{-}6054 = 3\text{-}935;$$

portant cette longueur 3 décamètres 935 centimètres de B en E sur AB, j'ai le point E où doit tomber la ligne parallèle.

Maintenant, j'ai la longueur du côté BF en faisant

$$BF = BC \times \sqrt{\tfrac{3}{8}} = 8\text{-}4 \times 0\text{-}6054 = 5\text{-}085,.$$

Fig. 505. ou par la proportion

$$AB : BE :: BC : x = BF,$$

qui donne de même

$$BF = \frac{8-4 \times 3-935}{6-5} = 5-085.$$

Cela fait, je détermine, au moyen de cette longueur 5 décamètres 0-85 centièmes, le point F duquel je tire la ligne parallèle de division EF, qui détermine le triangle BEF égal aux $\frac{3}{8}$ du triangle ABC.

Si l'on voulait connaître la base EF du triangle BEF, on ferait

$$EF = AC \times \sqrt{\tfrac{3}{8}} = 10-2 \times 0-6054 = 6-175.$$

On aurait de même la perpendiculaire BG de ce triangle, en faisant

$$BG = BD \times \sqrt{\tfrac{3}{8}} = 5-4 \times 0-6054 = 3-269;$$

donc

$$DG = BD - BG = 5-4 - 3-269 = 2-131.$$

Enfin, voici la preuve de l'exactitude de cette division; l'élévation des surfaces partielles donne

$$\text{Surface}\begin{cases} BEF = EF \times \tfrac{1}{2} BG = 6-175 \times 1-6345 = 10-33 \\ ACEF = \tfrac{1}{2}(EF+AC) \times DG = 8-1875 \times 2-131 = 17-21 \\ ABC = AC \times \tfrac{1}{2} BD = 10-2 \times 2-7 = \overline{27-54} \end{cases}$$

Ce résultat est exactement celui du triangle proposé, car on a, suivant les rapports de l'énoncé,

$$3 : 5 :: 10-33 : 17-21.$$

N. B. On voit que ce multiplicateur géodésique est exactement celui qui répond à la fraction de surface $\frac{3}{8}$, dans la table du numéro 906. Si cette table était calculée jusqu'à la fraction $\frac{99}{100}$ de surface, on trouverait une très-grande partie des multiplicateurs géodésiques que l'on est obligé de calculer pour la division en parties inégales.

PROBLÈME.

Fig. 506. 933. *Diviser un triangle quelconque ABC* (Fig. 506) *en trois parties qui soient entre elles :: 2 : 3 : 7, par deux lignes parallèles au côté AC, de manière que la plus petite partie soit adjacente à l'angle B, et la plus grande au côté AC.*

La surface totale du triangle, que nous ne connaissons pas, est donc représentée par la somme des trois nombres 2, 3, 7 qui composent le rapport, ou par 12, donc la première partie sera égale aux $\frac{2}{12}$ ou $\frac{1}{6}$ de la surface, la deuxième partie aux $\frac{3}{12}$ ou à $\frac{1}{4}$ de la surface, et la troisième ou la dernière partie aux $\frac{7}{12}$ de cette même surface.

Cela connu, sachant que

$$AB = 10-4, \qquad BC = 5-5,$$

j'ai le côté BE du triangle qui doit être le sixième de la surface totale, en faisant

$$BE = AB \times \sqrt{\tfrac{1}{6}} = AB \times \sqrt{0-16667}$$
$$= 10-4 \times 0-4036 = 4-197.$$

Le côté BF du même triangle, s'obtient en faisant

$$BF = BC \times \sqrt{\tfrac{1}{6}} = 5-5 \times 0-4036 = 2-22.$$

Portant ces deux longueurs respectivement sur les côtés AB, BC, j'ai les points de division E, F par lesquels je tire la parallèle EF qui détermine le triangle BEF égal aux $\frac{2}{12}$ ou à $\frac{1}{6}$ de la surface proposée. Fig. 506.

J'aurais de même la longueur de cette parallèle EF en faisant

$$EF = AC \times \sqrt{\tfrac{1}{6}} = 10-2 \times 0-4036 = 4-117;$$

et celle de la perpendiculaire BI, par l'expression

$$BI = BD \times \sqrt{\tfrac{1}{6}} \quad 5-4 \times 0-4036 = 2-18.$$

Maintenant, il s'agit de déterminer les deux points par lesquels il faut tirer la deuxième ligne parallèle qui doit déterminer les deux autres parties qui seront deux trapèzes.

Nous avons déjà dit que cette deuxième partie serait équivalente aux $\frac{3}{12}$ ou à $\frac{1}{4}$ du triangle proposé; donc, ne pouvant déterminer que par triangles, j'ajoute ces $\frac{3}{12}$ aux $\frac{2}{12}$ qui représentent la partie, j'ai $\frac{5}{12}$ pour la valeur du triangle à déterminer.

Ainsi, j'ai le côté BG en faisant

$$BG = AB \times \sqrt{\tfrac{5}{12}} = AB \times \sqrt{0-41667}$$
$$= 10-4 \times 0-6455 = 6-713;$$

qui donne ensuite EG, en faisant

$$EG = BG - BE = 6-713 - 4-197 = 2-516.$$

J'ai de même le côté BH en faisant

$$BH = BC \times \sqrt{\tfrac{5}{12}} = 5-5 \times 0-6455 = 3-55;$$

qui donne encore

$$FH = BH - BF = 3-55 - 2-22 = 1-33.$$

Ces longueurs étant connues, je les porte sur les côtés AB, BC, j'ai les points G et H par lesquels je tire la parallèle GH qui divise le trapèze ACEF en deux parties qui sont entre elles :: 3 : 7, et le triangle ABC en deux parties qui sont entre elles :: 5 : 7.

On aurait la longueur de la base GH en faisant

$$GH = AC \times \sqrt{\tfrac{5}{12}} = 10-2 \times 0-6455 = 6-584;$$

et celle de la perpendiculaire BJ en faisant

$$BJ = BD \times \sqrt{\tfrac{5}{12}} = 5-4 \times 0-6455 = 3-486;$$

qui donne ensuite

$$IJ = BJ - BI = 3-486 - 2-18 = 1-306.$$

Quant aux longueurs AG, DJ, CH, on les trouve comme il suit:

$$AG = AB - BG = 10-4 - 6-713 = 3-687;$$
$$DJ = BD - BJ = 5-4 - 3-486 = 1-914;$$
$$CH = BC - BH = 5-5 - 3-55 = 1-95.$$

Enfin, voici le résultat des évaluations de chaque partie; ce qui prouve que l'opération est bonne.

$$\text{Surface}\begin{cases} BEF = EF \times \tfrac{1}{2} BI = 4-117 \times 1-09 = 4-59 \\ EFGH = \tfrac{1}{2}(EF+GH) \times IJ = 5-35 \times 1-306 = 6-883 \\ ACGH = \tfrac{1}{2}(GH+AC) \times DJ = 8-392 \times 1-914 = 16-067 \\ ABC = AC \times \tfrac{1}{2} BD = 10-2 \times 2-7 = \overline{27-540} \end{cases}$$

N. B. Nous avons encore eu l'avantage de trouver

l'exactitude et l'utilité de deux de nos multiplicateurs géodésiques, celui pour prendre $\frac{2}{12}$ ou $\frac{1}{6}$ et celui pour prendre $\frac{1}{12}$.

PROBLÈME.

Fig. 505. 934. *Partager le triangle ABC* (Fig. 505) *en deux parties, par une ligne parallèle au côté AC, et de manière que la partie adjacente à l'angle B soit de 10 ares 33 centiares.*

Sachant que la base et la hauteur du triangle proposé sont

$$AC = 10\text{-}2, \qquad BD = 5\text{-}4,$$

j'ai la surface du triangle ABC qui équivaut à

$$AC \times \tfrac{1}{2} BD = 10\text{-}2 \times 2\text{-}7 = 27\text{-}54;$$

donc, la surface de la seconde partie ou du trapèze ACEF sera équivalente à

$$27\text{-}54 - 10\text{-}33 = 17\text{-}21.$$

Par conséquent, le rapport de la division est connu; cette surface sera partagée en deux parties qui seront entre elles : : 10-33 : 17-21.

Cela posé, il est évident que la première partie ou celle demandée de 10 ares 33 centiares, sera égale aux $\frac{10\text{-}33}{27\text{-}54}$ de la surface proposée, ou à 0-375 millièmes, étant réduit en décimales; ainsi, connaissant les deux autres côtés du triangle qui sont

$$AB = 6\text{-}5, \qquad BC = 8\text{-}4,$$

j'ai la longueur du côté BE en faisant

$$BE = AB \times \sqrt{\tfrac{10\text{-}33}{27\text{-}54}} = AB \times \sqrt{0\text{-}375}$$
$$= 6\text{-}5 \times 0\text{-}6054 = 3\text{-}935;$$

et ensuite, la longueur de celui BF en faisant

$$BF = BC \times \sqrt{\tfrac{10\text{-}33}{27\text{-}54}} = 8\text{-}4 \times 0\text{-}6054 = 5\text{-}085.$$

Portant ces longueurs respectivement sur les côtés AB, BC, j'ai les deux points E, F, par lesquels je tire la ligne parallèle EF qui divise le triangle proposé comme l'exige l'énoncé du problème.

Enfin, cette opération pouvant être vérifiée comme celle du numéro 932, qui lui a beaucoup d'analogie, nous ne nous occuperons pas de cette vérification.

PROBLÈME.

Fig. 506. 935. *Partager le triangle ABC* (Fig. 506) *en deux parties, par une ligne parallèle au côté AC, et de manière que la plus grande partie soit de 22 ares 95 centiares, et adjacente au côté AC.*

Sachant que les trois côtés et la hauteur du triangle sont

$$AB = 10\text{-}4, \qquad AC = 10\text{-}2,$$
$$BC = 5\text{-}5, \qquad BD = 5\text{-}4,$$

je trouve la surface du triangle égale à

$$AC \times \tfrac{1}{2} BD = 10\text{-}2 \times 2\text{-}7 = 27\text{-}54,$$

donc, la surface de la partie triangulaire sera équivalente à

$$27\text{-}54 - 22\text{-}95 = 4\text{-}59.$$

Conséquemment, la surface du triangle proposé sera partagée en deux parties qui seront entre elles : : 4-59 : 22-95. F.g. 506.

Ce rapport étant connu, il est évident que la partie triangulaire de 4 ares 59 centiares, sera égale aux $\frac{4\text{-}59}{27\text{-}54}$ de la surface proposée, ou à 0-16667, étant réduit en décimales. Ainsi, comme il faut toujours opérer sur la partie triangulaire pour connaître les points de division relatifs à la détermination de la partie adjacente, j'ai la distance du point E à l'angle B en faisant

$$BE = AB \times \sqrt{\tfrac{4\text{-}59}{27\text{-}54}} = AB \times \sqrt{0\text{-}16667}$$
$$= 10\text{-}4 \times 0\text{-}4036 = 4\text{-}197;$$

et celle du point F à l'angle B en faisant

$$BF = BC \times \sqrt{\tfrac{4\text{-}59}{27\text{-}54}} = 5\text{-}5 \times 0\text{-}4036 = 2\text{-}22.$$

Enfin, je tire par les points E, F, la ligne parallèle EF qui divise le triangle ABC en deux parties qui sont entre elles : : 4-59 : 22-95, c'est-à-dire que la surface BEF est de 4 ares 59 centiares, et celle demandée ACEF de 22 ares 95 centiares; en effet, ces deux surfaces donnent un total de 27 ares 54 centiares, surface du triangle proposé. La vérification se fait par parcelles comme au numéro 933.

DIVISION DES TRIANGLES EN PARTIES INÉGALES, PAR DES LIGNES PERPENDICULAIRES A UN DES COTÉS.

936. Les procédés que nous allons employer pour la division des triangles en parties inégales par des lignes perpendiculaires à un des côtés, sont encore à-peu-près ceux que nous avons donnés aux numéros 908 et suivans, relativement à la division en parties égales.

PROBLÈME.

937. *Diviser un triangle ABC* (Fig. 507) *en deux parties qui soient entre elles : : 3 : 7, par une ligne perpendiculaire au côté AC, et de manière que la plus petite soit adjacente à l'angle A.* Fig. 507.

Les dimensions du triangle proposé étant, pour ce cas,

$$BC = 9\text{-}7, \qquad AD = 2\text{-}1$$
$$BD = 5\text{-}4, \qquad CD = 8\text{-}1$$
$$AC = 10\text{-}2$$

je divise le segment CD sur lequel doit tomber la perpendiculaire en deux parties, dans le rapport de 3 à 7, j'ai la plus longue ou les $\frac{7}{10}$ de CD, en faisant

$$3 + 7 : 7 :: 8\text{-}1 : x,$$

qui revient à

$$x = \frac{7 \times 8\text{-}1}{3 + 7} = \frac{56\text{-}7}{10} = 5\text{-}67.$$

Cela fait, je trouve sur le segment CD la longueur CE qui doit être la base de la plus grande surface, en faisant

$$CE = \sqrt{AC \times \tfrac{7}{10} CD} = \sqrt{10\text{-}2 \times 5\text{-}67};$$

Fig. 507. qui donne

$$CE = \sqrt{57\text{-}834} = 7\text{-}605.$$

Portant cette longueur de C en E, le point E sera celui par lequel élevant la perpendiculaire EF, le triangle ABC sera partagé en deux parties inégales ABFE, CEF, qui seront entre elles : : 3 : 7, c'est-à-dire que la plus petite sera les $\frac{3}{10}$ de la surface et l'autre les $\frac{7}{10}$.

Pour ne pas élever la perpendiculaire EF sur le terrain, on détermine la longueur CF par une proportion comme il suit :

$$CD : CE :: BC : x = CF,$$

ou par celle

$$8\text{-}1 : 7\text{-}605 :: 9\text{-}7 : CF,$$

qui revient à

$$CF = \frac{7\text{-}605 \times 9\text{-}7}{8\text{-}1} = 9\text{-}11,$$

que l'on porte de C en F, sur BC.

On a la longueur de la perpendiculaire EF, par la proportion

$$CD : CE :: BD : x = EF,$$

ou celle

$$8\text{-}1 : 7\text{-}605 :: 5\text{-}4 : EF,$$

qui donne

$$EF = \frac{7\text{-}605 \times 5\text{-}4}{8\text{-}1} = 5\text{-}07.$$

Enfin, voici la preuve de cette opération par l'évaluation partielle de la figure.

Surface.						
ABD =	AD	× ½BD =	2-1	× 2-7	= 5-67	= 8-26
BDEF =	½(BD + EF)	× DE =	5-285	× 0-495	= 2-59	
CEF =	CE	× ½EF =	7-605	× 2-535	= 19-28	= 19-28
ABC =	AC	× ½BD =	10-2	× 2-7	= 27-54	= 27-54

En effet, d'après les rapports, on a exactement

$$3 : 7 :: 8\text{-}26 : 19\text{-}28.$$

PROBLÈME.

Fig. 508. 938. *Partager le triangle ABC* (Fig. 508) *en quatre parties qui soient entre elles : : 1 : 3 : 5 : 7, par des lignes perpendiculaires au côté AC, et de manière que la plus petite ou la première partie soit adjacente à l'angle A, la deuxième à la première, et la troisième à l'angle C.*

La somme de ces rapports étant 16, il est évident que la plus petite partie sera égale à $\frac{1}{16}$ de la surface, la deuxième partie à $\frac{3}{16}$, la troisième à $\frac{5}{16}$ et la plus grande $\frac{7}{16}$.

Ainsi, connaissant, dans le triangle ABC, les dimensions

AB = 8-2	AD = 6-4
BC = 6-5	CD = 3-8
BD = 5-4	AC = 10-2

je cherche une moyenne proportionnelle AE, entre le côté AC et la seizième partie du segment AD, en faisant

$$AE = \sqrt{AC \times \tfrac{1}{16} AD} = \sqrt{10\text{-}2 \times 0\text{-}4},$$

qui donne

$$AE = \sqrt{4\text{-}08} = 2\text{-}009;$$

en portant cette longueur de A en E, j'ai le point E par lequel j'élève la perpendiculaire EF qui détermine le triangle AEF dont la surface est égale à $\frac{1}{16}$ de celle du triangle ABC. Fig. 508.

J'aurais la longueur AF par la proportion

$$AD : AE :: AB : x = AF,$$

ou celle

$$6\text{-}4 : 2\text{-}009 :: 8\text{-}2 : AF,$$

qui revient à

$$AF = \frac{2\text{-}009 \times 8\text{-}2}{6\text{-}4} = 2\text{-}57.$$

Cela fait, il s'agit de déterminer un trapèze qui ait une surface égale aux $\frac{3}{16}$ de celle proposée, et qui soit adjacente à la première partie ; pour cela, il faut ajouter ensemble la première et la deuxième partie, ou $\frac{1}{16}$ et $\frac{3}{16}$, et déterminer un triangle qui ait une surface égale aux $\frac{4}{16}$ ou à $\frac{1}{4}$ de la surface proposée. Ainsi, pour trouver la base AG de ce triangle, je cherche une moyenne proportionnelle entre le côté AC et le $\frac{1}{4}$ du segment AD, en faisant

$$AG = \sqrt{AC \times \tfrac{1}{4} AD} = \sqrt{10\text{-}2 \times 1\text{-}6}$$

qui donne

$$AG = \sqrt{16\text{-}32} = 4\text{-}04;$$

d'après ce résultat, j'ai

$$EG = AG - AE = 4\text{-}04 - 2\text{-}009 = 2\text{-}031.$$

Portant AG de A en G, j'ai le point G, par lequel j'élève la perpendiculaire GH qui divise le triangle proposé en deux parties qui sont entre elles : : 1 + 3 : 5 + 7, c'est-à-dire que le triangle AGH équivaut aux $\frac{4}{16}$ ou à $\frac{1}{4}$ de la surface totale, et le reste BCGH aux autres $\frac{12}{16}$ ou à $\frac{3}{4}$ de cette même surface.

J'ai la distance FH par la proportion

$$AD : EG :: AB : x = FH,$$

ou celle

$$6\text{-}4 : 2\text{-}031 :: 8\text{-}2 : FH,$$

qui revient à

$$FH = \frac{2\text{-}031 \times 8\text{-}2}{6\text{-}4} = 2\text{-}6.$$

Ensuite, sachant que, d'après l'énoncé du problème, il faut que la troisième partie soit adjacente à l'angle C, et que cette partie doit être égale aux $\frac{7}{16}$ de la surface totale, je détermine sur le segment CD la base CI d'un triangle équivalent, en cherchant une moyenne proportionnelle entre le côté AC et les $\frac{7}{16}$ du segment CD, en faisant

$$CI = \sqrt{AC \times \tfrac{7}{16} CD} = \sqrt{10\text{-}2 \times 1\text{-}187},$$

qui donne

$$CI = \sqrt{12\text{-}107} = 3\text{-}48;$$

le point I est celui par lequel j'élève la perpendiculaire IJ qui détermine le triangle CIJ égal aux $\frac{7}{16}$ de la surface totale. Il est évident que le polygone BJIGH équivaut aux $\frac{5}{16}$ de la surface proposée ABC qui est, par conséquent, divisé en quatre parties qui sont entre elles : : $\frac{1}{16}$: $\frac{3}{16}$: $\frac{5}{16}$: $\frac{7}{16}$, ou simplement : : 1 : 3 : 5 : 7.

Enfin, l'on a la longueur CJ, par la proportion

$$CD : CI :: BC : x = CJ,$$

ou celle

$$3\text{-}8 : 3\text{-}48 :: 6\text{-}5 : CJ,$$

qui revient à

$$CJ = \frac{3\text{-}48 \times 6\text{-}5}{3\text{-}8} = 5\text{-}95.$$

Nous ne ferons pas la longueur des perpendiculaires pour vérifier l'opération qui ne peut manquer d'exactitude.

PROBLÈME.

Fig. 507. 939. *Diviser le triangle ABC* (Fig. 507) *en deux parties, par une ligne perpendiculaire au côté AC, et de manière que la partie adjacente à l'angle C soit de 19 ares 28 centiares.*

Nous allons faire comprendre que cette opération a plus d'analogie avec la division par des lignes parallèles (936), qu'avec celle établie pour des lignes perpendiculaires à un côté donné.

Cette division exigeant l'évaluation de la surface totale ou seulement du triangle dans lequel doit passer la ligne de division, je mesure quelques dimensions que je trouve comme il suit :

$$BC = 9\text{-}7, \qquad AD = 2\text{-}1,$$
$$BD = 5\text{-}4, \qquad CD = \underline{8\text{-}1,}$$
$$AC = 10\text{-}2.$$

D'après cela, la surface du triangle BCD dans lequel il faut en déterminer un autre de 19 ares 28 centiares, est équivalente à

$$CD \times \tfrac{1}{2} BD = 8\text{-}1 \times 2\text{-}7 \quad 21\text{-}87.$$

Ainsi, il est évident que la partie demandée de 19 ares 28 centiares, sera égale aux $\frac{19\text{-}28}{21\text{-}87}$ de la surface du triangle BCD, ou à 0-8815, étant réduit en décimales; donc, j'ai la distance CE en faisant

$$CE = CD \times \sqrt{\tfrac{19\text{-}28}{21\text{-}87}} = CD \times \sqrt{0\text{-}8815}$$
$$8\text{-}1 \times 0\text{-}9389 = 7\text{-}605;$$

et la distance CF en faisant

$$CF = BC \times \sqrt{\tfrac{19\text{-}28}{21\text{-}87}} = 9\text{-}7 \times 0\text{-}9389 = 9\text{-}11.$$

Enfin, les points E, F étant déterminés, je tire la ligne perpendiculaire EF qui partage le triangle proposé en deux parties inégales, dont celle CEF équivaut exactement à 19 ares 28 centiares, comme l'exige la question. En effet,

$$CE \times \tfrac{1}{2} EF = 7\text{-}605 \times 2\text{-}535 = 19\text{-}28,$$

comme au numéro 937.

PROBLÈME.

Fig. 508. 940. *Partager le triangle ABC* (Fig. 508) *en trois parties, par des lignes perpendiculaires au côté AC, et de manière que la partie adjacente à l'angle A soit de 6 ares 88 centiares, et celle adjacente à l'angle C, de 8 ares 61 centiares.*

Connaissant les dimensions du triangle proposé, qui Fig. 508.
sont chacune égale à

$$AB = 8\text{-}2, \qquad AD = 6\text{-}4,$$
$$BC = 6\text{-}5, \qquad CD = \underline{3\text{-}8,}$$
$$BD = 5\text{-}4, \qquad AC = 10\text{-}2.$$

La surface de la partie triangulaire ABD dans laquelle il faut déterminer un triangle de 6 ares 88 centiares, équivaut à

$$AD \times \tfrac{1}{2} BD = 6\text{-}4 \times 2\text{-}7 = 17\text{-}28.$$

Puisque la partie demandée doit être de 6 ares 88 centiares, il est évident qu'elle sera égale à $\frac{6\text{-}88}{17\text{-}28}$ de la surface du triangle ABD, ou à 0-398, étant réduit en décimales. Ainsi, j'ai la distance AG en faisant

$$AG = AD \times \sqrt{\tfrac{6\text{-}88}{17\text{-}28}} = AD \times \sqrt{0\text{-}398}$$
$$= 6\text{-}4 \times 0\text{-}631 = 4\text{-}04,$$

et la distance AH en faisant

$$AH = AB \times \sqrt{\tfrac{6\text{-}88}{17\text{-}28}} = 8\text{-}2 \times 0\text{-}398 = 5\text{-}17.$$

Ces distances étant connues, je tire la ligne perpendiculaire GH qui détermine le triangle AGH, dont la surface est égale à 6 ares 88 centiares.

Ensuite, j'évalue la surface du triangle BCD que je trouve égale à

$$CD \times \tfrac{1}{2} BD = 3\text{-}8 \times 2\text{-}7 = 10\text{-}26;$$

en effet, cette surface et celle du triangle ABD font exactement

$$17\text{-}28 + 10\text{-}26 = 27\text{-}54.$$

Donc, la partie demandée adjacente à l'angle C, qui doit être de 8 ares 61 centiares, peut être prise dans le triangle BCD qui est de 10 ares 26 centiares, et cette partie sera équivalente à $\frac{8\text{-}61}{10\text{-}26}$ de la surface du triangle BCD, ou à 0-839, étant réduit en décimales.

Alors, j'ai la distance CI en faisant

$$CI = CD \times \sqrt{\tfrac{8\text{-}61}{10\text{-}26}} = CD \times \sqrt{0\text{-}839}$$
$$= 3\text{-}8 \times 0\text{-}916 = 3\text{-}48;$$

j'ai de même la distance CJ en faisant

$$CJ = BC \times \sqrt{\tfrac{8\text{-}61}{10\text{-}26}} = 6\text{-}5 \times 0\text{-}916 = 5\text{-}95.$$

Enfin, portant ces distances chacune sur son côté respectif, j'ai les points I, J, par lesquels je tire la ligne de division IJ qui détermine le triangle CIJ dont la surface est égale à 8 ares 61 centiares, comme l'énoncé du problème l'exige.

DIVISIONS DES TRIANGLES EN PARTIES INÉGALES PAR DES LIGNES TIRÉES D'UN OU DE PLUSIEURS POINTS DONNÉS.

941. Il n'y a pas beaucoup de différence entre les procédés que nous avons employés dans la division en parties égales (914) et ceux que nous allons employer pour diviser en parties inégales; seulement il faut dans ces

derniers cas, partager les bases dans les proportions données.

PROBLÈME.

942. *Partager un triangle quelconque ABC* (Fig. 509) *en deux parties qui soient entre elles :: 3 : 7, par une ligne de division partant du point D donné sur le côté AC, et de manière que la plus petite partie soit adjacente à l'angle A.* (Fig. 509.)

Après avoir mesuré le côté AB, qui est, pour ce cas, de 8 décamètres 8 mètres, et les parties de celui AC, qui sont

AD = 5-3,
CD = 4-9,
AC = 10-2,

la plus petite partie devant être égale aux $\frac{3}{10}$ de la surface du triangle proposé, je cherche la distance AF ou le point de division F, par la proportion

$$AD : \tfrac{3}{10}\,AC \text{ ou } AE :: AB : x = AF$$

ou celle

$$5\text{-}3 : 3\text{-}06 :: 8\text{-}8 : AF$$

qui revient à

$$AF = \frac{3\text{-}06 \times 8\text{-}8}{5\text{-}3} = 5\text{-}08$$

Portant cette longueur 5 décamètres 08 décimètres de A en F sur AB, j'ai le point F duquel je tire la ligne de division DF qui détermine le triangle ADF égal aux $\frac{3}{10}$ de la surface totale.

Enfin, le triangle ABC se trouve partagé en deux parties qui sont entre elles :: $\frac{3}{10}$: $\frac{7}{10}$ et par conséquent :: 3 : 7. La démonstration est la même que celle de la division du numéro 915.

PROBLÈME.

(Fig. 510.) 943. *Diviser un triangle quelconque ABC* (Fig. 510), *en trois parties qui soient entre elles :: 2 : 3 : 7, par deux lignes tirées des points D, E, donnés sur le côté AC, et de manière que la plus petite partie aboutisse à l'angle C, et la plus grande à l'angle A.*

La solution de ce problème n'est pas plus difficile que celle du problème indiqué dans le numéro 921.

Je mesure le côté BC, que je trouve de 10 décamètres 4 mètres, et les parties de celui AC, qui sont

AD = 2-8,
DE = 1-4,
CE = 6-0,
AC = 10-2,

D'après l'énoncé du problème, la petite partie doit être égale aux $\frac{2}{12}$ ou à $\frac{1}{6}$ de la surface du triangle proposé. La somme des trois rapports étant 12, elle représente la surface totale par $\frac{12}{12}$.

Pour connaître le point de division G ou la distance CG, je fais la proportion

$$CE : \tfrac{1}{6}\,AC \text{ ou } CH :: BC : x = CG,$$

ou celle (Fig. 510.)

$$6\text{-}0 : 1\text{-}7 :: 10\text{-}4 : CG;$$

qui revient à

$$CG = \frac{1\text{-}7 \times 10\text{-}4}{6\text{-}0} = 2\text{-}947.$$

Portant cette longueur de C en G sur BC, j'ai le point G duquel je tire la ligne de division EG qui détermine le triangle CEG égal à $\frac{1}{6}$ de la surface totale, c'est-à-dire qui partage le triangle ABC en deux parties qui sont entre elles :: $\frac{2}{12}$: $\frac{10}{12}$ ou :: 2 : 3 + 7.

Maintenant pour connaître la distance CF ou le point de division F, qui déterminera une surface triangulaire composée des deux premières ou plus petites parties ensemble, et qui doit être égale aux $\frac{5}{12}$ de la surface totale, je résous la proportion

$$CD : \tfrac{5}{12}\,AC \text{ ou } CI :: BC : x = CF,$$

ou celle

$$7\text{-}4 : 4\text{-}25 :: 10\text{-}4 : CF;$$

qui donne

$$CF = \frac{4\text{-}25 \times 10\text{-}4}{7\text{-}4} = 5\text{-}97.$$

Enfin, je porte cette longueur de C en F sur BC; j'ai le point F duquel je tire la ligne DF qui détermine le triangle CDF égal aux $\frac{5}{12}$ de la surface totale, et le quadrilatère ABDF égal aux autres $\frac{7}{12}$, ce qui fait en tout $\frac{12}{12}$ ou la surface proposée.

PROBLÈME.

944. *Diviser le triangle ABC* (Fig. 509) *en deux parties, par une ligne partant du point D donné sur AC, et de manière que la partie adjacente à l'angle A soit de 8 ares 26 centiares.* (Fig. 509.)

La solution de ce problème exige la connaissance de la surface totale que nous supposons évaluée au moyen des trois côtés ou d'une perpendiculaire sur un des côtés, de 27 ares 54 centiares.

Il est évident, d'après ceci, que la partie demandée sera égale aux $\frac{8-26}{27-54}$ de la surface totale, et qu'alors la base partielle serait, si l'on divisait sans le point donné, égale aux $\frac{8-26}{27-54}$ de la base totale AC. Cette fraction de base que nous indiquons par AE, se trouve facilement en faisant

$$27\text{-}54 : 8\text{-}26 :: AC : x = AE,$$

ou bien

$$27\text{-}54 : 8\text{-}26 :: 10\text{-}4 : AE,$$

qui revient à

$$AE = \frac{8\text{-}26 \times 10\text{-}4}{27\text{-}54} = 3\text{-}06.$$

Ainsi pour trouver le point de division F, ou la distance AF, connaissant les dimensions du triangle, je fais la proportion

$$AD : \tfrac{8-26}{27-54}\,AC \text{ ou } AE :: AB : x = AF,$$

ou celle

$$5\text{-}3 : 3\text{-}06 :: 8\text{-}8 : AF,$$

qui revient à

$$AF = \frac{3\text{-}06 \times 8\text{-}8}{5\text{-}3} = 5\text{-}08$$

Enfin, la solution de ce problème est semblable à celle du problème indiqué au numéro 942, quoique l'énoncé de ce dernier ne soit pas semblable.

La solution du numéro 943 ne présente pas plus de difficulté que cette dernière.

Voici le procédé que l'on suit le plus souvent lorsqu'il s'agit de déterminer une surface par une ligne tirée d'un point donné; mais il faut que la surface soit accessible de toutes parts.

PROBLÈME.

Fig. 511. 945. *Partager la pièce de terre ABC* (Fig. 511) *en trois parties, par deux lignes tirées des points D et E, et de manière que la partie adjacente à l'angle B soit de 6 ares 93 centiares, et celle adjacente à l'angle C de 10 ares 14 centiares.*

Je mesure d'abord les trois côtés du triangle proposé et sa hauteur, ce qui donne, pour ce cas,

$$AB = 6\text{-}6, \qquad BC = 8\text{-}5,$$
$$AC = 10\text{-}2, \qquad BG = 5\text{-}4;$$

ensuite, pensant que la base de la partie demandée vers l'angle C pourra être fournie par la base totale AC, j'abaisse du point E sur cette dernière, une perpendiculaire EH que je trouve de 2 décamètres 6 mètres. Puisque je connais la hauteur de cette partie, j'aurai sa base CJ ou le point de division J en divisant la surface demandée, par la moitié de la hauteur connue, comme il suit :

$$CJ \quad \frac{10\text{-}14}{\frac{1}{2}\,EH} = \frac{10\text{-}14}{1\text{-}3} = 7\text{-}8;$$

je porte cette longueur de C en J sur AC, j'ai le point J duquel je tire la ligne de division EJ qui détermine le triangle CEJ de 10 ares 14 centiares.

Maintenant, je pense bien encore que la base de la partie demandée vers l'angle B, pourra être prise sur le côté AB, j'abaisse, sur ce dernier et du point D, une perpendiculaire DF, que je trouve de 3 décamètres 08 mètres. Donc, j'aurai la base BI ou le point I en divisant la hauteur demandée, par la moitié de la hauteur connue, comme il suit :

$$BI = \frac{6\text{-}93}{\frac{1}{2}\,DF} = \frac{6\text{-}93}{1\text{-}54} = 4\text{-}5.$$

Enfin, je porte cette longueur de B en I sur AB, j'ai le point I, duquel je tire la ligne de division DI, qui détermine le triangle BDI de 6 ares 93 centiares, comme l'exige l'énoncé du problème. Il est évident que la troisième partie ou le polygone AIDEJ équivaut à

$$27\text{-}54 - (10\text{-}14 + 6\text{-}93) = 10\text{-}47,$$

ou à 10 ares 47 centiares.

PROBLÈME.

Fig. 512. 946. *Partager la pièce de terre ABC* (Fig. 512) *en trois parties qui soient entre elles :: 2 : 3 : 3, par trois lignes de division partant d'un point O donné dans l'intérieur du triangle, et de manière que celle de ces lignes qui sera commune aux deux parties égales, soit tirée directement du point donné O à l'angle C.* Fig. 512.

Connaissant les dimensions principales de ce triangle, qui sont

$$AC = 10\text{-}2, \qquad BD = 5\text{-}4,$$

je trouve que la surface est égale à 27 ares 54 centiares. Il s'agit maintenant de déterminer la quantité d'ares qui doit composer chacune des parties demandées par l'énoncé du problème.

Pour connaître la plus petite ou la première partie que nous indiquons par x, je fais la proportion

$$2 + 3 + 3 : 2 :: 27\text{-}54 : x,$$

ou celle

$$8 : 2 :: 27\text{-}54 : x,$$

qui donne

$$x = \frac{2 \times 27\text{-}54}{8} = 6\text{-}88;$$

puisque la plus petite partie est de 6 ares 88 centiares, il est évident que les deux autres seront ensemble égales à

$$27\text{-}54 - 6\text{-}88 = 20\text{-}66,$$

et par conséquent, chacune égale à 10 ares 33 centiares.

Toutes ces surfaces étant connues, je détermine la base d'une des deux parties égales en divisant les ares et centiares qu'elle doit contenir par la moitié de la perpendiculaire EO, abaissée du point O sur AC, ce qui donne

$$CG = \frac{10\text{-}33}{\frac{1}{2}\,EO} = \frac{10\text{-}33}{1\text{-}3} = 7\text{-}9;$$

portant cette longueur de C en G sur AC, j'ai le point G, duquel je tire la ligne de division GO, qui détermine le triangle CGO de 10 ares 33 centiares.

Maintenant, pour déterminer une surface semblable à cette dernière, j'imagine le triangle BCO; j'évalue sa surface afin de savoir si elle est plus grande ou plus petite que celle de la partie que je cherche, et je trouve, d'après les longueurs suivantes :

$$BC = 5\text{-}6, \qquad FO = 2\text{-}2,$$

qu'elle équivaut à

$$BC \times \tfrac{1}{2}\,FO = 5\text{-}6 \times 1\text{-}1 = 6\text{-}16.$$

Puisque ce triangle ne contient que 6 ares 16 centiares de surface, il faut encore déterminer, dans la partie ABOG, un triangle d'une surface égale à

$$10\text{-}33 - 6\text{-}16 = 4\text{-}17.$$

Pour cela, j'abaisse, du point donné O sur le côté AB, une perpendiculaire HO, que je trouve de 1 décamètre 5 mètres, et je détermine une nouvelle base BI ou le point de division I, en faisant

$$BI = \frac{4\text{-}17}{\frac{1}{2}\,HO} = \frac{4\text{-}17}{0\text{-}75} = 5\text{-}4.$$

Enfin, portant cette longueur de B en I sur AB, j'ai le point I, duquel je tire la ligne de division IO, qui détermine le polygone BCOI égal à 10 ares 33 centiares. En effet, relativement à ce quadrilatère, l'on a

Surface { BCO = BC × ½ FO = 5-6 × 1-1 = 6-16,
BIO = BI × ½ HO = 5-4 × 0-75 = 4-17,
BCOI, qui est celle demandée . . . = 10-33.

Nous ne présenterons plus cette division, qui est très-facile, et dont la variation dans l'énoncé ne change presque rien à la solution ordinaire.

PROBLÈME.

Fig. 513. 947. *Diviser un triangle quelconque ABC* (Fig. 513), *en deux parties qui soient entre elles :: 2 : 3, par une ligne passant par un point O donné dans l'intérieur du triangle, et de manière que la plus petite partie soit adjacente à l'angle A.*

Après avoir évalué la surface du triangle, par la connaissance de ses trois côtés ou en abaissant une perpendiculaire sur sa base, je la trouve de 27 ares 54 centiares; je cherche la quantité d'ares qui composent la plus petite partie que nous désignons par x, en faisant

$$2 + 3 : 2 :: 27\text{-}54 : x,$$

qui donne

$$x = \frac{2 \times 27\text{-}54}{5} = 11\text{-}02.$$

Cela déterminé, j'abaisse, du point O sur AC, une perpendiculaire EO, que je trouve, pour ce cas, de 2 décamètres 3 mètres; je tire la ligne FO parallèlement au côté AB, et je mesure la distance AF, que je trouve de 2 décamètres 1 mètre.

Ainsi, j'ai la distance AG ou le point G, en faisant

$$AG = \frac{11\text{-}02}{EO} + \sqrt{\left(\frac{11\text{-}02}{EO} - 2\ AF\right) \times \frac{11\text{-}02}{EO}},$$

ou bien

$$AG = \frac{11\text{-}02}{EO} - \sqrt{\left(\frac{11\text{-}02}{EO} - 2\ AF\right) \times \frac{11\text{-}02}{EO}}.$$

En opérant d'après la première formule, et en simplifiant comme il suit :

$$\frac{11\text{-}02}{EO} = \frac{11\text{-}02}{2\text{-}3} = 4\text{-}79,$$

je trouve

$$\begin{aligned} AG &= 4\text{-}79 + \sqrt{(4\text{-}79 - 4\text{-}2) \times 4\text{-}79} \\ &= 4\text{-}79 + \sqrt{0\text{-}59 \times 4\text{-}79} \\ &= 4\text{-}79 + \sqrt{2\text{-}826} \\ &= 4\text{-}79 + 1\text{-}681 = 6\text{-}471. \end{aligned}$$

Donc, je porte cette longueur de A en G sur AC, j'ai le point G duquel je tire, en passant par le point O, la ligne de division GH qui détermine le triangle AGH de 11 ares 02 centiares; la surface est alors divisée dans le rapport de 2 à 3, comme l'exige la question.

Si l'on employait le signe — ou la deuxième formule, on aurait pour résultat, en mettant J à la place de G,

$$AJ = 4\text{-}79 - 1\text{-}681 = 3\text{-}109.$$

On voit que cette solution ne peut avoir lieu dans ce problème, puisqu'en soustrayant la racine carrée comme on vient de le faire, on aurait AJ de 3 décamètres 109 centimètres, et l'alignement JO tomberait en I sur BC. Il y a certaines dispositions pour lesquelles les deux formules donnent chacune une ligne de division exacte, sans être la même.

Enfin, nous allons résoudre le problème suivant qui indique la manière de tracer une limite dans l'alignement d'un point donné en dehors de la surface.

PROBLÈME.

948. *Diviser un triangle quelconque ABC* (Fig. 514) *en deux parties, par une ligne de division qui soit exactement dirigée sur un point O donné en dehors du triangle, et de manière que la partie adjacente à l'angle A soit de 10 ares.* Fig. 514.

Cette solution n'est pas plus difficile que la précédente, au contraire, elle est même dégagée de la considération des signes, c'est-à-dire que dans ce cas, c'est toujours le signe + qui est applicable.

Après avoir abaissé du point donné O sur AC ou sur son prolongement AF, une perpendiculaire EO, que je trouve de 4 décamètres, je mène FO parallèlement au côté AB; je mesure la distance AF, qui est de 2 décamètres 7 mètres, et je détermine la distance AG ou le point G, en faisant

$$\begin{aligned} AG &= \frac{10\text{-}0}{EO} + \sqrt{\left(\frac{10\text{-}0}{EO} + 2\ AF\right) \times \frac{10\text{-}0}{EO}} \\ &= \frac{10\text{-}0}{4\text{-}0} + \sqrt{\left(\frac{10\text{-}0}{4\text{-}0} + 2 \times 2\text{-}7\right) \times \frac{10\text{-}0}{4\text{-}0}} \\ &= 2\text{-}5 + \sqrt{(2\text{-}5 + 5\text{-}4) \times 2\text{-}5} \\ &= 2\text{-}5 + \sqrt{7\text{-}9 \times 2\text{-}5} \\ &= 2\text{-}5 + \sqrt{19\text{-}75} \\ &= 2\text{-}5 + 4\text{-}444 = 6\text{-}944. \end{aligned}$$

Cette longueur étant portée de A en G sur AC, j'ai le point G duquel je tire la ligne de division GH dans l'alignement GO, qui détermine le triangle AGH de 10 ares, comme l'exige l'énoncé du problème.

Si l'on avait à faire un partage semblable dans un rapport donné, comme dans le problème précédent, par exemple, il est évident qu'il faudrait évaluer la surface au moyen de la perpendiculaire BD, qui serait de 5 décamètres 4 mètres, et du côté AC, connu de 10 décamètres 2 mètres, ou par tout autre moyen, afin de connaître les ares qui doivent composer la surface demandée.

Enfin, nous ferons encore l'application de ces procédés dans la division des polygones irréguliers. Ceci est suffisant pour des partages qui ne se présentent pas souvent; cependant on peut en faire naître l'occasion pour qu'une ligne droite passe par un point de servitude; et si le point est en dehors de la figure, il peut servir de repère à la ligne de division, et faciliter sa reconnaissance en cas d'anticipations de la part du voisin.

PROBLÈME.

Fig. 499. 949. *Partager un triangle ABC* (Fig. 499) *en deux parties qui soient entre elles* : : 1 : 3, *par une ligne de division opposée à l'angle A, qui soit la plus courte possible, et de manière que la plus petite partie soit adjacente à l'angle A.*

Connaissant les côtés

$$AB = 10\text{-}0, \qquad AC = 10\text{-}2,$$

je trouve la distance AD = AE, en faisant, par exemple,

$$AD = \sqrt{AC \times \frac{AB}{4}} = \sqrt{10\text{-}2 \times \frac{10\text{-}0}{4}} =$$

$$= \sqrt{10\text{-}2 \times 2\text{-}5} = \sqrt{25\text{-}5} = 5\text{-}05.$$

Cette longueur étant déterminée, je la porte de A en D sur AC, et de A en E sur AB, j'ai les points D, E, par lesquels je tire la ligne de division DE qui est la plus courte que l'on puisse tirer pour déterminer un triangle ADE (qui est toujours isocèle) d'une surface égale au quart de celle du triangle ABC proposé.

La ligne DE est aussi celle qui occasionnerait moins de frais, tout étant égale d'ailleurs, pour établir un mur ou tout autre clôture entre les deux propriétés.

N. B. La solution du numéro 919 donne, pour limiter un triangle équivalent au quart de la surface ABC, une distance AD, qui est 0-05 décimètres plus longue que celle que nous venons de trouver, et l'autre distance AE, 0-05 décimètres plus courte; d'où il résulte une moyenne de 5 décamètres 05 décimètres, égale à celle que nous venons de trouver.

950. Ce problème est ordinairement énoncé ainsi : *Partager un triangle en parties qui soient entre elles dans un rapport donné, par une* DROITE MINIMUM.

Si le triangle devait être partagé en un certain nombre de parties représentées par n, on mettrait n au lieu de 4 dans l'expression du numéro précédent, et l'on aurait, pour le côté commun du triangle isocèle de la première partie,

$$AD = \sqrt{AC \times \frac{AB}{n}};$$

pour le triangle isocèle de deux parties,

$$AD' = \sqrt{AC \times \frac{AB}{2n}};$$

pour le triangle de trois parties,

$$AD'' = \sqrt{AC \times \frac{AB}{3n}};$$

pour celui de quatre parties,

$$AD''' = \sqrt{AC \times \frac{AB}{4n}};$$

pour cinq, etc., etc.,

$$AD'''' = \sqrt{AC \times \frac{AB}{5n}}, \text{ etc., etc.}$$

Donc, si j'avais voulu déterminer, dans le problème précédent, une deuxième surface adjacente à la ligne DE, et égale à la première, il aurait fallu déterminer un triangle égal à deux parties ou de *deux quarts*; ainsi, j'aurais eu

$$AD' = \sqrt{AC \times \frac{AB}{2 \times 4}}.$$

Enfin, pour avoir un triangle équivalent aux trois quarts de la surface, on aurait fait

$$AD'' = \sqrt{AC \times \frac{AB}{3 \times 4}}.$$

On peut vérifier cette espèce de division en divisant un triangle isocèle par ces formules et ensuite par des lignes parallèles à un côté, comme il est indiqué plus haut, ce qui doit donner des résultats identiques.

PROBLÈME.

951. *Dans un triangle ABC* (Fig. 515) *déterminer un carré FGHI qui soit le plus grand possible.* Fig. 515.

Après avoir mesuré toutes les dimensions du triangle, qui sont

$$AB = 9\text{-}3, \qquad BC = 6\text{-}0,$$
$$AC = 10\text{-}2, \qquad BD = 5\text{-}4,$$

je détermine la dimension du carré demandé, en cherchant *une quatrième proportionnelle* (59) aux trois quantités AC + BD, AC, BD, c'est-à-dire 1° à la somme de la base AC et de la hauteur BD du triangle; 2° à la base AC de ce triangle; 3° à la hauteur BD du même triangle. En effet, j'ai la distance DE par une proportion semblable à celles du numéro 59, que je pose comme il suit :

$$AC + BD : AC :: BD : x = DE,$$

et que je résous en faisant

$$10\text{-}2 + 5\text{-}4 : 10\text{-}2 :: 5\text{-}4 : DE,$$

ce qui donne

$$DE = \frac{10\text{-}2 \times 5\text{-}4}{10\text{-}2 + 5\text{-}4} \quad \frac{55\text{-}08}{15\text{-}6} = 3\text{-}53;$$

donc la dimension du carré demandé est de 3 décamètres 53 décimètres.

Cette dimension étant connue, rien n'est plus facile maintenant que de déterminer les points F, G, H, I, sur les trois côtés du triangle proposé.

Ainsi, j'obtiens la distance AF ou le point F, par la proportion

$$BD : DE :: AB : x = AF,$$

ou celle

$$5\text{-}4 : 3\text{-}53 :: 9\text{-}3 : AF,$$

qui revient à

$$AF = \frac{3\text{-}53 \times 9\text{-}3}{5\text{-}4} = 6\text{-}08;$$

Fig. 515. je porte cette longueur de A en F sur AB, et j'ai le point F où doit tomber un angle du carré FGHI.

Ensuite, je détermine la distance CG ou le point G par la proportion

$$BD : DE :: BC : x = CG,$$

ou celle

$$5{\cdot}4 : 3{\cdot}53 :: 6{\cdot}0 : CG,$$

qui donne

$$CG = \frac{3{\cdot}53 \times 6{\cdot}0}{5{\cdot}4} = 3{\cdot}92;$$

le point G est déterminé en portant cette longueur de C en G sur BC.

Je trouve de même la distance AH ou le point H, par la proportion

$$BD : DE \text{ ou } FH :: AD : x = AH,$$

ou celle

$$5{\cdot}4 : 3{\cdot}53 :: 7{\cdot}6 : AH,$$

qui revient à

$$AH = \frac{3{\cdot}53 \times 7{\cdot}6}{5{\cdot}4} = 4{\cdot}96.$$

Enfin, après avoir déterminé le point H, par la connaissance de la distance AH que je porte de A en H sur AC, je porte de H en I une longueur HI égale à la dimension trouvée DE, j'ai le dernier point I qui termine cette solution, et présente, en tirant les droites FG, GI, IH et HF, le carré FGHI demandé.

N. B. Comme les problèmes les plus ordinaires à résoudre en arpentage consistent à prendre dans une masse de terrain quelconque une partie contenant une surface donnée, nous allons encore donner le problème suivant qui est tout-à-fait relatif à ce cas.

PROBLÈME.

952. *Déterminer dans un angle quelconque C* (Fig.
Fig. 507. 507), *d'un terrain qui peut être inaccessible, une surface de* 19 *ares* 28 *centiares par une ligne EF perpendiculaire au côté AC, sachant que l'angle C, que l'on peut mesurer, est de* 37 *grades* 40 *minutes.*

Pour donner une solution géométrique de ce problème, je suppose que le rayon des tables trigonométiques est 100, et que la distance CG est, par conséquent, de 100 décimètres ou 1 décamètre; je cherche la tangente GH de l'angle C ou de 37 grades 40 minutes, dont le logarithme répond à 9·8234742 ou, en ôtant la caractéristique 9 de 10, à 1·8234742, qui donne, dans la table des logarithmes des nombres, 66 décimètres 6 centimètres en supposant le rayon de ces tables égal à 100. Ainsi, la surface du petit triangle CGH équivaut à

$$\frac{CG}{\frac{1}{2}GH} = \frac{100}{\frac{1}{2}GH} = \frac{1{\cdot}00}{\frac{1}{2}66{\cdot}6} = \frac{1}{0{\cdot}333} = 0{\cdot}333,$$

on a 0·33 centiares 3 dixièmes.

Maintenant, sachant que les triangles CGH, CEF, par exemple, ont leurs surfaces comme les carrés de leurs dimensions homologues, je trouve le carré de base CE ou CE^2, par la proportion Fig. 507.

$$0{\cdot}333 : 19{\cdot}28 :: CG^2 : x = CE^2,$$

ou celle

$$0{\cdot}333 : 19{\cdot}28 :: 1^2 : CE^2;$$

qui donne

$$CE^2 = \frac{19{\cdot}28 \times 1}{0{\cdot}333} = \frac{19{\cdot}28}{0{\cdot}333} = 57{\cdot}84.$$

Donc il est évident que l'on a

$$CE = \sqrt{CE^2} = \sqrt{57{\cdot}84} = 7{\cdot}605;$$

en effet, la solution du problème 939 donne exactement 7 décamètres 605 centimètres pour la même longueur CE, qui détermine par la perpendiculaire EF un triangle CEF de 19 ares 28 centiares.

Enfin, la preuve de l'exactitude de cette opération se fait par la proportion

$$CG : CE :: GH : x = EF,$$

qui donne exactement la longueur de la pendiculaire EF, et, par conséquent, la surface demandée 19 ares 28 centiares.

MANIÈRE DE FAIRE DES REPRISES DANS LES TRIANGLES.

953. Les reprises deviennent plus utiles dans la surface triangulaire que dans les carrés. Nous allons indiquer la manière de procéder à ces opérations en changeant les lignes de division aux deux extrémités, pour faire les reprises parallèles, et en ne changeant qu'une des extrémités des lignes de division pour faire les reprises triangulaires. Ces procédés seront aussi traités pour la diminution et l'augmentation des surfaces totales.

PROBLÈME.

954. *Reprendre sur le triangle ABD* (Fig. 486) *une* Fig. 486.
surface de 2 *ares* 43 *centiares, en ne changeant que le point D.*

Cette reprise est facile; j'ai la base *d*D de la partie triangulaire à reprendre, en faisant

$$dD = \frac{2{\cdot}43}{\frac{1}{2}BE} = \frac{2{\cdot}43}{2{\cdot}7} = 0{\cdot}9.$$

Portant cette longueur de D en *d* sur AC, j'ai le point *d* duquel je tire la ligne de division B*d* qui satisfait à l'énoncé du problème.

PROBLÈME.

955. *Augmenter le triangle ABD* (Fig. 486) *de* 2 *ares* Fig. 486.
34 *centiares, sans changer le point de division D.*

Après avoir abaissé sur BC la perpendiculaire D*b*, que je trouve de 3 décamètres 12 décimètres, j'ai la base *a*B du triangle, qu'il faut ajouter à celui ABD, en faisant

$$aB = \frac{2{\cdot}34}{\frac{1}{2}Db} = \frac{2{\cdot}34}{1{\cdot}56} = 1{\cdot}5.$$

Donc, en portant cette longueur de B en a sur BC, j'ai le point de division a, duquel je tire la ligne de division aD, qui répond à l'énoncé du problème.

Enfin, si l'on ne voulait pas abaisser la perpendiculaire bD sur le terrain, on aurait plus exactement la longueur bD, en divisant la surface du triangle BCD par la moitié du côté BC, sur lequel elle doit tomber.

PROBLÈME.

Fig. 487. 956. *Diminuer le triangle ABC* (Fig. 487) *de* 2 *ares* 16 *centiares, en reprenant sur la base AC, vers l'angle C.*

Cette reprise est très-facile; j'ai la base aC de la partie triangulaire qu'il faut ôter de ABC, en faisant

$$aC = \frac{2\text{-}16}{\frac{1}{2}BF} = \frac{2\text{-}16}{2\text{-}7} = 0\text{-}8.$$

Cette longueur de 0-8 mètres étant portée de C en a sur AC, j'ai le point a, duquel je tire le nouveau côté aB, qui diminue le triangle proposé de 2 ares 16 centiares.

PROBLÈME.

Fig. 503. 957. *Augmenter le triangle ABC* (Fig. 503), *de* 3 *ares* 78 *centiares, en prolongeant de la base AC, vers l'angle A.*

La solution de ce problème est encore aussi facile que les précédentes; j'ai la base Aa de la partie triangulaire demandée, en faisant

$$Aa = \frac{3\text{-}78}{\frac{1}{2}BD} = \frac{3\text{-}78}{2\text{-}7} = 1\text{-}4.$$

Je porte cette longueur sur le prolongement de AC, ou de A en a; j'ai le point a, duquel je tire le côté aB et la partie Aa de AC prolongé.

PROBLÈME.

Fig. 487. 958. *Augmenter le triangle ABC* (Fig. 487) *de* 7 *ares* 68 *centiares, dans l'alignement du côté BC, vers l'angle B.*

Je prolonge le côté BC d'une longueur quelconque dC, sur laquelle j'abaisse la perpendiculaire Ad, que je trouve de 9 décamètres 6 mètres, et j'ai sur le prolongement Bb, du côté BC, la base Bb de la partie qu'il faut ajouter au triangle proposé, en faisant, comme pour les reprises précédentes,

$$Bb = \frac{7\text{-}68}{\frac{1}{2}Ad} = \frac{7\text{-}68}{4\text{-}8} = 1\text{-}6.$$

Si je tire le nouveau côté Ab et la partie Bb, j'aurai le triangle AbC, dont la surface sera plus grande que ABC de 7 ares 68 centiares.

Pour ne pas avoir la peine de déterminer la perpendiculaire Ad sur le terrain, on obtient sa longueur en divisant la surface totale du triangle ABC par la moitié du côté BC, sur lequel ou sur le prolongement duquel cette perpendiculaire doit tomber. On évite, par ce moyen, de recourir sur le terrain et de travailler avec plus d'exactitude.

PROBLÈME.

959. *Augmenter le triangle ABC* (Fig. 504) *de* 8 *ares* 37 *centiares, sur le prolongement du côté BC, vers l'angle B.* Fig. 504.

Pour ne pas opérer sur le terrain relativement à la longueur de la perpendiculaire Aa, je fais, sachant cependant que le côté BC est de 8 décamètres 8 mètres, et la surface du triangle proposé ABC de 27 ares 54 centiares,

$$Aa = \frac{ABC}{\frac{1}{2}BC} = \frac{27\text{-}54}{4\text{-}4} = 6\text{-}2.$$

Ensuite, j'obtiens la base Bb du triangle qu'il faut ajouter à celui ABC, en faisant

$$Bb = \frac{8\text{-}37}{\frac{1}{2}Aa} = \frac{8\text{-}37}{3\text{-}1} = 2\text{-}7.$$

Cette longueur étant portée de B en b sur le prolongement de BC, j'ai le point b, duquel je tire le nouveau côté Ab et la partie Bb, qui déterminent le triangle AbC qui est de 8 ares 37 centiares plus grand que celui ABC.

Nous allons faire connaître les procédés que l'on doit généralement suivre lorsqu'il s'agit de faire des reprises dans les surfaces triangulaires, en conservant ou en demandant le parallélisme des lignes de division.

PROBLÈME.

960. *Diminuer le triangle CEF* (Fig. 491), *de* 3 *ares* 82 *centiares, de manière que la nouvelle ligne de division soit encore perpendiculaire au côté AC, ou parallèle à l'ancienne ligne EF.* Fig. 491.

Cette opération rentre dans le cas de la division des triangles en parties inégales par des lignes parallèles (931) ou perpendiculaires à un des côtés (936).

Sachant que la surface du triangle que je veux diminuer de 3 ares 82 centiares, équivaut à 13 ares 77 centiares, j'ai la surface du nouveau triangle Cef, en faisant simplement

$$13\text{-}77 - 3\text{-}82 = 9\text{-}95.$$

Ainsi, il est évident que le triangle Cef sera égal aux $\frac{9\text{-}95}{13\text{-}77}$ de la surface du triangle CEF, ou à 0-7226, étant réduit en décimales; donc, j'ai la distance Ce ou le point e, en faisant

$$Ce = CE \times \sqrt{\tfrac{9\text{-}95}{13\text{-}77}} = CE \times \sqrt{0\text{-}7226}$$
$$= 5\text{-}975 \times 0\text{-}85 = 5\text{-}08;$$

et la distance Cf en faisant

$$Cf = CF \times \sqrt{\tfrac{9\text{-}95}{13\text{-}77}} = 7\text{-}531 \times 0\text{-}85 = 6\text{-}4.$$

Si je porte les longueurs Ce, Cf, sur les côtés respectifs CE, CF, j'aurai les points e, f, qui seront les points de division et par conséquent les extrémités de la ligne de division ef qui retranche 3 ares 82 centiares de la surface du triangle CEF.

Enfin, l'on aurait les distances Ee, Ff, en faisant, pour la première,

$$Ee = CE - Ce = 5\text{-}975 - 5\text{-}08 = 0\text{-}895,$$

et, pour la seconde,

$$Ef = CF - Cf = 7\text{-}531 - 6\text{-}4 = 1\text{-}131.$$

Nous terminons ici les opérations relatives aux reprises dans les surfaces triangulaires; nous allons indiquer la manière de diviser graphiquement les triangles.

DIVISION GRAPHIQUE DES TRIANGLES.

961. Il arrive encore assez souvent que l'on est obligé de mesurer les trois côtés d'un triangle, pour le construire sur le papier et diviser ainsi la surface. Nous avons déjà dit (854) que l'on devait, le plus possible, éviter ces sortes de division. Les figures 486, 487, 498, 499, 500, 502, 503, 504, 511 et 512 se divisent sur le papier comme nous l'avons fait sur le terrain.

PROBLÈME.

Fig. 495. 962. *Partager le triangle ABC* (Fig. 495) *en deux parties égales, par une ligne de division parallèle au côté AC.*

Cette solution dépend, comme celle des numéros 902 et 905, du numéro 105 qui indique la manière graphique de trouver une troisième proportionnelle entre deux lignes données.

Partagez le côté AB en deux parties égales en *a*, décrivez la demi-circonférence A*e*B; élevez la perpendiculaire *ae*; d'un rayon B*e* décrivez l'arc de cercle *em*; par le point *m* menez *m n* parallèle à la base AC, ce sera la ligne de division demandée.

Cela fait, estimez les longueurs A*m*, C*n*, au moyen de l'échelle qui a servi à la construction de la figure; portez ces longueurs sur les côtés respectifs étant sur le terrain, et l'opération sera terminée.

PROBLÈME.

Fig. 502. 963. *Partager le triangle ABC* (Fig. 502) *en trois parties égales, par deux lignes de division parallèles au côté AC.*

Cette opération est aussi facile que la précédente; décrivez le demi-cercle A*ou*B, partagez le côté AB en trois parties égales aux points *a*, *i*, élevez les perpendiculaires *au*, *io*; du point B comme centre, décrivez les arcs de cercle *ue*, *oc*; par les points *e* et *c* menez les parallèles *eh*, *cd*, qui sont les lignes de partage demandé. Le reste comme dans l'opération précédente.

La division en 4, 5, 6, 7, etc., parties égales, ne change pas beaucoup, il s'agit seulement de partager le côté sur lequel on opère, celui AB, par exemple, en 4, 5, 6, 7, etc., parties égales, pour décrire les petits arcs de cercle qui indiquent chacun un point de division.

PROBLÈME.

964. *Partager le triangle ABC* (Fig. 495) *en deux parties égales, par une ligne de division partant du point D donné sur la base AC.* Fig. 495.

Cette espèce de division se fait sur le papier et sur le terrain presque comme l'indique le calcul du n° 915.

Si l'on divise sur le papier, il est clair qu'il faut lever le plan du triangle et le construire à la plus grande échelle possible. Ainsi, sur le papier ou sur le terrain, commencez par diviser la base AC en deux parties égales AE, CE, et menez la droite BE, le triangle proposé sera divisé en deux parties égales ABE, BCE.

Du point D menez BD, et du point E menez à BD la parallèle EF; enfin, tirez la droite DF, et cette dernière divisera le triangle ABC en deux parties égales ABDF, CDF.

La démonstration de cette solution est la même que celle donnée au numéro précité.

PROBLÈME.

965. *Partager le triangle ABC* (Fig. 496) *en trois parties égales, par des lignes partant du point D donné sur la base AC.* Fig. 496.

Cette opération est analogue à la précédente; divisez la base AC en trois parties égales AE, GE, CG, menez les droites BE, BG, le triangle proposé sera divisé en trois parties égales ABE, EBG, BCG.

Du point D menez BD, et des points E et G menez à BD les parallèles EF, GH; enfin, menez les droites DF, DH, ces dernières diviseront le triangle ABC en trois parties égales ABFD, DFH, CDH.

Les figures 497, 501, 503, 504, 509 et 510, se divisent graphiquement comme on vient de le voir pour les deux figures précédentes.

Nous pensons qu'il vaut mieux passer aux quadrilatères irréguliers que de nous occuper de ces divisions graphiques qui ne sont mises en usage que pour les personnes peu avancées dans cette partie.

Chapitre Neuvième.

MESURE ET DIVISION DES QUADRILATÈRES IRRÉGULIERS.

OPÉRATIONS PRÉLIMINAIRES SUR LA MESURE ET LA DIVISION DES QUADRILATÈRES IRRÉGULIERS.

966. Nous voilà cependant arrivé à la partie qui traite de la mesure et de la division des surfaces qui se rencontrent presque toujours ; la manière de les partager présente de grandes difficultés. Avant d'entrer dans les procédés relatifs à la mesure de ces figures, nous allons donner la manière de retrouver les bases ou la hauteur que doit avoir un trapèze dont on connaît la superficie et une autre dimension, et la transformation des quadrilatères en triangles équivalent et réciproquement.

PROBLÈME.

967. *Trouver la hauteur d'un trapèze dont on connaît la surface de 76 ares 86 centiares, et la base moyenne de 12 décamètres 2 mètres.*

Cette opération est très-facile ; si je représente cette hauteur par x, j'aurai, en faisant comme il suit,

$$x = \frac{76\text{-}86}{12\text{-}2} = 6\text{-}3.$$

Donc la hauteur demandée est égale à 6 décamètres 3 mètres.

Si l'on connaissait la surface du même trapèze et sa hauteur, on aurait sa base moyenne, que nous indiquons par y, en faisant

$$y = \frac{76\text{-}86}{6\text{-}3} = 12\text{-}2.$$

En effet, en faisant S égale à la surface du trapèze, on a

$$S = 12\text{-}2 \times 6\text{-}3 = 76\text{-}86,$$

même surface que celle proposée dans l'énoncé du problème.

PROBLÈME.

968. *Un trapèze, sa hauteur et une de ses bases, étant donnés, trouver l'autre base.*

Supposons que la surface du trapèze est de 79 ares 36 centiares, sa hauteur de 6 décamètres 4 mètres, et la base donnée 14 décamètres 6 mètres.

Je cherche la base moyenne, que j'indique par y, en faisant

$$y = \frac{79\text{-}36}{6\text{-}4} = 12\text{-}4;$$

sachant maintenant que la base moyenne est de 12 décamètres 4 mètres, il est évident que la base demandée est la plus courte, et qu'elle équivaut, en la représentant par z, à

$$z = 14\text{-}6 - (14\text{-}6 - 12\text{-}4) \times 2$$
$$= 14\text{-}6 - 2\text{-}2 \times 2 = 14\text{-}6 - 4\text{-}4 = 10\text{-}2.$$

Donc, l'autre base du trapèze est de 10 décamètres 2 mètres.

PROBLÈME.

969. *Changer le pentagone ABDCF* (Fig. 85) *en un quadrilatère équivalent, en prolongeant le côté AB vers l'angle B.* Fig. 85.

La solution graphique et la démonstration de ce problème ont été données au numéro 136. D'après la proportion que l'on y rencontre, j'ai la distance BE en faisant

$$CG : CD :: BG : x = BE.$$

Cette longueur étant connue, je la porte de B en E, sur le prolongement BG du côté AB, j'ai le point E duquel je tire le nouveau côté CE, qui, avec la partie BE, détermine le quadrilatère équivalent AECF.

L'opération ne change pas lorsqu'il faut détruire un angle rentrant. Si, par exemple, l'on voulait transformer le pentagone irrégulier ADBEF (Fig. 86) en un quadrilatère quelconque, sans laisser subsister d'angle rentrant, on aurait, d'après la proportion donnée à la fin du numéro 136, la distance AC en faisant Fig. 86.

$$BG : BD :: AG : x = AC.$$

Enfin si l'on porte cette longueur de A en C, sur le côté AE, on aura le point C duquel on tirera le côté BC qui déterminera le quadrilatère équivalent BCEF.

Le numéro 138 indique la manière de changer le trian-
Fig. 88. gle ABC (*Fig.* 88) en un quadrilatère quelconque ACDO.

Le numéro 139 donne un autre procédé pour faire ces transformations sans le secours des parallèles. Le triangle
Fig. 89. ABC (*Fig.* 89) se trouve transformé, dans le numéro précité, en un quadrilatère quelconque ADBE. Réciproquement le quadrilatère ABCD (*Fig.* 90) se trouve ré- Fig. 90.
duit en un triangle équivalent ACE.

Dans le même numéro, on trouve la manière de changer la forme des quadrilatères irréguliers. La figure 91 présente pour modèle de transformation, les deux quadrilatères ABCD, ***abcd***, qui sont équivalent.

Enfin les opérations précédentes n'exigent pas plus de développement que nous leur en avons donné dans les numéros précités.

SECTION PREMIÈRE.

MESURE DES QUADRILATÈRES IRRÉGUL.ERS

970. Ces figures étant celles que l'on rencontre le plus souvent, nous allons d'abord faire successivement connaître tous les procédés que l'on peut employer pour l'évaluation exacte des surfaces accessibles, et ensuite, détailler le mieux possible la marche que l'on doit suivre dans les cas où ces figures ont des parties ou sont entièrement inaccessibles.

Nous avons déjà dit plusieurs fois qu'il ne fallait pas entreprendre la mesure d'une pièce de terre sans en avoir construit le canevas; il y a beaucoup de géomètres qui ne font ce canevas qu'en parcourant le terrain dans le cours de l'opération.

MESURE DES QUADRILATÈRES IRRÉGULIERS ET ACCESSIBLES EN DEDANS ET EN DEHORS.

971. On a vu au numéro 154 que la surface d'un trapèze est égale *au produit de la demi-somme des deux bases, multipliée par la hauteur.*

La surface d'un trapèze s'évalue encore en calculant séparément celle de chacun des triangles (153) qui le composent, et en prenant la somme des résultats.

PROBLÈME.

972. *Trouver la superficie d'un trapèze ABCD* (Fig.
Fig. 516. 516).

J'abaisse la perpendiculaire CE, que je mesure ainsi que les deux bases, ce qui donne

$$CE = 5\text{-}6, \qquad AC = 5\text{-}8,$$
$$AB = 5\text{-}6, \qquad BD = 7\text{-}8.$$

Cela posé, je trouve la surface du trapèze proposé, que nous indiquons par S, en faisant, d'après le numéro 154,

$$S = \frac{AC + BD}{2} \times CE = \tfrac{1}{2}(AC + BD) \times CE.$$
$$= \tfrac{1}{2}(5\text{-}8 + 7\text{-}8) \times 5\text{-}6 = 6\text{-}8 \times 5\,6 = 38\text{-}08;$$

donc la surface du trapèze ABCD est de 38 ares 08 centiares.

Ce problème n'est applicable qu'aux quadrilatères qui ont deux côtés parallèles, c'est-à-dire qu'il faut avoir, relativement à la hauteur,

$$AB = CE = FG = HI.$$

Quant à la base moyenne JK, il est évident que l'on a, puisqu'elle équivaut à la demi-somme des bases,

$$JK = AC + \tfrac{1}{2}DE = AC + CH = BE + EI$$
$$= BD - \tfrac{1}{2}DE = BD - DI = BE + EI.$$

Enfin le trapèze ABCD équivaut exactement au rectangle ABHI, car le triangle DIK que l'on abandonne est égal et semblable à celui CHK que l'on emprunte.

973. Voici plusieurs observations sur la manière de mesurer les dimensions de ce trapèze :

1° Si l'on voulait connaître la hauteur du trapèze sans abaisser une perpendiculaire, supposant toujours les deux bases parallèles entre elles, il n'y aurait qu'à mesurer le côté AB qui est perpendiculaire aux bases.

2° Si l'on ne pouvait mesurer le côté AC de ce trapèze, en abaissant la perpendiculaire CE, on mesurait séparément les parties BE, DE, ce qui donnerait les deux bases en faisant simplement

$$AC = BD - DE = BE,$$

et ensuite

$$BD = AC + DE = BE + DE.$$

3° Enfin, sachant que les deux bases sont parallèles entre elles, si l'on ne pouvait pas abaisser une perpendiculaire, il s'agirait seulement de mesurer les trois côtés AB, AC, BD.

PROBLÈME.

974. *Déterminer la surface du trapèze ABCD* (Fig. 517).

Fig. 517.

Pour m'assurer que cette figure est un trapèze, j'abaisse deux perpendiculaires quelconques DE, GF, que je trouve chacune égale à 5 décamètres 6 mètres; je mesure les deux bases, qui sont

AD = 4-5, BC = 8-8.

Ces dimensions étant connues, je trouve la surface du trapèze proposé, que je désigne par S, en faisant, toujours d'après le numéro 154,

S = ½ (AD + BC) × DE = ½ 13-3 × 5-6
= 6-65 × 5-6 = 37-24.

Alors la surface du trapèze est de 37 ares 24 centiares.

Il est évident que la base moyenne LM, ou la demi-somme des deux bases AB, BC, se détermine en faisant

LM = AD + AI + DJ
= BC — (BH + CK).

Donc, la surface est exactement déterminée en employant la base moyenne ou la demi-somme des deux bases. Ceci se justifie en réfléchissant sur le tracé de la figure; on voit que le tout revient à mesurer la surface du rectangle IJHK qui équivaut au trapèze ABCD, par l'abandon des deux triangles BMH, CLK, qui se trouvent exactement compensés par ceux AIM, DJL, qui sont équivalens.

Enfin, si l'on ne voulait pas mesurer la base AD, il faudrait abaisser des points A et D deux perpendiculaires sur BC, et la distance mesurée entre ces deux perpendiculaires donnerait exactement la longueur de AD.

PROBLÈME.

975. *Trouver la surface d'un trapèze ABCD* (Fig. 518).

Fig. 518.

Après avoir abaissé sur BC la perpendiculaire AG, que je trouve de 5 décamètres 6 mètres, je mesure les côtés

AD = 6-7, BC = 5-5,

et j'ai la surface du trapèze proposé, que j'indique par S, en faisant

S = ½ (AD + BC) × AG = ½ 11-5 × 5-6
= 5-75 × 5-6 = 32-20.

Si l'on ne pouvait mesurer le côté AD, on prolongerait le côté BC jusqu'en E; on mesurerait ce prolongement CE limité par le pied de la perpendiculaire DE, et l'on aurait

AD = CG + CE = 4-8 + 1-9 = 6-7.

Enfin, si l'on ne pouvait abaisser la perpendiculaire AG, on prolongerait le côté AD jusqu'en F, et l'on mesurerait la perpendiculaire abaissée de l'angle B sur le prolongement AE.

PROBLÈME.

976. *Déterminer la surface d'un triangle ABCD* (Fig. 519) *dans lequel on ne peut abaisser une perpendiculaire.*

Fig. 519.

Cette opération n'est pas plus difficile que les précédentes; je prolonge la plus petite base CD d'une longueur quelconque CE, et de l'angle A, j'abaisse sur ce prolongement une perpendiculaire AE, que je trouve de 5 décamètres 6 mètres.

Je mesure ensuite les côtés

AB = 6-8, CD = 4-8,

et j'ai la surface du trapèze, que j'indique par S, en faisant

S = ½ (AB + CD) × AE = ½ 11-6 × 5-6
= 5-8 × 5-6 = 32-48.

Si l'on ne pouvait mesurer le côté AB, après avoir abaissé la perpendiculaire AE, on mesurerait le prolongement CE, le côté prolongé CD et celui BD ou la perpendiculaire AE, et l'on aurait

AB = CE + CD = 2-0 + 4-8 = 6-8.

Enfin, on peut déterminer la surface de ce trapèze sans abaisser une perpendiculaire, il suffit de mesurer AB, BD, CD. Ce problème devait entrer dans la série des quadrilatères inaccessibles à l'intérieur; mais la simplicité de sa solution nous l'a fait ranger ici au rang des trapèzes accessibles.

PROBLÈME.

977. *Evaluer la surface du trapèze ABCD* (Fig. 520) *que l'on ne peut traverser.* Fig. 520.

Ce problème devrait encore être classé parmi les surfaces inaccessibles intérieurement, mais la simplicité de sa solution nous l'a fait résoudre à la suite de ses semblables.

Ne pouvant abaisser une perpendiculaire sur la plus longue base AB, je l'abaisse sur le prolongement CF de la base CD, et je la trouve de 5 décamètres 6 mètres; je mesure les deux bases qui sont

AB = 8-6, CD = 3-7,

et j'ai la surface demandée que nous désignons par S, en faisant

S = ½ (AB + CD) × AF = ½ 12-3 × 5-6
= 6-15 × 5-6 = 34-44.

Si l'on ne pouvait pas mesurer le côté AB, on abaisserait deux perpendiculaires des angles A, B, sur les prolongemens DE, CF, que l'on trouverait, pour cette figure, chacune égale à

CF = 1-1, DE = 3-8,

ce qui donnerait

AB = CF + CD + DE
= 1-1 + 3-7 + 3-8 = 8-6.

Enfin, l'on pourrait même évaluer la surface de ce trapèze, en déterminant celle du rectangle ABEF pour en soustraire ensuite la somme de deux triangles ACF, BED.

PROBLÈME.

978. *Trouver la surface d'un quadrilatère irrégulier ABCD* (Fig. 521). Fig. 521.

Fig. 521. C'est seulement par ce problème que commence la mesure des quadrilatères irréguliers; les précédens ne donnent que des trapèzes.

Pour estimer la surface de ce quadrilatère, sachant que l'angle C est droit, j'abaisse une perpendiculaire BE, sur le côté CD, et je la mesure ainsi que les autres parties, ce qui donne

AC = 5-6, CE = 6-8,
BE = 4-4, DE = 3-1.

Cela connu, je trouve que

Surface { ABCE = $\frac{1}{2}$ (AC + BE) × CE = 5-0 × 6-8 = 34-00
BED = DE × $\frac{1}{2}$ BE = 3-1 × 2-2 = 6-82
ABCD = trap. ABCE + triang. BED = 40-82

Donc la surface demandée est de 40 ares 82 centiares.

Voici une autre manière de déterminer la surface du quadrilatère proposé, elle dépend des démonstrations des numéros 146 et 147 ; l'on a de même

Surface { ACE = CE × $\frac{1}{2}$ AC = 6-8 × 2-8 = 19-04
BCD = CD × $\frac{1}{2}$ BE = 9-9 × 2-2 = 21-78
ABCD = triang. ACE + triang. BCD = 40-82

Enfin, les triangles ACE, ABC, étant égaux parce qu'ils ont la même base AC, et qu'ils sont compris entre deux parallèles AC, BE, il en résulte qu'on a

ABO = CEO ;

car il est facile de voir que si le triangle ABO ne fait pas partie du calcul, son équivalent CEO s'y trouve deux fois.

PROBLÈME.

979. *Déterminer la surface d'une pièce de terre ABCD*
Fig. 390. (Fig. 390).

Après avoir opéré, comme au numéro 647, je trouve

BE = 3-52, AE = 1-75,
CF = 2-68, EF = 4-66,
Somme = 6-20. DF = 2-0.

Cela connu, rien n'est plus facile que de déterminer la surface totale, en faisant

Surface { ABE = AE × $\frac{1}{2}$ BE = 1-75 × 1-76 = 3-08
BCEF = $\frac{1}{2}$(BE + CF) × EF = 3-1 × 4-66 = 14-45
CDF = DF × $\frac{1}{2}$ CF = 2-0 × 1-34 = 2-68
ABCD = tri. ABE + trap. BCEF + tri. CDE = 20-21

Si nous prenons, pour la démonstration de cette opération, le quadrilatère ABCD (*Fig.* 95), nous abrégerons le calcul comme dans l'exemple précédent, en cherchant la surface totale comme il suit, supposant que

AF = 2-0, CF = 0-8,
BE = 2-5, EF = 3-2,
DE = 1-2;

Surface { ACE = CE × $\frac{1}{2}$ AF = 4-0 × 1-0 = 4-0
BDF = DF × $\frac{1}{2}$ BE = 4-4 × 1-25 = 5-5
ABCD = triang. ACE + triang. BDF = 9-5

Enfin, nous avons les numéros 146 et 147 pour la démonstration de cette opération.

PROBLÈME.

980. *Trouver la surface d'une pièce de terre ABCD* (Fig. 391). Fig. 391.

Après avoir mesuré les dimensions et les prolongemens comme au numéro 648, j'ai

BE = 2-62, AE = 2-11,
CF = 1-8, DE = 2-74,
Somme = 4-42. DF = 1-88.

Cela posé, je trouve la surface demandée en faisant

Surface { ABE = AE × $\frac{1}{2}$ BE = 2-11 × 1-31 = 2-76
BCEF = $\frac{1}{2}$(BE + CF) × EF = 2-21 × 4-62 = 10-21
ABCF = triang. ABE + trap. BCEF = 12-97

Ce résultat n'est pas la surface du quadrilatère proposé, mais celle de celui ABCF. Donc la surface obtenue est trop grande de la valeur du triangle emprunté CDF.

Sachant que cet emprunt équivaut à

DF × $\frac{1}{2}$ CF = 1-88 × 0-9 = 1-69,

ou à 1 are 69 centiares, j'ai la surface du quadrilatère proposé ABCD en faisant

12-97 — 1-69 = 11-28,

qui donne enfin 11 ares 28 centiares.

On pourrait déterminer la surface de ce triangle par le second procédé que nous avons employé dans le numéro précédent. Prenons pour exemple le quadrilatère ABCD (*Fig.* 97); il est évident que la surface de ce quadrilatère est égale à la surface du triangle AEF, plus à celle du triangle BDF, moins celle du triangle emprunté ACF. Nous ne résoudrons pas un problème semblable qui n'abrège pas beaucoup le calcul. L'évaluation des quadrilatères, au moyen de la démonstration de la figure 98, est tout-à-fait inusitée.

Voici une autre manière de mesurer promptement les quadrilatères irréguliers. C'est un procédé qui est beaucoup employé, surtout lorsqu'il ne s'agit que de l'évaluation de la surface.

PROBLÈME.

981. *Déterminer la surface d'un quadrilatère quelconque ABCD* (Fig. 392). Fig. 392.

Les opérations sur le terrain ayant donné, comme au numéro 649,

AE = 1-8, BE = 2-1,
CF = 2-8, EF = 2-0,
Somme = 4-6 DF = 3-28,
$\frac{1}{2}$ Somme = 2-3 BD = 7-38

je trouve la surface du quadrilatère proposé, que je désigne par S, en faisant d'une seule multiplication,

S = BD × $\frac{1}{2}$(AE + CF) = 7-38 × 2-3 = 16-97;

donc la surface demandée est de 16 ares 97 centiares.

En effet, le quadrilatère se trouve divisé en deux triangles par la diagonale BD; si l'on détermine la surface de chaque triangle et qu'on en fasse la somme, il est

Fig. 392. évident que l'on obtiendra le même résultat que ci-dessus. Enfin, en voici la preuve :

$$\text{Surface.}\left\{\begin{array}{l}\text{ABD} = \text{BD} \times \frac{1}{2}\,\text{AE} = 7\text{-}38 \times 0\text{-}9 = 6\text{-}64\\ \text{BCD} = \text{BD} \times \frac{1}{2}\,\text{CF} = 7\text{-}38 \times 1\text{-}4 = \underline{10\text{-}33}\\ \text{ABCD} = \text{triang. ABD} + \text{triang. BCD} = 16\text{-}97\end{array}\right.$$

Ce résultat est semblable à celui de la plus simple opération.

Nous allons encore donner un problème semblable au précédent pour faire connaître l'utilité de ce procédé.

PROBLÈME.

Fig. 522. 982. *Calculer la surface du quadrilatère ABC* (Fig. 522).

Pour mesurer cette surface, je tire des deux angles les plus éloignés l'un de l'autre une diagonale BC, sur laquelle j'abaisse des deux autres angles les perpendiculaires AE, DF, que je mesure ainsi que la diagonale, ce qui donne

AE = 5-8, BC = 14-9,
DF = 3-4.

Cela déterminé, si j'indique la surface totale par S, j'aurai, par une seule multiplication,

$$\text{S} = \text{BC} \times \tfrac{1}{2}(\text{AE} + \text{DF}) = 14\text{-}9 \times 4\text{-}6 = 68\text{-}54.$$

Enfin, pour vérifier cette opération, je fais

$$\text{Surface.}\left\{\begin{array}{l}\text{ABC} = \text{BC} \times \frac{1}{2}\,\text{AE} = 14\text{-}9 \times 2\text{-}9 = 43\text{-}21\\ \text{BCD} = \text{BC} \times \frac{1}{2}\,\text{DF} = 14\text{-}9 \times 1\text{-}7 = \underline{25\text{-}33}\\ \text{ABCD} = \text{triang. ABC} + \text{triang. BCD} = 68\text{-}54\end{array}\right.$$

J'ai encore le même résultat. Voici un troisième problème sur cette sorte de mesurage.

PROBLÈME.

Fig. 523. 983. *Déterminer la surface d'une pièce de terre ABCD* (Fig. 523), *sur laquelle il se trouve quelques obstacles.*

Après avoir examiné cette pièce de terre et la position des bâtimens qui s'y trouvent, je vois qu'il faut tirer une diagonale AC des deux angles A, C, les plus près l'un de l'autre, et abaisser, sur les prolongemens AF, CE, de cette diagonale, les perpendiculaires BE, DF, du sommet de chacun des deux autres angles B, D. Ces lignes étant fixées, je trouve la longueur de chacune comme il suit :

BE = 5-5, AC = 10-08,
DF = 7-0,

et j'ai la surface de la pièce de terre proposée, que je désigne par S, en faisant, comme dans les problèmes précédens,

$$\text{S} = \text{AC} \times \tfrac{1}{2}(\text{BE} + \text{DF}) = 10\text{-}08 \times 6\text{-}25 = 63\text{-}0,$$

qui donne exactement 63 ares.

Nous ne vérifierons pas cette opération. On remarquera qu'il ne faut jamais multiplier par EF, c'est-à-dire qu'il faut toujours abandonner les prolongemens ; il arrive souvent qu'il n'y en a qu'un, qu'il faut rejeter de même.

Enfin, voici un problème pour le cas où l'on ne pourrait sortir de la pièce de terre, ni tirer de diagonale d'un angle à l'autre.

PROBLÈME.

984. *Déterminer la surface d'un parc ABCD* (Fig. 524), *entouré d'un mur, et dans lequel on ne peut tirer* Fig. 524.
une diagonale.

Puisque l'on ne peut tirer une diagonale dans l'intérieur du parc, ni prolonger de lignes en dehors, j'imagine, par la pensée ou sur le croquis, une diagonale AC, qui partage le quadrilatère proposé en deux triangles ABC, ACD.

Ensuite, de l'angle A adjacent aux deux triangles, j'abaisse sur les côtés BC, CD, les perpendiculaires AE, AF, et je trouve que

BC = 6-7, AE = 4-3,
CD = 9-8, AF = 7-2.

Ces longueurs étant déterminées, je calcule la surface totale en faisant

$$\text{Surface}\left\{\begin{array}{l}\text{ABC} = \text{BC} \times \frac{1}{2}\,\text{AF} = 6\text{-}7 \times 3\text{-}6 = 24\text{-}12\\ \text{ACD} = \text{CD} \times \frac{1}{2}\,\text{AE} = 9\text{-}8 \times 2\text{-}15 = \underline{21\text{-}07}\\ \text{ABCD} = \text{triang. ABC} + \text{triang. ACD} = 45\text{-}19\end{array}\right.$$

Cette opération se rencontre souvent dans les angles des directrices sur lesquelles on rapporte quelque fois une très-grande quantité de perpendiculaires. Les parcelles qui sont dans ces angles de directrices sont toujours des quadrilatères à-peu-près semblables à celui AECF, par exemple, ou des triangles rectangles.

PROBLÈME.

985. *Calculer la surface du quadrilatère ABCD* (Fig. 525) *qui a un angle rentrant.* Fig. 525.

Ce problème se résout comme ceux des numéros 991 et 992 ; après avoir tiré une ligne d'opération de l'angle B à l'angle D, j'abaisse les perpendiculaires AE, CF, des deux autres angles sur cette ligne d'opération, et je mesure ces lignes qui sont

AE = 6-0, BD = 15-0.
CF = 1-4,

Cela connu, en indiquant la surface totale par S, j'obtiens

$$\text{S} = \text{BD} \times \tfrac{1}{2}(\text{AE} - \text{CF}) = 15\text{-}0 \times 2\text{-}3 = 34\text{-}5.$$

Donc, la surface du quadrilatère ABCD équivaut à 34 ares 50 centiares.

En effet, si l'on calcule séparément la surface du ABD, et celle du trapèze emprunté BCD, la différence de ces deux surfaces sera celle du quadrilatère proposé.

Enfin, voici la preuve de ce qui précède :

$$\text{Surface}\left\{\begin{array}{l}\text{ABD} = \text{BD} \times \frac{1}{2}\,\text{AE} = 15\text{-}0 \times 3\text{-}0 = 45\text{-}0\\ \text{BCD} = \text{BD} \times \frac{1}{2}\,\text{CF} = 15\text{-}0 \times 0\text{-}7 = \underline{10\text{-}5}\\ \text{ABCD} = \text{triang. ABD} - \text{triang. BCD} = 34\text{-}5\end{array}\right.$$

Ce résultat est exactement semblable au précédent ; mais la première solution est préférable par sa simplicité.

986. Pour mesurer un quadrilatère qui a un angle rentrant, celui ABCD (*Fig.* 526), par exemple, sans

Fig. 526. sortir de la figure, de l'angle rentrant D, j'abaisse sur AB la perpendiculaire DF, et sur BC celle DE ; je mesure le tout, ce qui donne

DF = 2-2, AB = 7-2,
DE = 3-0, BC = 9-7.

Ainsi, je détermine la surface du quadrilatère proposé en faisant

Surface { ABD = AB × ½ DF = 7-2 × 1-1 = 7-92
BCD = BC × ½ DE = 9-7 × 1-5 = 14-55
ABCD = triang. ABD + triang. BCD = 22-47

Cette opération est analogue à celle du numéro 984.

Nous allons maintenant faire connaître les procédés que l'on emploie pour mesurer plusieurs pièces de terre au moyen d'une seule levée sur le terrain.

PROBLÈME.

987. *Déterminer la surface de chacun des quadrila-*
Fig. 527. *tères adjacens ABCD, CDEF* (Fig. 527), *en prenant le côté EF pour principale ligne d'opération.*

Les opérations de ce genre se rencontrent très-souvent dans l'arpentage, parce que l'on a souvent besoin de comparer deux pièces de terre pour se rendre compte de la division et par conséquent du rapport qui existe entre les surfaces.

Pour lever ces deux pièces à la fois et pouvoir les calculer séparément, j'abaisse sur le côté EF, les perpendiculaires CI, AJ, BH, DG, que je mesure ainsi que les distances EI, IJ, JH, HG, GF, ce qui donne, pour ce cas, les longueurs

EI = 0-9,
CI = 3-9, IJ = 0-7,
AJ = 6-8, JH = 9-2,
BH = 4-3, GH = 1-6,
DG = 2-6, EG = 2-4,

D'après cela, la surface totale des deux parties se trouve en faisant

Surface { EAH = EH × ½ AJ = 10-8 × 3-4 = 36-72
JBF = JF × ½ BH = 13-0 × 2-15 = 27-95
ABFE = triang. EAH + triang. JBF = 64-67

Connaissant la surface totale de 64 ares 67 centiares, je cherche ensuite la surface de la partie adjacente à la ligne d'opération, qui est la plus facile à déterminer, en faisant

Surface { ECG = EG × ½ CI = 12-4 × 1-95 = 24-18
IDF = FI × ½ DG = 13-9 × 1-3 = 18-07
CDEF = triang. ECG + triang. IDF = 42-25

La surface totale et celle de la partie ECDG étant connues, il est évident que leur différence sera la surface de l'autre partie ABCD ; ainsi

64-67 — 42-25 = 22-42,

donne 22 ares 42 centiares pour la surface du quadrilatère ABCD. Ceci se trouve vérifié en faisant

Surface { ABCD = 22-42
CDEF = 42-25
ABEF = 64-67.

Nous allons profiter de cette figure pour faire connaître la manière de déterminer, par le calcul, les longueurs que l'on pourrait oublier de mesurer sur le terrain ou de côté sur le canevas. Fig. 527.

988. Si l'on oubliait de mesurer sur le terrain, ou de coter sur le canevas :

1° La distance GH, on l'obtiendrait par la proportion

DG : (BH — DG) ou Bn : : FG : x = Dn ou GH ;

ou celle

DG : BH : : FG : x = FH,

qui donne aussi

GH = FH — FG.

2° La distance FG, on la déterminerait par la proportion

(BH — DG) ou Bn : DG : : Dn ou GH : x = FG.

3° La perpendiculaire BH, on trouverait sa longueur par la proportion

FH : FG : : DG : x = BH.

4° La perpendiculaire DG, la proportion suivante, donnerait sa longueur,

FH : FG : : BH : x = DG.

Voici plusieurs opérations relatives à la détermination de plusieurs autres parties des quadrilatères.

989. Si l'on voulait, avec ces données, connaître la longueur du côté BF, on calculerait l'expression

$$BF = \sqrt{BH^2 + FH^2};$$

si l'on ne voulait que la partie DF, on ferait

$$DF = \sqrt{DG^2 + FG^2};$$

pour celle BD, on ferait

$$BD = \sqrt{Bn^2 + Dn^2}.$$

Si l'on connaissait BF, on aurait de même DF par la proportion

BH : DG : : BF : x = DF,

ou celle

FH : FG : : BF : x = DF;

le côté BD s'obtiendrait encore par la proportion

BH : Bn : : BF : x = BD,

ou celle

FH : Dn ou GH : : BF : x = BD.

Enfin, ces longueurs ne sont pas les seules que l'on obtient dans une levée semblable, on peut en déterminer beaucoup d'autres, par exemple, celles AB, CD, AD, AF, BC, BE, CF, DE, AH, AG, etc., etc.; on obtient la première, ou celle AB, qui est une des plus utiles, en calculant l'expression

$$AB = \sqrt{(AJ - BH)^2 + JH^2};$$

celle CD, par

$$CD = \sqrt{(CI - DG)^2 + GI^2}.$$

PROBLÈME.

990. *Calculer la surface de chacun des quadrilatères ABEF, BCDE* (Fig. 528), *en prenant le côté AF pour* Fig. 528.
principale ligne d'opération.

Fig. 528. Ce problème n'est pas aussi facile à résoudre que le précédent, parce que les deux quadrilatères proposés ont la plus courte base pour côté commun.

Pour lever ces deux pièces étant sur la même ligne, et pouvoir les calculer séparément, je détermine, sur la base AF, les points I, L, qui sont tout simplement dans la direction de chacun des côtés respectifs BC, DE; j'abaisse, sur cette même base, les perpendiculaires BH, CG, EJ, et sur son prolongement FK, celle DK; je mesure toutes ces perpendiculaires, ainsi que toutes les distances fixées sur AF et son prolongement, et je trouve

BH = 3-23, GH = 1-4,
CG = 6-7, GL = 5-5,
DK = 4-7, JL = 1-8,
EJ = 2-11, FJ = 1-1,
AI = 1-7, FK = 1-1.
HI = 1-3,

Ces longueurs étant connues, je commence par calculer la surface des deux quadrilatères proposés ou du polygone ABCDEF, en faisant d'abord

Surface
CDGK = GK × ½(CG + DK) = 9-5 × 5-7 = 54-15
CGI = IG × ½ CG = 2-7 × 3-35 = 9-045
ABI = AI × ½ BH = 1-7 × 1-615 = 2-7455
EFL = FL × ½ EJ = 2-9 × 1-055 = 3-0595
du polygone ABCDK + triangle EFL = 69-0000

Ce résultat n'est pas encore exactement la quantité d'ares contenus dans les deux quadrilatères proposés, il faut en soustraire la surface du triangle DLK, qui équivaut à

KL × ½ EJ = 4-0 × 2-35 = 9-4.

Donc, la surface des deux quadrilatères proposés est égale à

69-0 — 9-4 = 59-6,

ou à 59 ares 60 centiares.

Ensuite, je calcule la surface du quadrilatère ABEF en faisant

Surface
ABJ = AJ × ½ BH = 11-7 × 1-615 = 18-89
EFH = FH × ½ EJ = 9-8 × 1-055 = 10-34
ABEF = triang. ABJ + triang. EFH = 29-23

qui donne 29 ares 23 centiares.

Il reste maintenant à connaître la surface du quadrilatère BCDE, qui est égale à la différence des deux résultats que je viens d'obtenir; en effet, une simple soustraction donne cette surface, qui équivaut à

69-0 — 29-23 = 39-77,

ou à 39 ares 77 centiares.

Voici la vérification très-simple de cette opération.

Surface
ABEF = 29-23
BCDE = 39-77
ABCDEF = 69-00

On pourrait évaluer cette surface totale sans faire d'emprunt, il s'agirait seulement de prolonger la perpendiculaire EJ jusqu'en n sur CD, d'abaisser une perpendiculaire Dm sur nE, et de mesurer ces deux longueurs, pour connaître un triangle additif DEn.

Enfin, si l'on ne voulait pas fixer le point d'alignement I sur le terrain, on le déterminerait par la proportion

CG — BH : BH :: GH : x = HI.

On peut éviter la détermination du point I dans cette opération, où il n'a pour objet que de former deux parties additives qui sont les triangles CGI, ABI; en effet, le quadrilatère ABCG, que forment ces deux triangles, peut être calculé sans le secours du point I, il s'agit pour cela de calculer la surface du trapèze BCGH et celle du triangle ABH. Par exemple, le point I est très-utile pour commencer l'opération, en évaluant le grand quadrilatère CDIL. Le point L est plus utile tout en étant dispensable, on peut le trouver par le calcul aussi facilement que le point I.

PROBLÈME.

991. *Déterminer la surface de chacun des deux quadrilatères ABEF, BCDH* (Fig. 529), *en prenant pour ligne d'opération le côté BE qui leur est commun.* Fig. 529.

Cette manière d'opérer est la plus prompte et la plus facile; on ne doit jamais opérer sur une autre base que celle qui est commune aux deux surfaces.

Après avoir abaissé, sur le côté BE et ses prolongemens BG, EH, les perpendiculaires AG, CI, FJ, DH, je les mesure ainsi que les distances déterminées sur la ligne d'opération GH, et je trouve

AG = 2-6, BG = 1-45,
CI = 2-7, BI = 2-6,
FJ = 2-8, IJ = 9-3,
DH = 3-5, EJ = 1-52,
EH = 1-9.

Ces mesures étant connues, je fais, relativement à la surface du quadrilatère ABEF,

Surface
AGFJ = GJ × ½(AG + FJ) = 13-35 × 2-7 = 36-04
EFJ = EJ × ½ FJ = 1-52 × 1-4 = 2-13
AGEF = trap. AGFJ + triang. EFJ = 38-17

Pour avoir la surface du quadrilatère ABEF, il n'y a plus qu'à soustraire de ces 38 ares 17 centiares la surface du triangle emprunté ABG, qui équivaut à

BG × ½ AG = 1-45 × 1-3 = 1-88,

ce qui donne

38-17 — 1-88 = 36-29,

ou 36 ares 29 centiares pour la surface demandée.

Maintenant, pour connaître celle de l'autre quadrilatère, je fais

Surface
CDHI = HI × ½(CI + DH) = 12-72 × 3-1 = 39-43
BCI = BI × ½ CI = 2-6 × 1-35 = 3-51
BCDH = trap. CDHI + triang. BCI = 42-94

Ainsi, en ôtant de ce résultat la surface du triangle emprunté DEH, qui équivaut à

EH × ½ DH = 1-9 × 1-75 = 3-32,

Fig. 529. j'ai, pour la surface du quadrilatère BCDE,

$$42\text{-}94 - 3\text{-}32 = 39\text{-}62,$$

ou 39 ares 62 centiares.

Enfin, je trouve la surface des deux quadrilatères en faisant

$$\text{Surface}\begin{cases} ABEF = 36\text{-}29 \\ BCDE = 39\text{-}62 \\ ABCDF = 75\text{-}91 \end{cases}$$

992. Voici la marche que l'on doit suivre pour retrouver les longueurs que l'on peut oublier de mesurer sur le terrain, ou de coter sur le canevas.

Si l'on oubliait de mesurer la perpendiculaire DH, on l'obtiendrait facilement par la proportion

$$EJ : EH :: FJ : x = DH.$$

On aurait, par la même analogie, la longueur de la perpendiculaire FJ, en faisant

$$EH : EJ :: DH : x = FJ.$$

La longueur des parties mesurées sur la base se retrouvent aussi facilement; si l'on avait oublié de mesurer sur le terrain le prolongement EH, on le déterminerait par la proportion

$$FJ : DH :: EJ : x = EH;$$

on aurait de même la distance oubliée EJ, en faisant

$$DH : FJ :: EH : x = EJ.$$

Enfin, nous avons déjà dit (989) que l'on trouvait la longueur du côté AB, par exemple, en faisant

$$AB = \sqrt{\overline{AG}^2 + \overline{BG}^2};$$

on obtiendrait de même tous les autres côtés.

PROBLÈME.

993. *Calculer la surface de chacun des quadrilatères*
Fig. 530. *ABEF, BCDE* (Fig. 530), *en tirant une diagonale qui traverse ces deux parties.*

Cette opération est très-facile à lever et à calculer; je tire, des deux angles les plus éloignés dans le quadrilatère total ACDF, une diagonale AD, sur laquelle je détermine, au moyen de l'équerre, le point d'intersection Q et les perpendiculaires BG, CH, FI, EJ, que je mesure ainsi que les distances fixées sur la ligne d'opération AD, ce qui donne

BG = 2-95,	GH = 1-8,
CH = 5-6,	HQ = 6-66,
FI = 3-48,	IQ = 3-44,
EJ = 1-9,	IJ = 2-0,
AG = 2-0,	DJ = 2-4.

Ces mesures étant connues, je trouve, comme au numéro 982, la surface totale que j'indique par S, en faisant

$$S = AD \times \tfrac{1}{2}(CH + FI) = 18\text{-}3 \times 4\text{-}54 = 83\text{-}08.$$

Donc, la surface totale est de 83 ares 08 centiares.

Maintenant, je vais calculer la surface d'un des deux quadrilatères, celle du quadrilatère ABEF, par exemple; sachant que cette surface équivaut à celles des triangles ABQ, ADF, moins celle du triangle DEQ, je fais Fig. 530.

$$\text{Surface}\begin{cases} ABQ = AQ \times \tfrac{1}{2} BG = 10\text{-}46 \times 1\text{-}475 = 15\text{-}43 \\ ADF = AD \times \tfrac{1}{2} FI = 18\text{-}3 \times 1\text{-}74 = 31\text{-}84 \\ ABQDF = \text{triang. } ABQ + \text{triang. } ADF = 47\text{-}27 \end{cases}$$

Il s'agit maintenant d'ôter de ces 47 ares 27 centiares la surface du triangle DEQ, qui équivaut à

$$DQ \times \tfrac{1}{2} EJ = 7\text{-}84 \times 0\text{-}95 = 7\text{-}45,$$

ou à 7 ares 45 centiares.

Ainsi, la surface du quadrilatère ABEF est égale à

$$47\text{-}27 - 7\text{-}45 = 39\text{-}82,$$

ou à 39 ares 82 centiares.

Quant à la surface de l'autre quadrilatère BCDE, elle est évidemment égale à la différence des deux surfaces déterminées, c'est-à-dire à

$$83\text{-}08 - 39\text{-}82 = 43\text{-}26.$$

Pour vérifier ces calculs, cherchons la surface du quadrilatère BCDE, que nous venons de trouver de 43 ares 26 centiares, et que nous connaissons égale à celles des triangles DEQ, ACD, moins celle du triangle ABQ; cela est facile, nous avons déjà, des calculs précédens, les surfaces des triangles DEQ, ABQ; celle du triangle ACD équivaut à

$$AD \times \tfrac{1}{2} CH = 18\text{-}3 \times 2\text{-}8 = 51\text{-}24.$$

Enfin, si nous faisons

$$\text{Surface}\begin{cases} ACD = 51\text{-}24 \\ DEQ = 7\text{-}45 \\ ACDEQ = 58\text{-}69 \end{cases}$$

En soustrayant ABQ = 15-43

Reste = 43-26

qui est exactement la surface du quadrilatère BCDE que nous avons déjà trouvée plus haut de 43 ares 26 centiares.

994. Voici un cas qui mérite quelques détails essentiels, c'est lorsque la ligne de division BE n'est pas apparente, ou que du point Q on ne peut voir les extrémités B, E. La difficulté se présenterait moins sensible, si l'on ne mesurait qu'une des deux parties HQ, IQ.

Supposons que dans cette levée l'on a mesuré directement la longueur HI sans s'arrêter au point Q, et que cette distance est de 10 décamètres 1 mètre.

Pour déterminer la distance JQ, j'établis la proportion

$$BG + EJ : EJ :: GJ : x = JQ,$$

ou celle

$$2\text{-}95 + 1\text{-}9 : 1\text{-}9 :: 13\text{-}9 : JQ,$$

qui revient à

$$JQ = \frac{1\text{-}9 \times 13\text{-}9}{4\text{-}85} = 5\text{-}44.$$

Ainsi,

$$IQ = JQ - IJ = 5\text{-}44 - 2\text{-}0 = 3\text{-}44.$$

Fig. 530. On aurait de même la distance GQ par la proportion

$$BG + EJ : BG :: GJ : x = GQ.$$

Ces longueurs se déterminent ainsi, parce que dans toute proportion, *la somme du premier et du troisième termes* EST A *la somme du second et du quatrième termes* COMME *le premier* EST AU *second*, *ou* COMME *le troisième* EST AU *quatrième*.

En voici la preuve : Si nous prenons les deux triangles en question BGQ, EJQ, pour établir les deux simples proportions qui donnent ensemble celle qui résout le problème, nous aurons

$$\left.\begin{matrix} BG : EJ :: GQ : JQ \\ EJ : BG :: JQ : GQ \end{matrix}\right\} \ldots\ldots\ldots (Z).$$

On voit que la proportion qui doit donner la distance JQ, est composée :

1° Des premiers termes des proportions (Z), ou de

$$BG + EJ;$$

2° Du second terme de la première proportion, ou de EJ, puisque l'on veut JQ;

3° Des troisièmes termes des proportions, ou de

$$GQ + JQ = GJ;$$

4° Du quatrième terme de la première proportion, qui doit être JQ.

Effectivement, la proportion qui nous a donné la distance JQ, était établie comme celle qui suit :

$$BG + EJ : EJ :: GJ : x = JQ.$$

Il est évident, d'après cela, que la proportion qui doit donner la distance GQ, est composée

1° Des premiers termes des proportions (Z), ou de

$$BG + EJ;$$

2° Du second terme de la deuxième proportion, ou de BG, puisque l'on veut GQ;

3° Des troisièmes termes des proportions, ou de

$$GQ + JQ = GJ;$$

4° Du quatrième terme de la seconde proportion, qui doit être GQ.

En effet, la proportion que nous avons établie pour indiquer le moyen de trouver la distance GQ, est semblable à la suivante :

$$BG + EJ : BG :: GJ : x = GQ.$$

Enfin, l'on aurait de même la distance AQ par la proportion (que l'on pourrait tirer aussi des rapports qui existent dans les deux triangles AFI, CDH)

$$CH + FI : CH :: AD : x = AQ;$$

celle DQ s'obtiendrait en faisant

$$CH + FI : FI :: AD : x = DQ.$$

PROBLÈME.

Fig. 531. 995. *Déterminer la surface de chacun des quadrilatères ABEF, BCDE* (Fig. 531), *sur lesquels il se trouve des bâtimens ou autres obstacles qui obstruent la ligne de division BE qui leur est commune.*

Cette opération, qui a beaucoup d'analogie avec la précédente, est cependant un peu plus difficile à résoudre, et cela vient de ce que l'on ne peut opérer sur la ligne BE, ni tirer une diagonale ou une ligne d'opération d'un angle quelconque à un autre. Fig. 531.

Après avoir pris connaissance de la position des bâtimens qui sont sur les deux pièces de terre proposées, je tire une ligne d'opération GH, qui coupe en I le côté BC du quadrilatère BCDE, et en J celui EF du quadrilatère ABEF. Par conséquent, cette ligne d'opération coupe aussi la ligne commune BE, mais en un point V que l'on ne peut assigner exactement que par le calcul.

Sur cette ligne fixée et jalonnée GH, j'abaisse les perpendiculaires AG, BQ, CK, DH, EL; ne pouvant, de l'angle F, abaisser une perpendiculaire FU, j'en élève une autre JR, sur laquelle j'abaisse de l'angle F celle FR, ce qui donne par ce moyen (qu'il faut employer assez souvent)

$$FU = JR, \qquad JU = FR.$$

Cela fait, je mesure toutes ces perpendiculaires et les distances déterminées sur la ligne d'opération, je trouve, pour le cas qui nous occupe,

AG = 6-6, GQ = 1-6,
BQ = 1-3, IQ = 0-7,
CQ = 1-9, IK = 1-0,
DH = 4-8, KU = 11-6,
EL = 2-14, JU = FR = 1-0,
JR = 1-7, JL = 1-0,
FU = 1-7, HL = 1-1.

D'après ces mesures, je cherche la surface totale en faisant

Surface
AGFU = GU × ½ (AG + FU) = 15-1 × 4-15 = 62-66
CDHK = HK × ½ (CK + DH) = 14-9 × 3-2 = 47-68
CIK = IK × ½ CK = 1-0 × 0-95 = 0-95
FJU = JU × ½ FU = 1-0 × 0-85 = 0-85
du polygone AGFJ ajoutée à celle CDHI = 112-14

Maintenant, de ces 112 ares 14 centiares, il faut ôter les surfaces empruntées ABQG, BIQ, DHJ, dont le total équivaut à

Surface
ABQG = GQ × ½ (AG + BQ) = 1-6 × 3-95 = 6-32
BIQ = IQ × ½ BQ = 0-7 × 0-65 = 0-46
DHJ = JH × ½ DH = 2-1 × 2-25 = 4-72
du quadrilat. ABIG + celle du triang. DHJ = 11-50

Donc la surface totale équivaut à

$$112\text{-}14 - 11\text{-}50 = 100\text{-}64.$$

Cette surface n'était pas la plus difficile à calculer; il s'agit maintenant de déterminer celle d'un quadrilatère partiel, et de l'ôter de la surface totale pour connaître la surface de l'autre quadrilatère.

Pour connaître la surface du quadrilatère ABEF, qui est égale à celles

$$AGFU + FJU + EJV - (ABGQ + BQV),$$

je détermine, d'après le numéro précédent, la distance

Fig. 531. QV par la proportion

$$EL + BQ : BQ :: LQ : x = QV,$$

ou celle

$$2\text{-}14 + 1\text{-}3 : 1\text{-}3 :: 15\text{-}5 : QV,$$

qui revient à

$$QV = \frac{1\text{-}3 \times 15\text{-}5}{3\text{-}7} = 5\text{-}45.$$

Puisque la distance QV est de 5 décamètres 45 décimètres, il est évident que j'aurai, par une soustraction,

$$LV = LQ - QV = 15\text{-}5 - 5\text{-}45 = 10\text{-}05.$$

Les deux bases QV, LV, étant connues, je trouve la surface du triangle BQV en faisant

$$VQ \times \tfrac{1}{2} BQ = 5\text{-}45 \times 0\text{-}65 = 3\text{-}54,$$

et celle du triangle ELV en faisant

$$LV \times \tfrac{1}{2} LE = 10\text{-}05 \times 1\text{-}07 = 10\text{-}75.$$

J'ai de même celle du triangle emprunté EJL, qu'il faut soustraire de la précédente, en faisant

$$JL \times \tfrac{1}{2} EL = 1\text{-}0 \times 1\text{-}07 = 1\text{-}07;$$

ainsi, la surface du triangle EJV équivaut à

$$10\text{-}75 - 1\text{-}07 = 9\text{-}68.$$

Toutes ces surfaces étant calculées, je rassemble les additives, qui sont

$$\text{Surface}\begin{cases} AGFU = 62\text{-}66, \\ FJU = 0\text{-}85, \\ EJV = 9\text{-}68, \\ AGVEF = 73\text{-}19; \end{cases}$$

j'en fais autant des surfaces empruntées ou des soustractives, ce qui donne

$$\text{Surface}\begin{cases} ABGQ = 6\text{-}32, \\ BQV = 3\text{-}54, \\ ABVG = 9\text{-}86. \end{cases}$$

Donc, la différence de ces deux résultats ou la surface du quadrilatère ABEF est égale à

$$73\text{-}17 - 9\text{-}86 = 63\text{-}31,$$

ou à 63 ares 31 centiares.

Enfin, la surface du quadrilatère BCDE s'obtient facilement en soustrayant ces 63 ares 31 centiares de la surface totale, ce qui donne

$$100\text{-}64 - 63\text{-}31 = 37\text{-}33.$$

On aurait pu commencer par l'évaluation de cette dernière surface, qui est égale à celles

$$CDHI + BIV - (DJH + EJV).$$

PROBLÈME.

Fig. 522. 996. *Calculer la surface du trapèze ABCD* (Fig. 522) *au moyen des deux diagonales et de leur angle d'intersection.*

Le dernier article du numéro 139 fait déjà concevoir que l'on peut trouver la surface d'un quadrilatère en ayant la longueur de chacune des deux perpendiculaires et la Fig. 522. valeur de leur angle d'intersection.

En tirant les deux diagonales AD, BC, je fixe leur point d'intersection O; je mesure l'angle AOC ou son opposé BOD, que je trouve de 43 grades 40 minutes. Je mesure aussi les diagonales, qui sont, pour ce cas,

$$AD = 14\text{-}6, \qquad BC = 14\text{-}9.$$

Ainsi, j'ai la surface du quadrilatère proposé en faisant, par les logarithmes,

$$\begin{aligned} \log.\ \tfrac{1}{2} AD &= \log.\ 7\text{-}3 = 0\text{-}8633229 \\ \log.\ BC &= \log.\ 14\text{-}9 = 1\text{-}1731863 \\ \log.\ \sin.\ AOC &= \log.\ \sin.\ 43^{G}\,40' = 9\text{-}7994328 \\ \text{Somme} - 10 &= 1\text{-}8359420 \end{aligned}$$

Ce logarithme répond dans les tables à 68 ares 54 centiares pour la surface du quadrilatère ABCD. La solution ordinaire du numéro 982 donne exactement le même résultat.

Donc la surface d'un quadrilatère qui n'a pas d'angle rentrant est égale *à la moitié du produit de ses deux diagonales par le sinus de l'angle qu'elles forment en se coupant.*

En effet, d'après le numéro 880, on a

$$AE = AO \times \sin.\ AOC,$$

et

$$DF = DO \times \sin.\ DOF;$$

donc

$$\begin{aligned} AE + DF &= (AO + DO) \times \sin.\ AOC \\ &= AD \times \sin.\ AOC, \end{aligned}$$

ce qui donne, comme on vient de le voir dans cette solution,

$$\text{Surface ABCD} = \tfrac{1}{2}(AD \times BC) \times \sin.\ AOC.$$

Enfin, il est inutile de répéter ici que l'angle AOC est égal à celui DOC, étant opposés par le sommet.

PROBLÈME.

997. *Déterminer une partie* mn *de la ligne* BE (Fig. 531) *qui sépare les deux quadrilatères ABEF, CDBE, couverts de bâtimens.* Fig. 531.

Après avoir tiré une ligne d'opération GH le plus possible dans la direction de celle BE, j'abaisse les perpendiculaires BQ, EL; de deux points quelconques m, n, où je veux fixer la ligne de division demandée, j'abaisse encore les deux perpendiculaires Mm, Nn, et je mesure les deux perpendiculaires BQ, EL, ainsi que les distances entre toutes les perpendiculaires, ce qui donne

$$BQ = 1\text{-}3, \qquad MN = 3\text{-}9,$$
$$EL = 2\text{-}14, \qquad LN = 3\text{-}2.$$
$$MQ = 8\text{-}4,$$

N'ayant pu fixer le point d'intersection V pour y arrêter mes mesures, je le détermine comme au numéro 995, qui donne

$$QV = 5\text{-}45, \qquad LV = 10\text{-}05.$$

Ces distances étant connues, je détermine la longueur de la perpendiculaire Mn, par la proportion

$$LV : MV :: LE : x = Mn,$$

Fig. 331. ou celle

$$10\text{-}05 : 2\text{-}95 :: 2\text{-}14 : Mn,$$

qui revient à

$$Mn = \frac{2\text{-}95 \times 2\text{-}14}{10\text{-}05} = 0\text{-}63.$$

Je trouve aussi la distance Nn, par la proportion

$$LV : NV :: LE : x = Nn,$$

ou celle

$$10\text{-}05 : 6\text{-}85 :: 2\text{-}14 : Nn,$$

qui revient à

$$Nn = \frac{6\text{-}85 \times 2\text{-}14}{10\text{-}05} = 1\text{-}46.$$

Ainsi, en portant la première longueur ou 0-63 décimètres de M en m, j'aurai le point m qui sera exactement sur la ligne BE; j'aurai le deuxième point n en portant 1 décamètre 46 décimètres de N en n.

998. Voici une autre manière de fixer ces deux points; j'imagine, par la pensée, une ligne d'opération passant par le point B et parallèle à la véritable ligne d'opération GH. Cette ligne imaginaire sera alors à 1 décamètre 3 mètres de distance de celle GH, et les perpendiculaires EL, Mm, Nn, seront chacune plus longue de la quantité BQ ou de 1 décamètre 3 mètres.

Ainsi d'après la connaissance des mesures trouvées pour la solution précédente, je trouve la distance Mm par la proportion

$$LQ : MQ :: BQ \quad EL : BQ + x = BQ + Mm,$$

ou celle

$$15\text{-}5 : 8\text{-}4 :: 1\text{-}3 + 2\text{-}14 : 1\text{-}3 + Mm,$$

qui revient à

$$1\text{-}3 + Mm = \frac{8\text{-}4 \times 3\text{-}44}{15\text{-}5} = 1\text{-}93;$$

donc,

$$Mm = 1\text{-}93 - 1\text{-}3 = 0\text{-}63,$$

même résultat que dans le numéro précédent.

Pour connaître la distance Nn, j'effectue le calcul de la proportion

$$LQ : NQ :: BQ + EL : BQ + x = BQ + Nn,$$

ou celle

$$15\text{-}5 : 12\text{-}3 :: 1\text{-}3 + 2\text{-}14 : 1\text{-}3 + Nn,$$

qui revient

$$1\text{-}3 + Nn = \frac{12\text{-}3 \times 3\text{-}44}{15\text{-}5} = 2\text{-}76;$$

donc,

$$Nn = 2\text{-}76 - 1\text{-}3 = 1\text{-}46,$$

même résultat que dans la solution du problème précédent.

Maintenant, si l'on voulait connaître une autre distance Pp, ou un point p sur le côté AF, on supposerait une ligne d'opération passant par le point F et parallèle à celle GH, où l'on aurait la longueur Pp, par la proportion

$$GU : PU :: AG - FU : x - FU = Pp - FU,$$

ou celle Fig. 331.

$$15\text{-}1 : 9\text{-}4 :: 6\text{-}6 - 1\text{-}7 : Pp - 1\text{-}7,$$

qui revient à

$$Pp - 1\text{-}7 = \frac{9\text{-}4 \times 4\text{-}9}{15\text{-}1} = 2\text{-}93;$$

donc,

$$Pp = 2\text{-}93 + 1\text{-}7 = 4\text{-}63.$$

Enfin, si l'on voulait déterminer un point o du côté CD, ou la longueur de Oo, en supposant une ligne d'opération parallèle à celle GH et passant par le point C, on aurait

$$HK : KO :: DH - CK : x - CK = Oo - CK,$$

ou

$$14\text{-}9 : 9\text{-}3 :: 4\text{-}5 - 1\text{-}9 : Oo - 1\text{-}9,$$

qui revient à

$$Oo - 1\text{-}9 = \frac{9\text{-}3 \times 2\text{-}6}{14\text{-}9} = 1\text{-}62;$$

donc,

$$Oo = 1\text{-}62 + 1\text{-}9 = 3\text{-}52.$$

Nous ne pousserons pas plus loin ce genre d'opération, ces dernières solutions suffisent pour faire concevoir la marche que l'on doit suivre en travaillant sur des surfaces couvertes d'obstacles; ces opérations sont analogues à celles du numéro 477. Nous allons parler de la mesure des surfaces accessibles au moyen de la chaîne.

PROBLÈME.

999. *Déterminer, au moyen de la chaîne, la surface de la pièce de terre ABCD* (Fig. 374.) Fig. 371.

Après avoir effectué les opérations indiquées au numéro 629, qui indiquent deux triangles ABC, ACD, dont la surface totale est égale à celle du quadrilatère proposé, je trouve,

pour ABC	AB = 4-3, BC = 5-2, AC = 6-2,	pour ACD	AD = 5-9, CD = 4-0, AC = 6-2,
Somme des 3 côt. = 15-7		Somme des 3 côtés = 16-1	
½ somme = 7-85		½ somme = 8-05	

Ces longueurs étant connues, je calcule la surface du triangle ABC dont la demi-somme des trois côtés est 7 décamètres 85 décimètres, d'après la formule du numéro 873, ce qui donne, en opérant par les logarithmes,

Log.
- 7-85 — 4-3 = log. 3-55 = 0-5502284
- 7-85 — 5-2 = log. 2-65 = 0-4232459
- 7-85 — 6-2 = log. 1-65 = 0-2174839
- ½ somme = log. 7-85 = 0-8948697

log. du produit = 2-0858279

½ log. du produit = log. surface ABC = 1-0429139

Ce logarithme répond dans les tables à 11 ares 04 centiares qui est la surface du triangle partiel ACD.

Ensuite, sachant que la demi-somme des trois côtés du triangle ACD est 8 décamètres 05 centimètres, je trouve

Fig. 374. la surface de ce triangle en faisant

$$\text{Log.}\begin{cases} 8\text{-}05 - 5\text{-}9 = \text{log. } 2\text{-}15 = 0\text{-}3324385 \\ 8\text{-}05 - 4\text{-}0 = \text{log. } 4\text{-}05 = 0\text{-}6074550 \\ 8\text{-}05 - 6\text{-}2 = \text{log. } 1\text{-}85 = 0\text{-}2671717 \\ \frac{1}{2}\text{ somme} = \text{log. } 8\text{-}05 = 0\text{-}9057959 \end{cases}$$

$$\text{log. du produit} = 2\text{-}1128611$$

$$\tfrac{1}{2}\text{ log. du produit} = \text{log. surface ACD} = 1\text{-}0564305$$

Ce logarithme répond à 11 ares 39 centiares qui est la surface du triangle partiel ACD.

Enfin, la surface totale équivalant à celles des deux triangles ABC, ACD, j'ai

$$11\text{-}04 + 11\text{-}39 = 22\text{-}43,$$

ou 22 ares 43 centiares pour la surface de la pièce de terre proposée. En général, la surface des quadrilatères se mesure à la chaîne ou sans le secours de l'équerre, en suivant le procédé que nous venons d'employer. Si, par exemple, l'on avait à mesurer le quadrilatère ABCD (*Fig.* 526) qui a un angle rentrant, on tirerait la diagonale BD que l'on mesurerait ainsi que les autres côtés AB, AD, BC, CD, et l'on calculerait la surface de chacun des triangles ABD, BCD, d'après la formule du numéro 875.

MESURE DES QUADRILATÈRES IRRÉGULIERS ET ACCESSIBLES EN DEHORS SEULEMENT.

1000. Nous avons fait connaître aux numéros 976 et 977, la manière de déterminer la surface d'un trapèze inaccessible intérieurement, tels sont les deux trapèzes ABCD (*Fig.* 519 *et* 520).

PROBLÈME.

1001. *Déterminer la surface d'un quadrilatère ABCD* (Fig. 393) *inaccessible à l'intérieur.* Fig. 393.

Après avoir effectué toutes les opérations sur le terrain comme au numéro 650, je trouve

AE = 2-6, CF = 2-0,
BF = 1-58, DE = 2-0.
CD = 3-58,

Ces dimensions étant connues, je calcule la surface du trapèze ABEF, qui équivaut à

$$\text{EF} \times \tfrac{1}{2}(\text{AE} + \text{BF}) = 7\text{-}58 \times 2\text{-}09 = 15\text{-}84,$$

ou à 15 ares 84 centiares.

Ensuite, de cette surface je soustrais celles des triangles empruntés ADE, BCF, qui équivalent à

$$\text{Surface}\begin{cases} \text{ADE} = \text{ED} \times \frac{1}{2}\text{AE} = 2\text{-}0 \times 1\text{-}3 = 2\text{-}60 \\ \text{BCF} = \text{CF} \times \frac{1}{2}\text{BF} = 2\text{-}0 \times 0\text{-}79 = 1\text{-}58 \\ \text{des triang. empruntés ADE} + \text{BCF} = 4\text{-}18 \end{cases}$$

Donc, en indiquant la surface du quadrilatère ABCD par S, j'ai

$$S = 15\text{-}84 - 4\text{-}18 = 11\text{-}66,$$

ou 11 ares 66 centiares.

Enfin, le numéro 146 indique une autre manière de mesurer la surface d'un quadrilatère inaccessible à l'intérieur. Ce procédé, peu usité, est appliqué à la figure 96.

PROBLÈME.

1002. *Déterminer la surface d'un quadrilatère quelconque ABCD* (Fig. 532), *couvert de bois.* Fig. 532.

Après avoir abaissé la perpendiculaire BE sur le prolongement CE du côté CD, ne pouvant abaisser celle AG, j'en élève une autre indéfinie DF, sur laquelle j'abaisse de l'angle A celle AF, et je mesure toutes ces parties que je trouve comme il suit :

BE = 6-5, DF = 3-5,
CE = 1-0, AF = DG = 1-5,
CD = 10-06, AC = 3-5.

Cela connu, je calcule la surface du quadrilatère ABDE en faisant

$$\text{Surface}\begin{cases} \text{ADE} = \text{DE} \times \frac{1}{2}\text{AG} = 11\text{-}06 \times 1\text{-}75 = 19\text{-}36 \\ \text{BEG} = \text{EG} \times \frac{1}{2}\text{BE} = 9\text{-}56 \times 3\text{-}25 = 31\text{-}07 \\ \text{ABDE} = \text{triang. ADE} + \text{triang. BEG} = 50\text{-}43 \end{cases}$$

Cette surface est trop grande de la valeur du triangle emprunté BCE, dont la surface est égale à

$$\text{CE} \times \tfrac{1}{2}\text{BE} = 1\text{-}0 \times 3\text{-}25 = 3\text{-}25;$$

donc la surface du quadrilatère proposé, désignée par S, se trouve, par la soustraction,

$$S = 50\text{-}43 - 3\text{-}25 = 47\text{-}18,$$

qui donne 47 ares 18 centiares.

Enfin, cette méthode est assez facile à appliquer ; mais il faut, autant qu'on le peut, abaisser la plus longue perpendiculaire sur un côté prolongé, pour ne plus avoir que la plus petite à déterminer en dehors, comme on vient de le faire pour celle DF ou AG.

PROBLÈME.

1003. *Trouver la surface du quadrilatère ABCD* (Fig. 533), *dont la surface est inaccessible, sans faire d'emprunt.* Fig. 533.

Pour évaluer cette surface sans emprunter de terrain comme dans la solution précédente, je mesure deux angles opposés et les quatre côtés du quadrilatère proposé, j'ai

BAD = 55° 11', BC = 8-6,
BCD = 57° 12', CD = 7-8,
AB = 6-7, AD = 9-3.

Cela fait, je calcule la surface de chacun des triangles ABD, BCD, qui font ensemble celle du quadrilatère proposé, en employant le procédé du numéro 881, ce qui donne, en indiquant la surface totale par S,

$$S = \tfrac{1}{2}(\text{AB} \times \text{AD} \times \sin.\ \text{A}) + \tfrac{1}{2}(\text{BC} \times \text{CD} \times \sin.\ \text{C}).$$

Ainsi, la surface du triangle ABD équivaut à

$$\tfrac{1}{2}(6\text{-}7 \times 9\text{-}3 \times \sin.\ 55° 11'),$$

Fig. 533. que je résous facilement par les logarithmes, en faisant

log. 6-7 = 0-8260748
log. 9-3 = 0-9684829
log. sin. 55° 11' = 9-8816853

Somme — 10 = 1-6762430

Ce logarithme répond à 47-45, dont la moitié est de 23 ares 72 centiares pour la surface du triangle ABD.

Quant à celle du triangle BCD, elle équivaut à

$\frac{1}{2}$ (8-6 × 7-8 × sin. 57° 12'),

que je calcule en faisant encore, par les logarithmes,

log. 8-6 = 0-9344985
log. 7-8 = 0-8920946
log. sin. 57° 12' = 9-8929888

Somme — 10 = 1-7195819

Ce logarithme répond à 52-43, dont la moitié 26 ares 21 centiares est la surface du triangle ABD.

Enfin, je trouve que la surface du quadrilatère proposé est égale à

S = 23-72 + 26-21 = 49-93,

ou 49 ares 93 centiares.

PROBLÈME.

1004. *Trouver la surface du quadrilatère ABCD*
Fig. 534. (Fig. 534), *inaccessible à l'intérieur.*

Après avoir abaissé la perpendiculaire DE sur la ligne d'opération AC, je mesure les valeurs suivantes :

BAC = 56° 40', AC = 16-8,
AB = 9-1, DE = 1-3.

Cela étant connu, je calcule la surface du triangle ABC d'après le numéro 881, et je trouve qu'elle est égale à

$\frac{1}{2}$ (AB × AC × sin. BAC),

ou à

$\frac{1}{2}$ (9-1 × 16-8 × sin. 56° 40'),

qui donne, par les logarithmes,

log. 9-1 = 0-9590414
log. 16-8 = 1-2253093
log. sin. 56° 40' = 9-8890231

Somme — 10 = 2-0733738

Ce logarithme répond à 118-4, dont la moitié est 59 ares 20 centiares pour la surface du triangle ABC.

Maintenant, je calcule la surface du triangle emprunté ACD, qui équivaut à

AC × $\frac{1}{2}$ DE = 16-8 × 0-65 = 10-92.

Donc la surface du quadrilatère proposé, que nous indiquons par S, équivaut au reste de la soustraction suivante :

S = 59-20 — 10-92 = 48-28,

ou à 48 ares 28 centiares.

PROBLÈME.

1005. *Déterminer la surface de chacun des deux quadrilatères ABCF, CDEF* (Fig. 535), *inaccessibles à* Fig. 535.
l'intérieur, en opérant sur les prolongemens du côté DE.

Cette opération a beaucoup d'analogie avec celle du numéro 1001, le calcul est toujours le même.

Je prolonge le plus petit côté DE, sur lequel j'abaisse des angles A, F, B, et du point C, les perpendiculaires suivantes, que je mesure, ainsi que les parties des prolongemens, ce qui donne

AG = 6-6, GI = 1-7,
FI = 4-3, EI = 1-0,
BH = 4-7, DE = 8-3,
CJ = 2-2, DJ = 1-3,
JH = 1-4,

La longueur du côté DE prolongé, ou GH = 13-7.

Ces distances connues, je commence par calculer la surface du trapèze ABGH, qui équivaut à

GH × $\frac{1}{2}$ (AG + BH) = 13-7 × 5-65 = 77-40,

et celle de l'autre trapèze CFIJ, qui est égale à

IJ × $\frac{1}{2}$ (IF + CJ) 10-6 × 3-25 = 34-45;

ensuite, je cherche la surface du polygone ABHJCFIG, par une soustraction, comme il suit :

77-40 — 34-45 = 42-95,

et j'ai 42 ares 95 centiares; je calcule la surface totale des deux trapèzes empruntés AFGI, BCJH, qui donnent

Surface { AFGI = GI × $\frac{1}{2}$ (AG + FI) 1-7 × 5-45 = 9-26
BCJH = JH × $\frac{1}{2}$ (BH + CJ) = 1-4 × 3-45 = 4-83
des trapèzes empruntés AFGI + BCJH = 14-09

Donc, la surface du quadrilatère ABCF équivaut à

42-95 — 14-09 = 28-86,

ou à 28 ares 86 centiares.

Maintenant, je calcule la surface totale des deux triangles empruntés EFI, CDJ, qui donnent

Surface { EFI = EI × $\frac{1}{2}$ FI = 1-0 × 2-15 = 2-15
CDJ = DJ × $\frac{1}{2}$ CJ = 1-3 × 1-1 = 1-43
des triangles empruntés EFI + CDJ = 3-58

Enfin, la surface du quadrilatère CDEF est égale à

34-45 — 3-58 = 30-87,

ou à 30 ares 87 centiares. Quant à la surface totale des deux trapèzes proposés, il est évident qu'elle équivaut à

28-86 + 30-87 = 59-73,

ou à 59 ares 73 centiares.

N. B. Il est bien entendu que si l'on ne voulait connaître que la surface totale des deux trapèzes proposés dans ce problème, il n'y aurait qu'à mesurer la surface du trapèze ABGH, comme nous l'avons fait, pour en ôter ensuite les surfaces empruntées du trapèze AFGI et des triangles EFI, BDH. Alors la perpendiculaire CJ deviendrait inutile.

PROBLÈME.

Fig. 536. 1006. *Calculer la surface de chacun des quadrilatères ABEF, CDEF* (Fig. 536), *couverts de bâtimens, de bois, etc.*

Cette opération a beaucoup d'analogie avec celle des numéros 1002 et 1005.

Après avoir abaissé les perpendiculaires BG, FJ, sur le prolongement CG du côté CD (ne pouvant m'établir sur l'autre côté AB), j'élève au point D une perpendiculaire indéfinie DH, sur laquelle j'abaisse celles AH, EI, que je mesure, ainsi que les parties suivantes, ce qui donne

AH = DL = 5-3,	BG = 4-3,
EI = DK = 3-0,	FJ = 2-3,
DI = EK = 3-2,	CJ = 0-9,
DH = AL = 5-4,	GJ = 1-0.
CD = 14-0,	

Ces mesures étant connues, je trouve la surface du quadrilatère ABGD en faisant

Surface { AGD = DG × $\frac{1}{2}$ AL = 15-9 × 2-7 = 42-93
BGL = GL × $\frac{1}{2}$ BG = 10-6 × 2-15 = 22-79
du quadrilatère ABCD + triang. BCG = 65-72

et celle du quadrilatère DEFJ, en faisant de même

Surface { DEJ = DJ × $\frac{1}{2}$ EK = 14-9 × 1-6 = 23-84
FKJ = JK × $\frac{1}{2}$ FJ = 11-9 × 1-15 = 13-685
du quadrilatère CDEF + triang. CFJ = 37-525

Ensuite, je fais la surface du triangle emprunté CFI, qui égale

CJ × $\frac{1}{2}$ EJ = 0-9 × 1-15 = 1-035,

et j'ai celle du quadrilatère CDEF, qui équivaut à

37-525 — 1-035 = 36-49,

ou à 36 ares 49 centiares.

Maintenant, en soustrayant cette dernière surface de celle du quadrilatère ABGD, il est évident qu'il restera celle du polygone ABGJFE; ainsi, j'aurai

65-72 — 36-49 = 29-23.

Si de cette surface j'ôte celle du triangle emprunté BCG, j'aurai évidemment celle de l'autre quadrilatère ABEF; en effet, la surface empruntée équivaut à

CG × $\frac{1}{2}$ BG = 1-9 × 2-15 = 4-08;

j'ai la surface de l'autre quadrilatère ABEF par la soustraction suivante, qui donne

29-23 — 4-08 = 25-15,

ou 25 ares 15 centiares.

Enfin, la surface totale des deux quadrilatères proposés équivaut à

36-49 + 25-15 = 61-64,

ou à 61 ares 64 centiares. Il est évident que l'on ne ferait pas une aussi longue opération pour déterminer seulement la surface totale de ces deux quadrilatères; la solution du numéro 1002 serait suffisante.

Nous allons donner la manière de mesurer, avec la chaîne seulement, les quadrilatères inaccessibles à l'intérieur.

PROBLÈME.

1007. *Déterminer, au moyen de la chaîne, la surface d'un quadrilatère quelconque ABCD* (Fig. 375), *que l'on ne peut traverser.* Fig. 375.

Après avoir fait toutes les opérations indiquées au numéro 630, qui donnent

AB = 4-0,	CD = 4-7,
BC = 4-8,	AD = 3-1,

et, par conséquent, la longueur de la diagonale

ac = AC = 6-4,

je calcule la surface des triangles ABC, ACD, d'après le numéro 873, c'est-à-dire par la connaissance des trois côtés.

Ainsi, pour le triangle ABC, la somme des trois côtés est égale à

4-0 + 4-8 + 6-4 = 15-2,

et la demi-somme à

$$\frac{15\text{-}2}{2} = 7\text{-}6;$$

je trouve, en retranchant de cette demi-somme chacun des trois côtés successivement, les trois restes suivans :

7-6 — 4-0 = 3-6,
7-6 — 4-8 = 2-8,
7-6 — 6-4 = 1-2;

je les multiplie l'un par l'autre, ainsi que la demi-somme, en faisant, par les logarithmes,

log. 3-6 = 0-5563025
log. 2-8 = 0-4471580
log. 1-2 = 0-0791812
log. 7-6 = 0-8808136
Somme = 1-9634553
$\frac{1}{2}$ log. = 0-9817276

Ce logarithme répond à 9 ares 59 centiares, qui est la surface de la partie triangulaire ABC du quadrilatère proposé.

Ensuite, je détermine la surface de l'autre partie, ou du triangle ACD, par le même procédé; la diagonale étant encore la même, la somme des trois côtés est égale à

4-7 + 3-1 + 6-4 = 14-2,

dont la moitié est

$$\frac{14\text{-}2}{2} = 7\text{-}1.$$

Je retranche de cette demi-somme chacun des trois côtés successivement, j'ai les trois restes suivans :

7-1 — 4-7 = 2-4,
7-1 — 3-1 = 4-0,
7-1 — 6-4 = 0-7;

Fig. 535. je les multiplie l'un par l'autre, ainsi que la demi-somme, en faisant, par les logarithmes,

log. 2-4 = 0-3802112
log. 4-0 = 0-6020600
log. 0-7 = 9-8450980
log. 7-1 = 0-8512583

Somme — log. 10 = 1-6786275
½ log. = 0-8393137

Ce logarithme répond à 6 ares 91 centiares, qui est la surface de l'autre partie triangulaire ACD du quadrilatère proposé.

Enfin, désignant la surface du quadrilatère proposé par S, j'ai, par une simple addition,

$$S = 9\text{-}59 + 6\text{-}91 = 16\text{-}40,$$

ou 16 ares 40 centiares. Ce procédé, applicable à tous les quadrilatères, est très-exact.

Nous allons nous occuper de la mesure des quadrilatères qui ont une ou plusieurs parties inaccessibles; c'est encore une des difficultés qui se présentent assez souvent dans la mesure des terrains.

MESURE DES QUADRILATÈRES IRRÉGULIERS QUI ONT DES PARTIES INACCESSIBLES.

1008. Les problèmes exposés aux numéros 1004, 1005 et 1006, relativement aux figures respectives 534, 535 et 536, pourraient entrer dans la catégorie des quadrilatères irréguliers qui ont une ou plusieurs parties inaccessibles; en effet, le côté BC de la figure 534 est inaccessible; celui CF, qui est commun aux deux quadrilatères proposés dans la figure 535, est encore inaccessible; enfin, dans les deux quadrilatères de la figure 536, les côtés AB, AD, EF, sont inaccessibles. La différence qui existe entre ces derniers problèmes et les suivans, vient aussi de ce que nous allons mesurer toutes ces surfaces en employant la valeur des angles, ce que nous n'avons pas fait plus haut.

PROBLÈME.

1009. *Trouver la surface d'un quadrilatère ABCD*
Fig. 537. (Fig. 537) *couvert de bois, et dont un côté AB est inaccessible.*

Pour l'évaluation de cette surface au moyen de la connaissance des angles, je mesure les trois côtés accessibles et les angles C, D, ce qui donne

AC = 7-2, ACD = 75ᴳ 50',
BD = 4-7, BDC = 64ᴳ 20'.
CD = 15-0,

Ces mesures étant connues, en imaginant les deux perpendiculaires AE, BF, je détermine les angles aigus des triangles rectangles ACE, BDF, en faisant Fig. 537.

CAE = 100ᴳ — ACD = 100ᴳ — 75ᴳ 50' = 24ᴳ 50',
DBF = 100ᴳ — BDC = 100ᴳ — 64ᴳ 20' = 35ᴳ 80'.

Ainsi, connaissant les trois angles et un côté AC du triangle rectangle ACE, je trouve la longueur des deux autres côtés ou du segment CE et de la perpendiculaire AE, d'après les numéros 422 et 428.

Donc, je détermine le segment CE par la proportion

R : sin. CAE : : AC : x = CE,

ou celle

R : sin. 24ᴳ 50' : : 7-2 : CE,

qui revient à

$$CE = \frac{\sin.\ 24^G\ 50' \times 7\text{-}2}{R},$$

que je résous par les logarithmes, comme il suit :

log. 7-2 = 0-8573325
log. sin. 24ᴳ 50' = 9-5745123

Somme — 10 = 0-4318448

Ce logarithme répond à 2 décamètres 7 mètres, longueur du segment CE.

Je trouve de même la longueur de la perpendiculaire AE par la proportion

R : sin. ACE : : AC : x = AE,

ou celle

R : sin. 75ᴳ 50' : : 7-2 : AE,

qui revient à

$$AE = \frac{\sin.\ 75^G\ 50' \times 7\text{-}2}{R},$$

que je résous par les logarithmes, ce qui donne

log. 7-2 = 0-8573325
log. sin. 75ᴳ 50' = 9-9670125

Somme — 10 = 0-8243450

Ce logarithme répond à 6 décamètres 67 décimètres, longueur de la perpendiculaire AE.

Maintenant, connaissant les trois angles et un côté BD du triangle rectangle BDF, je trouve la longueur des deux autres côtés ou du segment DF et de la perpendiculaire BF, en faisant, pour DF,

R : sin. DBF : : BD : x = DF,

ou

R : sin. 35ᴳ 80' : : 4-7 : DF,

qui revient à

$$DF = \frac{\sin.\ 35^G\ 80' \times 4\text{-}7}{R},$$

que je résous par les logarithmes, en faisant

log. 4-7 = 0-6720979
log. sin. 35ᴳ 80' = 9-7268670

Somme — 10 = 0-3989649

Ce logarithme répond à 2 décamètres 51 décimètres, longueur du segment DF.

Fig. 537. Je détermine de même la longueur de la perpendiculaire BF par la proportion

$$R : \sin.\ BDF :: BD : x = BF,$$

ou celle

$$R : \sin.\ 64^G\ 20' :: 4\text{-}7 : BF,$$

qui revient à

$$BF = \frac{\sin.\ 64^G\ 20' \times 4\text{-}7}{R},$$

que je résous comme il suit :

$$\begin{aligned} \log.\ 4\text{-}7 &= 0\text{-}6720979 \\ \log.\ \sin.\ 64^G\ 20' &= 9\text{-}9273740 \\ \hline \text{Somme} - 10 &= 0\text{-}5994719 \end{aligned}$$

Ce logarithme répond à 3 décamètres 98 décimètres, longueur de la perpendiculaire BF.

Ensuite, en récapitulant, nous avons

$$CE = 2\text{-}7, \qquad AE = 6\text{-}67,$$
$$DF = 2\text{-}51, \qquad BF = 3\text{-}98,$$

qui suffisent pour déterminer la surface demandée ; enfin, j'ai

$$\text{Surface}\left\{\begin{aligned} ACF &= CF \times \tfrac{1}{2} AE = 12\text{-}49 \times 3\text{-}335 = 41\text{-}65 \\ BDE &= DE \times \tfrac{1}{2} BF = 12\text{-}3 \ \times 1\text{-}99 \ = 24\text{-}48 \\ ABCD &= \text{triang. } ACF + \text{triang. } BDE = 66\text{-}13 \end{aligned}\right.$$

ou 66 ares 13 centiares. Cette manière de déterminer la longueur des perpendiculaires dépend aussi de la solution du problème donné au numéro 880.

PROBLÈME.

1010. *Déterminer la surface d'un quadrilatère ABCD*
Fig. 538. (Fig. 538), *qui n'a qu'un côté accessible, et dont l'angle A ne peut être aperçu que des points D et E, et celui B des points C et E.*

Toutes les mesures possibles étant faites sur le terrain, je trouve, pour ce cas,

$$DE = 8\text{-}1, \qquad AED = 58^G\ 50',$$
$$CE = 4\text{-}2, \qquad BEC = 44^G\ 50',$$
$$ADE = 67^G, \qquad BCE = 112^G ;$$

ceci étant connu, je trouve l'angle DAE en faisant

$$\begin{aligned} DAE &= 200^G - (ADE + AED) \\ &= 200^G - (67^G + 58^G\ 50') = 74^G\ 50', \end{aligned}$$

et celui CBE en faisant

$$\begin{aligned} CBE &= 200^G - (BCE + BEC) \\ &= 200^G - (112^G + 44^G\ 50') = 43^G\ 50'. \end{aligned}$$

Quant à l'angle AEB que j'aurais pu mesurer sur le terrain, il se détermine au moyen de ses deux adjacens, en faisant

$$\begin{aligned} AEB &= 200^G - (AED + BEC) \\ &= 200^G - (58^G\ 50' + 44^G\ 50') = 97^G. \end{aligned}$$

Maintenant, je calcule la longueur du côté ou du rayon AE, par la proportion

$$\sin.\ DAE : \sin.\ ADE :: DE : x = AE,$$

ou celle

Fig. 538.

$$\sin.\ 74^G\ 50' : \sin.\ 67^G :: 8\text{-}1 : AE,$$

qui revient à

$$AE = \frac{\sin.\ 67^G \times 8\text{-}1}{\sin.\ 74^G\ 50'},$$

que je résous par les logarithmes comme il suit :

$$\begin{aligned} \log.\ 8\text{-}1 &= 0\text{-}9084850 \\ \log.\ \sin.\ 67^G &= 9\text{-}9388356 \\ C.\ \log.\ \sin.\ 74^G\ 50' &= 0\text{-}0358132 \\ \hline \text{Somme} - 10 &= 0\text{-}8831338 \end{aligned}$$

Ce logarithme répond à 7 décamètres 64 décimètres, longueur du rayon AE. Ainsi, je trouve que la surface du triangle ADE, dans lequel je connais les deux côtés AE, DE, et l'angle compris, équivaut à

$$\tfrac{1}{2}(AE \times DE \times \sin.\ AED),$$

ou à

$$\tfrac{1}{2}(7\text{-}64 \times 8\text{-}1 \times \sin.\ 58^G\ 50'),$$

que je résous par les logarithmes, en faisant

$$\begin{aligned} \log.\ 7\text{-}64 &= 0\text{-}8830934 \\ \log.\ 8\text{-}1 &= 0\text{-}9084850 \\ \log.\ \sin.\ 58^G\ 50' &= 9\text{-}9003367 \\ \hline \text{Somme} - 10 &= 1\text{-}6919151 \end{aligned}$$

Ce logarithme répond à 49-2, dont la moitié, 24 ares 60 centiares, est la surface du triangle ADE.

Ensuite, je détermine la longueur du côté ou du rayon BE par la proportion

$$\sin.\ CBE : \sin.\ BCE :: CE : x = BE,$$

ou celle

$$\sin.\ 43^G\ 50' : \sin.\ 112^G :: 4\text{-}2 : BE,$$

qui revient à

$$BE = \frac{\sin.\ 112^G \times 4\text{-}2}{\sin.\ 43^G\ 50'},$$

que je résous par les logarithmes, comme il suit :

$$\begin{aligned} \log.\ 4\text{-}2 &= 0\text{-}6232493 \\ \log.\ \sin.\ 112^G \text{ ou } 88^G &= 9\text{-}9922385 \\ C.\ \log.\ \sin.\ 43^G\ 50' &= 0\text{-}1997279 \\ \hline \text{Somme} - 10 &= 0\text{-}8152157 \end{aligned}$$

Ce logarithme répond à 6 décamètres 53 décimètres, longueur du rayon BE. Donc, je trouve la surface du triangle BCE, dans lequel je connais les deux côtés BE, CE, et l'angle compris, en faisant

$$\tfrac{1}{2}(BE \times CE \times \sin.\ BEC),$$

ou

$$\tfrac{1}{2}(6\text{-}53 \times 4\text{-}2 \times \sin.\ 44^G\ 50'),$$

que je résous en faisant, par les logarithmes,

$$\begin{aligned} \log.\ 6\text{-}53 &= 0\text{-}8149132 \\ \log.\ 4\text{-}2 &= 0\text{-}6232493 \\ \log.\ \sin.\ 44^G\ 50' &= 9\text{-}8085188 \\ \hline \text{Somme} - 10 &= 1\text{-}2466813 \end{aligned}$$

Fig. 538. Ce logarithme répond à 17-65, dont la moitié, 8 ares 82 centiares, est la surface du triangle BCE.

Il reste alors à évaluer la surface du triangle ABE, dans lequel je connais les deux côtés AE, BE, et l'angle compris; ainsi, je l'obtiens en faisant

$$\tfrac{1}{2}\,(\text{AE} \times \text{BE} \times \sin.\ \text{AEB}),$$

ou

$$\tfrac{1}{2}\,(7\text{-}64 \times 6\text{-}53 \times \sin.\ 97^G),$$

que je résous par les logarithmes, comme il suit :

$$\begin{aligned} \log.\ 7\text{-}64 &= 0\text{-}8830934 \\ \log.\ 6\text{-}53 &= 0\text{-}8149132 \\ \log.\ \sin.\ 97^G &= \underline{9\text{-}9995176} \\ \text{Somme} - 10 &= 1\text{-}6975242 \end{aligned}$$

Ce logarithme répond à 49-84, dont la moitié, 24 ares 92 centiares, est la surface du triangle AEB.

Enfin, si je désigne par S la surface du quadrilatère proposé, j'aurai, par la récapitulation suivante :

$$S = 24\text{-}60 + 8\text{-}32 + 24\text{-}92 = 57\text{-}84,$$

ou 57 ares 84 centiares.

PROBLÈME.

1011. *Déterminer la surface d'un quadrilatère ABCD* Fig. 539. (Fig. 539), *qui n'a qu'un côté accessible AD.*

La solution de ce problème n'est pas difficile; après avoir mesuré le côté accessible AD, que je trouve de 11 décamètres 8 mètres, et les quatre angles suivans, qui sont

$$\begin{aligned} \text{BAC} &= 82^G\ 12', & \text{ADB} &= 28^G\ 40', \\ \text{CAD} &= \underline{30^G\ 75'}, & \text{BDC} &= \underline{48^G\ 10'}, \\ \text{BAD} &= 112^G\ 87', & \text{ADC} &= 76^G\ 50', \end{aligned}$$

je trouve l'angle ABD en faisant

$$\begin{aligned} \text{ABD} &= 200^G - (\text{BAD} + \text{ADB}) \\ &= 200^G - (112^G\ 87' + 28^G\ 40') = 58^G\ 73', \end{aligned}$$

et celui ACD, en faisant

$$\begin{aligned} \text{ACD} &= 200^G - (\text{CAD} + \text{ADC}) \\ &= 200^G - (30^G\ 75' + 76^G\ 50') = 92^G\ 75'. \end{aligned}$$

Cela étant connu, je détermine la longueur du côté AB du triangle ABD, dans lequel je connais les trois angles et un côté, par la proportion

$$\sin.\ \text{ABD} : \sin.\ \text{ADB} :: \text{AD} : x = \text{AB},$$

ou celle

$$\sin.\ 58^G\ 73' : \sin.\ 28^G\ 40' :: 11\text{-}8 : \text{AB},$$

qui revient à

$$\text{AB} = \frac{\sin.\ 28^G\ 40' \times 11\text{-}8}{\sin.\ 58^G\ 73'},$$

que je résous par les logarithmes, comme il suit :

$$\begin{aligned} \log.\ 11\text{-}8 &= 1\text{-}0718820 \\ \log.\ \sin.\ 28^G\ 40' &= 9\text{-}6349366 \\ \text{C.}\log.\ \sin.\ 58^G\ 73' &= \underline{0\text{-}0984703} \\ \text{Somme} - 10 &= 0\text{-}8052889 \end{aligned}$$

Ce logarithme répond à 6 décamètres 39 décimètres, qui est la longueur du côté AB. Ce résultat ne suffit pas encore pour évaluer la surface du quadrilatère proposé; on ne pourrait encore évaluer que celle du triangle ABD, dans lequel on connaît les deux côtés AB, AD, et l'angle compris, et cette évaluation exigerait encore la recherche des deux côtés BD, CD, de l'autre triangle BCD, qu'il faudrait évaluer pour connaître la surface totale. Fig. 539.

Mais, pour ne pas chercher la longueur du rayon BD, ni celle du côté CD, je détermine celle du rayon ou du côté AC du triangle ACD dans lequel je connais les trois angles et le côté accessible AD, par la proportion

$$\sin.\ \text{ACD} : \sin.\ \text{ADC} :: \text{AD} : x = \text{AC},$$

ou celle

$$\sin.\ 92^G\ 75' : \sin.\ 76^G\ 50' :: 11\text{-}8 : \text{AC},$$

qui revient à

$$\text{AC} = \frac{\sin.\ 76^G\ 50' \times 11\text{-}8}{\sin.\ 92^G\ 75'},$$

que je résous en faisant, par les logarithmes,

$$\begin{aligned} \log.\ 11\text{-}8 &= 1\text{-}0718820 \\ \log.\ \sin.\ 76^G\ 50' &= 9\text{-}9697136 \\ \text{C.}\log.\ \sin.\ 92^G\ 75' &= \underline{0\text{-}0028224} \\ \text{Somme} - 10 &= 1\text{-}0444180 \end{aligned}$$

Ce logarithme répond à 11 décamètres 08 décimètres, qui est la longueur du côté AC.

Maintenant, je calcule la surface des triangles ABC, ACD, qui doivent immanquablement satisfaire à l'énoncé du problème; ainsi, je trouve que la surface du premier triangle dans lequel je connais les deux côtés AB, AC, et l'angle compris, équivaut à

$$\tfrac{1}{2}\,(\text{AB} \times \text{AC} \times \sin.\ \text{BAC}),$$

ou à

$$\tfrac{1}{2}\,(6\text{-}39 \times 11\text{-}08 \times \sin.\ 82^G\ 12'),$$

que je résous par les logarithmes comme il suit :

$$\begin{aligned} \log.\ 6\text{-}39 &= 0\text{-}8055009 \\ \log.\ 11\text{-}08 &= 1\text{-}0445398 \\ \log.\ \sin.\ 82^G\ 12' &= \underline{9\text{-}9826411} \\ \text{Somme} - 10 &= 1\text{-}8326818 \end{aligned}$$

Ce logarithme répond à 68-03, dont la moitié 34 ares 01 centiare est la surface du triangle ABC.

Ensuite, je détermine la surface de l'autre triangle ACD dans lequel je connais les deux côtés AC, AD, et l'angle compris, qui est égale à

$$\tfrac{1}{2}\,(\text{AC} \times \text{AD} \times \sin.\ \text{CAD}),$$

ou a

$$\tfrac{1}{2}\,(11\text{-}08 \times 11\text{-}8 \times \sin.\ 30^G\ 75'),$$

que je calcule par les logarithmes, en faisant

$$\begin{aligned} \log.\ 11\text{-}08 &= 1\text{-}0445398 \\ \log.\ 11\text{-}8 &= 1\text{-}0718820 \\ \log.\ \sin.\ 30^G\ 75' &= \underline{9\text{-}6669443} \\ \text{Somme} - 10 &= 1\text{-}7833661 \end{aligned}$$

Ce logarithme répond à 60-72, dont la moitié 30 ares 36 centiares est la surface du triangle ACD.

Enfin, la surface du quadrilatère ABCD, composé des deux triangles que nous venons d'évaluer, équivaut à

$$34\text{-}01 + 30\text{-}36 = 64\text{-}37,$$

ou à 64 ares 37 centiares.

PROBLÈME.

1012. *Calculer la surface d'un quadrilatère ABCD*
Fig. 540. (Fig. 540), *dont on ne peut mesurer que deux côtés opposés et les quatre angles.*

Voici les résultats que nous supposons obtenus dans les opérations qu'il est possible de faire sur le terrain.

$$AD = 7\text{-}3,\quad BCD = 68^G,$$
$$BC = 6\text{-}7,\quad ADC = 72^G,$$
$$ABC = 136^G,\quad BAC = 124^G.$$

Pour évaluer cette surface, j'imagine les triangles rectangles ADE, BCF, dans lesquels je connais les côtés AD, BC, et les angles C, D, et je calcule les longueurs DE, AE, CF, BF.

Ainsi, sachant que l'angle DAE équivaut à

$$DAE = 100^G - ADE = 100^G - 72^G = 28^G,$$

je trouve la longueur du segment DE du triangle rectangle ADE, par la proportion

$$R : \sin.\ DAE :: AD : x = DE,$$

ou celle

$$R : \sin.\ 28^G :: 7\text{-}3 : DE,$$

qui revient à

$$DE = \frac{\sin.\ 28^G \times 7\text{-}3}{R},$$

que je résous par les logarithmes comme il suit :

$$\log.\ 7\text{-}3 = 0\text{-}8633229$$
$$\log.\ \sin.\ 28^G = 9\text{-}6291845$$
$$\text{Somme} - 10 = 0\text{-}4925074$$

Ce logarithme répond à 3 décamètres 11 mètres, qui est la longueur du côté DE.

La longueur de la perpendiculaire AE se trouve aussi par la proportion

$$R : \sin.\ ADE :: AD : x = AE,$$

ou celle

$$R : \sin.\ 72^G :: 7\text{-}3 : AE,$$

qui revient à

$$AE = \frac{\sin.\ 72^G \times 7\text{-}3}{R},$$

que je résous en faisant, par les logarithmes,

$$\log.\ 7\text{-}3 = 0\text{-}8633229$$
$$\log.\ \sin.\ 72^G = 9\text{-}9565656$$
$$\text{Somme} - 10 = 0\text{-}8198885$$

Ce logarithme répond à 6 décamètres 61 décimètres, qui est la longueur de la perpendiculaire AE.

Maintenant, sachant que l'angle CDF équivaut à Fig. 540.

$$CBF = 100^G - BCF = 100^G - 68^G = 32^G,$$

je trouve la longueur du segment CF, par la proportion

$$R : \sin.\ CBF :: BC : x = CF,$$

ou celle

$$R : \sin.\ 32^G :: 6\text{-}7 : CF,$$

qui revient à

$$CF = \frac{\sin.\ 32^G \times 6\text{-}7}{R},$$

que je résous par le calcul logarithmique suivant :

$$\log.\ 6\text{-}7 = 0\text{-}8260748$$
$$\log.\ \sin.\ 32^G = 9\text{-}6828250$$
$$\text{Somme} - 10 = 0\text{-}5088998$$

Ce logarithme répond à 3 décamètres 23 décimètres, qui est la longueur du côté CF.

Je trouve la longueur de la perpendiculaire BF, par la proportion

$$R : \sin.\ BCF :: BC : x = BF,$$

ou celle

$$R : \sin.\ 68^G :: 6\text{-}7 : BF,$$

qui revient à

$$BF = \frac{\sin.\ 68^G \times 6\text{-}7}{R},$$

que je résous en faisant, par les logarithmes,

$$\log.\ 6\text{-}7 = 0\text{-}8260748$$
$$\log.\ \sin.\ 68^G = 9\text{-}9426561$$
$$\text{Somme} - 10 = 0\text{-}7687309$$

Ce logarithme répond à 5 décamètres 87 décimètres, pour la longueur de la perpendiculaire BF.

Ensuite, pour déterminer la distance $aB = EF$, j'imagine le triangle rectangle AaB ; j'ai la distance Aa en faisant

$$Aa = AE - BF = 6\text{-}61 - 5\text{-}87 = 0\text{-}74,$$

et l'angle aAB en faisant

$$aAB = BAD - DAE = 124^G - 28^G = 96.$$

Cela connu, je trouve le côté aB de ce triangle par la proportion

$$R : \text{tang.}\ aAB :: Aa : x = aB,$$

ou celle

$$R : \text{tang.}\ 96^G :: 0\text{-}74 : aB,$$

qui revient à

$$EF = aB = \frac{\text{tang.}\ 96^G \times 0\text{-}74}{R},$$

que je résous par les logarithmes en faisant, d'après la formule (2) du numéro 422,

$$\log.\ 0\text{-}74 = 9\text{-}8692317$$
$$\log.\ \text{tang.}\ 96^G = 1\text{-}2012481$$
$$\text{Somme} - 10 = 1\text{-}0704798$$

Fig. 540. Ce logarithme répond à 11 décamètres 76 décimètres, qui est la longueur de aB, qui est égal à EF.

Enfin, au moyen de tous ces résultats je trouve la surface du quadrilatère proposé, en faisant

$$\text{Surface}\left\{\begin{array}{l} ADF = DF \times \tfrac{1}{2} AE = 14\text{-}87 \times 3\text{-}3 \;\; = 49\text{-}07 \\ BCE = CE \times \tfrac{1}{2} BF = 14\text{-}99 \times 2\text{-}93 = 43\text{-}91 \\ ABCD = \text{triang. } ADF + \text{triang. } BCE = 92\text{-}98 \end{array}\right.$$

ce qui donne 92 ares 98 centiares pour la surface demandée.

On remarquera que si les angles BAD, ADC, étaient droits, ou, si l'un étant aigu, l'autre était son supplément, cette méthode ne pourrait avoir lieu : ainsi, pour que cette opération puisse se faire, il faut que les angles adjacens au côté AD soient moindres que deux angles droits.

PROBLÈME.

1013. *Déterminer la surface d'un quadrilatère ABCD*
Fig. 541. (Fig. 541), *dont on ne peut mesurer que le côté CD et ses deux angles adjacens.*

Ce problème est assez facile à résoudre ; après avoir prolongé le côté CD, j'abaisse sur ces prolongemens les perpendiculaires AE, BF, et je mesure les valeurs suivantes :

$$CE = 4\text{-}1, \qquad ACD = 137^G\,86',$$
$$CD = 6\text{-}7, \qquad BDC = 125^G.$$
$$DF = 2\text{-}0,$$

Je trouve alors l'angle ACE en faisant

$$ACE = 200^G - ACD$$
$$= 200^G - 137^G\,86' = 62^G\,14',$$

et celui BDF, en faisant de même

$$BDF = 200^G - BDC$$
$$= 200^G - 125^G = 75^G.$$

Pour évaluer la surface du quadrilatère proposé, il est évident qu'il faut connaître la longueur des deux perpendiculaires AE, BF. Ainsi, je trouve la longueur de celle AE par la proportion

$$R : \text{tang. } ACE :: CE : x = AE,$$

ou celle

$$R : \text{tang. } 62^G\,14' :: 4\text{-}1 : AE,$$

qui revient à

$$AE = \frac{\text{tang. } 62^G\,14' \times 4\text{-}1}{R},$$

que je résous en faisant, par les logarithmes,

$$\log. 4\text{-}1 = 0\text{-}6127839$$
$$\log. \text{tang. } 62^G\,14' = 0\text{-}1698033$$
$$\log. AE = 0\text{-}7825871$$

Ce logarithme répond à 6 décamètres 06 décimètres, qui est la longueur de la perpendiculaire AE.

La proportion suivante donne la longueur de l'autre perpendiculaire BF,

$$R : \text{tang. } BDF :: DF : x = BF,$$

ou celle Fig. 541.

$$R : \text{tang. } 75^G :: 2\text{-}0 : BF,$$

qui revient à

$$BF = \frac{\text{tang. } 75^G \times 2\text{-}0}{R},$$

que je résous en faisant, par les logarithmes,

$$\log. 2\text{-}0 = 0\text{-}3010300$$
$$\log. \text{tang. } 75^G = 0\text{-}3827757$$
$$\log. BF = 0\text{-}6838057$$

Ce logarithme répond à 4 décamètres 83 décimètres, qui est la longueur de la perpendiculaire BF.

Cela fait, je trouve que la surface du trapèze ABEF équivaut à

$$EF \times \tfrac{1}{2}(AE + BF) = 12\text{-}8 \times 5\text{-}445 = 69\text{-}69.$$

Cette surface est plus grande que celle demandée ; il faut en ôter celle des triangles rectangles empruntés, qui est égale à

$$\text{Surface}\left\{\begin{array}{l} ACE = CE \times \tfrac{1}{2} AE = 4\text{-}1 \times 3\text{-}03 = 12\text{-}42 \\ BDF = DF \times \tfrac{1}{2} BF = 2\text{-}0 \times 2\text{-}41 = \;\; 4\text{-}83 \\ \text{des triangles empruntés } ACE,\ BDF = 17\text{-}25 \end{array}\right.$$

Donc, la surface totale du quadrilatère ABCD, que je désigne par S, est équivalente à

$$S = 69\text{-}69 - 17\text{-}25 = 52\text{-}44,$$

ou à 52 ares 44 centiares.

PROBLÈME.

1014. *Déterminer la surface du quadrilatère ABCD*
(Fig. 542), *par la connaissance du côté accessible CD* Fig. 542.
et de ses deux angles adjacens.

Cette opération se rapporte beaucoup à la précédente ; après avoir abaissé sur le côté CD et son prolongement les perpendiculaires AE, BF, je mesure les valeurs suivantes sur le terrain,

$$DE = 2\text{-}7, \qquad ADC = ADE = 65^G\,02',$$
$$CE = 6\text{-}3, \qquad BCD = 126^G\,12',$$
$$CF = 2\text{-}6,$$

et je trouve que l'angle BCF équivaut à

$$BCF = 200^G - BCD$$
$$= 200^G - 126^G\,12' = 73^G\,88'.$$

Il reste maintenant à déterminer la longueur des perpendiculaires AE, BF ; ainsi, je trouve celle de AE, par la proportion

$$R : \text{tang. } ADE :: DE : x = AE,$$

ou celle

$$R : \text{tang. } 65^G\,02' :: 2\text{-}7 : AE,$$

qui revient à

$$AE = \frac{\text{tang. } 65^G\,02' \times 2\text{-}7}{R},$$

Fig. 542. que je résous par les logarithmes comme il suit :

log. 2-7 = 0-4313638
log. tang. = 0-2134466
log. AE = 0-6448104

Ce logarithme répond à 4 décamètres 41 décimètres, qui est la longueur de la perpendiculaire AE.

Maintenant je détermine la longueur de celle BF, par la proportion

R : tang. BCF : : CF : x = BF,

ou celle

R : tang. 73° 88' : : 2-6 : BF,

qui revient à

$$\text{BF} = \frac{\text{tang. } 73^{\circ}\ 88' \times 2\text{-}6}{\text{R}},$$

que je résous en faisant

log. 2-6 = 0-4149733
log. tang. 73° 88' = 0-3615523
log. BF = 0-7765256

Ce logarithme répond à 5 décamètres 98 décimètres, qui est la longueur de la perpendiculaire BF.

Ensuite, connaissant tout ce qui est nécessaire pour calculer la surface du quadrilatère proposé, je commence par déterminer celle du quadrilatère ABDF, en faisant

Surface {
ADE = DE × ½ AE = 2-7 × 2-205 = 5-95
ABEF = EF × ½(AE+BE) = 9-1 × 5-193 = 47-27
ABFD = triang. ADE + trap. ABEF = 53-22

Enfin la surface du triangle emprunté étant égale à

CF × ½ BF = 2-6 × 2-99 = 7-77,

j'ai celle du quadrilatère ABCD qui équivaut à

53-22 — 7-77 = 45-45,

ou à 45 ares 45 centiares.

PROBLÈME.

1015. *Trouver la surface d'un quadrilatère quelconque ABCD* (Fig. 543), *qui n'a qu'un angle accessible et dont on peut apercevoir les trois autres.* Fig. 543.

Après avoir jalonné et mesuré une base quelconque DE, je mesure des extrémités D, E, de cette base, qui est de 9 décamètres, les angles suivans :

BDC = 38°	AEB = 35° 50',
ADB = 37°	BEC = 41° 12',
ADE = 52° 50',	CED = 31° 38',
CDE = 127° 50'	AED = 108° 00',

Ces principaux angles étant connus, je trouve ceux qui suivent en faisant

BED = BEC + CED = 41° 12' + 31° 38' = 72° 50';
BDE = ADB + ADE = 37° + 52° 50' = 89° 50'.

Pour déterminer la surface du quadrilatère proposé, je commence par déterminer la longueur du côté AD du triangle ADE, dans lequel je connais un côté DE, et les deux angles AED, ADE, qui donnent le troisième angle Fig. 543.

DAE = 200° — (AED + ADE)
= 200° — (108° + 52° 50') = 39° 50',

par la proportion

sin. DAE : sin. AED : : DE : x = AD,

ou celle

sin. 39° 50' : sin. 108° : : 9-0 : AD,

qui revient à

$$\text{AD} = \frac{\text{sin. } 108^{\circ} \times 9\text{-}0}{\text{sin. } 39^{\circ}\ 50'},$$

que je résous par les logarithmes comme il suit :

log. 9-0 = 0-9542425
log. sin. 108 ou 92° = 9-9965619
C. log. sin. 39° 50' = 0-2355151
Somme — 10 = 1-1863195

Ce logarithme répond à 15 décamètres 36 décimètres, qui est la longueur du côté AD du triangle ADE ou du quadrilatère proposé.

Ensuite, je détermine la longueur du côté CD du triangle CDE dans lequel je connais un côté DE, et les deux angles CDE, CED, qui donnent encore le troisième angle

DCE = 200° — (CDE + CDE)
= 208° — (127° 50' + 31° 38') = 41° 12',

par la proportion

sin. DCE : sin. CED : : DE : x = CD,

ou celle

sin. 41° 12' : sin. 31° 38' : : 90 : CD,

qui revient à

$$\text{CD} = \frac{\text{sin. } 31^{\circ}\ 38' \times 9\text{-}0}{\text{sin. } 41^{\circ}\ 12'},$$

que je résous en faisant, toujours par les logarithmes,

log. 9-0 = 0-9542425
log. sin. 31° 38' = 9-6750417
C. log. sin. 41° 12' = 0-2204565
Somme — 10 = 0-8497407

Ce logarithme répond à 7 décamètres 075 centimètres, pour la longueur du côté CD du triangle CDE ou du quadrilatère proposé.

Maintenant, pour évaluer la surface totale des triangles ABD, BCD, qui composent le quadrilatère proposé, il faut encore connaître la longueur du rayon ou du côté BD qui leur est commun ; pour cela, je me servirai du triangle BDE dans lequel je connais un côté DE, et les deux angles BED, BDE, qui donnent le troisième angle

EBD = 200° — (BED + BDE)
= 200° — (72° 50' + 89° 50') = 38°,

et j'aurai, par la proportion suivante,

sin. EBD : sin. BED : : DE : x = BD,

ou celle

sin. 38° : 72° 50' : : 9-0 : BD,

Fig. 413. qui revient à

$$BD = \frac{\sin. 72^{\circ} 50' \times 9\text{-}0}{\sin. 38^{\circ}},$$

que je résous par les logarithmes, en faisant

$$\begin{aligned} \log. 9\text{-}0 &= 0\text{-}9542425 \\ \log. \sin. 72^{\circ} 50' &= 9\text{-}9581543 \\ C. \log. \sin. 38^{\circ} &= 0\text{-}2501993 \\ \hline \text{Somme} - 10 &= 1\text{-}1625961 \end{aligned}$$

Ce logarithme répond à 14 décamètres 54 décimètres, qui est la longueur du rayon BD.

Ainsi, connaissant les deux côtés AD, BD, et l'angle compris du triangle ABD, je trouve sa surface en faisant

$$\tfrac{1}{2} (AD \times BD \times \sin. ADB),$$
$$\tfrac{1}{2} (15\text{-}36 \times 14\text{-}54 \times \sin. 37^{\circ}),$$

que je résous par les logarithmes comme il suit :

$$\begin{aligned} \log. 15\text{-}36 &= 1\text{-}1863915 \\ \log. 14\text{-}54 &= 1\text{-}1625644 \\ \log. \sin. 37^{\circ} &= 9\text{-}7395904 \\ \hline \text{Somme} - 10 &= 2\text{-}0885461 \end{aligned}$$

Ce logarithme répond à 122-62, dont la moitié 61 ares 31 centiares est la surface du triangle ABD.

Je trouve de même la surface du triangle BDC dans lequel je connais les deux côtés BD, CD, et l'angle compris, en faisant

$$\tfrac{1}{2} (BD \times CD \times \sin. BDC),$$
$$\tfrac{1}{2} (14\text{-}54 \times 7\text{-}075 \times \sin. 38^{\circ}),$$

que je résous par les logarithmes comme il suit :

$$\begin{aligned} \log. 14\text{-}54 &= 1\text{-}1625644 \\ \log. 7\text{-}075 &= 0\text{-}8497264 \\ \log. \sin. 38^{\circ} &= 9\text{-}7498007 \\ \hline \text{Somme} - 10 &= 1\text{-}7620915 \end{aligned}$$

Ce logarithme répond à 57-82, dont la moitié 28 ares 91 centiares est la surface du triangle BCD.

Enfin, en indiquant la surface du quadrilatère proposé par S, je la trouve équivalente à

$$S = 61\text{-}31 + 28\text{-}91 = 90\text{-}22,$$

ou à 90 ares 22 centiares.

MESURE DES QUADRILATÈRES IRRÉGULIERS ET INACCESSIBLES DANS TOUTES LEURS PARTIES.

1016. Nous voici arrivé à la mesure que nous avons promise dans le numéro 888, avant d'indiquer la mesure des triangles au moyen de l'équerre fendue en huit angles égaux. Nous allons faire voir que ces quadrilatères peuvent être couverts de bois, de bâtimens, etc.

PROBLÈME.

1017. *Trouver, au moyen de l'équerre divisée en huit angles égaux, la surface d'un quadrilatère quelconque ABCD* (Fig. 414) *que l'on ne peut approcher.* Fig. 414.

Après avoir effectué toutes les opérations détaillées au numéro 678, établi pour la figure qui nous occupe, je trouve que les distances fixées sur la directrice sont :

LE = 2-5, HK = 1-2,
GE = 2-5, KI = 3-35,
GH = 1-15, IJ = 1-25,

qui donnent, pour longueurs des perpendiculaires,

AG = 2-5, CI = 8-2,
BH = 6-15, DJ = 4-6.

Ces résultats suffisent pour déterminer la surface de ce quadrilatère sans l'approcher. Il devient inutile de démontrer encore ici l'évaluation de cette surface au moyen des trois côtés connus de chacun des deux triangles ABC, ACD, qui composent le quadrilatère ABCD, comme nous l'avons fait dans le numéro 889.

Au reste, en jetant les yeux sur le croquis, on s'aperçoit aussitôt que :

1° La diagonale ou le côté AC commun aux deux triangles est l'hypothénuse du triangle rectangle ACU ;

2° Le côté AB est l'hypothénuse du triangle rectangle ABP ;

3° Celui BC l'hypothénuse du triangle rectangle BCM ;

4° Celui CD l'hypothénuse du triangle rectangle CDO ;

5° Celui AD l'hypothénuse du triangle rectangle ADN ;

Les côtés qui forment l'angle droit de chaque triangle se déterminent par des soustractions, comme on vient de le faire plus haut (889).

Voici la solution préférée ; elle se rapporte aux numéros 890 et 891, pour lesquels elle fut employée relativement à la surface des triangles inabordables.

Je détermine d'abord la surface du polygone ABCDJG en faisant

Surface
ABGH = GH × ½ (AG + BH) = 1-15 × 4-325 = 4-97
BCIH = HI × ½ (BH + CI) = 4-55 × 7-175 = 32-65
CDIJ = IJ × ½ (CI + DJ) = 1-25 × 6-4 = 8-0
du quadrilatère ABCD + celle du trap. ADJG = 45-62

Cette surface étant connue de 45 ares 62 centiares, il s'agit maintenant d'évaluer celle du trapèze emprunté ADJG, qui équivaut à

$$GJ \times \tfrac{1}{2} (AG + DJ) = 6\text{-}95 \times 3\text{-}55 = 24\text{-}67.$$

Donc la surface du quadrilatère ABCD, que nous désignons par s, équivaut à

$$s = 45\text{-}62 - 24\text{-}67 = 20\text{-}95,$$

ou à 20 ares 95 centiares.

On peut encore résoudre ce problème comme il suit : on chercherait la longueur de la diagonale AC qui est l'hypothénuse du triangle rectangle ACJ, ce qui donne

$$AC = \sqrt{\overline{AU}^2 + \overline{CU}^2} = \sqrt{5\text{-}7^2 + 5\text{-}7^2}$$
$$= \sqrt{5\text{-}7^2 \times 2} = \sqrt{64\text{-}98} = 8\text{-}061,$$

Fig. 414. ou 8 décamètres 061 centimètres pour la longueur de la diagonale AC.

Ensuite, on prolongerait le rayon DK d'une longueur indéfinie KS ; on élèverait du point E sur le rayon AE ou CE, les perpendiculaires ET, ES, que l'on trouverait, pour ce cas

ET = BQ = 1-77, ES = DR = 3-43.

Enfin, je trouve la surface du quadrilatère ABCD, en faisant

ABCD = AC × $\frac{1}{2}$ (BQ + DR) = 8-051 × 2-6 = 20-96,

ce qui donne toujours 20 ares 96 centiares pour la surface demandée. Cette opération graphique est exacte à 1 centiare près, ce qui ne se rencontre pas trop souvent.

PROBLÈME.

1018. *Déterminer, au moyen de l'équerre fendue en huit angles égaux, la surface du quadrilatère ABCD* Fig. 415. (Fig. 415) *qui est couvert de bois et que l'on ne peut approcher.*

On peut mesurer la surface de tous les polygones couverts de bois, de bâtimens, de broussailles, etc., lorsque, sur une directrice bien fixée de position, on peut abaisser des perpendiculaires des angles de ces polygones.

Toutes les opérations étant faites sur le terrain comme elles sont indiquées dans le numéro précité, on a les distances suivantes :

JK = 2-6,	HE = 2-2,
IJ = 1-3,	GE = 2-9,
IH = 0-82,	FG = 3-1,

et les perpendiculaires,

BI = 3-9,	DG = 2-9,
CH = 2-12,	AF = 6-0.

Avec ces longueurs, nous pourrions, comme au numéro 809, évaluer cette surface au moyen des trois connus de chacun des deux triangles ABD, BCD, qui composent le quadrilatère ABCD ; mais il vaut mieux opérer comme dans le numéro précédent. Il est vrai qu'en jetant les yeux sur l'opération, on s'aperçoit bientôt que,

1° La diagonale ou le côté BD est l'hypothénuse du triangle rectangle BDN ;

2° Le côté AB est l'hypothénuse du triangle rectangle ABL ;

3° Celui AD, l'hypothénuse du triangle rectangle ADM ;

4° Celui CD, l'hypothénuse du triangle rectangle CDP ;

5° Celui BC, l'hypothénuse du triangle rectangle BOC.

Quant aux côtés de l'angle droit de chaque triangle rectangle, on trouve leur longueur par des soustractions.

Pour déterminer cette surface d'après le meilleur procédé, je commence par évaluer la surface du trapèze ABIF qui équivaut à

FI × $\frac{1}{2}$ (BI + AF) = 9-02 × 4-95 = 44-65 ;

cette surface étant connue de 44 ares 65 centiares, il s'agit maintenant d'en soustraire celle des trapèzes empruntés BCHI, CDGH, ADFG, que je trouve en faisant Fig. 415.

Surface
BCHI = HI × $\frac{1}{2}$ (BI + CH) = 0-82 × 3-01 = 2-47
CDGH = GH × $\frac{1}{2}$ (CH + DG) = 5-1 × 2-51 = 12-80
ADFG = FG × $\frac{1}{2}$ (DG + AF) = 3-1 × 4-45 = 13-79
des trois trapèzes empruntés en opérant = 29-06

Donc, la surface du quadrilatère proposé, que nous désignons par S, se trouve exactement équivalente à

S = 44-65 — 29-06 = 15-59,

ou à 15 ares 59 centiares.

PROBLÈME.

1019. *Déterminer, par le calcul, la surface d'un quadrilatère quelconque ABCD* (Fig. 544), *que l'on ne peut approcher.* Fig. 544.

Après avoir jalonné et mesuré une ligne d'opération EF, que je trouve de 10 décamètres 1 mètre, des extrémités E, F, de cette base, je mesure les angles suivans :

AEC = 12°,	BFD = 22°,
BEC = 42° 15',	AFD = 26°,
BED = 22° 30',	AFC = 10°,
DEF = 32° 50',	CFE = 45° 10',
AEF = 108° 95'	BFE = 103° 10'

Ces principaux angles étant connus, je trouve ceux qui suivent en faisant

CEF = AEF — AEC = 108° 95' — 12° = 96° 95' ;
BEF = CEF — BEC = 96° 95' — 42° 15' = 54° 80' ;
DFE = BFE — BFD = 103° 10' — 22° = 81° 10' ;
AFE = DFE — AFD = 81° 10' — 26° = 55° 10'.

Pour déterminer la surface du quadrilatère proposé, il faut évaluer celle du quadrilatère ABCD formé des deux triangles ABE, BED, et en soustraire celle du quadrilatère emprunté ACDE formé des deux triangles empruntés ACE, CDE. Ainsi, il s'agit de calculer la longueur de chacun des rayons AE, CE, BE, DE, qui sont les côtés des triangles respectifs AEF, CEF, BEF, DEF, dans chacun desquels je connais deux angles et le côté commun EF, qui est la ligne d'opération.

Pour trouver la longueur du côté AE du triangle AEF, je cherche son troisième angle qui est égal à

EAF = 200° — (AEF + AFE)
= 200° — (108° 95' + 55° 10') = 35° 95',

et j'ai, par la proportion suivante,

sin. EAF : sin. AFE :: EF : x = AE,

ou celle

sin. 35° 95' : sin. 55° 10' :: 10-1 : AE,

qui revient à

$$AE = \frac{\text{sin. } 55° \ 10' \times 10\text{-}1}{\text{sin. } 35° \ 95'},$$

que je résous en faisant, par les logarithmes,

log. 10-1 = 1-0043214
log. sin. 55° 10 = 9-8816272
C. log. sin. 35° 95' = 0-2715135
Somme — 10 = 1-1574621

Fig. 544. Ce logarithme répond à 14 décamètres 37 décimètres, qui est la longueur du côté AE.

Pour connaître la longueur du côté CE du triangle CEF, je cherche son troisième angle qui est égal à

$$\text{ECF} = 200^G - (\text{CEF} + \text{CFE})$$
$$= 200^G - (96^G\,95' + 45^G\,10') = 57^G\,95',$$

et j'ai, par la proportion suivante

$$\sin.\,\text{ECF} : \sin.\,\text{CFE} :: \text{EF} : x = \text{CE},$$

ou celle

$$\sin.\,57^G\,95' : \sin.\,45^G\,10' :: 10\text{-}1 : \text{CE},$$

qui revient à

$$\text{CE} = \frac{\sin.\,45^G\,10' \times 10\text{-}1}{57^G\,95'},$$

que je résous par les logarithmes, comme il suit :

log. 10-1	= 1-0043214
log. sin. 45^G 10'	= 9-8133419
C. log. sin. 57^G 95'	= 0-1025525
Somme — 10	= 0-9202158

Ce logarithme répond à 8 décamètres 322 décimètres, qui est la longueur de CE.

Pour déterminer la longueur du côté BE du triangle BEF, je cherche son troisième angle, qui est égal à

$$\text{EBF} = 200^G - (\text{BEF} + \text{BFE})$$
$$= 200^G - (54^G\,80' + 103^G\,10') = 42^G\,10',$$

et j'ai, par la proportion suivante,

$$\sin.\,\text{EBF} : \sin.\,\text{BFE} :: \text{EF} : x = \text{BE},$$

ou celle

$$\sin.\,42^G\,50' : \sin.\,103^G\,50' :: 10\text{-}1 : \text{BE},$$

qui revient à

$$\text{BE} = \frac{\sin.\,103^G\,50' \times 10\text{-}1}{\sin.\,42^G\,10'},$$

que je résous comme il suit :

log. 10-1	= 1-0043214
log. sin. 103^G 50' ou 96^G 50'	= 9-9993433
C. log. sin. 42^G 10'	= 0-2117273
Somme — 10	= 1-2153920

Ce logarithme répond à 16 décamètres 42 décimètres, qui est la longueur du côté BE.

Pour trouver la longueur du côté DE du triangle DEF, je cherche son troisième angle, qui équivaut à

$$\text{EDF} = 200^G - (\text{DEF} + \text{DFE})$$
$$= 200^G - (32^G\,50' + 81^G\,10') = 86^G\,40',$$

et j'ai la proportion suivante :

$$\sin.\,\text{EDF} : \sin.\,\text{DFE} :: \text{EF} : x = \text{DE},$$

ou celle

$$\sin.\,86^G\,40' : \sin.\,81^G\,10' :: 10\text{-}1 : \text{DE},$$

qui revient à

$$\text{DE} = \frac{\sin.\,81^G\,10' \times 10\text{-}1}{\sin.\,86^G\,40'},$$

que je résous en faisant, toujours par les logarithmes, Fig. 544.

log. 10-1	= 1-0043214
log. sin. 81^G 10'	9-9805731
C. log. sin. 86^G 40'	= 0-0099863
Somme — 10	= 0-9948808

Ce logarithme répond à 9 décamètres 883 décimètres, qui est la longueur du côté DE.

Maintenant, je détermine la surface du triangle ABE, en faisant

$$\tfrac{1}{2}\,(\text{AE} \times \text{BE} \times \sin.\,\text{AEB}),$$

ou

$$\tfrac{1}{2}\,(14\text{-}37 \times 16\text{-}42 \times 54^G\,15'),$$

que je résous par les logarithmes, ce qui donne

log. 14-37	= 1-1574568
log. 16-42	= 1-2153732
log. sin. 54^G 15'	= 9-8760256
Somme — 10	= 2-2488556

Ce logarithme répond à 177-36, dont la moitié, 88 ares 68 centiares, est la surface du triangle ABE.

La surface du triangle BDE se trouve en faisant

$$\tfrac{1}{2}\,(\text{BE} \times \text{DE} \times \sin.\,\text{BED}),$$

ou

$$\tfrac{1}{2}\,(16\text{-}42 \times 9\text{-}883 \times \sin.\,22^G\,30'),$$

que je résous par les logarithmes, comme il suit :

log. 16-42	= 1-2153732
log. 9-883	= 0-9948888
log. sin. 22^G 30'	= 9-5355067
Somme — 10	= 1-7457687

Ce logarithme répond à 55-69, dont la moitié, 27 ares 84 centiares, est la surface du triangle BDE. La surface du quadrilatère ABDE équivaut alors à

$$88\text{-}68 + 27\text{-}84 = 116\text{-}52,$$

ou à 1 hectare 16 ares 52 centiares.

Ensuite, je calcule la surface empruntée ACDE, en commençant par la surface du triangle emprunté ACE, qui équivaut à

$$\tfrac{1}{2}\,(\text{AE} \times \text{CE} \times \sin.\,\text{AEC}),$$

ou à

$$\tfrac{1}{2}\,(15\text{-}37 \times 8\text{-}322 \times \sin.\,12^G),$$

que je résous en faisant, par les logarithmes,

log. 14-37	= 1-1574568
log. 8-322	= 0-9202277
log. sin. 12^G	= 9-2727263
Somme — 10	= 1-3504108

Ce logarithme répond à 22-41, dont la moitié, 11 ares 20 centiares, est la surface du triangle emprunté ACE.

Je trouve de même que la surface de l'autre triangle emprunté CDE équivaut à

$$\tfrac{1}{2}\,(\text{CE} \times \text{DE} \times \sin.\,\text{CED}),$$

ou à

$\frac{1}{2}$(8-322 × 9-733 × sin. 64° 45'),

que je résous par les logarithmes, en faisant

log. 8-322 = 0-9202277
log. 9-833 = 0-9948888
log. sin. 64° 45' = 9-9284442

Somme — 10 = 1-8435607

Ce logarithme répond à 69-75, dont la moitié, 34 ares 87 centiares, est la surface du triangle emprunté CDE. Donc, la surface du quadrilatère emprunté ACE équivaut à

11-20 + 34-87 = 46-07,

ou à 46 ares 07 centiares.

Enfin, désignant par S la surface du quadrilatère inaccessible ABCD, j'aurai exactement

S = 116-52 — 46-07 = 70-45,

ou 70 ares 45 centiares.

SECTION DEUXIÈME.

DIVISION DES QUADRILATÈRES IRRÉGULIERS.

1020. Les cas que l'on peut supposer dans la division des quadrilatères irréguliers sont très-nombreux; nous allons d'abord exposer les différentes manières de diviser les plus faciles, c'est-à-dire les *trapèzes;* ensuite, nous passerons à la *division des quadrilatères irréguliers par des lignes coupant les côtés opposés en parties respectivement proportionnelles à la longueur de chacun.*

Les recherches nombreuses et variées que j'ai faites pour perfectionner cette dernière division, m'ont heureusement conduit à une *simple et unique formule* qui résout, en déterminant la surface du quadrilatère avec l'équerre, comme à l'ordinaire, 1° le cas où les deux perpendiculaires tombent en dedans du quadrilatère; 2° celui où ces perpendiculaires tombent en dehors; 3° celui où l'une des deux perpendiculaires tombe en dedans et l'autre en dehors; 4° et le cas où les deux perpendiculaires tombent en dehors du même côté. Cette formule divise aussi, sans aucun changement, les trois cas qui peuvent se présenter, dans la division des trapèzes, par des lignes parallèles aux bases.

Les traités de géodésie qui ont paru jusqu'à ce jour ont exigé l'application d'une formule difficile pour chacun des six cas que nous venons de distinguer. Notre utile découverte ne présente, comme toutes les autres, qu'une extraction de racine carrée.

DIVISION DES TRAPÈZES EN PARTIES ÉGALES, PAR DES LIGNES TIRÉES ENTRE LES COTÉS PARALLÈLES.

1021. La plus simple division que nous pouvons présenter pour le commencement de la division des quadrilatères irréguliers, est celle des trapèzes par des lignes de division tirées entre deux bases, car la division des trapèzes par des lignes parallèles aux bases est aussi difficile que celle des quadrilatères les plus irréguliers. Les premiers problèmes que nous allons donner seront aussi faciles à résoudre que s'ils présentaient des carrés à diviser.

PROBLÈME.

1022. *Partager le trapèze ABCD* (Fig. 545) *en deux parties égales, de manière que les bases partielles AG, BG, CH, DH, soient respectivement proportionnelles à celles AB, CD.* Fig. 545.

D'après la nature des trapèzes, deux côtés opposés sont toujours parallèles; il suit de là qu'en divisant ces côtés parallèles AB, CD, en deux parties égales respectivement aux points G et H, et tirant la ligne de division GH, j'aurai les deux trapèzes ACGH, BDGH, qui ont même hauteur AE ou BF, et même base

AG = BG, CH = DH,

dont ils sont égaux.

Sachant que les longueurs trouvées sur le terrain sont

AB = 3-8, AE = 6-0,
CD = 13-0, BF = 6-0,

j'aurai, relativement à la surface des parties,

Surface
ACGH = $\frac{1}{2}$ (AG + CH) × AE = 4-2 × 6-0 = 25-2
BDGH = $\frac{1}{2}$ (BG + DH) × AE = 4-2 × 6-0 = 25-2
ABCD = $\frac{1}{2}$ (AB + CD) × AE = 8-4 × 6-0 = 50-4

Donc, le trapèze proposé est exactement divisé en deux parties égales, et j'ai, pour les bases entre elles,

AG : CH :: AB : CD,
BG : DH :: AB : CD,

et pour ces bases,

ACGH : ABCD :: AG : AB :: CH : CD, etc.

Voici une règle générale pour ces divisions; car *partager un trapèze quelconque en un nombre n de trapèzes égaux, par des lignes tirées entre les deux bases, revient à diviser chaque base en n parties égales.*

1023. La figure d'un trapèze ne se reconnaît pas toujours facilement en opérant sur le terrain; si l'on opère sur un des deux côtés parallèles, l'égalité des perpendiculaires indique aussitôt la forme d'un trapèze; mais si l'on opère sur un des deux côtés qui ne sont pas paral-
Fig. 546. lèles, par exemple sur le côté AC (*Fig.* 546), le trapèze ne peut se reconnaître qu'au moyen d'une proportion semblable à la suivante :

$$DF : BE :: CF : AE;$$

dans ce cas, les deux triangles rectangles CDF, ABE, sont semblables, et leurs hypothénuses sont parallèles, et par conséquent, la figure qui, au premier coup-d'œil, paraît être un quadrilatère très-irrégulier, est cependant un trapèze facile à diviser.

Ce trapèze est exactement semblable à celui de la figure 545, seulement il se trouve déguisé dans la figure 546, parce qu'il est levé sur le terrain en prenant le côté AC pour ligne d'opération.

Enfin, si l'on avait un quadrilatère semblable à celui-ci à diviser en deux parties égales, l'opération serait la même que celle du numéro précédent, après la reconnaissance du trapèze. Ainsi, l'on demanderait et l'on aurait la solution d'un problème énoncé comme il suit : *Diviser le quadrilatère ABCD* (Fig. 546) *en deux parties égales, de manière que les perpendiculaires GI, HJ, soient proportionnelles à celles BE, DF, c'est-à-dire que l'on ait la proportion*

$$BE : DF :: GI : HJ,$$

et, par conséquent, celles

$$AE : AI :: CF : CJ,$$
$$AB : AG :: CD : CH,$$
$$BDGH : ABCD :: 1 : 2.$$

N. B. On verra plus loin l'avantage que le trapèze a sur les autres quadrilatères irréguliers pour la facilité de la division.

PROBLÈME.

Fig. 547. 1024. *Partager le bois ABCD* (Fig. 547) *en trois parties égales, de manière que les bases partielles soient proportionnelles à celles AB, CD.*

Après avoir abaissé les deux perpendiculaires DE, CF, sur les prolongemens BE, AF, du côté AB, je reconnais que le bois proposé est un trapèze, parce que ces deux perpendiculaires sont exactement de même longueur.

Donc, en divisant les bases CD, AB, en trois parties égales, et tirant les lignes GI, HJ, la pièce de bois est exactement divisée en trois parties égales, que l'on peut vérifier au moyen des données. Enfin, cette pièce de terre est encore semblable à celle des figures 545 et 546. Nous allons présenter des trapèzes pour lesquels il faudra abaisser une perpendiculaire dans la figure et l'autre au dehors.

PROBLÈME.

1025. *Partager le trapèze ABCD* (Fig. 548) *en quatre* Fig. 548.
parties égales, de manière que les bases partielles soient proportionnelles à celles AB, CD.

Cette figure étant un trapèze sur lequel je mesure les distances suivantes :

$$AB = 5\text{-}6, \qquad AE = 6\text{-}0,$$
$$CD = 10\text{-}2, \qquad BF = 6\text{-}0;$$

pour le diviser en quatre parties égales, il suffit de diviser les bases AB, CD, chacune en quatre parties égales, et tirer les lignes de division IJ, GH, KL, et toute l'opération est effectuée.

En effet, voici la preuve de cette opération, elle présente toutes surfaces égales, dont la somme équivaut exactement à celle du trapèze proposé.

$$\text{Surface}\begin{cases} ACIJ = \frac{1}{2}(AJ + CI) \times AE = 1\text{-}975 \times 6\text{-}0 = 11\text{-}85 \\ IJGH = \frac{1}{2}(GI + HJ) \times AE = 1\text{-}975 \times 6\text{-}0 = 11\text{-}85 \\ GHKL = \frac{1}{2}(GK + HL) \times AE = 1\text{-}975 \times 6\text{-}0 = 11\text{-}85 \\ BDKL = \frac{1}{2}(BL + DK) \times AE = 1\text{-}975 \times 6\text{-}0 = 11\text{-}85 \\ ABCD = \frac{1}{2}(AB + CD) \times AE = 7\text{-}9 \quad \times 6\text{-}0 = 47\text{-}40 \end{cases}$$

Donc, la surface du trapèze est divisée comme l'énoncé de la question l'exige, puisque l'on a

$$AJ : CI :: AB : CD,$$
$$JH : GI :: AB : CD, \text{ etc.}$$

1026. Si l'on prenait, pour ligne d'opération, un des côtés qui ne sont pas parallèles, par exemple celui BD
(*Fig.* 549), il faudrait abaisser, des angles A et C sur Fig. 549.
BD et son prolongement BE, les perpendiculaires AE, CF, qui doivent être en proportion avec les segmens BE, DF, si le quadrilatère est un trapèze, ce qui existe ici, puisque

$$AE : CF :: BE : DF.$$

Ainsi, il est très-facile de voir si un quadrilatère est trapèze ou non; il s'agit de diviser chaque segment par la perpendiculaire correspondante ou réciproquement; si les quotiens sont égaux ou à-peu-près, il y a deux côtés parallèles qui sont les bases du trapèze et l'hypothénuse de chaque triangle rectangle formé par ces perpendiculaires et les segmens.

Si nous indiquons par q le quotient égal de toutes les divisions suivantes, nous aurons, pour la reconnaissance de ce trapèze,

$$q = \frac{BE}{AE} = \frac{DF}{CF} = \frac{BP}{JP} = \frac{DM}{IM}, \text{ etc., etc.}$$

Enfin, voici l'énoncé du problème analogue à ce quadrilatère : *Diviser le quadrilatère ABCD* (Fig. 549) *en quatre parties égales, de manière que les perpendiculaires abaissées des points de division J, H, L, I, G, K, soient proportionnelles à celles AE, CF, c'est-à-dire que l'on ait*

$$AE : CF :: LR : KO :: HQ : GN, \text{ etc.}$$

Au reste, les figures 548 et 549 sont semblables et divisées l'une comme l'autre.

Quant aux changemens que l'on peut faire subir à toutes les lignes de division, en conservant l'égalité des surfaces partielles, ils se font entre les bases du trapèze, comme dans les carrés, puisque l'une et l'autre espèce de figure présente des lignes parallèles. Les numéros 776 et 783, qui correspondent aux figures 438 et 445, donnent des exemples de ces changemens.

PROBLÈME.

Fig. 550. 1027. *Partager la surface du trapèze ABCD* (Fig. 550) *en trois parties égales, par des lignes parallèles au côté AC.*

Cette opération se résout de plusieurs manières; 1° au moyen du tiers de la surface divisé par la perpendiculaire AE, pour avoir les largeurs AF, FH pour quotiens; 2° en divisant la somme des deux bases par le double des parties demandées, pour avoir aussi les largeurs AF, FH pour quotiens.

Nous allons suivre ce dernier procédé, qui est le plus simple et le plus expéditif dans l'application. Les mesures sur le terrain donnent

$$AB = 9\text{-}6, \qquad CD = 7\text{-}2,$$

je divise la somme de ces deux côtés parallèles par le double des parties que je veux avoir, ce qui donne, par exemple,

$$AF = \frac{AB + CD}{3 \times 2} = \frac{9\text{-}6 + 7\text{-}2}{6} = \frac{16\text{-}8}{6} = 2\text{-}8.$$

Ainsi, je porte cette largeur 2 décamètres 8 mètres sur AB de A en F et de F en H, et sur CD de C en G et de G en I; je tire les lignes FG, HI, qui sont parallèles au côté AC, et je divise le trapèze proposé en trois parties égales.

Enfin, les bases BH, DI de la troisième partie BDHI, indiquent que la division est bien faite, parce que leur demi-somme égale exactement la longueur portée sur les côtés AB, CD, qui donnent les parallélogrammes ACFG, FGHI, qui sont les deux premières parties.

PROBLÈME.

Fig. 551. 1028. *Diviser le quadrilatère ABCD* (Fig. 551) *en trois parties égales, par des lignes parallèles au côté CD.*

La solution de ce problème n'est pas très-difficile; après avoir abaissé les perpendiculaires AE, BF, sur le côté CD et son prolongement, je mesure les distances suivantes :

$$AE = 5\text{-}25, \qquad BF = 7\text{-}0,$$
$$AC = 5\text{-}5, \qquad BD = 7\text{-}3,$$
$$CE = 1\text{-}5, \qquad DF = 2\text{-}0,$$

et je m'aperçois que la figure proposée est un trapèze dont les côtés AC, BD sont parallèles; car

$$\frac{AE}{CE} = \frac{BF}{DF},$$

puisque j'ai la proportion analogue Fig. 551.

$$AE : BF :: CE : DF,$$

qui fournit, par conséquent, le même quotient que nous indiquons par q, en faisant

$$q = \frac{5\text{-}25}{1\text{-}5} = \frac{7\text{-}0}{2\text{-}0} = 3\text{-}5.$$

Donc pour avoir, par exemple, la largeur CH, je fais

$$CH = \frac{AC + BD}{3 \times 2} = \frac{6\text{-}5 + 7\text{-}3}{6} = \frac{13\text{-}8}{6} = 2\text{-}3,$$

et je porte cette largeur 2 décamètres 3 mètres de C en H, de H en G, de D en I, et de I en J; je tire les lignes de division HI, GH, qui sont parallèles au côté CD et divisent le quadrilatère proposé en trois parties égales, comme l'exige l'énoncé du problème.

Enfin, nous allons entrer dans la division des trapèzes en parties inégales.

DIVISION DES TRAPÈZES EN PARTIES INÉGALES, PAR DES LIGNES TIRÉES ENTRE LES DEUX COTÉS PARALLÈLES.

1029. Cette espèce de division est encore à-peu-près semblable à la précédente; il n'existe de la différence que dans les partages par des lignes parallèles à un côté qui ne l'est pas.

PROBLÈME.

1030. *Diviser le trapèze ABCD* (Fig. 552) *en deux parties qui soient entre elles :: 2 : 3, par une ligne de division qui coupe proportionnellement les deux bases.* Fig. 552.

La solution de ce problème dépend un peu de la formule du numéro 808. Il suffit de partager les côtés AB, CD, dans le rapport de 2 à 3; pour cela, je trouve, relativement à celui AB, dont la longueur est de 9 décamètres 5 mètres,

$$2 + 3 : 2 :: AB : x = AE,$$

ou bien

$$5 : 2 :: 9\text{-}5 : AE,$$

qui revient à

$$AE = \frac{9\text{-}5 \times 2}{5} = 3\text{-}8;$$

portant cette longueur de A en E sur AB, j'ai le point E, par lequel doit passer la ligne de division.

Ensuite, sachant que CD est 4 décamètres, je trouve la distance CF par la proportion

$$2 + 3 : 2 :: CD \quad x = CF,$$

ou celle

$$5 : 2 :: 4 : CF,$$

qui revient à

$$CF = \frac{4 \times 2}{5} = 1\text{-}6,$$

longueur qui, étant portée sur CD de C en F, donne le point F, par lequel je tire la ligne de division demandée EF.

Nous ne nous arrêterons pas à la vérification de cette opération, qui est trop facile pour manquer d'exactitude.

Enfin, *partager un trapèze en deux parties qui soient entre elles* :: m : n, *revient à partager chacune des deux bases du trapèze dans le rapport de* m *à* n.

PROBLÈME.

Fig. 553. 1031. *Diviser le quadrilatère ABCD* (Fig. 553) *en trois parties qui soient entre elles* : : 3 : 5 : 7, *par deux lignes de division tirées entre les côtés AC, BD.*

En mesurant les perpendiculaires AE, BF, et les segmens CE, DF, de ce quadrilatère, qui sont

$$AE = 4\text{-}0, \qquad CE = 1\text{-}0,$$
$$BF = 8\text{-}0, \qquad DF = 2\text{-}0,$$

et les côtés parallèles

$$AC = 4\text{-}1, \qquad BD = 8\text{-}2,$$

je m'aperçois que chaque perpendiculaire avec son segment correspondant forment les rapports de la proportion

$$AE : BF :: CE : DF,$$

ou de celle

$$4\text{-}0 : 8\text{-}0 :: 1\text{-}0 : 2\text{-}0;$$

donc les deux côtés AC, BD sont parallèles, et la figure proposée est un trapèze.

Si je divise ce trapèze en suivant la marche indiquée au numéro 815, c'est-à-dire comme je viens de résoudre le problème précédent, j'aurai, par les proportions,

$$3 + 5 + 7 : 3 :: AC : x = CG,$$
$$3 + 5 + 7 : 7 :: AC : x = AH,$$

les deux points de division G et H sur le côté AC. De même les proportions

$$3 + 5 + 7 : 3 :: BD : x = DJ,$$
$$3 + 5 + 7 : 7 :: BI : x = BI,$$

fourniront les deux autres points de division I et J, qui satisfont à l'énoncé du problème.

Mais, voici une autre manière de diviser les trapèzes; elle paraît plus simple à certaines personnes qui en font l'application, cependant elle ne l'est pas beaucoup.

Je calcule la surface du trapèze proposé en faisant d'abord :

$$\text{Surface}\begin{cases} CAF = CF \times \tfrac{1}{2} AE = 12\text{-}1 \times 2\text{-}0 = 24\text{-}20 \\ EBF = EF \times \tfrac{1}{2} BF = 12\text{-}0 \times 4\text{-}0 = 48\text{-}00 \\ ABCF = \text{trap. } ABCD + \text{triang. } BDF = 72\text{-}20 \end{cases}$$

donc, il faut soustraire de ce résultat la surface du triangle emprunté BDF, qui équivaut à

$$DF \times \tfrac{1}{2} BF = 2\text{-}0 \times 4\text{-}0 = 8\text{-}0,$$

ou à 8 ares. En effectuant, je trouve que la surface du quadrilatère, que je désigne par S, est égale à

$$S = 72\text{-}20 - 8\text{-}00 = 64\text{-}20,$$

ou 64 ares 20 centiares.

Cela fait, je détermine la plus petite partie, qui sera celle adjacente au côté CD, par la proportion Fig. 553.

$$3 + 5 + 7 : 3 :: S : x,$$

ou celle

$$15 : 3 :: 64\text{-}2 : x,$$

qui donne

$$x = \frac{64\text{-}2 \times 3}{15} = 12\text{-}84,$$

ou 12 ares 84 centiares.

Pour avoir la plus grande partie, par exemple, celle qui sera adjacente au côté AB, je fais de même

$$3 + 5 + 7 : 7 :: S : x,$$

ou

$$15 : 7 :: 64\text{-}2 : x,$$

qui donne

$$x = \frac{64\text{-}2 \times 7}{15} = 29\text{-}95,$$

ou 29 ares 95 centiares. Ainsi, la moyenne partie peut être déterminée en soustrayant les deux surfaces connues de celle du trapèze proposé.

Si je supposais la pièce de terre divisée d'après le rapport donné, j'aurais alors

$$\text{Surface}\begin{cases} CDGJ = 12\text{-}84 \\ GHIJ = 21\text{-}41 \\ ABHI = 29\text{-}95 \\ ABCD = 64\text{-}20 \end{cases}$$

Tout cela ne donne pas encore les longueurs qu'il faut porter sur les côtés parallèles pour connaître les quatre points de division demandés, seulement la surface totale est divisée comme les nombres 3, 5, 7, qui se rapportent aux surfaces partielles que je viens d'ajouter.

Maintenant, je cherche le multiplicateur géodésique, qui doit donner les deux longueurs CG, DJ, de la plus petite partie, en divisant cette partie par la surface totale, ce qui donne

$$\frac{CDGJ}{ABCD} = \frac{12\text{-}84}{64\text{-}20} = 0\text{-}2;$$

en employant ce multiplicateur géodésique, j'ai

$$CG = AC \times 0\text{-}2 = 4\text{-}1 \times 0\text{-}2 = 0\text{-}82,$$
$$DJ = BD \times 0\text{-}2 = 8\text{-}2 \times 0\text{-}2 = 1\text{-}64,$$

et, par conséquent, les points G et J sont ceux par lesquels il faut tirer la ligne de division GJ, qui détermine le trapèze CDGJ de 12 ares 84 centiares.

Les deux autres points H et I se déterminent de deux manières, c'est-à-dire en portant les longueurs CH, DI, ou celles AH, BI, sur les bases. Pour connaître le multiplicateur qui doit donner ces dernières longueurs AH, BI, je fais

$$\frac{ABHI}{ABCD} = \frac{29\text{-}95}{64\text{-}20} = 0\text{-}47;$$

donc, ce multiplicateur géodésique donne

$$AH = AC \times 0\text{-}47 = 4\text{-}1 \times 0\text{-}47 = 1\text{-}93,$$
$$BI = BD \times 0\text{-}47 = 8\text{-}2 \times 0\text{-}47 = 3\text{-}85.$$

Enfin, portant ces longueurs sur les côtés AC, BD, j'ai les points H, I, par lesquels je tire la dernière ligne de division HI qui termine la solution de ce problème. On voit que ce procédé est beaucoup plus long que le précédent.

PROBLÈME.

Fig. 554. 1032. *Partager le trapèze ABCD* (Fig. 554) *en deux parties qui soient entre elles* : : 5 : 7, *par une ligne de division parallèle au côté BD, et de manière que la grande partie soit un parallélogramme.*

Je commence par déterminer la surface du trapèze au moyen des données suivantes :

$$AB = 7\text{-}7, \qquad AE = 6\text{-}0,$$
$$CD = 13\text{-}0,$$

en faisant, comme à l'ordinaire,

$$\tfrac{1}{2}(AB + CD) \times AE = 10\text{-}35 \times 6\text{-}0 = 62\text{-}1.$$

Cette surface étant déterminée de 62 ares 10 centiares, je la divise dans le rapport de 5 à 7, et je trouve la surface de la plus grande partie par la proportion

$$5 + 7 : 7 :: 62\text{-}1 : x,$$

ou celle

$$12 : 7 :: 62\text{-}1 : x,$$

qui revient à

$$x = \frac{62\text{-}1 \times 7}{12} = 36\text{-}23,$$

ou à 36 ares 23 centiares.

Maintenant, connaissant cette surface, je la divise par la hauteur du trapèze, j'ai les deux bases semblables qui déterminent le parallélogramme demandé; ainsi, en effectuant, j'ai

$$BF = DG = \frac{36\text{-}23}{6\text{-}0} = 6\text{-}04.$$

Portant cette longueur de B en F sur AB, et de D en G sur CD, j'ai les points F et G, par lesquels je tire la ligne de division FG qui divise le trapèze proposé comme l'exige l'énoncé du problème.

PROBLÈME.

Fig. 555. 1033. *Diviser le quadrilatère ABCD* (Fig. 555) *en trois parties qui soient entre elles* : : 1 : 2 : 3, *par deux lignes parallèles au côté CD, et de manière que la plus petite partie aboutisse au côté CD, et la plus grande au côté AB.*

Les mesures trouvées sur le terrain étant

$$AE = 8\text{-}0, \qquad DF = 1\text{-}0,$$
$$BF = 4\text{-}0, \qquad DE = 10\text{-}0,$$
$$CE = 2\text{-}0,$$

je m'aperçois que le quadrilatère ABCD est un trapèze dont les côtés AC, BD sont les deux bases. En effet, j'ai exactement la proportion

$$AE : BF :: CE : DF,$$

ou celle Fig. 555

$$8 : 4 :: 2 : 1.$$

Ces mesures suffisent pour calculer la surface de ce trapèze, qui équivaut à

$$\text{Surface}\begin{cases} CAF = CF \times \tfrac{1}{2}AE = 13\text{-}0 \times 4\text{-}0 = 52\text{-}0 \\ BEF = EF \times \tfrac{1}{2}BF = 11\text{-}0 \times 2\text{-}0 = 22\text{-}0 \\ ABCF = \text{trap. } ABCD + \text{triang. } BDF = \overline{74\text{-}0} \end{cases}$$

La surface du triangle emprunté BDF étant de 2 ares, il est évident que la surface du quadrilatère proposé est de 72 ares.

Cela fait, pour procéder à cette division j'abaisse une perpendiculaire BI entre les deux bases, et je la trouve de 11 décamètres 65 décimètres. Si je ne voulais pas retourner sur le terrain pour connaître la longueur de cette perpendiculaire BI, après avoir déterminé, par le calcul, la longueur de chaque base qui est l'hypothénuse d'un triangle rectangle, je ferais

$$BI = \frac{72}{\tfrac{1}{2}(AC + BD)} = \frac{72}{\tfrac{1}{2}(8\text{-}24 + 4\text{-}12)} = \frac{72}{6\text{-}18} = 11\text{-}65,$$

qui donne la même longueur.

Maintenant, je divise la surface comme les nombres 1, 2, 3, par la proportion

$$1 + 2 + 3 : 1 :: 72 : x,$$

ou celle

$$6 : 1 :: 72 : x,$$

qui donne

$$x = \frac{72}{6} = 12;$$

donc, si la petite partie est de 12 ares, la seconde sera de 24 ares, et la troisième de 36 ares, c'est-à-dire aussi grande que les deux premières ensemble.

Ensuite, sachant que la plus petite partie est de 12 ares, je trouve que

$$CG = DJ = \frac{12}{11\text{-}65} = 1\text{-}03;$$

donc, en portant ces deux longueurs, je détermine les points G et I, par lesquels il faut tirer la ligne de division GI.

Enfin, j'ai pour l'autre ligne de division les distances GH, JK, qui sont chacune le double de la dernière trouvée, puisque la surface est aussi le double; si je porte 2 décamètres 06 décimètres de G en H et de J en K, j'aurai les points H, K, par lesquels je tire la ligne de division qui résout le problème et détermine, par conséquent, le parallélogramme GHJK de 24 ares et le trapèze ABHK de 36 ares.

Nous allons passer à une des divisions les plus utiles de l'arpentage.

DIVISION DES TRAPÈZES EN PARTIES ÉGALES, PAR DES LIGNES PARALLÈLES AUX BASES.

1034. Nous avons vu plus haut (991) que pour avoir la surface d'un trapèze, il fallait ajouter les deux bases ou côtés parallèles ensemble, et multiplier la moitié de leur somme par la hauteur de ce trapèze. Représentons-nous, par exemple, le trapèze ABCD (*Fig.* 556) comme composé d'un certain nombre de trapèzes, tels que ABfb, $fbgd$, $gdjh$, etc. Il est facile de voir qu'en supposant tous ces trapèzes de même hauteur, chacun diffère de son voisin, toujours d'une même quantité, savoir : du petit carré $abcm$, ou $cden$, etc., formé par les lignes Bm, bn, etc., parallèles à AC ; car Fig. 556.

$$afgm = \text{AB}af,\ a\text{B}b = bcd,$$

en sorte que le trapèze $fbgd$ a de plus que le trapèze ABfb le petit carré $abcm$, qui est toujours de même grandeur, puisque les trapèzes sont considérés de même hauteur. Cela étant, tous ces trapèzes forment donc une progression arithmétique ou par différence, dont le premier terme est le trapèze ABfb, et le dernier terme le trapèze CDpr ; donc, pour avoir la somme de ces trapèzes, ou la surface ABCD, il faut prendre la moitié des deux trapèzes extrêmes ABfb, CDpr, et la multiplier par le nombre de tous les trapèzes ; en effet, d'après les données de la figure, nous avons, en prenant S pour la surface totale,

$$\text{S} = \frac{\text{AB}fb + \text{CD}pr}{2} \times 6 = \frac{7\text{-}5 + 12\text{-}5}{2} \times 6$$
$$= \tfrac{1}{2}(20\text{-}0 \times 6) = 60, \text{ ou } 60 \text{ ares.}$$

Mais, en les supposant infiniment petits, on peut prendre à la place des deux trapèzes extrêmes les deux bases AB, CD, tandis que la hauteur EF représentera le nombre total des trapèzes ; il faut donc multiplier la moitié de la somme des deux bases par la hauteur. D'où l'on voit que si AB est zéro, auquel cas le trapèze dégénère en triangle, il faudra multiplier la base de ce triangle par la moitié de sa hauteur. Ceci fait voir que le principe de la sommation des termes d'une progression par différence peut avoir quelques applications en géométrie, particulièrement à la division des quadrilatères irréguliers.

Si nous faisons la surface particulière des six trapèzes qui forment la surface de celui ABCD, nous aurons

$$\text{Surface}\begin{cases} \text{AB}fb = \tfrac{1}{2}(\text{AB} + bf) \times a\text{B} = 7\text{-}5 \times 1\text{-}0 = 7\text{-}50 \\ fbgd = \tfrac{1}{2}(bf + dg) \times am = 8\text{-}5 \times 1\text{-}0 = 8\text{-}50 \\ gdjh = \tfrac{1}{2}(dg + hj) \times cn = 9\text{-}5 \times 1\text{-}0 = 9\text{-}50 \\ jhlk = \tfrac{1}{2}(hj + kl) \times co = 10\text{-}5 \times 1\text{-}0 = 10\text{-}50 \\ lkpr = \tfrac{1}{2}(kl + pr) \times is = 11\text{-}5 \times 1\text{-}0 = 11\text{-}50 \\ pr\text{CD} = \tfrac{1}{2}(pr + \text{CD}) \times \text{J}u = 12\text{-}5 \times 1\text{-}0 = 12\text{-}50 \\ \text{du trapèze proposé ABCD} = \overline{60\text{-}00} \end{cases}$$

et, par conséquent, une progression par différence (369) dont on connaît : Fig. 556.

1° Le premier terme qui est 7-5 (ou 7 ares 50 centiares) = P ;

2° Le dernier terme qui est 12-5 (ou 12 ares 50 centiares) = Z ;

3° Le nombre de tous les termes qui est 6 (ou 6 décamètres) = N ;

4° La somme des termes qui est 60 (ou 60 ares) = S ;

5° La différence ou la raison qui est 1 (ou 1 are) = D.

1035. Donc, *on peut trouver le nombre N des termes qu'il faut prendre dans cette progression ou ce trapèze, à partir du dernier ou du plus grand terme, pour avoir une somme ou une surface donnée S, en employant la formule générale suivante :*

$$\text{N} = \frac{(2\text{Z}+\text{D}) - \sqrt{(2\text{Z}+\text{D})^2 - (8\text{D} \times \text{S})}}{2\text{D}}.$$

Représentant les trapèzes partiels par la progression par différence suivante (369) :

$$\div\, 7\text{-}5 : 8\text{-}5 \,.\, 9\text{-}5 \,.\, 10\text{-}5 \,.\, 11\text{-}5 \,.\, 12\text{-}5,$$

nous trouvons le nombre des termes qui la composent en faisant

$$\text{N} = \frac{26 - \sqrt{26^2 - (8 \times 60)}}{2}$$
$$= \tfrac{1}{2}(26 - \sqrt{676 - 480})$$
$$= \tfrac{1}{2}(26 - \sqrt{196})$$
$$= \tfrac{1}{2}(26 - 14) = \frac{12}{2} = 6.$$

En effet, les termes ou les trapèzes partiels de cette figure sont exactement au nombre de 6 ; c'est alors la hauteur du trapèze ABCD.

On aurait de même le nombre des termes, qu'il faut prendre, en commençant par le plus grand, pour avoir 24 pour somme ou 24 ares, en faisant

$$\text{N} = \frac{26 - \sqrt{676 - 8 \times 24}}{2}$$
$$= \tfrac{1}{2}(26 - \sqrt{676 - 192})$$
$$= \tfrac{1}{2}(26 - \sqrt{484})$$
$$= \tfrac{1}{2}(26 - 22) = \frac{4}{2} = 2.$$

Ainsi, en prenant les deux plus grands trapèzes partiels ou les deux derniers termes de la progression, on a exactement le nombre 24 ou 24 ares, ce qui revient à prendre 2 décamètres de la hauteur du trapèze, ou enfin le tiers du côté AC et le tiers de celui BD, pour avoir le trapèze klCD, qui est de 24 ares, ou égale à

$$\tfrac{1}{2}(kl + \text{CD}) \times 2\text{-}0 = 12\text{-}0 \times 2\text{-}0 = 24.$$

Il en serait de même de toute autre division. Nous arrêtons ici ces démonstrations qui deviennent inutiles pour une formule si simple, qui résout *tous les cas que la division des quadrilatères irréguliers en parties proportionnelles peut présenter.*

PROBLÈME.

Fig. 557. 1036. *Diviser le trapèze ABCD* (Fig. 557) *en deux parties égales, par une ligne de division parallèle au côté CD.*

Après avoir abaissé des points A, B, les perpendiculaires AE, BF, qui sont chacune de 6 décamètres, je mesure les distances suivantes :

AB = 2-0,	CE = 5-1,
AC = 8-1,	DF = 6-9,
BD = 9-3,	EF = 2-0,

et je calcule la surface du trapèze proposé qui équivaut à

$$AE \times \tfrac{1}{2}(AB + CD) = 6\text{-}0 \times 8\text{-}0 = 48\text{-}0,$$

ou à 48 ares.

Cela fait, j'imagine une ligne droite passant par les points a, b, que je suppose placée au milieu de chacun des côtés AC, BD, et le trapèze est divisé en deux autres qui ont chacun pour hauteur la moitié de celle du trapèze ABCD ; effectivement, les perpendiculaires supposées ae, bf, donnent

$$ae = bf = \tfrac{1}{2}\,AE = \tfrac{1}{2}\,BF = \frac{6\text{-}0}{2} = 3\text{-}0,$$

et la ligne imaginée est égale à

$$ab = \tfrac{1}{2}\,(AB + CD) = \frac{16\text{-}0}{2} = 8\text{-}0,$$

ce qui donne facilement la surface du trapèze imaginé abCD, qui équivaut à

$$ae \times \tfrac{1}{2}\,(ab + CD) = 3\text{-}0 \times 11\text{-}0 = 33\text{-}0,$$

ou à 33 ares.

Quant à la surface du trapèze ABab elle est égale à la différence des deux surfaces trouvées, ou à

$$48 - 33 = 15,$$

ou enfin à 15 ares. La différence qui existe entre la surface du trapèze ABab et celle du trapèze abCD est alors de 18 ares, et la moitié de la surface du trapèze ABCD est de 24 ares.

Maintenant, je réforme quelques-uns de ces résultats, et je n'emploie, pour la division de ce trapèze, et de tous les quadrilatères irréguliers qui n'ont pas un angle rentrant, que les trois données suivantes :

1° *La surface du plus grand quadrilatère imaginé, que nous représentons par Z ;*

2° *La différence entre les deux trapèzes imaginés, que nous représentons par D ;*

3° *La surface donnée qu'il faut prendre dans le quadrilatère proposé, que nous représentons par S.*

Voici *l'unique formule qui donne le multiplicateur géodésique qui coupe généralement en parties proportionnelles les perpendiculaires, les hypothénuses et les segmens, déterminés sur le terrain pour évaluer la surface totale des quadrilatères irréguliers*; nous les représentons ici par x.

$$x = \frac{(2\,Z + D) - \sqrt{(2\,Z + D)^2 - (8\,D \times S)}}{4\,D}.$$

Ainsi, j'ai le multiplicateur géodésique pour le cas que nous traitons, en faisant, pour 24 ares, moitié de la surface, Fig. 557.

$$x = \frac{(2\,ab\text{CD} + D) - \sqrt{(2\,ab\text{CD} + D)^2 - (8\,D \times S)}}{4\,D}$$

$$= \frac{(66 + 18) - \sqrt{(66 + 18)^2 - (8 \times 18 \times 24)}}{4 \times 18}$$

$$= \frac{84 - \sqrt{7056 - 3456}}{72}$$

$$= \frac{84 - \sqrt{3600}}{72}$$

$$= \frac{84 - 60}{72} = \frac{24}{72} = 0\text{-}333333 = \tfrac{1}{3}.$$

Puisque ce multiplicateur géodésique est $\tfrac{1}{3}$, il est évident que j'aurai, pour les côtés,

$$CG = AC \times 0\text{-}333 = 8\text{-}1 \times 0\text{-}333 = \frac{8\text{-}1}{3} = 2\text{-}7,$$

$$DH = BD \times 0\text{-}333 = 9\text{-}3 \times 0\text{-}333 = \frac{9\text{-}3}{3} = 3\text{-}1;$$

pour les perpendiculaires,

$$GI = HJ = AE \times 0\text{-}333 = 6\text{-}0 \times 0\text{-}333 = \frac{6\text{-}0}{3} = 2;$$

et pour les segmens,

$$CI = CE \times 0\text{-}333 = 5\text{-}1 \times 0\text{-}333 = \frac{5\text{-}1}{3} = 1\text{-}7,$$

$$DJ = DF \times 0\text{-}333 = 6\text{-}9 \times 0\text{-}333 = \frac{6\text{-}9}{3} = 2\text{-}3.$$

Voyons si l'opération est exacte, si le trapèze est divisé en deux parties égales par la ligne de division GH parallèle aux bases, comme l'énoncé du problème l'exige; faisons

$$\text{Surface}\begin{cases} \text{ABGH} = (\text{AE} - \text{GI}) \times \tfrac{1}{2}(\text{AB} + \text{GH}) = 4\text{-}0 \times 6\text{-}0 = 24 \\ \text{CDGH} = \text{GI} \times \tfrac{1}{2}(\text{GH} + \text{CD}) = 2\text{-}0 \times 12\text{-}0 = 24 \\ \text{ABCD} = \text{AE} \times \tfrac{1}{2}(\text{AB} + \text{BC}) = 6\text{-}0 \times 8\text{-}0 = 48 \end{cases}$$

Enfin, je peux encore prouver l'exactitude de cette opération par les proportions suivantes :

CG : AC : : DH : BD : : JH : BF : : DJ : DF,

CG : AC : : GI : AE : : CI : CE, etc.

PROBLÈME.

1037. *Partager le trapèze ABCD* (Fig. 558) *en trois parties égales, par deux lignes parallèles aux bases AB, CD.* Fig. 558.

Sachant que les mesures trouvées sur le terrain sont

AB = 3-0,	BF = 6-0,
AC = 8-92,	BD = 8-07,
CE = 6-6,	DF = 5-4,

je calcule la surface totale, qui est égale à

$$AE \times \tfrac{1}{2}(AB + CD) = 6\text{-}0 \times 9\text{-}0 = 54\text{-}0,$$

Fig. 558. ou à 54 ares; j'imagine par la pensée (1) une ligne de division qui passe aux milieux M, N, des côtés AC, BD, et qui coupe le trapèze ABCD en deux trapèzes imaginés; je détermine la surface du plus grand CDMN en faisant

$$MK \times \tfrac{1}{2}(MN + CD) = 3\text{-}0 \times 12\text{-}0 = 36\text{-}0,$$

ce qui donne 36 ares, et la surface du petit trapèze ABMN, qui équivaut à

$$54 - 36 = 18,$$

ou à 18 ares.

Cela fait, sachant que la différence qui existe entre les deux trapèzes imaginés est

$$D = 36 - 18 = 18,$$

je trouve le multiplicateur géodésique, qui doit donner 18 ares, tiers de la surface totale, en faisant, d'après la formule du numéro précédent,

$$x = \frac{(2\,CDMN + D) - \sqrt{(2\,CDMN + D) - (8\,D \times S)}}{4\,D}$$

$$= \frac{(72 + 18 - \sqrt{(72 + 18)^2 - (8 \times 18 \times 18)}}{4 \times 18}$$

$$= \frac{90 - \sqrt{8100 - 2592}}{72}$$

$$= \frac{90 - \sqrt{5508}}{72}$$

$$= \frac{90 - 74\text{-}22}{72} = \frac{15\text{-}78}{72} = 0\text{-}22.$$

D'après ce multiplicateur géodésique, j'aurai, pour les côtés,

$$CG = AC \times 0\text{-}22 = 8\text{-}92 \times 0\text{-}22 = 1\text{-}96,$$
$$DH = BD \times 0\text{-}22 = 8\text{-}07 \times 0\text{-}22 = 1\text{-}77;$$

pour les perpendiculaires,

$$GI = HJ = AE \times 0\text{-}22 = 6\text{-}0 \times 0\text{-}22 = 1\text{-}32;$$

et pour les segmens,

$$CI = CE \times 0\text{-}22 = 6\text{-}6 \times 0\text{-}22 = 1\text{-}45,$$
$$DJ = DF \times 0\text{-}22 = 5\text{-}4 \times 0\text{-}22 = 1\text{-}18.$$

Ensuite, pour connaître le multiplicateur géodésique qui doit donner 36 ares, ou deux parties de chacune 18 ares, ou enfin les $\frac{2}{3}$ de la surface totale, je n'ai que la surface donnée S à changer; au lieu d'avoir les expressions

$$8\,D \times S = 8 \times 18 \times 18,$$

j'ai celles

$$8 \times 18 \times 36 = 5184,$$

(1) On trace cette ligne avec le crayon sur le croquis. Quant aux perpendiculaires et aux segmens, on sait qu'ils sont, ainsi que les côtés, diminués de la moitié de leurs semblables.

ce qui donne promptement Fig. 558.

$$x = \frac{90 - \sqrt{8100 - 5184}}{72}$$

$$= \frac{90 - \sqrt{2916}}{72}$$

$$= \frac{90 - 54}{72} = \frac{36}{72} = 0\text{-}5 = \tfrac{1}{2}.$$

Ainsi, d'après ce multiplicateur géodésique, il n'y a pas besoin de pousser plus loin, il suffit de partager en deux les côtés AC, BD, les perpendiculaires AE, BF, et les segmens CE, DF. Effectivement,

$$CM = AM = AC \times 0\text{-}5 = 8\text{-}92 \times 0\text{-}5 = 4\text{-}46,$$
$$DN = BN = BD \times 0\text{-}5 = 8\text{-}07 \times 0\text{-}5 = 4\text{-}035,$$

et ainsi de suite.

Enfin, voici la preuve de cette division; sachant que les lignes parallèles de division sont

$$MN = KL = 9\text{-}0,$$
$$GH = IJ = 12\text{-}37,$$

je trouve les surfaces égales par les calculs suivans :

Surface				
	ABMN =	$\frac{1}{2}$ AE	$\times \frac{1}{2}(AB + MN)$	= 3-0 × 6-0 = 18
	MNGH =	(MK − GI)	$\times \frac{1}{2}(MN + GH)$	= 1-68 × 10-68 = 18
	GHCD =	GI	$\times \frac{1}{2}(GH + CD)$	= 1-32 × 13-68 = 18
	ABCD =	AE	$\times \frac{1}{2}(AB + CD)$	= 6-0 × 9-0 = 54

Nous allons faire l'application de cette formule à la division des trapèzes pour lesquels on est obligé d'opérer en dehors, c'est-à-dire d'abaisser les perpendiculaires sur les prolongemens du plus petit côté; on verra que la formule ne subit aucun changement.

PROBLÈME.

1038. *Partager le trapèze ABCD* (Fig. 559) *qui est couvert de bois, en deux parties égales, par une ligne de division parallèle aux bases.* Fig. 559.

Après avoir abaissé les perpendiculaires CE, DF, sur les prolongemens AE, BF, du plus petit côté AB, je trouve que

CE = 6-0,	AB = 2-0,
AC = 8-1,	BD = 9-3,
AE = 5-1,	BF = 6-9;

avec ces résultats je trouve que la surface totale est de 48 ares; j'imagine une ligne de division *cd* passant au milieu des côtés AC, BD, et j'évalue la surface du petit trapèze imaginé AB*cd*, qui équivaut à

$$ce \text{ ou } \tfrac{1}{2}\,CE \times \tfrac{1}{2}(cd + AB) = 3\text{-}0 \times 5\text{-}0 = 15\text{-}0,$$

ou à 15 ares.

Connaissant la surface de ce petit trapèze, je trouve celle du second, en faisant

$$48 - 15 = 33,$$

et la différence des deux trapèzes imaginés, en soustrayant le plus petit du plus grand, ce qui donne 18 ares.

Fig. 559. Nous voilà alors revenu à l'opération du numéro 1036, puisque nous connaissons le *plus grand trapèze* (qui est toujours celui que nous employons), la *différence*, et la *surface donnée*, qui est 24 ares, pour diviser en deux parties égales; ainsi, les trapèzes étant semblables et de surfaces égales, il est évident que le multiplicateur géodésique est aussi de $\frac{1}{3}$, c'est-à-dire que

$$CG = \frac{AC}{3} = \frac{8\text{-}1}{3} = 2\text{-}7,$$

$$DH = \frac{BD}{3} = \frac{9\text{-}3}{3} = 3\text{-}1;$$

donc, j'ai, pour les hauteurs des trapèzes,

$$Gi = Hj = \frac{CE}{3} = \frac{6\text{-}0}{3} = 2\text{-}0;$$

et pour les segmens,

$$Ci = EI = \frac{AE}{3} = \frac{5\text{-}1}{3} = 1\text{-}7,$$

$$Dj = FJ = \frac{BF}{3} = \frac{6\text{-}9}{3} = 2\text{-}3.$$

Enfin, ne pouvant élever les perpendiculaires Gi, Hj, sur le côté CD, on a la longueur de celles GI, HJ, comme il suit :

$$Gi = HJ = CE - Gi = 6\text{-}0 - 2\text{-}0 = 4\text{-}0.$$

Quant à la vérification de cette division et à la proportionnalité des lignes d'opération, le tout est semblable aux démonstrations du numéro 1036 déjà précité. On voit maintenant que les surfaces inaccessibles ne différeront en rien de celles accessibles dans toutes leurs parties, pour être partagées en parties égales ou inégales.

PROBLÈME.

Fig. 560. 1039. *Partager le trapèze ABCD* (Fig. 560) *en trois parties égales, par deux lignes de division parallèles aux bases AB, CD.*

Je mesure sur le terrain les distances

DE = 6-0,	AB = 3-0,
BD = 8-07,	AC = 8-92,
BE = 5-4,	AF = 6-6;

je calcule la surface totale qui est de 54 ares, et celle du trapèze ABMN imaginé par la ligne MN qui passe par le milieu des deux côtés AC, BD, qui est égale à

$$KM \times \tfrac{1}{2}(AB + MN) = 3\text{-}0 \times 6\text{-}0 = 18,$$

ou à 18 ares. Donc, le plus grand trapèze imaginé, qui est celui dont nous avons besoin, équivaut à

$$54 - 18 = 36,$$

ou à 36 ares; et la différence entre les deux trapèzes partiels est de 18 ares.

Cela fait, les données se trouvant semblables à celles du numéro 1037, les deux multiplicateurs géodésiques seront immanquablement les mêmes que pour la figure correspondante, c'est-à-dire 0-22 et 0-5 ou $\frac{1}{2}$.

Enfin, en poussant l'opération, on aurait, comme Fig. 560. dans le numéro précité,

$$DG = BD \times 0\text{-}22 = 8\text{-}92 \times 0\text{-}22 = 1\text{-}96,$$
$$CH = AC \times 0\text{-}22 = 8\text{-}07 \times 0\text{-}22 = 1\text{-}77,$$
$$DM = BM = \frac{BD}{2} = \frac{8\text{-}92}{2} = 4\text{-}46,$$
$$CN = AN = \frac{AC}{2} = \frac{8\text{-}07}{2} = 4\text{-}035, \text{ etc.}$$

Quant aux hauteurs GI, KM, on sait qu'elles équivalent à

$$GI = DE - Gi = 6\text{-}0 - 1\text{-}32 = 4\text{-}68,$$

$$MK = Mk = \frac{DE}{2} = \frac{6\text{-}0}{2} = 3.$$

Il en est de même des segmens partiels. On peut consulter la vérification de cette division au numéro 1037 déjà précité.

PROBLÈME.

1040. *Diviser le trapèze ABCD* (Fig. 561) *en deux* Fig. 561. *parties égales, par une ligne de division parallèle aux bases AB, CD.*

Cette opération est analogue aux précédentes; après avoir abaissé les perpendiculaires AE, BF, que je mesure sur le terrain, ainsi que les distances suivantes :

AE = 6-0,	AB = 8-0,
AC = 8-0,	BD = 6-9,
CE = 5-4,	BF = 6-0,
DE = 4-6,	DF = 3-4,

je calcule la surface totale du trapèze proposé qui équivaut à

$$AE \times \tfrac{1}{2}(AB + CD) = 6\text{-}0 \times 9\text{-}0 = 54\text{-}0,$$

ou à 54 ares; j'imagine la parallèle ab, et au moyen des perpendiculaires supposées ae, bf, qui sont chacune égale à la moitié de la hauteur du trapèze, ou à 3 décamètres, je calcule la surface du trapèze imaginé abCD, qui est égale à

$$ae \times \tfrac{1}{2}(ab + CD) = 3\text{-}0 \times 9\text{-}5 = 28\text{-}5,$$

ou à 28 ares 50 centiares.

Ainsi, la surface du plus petit trapèze imaginé ABab se détermine par la soustraction suivante :

$$54\text{-}0 - 28\text{-}5 = 25\text{-}5,$$

qui donne 25 ares 50 centiares; donc, la différence entre les deux trapèzes imaginés est de 3 ares (1).

Maintenant, sachant que la moitié du trapèze proposé est de 27 ares, je trouve le multiplicateur géodésique

(1) Si la différence était 0 (ou très peu plus), le *multiplicateur géodésique* serait le *quotient de la surface demandée divisée par la surface totale*. Alors, pour le cas que nous traitons, la figure serait un parallélogramme, c'est-à-dire que les côtés AC, BD seraient aussi parallèles; nous avons fait ces divisions plus haut (1032).

Fig. 561. en faisant, d'après la formule générale du numéro 1036,

$$x = \frac{(2\,ab\,\text{CD}+\text{D}) - \sqrt{(2\,ab\,\text{CD}+\text{D})^2 - (8\,\text{D}\times\text{S})}}{4\,\text{D}}$$

$$= \frac{(57+3) - \sqrt{(57+3)^2 - (8\times 3\times 27)}}{4\times 3}$$

$$= \frac{60 - \sqrt{3600 - 648}}{12}$$

$$= \frac{60 - \sqrt{2952}}{12}$$

$$= \frac{60 - 54\text{-}33}{12} = \frac{5\text{-}67}{12} = 0\text{-}472.$$

D'après ce résultat, je trouve, pour les côtés,

CG = AC × 0-472 = 8-0 × 0-472 = 3-77,
DH = BD × 0-472 = 6-9 × 0-472 = 3-26;

pour les perpendiculaires,

GJ = HI = AE × 0-472 = 6-0 × 0-472 = 2-83;

et pour les segmens,

CJ = CE × 0-472 = 5-4 × 0-472 = 2-55,
DI = DF × 0-472 = 3-4 × 0-472 = 1-6.

Enfin, il est inutile de faire la preuve de cette opération; si les trapèzes obtenus par le calcul différaient de quelques centiares, cela viendrait de l'abandon de quelques chiffres décimaux; car, les multiplicateurs géodésiques, qui sont exactement limités en chiffres décimaux (ce qu'on appelle *nombres ronds*), ne produisent jamais la moindre différence dans les parties déterminées.

PROBLÈME.

Fig. 562. **1041**. *Partager le trapèze ABCD* (Fig. 562) *en trois parties égales, par deux lignes de division parallèles aux bases AB, CD.*

Cette figure est semblable à la précédente, mais je suis forcé d'opérer sur le côté AB; je calcule la surface du trapèze imaginé abCD, qui est déterminé par la ligne supposée cd, j'ai

$$ac \times \tfrac{1}{2}\,(\text{AB} + cd) = 3\text{-}0 \times 8\text{-}5 = 25\text{-}5,$$

ou 25 ares 50 centiares, comme dans l'exemple précédent.

Ainsi, connaissant déjà la surface totale de 54 ares, la surface du plus grand trapèze imaginé CDcd sera aussi de 28 ares 50 centiares, et la différence entre les deux trapèzes de 3 ares.

Ces données étant semblables à celles du problème précédent, excepté que la surface demandée est le tiers de 54 ares, ou 18 ares, pour avoir le multiplicateur géodésique de cette surface, je fais

$$x = \frac{(2\,\text{CD}cd + \text{D} - \sqrt{(2\,\text{CD}cd + \text{D})^2 - (8\,\text{D}\times\text{S})}}{4\,\text{D}}$$

$$= \frac{(57+3) - \sqrt{(57+3)^2 - (8\times 3\times 18)}}{4\times 3}$$

$$= \frac{60 - \sqrt{3600 - 432}}{12}$$ Fig. 562.

$$= \frac{60 - \sqrt{3168}}{12}$$

$$= \frac{60 - 56\text{-}28}{12} = \frac{3\text{-}72}{12} = 0\text{-}31.$$

Ainsi, j'ai, d'après ce résultat,

CG = AC × 0-31 = 8-0 × 0-31 = 2-48,
DH = BD × 0-31 = 6-9 × 0-31 = 2-14, etc.

Maintenant, prenant les deux tiers de la surface totale, ou 36 ares, pour surface demandée, je trouve le multiplicateur géodésique, en changeant seulement la valeur de S, dans l'expression suivante :

$$8\,\text{D}\times\text{S} = 8\times 3\times 36 = 864;$$

ce qui donne ensuite

$$x = \frac{60 - \sqrt{3600 - 864}}{12}$$

$$= \frac{60 - \sqrt{2736}}{12}$$

$$= \frac{60 - 52\text{-}31}{12} = \frac{7\text{-}69}{12} = 0\text{-}64.$$

Enfin, je trouve, pour les largeurs des deux parties qui sont vers le plus long côté CD, puisque c'est toujours de ce côté que nous partons,

CI = AC × 0-64 = 8-0 × 0-64 = 5-12,
DJ = BD × 0-64 = 6-9 × 0-64 = 4-42, etc.

Nous ne divisons pas la hauteur ni les segmens de ce trapèze, ce qui devient inutile quand on ne veut pas évaluer les surfaces partielles.

DIVISION DES TRAPÈZES EN PARTIES INÉGALES, PAR DES LIGNES PARALLÈLES AUX BASES.

1042. Les problèmes qui vont suivre seront encore résolus par la formule du numéro 1036. Nous indiquerons toujours par D la différence qui existera entre les deux trapèzes imaginés.

PROBLÈME.

1043. *Partager la pièce de terre ABCD* (Fig. 563) *en deux parties qui soient entre elles* : : 2 : 3, *par une ligne de division parallèle aux côtés AB, CD, et de manière que la plus petite partie soit adjacente au côté CD.* Fig. 563.

Après avoir mesuré sur le terrain les longueurs

AE = 6-0,	AB = 7-0,
AC = 6-462,	BD = 6-996,
CE = 2-4,	BF = 6-0,
EF = 7-0,	DF = 3-6;

Fig. 563. je calcule la surface totale qui équivaut à

$$AE \times \tfrac{1}{2}(AB + CD) = 6\text{-}0 \times 10\text{-}0 = 60,$$

ou à 60 ares.

Cette surface étant connue, je la divise dans le rapport de 2 à 3, comme l'exige la question, et j'ai, d'après le numéro 925, la proportion

$$2 + 3 : 2 :: 60 : x,$$

qui revient à

$$x = \frac{2 \times 60}{5} = 24;$$

donc, la surface qui doit être adjacente au côté CD, sera de 24 ares, et la plus grande de 36 ares.

Ensuite, j'imagine au milieu des côtés AC, BD, la ligne parallèle ab, qui m'indique le trapèze imaginé abCD, qui a pour hauteur la perpendiculaire ae, ou celle bf, moitié de celle AE, ou BF, et j'évalue cette surface, qui est égale à

$$ae \times \tfrac{1}{2}(ab + CD) = 3\text{-}0 \times 11\text{-}5 = 34\text{-}5,$$

ou à 34 ares 50 centiares. Alors, le plus petit trapèze imaginé abAB est égal à

$$60 - 34\text{-}5 = 25\text{-}5,$$

ou à 25 ares 50 centiares, et la différence des deux trapèzes supposés est équivalente à

$$34\text{-}5 - 25\text{-}5 = 9\text{-}0,$$

ou à 9 ares.

Maintenant, sachant que la surface demandée est 24 ares, pour avoir le multiplicateur géodésique, je fais, d'après la formule du numéro 1036,

$$x = \frac{(2\,ab\text{CD} + \text{D}) - \sqrt{(2\,ab\text{CD})^2 - (8\,\text{D} \times \text{S})}}{4\,\text{D}}$$

$$= \frac{(69 + 9) - \sqrt{(69+9)^2 - (8 \times 9 \times 24)}}{4 \times 9}$$

$$= \frac{78 - \sqrt{6084 - 1728}}{36}$$

$$= \frac{78 - \sqrt{4356}}{36}$$

$$= \frac{78 - 66}{36} = \frac{12}{36} = 0\text{-}33333 = \tfrac{1}{3}.$$

D'après ce multiplicateur géodésique, qui indique exactement qu'il faut prendre le tiers des dimensions du trapèze proposé, pour avoir une surface de 24 ares adjacente à CD, je trouve, pour les côtés,

$$CG = \frac{AC}{3} = \frac{6\text{-}462}{3} = 2\text{-}154,$$

$$DH = \frac{BD}{3} = \frac{6\text{-}996}{3} = 2\text{-}332;$$

pour les perpendiculaires,

$$GI = HJ = \frac{AE}{3} = \frac{6\text{-}0}{3} = 2\text{-}0;$$

et pour les segmens, Fig. 563.

$$CI = \frac{CE}{3} = \frac{2\text{-}4}{3} = 0\text{-}8,$$

$$DJ = \frac{DF}{3} = \frac{3\text{-}6}{3} = 1\text{-}2.$$

Enfin, nous allons prouver l'exactitude de cette division, en faisant, sachant que GH = IJ,

Surface { CDGH = GI × ½ (GH + CD) = 2-0 × 12-0 = 24
ABGH = (AE — GI) × ½ (AB + GH) = 4 × 9 = 36
des trapèzes partiels donnés par le calcul = 60

N. B. Nous ne vérifierons plus chaque opération comme nous le faisions dans les divisions en parties égales; nous continuerons d'indiquer les segmens pour les trapèzes, afin que l'on puisse les réduire au moyen des multiplicateurs géodésiques qui seront déterminés pour chaque ligne de division.

PROBLÈME.

1044. *Diviser la pièce de terre ABCD* (Fig. 564) *en trois parties qui soient entr'elles :: 19 : 27 : 35, par deux lignes de division parallèles aux côtés AB, CD, et de manière que la plus petite soit adjacente au côté AB, et la plus grande au côté CD.* Fig. 564.

Je trouve sur le terrain que les distances que l'on doit ordinairement mesurer sont

AC = 6-9,	EF = 5-0,
AE = 6-0,	BD = 7-5,
AB = 5-0,	BF = 6-0,
CE = 3-5,	DF = 4-3.

Au moyen de ces valeurs, je calcule la surface totale qui est égale à

$$AE \times \tfrac{1}{2}(AB + CD) = 6\text{-}0 \times 9\text{-}0 = 54,$$

ou à 54 ares. Si je divise le trapèze proposé en deux parties par une ligne imaginée ab qui passe au milieu des deux côtés AC, BD, j'aurai les deux trapèzes imaginés ABab, abCD, j'évalue la surface de ce dernier, je la trouve équivalente à

$$ae \times \tfrac{1}{2}(ab + CD) = 3\text{-}0 \times 11\text{-}0 = 33,$$

ou à 33 ares.

D'après cela, la surface du plus petit trapèze imaginé ABab, est de 21 ares, et la différence entre ces deux trapèzes est de 12 ares.

Maintenant, pour trouver le premier multiplicateur géodésique, je cherche quelle doit être la surface partielle adjacente au côté CD, par la proportion

$$19 + 27 + 35 : 35 :: 54 : x,$$

ou celle

$$81 : 35 :: 54 : x,$$

qui donne

$$x = \frac{35 \times 54}{81} = 23\text{-}3333,$$

Fig. 564. ou 23 ares $\frac{1}{3}$. Ainsi,

$$x = \frac{(2\,ab\,CD + D) - \sqrt{(2\,ab\,CD + D)^2 - (8\,D \times S)}}{4\,D}$$

$$= \frac{(66 + 12) - \sqrt{(66 + 12)^2 - (8 \times 12 \times 23\frac{1}{3})}}{4 \times 12}$$

$$= \frac{78 - \sqrt{6084 - 2240}}{48}$$

$$= \frac{78 - \sqrt{3844}}{48}$$

$$= \frac{78 - 62}{48} = \frac{16}{48} = 0\text{-}33333 = \frac{1}{3}.$$

D'après ce multiplicateur géodésique, j'ai

$$CG = \frac{AC}{3} = \frac{6\text{-}2}{3} = 2\text{-}3,$$

$$DH = \frac{BD}{3} = \frac{7\text{-}5}{3} = 2\text{-}5, \text{ etc.}$$

La plus grande partie étant déterminée adjacente au côté CD, je cherche la surface des deux plus grandes parties, par la proportion

$$19 + 27 + 35 : 27 + 35 :: 54 : x,$$

ou celle

$$81 : 62 :: 54 : x,$$

qui donne

$$x = \frac{62 \times 54}{81} = 41\text{-}3333,$$

ou 41 ares $\frac{1}{3}$. Cette surface suffit pour pouvoir trouver le multiplicateur géodésique qui doit la déterminer adjacente au côté CD; donc, en changeant seulement la valeur de S dans l'expression suivante

$$8\,D \times S = 8 \times 12 \times 41\tfrac{1}{3} = 3968,$$

je fais, comme plus haut,

$$x = \frac{78 - \sqrt{6084 - 3968}}{48}$$

$$= \frac{78 - \sqrt{2116}}{48}$$

$$= \frac{78 - 46}{48} = \frac{32}{48}\,0\text{-}66667 = \frac{2}{3}.$$

Enfin, je trouve que

$$CI = AC \times 0\text{-}667 = 6\text{-}9 \times 0\text{-}667 = 4\text{-}6,$$
$$DJ = BD \times 0\text{-}667 = 7\text{-}5 \times 0\text{-}667 = 5\text{-}0, \text{ etc.}$$

Les deux multiplicateurs que nous venons de trouver, sont aussi exacts à diviser les perpendiculaires et les segmens mesurés sur le terrain que les côtés sur lesquels nous déterminons les points de division.

PROBLÈME.

1045. *Diviser le trapèze couvert de bois ABCD*
Fig. 565. (Fig. 565), *par une ligne de division parallèle aux bases, de manière que la plus petite partie soit adjacente au* Fig. 565.
côté CD, et de 18 ares 37 centiares $\frac{1}{2}$.

Cette figure est la même que celle du numéro 1043 dans lequel nous avons eu,

1° Pour le plus grand trapèze imaginé, 34 ares 50 centiares;

2° Pour la différence entre les deux trapèzes imaginés, 9 ares.

Sachant que la surface demandée est ici de 18 ares 37 centiares $\frac{1}{2}$, je trouve le multiplicateur géodésique en faisant, toujours par la formule du numéro 1036,

$$x = \frac{(2\,CD\,cd + D) - \sqrt{(2\,CD\,cd + D)^2 - (8\,D \times S)}}{4\,D}$$

$$= \frac{(69 + 9) - \sqrt{(69 + 9)^2 - (8 \times 9 \times 18\text{-}375)}}{4 \times 9}$$

$$= \frac{78 - \sqrt{6084 - 1323}}{36}$$

$$= \frac{78 - \sqrt{4761}}{36}$$

$$= \frac{78 - 69}{36} = \frac{9}{36} = 0\text{-}25 = \frac{1}{4}.$$

Enfin, ce résultat étant 0-25 ou $\frac{1}{4}$, j'ai facilement

$$CI = \frac{AC}{4} = \frac{6\text{-}462}{4} = 1\text{-}615,$$

$$DJ = \frac{BD}{4} = \frac{6\text{-}996}{4} = 1\text{-}749, \text{ etc.}$$

Ces résultats sont toujours exactement déterminés.

PROBLÈME.

1046. *Partager le bois ABCD* (Fig. 566) *en deux par-* Fig. 566.
ties, par une ligne de division parallèle aux côtés AB, CD, de manière que la plus petite partie, qui doit être de 9 ares, soit adjacente au côté AB.

Cette figure est encore semblable à celle du numéro 1044 dans lequel nous avons déterminé,

1° Le plus grand trapèze imaginé, de 33 ares;

2° La différence entre les deux trapèzes imaginés, de 12 ares.

La surface demandée adjacente au côté AB doit être de 9 ares; mais ne pouvant déterminer cette surface de ce côté, je l'ôte de la surface totale pour avoir celle du trapèze CDGH qui est adjacent au plus long côté, et j'ai, pour la surface qu'il faut employer dans la formule,

$$54 - 9 = 45,$$

ou 45 ares.

Ainsi, j'ai le multiplicateur géodésique qui doit donner la hauteur du trapèze CDGH, en faisant

$$x = \frac{(2\,CD\,cd + D) - \sqrt{(2\,CD\,cd + D)^2 - (8\,D \times S)}}{4\,D}$$

$$= \frac{(66 + 12) - \sqrt{(66 + 12)^2 - (8 \times 12 \times 45)}}{4 \times 12}$$

Fig. 566.
$$= \frac{78 - \sqrt{6084 - 4320}}{48}$$
$$= \frac{78 - \sqrt{1764}}{48}$$
$$= \frac{78 - 42}{48} = \frac{36}{48} = 0\text{-}75 = \tfrac{3}{4}.$$

D'après ce résultat, j'ai

$$CG = AC \times 0\text{-}75 = 6\text{-}9 \times 0\text{-}75 = 5\text{-}175,$$
$$DH = BD \times 0\text{-}75 = 7\text{-}5 \times 0\text{-}75 = 5\text{-}625, \text{ etc.}$$

Enfin, il est évident que si l'on ne pouvait ou ne voulait mesurer ces longueurs, on ferait, sachant que

$$1\text{-}0 - 0\text{-}75 = 0\text{-}25$$

qui est un nouveau multiplicateur géodésique,

$$AG = AC \times 0\text{-}25 = \frac{6\text{-}9}{4} = 1\text{-}725,$$
$$BG = BD \times 0\text{-}25 = \frac{7\text{-}5}{4} = 1\text{-}875.$$

Ce changement peut toujours avoir lieu lorsqu'il se présente des obstacles sur les côtés. On pourrait aussi ôter les longueurs déterminées de celles des côtés mesurés sur le terrain, ce qui donnerait les mêmes résultats par des simples soustractions.

PROBLÈME.

Fig. 567. 1047. *Diviser la pièce de terre ABCD* (Fig. 567), *en deux parties, par une ligne de division parallèle aux côtés AB, CD, de manière que la plus petite partie, qui doit être de 19 ares 44 ares, soit adjacente au côté AB.*

Après avoir trouvé sur le terrain les longueurs

AB = 7-5,	DE = 5-0,
AE = 6-0,	BF = 6-0,
AC = 8-14,	BD = 6-5,
CE = 5-5,	DF = 2-5,

je calcule la surface totale du trapèze proposé qui est égale à

$$AE \times \tfrac{1}{2}(AB+CD) = 6\text{-}0 \times 9\text{-}0 = 54,$$

ou à 54 ares.

Cela fait, j'imagine la ligne ab qui passe par le milieu des côtés AC, BD, et j'ai les deux trapèzes imaginés ABab, abCD, dont la hauteur commune est égale à $bf = ae$, qui sont la moitié de la hauteur du trapèze proposé. Donc la surface du trapèze imaginé abCD, est équivalente à

$$ae \times \tfrac{1}{2}(ab + CD) = 3\text{-}0 \times 9\text{-}75 = 29\text{-}25,$$

ou à 29 ares 25 centiares.

Quant à la surface du petit trapèze imaginé ABab, je l'obtiens en faisant

$$54 - 29\text{-}25 = 24\text{-}75,$$

ce qui donne 24 ares 75 centiares pour résultat, et 4 ares 50 centiares pour la différence entre les deux trapèzes imaginés. Fig. 567.

Maintenant, la surface demandée devant être adjacente au côté AB, qui est le plus petit, je l'ôte de la surface totale, et j'ai

$$54 - 19\text{-}44 = 34\text{-}56,$$

ou 34 ares 56 centiares qui est la surface du trapèze CDGH qui sera adjacent au plus grand côté CD.

Ensuite pour connaître le multiplicateur géodésique, je fais, toujours par la même analogie,

$$x = \frac{(2\,ab\text{CD} + \text{D}) - \sqrt{(2\,ab\text{CD} + \text{D})^2 - (8\,\text{D} \times \text{S})}}{4\,\text{D}}$$
$$= \frac{(58\text{-}5 + 4\text{-}5) - \sqrt{(58\text{-}5 + 4\text{-}5)^2 - (8 \times 4\text{-}5 + 34\text{-}56)}}{4 \times 4\text{-}5}$$
$$= \frac{63 - \sqrt{3969 - 1244\text{-}16}}{18}$$
$$= \frac{63 - \sqrt{2724\text{-}84}}{18}$$
$$= \frac{63 - 52\text{-}2}{18} = \frac{10\text{-}8}{18} = 0\text{-}6 = \tfrac{3}{5}.$$

Enfin, je trouve, d'après ce résultat,

$$CG = AC \times 0\text{-}6 = 8\text{-}14 \times 0\text{-}6 = 4\text{-}884,$$
$$DH = BD \times 0\text{-}6 = 6\text{-}5 \times 0\text{-}6 = 3\text{-}9, \text{ etc.}$$

On voit maintenant que, malgré toutes les décimales qui se sont présentées, la formule n'a pas abandonné la moindre chose de son exactitude ordinaire.

PROBLÈME.

1048. *Diviser le trapèze ABCD* (Fig. 568) *en trois parties, par deux lignes de division parallèles aux bases, de manière que la partie adjacente au côté AB soit de 18 ares 48 centiares, celle adjacente à l'autre côté CD de 4 ares 83 centiares, et la troisième le reste.* Fig. 568.

La solution de ce problème n'est pas plus difficile que les précédentes ; étant sur le terrain je trouve que

AB = 8-5,	DE = 1-0,
AE = 6-0,	BF = 6-0,
AC = 7-5,	BD = 9-6,
CE = 4-5,	DF = 7-5,

et je calcule la surface totale du trapèze proposé qui est égale à

$$AE \times \tfrac{1}{2}(AB + CD) = 6\text{-}0 \times 6\text{-}5 = 39,$$

ou à 39 ares. Si j'imagine la ligne parallèle ab passant au milieu de chacun des côtés AC, BD, j'aurai les deux trapèzes imaginés ABab, abCD, dont la hauteur commune $ae = bf$ est exactement la moitié de celle du trapèze proposé. La surface du plus grand étant de 22 ares 50 centiares, celle du petit sera de 16 ares 50 centiares, et la différence entre ces deux trapèzes imaginés sera évidemment de 6 ares.

Cela fait, pour avoir le multiplicateur géodésique qui

Fig. 568. doit déterminer une surface de 18 ares 48 centiares adjacente au côté AB, je fais

$$x = \frac{(2\,\mathrm{AB}ab + \mathrm{D}) - \sqrt{(2\,\mathrm{AB}ab + \mathrm{D})^2 - (8\,\mathrm{D} \times \mathrm{S})}}{4\,\mathrm{D}}$$

$$= \frac{(45 + 6) - \sqrt{(45 + 6)^2 - (8 \times 6 \times 18\text{-}48)}}{4 \times 6}$$

$$= \frac{51 - \sqrt{2601 - 887\text{-}04}}{24}$$

$$= \frac{51 - \sqrt{1713 - 96}}{24}$$

$$= \frac{51 - 41\text{-}4}{24} = \frac{9\text{-}6}{24} = 0\text{-}4.$$

Donc, j'ai, pour les côtés du trapèze demandé,

$$\mathrm{AG} = \mathrm{AC} \times x = 7\text{-}5 \times 0\text{-}4 = 3\text{-}0,$$
$$\mathrm{BH} = \mathrm{BD} \times x = 9\text{-}6 \times 0\text{-}4 = 3\text{-}84, \text{ etc.}$$

Ensuite, puisqu'il faut que la surface de 4 ares 83 centiares soit adjacente au côté CD, je l'ôte de la surface totale, il me reste 34 ares 17 centiares pour la surface du trapèze ABIJ, dont le multiplicateur géodésique se trouve en changeant seulement la valeur de S dans l'expression suivante, ce qui donne

$$8\,\mathrm{D} \times \mathrm{S} = 8 \times 6 \times 34\text{-}17 \times 1640;$$

d'après cela, j'ai

$$x = \frac{51 - \sqrt{2601 - 1640}}{24}$$

$$= \frac{51 - \sqrt{961}}{24}$$

$$= \frac{51 - 31}{24} = \frac{20}{24} = 0\text{-}833333.$$

Enfin, je trouve que

$$\mathrm{AI} = \mathrm{AC} \times x = 7\text{-}5 \times 0\text{-}833 = 6\text{-}25,$$
$$\mathrm{BJ} = \mathrm{BD} \times x = 9\text{-}6 \times 0\text{-}833 = 8\text{-}0, \text{ etc.}$$

C'est ici que nous terminons la division des trapèzes en parties inégales par des lignes parallèles aux bases. Nous allons faire connaître le procédé qu'il faut suivre quand une ligne de division doit partir d'un point donné.

PROBLÈME.

Fig. 569. 1049. *Diviser le trapèze ABCD* (Fig. 569) *en deux parties par une ligne de division partant d'un point donné P, de manière que la surface adjacente au côté CD soit de 42 ares.*

Pour résoudre cette opération, j'abaisse une perpendiculaire IP sur le côté CD et une autre AE qui est la hauteur du trapèze proposé, et je trouve que ces perpendiculaires et les autres distances sont :

IP = 3-0,	EF = 6-8,
AE = 6-0,	FI = 1-0,
CE = 4-2,	DI = 1-0.

Avec ces valeurs, je calcule la surface du triangle imaginé CDP qui est égale à Fig. 569.

$$\mathrm{CD} \times \tfrac{1}{2}\,\mathrm{IP} = 13\text{-}0 \times 1\text{-}5 = 19\text{-}5,$$

ou à 19 ares 50 centiares, et celle du quadrilatère APCD, qui équivaut à

$$\text{Surface}\begin{cases} \mathrm{ACI} = \mathrm{CI} \times \tfrac{1}{2}\,\mathrm{AE} = 12\text{-}0 \times 3\text{-}0 = 36\text{-}00 \\ \mathrm{DEP} = \mathrm{DE} \times \tfrac{1}{2}\,\mathrm{IP} = 8\text{-}8 \times 1\text{-}5 = 13\text{-}20 \\ \mathrm{APCD} = \text{triang. ACP} + \text{triang. CDP} = 49\text{-}20 \end{cases}$$

Donc j'ai la surface du triangle ACP, en faisant

$$49\text{-}20 - 19\text{-}50 = 29\text{-}70,$$

ce qui donne 29 ares 70 centiares.

Maintenant, si je prends le côté AC pour la base de ce triangle, j'aurai la hauteur JP en faisant

$$\mathrm{JP} = \frac{29\text{-}7}{\tfrac{1}{2}\,\mathrm{AC}} = \frac{29\text{-}7}{3\text{-}75} = 7\text{-}92;$$

et ensuite la base CG du triangle CGP dont la surface est égale à

$$42 - 19\text{-}5 = 22\text{-}5,$$

ou à 22 ares 50 centiares, en faisant définitivement

$$\mathrm{CG} = \frac{22\text{-}5}{\tfrac{1}{2}\,\mathrm{JP}} = \frac{22\text{-}5}{3\text{-}96} = 5\text{-}68.$$

Enfin, je porte cette longueur 5 décamètres 68 décimètres de C en G, et je tire la ligne de division GP qui détermine le quadrilatère CDGP de 42 ares comme l'exige la question.

En effet, l'on a, sachant que GH est de 4 décamètres 5 mètres,

$$\text{Surface}\begin{cases} \mathrm{CGI} = \mathrm{CI} \times \tfrac{1}{2}\,\mathrm{GH} = 12\text{-}0 \times 2\text{-}25 = 27 \\ \mathrm{DHP} = \mathrm{DH} \times \tfrac{1}{2}\,\mathrm{IP} = 10\text{-}0 \times 1\text{-}5 = 15 \\ \text{du quadrilatère demandé CDGP} = 42 \end{cases}$$

On pourrait abaisser la perpendiculaire JP sur le côté AC ou sur son prolongement, et en déterminer la longueur avec la chaîne.

DIVISION DES QUADRILATÈRES IRRÉGULIERS PAR DES LIGNES QUI COUPENT LES COTÉS EN PARTIES PROPORTIONNELLES.

1050. Nous allons procéder à la division des quadrilatères irréguliers en employant la formule générale que nous avons donnée au numéro 1036; nous n'avons pas de démonstration particulière à faire de cette formule pour la préparer à la division des quadrilatères irréguliers qui ne diffère en rien de celle des trapèzes.

PROBLÈME.

1051. *Diviser le quadrilatère ABCD* (Fig. 570) *en deux parties égales, par une ligne de division qui coupe les côtés AC, BD en parties proportionnelles.* Fig. 570.

Ayant fait toutes les opérations ordinaires sur le ter-

Fig. 570. rain, je trouve

AE = 10-0, BF = 7-0,
AC = 10-77, BD = 7-62,
CE = 4-0, DF = 3-0,
EF = 9-0,

et je calcule, au moyen de ces valeurs, la surface totale qui donne

Surface { ACF = CF × ½ AE = 13-0 × 5-0 = 65
BDE = BE × ½ BF = 12-0 × 3-5 = 42
du quadrilatère proposé ABCD = 107

Cela fait, j'imagine une ligne de division, passant au milieu *a* du côté AC et au milieu *b* du côté BD, j'ai deux quadrilatères imaginés dont le plus grand, qui est toujours adjacent au plus long côté, a pour hauteur, 1° la perpendiculaire imaginée *ac*, moitié de celle AE; 2° la perpendiculaire imaginée *bf*, moitié de celle BF. Il est évident que, d'après ces suppositions les segmens C*e*, D*f*, sont respectivement chacun la moitié de ceux CE, DF. Ainsi je trouve la surface du plus grand quadrilatère imaginé *ab*CD, en faisant

Surface { *a*C*f* = C*f* × ½ *ae* = 14-5 × 2-5 = 36-25
*b*D*e* = D*e* × ½ *bf* = 14-0 × 1-75 = 24-50
du quadrilatère imaginé *ab*CD = 60-75

Maintenant, connaissant la surface totale de 107 ares et celle du quadrilatère imaginé de 60 ares 75 centiares, j'ai la surface du petit quadrilatère imaginé en faisant

107-0 — 60-75 = 46-25,

et la différence entre ces deux quadrilatères imaginés est 14-5.

Donc, j'ai le multiplicateur géodésique qui doit déterminer 53 ares 50 centiares, ou la moitié de la surface, en faisant, toujours d'après la formule du numéro 1036,

$$x = \frac{(2\,ab\text{CD} + \text{D}) - \sqrt{(2\,ab\text{CD} + \text{D})^2 - (8\,\text{D} \times \text{S})}}{4\,\text{D}}$$

$$= \frac{(121\text{-}5 + 14\text{-}5) - \sqrt{(121\text{-}5 + 14\text{-}5)^2 - (8 \times 14\text{-}5 \times 53\text{-}5)}}{4 \times 14\text{-}5}$$

$$= \frac{136 - \sqrt{18496 - 6206}}{58}$$

$$= \frac{136 - \sqrt{12290}}{58}$$

$$= \frac{136 - 110\text{-}86}{58} = \frac{25\text{-}14}{58} = 0\text{-}43345.$$

Ensuite j'obtiens, pour les côtés, en négligeant plusieurs chiffres décimaux,

CG = AC × x = 10-77 × 0-433 = 4-668,
DH = BD × x = 7-62 × 0-433 = 3-313;

pour les perpendiculaires,

IG = AE × x = 10-0 × 0-433 = 4-334,
HJ = BF × x = 7-0 × 0-433 = 3-034;

et pour les segmens,

CI = CE × x = 4-0 × 0-433 = 1-734,
DJ = DF × x = 3-0 × 0-433 = 1-3.

Pour prouver l'exactitude de cette division, je calcule Fig. 570.
la surface du quadrilatère CDGH donné par le multiplicateur géodésique, et je trouve

Surface { CGJ = CJ × ½ GI = 14-7 × 2-167 = 31-86
DHI = DI × ½ HJ = 14-266 × 1-517 = 21-64
de la moitié du quadrilatère ABCD = 53-50

Enfin, l'on a, tel que l'énoncé l'exige, les parties proportionnelles

CG : AC :: DH : BD :: GI : AE :: HJ : BF;

et, pour les segmens, celles

CI : CE :: DJ : DF.

Cette opération suffit déjà pour faire voir que la formule générale que nous employons n'a besoin d'aucune modification ni d'aucun changement pour la division des quadrilatères irréguliers.

PROBLÈME.

1052. *Partager le quadrilatère ABCD* (Fig. 571) *en* Fig. 571.
trois parties égales, par deux lignes de division qui coupent les côtés AC, BD, en parties proportionnelles.

Sachant que les distances mesurées sur le terrain sont :

AE = 10-0, BF = 9-0,
AC = 12-2, BD = 10-3,
CE = 7-0, DF = 5-0,
EF = 5-0,

je trouve la surface totale de 105 ares.

Ensuite, en imaginant la ligne *ab*, passant au milieu des côtés AC, BD, les perpendiculaires imaginées *ae*, *bf*, tombent par conséquent au milieu des segmens CE, DF, et j'ai deux quadrilatères imaginés AB*ab*, *ab*CD, dont la surface du plus grand est égale à 66 ares 62 centiares ½ (1), et celle du plus petit à 38 ares 37 centiares ½. Ainsi, la différence entre ces deux trapèzes imaginés étant de 28 ares 25 centiares, je trouve le multiplicateur géodésique qui doit donner le tiers de la surface, ou 35 ares, en faisant, toujours par la même formule,

$$x = \frac{(2\,ab\text{CD} + \text{D}) - \sqrt{(2\,ab\text{CD} + \text{D})^2 - (8\text{D} \times \text{S})}}{4\,\text{D}}$$

$$= \frac{(133\text{-}25 + 28\text{-}25) - \sqrt{(133\text{-}25\ \ 28\text{-}25)^2 - (8 \times 28\text{-}25 \times 35)}}{4 \times 28\text{-}25}$$

$$= \frac{161\text{-}5 - \sqrt{26082\text{-}25 - 7910}}{113}$$

$$= \frac{161\text{-}5 - \sqrt{18172}}{113}$$

$$= \frac{161\text{-}5 - 134\text{-}8}{113} = \frac{26\text{-}7}{113} = 0\text{-}23628.$$

(1) Il est inutile de tenir compte des *millièmes d'are* dans l'évaluation des quadrilatères imaginés; et il est urgent d'augmenter ces surfaces d'*un centiare*, lorsque le chiffre des *millièmes d'are* que l'on réforme est plus grand que 4; mais, on ne doit rien changer, lorsqu'il se présente exactement 5 *millièmes d'are*, car ils disparaissent en doublant pour la formule.

Fig. 571. D'après ce multiplicateur géodésique, je trouve les côtés

$$CG = AC \times x = 12\text{-}2 \times 0\text{-}236 = 2\text{-}88,$$
$$DH = BD \times x = 10\text{-}3 \times 0\text{-}236 = 2\text{-}43, \text{ etc.}$$

Maintenant, en changeant la valeur de S pour l'expression suivante dans laquelle doit entrer la valeur de 70 ares, deux tiers de la surface totale, j'ai

$$8\,D \times S = 8 \times 28\text{-}25 \times 70 = 15820.$$

Ce résultat fait voir que pour avoir une surface *double* de la première, il faut *doubler le dernier membre de la formule*; pour en avoir une *triple*, *tripler ce dernier membre*, etc., etc. Il en est de même quand on veut avoir des surfaces moindres.

Enfin, j'ai le second multiplicateur géodésique, en continuant comme il suit :

$$x = \frac{161\text{-}5 - \sqrt{26082\text{-}25 - 15820}}{113}$$
$$= \frac{161\text{-}5 - \sqrt{10262}}{113} \text{ (1)}$$
$$\frac{161\text{-}5 - 101\text{-}3}{113} = \frac{60\text{-}2}{113} = 0\text{-}5327.$$

Ce qui donne

$$CI = AC \times x = 12\text{-}2 \times 0\text{-}533 = 6\text{-}5,$$
$$DJ = BD \times x = 10\text{-}3 \times 0\text{-}533 = 5\text{-}49, \text{ etc.}$$

Nous pensons qu'il est inutile de donner la preuve de cette division. Les personnes qui voudront l'essayer trouveront plus haut les mesures nécessaires. Quant à la proportionnalité, elle existe toujours très-exactement dans les valeurs déterminées par notre formule.

PROBLÈME.

Fig. 572. 1053. *Partager le bois ABCD* (Fig. 572) *en deux parties égales, par une ligne de division qui coupe les côtés AC, BD en parties proportionnelles.*

Cette opération diffère un peu des autres, mais elle se résout toujours par la même formule qui n'a besoin d'aucune modification.

Ne pouvant abaiser de perpendiculaires dans l'intérieur du quadrilatère, je me transporte sur le plus petit côté CD, je le prolonge aux deux extrémités, et j'abaisse sur ces prolongemens les perpendiculaires AE, BF, que je mesure ainsi que les distances suivantes :

AE = 7-0,	BF = 10-0,
AC = 7-62,	BD = 10-77,
CE = 3-0,	DF = 4-0.
CD = 9-0,	

Au moyen de ces mesures, je trouve que la surface du quadrilatère proposé est 105 ares 50 centiares.

Cela fait, j'imagine une ligne de division passant par le milieu *a* du côté AC et par celui *b* du côté BD, et j'ai les deux quadrilatères imaginés AB*ab*, *ab*CD. Je calcule la surface du plus petit quadrilatère dont les hauteurs imaginées *ae*, *bf*, sont respectivement égales à celles AE, BE, ce qui donne 45 ares 50 centiares; donc le plus grand quadrilatère équivaut à Fig. 572.

$$105\text{-}5 - 45\text{-}5 = 60,$$

et la différence entre les deux quadrilatères imaginés est, par conséquent, de 14 ares 50 centiares.

Maintenant, connaissant la surface du plus grand quadrilatère imaginé, la différence entre les deux quadrilatères imaginés et la surface à prendre, qui est la moitié de la surface totale, ou 52 ares 75 centiares, je trouve le multiplicateur géodésique par la formule générale du numéro 1036, qui donne

$$x = \frac{(2\,ABab + D) - \sqrt{(2\,ABab + D)^2 - (8\,D \times S)}}{4\,D}$$
$$= \frac{(120 + 14\text{-}5) - \sqrt{(120 + 14\text{-}8)^2 - (8 \times 14\text{-}5 \times 52\text{-}75)}}{4 \times 14\text{-}5}$$
$$= \frac{134\text{-}5 - \sqrt{18090\text{-}25 - 6119}}{58}$$
$$= \frac{134\text{-}5 - \sqrt{11971}}{58}$$
$$= \frac{134\text{-}5 - 109\text{-}4}{58} = \frac{25\text{-}1}{58} = 0\text{-}4327.$$

D'après ce multiplicateur géodésique, je trouve, pour les côtés,

$$AG = AC \times x = 7\text{-}62 \times 0\text{-}4327 = 3\text{-}297,$$
$$BH = BD \times x = 10\text{-}77 \times 0\text{-}4327 = 4\text{-}66;$$

et pour les segmens,

$$EI = CE \times x = 3\text{-}0 \times 0\text{-}4327 = 1\text{-}3,$$
$$FJ = DF \times x = 4\text{-}0 \times 0\text{-}4327 = 1\text{-}73.$$

Ensuite, ne pouvant abaisser de perpendiculaires dans l'intérieur de la surface, je fais les soustractions suivantes en plus, ce qui donne

$$GI = AE - (AE \times x) = 7\text{-}0 - (7\text{-}0 \times 0\text{-}4327) = 3\text{-}97,$$
$$HJ = BF - (BF \times x) = 10\text{-}0 - (10\text{-}0 \times 0\text{-}4327) = 5\text{-}673.$$

Cette dernière marche n'est suivie que pour déterminer la hauteur des perpendiculaires extérieures.

Enfin, voici l'évaluation du quadrilatère CDGH, qui prouve l'exactitude de cette division : je calcule d'abord celle du trapèze GHIJ, qui est égale à

$$IJ \times \tfrac{1}{2}(GI + HJ) = 12\text{-}97 \times 0\text{-}48215 = 62\text{-}54;$$

ensuite la surface totale des triangles empruntés CGI, DHJ, que je trouve en faisant

$$\text{Surface}\begin{cases} CGI = CI \times \tfrac{1}{2} GI = 1\text{-}7 \times 1\text{-}98 = 3\text{-}366 \\ DHJ = DJ \times \tfrac{1}{2} HJ = 2\text{-}27 \times 2\text{-}83 = 6\text{-}424 \\ \text{des deux triangles empruntés} = 9\text{-}790 \end{cases}$$

Donc, le quadrilatère GHIJ, est égal à

$$62\text{-}54 - 9\text{-}79 = 52\text{-}75,$$

(1) On s'aperçoit encore ici qu'il est inutile d'extraire la racine carrée des chiffres décimaux, lorsqu'ils suivent plus de 4 chiffres d'unités.

ou à 52 ares 75 centiares, qui est exactement la moitié de la surface totale du quadrilatère ABCD.

PROBLÈME.

Fig. 573. 1054. *Diviser le quadrilatère ABCD* (Fig. 573), *qui est couvert de bois, en trois parties égales, par deux lignes qui coupent les côtés AC, BD en parties proportionnelles.*

Après avoir mesuré sur le terrain les distances

AE = 5-0, BF = 10-0,
AC = 7-8, BD = 11-6,
CE = 6-0, DF = 6-0,
CD = 4-0,

je calcule la surface totale du quadrilatère ABCD qui est de 75 ares, et celle du quadrilatère imaginé $abCD$, dont les hauteurs ae, bf, sont toujours connues, qui est de 26 ares 25 centiares.

Ainsi, il est évident que la surface du plus grand quadrilatère imaginé ABab, est égale à

$$75 - 26\text{-}25 = 48\text{-}75,$$

et la différence des deux quadrilatères imaginés, à

$$48\text{-}75 - 26\text{-}25 = 22\text{-}5.$$

Maintenant, pour avoir le multiplicateur géodésique qui doit déterminer une surface de 25 ares, tiers de la surface totale, je fais, d'après la formule générale,

$$x = \frac{(2\,\mathrm{AB}ab + \mathrm{D}) - \sqrt{(2\,\mathrm{AB}ab + \mathrm{D})^2 - (8\,\mathrm{D} \times \mathrm{S})}}{4\,\mathrm{D}}$$

$$= \frac{(97\text{-}5 + 22\text{-}5) - \sqrt{(97\text{-}5 + 22\text{-}5)^2 - (8 \times 22\text{-}5 \times 25)}}{4 \times 22\text{-}5}$$

$$= \frac{120 - \sqrt{14400 - 4500}}{90}$$

$$= \frac{120 - \sqrt{9900}}{90}$$

$$= \frac{120 - 99\text{-}5}{90} = \frac{20\text{-}5}{90} = 0\text{-}2277777.$$

Donc, en négligeant quelques chiffres décimaux de la période de ce résultat, j'ai les longueurs

AG = AC × x = 7-8 × 0-228 = 1-78,
BH = BD × x = 11-6 × 0-228 = 2-64.

Ensuite, en changeant la valeur de S en 50 ares dans l'expression suivante, qui donne

$$8\,\mathrm{D} \times \mathrm{S} = 8 \times 22\text{-}5 \times 50 = 9000,$$

j'ai promptement le multiplicateur géodésique qui doit donner un quadrilatère de 50 ares adjacent au côté AB, en faisant

$$x = \frac{120 - \sqrt{14400 - 9000}}{90}$$

$$= \frac{120 - \sqrt{5400}}{90}$$

$$= \frac{120 - 73\text{-}48}{90} = \frac{46\text{-}52}{90} = 0\text{-}517.$$

Enfin, je trouve, d'après ce multiplicateur géodésique, que

AI = AC × x = 7-8 × 0-517 = 4-03,
BJ = BD × x = 11-6 × 0-517 = 6-0.

Nous ne parlerons pas de la preuve de cette opération, il vaut mieux passer à la division d'une autre espèce de quadrilatère irrégulier.

PROBLÈME.

1055. *Partager la pièce de terre ABCD* (Fig. 574) *en deux parties égales, par une ligne de division qui coupe les côtés AC, BC, en parties proportionnelles.* Fig. 574.

Ce quadrilatère n'est pas plus difficile à diviser que les précédens; je mesure les distances suivantes :

AE = 6-0, BF = 10-0,
AC = 8-48, BD = 11-18,
CE = 6-0, DF = 5-0,
DE = 6-0,

et je puis calculer la surface totale de la pièce de terre proposée, qui est de 81 ares.

Cela fait, j'imagine la ligne de division ab passant par le milieu des côtés AC, BD, ce qui donne deux quadrilatères imaginés ABab, abCD; je calcule la surface de celui qui est adjacent à la ligne d'opération, dans lequel je connais la hauteur ae et celle bf, et je la trouve de 44 ares 25 centiares. Quant à la surface de l'autre quadrilatère imaginé, elle est égale à

$$81 - 44\text{-}25 = 36\text{-}75;$$

par conséquent, la différence entre ces deux quadrilatères est de 7 ares 50 centiares.

Ainsi, je trouve le multiplicateur géodésique qui doit donner une surface de 40 ares 50 centiares, moitié de la surface totale, en faisant, d'après la formule ordinaire,

$$x = \frac{(2\,ab\mathrm{CD} + \mathrm{D}) - \sqrt{(2\,ab\mathrm{CD})^2 - (8\,\mathrm{D} \times \mathrm{S})}}{4\,\mathrm{D}}$$

$$= \frac{(88\text{-}5 + 7\text{-}5) - \sqrt{(88\text{-}5 + 7\text{-}5)^2 - (8 \times 7\text{-}5 \times 40\text{-}5)}}{4 \times 7\text{-}5}$$

$$= \frac{96 - \sqrt{9216 - 2430}}{30}$$

$$= \frac{96 - \sqrt{6786}}{30}$$

$$= \frac{96 - 82\text{-}38}{30} = \frac{13\text{-}62}{30} = 0\text{-}454.$$

Ensuite, au moyen de ce multiplicateur géodésique je trouve, pour les côtés,

CG = AC × x = 8-48 × 0-454 = 3-85,
DH = BD × x = 11-18 × 0-454 = 5-08;

pour les perpendiculaires,

GI = AE × x = 6-0 × 0-454 = 2-724,
HJ = BF × x = 10-0 × 0-454 = 4-54;

Fig. 574. et pour les segmens,

$$CI = CE \times x = 6\text{-}0 \times 0\text{-}454 = 2\text{-}724,$$
$$DJ = DF \times x = 5\text{-}0 \times 0\text{-}454 = 2\text{-}27.$$

Enfin, pour prouver l'exactitude de cette opération, nous allons évaluer la surface du nouveau quadrilatère CDGH, en faisant d'abord celle du quadrilatère CGHJ, comme il suit :

Surface $\begin{cases} GHIJ = IJ \times \frac{1}{2}(GI+HJ) = 11\text{-}546 \times 3\text{-}632 = 41\text{-}94 \\ CGI = CI \times \quad \frac{1}{2} GI \quad = 2\text{-}724 \times 1\text{-}362 = \underline{3\text{-}71} \\ \text{du quadrilatère CDGH + triangle DHJ} = 45\text{-}65 \end{cases}$

donc, en ôtant de ce résultat la surface du triangle emprunté DHJ, qui équivaut à

$$DJ \times \tfrac{1}{2} HJ = 2\text{-}27 \times 2\text{-}27 = 5\text{-}15,$$

j'ai la surface du quadrilatère CDGH, qui équivaut à

$$45\text{-}65 - 5\text{-}15 = 40\text{-}50,$$

ou à 40 ares 50 centiares, qui est exactement la moitié de la surface du quadrilatère proposé ABCD.

PROBLÈME.

Fig. 575. 1056. *Diviser la pièce de terre ABCD* (Fig. 575) *en deux parties égales, par une ligne qui coupe les côtés AC, BD, en parties proportionnelles.*

Après avoir mesuré sur le terrain les distances suivantes,

AE = 10-0,	BF = 6-0,
AC = 11-0,	BD = 7-6,
CE = 5-6,	DF = 5-6,
DE = 5-0,	

je calcule la surface totale qui est de 96 ares, et j'imagine les deux quadrilatères ABab, abCD, dont les hauteurs de ce dernier, qui est adjacent à la ligne d'opération, sont ae, bf, moitiés des perpendiculaires respectives AE, BF; donc, la surface de ce quadrilatère abCD est de 45 ares 20 centiares. Pour avoir la surface de l'autre quadrilatère imaginé ABab, je fais

$$96 - 45\text{-}2 = 50\text{-}8,$$

ce qui donne 50 ares 80 centiares; ainsi, sachant que cette surface est celle du plus grand trapèze imaginé, il est facile de déterminer leur différence, qui est de 5 ares 60 centiares.

Maintenant, je détermine le multiplicateur géodésique qui doit donner une surface de 48 ares, moitié de la surface totale, en faisant, toujours par la même analogie,

$$x = \frac{(2\,AB ab + D) - \sqrt{(2\,AB ab + D)^2 - (8 \times D \times S)}}{4 \times D}$$

$$= \frac{(101\text{-}6+5\text{-}6) - \sqrt{(101\text{-}6+5\text{-}6)^2 - (8 \times 5\text{-}6 \times 48)}}{4 \times 5\text{-}6}$$

$$= \frac{107\text{-}2 - \sqrt{11491\text{-}84 - 2150\text{-}4}}{22\text{-}4}$$

$$= \frac{107\text{-}2 - \sqrt{9341}}{22\text{-}4}$$ Fig. 575.

$$= \frac{107\text{-}2 - 96\text{-}65}{22\text{-}4} = \frac{10\text{-}55}{22\text{-}4} = 0\text{-}471.$$

Ensuite, je trouve, pour les côtés,

$$AG = AC \times x = 11\text{-}0 \times 0\text{-}471 = 5\text{-}18,$$
$$BH = BD \times x = 7\text{-}6 \times 0\text{-}471 = 3\text{-}58;$$

et, pour les segmens semblables,

$$FJ = EI = CE \times x = 5\text{-}6 \times 0\text{-}471 = 2\text{-}64.$$

Enfin, nous avons déjà fait voir, dans la solution du numéro 1055, comment l'on détermine la longueur des perpendiculaires lorsque le plus grand quadrilatère imaginé n'est pas adjacent à la ligne sur laquelle on opère; en voici encore un exemple qui donne exactement celles

$$GI = AE - (AE \times x) = 10\text{-}0 - (10\text{-}0 \times 0\text{-}471) = 5\text{-}29,$$
$$HJ = BF - (BF \times x) = 6\text{-}0 - (6\text{-}0 \times 0\text{-}471) = 3\text{-}17.$$

Cette règle est applicable à toutes les opérations dans lesquelles le plus grand quadrilatère imaginé n'est pas adjacent à la ligne ou au côté sur lequel on opère.

DIVISION DES QUADRILATÈRES IRRÉGULIERS EN PARTIES INÉGALES, PAR DES LIGNES QUI COUPENT LES COTÉS EN PARTIES PROPORTIONNELLES.

1057. Les opérations qui vont suivre ne diffèrent presque pas des précédentes; nous allons exposer des problèmes gradués qui seront résolus avec une promptitude inconnue jusqu'alors dans la division des quadrilatères irréguliers.

PROBLÈME.

1058. *Partager la pièce de terre ABCD* (Fig. 576) *en deux parties, par une ligne de division qui coupe les côtés AC, BD, en parties proportionnelles, et de manière que la partie adjacente au côté CD soit de 75 ares 44 centiares.* Fig. 576.

Les distances sur le terrain étant déterminées comme il suit,

AE = 10-0,	BF = 8-0,
AC = 10-75,	BD = 8-95,
CE = 4-0,	DF = 4-0,
EF = 8-0,	

je trouve que la surface totale du quadrilatère proposé est de 108 ares, et celle du quadrilatère imaginé abCD de 63 ares; il est évident que les hauteurs ae, bf, sont la moitié de celles AE, BF.

Cela fait, deux soustractions suffisent pour connaître la surface de l'autre quadrilatère imaginé ABab, qui est de 45 ares, et la différence entre les deux quadrilatères, qui est de 18 ares.

Fig. 576. Maintenant, pour avoir le multiplicateur géodésique qui doit donner une surface de 73 ares 44 centiares, adjacente au côté CD, je fais, d'après la formule ordinaire,

$$x = \frac{(2\,ab\text{CD}+\text{D}) - \sqrt{(2\,ab\text{CD}+\text{D})^2 - (8\,\text{D}\times\text{S})}}{4\,\text{D}}$$

$$= \frac{(126+18) - \sqrt{(126+18)^2 - (8\times 18\times 73\text{-}44)}}{4\times 18}$$

$$= \frac{144 - \sqrt{20736 - 10575\text{-}36}}{72}$$

$$= \frac{144 - \sqrt{10161}}{72}$$

$$= \frac{144 - 100\text{-}8}{72} = \frac{43\text{-}2}{72} = 0\text{-}6.$$

D'après ce résultat exact, je trouve, pour les côtés,

CG = AC × x = 10-75 × 0-6 = 6-45,
DH = BD × x = 8-95 × 0-6 = 5-33;

pour les perpendiculaires,

GI = AE × x = 10-0 × 0-6 = 6-0,
HJ = BF × x = 8-0 × 0-6 = 4-8;

et pour les segmens,

DJ = CI = CE × x = 4-0 × 0-6 = 2-4.

Enfin, pour vérifier cette opération, je calcule la surface du nouveau quadrilatère CDGH, ce qui donne, sachant que CJ = DI dans ce cas,

CJ × $\frac{1}{2}$ (GI + HJ) = 13-6 × 5-4 = 73-44,

ou 73 ares 44 centiares, qui est exactement la surface demandée.

Nous allons exposer une division en trois parties inégales; on verra bientôt que l'application de notre formule est très-facile, qu'elle divise aussi exactement en parties inégales qu'en parties égales.

PROBLÈME.

Fig. 577. **1059.** *Partager la pièce de terre ABCD* (Fig. 577) *en trois parties inégales, par deux lignes qui coupent les côtés AC, BD, en parties proportionnelles, de manière que la partie adjacente au côté CD soit de 46 ares 46 centiares, celle adjacente au côté AB de 19 ares 29 centiares, et la troisième le reste.*

Après avoir mesuré les distances suivantes sur le terrain,

AE = 6-0, BF = 10-0,
AC = 6-9, BD = 12-55,
CE = 3-4, DF = 7-6,
EF = 5-5,

je trouve que la surface totale est de 92 ares 20 centiares, celle du quadrilatère imaginé abCD, dont les hauteurs sont ae, bf, de 56 ares 05 centiares, et, par conséquent, celle de l'autre quadrilatère ABab, de 36 ares 15 centiares.

Ainsi sachant que la différence entre les deux trapèzes imaginés est de 19 ares 90 centiares, j'ai le multiplicateur géodésique qui doit déterminer le quadrilatère de 46 ares 46 centiares, adjacent au côté CD, en faisant Fig. 577.

$$x = \frac{(2\,ab\text{CD} + \text{D}) - \sqrt{(2\,ab\text{CD} + \text{D})^2 - (8\times\text{D}\times\text{S})}}{4\,\text{D}}$$

$$= \frac{(112\text{-}1 + 19\text{-}9) - \sqrt{(112\text{-}1 + 19\text{-}9) - (8\times 19\text{-}9\times 46\text{-}46)}}{4\times 19\text{-}9}$$

$$= \frac{132 - \sqrt{17424 - 7396\text{-}43}}{79\text{-}6}$$

$$= \frac{132 - \sqrt{10028}}{79\text{-}6}$$

$$= \frac{132 - 100\text{-}16}{79\text{-}6} = \frac{31\text{-}84}{79\text{-}6} = 0\text{-}4.$$

Donc, j'ai les longueurs des côtés en faisant

CG = AC × x = 6-9 × 0-4 = 2-76,
DH = BD × x = 12-55 × 0-4 = 5-02.

Maintenant, il s'agit de déterminer une surface de 19 ares 29 centiares adjacente au côté AB; pour cela, j'ôte cette surface de celle du quadrilatère ABCD; j'ai 72 ares 91 centiares pour la surface des deux parties qui doivent composer le quadrilatère CDIJ; or, j'aurai le multiplicateur géodésique convenable, en faisant d'abord, pour la valeur de S dans l'expression suivante,

8 D × S = 8 × 19-9 × 72-91 = 11607-27,

et ensuite

$$x = \frac{132 - \sqrt{17424 - 11607}}{79\text{-}6}$$

$$= \frac{132 - \sqrt{5817}}{79\text{-}6}$$

$$= \frac{132 - 76\text{-}28}{79\text{-}6} = \frac{55\text{-}72}{79\text{-}6} = 0\text{-}7.$$

Enfin, d'après ce dernier multiplicateur géodésique, j'ai les côtés

CI = AC × x = 6-9 × 0-7 = 4-83,
DJ = BD × x = 12-55 × 0-7 = 8-785.

Il est évident que l'on aurait les côtés AI, BJ, par de simples soustractions. Nous ne prouvons pas cette opération; ces deux multiplicateurs géodésiques, les perpendiculaires AE, BF, et les segmens CE, DF, suffisent pour ceux qui voudront faire cette preuve qui doit donner une grande exactitude, en donnant des surfaces qui coïncident avec celles demandées dans l'énoncé du problème.

PROBLÈME.

1060. *Diviser le quadrilatère ABCD* (Fig. 578) *en deux parties qui soient entre elles* : : 2 : 3, *par une ligne qui coupe les côtés AC, BD, en parties proportionnelles, et de manière que la plus petite partie soit adjacente au côté CD.* Fig. 578.

Fig. 578. Les opérations sur le terrain donnant les valeurs suivantes,

$$\begin{array}{ll} AE = 10\text{-}0, & BF = 7\text{-}0, \\ AC = 10\text{-}6, & BD = 7\text{-}8, \\ CE = 3\text{-}5, & DF = 3\text{-}5, \\ CD = 9\text{-}0, & \end{array}$$

et ensuite la surface totale du quadrilatère ABCD qui est de 106 ares 25 centiares; en imaginant la ligne de division ab, qui donne évidemment les hauteurs ae, bf, j'ai les deux quadrilatères ABab, abCD, dont la surface de ce dernier est de 45 ares 69 centiares. Par conséquent, la surface que l'on emploie dans la formule, ou celle du plus grand quadrilatère, est de 60 ares 56 centiares, et la différence entre ces deux quadrilatères imaginés est de 14 ares 87 centiares.

Cela fait, je cherche quelle sera la surface de la plus grande des deux parties demandées, par la proportion

$$2 + 3 : 3 :: 106\text{-}25 : x,$$

ou celle

$$5 : 3 :: 106\text{-}25 : x,$$

qui revient à

$$x = \frac{106\text{-}25 \times 3}{5} = 63\text{-}75,$$

ou à 63 ares 75 centiares.

Maintenant, je trouve le multiplicateur géodésique qui doit déterminer cette surface, en faisant

$$x = \frac{(2\,\text{AB}ab + \text{D})\sqrt{(2\,\text{AB}ab + \text{D}) - (8\,\text{D} \times \text{S})}}{4\,\text{D}}$$

$$= \frac{(121\text{-}12 + 14\text{-}87) - \sqrt{(121\text{-}12 + 14\text{-}87)^2 - (8 \times 14\text{-}87 \times 63\text{-}75)}}{4 \times 14\text{-}87}$$

$$= \frac{136 - \sqrt{18496 - 7588}}{59\text{-}5}$$

$$= \frac{136 - \sqrt{10908}}{59\text{-}5}$$

$$= \frac{136 - 104\text{-}5}{59\text{-}5} = \frac{31\text{-}5}{59\text{-}5} = 0\text{-}529.$$

Ensuite, j'ai, pour les côtés,

$$AG = AC \times x = 10\text{-}6 \times 0\text{-}529 = 5\text{-}61,$$
$$BH = BD \times x = 7\text{-}8 \times 0\text{-}529 = 4\text{-}13;$$

pour les segmens semblables,

$$EI = FJ = DF \times x = 3\text{-}5 \times 0\text{-}529 = 1\text{-}85;$$

et pour les perpendiculaires,

$$HJ = BF - (BF \times x) = 7\text{-}0 - (7\text{-}0 \times 0\text{-}529) = 3\text{-}3,$$
$$GI = AE - (AE \times x) = 10\text{-}0 - (10\text{-}0 \times 0\text{-}529) = 4\text{-}7.$$

Enfin, si l'on fait la preuve de cette division en calculant la surface du quadrilatère CDGH, on trouvera quelle est de 45 ares 69 centiares, excepté ce que la négligence des décimales pourrait amener dans le calcul.

1061. Voici une petite observation qui sera très-utile à ceux qui voudront en faire l'applicatton.

Lorsque le plus grand quadrilatère imaginé n'est pas adjacent à la ligne d'opération sur laquelle tombent les perpendiculaires, *on soustrait le multiplicateur géodésique de l'unité ou de 1, et le reste est un nouveau multiplicateur géodésique qui détermine directement les côtés et les segmens adjacens aux deux angles appuyés sur la ligne d'opération et les deux perpendiculaires*, comme dans la division des figures qui présentent le plus grand quadrilatère imaginé de la ligne d'opération. Au reste, pour démontrer au plus court, nous dirons *qu'il faut multiplier par le complément arithmétique* (393) *du multiplicateur géodésique que l'on vient de déterminer.* Nous aurions pu employer ce procédé par la solution des problèmes qui correspondent aux figures 672, 673 et 675. Fig. 578.

En effet, sachant que le complément arithmétique de 0-529 est 0-471, ou de même

$$1\text{-}0 - 0\text{-}529 = 0\text{-}471,$$

j'ai directement les côtés adjacens aux angles C, D, en faisant, comme à l'ordinaire,

$$CG = AC \times \text{comp.}\, x = 10\text{-}6 \times 0\text{-}471 = 4\text{-}99,$$
$$DH = BD \times \text{comp.}\, x = 7\text{-}8 \times 0\text{-}471 = 3\text{-}67;$$

et les segmens semblables,

$$CI = DJ = DF \times \text{comp.}\, x = 3\text{-}5 \times 0\text{-}471 \quad 1\text{-}65.$$

Enfin, j'aurai de même les perpendiculaires

$$GI = AE \times \text{comp.}\, x = 10\text{-}0 \times 0\text{-}471 = 4\text{-}7,$$
$$HJ = BF \times \text{comp.}\, x = 7\text{-}0 \times 0\text{-}471 = 3\text{-}3.$$

Nous nous servirons maintenant du complément arithmétique des multiplicateurs géodésiques déterminés pour la division des figures qui présenteront leur plus petit quadrilatère imaginé adjacent à la ligne d'opération.

PROBLÈME.

1062. *Partager le quadrilatère ABCD* (Fig 579) *qui est couvert de bois, en deux parties, par une ligne de division qui coupe les côtés AC, BD, en parties proportionnelles, et de manière que la plus grande, qui doit être adjacente au côté AB, contienne 10 ares plus que l'autre.* Fig. 579.

Les mesures sur le terrain ayant donné

$$\begin{array}{ll} AE = 10\text{-}0, & BF = 5\text{-}0, \\ AC = 10\text{-}77, & BD = \\ CE = 4\text{-}0, & DF = 7\text{-}0, \\ CD = 6\text{-}0, & \end{array}$$

je trouve que la surface du quadrilatère proposé est de 90 ares, et celle du quadrilatère imaginé abCD, dont les hauteurs sont ae, bf, de 28 ares 75 centiares; par conséquent, celle du plus grand quadrilatère est de 61 ares 25 centiares, et la différence entre ces deux trapèzes imaginés est de 32 ares 50 centiares.

Maintenant, en ôtant 10 ares de la surface totale, j'aurai pour reste 80 ares, dont la moitié 40 ares est la plus petite partie demandée; si j'ajoute 40 ares avec les 10 ares que j'ai ôtés, j'aurai 50 ares pour la plus grande surface ou celle adjacente au côté AB.

Fig. 579. Ainsi, je trouve le multiplicateur géodésique qui doit donner une surface de 50 ares adjacente au côté AB, en faisant

$$x = \frac{(2\,\mathrm{AB}ab + \mathrm{D}) - \sqrt{(2\,\mathrm{AB}ab + \mathrm{D})^2 - (8\,\mathrm{D} \times \mathrm{S})}}{4\,\mathrm{D}}$$

$$= \frac{(122\text{-}5 + 32\text{-}5) - \sqrt{(122\text{-}5 + 32\text{-}5)^2 - (8 \times 32\text{-}5 \times 50)}}{4 \times 32\text{-}5}$$

$$= \frac{155 - \sqrt{24025 - 13000}}{130}$$

$$= \frac{155 - \sqrt{11025}}{130}$$

$$= \frac{155 - 105}{130} = \frac{50}{130} = 0\text{-}3846.$$

Enfin, je trouve, sans soustraire ce résultat de l'unité ni déterminer de segmens et de perpendiculaires, les côtés

$$\mathrm{AG} = \mathrm{AC} \times x = 10\text{-}77 \times 0\text{-}385 = 4\text{-}15,$$
$$\mathrm{BH} = \mathrm{BD} \times x = 8\text{-}48 \times 0\text{-}385 = 3\text{-}26.$$

Au moyen du complément de ce multiplicateur géodésique, c'est-à-dire d'après le numéro précédent, nous aurions la longueur des côtés CG, DH, adjacens à la ligne d'opération. Nous n'emploierons ce complément qu'autant qu'il sera question d'évaluer les surfaces partielles, et, par conséquent, de déterminer la longueur des perpendiculaires.

PROBLÈME.

Fig. 580. 1063. *Partager la pièce de terre ABCD* (Fig. 580) *en trois parties inégales, par deux lignes de division qui coupent les côtés AC, BD, en parties proportionnelles, de manière que la première partie, qui doit être adjacente au côté CD, soit* $\frac{1}{4}$ *de la surface totale, la seconde* $\frac{1}{3}$, *et la troisième, qui doit être adjacente au côté AB, soit égale aux* $\frac{5}{12}$ *de cette même surface totale.*

Après avoir trouvé les valeurs suivantes sur le terrain,

AE = 10-0,	BF = 8-0,
AC = 10-77,	BD = 10-0,
CE = 4-0,	DF = 6-0,
DE = 6-0,	

je trouve que la surface totale est de 104 ares, et celle du quadrilatère imaginé abCD, dont les hauteurs sont ae, bf, de 48 ares 50 centiares. Conséquemment, la surface du quadrilatère ABab est de 55 ares 50 centiares, et la différence entre ces deux trapèzes est de 7 ares.

Ces surfaces étant connues, il s'agit maintenant de diviser les 104 ares de la surface totale comme l'énoncé du problème l'exige : les trois parties étant $\frac{1}{4}$, $\frac{1}{3}$, $\frac{5}{12}$, si je les réduis au même dénominateur, j'aurai les fractions équivalentes $\frac{3}{12}$, $\frac{4}{12}$, $\frac{5}{12}$, ce qui indique, en supprimant le dénominateur commun 12, que les surfaces partielles doivent être entre elles :: 3 : 4 : 5. Ainsi, l'opération re-(1) vient à diviser la surface proposée comme les nombres 3, 4, 5. Fig. 580

Pour connaître la surface adjacente au côté AB ou la plus grande, je fais, par la proportion

$$3 + 4 + 5 : 5 :: 104 : x \text{ (1)},$$

ou celle

$$12 : 5 :: 104 : x,$$

qui revient à

$$x = \frac{5 \times 104}{12} = 43\text{-}333,$$

ou 43 ares $\frac{1}{3}$.

La deuxième surface se détermine aussi en faisant

$$3 + 4 + 5 : 4 :: 104 : x,$$

ou

$$12 : 4 :: 104 : x,$$

ce qui donne

$$x = \frac{4 \times 104}{12} = 34\text{-}667,$$

ou 34 ares $\frac{2}{3}$.

La troisième ou plus petite partie se trouve aussi en faisant

$$12 : 3 :: 104 : x = 26.$$

Cela fait, le multiplicateur géodésique qui doit donner le quadrilatère adjacent au côté AB, qui sera de 43 $\frac{1}{3}$, s'obtient en faisant, toujours par la même analogie,

$$x = \frac{(2\,\mathrm{AB}ab + \mathrm{D}) - \sqrt{(2\,\mathrm{AB}ab + \mathrm{D})^2 - (8\,\mathrm{D} \times \mathrm{S})}}{4\,\mathrm{D}}$$

$$= \frac{(111 + 7) - \sqrt{(111 + 7)^2 - (8 \times 7 \times 43\tfrac{1}{3})}}{4 \times 7}$$

$$= \frac{118 - \sqrt{13924 - 2426\text{-}67}}{28}$$

$$= \frac{118 - \sqrt{11497}}{28}$$

$$= \frac{118 - 107\text{-}22}{28} = \frac{10\text{-}78}{28} = 0\text{-}385.$$

Ce multiplicateur géodésique donne très-également les valeurs AG, BH, EI, FJ, GI, HJ, comme on l'a vu dans beaucoup des opérations précédentes ; mais en ôtant ce multiplicateur de l'unité, ce qui donne le complément arithmétique 0-615, j'ai les autres distances CG, DH,

(1) Nous pourrions prendre le $\frac{1}{4}$ et le $\frac{1}{3}$ de cette surface totale pour connaître les partielles ; mais en employant les proportions nous rendons le procédé *général*, parce qu'il peut se trouver des problèmes où toutes les fractions réduites donneraient *plus* et quelquefois *moins* que l'*unité*. Ce procédé a la propriété de faire ces divisions proportionnelles en perte ou en gain. Si, par exemple, les fractions de l'énoncé étaient $\frac{1}{4}$, $\frac{1}{3}$, $\frac{11}{12}$, il est évident qu'en prenant le $\frac{1}{4}$ et le $\frac{1}{3}$ de la surface, il ne resterait plus que $\frac{5}{12}$ pour la troisième partie, au lieu de $\frac{11}{12}$; enfin, le contraire arriverait si les fractions de l'énoncé étaient $\frac{1}{4}$, $\frac{1}{3}$, $\frac{1}{12}$, car il resterait encore $\frac{5}{12}$ pour la troisième partie au lieu de $\frac{1}{12}$.

Fig. 580. CI, DJ, GI, HJ, comme il suit :

$$
\begin{aligned}
CG &= AC \times \text{comp. } x = 10\text{-}77 \times 0\text{-}615 = 6\text{-}62,\\
DH &= BD \times \text{comp. } x = 10\text{-}0 \times 0\text{-}615 = 6\text{-}15,\\
CI &= CE \times \text{comp. } x = 4\text{-}0 \times 0\text{-}615 = 2\text{-}46,\\
DJ &= DF \times \text{comp. } x = 6\text{-}0 \times 0\text{-}615 = 3\text{-}69,\\
GI &= AE \times \text{comp. } x = 10\text{-}0 \times 0\text{-}615 = 6\text{-}15,\\
HJ &= BF \times \text{comp. } x = 8\text{-}0 \times 0\text{-}615 = 4\text{-}92.
\end{aligned}
$$

Ensuite, pour trouver le multiplicateur géodésique qui doit donner une surface égale aux deux plus grandes parties, ou à un quadrilatère de 78 ares adjacent au côté AB, je change seulement la valeur de S dans l'expression suivante :

$$8\,D \times S = 8 \times 7 \times 78 = 4368,$$

et j'ai

$$
\begin{aligned}
x &= \frac{118 - \sqrt{13924 - 4368}}{28}\\
&= \frac{118 - \sqrt{9556}}{28}\\
&= \frac{118 - 97\text{-}75}{28} = \frac{20\text{-}25}{28} = 0\text{-}723.
\end{aligned}
$$

Ce multiplicateur géodésique peut donner directement les valeurs AM, BN, EO, FP, MO, NP, et son complément arithmétique, qui est 0-277, donne les autres valeurs qui suivent :

$$
\begin{aligned}
CM &= AC \times \text{comp. } x = 10\text{-}77 \times 0\text{-}277 = 2\text{-}98,\\
DN &= BD \times \text{comp. } x = 10\text{-}0 \times 0\text{-}277 = 2\text{-}77,\\
CO &= CE \times \text{comp. } x = 4\text{-}0 \times 0\text{-}277 = 1\text{-}11,\\
DP &= DF \times \text{comp. } x = 6\text{-}0 \times 0\text{-}277 = 1\text{-}66,\\
MO &= AE \times \text{comp. } x = 10\text{-}0 \times 0\text{-}277 = 2\text{-}77,\\
NP &= BF \times \text{comp. } x = 8\text{-}0 \times 0\text{-}277 = 2\text{-}22.
\end{aligned}
$$

Enfin, si l'on calcule chacune de ces surfaces séparément, leur récapitulation donnera exactement

$$
\text{Surface}\begin{cases}
CDMN = 26\text{-}000\\
GHMN = 34\text{-}667\\
ABGH = 43\text{-}333\\
\hline
ABCD = 104\text{-}000
\end{cases}
$$

Nous venons d'exposer les deux manières; nous en laissons le choix à ceux qui en voudront faire usage.

PROBLÈME.

Fig. 581. 1064. *Partager le quadrilatère ABCD* (Fig. 581) *en deux parties qui soient entre elles : : 179 : 209, par une ligne de division qui coupe les côtés AC, BD, en parties proportionnelles.*

Je mesure sur le terrain les distances suivantes :

AE = 6-0,	BF = 10-0,
AC = 6-7,	BD = 14-14,
CE = 3-0,	DF = 10-0;
CF = 4-0,	

je calcule la surface totale que je trouve de 97 ares, et celle du quadrilatère imaginé DIGN que je trouve de 52 ares 25 centiares. Cela fait, je trouve, par deux soustractions, que l'autre quadrilatère imaginé équivaut à 44 ares 75 centiares, et la différence à 7 ares 50 centiares. Fig. 581.

Maintenant, il s'agit de diviser les 97 ares dans le rapport de 179 à 209; pour cela, je fais, relativement à la détermination de la plus grande partie,

$$179 + 209 : 209 :: 97 : x,$$

ou

$$388 : 209 :: 97 : x,$$

ce qui donne

$$x = \frac{209 \times 97}{388} = 52\text{-}25,$$

ou 52 ares 25 centiares.

Cette opération est alors terminée et prouvée par ce dernier résultat, qui est justement la surface du plus grand quadrilatère imaginé.

Enfin, en tirant la ligne de division GH au milieu des côtés AC, BD, j'aurai les deux quadrilatères ABGH, CDGH, le premier égal à 44 ares 75 centiares, et l'autre à 52 ares 25 centiares, et la surface se trouve divisée : : 179 : 209.

Nous allons faire voir que notre méthode ne change pas lorsque les deux perpendiculaires tombent en dehors du quadrilatère.

PROBLÈME.

1065. *Diviser le quadrilatère ABCD* (Fig. 582) *en trois parties qui soient entre elles : : 2 : 7 : 9, par une ligne de division qui coupe les côtés AC, BD, en parties proportionnelles, et de manière que la plus petite partie soit adjacente au côté AB, et la plus grande au côté opposé CD.* Fig. 582.

Pour évaluer la surface du quadrilatère proposé, je suis obligé de prendre le côté CD pour ligne d'opération, et j'abaisse sur son prolongement les perpendiculaires AE, BF, ainsi que les distances suivantes, que je trouve comme il suit :

AE = 10-0,	BF = 7-0,
AC = 14-9,	BD = 6-5,
CD = 10-5,	EF = 5-0.
DE = 1-5,	

Pour connaître la surface de ce quadrilatère, j'évalue d'abord celle du quadrilatère ABCF, en faisant

$$
\text{Surface}\begin{cases}
ACE = CE \times \frac{1}{2} AE = 12\text{-}0 \times 5\text{-}0 = 60\text{-}00\\
ABEF = EF \times \frac{1}{2}(AE + BF) = 5\text{-}0 \times 8\text{-}5 = 42\text{-}50\\
\hline
\text{du quadrilatère } ABCD + \text{triangle } BDF = 102\text{-}50
\end{cases}
$$

ensuite, celle du triangle emprunté BDF, qui est égale à

$$DF \times \tfrac{1}{2} BF = 6\text{-}5 \times 3\text{-}5 = 22\text{-}75,$$

ou à 22 ares 75 centiares. Donc, la surface du quadrilatère proposé est égale à

$$102\text{-}50 - 22\text{-}75 = 79\text{-}80,$$

ou à 79 ares 80 centiares.

Cela fait, j'imagine la ligne de division *ab* qui détermine, comme à l'ordinaire, les deux trapèzes imaginés

Fig. 582. ABab, abCD. Je calcule la surface de ce dernier, dont les hauteurs sont ae, bf, ce qui donne 43 ares 50 centiares, par conséquent, l'autre quadrilatère imaginé est de 36 ares 30 centiares, et la différence entre ces deux quadrilatères est de 7 ares 20 centiares.

Il s'agit maintenant de diviser les 79 ares 80 centiares comme les nombres 2, 7, 9; pour cela, je trouve la plus grande partie par la proportion

$$2 + 7 + 9 : 9 :: 79{\cdot}8 : x,$$

ou celle

$$18 : 9 :: 79{\cdot}8 : x,$$

qui revient à

$$x = \frac{79{\cdot}8 \times 9}{18} = \frac{79{\cdot}8 \times 1}{2} = 39{\cdot}9,$$

ou à 39 ares 90 centiares.

La deuxième partie s'obtient aussi par la proportion

$$2 + 7 + 9 : 7 :: 79{\cdot}8 : x,$$

ou celle

$$18 : 7 :: 79{\cdot}8 : x,$$

qui revient à

$$x = \frac{79{\cdot}8 \times 7}{18} = 31{\cdot}03,$$

ou à 31 ares 03 centiares. Ainsi, la plus petite partie équivaut au reste, ou à 8 ares 87 centiares.

Toutes ces valeurs étant connues, je cherche le multiplicateur géodésique qui doit déterminer une surface de 39 ares 90 centiares adjacente au côté CD, en faisant

$$x = \frac{(2\,ab\text{CD} + \text{D}) - \sqrt{(2\,ab\text{CD} + \text{D})^2 - (8\,\text{D} \times \text{S})}}{4\,\text{D}}$$

$$= \frac{(87 + 7{\cdot}2) - \sqrt{(87 + 7{\cdot}2)^2 - (8 \times 7{\cdot}2 \times 39{\cdot}9)}}{4 \times 7{\cdot}2}$$

$$= \frac{94{\cdot}2 - \sqrt{8873{\cdot}64 - 2298{\cdot}24}}{28{\cdot}8}$$

$$= \frac{94{\cdot}2 - \sqrt{6595}}{28{\cdot}8}$$

$$= \frac{94{\cdot}2 - 81{\cdot}2}{28{\cdot}8} = \frac{13}{28{\cdot}8} = 0{\cdot}45.$$

D'après ce résultat, je trouve les côtés

$$\text{CG} = \text{AC} \times x = 14{\cdot}9 \times 0{\cdot}45 = 6{\cdot}7,$$
$$\text{DH} = \text{BD} \times x = 9{\cdot}55 \times 0{\cdot}45 = 4{\cdot}2,$$

Ensuite, pour trouver le multiplicateur géodésique qui doit donner un quadrilatère équivalent aux deux plus grandes parties ou à 70 ares 93 centiares, je change la valeur de S dans l'expression

$$8\,\text{D} \times \text{S} = 8 \times 7{\cdot}2 \times 70{\cdot}93 = 4085{\cdot}59;$$

et j'ai

$$x = \frac{94{\cdot}2 - \sqrt{8873{\cdot}64 - 4085{\cdot}59}}{28{\cdot}8}$$

$$= \frac{94{\cdot}2 - \sqrt{4787}}{28{\cdot}8}$$

$$= \frac{94{\cdot}2 - 69{\cdot}2}{28{\cdot}8} = \frac{25}{28{\cdot}8} = 0{\cdot}868.$$

Enfin, j'ai les autres côtés en faisant de même

$$\text{CI} = \text{AC} \times x = 14{\cdot}9 \times 0{\cdot}868 = 12{\cdot}93,$$
$$\text{DJ} = \text{BD} \times x = 9{\cdot}55 \times 0{\cdot}868 = 8{\cdot}29.$$

Cette solution suffit pour faire connaître la manière de diviser les quadrilatères en travers et par des lignes qui coupent les plus longs côtés opposés en parties proportionnelles.

Nous allons donner la marche que l'on pourrait suivre dans le cas où l'on voudrait tirer une diagonale dans le quadrilatère pour évaluer sa surface, et la diviser sans d'autre ligne d'opération.

PROBLÈME.

1066. *Déterminer dans le quadrilatère ABCD* (Fig. 583) *une surface de 50 ares adjacente au côté CD*, Fig. 583
de manière que la ligne de division coupe les côtés AC, BD en parties proportionnelles.

Après avoir tiré la diagonale AD, j'abaisse des deux autres angles B, C, les perpendiculaires BF, CE, et je mesure le tout comme il suit :

$$\text{AE} = 4{\cdot}4, \qquad \text{BF} = 5{\cdot}0,$$
$$\text{AC} = 11{\cdot}0, \qquad \text{BD} = 6{\cdot}4,$$
$$\text{EF} = 9{\cdot}0, \qquad \text{CE} = 9{\cdot}0,$$
$$\text{DF} = 4{\cdot}0,$$

je calcule la surface totale du quadrilatère proposé, ce qui donne

$$\text{AD} \times \tfrac{1}{2}(\text{BF} + \text{CE}) = 17{\cdot}4 \times 7{\cdot}0 = 121{\cdot}8,$$

121 ares 80 centiares.

Cela fait, j'imagine la ligne de division cb, passant par le milieu des côtés AC, BD, j'ai les deux quadrilatères imaginés ABcb, cbCD, dont la surface de ce dernier équivaut à la somme des triangles ACD, bDO, *moins celle du triangle* AcO. La surface de ce quadrilatère se trouve promptement ; mais avant tout, il faut déterminer les distances EO, FO, des perpendiculaires BF, CE, au point d'intersection O.

Pour obtenir une de ces longueurs, j'imagine les perpendiculaires ce, bf, qui tombent évidemment au milieu des segmens AE, DF, et je trouve la distance eO, par exemple, en établissant, comme au numéro 994, la proportion

$$bf + ce : ce :: ef : x = e\text{O},$$

ou celle

$$2{\cdot}5 + 4{\cdot}5 : 4{\cdot}5 :: 13{\cdot}2 : e\text{O},$$

qui revient à

$$e\text{O} = \frac{4{\cdot}5 \times 13{\cdot}2}{7{\cdot}0} = 8{\cdot}48;$$

donc

$$\text{EO} = e\text{O} - e\text{E} = 8{\cdot}48 - 2{\cdot}2 = 6{\cdot}28,$$
$$\text{FO} = \text{EF} - \text{EO} = 9{\cdot}0 - 6{\cdot}28 = 2{\cdot}72.$$

Ainsi, je calcule la surface du polygone ACDbO, en faisant

$$\text{Surface}\begin{cases} \text{ACD} = \text{AD} \times \tfrac{1}{2}\,\text{CE} = 17{\cdot}4 \times 4{\cdot}5 = 78{\cdot}30 \\ b\text{DO} = \text{DO} \times \tfrac{1}{2}\,bf = 6{\cdot}72 \times 1{\cdot}25 = 8{\cdot}40 \\ \text{du quadrilatère } cb\text{CD} + \text{triangle A}c\text{O} = \overline{86{\cdot}70} \end{cases}$$

Fig. 583. Celle du triangle AcO, équivalent à

$$AO \times \tfrac{1}{2} ce = 10\text{-}68 \times 2\text{-}25 = 24\text{-}04,$$

ou à 24 ares 04 centiares, il est évident que la surface du quadrilatère imaginé cb CD, est égale à

$$86\text{-}70 - 24\text{-}04 = 62\text{-}66,$$

ou à 62 ares 66 centiares. Par conséquent, la surface de l'autre quadrilatère imaginé AB cb est de 59 ares 14 centiares, et la différence entre ces deux quadrilatères est de 3 ares 52 centiares.

Maintenant, pour avoir le multiplicateur géodésique qui doit déterminer une surface de 50 ares adjacente au côté CD, je fais, d'après la formule ordinaire,

$$x = \frac{(2\,cb\,\text{CD} + \text{D}) - \sqrt{(2\,cb\,\text{CD} + \text{D})^2 - (8\,\text{D} \times \text{S})}}{4\,\text{D}}$$

$$= \frac{(125\text{-}32 + 3\text{-}52) - \sqrt{(125\text{-}32 + 3\text{-}52)^2 - (8 \times 3\text{-}52 \times 50)}}{4 \times 3\text{-}52}$$

$$= \frac{128\text{-}84 - \sqrt{16700 - 1408}}{14\text{-}08}$$

$$= \frac{128\text{-}84 - \sqrt{15292}}{14\text{-}08}$$

$$= \frac{128\text{-}84 - 123\text{-}65}{14\text{-}08} = \frac{5\text{-}19}{14\text{-}08} = 0\text{-}37.$$

Enfin, d'après ce multiplicateur géodésique, je trouve la longueur des côtés CG, DH, comme il suit :

$$\text{CG} = \text{AC} \times x = 11\text{-}0 \times 0\text{-}37 = 4\text{-}07,$$
$$\text{DH} = \text{BD} \times x = 6\text{-}4 \times 0\text{-}37 = 2\text{-}37.$$

Nous terminons ici toutes nos opérations sur la division des quadrilatères irréguliers par des lignes coupant les côtés en parties proportionnelles ; nous allons faire connaître un autre procédé applicable à la division de ces mêmes figures.

DIVISION DES QUADRILATÈRES IRRÉGULIERS AU MOYEN DES PROPORTIONS.

1067. Le procédé que nous allons appliquer à la division des quadrilatères irréguliers, est aussi exact que le précédent; mais, les lignes de division ne coupent pas aussi exactement les côtés en parties proportionnelles.

PROBLÈME.

Fig. 584. 1068. *Diviser la pièce de terre ABCD* (Fig. 584) *en deux parties égales.*

Le procédé que nous allons employer n'exige pas l'évaluation de la surface totale lorsqu'il s'agit de diviser en parties égales ou dans des rapports connus.

Après avoir mesuré sur le terrain les distances qui suivent Fig. 584.

AE = 6-0, BF = 10-0,
AC = 6-3, BD = 10-6,
CE = 2-0, DF = 3-5,
EF = 11-0,

je divise les deux perpendiculaires AE, BE, comme je veux que la surface le soit, j'ai

$$\text{AG} = \text{EG} = \tfrac{1}{2}\,\text{AE} = 3\text{-}0,$$
$$\text{BH} = \text{FH} = \tfrac{1}{2}\,\text{BF} = 5\text{-}0.$$

Maintenant, pour avoir la distance CM, je commence par déterminer celle EI, que je trouve par la proportion

CF : GE :: FH : EI = 0-77,

ce qui donne

AI = AE — EI = 6-0 — 0-77 = 5-23,
GI = GE — EI = 3-0 — 0-77 = 2-23,

et ensuite le côté CM, par la proportion

AI : GI :: AC : CM = 2-69.

Cette distance étant déterminée, je cherche la longueur de la perpendiculaire MO, par la proportion

AC : CM :: AE : MO = 2-56,

et la distance entre les deux perpendiculaires AE, MO, par la proportion

AC : AM :: CE : EO = 1-15.

Ensuite pour avoir la distance DN je commence par déterminer celle FJ, par la proportion

DO : DF :: MO : FJ = 0-57,

ce qui donne

BJ = BF — FJ = 10-0 — 0-57 = 9-43,
HJ = FH — FJ = 5-0 — 0-57 = 4-43,

Et ensuite le côté DN, par la proportion

BJ : HJ :: BD : DN = 4-98.

Enfin, puisqu'il s'agit de prouver cette division, je cherche les valeurs NP, DP, par les proportions

BD : DN :: BF : x = 4-7,
BD : DN :: DF : x = 1-64,

et je calcule la surface totale qui est de 111 ares 50 centiares. Donc la surface du quadrilatère CDMN doit être égale à la moitié ou à 55 ares 75 centiares. En effet le calcul suivant donne exactement cette moitié.

Surface { CMP = CP × ½ MO = 14-86 × 1-28 = 19-02
Surface { DNO = DO × ½ NP = 15-65 × 4-7 = 36-73
du quadrilatère CDMN = 55-75

Il est évident que l'autre quadrilatère équivaut de même à 55 ares 75 centiares, puisque la surface est divisée en deux parties égales. Cette manière de diviser n'est pas à rejeter, au contraire, elle est très-exacte et très-simple dans son application.

PROBLÈME.

Fig. 585. 1069. *Partager la pièce de terre ABCD* (Fig. 585) *en deux parties, de manière que la plus petite soit de 31 et adjacente au côté AB.*

Cette opération exige la mesure de la surface totale, afin de connaître dans quel rapport il faut diviser les perpendiculaires AE, BF, pour procéder à cette division.

Les mesures sur le terrain ayant donné les valeurs suivantes :

AE = 10-0, BF = 6-0,
AC = 11-0, BD = 7-0,
CE = 5-0, DF = 4-0,
EF = 8-0,

je trouve, par ce moyen, que la surface totale du quadrilatère proposé est de 101 ares. Ainsi, la partie adjacente au côté CD sera de 71 ares, et les perpendiculaires AE, BF, doivent être divisés comme la surface, c'est-à-dire dans le rapport de 30 à 71.

Maintenant, je détermine les parties des perpendiculaires, comme il suit, par la proportion

101 : 71 : : AE : GE = 7-03,

et celle

101 : 71 : : BF : FH = 4-22.

Quant aux autres parties de ces perpendiculaires, je les obtiens par les deux soustractions suivantes :

AG = AE — GE = 10-0 — 7-05 = 2-97,
BH = BF — FH = 6-0 — 4-22 = 1-78.

Cela fait, pour connaître la distance CM, je commence par déterminer celle EI, par la proportion

CF : CE : : FH : EI = 1-62,

et, par conséquent,

AI = AE — EI = 10-0 — 1-62 = 8-38,
GI = GE — EI = 7-05 — 1-62 = 5-41 ;

ce qui donne ensuite le côté CM, par la proportion

AI : GI : : AC : CM = 7-1.

Ensuite, je cherche la longueur de la perpendiculaire MO, par la proportion Fig. 585.

AC : CM : : AE : MO = 6-45 ;

et celle de la distance EO, en faisant

AC : AM : : CE : EO = 1-77.

D'après ces résultats, je cherche la petite distance FJ par la proportion

DO : DF : : MO : FJ = 1-87,

et donne les valeurs

BJ = BF — FJ = 6-0 — 1-87 = 4-13,
HJ = FH — FJ = 4-22 — 1-87 = 2-35.

Cela connu, je trouve la distance DN par la proportion

BJ : HJ : : BD : DN = 3-98.

Enfin, sachant que la surface totale est de 101 ares et que les deux parties doivent être l'une de 30 ares et l'autre de 71 ares, je dois trouver cette dernière surface en évaluant le quadrilatère CDMN, si l'opération est bien faite.

En effet, si l'on détermine la longueur de la perpendiculaire NP et celle du segment DP, en faisant

BD : DN : : BF : NP = 3-4,
BD : DN : : DF : DP = 2-27,

la surface du plus grand quadrilatère partiel CDMN, sera équivalente à

Surface { CMP = CP × ½ MO = 14-73 × 3-225 = 47-50
DNO = DO × ½ NP = 13-77 × 1-7 = 23-50
du quadrilatère CDMN = 71-00 }

Il est évident, d'après cela, que la surface du quadrilatère ABMN est de 30 ares ; ce qui prouve l'exactitude de ce procédé.

Nous ne parlerons pas de la division graphique des quadrilatères irréguliers, elle est tout-à-fait abandonnée par rapport aux erreurs sensibles qu'elle produit souvent. Quant aux reprises que l'on a à faire dans ces figures, la marche la plus simple et la plus exacte est de les diviser de nouveau.

Chapitre Dixième.

MESURE ET DIVISION DES POLYGONES RÉGULIERS.

NOTIONS PRÉLIMINAIRES.

1070. Les procédés que nous allons exposer dans ce chapitre ne sont pas beaucoup usités; il arrive rarement qu'on ait à diviser un polygone régulier. Nous allons opérer sur le cercle comme étant un polygone régulier.

On pourra consulter les numéros 112, 113, 114, 115, 116, 118, 119, 120, 121, 122, 123, 124, 125, 126, 127 et 128.

La note du numéro 172 indique au paragraphe 1° la manière de réduire le cercle à un carré équivalent; le paragraphe 3° de cette même note, donne aussi le procédé qu'il faut suivre dans la transformation d'un cercle en un triangle équilatéral.

1071. Voici des applications relatives à la longueur de quelques lignes composant les polygones réguliers et le cercle.

Soit C le côté du polygone inscrit, et N le nombre des côtés, on aura P ou le périmètre, en faisant,

$$P = N \times C;$$

on aura de même, en faisant R égale au rayon,

$$C = 2R \times \sin. \frac{200^G}{N},$$

et enfin

$$P = 2N \times R \times \sin. \frac{200^G}{N}.$$

Dans le cas où le polygone est circonscrit, l'on a

$$C = 2R \times \text{tang.} \frac{200^G}{N},$$

et

$$P = 2N \times R \text{ tang.} \frac{200^G}{N}.$$

Nous allons exposer un exemple de chaque cas, afin de faire mieux concevoir la marche qu'il faut tenir quand on veut déterminer la longueur d'un côté d'un polygone régulier, ou le périmètre sans connaître ce côté.

PROBLÈME.

1072. *Étant donné un octogone inscrit, et le rayon de 10 décamètres, trouver la longuenr d'un côté, ou celle du périmètre.*

Pour avoir la longueur d'un côté dont C est la désignation, j'ai

$$C = 2 \times 10\text{-}0 \times \sin. \frac{200^G}{8} = 20 \times \sin. 25^G = 7\text{-}654,$$

et par les logarithmes,

$$\begin{aligned} \log. 20 &= 1\text{-}3010300 \\ \log. \sin. 25^G &= 9\text{-}5828397 \\ \hline \text{Somme} - 10 &= 0\text{-}8838697 \end{aligned}$$

Ce logarithme répond à 7 décamètres 654 centimètres qui est la longueur d'un côté du polygone. Il est évident que j'aurai le périmètre, en faisant

$$P = 7\text{-}654 \times 8 = 61\text{-}232.$$

Enfin, si l'on ne voulait pas chercher la longueur d'un côté, on aurait directement

$$P = 2 \times 8 \times 10 \times \sin. \frac{200^G}{8} = 160 \times \sin. 25^G = 61\text{-}23.$$

PROBLÈME.

1073. *Un dodécagone circonscrit étant donné, et le rayon de 7 décamètres, trouver la longueur d'un côté, ou celle du périmètre.*

Cette solution étant analogue à la précédente, je trouve

$$C = 2 \times 7\text{-}0 \times \text{tang.} \frac{200^G}{10} = 14 \times \text{tang.} 20^G = 4\text{-}549,$$

et par les logarithmes

$$\begin{aligned} \log. 14 &= 1\text{-}1461280 \\ \log. \text{tang.} 20^G &= 9\text{-}5117760 \\ \hline \text{Somme} - 10 &= 0\text{-}6579040 \end{aligned}$$

Ce logarithme répond à 4 décamètres 549 centimètres, qui est la longueur d'un côté. Enfin le périmètre, que l'on pouvait déterminer comme plus haut, est de 45 décamètres 49 décimètres.

PROBLÈME.

1074. *Quelle est la valeur de l'angle saillant d'un polygone régulier de 10 côtés?*

Représentant par A cet angle saillant ou au sommet du polygone, j'ai

$$A = 200^G - \frac{400^G}{10} = 200^G - 40^G = 160^G.$$

Donc, pour connaître l'angle au sommet d'un polygone régulier d'un nombre de côtés connus, il suffit *de diviser 4 angles droits par le nombre des côtés du polygone et de soustraire ce quotient de 2 angles droits.*

PROBLÈME.

1075. *Quelle est la valeur de l'angle au centre d'un octogone régulier?*

Si j'indique par O la valeur de cet angle au centre, j'aurai

$$O = \frac{400^G}{8} = 50^G;$$

d'où il suit que l'angle au centre est le supplément de l'angle au sommet, et *le quotient de 4 angles droits divisés par le nombre des côtés du polygone régulier.*

Voici quelques observations relatives aux parties du cercle.

1076. Si C est la longueur de la corde d'un arc A, pris dans un cercle de rayon R, on aura

$$C = 2\,R \times \sin.\tfrac{1}{2}\,A.$$

En effet, pour connaître la corde de 25 grades pris dans un cercle de 6 décamètres de rayon, je fais, par les logarithmes,

$$\log.\,2\,R = \log.\ 12\text{-}0 = 1\text{-}0791812$$
$$\log.\,\sin.\tfrac{1}{2}\,A = \log.\,\sin.\ 12^G 50' = 9\text{-}2902357$$
$$\text{Log}.\,C = 0\text{-}3694169$$

Ce logarithme répond à 2 décamètres 341 centimètres, qui est la longueur de la corde demandée.

Cette équation donne réciproquement la graduation d'un arc, connaissant sa corde. Les logarithmes constans, donnés page 99, suffisent dans cette circonstance.

On a vu, au numéro 126, que la circonférence du cercle s'obtient *en multipliant le diamètre donné par* π *ou* 3-1415926, *etc., etc.* Ainsi, pour connaître la circonférence d'un cercle dont le diamètre est de 7 décamètres, par exemple, on a le produit 21 décamètres 99115 millionièmes, pour la circonférence demandée.

Un diamètre de 10 unités donne alors 31-41592, etc., etc.

Enfin, les logarithmes constans donnés à la page 99, donnent encore directement la circonférence d'un cercle quelconque.

SECTION PREMIÈRE.

MESURE DES POLYGONES RÉGULIERS ET DU CERCLE.

1077. Le numéro 168 indique le moyen d'évaluer exactement la surface des polygones réguliers en général; c'est alors d'après ce numéro que nous allons résoudre la plus grande partie des problèmes suivans.

Nous nous abstiendrons de présenter des problèmes sur les deux polygones réguliers qui ont le moins de côtés, c'est-à-dire sur le triangle équilatéral et le carré, leur solution étant facile et se trouvant déjà démontrée aux numéros 866 et 756.

PROBLÈME.

Fig. 586. 1078. *Déterminer la surface d'un polygone régulier ABCD* (Fig. 586).

Cette opération n'est pas difficile; après avoir abaissé du centre O, sur un côté CD, la perpendiculaire FO, que l'on appelle *apothême*, je la mesure ainsi que ce côté, et je trouve

$$FO = 4\text{-}2, \qquad CD = 6\text{-}0;$$

ainsi, si je représente la surface du pentagone, puisqu'il a 5 côtés, par S, j'aurai

$$\tfrac{1}{5}\,S = CD \times \tfrac{1}{2}\,FO = 6\text{-}0 \times 2\text{-}1 = 12\text{-}6,$$

et par conséquent

$$S = 12\text{-}6 \times 5 = 63,$$

ou 63 ares.

Il a des géomètres qui font

$$S = 6 \times 5 \times \tfrac{1}{2}\,FO = 30 \times 2\text{-}1 = 63.$$

ce qui donne le même résultat.

PROBLÈME.

1079. *Calculer la surface d'un polygone ABCDEFG* (Fig. 587). Fig. 587.

Après avoir mesuré les distances suivantes :

$$HO = 4\text{-}2, \qquad DE = 4\text{-}2,$$

sachant que ce polygone régulier se compose de 7 côtés, je trouve la surface totale que j'indique par S, en faisant, toujours d'après la règle du numéro 168,

$$S = 7\,DE \times \tfrac{1}{2}\,HO = 4\text{-}2 \times 7 \times 2\text{-}1 = 61\text{-}74,$$

ce qui donne 61 ares 74 centiares.

Enfin, nous terminons ici ces opérations qui sont toujours semblables; le procédé étant général peut même servir à la détermination de la surface du cercle, ce que nous allons résoudre.

PROBLÈME.

1080. *Calculer approximativement la surface d'un* Fig. 592. *cercle ABCD* (Fig. 592), *dont on connaît le diamètre.*

Par la connaissance du diamètre AC qui est égal à deux rayons EO, c'est-à-dire à 9 décamètres 50 centimètres, je cherche la longueur de la circonférence de ce cercle d'après le numéro 126, et je la trouve de 29 décamètres 84 décimètres.

Cela fait, je multiplie, d'après le numéro 172, la moitié de la circonférence par le rayon, j'ai la surface totale

$$S = \tfrac{1}{2}\text{ circonf.} \times EO = \frac{29\text{-}84}{2} \times 4\text{-}75 = 70\text{-}88,$$

ou 70 ares 88 centiares.

Le numéro précité donne une autre règle exacte pour évaluer la surface du cercle sans chercher la circonférence; les logarithmes constans de la page 99 sont aussi très-commodes pour cette évaluation.

PROBLÈME.

1081. *Calculer approximativement la surface déterminée par les deux circonférences ABCD, EIFJ* (Fig. 593), Fig. 593. *dont on connaît les deux diamètres, et que l'on appelle* couronne.

Le diamètre AC étant semblable à celui de la figure précédente, il est évident que la circonférence et la surface sont aussi les mêmes; donc la surface est égale à 70 ares 88 centiares.

Maintenant, sachant que la distance FG entre les deux parallèles est de 2 décamètres, si j'ôte le double de cette distance, ou 4 décamètres du diamètre AC, ou de 9 décamètres 5 mètres, il restera 5 décamètres 5 mètres qui est la longueur du diamètre IJ, dont la moitié est égale au rayon EO.

Cela connu, il s'agit de déterminer la surface du petit cercle IFJE, qui équivaut à

$$S' = \tfrac{1}{2}\text{ circonf.} \times EO = \frac{17\text{-}28}{2} \times 2\text{-}75 = 23\text{-}76,$$

ou 23 ares 76 centiares.

Enfin, la surface demandée S'' se trouve par la simple soustraction suivante :

$$S'' = 70\text{-}88 - 23\text{-}76 = 47\text{-}12,$$

ce qui donne exactement 47 ares 12 centiares.

Nous allons passer à la division des polygones réguliers; il est inutile de mesurer plusieurs cercles pour faire connaître la marche que l'on suit à ce sujet, attendu qu'elle est toujours la même.

SECTION DEUXIÈME.

DIVISION DES POLYGONES RÉGULIERS ET DU CERCLE.

1082. Nous allons aussi placer la division du cercle au rang de la division des polygones réguliers; les problèmes que nous allons exposer sur ces figures seront faciles à résoudre.

PROBLÈME.

1083. *Diviser le pentagone régulier ABCDE* (Fig. Fig. 588. 588) *en trois parties égales par trois lignes de division tirées du centre O du polygone, et de manière qu'une de ces lignes aboutisse à l'angle B.*

Cette opération a beaucoup d'analogie avec celle du numéro 795. Après avoir divisé chaque côté du pentagone proposé en trois parties égales qui déterminent les points de division *a, b, c, d, e*, G, *i, o*, F, *u*, je tire les droites BO, FO, GO, qui divisent le pentagone en trois parties égales.

Maintenant, si je veux prouver l'exactitude de cette division, je pourrai faire la surface d'un des 15 triangles qui composent la surface totale, celui du triangle DOG, par exemple, et j'aurai 4 ares 20 centiares. Chaque partie se composant de 5 triangles semblables, doit être égale à

$$4\text{-}2 \times 5 = 21,$$

ou à 21 ares. Effectivement, la surface déterminée plus haut (1077) donne

$$21 \times 3 = 63.$$

Cette division n'est pas très-usitée; cependant nous allons encore en donner un second exemple.

PROBLÈME.

1084. *Diviser le polygone régulier ABCDE* (Fig. 589) Fig. 589. *en cinq parties égales par des lignes tirées du centre O.*

Je divise chaque côté en 5 parties égales, et à *chaque fois six divisions*, où des points B, I, J, K, H, je tire

Fig. 591. les lignes de division BO, IO, JO, KO, HO, qui partagent le polygone proposé en 5 parties égales.

Il est évident que nous prenons 6 divisions pour faire chaque partie, parce que le polygone régulier a 6 côtés; s'il avait 7 côtés, on prendrait 7 parties; s'il en avait 8, on en prendrait 8, etc. Quant à la division de chaque côté, elle doit toujours être faite d'après l'énoncé du problème.

Ce procédé n'est pas applicable à la division en parties inégales; mais celui que nous allons exposer pour les parties inégales, peut en même-tems servir à la division en parties égales.

PROBLÈME.

1085. *Partager le polygone régulier ABCDEFG* Fig. 590. (Fig. 590) *en trois parties qui soient entre elles* : : 3 : 5 : 7, *par des lignes tirées du centre O, sur trois points du périmètre.*

Cette figure étant semblable à celle 587, il est inutile de calculer sa surface qui est de 61 ares 74 centiares. Chaque côté étant aussi connu de 4 décamètres 2 mètres, j'ai le périmètre, que je désigne par P, en faisant

$$P = 4\text{-}2 \times 7 = 29\text{-}4,$$

ce qui donne 29 décamètres 4 mètres.

Cela fait, je divise le périmètre dans les rapports donnés, et j'ai, pour celui de la plus grande partie,

$$3 + 5 + 7 : 7 :: P : x = \text{ABCDH},$$

ou

$$15 : 7 :: 29\text{-}4 : \text{ABCDH},$$

qui revient à

$$\text{ABCDH} = \frac{7 \times 29\text{-}4}{15} = 13\text{-}72,$$

ou à 13 décamètres 72 décimètres.

Donc en divisant cette longueur par celle d'un côté, j'aurai le nombre des côtés qui comprendront cette partie, c'est-à-dire 3 côtés et 1 décamètre 12 décimètres de reste. Portant 1 décamètre 12 décimètres sur un côté, de D en H, et tirant les droites HO, AO, la plus grande surface est déterminée.

Maintenant, pour avoir le périmètre de la plus petite partie, je fais

$$3 + 5 + 7 : 3 :: P : x = \text{AGI},$$

ou

$$15 : 3 :: 29\text{-}4 : \text{AGI},$$

qui revient à

$$\text{AGI} = \frac{3 \times 29\text{-}4}{15} = 5\text{-}94,$$

ou à 5 décamètres 94 décimètres.

Si de ce résultat j'ôte 4 décamètres 2 mètres, longueur d'un côté, j'aurai pour reste 1 décamètre 74 décimètres que je porterai sur le côté FG, de G en I. Enfin; tirant la ligne de division IO, le polygone régulier se trouve partagé comme les nombres 3, 5, 7, tel que l'exige la question.

PROBLÈME.

1086. *Diviser l'hectagone régulier ABCDEF* (Fig. 591) *en trois parties égales, par deux lignes parallèles* Fig. 591. *au côté AB ou DE.*

Cette opération a de l'analogie avec toutes celles relatives à la division des trapèzes par des lignes parallèles aux bases.

Après avoir divisé le polygone proposé en deux parties égales par la droite CF, j'abaisse sur cette ligne les perpendiculaires AG, BH, dont celles imaginaires *ag*, *bh*, sont la moitié.

Je calcule la surface du trapèze imaginé *ab* CF; je l'ôte de la moitié de la surface totale, le reste est la surface du trapèze imaginé AB*ab*.

D'après cela, je trouve facilement la différence entre les deux trapèzes imaginés, ce qui est suffisant pour déterminer le multiplicateur géodésique qui doit donner les longueurs CJ, FI, sachant toutefois que la surface demandée CFIJ doit être pour ce cas égale au sixième de la surface totale, ou au tiers de celle du trapèze ABCF.

Enfin, ayant obtenu le multiplicateur géodésique convenable, et, par conséquent, les côtés CJ, FI; pour avoir les points où doit tomber l'autre ligne de division KL, je fais

$$\text{CJ} = \text{CL} = \text{FI} = \text{FK}.$$

Nous allons passer à la division du cercle.

PROBLÈME.

1087. *Partager la surface du cercle ABCDEFG* (Fig. 594) *en sept parties égales, par des lignes tirées du* Fig. 594. *centre O à la circonférence.*

Il n'y a rien de difficile dans la solution de ce problème; sachant que la circonférence de ce cercle est de 29 décamètres 84 décimètres, je la divise en 7 parties égales, et j'ai 4 décamètres 263 centimètres que je porte de A en B, de B en C, de C en D, etc. De ces points je tire les rayons AO, BO, CO, etc., qui divisent le cercle ou sa surface en 7 parties égales.

Donc pour diviser un cercle quelconque en 3, 4, 5, 6, 7, 8, 9, etc., parties égales, il suffit de partager sa circonférence en 3, 4, 5, 6, 7, 8, 9, etc., parties égales.

PROBLÈME.

1088. *Partager la surface du cercle ABC, etc.* (Fig. 594) *en deux parties qui soient entre elles* : : 2 : 5, *par* Fig. 594. *deux lignes tirées du centre O à sa circonférence.*

Cette division est presque encore aussi facile que la précédente.

Après avoir divisé la circonférence du cercle proposé en autant de parties égales qu'il y a d'unités dans le rapport 2 : 5, c'est-à-dire en 7 parties égales, j'en prends deux pour la plus petite surface, et, par conséquent, 5 pour la plus grande, et les deux rayons BO, GO, par exemple, divisent la surface du cercle comme les nombres 2 : 5.

Quand la somme des unités qui composent les rapports

est un peu plus grande, on la divise par les proportions comme on l'a vu plus haut (1085).

PROBLÈME.

Fig. 595. 1089. *Diviser la surface du cercle ABC* (Fig. 595) *en deux parties égales, par une ligne parallèle à la circonférence, c'est-à-dire de manière qu'une partie soit encore un cercle, et que l'autre soit une couronne.*

Sachant que la surface du cercle proposé est de 70 ares 88 centiares, et que cette surface est égale au carré du rayon multiplié par π ou 3-1416, etc., j'en prends la moitié, ou 35 ares 44 centiares, et je trouve le carré du rayon en faisant

$$R^2 = \frac{35\text{-}44}{\pi} = \frac{35\text{-}44}{3\text{-}1416}$$

et, par conséquent, le rayon, en faisant

$$R = Od = \sqrt{\frac{35\text{-}44}{3\text{-}1416}} = \sqrt{11\text{-}25} = 3\text{-}316.$$

Donc, en décrivant un cercle de 3 décamètres 316 centimètres de rayon ou avec le rayon Od, la nouvelle circonférence $abcd$ divisera la surface du cercle proposé en deux parties égales.

Le procédé est applicable à toutes les divisions en parties égales; il y a une extraction de racine carrée à chaque circonférence de division que l'on veut avoir.

PROBLÈME.

Fig. 596. 1090. *Partager la surface du cercle ABCD* (Fig. 596) *en trois parties qui soient entre elles* :: 5 : 6 : 7, *par deux circonférences parallèles, et de manière que la plus petite surface soit un cercle et que la moyenne y soit adjacente.*

Sachant que la surface de ce cercle est de 70 ares 88 centiares, je trouve la plus petite partie par la proportion

$$5+6+7 : 5 :: 70\text{-}88 : x,$$

ou celle

$$18 : 5 :: 70\text{-}88 : x,$$

qui donne

$$x = \frac{5 \times 70\text{-}88}{18} = 19\text{-}68,$$

ou 18 ares 68 centiares.

Cela connu, je trouve le rayon EO en faisant

$$R = EO = \sqrt{\frac{19\text{-}68}{\pi}} = \sqrt{\frac{19\text{-}68}{3\text{-}1416}} = \sqrt{6\text{-}25} = 2\text{-}5$$

ce qui donne 2 décamètres 5 mètres pour la longueur du rayon EO avec lequel il faut décrire la circonférence EFG qui divise exactement la surface du cercle dans le rapport de 5 : 13.

Maintenant, pour connaître le rayon qui doit décrire une seconde circonférence de division, je cherche le nombre d'ares que comprennent ensemble les deux plus petites parties, par la proportion

$$5+6+7 : 5+6 :: 70\text{-}88 : x,$$

ou celle Fig. 596.

$$18 : 11 :: 70\text{-}88 : x,$$

qui revient à

$$x = \frac{11 \times 70\text{-}88}{18} = 43\text{-}31,$$

et je trouve la longueur du rayon HO en faisant

$$R = HO = \sqrt{\frac{43\text{-}31}{\pi}} = \sqrt{\frac{43\text{-}31}{3\text{-}1416}} = \sqrt{13\text{-}76} = 3\text{-}71,$$

ce qui nous donne 3 décamètres 71 décimètres pour le rayon qui doit décrire la circonférence HIJ qui termine la division du cercle proposé comme sont entre eux les nombres 5, 6, 7.

Cet exemple suffit pour faire connaître la marche que l'on suit généralement pour la division du cercle par des circonférences parallèles.

Voici une solution graphique qui mérite de trouver son application à la suite de ces opérations.

PROBLÈME.

1091. *Diviser la surface du cercle ABCD* (Fig. 597) *en deux parties qui soient entre elles* :: 3 : 5, *par une seule ligne droite de division, ou une corde passant par un point P donné dans l'intérieur du triangle.* Fig. 597.

Sachant que le rayon du cercle proposé est de 4 décamètres 75 centimètres et que la distance du point donné P au centre O est de 2 décamètres, je trouve la distance ou le rayon BP qui doit couper la circonférence au point B, en faisant

$$BP = \sqrt{\frac{3}{5} \times (DO^2 - OP^2)}$$
$$= \sqrt{0\text{-}6 \times (22\text{-}56 - 4\text{-}0)}$$
$$= \sqrt{0\text{-}6 \times 18\text{-}56}$$
$$= \sqrt{11\text{-}136} = 3\text{-}337.$$

Ainsi, je décris, avec ce rayon de 3 décamètres 337 centimètres, un petit arc de cercle qui coupe la circonférence au point B, par lequel je tire la corde ou la ligne de division BE en passant par le point donné P, et la surface du cercle se trouve divisée dans le rapport de 3 : 5.

Ce procédé peut aussi trouver son application à la division en 3, 4, 5, etc., parties, mais il est difficile de placer les lignes de division pour qu'elles ne se coupent pas entre elles.

Voici la formule générale : en indiquant le rayon du cercle à diviser par R, la distance du point donné au centre du cercle, par D, et le rapport étant :: m : n, on a la longueur du rayon qui coupe la circonférence au point demandé, en faisant

$$x = \sqrt{\frac{m}{n} \times (R^2 - D^2)}.$$

Il est évident que si le point donné était au centre du cercle proposé, la surface ne pourrait être divisée qu'en deux parties égales, et dans ce cas le diamètre serait la ligne de division.

Chapitre Onzième.

MESURE ET DIVISION DES POLYGONES IRRÉGULIERS.

OPÉRATIONS PRÉLIMINAIRES.

1092. Nous allons faire connaître la transformation des polygones irréguliers en triangles, ou, ce qui revient au même, la manière de calculer graphiquement la surface des polygones les plus irréguliers.

PROBLÈME.

1093. *Transformer le polygone irrég. ABCDEFGHI*
Fig. 598. (Fig. 598), *en un triangle équivalent.*

Pour réduire ce polygone irrégulier en un triangle Glp, je prolonge indéfiniment de part et d'autre le côté AB que je prends pour base; je conçois la ligne AH, et du point I je mène Ik parallèle à AH, en tirant kH, le plan proposé aura un côté de moins et restera cependant équivalent.

Cela fait, je conçois la ligne Gk, et au point H je mène Hl parallèle à Gk; je tire Gl et le plan proposé aura encore un côté de moins et sera encore équivalent à celui proposé. Je conçois la ligne BD et au point C je mène Cm parallèle à BD, en tirant Dm le plan proposé se trouvera alors réduit à six côtés, quoique conservant toujours sa même surface. Je continue l'opération en conservant d'abord la ligne Em; puis, du point D, je mène Dn parallèle à Em, si du point n je tire En, le plan aura encore un côté de moins.

Maintenant je conçois la ligne Fn et je mène Eo parallèle à Fn, en tirant Fo le plan sera transformé en un quadrilatère FGlo toujours équivalent au plan primitif. Ensuite je conçois la ligne Go, puis je mène Fp parallèle à Go, et je tire la ligne Gp; cela fait, le plan du polygone proposé se trouvera réduit à un triangle Glp équivalent au premier plan.

Enfin, pour avoir la surface de ce triangle j'abaisse sur le plus long côté une perpendiculaire lx, qui est de 11 décamètres 1 mètre, que je multiplie par la moitié de la base Gp, qui est de 29 décamètres 31 décimètres, ce qui donne 163 ares 28 centiares pour la surface du polygone proposé : il est évident que ces longueurs ne peuvent être données que par l'échelle de proportion, soit étant relevées d'une seule ouverture de compas, soit au moyen de deux ouvertures. Cette solution graphique suffit pour faire connaître le procédé que l'on suit dans ces transformations.

SECTION PREMIÈRE.

MESURE DES POLYGONES IRRÉGULIERS.

1094. Tous les triangles et tous les quadrilatères que nous avons mesurés dans les chapitres précédens sont aussi des polygones irréguliers, excepté les carrés et les triangles équilatéraux qui sont réguliers.

Les secteurs et les segmens du cercle sont des polygones irréguliers ainsi que l'ellipse et l'ovale.

MESURE DES POLYGONES IRRÉGULIERS ET ACCESSIBLES EN DEDANS ET EN DEHORS.

1095. Les problèmes que l'on peut supposer sur la mesure des polygones irréguliers accessibles dans toutes leurs parties sont en général faciles à résoudre.

PROBLÈME.

1096. *Calculer la surface du polygone ABCD*, etc.
Fig. 394. (Fig. 394).

Après avoir opéré sur le terrain comme il est indiqué au numéro 651, je trouve, pour la hauteur des perpendiculaires,

IJ = 1-44, GL = 1-34,
AK = 2-98, FN = 2-32,
BM = 1-7, EP = 2-00,
CO = 1-32,

et pour les distances entre ces perpendiculaires,

JH = 1-32, MN = 1-5,
JK = 0-5, NO = 1-0,
KL = 2-1, OP = 1-6,
LM = 0-3, DP = 0-9.

Cela connu, je calcule la surface de tous les triangles et les trapèzes qui composent la surface proposée, et je trouve

Surface
HIJ = HJ × $\frac{1}{2}$ IJ = 1-32 × 0-72 = 0-95
AIJK = $\frac{1}{2}$ (AK + IJ) × KJ = 1-76 × 0-5 = 0-88
ABKM = $\frac{1}{2}$ (AK + BM) × KM = 1-89 × 2-4 = 4-54
BCMO = $\frac{1}{2}$ (BM + CO) × MO = 1-51 × 2-5 = 3-77
CDO = DO × $\frac{1}{2}$ CO = 2-5 × 0-66 = 1-65
DEP = DP × $\frac{1}{2}$ EP = 0-9 × 1-0 = 0-90
EFNP = $\frac{1}{2}$ (EP + EN) × NP = 2-16 × 2-6 = 5-62
GFLN = $\frac{1}{2}$ (FN + GL) × LN = 1-83 × 1-8 = 3-29
GHL = HL × $\frac{1}{2}$ GL = 3-92 × 0-67 = 2-63
du polygone irrégulier proposé = 26-23

Donc cette surface est égale à 26 ares 23 centiares. Voici une autre manière de mesurer la surface des polygones irréguliers.

PROBLÈME.

1097. *Déterminer la surface du polygone ABCDE*, etc.;
Fig. 599. (Fig. 599).

Après avoir tiré les trois lignes d'opération BH, BE, EH, sur lesquelles j'abaisse les perpendiculaires suivantes que je mesure ainsi que les distances :

BI = 5-2, EL = 5-0,
HI = 7-1, LO = 1-5,
HN = 3-0, KO = 1-0,
MN = 4-0, BK = 3-0,
EM = 3-4, BHE = 52ᴳ,

et je calcule toutes les petites surfaces additives, ce qui donne

Surface
BAH = BH × $\frac{1}{2}$ AI = 12-3 × 1-4 = 17-22
GHN = HN × $\frac{1}{2}$ GN = 3-0 × 0-7 = 2-10
FGMN = $\frac{1}{2}$ (FM + GN) × MN = 1-9 × 4-0 = 7-60
EFM = EM + $\frac{1}{2}$ FM = 3-4 × 1-2 = 4-08
DEO = EO × $\frac{1}{2}$ DL = 6-5 × 1-0 = 6-50
EFGHMN + triangles BAH + DEO = 37-50

Maintenant, je calcule la surface du triangle central BEH par la connaissance des trois côtés, ou en mesurant l'angle BHE qui est de 52 grades. Au moyen de cet angle je trouve que cette surface équivaut à

$\frac{1}{2}$ (BH × EH × sin. BHE) = $\frac{1}{2}$ (12-3 × 10-4 × sin. 52ᴳ)

que je résous par les logarithmes comme il suit : Fig. 599.

log. 12-3 = 1-0899051
log. 10-4 = 1-0170333
log. sin. 52ᴳ = 9-8627088
Somme — 10 = 1-9696472

Ce logarithme répond à 93-23, dont la moitié, 46 ares 62 centiares, est la surface du triangle BHE, de laquelle il faut ôter celle du triangle emprunté BCO qui équivaut à

BO × $\frac{1}{2}$ CK = 4-0 × 0-7 = 2-8,

ou à 2 ares 80 centiares.

Enfin, si je représente la surface totale du polygone proposé par S, j'aurai

S = 37-50 + 46-62 — 2-80 = 81-32,

ou 81 ares 32 centiares.

Nous allons résoudre quelques problèmes sur les surfaces terminées en partie par des lignes courbes; l'évaluation de ces surfaces n'est exacte qu'autant que la ligne courbe est une partie de la circonférence d'un cercle connu. Nous exposerons ces différens cas.

PROBLÈME.

1098. *Calculer la surface comprise entre la droite A'Q et la courbe AC'G'Q* (Fig. 383). Fig. 383.

Cette surface ne peut être évaluée qu'approximativement; plus on abaisse de perpendiculaires sur la ligne droite, plus on s'approche de la vraie surface.

Ainsi, après avoir effectué toutes les opérations sur le terrain, comme il est indiqué au numéro 641, je trouve, pour les perpendiculaires,

A'C = 1-3, F'H = 2-7,
B'D = 1-9, G'I = 2-4,
C'E = 2-3, H'J = 2-2,
D'F = 2-6, I'K = 1-8,
E'G = 2-7, J'L = 1-1,

et pour les distances entre elles,

AC = 1-0, HI = GH = 0-8,
CD = 0-7, IJ = 0-5,
EF = DE = 0-8, KL = JK = 0-6,
FG = 1-1, LQ = 1-0.

Toutes ces mesures étant connues, je trouve la surface totale en faisant

Surface
AA'C = AC × $\frac{1}{2}$ A'C = 1-0 × 0-65 = 0-65
A'B'CD = $\frac{1}{2}$ (A'C + B'D) × CD = 1-6 × 0-7 = 1-12
B'C'DE = $\frac{1}{2}$ (B'D + C'E) × DE = 2-1 × 0-8 = 1-68
C'D'EF = $\frac{1}{2}$ (C'E + D'F) × EF = 2-45 × 0-8 = 1-96
D'E'FG = $\frac{1}{2}$ (D'F + E'G) × FG = 2-55 × 1-1 = 2-81
E'F'GH = $\frac{1}{2}$ (E'G + F'H) × GH = 2-7 × 0-8 = 2-16
F'G'HI = $\frac{1}{2}$ (F'H + G'I) × HI = 2-55 × 0-8 = 2-04
G'H'IJ = $\frac{1}{2}$ (G'I + H'J) × IJ = 2-6 × 0-5 = 1-30
H'I'JK = $\frac{1}{2}$ (H'J + I'K) × JK = 2-0 × 0-6 = 1-20
I'J'KL = $\frac{1}{2}$ (I'K + J'L) × KL = 1-45 × 0-6 = 0-87
J'LQ = LQ × $\frac{1}{2}$ JL = 1-0 × 0-55 = 0-55
du polygone proposé = 16-34

Donc, la surface renfermée dans la ligne droite AQ, et courbe AC'G'Q, est de 16 ares 34 centiares. Cette surface n'est donnée qu'avec approximation ; mais l'erreur, qui est toujours *en moins* lorsqu'il n'y a pas d'emprunts adjacens à la courbe, et *en plus* lorsqu'il y en a, est peu sensible ; on en fait de plus fortes en négligeant des décimales dans les évaluations ordinaires.

PROBLÈME.

1099. *Déterminer la surface du secteur de cercle*
Fig. 600. *ABO* (Fig. 600), *dont on connaît l'angle et le rayon.*

Après avoir trouvé les deux valeurs suivantes

$$AO = BO = 9\text{-}0, \qquad AOB = 68^{\circ}\ 50',$$

je cherche la longueur de l'arc AB en déterminant d'abord la circonférence entière C, que j'obtiens en faisant

$$C = 2\,R \times \pi = 2\,AO \times \pi \qquad 18 \times 3\text{-}1416 = 56\text{-}55,$$

ce qui donne l'arc de cercle

$$AB = \frac{C}{\frac{400}{68-50}} = \frac{56\text{-}55}{\frac{400}{68-50}} = \frac{56\text{-}55}{5\text{-}84} = 9\text{-}68.$$

Maintenant, pour avoir la surface du secteur proposé, il faut multiplier (173) la longueur de l'arc AB, ou 9 décamètres 68 décimètres, par la moitié du rayon, ce qui donne, en se servant de la lettre S pour indiquer cette surface,

$$S = AB \times \tfrac{1}{2} R = AB \times \tfrac{1}{2} AO = 9\text{-}68 \times 4\text{-}5 = 43\text{-}56,$$

ou 43 ares 56 centiares.

En effet, puisque tous les rayons d'un cercle sont égaux, et que l'on aurait la surface totale du cercle en multipliant toute la circonférence par la moitié du rayon, il est évident qu'on aura la surface partielle en multipliant la longueur de l'arc contenu entre les deux rayons par la moitié du rayon.

La page 99 contient les logarithmes constans qui donnent la longueur d'un arc, et la surface d'un secteur quelconque.

Voici une formule qui donne directement la surface du secteur de cercle sans connaître la longueur de l'arc ; si nous désignons l'angle que forment les deux rayons par A, le rayon par R, et le rapport entre le diamètre et la circonférence par π, nous aurons toujours la surface S du secteur en faisant

$$S = \frac{\pi \times R^2 \times A}{400^{\circ}}.$$

Nous en ferons l'application dans la solution du problème suivant.

PROBLÈME.

1100. *Déterminer la surface du segment de cercle*
Fig. 601. *ABC* (Fig. 601).

Pour connaître la surface de ce segment de cercle, il faut (174),

1° Chercher le centre O de l'arc ACB (99);

2° Former un secteur en tirant deux rayons du centre O aux extrémités A, B de l'arc;

3° Chercher la surface du secteur AOBC ; Fig. 601.

4° Et enfin retrancher de cette surface celle du triangle ABO formé par les deux rayons AO, BO, et par la corde AB, le reste donnera la surface du segment, puisque le triangle et le segment sont contenus dans le secteur proposé. Ainsi, d'après la dernière formule donnée dans le numéro précédent, j'aurai la surface du secteur, que j'indique par S, en faisant, sachant toutefois que

$$R = AO = 5\text{-}0, \qquad A = AOB = 99^{\circ},$$

$$S = \frac{\pi \times AO^2 \times AOB}{400}$$

$$= \frac{3\text{-}1416 \times 5\text{-}0 \times 5\text{-}0 \times 99^{\circ}}{400} = 19\text{-}44,$$

ou 19 ares 44 centiares.

Ensuite, pour avoir la surface du segment proposé, je calcule celle du triangle ABO qui est de 12 ares 25 centiares, et je trouve que la surface demandée s est égale à

$$19\text{-}44 - 12\text{-}25 = 7\text{-}19,$$

ou à 7 ares 19 centiares.

Voici une formule qui donne directement la surface du segment ou s,

$$s = \tfrac{1}{2} R \times \left(\frac{\pi \times AOB}{200} - \sin.\ AOB\right).$$

Enfin, on peut encore obtenir la surface du segment en ajoutant à la moitié de la corde AB, les deux tiers de la flèche CD, et en multipliant cette somme par la hauteur totale de cette flèche, le produit est la surface demandée.

PROBLÈME.

1101. *Calculer la surface de l'ellipse ABCD* (Fig. 179). Fig. 179.

Je suppose qu'après avoir mesuré les deux axes on a trouvé

$$AB = 9\text{-}5, \qquad CD = 8\text{-}0;$$

donc, je trouve la surface S de l'ellipse proposée, en faisant

$$S = AB \times CD \times \tfrac{1}{4}\pi = 9\text{-}5 \times 8\text{-}0 \times 0\text{-}78539\text{, etc.,} = 59\text{-}69,$$

ce qui donne 59 ares 69 centiares.

La surface de l'ovale ABEFG (*Fig.* 173) s'obtient par ce même procédé, c'est-à-dire en multipliant le produit du petit axe par le plus grand π, et en divisant le produit par 4. L'ovale représentée sur notre planche ne donnant pas le grand axe, on peut avoir exactement sa superficie en calculant le demi-cercle ABG, le petit secteur DEF, et les deux autres secteurs semblables ABE, ABF, et en ôtant de la somme de toutes ces surfaces celle du triangle ABD qui forme double emploi dans les deux plus grands secteurs.

Nous allons passer à la mesure des surfaces limitées par des lignes courbes remplies de sinuosités.

PROBLÈME.

1102. *Déterminer approximativement la surface du marais ABCDE* (Fig. 602). Fig. 602.

Fig. 602. Pour connaître à très-peu près la surface totale de ce marais, je tire les lignes AB, BC, CD, DE, AE, qui coupent les ondulations de la limite de manière à perdre autant de terrain que j'en emprunte, et j'opère à l'intérieur, ce qui donne

AG = 6-8,	FH = 1-6,
EF = 5-5,	GH = 7-0,
CH = 5-4,	BG = 4-7,
DF = 4-0,	

et, par conséquent, la surface totale en faisant

$$\text{Surface}\begin{cases} ABG = BG \times \tfrac{1}{2} AG = 4\text{-}7 \times 3\text{-}4 = 15\text{-}98 \\ DEF = DF \times \tfrac{1}{2} EF = 4\text{-}0 \times 2\text{-}75 = 11\text{-}00 \\ BCD = BD \times \tfrac{1}{2} CH = 17\text{-}3 \times 2\text{-}7 = 46\text{-}71 \\ AEFG = \tfrac{1}{2}(AG + EF) \times FG = 6\text{-}15 \times 8\text{-}6 = 52\text{-}89 \\ \qquad \text{du polygone irrégulier proposé} = 126\text{-}58 \end{cases}$$

Cette évaluation n'est que par approximation; les géomètres qui pratiquent souvent exécutent ces évaluations et présentent très-peu d'erreurs sur les surfaces totales.

PROBLÈME.

1103. *Rectifier la limite sinueuse de deux propriétés, par une ligne droite, sans changer la surface de chaque figure.*

Cette opération a de l'analogie avec plusieurs des précédentes, et n'est pas très-difficile. Il s'agit de mener une première ligne mN perpendiculaire à la ligne AB, et de calculer la surface formée par cette perpendiculaire et la ligne tortueuse, tant à droite qu'à gauche.

On sait bien que pour trouver exactement la surface limitée par une ligne sinueuse, il faut, comme au numéro 1098, que les perpendiculaires soient assez rapprochées pour que la courbe comprise entre ces perpendiculaires puisse être considérée comme une ligne droite. Quand on a l'usage de ces opérations, on rectifie ces courbes assez exactement, comme nous venons de le faire dans le numéro précédent, en imaginant des droites qui laissent d'un côté à très-peu près la même quantité de terrain qu'elles en retranchent.

Ensuite, si la somme des parties qui sont à droite est égale à celles des parties qui sont à gauche, cette perpendiculaire satisfera à la question; mais s'il y a une différence, comme cela arrivera probablement, on en divisera *le double* par mN, et l'on portera le quotient à droite ou à gauche de la perpendiculaire à partir du point m.

Si, par exemple, l'angle AmN n'était pas droit, la règle ne changerait pas, on aurait cette perpendiculaire que j'indique par P, en faisant

$$P = mN \times \sin. AmN.$$

Enfin, voici un exemple : si les parcelles a, c, e, donnent une surface de 16 ares 05 centiares, et celles $b\,d$, une de 11 arcs 50 centiares, la différence sera de 4 ares 55 centiares; ainsi en divisant 9 ares 10 centiares, double de la différence, par 13 décamètres qui est la longueur mN, j'aurai le quotient 0-7 mètres qu'il faut porter de m en M, et la droite MN donnera à chaque propriété la même surface qu'elle avait dans son premier état.

Dans la pratique on peut opérer graphiquement pour faire ces rectifications dont l'exactitude serait suffisante.

Nous allons aussi faire connaître la marche que l'on suit pour évaluer la surface des polygones irréguliers, sans d'autre instrument que la chaîne.

PROBLÈME.

1104. *Déterminer la surface du polygone irrégulier ABCDE* (Fig. 376), *au moyen de la chaîne et des jalons.* Fig. 376.

Après avoir opéré sur le terrain, comme il est indiqué au numéro 631, je trouve que le polygone proposé est divisé en trois triangles, dont les côtés sont,

$$\text{pour celui ABC}\begin{cases} AB = 2\text{-}3 \\ AC = 4\text{-}2 \\ BC = 2\text{-}8 \end{cases} \qquad \text{pour celui ACD}\begin{cases} AC = 4\text{-}2 \\ AD = 3\text{-}8 \\ CD = 2\text{-}1 \end{cases}$$

Somme des 3 côtés = 9-3 Somme des 3 côtés = 10-1

$\frac{1}{2}$ somme = 4-65 $\frac{1}{2}$ somme = 5-05

$$\text{et enfin, pour le triangle ADE}\begin{cases} AD = 3\text{-}8 \\ AE = 2\text{-}2 \\ DE = 3\text{-}3 \end{cases}$$

La somme des 3 côtés de ce triangle = 9-3

$\frac{1}{2}$ somme = 4-65

Cela posé, il suffit de calculer la surface de chaque triangle par le procédé ou la formule du numéro 873, et la somme des surfaces sera celle du polygone proposé.

On peut aussi facilement obtenir la surface d'un polygone plus compliqué; le polygone ABCDEFG (*Fig.* 379), par exemple, se trouve décomposé en cinq triangles; si l'on fait la surface de chacun de ces triangles, leur somme sera évidemment la surface du polygone en question.

PROBLÈME.

1105. *Evaluer la surface du polygone ABCDEFGH* (Fig. 416) *que l'on ne peut approcher.* Fig. 416.

Cette opération n'est pas très-difficile; après avoir mesuré toutes les distances au moyen des angles de 50 grades donnés par l'équerre fendue en huit angles égaux, je trouve qu'il faut d'abord calculer la surface,

1° Du trapèze AB, JM, dont on connaît

$$AJ = JS,\ BM = MU,\ AN = JM;$$

2° Du trapèze BCMO, dont on connaît

$$BM = MU,\ CO = JO,\ BI = MO;$$

3° Du triangle CDD', dont on connaît

$$CD' = CO - DQ,\ D'D = OQ;$$

4° Du trapèze B'D'DE, dont on connaît

$$D'D = OQ,\ B'E = OP,\ B'D' = DQ - PU;$$

5° Et du trapèze B'EKO, dont on connaît

$$B'E = OP,\ B'O = EP = KQ;$$

et faire la somme de ces surfaces, que nous indiquons par s'

Fig. 416. Ensuite, il faut calculer la surface soustractive,

1° Du trapèze AJHL, dont on connaît

AJ = JS, HL = JL, HV = JL;

2° Du trapèze GHLN, dont on connaît

HL = JL, GN = NT, HZ = LN;

3° Du quadrilatère FGNK, dont on connaît

GN = NT, FR = KR, FG' = NR;

et faire la somme de ces surfaces soustractives, que nous indiquons par s.

Donc la surface totale du polygone proposé, que nous indiquons par S, est égale à la différence de ces deux sommes, ou à

$$S = s' - s.$$

Nous terminons ici la mesure des polygones irréguliers et accessibles dans toutes leurs parties, pour entreprendre les démonstrations et les procédés relatifs à la mesure des quadrilatères irréguliers et accessibles en dehors seulement.

MESURE DES POLYGONES IRRÉGULIERS ET ACCESSIBLES EN DEHORS SEULEMENT.

1106. Les solutions qui vont suivre ne seront pas difficiles à comprendre; le peu que l'on peut donner sur cette partie suffit pour faire connaître les procédés généraux qui y sont applicables.

PROBLÈME.

1107. *Déterminer la surface du polygone irrégulier* Fig. 395. *ABCD, etc.* (Fig. 395) *qui est couvert de bois.*

Après avoir opéré sur le terrain, comme il est indiqué au numéro 632, je trouve, pour les perpendiculaires,

CR = 1-5,	IV = 1Y = 0-6,
DS = 1-84,	JX = 1-42,
ET = 0-8,	LZ = 0-9,
HU = 1-4,	A'M = 1-82;

et pour les distances déterminées sur le rectangle d'opération,

BN = 2-14,	PV = 0-6,
BR = 1-00,	PY = 0-6,
RS = 3-3,	XY = 4-01,
ST = 1-5,	KX = 2-74,
OT = 4-78,	KZ = 1-6,
FO = 1-44,	A'Z = 2-6,
FG = 1-64,	A'Q = 1-17,
GU = 1-1,	AQ = 4-1,
UV = 1-6,	AN = 2-88.

Donc, j'ai, pour les côtés du rectangle d'opération,

NO = PQ = 12-72, OP = NQ = 6-38,

ce qui donne pour la surface totale

NO × OP = 12-72 × 6-38 = 81-15,

ou 81 ares 15 centiares.

Cela fait, il s'agit de calculer toutes les surfaces empruntées, ce qui donne, pour les triangles, Fig. 395.

Surface
ABN = AN × $\frac{1}{2}$ BN = 2-28 × 1-07 = 2-44
BCR = BR × $\frac{1}{2}$ CR = 1-0 × 0-75 = 0-75
GHU = GU × $\frac{1}{2}$ HU = 1-1 × 0-7 = 0-77
KUX = KX × $\frac{1}{2}$ UX = 2-74 × 0-71 = 1-95
LKZ = KZ × $\frac{1}{2}$ LZ = 1-6 × 0-45 = 0-72
des trapézes empruntés = 6-63

et pour les trapèzes

Surface
CDRS = $\frac{1}{2}$ (CR + DS) × RS = 1-67 × 3-3 = 5-51
DEST = $\frac{1}{2}$ (DS + TE) × ST = 1-32 × 1-5 = 1-98
EFTO = $\frac{1}{2}$ (TE + FO) × OT = 1-12 × 4-78 = 5-35
HIUV = $\frac{1}{2}$ (HU + IV) × UV = 1-0 × 1-6 = 1-60
IVPY = IV × PV = PY × 1Y = 9-0 × 6-0 = 6-60
IJXY = $\frac{1}{2}$ (1Y + JX) × XY = 1-01 × 4-01 = 4-05
LMA'Z = $\frac{1}{2}$ (LZ + A'M) × A'Z = 1-36 × 2-6 = 3-54
AMA'Q = $\frac{1}{2}$(A'M + AQ) × A'Q = 2-96 × 1-17 = 3-46
des trapèzes empruntés = 32-09

Ainsi, la surface totale des emprunts équivaut à

6-63 + 32-09 = 38-72,

ou à 38 ares 72 centiares, et celle du polygone proposé, que j'indique par S', égale

81-15 — 38-72 = 42-43,

ou 42 ares 43 centiares.

Cette manière d'opérer très-exactement est applicable à la mesure de toutes les surfaces inaccessibles intérieurement. On peut encore diminuer la surface des emprunts dans certains cas où il est possible d'inscrire le polygone, soit dans un triangle, soit dans un trapèze.

PROBLÈME.

1108. *Déterminer, au moyen de la chaîne et des jalons, la surface du pentagone ABCDE* (Fig. 377) *que* Fig. 377. *l'on ne peut traverser en tous sens.*

Après avoir opéré sur le terrain, comme nous l'avons indiqué au numéro 632, je trouve que le polygone proposé est divisé en trois triangles ACD, ABC, ADE, dont les côtés sont

pour celui ACD
AC = 2 $a'c$ = 2-5 × 2 = 5-0,
AD = 2 ad = 1-5 × 2 = 3-0,
CD = 6-7,
Somme de trois côtés = 14-7
$\frac{1}{2}$ somme = 7-35

pour ABC		pour ADE	
	AB = 4-0,		AE = 2-0,
	BC = 1-8,		DE = 2-8,
	AC = 5-0,		AD = 3-0,
Somme des 3 côtés =	10-8	Somme des 3 côtés =	7-8
$\frac{1}{2}$ somme =	5-4	$\frac{1}{2}$ somme =	3-9

Au moyen de ces connaissances, il suffit de calculer la surface de ces trois triangles et d'en faire la somme qui est la surface totale du polygone proposé.

On pourrait aussi mesurer la surface d'un polygone plus compliqué, tels sont ceux des figures 378 et 380, qui ne sont qu'un plus grand nombre de triangles à calculer successivement les surfaces pour en avoir la somme qui est la surface totale de chaque polygone.

SECTION DEUXIÈME.

DIVISION DES POLYGONES IRRÉGULIERS.

1109. La division des polygones irréguliers ne peut être assujétie à aucune règle générale ; cependant nous donnerons la marche qu'il faut suivre dans ces opérations pour déterminer les parties demandées *sans tâtonnemens*. Nous devons, à ce sujet, remettre sous les yeux la division des figures 453, 457, 465, 471, 478, 511, 512 et 569.

PROBLÈME.

1110. *Diviser le polygone irrégulier ABCDE* (Fig.
Fig. 604. 604) *en trois parties égales, par deux lignes de division partant des points donnés B, M.*

Les procédés que nous allons suivre suffiront pour diviser une pièce de terre, quel que soit le nombre de ses côtés, et les conditions qui peuvent être imposées. Nous dirons aussi que celui qui est chargé du partage ne doit pas perdre de vue que le plus ou le moins de facilité dans le travail, et de régularité dans les parts, dépend de la position du *point* qu'on fixe pour faire la division. Ainsi si ce *point* n'est pas donné, soit sur un des côtés de la figure, dans son intérieur, ou à l'un de ses angles, le géomètre devra le choisir de manière à ce qu'il procure ces avantages le mieux possible.

Avant de procéder à la division de ce problème, j'abaisse sur le plus long côté, et des points A, B, C, les perpendiculaires AF, BG, CH, que je mesure ainsi que les distances entre elles, ce qui donne

AF = 11-2,	FG = 5-4,
BG = 5-0,	DG = 4-0,
CH = 9-0,	DH = 2-6.
EF = 4-7,	

Ces longueurs étant connues, je trouve la surface du polygone proposé en faisant

Surface
- AEF = EF × ½ AF = 4-7 × 5-6 = 26-32
- ABCF = ½ (AF + BG) × FG = 8-1 × 5-4 = 43-74
- BCGH = ½ (BG + CH) × GH = 7-0 × 6-6 = 46-20
- du quadrilatère ABCDE + triang. CDH = 116-26

Donc, en ôtant de ce résultat la surface du triangle emprunté CDH, qui équivaut à

$$DH \times \tfrac{1}{2}\,CH = 2\text{-}6 \times 4\text{-}5 = 11\text{-}7,$$

ou à 11 ares 70 centiares, j'aurai la surface du polygone irrégulier proposé qui est de 104 ares 56 centiares, dont Fig. 604.
le tiers est de 34 ares 85 centiares.

Maintenant, pour procéder à la division de cette surface, je calcule celle du quadrilatère BCDG, qui est de 34 ares 50 centiares, et je trouve que cette dernière est trop petite de 0-35 centiares pour former le tiers de la surface totale ou une des trois parties demandées. Pour augmenter cette partie de 0-35 centiares, je cherche la base GI d'un triangle équivalent, en faisant

$$GI = \frac{0\text{-}35}{\frac{1}{2}\,BG} = \frac{0\text{-}35}{2\text{-}5} = 0\text{-}22,$$

ce qui donne 0-22 décimètres que je porte de G en I, pour tirer la ligne de division BI qui partage le polygone proposé dans le rapport de 1 à 2.

Ensuite, pour trouver le point J où doit tomber l'autre ligne de division JM, j'abaisse sur le côté DE et du point donné M, une perpendiculaire MN que je trouve de 8 décamètres 8 mètres, et je calcule une des deux surfaces adjacentes à cette perpendiculaire, celle AENM, par exemple, que je trouve de 46 ares 32 centiares. Il est évident que cette surface est trop grande de 11 ares 47 centiares, puisque le tiers de la surface totale est de 34 ares 85 centiares.

Ainsi, il faut faire une reprise de 11 ares 47 centiares en forme de triangle dont je trouve la base JN en faisant encore comme ci-dessus,

$$JN = \frac{11\text{-}47}{\frac{1}{2}\,MN} = \frac{11\text{-}47}{4\text{-}4} = 2\text{-}61,$$

ce qui donne 2 décamètres 61 décimètres que je porte de N en J, pour tirer ensuite la ligne de division JM qui partage le polygone proposé en trois parties égales.

Enfin, quand ces sortes de division se présentent, on ferait bien, avant de planter les bornes, de s'assurer si la troisième ou dernière partie est égale à chacune des deux autres.

PROBLÈME.

1111. *Partager la pièce de terre ABCDEFGH* (Fig.
605) *en trois parties égales, par deux lignes partant,* Fig. 605.
l'une de l'angle F, et l'autre de l'angle G.

Cette opération se résout encore comme la précédente ; après avoir distribué les opérations sur le terrain de manière à ce que la hauteur des triangles puisse servir à déterminer les autres points de division I, J, je mesure

Fig. 605. les distances suivantes :

$Au = 2\text{-}8$,	$aG = 4\text{-}4$,
$um = aH = 3\text{-}0$,	$Gg = 7\text{-}8$,
$am = mn = 2\text{-}0$,	$Bb = 9\text{-}6$,
$Ag = 4\text{-}0$,	$Bf = 4\text{-}3$,
$Bg = 5\text{-}6$,	$Cf = 4\text{-}5$,
$FG = 5\text{-}6$,	$de = 2\text{-}6$,
$Ff = 10\text{-}0$,	$Dd = Cd = 3\text{-}0$,
$Fe = 5\text{-}1$,	$Ee = 4\text{-}2$;

et je calcule la surface totale de la pièce de terre proposée en faisant

Surface	$DEde =$	$\frac{1}{2}(Dd+Ee)\times de$	$= 3\text{-}6\times 2\text{-}6 =$	9-36
	$aHmn =$	$\frac{1}{2}(aH+mn)\times am$	$= 2\text{-}5\times 2\text{-}0 =$	5-00
	$mnu =$	$mu\times\frac{1}{2}mn$	$= 3\text{-}0\times 1\text{-}0 =$	3-00
	$AaG =$	$aG\times\frac{1}{2}Aa$	$= 4\text{-}4\times 3\text{-}9 =$	17-16
	$ABG =$	$AB\times\frac{1}{2}Gg$	$= 9\text{-}6\times 3\text{-}9 =$	37-44
	$BFG =$	$FG\times\frac{1}{2}Bb$	$= 5\text{-}6\times 4\text{-}8 =$	26-88
	$BCF =$	$BC\times\frac{1}{2}Ff$	$= 8\text{-}8\times 5\text{-}0 =$	44-00
	$CDd =$	$Cd\times\frac{1}{2}Dd$	$= 3\text{-}0\times 1\text{-}5 =$	4-50
	$EFe =$	$Fe\times\frac{1}{2}Ee$	$= 5\text{-}1\times 2\text{-}1 =$	10-71
		de la pièce de terre proposée	$=$	158-05

Le tiers de ce résultat, ou la surface de chaque partie, sera évidemment de 52 ares 68 centiares.

Cela fait, je calcule la surface du polygone $AGaHnu$, qui est de 25 ares 16 centiares, et je trouve la distance, ou la base AI du triangle à ajouter à ces 25 ares 16 centiares pour avoir 52 ares 68 centiares, en faisant

$$AI = \frac{52\text{-}68 - 25\text{-}16}{\frac{1}{2}Gg} = \frac{27\text{-}52}{3\text{-}9} = 7\text{-}06.$$

Portant cette longueur 7 décamètres 06 décimètres de A en I, et tirant la ligne de division GI, la pièce de terre proposée se trouve déjà divisée dans le rapport de 1 à 2.

Ensuite, je calcule la surface CDEF, qui est de 24 ares 57 centiares, et je trouve la distance ou la base CJ du triangle qu'il faut ajouter à ces 24 ares 57 centiares pour avoir 52 ares 68 centiares, en faisant

$$CJ = \frac{52\text{-}68 - 24\text{-}57}{\frac{1}{2}Ff} = \frac{28\text{-}11}{5\text{-}0} = 5\text{-}62.$$

Enfin, si je porte cette longueur 5 décamètres 62 décimètres de C en J, et que je tire la ligne de division FJ, la pièce de terre proposée sera exactement divisée en trois parties égales. On ferait bien, avant de borner, de vérifier la partie du milieu qui doit être égale à chacune des deux autres.

DIVISION DES POLYGONES IRRÉGULIERS EN PARTIES INÉGALES.

1112. La division des polygones irréguliers en parties inégales, ou dans des rapports donnés, n'est pas plus difficile que celle en parties égales ; nous ne pouvons présenter d'autres règles que les deux précédentes, dont l'application est très-facile.

PROBLÈME.

1113. *Partager la surface de la pièce de terre ABCD, etc.* (Fig. 606), *qui est de 4 hectares 01 are 84 centiares, en six parties détaillées comme il suit :* Fig. 606.

La première de 75 ares ;
La deuxième de 70 ares ;
La troisième de 68 ares ;
La quatrième de 65 ares ;
La cinquième de 64 ares ;
Et le reste est de 59 ares 84 centiares.

Surface totale 401 ares 84 centiares, ou 4 hectares 01 are 84 centiares, et de manière que les lignes de division partent le plus possible des angles saillans ou rentrans les plus prononcés, pour avoir les parties assez régulières.

Pour procéder à la division de cette surface très-irrégulière, que nous connaissons de 4 hectares 01 ares 84 centiares, je dois déterminer les plus grandes parties dans la surface la moins resserrée du polygone ; ainsi, pour déterminer la première partie, qui doit être de 75 ares, par une ligne droite partant du point A, je calcule la surface du triangle ABC, qui est égale à

$$AC \times \tfrac{1}{2} Bb = 17\text{-}0 \times 1\text{-}5 = 25\text{-}5,$$

ou à 25 ares 50 centiares ; j'abaisse, du point de départ A adjacent au triangle ABC, sur le côté CD, une perpendiculaire An que je trouve de 13 décamètres 8 mètres, et j'ai la distance ou la base CN du triangle, qu'il faut ajouter à 25 ares 50 centiares pour avoir 75 ares, en faisant

$$CN = \frac{75\text{-}0 - 25\text{-}5}{\frac{1}{2}An} = \frac{49\text{-}5}{6\text{-}9} = 8\text{-}022.$$

Portant cette longueur 8 décamètres 022 centimètres de C en N, et tirant la ligne de division AN, j'ai le quadrilatère ABCN qui équivaut à 75 ares, surface demandée pour la première partie.

Pour déterminer la deuxième partie, qui doit être de 70 ares, par une ligne droite partant du point D, je calcule la surface du triangle ADN, qui est égale à

$$DN \times \tfrac{1}{2} An = 4\text{-}8 \times 6\text{-}9 = 33\text{-}12,$$

ou à 33 ares 12 centiares ; j'abaisse, de l'angle rentrant D adjacent au triangle ADN, sur le côté AM, une perpendiculaire Do, que je trouve de 13 décamètres 4 mètres, et j'ai la distance ou la base AO du triangle qui doit être ajouté à 33 ares 12 centiares pour avoir 70 ares, en faisant

$$AO = \frac{70\text{-}0 - 33\text{-}12}{\frac{1}{2}Do} = \frac{36\text{-}88}{6\text{-}7} = 5\text{-}5.$$

Je porte cette longueur 5 décamètres 5 mètres de A en O ; je tire la ligne de division DO, qui détermine le quadrilatère ANDO de 70 ares, surface de la deuxième partie.

Maintenant, pour déterminer la troisième partie, ou une surface de 68 ares, par une ligne droite partant du point G, je calcule la surface de la partie saillante ou du quadrilatère DEFG, qui équivaut à

$$GE \times \tfrac{1}{2}(Dd + Ff) = 13\text{-}6 \times 3\text{-}8 = 51\text{-}68,$$

ou à 51 ares 68 centiares; j'abaisse, de l'angle rentrant G adjacent au quadrilatère DEFG, sur la ligne de division DO, une perpendiculaire Gu que je trouve de 5 décamètres, et j'ai la distance ou la base DU du triangle qu'il faut ajouter à 51 ares 68 centiares pour avoir 68 ares, en faisant

$$DU = \frac{68\text{-}0 - 51\text{-}68}{\tfrac{1}{2}\,Gu} = \frac{16\text{-}32}{2\text{-}5} = 6\text{-}528.$$

En portant cette longueur 6 décamètres 528 centimètres de D en U, et tirant la ligne de division GU, j'ai le pentagone irrégulier DEFGU, qui équivaut à 68 ares, surface demandée pour la troisième partie.

La quatrième partie n'est pas aussi facile à déterminer que les précédentes, parce qu'elle doit être très-irrégulière par sa position dans le polygone proposé. Pour la déterminer de 65 ares, par une droite partant du point M, je calcule la surface du polygone GHMOU, qui équivaut à

$$\text{Surface}\begin{cases} GOU = OU \times \tfrac{1}{2}\,Gu = 7\text{-}0 \times 2\text{-}5 = 17\text{-}50 \\ GHMO = HO \times \tfrac{1}{2}(Mm + Gg) = 11\text{-}9 \times 3\text{-}05 = \underline{36\text{-}29} \\ \qquad \text{du polygone GHMOU} = 53\text{-}79 \end{cases}$$

ou à 53 ares 79 centiares; j'abaisse, de l'angle rentrant M adjacent au polygone GHMOU, sur le côté HI, une perpendiculaire Mp que je trouve de 8 décamètres 9 mètres, et j'ai la distance ou la base HP du triangle qui doit être ajouté à 53 ares 79 centiares pour avoir 65 ares, en faisant

$$HP = \frac{65\text{-}0 - 53\text{-}79}{\tfrac{1}{2}\,Mp} = \frac{11\text{-}21}{4\text{-}45} = 2\text{-}52.$$

Je porte cette longueur 2 décamètres 52 décimètres de H en P; je tire la ligne de division MP, j'ai le polygone irrégulier GHPMOU, qui équivaut à 65 ares, surface demandée pour la quatrième partie.

Ensuite, pour déterminer la cinquième partie, ou une surface de 64 ares, par une droite partant du point I, je calcule la surface du triangle IMP, qui équivaut à

$$IP \times \tfrac{1}{2}\,Mp = 7\text{-}48 \times 4\text{-}45 = 33\text{-}29,$$

ou à 33 ares 29 centiares; j'abaisse, de l'angle saillant I adjacent au triangle IMP, sur le côté LM, une perpendiculaire Ir que je trouve de 10 décamètres 50 décimètres, et j'ai la distance ou la base MR du triangle qu'il faut ajouter à 33 ares 29 centiares pour avoir 64 ares, en faisant

$$MR = \frac{64\text{-}0 - 33\text{-}29}{\tfrac{1}{2}\,Ir} = \frac{30\text{-}71}{5\text{-}25} = 5\text{-}85.$$

Si je porte cette longueur 5 décamètres 85 centimètres de M en R, et que je tire la ligne de division IR, j'aurai le quadrilatère IRMP de 64 ares, surface de la cinquième partie.

Enfin, si cette division est faite exactement, la sixième partie ou le reste doit être de 59 ares 84 centiares. En calculant ce reste, je trouve

$$\text{Surface}\begin{cases} ILR = LR \times \tfrac{1}{2}\,Ir = 0\text{-}25 \times 5\text{-}25 = 1\text{-}31 \\ IJKL = JL \times \tfrac{1}{2}(Ii + Kk) = 10\text{-}8 \times 5\text{-}15 = 55\text{-}62 \\ Kxx' = Kx' \times \tfrac{1}{2}\,xx' = 1\text{-}3 \times 0\text{-}35 = 0\text{-}455 \\ xx'yy' = x'y' \times \tfrac{1}{2}(xx' + yy') = 1\text{-}8 \times 0\text{-}8 = 1\text{-}44 \\ Jzz' = Jz' \times \tfrac{1}{2}\,zz' = 2\text{-}9 \times 0\text{-}35 = \underline{1\text{-}015} \\ \qquad \text{du reste ou de la sixième partie} = 59\text{-}840 \end{cases}$$

Donc, l'opération est exacte, puisque ce reste est égal à 59 ares 84 centiares, comme l'indique l'énoncé du problème. On doit toujours évaluer la dernière partie dans une division, afin de reconnaître si toutes les portions sont égales ou comme on les a demandées.

1114. Voici quelques observations relatives à la division des pièces de terre dans lesquelles il se trouve des nuances de différentes valeurs.

Quand on divise une pièce de terre, on doit faire en sorte que les contenances des divisions soient en rapport avec les produits, ou, ce qui doit revenir au même, il faut que chaque part *inégale en qualité diffère en quantités*, pour mettre les lots en balance.

Si le terrain est de nature à produire, par exemple, 40 pour 100 vers l'un de ses bouts, tandis que vers l'autre il ne donne que 20 pour 100, il est de toute justice que la portion qui contient le moindre terrain soit *au moins* double de celle qui contient le meilleur. (Je dis *au moins*, parce qu'un mauvais terrain, double d'un bon, en surface, nécessite *au moins le double d'engrais*, *le double de main-d'œuvre et le double de semence* que le dernier pour avoir les mêmes productions.) Donc, les portions *doubles en surface*, par exemple, par rapport à leur qualité diminuée de *moitié*, ne sont pas assez compensées; en outre, les mauvais terrains en culture s'enlèvent davantage que les bons lorsqu'il survient de grandes pluies, parce qu'ils sont généralement en pente; au reste, plus ces pentes sont rapides, moins le terrain a de valeur.

Enfin, la conscience, l'honneur, tout impose à l'arpenteur l'obligation de descendre avec soin dans tous ces détails, de les peser avec toute l'attention dont il est capable, et de les considérer comme la règle essentielle de toutes ses opérations : non seulement il doit avoir à cœur de mettre de l'exactitude dans son travail, mais surtout de procéder avec équité, et de laisser partout après lui la réputation d'un homme parfaitement probe.

Chapitre Douzième.

NIVELLEMENT ET CALCUL DES DÉBLAIS ET REMBLAIS.

OPÉRATIONS PRÉLIMINAIRES.

1115. On sait déjà (277) que le nivellement a pour objet de mesurer la différence des niveaux des points terrestres, ou de faire connaître combien un point de la surface du globe est plus près ou plus loin du centre qu'un autre.

On dit que deux points sont de *niveau entre eux* lorsqu'ils sont également élevés au-dessus, ou également abaissés au-dessous de la surface d'une eau parfaitement tranquille, c'est-à-dire d'une *couche de niveau*. Par
Fig. 607. exemple, si EF (*Fig.* 607) représente la surface de la mer, les deux points A et D seront de niveau lorsqu'on aura AE = DF. L'arc AD se nomme alors la *ligne de niveau vrai*.

Une droite comme AB perpendiculaire à la ligne d'aplomb AE ou AC, du point A, ou tangente à la ligne de niveau AD, se nomme ligne de niveau apparent. C'est la ligne horizontale qui passe par le point A et que l'on détermine à l'aide des niveaux détaillés dans les numéros 267 et suivans.

La ligne de *niveau vrai* et celle de *niveau apparent* s'écartent d'autant plus l'une de l'autre qu'elles sont prolongées davantage ; ainsi deux points d'une même ligne horizontale ne sont jamais rigoureusement de niveau. Cependant, comme dans de petites distances la courbure de la terre est insensible, on peut prendre la ligne de niveau apparent pour la ligne de niveau vrai tant que la distance des objets ne dépasse pas 250 mètres ; au-delà la différence ne peut plus être négligée.

Pour déterminer la différence des niveaux de deux points terrestres qui sont visibles l'un de l'autre, on opère comme aux numéros 270, 271 et 272.

Lorsque les points, quoique visibles, sont situés à une très-grande distance l'un de l'autre et qu'on ne veut faire qu'une seule opération, il faut diminuer la hauteur de la *mire* de la quantité qui résulte de l'élévation du niveau apparent au-dessus du niveau vrai, quantité que l'on détermine de la manière suivante :

Fig. 608. Soient A (*Fig.* 608) un point de la surface de la terre, AB la ligne de niveau apparent et AD la ligne de niveau vrai ; BD sera l'élévation du niveau apparent au-dessus du niveau vrai. Or, d'après les propriétés du cercle, la tangente AB est moyenne proportionnelle entre la sécante entière BE et sa partie extérieure BD ; ainsi on a

$$BE : AB :: AB : x = BD,$$

qui revient à

$$BD = \frac{AB \times AB}{BE} = \frac{AB^2}{BE},$$

ou à

$$BD = \frac{AB^2}{DE + BD}.$$

Mais BD est toujours très-petit par rapport au diamètre DE de la terre, et l'on peut faire, sans erreur appréciable dans la pratique,

$$BD = \frac{AB^2}{DE}.$$

Donc, *le haussement du niveau apparent au-dessus du niveau vrai est égal au carré de la distance horizontale des deux points divisés par le diamètre de la terre que l'on suppose de 25464792 mètres*. Voici une application de cette formule.

PROBLÈME.

1116. *Trouver le haussement BD* (Fig. 608) *de la ligne de niveau apparent AB qui est supposée de* 480 *mètres, au-dessus de la ligne de niveau vrai AD.* Fig. 608.

Cette opération n'est pas difficile ; si l'on fait

$$AB = 25464792, \qquad AB = 480,$$

on aura directement

$$BD = \frac{480 \times 480}{25464792} = \frac{230400}{25464792} = 0\text{-}01809,$$

ou 0 mètre 01809 cent-millièmes. Mais la réfraction élevant le plus souvent les objets, il est nécessaire d'en tenir compte, c'est-à-dire qu'il faut abaisser d'une certaine quantité le point de vue apparent pour connaître la hauteur du point vrai de niveau apparent.

En désignant par H le haussement qui correspond à une distance quelconque, et par A l'abaissement dû à la réfraction, pour cette même distance, on a à très-peu près

$$A = H \times 0\text{-}16.$$

Ainsi, pour une distance de 480 mètres, l'abaissement causé par la réfraction est

$$A = 0\text{-}01809 \times 0\text{-}16 = 0\text{-}00289,$$

ou 0-0029. Enfin, j'ai l'élévation exacte du niveau apparent au-dessus du niveau vrai, par la soustraction

$$0\text{-}01809 - 0\text{-}00289 = 0\text{-}0152.$$

C'est par des procédés semblables que nous avons dressé la table suivante.

TABLE DES HAUTEURS DU NIVEAU APPARENT AU-DESSUS DU NIVEAU VRAI.

DISTANCES EN MÈTRES.	HAUTEURS rectifiées d'après la réfraction.	DISTANCES EN MÈTRES.	HAUTEURS rectifiées d'après la réfraction.	DISTANCES EN MÈTRES.	HAUTEURS rectifiées d'après la réfraction.	DISTANCES EN MÈTRES.	HAUTEURS rectifiées d'après la réfraction.
20	0-0000	300	0-0059	580	0-0224	860	0-0488
40	0-0001	320	0-0067	600	0-0237	880	0-0511
60	0-0002	340	0-0076	620	0-0254	900	0-0534
80	0-0004	360	0-0085	640	0-0270	920	0-0558
100	0-0007	380	0-0095	660	0-0287	940	0-0583
120	0-0009	400	0-0106	680	0-0305	960	0-0608
140	0-0013	420	0-0116	700	0-0323	980	0-0634
160	0-0017	440	0-0128	720	0-0342	1000	0-0660
180	0-0021	460	0-0140	740	0-0361	1020	0-0686
200	0-0026	480	0-0152	760	0-0381	1040	0-0714
220	0-0032	500	0-0165	780	0-0410	1060	0-0741
240	0-0038	520	0-0178	800	0-0422	1080	0-0769
260	0-0045	540	0-0192	820	0-0444	1100	0-0788
280	0-0052	560	0-0207	840	0-0465	1120	0-0828

DISTANCES EN MÈTRES.	HAUTEURS rectifiées d'après la réfraction.	DISTANCES EN MÈTRES.	HAUTEURS rectifiées d'après la réfraction.	DISTANCES EN MÈTRES.	HAUTEURS rectifiées d'après la réfraction.	DISTANCES EN MÈTRES.	HAUTEURS rectifiées d'après la réfraction.
1140	0-0857	1760	0-2044	3900	1-0035	7000	3-2327
1160	0-0888	1780	0-2090	4000	1-0556	7100	3-3257
1180	0-0909	1800	0-2137	4100	1-1090	7200	3-4210
1200	0-0950	1820	0-2185	4200	1-1638	7300	3-5157
1220	0-0982	1840	0-2234	4300	1-2198	7400	3-6127
1240	0-1014	1860	0-2282	4400	1-2772	7500	3-7110
1260	0-1047	1880	0-2332	4500	1-3360	7600	3-8106
1280	0-1081	1900	0-2382	4600	1-3960	7700	3-9116
1300	0-1115	1920	0-2432	4700	1-4373	7800	4-0158
1320	0-1150	1940	0-2483	4800	1-5200	7900	4-1174
1340	0-1185	1960	0-2534	4900	1-5840	8000	4-2225
1360	0-1220	1980	0-2586	5000	1-6493	8100	4-3285
1380	0-1256	2000	0-2639	5100	1-7160	8200	4-4360
1400	0-1293	2100	0-2909	5200	1-7839	8300	4-5449
1420	0-1330	2200	0-3193	5300	1-8532	8400	4-6551
1440	0-1368	2300	0-3490	5400	1-9238	8500	4-7666
1460	0-1406	2400	0-3800	5500	1-9956	8600	4-8794
1480	0-1445	2500	0-4123	5600	2-0689	8700	4-9935
1500	0-1484	2600	0-4460	5700	2-1435	8800	5-1090
1520	0-1524	2700	0-4809	5800	2-2193	8900	5-2258
1540	0-1565	2800	0-5172	5900	2-2965	9000	5-3438
1560	0-1605	2900	0-5548	6000	2-3750	9100	5-4125
1580	0-1647	3000	0-5938	6100	2-4549	9200	5-5840
1600	0-1689	3100	0-6540	6200	2-5360	9300	5-7060
1620	0-1731	3200	0-6756	6300	2-6185	9400	5-8294
1640	0-1774	3300	0-7184	6400	2-7033	9500	5-9541
1660	0-1818	3400	0-7626	6500	2-7857	9600	6-0810
1680	0-1862	3500	0-8092	6600	2-8738	9700	6-2074
1700	0-1907	3600	0-8550	6700	2-9615	9800	6-3361
1720	0-1952	3700	0-9032	6800	3-0506	9900	6-4661
1740	0-1997	3800	0-9527	6900	3-1410	10000	6-5973

SECTION PREMIÈRE.

NIVELLEMENT COMPOSÉ.

1117. On distingue deux sortes de nivellemens : le *simple* et le *composé*.

Le *nivellement simple* est celui qu'on peut faire d'un seul coup de niveau. Nous n'en parlerons pas ici, attendu que nous en avons donné des exemples aux numéros 270, 271 et 272, déjà précités.

Le *nivellement composé* est une suite de nivellemens simples faits entre deux points qu'on lie par ces nivellemens.

Il en est du nivellement comme de la trigonométrie : moins l'on fait d'opérations, plus le travail est exact ; ainsi il faut diminuer les coups de niveau autant que cela est possible.

Lorsque la direction de la ligne de nivellement est un projet de route ou de canal, tel est celui de la figure 609, Fig. 609. on mesure les côtés verticales qui sont, pour ce cas,

Coups d'arrière.	*Coups d'avant.*
$Aa = 1\text{-}6$,	$Ba' = 0\text{-}4$,
$Bb = 1\text{-}5$,	$Cb' = 0\text{-}5$,
$Cc = 1\text{-}1$,	$Dd = 1\text{-}0$,
$De' = 0\text{-}4$,	$Ee = 1\text{-}4$,
4-6	3-3

et les distances horizontales,

$$ab = aa' = 57\text{-}0 \qquad cd = 80\text{-}0,$$
$$bc = bb' = 62\text{-}0, \qquad de = e'e = 53\text{-}0.$$

Ces derniers s'obtiennent en mesurant AB, BC, CD, DE, avec la chaîne tendue horizontalement.

L'opération étant achevée sur le terrain, pour connaître la différence de niveau, il suffit d'ôter la somme des *coups d'avant* de celle des *coups d'arrière*, ce qui donne ici,

$$4\text{-}6 - 3\text{-}3 = 1\text{-}3,$$

c'est-à-dire que le point E est au-dessus du point A de 1 mètre 30 centimètres.

Si la somme des coups d'avant était plus forte que celle des coups d'arrière, le point A serait plus élevé que le point E de la quantité exprimée par le reste de la soustraction, et réciproquement. Il est évident que si le reste était nul, les deux points du nivellement seraient de niveau. On vérifie un nivellement en recommençant une seconde fois l'opération par où l'on a terminé la première.

Voici une méthode plus simple pour écrire les cotes du nivellement; elle consiste à tirer une ligne droite ponctuée que l'on divise en autant de parties qu'il y aura de stations; on écrit les cotes des coups d'arrière à la droite des verticales qui représentent la mire, et l'on met à gauche de ces mêmes verticales les cotes des coups d'avant; alors toutes les verticales ont deux cotes, excepté celles des points extrêmes qui n'en ont qu'une. Quant aux distances horizontales, on les écrit sur la ligne droite et à l'endroit qui représente le terrain.

1118. Connaissant les distances horizontales indiquées plus haut, on fera le canevas du nivellement comme l'in-
Fig. 610. dique la figure 610. Les doubles cotes écrites de part et d'autre des verticales indiquent que les points B, C, D, sont comparées à différentes horizontales.

Il est évident que si le terrain était rapporté à une seule
Fig. 611. ligne imaginée horizontalement *a*, *b*, *c*, *d*, *e*, (*Fig.* 611) on trouverait plus facilement la différence de niveau des deux points extrêmes du profil. Pour cela, il s'agit de prendre une cote d'emprunt A*a* telle que sa hauteur excède le point le plus élevé du profil, ce qui aura lieu dans cet exemple, si l'on suppose cette hauteur empruntée A*a* de 3 mètres (1).

Pour trouver les nouvelles cotes relatives à la ligne horizontale *ae*, j'ai d'abord pour le point de départ A, 3 mètres; pour la nouvelle cote du point B j'ôte de la cote d'emprunt le premier coup d'arrière, et j'ajoute au reste le coup d'avant du point B.

Pour la cote du point C, j'ôte de la nouvelle de B le coup d'arrière correspondant, et j'ajoute au reste le coup d'avant du point C; et ainsi de suite, de sorte que j'ai

Pour le point	A, ...	3-0
	B, ...(3-0 — 1-6) + 0-4 =	1-8
	C, ...(1-8 — 1-3) + 0-3 =	0-8
	D, ...(0-8 — 1-1) + 1-0 =	0-7
	E, ...(0-7 — 0-4) + 1-4 =	1-7

D'après cela, je trouve, comme dans le numéro précédent, que la différence de niveau des points extrêmes A et E, égale

$$3\text{-}0 - 1\text{-}7 = 1\text{-}3;$$

c'est la preuve que le calcul ci-dessus est exact.

Au moyen de ces nouvelles verticales, on pourra établir facilement le profil du nivellement ABCDE, à la ligne imaginée *ae*.

On emploie ordinairement deux échelles pour rapporter ce profil, une pour les cotes verticales et l'autre pour les distances horizontales. On choisit la première échelle pour construire un certain nombre de fois plus grand qu'au moyen de la seconde, à cause que les hauteurs verticales sont toujours beaucoup plus petites que les distances horizontales, et que rapportées à l'échelle adoptée pour ces dernières, il n'y aurait pas assez d'espace pour pouvoir y inscrire les cotes d'une manière lisible.

(1) On prend assez souvent les nombres 10 mètres, 20 mètres et même 30 mètres, pour la hauteur d'emprunt, afin d'apercevoir d'un seul coup-d'œil quelle est l'élévation réelle des points du terrain.

SECTION DEUXIÈME.

CALCUL DES DÉBLAIS ET REMBLAIS.

1119. On appelle *déblai* le massif de terre qu'il faut enlever, et *remblai* les terres rapportées ou qui servent à élever certaines parties de terrain.

Les dimensions de ces massifs se déduisent des nivellemens en longueurs et en travers, ainsi que des pentes et de la forme du projet.

L'ingénieur règle ordinairement les pentes et les parties de niveau de manière que les remblais compensent les déblais, ou à-peu-près. Le projet se trace en lignes rouges sur le plan en noir afin qu'elles soient plus distinctes, c'est ce que les ingénieurs des ponts et chaussées appellent *cotes rouges*. (Les lignes de projet sont indiquées sur notre planche par une demi-ponctuation).

Dans les formules qui vont suivre nous ferons toujours

P = la pente totale du terrain;
p = la pente par mètre du terrain;
P' = la pente totale du projet;
p' = la pente par mètre du projet.

1120. Pour connaître la pente par mètre il suffit de diviser la pente totale par la longueur de la ligne horizontale qui correspond à cette pente; ainsi en désignant cette horizontale par H, on a toujours

$$p = \frac{P}{H};$$

donc, si l'on avait, par exemple,

$$H = 524\text{-}4, \qquad P = 13\text{-}11,$$

on aurait

$$p = \frac{P}{H} = \frac{13\text{-}11}{524\text{-}4} = 0\text{-}025,$$

ou 0-025 millimètres pour la pente par mètre.

La pente par mètre est indiquée par le signe — lorsqu'elle est descendante.

1121. Pour trouver la valeur de la cote rouge CE (*Fig.*
Fig. 612. 612), ou rapporter le point E à l'horizontale AB, on fait

$$P' = AB \times p';$$

or

$$CE = P - P' = P - AB \times p'.$$

Les données étant

$$AB = 200\text{-}0, \qquad p' = 0\text{-}0075,$$
$$P = 3\text{-}5, \qquad P' = 1\text{-}5,$$

on a

$$CE = 3\text{-}5 - (200\text{-}0 \times 0\text{-}0075) = 3\text{-}5 - 1\text{-}5 = \text{[illegible]}$$

1122. Pour déterminer la valeur de la cote rouge CE
Fig. 613. (*Fig.* 613) lorsque le point F en a déjà une, on fait

$$CE = P' + DF - P = (p' - p) \times AB + DF.$$

Les données étant

$$AB = 200\text{-}0, \qquad P' = 1\text{-}5,$$
$$DF = 2\text{-}0, \qquad P = 2\text{-}5,$$

on a

$$CE = (1\text{-}5 + 2\text{-}0) - 2\text{-}5 = 1\text{-}0.$$

Cette quantité étant positive, le point C est au-dessus du point du terrain E, ce qui annonce qu'il faudra faire le *remblai* CDEF.

Quand le point D est au-dessous du terrain, le signe de la cote DF est négatif.

Pour la cote rouge cherchée CE le résultat du calcul de cette formule fera toujours connaître par son signe si elle se trouve au-dessus ou au-dessous du terrain EF.

Fig. 614. **1123.** Pour trouver la cote rouge CE (*Fig.* 614) lorsque les pentes ne sont pas dans le même sens ou qu'elles se coupent, on fait

$$CE = AB \times p' + DF - P,$$

ou

$$CE = P' + DF - P.$$

Les données étant

$$AB = 80\text{-}0, \qquad p = 0\text{-}075,$$
$$DF = 2\text{-}0, \qquad P' = 2\text{-}4,$$
$$p' = 0\text{-}03, \qquad P = 6\text{-}0,$$

on a

$$CE = 2\text{-}4 + 2\text{-}0 - 6 = -1\text{-}6.$$

Dans ce cas, le point D est au-dessus du terrain, et le point C se trouve au-dessous; la ligne du terrain EF est coupée au point O par celle du projet CD. L'intersection O de ces deux lignes est appelée *point de passage* ou *point à zéro*. Pour pouvoir calculer les volumes du déblai CEO, et du remblai DFO, il faut chercher la longueur de l'horizontale HO, par la formule suivante :

$$HO = \frac{DF \times AB}{DF + CE}.$$

Cette règle revient à partager AB dans le rapport de DF à CE. Telle est la théorie des pentes combinées du terrain et du projet.

1124. Pour tracer le projet d'une route sur les profils en travers, on construit d'abord le profil de la route, d'après les dimensions arrêtées, et l'on applique les dimensions qui en résultent sur chaque profil en travers. Voyez le modèle figure 615.

Voici une application d'une partie d'un projet de route qui servira d'exercice aux personnes qui voudront s'instruire sur cette partie.

Soient les points ABCD (*Fig.* 616) qu'on a choisis Fig. 616.
pour la direction de la route, il faut mesurer les angles ABC, BCD, ainsi que les distances

$$AB = 600\text{-}0, \qquad CD = 200\text{-}0,$$
$$BC = 9\text{[illegible]}0, \qquad AD = 1750\text{-}0,$$

s'il est possible.

Il est évident que l'on fera le nivellement de A en B, de B en C et de C en D, ainsi que ceux en travers qui doivent être faits de part et d'autre des alignemens AB, BC, CD. Ces nivellemens faits, on rapportera le profil de celui en long à la même horizontale AK (*Fig.* 617), Fig. 617.
et l'on déterminera l'axe projeté EDGL, de manière que la pente ne soit pas trop forte; on mesurera ou l'on déterminera les cotes rouges BE, CD, GH, KL, qui font connaître la pente de la route.

Après avoir calculé les pentes, on calcule les autres cotes rouges *ad*, *bc*, *cm*, ainsi que les distances horizontales ou points de passage F et J, en faisant l'application des formules posées et démontrées aux numéros **1121**, **1122** et **1123**.

Nous laissons tout ceci à déterminer par le moyen des formules précitées, ce qui servira d'exercice sur le nivellement.

Quant aux profils en travers, ils se rapportent sur une même ligne AB (*Fig.* 616) qui doit coïncider avec une Fig. 616.
parallèle à l'horizontale HAH' (*Fig.* 615), et l'on décide Fig. 615.
de quel côté de l'horizontale du point de station on mettra la cote rouge correspondante à ce point, plus élevé que le terrain.

STÉRÉOMÉTRIE.

1125. On parvient à évaluer les massifs des déblais et remblais au moyen des principes de la *stéréométrie*, qui est une partie de la géométrie qui a pour objet la mesure du volume des *corps*.

On appelle *volume*, *solide* ou *corps*, tout ce qui a les

trois dimensions, *longueur*, *largeur* et *profondeur* ou *hauteur*.

1126. On appelle *prisme* tout corps dont la surface latérale est composée de parallélogrammes, et qui est terminé par des polygones égaux et parallèles que l'on nomme *bases*.

1127. Le prisme prend le nom de la figure de sa base : ainsi on appelle *prisme triangulaire* celui dont la base Fig. 620, 624. est un triangle, comme *fig.* 620 *et* 624. *Prisme quadrangulaire* celui dont la base a quatre côtés, comme *fig.* Fig. 618, 619. 618 *et* 619. *Prisme pentagonal* celui dont la base est un pentagone; et ainsi de suite.

Le prisme s'appelle *parallélipipède* quand ses bases sont des parallélogrammes, et *cube* quand toutes les faces sont des carrés égaux. Enfin, quand les bases du prisme sont des cercles égaux et parallèles on l'appelle *cylindre*.

Fig. 623. 1128. On appelle *pyramide* tout corps (*Fig.* 623) dont la surface latérale est composée de triangles qui se réunissent tous en un *sommet* commun que l'on peut nommer *pointe de la pyramide*. La base est un polygone qui donne son nom à la pyramide; il y a donc des pyramides *triangulaires*, *quadrangulaires*, *pentagonales*, etc.

1129. Mesurer le volume d'un corps c'est chercher combien il contient de fois le volume d'un autre corps pris pour unité de mesure, lequel est ordinairement un *mètre cube* ou un *décimètre cube*.

1130. On obtient le volume d'un prisme et d'un cylindre *en multipliant la surface d'une des bases par la hauteur*.

Si l'on fait : B = la base, H = la hauteur, on aura toujours le volume = V, en faisant

$$V = B \times H.$$

Fig. 618. Soit le prisme ABCDPQRS (*Fig.* 618), et *abcdefgh* l'unité de mesure : ABQP étant la base, AD en sera la hauteur. Or, en menant autant de plans parallèles *mnou* que *ad* est contenu dans AD, c'est-à-dire 3 fois, j'aurai 3 fois la tranche A'B'C'D'P'Q'R'S', parce que A'D' = *ad*.

Si dans cette tranche je mène autant de plans parallèles *m'n'o't'* que *ad* est contenu dans A'P', c'est-à-dire 4 fois, j'aurai 4 fois la tranche A"B"C"D"P"Q"R"S", parce que A"D" = *ad*.

Si dans cette dernière tranche je mène autant de plans parallèles *m"n"o"t"* que *ad* est contenu dans A"B", c'est-à-dire 5 fois, j'aurai 5 fois la tranche A"D"S"P"*m"n"o"t"* qui est égale à l'unité de mesure *abcdefgh*. Donc

Volume
- *abcd*, etc. . . . . = 1
- A"B"C"D", etc. . . . . = 1 × 5 = 5
- A'B'C'D', etc. . . . . = 1 × 5 × 4 = 20
- ABCD, etc. . . . . = 1 × 5 × 4 × 3 = 60

Effectivement, si *ad* = 1 mètre, on aura le même volume en faisant

$$V = AB \times AD \times AP = 5 \times 3 \times 4 = 60.$$

Fig. 619. 1031. Le volume du parallélipipède (*Fig.* 619) s'obtient en faisant (1)

$$V = 4\text{·}5 \times 3\text{·}0 \times 6\text{·}0 = 81 \text{ mèt. cub.}$$

Celui du prisme triangulaire (*Fig.* 620) dont la surface Fig. 620. de la base est de 3 mètres carrés, équivaut à

$$V = 3\text{·}0 \times 6 = 18 \text{ mèt. cub.}$$

Le volume du prisme (*Fig.* 621), dont la surface de la Fig. 621. base, qui est un trapèze, est de 6 mètres carrés, équivaut à

$$V = 6\text{·}0 \times 6\text{·}0 = 36 \text{ mèt. cub.}$$

Le volume du cylindre (*Fig.* 622), dont la surface de Fig. 622. la base est de 12 mètres carrés 56 décimètres carrés, équivaut à

$$V = 12\text{·}56 \times 6\text{·}0 = 75\text{·}36,$$

ou à 75 mètres cubes 360 décimètres cubes.

Le volume de la pyramide (*Fig.* 623) s'obtient *en mul-* Fig. 623. *tipliant la surface de sa base par le tiers de la hauteur perpendiculaire;* si je fais B = la base et EO = la hauteur, j'aurai

$$V = B \times \tfrac{1}{3} EO = 9\text{·}0 \times 2\text{·}333 = 21 \text{ mèt. cub.}$$

1132. Les objets à mesurer ne sont pas toujours posés sur une de leurs bases comme ceux qui précèdent : le massif de terre ABCDEF (*Fig.* 624), quoique posé sur une Fig. 624. de ses faces latérales, est un prisme triangulaire dont la surface d'une des bases équivaut à

$$DF \times \tfrac{1}{2} BD = 4\text{·}0 \times 1\text{·}25 = 5\text{·}0,$$

ou 5 mètres carrés; donc

$$V = 5\text{·}0 \times 8\text{·}5 = 42\text{·}5,$$

ou 42 mètres cubes 500 décimètres cubes.

Les terres à enlever ne présentent pas toujours de prismes réguliers, au contraire il arrive souvent d'avoir à évaluer des *prismes triangulaires tronqués* (*Fig.* 625 *et* Fig. 625, 626. 626) dont le volume équivaut *au tiers de la somme des trois arêtes multiplié par la base*. Donc j'ai pour celui (*Fig.* 625) dont la base ACE est de 5 mètres carrés, Fig. 625.

$$V = 5\text{·}0 \times \tfrac{1}{3}(8\text{·}0 + 8\text{·}0 + 4\text{·}5) = 34\text{·}167,$$

ou 34 mètres cubes 167 décimètres cubes. La figure 626 Fig. 626. est encore un prisme triangulaire tronqué de même base, et dont le volume équivaut de même à

$$V = 5\text{·}0 \times \tfrac{1}{3}(7\text{·}0 + 8\text{·}0 + 9\text{·}5) = 40\text{·}811,$$

ou à 40 mètres cubes 811 décimètres cubes.

La figure 627 est un prisme plus régulier que les précédens : ses bases sont des trapèzes.

Pour avoir le volume de ce prisme dont la surface de sa base ou du trapèze CDGH est de 21 mètres carrés 37 décimètres carrés 50 centimètres carrés, je fais

$$V = 21\text{·}375 \times 4\text{·}0 = 85\text{·}5,$$

ce qui donne 85 mètres cubes 500 décimètres cubes ou 85 mètres cubes $\frac{1}{2}$.

(1) Dans ce qui va suivre, les lignes ponctuées sont celles qui passent par derrière les corps.

1133. Nous pouvons tirer de ce dernier procédé une conséquence utile à notre objet.

Fig. 628. Soit ABCDEFGH (*Fig.* 628) un massif de terre composé de deux prismes triangulaires tronqués ABFEDG, CBFHDG, dont les arêtes AE, BF, CH, DG, soient perpendiculaires à la base, et soient telles que les bases EFG, FGH, forment un carré, ou un rectangle, ou un parallélogramme EFGH, et que les bases supérieures ABD, BCD, soient deux plans différemment inclinés à la base EFGH. Il suit de ce qui a été dit dans le numéro précédent que le massif proposé est égal au triangle EFG multiplié par $\frac{1}{3}$ (AE + 2 BF + CH + 2 DG), car le prisme tronqué ABFEDG est égal au triangle EFG multiplié par $\frac{1}{3}$ (AE + BF + DG); et, par la même raison, le prisme tronqué CBFHDG est égal au triangle FGH ou à celui EFG multiplié par $\frac{1}{3}$ (CH + BF + DG); donc la totalité de ces deux prismes tronqués est égale au triangle

$$EFG \times \tfrac{1}{3}(AE+2\,BF+CH+2\,DG).$$

1134. D'après cela, sachant que la surface du triangle EFG est de 19 mètres carrés, j'ai le volume du massif de terre proposé, en faisant

$$V = 19\text{-}0 \times \tfrac{1}{3}\,(2\text{-}5 + 7\text{-}0 + 1\text{-}5 + 4\text{-}0)$$
$$= 19\text{-}0 \times \tfrac{1}{3}\,(15\text{-}0) = 19 \times 5 = 95 \text{ mèt. cub.}$$

1135. Le massif de terre (*Fig.* 629) se mesure par ce même procédé; après avoir partagé ce massif par des plans parallèles *adeg*, *bcfh*, je considère les parcelles comme des prismes tronqués que je calcule en suivant le procédé indiqué et appliqué dans le numéro précédent, c'est-à-dire en décomposant tout le massif proposé en prismes triangulaires tronqués. Les personnes qui voudront s'occuper du calcul de ce massif, assigneront des longueurs aux arêtes et aux bases au moyen d'une échelle quelconque, ce qui leur servira d'exercice sur la stéréométrie ou le calcul des déblais et remblais. Fig. 629.

TABLE

DES LOGARITHMES

A SEPT DÉCIMALES

DES NOMBRES DEPUIS 1,000 JUSQU'A 10,000,

AVEC LES DIFFÉRENCES.

Lille, (1839). — Typographie de Bronner-Bauwens.

Nomb.	Logarithmes.	Différ.	Nomb.	Logarithmes.	Différ.	Nomb.	Logarithmes.	Différ.	Nomb.	Logarithmes.	Différ.	Nomb.	Logarithmes.	Différ.
1000	0000000	4341	1050	0211893	4134	1100	0413927	3946	1150	0606978	3775	1200	0791812	3618
1001	0004341	4336	1051	0216027	4130	1101	0417873	3943	1151	0610753	3772	1201	0795430	3615
1002	0008677	4332	1052	0220157	4127	1102	0421816	3939	1152	0614525	3768	1202	0799045	3611
1003	0013009	4328	1053	0224284	4122	1103	0425755	3936	1153	0618293	3765	1203	0802656	3609
1004	0017337	4324	1054	0228406	4119	1104	0429691	3932	1154	0622058	3762	1204	0806265	3605
1005	0021661	4319	1055	0232525	4114	1105	0433623	3928	1155	0625820	3758	1205	0809870	3603
1006	0025980	4315	1056	0236639	4111	1106	0437551	3925	1156	0629578	3756	1206	0813473	3600
1007	0030295	4310	1057	0240750	4107	1107	0441476	3922	1157	0633334	3752	1207	0817073	3596
1008	0034605	4307	1058	0244857	4103	1108	0445398	3917	1158	0637086	3748	1208	0820669	3594
1009	0038912	4302	1059	0248960	4099	1109	0449315	3915	1159	0640834	3746	1209	0824263	3591
1010	0043214	4298	1060	0253059	4095	1110	0453230	3911	1160	0644580	3742	1210	0827854	3587
1011	0047512	4293	1061	0257154	4091	1111	0457141	3907	1161	0648322	3739	1211	0831441	3585
1012	0051805	4289	1062	0261245	4088	1112	0461048	3904	1162	0652061	3736	1212	0835026	3582
1013	0056094	4286	1063	0265333	4083	1113	0464952	3900	1163	0655797	3733	1213	0838608	3579
1014	0060380	4280	1064	0269416	4080	1114	0468852	3897	1164	0659530	3729	1214	0842187	3576
1015	0064660	4277	1065	0273496	4076	1115	0472749	3893	1165	0663259	3727	1215	0845763	3573
1016	0068937	4273	1066	0277572	4072	1116	0476642	3890	1166	0666986	3723	1216	0849336	3570
1017	0073210	4268	1067	0281644	4069	1117	0480532	3886	1167	0670709	3719	1217	0852906	3567
1018	0077478	4264	1068	0285713	4064	1118	0484418	3883	1168	0674428	3717	1218	0856473	3564
1019	0081742	4260	1069	0289777	4061	1119	0488301	3879	1169	0678145	3714	1219	0860037	3561
1020	0086002	4255	1070	0293838	4057	1120	0492180	3876	1170	0681859	3710	1220	0863598	3559
1021	0090257	4252	1071	0297895	4053	1121	0496056	3873	1171	0685569	3707	1221	0867157	3555
1022	0094509	4247	1072	0301948	4049	1122	0499929	3869	1172	0689276	3704	1222	0870712	3553
1023	0098756	4244	1073	0305997	4046	1123	0503798	3865	1173	0692980	3701	1223	0874265	3549
1024	0103000	4239	1074	0310043	4042	1124	0507663	3862	1174	0696681	3698	1224	0877814	3547
1025	0107239	4235	1075	0314085	4038	1125	0511525	3859	1175	0700379	3694	1225	0881361	3544
1026	0111474	4230	1076	0318123	4034	1126	0515384	3855	1176	0704073	3692	1226	0884905	3541
1027	0115704	4227	1077	0322157	4031	1127	0519239	3852	1177	0707765	3688	1227	0888446	3538
1028	0119931	4223	1078	0326188	4026	1128	0523091	3848	1178	0711453	3685	1228	0891984	3535
1029	0124154	4218	1079	0330214	4024	1129	0526939	3845	1179	0715138	3682	1229	0895519	3532
1030	0128372	4215	1080	0334238	4019	1130	0530784	3842	1180	0718820	3679	1230	0899051	3530
1031	0132587	4210	1081	0338257	4016	1131	0534626	3838	1181	0722499	3676	1231	0902581	3526
1032	0136797	4206	1082	0342273	4012	1132	0538464	3835	1182	0726175	3672	1232	0906107	3524
1033	0141003	4202	1083	0346285	4008	1133	0542299	3832	1183	0729847	3670	1233	0909631	3521
1034	0145205	4198	1084	0350293	4004	1134	0546131	3828	1184	0733517	3667	1234	0913152	3518
1035	0149403	4195	1085	0354297	4001	1135	0549959	3824	1185	0737184	3663	1235	0916670	3515
1036	0153598	4190	1086	0358298	3997	1136	0553783	3822	1186	0740847	3660	1236	0920185	3512
1037	0157788	4186	1087	0362295	3994	1137	0557605	3818	1187	0744507	3657	1237	0923697	3509
1038	0161974	4181	1088	0366289	3990	1138	0561423	3814	1188	0748164	3655	1238	0927206	3507
1039	0166155	4178	1089	0370279	3986	1139	0565237	3812	1189	0751819	3651	1239	0930713	3504
1040	0170333	4174	1090	0374265	3983	1140	0569049	3807	1190	0755470	3648	1240	0934217	3501
1041	0174507	4170	1091	0378248	3978	1141	0572856	3805	1191	0759118	3645	1241	0937718	3498
1042	0178677	4166	1092	0382226	3976	1142	0576661	3801	1192	0762763	3641	1242	0941216	3495
1043	0182843	4162	1093	0386202	3971	1143	0580462	3798	1193	0766404	3639	1243	0944711	3493
1044	0187005	4158	1094	0390173	3968	1144	0584260	3795	1194	0770043	3636	1244	0948204	3490
1045	0191163	4154	1095	0394141	3965	1145	0588055	3791	1195	0773679	3633	1245	0951694	3486
1046	0195317	4150	1096	0398106	3960	1146	0591846	3788	1196	0777312	3630	1246	0955180	3485
1047	0199467	4146	1097	0402066	3957	1147	0595634	3785	1197	0780942	3626	1247	0958665	3481
1048	0203613	4142	1098	0406023	3954	1148	0599419	3781	1198	0784568	3624	1248	0962146	3478
1049	0207755	4138	1099	0409977	3950	1149	0603200	3778	1199	0788192	3620	1249	0965624	3476
1050	0211893		1100	0413927		1150	0606978		1200	0791812		1250	0969100	
Nomb.	Logarithmes.	Différ.	Nomb.	Logarithmes.	Différ.	Nomb.	Logarithmes.	Différ.	Nomb.	Logarithmes.	Différ.	Nomb.	Logarithmes.	Différ.

Nomb.	Logarithmes.	Différ.	Nomb.	Logarithmes.	Différ.	Nomb.	Logarithmes.	Différ.	Nomb.	Logarithmes.	Différ.	Nomb.	Logarithmes.	Différ.
1250	0969100	3473	1300	1139434	3339	1350	1303338	3215	1400	1461280	3101	1450	1613680	2994
1251	0972573	3470	1301	1142773	3337	1351	1306553	3214	1401	1464381	3099	1451	1616674	2992
1252	0976043	3468	1302	1146110	3334	1352	1309767	3211	1402	1467480	3097	1452	1619666	2990
1253	0979511	3464	1303	1149444	3332	1353	1312978	3209	1403	1470577	3094	1453	1622656	2988
1254	0982975	3462	1304	1152776	3329	1354	1316187	3206	1404	1473671	3092	1454	1625644	2986
1255	0986437	3459	1305	1156105	3327	1355	1319393	3204	1405	1476763	3090	1455	1628630	2984
1256	0989896	3457	1306	1159432	3324	1356	1322597	3201	1406	1479853	3088	1456	1631614	2982
1257	0993353	3453	1307	1162756	3321	1357	1325798	3200	1407	1482941	3086	1457	1634596	2979
1258	0996806	3451	1308	1166077	3319	1358	1328998	3197	1408	1486027	3083	1458	1637575	2978
1259	1000257	3448	1309	1169396	3317	1359	1332195	3194	1409	1489110	3081	1459	1640553	2976
1260	1003705	3446	1310	1172713	3314	1360	1335389	3192	1410	1492191	3079	1460	1643529	2973
1261	1007151	3443	1311	1176027	3311	1361	1338581	3190	1411	1495270	3077	1461	1646502	2972
1262	1010594	3440	1312	1179338	3309	1362	1341771	3188	1412	1498347	3075	1462	1649474	2969
1263	1014034	3437	1313	1182647	3307	1363	1344959	3185	1413	1501422	3072	1463	1652443	2968
1264	1017471	3434	1314	1185954	3304	1364	1348144	3183	1414	1504494	3070	1464	1655411	2965
1265	1020905	3432	1315	1189258	3301	1365	1351327	3180	1415	1507564	3069	1465	1658376	2964
1266	1024337	3429	1316	1192559	3299	1366	1354507	3178	1416	1510633	3066	1466	1661340	2961
1267	1027766	3427	1317	1195858	3296	1367	1357685	3176	1417	1513699	3063	1467	1664301	2960
1268	1031193	3423	1318	1199154	3294	1368	1360861	3173	1418	1516762	3062	1468	1667261	2957
1269	1034616	3421	1319	1202448	3291	1369	1364034	3172	1419	1519824	3059	1469	1670218	2955
1270	1038037	3419	1320	1205739	3289	1370	1367206	3169	1420	1522883	3058	1470	1673173	2954
1271	1041456	3415	1321	1209028	3287	1371	1370375	3166	1421	1525941	3055	1471	1676127	2951
1272	1044871	3413	1322	1212315	3283	1372	1373541	3164	1422	1528996	3053	1472	1679078	2949
1273	1048284	3410	1323	1215598	3282	1373	1376705	3162	1423	1532049	3051	1473	1682027	2948
1274	1051694	3408	1324	1218880	3279	1374	1379867	3160	1424	1535100	3049	1474	1684975	2945
1275	1055102	3405	1325	1222159	3276	1375	1383027	3157	1425	1538149	3046	1475	1687920	2944
1276	1058507	3402	1326	1225435	3274	1376	1386184	3155	1426	1541195	3045	1476	1690864	2941
1277	1061909	3400	1327	1228709	3272	1377	1389339	3153	1427	1544240	3042	1477	1693805	2939
1278	1065309	3396	1328	1231981	3269	1378	1392492	3151	1428	1547282	3040	1478	1696744	2938
1279	1068705	3395	1329	1235250	3266	1379	1395643	3148	1429	1550322	3038	1479	1699682	2935
1280	1072100	3391	1330	1238516	3265	1380	1398791	3146	1430	1553360	3036	1480	1702617	2934
1281	1075491	3389	1331	1241781	3261	1381	1401937	3143	1431	1556396	3034	1481	1705551	2931
1282	1078880	3387	1332	1245042	3259	1382	1405080	3142	1432	1559430	3032	1482	1708482	2930
1283	1082267	3383	1333	1248301	3257	1383	1408222	3139	1433	1562462	3030	1483	1711412	2927
1284	1085650	3381	1334	1251558	3255	1384	1411361	3137	1434	1565492	3027	1484	1714339	2926
1285	1089031	3379	1335	1254813	3252	1385	1414498	3134	1435	1568519	3025	1485	1717265	2923
1286	1092410	3375	1336	1258065	3249	1386	1417632	3133	1436	1571544	3024	1486	1720188	2922
1287	1095785	3374	1337	1261314	3247	1387	1420765	3130	1437	1574568	3021	1487	1723110	2919
1288	1099159	3370	1338	1264561	3245	1388	1423895	3127	1438	1577589	3019	1488	1726029	2918
1289	1102529	3368	1339	1267806	3242	1389	1427022	3126	1439	1580608	3017	1489	1728947	2916
1290	1105897	3365	1340	1271048	3240	1390	1430148	3123	1440	1583625	3015	1490	1731863	2913
1291	1109262	3363	1341	1274288	3237	1391	1433271	3121	1441	1586640	3013	1491	1734776	2912
1292	1112625	3360	1342	1277525	3235	1392	1436392	3119	1442	1589653	3010	1492	1737688	2910
1293	1115985	3358	1343	1280760	3233	1393	1439511	3117	1443	1592663	3009	1493	1740598	2908
1294	1119343	3355	1344	1283993	3230	1394	1442628	3114	1444	1595672	3006	1494	1743506	2906
1295	1122698	3352	1345	1287223	3228	1395	1445742	3112	1445	1598678	3005	1495	1746412	2904
1296	1126050	3350	1346	1290451	3225	1396	1448854	3110	1446	1601683	3002	1496	1749316	2902
1297	1129400	3347	1347	1293676	3223	1397	1451964	3108	1447	1604685	3001	1497	1752218	2900
1298	1132747	3345	1348	1296899	3220	1398	1455072	3105	1448	1607686	2998	1498	1755118	2898
1299	1136092	3342	1349	1300119	3219	1399	1458177	3103	1449	1610684	2996	1499	1758016	2897
1300	1139434		1350	1303338		1400	1461280		1450	1613680		1500	1760913	
Nomb.	Logarithmes.	Différ.	Nomb.	Logarithmes.	Différ.	Nomb.	Logarithmes.	Différ.	Nomb.	Logarithmes.	Différ.	Nomb.	Logarithmes.	Différ.

Nomb.	Logarithmes.	Différ.	Nomb.	Logarithmes.	Différ.	Nomb.	Logarithmes.	Différ.	Nomb.	Logarithmes.	Différ.	Nomb.	Logarithmes.	Différ.
1500	1760913	2894	1550	1903317	2801	1600	2041200	2713	1650	2174839	2632	1700	2304489	2554
1501	1763807	2892	1551	1906118	2799	1601	2043913	2712	1651	2177471	2629	1701	2307045	2553
1502	1766699	2891	1552	1908917	2798	1602	2046625	2710	1652	2180100	2629	1702	2309596	2550
1503	1769590	2888	1553	1911715	2795	1603	2049335	2709	1653	2182729	2626	1703	2312146	2550
1504	1772478	2887	1554	1914510	2794	1604	2052044	2706	1654	2185355	2625	1704	2314696	2548
1505	1775365	2885	1555	1917304	2792	1605	2054750	2705	1655	2187980	2623	1705	2317244	2546
1506	1778250	2883	1556	1920096	2790	1606	2057455	2704	1656	2190603	2622	1706	2319790	2545
1507	1781133	2880	1557	1922886	2789	1607	2060159	2701	1657	2193225	2620	1707	2322335	2544
1508	1784013	2879	1558	1925675	2786	1608	2062860	2700	1658	2195845	2619	1708	2324879	2542
1509	1786892	2877	1559	1928461	2785	1609	2065560	2699	1659	2198464	2617	1709	2327421	2540
1510	1789769	2876	1560	1931246	2783	1610	2068259	2696	1660	2201081	2615	1710	2329961	2539
1511	1792645	2873	1561	1934029	2781	1611	2070955	2695	1661	2203696	2614	1711	2332500	2538
1512	1795518	2871	1562	1936810	2780	1612	2073650	2694	1662	2206310	2612	1712	2335038	2536
1513	1798389	2870	1563	1939590	2777	1613	2076344	2691	1663	2208922	2611	1713	2337574	2534
1514	1801259	2867	1564	1942367	2776	1614	2079035	2690	1664	2211533	2609	1714	2340108	2533
1515	1804126	2866	1565	1945143	2775	1615	2081725	2689	1665	2214142	2608	1715	2342641	2532
1516	1806992	2864	1566	1947918	2772	1616	2084414	2686	1666	2216750	2606	1716	2345173	2530
1517	1809856	2862	1567	1950690	2771	1617	2087100	2685	1667	2219356	2604	1717	2347703	2529
1518	1812718	2860	1568	1953461	2768	1618	2089785	2683	1668	2221960	2603	1718	2350232	2527
1519	1815578	2858	1569	1956229	2768	1619	2092468	2682	1669	2224563	2602	1719	2352759	2525
1520	1818436	2856	1570	1958997	2765	1620	2095150	2680	1670	2227165	2599	1720	2355284	2525
1521	1821292	2855	1571	1961762	2763	1621	2097830	2678	1671	2229764	2599	1721	2357809	2522
1522	1824147	2852	1572	1964525	2762	1622	2100508	2677	1672	2232363	2596	1722	2360331	2522
1523	1826999	2851	1573	1967287	2760	1623	2103185	2675	1673	2234959	2596	1723	2362853	2520
1524	1829850	2848	1574	1970047	2759	1624	2105860	2674	1674	2237555	2593	1724	2365373	2518
1525	1832698	2847	1575	1972806	2756	1625	2108534	2671	1675	2240148	2592	1725	2367891	2517
1526	1835545	2845	1576	1975562	2755	1626	2111205	2671	1676	2242740	2591	1726	2370408	2515
1527	1838390	2844	1577	1978317	2753	1627	2113876	2668	1677	2245331	2589	1727	2372923	2514
1528	1841234	2841	1578	1981070	2751	1628	2116544	2667	1678	2247920	2587	1728	2375437	2513
1529	1844075	2839	1579	1983821	2750	1629	2119211	2665	1679	2250507	2586	1729	2377950	2511
1530	1846914	2838	1580	1986571	2748	1630	2121876	2664	1680	2253093	2584	1730	2380461	2510
1531	1849752	2836	1581	1989319	2746	1631	2124540	2662	1681	2255677	2583	1731	2382971	2508
1532	1852588	2834	1582	1992065	2744	1632	2127202	2660	1682	2258260	2581	1732	2385479	2507
1533	1855422	2832	1583	1994809	2743	1633	2129862	2659	1683	2260841	2580	1733	2387986	2505
1534	1858254	2830	1584	1997552	2741	1634	2132521	2657	1684	2263421	2578	1734	2390491	2504
1535	1861084	2828	1585	2000293	2739	1635	2135178	2655	1685	2265999	2577	1735	2392995	2502
1536	1863912	2827	1586	2003032	2737	1636	2137833	2654	1686	2268576	2575	1736	2395497	2501
1537	1866739	2824	1587	2005769	2736	1637	2140487	2652	1687	2271151	2573	1737	2397998	2500
1538	1869563	2823	1588	2008505	2734	1638	2143139	2651	1688	2273724	2572	1738	2400498	2498
1539	1872386	2821	1589	2011239	2732	1639	2145790	2648	1689	2276296	2571	1739	2402996	2496
1540	1875207	2819	1590	2013971	2731	1640	2148438	2648	1690	2278867	2569	1740	2405492	2496
1541	1878026	2818	1591	2016702	2729	1641	2151086	2646	1691	2281436	2568	1741	2407988	2494
1542	1880844	2815	1592	2019431	2727	1642	2153732	2644	1692	2284004	2566	1742	2410482	2492
1543	1883659	2814	1593	2022158	2725	1643	2156376	2642	1693	2286570	2564	1743	2412974	2491
1544	1886473	2812	1594	2024883	2724	1644	2159018	2641	1694	2289134	2563	1744	2415465	2489
1545	1889285	2810	1595	2027607	2722	1645	2161659	2639	1695	2291697	2561	1745	2417954	2488
1546	1892095	2808	1596	2030329	2720	1646	2164298	2638	1696	2294258	2560	1746	2420442	2487
1547	1894903	2807	1597	2033049	2719	1647	2166936	2636	1697	2296818	2559	1747	2422929	2485
1548	1897710	2804	1598	2035768	2717	1648	2169572	2635	1698	2299377	2557	1748	2425414	2484
1549	1900514	2803	1599	2038485	2715	1649	2172207	2632	1699	2301934	2555	1749	2427898	2482
1550	1903317		1600	2041200		1650	2174839		1700	2304489		1750	2430380	
Nomb.	Logarithmes.	Différ.	Nomb.	Logarithmes.	Différ.	Nomb.	Logarithmes.	Différ.	Nomb.	Logarithmes.	Différ.	Nomb.	Logarithmes.	Différ.

Nomb.	Logarithmes.	Différ.	Nomb.	Logarithmes.	Différ.	Nomb.	Logarithmes.	Différ.	Nomb.	Logarithmes.	Différ.	Nomb.	Logarithmes.	Différ.
1750	2430380	2481	1800	2552725	2412	1850	2671717	2347	1900	2787536	2285	1950	2900346	2227
1751	2432861	2480	1801	2555137	2411	1851	2674064	2346	1901	2789821	2284	1951	2902573	2225
1752	2435341	2478	1802	2557548	2409	1852	2676410	2344	1902	2792105	2283	1952	2904798	2224
1753	2437819	2477	1803	2559957	2408	1853	2678754	2343	1903	2794388	2281	1953	2907022	2224
1754	2440296	2475	1804	2562365	2407	1854	2681097	2342	1904	2796669	2281	1954	2909246	2222
1755	2442771	2474	1805	2564772	2405	1855	2683439	2341	1905	2798950	2279	1955	2911468	2221
1756	2445245	2473	1806	2567177	2405	1856	2685780	2339	1906	2801229	2278	1956	2913689	2219
1757	2447718	2471	1807	2569582	2402	1857	2688119	2338	1907	2803507	2277	1957	2915908	2219
1758	2450189	2469	1808	2571984	2402	1858	2690457	2337	1908	2805784	2275	1958	2918127	2217
1759	2452658	2469	1809	2574386	2400	1859	2692794	2335	1909	2808059	2275	1959	2920344	2217
1760	2455127	2467	1810	2576786	2399	1860	2695129	2335	1910	2810334	2273	1960	2922561	2215
1761	2457594	2465	1811	2579185	2397	1861	2697464	2333	1911	2812607	2272	1961	2924776	2214
1762	2460059	2464	1812	2581582	2396	1862	2699797	2332	1912	2814879	2271	1962	2926990	2213
1763	2462523	2463	1813	2583978	2395	1863	2702129	2330	1913	2817150	2269	1963	2929203	2212
1764	2464986	2461	1814	2586373	2393	1864	2704459	2329	1914	2819419	2269	1964	2931415	2211
1765	2467447	2460	1815	2588766	2392	1865	2706788	2328	1915	2821688	2267	1965	2933626	2209
1766	2469907	2458	1816	2591158	2391	1866	2709116	2327	1916	2823955	2266	1966	2935835	2209
1767	2472365	2458	1817	2593549	2390	1867	2711443	2326	1917	2826221	2265	1967	2938044	2207
1768	2474823	2455	1818	2595939	2388	1868	2713769	2324	1918	2828486	2264	1968	2940251	2206
1769	2477278	2455	1819	2598327	2387	1869	2716093	2323	1919	2830750	2262	1969	2942457	2205
1770	2479733	2453	1820	2600714	2385	1870	2718416	2322	1920	2833012	2262	1970	2944662	2204
1771	2482186	2451	1821	2603099	2385	1871	2720738	2320	1921	2835274	2260	1971	2946866	2203
1772	2484637	2450	1822	2605484	2383	1872	2723058	2320	1922	2837534	2259	1972	2949069	2202
1773	2487087	2449	1823	2607867	2381	1873	2725378	2318	1923	2839793	2258	1973	2951271	2200
1774	2489536	2448	1824	2610248	2381	1874	2727696	2317	1924	2842051	2256	1974	2953471	2200
1775	2491984	2446	1825	2612629	2379	1875	2730013	2315	1925	2844307	2256	1975	2955671	2198
1776	2494430	2444	1826	2615008	2377	1876	2732328	2315	1926	2846563	2254	1976	2957869	2198
1777	2496874	2444	1827	2617385	2377	1877	2734643	2313	1927	2848817	2253	1977	2960067	2196
1778	2499318	2441	1828	2619762	2375	1878	2736956	2312	1928	2851070	2252	1978	2962263	2195
1779	2501759	2441	1829	2622137	2374	1879	2739268	2310	1929	2853322	2251	1979	2964458	2194
1780	2504200	2439	1830	2624511	2372	1880	2741578	2310	1930	2855573	2250	1980	2966652	2193
1781	2506639	2438	1831	2626883	2372	1881	2743888	2308	1931	2857823	2248	1981	2968845	2192
1782	2509077	2436	1832	2629255	2370	1882	2746196	2307	1932	2860071	2248	1982	2971037	2190
1783	2511513	2436	1833	2631625	2368	1883	2748503	2306	1933	2862319	2246	1983	2973227	2190
1784	2513949	2433	1834	2633993	2368	1884	2750809	2305	1934	2864565	2245	1984	2975417	2188
1785	2516382	2433	1835	2636361	2366	1885	2753114	2303	1935	2866810	2244	1985	2977605	2187
1786	2518815	2431	1836	2638727	2365	1886	2755417	2302	1936	2869054	2242	1986	2979792	2187
1787	2521246	2429	1837	2641092	2363	1887	2757719	2301	1937	2871296	2242	1987	2981979	2185
1788	2523675	2428	1838	2643455	2362	1888	2760020	2300	1938	2873538	2240	1988	2984164	2184
1789	2526103	2427	1839	2645817	2361	1889	2762320	2298	1939	2875778	2239	1989	2986348	2183
1790	2528530	2426	1840	2648178	2360	1890	2764618	2297	1940	2878017	2238	1990	2988531	2182
1791	2530956	2424	1841	2650538	2358	1891	2766915	2296	1941	2880255	2237	1991	2990713	2180
1792	2533380	2423	1842	2652896	2357	1892	2769211	2295	1942	2882492	2236	1992	2992893	2180
1793	2535803	2421	1843	2655253	2356	1893	2771506	2294	1943	2884728	2235	1993	2995073	2179
1794	2538224	2421	1844	2657609	2355	1894	2773800	2292	1944	2886963	2233	1994	2997252	2177
1795	2540645	2418	1845	2659964	2353	1895	2776092	2291	1945	2889196	2232	1995	2999429	2176
1796	2543063	2418	1846	2662317	2352	1896	2778383	2290	1946	2891428	2232	1996	3001605	2176
1797	2545481	2416	1847	2664669	2351	1897	2780673	2289	1947	2893660	2230	1997	3003781	2174
1798	2547897	2415	1848	2667020	2349	1898	2782962	2288	1948	2895890	2228	1998	3005955	2173
1799	2550312	2413	1849	2669369	2348	1899	2785250	2286	1949	2898118	2228	1999	3008128	2172
1800	2552725		1850	2671717		1900	2787536		1950	2900346		2000	3010300	
Nomb.	Logarithmes.	Différ.	Nomb.	Logarithmes.	Différ.	Nomb.	Logarithmes.	Différ.	Nomb.	Logarithmes.	Différ.	Nomb.	Logarithmes.	Différ.

Nomb.	Logarithmes.	Différ.
2000	3010300	2171
2001	3012471	2170
2002	3014641	2168
2003	3016809	2168
2004	3018977	2167
2005	3021144	2165
2006	3023309	2165
2007	3025474	2163
2008	3027637	2162
2009	3029799	2162
2010	3031961	2160
2011	3034121	2159
2012	3036280	2158
2013	3038438	2157
2014	3040595	2156
2015	3042751	2154
2016	3044905	2154
2017	3047059	2153
2018	3049212	2151
2019	3051365	2151
2020	3053514	2149
2021	3055663	2149
2022	3057812	2147
2023	3059959	2146
2024	3062105	2145
2025	3064250	2144
2026	3066394	2143
2027	3068537	2147
2028	3070680	2140
2029	3072820	2140
2030	3074960	2139
2031	3077099	2138
2032	3079237	2137
2033	3081374	2135
2034	3083509	2135
2035	3085644	2134
2036	3087778	2132
2037	3089910	2132
2038	3092042	2130
2039	3094172	2130
2040	3096302	2128
2041	3098430	2127
2042	3100557	2127
2043	3102684	2125
2044	3104809	2124
2045	3106933	2123
2046	3109056	2122
2047	3111178	2122
2048	3113300	2120
2049	3115420	2119
2050	3117539	

Nomb.	Logarithmes.	Différ.
2050	3117539	2118
2051	3119657	2117
2052	3121774	2115
2053	3123889	2115
2054	3126004	2114
2055	3128118	2113
2056	3130231	2112
2057	3132343	2111
2058	3134454	2109
2059	3136563	2109
2060	3138672	2108
2061	3140780	2107
2062	3142887	2105
2063	3144992	2105
2064	3147097	2104
2065	3149201	2102
2066	3151303	2102
2067	3153405	2100
2068	3155505	2100
2069	3157605	2098
2070	3159703	2098
2071	3161801	2097
2072	3163898	2095
2073	3165993	2095
2074	3168088	2093
2075	3170181	2092
2076	3172273	2092
2077	3174365	2090
2078	3176455	2090
2079	3178545	2088
2080	3180633	2088
2081	3182721	2086
2082	3184807	2086
2083	3186893	2084
2084	3188977	2084
2085	3191061	2082
2086	3193143	2081
2087	3195224	2081
2088	3197305	2079
2089	3199384	2079
2090	3201463	2077
2091	3203540	2077
2092	3205617	2075
2093	3307692	2075
2094	3209767	2073
2095	3211840	2073
2096	3213913	2071
2097	3215984	2071
2698	3218055	2069
2099	3220124	2069
2100	3222193	

Nomb.	Logarithmes.	Différ.
2100	3222193	2068
2101	3224261	2066
2102	3226327	2066
2103	3228393	2064
2104	3230457	2064
2105	3232521	2063
2106	3234584	2061
2107	3236645	2061
2108	3238706	2060
2109	3240766	2059
2110	3242825	2057
2111	3244882	2057
2112	3246939	2056
2113	3248995	2055
2114	3251050	2054
2115	3253104	2053
2116	3255157	2052
2117	3257209	2051
2118	3259260	2050
2119	3261310	2049
2120	3263359	2048
2121	3265407	2047
2122	3267454	2046
2123	3269500	2045
2124	3271545	2044
2125	3273589	2044
2126	3275633	2042
2127	3277675	2041
2128	3279716	2041
2129	3281757	2039
2130	3283796	2038
2131	3285834	2038
2132	3287872	2037
2133	3289909	2035
2134	3291944	2035
2135	3293979	2033
2136	3296012	2033
2137	3298045	2032
2138	3300077	2031
2139	3302108	2030
2140	3304138	2029
2141	3306167	2028
2142	3308195	2027
2143	3310222	2026
2144	3312248	2025
2145	3314273	2024
2146	3316297	2023
2147	3318320	2023
2148	3320343	2021
2149	3322364	2021
2150	3324385	

Nomb.	Logarithmes.	Différ.
2150	3324385	2019
2151	3326404	2019
2152	3328423	2017
2153	3330440	2017
2154	3332457	2016
2155	3334473	2015
2156	3336488	2013
2157	3338501	2013
2158	3340514	2012
2159	3342526	2012
2160	3344538	2010
2161	3346548	2009
2162	3348557	2008
2163	3350565	2008
2164	3352573	2006
2165	3354579	2006
2166	3356585	2004
2167	3358589	2004
2168	3360593	2003
2169	3362596	2001
2170	3364597	2001
2171	3366598	2000
2172	3368598	1999
2173	3370597	1998
2174	3372595	1998
2175	3374593	1996
2176	3376589	1995
2177	3378584	1995
2178	3380579	1993
2179	3382572	1993
2180	3384565	1992
2181	3386557	1990
2182	3388547	1990
2183	3390537	1989
2184	3392526	1988
2185	3394514	1988
2186	3396502	1986
2187	3398488	1985
2188	3400475	1983
2189	3402458	1983
2190	3404441	1983
2191	3406424	1981
2192	3408405	1981
2193	3410386	1980
2194	3412366	1979
2195	3414345	1978
2196	3416323	1978
2197	3418301	1976
2198	3420277	1975
2199	3422252	1975
2200	3424227	

Nomb.	Logarithmes.	Différ.
2200	3424227	1973
2201	3426200	1975
2202	3428175	1972
2203	3430145	1971
2204	3432116	1970
2205	3434086	1969
2206	3436055	1968
2207	3438023	1968
2208	3439991	1966
2209	3441957	1966
2210	3443923	1964
2211	3445887	1964
2212	3447851	1963
2213	3449814	1962
2214	3451776	1961
2215	3453737	1961
2216	3455698	1959
2217	3457657	1958
2218	3459615	1958
2219	3461573	1957
2220	3463530	1956
2221	3465486	1955
2222	3467441	1954
2223	3469395	1953
2224	3471348	1952
2225	3473300	1952
2226	3475252	1950
2227	3477202	1950
2228	3479152	1949
2229	3481101	1948
2230	3483049	1947
2231	3484996	1946
2232	3486942	1945
2233	3488887	1945
2234	3490832	1943
2235	3492775	1943
2236	3494718	1942
2237	3496660	1941
2238	3498601	1940
2239	3500541	1939
2240	3502480	1939
2241	3504419	1937
2242	3506356	1937
2243	3508293	1936
2244	3510229	1934
2245	3512163	1935
2246	3514098	1933
2247	3516031	1932
2248	3517963	1932
2249	3519895	1930
2250	3521825	

Nomb.	Logarithmes.	Différ.	Nomb.	Logarithmes.	Différ.	Nomb.	Logarithmes.	Différ.	Nomb.	Logarithmes.	Différ.	Nomb.	Logarithmes.	Différ.

Nomb.	Logarithmes.	Différ.	Nomb.	Logarithmes.	Différ.	Nomb.	Logarithmes.	Différ.	Nomb.	Logarithmes.	Différ.	Nomb.	Logarithmes.	Différ.
2250	3521825	1930	2300	3617278	1888	2350	3710679	1847	2400	3802112	1810	2450	3891661	1772
2251	3523755	1929	2301	3619166	1887	2351	3712526	1847	2401	3803922	1808	2451	3893433	1772
2252	3525684	1928	2302	3621053	1886	2352	3714373	1846	1402	3805730	1808	2452	3895205	1770
2253	3527612	1927	2303	3622939	1886	2353	3716219	1846	2403	3807538	1807	2453	3896975	1771
2254	3529539	1926	2304	3624825	1884	2354	3718065	1844	2404	3809345	1806	2454	3898746	1769
2255	3531465	1926	2305	3626709	1884	2355	3719909	1844	2405	3811151	1805	2455	3900515	1769
2256	3533391	1925	2306	3628593	1883	2356	3721753	1843	2406	3812956	1805	2456	3902284	1768
2257	3535316	1923	2307	3630476	1882	2357	3723596	1842	2407	3814761	1804	2457	3904052	1767
2258	3537239	1923	2308	3632358	1881	2358	3725438	1841	2408	3816565	1803	2458	3905819	1766
2259	3539162	1922	2309	3634239	1881	2359	3727279	1841	2409	3818368	1802	2459	3907585	1766
2260	3541084	1922	2310	3636120	1879	2360	3729120	1840	2410	3820170	1802	2460	3909351	1765
2261	3543006	1920	2311	3637999	1879	2361	3730960	1839	2411	3821972	1801	2461	3911116	1764
2262	3544926	1920	2312	3639878	1878	2362	3732799	1838	2412	3823773	1800	2462	3912880	1764
2263	3546846	1918	2313	3641756	1878	2363	3734637	1838	2413	3825573	1800	2463	3914644	1763
2264	3548764	1918	2314	3643634	1876	2364	3736475	1836	2414	3827373	1798	2464	3916407	1762
2265	3550682	1917	2315	3645510	1876	2365	3738311	1836	2415	3829171	1798	2465	3918169	1762
2266	3552599	1916	2316	3647386	1874	2366	3740147	1836	2416	3830969	1798	2466	3919931	1760
2267	3554515	1916	2317	3649260	1874	2367	3741983	1834	2417	3832767	1796	2467	3921691	1761
2268	3556431	1914	2318	3651134	1873	2368	3743817	1834	2418	3834563	1796	2468	3923452	1759
2269	3558345	1914	2319	3653007	1873	2369	3745651	1832	2419	3836359	1795	2469	3925211	1759
2270	3560259	1912	2320	3654880	1871	2370	3747483	1833	2420	3838154	1794	2470	3926970	1757
2271	3562171	1912	2321	3656751	1871	2371	3749316	1831	2421	3839948	1793	2471	3928727	1758
2272	3564083	1911	2322	3658622	1870	2372	3751147	1830	2422	3841741	1793	2472	3930485	2756
2273	3565994	1911	2323	3660492	1869	2373	3752977	1830	2423	3843534	1792	2473	3932241	1756
2274	3567905	1909	2324	3662361	1869	2374	3754807	1829	2424	3845326	1791	2474	3933997	1755
2275	3569814	1909	2325	3664230	1867	2375	3756636	1828	2425	3847117	1791	2475	3935752	1754
2276	3571723	1907	2326	3666097	1867	2376	3758464	1828	2426	3848908	1790	2476	3937506	1754
2277	3573630	1907	2327	3667964	1866	2377	3760292	1827	2427	3850698	1789	2477	3939260	1753
2278	3575537	1906	2328	3669830	1865	2378	3762119	1825	2428	3852487	1788	2478	3941013	1752
2279	3577443	1905	2329	3671695	1864	2379	3763944	1826	2429	3854275	1788	2479	3942765	1752
2280	3579348	1905	2330	3673559	1864	2380	3765770	1824	2430	3856063	1787	2480	3944517	1751
2281	3581253	1903	2331	3675423	1862	2381	3767594	1824	2431	3857850	1786	2481	3946268	1750
2282	3583156	1903	2332	3677285	1862	2382	3769418	1822	2432	3859636	1785	2482	3948018	1749
2283	3585059	1902	2333	3679147	1862	2383	3771240	1823	2433	3861421	1785	2483	3949767	1749
2284	3586961	1901	2334	3681009	1860	2384	3773063	1821	2434	3863206	1784	2484	3951516	1748
2285	3588862	1900	2335	3682869	1859	2385	3774884	1820	2435	3864990	1785	2485	3953264	1747
2286	3590762	1900	2336	3684728	1859	2386	3776704	1820	2436	3866775	1782	2486	3955011	1747
2287	3592662	1898	2337	3686587	1858	2387	3778524	1819	2437	3868555	1782	2487	3956758	1746
2288	3594560	1898	2338	3688445	1857	2388	3780343	1818	2438	3870337	1781	2488	3958504	1745
2289	3596458	1897	2339	3690302	1857	2389	3782161	1818	2439	3872118	1780	2489	3960249	1744
2290	3598355	1896	2340	3692159	1855	2390	3783979	1817	2440	3873898	1780	2490	3961993	1744
2291	3600251	1895	2341	3694014	1855	2391	3785796	1816	2441	3875678	1779	2491	3963737	1743
2292	3602146	1895	2342	3695869	1854	2392	3787612	1815	2442	3877457	1778	2492	3965480	1743
2293	3604041	1893	2343	3697723	1853	2393	3789427	1814	2443	3879235	1777	2493	3967223	1741
2294	3605934	1893	2344	3699576	1852	2394	3791241	1814	2444	3881012	1777	2494	3968964	1741
2295	3607827	1892	2345	3701428	1852	2395	3793055	1813	2445	3882789	1776	2495	3970705	1741
2296	3609719	1891	2346	3703280	1851	2396	3794868	1812	2446	3884565	1775	2496	3972446	1739
2297	3611610	1890	2347	3705131	1850	2397	3796680	1812	2447	3886340	1774	2497	3974185	1739
2298	3613500	1890	2348	3706981	1849	2398	3798492	1810	2448	3888114	1774	2498	3975924	1739
2299	3615390	1888	2349	3708830	1849	2399	3800302	1810	2449	3889888	1773	2499	3977663	1737
2300	3617278		2350	3710679		2400	3802112		2450	3891661		2500	3979400	
Nomb.	Logarithmes.	Différ.	Nomb.	Logarithmes.	Différ.	Nomb.	Logarithmes.	Différ.	Nomb.	Logarithmes.	Différ.	Nomb.	Logarithmes.	Différ.

Nomb.	Logarithmes.	Différ.	Nomb.	Logarithmes.	Différ.	Nomb.	Logarithmes.	Différ.	Nomb.	Logarithmes.	Différ.	Nomb.	Logarithmes.	Différ.
2500	3979400	1737	2550	4065402	1703	2600	4149733	1671	2650	4232459	1638	2700	4313638	1608
2501	3981137	1736	2551	4067105	1702	2601	4151404	1669	2651	4234097	1638	2701	4315246	1607
2502	3982873	1735	2552	4068807	1701	2602	4153073	1669	2652	4235735	1637	2702	4316853	1607
2503	3984608	1735	2553	4070508	1701	2603	4154742	1668	2653	4237372	1637	2703	4318460	1607
2504	3986343	1734	2554	4072209	1700	2604	4156410	1667	2654	4239009	1636	2704	4320067	1606
2505	3988077	1734	2555	4073909	1699	2605	4158077	1667	2655	4240645	1636	2705	4321673	1605
2506	3989811	1732	2556	4075608	1699	2606	4159744	1666	2656	4242281	1635	2706	4323278	1605
2507	3991543	1732	2557	4077307	1698	2607	4161410	1666	2657	4243916	1634	2707	4324883	1604
2508	3993275	1732	2558	4079005	1698	2608	4163076	1665	2658	4245550	1633	2708	4326487	1603
2509	3995007	1730	2559	4080703	1697	2609	4164741	1664	2659	4247183	1633	2709	4328090	1603
2510	3996737	1730	2560	4082400	1696	2610	4166405	1664	2660	4248816	1633	2710	4329693	1602
2511	3998467	1729	2561	4084096	1695	2611	4168069	1663	2661	4250449	1632	2711	4331295	1602
2512	4000196	1729	2562	4085791	1695	2612	4169732	1662	2662	4252081	1631	2712	4332897	1601
2513	4001925	1728	2563	4087486	1694	2613	4171394	1662	2663	4253712	1630	2713	4334498	1600
2514	4003653	1727	2564	4089180	1694	2614	4173056	1661	2664	4255342	1630	2714	4336098	1600
2515	4005380	1726	2565	4090874	1693	2615	4174717	1660	2665	4256972	1629	2715	4337698	1600
2516	4007106	1726	2566	4092567	1692	2616	4176377	1660	2666	4258601	1629	2716	4339298	1598
2517	4008832	1725	2567	4094259	1691	2617	4178037	1659	2667	4260230	1628	2717	4340896	1599
2518	4010557	1725	2568	4095950	1691	2618	4179696	1659	2668	4261858	1628	2718	4342495	1597
2519	4012282	1723	2569	4097641	1690	2619	4181355	1658	2669	4263486	1627	2719	4344092	1597
2520	4014005	1723	2570	4099331	1690	2620	4183013	1657	2670	4265113	1626	2720	4345689	1596
2521	4015728	1723	2571	4101021	1689	2621	4184670	1657	2671	4266739	1626	2721	4347285	1596
2522	4017451	1722	2572	4102710	1688	2622	4186327	1656	2672	4268365	1625	2722	4348881	1595
2523	4019173	1721	2573	4104398	1687	2623	4187983	1655	2673	4269990	1624	2723	4350476	1595
2524	4020894	1720	2574	4106085	1687	2624	4189638	1655	2674	4271614	1624	2724	4352071	1594
2525	4022614	1719	2575	4107772	1687	2625	4191293	1654	2675	4273238	1623	2725	4353665	1594
2526	4024333	1719	2576	4109459	1685	2626	4192947	1654	2676	4274861	1623	2726	4355259	1592
2527	4026052	1719	2577	4111144	1685	2627	4194601	1653	2677	4276484	1622	2727	4356851	1593
2528	4027771	1717	2578	4112829	1684	2628	4196254	1652	2678	4278106	1621	2728	4358444	1591
2529	4029488	1717	2579	4114513	1684	2629	4197906	1651	2679	4279727	1621	2729	4360035	1591
2530	4031205	1716	2580	4116197	1683	2630	4199557	1651	2680	4281348	1620	2730	4361626	1591
2531	4032921	1716	2581	4117880	1682	2631	4201208	1651	2681	4282968	1620	2731	4363217	1590
2532	4034637	1715	2582	4119562	1682	2632	4202859	1650	2682	4284588	1619	2732	4364807	1589
2533	4036352	1714	2583	4121244	1681	2633	4204509	1649	2683	4286207	1618	2733	4366396	1589
2534	4038066	1714	2584	4122925	1680	2634	4206158	1648	2684	4287825	1618	2734	4367985	1588
2535	4039780	1712	2585	4124605	1680	2635	4207806	1648	2685	4289443	1617	2735	4369573	1588
2536	4041492	1713	2586	4126285	1679	2636	4209454	1647	2686	4291060	1617	2736	4371161	1587
2537	4043205	1711	2587	4127964	1679	2637	4211101	1647	2687	4292677	1616	2737	4372748	1586
2538	4044916	1711	2588	4129643	1678	2638	4212748	1646	2688	4294293	1615	2738	4374334	1586
2539	4046627	1710	2589	4131321	1677	2639	4214394	1645	2689	4295908	1615	2739	4375920	1586
2540	4048337	1710	2590	4132998	1676	2640	4216039	1645	2690	4297523	1614	2740	4377506	1584
2541	4050047	1708	2591	4134674	1676	2641	4217684	1644	2691	4299137	1614	2741	4379090	1585
2542	4051755	1700	2592	4136350	1675	2642	4219328	1644	2692	4300751	1613	2742	4380675	1583
2543	4053464	1707	2593	4138025	1675	2643	4220972	1643	2693	4302364	1612	2743	4382258	1583
2544	4055171	1707	2594	4139700	1674	2644	4222615	1642	2694	4303976	1612	2744	4383841	1582
2545	4056878	1706	2595	4141374	1673	2645	4224257	1641	2695	4305588	1611	2745	4385423	1582
2546	4058584	1705	2596	4143047	1672	2646	4225898	1641	2696	4307199	1610	2746	4387005	1582
2547	4060289	1705	2597	4144719	1672	2647	4227539	1641	2697	4308809	1610	2747	4388587	1580
2548	4061994	1704	2598	4146391	1672	2648	4229180	1640	2698	4310419	1610	2748	4390167	1580
2549	4063698	1704	2599	4148063	1670	2649	4230820	1639	2699	4312029	1609	2749	4391747	1580
2550	4065402		2600	4149733		2650	4232459		2700	4313638		2750	4393327	
Nomb.	Logarithmes.	Différ.	Nomb.	Logarithmes.	Différ.	Nomb.	Logarithmes.	Différ.	Nomb.	Logarithmes.	Différ.	Nomb.	Logarithmes.	Différ.

Nomb.	Logarithmes.	Différ.	Nomb.	Logarithmes.	Différ.	Nomb.	Logarithmes.	Différ.	Nomb.	Logarithmes.	Différ.	Nomb.	Logarithmes.	Différ.
2750	4393327	1579	2800	4471580	1551	2850	4548449	1523	2900	4623980	1497	2950	4698220	1472
2751	4394906	1578	2801	4473131	1550	2851	4549972	1523	2901	4625477	1497	2951	4699692	1472
2752	4396484	1578	2802	4474681	1550	2852	4551495	1523	2902	4626974	1496	2952	4701164	1470
2753	4398062	1577	2803	4476231	1549	2853	4553018	1522	2903	4628470	1496	2953	4702634	1471
2754	4399639	1577	2804	4477780	1549	2854	4554540	1521	2904	4629966	1495	2954	4704105	1470
2755	4401216	1576	2805	4479329	1548	2855	4556061	1521	2905	4631461	1495	2955	4705575	1469
2756	4402792	1576	2806	4480877	1547	2856	4557582	1520	2906	4632956	1494	2956	4707044	1469
2757	4404368	1575	2807	4482424	1547	2857	4559102	1520	2907	4634450	1494	2957	4708513	1469
2758	4405943	1574	2808	4483971	1546	2858	4560622	1520	2908	4635944	1493	2958	4709982	1468
2759	4407517	1574	2809	4485517	1546	2859	4562142	1518	2909	4637437	1493	2959	4711450	1467
2760	4409091	1573	2810	4487063	1545	2860	4563660	1519	2910	4638930	1492	2960	4712917	1467
2761	4410664	1573	2811	4488608	1545	2861	4565179	1517	2911	4640422	1492	2961	4714384	1467
2762	4412237	1572	2812	4490153	1544	2862	4566696	1517	2912	4641914	1491	2962	4715851	1466
2763	4413809	1571	2813	4491697	1544	2863	4568213	1517	2913	4643405	1490	2963	4717317	1465
2764	4415380	1571	2814	4493241	1543	2864	4569730	1516	2914	4644895	1491	2964	4718782	1465
2765	4416951	1571	2815	4494784	1543	2865	4571246	1516	2915	4646386	1489	2965	4720247	1464
2766	4418522	1570	2816	4496327	1541	2866	4572762	1515	2916	4647875	1489	2966	4721711	1464
2767	4420092	1569	2817	4497868	1542	2867	4574277	1514	2917	4649364	1489	2967	4723175	1464
2768	4421661	1569	2818	4499410	1541	2868	4575791	1514	2918	4650853	1488	2968	4724639	1463
2769	4423230	1568	2819	4500951	1540	2869	4577305	1514	2919	4652341	1488	2969	4726102	1462
2770	4424798	1567	2820	4502491	1540	2870	4578819	1513	2920	4653829	1487	2970	4727564	1463
2771	4426365	1567	2821	4504031	1539	2871	4580332	1512	2921	4655316	1486	2971	4729027	1461
2772	4427932	1567	2822	4505570	1539	2872	4581844	1512	2922	4656802	1486	2972	4730488	1461
2773	4429499	1566	2823	4507109	1538	2873	4583356	1512	2923	4658288	1486	2973	4731949	1461
2774	4431065	1565	2824	4508647	1538	2874	4584868	1510	2924	4659774	1485	2974	4733410	1460
2775	4432630	1565	2825	4510185	1537	2875	4586378	1511	2925	4661259	1484	2975	4734870	1459
2776	4434195	1564	2826	4511722	1536	2876	4587889	1510	2926	4662743	1484	2976	4736329	1459
2777	4435759	1563	2827	4513258	1536	2877	4589399	1509	2927	4664227	1484	2977	4737788	1459
2778	4437322	1563	2828	4514794	1535	2878	4590908	1509	2928	4665711	1483	2978	4739247	1458
2779	4438885	1563	2829	4516329	1535	2879	4592417	1508	2929	4667194	1482	2979	4740705	1458
2780	4440448	1562	2830	4517864	1535	2880	4593925	1508	2930	4668676	1482	2980	4742163	1457
2781	4442010	1561	2831	4519399	1533	2881	4595433	1507	2931	4670158	1482	2981	4743620	1456
2782	4443571	1561	2832	4520932	1534	2882	4596940	1506	2932	4671640	1481	2982	4745076	1457
2783	4445132	1560	2833	4522466	1532	2883	4598446	1507	2933	4673121	1480	2983	4746533	1455
2784	4446692	1560	2834	4523998	1533	2884	4599953	1505	2934	4674601	1480	2984	4747988	1455
2785	4448252	1559	2835	4525531	1531	2885	4601458	1505	2935	4676081	1480	2985	4749443	1455
2786	4449811	1559	2836	4527062	1531	2886	4602963	1505	2936	4677561	1478	2986	4750898	1454
2787	4451370	1558	2837	4528593	1531	2887	4604468	1504	2937	4679039	1479	2987	4752352	1454
2788	4452928	1557	2838	4530124	1530	2888	4605972	1503	2938	4680518	1478	2988	4753806	1453
2789	4454485	1557	2839	4531654	1529	2889	4607475	1503	2939	4681996	1477	2989	4755259	1453
2790	4456042	1556	2840	4533183	1529	2890	4608978	1503	2940	4683473	1477	2990	4756712	1452
2791	4457598	1556	2841	4534712	1529	2891	4610481	1502	2941	4684950	1477	2991	4758164	1452
2792	4459154	1555	2842	4536241	1528	2892	4611983	1501	2942	4686427	1476	2992	4759616	1451
2793	4460709	1555	2843	4537769	1527	2893	4613484	1501	2943	4687903	1475	2993	4761067	1451
2794	4462264	1554	2844	4539296	1527	2894	4614985	1501	2944	4689378	1475	2994	4762518	1450
2795	4463818	1554	2845	4540823	1526	2895	4616486	1500	2945	4690853	1474	2995	4763968	1450
2796	4465372	1553	2846	4542349	1526	2896	4617986	1499	2946	4692327	1474	2996	4765418	1449
2797	4466925	1552	2847	4543875	1525	2897	4619485	1499	2947	4693801	1474	2997	4766867	1449
2798	4468477	1552	2848	4545400	1524	2898	4620984	1498	2948	4695275	1473	2998	4768316	1449
2799	4470029	1551	2849	4546924	1525	2899	4622482	1498	2949	4696748	1472	2999	4769765	1448
2800	4471580		2850	4548449		2900	4623980		2950	4698220		3000	4771213	

| Nomb. | Logarithmes. | Différ. | Nomb. | Logarithmes. | Différ. | Nomb. | Logarithmes. | Différ. | Nomb. | Logarithmes. | Différ. | Nomb. | Logarithmes. | Différ. |

Nomb.	Logarithmes.	Différ.	Nomb.	Logarithmes.	Différ.	Nomb.	Logarithmes.	Différ.	Nomb.	Logarithmes.	Différ.	Nomb.	Logarithmes.	Différ.
3000	4771213	1447	3050	4842998	1424	3100	4913617	1401	3150	4983106	1378	3200	5051500	1357
3001	4772660	1447	3051	4844422	1423	3101	4915018	1400	3151	4984484	1378	3201	5052857	1356
3002	4774107	1446	3052	4845845	1423	3102	4916418	1400	3152	4985862	1378	3202	5054213	1356
3003	4775553	1446	3053	4847268	1422	3103	4917818	1399	3153	4987240	1377	3203	5055569	1356
3004	4776999	1446	3054	4848690	1422	3104	4919217	1399	3154	4988617	1377	3204	5056925	1355
3005	4778445	1445	3055	4850112	1421	3105	4920616	1399	3155	4989994	1376	3205	5058280	1355
3006	4779890	1444	3056	4851533	1421	3106	4922015	1398	3156	4991370	1376	3206	5059635	1355
3007	4781334	1444	3057	4852954	1421	3107	4923413	1397	3157	4992746	1375	3207	5060990	1354
3008	4782778	1444	3058	4854375	1420	3108	4924810	1397	3158	4994121	1375	3208	5062344	1353
3009	4784222	1443	3059	4855795	1419	3109	4926207	1397	3159	4995496	1375	3209	5063697	1353
3010	4785665	1443	3060	4857214	1419	3110	4927604	1396	3160	4996871	1374	3210	5065050	1353
3011	4787108	1442	3061	4858633	1419	3111	4929000	1396	3161	4998245	1374	3211	5066403	1352
3012	4788550	1441	3062	4860052	1418	3112	4930396	1395	3162	4999619	1373	3212	5067755	1352
3013	4789991	1441	3063	4861470	1418	3113	4931791	1395	3163	5000992	1373	3213	5069107	1352
3014	4791432	1441	3064	4862888	1417	3114	4933186	1395	3164	5002365	1372	3214	5070459	1351
3015	4792873	1440	3065	4864305	1417	3115	4934581	1393	3165	5003737	1372	3215	5071810	1350
3016	4794313	1440	3066	4865722	1416	3116	4935974	1394	3166	5005109	1372	3216	5073160	1351
3017	4795753	1439	3067	4867138	1416	3117	4937368	1393	3167	5006481	1371	3217	5074511	1349
3018	4797192	1439	3068	4868554	1415	3118	4938761	1393	3168	5007852	1370	3218	5075860	1350
3019	4798631	1438	3069	4869969	1415	3119	4940154	1392	3169	5009222	1371	3219	5077210	1349
3020	4800069	1438	3070	4871384	1414	3120	4941546	1392	3170	5010593	1369	3220	5078559	1348
3021	4801507	1438	3071	4872798	1414	3121	4942938	1391	3171	5011962	1370	3221	5079907	1348
3022	4802945	1436	3072	4374212	1414	3122	4944329	1391	3172	5013332	1369	3222	5081255	1348
3023	4804381	1437	3073	4875626	1413	3123	4945720	1390	3173	5014701	1368	3223	5082603	1347
3024	4805818	1436	3074	4877039	1412	3124	4947110	1390	3174	5016069	1368	3224	5083950	1347
3025	4807254	1435	3075	4878451	1412	3125	4948500	1390	3175	5017437	1368	3225	5085297	1347
3026	4808689	1435	3076	4879863	1412	3126	4949890	1389	3176	5018805	1367	3226	5086644	1346
3027	4810124	1435	3077	4881275	1411	3127	4951279	1388	3177	5020172	1367	3227	5087990	1345
3028	4811559	1434	3078	4882686	1411	3128	4952667	1389	3178	5021539	1366	3228	5089335	1345
3029	4812993	1433	3079	4884097	1410	3129	4954056	1387	3179	5022905	1366	3229	5090680	1345
3030	4814426	1433	3080	4885507	1410	3130	4955443	1388	3180	5024271	1366	3230	5092025	1345
3031	4815859	1433	3081	4886917	1409	3131	4956831	1387	3181	5025637	1365	3231	5093370	1344
3032	4817292	1432	3082	4888326	1409	3132	4958218	1386	3182	5027002	1364	3232	5094714	1343
3033	4818724	1432	3083	4889735	1409	3133	4959604	1386	3183	5028366	1365	3233	5096057	1343
3034	4820156	1431	3084	4891144	1408	3134	4960990	1385	3184	5029731	1363	3234	5097400	1343
3035	4821587	1431	3085	4892552	1407	3135	4962375	1386	3185	5031094	1364	3235	5098743	1342
3036	4823018	1430	3086	4893959	1407	3136	4963761	1384	3186	5032458	1363	3236	5100085	1342
3037	4824448	1430	3087	4895366	1407	3137	4965145	1384	3187	5033821	1362	3237	5101427	1341
3038	4825878	1429	3088	4896773	1406	3138	4966529	1384	3188	5035183	1362	3238	5102768	1341
3039	4827307	1429	3089	4898179	1406	3139	4967913	1383	3189	5036545	1362	3239	5104109	1341
3040	4828736	1428	3090	4899585	1405	3140	4969296	1383	3190	5037907	1361	3240	5105450	1340
3041	4830164	1428	3091	4900990	1405	3141	4970679	1383	3191	5039268	1361	3241	5106790	1340
3042	4831592	1428	3092	4902395	1404	3142	4972062	1382	3192	5040629	1360	3242	5108130	1339
3043	4833020	1426	3093	4903799	1404	3143	4973444	1381	3193	5041989	1360	3243	5109469	1339
3044	4834446	1427	3094	4905203	1404	3144	4974825	1381	3194	5043349	1360	3244	5110808	1339
3045	4835873	1426	3095	4906607	1403	3145	4976206	1381	3195	5044709	1359	3245	5112147	1338
3046	4837299	1426	3096	4908010	1402	3146	4977587	1380	3196	5046068	1358	3246	5113485	1338
3047	4838725	1425	3097	4909412	1402	3147	4978967	1380	3197	5047426	1359	3247	5114823	1337
3048	4840150	1424	3098	4910814	1402	3148	4980347	1380	3198	5048785	1357	3248	5116160	1337
3049	4841574	1424	3099	4912216	1401	3149	4981727	1379	3199	5050142	1358	3249	5117497	1337
3050	4842998		3100	4913617		3150	4983106		3200	5051500		3250	5118834	
Nomb.	Logarithmes.	Différ.	Nomb.	Logarithmes.	Différ.	Nomb.	Logarithmes.	Différ.	Nomb.	Logarithmes.	Différ.	Nomb.	Logarithmes.	Différ.

Nomb.	Logarithmes.	Différ.	Nomb.	Logarithmes.	Différ.	Nomb.	Logarithmes.	Différ.	Nomb.	Logarithmes.	Différ.	Nomb.	Logarithmes.	Différ.
3250	5118834	1336	3300	5185139	1316	3350	5250448	1296	3400	5314789	1277	3450	5378191	1259
3251	5120170	1335	3301	5186455	1316	3351	5251744	1296	3401	5316066	1277	3451	5379450	1258
3252	5121505	1336	3302	5187771	1315	3352	5253040	1296	3402	5317343	1276	3452	5380708	1258
3253	5122841	1334	3303	5189086	1314	3353	5254336	1295	3403	5318619	1277	3453	5381966	1257
3254	5124175	1335	3304	5190400	1315	3354	5255631	1294	3404	5319896	1275	3454	5383223	1258
3255	5125510	1334	3305	5191715	1313	3355	5256925	1295	3405	5321171	1275	3455	5384481	1256
3256	5126844	1334	3306	5193028	1314	3356	5258220	1293	3406	5322446	1275	3456	5385737	1257
3257	5128178	1333	3307	5194342	1313	3357	5259513	1294	3407	5323721	1275	3457	5386994	1256
3258	5129511	1333	3308	5195655	1313	3358	5260807	1293	3408	5324996	1274	3458	5388250	1256
3259	5130844	1332	3309	5196968	1312	3359	5262100	1293	3409	5326270	1274	3459	5389506	1255
3260	5132176	1332	3310	5198280	1312	3360	5263393	1292	3410	5327544	1273	3460	5390761	1255
3261	5133508	1332	3311	5199592	1311	3361	5264685	1292	3411	5328817	1273	3461	5392016	1255
3262	5134840	1331	3312	5200903	1311	3362	5265977	1292	3412	5330090	1273	3462	5393271	1254
3263	5136171	1331	3313	5202214	1311	3363	5267269	1291	3413	5331363	1272	3463	5394525	1254
3264	5137502	1330	3314	5203525	1310	3364	5268560	1291	3414	5332635	1272	3464	5395779	1253
3265	5138832	1330	3315	5204835	1310	3365	5269851	1290	3415	5333907	1272	3465	5397032	1254
3266	5140162	1329	3316	5206145	1310	3366	5271141	1290	3416	5335179	1271	3466	5398286	1252
3267	5141491	1329	3317	5207455	1309	3367	5272431	1290	3417	5336450	1271	3467	5399538	1253
3268	5142820	1329	3318	5208764	1309	3368	5273721	1289	3418	5337721	1270	3468	5400791	1252
3269	5144149	1329	3319	5210073	1308	3369	5275010	1289	3419	5338991	1270	3469	5402043	1252
3270	5145478	1327	3320	5211381	1308	3370	5276299	1289	3420	5340261	1270	3470	5403295	1251
3271	5146805	1328	3321	5212689	1307	3371	5277588	1288	3421	5341531	1269	3471	5404546	1251
3272	5148133	1327	3322	5213996	1307	3372	5278876	1287	3422	5342800	1269	3472	5405797	1251
3273	5149460	1327	3323	5215303	1307	3373	5280163	1288	3423	5344069	1269	3473	5407048	1250
3274	5150787	1326	3324	5216610	1306	3374	5281451	1287	3424	5345338	1268	3474	5408298	1250
3275	5152113	1326	3325	5217916	1306	3375	5282738	1286	3425	5346606	1268	3475	5409548	1250
3276	5153439	1325	3326	5219222	1306	3376	5284024	1287	3426	5347874	1267	3476	5410798	1249
3277	5154764	1325	3327	5220528	1305	3377	5285311	1285	3427	5349141	1267	3477	5412047	1249
3278	5156089	1325	3328	5221833	1305	3378	5286596	1286	3428	5350408	1267	3478	5413296	1248
3279	5157414	1324	3329	5223138	1304	3379	5287882	1285	3429	5351675	1266	3479	5414544	1248
3280	5158738	1324	3330	5224442	1304	3380	5289167	1285	3430	5352941	1266	3480	5415792	1248
3281	5160062	1324	3331	5225746	1304	3381	5290452	1284	3431	5354207	1266	3481	5417040	1248
3282	5161386	1323	3332	5227050	1303	3382	5291736	1284	3432	5355473	1265	3482	5418288	1247
3283	5162709	1322	3333	5228353	1303	3383	5293020	1284	3433	5356738	1265	3483	5419535	1246
3284	5164031	1323	3334	5229656	1302	3384	5294304	1283	3434	5358003	1264	3484	5420781	1247
3285	5165354	1322	3335	5230958	1302	3385	5295587	1283	3435	5359267	1265	3485	5422028	1246
3286	5166676	1321	3336	5232260	1302	3386	5296870	1282	3436	5360532	1263	3486	5423274	1245
3287	5167997	1321	3337	5233562	1301	3387	5298152	1282	3437	5361795	1264	3487	5424519	1246
3288	5169318	1321	3338	5234863	1301	3388	5299434	1282	3438	5363059	1263	3488	5425765	1245
3289	5170639	1320	3339	5236164	1301	3389	5300716	1281	3439	5364322	1262	3489	5427010	1244
3290	5171959	1320	3340	5237465	1300	3390	5301997	1281	3440	5365584	1263	3490	5428254	1244
3291	5173279	1319	3341	5238765	1299	3391	5303278	1280	3441	5366847	1262	3491	5429498	1244
3292	5174598	1319	3342	5240064	1300	3392	5304558	1281	3442	5368109	1261	3492	5430742	1244
3293	5175917	1319	3343	5241364	1299	3393	5305839	1279	3443	5369370	1261	3493	5431986	1243
3294	5177236	1318	3344	5242663	1298	3394	5307118	1280	3444	5370631	1261	3494	5433229	1243
3295	5178554	1318	3345	5243961	1298	3395	5308398	1279	3445	5371892	1261	3495	5434472	1242
3296	5179872	1317	3346	5245259	1298	3396	5309677	1278	3446	5373153	1260	3496	5435714	1242
3297	5181189	1318	3347	5246557	1297	3397	5310955	1279	3447	5374413	1260	3497	5436956	1242
3298	5182507	1316	3348	5247854	1297	3398	5312234	1278	3448	5375673	1259	3498	5438198	1241
3299	5183823	1316	3349	5249151	1297	3399	5313512	1277	3449	5376932	1259	3499	5439439	1241
3300	5185139		3350	5250448		3400	5314789		3450	5378191		3500	5440680	
Nomb.	Logarithmes.	Différ.	Nomb.	Logarithmes.	Différ.	Nomb.	Logarithmes.	Différ.	Nomb.	Logarithmes.	Différ.	Nomb.	Logarithmes.	Différ.

Nomb.	Logarithmes.	Différ.	Nomb.	Logarithmes.	Différ.	Nomb.	Logarithmes.	Différ.	Nomb.	Logarithmes.	Différ.	Nomb.	Logarithmes.	Différ.
3500	5440680	1241	3550	5502284	1223	3600	5563025	1206	3650	5622929	1189	3700	5682017	1174
3501	5441921	1240	3551	5503507	1223	3601	5564231	1206	3651	5624118	1190	3701	5683191	1173
3502	5443161	1240	3552	5504730	1222	3602	5565437	1206	3652	5625308	1189	3702	5684364	1173
3503	5444401	1240	3553	5505952	1222	3603	5566643	1205	3653	5626497	1188	3703	5685537	1173
3504	5445641	1239	3554	5507174	1222	3604	5567848	1205	3654	5627685	1189	3704	5686710	1172
3505	5446880	1239	3555	5508396	1222	3605	5569053	1204	3655	5628874	1188	3705	5687882	1172
3506	5448119	1239	3556	5509618	1221	3606	5570257	1204	3656	5630062	1188	3706	5689054	1172
3507	5449358	1238	3557	55.0839	1220	3607	5571461	1204	3657	5631250	1187	3707	5690226	1171
3508	5450596	1238	3558	5512059	1221	3608	5572665	1204	3658	5632437	1187	3708	5691397	1171
3509	5451834	1237	3559	5513280	1220	3609	5573869	1203	3659	5633624	1187	3709	5692568	1171
3510	5453071	1237	3560	5514500	1220	3610	5575072	1203	3660	5634811	1186	3710	5693739	1171
3511	5454308	1237	3561	5515720	1219	3611	5576275	1202	3661	5635997	1186	3711	5694910	1170
3512	5455545	1236	3562	5516939	1219	3612	5577477	1203	3662	5637183	1186	3712	5696080	1169
3513	5456781	1237	3563	5518158	1219	3613	5578680	1201	3663	5638369	1186	3713	5697249	1170
3514	5458018	1235	3564	5519377	1218	3614	5579881	1202	3664	5639555	1185	3714	5698419	1169
3515	5459253	1236	3565	5520595	1218	3615	5581083	1201	3665	5640740	1185	3715	5699588	1169
3516	5460489	1235	3566	5521813	1218	3616	5582284	1201	3666	5641925	1184	3716	5700757	1169
3517	5461724	1234	3567	5523031	1217	3617	5583485	1201	3667	5643109	1184	3717	5701926	1168
3518	5462958	1235	3568	5524248	1217	3618	5584686	1200	3668	5644293	1184	3718	5703094	1168
3519	5464193	1234	3569	5525465	1217	3619	5585886	1200	3669	5645477	1184	3719	5704262	1167
3520	5465427	1233	3570	5526682	1217	3620	5587086	1199	3670	5646661	1183	3720	5705429	1168
3521	5466660	1234	3571	5527899	1216	3621	5588285	1199	3671	5647844	1183	3721	5706597	1167
3522	5467894	1232	3572	5529115	1215	3622	5589484	1199	3672	5649027	1182	3722	5707764	1166
3523	5469126	1233	3573	5530330	1215	3623	5590683	1199	3673	5650209	1183	3723	5708930	1167
3524	5470359	1232	3574	5531545	1215	3624	5591882	1198	3674	5651392	1181	3724	5710097	1166
3525	5471591	1232	3575	5532760	1215	3625	5593080	1198	3675	5652573	1182	3725	5711263	1166
3526	5472823	1232	3576	5533975	1214	3626	5594278	1198	3676	5653755	1181	3726	5712429	1165
3527	5474055	1231	3577	5535189	1214	3627	5595476	1197	3677	5654936	1181	3727	5713594	1165
3528	5475286	1231	3578	5536403	1214	3628	5596673	1197	3678	5656117	1181	3728	5714759	1165
3529	5476517	1230	3579	5537617	1213	3629	5597870	1196	3679	5657298	1180	3729	5715924	1164
3530	5477747	1230	3580	5538830	1213	3630	5599066	1196	3680	5658478	1180	3730	5717088	1164
3531	5478977	1230	3581	5540043	1213	3631	5600262	1196	3681	5659658	1180	3731	5718252	1164
3532	5480207	1229	3582	5541256	1212	3632	5601458	1196	3682	5660838	1179	3732	5719416	1164
3533	5481436	1229	3583	5542468	1212	3633	5602654	1195	3683	5662017	1179	3733	5720580	1163
3534	5482665	1229	3584	5543680	1212	3634	5603849	1195	3684	5663196	1179	3734	5721743	1163
3535	5483894	1229	3585	5544892	1211	3635	5605044	1195	3685	5664375	1178	3735	5722906	1163
3536	5485123	1228	3586	5546103	1211	3636	5606239	1194	3686	5665553	1178	3736	5724069	1162
3537	5486351	1227	3587	5547314	1210	3637	5607433	1194	3687	5666731	1178	3737	5725231	1162
3538	5487578	1228	3588	5548524	1211	3638	5608627	1194	3688	5667909	1178	3738	5726393	1162
3539	5488806	1227	3589	5549735	1209	3639	5609821	1193	3689	5669087	1177	3739	5727555	1161
3540	5490033	1226	3590	5550944	1210	3640	5611014	1193	3690	5670264	1176	3740	5728716	1161
3541	5491259	1227	3591	5552154	1209	3641	5612207	1192	3691	5671440	1177	3741	5729877	1161
3542	5492486	1226	3592	5553363	1209	3642	5613399	1193	3692	5672617	1176	3742	5731038	1160
3543	5493712	1225	3593	5554572	1209	3643	5614592	1192	3693	5673793	1176	3743	5732198	1160
3544	5494937	1225	3594	5555781	1208	3644	5615784	1191	3694	5674969	1175	3744	5733358	1160
3545	5496162	1225	3595	5556989	1208	3645	5616975	1192	3695	5676144	1176	3745	5734518	1160
3546	5497387	1225	3596	5558197	1207	3646	5618167	1191	3696	5677320	1175	3746	5735678	1159
3547	5498612	1224	3597	5559404	1208	3647	5619358	1190	3697	5678495	1174	3747	5736837	1159
3548	5499836	1224	3598	5560612	1206	3648	5620548	1191	3698	5679669	1174	3748	5737996	1158
3549	5501060	1224	3599	5561818	1207	3649	5621739	1190	3699	5680843	1174	3749	5739154	1159
3550	5502284		3600	5563025		3650	5622929		3700	5682017		3750	5740313	
Nomb.	Logarithmes.	Différ.	Nomb.	Logarithmes.	Différ.	Nomb.	Logarithmes.	Différ.	Nomb.	Logarithmes.	Différ.	Nomb.	Logarithmes.	Différ.

Nomb.	Logarithmes.	Différ.	Nomb.	Logarithmes.	Différ.	Nomb.	Logarithmes.	Différ.	Nomb.	Logarithmes.	Différ.	Nomb.	Logarithmes.	Différ.
3750	5740313	1158	3800	5797836	1143	3850	5854607	1128	3900	5910646	1114	3950	5965971	1099
3751	5741471	1157	3801	5798979	1142	3851	5855735	1128	3901	5911760	1113	3951	5967070	1099
3752	5742628	1158	3802	5800121	1142	3852	5856863	1127	3902	5912873	1113	3952	5968169	1099
3753	5743786	1157	3803	5801263	1142	3853	5857990	1127	3903	5913986	1112	3953	5969268	1099
3754	5744943	1156	3804	5802405	1142	3854	5859117	1127	3904	5915098	1112	3954	5970367	1098
3755	5746099	1157	3805	5803547	1141	3855	5860244	1126	3905	5916210	1112	3955	5971465	1098
3756	5747256	1156	3806	5804688	1141	3856	5861370	1126	3906	5917322	1112	3956	5972563	1098
3757	5748412	1156	3807	5805829	1140	3857	5862496	1126	3907	5918434	1112	3957	5973661	1097
3758	5749568	1155	3808	5806969	1141	3858	5863622	1126	3908	5919546	1111	3958	5974758	1097
3759	5750723	1155	3809	5808110	1140	3859	5864748	1125	3909	5920657	1111	3959	5975855	1097
3760	5751878	1155	3810	5809250	1139	3860	5865873	1125	3910	5921768	1110	3960	5976952	1096
3761	5753033	1155	3811	5810389	1140	3861	5866998	1125	3911	5922878	1110	3961	5978048	1097
3762	5754188	1154	3812	5811529	1139	3862	5868123	1124	3912	5923988	1110	3962	5979145	1096
3763	5755342	1154	3813	5812668	1139	3863	5869247	1124	3913	5925098	1110	3963	5980241	1095
3764	5756496	1154	3814	5813807	1138	3864	5870371	1124	3914	5926208	1110	3964	5981336	1096
3765	5757650	1153	3815	5814945	1139	3865	5871495	1123	3915	5927318	1109	3965	5982432	1095
3766	5758803	1153	3816	5816084	1138	3866	5872618	1124	3916	5928427	1109	3966	5983527	1095
3767	5759956	1153	3817	5817222	1137	3867	5873742	1123	3917	5929536	1108	3967	5984622	1095
3768	5761109	1152	3818	5818359	1138	3868	5874865	1122	3918	5930644	1109	3968	5985717	1094
3769	5762261	1153	3819	5819497	1137	3869	5875987	1123	3919	5931753	1108	3969	5986811	1094
3770	5763414	1151	3820	5820634	1136	3870	5877110	1122	3920	5932861	1107	3970	5987905	1094
3771	5764565	1152	3821	5821770	1137	3871	5878232	1121	3921	5933968	1108	3971	5988999	1093
3772	5765717	1151	3822	5822907	1136	3872	5879353	1122	3922	5935076	1107	3972	5990092	1094
3773	5766868	1151	3823	5824043	1136	3873	5880475	1121	3923	5936183	1107	3973	5991186	1093
3774	5768019	1151	3824	5825179	1135	3874	5881596	1121	3924	5937290	1107	3974	5992279	1092
3775	5769170	1150	3825	5826314	1136	3875	5882717	1121	3925	5938397	1106	3975	5993371	1093
3776	5770320	1150	3826	5827450	1135	3876	5883838	1120	3926	5939503	1106	3976	5994464	1092
3777	5771470	1150	3827	5828585	1134	3877	5884958	1120	3927	5940609	1106	3977	5995556	1092
3778	5772620	1149	3828	5829719	1135	3878	5886078	1120	3928	5941715	1105	3978	5996648	1091
3779	5773769	1149	3829	5830854	1134	3879	5887198	1119	3929	5942820	1106	3979	5997739	1092
3780	5774918	1149	3830	5831988	1134	3880	5888317	1119	3930	5943926	1104	3980	5998831	1091
3781	5776067	1148	3831	5833122	1133	3881	5889436	1119	3931	5945030	1105	3981	5999922	1091
3782	5777215	1148	3832	5834255	1133	3882	5890555	1119	3932	5946135	1104	3982	6001013	1090
3783	5778363	1148	3833	5835388	1133	3883	5891674	1118	3933	5947239	1105	3983	6002103	1090
3784	5779511	1148	3834	5836521	1133	3884	5892792	1118	3934	5948344	1103	3984	6003193	1090
3785	5780659	1147	3835	5837654	1132	3885	5893910	1118	3935	5949447	1104	3985	6004283	1090
3786	5781806	1147	3836	5838786	1132	3886	5895028	1117	3936	5950551	1103	3986	6005373	1089
3787	5782953	1147	3837	5839918	1132	3887	5896145	1118	3937	5951654	1103	3987	6006462	1089
3788	5784100	1146	3838	5841050	1131	3888	5897263	1116	3938	5952757	1103	3988	6007551	1089
3789	5785246	1146	3839	5842181	1131	3889	5898379	1117	3939	5953860	1102	3989	6008640	1089
3790	5786392	1146	3840	5843312	1131	3890	5899496	1116	3940	5954962	1102	3990	6009729	1088
3791	5787538	1145	3841	5844443	1131	3891	5900612	1116	3941	5956064	1102	3991	6010817	1088
3792	5788683	1145	3842	5845574	1130	3892	5901728	1116	3942	5957166	1102	3992	6011905	1088
3793	5789828	1145	3843	5846704	1130	3893	5902844	1115	3943	5958268	1101	3993	6012993	1088
3794	5790973	1145	3844	5847834	1129	3894	5903959	1116	3944	5959369	1101	3994	6014081	1087
3795	5792118	1144	3845	5848963	1130	3895	5905075	1114	3945	5960470	1101	3995	6015168	1087
3796	5793262	1144	3846	5850093	1129	3896	5906189	1115	3946	5961571	1100	3996	6016255	1086
3797	5794406	1144	3847	5851222	1129	3897	5907304	1114	3947	5962671	1100	3997	6017341	1087
3798	5795550	1143	3848	5852351	1128	3898	5908418	1114	3948	5963771	1100	3998	6018428	1086
3799	5796693	1143	3849	5853479	1128	3899	5909532	1114	3949	5964871	1100	3999	6019514	1086
3800	5797836		3850	5854607		3900	5910646		3950	5965971		4000	6020600	
Nomb.	Logarithmes.	Différ.	Nomb.	Logarithmes.	Différ.	Nomb.	Logarithmes.	Différ.	Nomb.	Logarithmes.	Différ.	Nomb.	Logarithmes.	Différ.

Nomb.	Logarithmes.	Différ.	Nomb.	Logarithmes.	Différ.	Nomb.	Logarithmes.	Différ.	Nomb.	Logarithmes.	Différ.	Nomb.	Logarithmes.	Différ.
4000	6020600	1086	4050	6074550	1072	4100	6127839	1059	4150	6180481	1046	4200	6232493	1034
4001	6021686	1085	4051	6075622	1072	4101	6128898	1059	4151	6181527	1046	4201	6233527	1033
4002	6022771	1085	4052	6076694	1072	4102	6129957	1058	4152	6182573	1046	4202	6234560	1034
4003	6023856	1085	4053	6077766	1071	4103	6131015	1059	4153	6183619	1046	4203	6235594	1033
4004	6024941	1084	4054	6078837	1072	4104	6132074	1058	4154	6184665	1045	4204	6236627	1033
4005	6026025	1084	4055	6079909	1070	4105	6133132	1057	4155	6185710	1045	4205	6237660	1033
4006	6027109	1084	4056	6080979	1071	4106	6134189	1058	4156	6186755	1045	4206	6238693	1032
4007	6028193	1084	4057	6082050	1070	4107	6135247	1057	4157	6187800	1045	4207	6239725	1032
4008	6029277	1084	4058	6083120	1071	4108	6136304	1057	4158	6188845	1044	4208	6240757	1032
4009	6030361	1083	4059	6084191	1069	4109	6137361	1057	4159	6189889	1044	4209	6241789	1032
4010	6031444	1083	4060	6085260	1070	4110	6138418	1057	4160	6190933	1044	4210	6242821	1031
4011	6032527	1082	4061	6086330	1069	4111	6139475	1056	4161	6191977	1044	4211	6243852	1032
4012	6033609	1083	4062	6087399	1069	4112	6140531	1056	4162	6193021	1043	4212	6244884	1031
4013	6034692	1082	4063	6088468	1069	4113	6141587	1056	4163	6194064	1043	4213	6245915	1030
4014	6035774	1081	4064	6089537	1068	4114	6142643	1055	4164	6195107	1043	4214	6246945	1031
4015	6036855	1082	4065	6090605	1069	4115	6143698	1056	4165	6196150	1043	4215	6247976	1030
4016	6037937	1081	4066	6091674	1068	4116	6144754	1055	4166	6197193	1042	4216	6249006	1030
4017	6039018	1081	4067	6092742	1067	4117	6145809	1054	4167	6198235	1042	4217	6250036	1030
4018	6040099	1081	4068	6093809	1068	4118	6146863	1055	4168	6199277	1042	4218	6251066	1029
4019	6041180	1081	4069	6094877	1067	4119	6147918	1054	4169	6200319	1042	4219	6252095	1030
4020	6042261	1080	4070	6095944	1067	4120	6148972	1054	4170	6201361	1041	4220	6253125	1029
4021	6043341	1080	4071	6097011	1067	4121	6150026	1054	4171	6202402	1041	4221	6254154	1028
4022	6044421	1079	4072	6098078	1066	4122	6151080	1053	4172	6203443	1041	4222	6255182	1029
4023	6045500	1080	4073	6099144	1066	4123	6152133	1054	4173	6204484	1040	4223	6256211	1028
4024	6046580	1079	4074	6100210	1066	4124	6153187	1053	4174	6205524	1041	4224	6257239	1028
4025	6047659	1079	4075	6101276	1066	4125	6154240	1052	4175	6206565	1040	4225	6258267	1028
4026	6048738	1078	4076	6102342	1065	4126	6155292	1053	4176	6207605	1040	4226	6259295	1027
4027	6049816	1079	4077	6103407	1065	4127	6156345	1052	4177	6208645	1039	4227	6260322	1028
4028	6050895	1078	4078	6104472	1065	4128	6157397	1052	4178	6209684	1040	4228	6261350	1027
4029	6051973	1077	4079	6105537	1065	4129	6158449	1052	4179	6210724	1039	4229	6262377	1027
4030	6053050	1078	4080	6106602	1064	4130	6159501	1051	4180	6211763	1039	4230	6263404	1026
4031	6054128	1077	4081	6107666	1064	4131	6160552	1051	4181	6212802	1038	4231	6264430	1027
4032	6055205	1077	4082	6108730	1064	4132	6161603	1051	4182	6213840	1039	4232	6265457	1026
4033	6056282	1077	4083	6109794	1063	4133	6162654	1051	4183	6214879	1038	4233	6266483	1026
4034	6057359	1076	4084	6110857	1064	4134	6163705	1050	4184	6215917	1038	4234	6267509	1025
4035	6058435	1077	4085	6111921	1063	4135	6164755	1050	4185	6216955	1037	4235	6268534	1026
4036	6059512	1075	4086	6112984	1062	4136	6165805	1050	4186	6217992	1038	4236	6269560	1025
4037	6060587	1076	4087	6114046	1063	4137	6166855	1050	4187	6219030	1037	4237	6270585	1025
4038	6061663	1076	4088	6115109	1062	4138	6167905	1049	4188	6220067	1037	4238	6271610	1024
4039	6062739	1075	4089	6116171	1062	4139	6168954	1049	4189	6221104	1036	4239	6272634	1025
4040	6063814	1075	4090	6117233	1062	4140	6170003	1049	4190	6222140	1037	4240	6273659	1024
4041	6064889	1074	4091	6118295	1061	4141	6171052	1049	4191	6223177	1036	4241	6274683	1024
4042	6065963	1074	4092	6119356	1061	4142	6172101	1048	4192	6224213	1036	4242	6275707	1023
4043	6067037	1074	4093	6120417	1061	4143	6173149	1048	4193	6225249	1035	4243	6276730	1024
4044	6068111	1074	4094	6121478	1061	4144	6174197	1048	4194	6226284	1036	4244	6277754	1023
4045	6069185	1074	4095	6122539	1060	4145	6175245	1048	4195	6227320	1035	4245	6278777	1023
4046	6070259	1073	4096	6123599	1061	4146	6176293	1047	4196	6228355	1035	4246	6279800	1023
4047	6071332	1073	4097	6124660	1060	4147	6177340	1047	4197	6229390	1034	4247	6280823	1022
4048	6072405	1073	4098	6125720	1059	4148	6178387	1047	4198	6230424	1035	4248	6281845	1022
4049	6073478	1072	4099	6126779	1060	4149	6179434	1047	4199	6231459	1034	4249	6282867	1022
4050	6074550		4100	6127839		4150	6180481		4200	6232493		4250	6283889	
Nomb.	Logarithmes.	Différ.	Nomb.	Logarithmes.	Différ.	Nomb.	Logarithmes.	Différ.	Nomb.	Logarithmes.	Différ.	Nomb.	Logarithmes.	Différ.

Nomb.	Logarithmes.	Différ.	Nomb.	Logarithmes.	Différ.	Nomb.	Logarithmes.	Différ.	Nomb.	Logarithmes.	Différ.	Nomb.	Logarithmes.	Différ.
4250	6283889	1022	4300	6334685	1009	4350	6384893	998	4400	6434527	987	4450	6483600	976
4251	6284911	1022	4301	6335694	1010	4351	6385891	998	4401	6435514	986	4451	6484576	976
4252	6285933	1021	4302	6336704	1009	4352	6386889	998	4402	6436500	987	4452	6485552	975
4253	6286954	1021	4303	6337713	1010	4353	6387887	997	4403	6437487	986	4453	6486527	975
4254	6287975	1021	4304	6338723	1009	4354	6388884	998	4404	6438473	986	4454	6487502	975
4255	6288996	1020	4305	6339732	1008	4355	6389882	997	4405	6439459	986	4455	6488477	975
4256	6290016	1021	4306	6340740	1009	4356	6390879	997	4406	6440445	986	4456	6489452	974
4257	6291037	1020	4307	6341749	1008	4357	6391876	966	4407	6441431	985	4457	6490426	975
4258	6292057	1019	4308	6342757	1008	4358	6392872	997	4408	6442416	985	4458	6491401	974
4259	6293076	1020	4309	6343765	1008	4359	6393869	996	4409	6443401	985	4459	6492575	974
4260	6294096	1019	4310	6344773	1007	4360	6394865	996	4410	6444386	985	4460	6493349	973
4261	6295115	1019	4311	6345780	1008	4361	6395861	996	4411	6445371	984	4461	6494322	974
4262	6296134	1019	4312	6346788	1007	4362	6396857	995	4412	6446355	984	4462	6495296	973
4263	6297153	1019	4313	6347793	1006	4363	6397852	995	4413	6447339	984	4463	6496269	973
4264	6298172	1018	4314	6348801	1007	4364	6398847	995	4414	6448323	984	4464	6497242	973
4265	6299190	1019	4315	6349808	1006	4365	6399842	995	4415	6449307	984	4465	6498215	972
4266	6300209	1017	4316	6350814	1006	4366	6400837	995	4416	6450291	983	4466	6499187	973
4267	6301226	1018	4317	6351820	1006	4367	6401832	994	4417	6451274	983	4467	6500160	972
4268	6302244	1018	4318	6352826	1006	4368	6402826	994	4418	6452257	983	4468	6501132	972
4269	6303262	1017	4319	6353832	1005	4369	6403820	994	4419	6453240	983	4469	6502104	971
4270	6304279	1017	4320	6354837	1006	4370	6404814	994	4420	6454223	982	4470	6503075	972
4271	6305296	1016	4321	6355845	1005	4371	6405808	994	4421	6455205	982	4471	6504047	971
4272	6306312	1017	4322	6356848	1004	4372	6406802	993	4422	6456187	982	4472	6505018	971
4273	6307329	1016	4323	6357852	1005	4373	6407795	993	4423	6457169	982	4473	6505989	971
4274	6308345	1016	4324	6358857	1004	4374	6408788	993	4424	6458151	982	4474	6506960	970
4275	6309361	1016	4325	6359861	1004	4375	6409781	992	4425	6459133	981	4475	6507930	971
4276	6310377	1016	4326	6360865	1004	4376	6410775	992	4426	6460114	981	4476	6508901	970
4277	6311393	1015	4327	6361869	1004	4377	6411765	993	4427	6461095	981	4477	6509871	970
4278	6312408	1015	4328	6362873	1003	4378	6412758	991	4428	6462076	981	4478	6510841	970
4279	6313423	1015	4329	6363876	1003	4379	6413749	992	4429	6463057	980	4479	6511811	969
4280	6314438	1014	4330	6364879	1003	4380	6414741	992	4430	6464037	981	4480	6512780	969
4281	6315452	1015	4331	6365882	1002	4381	6415733	991	4431	6465018	980	4481	6513749	970
4282	6316467	1014	4332	6366884	1003	4382	6416724	991	4432	6465998	979	4482	6514719	968
4283	6317481	1014	4333	6367887	1002	4383	6417715	990	4433	6466977	980	4483	6515687	969
4284	6318495	1013	4334	6368889	1002	4384	6418705	991	4434	6467957	979	4484	6516656	968
4285	6319508	1014	4335	6369891	1002	4385	6419696	990	4435	6468936	979	4485	6517624	969
4286	6320522	1013	4336	6370893	1001	4386	6420686	990	4436	6469915	979	4486	6518593	968
4287	6321535	1013	4337	6371894	1001	4387	6421676	990	4437	6470894	979	4487	6519561	967
4288	6322548	1012	4338	6372895	1002	4388	6422666	990	4438	6471873	978	4488	6520528	968
4289	6323560	1013	4339	6373897	1000	4389	6423656	989	4439	6472851	979	4489	6521496	967
4290	6324573	1012	4340	6374897	1001	4390	6424645	989	4440	6473830	978	4490	6522463	968
4291	6325585	1012	4341	6375898	1000	4391	6425634	989	4441	6474808	978	4491	6523431	966
4292	6326597	1012	4342	6376898	1000	4392	6426623	989	4442	6475786	977	4492	6524397	967
4293	6327609	1011	4343	6377898	1000	4393	6427612	989	4443	6476763	978	4493	6525364	967
4294	6328620	1012	4344	6378898	1000	4394	6428601	988	4444	6477741	977	4494	6526331	966
4295	6329632	1011	4345	6379898	999	4395	6429589	988	4445	6478718	977	4495	6527297	966
4296	6330643	1011	4346	6380897	999	4396	6430577	988	4446	6479695	976	4496	6528263	966
4297	6331654	1010	4347	6381896	999	4397	6431565	987	4447	6480671	977	4497	6529229	966
4298	6332664	1010	4348	6382895	999	4398	6432552	988	4448	6481648	976	4498	6530195	965
4299	6333674	1011	4349	6383894	999	4399	6433540	987	4449	6482624	976	4499	6531160	965
4300	6334685		4350	6384893		4400	6434527		4450	6483600		4500	6532125	
Nomb.	Logarithmes.	Différ.	Nomb.	Logarithmes.	Différ.	Nomb.	Logarithmes.	Différ.	Nomb.	Logarithmes.	Différ.	Nomb.	Logarithmes.	Différ.

Nomb.	Logarithmes.	Différ.	Nomb.	Logarithmes.	Différ.	Nomb.	Logarithmes.	Différ.	Nomb.	Logarithmes.	Différ.	Nomb.	Logarithmes.	Différ.
4500	6532125	965	4550	6580116	954	4600	6627578	944	4650	6674530	935	4700	6720979	924
4501	6533090	965	4551	6581068	955	4601	6628522	944	4651	6675465	934	4701	6721903	923
4502	6534055	964	4552	6582023	954	4602	6629466	944	4652	6676397	934	4702	6722826	924
4503	6535019	965	4553	6582977	953	4603	6630410	943	4653	6677331	933	4703	6723750	923
4504	6433984	964	4554	6583930	954	4604	6631353	943	4654	6678264	933	4704	6724673	923
4505	6536948	964	4555	6584884	953	4605	6632296	943	4655	6679197	933	4705	6725596	923
4506	6537912	964	4556	6585837	953	4606	6633239	943	4656	6680130	932	4706	6726519	923
4507	6538876	963	4557	6586790	953	4607	6634182	943	4657	6681062	933	4707	6727442	923
4508	6539839	963	4558	6587743	953	4608	6635125	942	4658	6681995	932	4708	6728365	922
4509	6440802	963	4559	6588696	952	4609	6636067	942	4659	6682927	932	4709	6720287	922
4510	·6241765	963	4560	6589648	953	4610	6637009	942	4660	6683859	932	4710	6730209	922
4511	6442728	963	4561	6590601	952	4611	6637951	942	4661	6684791	932	4711	6731131	922
4512	6543691	962	4562	6591553	952	4612	6638893	942	4662	6685723	931	4712	6732053	921
4513	6544653	963	4563	6592505	951	4613	6639835	941	4663	6686654	931	4713	6732974	922
4514	6545616	962	4564	6593456	952	4614	6640776	941	4664	6687585	931	4714	6733896	921
4515	6546578	961	4565	6594408	951	4615	6641717	941	4665	6688516	931	4715	6734817	921
4516	6547539	962	4566	6595359	951	4616	6642658	941	4666	6689447	931	4716	6735738	921
4517	6548501	961	4567	6596310	951	4617	6643509	940	4667	6690378	930	4717	6736659	920
4518	6549462	961	4568	6597261	951	4619	6644539	941	4668	6691308	931	4718	6737579	921
4519	6550423	961	4569	6598212	950	4619	6645480	940	4669	6692239	930	4719	6738500	920
4520	6551384	961	4570	6599162	950	4620	6646421	940	4670	6693169	930	4720	5739420	920
4521	6552345	961	4571	6600112	9:0	4621	6647361	939	4671	6694099	929	4721	6740340	920
4522	6553306	960	4572	6601062	950	4622	6648299	940	4672	6695028	930	4722	6741260	919
4523	6554266	960	4573	6602012	950	4623	6649239	939	4673	6695958	929	4723	6742179	920
4524	6555226	960	4574	6602962	949	4624	6650178	939	4674	6696887	929	4724	6743099	919
4525	6556186	959	4575	6603911	949	4625	6651117	939	4675	6697816	929	4725	6744018	919
4526	6557145	960	4576	6604860	949	4626	6652056	939	4676	6698745	929	4726	6744937	919
4527	6458105	959	4577	6605809	949	4627	6652995	939	4677	6699674	928	4727	6745856	919
4528	6559064	959	4578	6606758	948	4628	6653934	938	4678	6700602	928	4728	6746775	918
4529	6560023	959	4579	6607706	949	4628	6654872	938	4679	6701530	929	4729	6747693	918
4530	6560982	959	4580	6608655	948	4630	6655810	938	4680	6702459	927	4730	6748611	918
4531	6561041	958	4581	6609603	948	4631	6656748	938	4681	6703386	928	4731	6749529	918
4532	6562899	958	4582	6610551	948	4632	6657686	937	4682	6704314	928	4732	6750447	918
4533	6563857	958	4583	6611499	947	4633	6658623	937	4683	6705242	927	4733	6751365	918
4534	6564815	958	4584	6612446	947	4634	6659560	937	4684	6706169	927	4734	6752283	917
4535	6565773	957	4585	6613393	948	4635	6660497	937	4685	6707096	927	4735	6753200	917
4536	6566730	958	4586	6614341	946	4636	6661434	937	4686	6708023	927	4736	6754117	917
4537	6567688	957	4587	6615287	947	4637	6662371	936	4687	6708950	926	4737	6755034	917
4538	6568645	957	4588	6616234	947	4638	6663307	937	4688	6709876	926	4738	6755951	916
4539	6569602	957	4589	6617181	946	4639	6664244	936	4689	6710802	926	4739	6756867	916
4540	6570559	956	4590	6618127	946	4640	6665180	936	4690	6711728	926	4740	6757783	917
4541	6571515	956	4591	6619073	946	4641	6666116	935	4691	6712654	926	4741	6758700	915
4542	6572471	956	4592	6620019	945	4642	6667051	936	4692	6713580	926	4742	6759615	916
4543	6573427	956	4593	6620964	946	4643	6667987	935	4693	6714506	925	4743	6760531	916
4544	6574383	956	4594	6621910	945	4644	6668922	935	4694	6715431	925	4744	6761447	915
4545	6575339	955	4595	6622855	945	4645	6669857	935	4695	6716356	925	4745	6762362	915
4546	6576294	956	4596	6623800	945	4646	6670792	935	4696	6717281	925	4746	6763277	915
4547	6577250	955	4597	6624745	945	4647	6671727	934	4697	6718206	924	4747	6764192	915
4548	6578205	954	4598	6625690	944	4648	6672661	934	4698	6719130	924	4748	6765107	915
4549	6579159	955	4599	6626634	944	4649	6673595	935	4699	6720054	925	4749	6766022	914
4550	6580114		4600	6627578		4650	6674530		4700	6720979		4750	6766936	
Nomb.	Logarithmes.	Différ.	Nomb.	Logarithmes.	Différ.	Nomb.	Logarithmes.	Différ.	Nomb.	Logarithmes.	Différ.	Nomb.	Logarithmes.	Différ.

Nomb.	Logarithmes.	Differ.	Nomb.	Logarithmes.	Differ.	Nomb.	Logarithmes.	Differ.	Nomb.	Logarithmes.	Differ.	Nomb.	Logarithmes.	Differ.
4750	6766936	914	4800	6812412	905	4850	6857417	896	4900	6901961	886	4950	6946052	877
4751	6767850	914	4801	6813317	905	4851	6858313	895	4901	6902847	886	4951	6946929	877
4752	6768764	914	4802	6814222	904	4852	6859208	895	4902	6903733	886	4952	6947806	877
4753	6769678	914	4803	6815126	904	4853	6860103	895	4903	6904619	886	4953	6948683	877
4754	6770592	913	4804	6816030	904	4854	6860998	894	4904	6905505	885	4954	6949560	877
4755	6771505	913	4805	6816934	904	4855	6861892	895	4905	6906390	885	4955	6950437	876
4756	6772418	914	4806	6817838	903	4856	6862787	894	4906	6907275	886	4956	6951313	876
4757	6773332	912	4807	6818741	904	4857	6863681	894	4907	6908161	885	4957	6952189	876
4758	6774244	913	4808	6819645	903	4858	6864575	894	4908	6909046	884	4958	6953065	876
4759	6775157	913	4809	6820548	903	4859	6865469	894	4909	6909930	885	4959	6953941	876
4760	6776070	912	4810	6821451	903	4860	6866363	893	4910	6910815	884	4960	6954817	875
4761	6776982	912	4811	6822354	902	4861	6867256	894	4911	6911699	885	4961	6955692	876
4762	6777894	912	4812	6823256	903	4862	6868150	893	4912	6912584	884	4962	6956568	875
4763	6778806	912	4813	6824159	902	4863	6869043	893	4913	6913468	884	4963	6957443	875
4764	6779718	911	4814	6825061	902	4864	6869936	892	4914	6914352	883	4964	6958318	875
4765	6780629	911	4815	6825963	902	4865	6870828	893	4915	6915235	884	4965	6959193	874
4766	6781540	912	4816	6826865	901	4866	6871721	892	4916	6916119	883	4966	6960067	875
4767	6782452	910	4817	6827766	902	4867	6872613	893	4917	6917002	883	4967	6960942	874
4768	6783362	911	4818	6828668	901	4868	6873506	892	4918	6917885	883	4968	6961816	874
4769	6784273	911	4819	6829569	901	4869	6874398	892	4919	6918768	883	4969	6962690	874
4770	6785184	910	4820	6830470	901	4870	6875290	891	4920	6919651	883	4970	6963564	874
4771	6786094	910	4821	6831371	901	4871	6876181	892	4921	6920534	882	4971	6964438	873
4772	6787004	910	4822	6832272	901	4872	6877073	891	4922	6921416	882	4972	6965311	874
4773	6787914	910	4823	6833173	900	4873	6877964	891	4923	6922298	882	4973	6966185	873
4774	6788824	910	4824	6834073	900	4874	6878855	891	4924	6923180	882	4974	6967058	873
4775	6789734	909	4825	6834973	900	4875	6879746	891	4925	6924062	882	4975	6967931	873
4776	6790643	909	4826	6835873	900	4876	6880637	891	4926	6924944	882	4976	6968804	872
4777	6791552	909	4827	6836773	900	4877	6881528	890	4927	6925826	881	4977	6969676	873
4778	6792461	909	4828	6837673	899	4878	6882418	890	4928	6926707	881	4978	6970549	872
4779	6793370	909	4829	6838572	899	4879	6883308	890	4929	6927588	881	4979	6971421	872
4780	6794279	908	4830	6839471	899	4880	6884198	890	4930	6928469	881	4980	6972293	872
4781	6795187	909	4831	6840370	899	4881	6885088	890	4931	6929350	881	4981	6973165	872
4782	6796096	908	4832	6841269	899	4882	6885978	889	4932	6930231	880	4982	6974037	872
4783	6797004	908	4833	6842168	898	4883	6886867	890	4933	6931111	880	4983	6974909	871
4784	6797912	907	4834	6843066	899	4884	6887757	889	4934	6931991	881	4984	6975780	872
4785	6798819	908	4835	6843965	898	4885	6888646	889	4935	6932872	880	4985	6976652	871
4786	6799727	907	4836	6844863	898	4886	6889535	888	4936	6933752	879	4986	6977523	871
4787	6800634	907	4837	6845761	898	4887	6890423	889	4937	6934631	880	4987	6978394	870
4788	6801541	907	4838	6846659	897	4888	6891312	888	4938	6935511	879	4988	6979264	871
4789	6802448	907	4839	6847556	898	4889	6892200	889	4939	6936390	879	4989	6980135	870
4790	6803355	907	4840	6848454	897	4890	6893089	888	4940	6937269	880	4990	6981005	871
4791	6804262	906	4841	6849351	897	4891	6893977	887	4941	6938149	878	4991	6981876	870
4792	6805168	906	4842	6850248	897	4892	6894864	888	4942	6939027	879	4992	6982746	870
4793	6806074	906	4843	6851145	896	4893	6895752	888	4943	6939906	879	4993	6983616	869
4794	6806980	906	4844	6852041	897	4894	6896640	887	4944	6940785	878	4994	6984485	870
4795	6807886	906	4845	6852938	896	4895	6897527	887	4945	6941663	878	4995	6985355	869
4796	6808792	905	4846	6853834	896	4896	6898414	887	4946	6942541	878	4996	6986224	869
4797	6809697	905	4847	6854730	896	4897	6899301	887	4947	6943419	878	4997	6987093	870
4798	6810602	905	4848	6855626	896	4898	6900188	886	4948	6944297	878	4998	6987963	868
4799	6811507	905	4849	6856522	895	4899	6901074	887	4949	6945175	877	4999	6988831	869
4800	6812412		4850	6857417		4900	6901961		4950	6946052		5000	6989700	
Nomb.	Logarithmes.	Differ.	Nomb.	Logarithmes.	Differ.	Nomb.	Logarithmes.	Differ.	Nomb.	Logarithmes.	Differ.	Nomb.	Logarithmes.	Differ.

Nomb.	Logarithmes.	Differ.	Nomb.	Logarithmes.	Differ.	Nomb.	Logarithmes.	Differ.	Nomb.	Logarithmes.	Differ.	Nomb.	Logarithmes.	Differ.
5000	6989700	869	5050	7032914	860	5100	7075702	851	5150	7118072	843	5200	7160033	836
5001	6990569	868	5051	7033774	859	5101	7076553	852	5151	7118915	843	5201	7160869	834
5002	6991437	868	5052	7034633	860	5102	7077405	851	5152	7119759	842	5202	7161703	835
5003	6992305	868	5053	7035493	859	5103	7078256	851	5153	7120601	843	5203	7162538	835
5004	6993173	868	5054	7036352	860	5104	7079107	850	5154	7121444	843	5204	7163373	834
5005	6994041	867	5055	7037212	859	5105	7079957	851	5155	7122287	842	5205	7164207	835
5006	6994908	868	5056	7038071	859	5106	7080808	851	5156	7123129	842	5206	7165042	834
5007	6995776	867	5057	7038930	858	5107	7081659	850	5157	7123971	842	5207	7165876	834
5008	6996643	867	5058	7039788	859	5108	7082509	850	5158	7124813	842	5208	7166710	834
5009	6997510	867	5059	7040647	858	5109	7083359	850	5159	7125655	842	5209	7167544	833
5010	6998377	867	5060	7041505	858	5110	7084209	850	5160	7126497	842	5210	7168377	834
5011	6999244	867	5061	7042363	858	5111	7085059	849	5161	7127339	841	5211	7169211	833
5012	7000111	866	5062	7043221	858	5112	7085908	850	5162	7128180	841	5212	7170044	833
5013	7000977	866	5063	7044079	858	5113	7086758	849	5163	7129021	841	5213	7170877	833
5014	7001843	866	5064	7044937	857	5114	7087607	849	5164	7129862	841	5214	7171710	833
5015	7002709	866	5065	7045794	858	5115	7088456	849	5165	7130703	841	5215	7172543	833
5016	7003575	866	5066	7046652	857	5116	7089305	849	5166	7131544	841	5216	7173376	832
5017	7004441	866	5067	7047509	857	5117	7090154	849	5167	7132385	840	5217	7174208	833
5018	7005307	865	5068	7048366	857	5118	7091003	848	5168	7133225	840	5218	7175041	832
5019	7006172	865	5069	7049223	857	5119	7091851	849	5169	7134065	840	5219	7175873	832
5020	7007037	865	5070	7050080	856	5120	7092700	848	5170	7134905	840	5220	7176705	832
5021	7007902	865	5071	7050936	856	5121	7093548	848	5171	7135745	840	5221	7177537	832
5022	7008767	865	5072	7051792	857	5122	7094396	848	5172	7136585	840	5222	7178369	831
5023	7009632	864	5073	7052649	856	5123	7095244	847	5173	7137425	839	5223	7179200	832
5024	7010496	865	5074	7053505	855	5124	7096091	848	5174	7138264	840	5224	7180032	831
5025	7011361	864	5075	7054360	856	5125	7096939	847	5175	7139104	839	5225	7180863	831
5026	7012225	864	5076	7055216	856	5126	7097786	847	5176	7139943	839	5226	7181694	831
5027	7013089	864	5077	7056072	855	5127	7098633	847	5177	7140782	838	5227	7182525	831
5028	7013953	863	5078	7056927	855	5128	7099480	847	5178	7141620	839	5228	7183356	830
5029	7014816	864	5079	7057782	855	5129	7100327	847	5179	7142459	839	5229	7184186	831
5030	7015680	863	5080	7058637	855	5130	7101174	846	5180	7143298	838	5230	7185017	830
5031	7016543	863	5081	7059492	855	5131	7102020	846	5181	7144136	838	5231	7185847	830
5032	7017406	863	5082	7060347	854	5132	7102866	847	5182	7144974	838	5232	7186677	830
5033	7018269	863	5083	7061201	854	5133	7103713	846	5183	7145812	838	5233	7187507	830
5034	7019132	863	5084	7062055	855	5134	7104559	845	5184	7146650	838	5234	7188337	830
5035	7019995	862	5085	7062910	854	5135	7105404	846	5185	7147488	837	5235	7189167	829
5036	7020857	863	5086	7063764	853	5136	7106250	846	5186	7148325	837	5236	7189996	830
5037	7021720	862	5087	7064617	854	5137	7107096	845	5187	7149162	838	5237	7190826	829
5038	7022582	862	5088	7065471	854	5138	7107941	845	5188	7150000	837	5238	7191655	829
5039	7023444	861	5089	7066325	853	5139	7108786	845	5189	7150837	837	5239	7192484	829
5040	7024305	862	5090	7067178	853	5140	7109631	845	5190	7151674	836	5240	7193313	829
5041	7025167	861	5091	7068031	853	5141	7110476	845	5191	7152510	837	5241	7194142	828
5042	7026028	862	5092	7068884	853	5142	7111321	844	5192	7153347	836	5242	7194970	829
5043	7026890	861	5093	7069737	852	5143	7112165	845	5193	7154183	836	5243	7195799	828
5044	7027751	861	5094	7070589	853	5144	7113010	844	5194	7155019	837	5244	7196627	828
5045	7028612	860	5095	7071442	852	5145	7113854	844	5195	7155856	835	5245	7197455	828
5046	7029472	861	5096	7072294	852	5146	7114698	844	5196	7156691	836	5246	7198283	828
5047	7030333	860	5097	7073146	852	5147	7115542	843	5197	7157527	836	5247	7199111	827
5048	7031193	861	5098	7073998	852	5148	7116385	844	5198	7158363	835	5248	7199938	828
5049	7032054	860	5099	7074850	852	5149	7117229	843	5199	7159198	835	5249	7200766	827
5050	7032914		5100	7075702		5150	7118072		5200	7160033		5250	7201593	
Nomb.	Logarithmes.	Differ.	Nomb.	Logarithmes.	Differ.	Nomb.	Logarithmes.	Differ.	Nomb.	Logarithmes.	Differ.	Nomb.	Logarithmes.	Differ.

Nomb.	Logarithmes.	Differ.	Nomb.	Logarithmes.	Differ.	Nomb.	Logarithmes.	Differ.	Nomb.	Logarithmes.	Differ.	Nomb.	Logarithmes.	Differ.
5250	7201593	827	5300	7242759	819	5350	7283538	812	5400	7323938	804	5450	7363965	797
5251	7202420	827	5301	7243578	819	5351	7284350	811	5401	7324742	804	5451	7364762	796
5252	7203247	827	5302	7244397	819	5352	7285161	811	5402	7325546	804	5452	7365558	797
5253	7204074	827	5303	7245216	819	5353	7285972	812	5403	7326350	803	5453	7366355	796
5254	7204901	826	5304	7246035	819	5354	7286784	811	5404	7327153	804	5454	7367151	797
5255	7205727	827	5305	7246854	818	5355	7287595	811	5405	7327957	803	5455	7367948	796
5256	7206554	826	5306	7247672	819	5356	7288406	810	5406	7328760	804	5456	7368744	796
5257	7207380	826	5307	7248491	818	5357	7289216	811	5407	7329564	803	5457	7369540	795
5258	7208206	826	5308	7249309	818	5358	7290027	811	5408	7330367	803	5458	7370335	796
5259	7209032	825	5309	7250127	818	5359	7290838	810	5409	7331170	803	5459	7371131	795
5260	7209857	826	5310	7250945	818	5360	7291648	810	5410	7331973	802	5460	7371926	796
5261	7210683	825	5311	7251763	818	5361	7292458	810	5411	7332775	803	5461	7372722	795
5262	7211508	826	5312	7252581	817	5362	7293268	810	5412	7333578	802	5462	7373517	795
5263	7212334	825	5313	7253398	818	5363	7294078	810	5413	7334380	803	5463	7374312	795
5264	7213159	825	5314	7254216	817	5364	7294888	809	5414	7335183	802	5464	7375107	795
5265	7213984	825	5315	7255033	817	5365	7295697	810	5415	7335985	802	5465	7375902	794
5266	7214809	824	5316	7255850	817	5366	7296507	809	5416	7336787	801	5466	7376696	795
5267	7215633	825	5317	7256667	816	5367	7297316	809	5417	7337588	802	5467	7377491	794
5268	7216458	824	5318	7257483	817	5368	7298125	809	5418	7338390	802	5468	7378285	794
5269	7217282	824	5319	7258300	816	5369	7298934	809	5419	7339192	801	5469	7379079	794
5270	7218106	824	5320	7259116	817	5370	7299743	809	5420	7339993	801	5470	7379873	794
5271	7218930	824	5321	7259933	816	5371	7300552	808	5421	7340794	801	5471	7380667	794
5272	7219754	824	5322	7260749	816	5372	7301360	808	5422	7341595	801	5472	7381461	793
5273	7220578	823	5323	7261565	815	5373	7302168	809	5423	7342396	801	5473	7382254	794
5274	7221401	824	5324	7262380	816	5374	7302977	808	5424	7343197	800	5474	7383048	793
5275	7222225	823	5325	7263196	816	5375	7303785	808	5425	7343997	801	5475	7383841	793
5276	7223048	823	5326	7264012	815	5376	7304593	807	5426	7344798	800	5476	7384634	793
5277	7223871	823	5327	7264827	815	5377	7305400	808	5427	7345598	800	5477	7385427	793
5278	7224694	823	5328	7265642	815	5378	7306208	807	5428	7346398	800	5478	7386220	793
5279	7225517	822	5329	7266457	815	5379	6307015	808	5429	7347198	800	5479	7387013	793
5280	7226339	823	5330	7267272	815	5380	7307823	807	5430	7347998	800	5480	7387806	792
5281	7227162	822	5331	7268087	814	5381	7308630	807	5431	7348798	800	5481	7388598	792
5282	7227984	822	5332	7268901	815	5382	7309437	807	5432	7349598	799	5482	7389390	792
5283	7228806	822	5333	7269716	814	5383	7310244	807	5433	7350397	799	5483	7390182	792
5284	7229628	822	5334	7270530	814	5384	7311051	806	5434	7351196	799	5484	7390974	792
5285	7230450	822	5335	7271344	814	5385	7311857	806	5435	7351995	799	5485	7391766	792
5286	7231272	821	5336	7272158	814	5386	7312663	807	5436	7352794	799	5486	7392558	792
5287	7232093	821	5337	7272972	814	5387	7313470	806	5437	7353593	799	5487	7393350	791
5288	7232914	822	5338	7273786	813	5388	7314276	806	5438	7354392	799	5488	7394141	791
5289	7233736	821	5339	7274599	814	5389	7315082	806	5439	7355191	798	5489	7394932	791
5290	7234557	821	5340	7275413	813	5390	7315888	805	5440	7355989	798	5490	7395723	791
5291	7235378	820	5341	7276226	813	5391	7316693	806	5441	7356787	798	5491	7396514	791
5292	7236198	821	5342	7277039	813	5392	7317499	805	5442	7357585	798	5492	7397305	791
5293	7237019	820	5343	7277852	812	5393	7318304	805	5443	7358383	798	5493	7398096	791
5294	7237839	821	5344	7278664	813	5394	7319109	805	5444	7359181	798	5494	7398887	790
5295	7238660	820	5345	7279477	813	5395	7319914	805	5445	7359979	797	5495	7399677	790
5296	7239480	820	5346	7280290	812	5396	7320719	805	5446	7360776	798	5496	7400467	790
5297	7240300	820	5347	7281102	812	5397	7321524	805	5447	7361574	797	5497	7401257	790
5298	7241120	819	5348	7281914	812	5398	7322329	804	5448	7362371	797	5498	7402047	790
5299	7241939	820	5349	7282726	812	5399	7323133	805	5449	7363168	797	5499	7402837	790
5300	7242759		5350	7283538		5400	7323938		5450	7363965		5500	7403627	
Nomb.	Logarithmes.	Differ.	Nomb.	Logarithmes.	Differ.	Nomb.	Logarithmes.	Differ.	Nomb.	Logarithmes.	Differ.	Nomb.	Logarithmes.	Differ.

Nomb.	Logarithmes.	Differ.	Nomb.	Logarithmes.	Differ.	Nomb.	Logarithmes.	Differ.	Nomb.	Logarithmes.	Differ.	Nomb.	Logarithmes.	Differ.
5500	7403627	789	5550	7442930	782	5600	7481880	776	5650	7520484	769	5700	7558749	761
5501	7404416	790	5551	7443712	783	5601	7482656	775	5651	7521253	769	5701	7559510	762
5502	7405206	789	5552	7444495	782	5602	7483431	775	5652	7522022	768	5702	7560272	762
5503	7405995	789	5553	7445277	782	5603	7484206	775	5653	7522790	768	5703	7561034	761
5504	7406784	789	5554	7446059	782	5604	7484981	775	5654	7523558	768	5704	7561795	761
5505	7407573	789	5555	7446841	781	5605	7485756	775	5655	7524326	768	5705	7562556	762
5506	7408362	789	5556	7447622	782	5606	7486531	775	5656	7525094	768	5706	7563318	761
5507	7409151	788	5557	7448404	781	5607	7487306	774	5657	7525862	767	5707	7564079	761
5508	7409939	789	5558	7449185	782	5608	7488080	774	5658	7526629	768	5708	7564840	760
5509	7410728	788	5559	7449967	781	5609	7488854	775	5659	7527397	767	5709	7565600	761
5510	7411516	788	5560	7450748	781	5610	7489629	774	5660	7528164	768	5710	7566361	761
5511	7412304	788	5561	7451529	781	5611	7490403	774	5661	7528932	767	5711	7567122	760
5512	7413092	788	5562	7452310	781	5612	7491177	773	5662	7529699	767	5712	7567882	760
5513	7413880	788	5563	7453091	780	5613	7491950	774	5663	7530466	766	5713	7568642	760
5514	7414668	787	5564	7453871	781	5614	7492724	774	5664	7531232	767	5714	7569402	760
5515	7415455	788	5565	7454652	780	5615	7493498	773	5665	7531999	767	5715	7570162	760
5516	7416243	787	5566	7455432	780	5616	7494271	773	5666	7532766	766	5716	7570922	760
5517	7417030	787	5567	7456212	780	5617	7495044	773	5667	7533532	766	5717	7571682	760
5518	7417817	787	5568	7456992	780	5618	7495817	773	5668	7534298	767	5718	7572442	759
5519	7418604	787	5569	7457772	780	5619	7496590	775	5669	7535065	766	5719	7573201	759
5520	7419391	786	5570	7458552	780	5620	7497365	773	5670	7535831	765	5720	7573960	759
5521	7420177	787	5571	7459332	779	5621	7498136	772	5671	7536596	766	5721	7574719	760
5522	7420964	786	5572	7460111	779	5622	7498908	773	5672	7537362	766	5722	7575479	758
5523	7421750	787	5573	7460890	780	5623	7499681	772	5673	7538128	765	5723	7576237	759
5524	7422537	786	5574	7461670	779	5624	7500453	772	5674	7538893	766	5724	7576996	759
5525	7423323	786	5575	7462449	779	5625	7501225	772	5675	7539659	765	5725	7577755	758
5526	7424109	786	5576	7463228	778	5626	7501997	772	5676	7540424	765	5726	7578513	759
5527	7424895	785	5577	7464006	779	5627	7502769	772	5677	7541189	765	5727	7579272	758
5528	7425680	786	5578	7464785	779	5628	7503541	771	5678	7541954	765	5728	7580030	758
5529	7426466	785	5579	7465564	778	5629	7504312	772	5679	7542719	764	5729	7580788	758
5530	7427251	786	5580	7466342	778	5630	7505084	771	5680	7543483	765	5730	7581546	758
5531	7428037	785	5581	7467120	778	5631	7505855	771	5681	7544248	764	5731	7582304	758
5532	7428822	785	5582	7467898	778	5632	7506626	772	5682	7545012	765	5732	7583062	757
5533	7429607	785	5583	7468676	778	5633	7507398	770	5683	7545777	764	5733	7583819	758
5534	7430392	784	5584	7469454	778	5634	7508168	771	5684	7546541	764	5734	7584577	757
5535	7431176	785	5585	7470232	777	5635	7508939	771	5685	7547305	764	5735	7585334	757
5536	7431961	784	5586	7471009	778	5636	7509710	770	5686	7548069	763	5736	7586091	757
5537	7432745	785	5587	7471787	777	5637	7510480	771	5687	7548832	764	5737	7586848	757
5538	7433530	784	5588	7472564	777	5638	7511251	770	5688	7549596	763	5738	7587605	757
5539	7434314	784	5589	7473341	777	5639	7512021	770	5689	7550359	766	5739	7588362	757
5540	7435098	784	5590	7474118	777	5640	7512791	770	5690	7551123	761	5740	7589119	756
5541	7435882	783	5591	7474895	777	5641	7513561	770	5691	7551886	763	5741	7589875	757
5542	7436665	784	5592	7475672	776	5642	7514331	770	5692	7552649	763	5742	7590632	756
5543	7437449	783	5593	7476448	777	5643	7515101	769	5693	7553412	763	5743	7591388	756
5544	7438232	784	5594	7477225	776	5644	7515870	769	5694	7554175	762	5744	7592144	756
5545	7439016	783	5595	7478001	776	5645	7516639	770	5695	7554937	763	5745	7592900	756
5546	7439799	783	5596	7478777	776	5646	7517409	769	5696	7555700	762	5746	7593656	756
5547	7440582	783	5597	7479553	776	5647	7518178	769	5697	7556462	762	5747	7594412	756
5548	7441365	782	5598	7480329	776	5648	7518947	769	5698	7557224	763	5748	7595168	755
5549	7442147	783	5599	7481105	775	5649	7519716	768	5699	7557987	762	5749	7595923	755
5550	7442930		5600	7481880		5650	7520484		5700	7558749		5750	7596678	
Nomb.	Logarithmes.	Differ.	Nomb.	Logarithmes.	Differ.	Nomb.	Logarithmes.	Differ.	Nomb.	Logarithmes.	Differ.	Nomb.	Logarithmes.	Differ.

Nomb.	Logarithmes.	Differ.	Nomb.	Logarithmes.	Differ.	Nomb.	Logarithmes.	Differ.	Nomb.	Logarithmes.	Differ.	Nomb.	Logarithmes.	Differ.
5750	7596678	756	5800	7634280	749	5850	7671559	742	5900	7708520	736	5950	7745170	730
5751	7597434	755	5801	7635029	748	5851	7672301	742	5901	7709256	736	5951	7745900	729
5752	7598189	755	5802	7635777	749	5852	7673043	742	5902	7709992	736	5952	7746629	730
5753	7598944	755	5803	7636526	748	5853	7673785	742	5903	7710728	735	5953	7747359	729
5754	7599699	754	5804	7637274	748	5854	7674527	742	5904	7711463	736	5954	7748088	730
5755	7600453	755	5805	7638022	748	5855	7675269	742	5905	7712199	735	5955	7748818	729
5756	7601208	754	5806	7638770	748	5856	7676011	741	5906	7712934	736	5956	7749547	729
5757	7601962	755	5807	7639518	748	5857	7676752	742	5907	7713670	735	5957	7750276	729
5758	7602717	754	5808	7640266	748	5858	7677494	741	5908	7714405	735	5958	7751005	729
5759	7603471	754	5809	7641014	747	5859	7678235	741	5909	7715140	735	5959	7751734	729
5760	7604225	754	5810	7641761	748	5860	7678976	741	5910	7715875	735	5960	7752463	728
5761	7604979	754	5811	7642509	747	5861	7679717	741	5911	7716610	734	5961	7753191	729
5762	7605733	753	5812	7643256	747	5862	7680458	741	5912	7717344	735	5962	7753920	728
5763	7606486	754	5813	7644003	747	5863	7681199	741	5913	7718079	734	5963	7754648	728
5764	7607240	753	5814	7644750	747	5864	7681940	740	5914	7718813	734	5964	7755376	728
5765	7607993	753	5815	7645497	747	5865	7682680	741	5915	7719547	735	5965	7756104	728
5766	7608746	754	5816	7646244	747	5866	7683421	740	5916	7720282	734	5966	7756832	728
5767	7609500	753	5817	7646991	746	5867	7684161	740	5917	7721016	734	5967	7757560	728
5768	7610253	752	5818	7647737	747	5868	7684901	740	5918	7721750	733	5968	7758288	728
5769	7611005	753	5819	7648484	746	5869	7685641	740	5919	7722483	734	5969	7759016	727
5770	7611758	753	5820	7649230	746	5870	7686381	740	5920	7723217	734	5970	7750743	728
5771	7612511	752	5821	7649976	746	5871	7687121	739	5921	7723951	733	5971	7760471	727
5772	7613263	753	5822	7650722	746	5872	7687860	740	5922	7724684	733	5972	7761198	727
5773	7614016	752	5823	7651468	746	5873	7688600	739	5923	7725417	733	5973	7761925	727
5774	7614768	752	5824	7652214	745	5874	7689339	740	5924	7726150	734	5974	7762652	727
5775	7615520	752	5825	7652959	746	5875	7690079	739	5925	7726884	732	5975	7763379	727
5776	7616272	752	5826	7653705	745	5876	7690818	739	5926	7727616	733	5976	7764106	727
5777	7617024	751	5827	7654450	745	5877	7691557	739	5927	7728349	733	5977	7764833	726
5778	7617775	752	5828	7655195	746	5878	7692296	739	5928	7729082	733	5978	7765559	727
5779	7618527	751	5829	7655941	745	5879	7693035	738	5929	7729815	732	5979	7766286	726
5780	7619278	752	5830	7656686	744	5880	7693773	739	5930	7730547	732	5980	7767012	726
5781	7620030	751	5831	7657430	745	5881	7694512	738	5931	7731279	732	5981	7767738	726
5782	7620781	751	5832	7658175	745	5882	7695250	738	5932	7732011	732	5982	7768464	726
5783	7621532	751	5833	7658920	744	5883	7695988	739	5933	7732743	732	5983	7769190	726
5784	7622283	751	5834	7659664	745	5884	7696727	738	5934	7733475	732	5984	7769916	726
5785	7623034	750	5835	7660409	744	5885	7697465	738	5935	7734207	732	5985	7770642	725
5786	7623784	751	5836	7661153	744	5886	7698203	737	5936	7734939	731	5986	7771367	726
5787	7624535	750	5837	7661897	744	5887	7698940	738	5937	7735670	732	5987	7772093	725
5788	7625285	750	5838	7662641	744	5888	7699678	738	5938	7736402	731	5988	7772818	725
5789	7626035	751	5839	7663385	743	5889	7700416	737	5939	7737133	731	5989	7773543	725
5790	7626786	750	5840	7664128	744	5890	7701153	737	5940	7737864	732	5990	7774268	725
5791	7627536	750	5841	7664872	744	5891	7701890	737	5941	7738596	730	5991	7774993	725
5792	7628286	749	5842	7665616	743	5892	7702627	737	5942	7739326	731	5992	7775718	725
5793	7629035	750	5843	7666359	743	5893	7703364	737	5943	7740057	731	5993	7776443	724
5794	7629785	749	5844	7667102	743	5894	7704101	737	5944	7740788	731	5994	7777167	725
5795	7630534	750	5845	7667845	743	5895	7704838	737	5945	7741519	730	5995	7777892	724
5796	7631284	749	5846	7668588	743	5896	7705575	736	5946	7742249	730	5996	7778616	724
5797	7632033	749	5847	7669331	743	5897	7706311	737	5947	7742979	731	5997	7779340	725
5798	7632782	749	5848	7670074	742	5898	7707048	736	5948	7743710	730	5998	7780065	724
5799	7633531	749	5849	7670816	743	5899	7707784	736	5949	7744440	730	5999	7780789	724
5800	7634280		5850	7671559		5900	7708520		5950	7745170		6000	7781513	
Nomb.	Logarithmes.	Differ.	Nomb.	Logarithmes.	Differ.	Nomb.	Logarithmes.	Differ.	Nomb.	Logarithmes.	Differ.	Nomb.	Logarithmes.	Differ.

Nomb.	Logarithmes.	Differ.	Nomb.	Logarithmes.	Differ.	Nomb.	Logarithmes.	Differ.	Nomb.	Logarithmes.	Differ.	Nomb.	Logarithmes.	Differ.
6000	7781513	723	6050	7817554	718	6100	7853298	712	6150	7888751	706	6200	7923917	700
6001	7782236	724	6051	7818272	717	6101	7854010	712	6151	7889457	706	6201	7924617	701
6002	7782960	723	6052	7818989	718	6102	7854722	712	6152	7890163	706	6202	7925318	700
6003	7783683	724	6053	7819707	717	6103	7855434	711	6153	7890869	706	6203	7926018	700
6004	7784407	723	6054	7820424	717	6104	7856145	712	6154	7891575	706	6204	7926718	700
6005	7785130	723	6055	7821141	718	6105	7856857	711	6155	7892281	705	6205	7927418	700
6006	7785853	723	6056	7821859	717	6106	7857568	711	6156	7892986	706	6206	7928118	699
6007	7786576	723	6057	7822576	717	6107	7858279	711	6157	7893692	705	6207	7928817	700
6008	7787299	723	6058	7823293	717	6108	7858990	711	6158	7894397	705	6208	7929517	700
6009	7788022	723	6059	7824010	716	6109	7859701	711	6159	7895102	705	6209	7930217	699
6010	7788745	722	6060	7824726	717	6110	7860412	711	6160	7895807	705	6210	7930916	699
6011	7789467	723	6061	7825443	716	6111	7861123	710	6161	7896512	705	6211	7931615	699
6012	7790190	722	6062	7826159	717	6112	7861833	711	6162	7897217	705	6212	7932314	700
6013	7790912	722	6063	7826876	716	6113	7862544	710	6163	7897922	704	6213	7933014	698
6014	7791634	722	6064	7827592	716	6114	7863254	711	6164	7898626	705	6214	7933712	699
6015	7792356	722	6065	7828308	716	6115	7863965	710	6165	7899331	704	6215	7934411	699
6016	7793078	722	6066	7829024	716	6116	7864675	710	6166	7900035	704	6216	7935110	699
6017	7793800	722	6067	7829740	716	6117	7865385	710	6167	7900739	705	6217	7935809	698
6018	7794522	721	6068	7830456	715	6118	7866095	710	6168	7901444	704	6218	7936507	699
6019	7795243	722	6069	7831171	716	6119	7866805	709	6169	7902148	704	6219	7937206	698
6020	7795965	721	6070	7831887	715	6120	7867514	710	6170	7902852	703	6220	7937904	698
6021	7796686	722	6071	7832602	716	6121	7868224	709	6171	7903555	704	6221	7938602	698
6022	7797408	721	6072	7833318	715	6122	7868933	710	6172	7904259	704	6222	7939300	698
6023	7798129	721	6073	7834033	715	6123	7869643	709	6173	7904963	703	6223	7939998	698
6024	7798850	721	6074	7834748	715	6124	7870352	709	6174	7905666	704	6224	7940696	698
6025	7799571	720	6075	7835463	715	6125	7871061	709	6175	7906370	703	6225	7941394	697
6026	7800291	721	6076	7836178	714	6126	7871770	709	6176	7907073	703	6226	7942091	698
6027	7801012	720	6077	7836892	715	6127	7872479	709	6177	7907776	703	6227	7942789	697
6028	7801732	721	6078	7837607	714	6128	7873188	708	6178	7908479	703	6228	7943486	697
6029	7802453	720	6079	7838321	715	6129	7873896	709	6179	7909182	703	6229	7944183	697
6030	7803173	720	6080	7839036	714	6130	7874605	708	6180	7909885	702	6230	7944880	698
6031	7803893	720	6081	7839750	714	6131	7875313	708	6181	7910587	703	6231	7945578	696
6032	7804613	720	6082	7840464	714	6132	7876021	709	6182	7911290	702	6232	7946274	697
6033	7805333	720	6083	7841178	714	6133	7876730	708	6183	7911992	703	6233	7946971	697
6034	7806053	720	6084	7841892	714	6134	7877438	708	6184	7912695	702	6234	7947668	697
6035	7806773	719	6085	7842606	713	6135	7878146	708	6185	7913397	702	6235	7948365	696
6036	7807492	710	6086	7843319	714	6136	7878854	707	6186	7914099	702	6236	7949061	696
6037	7808212	719	6087	7844033	713	6137	7879561	708	6187	7914801	702	6237	7949757	697
6038	7808931	719	6088	7844746	714	6138	7880269	707	6188	7915503	702	6238	7950454	696
6039	7809650	719	6089	7845460	713	6139	7880976	708	6189	7916205	701	6239	7951150	696
6040	7810369	719	6090	7846173	713	6140	7881684	707	6190	7916906	702	6240	7951846	696
6041	7811088	719	6091	7846886	713	6141	7882391	707	6191	7917608	701	6241	7952542	696
6042	7811807	719	6092	7847599	713	6142	7883098	707	6192	7918309	702	6242	7953238	695
6043	7812526	719	6093	7848312	712	6143	7883805	707	6193	7919011	701	6243	7953933	696
6044	7813245	718	6094	7849024	713	6144	7884512	707	6194	7919712	701	6244	7954629	695
6045	7813963	718	6095	7849737	713	6145	7885219	707	6195	7920413	701	6245	7955324	696
6046	7814681	719	6096	7850450	712	6146	7885926	706	6196	7921114	701	6246	7956020	695
6047	7815400	718	6097	7851162	712	6147	7886632	707	6197	7921815	701	6247	7956715	695
6048	7816118	718	6098	7851874	712	6148	7887339	706	6198	7922516	700	6248	7957410	695
6049	7816836	718	6099	7852586	712	6149	7888045	706	6199	7923216	701	6249	7958105	695
6050	7817554		6100	7853298		6150	7888751		6200	7923917		6250	7958800	
Nomb.	Logarithmes.	Differ.	Nomb.	Logarithmes.	Differ.	Nomb.	Logarithmes.	Differ.	Nomb.	Logarithmes.	Differ.	Nomb.	Logarithmes.	Differ.

Nomb.	Logarithmes.	Différ.	Nomb.	Logarithmes.	Différ.	Nomb.	Logarithmes.	Différ.	Nomb.	Logarithmes.	Différ.	Nomb.	Logarithmes.	Différ.
6250	7958800	695	6300	7993405	690	6350	8027737	684	6400	8061800	678	6450	8095597	673
6251	7959495	695	6301	7994095	689	6351	8028421	684	6401	8062478	679	6451	8096270	674
6252	7960190	694	6302	7994784	689	6352	8029105	684	6402	8063157	678	6452	8096944	673
6253	7960884	695	6303	7995473	689	6353	8029789	683	6403	8063835	678	6453	8097617	673
6254	7961579	694	6304	7996162	689	6354	8030472	684	6404	8064513	678	6454	8098290	672
6255	7962273	694	6305	7996851	689	6355	8031156	683	6405	8065191	678	6455	8098962	673
6256	7962967	695	6306	7997540	688	6356	8031839	683	6406	8065869	678	6456	8099635	673
6257	7963662	694	6307	7998228	689	6357	8032522	683	6407	8066547	678	6457	8100308	672
6258	7964356	694	6308	7998917	688	6358	8033205	683	6408	8067225	678	6458	8100980	673
6259	7965050	693	6309	7999605	689	6359	8033888	683	6409	8067903	677	6459	8101653	672
6260	7965743	694	6310	8000294	688	6360	8034571	683	6410	8068580	678	6460	8102325	672
6261	7966437	694	6311	8000982	688	6361	8035254	683	6411	8069258	677	6461	8102997	673
6262	7967131	693	6312	8001670	688	6362	8035937	682	6412	8069935	677	6462	8103670	672
6263	7967824	693	6313	8002358	688	6363	8036619	683	6413	8070612	678	6463	8104342	671
6264	7968517	694	6314	8003046	688	6364	8037302	682	6414	8071290	677	6464	8105013	672
6265	7969211	693	6315	8003734	687	6365	8037984	682	6415	8071967	677	6465	8105685	672
6266	7969904	693	6316	8004421	688	6366	8038666	682	6416	8072644	676	6466	8106357	672
6267	7970597	693	6317	8005109	687	6367	8039348	683	6417	8073320	677	6467	8107029	671
6268	7971290	693	6318	8005796	688	6368	8040031	681	6418	8073997	677	6468	8107700	672
6269	7971983	692	6319	8006484	687	6369	8040712	682	6419	8074674	676	6469	8108372	671
6270	7972675	693	6320	8007171	687	6370	8041394	682	6420	8075350	677	6470	8109043	671
6271	7973368	692	6321	8007858	687	6371	8042076	682	6421	8076027	676	6471	8109714	671
6272	7974060	693	6322	8008545	687	6372	8042758	681	6422	8076703	676	6472	8110385	671
6273	7974753	692	6323	8009232	687	6373	8043439	682	6423	8077379	676	6473	8111056	671
6274	7975445	692	6324	8009919	686	6374	8044121	681	6424	8078055	676	6474	8111727	671
6275	7976137	692	6325	8010605	687	6375	8044802	681	6425	8078731	676	6475	8112398	670
6276	7976829	692	6326	8011292	686	6376	8045483	681	6426	8079407	676	6476	8113068	671
6277	7977521	692	6327	8011978	687	6377	8046164	681	6427	8080083	676	6477	8113739	670
6278	7978213	692	6328	8012665	686	6378	8046845	681	6428	8080759	675	6478	8114409	671
6279	7978905	691	6329	8013351	686	6379	8047526	681	6429	8081434	676	6479	8115080	670
6280	7979596	692	6330	8014037	686	6380	8048207	680	6430	8082110	675	6480	8115750	670
6281	7980288	691	6331	8014723	686	6381	8048887	681	6431	8082785	675	6481	8116420	670
6282	7980979	692	6332	8015409	686	6382	8049568	680	6432	8083460	676	6482	8117090	670
6283	7981671	691	6333	8016095	686	6383	8050248	681	6433	8084136	675	6483	8117760	670
6284	7982362	691	6334	8016781	685	6384	8050929	680	6434	8084811	675	6484	8118430	670
6285	7983053	691	6335	8017466	686	6385	8051609	680	6435	8085486	674	6485	8119100	669
6286	7983744	691	6336	8018152	685	6386	8052289	680	6436	8086160	675	6486	8119769	670
6287	7984435	690	6337	8018837	685	6387	8052969	680	6437	8086835	675	6487	8120439	669
6288	7985125	691	6338	8019522	686	6388	8053649	680	6438	8087510	674	6488	8121108	670
6289	7985816	690	6339	8020208	685	6389	8054329	680	6439	8088184	675	6489	8121778	669
6290	7986506	691	6340	8020893	685	6390	8055009	679	6440	8088859	674	6490	8122447	669
6291	7987197	690	6341	8021578	684	6391	8055688	680	6441	8089533	674	6491	8123116	669
6292	7987887	690	6342	8022262	685	6392	8056368	679	6442	8090207	674	6492	8123785	669
6293	7988577	690	6343	8022947	685	6393	8057047	679	6443	8090881	674	6493	8124454	669
6294	7989267	690	6344	8023632	684	6394	8057726	679	6444	8091555	674	6494	8125123	669
6295	7989957	690	6345	8024316	685	6395	8058405	680	6445	8092229	674	6495	8125792	668
6296	7990647	690	6346	8025001	684	6396	8059083	679	6446	8092903	674	6496	8126460	669
6297	7991337	690	6347	8025685	684	6397	8059764	678	6447	8093577	673	6497	8127129	668
6298	7992027	689	6348	8026369	684	6398	8060442	679	6448	8094250	674	6498	8127797	668
6299	7992716	689	6349	8027053	684	6399	8061121	679	6449	8094924	673	6499	8128465	669
6300	7993405		6350	8027737		6400	8061800		6450	8095597		6500	8129134	

Nomb. Logarithmes. Différ. Nomb. Logarithmes. Différ. Nomb. Logarithmes. Différ. Nomb. Logarithmes. Différ. Nomb. Logarithmes. Différ.

Nomb.	Logarithmes.	Différ.	Nomb.	Logarithmes.	Différ.	Nomb.	Logarithmes.	Différ.	Nomb.	Logarithmes.	Différ.	Nomb.	Logarithmes.	Différ.
6500	8129134	668	6550	8162413	663	6600	8195439	658	6650	8228216	653	6700	8260748	648
6501	8129802	668	6551	8163076	663	6601	8196097	658	6651	8228869	653	6701	8261396	648
6502	8130470	668	6552	8163739	663	6602	8196755	658	6652	8229522	653	6702	8262044	648
6503	8131138	667	6553	8164402	662	6603	8197413	658	6653	8230175	653	6703	8262692	648
6504	8131805	668	6554	8165064	663	6604	8198071	657	6654	8230828	653	6704	8263340	648
6505	8132473	668	6555	8165727	662	6605	8198728	658	6655	8231481	652	6705	8263988	647
6506	8133141	667	6556	8166389	663	6606	8199386	657	6656	8232133	653	6706	8264635	648
6507	8133808	667	6557	8167052	662	6607	8200043	657	6657	8232786	652	6707	8265283	648
6508	8134475	668	6558	8167714	662	6608	8200700	658	6658	8233438	652	6708	8265931	647
6509	8135143	667	6559	8168376	662	6609	8201358	657	6659	8234090	652	6709	8266578	647
6510	8135810	667	6560	8169038	662	6610	8202015	657	6660	8234742	652	6710	8267225	647
6511	8136477	667	6561	8169700	662	6611	8202672	656	6661	8235394	652	6711	8267872	647
6512	8137144	667	6562	8170362	662	6612	8203328	657	6662	8236046	652	6712	8268519	647
6513	8137811	667	6563	8171024	662	6613	8203985	657	6663	8236698	652	6713	8269166	647
6514	8138478	666	6564	8171686	661	6614	8204642	656	6664	8237350	652	6714	8269813	647
6515	8139144	667	6565	8172347	662	6615	8205298	657	6665	8238002	651	6715	8270460	647
6516	8139811	666	6566	8173009	661	6616	8205955	656	6666	8238653	652	6716	8271107	646
6517	8140477	667	6567	8173670	661	6617	8206611	657	6667	8239305	651	6717	8271753	647
6518	8141144	666	6568	8174331	662	6618	8207268	656	6668	8239956	651	6718	8272400	646
6519	8141810	666	6569	8174993	661	6619	8207924	656	6669	8240607	651	6719	8273046	647
6520	8142476	666	6570	8175654	661	6620	8208580	656	6670	8241258	651	6720	8273693	646
6521	8143142	666	6571	8176315	661	6621	8209236	656	6671	8241909	651	6721	8274339	646
6522	8143808	666	6572	8176976	660	6622	8209892	656	6672	8242560	651	6722	8274985	646
6523	8144474	666	6573	8177636	661	6623	8210548	655	6673	8243211	651	6723	8275631	646
6524	8145140	665	6574	8178297	661	6624	8211203	656	6674	8243862	651	6724	8276277	646
6525	8145805	666	6575	8178958	660	6625	8211859	655	6675	8244513	650	6725	8276923	646
6526	8146471	665	6576	8179618	660	6626	8212514	656	6676	8245163	651	6726	8277569	645
6527	8147136	665	6577	8180278	661	6627	8213170	655	6677	8245814	650	6727	8278214	646
6528	8147801	666	6578	8180939	660	6628	8213825	655	6678	8246464	650	6728	8278860	645
6529	8148467	665	6579	8181599	660	6629	8214480	655	6679	8247114	651	6729	8279505	646
6530	8149132	665	6580	8182259	660	6630	8215135	655	6680	8247765	650	6730	8280151	645
6531	8149797	665	6581	8182919	660	6631	8215790	655	6681	8248415	650	6731	8280796	645
6532	8150462	665	6582	8183579	660	6632	8216445	655	6682	8249065	650	6732	8281441	645
6533	8151127	664	6583	8184239	659	6633	8217100	655	6683	8249715	649	6733	8282086	645
6534	8151791	665	6584	8184898	660	6634	8217755	654	6684	8250364	650	6734	8282731	645
6535	8152456	664	6585	8185558	659	6635	8218409	655	6685	8251014	650	6735	8283376	645
6536	8153120	665	6586	8186217	660	6636	8219064	654	6686	8251664	649	6736	8284021	644
6537	8153785	664	6587	8186877	659	6637	8219718	654	6687	8252313	650	6737	8284665	645
6538	8154449	664	6588	8187536	659	6638	8220372	655	6688	8252963	649	6738	8285310	645
6539	8155113	664	6589	8188195	659	6639	8221027	654	6689	8253612	649	6739	8285955	644
6540	8155777	664	6590	8188854	659	6640	8221681	654	6690	8254261	649	6740	8286599	644
6541	8156441	664	6591	8189513	659	6641	8222335	654	6691	8254910	649	6741	8287243	644
6542	8157105	664	6592	8190172	659	6642	8222989	654	6692	8255559	649	6742	8287887	645
6543	8157769	664	6593	8190831	658	6643	8223643	653	6693	8256208	649	6743	8288532	644
6544	8158433	664	6594	8191489	659	6644	8224296	654	6694	8256857	649	6744	8289176	644
6545	8159097	663	6595	8192148	658	6645	8224950	653	6695	8257506	648	6745	8289820	643
6546	8159760	663	6596	8192806	659	6646	8225603	654	6696	8258154	649	6746	8290463	644
6547	8160423	664	6597	8193465	658	6647	8226257	653	6697	8258803	648	6747	8291107	644
6548	8161087	663	6598	8194123	658	6648	8226910	653	6698	8259451	649	6748	8291751	643
6549	8161750	663	6599	8194781	658	6649	8227563	653	6699	8260100	648	6749	8292394	644
6550	8162413		6600	8195439		6650	8228216		6700	8260748		6750	8293038	
Nomb.	Logarithmes.	Différ.	Nomb.	Logarithmes.	Différ.	Nomb.	Logarithmes.	Différ.	Nomb.	Logarithmes.	Différ.	Nomb.	Logarithmes.	Différ.

Nomb.	Logarithmes.	Différ.	Nomb.	Logarithmes.	Différ.	Nomb.	Logarithmes.	Différ.	Nomb.	Logarithmes.	Différ.	Nomb.	Logarithmes.	Différ.
6750	8293038	643	6800	8325089	639	6850	8356906	634	6900	8388491	629	6950	8419848	625
6751	8293681	643	6801	8325728	638	6851	8357540	634	6901	8389120	630	6951	8420473	625
6752	8294324	643	6802	8326366	639	6852	8358174	633	6902	8389750	629	6952	8421098	624
6753	8294967	644	6803	8327005	638	6853	8358807	634	6903	8390379	629	6953	8421722	625
6754	8295611	643	6804	8327643	638	6854	8359441	634	6904	8391008	629	6954	8422347	624
6755	8296254	642	6805	8328281	638	6855	8360075	633	6905	8391637	629	6955	8422971	625
6756	8296896	643	6806	8328919	639	6856	8360708	633	6906	8392266	629	6956	8423596	624
6757	8297539	643	6807	8329558	637	6857	8361341	634	6907	8392895	628	6957	8424220	624
6758	8298182	642	6808	8330195	638	6858	8361975	633	6908	8393523	629	6958	8424844	624
6759	8298824	643	6809	8330833	638	6859	8362608	633	6909	8394152	628	6959	8425468	624
6760	8299467	642	6810	8331471	638	6860	8363241	633	6910	8394780	629	6960	8426092	624
6761	8300109	643	6811	8332109	637	6861	8363874	633	6911	8395409	628	6961	8426716	624
6762	8300752	642	6812	8332746	638	6862	8364507	633	6912	8396037	629	6962	8427340	624
6763	8301394	642	6813	8333384	637	6863	8365140	633	6913	8396666	628	6963	8427964	624
6764	8302036	642	6814	8334021	638	6864	8365773	632	6914	8397294	628	6964	8428588	623
6765	8302678	642	6815	8334659	637	6865	8366405	633	6915	8397922	628	6965	8429211	624
6766	8303320	642	6816	8335296	637	6866	8367038	632	6916	8398550	628	6966	8429835	623
6767	8303962	642	6817	8335933	637	6867	8367670	633	6917	8399178	628	6967	8430458	623
6768	8304604	641	6818	8336570	637	6868	8368303	632	6918	8399806	627	6968	8431081	624
6769	8305245	642	6819	8337207	637	6869	8368935	632	6919	8400433	628	6969	8431705	623
6770	8305887	641	6820	8337844	636	6870	8369567	632	6920	8401061	627	6970	8432328	623
6771	8306528	641	6821	8338480	637	6871	8370199	633	6921	8401688	628	6971	8432951	623
6772	8307169	642	6822	8339117	637	6872	8370832	631	6922	8402316	627	6972	8433574	623
6773	8307811	641	6823	8339754	636	6873	8371463	632	6923	8402943	628	6973	8434197	622
6774	8308452	641	6824	8340390	637	6874	8372095	632	6924	8403571	627	6974	8434819	623
6775	8309093	641	6825	8341027	636	6875	8372727	632	6925	8404198	627	6975	8435442	623
6776	8309734	641	6826	8341663	636	6876	8373359	631	6926	8404825	627	6976	8436065	622
6777	8310375	641	6827	8342299	636	6877	8373990	632	6927	8405452	627	6977	8436687	623
6778	8311016	640	6828	8342935	636	6878	8374622	631	6928	8406079	627	6978	8437310	622
6779	8311656	641	6829	8343571	636	6879	8375253	631	6929	8406706	626	6979	8437932	622
6780	8312297	640	6830	8344207	636	6880	8375884	632	6930	8407332	627	6980	8438554	622
6781	8312937	641	6831	8344843	636	6881	8376516	631	6931	8407959	627	6981	8439176	622
6782	8313578	640	6832	8345479	635	6882	8377147	631	6932	8408586	626	6982	8439798	622
6783	8314218	640	6833	8346114	636	6883	8377778	631	6933	8409212	626	6983	8440420	622
6784	8314858	641	6834	8346750	635	6884	8378409	630	6934	8409838	627	6984	8441042	622
6785	8315499	640	6835	8347385	636	6885	8379039	631	6935	8410465	626	6985	8441664	622
6786	8316139	639	6836	8348021	635	6886	8379670	631	6936	8411091	626	6986	8442286	621
6787	8316778	640	6837	8348656	635	6887	8380301	630	6937	8411717	626	6987	8442907	622
6788	8317418	640	6838	8349291	635	6888	8380931	631	6938	8412343	626	6988	8443529	621
6789	8318058	640	6839	8349926	635	6889	8381562	630	6939	8412969	626	6989	8444150	622
6790	8318698	639	6840	8350561	635	6890	8382192	630	6940	8413595	625	6990	8444772	621
6791	8319337	640	6841	8351196	635	6891	8382822	631	6941	8414220	626	6991	8445393	621
6792	8319977	639	6842	8351831	634	6892	8383453	630	6942	8414846	626	6992	8446014	621
6793	8320616	639	6843	8352465	635	6893	8384083	630	6943	8415472	625	6993	8446635	621
6794	8321255	640	6844	8353100	635	6894	8384713	630	6944	8416097	626	6994	8447256	621
6795	8321895	639	6845	8353735	634	6895	8385343	630	6945	8416723	625	6995	8447877	621
6796	8322534	639	6846	8354369	634	6896	8385973	629	6946	8417348	625	6996	8448498	621
6797	8323173	639	6847	8355003	635	6897	8386602	630	6947	8417973	625	6997	8449119	620
6798	8323812	638	6848	8355638	634	6898	8387232	629	6948	8418598	625	6998	8449739	621
6799	8324450	639	6849	8356272	634	6899	8387861	630	6949	8419223	625	6999	8450360	620
6800	8325089		6850	8356906		6900	8388491		6950	8419848		7000	8450980	
Nomb.	Logarithmes.	Différ.	Nomb.	Logarithmes.	Différ.	Nomb.	Logarithmes.	Différ.	Nomb.	Logarithmes.	Différ.	Nomb.	Logarithmes.	Différ.

Nomb.	Logarithmes.	Differ.	Nomb.	Logarithmes.	Differ.	Nomb.	Logarithmes.	Differ.	Nomb.	Logarithmes.	Differ.	Nomb.	Logarithmes.	Differ.
7000	8450980	621	7050	8481891	616	7100	8512583	612	7150	8543060	608	7200	8573325	603
7001	8451601	620	7051	8482507	616	7101	8513193	612	7151	8543668	607	7201	8573928	603
7002	8452221	620	7052	8483123	616	7102	8513807	611	7152	8544275	607	7202	8574531	603
7003	8452841	620	7053	8483739	616	7103	8514418	612	7153	8544882	607	7203	8575134	603
7004	8453461	620	7054	8484355	615	7104	8515030	611	7154	8545489	607	7204	8575737	603
7005	8454081	620	7055	8484970	616	7105	8515641	611	7155	8546096	607	7205	8576340	603
7006	8454701	620	7056	8485586	615	7106	8516252	611	7156	8546703	607	7206	8576943	602
7007	8455321	620	7057	8486201	616	7107	8516863	611	7157	8547310	607	7207	8577545	603
7008	8455941	620	7058	8486817	615	7108	8517474	611	7158	8547917	607	7208	8578148	602
7009	8456561	619	7059	8487432	615	7109	8518085	611	7159	8548524	606	7209	8578750	603
7010	8457180	620	7060	8488047	615	7110	8518696	611	7160	8549130	607	7210	8579353	602
7011	8457800	619	7061	8488662	615	7111	8519307	610	7161	8549737	606	7211	8579955	602
7012	8458419	619	7062	8489277	615	7112	8519917	611	7162	8550343	607	7212	8580557	602
7013	8459038	620	7063	8489892	615	7113	8520528	611	7163	8550950	606	7213	8581159	602
7014	8459658	619	7064	8490507	615	7114	8521139	610	7164	8551556	606	7214	8581761	602
7015	8460277	619	7065	8491122	614	7115	8521749	610	7165	8552162	606	7215	8582363	602
7016	8460896	619	7066	8491736	615	7116	8522359	611	7166	8552768	606	7216	8582965	602
7017	8461515	619	7067	8492351	614	7117	8522970	610	7167	8553374	606	7217	8583567	602
7018	8462134	618	7068	8492965	615	7118	8523580	610	7168	8553980	606	7218	8584169	601
7019	8462752	619	7069	8493580	614	7119	8524190	610	7169	8554586	606	7219	8584770	602
7020	8463371	619	7070	8494194	614	7120	8524800	610	7170	8555192	605	7220	8585372	601
7021	8463990	618	7071	8494808	615	7121	8525410	610	7171	8555797	606	7221	8585973	602
7022	8464608	619	7072	8495423	614	7122	8526020	609	7172	8556403	605	7222	8586575	601
7023	8465227	618	7073	8496037	614	7123	8526629	610	7173	8557008	606	7223	8587176	601
7024	8465845	618	7074	8496651	613	7124	8527239	610	7174	8557614	605	7224	8587777	602
7025	8466463	618	7075	8497264	614	7125	8527849	610	7175	8558219	605	7225	8588379	601
7026	8467081	619	7076	8497878	614	7126	8528458	610	7176	8558824	605	7226	8588980	601
7027	8467700	618	7077	8498492	614	7127	8529068	609	7177	8559429	606	7227	8589581	600
7028	8468318	617	7078	8499106	613	7128	8529677	609	7178	8560035	605	7228	8590181	601
7029	8468935	618	7079	8499719	614	7129	8530286	609	7179	8560640	604	7229	8590782	601
7030	8469553	618	7080	8500333	613	7130	8530895	609	7180	8561244	605	7230	8591383	601
7031	8470171	618	7081	8500946	613	7131	8531504	609	7181	8561849	605	7231	8591984	600
7032	8470789	617	7082	8501559	613	7132	8532113	609	7182	8562454	605	7232	8592584	601
7033	8471406	618	7083	8502172	614	7133	8532722	609	7183	8563059	604	7233	8593185	600
7034	8472024	617	7084	8502786	613	7134	8533331	609	7184	8563663	605	7234	8593785	600
7035	8472641	617	7085	8503399	612	7135	8533940	608	7185	8564268	604	7235	8594385	601
7036	8473258	618	7086	8504011	613	7136	8534548	609	7186	8564872	604	7236	8594986	600
7037	8473876	617	7087	8504624	613	7137	8535157	608	7187	8565476	605	7237	8595586	600
7038	8474493	617	7088	8505237	613	7138	8535765	609	7188	8566081	604	7238	8596186	600
7039	8475110	617	7089	8505850	612	7139	8536374	608	7189	8566685	604	7239	8596786	600
7040	8475727	616	7090	8506462	613	7140	8536982	608	7190	8567289	604	7240	8597586	599
7041	8476343	617	7091	8507075	612	7141	8537590	608	7191	8567893	604	7241	8597985	600
7042	8476960	617	7092	8507687	613	7142	8538198	609	7192	8568497	604	7242	8598585	600
7043	8477577	616	7093	8508300	612	7143	8538807	607	7193	8569101	603	7243	8599185	599
7044	8478193	617	7094	8508912	612	7144	8539414	608	7194	8569704	604	7244	8599784	600
7045	8478810	616	7095	8509524	612	7145	8540022	608	7195	8570308	604	7245	8600384	599
7046	8479426	617	7096	8510136	612	7146	8540630	608	7196	8570912	603	7246	8600983	600
7047	8480043	616	7097	8510748	612	7147	8541238	607	7197	8571515	603	7247	8601583	599
7048	8480659	616	7098	8511360	612	7148	8541845	608	7198	8572118	604	7248	8602182	599
7049	8481275	616	7099	8511972	611	7149	8542453	607	7199	8572722	603	7249	8602781	599
7050	8481891		7100	8512583		7150	8543060		7200	8573325		7250	8603380	
Nomb.	Logarithmes.	Differ.	Nomb.	Logarithmes.	Differ.	Nomb.	Logarithmes.	Differ.	Nomb.	Logarithmes.	Differ.	Nomb.	Logarithmes.	Differ.

Nomb.	Logarithmes.	Différ.	Nomb.	Logarithmes.	Différ.	Nomb.	Logarithmes.	Différ.	Nomb.	Logarithmes.	Différ.	Nomb.	Logarithmes.	Différ.
7250	8603380	599	7300	8633229	594	7350	8662873	591	7400	8692317	587	7450	8721563	583
7251	8603979	599	7301	8633823	595	7351	8663464	591	7401	8692904	587	7451	8722146	582
7252	8604578	599	7302	8634418	595	7352	8664055	591	7402	8693491	586	7452	8722728	583
7253	8605177	599	7303	8635013	595	7353	8664646	590	7403	8694077	587	7453	8723311	583
7254	8605776	598	7304	8635608	594	7354	8665236	591	7404	8694664	587	7454	8723894	582
7255	8606374	599	7305	8636202	595	7355	8665827	590	7405	8695251	586	7455	8724476	583
7256	8606973	598	7306	8636797	594	7356	8666417	591	7406	8695837	586	7456	8725059	582
7257	8607571	599	7307	8637391	594	7357	8667008	590	7407	8696423	587	7457	8725641	583
7258	8608170	598	7308	8637985	595	7358	8667598	590	7408	8697010	586	7458	8726224	582
7259	8608768	598	7309	8638580	594	7359	8668188	590	7409	8697596	586	7459	8726806	582
7260	8609366	598	7310	8639174	594	7360	8668778	590	7410	8698182	586	7460	8727388	582
7261	8609964	598	7311	8639768	594	7361	8669368	590	7411	8698768	586	7461	8727970	582
7262	8610562	598	7312	8640362	594	7362	8669958	590	7412	8699354	586	7462	8728552	582
7263	8611160	598	7313	8640956	594	7363	8670548	590	7413	8699940	586	7463	8729134	582
7264	8611758	598	7314	8641550	593	7364	8671138	590	7414	8700526	586	7464	8729716	582
7265	8612356	598	7315	8642143	594	7365	8671728	589	7415	8701112	585	7465	8730298	582
7266	8612954	598	7316	8642737	594	7366	8672317	590	7416	8701697	586	7466	8730880	582
7267	8613552	597	7317	8643331	593	7367	8672907	589	7417	8702283	585	7467	8731462	581
7268	8614149	598	7318	8643924	593	7368	8673496	590	7418	8702868	586	7468	8732043	582
7269	8614747	597	7319	8644517	594	7369	8674086	589	7419	8703454	585	7469	8732625	581
7270	8615344	597	7320	8645111	593	7370	8674675	589	7420	8704039	585	7470	8733206	581
7271	8615941	598	7321	8645704	593	7371	8675264	589	7421	8704624	586	7471	8733787	582
7272	8616539	597	7322	8646297	593	7372	8675853	589	7422	8705210	585	7472	8734369	581
7273	8617136	597	7323	8646890	593	7373	8676442	589	7423	8705795	585	7473	8734950	581
7274	8617733	597	7324	8647483	593	7374	8677031	589	7424	8706380	585	7474	8735531	581
7275	8618330	597	7325	8648076	593	7375	8677620	589	7425	8706965	584	7475	8736112	581
7276	8618927	597	7326	8648669	593	7376	8678209	589	7426	8707549	585	7476	8736693	581
7277	8619524	597	7327	8649262	593	7377	8678798	589	7427	8708134	585	7477	8737274	581
7278	8620121	596	7328	8649855	592	7378	8679387	588	7428	8708719	585	7478	8737855	580
7279	8620717	597	7329	8650447	593	7379	8679975	589	7429	8709304	584	7479	8738435	581
7280	8621314	596	7330	8651040	592	7380	8680564	588	7430	8709888	585	7480	8739016	581
7281	8621910	597	7331	8651632	593	7381	8681152	588	7431	8710473	584	7481	8739597	580
7282	8622507	596	7332	8652225	592	7382	8681740	589	7432	8711057	584	7482	8740177	580
7283	8623103	596	7333	8652817	592	7383	8682329	588	7433	8711641	585	7483	8740757	581
7284	8623699	597	7334	8653409	592	7384	8682917	588	7434	8712226	584	7484	8741338	580
7285	8624296	596	7335	8654001	592	7385	8683505	588	7435	8712810	584	7485	8741918	580
7286	8624892	596	7336	8654593	592	7386	8684093	588	7436	8713394	584	7486	8742498	580
7287	8625488	596	7337	8655185	592	7387	8684681	588	7437	8713978	584	7487	8743078	580
7288	8626084	596	7338	8655777	592	7388	8685269	588	7438	8714562	584	7488	8743658	580
7289	8626680	595	7339	8656369	592	7389	8685857	587	7439	8715146	583	7489	8744238	580
7290	8627275	596	7340	8656961	591	7390	8686444	588	7440	8715729	584	7490	8744818	580
7291	8627871	596	7341	8657552	592	7391	8687032	588	7441	8716313	584	7491	8745398	580
7292	8628467	595	7342	8658144	591	7392	8687620	587	7442	8716897	583	7492	8745978	579
7293	8629062	596	7343	8658735	592	7393	8688207	587	7443	8717480	584	7493	8746557	580
7294	8629658	595	7344	8659327	591	7394	8688794	588	7444	8718064	583	7494	8747137	579
7295	8630253	595	7345	8659918	591	7395	8689382	587	7445	8718647	583	7495	8747716	580
7296	8630848	595	7346	8660509	591	7396	8689969	587	7446	8719230	584	7496	8748296	579
7297	8631443	596	7347	8661100	591	7397	8690556	587	7447	8719814	583	7497	8748875	579
7298	8632039	595	7348	8661691	591	7398	8691143	587	7448	8720397	583	7498	8749454	580
7299	8632634	595	7349	8662282	591	7399	8691730	587	7449	8720980	583	7499	8750034	579
7300	8633229		7350	8662873		7400	8692317		7450	8721563		7500	8750613	
Nomb.	Logarithmes.	Différ.	Nomb.	Logarithmes.	Différ.	Nomb.	Logarithmes.	Différ.	Nomb.	Logarithmes.	Différ.	Nomb.	Logarithmes.	Différ.

Nomb.	Logarithmes.	Différ.	Nomb.	Logarithmes.	Différ.	Nomb.	Logarithmes.	Différ.	Nomb.	Logarithmes	Différ.	Nomb.	Logarithmes.	Différ.
7500	8750613	579	7550	8779470	575	7600	8808136	571	7650	8836614	568	7700	8864907	564
7501	8751192	579	7551	8780045	575	7601	8808707	572	7651	8837182	568	7701	8865471	564
7502	8751771	578	7552	8780620	575	7602	8809279	571	7652	8837750	567	7702	8866035	564
7503	8752349	579	7553	8781195	575	7603	8809850	571	7653	8838317	568	7703	8866599	564
7504	8752928	579	7554	8781770	575	7604	8810421	571	7654	8838885	567	7704	8867163	563
7505	8753507	579	7555	8782345	574	7605	8810992	571	7655	8839452	567	7705	8867726	564
7506	8754086	578	7556	8782919	575	7606	8811563	571	7656	8840019	567	7706	8868290	564
7507	8754664	579	7557	8783494	575	7607	8812134	571	7657	8840586	568	7707	8868854	563
7508	8755243	578	7558	8784069	574	7608	8812705	571	7658	8841154	567	7708	8869417	563
7509	8755821	578	7559	8784643	575	7609	8813276	571	7659	8841721	567	7709	8869980	564
7510	8756399	579	7560	8785218	574	7610	8813847	570	7660	8842288	567	7710	8870544	563
7511	8756978	578	7561	8785792	575	7611	8814417	571	7661	8842855	566	7711	8871107	563
7512	8757556	578	7562	8786367	574	7612	8814988	570	7662	8843421	567	7712	8871670	563
7513	8758134	578	7563	8786941	574	7613	8815558	571	7663	8843988	567	7713	8872233	563
7514	8758712	578	7564	8787515	574	7614	8816129	570	7664	8844555	567	7714	8872796	563
7515	8759290	578	7565	8788089	574	7615	8816699	570	7665	8845122	566	7715	8873359	563
7516	8759868	578	7566	8788663	574	7616	8817269	571	7666	8845688	567	7716	8873922	563
7517	8760446	577	7567	8789237	574	7617	8817840	570	7667	8846255	566	7717	8874485	563
7518	8761023	578	7568	8789811	574	7618	8818410	570	7668	8846821	566	7718	8875048	562
7519	8761601	577	7569	8790385	574	7619	8818980	570	7669	8847387	567	7719	8875610	563
7520	8762178	578	7570	8790959	573	7620	8819550	570	7670	8847954	566	7720	8876173	563
7521	8762756	577	7571	8791532	574	7621	8820120	569	7671	8848520	566	7721	8876736	562
7522	8763333	578	7572	8792106	574	7622	8820689	570	7672	8849086	566	7722	8877298	562
7523	8763911	577	7573	8792680	573	7623	8821259	570	7673	8849652	566	7723	8877860	563
7524	8764488	577	7574	8793253	573	7624	8821829	569	7674	8850218	566	7724	8878423	562
7525	8765065	577	7575	8793826	574	7625	8822398	570	7675	8850784	566	7725	8878985	562
7526	8765642	577	7576	8794400	573	7626	8822968	569	7676	8851350	565	7726	8879547	562
7527	8766219	577	7577	8794973	573	7627	8823537	570	7677	8851915	566	7727	8880109	562
7528	8766796	577	7578	8795546	573	7628	8824107	569	7678	8852481	566	7728	8880671	562
7529	8767373	577	7579	8796119	573	7629	8824676	569	7679	8853047	565	7729	8881233	562
7530	8767950	576	7580	8796692	573	7630	8825245	570	7680	8853612	566	7730	8881795	562
7531	8768526	577	7581	8797265	573	7631	8825815	569	7681	8854178	565	7731	8882357	561
7532	8769103	577	7582	8797838	573	7632	8826384	569	7682	8854743	565	7732	8882918	562
7533	8769680	576	7583	8798411	572	7633	8826953	569	7683	8855308	566	7733	8883480	562
7534	8770256	577	7584	8798983	573	7634	8827522	568	7684	8855874	565	7734	8884042	561
7535	8770833	576	7585	8799556	572	7635	8828090	569	7685	8856439	565	7735	8884603	562
7536	8771409	576	7586	8800128	573	7636	8828659	569	7686	8857004	565	7736	8885165	561
7537	8771985	576	7587	8800701	572	7637	8829228	569	7687	8857569	565	7737	8885726	561
7538	8772561	576	7588	8801273	573	7638	8829797	568	7688	8858134	565	7738	8886287	561
7539	8773137	576	7589	8801846	572	7639	8830365	569	7689	8858699	564	7739	8886848	562
7540	8773713	576	7590	8802418	572	7640	8830934	568	7690	8859263	565	7740	8887410	561
7541	8774289	576	7591	8802990	572	7641	8831502	568	7691	8859828	565	7741	8887971	561
7542	8774865	576	7592	8803562	572	7642	8832070	569	7692	8860393	564	7742	8888532	561
7543	8775441	576	7593	8804134	572	7643	8832639	568	7693	8860957	565	7743	8889093	560
7544	8776017	575	7594	8804706	572	7644	8833207	568	7694	8861522	564	7744	8889653	561
7545	8776592	576	7595	8805278	572	7645	8833775	568	7695	8862086	565	7745	8890214	561
7546	8777168	575	7596	8805850	571	7646	8834343	568	7696	8862651	564	7746	8890775	561
7547	8777743	576	7597	8806421	572	7647	8834911	568	7697	8863215	564	7747	8891336	560
7548	8778319	575	7598	8806993	571	7648	8835479	568	7698	8863779	564	7748	8891896	561
7549	8778894	576	7599	8807564	572	7649	8836047	567	7699	8864343	564	7749	8892457	560
7550	8779470		7600	8808136		7650	8836614		7700	8864907		7750	8893017	
Nomb.	Logarithmes.	Différ.	Nomb.	Logarithmes.	Différ.	Nomb.	Logarithmes.	Différ.	Nomb.	Logarithmes.	Différ.	Nomb.	Logarithmes.	Différ.

Nomb.	Logarithmes.	Différ.	Nomb.	Logarithmes.	Différ.	Nomb.	Logarithmes.	Différ.	Nomb.	Logarithmes.	Différ.	Nomb.	Logarithmes.	Différ.
7750	8893017	560	7800	8920946	557	7850	8948697	553	7900	8976271	550	7950	9003671	547
7751	8893577	561	7801	8921503	556	7851	8949250	553	7901	8976821	549	7951	9004218	546
7752	8894138	560	7802	8922059	557	7852	8949803	553	7902	8977370	550	7952	9004764	546
7753	8894698	560	7803	8922616	557	7853	8950356	553	7903	8977920	549	7953	9005310	546
7754	8895258	560	7804	8923173	556	7854	8950909	553	7904	8978469	550	7954	9005856	546
7755	8895818	560	7805	8923729	556	7855	8951462	553	7905	8979019	549	7955	9006402	546
7756	8896378	560	7806	8924285	557	7856	8952015	553	7906	8979568	549	7956	9006948	546
7757	8896938	560	7807	8924842	556	7857	8952568	552	7907	8980117	550	7957	9007494	545
7758	8897498	560	7808	8925398	556	7858	8953120	553	7908	8980667	549	7958	9008039	546
7759	8898058	559	7809	8925954	556	7859	8953673	552	7909	8981216	549	7959	9008585	546
7760	8898617	560	7810	8926510	556	7860	8954225	553	7910	8981765	549	7960	9009131	545
7761	8899177	559	7811	8927066	556	7861	8954778	552	7911	8982314	549	7961	9009676	546
7762	8899736	560	7812	8927622	556	7862	8955330	553	7912	8982863	549	7962	9010222	545
7763	8900296	559	7813	8928178	556	7863	8955883	552	7913	8983412	548	7963	9010767	546
7764	8900855	560	7814	8928734	556	7864	8956435	552	7914	8983960	549	7964	9011313	545
7765	8901415	559	7815	8929290	556	7865	8956987	552	7915	8984509	549	7965	9011858	545
7766	8901974	559	7816	8929846	555	7866	8957539	553	7916	8985058	548	7966	9012403	545
7767	8902533	559	7817	8930401	556	7867	8958092	552	7917	8985606	549	7967	9012948	545
7768	8903092	559	7818	8930957	555	7868	8958644	551	7918	8986155	548	7968	9013493	545
7769	8903651	559	7819	8931512	556	7869	8959195	552	7919	8986703	549	7969	9014038	545
7770	8904210	559	7820	8932068	555	7870	8959747	552	7920	8987252	548	7970	9014583	545
7771	8904769	559	7821	8932623	555	7871	8960299	552	7921	8987800	548	7971	9015128	545
7772	8905328	559	7822	8933178	555	7872	8960851	552	7922	8988348	549	7972	9015673	545
7773	8905887	558	7823	8933733	555	7873	8961403	551	7923	8988897	548	7973	9016218	544
7774	8906445	559	7824	8934288	555	7874	8961954	552	7924	8989445	548	7974	9016762	545
7775	8907004	559	7825	8934843	555	7875	8962506	551	7925	8989993	548	7975	9017307	544
7776	8907563	558	7826	8935398	555	7876	8963057	551	7926	8990541	548	7976	9017851	545
7777	8908121	558	7827	8935953	555	7877	8963608	552	7927	8991089	547	7977	9018396	544
7778	8908679	559	7828	8936508	555	7878	8964160	551	7928	8991636	548	7978	9018940	545
7779	8909238	558	7829	8937063	555	7879	8964711	551	7929	8992184	548	7979	9019485	544
7780	8909796	558	7830	8937618	554	7880	8965262	551	7930	8992732	547	7980	9020029	544
7781	8910354	558	7831	8938172	555	7881	8965813	551	7931	8993279	548	7981	9020573	544
7782	8910912	558	7832	8938727	554	7882	8966364	551	7932	8993827	548	7982	9021117	544
7783	8911470	558	7833	8939281	555	7883	8966915	551	7933	8994375	547	7983	9021661	544
7784	8912028	558	7834	8939836	554	7884	8967466	551	7934	8994922	547	7984	9022205	544
7785	8912586	558	7835	8940390	554	7885	8968017	551	7935	8995469	548	7985	9022749	544
7786	8913144	558	7836	8940944	554	7886	8968568	550	7936	8996017	547	7986	9023293	544
7787	8913702	557	7837	8941498	555	7887	8969118	551	7937	8996564	547	7987	9023837	544
7788	8914259	558	7838	8942053	554	7888	8969669	551	7938	8997111	547	7988	9024381	543
7789	8914817	558	7839	8942607	554	7889	8970220	550	7939	8997658	547	7989	9024924	544
7790	8915375	557	7840	8943161	554	7890	8970770	550	7940	8998205	547	7990	9025468	543
7791	8915932	557	7841	8943715	553	7891	8971320	551	7941	8998752	547	7991	9026011	544
7792	8916489	558	7842	8944268	554	7892	8971871	550	7942	8999299	547	7992	9026555	543
7793	8917047	557	7843	8944822	554	7893	8972421	550	7943	8999846	546	7993	9027098	543
7794	8917604	557	7844	8945376	553	7894	8972971	550	7944	9000392	547	7994	9027641	544
7795	8918161	557	7845	8945929	554	7895	8973521	550	7945	9000939	547	7995	9028185	543
7796	8918718	557	7846	8946483	554	7896	8974071	550	7946	9001486	546	7996	9028728	543
7797	8919275	557	7847	8947037	553	7897	8974621	550	7947	9002032	547	7997	9029271	543
7798	8919832	557	7848	8947590	553	7898	8975171	550	7948	9002579	546	7998	9029814	543
7799	8920389	557	7849	8948143	554	7899	8975721	550	7949	9003125	546	7999	9030357	543
7800	8920946		7850	8948697		7900	8976271		7950	9003671		8000	9030900	
Nomb.	Logarithmes.	Différ.	Nomb.	Logarithmes.	Différ.	Nomb.	Logarithmes.	Différ.	Nomb.	Logarithmes.	Différ.	Nomb.	Logarithmes.	Différ.

Nomb.	Logarithmes.	Differ.	Nomb.	Logarithmes.	Differ.	Nomb.	Logarithmes.	Differ.	Nomb.	Logarithmes.	Differ.	Nomb.	Logarithmes.	Differ.
8000	9030900	543	8050	9057959	539	8100	9084850	536	8150	9111576	533	8200	9138139	529
8001	9031443	542	8051	9058498	540	8101	9085386	536	8151	9112109	533	8201	9138668	530
8002	9031985	543	8052	9059038	539	8102	9085922	536	8152	9112642	532	8202	9139198	529
8003	9032528	543	8053	9059577	539	8103	9086458	536	8153	9113174	533	8203	9139727	530
8004	9033071	542	8054	9060116	539	8104	9086994	536	8154	9113707	533	8204	9140257	529
8005	9033613	543	8055	9060655	540	8105	9087530	536	8155	9114240	532	8205	9140786	529
8006	9034156	542	8056	9061195	539	8106	9088066	536	8156	9114772	533	8206	9141315	529
8007	9034698	543	8057	9061734	539	8107	9088602	535	8157	9115305	532	8207	9141844	529
8008	9035241	542	8058	9062273	539	8108	9089137	536	8158	9115837	532	8208	9142373	530
8009	9035783	542	8059	9062812	538	8109	9089673	536	8159	9116369	533	8209	9142903	529
8010	9036325	542	8060	9063350	539	8110	9090209	535	8160	9116902	532	8210	9143432	529
8011	9036867	542	8061	9063889	539	8111	9090744	535	8161	9117434	532	8211	9143961	528
8012	9037409	542	8062	9064428	539	8112	9091279	536	8162	9117966	532	8212	9144489	529
8013	9037951	542	8063	9064967	538	8113	9091815	535	8163	9118498	532	8213	9145018	529
8014	9038493	542	8064	9065505	539	8114	9092350	535	8164	9119030	532	8214	9145547	529
8015	9039035	542	8065	9066044	538	8115	9092885	535	8165	9119562	532	8215	9146076	528
8016	9039577	542	8066	9066582	539	8116	9093420	535	8166	9120094	532	8216	9146604	529
8017	9040119	542	8067	9067121	538	8117	9093955	535	8167	9120626	531	8217	9147133	528
8018	9040661	541	8068	9067659	538	8118	9094490	535	8168	9121157	532	8218	9147661	529
8019	9041202	542	8069	9068197	538	8119	9095025	535	8169	9121689	532	8219	9148190	528
8020	9041744	541	8070	9068735	538	8120	9095560	535	8170	9122221	531	8220	9148718	528
8021	9042285	542	8071	9069273	539	8121	9096095	535	8171	9122752	532	8221	9149246	529
8022	9042827	541	8072	9069812	538	8122	9096630	535	8172	9123284	531	8222	9149775	528
8023	9043368	541	8073	9070350	537	8123	9097165	534	8173	9123815	531	8223	9150303	528
8024	9043909	541	8074	9070887	538	8124	9097699	535	8174	9124346	532	8224	9150831	528
8025	9044450	542	8075	9071425	538	8125	9098234	534	8175	9124878	531	8225	9151359	528
8026	9044992	541	8076	9071963	538	8126	9098768	535	8176	9125409	531	8226	9151887	528
8027	9045533	541	8077	9072501	537	8127	9099303	534	8177	9125940	531	8227	9152415	528
8028	9046074	541	8078	9073038	538	8128	9099837	534	8178	9126471	531	8228	9152943	528
8029	9046615	540	8079	9073576	538	8129	9100371	534	8179	9127002	531	8229	9153471	527
8030	9047155	541	8080	9074114	537	8130	9100905	535	8180	9127533	531	8230	9153998	528
8031	9047696	541	8081	9074651	537	8131	9101440	534	8181	9128064	531	8231	9154526	528
8032	9048237	541	8082	9075188	538	8132	9101974	534	8182	9128595	531	8232	9155054	527
8033	9048778	540	8083	9075726	537	8133	9102508	534	8183	9129126	530	8233	9155581	528
8034	9049318	541	8084	9076263	537	8134	9103042	534	8184	9129656	531	8234	9156109	527
8035	9049859	540	8085	9076800	537	8135	9103576	533	8185	9130187	530	8235	9156636	527
8036	9050399	541	8086	9077337	537	8136	9104109	534	8186	9130717	531	8236	9157163	528
8037	9050940	540	8087	9077874	537	8137	9104643	534	8187	9131248	530	8237	9157691	527
8038	9051480	540	8088	9078411	537	8138	9105177	533	8188	9131778	531	8238	9158218	527
8039	9052020	540	8089	9078948	537	8139	9105710	534	8189	9132309	530	8239	9158745	527
8040	9052560	541	8090	9079485	537	8140	9106244	534	8190	9132839	530	8240	9159272	527
8041	9053101	540	8091	9080022	537	8141	9106778	533	8191	9133369	530	8241	9159799	527
8042	9053641	540	8092	9080559	536	8142	9107311	533	8192	9133899	531	8242	9160326	527
8043	9054181	540	8093	9081095	537	8143	9107844	534	8193	9134430	530	8243	9160853	527
8044	9054721	539	8094	9081632	537	8144	9108378	533	8194	9134960	530	8244	9161380	527
8045	9055260	540	8095	9082169	536	8145	9108911	533	8195	9135490	529	8245	9161907	526
8046	9055800	540	8096	9082705	536	8146	9109444	533	8196	9136019	530	8246	9162433	527
8047	9056340	540	8097	9083241	537	8147	9109977	533	8197	9136549	530	8247	9162960	527
8048	9056880	539	8098	9083778	536	8148	9110510	533	8198	9137079	530	8248	9163487	526
8049	9057419	540	8099	9084314	536	8149	9111043	533	8199	9137609	530	8249	9164013	526
8050	9057959		8100	9084850		8150	9111576		8200	9138139		8250	9164539	
Nomb.	Logarithmes.	Differ.	Nomb.	Logarithmes.	Differ.	Nomb.	Logarithmes.	Differ.	Nomb.	Logarithmes.	Differ.	Nomb.	Logarithmes.	Differ.

Nomb.	Logarithmes.	Différ.	Nomb.	Logarithmes.	Différ.	Nomb.	Logarithmes.	Différ.	Nomb.	Logarithmes.	Différ.	Nomb.	Logarithmes.	Différ.
8250	9164539	527	8300	9190781	523	8350	9216865	520	8400	9242793	517	8450	9268567	514
8251	9165066	526	8301	9191304	523	8351	9217385	520	8401	9243310	517	8451	9269081	514
8252	9165592	526	8302	9191827	523	8352	9217905	520	8402	9243827	517	8452	9269595	514
8253	9166118	527	8303	9192350	523	8353	9218425	520	8403	9244344	516	8453	9270109	513
8254	9166645	526	8304	9192873	523	8354	9218945	520	8404	9244860	517	8454	9270622	514
8255	9167171	526	8305	9193396	523	8355	9219465	519	8405	9245377	517	8455	9271136	514
8256	9167697	526	8306	9193919	523	8356	9219984	520	8406	9245894	516	8456	9271650	513
8257	9168223	526	8307	9194442	523	8357	9220504	520	8407	9246410	517	8457	9272163	514
8258	9168749	526	8308	9194965	523	8358	9221024	519	8408	9246927	517	8458	9272677	513
8259	9169275	525	8309	9195488	522	8359	9221543	520	8409	9247444	516	8459	9273190	514
8260	9169800	526	8310	9196010	523	8360	9222063	519	8410	9247960	516	8460	9273704	513
8261	9170326	526	8311	9196533	522	8361	9222582	520	8411	9248476	517	8461	9274217	513
8262	9170852	526	8312	9197055	523	8362	9223102	519	8412	9248993	516	8462	9274730	513
8263	9171378	525	8313	9197578	522	8363	9223621	519	8413	9240509	516	8463	9275243	514
8264	9171903	526	8314	9198100	523	8364	9224140	519	8414	9250025	516	8464	9275757	513
8265	9172429	525	8315	9198623	522	8365	9224659	520	8415	9250541	516	8465	9276270	513
8266	9172954	525	8316	9199145	522	8366	9225179	519	8416	9251057	516	8466	9276783	513
8267	9173479	526	8317	9199667	522	8367	9225698	519	8417	9251573	516	8467	9277296	512
8268	9174005	525	8318	9200189	522	8368	9226217	519	8418	9252089	516	8468	9277808	513
8269	9174530	525	8319	9200711	522	8369	9226736	519	8419	9252605	516	8469	9278321	513
8270	9175055	525	8320	9201233	522	8370	9227255	518	8420	9253121	516	8470	9278834	513
8271	9175580	525	8321	9201755	522	8371	9227773	519	8421	9253637	515	8471	9279347	512
8272	9176105	525	8322	9202277	522	8372	9228292	519	8422	9254152	516	8472	9279859	513
8273	9176630	525	8323	9202799	522	8373	9228811	519	8423	9254668	516	8473	9280372	513
8274	9177155	525	8324	9203321	521	8374	9229330	518	8424	9255184	515	8474	9280885	512
8275	9177680	525	8325	9203842	522	8375	9229848	519	8425	9255699	516	8475	9281397	512
8276	9178205	525	8326	9204364	522	8376	9230367	518	8426	9256215	515	8476	9281909	513
8277	9178730	524	8327	9204886	521	8377	9230885	519	8427	9256730	515	8477	9282422	512
8278	9179254	525	8328	9205407	522	8378	9231404	518	8428	9257245	516	8478	9282934	512
8279	9179779	524	8329	9205929	521	8379	9231922	518	8429	9257761	515	8479	9283446	513
8280	9180303	525	8330	9206450	521	8380	9232440	518	8430	9258276	515	8480	9283959	512
8281	9180828	524	8331	9206971	522	8381	9232958	519	8431	9258791	515	8481	9284471	512
8282	9181352	525	8332	9207493	521	8382	9233477	518	8432	9259306	515	8482	9284983	512
8283	9181877	524	8333	9208014	521	8383	9233995	518	8433	9259821	515	8483	9285495	512
8284	9182401	524	8334	9208535	521	8384	9234513	518	8434	9260336	515	8484	9286007	511
8285	9182925	524	8335	9209056	521	8385	9235031	518	8435	9260851	515	8485	9286518	512
8286	9183449	524	8336	9209577	521	8386	9235549	517	8436	9261366	514	8486	9287030	512
8287	9183973	524	8337	9210098	521	8387	9236066	518	8437	9261880	515	8487	9287542	512
8288	9184497	524	8338	9210619	521	8388	9236584	518	8438	9262395	515	8488	9288054	511
8289	9185021	524	8339	9211140	521	8389	9237102	518	8439	9262910	514	8489	9288565	512
8290	9185545	524	8340	9211661	520	8390	9237620	517	8440	9263424	515	8490	9289077	511
8291	9186069	524	8341	9212181	521	8391	9238137	518	8441	9263939	514	8491	9289588	512
8292	9186593	524	8342	9212702	520	8392	9238655	517	8442	9264453	515	8492	9290100	511
8293	9187117	523	8343	9213222	521	8393	9239172	518	8443	9264968	514	8493	9290611	512
8294	9187640	524	8344	9213743	520	8394	9239690	517	8444	9265482	515	8494	9291123	511
8295	9188164	523	8345	9214263	521	8395	9240207	517	8445	9265997	514	8495	9291634	511
8296	9188687	524	8346	9214784	520	8396	9240724	518	8446	9266511	514	8496	9292145	511
8297	9189211	523	8347	9215304	520	8397	9241242	517	8447	9267025	514	8497	9292656	511
8298	9189734	524	8348	9215824	521	8398	9241759	517	8448	9267539	514	8498	9293167	511
8299	9190258	523	8349	9216345	520	8399	9242276	517	8449	9268053	514	8499	9293678	511
8300	9190781		8350	9216865		8400	9242793		8450	9268567		8500	9294189	
Nomb.	Logarithmes.	Différ.	Nomb.	Logarithmes.	Différ.	Nomb.	Logarithmes.	Différ.	Nomb.	Logarithmes.	Différ.	Nomb.	Logarithmes.	Différ.

Nomb.	Logarithmes.	Differ.	Nomb.	Logarithmes.	Differ.	Nomb.	Logarithmes.	Differ.	Nomb.	Logarithmes.	Differ.	Nomb.	Logarithmes.	Differ.
8500	9294189	511	8550	9319661	508	8600	9344985	504	8650	9370161	502	8700	9395193	499
8501	9294700	511	8551	9320169	508	8601	9345489	505	8651	9370663	502	8701	9395692	499
8502	9295211	511	8552	9320677	508	8602	9345994	505	8652	9371165	502	8702	9396191	499
8503	9295722	511	8553	9321185	507	8603	9346499	505	8653	9371667	502	8703	9396690	499
8504	9296233	510	8554	9321692	508	8604	9347004	505	8654	9372169	502	8704	9397189	499
8505	9296743	511	8555	9322200	508	8605	9347509	504	8655	9372671	501	8705	9397688	499
8506	9297254	510	8556	9322708	507	8606	9348013	505	8656	9373172	502	8706	9398187	498
8507	9297764	511	8557	9323215	508	8607	9348518	505	8657	9373674	502	8707	9398685	499
8508	9298275	510	8558	9323723	507	8608	9349023	504	8658	9374176	501	8708	9399184	499
8509	9298785	511	8559	9324230	508	8609	9349527	505	8659	9374677	502	8709	9399683	499
8510	9299296	510	8560	9324738	507	8610	9350032	504	8660	9375179	501	8710	9400182	498
8511	9299806	510	8561	9325245	507	8611	9350536	504	8661	9375680	502	8711	9400680	499
8512	9300316	510	8562	9325752	507	8612	9351040	504	8662	9376182	501	8712	9401179	498
8513	9300826	510	8563	9326259	508	8613	9351544	505	8663	9376683	501	8713	9401677	499
8514	9301336	511	8564	9326767	507	8614	9352049	504	8664	9377184	502	8714	9402176	498
8515	9301847	510	8565	9327274	507	8615	9352553	504	8665	9377686	501	8715	9402674	498
8516	9302357	509	8566	9327781	507	8616	9353057	504	8666	9378187	501	8716	9403172	498
8517	9302866	510	8567	9328288	507	8617	9353561	504	8667	9378688	501	8717	9403670	499
8518	9303376	510	8568	9328795	506	8618	9354065	504	8668	9379189	501	8718	9404169	498
8519	9303886	510	8569	9329301	507	8619	9354569	504	8669	9379690	501	8719	9404667	498
8520	9304396	510	8570	9329808	507	8620	9355073	503	8670	9380191	501	8720	9405165	498
8521	9304906	509	8571	9330315	507	8621	9355576	504	8671	9380692	501	8721	9405663	498
8522	9305415	510	8572	9330822	506	8622	9356080	504	8672	9381193	500	8722	9406161	498
8523	9305925	509	8573	9331328	507	8623	9356584	503	8673	9381693	501	8723	9406659	498
8524	9306434	510	8574	9331835	506	8624	9357087	504	8674	9382194	501	8724	9407157	497
8525	9306944	509	8575	9332341	507	8625	9357591	504	8675	9382695	500	8725	9407654	498
8526	9307453	510	8576	9332848	506	8626	9358095	503	8676	9383195	501	8726	9408152	498
8527	9307963	509	8577	9333354	506	8627	9358598	503	8677	9383696	500	8727	9408650	497
8528	9308472	509	8578	9333860	507	8628	9359101	504	8678	9384196	501	8728	9409147	498
8529	9308981	509	8579	9334367	506	8629	9359605	503	8679	9384697	500	8729	9409645	497
8530	9309490	509	8580	9334873	506	8630	9360108	503	8680	9385197	501	8730	9410142	498
8531	9309999	509	8581	9335379	506	8631	9360611	503	8681	9385698	500	8731	9410640	497
8532	9310508	509	8582	9335885	506	8632	9361114	503	8682	9386198	500	8732	9411137	498
8533	9311017	509	8583	9336391	506	8633	9361617	503	8683	9386698	500	8733	9411635	497
8534	9311526	509	8584	9336897	506	8634	9362120	503	8684	9387198	500	8734	9412132	497
8535	9312035	509	8585	9337403	506	8635	9362623	503	8685	9387698	500	8735	9412629	497
8536	9312544	509	8586	9337909	506	8636	9363126	503	8686	9388198	500	8736	9413126	497
8537	9313053	509	8587	9338415	505	8637	9363629	503	8687	9388698	500	8737	9413623	497
8538	9313562	508	8588	9338920	506	8638	9364132	503	8688	9389198	500	8738	9414120	497
8539	9314070	509	8589	9339426	506	8639	9364635	502	8689	9389698	500	8739	9414617	497
8540	9314579	508	8590	9339932	505	8640	9365137	503	8690	9390198	499	8740	9415114	497
8541	9315087	509	8591	9340437	506	8641	9365640	505	8691	9390697	500	8741	9415611	497
8542	9315596	508	8592	9340943	505	8642	9366145	502	8692	9391197	500	8742	9416108	497
8543	9316104	508	8593	9341448	505	8643	9366645	503	8693	9391697	499	8743	9416605	496
8544	9316112	509	8594	9341953	506	8644	9367148	502	8694	9392196	500	8744	9417101	497
8545	9317121	508	8595	9342459	505	8645	9367650	502	8695	9392696	499	8745	9417598	497
8546	9317629	508	8596	9342964	505	8646	9368152	503	8696	9393195	500	8746	9418095	496
8547	9318137	508	8597	9343469	505	8647	9368655	502	8697	9393695	499	8747	9418591	497
8548	9318645	508	8598	9343974	505	8648	9369157	502	8698	9394194	499	8748	9419088	496
8549	9319153	508	8599	9344479	506	8649	9369659	502	8699	9394693	500	8749	9419584	497
8550	9319661		8600	9344985		8650	9370161		8700	9395193		8750	9420081	
Nomb.	Logarithmes.	Differ.	Nomb.	Logarithmes.	Differ.	Nomb.	Logarithmes.	Differ.	Nomb.	Logarithmes.	Differ.	Nomb.	Logarithmes.	Differ.

Nomb.	Logarithmes.	Différ.
8750	9420081	496
8751	9420577	496
8752	9421073	496
8753	9421569	496
8754	9422065	497
8755	9422562	496
8756	9423058	495
8757	9423553	496
8758	9424049	496
8759	9424545	496
8760	9425041	496
8761	9425537	495
8762	9426032	496
8763	9426528	496
8764	9427024	495
8765	9427519	496
8766	9428015	495
8767	9428510	495
8768	9429005	496
8769	9429501	495
8770	9429996	495
8771	9430491	495
8772	9430986	495
8773	9431481	495
8774	9431976	495
8775	9432471	495
8776	9432966	495
8777	9433461	495
8778	9433956	494
8779	9434450	495
8780	9434945	495
8781	9435440	494
8782	9435934	495
8783	9436429	494
8784	9436923	495
8785	9437418	494
8786	9437912	494
8787	9438406	494
8788	9438900	495
8789	9439395	494
8790	9439889	494
8791	9440383	494
8792	9440877	494
8793	9441371	494
8794	9441865	493
8795	9442358	494
8796	9442852	494
8797	9443346	494
8798	9443840	493
8799	9444333	494
8800	9444827	

Nomb.	Logarithmes.	Différ.
8800	9444827	493
8801	9445320	494
8802	9445814	493
8803	9446307	493
8804	9446800	494
8805	9447294	493
8806	9447787	493
8807	9448280	493
8808	9448773	493
8809	9449266	493
8810	9449759	493
8811	9450252	493
8812	9450745	493
8813	9451238	492
8814	9451730	493
8815	9452223	493
8816	9452716	492
8817	9453208	493
8818	9453701	492
8819	9454193	493
8820	9454686	492
8821	9455178	493
8822	9455671	492
8823	9456163	492
8824	9456655	492
8825	9457147	492
8826	9457639	492
8827	9458131	492
8828	9458623	492
8829	9459115	492
8830	9459607	492
8831	9460099	492
8832	9460591	491
8833	9461082	492
8834	9461574	492
8835	9462066	491
8836	9462557	492
8837	9463049	491
8838	9463540	491
8839	9464031	492
8840	9464523	491
8841	9465014	491
8842	9465505	491
8843	9465996	491
8844	9466487	491
8845	9466978	491
8846	9467469	491
8847	9467960	491
8848	9468451	491
8849	9468942	491
8850	9469433	

Nomb.	Logarithmes.	Différ.
8850	9469433	490
8851	9469923	491
8852	9470414	491
8853	9470905	490
8854	9471395	491
8855	9471886	490
8856	9472376	490
8857	9472866	491
8858	9473357	490
8859	9473847	490
8860	9474337	490
8861	9474827	490
8862	9475317	490
8863	9475807	490
8864	9476297	490
8865	9476787	490
8866	9477277	490
8867	9477767	490
8868	9478257	490
8869	9478747	489
8870	9479236	490
8871	9479726	489
8872	9480215	490
8873	9480705	489
8874	9481194	490
8875	9481684	489
8876	9482173	489
8877	9482662	489
8878	9483151	490
8879	9483641	489
8880	9484130	489
8881	9484619	489
8882	9485108	489
8883	9485597	488
8884	9486085	489
8885	9486574	489
8886	9487063	489
8887	9487552	488
8888	9488040	489
8889	9488529	489
8890	9489018	488
8891	9489506	489
8892	9489995	488
8893	9490483	488
8894	9490971	489
8895	9491460	488
8896	9491948	488
8897	9492436	488
8898	9492924	488
8899	9493412	488
8900	9493900	

Nomb.	Logarithmes.	Différ.
8900	9493900	488
8901	9494388	488
8902	9494876	488
8903	9495364	488
8904	9495852	487
8905	9496339	488
8906	9496827	488
8907	9497315	487
8908	9497802	488
8909	9498290	487
8910	9498777	487
8911	9499264	488
8912	9499752	487
8913	9500239	487
8914	9500726	487
8915	9501213	488
8916	9501701	487
8917	9502188	487
8918	9502675	487
8919	9503162	487
8920	9503649	486
8921	9504135	487
8922	9504622	487
8923	9505109	487
8924	9505596	486
8925	9506082	487
8926	9506569	486
8927	9507055	487
8928	9507542	486
8929	9508028	487
8930	9508515	486
8931	9509001	486
8932	9509487	486
8933	9509973	486
8934	9510459	487
8935	9510946	486
8936	9511432	486
8937	9511918	486
8938	9512404	485
8939	9512889	486
8940	9513375	486
8941	9513861	486
8942	9514347	485
8943	9514832	486
8944	9515318	485
8945	9515803	486
8946	9516289	485
8947	9516774	486
8948	9517260	485
8949	9517745	485
8950	9518230	

Nomb.	Logarithmes.	Différ.
8950	9518230	486
8951	9518716	485
8952	9519201	485
8953	9519686	485
8954	9520171	485
8955	9520656	485
8956	9521141	485
8957	9521626	485
8958	9522111	484
8959	9522595	485
8960	9523080	485
8961	9523565	484
8962	9524049	485
8963	9524534	484
8964	9525018	485
8965	9525503	484
8966	9525987	485
8967	9526472	484
8968	9526956	484
8969	9527440	484
8970	9527924	485
8971	9528409	484
8972	9528893	484
8973	9529377	484
8974	9529861	484
8975	9530345	483
8976	9530828	484
8977	9531312	484
8978	9531796	484
8979	9532280	483
8980	9532763	484
8981	9533247	484
8982	9533731	483
8983	9534214	483
8984	9534697	484
8985	9535181	483
8986	9535664	483
8987	9536147	484
8988	9536631	483
8989	9537114	483
8990	9537597	483
8991	9538080	483
8992	9538563	483
8993	9539046	483
8994	9539529	483
8995	9540012	482
8996	9540494	483
8997	9540977	483
8998	9541460	483
8999	9541943	482
9000	9542425	

Nomb.	Logarithmes.	Differ.	Nomb.	Logarithmes.	Differ.	Nomb.	Logarithmes.	Differ.	Nomb.	Logarithmes.	Differ.	Nomb.	Logarithmes.	Differ.
9000	9542425	483	9050	9566486	480	9100	9590414	477	9150	9614211	475	9200	9637878	472
9001	9542908	482	9051	9566966	479	9101	9590891	477	9151	9614686	474	9201	9638350	472
9002	9543390	483	9052	9567445	480	9102	9591368	477	9152	9615160	475	9202	9638822	472
9003	9543873	482	9053	9567925	480	9103	9591845	477	9153	9615635	474	9203	9639294	472
9004	9544355	482	9054	9568405	480	9104	9592322	478	9154	9616109	474	9204	9639766	472
9005	9544837	482	9055	9568885	479	9105	9592800	476	9155	9616583	475	9205	9640238	472
9006	9545319	483	9056	9569364	480	9106	9593276	477	9156	9617058	474	9206	9640710	471
9007	9545802	482	9057	9569844	479	9107	9593753	477	9157	9617532	474	9207	9641181	472
9008	9546284	482	9058	9570323	480	9108	9594230	477	9158	9618006	475	9208	9641653	472
9009	9546766	482	9059	9570803	479	9109	9594707	477	9159	9618481	474	9209	9642125	471
9010	9547248	482	9060	9571282	479	9110	9595184	476	9160	9618955	474	9210	9642596	472
9011	9547730	482	9061	9571761	480	9111	9595660	477	9161	9619429	474	9211	9643068	471
9012	9548212	482	9062	9572241	479	9112	9596137	477	9162	9619903	474	9212	9643539	472
9013	9548694	482	9063	9572720	479	9113	9596614	476	9163	9620377	474	9213	9644011	471
9014	9549176	481	9064	9573199	479	9114	9597090	477	9164	9620851	474	9214	9644482	471
9015	9549657	482	9065	9573678	479	9115	9597567	476	9165	9621325	474	9215	9644953	472
9016	9550139	482	9066	9574157	479	9116	9598043	477	9166	9621799	473	9216	9645425	471
9017	9550621	481	9067	9574636	479	9117	9598520	476	9167	9622272	474	9217	9645896	471
9018	9551102	482	9068	9575115	479	9118	9598996	476	9168	9622746	474	9218	9646367	471
9019	9551584	481	9069	9575594	479	9119	9599472	476	9169	9623220	473	9219	9646838	471
9020	9552065	482	9070	9576073	479	9120	9599948	477	9170	9623693	474	9220	9647309	471
9021	9552547	481	9071	9576552	478	9121	9600425	476	9171	9624167	473	9221	9647780	471
9022	9553028	482	9072	9577030	479	9122	9600901	476	9172	9624640	474	9222	9648251	471
9023	9553510	481	9073	9577509	479	9123	9601377	476	9173	9625114	473	9223	9648722	471
9024	9553991	481	9074	9577988	478	9124	9601853	476	9174	9625587	474	9224	9649193	471
9025	9554472	481	9075	9578466	479	9125	9602329	476	9175	9626061	473	9225	9649664	471
9026	9554953	481	9076	9578945	478	9126	9602805	476	9176	9626534	473	9226	9650135	470
9027	9555434	482	9077	9579423	479	9127	9603281	475	9177	9627007	474	9227	9650605	471
9028	9555916	481	9078	9579902	478	9128	9603756	476	9178	9627481	473	9228	9651076	470
9029	9556397	481	9079	9580380	478	9129	9604232	476	9179	9627954	473	9229	9651546	471
9030	9556878	480	9080	9580858	479	9130	9604708	475	9180	9628427	473	9230	9652017	471
9031	9557358	481	9081	9581337	478	9131	9605183	476	9181	9628900	473	9231	9652488	470
9032	9557839	481	9082	9581815	478	9132	9605659	476	9182	9629373	473	9232	9652958	470
9033	9558320	481	9083	9582293	478	9133	9606135	475	9183	9629846	473	9233	9653428	471
9034	9558801	481	9084	9582771	478	9134	9606610	476	9184	9630319	473	9234	9653899	470
9035	9559282	480	9085	9583249	478	9135	9607086	475	9185	9630792	472	9235	9654369	470
9036	9559762	481	9086	9583727	478	9136	9607561	475	9186	9631264	473	9236	9654839	470
9037	9560243	480	9087	9584205	478	9137	9608036	476	9187	9631737	473	9237	9655309	471
9038	9560723	481	9088	9584683	478	9138	9608512	475	9188	9632210	473	9238	9655780	470
9039	9561204	480	9089	9585161	478	9139	9608987	475	9189	9632683	472	9239	9656250	470
9040	9561684	481	9090	9585639	478	9140	9609462	475	9190	9633155	473	9240	9656720	470
9041	9562165	480	9091	9586117	477	9141	9609937	475	9191	9633628	472	9241	9657190	470
9042	9562645	480	9092	9586594	478	9142	9610412	475	9192	9634100	473	9242	9657660	470
9043	9563125	481	9093	9587072	477	9143	9610887	475	9193	9634573	472	9243	9658130	469
9044	9563606	480	9094	9587549	478	9144	9611362	475	9194	9635045	472	9244	9658599	470
9045	9564086	480	9095	9588027	478	9145	9611837	475	9195	9635517	473	9245	9659069	470
9046	9564566	480	9096	9588505	477	9146	9612312	475	9196	9635990	472	9246	9659539	470
9047	9565046	480	9097	9588982	477	9147	9612787	475	9197	9636462	472	9247	9660009	469
9048	9565526	480	9098	9589459	478	9148	9613262	474	9198	9636934	472	9248	9660478	470
9049	9566006	480	9099	9589937	477	9149	9613736	475	9199	9637406	472	9249	9660948	469
9050	9566486		9100	9590414		9150	9614211		9200	9637878		9250	9661417	
Nomb.	Logarithmes.	Differ.	Nomb.	Logarithmes.	Differ.	Nomb.	Logarithmes.	Differ.	Nomb.	Logarithmes.	Differ.	Nomb.	Logarithmes.	Differ.

Nomb.	Logarithmes.	Différ.	Nomb.	Logarithmes.	Différ.	Nomb.	Logarithmes.	Différ.	Nomb.	Logarithmes.	Différ.	Nomb.	Logarithmes.	Différ.
9250	9661417	470	9300	9684829	467	9350	9708116	465	9400	9731279	462	9450	9754318	460
9251	9661887	469	9301	9685296	467	9351	9708581	464	9401	9731741	461	9451	9754778	459
9252	9662356	470	9302	9685763	467	9352	9709045	464	9402	9732202	462	9452	9755237	460
9253	9662826	469	9303	9686230	467	9353	9709509	465	9403	9732664	462	9453	9755697	459
9254	9663295	469	9304	9686697	467	9354	9709974	464	9404	9733126	462	9454	9756156	459
9255	9663764	469	9305	9687164	466	9355	9710438	464	9405	9733588	462	9455	9756615	460
9256	9664233	470	9306	9687630	467	9356	9710902	464	9406	9734050	461	9456	9757075	459
9257	9664703	469	9307	9688097	467	9357	9711366	464	9407	9734511	462	9457	9757534	459
9258	9665172	469	9308	9688564	466	9358	9711830	464	9408	9734973	462	9458	9757993	459
9259	9665641	469	9309	9689030	467	9359	9712294	464	9409	9735435	461	9459	9758452	459
9260	9666110	469	9310	9689497	466	9360	9712758	464	9410	9735896	462	9460	9758911	459
9261	9666579	469	9311	9689963	467	9361	9713222	464	9411	9736358	461	9461	9759370	459
9262	9667048	469	9312	9690430	466	9362	9713686	464	9412	9736819	462	9462	9759829	459
9263	9667517	468	9313	9690896	466	9363	9714150	464	9413	9737281	461	9463	9760288	459
9264	9667985	469	9314	9691362	467	9364	9714614	464	9414	9737742	461	9464	9760747	459
9265	9668454	469	9315	9691829	466	9365	9715078	464	9415	9738203	461	9465	9761206	459
9266	9668923	469	9316	9692295	466	9366	9715542	463	9416	9738664	462	9466	9761665	459
9267	9669392	468	9317	9692761	466	9367	9716005	464	9417	9739126	461	9467	9762124	458
9268	9669860	469	9318	9693227	466	9368	9716469	463	9418	9739587	461	9468	9762582	459
9269	9670329	468	9319	9693693	466	9369	9716932	464	9419	9740048	461	9469	9763041	459
9270	9670797	469	9320	9694159	466	9370	9717396	463	9420	9740509	461	9470	9763500	458
9271	9671266	468	9321	9694625	466	9371	9717859	464	9421	9740970	461	9471	9763958	459
9272	9671734	469	9322	9695091	466	9372	9718323	463	9422	9741431	461	9472	9764417	458
9273	9672203	468	9323	9695557	466	9373	9718786	463	9423	9741892	461	9473	9764875	459
9274	9672671	468	9324	9696023	465	9374	9719249	464	9424	9742353	461	9474	9765334	458
9275	9673139	468	9325	9696488	466	9375	9719713	463	9425	9742814	460	9475	9765792	459
9276	9673607	469	9326	9696954	466	9376	9720176	463	9426	9743274	461	9476	9766251	458
9277	9674076	468	9327	9697420	465	9377	9720639	463	9427	9743735	461	9477	9766709	458
9278	9674544	468	9328	9697885	466	9378	9721102	463	9428	9744196	460	9478	9767167	458
9279	9675012	468	9329	9698351	465	9379	9721565	463	9429	9744656	461	9479	9767625	458
9280	9675480	468	9330	9698816	466	9380	9722028	463	9430	9745117	460	9480	9768083	458
9281	9675948	468	9331	9699282	465	9381	9722491	463	9431	9745577	461	9481	9768541	459
9282	9676416	468	9332	9699747	466	9382	9722954	463	9432	9746038	460	9482	9769000	458
9283	9676884	467	9333	9700213	465	9383	9723417	463	9433	9746498	461	9483	9769458	457
9284	9677351	468	9334	9700678	465	9384	9723880	463	9434	9746959	460	9484	9769915	458
9285	9677819	468	9335	9701143	465	9385	9724343	462	9435	9747419	460	9485	9770373	458
9286	9678287	467	9336	9701608	466	9386	9724805	463	9436	9747879	461	9486	9770831	458
9287	9678754	468	9337	9702074	465	9387	9725268	463	9437	9748340	460	9487	9771289	458
9288	9679222	468	9338	9702539	465	9388	9725731	462	9438	9748800	460	9488	9771747	457
9289	9679690	467	9339	9703004	465	9389	9726193	463	9439	9749260	460	9489	9772204	458
9290	9680157	468	9340	9703469	465	9390	9726656	462	9440	9749720	460	9490	9772662	458
9291	9680625	467	9341	9703934	465	9391	9727118	463	9441	9750180	460	9491	9773120	457
9292	9681092	467	9342	9704399	464	9392	9727581	462	9442	9750640	460	9492	9773577	458
9293	9681559	468	9343	9704863	465	9393	9728043	463	9443	9751100	460	9493	9774035	457
9294	9682027	467	9344	9705328	465	9394	9728506	462	9444	9751560	460	9494	9774492	458
9295	9682494	467	9345	9705793	465	9395	9728968	462	9445	9752020	459	9495	9774950	457
9296	9682961	467	9346	9706258	464	9396	9729430	462	9446	9752479	460	9496	9775407	457
9297	9683428	467	9347	9706722	465	9397	9729892	462	9447	9752939	460	9497	9775864	458
9298	9683895	467	9348	9707187	465	9398	9730354	462	9448	9753399	459	9498	9776322	457
9299	9684362	467	9349	9707652	464	9399	9730816	463	9449	9753858	460	9499	9776779	457
9300	9684829		9350	9708116		9400	9731279		9450	9754318		9500	9777236	
Nomb.	Logarithmes.	Différ.	Nomb.	Logarithmes.	Différ.	Nomb.	Logarithmes.	Différ.	Nomb.	Logarithmes.	Différ.	Nomb.	Logarithmes.	Différ.

Nomb.	Logarithmes.	Differ.	Nomb.	Logarithmes.	Differ.	Nomb.	Logarithmes.	Differ.	Nomb.	Logarithmes.	Differ.	Nomb.	Logarithmes.	Differ.
9500	9777236	457	9550	9800034	454	9600	9822712	453	9650	9845273	450	9700	9867717	448
9501	9777693	457	9551	9800488	455	9601	9823165	452	9651	9845723	450	9701	9868165	448
9502	9778150	457	9552	9800943	455	9602	9823617	452	9652	9846173	450	9702	9868613	447
9503	9778607	457	9553	9801398	454	9603	9824069	453	9653	9846623	450	9703	9869060	448
9504	9779064	457	9554	9801852	455	9604	9824522	452	9654	9847073	450	9704	9869508	447
9505	9779521	457	9555	9802307	454	9605	9824974	452	9655	9847523	450	9705	9869955	448
9506	9779978	457	9556	9802761	455	9606	9825426	452	9656	9847973	449	9706	9870403	447
9507	9780435	457	9557	9803216	454	9607	9825878	452	9657	9848422	450	9707	9870850	448
9508	9780892	456	9558	9803670	455	9608	9826330	452	9658	9848872	450	9708	9871298	447
9509	9781348	457	9559	9804125	454	9609	9826782	452	9659	9849322	449	9709	9871745	447
9510	9781805	457	9560	9804579	454	9610	9827234	452	9660	9849771	450	9710	9872192	448
9511	9782262	456	9561	9805033	454	9611	9827686	452	9661	9850221	449	9711	9872640	447
9512	9782718	457	9562	9805487	455	9612	9828138	451	9662	9850670	450	9712	9873087	447
9513	9783175	456	9563	9805942	454	9613	9828589	452	9663	9851120	449	9713	9873534	447
9514	9783631	457	9564	9806396	454	9614	9829041	452	9664	9851569	450	9714	9873981	447
9515	9784088	456	9565	9806850	454	9615	9829493	452	9665	9852019	449	9715	9874428	447
9516	9784544	457	9566	9807304	454	9616	9829945	451	9666	9852468	449	9716	9874875	447
9517	9785001	456	9567	9807758	454	9617	9830396	452	9667	9852917	449	9717	9875322	447
9518	9785457	456	9568	9808212	454	9618	9830848	451	9668	9853366	450	9718	9875769	447
9519	9785913	456	9569	9808666	453	9619	9831299	452	9669	9853816	449	9719	9876216	447
9520	9786369	457	9570	9809119	454	9620	9831751	451	9670	9854265	449	9720	9876663	446
9521	9786826	456	9571	9809573	454	9621	9832202	452	9671	9854714	449	9721	9877109	447
9522	9787282	456	9572	9810027	454	9622	9832654	451	9672	9855163	449	9722	9877556	447
9523	9787738	456	9573	9810481	453	9623	9833105	451	9673	9855612	449	9723	9878003	447
9524	9788194	456	9574	9810934	454	9624	9833556	451	9674	9856061	449	9724	9878450	446
9525	9788650	456	9575	9811388	453	9625	9834007	452	9675	9856510	449	9725	9878896	447
9526	9789106	456	9576	9811841	454	9626	9834459	451	9676	9856959	448	9726	9879343	446
9527	9789562	455	9577	9812295	453	9627	9834910	451	9677	9857407	449	9727	9879789	447
9528	9790017	456	9578	9812748	454	9628	9835361	451	9678	9857856	449	9728	9880236	446
9529	9790473	456	9579	9813202	453	9629	9835812	451	9679	9858305	449	9729	9880682	446
9530	9790929	456	9580	9813655	453	9630	9836263	451	9680	9858754	448	9730	9881128	447
9531	9791385	455	9581	9814108	454	9631	9836714	451	9681	9859202	449	9731	9881575	446
9532	9791840	456	9582	9814562	453	9632	9837165	451	9682	9859651	448	9732	9882021	446
9533	9792296	455	9583	9815015	453	9633	9837616	450	9683	9860099	449	9733	9882467	446
9534	9792751	456	9584	9815468	453	9634	9838066	451	9684	9860548	448	9734	9882913	447
9535	9793207	455	9585	9815921	453	9635	9838517	451	9685	9860996	449	9735	9883360	446
9536	9793662	456	9586	9816374	453	9636	9838968	451	9686	9861445	448	9736	9883806	446
9537	9794118	455	9587	9816827	453	9637	9839419	450	9687	9861893	448	9737	9884252	446
9538	9794573	455	9588	9817280	453	9638	9839869	451	9688	9862341	449	9738	9884698	446
9539	9795028	456	9589	9817733	453	9639	9840320	450	9689	9862790	448	9739	9885144	446
9540	9795484	455	9590	9818186	453	9640	9840770	451	9690	9863238	448	9740	9885590	445
9541	9795939	455	9591	9818639	453	9641	9841221	450	9691	9863686	448	9741	9886035	446
9542	9796394	455	9592	9819092	452	9642	9841671	451	9692	9864134	448	9742	9886481	446
9543	9796849	455	9593	9819544	453	9643	9842122	450	9693	9864582	448	9743	9886927	446
9544	9797304	455	9594	9819997	453	9644	9842572	450	9694	9865030	448	9744	9887373	445
9545	9797759	455	9595	9820450	452	9645	9843022	451	9695	9865478	448	9745	9887818	446
9546	9798214	455	9596	9820902	453	9646	9843473	450	9696	9865926	448	9746	9888264	446
9547	9798669	455	9597	9821355	452	9647	9843923	450	9697	9866374	448	9747	9888710	445
9548	9799124	455	9598	9821807	453	9648	9844373	450	9698	9866822	448	9748	9889155	446
9549	9799579	455	9599	9822260	452	9649	9844823	450	9699	9867270	447	9749	9889601	445
9550	9800034		9600	9822712		9650	9845273		9700	9867717		9750	9890046	
Nomb.	Logarithmes.	Differ.	Nomb.	Logarithmes.	Differ.	Nomb.	Logarithmes.	Differ.	Nomb.	Logarithmes.	Differ.	Nomb.	Logarithmes.	Differ.

Nomb.	Logarithmes.	Différ.
9750	9890046	446
9751	9890492	445
9752	9890937	445
9753	9891382	446
9754	9891828	445
9755	9892273	445
9756	9892718	445
9757	9893163	445
9758	9893608	445
9759	9894053	445
9760	9894498	445
9761	9894943	445
9762	9895388	445
9763	9895833	445
9764	9896278	444
9765	9896722	445
9766	9897167	445
9767	9897612	445
9768	9898057	444
9769	9898501	445
9770	9898946	444
9771	9899390	445
9772	9899835	444
9773	9900279	444
9774	9900723	445
9775	9901168	444
9776	9901612	444
9777	9902056	444
9778	9902500	444
9779	9902944	445
9780	9903389	444
9781	9903833	444
9782	9904277	444
9783	9904721	443
9784	9905164	444
9785	9905608	444
9786	9906052	444
9787	9906496	444
9788	9906940	443
9789	9907383	444
9790	9907827	444
9791	9908271	443
9792	9908714	444
9793	9909158	443
9794	9909601	443
9795	9910044	444
9796	9910488	443
9797	9910931	443
9798	9911374	444
9799	9911818	443
9800	9912261	

Nomb.	Logarithmes.	Différ.
9800	9912261	443
9801	9912704	443
9802	9913147	443
9803	9913590	443
9804	9914033	443
9805	9914476	443
9806	9914919	443
9807	9915362	443
9808	9915805	442
9809	9916247	443
9810	9916690	443
9811	9917133	442
9812	9917575	443
9813	9918018	443
9814	9918461	442
9815	9918903	442
9816	9919345	443
9817	9919788	442
9818	9920230	443
9819	9920673	442
9820	9921115	442
9821	9921557	442
9822	9921999	442
9823	9922441	443
9824	9922884	442
9825	9923326	442
9826	9923768	442
9827	9924210	441
9828	9924651	442
9829	9925093	442
9830	9925535	442
9831	9925977	442
9832	9926419	441
9833	9926860	442
9834	9927302	442
9835	9927744	441
9836	9928185	442
9837	9928627	441
9838	9929068	442
9839	9929510	441
9840	9929951	441
9841	9930392	442
9842	9930834	441
9843	9931275	441
9844	9931716	441
9845	9932157	441
9846	9932598	441
9847	9933039	441
9848	9933480	441
9849	9933921	441
9850	9934362	

Nomb.	Logarithmes.	Différ.
9850	9934362	441
9851	9934803	441
9852	9935244	441
9853	9935685	441
9854	9936126	440
9855	9936566	441
9856	9937007	441
9857	9937448	440
9858	9937888	441
9859	9938329	440
9860	9938769	441
9861	9939210	440
9862	9939650	440
9863	9940090	441
9864	9940531	440
9865	9940971	440
9866	9941411	440
9867	9941851	440
9868	9942291	440
9869	9942731	441
9870	9943172	440
9871	9943612	439
9872	9944051	440
9873	9944491	440
9874	9944931	440
9875	9945371	440
9876	9945811	440
9877	9946251	439
9878	9946690	440
9879	9947130	439
9880	9947569	440
9881	9948009	439
9882	9948448	440
9883	9948888	439
9884	9949327	440
9885	9949767	439
9886	9950206	439
9887	9950645	440
9888	9951085	439
9889	9951524	439
9890	9951963	439
9891	9952402	439
9892	9952841	439
9893	9953280	439
9894	9953719	439
9895	9954158	439
9896	9954597	439
9897	9955036	438
9898	9955474	439
9899	9955913	439
9900	9956352	

Nomb.	Logarithmes.	Différ.
9900	9956352	439
9901	9956791	438
9902	9957229	439
9903	9957668	438
9904	9958106	439
9905	9958545	438
9906	9958983	439
9907	9959422	438
9908	9959860	438
9909	9960298	439
9910	9960737	438
9911	9961175	438
9912	9961613	438
9913	9962051	438
9914	9962489	438
9915	9962927	438
9916	9963365	438
9917	9963803	438
9918	9964241	438
9919	9964679	438
9920	9965117	437
9921	9965554	438
9922	9965992	438
9923	9966430	438
9924	9966868	437
9925	9967305	438
9926	9967743	437
9927	9968180	438
9928	9968618	437
9929	9969055	437
9930	9969492	438
9931	9969930	437
9932	9970367	437
9933	9970804	438
9934	9971242	437
9935	9971679	437
9936	9972116	437
9937	9972553	437
9938	9972990	437
9939	9973427	437
9940	9973864	437
9941	9974301	437
9942	9974738	436
9943	9975174	437
9944	9975611	437
9945	9976048	437
9946	9976485	436
9947	9976921	437
9948	9977358	436
9949	9977794	437
9950	9978231	

Nomb.	Logarithmes.	Différ.
9950	9978231	436
9951	9978667	437
9952	9979104	436
9953	9979540	436
9954	9979976	437
9955	9980413	436
9956	9980849	436
9957	9981285	436
9958	9981721	436
9959	9982157	436
9960	9982593	436
9961	9983029	436
9962	9983465	436
9963	9983901	436
9964	9984337	436
9965	9984773	436
9966	9985209	436
9967	9985645	435
9968	9986080	436
9969	9986516	436
9970	9986952	435
9971	9987387	436
9972	9987823	435
9973	9988258	436
9974	9988694	435
9975	9989129	435
9976	9989564	436
9977	9990000	435
9978	9990435	435
9979	9990870	435
9980	9991305	436
9981	9991741	435
9982	9992176	435
9983	9992611	435
9984	9993046	435
9985	9993481	435
9986	9993916	434
9987	9994350	435
9988	9994785	435
9989	9995220	435
9990	9995655	435
9991	9996090	434
9992	9996524	435
9993	9996959	434
9994	9997393	435
9995	9997828	434
9996	9998262	435
9997	9998697	434
9998	9999131	435
9999	9999566	434
10000	10000000	

Nomb. Logarithmes. Différ. Nomb. Logarithmes. Différ. Nomb. Logarithmes. Différ. Nomb. Logarithmes. Différ. Nomb. Logarithmes. Différ.

TABLE DES LOGARITHMES,

DES NOMBRES PREMIERS, DEPUIS 1 JUSQU'A 1300, EXCLUSIVEMENT,

AVEC QUINZE DÉCIMALES.

Nombr.	Logarithmes.	Nombr.	Logarithmes.	Nombr.	Logarithmes.	Nombr.	Logarithmes.
1	00000 00000 00000 0	241	38201 70425 74868 3	577	76117 58131 55731 4	937	97173 95908 87778 2
2	30102 99956 63981 1	251	39967 37214 81038 1	587	76863 81012 47614 4	941	97358 96234 27256 9
3	47712 12547 19662 4	257	40993 31233 31294 5	593	77305 46933 64262 6	947	97634 99790 03273 4
5	69897 00043 36018 8	263	41995 57484 89757 8	599	77742 68223 89311 3	953	97909 29006 38526 4
7	84509 80400 14256 8	269	42975 22800 02407 9	601	77887 44720 02759 5	967	98542 64740 83001 6
11	04139 26851 58225 0	271	43296 92908 74405 7	607	78318 86910 75237 5	971	98721 92299 08004 8
13	11394 33523 06836 7	277	44247 97690 64448 5	613	78746 04745 18415 0	977	98989 45637 18773 0
17	23044 89213 78273 9	281	44870 63199 05079 8	617	79028 51640 33241 6	983	99255 35178 32135 6
19	27875 36009 52828 9	283	45178 64355 24290 2	619	79169 06490 20117 9	991	99607 36544 85275 3
23	36172 78360 17592 8	293	46686 76203 54109 4	631	80002 93592 44134 5	997	99869 51583 11655 7
29	46239 79978 98956 0	307	48713 83754 77186 4	641	80685 80295 18817 4	1009	00389 11662 36910 5
31	49136 16938 34272 6	311	49276 03890 26837 5	643	80821 09729 24222 0	1013	00560 94433 60280 4
37	56820 17240 66994 9	313	49554 43375 46448 4	647	81090 42806 68700 5	1019	00817 41840 06426 3
41	61278 38567 19735 4	317	50105 92622 17751 4	653	81491 31812 73075 9	1021	00902 57420 86910 2
43	63346 84555 79586 5	331	51982 79937 75718 7	659	81888 54145 94009 8	1031	01325 86652 83516 5
47	67209 78579 35717 4	337	52762 99008 71338 6	661	82020 14594 85640 2	1033	01410 03215 19620 5
53	72427 58696 00789 0	347	54032 94747 90873 7	673	82801 50642 23976 8	1039	01661 53473 57177 4
59	77085 20116 42144 1	349	54282 54269 59179 8	677	83058 86686 83144 3	1049	02077 04881 93557 8
61	78532 98350 10767 0	353	54777 47053 87822 5	683	83442 07036 81532 5	1051	02160 27160 28242 2
67	82607 48027 00826 4	359	55509 44485 78319 1	691	83947 80473 74197 4	1061	02571 53839 01540 6
71	85125 83487 19075 2	367	56466 60642 52089 3	701	84571 80179 66658 6	1063	02653 32643 23296 7
73	86332 28601 20455 9	373	57170 88318 08687 6	709	85064 62351 83066 5	1069	02897 77032 80778 0
79	89762 70912 90441 4	379	57863 92099 68072 2	719	85672 88903 82882 6	1087	03622 93440 86294 5
83	91907 80923 76073 9	383	58319 87739 68622 7	727	86153 44108 59037 8	1091	03782 47303 88341 8
89	94939 00066 44912 7	389	58994 96013 25707 7	733	86510 39746 41127 9	1093	03862 01619 49702 7
97	98677 17342 66244 8	397	59879 05067 63115 0	739	86864 44383 94823 7	1097	04020 66273 74711 1
101	00432 13737 82642 5	401	60314 43726 20182 5	743	87098 88137 60373 2	1103	04257 55124 40190 3
103	01283 72247 05172 2	409	61172 33080 07341 8	751	87563 99370 04168 5	1109	04493 15461 49160 0
107	02938 37776 85209 6	419	62221 40229 66295 5	757	87909 58795 00072 7	1117	04805 31731 15609 0
109	03742 64979 40623 6	421	62428 20958 35668 3	761	88138 46567 70372 8	1123	05037 97562 61437 7
113	05307 84434 83419 7	431	63447 72701 60731 6	769	88592 63398 01431 0	1129	05269 39419 24967 8
127	10380 37209 55956 8	433	63648 78963 53365 4	773	88817 94939 18524 9	1151	06107 53256 29791 8
131	11727 12956 55764 2	439	64246 45202 42121 5	787	89597 47323 59064 3	1153	06182 93072 94699 0
137	13672 05671 56406 7	443	64640 37262 23069 5	797	90145 83213 96112 3	1163	06557 97147 28448 4
139	14301 48002 54095 0	449	65224 63410 03323 1	809	90794 85216 12272 5	1171	06855 68930 72363 1
149	17318 62684 12274 0	457	65991 62000 69850 2	811	90902 08542 11136 0	1181	07224 98976 15514 7
151	17897 69472 93169 4	461	66370 09253 89648 1	821	91434 31571 19440 7	1187	07445 07189 54391 2
157	19589 96524 09233 7	463	66558 09910 17953 1	823	91539 98352 12269 8	1193	07664 04436 70541 8
163	21218 76044 03957 8	467	66931 68805 66112 1	827	91750 55095 52546 6	1201	07954 30074 02906 0
167	22271 64711 47583 2	479	68033 55134 14563 2	829	91855 43503 30273 5	1213	08386 08008 66572 9
173	23804 61031 28795 4	487	68752 89612 14634 5	839	92376 19608 28700 2	1217	08529 03782 30064 9
179	25285 30309 79893 1	491	69108 14921 22968 4	853	93094 90311 67523 0	1223	08742 64370 36285 4
181	25767 85748 69184 5	499	69810 05456 23389 9	857	93298 08219 25198 1	1229	08955 18828 86434 0
191	28103 33672 47727 5	503	70156 79850 33927 5	859	93399 31638 31242 3	1231	09025 80329 31316 3
193	28555 73090 07773 7	509	70671 77823 36738 7	863	93601 07957 13209 3	1237	09236 96996 29120 6
197	29446 62261 61592 9	521	71683 77232 99524 4	877	94299 95933 66040 5	1249	09656 24385 74135 5
199	29885 30764 09706 6	523	71850 16888 67274 2	881	94497 59084 12047 9	1259	10002 37301 07862 5
211	32428 24552 97692 6	541	73319 72651 06569 4	883	94596 07035 77568 5	1277	10619 08972 63415 3
223	34830 48630 48160 6	547	73798 73263 33430 7	887	94792 36198 31726 5	1279	10687 03444 78653 9
227	35602 58571 93122 7	557	74585 51951 75728 9	907	95760 72870 60093 2	1283	10822 66365 74928 5
229	35983 54823 39887 9	563	75050 83948 51346 2	911	95951 83769 72998 2	1289	11025 29173 55403 0
233	36735 59210 26018 9	569	75511 22663 93071 1	919	96331 55115 86111 2	1291	11092 62422 66420 5
239	37839 79009 48137 6	571	75663 61082 43848 0	929	96801 57139 93641 7	1297	11293 99760 84080 0

TABLE DES LOGARITHMES A SEPT DÉCIMALES,

DES

SINUS, TANGENTES, COSINUS,

ET COTANGENTES.

De 10 *en* 10 *Secondes centésimales pour les trois premiers et les trois derniers Grades du Quart de Cercle,*

et de Minute en Minute centésimale pour tous les autres Grades.

0 GRADE.

Minutes.	Second.	SINUS.	TANGENT.	COTANG.	COS.	Second.	Minutes.
0	00	0-0000000	0-0000000	0-0000000	0	00	100
	10	5-1961199	5-1961199	4-8038801	0	90	
	20	5-4971499	5-4971499	4-5028501	0	80	
	30	5-6732411	5-6732411	4-3267589	0	70	
	40	5-7981799	5-7981799	4-2018201	0	60	
0	50	5-8950899	5-8950899	4-1049101	0-000000 0	50	99
	60	5-9742711	5-9742711	4-0257289	0	40	
	70	6-0412179	6-0412179	3-9587821	0	30	
	80	6-0992099	6-0992099	3-9007901	0	20	
	90	6-1503624	6-1503624	3-8496376	0	10	
1	00	6-1961199	6-1961199	3-8038801	0	00	99
	10	6-2375126	6-2375126	3-7624874	0	90	
	20	6-2753011	6-2753011	3-7246989	0	80	
	30	6-3100632	6-3100632	3-6899396	0	70	
	40	6-3422479	6-3422479	3-6577521	0	60	
1	50	6-3722111	6-3722111	3-6277889	0-000000 0	50	98
	60	6-4002399	6-4002399	3-5997601	0	40	
	70	6-4265688	6-4265688	3-5734312	0	30	
	80	6-4513924	6-4513924	3-5486076	0	20	
	90	6-4748735	6-4748735	3-5251265	0	10	
2	00	6-4971499	6-4971499	3-5028501	0	00	98
	10	6-5183592	6-5183592	3-4816408	0	90	
	20	6-5385425	6-5385426	3·4614574	0	80	
	30	6-5578477	6-5578477	3-4421523	0	70	
	40	6-5763311	6-5763311	3-4236689	0	60	
2	50	6-5940599	6-5940599	3-4059401	0-000000 0	50	9
	60	6-6110932	6-6110932	3-3889068	0	40	
	70	6-6274836	6-6274837	3-3725163	0	30	
	80	6-6432779	6-6432779	3-3567221	0	20	
	90	6-6585179	6-6585179	3-3414821	0	10	
3	00	6-6732411	6-6732412	3-3267588	0	00	97
	10	6-6874816	6-6874816	3-3125184	9	90	
	20	6-7012698	6-7012699	3-2987301	9	80	
	30	6-7146338	6-4146339	3-2853661	9	70	
	40	6-7275988	6-7275988	3-2724012	9	60	
3	50	6-7401879	6-7401879	3-2598121	0-000000 9	50	96
	60	6-7524224	6-7524224	3-2475776	9	40	
	70	6-7643216	6-7643216	3-2356784	9	30	
	80	6-7759034	6-7759035	3-2240965	9	20	
	90	6-7871845	6-7871845	3-2128155	9	10	
4	00	6-7981798	6-7981799	3-2018201	9	00	96
	10	6-8089057	6-8089058	3-1910962	9	90	
	20	6-8193691	6-8193692	3-1806308	9	80	
	30	6-8295883	6-8295884	3-3704116	9	70	
	40	6-8395725	6-8395726	3-1604274	9	60	
4	50	6-8493324	6-8493325	3-1506675	9-999999 9	50	95
	60	6-8588777	6-8588778	3-1411222	9	40	
	70	6-8682177	6-8682178	3-1317822	9	30	
	80	6 8773611	6-8773612	3-1226388	9	20	
	90	6-8863159	6-8863160	3-1136840	9	10	
5	00	6-8950898	6-8950900	3-1049100	9	00	95
Minutes.	Second.	COSINUS	COTANG.	TANGENT.	SIN.	Second.	Minutes.

Minutes.	Second.	SINUS.	TANGENT.	COTANG.	COS.	Second.	Minutes.
5	00	6-8950898	6-8950900	3-1049100	9	00	95
	10	6-9036900	6-9036901	3-0963099	9	90	
	20	6-9121232	6-9121233	3-0878767	9	80	
	30	6-9203957	6-9203958	3-0796042	8	70	
	40	6-9285156	6-9285157	3-0714863	8	60	
5	50	6-9364825	6-9364827	3-0635173	9-999999 8	50	94
	60	6-9443078	6-9443080	3-0556920	8	40	
	70	6-9519947	6-9519948	3-0480052	8	30	
	80	6-9595478	6-9595480	3-0404520	8	20	
	90	6-9669718	6·9669720	3-0330280	8	10	
6	00	6-9742711	6-9742713	3-0257287	8	00	94
	10	6-9814496	6-9814498	3-0185502	8	90	
	20	6-9885115	6-9885117	3-0114883	8	80	
	30	6-9954604	6-9954606	3-0045394	8	70	
	40	7-0022998	7-0023000	2-9977000	8	60	
6	50	7-0090332	7-0090334	2-9909666	9-999999 8	50	93
	60	7-0156637	7-0156640	2-9843360	8	40	
	70	7-0221946	7-0221948	2-9778052	8	30	
	80	7-0286287	7-0286290	2-9713710	8	20	
	90	7-0349689	7-0349691	2-9650309	7	10	
7	00	7-0412178	7-0412181	2-9587819	7	00	93
	10	7-0473781	7-0473784	2-9526210	7	90	
	20	7-0534523	7-0534526	2-9465474	7	80	
	30	7-0594426	7-0594429	2-9405571	7	70	
	40	7-0653515	7-0653518	2-9346482	7	60	
7	50	7-0711810	7-0711813	2-9288187	9-999999 7	50	92
	60	7-0769334	7-0769337	2-9230663	7	40	
	70	7-0826105	7-0826108	2-9173892	7	30	
	80	7-0882144	7-0882147	2-9117853	7	20	
	90	7-0937469	7-0937472	2-9062528	7	10	
8	00	7-0992097	7-0992101	2-9007899	7	00	92
	10	7-1046048	7-1046051	2-8953949	6	90	
	20	7-1099336	7-1099340	2-8900660	6	80	
	30	7-1151978	7-1151982	2-8848018	6	70	
	40	7-1203990	7-1203994	2-8796006	6	60	
8	50	7-1255387	7-1255391	2-8744609	9-999999 6	50	91
	60	7-1306182	7-1306186	2-8693814	6	40	
	70	7-1356390	7-1356394	2-8643606	6	30	
	80	7-1406024	7-1406028	2-8593972	6	20	
	90	7-1455097	7-1455102	2-8544898	6	10	
9	00	7-1503622	7-1503627	2-8496373	6	00	91
	10	7-1551611	7-1551616	2-8448384	6	90	
	20	7-1599076	7-1599020	2-8400920	5	80	
	30	7-1646027	7-1646031	2-8353969	5	70	
	40	7-1692476	7-1692480	2-8307520	5	60	
9	50	7-1738433	7-1734438	2-8261562	9-999999 5	50	90
	60	7-1783909	7-1783914	2-8216086	5	40	
	70	7-1828914	7-1828919	2-8171081	5	30	
	80	7-1873458	7-1873463	2-8126537	5	20	
	90	7-1917549	7-1917554	2-8082446	5	10	
10	00	7-1961197	7-1961202	2-8038798	5	00	90
Minutes.	Second.	COSINUS.	COTANG.	TANGENT.	SIN.	Second.	Minutes.

Left-hand "Minutes." column of the second half: 100 (5′ 00), 99 (5′ 50), 99 (6′ 00), 98 (6′ 50), 98 (7′ 00), 9 (7′ 50), 97 (8′ 00), 96 (8′ 50), 96 (9′ 00), 95 (9′ 50), 95 (10′ 00).

99 GRADES.

Minutes.	Second.	SINUS.	TANGENT.	COTANG.		COS.	Second.	Minutes.
10	00	7-1961197	7-1961202	2-8038798		95	00	90
	10	7-2004411	7-2004416	2-7995584		95	90	
	20	7-2047199	7-2047204	2-7952796		94	80	
	30	7-2089569	7-2089575	2-7910425		94	70	
	40	7-2131530	7-2131536	2-7868464		94	60	
10	50	7-2173090	7-2173096	2-7826904	9-99999	94	50	89
	60	7-2214255	7-2214261	2-7785739		94	40	
	70	7-2255035	7-2255041	2-7744959		94	30	
	80	7-2295434	7-2295440	2-7704560		94	20	
	90	7-2335462	7-2335468	2-7664532		94	10	
11	00	7-2375123	7-2375130	2-7624870		94	00	89
	10	7-2414426	7-2414433	2-7585567		93	90	
	20	7-2453377	7-2453383	2-7546617		93	80	
	30	7-2491981	7-2491988	2-7508012		93	70	
	40	7-2530245	7-2530252	2-7469748		93	60	
11	50	7-2568175	7-2568182	2-7431818	9-99999	93	50	88
	60	7-2605776	7-2605783	2-7394217		93	40	
	70	7-2643055	7-2643062	2-7356938		93	30	
	80	7-2680016	7-2680024	2-7319976		93	20	
	90	7-2716666	7-2716673	2-7283327		92	10	
12	00	7-2753009	7-2753016	2-7246984		92	00	88
	10	7-2789050	7-2789058	2-7210942		92	90	
	20	7-2824794	7-2824802	2-7175198		92	80	
	30	7-2860247	7-2860255	2-7139745		92	70	
	40	7-2895413	7-2895421	2-7104579		92	60	
12	50	7-2930296	7-2930404	2-7069696	9-99999	92	50	87
	60	7-2964901	7-2964910	2-7035090		91	40	
	70	7-2999233	7-2999242	2-7000758		91	30	
	80	7-3033296	7-3033304	2-6966696		91	20	
	90	7-3067093	7-3067102	2-6932898		91	10	
13	00	7-3100629	7-3160638	2-6899362		91	00	87
	10	7-3133909	7-3133918	2-6866082		91	90	
	20	7-3166935	7-3166944	2-6833056		91	80	
	30	7-3199712	7-3199721	2-6800279		91	70	
	40	7-3232244	7-3232253	2-6767747		90	60	
13	50	7-3264335	7-3264345	2-6735457	9-99999	90	50	86
	60	7-3296385	7-3296394	2-6703406		90	40	
	70	7-3328401	7-3328411	2-6671589		90	30	
	80	7-3359986	7-3359996	2-6640004		90	20	
	90	7-3391343	7-3391354	2-6608646		90	10	
14	00	7-3422476	7-3422486	2-6577514		89	00	86
	10	7-3453386	7-3453397	2-6546603		89	90	
	20	7-3484079	7-3484089	2-6515911		89	80	
	30	7-3514555	7-3514566	2-6485434		89	70	
	40	7-3544820	7-3544831	2-6455169		89	60	
14	50	7-3574875	7-3574886	2-6425114	9-99999	89	50	85
	60	7-3604724	7-3604735	2-6395265		89	40	
	70	7-3634368	7-3634380	2-6365620		88	30	
	80	7-3663812	7-3663824	2-6336176		88	20	
	90	7-3693057	7-3693069	2-6306931		88	10	
15	00	7-3722107	7-3722119	2-6277881		88	00	85
Minutes.	Second.	COS.	COTANG.	TANGENT.		SIN.	Second.	Minutes.

Minutes.	Second.	SINUS.	TANGENT.	COTANG.		COS.	Second.	Minutes.
15	00	7-3722107	7-3722119	2-6277881		88	00	85
	10	7-3750964	7-3750976	2-6249024		88	90	
	20	7-3779631	7-3779643	2-6220357		88	80	
	30	7-3808109	7-3808121	2-6191879		87	70	
	40	7-3836402	7-3836414	2-6163586		87	60	
15	50	7-3864511	7-3864524	2-6135476	9-99999	87	50	84
	60	7-3892440	7-3892453	2-6107547		87	40	
	70	7-3920191	7-3920204	2-6079796		87	30	
	80	7-3947765	7-3947779	2-6052221		87	20	
	90	7-3975165	7-3975179	2-6024821		86	10	
16	00	7-4002394	7-4002408	2-5997592		86	00	84
	10	7-4029453	7-4029467	2-5970533		86	90	
	20	7-4056344	7-4056358	2-5943642		86	80	
	30	7-4083070	7-4083084	2-5916916		86	70	
	40	7-4109632	7-4109647	2-5890353		86	60	
16	50	7-4136033	7-4136048	2-5863952	9-99999	85	50	83
	60	7-4162275	7-4162289	2-5837711		85	40	
	70	7-4188359	7-4188373	2-5811627		85	30	
	80	7-4214287	7-4214302	2-5785698		85	20	
	90	7-4240061	7-4240076	2-5759924		85	10	
17	00	7-4265683	7-4265698	2-5734302		85	00	83
	10	7-4291155	7-4291170	2-5708830		84	90	
	20	7-4316478	7-4316494	2-5683506		84	80	
	30	7-4341654	7-4341670	2-5658330		84	70	
	40	7-4366686	7-4366702	2-5633298		84	60	
17	50	7-4391574	7-4391590	2-5608410	9-99999	84	50	82
	60	7-4416320	7-4416337	2-5583663		83	40	
	70	7-4440926	7-4440943	2-5559057		83	30	
	80	7-4465393	7-4465410	2-5534590		83	20	
	90	7-4489723	7-4489741	2-5510259		83	10	
18	00	7-4513918	7-4513935	2-5486065		83	00	82
	10	7-4537979	7-4537996	2-5462004		82	90	
	20	7-4561907	7-4561924	2-5438076		82	80	
	30	7-4585704	7-4585722	2-5414278		82	70	
	40	7-4609371	7-4609389	2-5390611		82	60	
18	50	7-4632910	7-4632928	2-5367072	9-99999	82	50	81
	60	7-4656322	7-4656341	2-5343659		81	40	
	70	7-4679609	7-4679627	2-5320373		81	30	
	80	7-4702771	7-4702790	2-5297210		81	20	
	90	7-4725810	7-4725830	2-5274170		81	10	
19	00	7-4748728	7-4748748	2-5251252		81	00	81
	10	7-4771526	7-4771545	2-5228455		80	90	
	20	7-4794204	7-4794224	2-5205776		80	80	
	30	7-4816765	7-4839250	2-5183215		80	70	
	40	7-4839209	7-4839230	2-5160770		80	60	
19	50	7-4861538	7-4861558	2-5138442	9-99999	80	50	80
	60	7-4883753	7-4883773	2-5116227		79	40	
	70	7-4905854	7-4905875	2-5094125		79	30	
	80	7-4927844	7-4927865	2-5072135		79	20	
	90	7-4949722	7-4949744	2-5050256		79	10	
20	00	7-4971492	7-4971513	2-5028487		79	00	80
Minutes.	Second.	COS.	COTANG	TANGENT.		SIN.	Second.	Minutes.

Minutes.	Second.	SINUS.	TANGENT.	COTANG.	COS.	Second.	Minutes.	Minutes.	Second.	SINUS.	TANGENT.	COTANG.	COS.	Second.	Minutes.
20	00	7-4971492	7-4971513	2-5028487	79	00	80	25	00	7-5940588	7-5940621	2-4059379	67	00	75
	10	7-4993152	7-4993174	2-5006826	78	90			10	7-5957925	7-5957958	2-4042042	66	90	
	20	7-5014705	7-5014727	2-4985273	78	80			20	7-5975193	7-5975227	2-4024773	66	80	
	30	7-5036152	7-5036174	2-4963826	78	70			30	7-5992393	7-5992427	2-4007573	66	70	
	40	7-5057493	7-5057515	2-4942485	78	60			40	7-6009524	7-6009559	2-3990441	65	60	
20	50	7-5078730	7-5078752	2-4921248	9-9999 77	50	79	25	50	7-6026589	7-6026624	2-3973376	9-9999 65	50	74
	60	7-5099863	7-5099886	2-4900114	77	40			60	7-6043587	7-6043622	2-3956378	65	40	
	70	7-5120895	7-5120918	2-4879082	77	30			70	7-6060518	7-6060554	2-3939446	65	30	
	80	7-5141824	7-5141848	2-4858152	77	20			80	7-6077384	7-6077420	2-3922580	64	20	
	90	7-5162654	7-5162677	2-4837323	77	10			90	7-6094184	7-6094220	2-3905780	64	10	
21	00	7-5183384	7-5183401	2-4816593	76	00	79	26	00	7-6110920	7-6110956	2-3889044	64	00	74
	10	7-5204015	7-5204039	2-4795961	76	90			10	7-6127592	7-6127628	2-3872372	64	90	
	20	7-5224549	7-5224573	2-4775427	76	80			20	7-6144199	7-6144236	2-3855764	63	80	
	30	7-5244987	7-5245011	2-4754989	76	70			30	7-6160744	7-6160781	2-3839219	63	70	
	40	7-5265328	7-5265353	2-4734647	75	60			40	7-6177226	7-6177263	2-3822737	63	60	
21	50	7-5285575	7-5285600	2-4714400	9-9999 75	50	78	26	50	7-6193645	7-6193683	2-3806317	9-9999 62	50	73
	60	7-5305728	7-5305755	2-4694247	75	40			60	7-6210002	7-6210040	2-3789960	62	40	
	70	7-5325788	7-5325813	2-4674187	75	30			70	7-6226299	7-6226337	2-3773663	62	30	
	80	7-5345755	7-5345781	2-4654219	75	20			80	7-6242534	7-6242572	2-3757428	62	20	
	90	7-5365631	7-5365657	2-4634343	74	10			90	7-6258709	7-6258747	2-3741253	61	10	
22	00	7-5385417	7-5385443	2-4614557	74	00	78	27	00	7-6274823	7-6274862	2-3725138	61	00	73
	10	7-5405113	7-5405139	2-4594861	74	90			10	7-6290879	7-6290918	2-3709082	61	90	
	20	7-5424720	7-5424746	2-4575254	74	80			20	7-6306875	7-6306914	2-3693086	60	80	
	30	7-5444239	7-5444265	2-4555735	73	70			30	7-6322812	7-6322852	2-3677148	60	70	
	40	7-5463670	7-5463697	2-4536303	73	60			40	7-6338691	7-6338731	2-3661269	60	60	
22	50	7-5483015	7-5483042	2-4516958	9-9999 73	50	77	27	50	7-6354512	7-6354553	2-3645447	9-9999 59	50	72
	60	7-5502274	7-5502301	2-4497699	73	40			60	7-6370276	7-6370317	2-3629683	59	40	
	70	7-5521448	7-5521476	2-4478524	72	30			70	7-6385983	7-6386024	2-3613976	59	30	
	80	7-5540538	7-5540566	2-4459434	72	20			80	7-6401633	7-6401674	2-3598326	59	20	
	90	7-5559544	7-5559572	2-4440428	72	10			90	7-6417227	7-6417269	2-3582731	58	10	
23	00	7-5578468	7-5578496	2-4421504	72	00	77	28	00	7-6432765	7-6432807	2-3567193	58	00	72
	10	7-5597309	7-5597338	2-4402662	71	90			10	7-6448248	7-6448290	2-3551710	58	90	
	20	7-5616069	7-5616098	2-4383902	71	80			20	7-6463676	7-6463718	2-3536282	57	80	
	30	7-5634748	7-5634777	2-4365223	71	70			30	7-6479049	7-6479092	2-3520908	57	70	
	40	7-5653348	7-5653377	2-4346623	71	60			40	7-6494368	7-6494411	2-3505589	57	60	
23	50	7-5671868	7-5671897	2-4328103	9-9999 70	50	76	28	50	7-6509633	7-6509676	2-3490324	9-9999 56	50	71
	60	7-5690309	7-5690339	2-4309661	70	40			60	7-6524844	7-6524888	2-3475112	56	40	
	70	7-5708672	7-5708702	2-4291298	70	30			70	7-6540003	7-6540047	2-3459953	56	30	
	80	7-5726958	7-5726989	2-4273011	70	20			80	7-6555109	7-6555153	2-3444847	56	20	
	90	7-5745168	7-5745198	2-4254802	69	10			90	7-6570162	7-6570207	2-3429793	55	10	
24	00	7-5763301	7-5763332	2-4236668	69	00	76	29	00	7-6585164	7-6585209	2-3414791	55	00	71
	10	7-5781359	7-5781390	2-4218610	69	90			10	7-6600114	7-6600159	2-3399841	55	90	
	20	7-5799342	7-5799373	2-4200627	69	80			20	7-6615012	7-6615058	2-3384942	54	80	
	30	7-5817251	7-5817283	2-4182717	68	70			30	7-6629860	7-6629906	2-3370094	54	70	
	40	7-5835086	7-5835118	2-4164882	68	60			40	7-6644657	7-6644703	2-3355297	54	60	
24	50	7-5852849	7-5852881	2-4147119	9-9999 68	50	75	29	50	7-6659403	7-6659450	2-3340550	9-9999 53	50	70
	60	7-5870539	7-5870571	2-4129429	68	40			60	7-6674100	7-6674147	2-3325853	53	40	
	70	7-5888157	7-5888190	2-4111810	67	30			70	7-6688748	7-6688795	2-3311205	53	30	
	80	7-5905705	7-5905738	2-4094262	67	20			80	7-6703346	7-6703393	2-3296607	52	20	
	90	7-5923181	7-5923214	2-4076786	67	10			90	7-6717295	7-6717943	2-3282057	52	10	
25	00	7-5940588	7-5940621	2-4059379	67	00	75	30	00	7-6732395	7-6732443	2-3267557	52	00	70
Minutes.	Second.	COS.	COTANG.	TANGENT.	SIN.	Second.	Minutes.	Minutes.	Second.	COS.	COTANG.	TANGENT.	SIN.	Second.	Minutes.

Minutes.	Second.	SINUS.	TANGENT.	COTANG.	COS.	Second.	Minutes.	Minutes.	Second.	SINUS.	TANGENT.	COTANG.	COS.	Second.	Minutes.
30	00	7-6732595	7-6732445	2-3267557	52	00	70	35	00	7-7401857	7-7401923	2-2598077	34	00	65
	10	7-6746848	7-6746896	2-3253104	51	90			10	7-7414248	7-7414314	2-2585686	34	90	
	20	7-6761252	7-6761301	2-3238699	51	80			20	7-7426605	7-7426670	2-2573330	34	80	
	30	7-6775609	7-6775658	2-3224342	51	70			30	7-7438924	7-7438990	2-2561010	33	70	
	40	7-6789918	7-6789968	2-3210032	50	60			40	7-7451209	7-7451276	2-2548724	33	60	
30	50	7-6804181	7-6804230	2-3195770	9-99999 50	50	69	35	50	7-7463460	7-7463527	2-2536473	9-99999 32	50	64
	60	7-6818596	7-6818446	2-3181554	50	40			60	7-7475676	7-7475744	2-2524256	32	40	
	70	7-6832566	7-6832616	2-3167384	50	30			70	7-7487858	7-7487926	2-2512074	32	30	
	80	7-6846689	7-6846740	2-3153260	49	20			80	7-7500006	7-7500075	2-2499925	31	20	
	90	7-6860767	7-6860818	2-3139182	49	10			90	7-7512120	7-7512189	2-2487811	31	10	
31	00	7-6874799	7-6874850	2-3125150	49	00	69	36	00	7-7524201	7-7524270	2-2475730	31	00	64
	10	7-6888785	7-6888837	2-3111163	48	90			10	7-7536248	7-7536317	2-2463683	30	90	
	20	7-6902727	7-6902779	2-3097221	48	80			20	7-7548261	7-7548331	2-2451669	30	80	
	30	7-6916623	7-6916677	2-3083323	48	70			30	7-7560241	7-7560312	2-2439688	29	70	
	40	7-6930478	7-6930530	2-3069470	47	60			40	7-7572189	7-7572260	2-2427740	29	60	
31	50	7-6944287	7-6944340	2-3055660	9-99999 47	50	68	36	50	7-7584104	7-7584175	2-2415825	9-99999 29	50	63
	60	7-6958032	7-6958105	2-3041895	46	40			60	7-7595986	7-7596057	2-2403943	28	40	
	70	7-6971775	7-6971827	2-3028173	46	30			70	7-7607835	7-7607908	2-2392092	28	30	
	80	7-6985452	7-6985506	2-3014494	46	20			80	7-7619655	7-7619725	2-2380275	27	20	
	90	7-6999087	7-6999142	2-3000858	45	10			90	7-7631438	7-7631511	2-2368489	27	10	
32	00	7-7012680	7-7012733	2-2987265	45	00	68	37	00	7-7645192	7-7645265	2-2356735	27	00	63
	10	7-7026231	7-7026286	2-2973714	45	90			10	7-7654913	7-7654987	2-2345013	26	90	
	20	7-7039739	7-7039795	2-2960205	44	80			20	7-7666603	7-7666678	2-2333322	26	80	
	30	7-7053203	7-7053261	2-2946739	44	70			30	7-7678262	7-7678337	2-2321163	25	70	
	40	7-7066650	7-7066686	2-2933314	44	60			40	7-7689890	7-7689965	2-2310035	25	60	
32	50	7-7080014	7-7080070	2-2919930	9-99999 43	50	67	37	50	7-7701486	7-7701562	2-2298438	9-99999 25	50	62
	60	7-7093356	7-7093415	2-2906587	43	40			60	7-7713052	7-7713128	2-2286872	24	40	
	70	7-7106657	7-7106714	2-2893286	43	30			70	7-7724587	7-7724663	2-2275337	24	30	
	80	7-7119918	7-7119976	2-2880024	42	20			80	7-7736091	7-7736168	2-2263832	23	20	
	90	7-7133138	7-7133196	2-2866804	42	10			90	7-7747563	7-7747642	2-2252358	23	10	
33	00	7-7146319	7-7146377	2-2853623	42	00	67	38	00	7-7759009	7-7759086	2-2240914	23	00	62
	10	7-7159439	7-7159518	2-2840482	41	90			10	7-7770425	7-7770500	2-2229500	22	90	
	20	7-7172560	7-7172619	2-2827381	41	80			20	7-7781806	7-7781885	2-2218115	22	80	
	30	7-7185621	7-7185681	2-2814319	41	70			30	7-7793160	7-7793239	2-2206761	21	70	
	40	7-7198644	7-7198703	2-2801297	40	60			40	7-7804485	7-7804564	2-2195436	21	60	
33	50	7-7211627	7-7211687	2-2788313	9-99999 40	50	66	38	50	7-7815780	7-7815859	2-2184141	9-99999 21	50	61
	60	7-7224371	7-7224632	2-2775368	40	40			60	7-7827045	7-7827125	2-2172875	20	40	
	70	7-7227477	7-7237558	2-2762462	39	30			70	7-7838282	7-7838362	2-2161638	20	30	
	80	7-7250345	7-7250407	2-2749593	39	20			80	7-7849489	7-7849570	2-2150430	19	20	
	90	7-7263175	7-7263237	2-2736763	38	10			90	7-7860668	7-7860749	2-2139251	19	10	
34	00	7-7273967	7-7276029	2-2723971	38	00	66	39	00	7-7871818	7-7871899	2-2128101	19	00	61
	10	7-7288722	7-7288784	2-2711216	38	90			10	7-7882959	7-7883021	2-2116979	18	90	
	20	7-7301459	7-7301502	2-2698498	37	80			20	7-7894032	7-7894114	2-2105886	18	80	
	30	7-7314119	7-7314182	2-2685818	37	70			30	7-7905097	7-7905179	2-2094821	17	70	
	40	7-7326762	7-7326825	2-2673175	37	60			40	7-7916133	7-7916216	2-2083784	17	60	
34	50	7-7339368	7-7339452	2-2660568	9-99999 36	50	65	39	50	7-7927142	7-7927223	2-2072775	9-99999 16	50	60
	60	7-7351938	7-7352003	2-2647997	36	40			60	7-7938123	7-7938207	2-2061793	16	40	
	70	7-7364472	7-7364537	2-2635463	35	30			70	7-9949076	7-7949160	2-2050840	16	30	
	80	7-7376970	7-7377034	2-2622966	35	20			80	7-7960001	7-7960086	2-2039914	15	20	
	90	7-7389451	7-7389497	2-2610503	35	10			90	7-7970899	7-7970985	2-2029015	15	10	
35	00	7-7401857	7-7401923	2-2598077	54	00	65	40	00	7-7981770	7-7981856	2-2018144	14	00	60
Minutes.	Second.	COSINUS.	COTANG.	TANGENT.	SIN.	Second.	Minutes.	Minutes.	Second.	COSINUS.	COTANG.	TANGENT.	SIN.	Second.	Minutes.

Minutes.	Second.	SINUS.	TANGENT.	COTANG.	COS.	Second.	Minutes.
40	00	7-7981770	7-7981856	2-2018144	914	00	60
	10	7-7992614	7-7992700	2-2007300	914	90	
	20	7-8003430	7-8003517	2-1996483	913	80	
	30	7-8014220	7-8014307	2-1985693	913	70	
	40	7-8024983	7-8025071	2-1974929	913	60	
40	50	7-8035720	7-8035808	2-1964192	9-9999 912	50	59
	60	7-8046430	7-8046518	2-1953482	912	40	
	70	7-8057113	7-8057202	2-1942798	911	30	
	80	7-8067771	7-8067860	2-1932140	911	20	
	90	7-8078402	7-8078492	2-1921508	910	10	
41	00	7-8089007	7-8089097	2-1910903	910	00	59
	10	7-8099587	7-8099677	2-1900323	909	90	
	20	7-8110141	7-8110232	2-1889768	909	80	
	30	7-8120669	7-8120760	2-1879240	909	70	
	40	7-8131172	7-8131263	2-1868737	908	60	
41	50	7-8141649	7-8141741	2-1858259	9-9999 908	50	58
	60	7-8152101	7-8152194	2-1847806	907	40	
	70	7-8162528	7-8162621	2-1837379	907	30	
	80	7-8172930	7-8173024	2-1826976	906	20	
	90	7-8183308	7-8183402	2-1816598	906	10	
42	00	7-8193660	7-8193133	2-1806243	903	00	58
	10	7-8203988	7-8204085	2-1795917	903	90	
	20	7-8214291	7-8214387	2-1785613	903	80	
	30	7-8224570	7-8224666	2-1775334	904	70	
	40	7-8234823	7-8234922	2-1765078	904	60	
42	50	7-8245056	7-8245153	2-1754847	9-9999 903	50	57
	60	7-8255262	7-8255360	2-1744640	903	40	
	70	7-8265443	7-8265543	2-1734457	902	30	
	80	7-8275604	7-8275702	2-1724298	902	20	
	90	7-8285759	7-8285857	2-1714165	901	10	
43	00	7-8295850	7-8295949	2-1704051	901	00	57
	10	7-8305938	7-8306038	2-1693962	900	90	
	20	7-8316003	7-8316103	2-1683897	900	80	
	30	7-8326044	7-8326145	2-1673855	900	70	
	40	7-8336062	7-8336163	2-1663837	899	60	
43	50	7-8346058	7-8346159	2-1653841	9-9999 899	50	56
	60	7-8356030	7-8356132	2-1643868	898	40	
	70	7-8365979	7-8366081	2-1633919	898	30	
	80	7-8375906	7-8376008	2-1623992	897	20	
	90	7-8385810	7-8385913	2-1614087	897	10	
44	00	7-8395691	7-8395795	2-1604205	896	00	56
	10	7-8405550	7-8405654	2-1594546	896	90	
	20	7-8415387	7-8415491	2-1584509	895	80	
	30	7-8425201	7-8425306	2-1574694	895	70	
	40	7-8434993	7-8435099	2-1564901	894	60	
44	50	7-8444764	7-8444870	2-1555130	9-9999 894	50	55
	60	7-8454512	7-8454618	2-1545382	893	40	
	70	7-8464258	7-8464345	2-1535655	893	30	
	80	7-8473943	7-8474051	2-1525949	892	20	
	90	7-8483626	7-8483734	2-1516266	892	10	
45	00	7-8493988	7-8493396	2-1506604	892	00	55
Minutes	Second.	COS.	COTANG.	TANGENT.	SIN.	Second.	Minutes.

Minutes.	Second.	SINUS.	TANGENT.	COTANG.	COS.	Second.	Minutes.
45	00	7-8493288	7-8493396	2-1506604	892	00	55
	10	7-8502928	7-8503037	2-1496963	891	90	
	20	7-8512547	7-8512656	2-1487344	891	80	
	30	7-8522144	7-8522254	2-1477746	890	70	
	40	7-8531720	7-8531831	2-1468169	890	60	
45	50	7-8541276	7-8541388	2-1458613	9-9999 889	50	54
	60	7-8550810	7-8550922	2-1449078	889	40	
	70	7-8560323	7-8560433	2-1439565	888	30	
	80	7-8569816	7-8569928	2-1430072	888	20	
	90	7-8579288	7-8579401	2-1420599	887	10	
46	00	7-8588739	7-8588853	2-1411147	887	00	54
	10	7-8598170	7-8598284	2-1401716	886	90	
	20	7-8607580	7-8607695	2-1392305	886	80	
	30	7-8616970	7-8617085	2-1382915	885	70	
	40	7-8626340	7-8626456	2-1373544	885	60	
46	50	7-8635690	7-8635806	2-1364194	9-9999 884	50	53
	60	7-8645019	7-8645136	2-1354864	884	40	
	70	7-8654329	7-8654446	2-1345554	883	30	
	80	7-8663618	7-8663736	2-1336264	883	20	
	90	7-8672888	7-8673006	2-1326994	882	10	
47	00	7-8682138	7-8682256	2-1317744	882	00	53
	10	7-8691368	7-8691487	2-1308513	881	90	
	20	7-8700379	7-8700698	2-1299302	881	80	
	30	7-8709770	7-8709890	2-1290110	880	70	
	40	7-8718942	7-8719062	2-1280938	880	60	
47	50	7-8728093	7-8728215	2-1271785	9-9999 879	50	52
	60	7-8737228	7-8737349	2-1262651	879	40	
	70	7-8746342	7-8746464	2-1253536	878	30	
	80	7-8755437	7-8755559	2-1244441	878	20	
	90	7-8764515	7-8764636	2-1235364	877	10	
48	00	7-8773570	7-8773693	2-1226307	877	00	52
	10	7-8782608	7-8782732	2-1217268	876	90	
	20	7-8791628	7-8791752	2-1208248	876	80	
	30	7-8800928	7-8800754	2-1199246	875	70	
	40	7-8809611	7-8809736	2-1190264	874	60	
48	50	7-8818574	7-8818700	2-1181300	9-9999 874	50	51
	60	7-8827519	7-8827646	2-1172354	873	40	
	70	7-8836446	7-8836573	2-1163427	873	30	
	80	7-8845354	7-8845482	2-1154518	872	20	
	90	7-8854245	7-8854373	2-1145627	872	10	
49	00	7-8863117	7-8863245	2-1136755	871	00	51
	10	7-8871971	7-8872100	2-1127900	871	90	
	20	7-8880807	7-8880936	2-1119064	870	80	
	30	7-8889625	7-8889755	2-1110245	870	70	
	40	7-8898425	7-8898555	2-1101445	869	60	
49	50	7-8907207	7-8907338	2-1092662	9-9999 869	50	50
	60	7-8915972	7-8916103	2-1083897	868	40	
	70	7-8924719	7-8924851	2-1075149	868	30	
	80	7-8933448	7-8933581	2-1066419	867	20	
	90	7-8942160	7-8942293	2-1057707	867	10	
50	00	7-8950854	7-8950988	2-1049012	866	00	50
Minutes.	Second.	COS.	COTANG.	TANGENT.	SIN.	Second.	Minutes.

Minutes.	Second.	SINUS.	TANGENT.	COTANG.		COS.	Second.	Minutes.
50	00	7-8950854	7-8950988	2-1049012		866	00	50
	10	7-8959551	7-8959666	2-1040554		866	90	
	20	7-8968191	7-8968526	2-1031674		865	80	
	30	7-8976833	7-8976969	2-1023031		864	70	
	40	7-8985459	7-8985595	2-1014405		864	60	
50	50	7-8994067	7-8994204	2-1005796	9-9999	863	50	49
	60	7-9002658	7-9002795	2-0997205		863	40	
	70	7-9011232	7-9011370	2-0988630		862	30	
	80	7-9019790	7-9019928	2-0980072		862	20	
	90	7-9028350	7-9028469	2-0971531		861	10	
51	00	7-9036854	7-9036993	2-0963007		861	00	49
	10	7-9045361	7-9045501	2-0954499		860	90	
	20	7-9053851	7-9053992	2-0946008		860	80	
	30	7-9062325	7-9062466	2-0937534		859	70	
	40	7-9070783	7-9070924	2-0929076		858	60	
51	50	7-9079224	7-9079366	2-0920634	9-9999	858	50	48
	60	7-9087648	7-9087791	2-0912209		857	40	
	70	7-9096056	7-9096200	2-0903800		857	30	
	80	7-9104448	7-9104592	2-0895408		856	20	
	90	7-9112824	7-9112969	2-0887031		856	10	
52	00	7-9121184	7-9121329	2-0878671		855	00	48
	10	7-9129528	7-9129673	2-0870327		855	90	
	20	7-9137855	7-9138001	2-0861999		854	80	
	30	7-9146167	7-9146313	2-0853687		853	70	
	40	7-9154463	7-9154610	2-0845390		853	60	
52	50	7-9162743	7-9162890	2-0837110	9-9999	852	50	47
	60	7-9171007	7-9171155	2-0828845		852	40	
	70	7-9179255	7-9179404	2-0820596		851	30	
	80	7-9187488	7-9187638	2-0812362		851	20	
	90	7-9195705	7-9195856	2-0804144		850	10	
53	00	7-9203907	7-9204038	2-0795942		849	00	47
	10	7-9212094	7-9212245	2-0787755		849	90	
	20	7-9220265	7-9220416	2-0779584		848	80	
	30	7-9228420	7-9228572	2-0771428		848	70	
	40	7-9236560	7-9236713	2-0763287		847	60	
53	50	7-9244685	7-9244839	2-0755161	9-9999	847	50	46
	60	7-9252793	7-9252949	2-0747051		846	40	
	70	7-9260890	7-9261045	2-0738955		845	30	
	80	7-9268970	7-9269125	2-0730875		845	20	
	90	7-9277035	7-9277190	2-0722810		844	10	
54	00	7-9285084	7-9285241	2-0714759		844	00	46
	10	7-9293119	7-9293276	2-0706724		843	90	
	20	7-9301139	7-9301297	2-0698705		843	80	
	30	7-9309144	7-9309302	2-0690698		842	70	
	40	7-9317155	7-9317293	2-0682707		841	60	
54	50	7-9325111	7-9325270	2-0674730	9-9999	841	50	45
	60	7-9333072	7-9333232	2-0666768		840	40	
	70	7-9341019	7-9341179	2-0658821		840	30	
	80	7-9348951	7-9349112	2-0650888		839	20	
	90	7-9356868	7-9357030	2-0642970		839	10	
55	00	7-9364772	7-9364934	2-0635066		838	00	45
Minutes.	Second.	COSINUS.	COTANG.	TANGENT.		SIN.	Second.	Minutes.

Minutes.	Second.	SINUS.	TANGENT.	COTANG.		COS.	Second.	Minutes.
55	00	7-9364772	7-9364934	2-0635066		838	00	45
	10	7-9372661	7-9372825	2-0627177		837	90	
	20	7-9380535	7-9380698	2-0619302		837	80	
	30	7-9388393	7-9388559	2-0611441		836	70	
	40	7-9396242	7-9396406	2-0603594		836	60	
55	50	7-9404074	7-9404239	2-0595761	9-9999	835	50	44
	60	7-9411891	7-9412057	2-0587943		834	40	
	70	7-9419695	7-9419862	2-0580138		834	30	
	80	7-9427485	7-9427652	2-0572348		833	20	
	90	7-9435261	7-9435429	2-0564571		833	10	
56	00	7-9443023	7-9443191	2-0556809		832	00	44
	10	7-9450771	7-9450940	2-0549060		831	90	
	20	7-9458506	7-9458675	2-0541325		831	80	
	30	7-9466226	7-9466396	2-0533604		830	70	
	40	7-9473935	7-9474103	2-0525897		830	60	
56	50	7-9481626	7-9481797	2-0518203	9-9999	829	50	43
	60	7-9489306	7-9489478	2-0510522		828	40	
	70	7-9496972	7-9497144	2-0502856		828	30	
	80	7-9504625	7-9504797	2-0495203		827	20	
	90	7-9512264	7-9512437	2-0487563		827	10	
57	00	7-9519889	7-9520063	2-0479937		826	00	43
	10	7-9527502	7-9527676	2-0472524		825	90	
	20	7-9535101	7-9535276	2-0464724		825	80	
	30	7-9542686	7-9542862	2-0457138		824	70	
	40	7-9550259	7-9550435	2-0449565		823	60	
57	50	7-9557818	7-9557995	2-0442005	9-9999	823	50	42
	60	7-9565364	7-9565542	2-0434458		822	40	
	70	7-9572897	7-9573076	2-0426924		822	30	
	80	7-9580417	7-9580597	2-0419403		821	20	
	90	7-9587925	7-9588104	2-0411896		820	10	
58	00	7-9595419	7-9595599	2-0404401		820	00	42
	10	7-9602900	7-9603081	2-0396919		819	90	
	20	7-9610368	7-9610550	2-0389450		819	80	
	30	7-9617824	7-9618006	2-0381994		818	70	
	40	7-9625266	7-9625449	2-0374551		817	60	
58	50	7-9632696	7-9632880	2-0367120	9-9999	817	50	41
	60	7-9640114	7-9640298	2-0359702		816	40	
	70	7-9647518	7-9647703	2-0352297		815	30	
	80	7-9654910	7-9655096	2-0344904		815	20	
	90	7-9662290	7-9662476	2-0337524		814	10	
59	00	7-9669657	7-9669843	2-0330157		814	00	41
	10	7-9677011	7-9677198	2-0322802		813	90	
	20	7-9684353	7-9684541	2-0315459		812	80	
	30	7-9691683	7-9691871	2-0308129		812	70	
	40	7-9699000	7-9699189	2-0300811		811	60	
59	50	7-9706303	7-9706495	2-0293505	9-9999	810	50	40
	60	7-9713598	7-9713788	2-0286212		810	40	
	70	7-9720878	7-9721069	2-0278931		809	30	
	80	7-9728147	7-9728338	2-0271662		808	20	
	90	7-9735403	7-9735595	2-0264405		808	10	
60	00	7-9742647	7-9742840	2-0257160		807	00	40
Minutes.	Second.	COSINUS.	COTANG.	TANGENT.		SIN.	Second.	Minutes.

Minutes.	Second.	SINUS.	TANGENT.	COTANG.	COS.	Second.	Minutes.
60	00	7-9742647	7-9742840	2-0257160	807	00	40
	10	7-9749879	7-9750075	2-0249927	806	90	
	20	7-9757099	7-9757295	2-0242707	806	80	
	30	7-9764307	7-9764502	2-0235498	805	70	
	40	7-9771503	7-9771698	2-0228302	805	60	
60	50	7-9778687	7-9778883	7-0221117	9-9999 804	50	39
	60	7-9785859	7-9786056	2-0213944	803	40	
	70	7-9793020	7-9793217	2-0206783	803	30	
	80	7-9800168	7-9800367	2-0199633	802	20	
	90	7-9807305	7-9807504	2-0192496	801	10	
61	00	7-9814431	7-9814630	2-0185370	801	00	39
	10	7-9821544	7-9821744	2-0178256	800	90	
	20	7-9828646	7-9828847	2-0171153	799	80	
	30	7-9843736	7-9835938	2-0164062	799	70	
	40	7-9842815	7-9843017	2-0156983	798	60	
61	50	7-9849882	7-9850085	2-0149915	9-9999 797	50	38
	60	7-9856938	7-9857141	2-0142859	797	40	
	70	7-9863982	7-9864186	2-0135814	796	30	
	80	7-9871015	7-9871220	2-0128780	795	20	
	90	7-9878037	7-9878242	2-0121758	795	10	
62	00	7-9885047	7-9885253	2-0114747	794	00	38
	10	7-9892046	7-9892253	2-0107747	793	90	
	20	7-9899034	7-9899241	2-0100759	793	80	
	30	7-9906010	7-9906218	2-0093782	792	70	
	40	7-9912975	7-9913184	2-0086816	791	60	
62	50	7-9919929	7-9920138	2-0079862	9-9999 791	50	37
	60	7-9926872	7-9927082	2-0072918	790	40	
	70	7-9933804	7-9934015	2-0065985	789	30	
	80	7-9940725	7-9940936	2-0059064	789	20	
	90	7-9947635	7-9947847	2-0052153	788	10	
63	00	7-9954535	7-9954746	2-0045254	787	00	37
	10	7-9961421	7-9961635	2-0038365	787	90	
	20	7-9968298	7-9968512	2-0031488	786	80	
	30	7-9975164	7-9975379	2-0024621	785	70	
	40	7-9982020	7-9982235	2-0017765	785	60	
63	50	7-9988864	7-9989080	2-0010920	9-9999 784	50	36
	60	7-9995698	7-9995914	2-0004086	783	40	
	70	8-0002521	8-0002738	1-9997262	783	30	
	80	8-0009333	8-0009551	1-9990449	782	20	
	90	8-0016134	8-0016353	1-9983647	781	10	
64	00	8-0022925	8-0023145	1-9976855	781	00	36
	10	8-0029706	8-0029926	1-9970074	780	90	
	20	8-0036475	8-0036696	1-9963304	779	80	
	30	8-0043235	8-0043456	1-9956544	778	70	
	40	8-0049983	8-0050206	1-9949794	778	60	
64	50	8-0056722	8-0056945	1-9943055	9-9999 777	50	35
	60	8-0063449	8-0063673	1-9936327	776	40	
	70	8-0070167	8-0070391	1-9929609	776	30	
	80	8-0076874	8-0077099	1-9922901	775	20	
	90	8-0083570	8-0083796	1-9916204	774	10	
65	00	8-0090257	8-0090483	1-9909517	774	00	35
Minutes.	Second.	COSINUS.	COTANG.	TANGENT.	SIN.	Second.	Minutes.

Minutes.	Second.	SINUS.	TANGENT.	COTANG.	COS.	Second.	Minutes.
65	00	8-0090257	8-0090483	1-9909517	774	00	35
	10	8-0096933	8-0097160	1-9902840	773	90	
	20	8-0103599	8-0103827	1-9896173	772	80	
	30	8-0110254	8-0110483	1-9889517	772	70	
	40	8-0116900	8-0117129	1-9882871	771	60	
65	50	8-0123535	8-0123765	1-9876235	9-9999 770	50	34
	60	8-0130160	8-0130391	1-9869609	769	40	
	70	8-0136775	8-0137007	1-9862993	769	30	
	80	8-0143380	8-0143612	1-9856388	768	20	
	90	8-0149975	8-0150208	1-9849792	767	10	
66	00	8-0156560	8-0156794	1-9843206	767	00	34
	10	8-0163155	8-0163370	1-9836630	766	90	
	20	8-0169700	8-0169935	1-9830065	765	80	
	30	8-0176256	8-0176491	1-9823509	764	70	
	40	8-0182801	8-0183037	1-9816963	764	60	
66	50	8-0189336	8-0189573	1-9810427	9-9999 763	50	33
	60	8-0195862	8-0196100	1-9803900	762	40	
	70	8-0202378	8-0202616	1-9797384	762	30	
	80	8-0208884	8-0209123	1-9790877	761	20	
	90	8-0215380	8-0215620	1-9784380	760	10	
67	00	8-0221867	8-0222107	1-9777893	759	00	33
	10	8-0228344	8-0228585	1-9771415	759	90	
	20	8-0234811	8-0235053	1-9764947	758	80	
	30	8-0241269	8-0241511	1-9758489	757	70	
	40	8-0247717	8-0247960	1-9752040	757	60	
67	50	8-0254155	8-0254399	1-9745601	9-9999 756	50	32
	60	8-0260584	8-0260829	1-9739171	755	40	
	70	8-0267004	8-0267249	1-9732751	754	30	
	80	8-0273414	8-0273660	1-9726340	754	20	
	90	8-0279814	8-0280061	1-9719939	753	10	
68	00	8-0286205	8-0286453	1-9713547	752	00	32
	10	8-0292587	8-0292836	1-9707164	752	90	
	20	8-0298959	8-0299209	1-9700791	751	80	
	30	8-0305322	8-0305572	1-9694428	750	70	
	40	8-0311676	8-0311927	1-9688073	749	60	
68	50	8-0318021	8-0318272	1-9681728	9-9999 749	50	31
	60	8-0324356	8-0324608	1-9675392	748	40	
	70	8-0330682	8-0330935	1-9669065	747	30	
	80	8-0336999	8-0337252	1-9662748	746	20	
	90	8-0343306	8-0343561	1-9656439	746	10	
69	00	8-0349605	8-0349860	1-9650140	745	00	31
	10	8-0355894	8-0356150	1-9643850	744	90	
	20	8-0362174	8-0362431	1-9637569	743	80	
	30	8-0368445	8-0368703	1-9631297	743	70	
	40	8-0374707	8-0374966	1-9625034	742	60	
69	50	8-0380961	8-0381219	1-9618781	9-9999 741	50	30
	60	8-0387203	8-0387464	1-9612536	740	40	
	70	8-0393440	8-0393700	1-9606300	740	30	
	80	8-0399666	8-0399927	1-9600073	739	20	
	90	8-0405885	8-0406145	1-9593855	738	10	
70	00	8-0412092	8-0412354	1-9587646	737	00	30
Minutes.	Second.	COSINUS.	COTANG.	TANGENT.	SIN.	Second.	Minutes.

Minutes.	Second.	SINUS.	TANGENT.	COTANG.	COS.	Second.	Minutes.	Minutes.	Second.	SINUS.	TANGENT.	COTANG.	COS.	Second.	Minutes.
70	00	8-0412092	8-0412354	1-9587646	737	00	30	75	00	8-0711711	8-0712012	1-9287988	699	00	25
	10	8-0418291	8-0418554	1-9581446	737	90			10	8-0717497	8-0717800	1-9282200	698	90	
	20	8-0424482	8-0424746	1-9575254	736	80			20	8-0723276	8-0723579	1-9276421	697	80	
	30	8-0430664	8-0430929	1-9569071	735	70			30	8-0729047	8-0729351	1-9270649	696	70	
	40	8-0436837	8-0437102	1-9562898	734	60			40	8-0734811	8-0735115	1-9264885	695	60	
70	50	8-0443001	8-0443267	1-9556733	9-9999 734	50	29	75	50	8-0740566	8-0740872	1-9259128	9-9999 695	50	24
	60	8-0449157	8-0449424	1-9550576	733	40			60	8-0746315	8-0746621	1-9253379	694	40	
	70	8-0455304	8-0455571	1-9544429	732	30			70	8-0752055	8-0752362	1-9247638	693	30	
	80	8-0461442	8-0461710	1-9538290	731	20			80	8-0757788	8-0758096	1-9241904	692	20	
	90	8-0467571	8-0467841	1-9532159	731	10			90	8-0763514	8-0763822	1-9236178	691	10	
71	00	8-0473692	8-0473962	1-9526038	730	00	29	76	00	8-0769232	8-0769541	1-9230459	691	00	24
	10	8-0479804	8-0480075	1-9519925	729	90			10	8-0774942	8-0775252	1-9224748	690	90	
	20	8-0485908	8-0486180	1-9513820	728	80			20	8-0780645	8-0780956	1-9219044	689	80	
	30	8-0492003	8-0492276	1-9507724	728	70			30	8-0786340	8-0786652	1-9213348	688	70	
	40	8-0498090	8-0498363	1-9501637	727	60			40	8-0792028	8-0792341	1-9207659	687	60	
71	50	8-0504168	8-0504442	1-9495558	9-9999 726	50	28	76	50	8-0797709	8-0798022	1-9201978	9-9999 686	50	23
	60	8-0510237	8-0510512	1-9489488	725	40			60	8-0803382	8-0803696	1-9196304	686	40	
	70	8-0516299	8-0516574	1-9483426	725	30			70	8-0809047	8-0809363	1-9190637	685	30	
	80	8-0522351	8-0522627	1-9477373	724	20			80	8-0814706	8-0815022	1-9184978	684	20	
	90	8-0528395	8-0528672	1-9471328	723	10			90	8-0820357	8-0820673	1-9179327	683	10	
72	00	8-0534431	8-0534709	1-9465291	722	00	28	77	00	8-0826000	8-0826318	1-9173682	682	00	23
	10	8-0540459	8-0540737	1-9459263	721	90			10	8-0831636	8-0831955	1-9168045	681	90	
	20	8-0546478	8-0546757	1-9453243	721	80			20	8-0837265	8-0837585	1-9162415	681	80	
	30	8-0552488	8-0552768	1-9447232	720	70			30	8-0842887	8-0843207	1-9156793	680	70	
	40	8-0558491	8-0558772	1-9441228	719	60			40	8-0848501	8-0848822	1-9151178	679	60	
72	50	8-0564485	8-0564767	1-9435233	9-9999 718	50	27	77	50	8-0854109	8-0854430	1-9145570	9-9999 678	50	22
	60	8-0570471	8-0570753	1-9429247	718	40			60	8-0859708	8-0860031	1-9139969	677	40	
	70	8-0576448	8-0576732	1-9423268	717	30			70	8-0865301	8-0865625	1-9134375	677	30	
	80	8-0582418	8-0582702	1-9417298	716	20			80	8-0870887	8-0871211	1-9128789	676	20	
	90	8-0588379	8-0588664	1-9411336	715	10			90	8-0876465	8-0876790	1-9123210	675	10	
73	00	8-0594332	8-0594618	1-9405382	714	00	27	78	00	8-0882036	8-0882362	1-9117638	674	00	22
	10	8-0600277	8-0600564	1-9399436	714	90			10	8-0887600	8-0887927	1-9112073	673	90	
	20	8-0606214	8-0606501	1-9393499	713	80			20	8-0893157	8-0893485	1-9106515	672	80	
	30	8-0612143	8-0612430	1-9387570	712	70			30	8-0898707	8-0899035	1-9100965	671	70	
	40	8-0618065	8-0618352	1-9381648	711	60			40	8-0904250	8-0904579	1-9095421	671	60	
73	50	8-0623976	8-0624265	1-9375735	9-9999 711	50	26	78	50	8-0909785	8-0910115	1-9089885	9-9999 670	50	21
	60	8-0629880	8-0630170	1-9369830	710	40			60	8-0915314	8-0915645	1-9084355	669	40	
	70	8-0635777	8-0636068	1-9363932	709	30			70	8-0920835	8-0921167	1-9078833	668	30	
	80	8-0641665	8-0641957	1-9358043	708	20			80	8-0926350	8-0926683	1-9073317	667	20	
	90	8-0647546	8-0647838	1-9352162	707	10			90	8-0931858	8-0932191	1-9067809	666	10	
74	00	8-0653418	8-0653712	1-9346288	707	00	26	79	00	8-0937358	8-0937693	1-9062307	666	00	21
	10	8-0659283	8-0659577	1-9340423	706	90			10	8-0942852	8-0943187	1-9056813	665	90	
	20	8-0665139	8-0665434	1-9334566	705	80			20	8-0948339	8-0948675	1-9051325	664	80	
	30	8-0670988	8-0671284	1-9328716	704	70			30	8-0953818	8-0954155	1-9045845	663	70	
	40	8-0676829	8-0677126	1-9322874	703	60			40	8-0959291	8-0959629	1-9040371	662	60	
74	50	8-0682662	8-0682960	1-9317040	9-9999 703	50	25	79	50	8-0964757	8-0965096	1-9034904	9-9999 661	50	20
	60	8-0688488	8-0688786	1-9311214	702	40			60	8-0970216	8-0970556	1-9029444	660	40	
	70	8-0694305	8-0694604	1-9305396	701	30			70	8-0975669	8-0976009	1-9023991	660	30	
	80	8-0700115	8-0700415	1-9299585	700	20			80	8-0981114	8-0981455	1-9018545	659	20	
	90	8-0705917	8-0706217	1-9293783	699	10			90	8-0986553	8-0986895	1-9013105	658	10	
75	00	8-0711711	8-0712012	1-9287988	699	00	25	80	00	8-0991984	8-0992327	1-9007673	657	00	20
Minutes.	Second.	COS.	COTANG.	TANGENT.	SIN.	Second.	Minutes.	Minutes.	Second.	COS.	COTANG.	TANGENT.	SIN.	Second.	Minutes.

Minutes.	Second.	SINUS.	TANGENT.	COTANG.	COS.	Second.	Minutes.
80	00	8-0991984	8-0992327	1-9007673	657	00	20
	10	8-0997409	8-0997753	1-9002247	656	90	
	20	8-1002828	8-1003172	1-8996828	655	80	
	30	8-1008239	8-1008585	1-8991415	655	70	
	40	8-1013644	8-1013090	1-8986010	654	60	
80	50	8-1019042	8-1019389	1-8980611	9-9999 653	50	19
	60	8-1024433	8-1024781	1-8975219	652	40	
	70	8-1029818	8-1030167	1-8969833	651	30	
	80	8-1035196	8-1035546	1-8964454	650	20	
	90	8-1040567	8-1040918	1-8959082	649	10	
81	00	8-1045932	8-1046283	1-8953717	648	00	19
	10	8-1051290	8-1051642	1-8948358	648	90	
	20	8-1056641	8-1056995	1-8943005	647	80	
	30	8-1061986	8-1062340	1-8937660	646	70	
	40	8-1067324	8-1067680	1-8932320	645	60	
81	50	8-1072656	8-1073012	1-8926988	9-9999 644	50	18
	60	8-1077981	8-1078338	1-8921662	643	40	
	70	8-1083300	8-1083658	1-8916342	642	30	
	80	8-1088612	8-1088971	1-8911029	641	20	
	90	8-1093918	8-1084277	1-8905723	641	10	
82	00	8-1099217	8-1099578	1-8900422	640	00	18
	10	8-1104510	8-1104871	1-8895129	639	90	
	20	8-1109796	8-1110158	1-8889842	638	80	
	30	8-1115076	8-1115439	1-8884561	637	70	
	40	8-1120350	8-1120714	1-8879286	636	60	
82	50	8-1125617	8-1125981	1-8874019	9-9999 635	50	17
	60	8-1130877	8-1131243	1-8868757	634	40	
	70	8-1136122	8-1136498	1-8863502	634	30	
	80	8-1141380	8-1141747	1-8858253	633	20	
	90	8-1146621	8-1146990	1-8853010	632	10	
83	00	8-1151857	8-1152226	1-8847774	631	00	17
	10	8-1157086	8-1157456	1-8842544	630	90	
	20	8-1162308	8-1162679	1-8837321	629	80	
	30	8-1167525	8-1167897	1-8832103	628	70	
	40	8-1172735	8-1173108	1-8826892	627	60	
83	50	8-1177939	8-1178313	1-8821687	9-9999 626	50	16
	60	8-1183157	8-1183511	1-8816489	626	40	
	70	8-1188328	8-1188704	1-8811296	625	30	
	80	8-1193514	8-1193890	1-8806110	624	20	
	90	8-1198693	8-1199070	1-8800930	623	10	
84	00	8-1203866	8-1204244	1-8795756	622	00	16
	10	8-1209032	8-1209411	1-8790589	621	90	
	20	8-1214193	8-1214573	1-8785427	620	80	
	30	8-1219348	8-1219728	1-8780272	619	70	
	40	8-1224496	8-1224878	1-8775122	618	60	
84	50	8-1229638	8-1230021	1-8769979	9-9999 617	50	15
	60	8-1234775	8-1235158	1-8764842	617	40	
	70	8-1239905	8-1240289	1-8759711	616	30	
	80	8-1245029	8-1245414	1-8754586	615	20	
	90	8-1250147	8-1250533	1-8749467	614	10	
85	00	8-1255259	8-1255646	1-8744354	613	00	51
Minutes.	Second.	COS.	COTANG.	TANGENT.	SIN.	Second.	Minutes.

Minutes.	Second.	SINUS.	TANGENT.	COTANG.	COS.	Second.	Minutes.
85	00	8-1255259	8-1255646	1-8744354	613	00	15
	10	8-1260365	8-1260753	1-8739247	612	90	
	20	8-1265465	8-1265854	1-8734146	611	89	
	30	8-1270559	8-1270949	1-8729051	610	70	
	40	8-1275647	8-1276038	1-8723962	609	60	
85	50	8-1280729	8-1281121	1-8718879	9-9999 608	50	14
	60	8-1285806	8-1286198	1-8713802	607	40	
	70	8-1290876	8-1291269	1-8708731	606	30	
	80	8-1295940	8-1296335	1-8703665	606	30	
	90	8-1300999	8-1301394	1-8698606	605	10	
86	00	8-1306051	8-1306447	1-8693553	604	00	14
	10	8-1311098	8-1311495	1-8688505	603	90	
	20	8-1316139	8-1316537	1-8683463	602	80	
	30	8-1321174	8-1321573	1-8678427	601	70	
	40	8-1326203	8-1326603	1-8673397	600	60	
86	50	8-1331226	8-1331627	1-8668373	9-9999 599	50	13
	60	8-1336244	8-1336646	1-8663354	598	40	
	70	8-1341255	8-1341658	1-8658342	597	30	
	80	8-1346261	8-1346665	1-8653335	596	20	
	90	8-1351262	8-1351666	1-8648334	595	10	
87	00	8-1356256	8-1356662	1-8643338	594	00	13
	10	8-1361245	8-1361651	1-8638349	594	90	
	20	8-1366228	8-1366635	1-8633365	593	80	
	30	8-1371205	8-1371613	1-8628387	592	70	
	40	8-1376177	8-1376586	1-8623414	591	60	
87	50	8-1381145	8-1381553	1-8618447	9-9999 590	50	12
	60	8-1386103	8-1386514	1-8613486	589	40	
	70	8-1391057	8-1391470	1-8608530	588	30	
	80	8-1396006	8-1396419	1-8603581	587	20	
	90	8-1400950	8-1401364	1-8598636	586	10	
88	00	8-1405887	8-1406302	1-8593698	585	00	12
	10	8-1410819	8-1411235	1-8588765	584	90	
	20	8-1415746	8-1416163	1-8583837	583	80	
	30	8-1420667	8-1421084	1-8578916	582	70	
	40	8-1425582	8-1426001	1-8573999	581	60	
88	50	8-1430492	8-1430911	1-8569089	9-9999 580	50	11
	60	8-1435396	8-1435816	1-8564184	579	40	
	70	8-1440294	8-1440716	1-8559284	578	30	
	80	8-1445188	8-1445610	1-8554390	577	20	
	90	8-1450075	8-1450499	1-8549501	577	10	
89	00	8-1454957	8-1455382	1-8544618	576	00	11
	10	8-1459834	8-1460259	1-8539741	575	90	
	20	8-1464705	8-1465132	1-8534868	574	80	
	30	8-1469571	8-1469998	1-8530002	573	70	
	40	8-1474431	8-1474860	1-8525140	572	60	
89	50	8-1479286	8-1479715	1-8520285	9-9999 571	50	10
	60	8-1484135	8-1484566	1-8515434	570	40	
	70	8-1488979	8-1489411	1-8510589	569	30	
	80	8-1493818	8-1494250	1-8505750	568	20	
	90	8-1498651	8-1499084	1-8500916	567	10	
90	00	8-1503479	8-1503913	1-8496087	566	00	10
Minutes.	Second.	COS.	COTANG.	TANGENT.	SIN.	Second.	Minutes.

Minutes.	Second.	SINUS.	TANGENT.	COTANG.	COS.	Second.	Minutes.	Minutes.	Second.	SINUS.	TANGENT.	COTANG.	COS.	Second.	Minutes.
90	00	8-1503479	8-1503913	1-8496087	566	00	10	95	00	8-1738274	8-1738757	1-8261243	516	00	5
	10	8-1508302	8-1508737	1-8491263	565	90			10	8-1742842	8-1743327	1-8256673	515	90	
	20	8-1513119	8-1513555	1-8486445	564	80			20	8-1747406	8-1747892	1-8252108	514	80	
	30	8-1517931	8-1518368	1-8481632	563	70			30	8-1751966	8-1752452	1-8247548	513	70	
	40	8-1522737	8-1523175	1-8476825	562	60			40	8-1756520	8-1757008	1-8242992	512	60	
90	50	8-1527538	8-1527977	1-8472023	9-9999 561	50	9	95	50	8-1761069	8-1761558	1-8238442	9-9999 511	50	4
	60	8-1532334	8-1532774	1-8467226	560	40			60	8-1765614	8-1766104	1-8233896	510	40	
	70	8-1537125	8-1537566	1-8462434	559	30			70	8-1770153	8-1770645	1-8229355	509	30	
	80	8-1541910	8-1542352	1-8457648	558	20			80	8-1774690	8-1775182	1-8224818	508	20	
	90	8-1546690	8-1547133	1-8452867	557	10			90	8-1779221	8-1779713	1-8220287	507	10	
91	00	8-1551465	8-1551908	1-8448092	556	00	9	96	00	8-1783747	8-1784240	1-8215760	506	00	4
	10	8-1556234	8-1556679	1-8443321	555	90			10	8-1788268	8-1788763	1-8211237	505	90	
	20	8-1560999	8-1561444	1-8438556	554	80			20	8-1792784	8-1793280	1-8206720	504	80	
	30	8-1565758	8-1566204	1-8433796	553	70			30	8-1797296	8-1797793	1-8202207	503	70	
	40	8-1570512	8-1570959	1-8429041	552	60			40	8-1801803	8-1802301	1-8197699	502	60	
91	50	8-1575260	8-1575709	1-8424291	9-9999 551	50	8	96	50	8-1806306	8-1806805	1-8193195	9-9999 501	50	3
	60	8-1580004	8-1580453	1-8419547	550	40			60	8-1810803	8-1811303	1-8188697	500	40	
	70	8-1584742	8-1585193	1-8414807	549	30			70	8-1815297	8-1815798	1-8184202	499	30	
	80	8-1589475	8-1589927	1-8410073	548	20			80	8-1819785	8-1820287	1-8179713	498	20	
	90	8-1594203	8-1594656	1-8405344	547	10			90	8-1824269	8-1824772	1-8175228	497	10	
92	00	8-1598926	8-1599379	1-8400621	547	00	8	97	00	8-1828748	8-1829252	1-8170748	496	00	3
	10	8-1603644	8-1604098	1-8395902	546	90			10	8-1833223	8-1833728	1-8166272	495	90	
	20	8-1608356	8-1608812	1-8391188	545	80			20	8-1837695	8-1838199	1-8161801	494	80	
	30	8-1613064	8-1613520	1-8386480	544	70			30	8-1842158	8-1842665	1-8157335	493	70	
	40	8-1617766	8-1618223	1-8381777	543	60			40	8-1846619	8-1847127	1-8152873	492	60	
92	50	8-1622465	8-1622922	1-8377078	9-9999 542	50	7	97	50	8-1851075	8-1851585	1-8148415	9-9999 491	50	2
	60	8-1627155	8-1627615	1-8372385	541	40			60	8-1855527	8-1856037	1-8143963	490	40	
	70	8-1631843	8-1632303	1-8367697	540	30			70	8-1859974	8-1860485	1-8139515	489	30	
	80	8-1636525	8-1636986	1-8363014	539	20			80	8-1864416	8-1864929	1-8135071	487	20	
	90	8-1641202	8-1641664	1-8358336	538	10			90	8-1868855	8-1869368	1-8130632	486	10	
93	00	8-1645874	8-1646337	1-8353663	537	00	7	98	00	8-1873288	8-1873803	1-8126197	485	00	2
	10	8-1650541	8-1651005	1-8348995	536	90			10	8-1877717	8-1878233	1-8121767	484	90	
	20	8-1655203	8-1655668	1-8344332	535	80			20	8-1882141	8-1882658	1-8117342	483	80	
	30	8-1659860	8-1660326	1-8339674	534	70			30	8-1886561	8-1887079	1-8112921	482	70	
	40	8-1664512	8-1664979	1-833[illegible]021	533	60			40	8-1890977	8-1891496	1-8108504	481	60	
93	50	8-1669159	8-1669627	1-8[illegible]0373	9-9999 532	50	6	98	50	8-1895388	8-1895908	1-8104092	9-9999 480	50	1
	60	8-1673801	8-1674270	1-8325730	531	40			60	8-1899794	8-1900315	1-8099685	479	40	
	70	8-1678438	8-1678908	1-8321092	530	30			70	8-1904196	8-1904718	1-8095282	478	30	
	80	8-1683070	8-1683542	1-8316458	529	20			80	8-1908594	8-1909117	1-8090883	477	20	
	90	8-1687697	8-1688170	1-8311830	528	10			90	8-1912987	8-1913511	1-8086489	476	10	
94	00	8-1692319	8-1692793	1-8307207	527	00	6	99	00	8-1917376	8-1917901	1-8082099	475	00	1
	10	8-1696937	8-1697411	1-8302589	526	90			10	8-1921760	8-1922286	1-8077714	474	90	
	20	8-1701549	8-1702025	1-8297975	525	80			20	8-1926140	8-1926667	1-8073333	473	80	
	30	8-1706157	8-1706633	1-8293367	524	70			30	8-1930515	8-1931044	1-8068956	472	70	
	40	8-1710760	8-1711237	1-8288763	523	60			40	8-1934886	8-1935416	1-8064584	471	60	
94	50	8-1715357	8-1715836	1-8284164	9-9999 521	50	5	99	50	8-1939253	8-1939783	1-8060217	9-9999 470	50	0
	60	8-1719950	8-1720430	1-8279570	520	40			60	8-1943615	8-1944147	1-8055853	468	40	
	70	8-1724538	8-1725019	1-8274981	519	30			70	8-1947973	8-1948506	1-8051494	467	30	
	80	8-1729122	8-1729603	1-8270397	518	20			80	8-1952326	8-1952860	1-8047140	466	20	
	90	8-1733700	8-1734183	1-8265817	517	10			90	8-1956675	8-1957210	1-8042790	465	10	
95	00	8-1738274	8-1738757	1-8261243	516	00	5	100	00	8-1961020	8-1961556	1-8038444	464	00	0
Minutes.	Second.	COSINUS.	COTANG.	TANGENT.	SIN.	Second.	Minutes.	Minutes.	Second.	COSINUS.	COTANG.	TANGENT.	SIN.	Second.	Minutes.

Minutes.	Second.	SINUS.	TANGENT.	COTANG.	COS.	Second.	Minutes.
0	00	8-1961020	8-1961556	1-8038444	464	00	100
	10	8-1965561	8-1965897	1-8034103	465	90	
	20	8-1969697	8-1970255	1-8029765	462	80	
	30	8-1974028	8-1974568	1-8025432	461	70	
	40	8-1978336	8-1978896	1-8021104	460	60	
0	50	8-1982679	8-1983220	1-8016780	9-9999 459	50	99
	60	8-1986993	8-1987540	1-8012460	458	40	
	70	8-1991312	8-1991856	1-8008144	457	30	
	80	8-1995623	8-1996167	1-8003833	456	20	
	90	8-1999929	8-2000474	1-7999526	454	10	
1	00	8-2004230	8-2004777	1-7995223	453	00	99
	10	8-2008528	8-2009075	1-7990925	452	90	
	20	8-2012821	8-2013370	1-7986630	451	80	
	30	8-2017110	8-2017660	1-7982340	450	70	
	40	8-2021395	8-2021946	1-7978034	449	60	
1	50	8-2025675	8-2026227	1-7973773	9-9999 448	50	98
	60	8-2029951	8-2030505	1-7969495	447	40	
	70	8-2034224	8-2034778	1-7965222	446	30	
	80	8-2038491	8-2039047	1-7960953	445	20	
	90	8-2042755	8-2043312	1-7956688	444	10	
2	00	8-2047015	8-2047572	1-7952428	443	00	98
	10	8-2051270	8-2051829	1-7948171	441	90	
	20	8-2055521	8-2056081	1-7943919	440	80	
	30	8-2059768	8-2060329	1-7939671	439	70	
	40	8-2064011	8-2064573	1-7935427	438	60	
2	50	8-2068250	8-2068813	1-7931187	9-9999 437	50	97
	60	8-2072484	8-2073048	1-7926952	436	40	
	70	8-2076715	8-2077280	1-7922720	435	30	
	80	8-2080941	8-2081507	1-7918493	434	20	
	90	8-2085163	8-2085731	1-7914269	433	10	
3	00	8-2089382	8-2089950	1-7910050	432	00	97
	10	8-2093596	8-2094165	1-7905835	430	90	
	20	8-2097806	8-2098376	1-7901624	429	80	
	30	8-2102011	8-2102583	1-7897417	428	70	
	40	8-2106215	8-2106786	1-7893214	427	60	
3	50	8-2110411	8-2110985	1-7889015	9-9999 426	50	96
	60	8-2114605	8-2115180	1-7884820	425	40	
	70	8-2118794	8-2119371	1-7880629	424	30	
	80	8-2122980	8-2123557	1-7876443	423	20	
	90	8-2127161	8-2127740	1-7872260	422	10	
4	00	8-2131339	8-2131919	1-7868081	420	00	96
	10	8-2135513	8-2136093	1-7863907	419	90	
	20	8-2139682	8-2140264	1-7859736	418	80	
	30	8-2143848	8-2144430	1-7855570	417	70	
	40	8-2148009	8-2148593	1-7851407	416	60	
4	50	8-2152167	8-2152752	1-7847248	9-9999 415	50	95
	60	8-2156320	8-2156907	1-7843093	414	40	
	70	8-2160470	8-2161037	1-7838943	413	30	
	80	8-2164615	8-2165204	1-7834796	412	20	
	90	8-2168757	8-2169347	1-7830653	410	10	
5	00	8-2172893	8-2173486	1-7826514	409	00	95
Minutes.	Second.	COSINUS.	COTANG.	TANGENT.	SIN.	Second.	Minutes.

Minutes.	Second.	SINUS.	TANGENT.	COTANG.	COS.	Second.	Minutes.
5	00	8-2172893	8-2173486	1-7826514	409	00	95
	10	8-2177029	8-2177621	1-7822379	408	90	
	20	8-2181159	8-2181752	1-7818248	407	80	
	30	8-2185284	8-2185879	1-7814121	406	70	
	40	8-2189406	8-2190002	1-7809998	405	60	
5	50	8-2193525	8-2194121	1-7805879	9-9999 404	50	94
	60	8-2197639	8-2198236	1-7801764	402	40	
	70	8-2201749	8-2202348	1-7797652	401	30	
	80	8-2205856	8-2206455	1-7793545	400	20	
	90	8-2209958	8-2210559	1-7789441	399	10	
6	00	8-2214057	8-2214659	1-7785341	398	00	94
	10	8-2218151	8-2218755	1-7781245	397	90	
	20	8-2222242	8-2222847	1-7777153	396	80	
	30	8-2226330	8-2226935	1-7773065	395	70	
	40	8-2230415	8-2231020	1-7768980	393	60	
6	50	8-2234492	8-2235100	1-7764900	9-9999 392	50	93
	60	8-2238568	8-2239177	1-7760823	391	40	
	70	8-2242640	8-2243250	1-7756750	390	30	
	80	8-2246708	8-2247319	1-7752681	389	20	
	90	8-2250772	8-2251384	1-7748616	388	10	
7	00	8-2254832	8-2255446	1-7744554	387	00	93
	10	8-2258889	8-2259503	1-7740497	385	90	
	20	8-2262941	8-2263557	1-7736443	384	80	
	30	8-2266990	8-2267607	1-7732393	383	70	
	40	8-2271036	8-2271654	1-7728346	382	60	
7	50	8-2275077	8-2275696	1-7724304	9-9999 381	50	92
	60	8-2279115	8-2279735	1-7720265	380	40	
	70	8-2283149	8-2283770	1-7716230	378	30	
	80	8-2287179	8-2287802	1-7712198	377	20	
	90	8-2291205	8-2291829	1-7708171	376	10	
8	00	8-2295228	8-2295853	1-7704147	375	00	92
	10	8-2299247	8-2299873	1-7700127	374	90	
	20	8-2303262	8-2303890	1-7696110	373	80	
	30	8-2307274	8-2307902	1-7692098	372	70	
	40	8-2311282	8-2311911	1-7688089	370	60	
8	50	8-2315286	8-2315917	1-7684083	9-9999 369	50	91
	60	8-2319286	8-2319918	1-7680082	368	40	
	70	8-2323283	8-2323916	1-7676084	367	30	
	80	8-2327276	8-2327911	1-7672089	366	20	
	90	8-2331266	8-2331901	1-7668099	365	10	
9	00	8-2335252	8-2335888	1-7664112	363	00	91
	10	8-2339234	8-2339871	1-7660129	362	90	
	20	8-2343212	8-2343851	1-7656149	361	80	
	30	8-2347187	8-2347827	1-7652173	359	70	
	40	8-2351158	8-2351800	1-7648200	359	60	
9	50	8-2355126	8-2355768	1-7644232	9-9999 328	50	90
	60	8-2359090	8-2359733	1-7640267	356	40	
	70	8-2363050	8-2363695	1-7636305	355	30	
	80	8-2367007	8-2367653	1-7632347	354	20	
	90	8-2370960	8-2371607	1-7628393	353	10	
10	00	8-2374910	8-2375558	1-7624442	352	00	90
Minutes.	Second.	COSINUS.	COTANG.	TANGENT.	SIN.	Second.	Minutes.

Minutes.	Second.	SINUS.	TANGENT.	COTANG.		COS.	Second.	Minutes.
10	00	8-2374910	8-2375558	1-7624442		352	00	90
	10	8-2378855	8-2379505	1-7620495		350	90	
	20	8-2382798	8-2383448	1-7616552		349	80	
	30	8-2386737	8-2387388	1-7612612		348	70	
	40	8-2390672	8-2391325	1-7608675		347	60	
10	50	8-2394603	8-2395258	1-7604742	9-9999	346	50	89
	60	8-2398531	8-2399187	1-7600813		345	40	
	70	8-2402456	8-2403113	1-7596887		343	30	
	80	8-2406377	8-2407035	1-7592965		342	20	
	90	8-2410294	8-2410954	1-7589046		341	10	
11	00	8-2414208	8-2414869	1-7585131		340	00	89
	10	8-2418119	8-2418780	1-7581220		339	90	
	20	8-2422026	8-2422688	1-7577312		337	80	
	30	8-2425929	8-2426593	1-7575407		336	70	
	40	8-2429829	8-2430494	1-7569506		335	60	
11	50	8-2433725	8-2434592	1-7565608	9-9999	334	50	88
	60	8-2437618	8-2438286	1-7561714		333	40	
	70	8-2441508	8-2442176	1-7557824		331	30	
	80	8-2445394	8-2446063	1-7553937		330	20	
	90	8-2449276	8-2449947	1-7550053		329	10	
12	00	8-2453155	8-2445827	1-7546173		328	00	88
	10	8-2457030	8-2457704	1-7542296		327	90	
	20	8-2460902	8-2461577	1-7538423		325	80	
	30	8-2464771	8-2465447	1-7534553		324	70	
	40	8-2468636	8-2469313	1-7530687		323	60	
12	50	8-2472498	8-2473176	1-7526824	9-9999	322	50	87
	60	8-2476356	8-2477036	1-7522964		321	40	
	70	8-2480211	8-2480892	1-7519108		319	30	
	80	8-2484063	8-2484744	1-7515256		318	20	
	90	8-2487911	8-2488593	1-7511407		317	10	
13	00	8-2491755	8-2492439	1-7507561		316	00	87
	10	8-2495596	8-2496282	1-7503718		315	90	
	20	8-2499434	8-2500121	1-7499879		313	80	
	30	8-2503269	8-2503957	1-7496043		312	70	
	40	8-2507100	8-2507789	1-7492211		311	60	
13	50	8-2510927	8-2511618	1-7488382	9-9999	310	50	86
	60	8-2514752	8-2515445	1-7484557		309	40	
	70	8-2518575	8-2519265	1-7408735		307	30	
	80	8-2522390	8-2523084	1-7476916		306	20	
	90	8-2526204	8-2526900	1-7473100		305	10	
14	00	8-2530015	8-2530712	1-7469288		304	00	86
	10	8-2533823	8-2534520	1-7465480		302	90	
	20	8-2537627	8-2538326	1-7461674		301	80	
	30	8-2541428	8-2542128	1-7457872		300	70	
	40	8-2545225	8-2545927	1-7454073		299	60	
14	50	8-2549019	8-2549722	1-7450278	9-9999	298	50	85
	60	8-2552810	8-2553514	1-7446486		296	40	
	70	8-2556598	8-2557303	1-7442697		295	30	
	80	8-2560382	8-2561088	1-7438912		294	20	
	90	8-2564163	8-2564871	1-7435129		293	10	
15	00	8-2567941	8-2568650	1-7431350		291	00	85
Minutes.	Second.	COSINUS.	COTANG.	TANGENT.		SIN.	Second.	Minutes.

Minutes.	Second.	SINUS.	TANGENT.	COTANG.		COS.	Second.	Minutes.
15	00	8-2567941	8-2568650	1-7431350		291	00	85
	10	8-2571715	8-2572425	1-7427575		290	90	
	20	8-2575486	8-2576198	1-7423882		289	80	
	30	8-2579254	8-2579967	1-7420033		288	70	
	40	8-2583019	8-2583733	1-7416267		286	60	
15	50	8-2586780	8-2587495	1-7412505	9-9999	285	50	84
	60	8-2590538	8-2591255	1-7408745		284	40	
	70	8-2594293	8-2595011	1-7404989		283	30	
	80	8-2598045	8-2598763	1-7401237		281	20	
	90	8-2601793	8-2602513	1-7397487		280	10	
16	00	8-2605538	8-2606259	1-7393741		279	00	84
	10	8-2609280	8-2610002	1-7389998		278	90	
	20	8-2613019	8-2613742	1-7386258		277	80	
	30	8-2616754	8-2617479	1-7382521		275	70	
	40	8-2620487	8-2621213	1-7378787		274	60	
16	50	8-2624216	8-2624943	1-7375057	9-9999	273	50	83
	60	8-2627941	8-2628670	1-7371330		272	40	
	70	8-2631664	8-2632394	1-7367606		270	30	
	80	8-2635384	8-2636115	1-7363885		269	20	
	90	8-2639100	8-2639832	1-7360168		268	10	
17	00	8-2642815	8-2643546	1-7356454		267	00	83
	10	8-2646525	8-2647258	1-7352742		265	90	
	20	8-2650230	8-2650966	1-7349034		264	80	
	30	8-2653933	8-2654670	1-7345330		263	70	
	40	8-2657634	8-2658372	1-7341628		261	60	
17	50	8-2661331	8-2662071	1-7337929	9-9999	260	50	82
	60	8-2665025	8-2665766	1-7334234		259	40	
	70	8-2668716	8-2669458	1-7330542		258	30	
	80	8-2672404	8-2673147	1-7326853		256	20	
	90	8-2676089	8-2676833	1-7323167		255	10	
18	00	8-2679770	8-2680516	1-7319484		254	00	82
	10	8-2683449	8-2684196	1-7315804		253	90	
	20	8-2687124	8-2687873	1-7312127		251	80	
	30	8-2690796	8-2691546	1-7308454		250	70	
	40	8-2694465	8-2695217	1-7304783		249	60	
18	50	8-2698131	8-2698884	1-7301116	9-9999	248	50	81
	60	8-2701794	8-2702548	1-7297452		246	40	
	70	8-2705454	8-2706209	1-7293791		245	30	
	80	8-2709111	8-2709867	1-7290133		244	20	
	90	8-2712765	8-2713522	1-7286478		242	10	
19	00	8-2716415	8-2717174	1-7282826		241	00	81
	10	8-2720065	8-2720823	1-7279177		240	90	
	20	8-2723708	8-2724469	1-7275531		239	80	
	30	8-2727349	8-2728112	1-7271888		237	70	
	40	8-2730987	8-2731751	1-7268249		236	60	
19	50	8-2734623	8-2735388	1-7264612	9-9999	235	50	80
	60	8-2738255	8-2739022	1-7260978		234	40	
	70	8-2741884	8-2742652	1-7257348		232	30	
	80	8-2745511	8-2746280	1-7253720		231	20	
	90	8-2749134	8-2749904	1-7250096		230	10	
20	00	8-2752734	8-2753526	1-7246474		228	00	80
Minutes.	Second.	COSINUS.	COTANG.	TANGENT.		SIN.	Second.	Minutes.

Minutes.	Second.	SINUS.	TANGENT.	COTANG.		COS.	Second.	Minutes.
20	00	8-2752754	8-2753526	1-7246474		228	00	80
	10	8-2756371	8-2757144	1-7242856		227	90	
	20	8-2759985	8-2760760	1-7239240		226	80	
	30	8-2763597	8-2764372	1-7235628		225	70	
	40	8-2767203	8-2767982	1-7232018		223	60	
20	50	8-2770810	8-2771588	1-7228412	9-9999	222	50	79
	60	8-2774412	8-2775191	1-7224809		221	40	
	70	8-2778011	8-2778792	1-7221208		219	30	
	80	8-2781607	8-2782389	1-7217611		218	20	
	90	8-2785204	8-2785984	1-7214016		217	10	
21	00	8-2788791	8-2789575	1-7210425		216	00	79
	10	8-2792378	8-2793164	1-7206836		214	90	
	20	8-2795965	8-2796750	1-7203250		213	80	
	30	8-2799544	8-2800332	1-7199668		212	70	
	40	8-2803122	8-2803912	1-7196088		210	60	
21	50	8-2806698	8-2807489	1-7192511	9-9999	209	50	78
	60	8-2810270	8-2811063	1-7188937		208	40	
	70	8-2813840	8-2814634	1-7185366		206	30	
	80	8-2817407	8-2818202	1-7181798		205	20	
	90	8-2820970	8-2821767	1-7178233		204	10	
22	00	8-2824531	8-2825329	1-7174671		202	00	78
	10	8-2828089	8-2828888	1-7171112		201	90	
	20	8-2831644	8-2832444	1-7167556		200	80	
	30	8-2835196	8-2835998	1-7164002		199	70	
	40	8-2838745	8-2839548	1-7160452		197	60	
22	50	8-2842292	8-2843096	1-7156904	9-9999	196	50	77
	60	8-2845835	8-2846640	1-7153360		195	40	
	70	8-2849376	8-2850182	1-7149818		193	30	
	80	8-2852915	8-2853721	1-7146279		192	20	
	90	8-2856448	8-2857257	1-7142743		191	10	
23	00	8-2859980	8-2860790	1-7139210		189	00	77
	10	8-2863509	8-2864321	1-7135679		188	90	
	20	8-2867035	8-2867848	1-7132152		187	80	
	30	8-2870558	8-2871373	1-7128627		185	70	
	40	8-2874078	8-2874894	1-7125106		184	60	
23	50	8-2877596	8-2878413	1-7121587	9-9999	183	50	76
	60	8-2881111	8-2881929	1-7118071		181	40	
	70	8-2884622	8-2885442	1-7114558		180	30	
	80	8-2888131	8-2888953	1-7111047		179	20	
	90	8-2891638	8-2892460	1-7107540		177	10	
24	00	8-2895141	8-2895965	1-7104035		176	00	76
	10	8-2898641	8-2899467	1-7100533		175	90	
	20	8-2902139	8-2902966	1-7097034		173	80	
	30	8-2905634	8-2906462	1-7093538		172	70	
	40	8-2909126	8-2909955	1-7090045		171	60	
24	50	8-2912615	8-2913446	1-7086554	9-9999	169	50	75
	60	8-2916102	8-2916934	1-7083066		168	40	
	70	8-2919585	8-2920419	1-7079581		167	30	
	80	8-2923066	8-2923901	1-7076099		165	20	
	90	8-2926544	8-2927380	1-7072620		164	10	
25	00	8-2930020	8-2930857	1-7069143		163	00	75
Minutes.	Second.	COSINUS	COTANG.	TANGENT.		SIN.	Second.	Minutes.

Minutes.	Second.	SINUS.	TANGENT.	COTANG.		COS.	Second.	Minutes.
25	00	8-2930020	8-2930857	1-7069143		163	00	75
	10	8-2933492	8-2934331	1-7065669		161	90	
	20	8-2936962	8-2937802	1-7062198		160	80	
	30	8-2940429	8-2941270	1-7058730		159	70	
	40	8-2943893	8-2944736	1-7055264		157	60	
25	50	8-2947355	8-2948199	1-7051801	9-9999	156	50	74
	60	8-2950815	8-2951659	1-7048341		155	40	
	70	8-2954269	8-2955116	1-7044884		153	30	
	80	8-2957723	8-2958571	1-7041429		152	20	
	90	8-2961175	8-2962022	1-7037978		151	10	
26	00	8-2964621	8-2965471	1-7034529		149	00	74
	10	8-2968066	8-2968918	1-7031082		148	90	
	20	8-2971508	8-2972361	1-7027639		147	80	
	30	8-2974947	8-2975802	1-7024198		145	70	
	40	8-2978384	8-2979240	1-7020760		144	60	
26	50	8-2981818	8-2982676	1-7017324	9-9999	143	50	73
	60	8-2985250	8-2986108	1-7013892		141	40	
	70	8-2988678	8-2989538	1-7010462		140	30	
	80	8-2992104	8-2992966	1-7007034		138	20	
	90	8-2995527	8-2996390	1-7003610		137	10	
27	00	8-2998948	8-2999812	1-7000188		136	00	73
	10	8-3002366	8-3003231	1-6996769		134	90	
	20	8-3005781	8-3006648	1-6993352		133	80	
	30	8-3009193	8-3010062	1-6989938		132	70	
	40	8-3012603	8-3013473	1-6986527		130	60	
27	50	8-3016010	8-3016881	1-6983119	9-9999	129	50	72
	60	8-3019415	8-3020287	1-6979713		128	40	
	70	8-3022817	8-3023690	1-6976310		126	30	
	80	8-3026216	8-3027091	1-6972909		125	20	
	90	8-3029612	8-3030489	1-6969511		123	10	
28	00	8-3033006	8-3033884	1-6966116		122	00	72
	10	8-3036397	8-3037276	1-6962724		121	90	
	20	8-3039785	8-3040666	1-6959334		119	80	
	30	8-3043171	8-3044053	1-6955947		118	70	
	40	8-3046553	8-3047438	1-6952562		117	60	
28	50	8-3049933	8-3050820	1-6949180	9-9999	115	50	71
	60	8-3053313	8-3054199	1-6945801		114	40	
	70	8-3056688	8-3057576	1-6942424		112	30	
	80	8-3060061	8-3060950	1-6939050		111	20	
	90	8-3063431	8-3064321	1-6935679		110	10	
29	00	8-3066799	8-3067690	1-6932310		108	00	71
	10	8-3070164	8-3071057	1-6928943		107	90	
	20	8-3073526	8-3074420	1-6925580		106	80	
	30	8-3076885	8-3077781	1-6922219		104	70	
	40	8-3080242	8-3081140	1-6918860		103	60	
29	50	8-3083597	8-3084496	1-6915504	9-9999	101	50	70
	60	8-3086949	8-3087849	1-6912151		100	40	
	70	8-3090298	8-3091199	1-6908801		099	30	
	80	8-3093645	8-3094547	1-6905453		097	20	
	90	8-3096989	8-3097893	1-6902107		096	10	
30	00	8-3100330	8-3101236	1-6898764		094	00	70
Minutes.	Second.	COSINUS.	COTANG.	TANGENT.		SIN.	Second.	Minutes.

Minutes.	Second.	SINUS.	TANGENT.	COTANG.	COS.	Second.	Minutes.	Minutes.	Second.	SINUS.	TANGENT.	COTANG.	COS.	Second.	Minutes.
30	00	8-3100330	8-3101236	1-6898764	094	00	70	35	00	8-3264211	8-3265188	1-6734812	023	00	65
	10	8-3103669	8-3104576	1-6895424	093	90			10	8-3267426	8-3268404	1-6731596	022	90	
	20	8-3107006	8-3107914	1-6892086	092	80			20	8-3270639	8-3271619	1-6728381	021	80	
	30	8-3110340	8-3111249	1-6888751	090	70			30	8-3273850	8-3274831	1-6725169	019	70	
	40	8-3113671	8-3114582	1-6885418	9-9999 089	60			40	8-3277058	8-3278040	1-6721960	9-9999 018	60	
30	50	8-3117000	8-3117912	1-6882088	087	50	69	35	50	8-3280264	8-3281248	1-6718752	016	50	64
	60	8-3120326	8-3121240	1-6878760	086	40			60	8-3283467	8-3284453	1-6715547	015	40	
	70	8-3123650	8-3124565	1-6875435	085	30			70	8-3286668	8-3287655	1-6712345	013	30	
	80	8-3126971	8-3127887	1-6872113	083	20			80	8-3289867	8-3290855	1-6709145	012	20	
	90	8-3130289	8-3131207	1-6868793	082	10			90	8-3293063	8-3294053	1-6705947	010	10	
31	00	8-3133605	8-3134525	1-6865475	080	00	69	36	00	8-3296257	8-3297249	1-6702751	9009	00	64
	10	8-3136919	8-3137840	1-6862160	079	90			10	8-3299449	8-3300442	1-6699558	9007	90	
	20	8-3140230	8-3141152	1-6858848	078	80			20	8-3302639	8-3303633	1-6696367	9006	80	
	30	8-3143538	8-3144462	1-6855538	076	70			30	8-3305826	8-3306821	1-6693179	9005	70	
	40	8-3146844	8-3147769	1-6852231	9-9999 075	60			40	8-3309010	8-3310007	1-6689993	9-999 9003	60	
31	50	8-3150147	8-3151074	1-6848926	073	50	68	36	50	8-3312193	8-3313191	1-6686809	9002	50	63
	60	8-3153448	8-3154376	1-6845624	072	40			60	8-3315373	8-3316372	1-6683628	9000	40	
	70	8-3156747	8-3157676	1-6842324	071	30			70	8-3318550	8-3319551	1-6680449	8999	30	
	80	8-3160043	8-3160973	1-6839027	069	20			80	8-3321726	8-3322728	1-6677272	8997	20	
	90	8-3163336	8-3164268	1-6835732	068	10			90	8-3324899	8-3325903	1-6674097	8996	10	
32	00	8-3166627	8-3167560	1-6832440	066	00	68	37	00	8-3328069	8-3329075	1-6670925	994	00	63
	10	8-3169915	8-3170850	1-6829150	065	90			10	8-3331238	8-3332245	1-6667755	993	90	
	20	8-3173201	8-3174138	1-6825862	064	80			20	8-3334404	8-3335412	1-6664588	991	80	
	30	8-3176485	8-3177423	1-6822577	062	70			30	8-3337567	8-3338578	1-6661422	990	70	
	40	8-3179766	8-3180705	1-6819295	9-9999 061	60			40	8-3340729	8-3341741	1-6658259	9-9998 988	60	
32	50	8-3183044	8-3183985	1-6816015	059	50	67	37	50	8-3343888	8-3344901	1-6655099	987	50	62
	60	8-3186320	8-3187262	1-6812738	058	40			60	8-3347045	8-3348060	1-6651940	985	40	
	70	8-3189593	8-3190537	1-6809463	056	30			70	8-3350200	8-3351216	1-6648784	984	30	
	80	8-3192864	8-3193810	1-6806190	055	20			80	8-3353352	8-3354369	1-6645631	983	20	
	90	8-3196133	8-3197080	1-6802920	054	10			90	8-3356502	8-3357521	1-6642479	981	10	
33	00	8-3199399	8-3200347	1-6799653	052	00	67	38	00	8-3359630	8-3360670	1-6639330	980	00	62
	10	8-3202665	8-3203612	1-6796388	051	90			10	8-3362793	8-3363817	1-6636183	978	90	
	20	8-3205924	8-3206875	1-6793125	049	80			20	8-3365938	8-3366962	1-6633038	977	80	
	30	8-3209183	8-3210135	1-6789865	048	70			30	8-3369079	8-3370104	1-6629896	975	70	
	40	8-3212439	8-3213393	1-6786607	9-9999 046	60			40	8-3372218	8-3373244	1-6626756	9-9998 974	60	
33	50	8-3215693	8-3216648	1-6783352	045	50	66	38	50	8-3375354	8-3376382	1-6623618	972	50	61
	60	8-3218945	8-3219901	1-6780099	044	40			60	8-3378488	8-3379517	1-6620483	971	40	
	70	8-3222194	8-3223151	1-6776849	042	30			70	8-3381620	8-3382651	1-6617349	969	30	
	80	8-3225440	8-3226399	1-6773601	041	20			80	8-3384749	8-3385782	1-6614218	668	20	
	90	8-3228684	8-3229645	1-6770355	039	10			90	8-3387877	8-3388910	1-6611090	966	10	
34	00	8-3231926	8-3232888	1-6767112	038	00	66	39	00	8-3391002	8-3392037	1-6607963	965	00	61
	10	8-3235165	8-3236129	1-6763871	036	90			10	8-3394124	8-3395161	1-6604839	963	90	
	20	8-3238402	8-3239367	1-6760633	035	80			20	8-3397245	8-3398283	1-6601717	962	80	
	30	8-3241637	8-3242603	1-6757397	034	70			30	8-3400363	8-3401403	1-6598597	960	70	
	40	8-3244869	8-3245837	1-6754163	9-9999 032	60			40	8-3403479	8-3404521	1-6595479	9-9998 959	60	
34	50	8-3248099	8-3249068	1-6750932	031	50	65	39	50	8-3406593	8-3407636	1-6592364	957	50	60
	60	8-3251326	8-3252297	1-6747703	029	40			60	8-3409705	8-3410749	1-6589251	956	40	
	70	8-3254551	8-3255523	1-6744477	028	30			70	8-3412814	8-3413860	1-6586140	954	30	
	80	8-3257773	8-3258747	1-6741253	026	20			80	8-3415921	8-3416969	1-6583031	953	20	
	90	8-3260993	8-3261968	1-6738032	025	10			90	8-3419026	8-3420075	1-6579925	951	10	
35	00	8-3264211	8-3265188	1-6734812	023	00	65	40	00	8-3422129	8-3423179	1-6576821	950	00	60
Minutes.	Second.	COSINUS.	COTANG.	TANGENT.	SIN.	Second.	Minutes.	Minutes.	Second.	COSINUS.	COTANG.	TANGENT.	SIN.	Second.	Minutes.

Minutes.	Second.	SINUS.	TANGENT.	COTANG.	COS.		Second.	Minutes.
40	00	8-3422129	8-3423179	1-6576821		950	00	60
	10	8-3425230	8-3426281	1-6573719		948	90	
	20	8-3428328	8-3429381	1-6570619		947	80	
	30	8-3431424	8-3432479	1-6567521		945	70	
	40	8-3434518	8-3435574	1-6564426		944	60	
40	50	8-3437609	8-3438667	1-6561333	9-9998	942	50	59
	60	8-3440699	8-3441758	1-6558242		941	40	
	70	8-3443786	8-3444847	1-6555153		939	30	
	80	8-3446871	8-3447934	1-6552066		938	20	
	90	8-3449954	8-3451018	1-6548982		936	10	
41	00	8-3453035	8-3454100	1-6545900		935	00	59
	10	8-3456113	8-3457180	1-6542820		933	90	
	20	8-3459190	8-3460258	1-6539742		932	80	
	30	8-3462264	8-3463334	1-6536666		930	70	
	40	8-3465336	8-3466407	1-6533593		929	60	
41	50	8-3468406	8-3469478	1-6530522	9-9993	927	50	58
	60	8-3471473	8-3472548	1-6527452		926	40	
	70	8-3474539	8-3475615	1-6524385		924	30	
	80	8-3477602	8-3478679	1-6521321		923	20	
	90	8-3480663	8-3481742	1-6518258		921	10	
42	00	8-3483722	8-3484803	1-6515197		920	00	58
	10	8-3486779	8-3487861	1-6512139		918	90	
	20	8-3489834	8-3490917	1-6509083		916	80	
	30	8-3492886	8-3493971	1-6506029		915	70	
	40	8-3495936	8-3497023	1-6502977		913	60	
42	50	8-3498985	8-3500073	1-6499927	9-9998	912	50	57
	60	8-3502031	8-3503121	1-6496879		910	40	
	70	8-3505075	8-3506166	1-6493834		909	30	
	80	8-3508117	8-3509209	1-6490791		907	20	
	90	8-3511156	8-3512251	1-6487749		906	10	
43	00	8-3514194	8-3515290	1-6484710		904	00	57
	10	8-3517229	8-3518327	1-6481673		903	90	
	20	8-3520263	8-3521362	1-6478638		901	80	
	30	8-3523294	8-3524394	1-6475606		900	70	
	40	8-3526323	8-3527425	1-6472575		898	60	
43	50	8-3529350	8-3530453	1-6469547	9-9998	897	50	56
	60	8-3532375	8-3533480	1-6466520		895	40	
	70	8-3535398	8-3536504	1-6463496		894	30	
	80	8-3538418	8-3539526	1-6460474		892	20	
	90	8-3541437	8-3542546	1-6457454		890	10	
44	00	8-3544453	8-3545564	1-6454436		889	00	56
	10	8-3547468	8-3548580	1-6451420		887	90	
	20	8-3550480	8-3551594	1-6448406		886	80	
	30	8-3553490	8-3554606	1-6445394		884	70	
	40	8-3556498	8-3557616	1-6442384		883	60	
44	50	8-3559504	8-3560623	1-6439377	9-9998	881	50	55
	60	8-3562508	8-3563629	1-6436371		880	40	
	70	8-3565510	8-3566632	1-6433368		878	30	
	80	8-3568510	8-3569633	1-6430367		877	20	
	90	8-3571508	8-3572633	1-6427367		875	10	
45	00	8-3574503	8-3575630	1-6424370		873	00	55
Minutes.	Second.	COSINUS.	COTANG.	TANGENT.	SIN.		Second.	Minutes.

Minutes.	Second.	SINUS.	TANGENT.	COTANG.	COS.		Second.	Minutes.
45	00	8-3574503	8-3575630	1-6424370		873	00	55
	10	8-3577497	8-3578625	1-6421375		872	90	
	20	8-3580488	8-3581618	1-6418382		870	80	
	30	8-3583478	8-3584609	1-6415391		869	70	
	40	8-3586465	8-3587598	1-6412402		867	60	
45	50	8-3589451	8-3590585	1-6409415	9-9998	866	50	54
	60	8-3592434	8-3593570	1-6406430		864	40	
	70	8-3595415	8-3596553	1-6403447		862	30	
	80	8-3598394	8-3599533	1-6400467		861	20	
	90	8-3601372	8-3602512	1-6397488		859	10	
46	00	8-3604347	8-3605489	1-6394511		858	00	54
	10	8-3607320	8-3608464	1-6391536		856	90	
	20	8-3610191	8-3611436	1-6388564		855	80	
	30	8-3613260	8-3614407	1-6385593		853	70	
	40	8-3616227	8-3617375	1-6382625		852	60	
46	50	8-3619192	8-3620342	1-5379658	9-9998	850	50	53
	60	8-3622155	8-3623306	1-6376694		848	40	
	70	8-3625116	8-3626269	1-6373731		847	30	
	80	8-3628074	8-3629229	1-6370771		845	20	
	90	8-3631031	8-3632188	1-6367812		844	10	
47	00	8-3633986	8-3635144	1-6364856		842	00	53
	10	8-3636959	8-3638099	1-6361901		841	90	
	20	8-3639890	8-3641051	1-6358949		839	80	
	30	8-3642839	8-3644001	1-6355999		837	70	
	40	8-3645786	8-3646950	1-6353050		836	60	
47	50	8-3648730	8-3649896	1-6350104	9-9993	834	50	52
	60	8-3651675	8-3652841	1-6347159		833	40	
	70	8-3654614	8-3655783	1-6344217		831	30	
	80	8-3657553	8-3658724	1-6341276		829	20	
	90	8-3660490	8-3661662	1-6338338		828	10	
48	00	8-3663425	8-3664598	1-6335402		826	00	52
	10	8-3666358	8-3667533	1-6332467		825	90	
	20	8-3669289	8-3670465	1-6329535		823	80	
	30	8-3672218	8-3673396	1-6326604		822	70	
	40	8-3675145	8-3676325	1-6323675		820	60	
48	50	8-3678070	8-3679251	1-6320749	9-9998	818	50	51
	60	8-3680993	8-3682176	1-6317824		817	40	
	70	8-3683914	8-3685098	1-6314902		815	30	
	80	8-3686833	8-3688019	1-6311981		814	20	
	90	8-3689750	8-3690938	1-6309062		812	10	
49	00	8-3692665	8-3693855	1-6306145		810	00	51
	10	8-3695578	8-3696769	1-6303231		809	90	
	20	8-3698489	8-3699682	1-6300318		807	80	
	30	8-3701399	8-3702593	1-6297407		806	70	
	40	8-3704306	8-3705502	1-6294498		804	60	
49	50	8-3707212	8-3708409	1-6291591	9-9998	802	50	50
	60	8-3710115	8-3711314	1-6288686		801	40	
	70	8-3713017	8-3714217	1-6285783		799	30	
	80	8-3715916	8-3717119	1-6282881		798	20	
	90	8-3718814	8-3720018	1-6279982		796	10	
50	00	8-3721710	8-3722915	1-6277085		794	00	50
Minutes.	Second.	COSINUS.	COTANG.	TANGENT.	SIN.		Second.	Minutes.

Minutes.	Second.	SINUS.	TANGENT.	COTANG.		COS.	Second.	Minutes.
50	00	8–3721710	8–3722915	1–6277085		794	00	50
	10	8–3724605	8–3725811	1–6274189		793	90	
	20	8–3727495	8–3728704	1–6271296		791	80	
	30	8–3730383	8–3731596	1–6268404		790	70	
	40	8–3733275	8–3734485	1–6265515		788	60	
50	50	8–3736159	8–3737373	1–6262627	9–9998	786	50	49
	60	8–3739045	8–3740259	1–6259741		785	40	
	70	8–3741926	8–3743143	1–6256857		783	30	
	80	8–3744806	8–3746025	1–6253975		781	20	
	90	8–3747684	8–3748905	1–6251095		780	10	
51	00	8–3750561	8–3751783	1–6248217		778	00	49
	10	8–3753436	8–3754659	1–6245341		777	90	
	20	8–3756308	8–3757533	1–6242467		775	80	
	30	8–3759179	8–3760406	1–6239594		773	70	
	40	8–3762048	8–3763276	1–6236724		772	60	
51	50	8–3764915	8–3766145	1–6233855	9–9998	770	50	48
	60	8–3767780	8–3769012	1–6230988		768	40	
	70	8–3770644	8–3771877	1–6228123		767	30	
	80	8–3773503	8–3774740	1–6225260		765	20	
	90	8–3776364	8–3777601	1–6222399		764	10	
52	00	8–3779222	8–3780460	1–6219540		762	00	48
	10	8–3782078	8–3783317	1–6216683		760	90	
	20	8–3784932	8–3786173	1–6213827		759	80	
	30	8–3787784	8–3789027	1–6210973		757	70	
	40	8–3790634	8–3791878	1–6208122		755	60	
52	50	8–3793482	8–3794728	1–6205272	9–9998	754	50	47
	60	8–3796328	8–3797576	1–6202424		752	40	
	70	8–3799173	8–3800422	1–6199578		751	30	
	80	8–3802015	8–3803266	1–6196734		749	20	
	90	8–3804856	8–3806109	1–6193891		747	10	
53	00	8–3807695	8–3808949	1–6191051		746	00	47
	10	8–3810532	8–3811788	1–6188212		744	90	
	20	8–3813367	8–3814625	1–6185375		742	80	
	30	8–3816201	8–3817460	1–6182540		741	70	
	40	8–3819032	8–3820293	1–6179707		739	60	
53	50	8–3821862	8–3823124	1–6176876	9–9998	737	50	46
	60	8–3824690	8–3825954	1–6174046		736	40	
	70	8–3827516	8–3828781	1–6171219		734	30	
	80	8–3830340	8–3831607	1–6168393		732	20	
	90	8–3833162	8–3834431	1–6165569		731	10	
54	00	8–3835982	8–3837253	1–6162747		729	00	46
	10	8–3838801	8–3840074	1–6159926		728	90	
	20	8–3841618	8–3842892	1–6157108		726	80	
	30	8–3844433	8–3845709	1–6154291		724	70	
	40	8–3847246	8–3848523	1–6151477		723	60	
54	50	8–3850057	8–3851336	1–6148664	9–9998	721	50	45
	60	8–3852867	8–3854148	1–6145852		719	40	
	70	8–3855674	8–3856957	1–6143043		718	30	
	80	8–3858480	8–3859764	1–6140236		716	20	
	90	8–3861284	8–3862570	1–6137430		714	10	
55	00	8–3864087	8–3865374	1–6134626		713	00	45
Minutes.	Second.	COSINUS	COTANG.	TANGENT.		SIN.	Second.	Minutes.

Minutes.	Second.	SINUS.	TANGENT.	COTANG.		COS.	Second.	Minutes.
55	00	8–3864087	8–3865374	1–6134626		713	00	45
	10	8–3866887	8–3868176	1–6131824		711	90	
	20	8–3869686	8–3870977	1–6129023		709	80	
	30	8–3872485	8–3873775	1–6126225		708	70	
	40	8–3875278	8–3876572	1–6123428		706	60	
55	50	8–3878071	8–3879367	1–6120633	9–9998	704	50	44
	60	8–3880862	8–3882160	1–6117840		703	40	
	70	8–3883652	8–3884951	1–6115049		701	30	
	80	8–3886440	8–3887740	1–6112260		699	20	
	90	8–3889226	8–3890528	1–6109472		698	10	
56	00	8–3892010	8–3893314	1–6106686		696	00	44
	10	8–3894793	8–3896098	1–6103902		694	90	
	20	8–3897573	8–3898881	1–6101119		693	80	
	30	8–3900352	8–3901661	1–6098339		691	70	
	40	8–3903129	8–3904440	1–6095560		689	60	
56	50	8–3905903	8–3907217	1–6092783	9–9998	688	50	43
	60	8–3908678	8–3909992	1–6090008		686	40	
	70	8–3911450	8–3912766	1–6087234		684	30	
	80	8–3914220	8–3915538	1–6084462		683	20	
	90	8–3916989	8–3918308	1–6081692		681	10	
57	00	8–3919755	8–3921076	1–6078924		679	00	43
	10	8–3922520	8–3923842	1–6076158		678	90	
	20	8–3925283	8–3926607	1–6073393		676	80	
	30	8–3928044	8–3929370	1–6070630		674	70	
	40	8–3930804	8–3932131	1–6067869		672	60	
57	50	8–3933561	8–3934891	1–6065109	9–9998	671	50	42
	60	8–3936317	8–3937648	1–6062352		669	40	
	70	8–3939072	8–3940404	1–6059596		667	30	
	80	8–3941824	8–3943158	1–6056842		666	20	
	90	8–3944575	8–3945911	1–6054089		664	10	
58	00	8–3947324	8–3948661	1–6051339		662	00	42
	10	8–3950071	8–3951410	1–6048590		661	90	
	20	8–3952817	8–3954158	1–6045842		659	80	
	30	8–3955560	8–3956903	1–6043097		657	70	
	40	8–3958302	8–3959647	1–6040353		656	60	
58	50	8–3961043	8–3962389	1–6037611	9–9998	654	50	41
	60	8–3963781	8–3965129	1–6034871		652	40	
	70	8–3966518	8–3967868	1–6032132		650	30	
	80	8–3969253	8–3970605	1–6029395		649	20	
	90	8–3971987	8–3973340	1–6026660		647	10	
59	00	8–3974718	8–3976073	1–6023927		645	00	41
	10	8–3977448	8–3978805	1–6021195		644	90	
	20	8–3980177	8–3981535	1–6018465		642	80	
	30	8–3982905	8–3984263	1–6015737		640	70	
	40	8–3985628	8–3986990	1–6013010		638	60	
59	50	8–3988351	8–3989715	1–6010285	9–9998	637	50	40
	60	8–3991073	8–3992438	1–6007562		635	40	
	70	8–3993792	8–3995159	1–6004841		633	30	
	80	8–3996510	8–3997879	1–6002121		632	20	
	90	8–3999227	8–4000597	1–5999403		630	10	
60	00	8–4001941	8–4003313	1–5996687		628	00	40
Minutes.	Second.	COSINUS.	COTANG.	TANGENT.		SIN.	Second.	Minutes.

Minutes.	Second.	SINUS.	TANGENT.	COTANG.		COS.	Second.	Minutes.
60	00	8-4001941	8-4005515	1-5996687		623	00	40
	10	8-4004634	8-4006028	1-5993972		626	90	
	20	8-4007366	8-4008741	1-5991259		625	80	
	30	8-4010073	8-4011452	1-5988548		623	70	
	40	8-4012783	8-4014161	1-5985839		621	60	
60	50	8-4015489	8-4016869	1-5983151	9-9998	620	50	39
	60	8-4018194	8-4019376	1-5980424		618	40	
	70	8-4020896	8-4022280	1-5977720		616	30	
	80	8-4023597	8-4024983	1-5975017		614	20	
	90	8-4026297	8-4027684	1-5972316		613	10	
61	00	8-4028995	8-4030384	1-5969616		611	00	39
	10	8-4031691	8-4033081	1-5966919		609	90	
	20	8-4034385	8-4035778	1-5964222		608	80	
	30	8-4037078	8-4038472	1-5961528		606	70	
	40	8-4039769	8-4041165	1-5958835		604	60	
61	50	8-4042458	8-4043856	1-5956144	9-9998	602	50	38
	60	8-4045146	8-4046545	1-5953453		601	40	
	70	8-4047832	8-4049233	1-5950767		599	30	
	80	8-4050516	8-4051919	1-5948081		597	20	
	90	8-4053199	8-4054604	1-5945396		595	10	
62	00	8-4055880	8-4057286	1-5942714		594	00	38
	10	8-4058560	8-4059968	1-5940032		592	90	
	20	8-4061237	8-4062647	1-5937353		590	80	
	30	8-4063913	8-4065325	1-5934675		588	70	
	40	8-4066588	8-4068001	1-5931999		587	60	
62	50	8-4069261	8-4070676	1-5929324	9-9993	585	50	37
	60	8-4071932	8-4073549	1-5926651		583	40	
	70	8-4074601	8-4076020	1-5923980		582	30	
	80	8-4077269	8-4078690	1-5921310		580	20	
	90	8-4079936	8-4081358	1-5918642		578	10	
63	00	8-4082600	8-4084024	1-5915976		576	00	37
	10	8-4085265	8-4086689	1-5913311		575	90	
	20	8-4087925	8-4089352	1-5910648		573	80	
	30	8-4090584	8-4092013	1-5907987		571	70	
	40	8-4093242	8-4094673	1-5905327		569	60	
63	50	8-4095899	8-4097331	1-5902669	9-9998	568	50	36
	60	8-4098554	8-4099988	1-5900012		566	40	
	70	8-4101207	8-4102643	1-5897357		564	30	
	80	8-4103859	8-4105296	1-5894704		562	20	
	90	8-4106509	8-4107948	1-5892052		561	10	
64	00	8-4109157	8-4110598	1-5889402		559	00	36
	10	8-4111804	8-4113247	1-5886753		557	90	
	20	8-4114449	8-4115894	1-5884106		555	80	
	30	8-4117092	8-4118539	1-5881461		553	70	
	40	8-4119734	8-4121182	1-5878818		552	60	
64	50	8-4122374	8-4123824	1-5876176	9-9998	550	50	35
	60	8-4125013	8-4126465	1-5873535		548	40	
	70	8-4127650	8-4129104	1-5870896		546	30	
	80	8-4130286	8-4131741	1-5868259		545	20	
	90	8-4132920	8-4134377	1-5865625		543	10	
65	00	8-4135532	8-4137011	1-5862989		541	00	35
Minutes.	Second.	COSINUS.	COTANG.	TANGENT.		SIN.	Second.	Minutes.

Minutes.	Second.	SINUS.	TANGENT.	COTANG.		COS.	Second.	Minutes.
65	00	8-4135532	8-4137011	1-5862989		541	00	35
	10	8-4138183	8-4139643	1-5860357		539	90	
	20	8-4140812	8-4142274	1-5857726		538	80	
	30	8-4143459	8-4144903	1-5855097		536	70	
	40	8-4146065	8-4147531	1-5852,69		534	60	
65	50	8-4148689	8-4150157	1-5849843	9-9998	532	50	34
	60	8-4151312	8-4152782	1-5847218		531	40	
	70	8-4153933	8-4155405	1-5844595		529	30	
	80	8-4156553	8-4158026	1-5841974		527	20	
	90	8-4159171	8-4160646	1-5839354		525	10	
66	00	8-4161788	8-4163264	1-5836736		523	00	34
	10	8-4164402	8-4165881	1-5834119		522	90	
	20	8-4167016	8-4168496	1-5831504		520	80	
	30	8-4169627	8-4171109	1-5828891		518	70	
	40	8-4172237	8-4173721	1-5826279		516	60	
66	50	8-4174846	8-4176332	1-5823668	9-9998	514	50	33
	60	8-4177453	8-4178940	1-5821060		513	40	
	70	8-4180058	8-4181547	1-5818453		511	30	
	80	8-4182662	8-4184153	1-5815847		509	20	
	90	8-4185263	8-4186757	1-5813243		507	10	
67	00	8-4187865	8-4189360	1-5810640		506	00	33
	10	8-4190464	8-4191961	1-5808039		504	90	
	20	8-4193062	8-4194560	1-5805440		502	80	
	30	8-4195658	8-4197155	1-5802842		500	70	
	40	8-4198253	8-4199754	1-5800246		498	60	
67	50	8-4200846	8-4202349	1-5797651	9-9993	497	50	32
	60	8-4203437	8-4204942	1-5795058		495	40	
	70	8-4206027	8-4207534	1-5792466		493	30	
	80	8-4208615	8-4210124	1-5789876		491	20	
	90	8-4211202	8-4212713	1-5787287		489	10	
68	00	8-4213788	8-4215300	1-5784700		488	00	32
	10	8-4216371	8-4217885	1-5782115		486	90	
	20	8-4218953	8-4220469	1-5779531		484	80	
	30	8-4221534	8-4223052	1-5776948		482	70	
	40	8-4224113	8-4225633	1-5774367		480	60	
68	50	8-4226691	8-4228212	1-5771788	9-9993	479	50	31
	60	8-4229267	8-4230790	1-5769210		477	40	
	70	8-4231841	8-4233366	1-5766654		475	30	
	80	8-4234414	8-4235941	1-5764059		473	20	
	90	8-4236986	8-4238514	1-5761486		471	10	
69	00	8-4239556	8-4241086	1-5758914		470	00	31
	10	8-4242124	8-4243656	1-5756344		468	90	
	20	8-4244691	8-4246225	1-5753775		466	80	
	30	8-4247256	8-4248792	1-5751208		464	70	
	40	8-4249820	8-4251558	1-5748642		462	60	
69	50	8-4252383	8-4253922	1-5746078	9-9998	460	50	30
	60	8-4254944	8-4256485	1-5743515		459	40	
	70	8-4257503	8-4259046	1-5740954		657	30	
	80	8-4260061	8-4261606	1-5738394		455	20	
	90	8-4262617	8-4264164	1-5735836		453	10	
70	00	8-4265172	8-4266721	1-5733279		451	00	30
Minutes.	Second.	COSINUS.	COTANG.	TANGENT.		SIN.	Second.	Minutes.

Minutes.	Second.	SINUS.	TANGENT.	COTANG.		COS.	Second.	Minutes.
70	00	8-4265172	8-4266721	1-5733279		451	00	30
	10	8-4267725	8-4269276	1-5730724		450	90	
	20	8-4270277	8-4271829	1-5728171		448	80	
	30	8-4272827	8-4274381	1-5725619		446	70	
	40	8-4275376	8-4276932	1-5723068		444	60	
70	50	8-4277923	8-4279481	1-5720519	9-9998	442	50	29
	60	8-4280469	8-4282029	1-5717971		440	40	
	70	8-4283013	8-4284575	1-5715425		439	30	
	80	8-4285556	8-4287120	1-5712880		437	20	
	90	8-4288098	8-4289663	1-5710337		435	10	
71	00	8-4290638	8-4292205	1-5707795		433	00	29
	10	8-4293176	8-4294745	1-5705255		431	90	
	20	8-4295713	8-4297283	1-5702717		430	80	
	30	8-4298248	8-4299821	1-5700179		428	70	
	40	8-4300782	8-4302355	1-5697645		426	60	
71	50	8-4303315	8-4304891	1-5695109	9-9998	424	50	28
	60	8-4305846	8-4307424	1-5692576		422	40	
	70	8-4308375	8-4309955	1-5690045		420	30	
	80	8-4310905	8-4312485	1-5687515		418	20	
	90	8-4313430	8-4315013	1-5684987		417	10	
72	00	8-4315955	8-4317540	1-5682460		415	00	28
	10	8-4318478	8-4320066	1-5679934		413	90	
	20	8-4321001	8-4322590	1-5677410		411	80	
	30	8-4323521	8-4325112	1-5674888		409	70	
	40	8-4326040	8-4327633	1-5672367		407	60	
72	50	8-4328558	8-4330153	1-5669847	9-9998	405	50	27
	60	8-4331075	8-4332671	1-5667329		404	40	
	70	8-4333589	8-4335188	1-5664812		402	30	
	80	8-4336103	8-4337703	1-5662297		400	20	
	90	8-4338615	8-4340217	1-5659783		398	10	
73	00	8-4341125	8-4342729	1-5657271		396	00	27
	10	8-4343634	8-4345240	1-5654760		394	90	
	20	8-4346142	8-4347749	1-5652251		393	80	
	30	8-4348648	8-4350257	1-5649743		391	70	
	40	8-4351153	8-4352764	1-5647236		389	60	
73	50	8-4353656	8-4355269	1-5644731	9-9998	387	50	26
	60	8-4356158	8-4357773	1-5642227		385	40	
	70	8-4358658	8-4360275	1-5639725		383	30	
	80	8-4361157	8-4362776	1-5637224		381	20	
	90	8-4363654	8-4365275	1-5634725		380	10	
74	00	8-4366151	8-4367773	1-5632227		378	00	26
	10	8-4368645	8-4370269	1-5629731		376	90	
	20	8-4371[illegible]38	8-4372764	1-5627236		374	80	
	30	8-4373630	8-4375258	1-5624742		372	70	
	40	8-4376120	8-4377750	1-5622250		370	60	
74	50	8-4378609	8-4380241	1-5619759	9-9998	368	50	25
	60	8-4381097	8-4382730	1-5617270		366	40	
	70	8-4383583	8-4385218	1-5614782		365	30	
	80	8-4386067	8-4387705	1-5612295		363	20	
	90	8-4388551	8-4390190	1-5609810		361	10	
75	00	8-4391032	8-4392673	1-5607327		359	00	25
Minutes.	Second.	COS.	COTANG.	TANGENT.		SIN.	Second.	Minutes.

Minutes.	Second.	SINUS.	TANGENT.	COTANG.		COS.	Second.	Minutes.
75	00	8-4391032	8-4392673	1-5607327		359	00	25
	10	8-4393513	8-4395156	1-5604844		357	90	
	20	8-4395992	8-4397636	1-5602364		355	80	
	30	8-4398469	8-4400116	1-5599884		353	70	
	40	8-4400945	8-4402394	1-5597406		351	60	
75	50	8-4403420	8-4405070	1-5594930	9-9998	350	50	24
	60	8-4405893	8-4407545	1-5592455		348	40	
	70	8-4408365	8-4410019	1-5589981		346	30	
	80	8-4410836	8-4412492	1-5587508		344	20	
	90	8-4413305	8-4414963	1-5585037		342	10	
76	00	8-4415772	8-4417432	1-5582568		340	00	24
	10	8-4418238	8-4419900	1-5580100		338	90	
	20	8-4420703	8-4422367	1-5577633		336	80	
	30	8-4423167	8-4424832	1-5575168		334	70	
	40	8-4425629	8-4427296	1-5572704		333	60	
76	50	8-4428089	8-4429759	1-5570241	9-9998	331	50	23
	60	8-4430549	8-4432220	1-5567780		329	40	
	70	8-4433007	8-4434680	1-5565320		327	30	
	80	8-4435463	8-4437138	1-5562862		325	20	
	90	8-4437918	8-4439595	1-5560405		323	10	
77	00	8-4440372	8-4442051	1-5557949		321	00	23
	10	8-4442824	8-4444505	1-5555495		319	90	
	20	8-4445275	8-4446958	1-5553042		317	80	
	30	8-4447725	8-4449409	1-5550591		316	70	
	40	8-4450173	8-4451859	1-5548141		314	60	
77	50	8-4452620	8-4454308	1-5545692	9-9998	312	50	22
	60	8-4455065	8-4456755	1-5543245		310	40	
	70	8-4457509	8-4459201	1-5540799		308	30	
	80	8-4459952	8-4461646	1-5538354		306	20	
	90	8-4462393	8-4464089	1-5535911		304	10	
78	00	8-4464833	8-4466531	1-5533469		302	00	22
	10	8-4467271	8-4468971	1-5531029		300	90	
	20	8-4469709	8-4471410	1-5528590		298	80	
	30	8-4472144	8-4473848	1-5526152		296	70	
	40	8-4474579	8-4476284	1-5523716		295	60	
78	50	8-4477012	8-4478719	1-5521281	9-9998	293	50	21
	60	8-4479444	8-4481153	1-5518847		291	40	
	70	8-4481874	8-4483585	1-5516415		289	30	
	80	8-4484303	8-4486016	1-5513984		287	20	
	90	8-4486731	8-4488446	1-5511554		285	10	
79	00	8-4489157	8-4490874	1-5509126		283	00	21
	10	8-4491582	8-4493301	1-5506699		281	90	
	20	8-4494005	8-4495726	1-5504274		279	80	
	30	8-4496427	8-4498150	1-5501850		277	70	
	40	8-4498848	8-4500573	1-5499427		275	60	
79	50	8-4501268	8-4502994	1-5497006	9-9998	273	50	20
	60	8-4503686	8-4505414	1-5494586		272	40	
	70	8-4506103	8-4507833	1-5492167		270	30	
	80	8-4508518	8-4510251	1-5489749		268	20	
	90	8-4510932	8-4512667	1-5487333		266	10	
80	00	8-4513345	8-4515081	1-5484919		264	00	20
Minutes.	Second.	COS.	COTANG.	TANGENT		SIN.	Second.	Minutes.

Minutes.	Second.	SINUS.	TANGENT.	COTANG.	COS.	Second.	Minutes.	Minutes.	Second.	SINUS.	TANGENT.	COTANG.	COS.	Second.	Minutes.
80	00	8-4513345	8-4515081	1-5484919	264	00	20	85	00	8-4632305	8-4634139	1-5365861	166	00	15
	10	8-4515757	8-4517495	1-5482505	262	90			10	8-4634651	8-4636487	1-5363513	164	90	
	20	8-4518167	8-4519907	1-5480093	260	80			20	8-4636996	8-4638834	1-5361166	162	80	
	30	8-4520575	8-4522317	1-5477683	258	70			30	8-4639340	8-4641180	1-5358820	160	70	
	40	8-4522983	8-4524727	1-5475273	256	60			40	8-4641682	8-4643524	1-5356476	158	60	
80	50	8-4525389	8-4527135	1-5472865	9-9998 254	50	19	85	50	8-4644023	8-4645867	1-5354133	9-9998 156	50	14
	60	8-4527794	8-4529541	1-5470459	252	40			60	8-4646363	8-4648209	1-5351791	154	40	
	70	8-4530197	8-4531747	1-5468053	250	30			70	8-4648702	8-4650550	1-5349450	152	30	
	80	8-4532599	8-4534351	1-5465649	248	20			80	8-4651039	8-4652889	1-5347111	150	20	
	90	8-4535000	8-4536754	1-5463246	246	10			90	8-4653375	8-4655227	1-5344773	148	10	
81	00	8-4537399	8-4539155	1-5460845	244	00	19	86	00	8-4655710	8-4657564	1-5342436	146	00	14
	10	8-4539797	8-4541555	1-5458445	243	90			10	8-4658044	8-4659900	1-5340100	144	90	
	20	8-4542194	8-4543954	1-5456046	241	80			20	8-4660376	8-4662234	1-5337766	142	80	
	30	8-4544590	8-4546351	1-5453649	239	70			30	8-4662707	8-4664567	1-5335433	140	70	
	40	8-4546984	8-4548747	1-5451253	237	60			40	8-4665037	8-4666899	1-5333101	138	60	
81	50	8-4549377	8-4551142	1-5448858	9-9998 235	50	18	86	50	8-4667366	8-4669230	1-5330770	9-9998 136	50	13
	60	8-4551768	8-4553536	1-5446464	233	40			60	8-4669693	8-4671559	1-5328441	134	40	
	70	8-4554158	8-4555928	1-5444072	231	30			70	8-4672019	8-4673887	1-5326113	132	30	
	80	8-4556547	8-4558318	1-5441682	229	20			80	8-4674344	8-4676214	1-5323786	130	20	
	90	8-4558935	8-4560708	1-5439292	227	10			90	8-4676668	8-4678540	1-5321460	128	10	
82	00	8-4561321	8-4563096	1-5436904	225	00	18	87	00	8-4678990	8-4680864	1-5319136	126	00	13
	10	8-4563706	8-4565483	1-5434517	223	90			10	8-4681311	8-4683187	1-5316813	124	90	
	20	8-4566090	8-4567869	1-5432131	221	80			20	8-4683631	8-4685509	1-5314491	122	80	
	30	8-4568472	8-4570253	1-5429747	219	70			30	8-4685950	8-4687830	1-5312170	120	70	
	40	8-4570853	8-4572636	1-5427364	217	60			40	8-4688267	8-4690149	1-5309851	118	60	
82	50	8-4573233	8-4575017	1-5424983	9-9998 215	50	17	87	50	8-4690584	8-4692468	1-5307532	9-9998 116	50	12
	60	8-4575611	8-4577398	1-5422602	213	40			60	8-4692899	8-4694785	1-5305215	114	40	
	70	8-4577988	8-4579777	1-5420223	211	30			70	8-4695212	8-4697100	1-5302900	112	30	
	80	8-4580364	8-4582155	1-5417845	209	20			80	8-4697525	8-4699415	1-5300585	110	20	
	90	8-4582738	8-4584531	1-5415469	207	10			90	8-4699836	8-4701728	1-5298272	108	10	
83	00	8-4585112	8-4586906	1-5413094	205	00	17	88	00	8-4702146	8-4704040	1-5295960	106	00	12
	10	8-4587485	8-4589280	1-5410720	203	90			10	8-4704455	8-4706351	1-5293649	104	90	
	20	8-4589854	8-4591653	1-5408347	202	80			20	8-4706762	8-4708660	1-5291340	102	80	
	30	8-4592223	8-4594024	1-5405976	200	70			30	8-4709069	8-4710969	1-5289031	100	70	
	40	8-4594591	8-4596394	1-5403606	198	60			40	8-4711374	8-4713276	1-5286724	098	60	
83	50	8-4596958	8-4598762	1-5401238	9-9998 196	50	16	88	50	8-4713678	8-4715582	1-5284418	9-9998 096	50	11
	60	8-4599323	8-4601130	1-5398870	194	40			60	8-4715980	8-4717886	1-5282114	094	40	
	70	8-4601688	8-4603496	1-5396504	192	30			70	8-4718282	8-4720190	1-5279810	092	30	
	80	8-4604050	8-4605861	1-5394139	190	20			80	8-4720582	8-4722492	1-5277508	090	20	
	90	8-4606412	8-4608224	1-5391776	188	10			90	8-4722881	8-4724793	1-5275207	088	10	
84	00	8-4608772	8-4610587	1-5389413	186	00	16	89	00	8-4725179	8-4727093	1-5272907	086	00	11
	10	8-4611131	8-4612948	1-5387052	184	90			10	8-4727475	8-4729392	1-5270608	084	90	
	20	8-4613489	8-4615307	1-5384693	182	80			20	8-4729771	8-4731689	1-5268311	082	80	
	30	8-4615845	8-4617666	1-5382334	180	70			30	8-4732065	8-4733985	1-5266015	080	70	
	40	8-4618201	8-4620023	1-5379977	178	60			40	8-4734358	8-4736280	1-5263720	078	60	
84	50	8-4620555	8-4622379	1-5377621	9-9998 176	50	15	89	50	8-4736650	8-4738574	1-5261426	9-9998 076	50	10
	60	8-4622907	8-4624733	1-5375267	174	40			60	8-4738940	8-4740866	1-5259134	074	40	
	70	8-4625258	8-4627087	1-5372913	172	30			70	8-4741229	8-4743158	1-5256842	072	30	
	80	8-4627608	8-4629439	1-5370561	170	20			80	8-4743517	8-4745448	1-5254552	070	20	
	90	8-4629957	8-4631789	1-5368211	168	10			90	8-4745804	8-4747737	1-5252263	068	10	
85	00	8-4632305	8-4634139	1-5365861	166	00	15	90	00	8-4748090	8-4750025	1-5249975	066	00	10
Minutes.	Second.	COS.	COTANG.	TANGENT.	SIN.	Second.	Minutes.	Minutes.	Second.	COS.	COTANG.	TANGENT.	SIN.	Second.	Minutes.

98 GRADES.

Minutes.	Second.	SINUS.	TANGENT.	COTANG.		COS.	Second.	Minutes.
90	00	8-4748090	8-4750025	1-5249975		066	00	10
	10	8-4750374	8-4752311	1-5247689		063	90	
	20	8-4752658	8-4754596	1-5245404		061	80	
	30	8-4754940	8-4756880	1-5243120		059	70	
	40	8-4757221	8-4759165	1-5240857	9-9998	057	60	
90	50	8-4759500	8-4761445	1-5238555		055	50	9
	60	8-4761779	8-4763726	1-5236274		053	40	
	70	8-4764056	8-4766005	1-5233995		051	30	
	80	8-4766332	8-4768285	1-5231717		049	20	
	90	8-4768607	8-4770360	1-5229440		047	10	
91	00	8-4770881	8-4772836	1-5227164		045	00	9
	10	8-4773155	8-4775110	1-5224890		043	90	
	20	8-4775425	8-4777384	1-5222616		041	80	
	30	8-4777695	8-4779656	1-5220344		039	70	
	40	8-4779964	8-4781927	1-5218073	9-9998	037	60	
91	50	8-4782232	8-4784197	1-5215803		035	50	8
	60	8-4784498	8-4786465	1-5213535		033	40	
	70	8-4786764	8-4788733	1-5211267		031	30	
	80	8-4789028	8-4790999	1-5209001		029	20	
	90	8-4791291	8-4793264	1-5206736		027	10	
92	00	8-4793553	8-4795528	1-5204472		025	00	8
	10	8-4795815	8-4797791	1-5202209		023	90	
	20	8-4798073	8-4800052	1-5199948		020	80	
	30	8-4800351	8-4802313	1-5197687		018	70	
	40	8-4802588	8-4804572	1-5195428	9-9998	016	60	
92	50	8-4804844	8-4806830	1-5193170		014	50	7
	60	8-4807099	8-4809087	1-5190913		012	40	
	70	8-4809353	8-4811343	1-5188657		010	30	
	80	8-4811605	8-4813597	1-5186403		008	20	
	90	8-4813856	8-4815850	1-5184150		006	10	
93	00	8-4816107	8-4818103	1-5181897		8004	00	7
	10	8-4818356	8-4820354	1-5179646		8001	90	
	20	8-4820605	8-4822604	1-5177396		8000	80	
	30	8-4822850	8-4824852	1-5175148		7998	70	
	40	8-4825093	8-4827100	1-5172900	9-999	7996	60	
93	50	8-4827540	8-4829346	1-5170654		7994	50	6
	60	8-4829585	8-4831591	1-5168409		7991	40	
	70	8-4831825	8-4833835	1-5166165		7989	30	
	80	8-4834066	8-4836078	1-5163922		7987	20	
	90	8-4836305	8-4838320	1-5161680		7985	10	
94	00	8-4838544	8-4840561	1-5159439		985	00	6
	10	8-4840781	8-4842800	1-5157200		981	90	
	20	8-4843017	8-4845038	1-5154962		979	80	
	30	8-4845252	8-4847276	1-5152724		977	70	
	40	8-4847486	8-4849512	1-5150488	9-9997	975	60	
94	50	8-4849719	8-4851746	1-5148254		973	50	5
	60	8-4851951	8-4853980	1-5146020		971	40	
	70	8-4854181	8-4856213	1-5143787		969	30	
	80	8-4856411	8-4858444	1-5141556		967	20	
	90	8-4858659	8-4860674	1-5139326		964	10	
95	00	8-4860866	8-4862903	1-5137097		962	00	5
Minutes.	Second.	COSINUS.	COTANG.	TANGENT.		SIN.	Second.	Minutes.

Minutes.	Second.	SINUS.	TANGENT.	COTANG.		COS.	Second.	Minutes.
95	00	8-4860866	8-4862903	1-5137097		962	00	5
	10	8-4863092	8-4865131	1-5134869		960	90	
	20	8-4865316	8-4867358	1-5132642		958	80	
	30	8-4867540	8-4869584	1-5130416		956	70	
	40	8-4869762	8-4871809	1-5128191	9-9997	954	60	
95	50	8-4871984	8-4874032	1-5125968		952	50	4
	60	8-4874204	8-4876254	1-5123746		950	40	
	70	8-4876423	8-4878475	1-5121525		948	30	
	80	8-4878641	8-4880695	1-5119305		946	20	
	90	8-4880858	8-4882914	1-5117086		943	10	
96	00	8-4883075	8-4885152	1-5114868		941	00	4
	10	8-4885288	8-4887549	1-5112651		939	90	
	20	8-4887501	8-4889564	1-5110436		937	80	
	30	8-4889714	8-4891779	1-5108221		935	70	
	40	8-4891925	8-4893992	1-5106008	9-9997	933	60	
96	50	8-4894135	8-4896204	1-5103796		931	50	3
	60	8-4896344	8-4898415	1-5101585		929	40	
	70	8-4898551	8-4900625	1-5099375		927	30	
	80	8-4900758	8-4902833	1-5097167		925	20	
	90	8-4902964	8-4905041	1-5094959		922	10	
97	00	8-4905168	8-4907248	1-5092752		920	00	3
	10	8-4907371	8-4909453	1-5090547		918	90	
	20	8-4909573	8-4911657	1-5088343		916	80	
	30	8-4911774	8-4913860	1-5086140		914	70	
	40	8-4913974	8-4916062	1-5083938	9-9997	912	60	
97	50	8-4916173	8-4918263	1-5081737		910	50	2
	60	8-4918371	8-4920463	1-5079537		908	40	
	70	8-4920567	8-4922662	1-5077338		906	30	
	80	8-4922763	8-4924860	1-5075140		903	20	
	90	8-4924957	8-4927056	1-5072944		901	10	
98	00	8-4927150	8-4929251	1-5070749		899	00	2
	10	8-4929343	8-4931446	1-5068554		897	90	
	20	8-4931534	8-4933639	1-5066361		895	80	
	30	8-4933724	8-4935831	1-5064169		893	70	
	40	8-4935912	8-4938022	1-5061978	9-9997	891	60	
98	50	8-4938100	8-4940212	1-5059788		889	50	1
	60	8-4940287	8-4942400	1-5057600		886	40	
	70	8-4942472	8-4944588	1-5055412		884	30	
	80	8-4944657	8-4946775	1-5053225		882	20	
	90	8-4946840	8-4948960	1-5051040		880	10	
99	00	8-4949022	8-4951144	1-5048856		878	00	1
	10	8-4951203	8-4953328	1-5046672		876	90	
	20	8-4953383	8-4955510	1-5044490		874	80	
	30	8-4955562	8-4957691	1-5042309		871	70	
	40	8-4957740	8-4959871	1-5040129	9-9997	869	60	
99	50	8-4959917	8-4962050	1-5037950		867	50	0
	60	8-4962093	8-4964228	1-5035772		865	40	
	70	8-4964267	8-4966404	1-5033596		863	30	
	80	8-4966441	8-4968580	1-5031420		861	20	
	90	8-4968613	8-4970754	1-5029246		859	10	
100	00	8-4970784	8-4972928	1-5027072		856	00	0
Minutes.	Second.	COSINUS.	COTANG.	TANGENT		SIN.	Second.	Minutes.

Minutes.	Second.	SINUS.	TANGENT.	COTANG.	COS.	Second.	Minutes.
0	00	8-4970784	8-4972928	1-5027072	856	00	100
	10	8-4972955	8-4975100	1-5024900	854	90	
	20	8-4975124	8-4977272	1-5022728	852	80	
	30	8-4977292	8-4979442	1-5020558	850	70	
	40	8-4979459	8-4981611	1-5018389	848	60	
0	50	8-4981625	8-4983779	1-5016221	9-9997 846	50	99
	60	8-4983789	8-4985946	1-5014054	844	40	
	70	8-4985953	8-4988112	1-5011888	841	30	
	80	8-4988116	8-4990277	1-5009723	839	20	
	90	8-4990277	8-4992440	1-5007560	837	10	
1	00	8-4992438	8-4994605	1-5005397	835	00	99
	10	8-4994597	8-4996764	1-5003236	833	90	
	20	8-4996756	8-4998925	1-5001075	831	80	
	30	8-4998913	8-5001084	1-4998916	829	70	
	40	8-5001069	8-5003245	1-4996757	826	60	
1	50	8-5003224	8-5005400	1-4994600	9-9997 824	50	98
	60	8-5005378	8-5007556	1-4992444	822	40	
	70	8-5007531	8-5009711	1-4990289	820	30	
	80	8-5009683	8-5011865	1-4988135	818	20	
	90	8-5011834	8-5014018	1-4985982	816	10	
2	00	8-5013984	8-5016170	1-4983830	813	00	98
	10	8-5016132	8-5018321	1-4981679	811	90	
	20	8-5018280	8-5020471	1-4979529	809	80	
	30	8-5020427	8-5022620	1-4977380	807	70	
	40	8-5022572	8-5024767	1-4975233	805	60	
2	50	8-5024717	8-5026914	1-4973086	9-9997 803	50	97
	60	8-5026860	8-5029060	1-4970940	800	40	
	70	8-5029002	8-5031204	1-4968796	798	30	
	80	8-5031144	8-5033348	1-4966652	796	20	
	90	8-5033284	8-5035490	1-4964510	794	10	
3	00	8-5035423	8-5037632	1-4962368	792	00	97
	10	8-5037561	8-5039772	1-4960228	790	90	
	20	8-5039698	8-5041911	1-4958089	787	80	
	30	8-5041834	8-5044049	1-4955951	785	70	
	40	8-5043969	8-5046186	1-4953814	783	60	
3	50	8-5046103	8-5048323	1-4951677	9-9997 781	50	96
	60	8-5048236	8-5050458	1-4949542	779	40	
	70	8-5050368	8-5052592	1-4947408	776	30	
	80	8-5052499	8-5054725	1-4945275	774	20	
	90	8-5054628	8-5056856	1-4943144	772	10	
4	00	8-5056757	8-5058987	1-4941013	770	00	96
	10	8-5058885	8-5061117	1-4938883	768	90	
	20	8-5061011	8-5063246	1-4936754	765	80	
	30	8-5063137	8-5065374	1-4934626	763	70	
	40	8-5065261	8-5067500	1-4932500	761	60	
4	50	8-5067383	8-5069626	1-4930374	9-9997 759	50	95
	60	8-5069507	8-5071751	1-4928249	757	40	
	70	8-5071629	8-5073874	1-4926126	755	30	
	80	8-5073749	8-5075997	1-4924003	752	20	
	90	8-5075869	8-5078118	1-4921882	750	10	
5	00	8-5077987	8-5080239	1-4919761	748	00	95
Minutes.	Second.	COS.	COTANG.	TANGENT.	SIN.	Second.	Minutes.

Minutes.	Second.	SINUS.	TANGENT.	COTANG.	COS.	Second.	Minutes.
5	00	8-5077987	8-5080239	1-4919761	748	00	95
	10	8-5080104	8-5082358	1-4917642	746	90	
	20	8-5082220	8-5084477	1-4915523	744	80	
	30	8-5084335	8-5086594	1-4913406	741	70	
	40	8-5086450	8-5088711	1-4911289	739	60	
5	50	8-5088563	8-5090826	1-4909174	9-9997 737	50	94
	60	8-5090675	8-5092940	1-4907060	735	40	
	70	8-5092786	8-5095053	1-4904947	733	30	
	80	8-5094896	8-5097166	1-4902834	730	20	
	90	8-5097005	8-5099277	1-4900723	728	10	
6	00	8-5099113	8-5101387	1-4898613	726	00	94
	10	8-5101220	8-5103496	1-4896504	724	90	
	20	8-5103326	8-5105604	1-4894396	722	80	
	30	8-5105431	8-5107712	1-4892288	719	70	
	40	8-5107535	8-5109818	1-4890182	717	60	
6	50	8-5109638	8-5111923	1-4888077	9-9997 715	50	93
	60	8-5111740	8-5114027	1-4885973	713	40	
	70	8-5113840	8-5116130	1-4883870	710	30	
	80	8-5115940	8-5118232	1-4881768	708	20	
	90	8-5118039	8-5120333	1-4879667	706	10	
7	00	8-5120137	8-5122433	1-4877567	704	00	93
	10	8-5122234	8-5124532	1-4875468	702	90	
	20	8-5124329	8-5126630	1-4873370	699	80	
	30	8-5126424	8-5128727	1-4871273	697	70	
	40	8-5128518	8-5130823	1-4869177	695	60	
7	50	8-5130611	8-5132918	1-4867082	9-9997 693	50	92
	60	8-5132703	8-5135012	1-4864988	690	40	
	70	8-5134793	8-5137105	1-4862895	688	30	
	80	8-5136883	8-5139197	1-4860803	686	20	
	90	8-5138972	8-5141288	1-4858712	684	10	
8	00	8-5141059	8-5143378	1-4856622	682	00	92
	10	8-5143146	8-5145467	1-4854533	679	90	
	20	8-5145232	8-5147555	1-4852445	677	80	
	30	8-5147317	8-5149642	1-4850358	675	70	
	40	8-5149400	8-5151728	1-4848272	673	60	
8	50	8-5151483	8-5153813	1-4846187	9-9997 670	50	91
	60	8-5153565	8-5155897	1-4844103	668	40	
	70	8-5155645	8-5157979	1-4842021	666	30	
	80	8-5157725	8-5160061	1-4839939	664	20	
	90	8-5159804	8-5162142	1-4837858	661	10	
9	00	8-5161881	8-5164222	1-4835778	659	00	91
	10	8-5163958	8-5166301	1-4833699	657	90	
	20	8-5166034	8-5168379	1-4831621	655	80	
	30	8-5168109	8-5170456	1-4829544	652	70	
	40	8-5170182	8-5172532	1-4827468	650	60	
9	50	8-5172255	8-5174607	1-4825393	9-9997 948	50	90
	60	8-5174327	8-5176681	1-4823319	646	40	
	70	8-5176398	8-5178754	1-4821246	643	30	
	80	8-5178467	8-5180826	1-4819174	641	20	
	90	8-5180536	8-5182897	1-4817103	639	10	
10	00	8-5182604	8-5184967	1-4815033	637	00	90
Minutes.	Second.	COS.	COTANG.	TANGENT.	SIN.	Second.	Minutes.

Minutes.	Second.	SINUS.	TANGENT.	COTANG.		COS.	Second.	Minutes.	Minutes.	Second.	SINUS.	TANGENT.	COTANG.		COS.	Second.	Minutes.
10	00	8-5182604	8-5184967	1-4815033		637	00	90	15	00	8-5284758	8-5287235	1-4712765		523	00	85
	10	8-5184671	8-5187036	1-4812964		634	90			10	8-5286777	8-5289256	1-4710744		521	90	
	20	8-5186737	8-5189105	1-4810895		632	80			20	8-5288794	8-5291276	1-4708724		518	80	
	30	8-5188802	8-5191172	1-4808828		630	70			30	8-5290811	8-5293295	1-4706705		516	70	
	40	8-5190865	8-5193238	1-4806762		628	60			40	8-5292827	8-5295313	1-4704687		514	60	
10	50	8-5192928	8-5195303	1-4804697	9-9997	625	50	89	15	50	8-5294842	8-5297331	1-4702669	9-9997	511	50	84
	60	8-5194990	8-5197367	1-4802633		623	40			60	8-5296856	8-5299347	1-4700653		509	40	
	70	8-5197051	8-5199430	1-4800570		621	30			70	8-5298869	8-5301363	1-4698637		507	30	
	80	8-5199111	8-5201493	1-4798507		619	20			80	8-5300881	8-5303377	1-4696623		504	20	
	90	8-5201170	8-5203554	1-4796446		616	10			90	8-5302893	8-5305391	1-4694609		502	10	
11	00	8-5203228	8-5205614	1-4794386		614	00	89	16	00	8-5304905	8-5307403	1-4692597		500	00	84
	10	8-5205285	8-5207673	1-4792327		612	90			10	8-5306912	8-5309415	1-4690585		497	90	
	20	8-5207341	8-5209732	1-4790268		610	80			20	8-5308921	8-5311426	1-4688574		495	80	
	30	8-5209396	8-5211789	1-4788211		607	70			30	8-5310928	8-5313436	1-4686564		493	70	
	40	8-5211450	8-5213845	1-4786155		605	60			40	8-5312935	8-5315445	1-4684555		490	60	
11	50	8-5213504	8-5215901	1-4784099	9-9997	603	50	88	16	50	8-5314941	8-5317453	1-4682547	9-9997	488	50	83
	60	8-5215556	8-5217955	1-4782045		601	40			60	8-5316945	8-5319460	1-4680540		486	40	
	70	8-5217607	8-5220009	1-4779991		598	30			70	8-5318949	8-5321466	1-4678534		483	30	
	80	8-5219657	8-5222061	1-4777939		596	20			80	8-5320952	8-5323471	1-4676529		481	20	
	90	8-5221706	8-5224113	1-4775887		594	10			90	8-5322954	8-5325475	1-4674525		479	10	
12	00	8-5223755	8-5226163	1-4773837		592	00	88	17	00	8-5324955	8-5327479	1-4672521		477	00	83
	10	8-5225802	8-5228213	1-4771787		589	90			10	8-5326955	8-5329481	1-4670519		474	90	
	20	8-5227848	8-5230261	1-4769739		587	80			20	8-5328954	8-5331483	1-4668517		472	80	
	30	8-5229894	8-5232309	1-4767691		585	70			30	8-5330953	8-5333483	1-4666517		470	70	
	40	8-5231938	8-5234356	1-4765644		582	60			40	8-5332950	8-5335483	1-4664517		467	60	
12	50	8-5233982	8-5236401	1-4763599	9-9997	580	50	87	17	50	8-5334946	8-5337482	1-4662518	9-9997	465	50	82
	60	8-5236024	8-5238446	1-4761554		578	40			60	8-5336942	8-5339479	1-4660521		463	40	
	70	8-5238066	8-5240490	1-4759510		576	30			70	8-5338937	8-5341476	1-4658524		460	30	
	80	8-5240106	8-5242534	1-4757466		573	20			80	8-5340930	8-5343472	1-4656528		458	20	
	90	8-5242146	8-5244575	1-4755425		571	10			90	8-5342925	8-5345466	1-4654534		456	10	
13	00	8-5244184	8-5246616	1-4753384		569	00	87	18	00	8-5344915	8-5347462	1-4652538		453	00	82
	10	8-5246222	8-5248656	1-4751344		566	90			10	8-5346906	8-5349455	1-4650545		451	90	
	20	8-5248259	8-5250695	1-4749305		564	80			20	8-5348896	8-5351447	1-4648553		449	80	
	30	8-5250295	8-5252733	1-4747267		562	70			30	8-5350885	8-5353439	1-4646561		446	70	
	40	8-5252330	8-5254770	1-4745230		560	60			40	8-5352873	8-5355429	1-4644571		444	60	
13	50	8-5254363	8-5256806	1-4743194	9-9997	557	50	86	18	50	8-5354860	8-5357419	1-4642581	9-9997	442	50	81
	60	8-5256396	8-5258841	1-4741159		555	40			60	8-5356847	8-5359408	1-4640592		439	40	
	70	8-5258428	8-5260876	1-4739124		553	30			70	8-5358832	8-5361396	1-4638604		437	30	
	80	8-5260459	8-5262909	1-4737091		550	20			80	8-5360817	8-5363383	1-4636617		434	20	
	90	8-5262489	8-5264941	1-4735059		548	10			90	8-5362801	8-5365368	1-4634632		432	10	
14	00	8-5264519	8-5266973	1-4733027		546	00	86	19	00	8-5364785	8-5367354	1-4632646		430	00	81
	10	8-5266547	8-5269003	1-4730997		544	90			10	8-5366765	8-5369338	1-4630662		427	90	
	20	8-5268574	8-5271033	1-4728967		541	80			20	8-5368746	8-5371321	1-4628679		425	80	
	30	8-5270600	8-5273061	1-4726939		539	70			30	8-5370726	8-5373303	1-4626697		423	70	
	40	8-5272626	2-5275089	1-4724911		537	60			40	8-5372705	8-5375285	1-4624715		420	60	
14	50	8-5274650	8-5277116	1-4722884	9-9997	534	50	85	19	50	8-5374683	8-5377265	1-4622735	9-9997	418	50	80
	60	8-5276673	8-5279141	1-4720859		532	40			60	8-5376660	8-5379245	1-4620755		416	40	
	70	8-5278696	8-5281166	1-4718834		530	30			70	8-5378637	8-5381224	1-4618776		413	30	
	80	8-5280717	8-5283190	1-4716810		527	20			80	8-5380613	8-5383202	1-4616798		411	20	
	90	8-5282738	8-5285213	1-4714787		525	10			90	8-5382587	8-5385179	1-4614821		409	10	
15	00	8-5284758	8-5287235	1-4712765		523	00	85	20	00	8-5384561	8-5387155	1-4612845		406	00	80
Minutes.	Second.	COS.	COTANG.	TANGENT.		SIN.	Second.	Minutes.	Minutes.	Second.	COS.	COTANG.	TANGENT.		SIN.	Second.	Minutes.

Minutes.	Second.	SINUS.	TANGENT.	COTANG.	COS.	Second.	Minutes.
20	00	8-5384561	8-5387155	1-4612845	406	00	80
	10	8-5386534	8-5389130	1-4610870	404	90	
	20	8-5388506	8-5391104	1-4608896	402	80	
	30	8-5390477	8-5393078	1-4606922	399	70	
	40	8-5392447	8-5395050	1-4604950	397	60	
20	50	8-5394416	8-5397022	1-4602978	9-9997 394	50	79
	60	8-5396385	8-5398993	1-4601007	392	40	
	70	8-5398352	8-5400962	1-4599038	390	30	
	80	8-5400319	8-5402931	1-4597069	387	20	
	90	8-5402284	8-5404899	1-4595101	385	10	
21	00	8-5404249	8-5406867	1-4593133	383	00	79
	10	8-5406213	8-5408835	1-4591167	380	90	
	20	8-5408176	8-5410798	1-4589202	378	80	
	30	8-5410138	8-5412763	1-4587237	376	70	
	40	8-5412099	8-5414726	1-4585274	373	60	
21	50	8-5414060	8-5416689	1-4583311	9-9997 371	50	78
	60	8-5416019	8-5418651	1-4581349	368	40	
	70	8-5417978	8-5420612	1-4579388	366	30	
	80	8-5419936	8-5422572	1-4577428	364	20	
	90	8-5421892	8-5424531	1-4575469	361	10	
22	00	8-5423848	8-5426489	1-4573511	359	00	78
	10	8-5425803	8-5428447	1-4571553	357	90	
	20	8-5427757	8-5430405	1-4569597	354	80	
	30	8-5429711	8-5432359	1-4567641	352	70	
	40	8-5431663	8-5434314	1-4565686	349	60	
22	50	8-5433615	8-5436268	1-4563732	9-9997 347	50	77
	60	8-5435565	8-5438221	1-4561779	345	40	
	70	8-5437515	8-5440175	1-4559827	342	30	
	80	8-5439464	8-5442124	1-4557876	340	20	
	90	8-5441412	8-5444075	1-4555925	337	10	
23	00	8-5443359	8-5446024	1-4553976	335	00	77
	10	8-5445306	8-5447973	1-4552027	333	90	
	20	8-5447251	8-5449921	1-4550079	330	80	
	30	8-5449195	8-5451868	1-4548132	328	70	
	40	8-5451139	8-5453814	1-4546186	325	60	
23	50	8-5453082	8-5455759	1-4544241	9-9997 323	50	76
	60	8-5455024	8-5457703	1-4542297	321	40	
	70	8-5456965	8-5459647	1-4540353	318	30	
	80	8-5458905	8-5461589	1-4538411	316	20	
	90	8-5460844	8-5463531	1-4536469	313	10	
24	00	8-5462783	8-5465472	1-4534528	311	00	76
	10	8-5464720	8-5467412	1-4532588	309	90	
	20	8-5466657	8-5469351	1-4530649	306	80	
	30	8-5468593	8-5471289	1-4528711	304	70	
	40	8-5470528	8-5473227	1-4526773	301	60	
24	50	8-5472462	8-5475163	1-4524837	9-9997 299	50	75
	60	8-5474395	8-5477099	1-4522901	297	40	
	70	8-5476328	8-5479034	1-4520966	294	30	
	80	8-5478259	8-5480967	1-4519033	292	20	
	90	8-5480190	8-5482901	1-4517099	289	10	
25	00	8-5482120	8-5484833	1-4515167	287	00	75
Minutes.	Second.	COS.	COTANG.	TANGENT.	SIN.	Second.	Minutes.

Minutes.	Second.	SINUS.	TANGENT.	COTANG.	COS.	Second.	Minutes.
25	00	8-5482120	8-5484833	1-4515167	287	00	75
	10	8-5484049	8-5486764	1-4513236	285	90	
	20	8-5485977	8-5488695	1-4511305	282	80	
	30	8-5487904	8-5490624	1-4509376	280	70	
	40	8-5489830	8-5492553	1-4507447	277	60	
25	50	8-5491756	8-5494481	1-4505519	9-9997 275	50	74
	60	8-5493681	8-5496408	1-4503592	272	40	
	70	8-5495603	8-5498335	1-4501665	270	30	
	80	8-5497528	8-5500260	1-4499740	268	20	
	90	8-5499450	8-5502184	1-4497816	265	10	
26	00	8-5501371	8-5504108	1-4495892	263	00	74
	10	8-5503291	8-5506031	1-4493969	260	90	
	20	8-5505211	8-5507953	1-4492047	258	80	
	30	8-5507130	8-5509874	1-4490126	256	70	
	40	8-5509048	8-5511794	1-4488206	253	60	
26	50	8-5510965	8-5513714	1-4486286	9-9997 251	50	73
	60	8-5512881	8-5515633	1-4484367	248	40	
	70	8-5514796	8-5517550	1-4482450	246	30	
	80	8-5516711	8-5519467	1-4480533	243	20	
	90	8-5518624	8-5521383	1-4478617	241	10	
27	00	8-5520537	8-5523299	1-4476701	239	00	73
	10	8-5522449	8-5525213	1-4474787	236	90	
	20	8-5524360	8-5527126	1-4472874	234	80	
	30	8-5526270	8-5529039	1-4470961	231	70	
	40	8-5528180	8-5530951	1-4469049	229	60	
27	50	8-5530088	8-5532862	1-4467138	9-9997 226	50	72
	60	8-5531996	8-5534772	1-4465228	224	40	
	70	8-5533903	8-5536682	1-4463318	221	30	
	80	8-5535809	8-5538590	1-4461410	219	20	
	90	8-5537714	8-5540498	1-4459502	217	10	
28	00	8-5539619	8-5542405	1-4457595	214	00	72
	10	8-5541522	8-5544311	1-4455689	212	90	
	20	8-5543425	8-5546216	1-4453784	209	80	
	30	8-5545327	8-5548120	1-4451880	207	70	
	40	8-5547228	8-5550024	1-4449976	204	60	
28	50	8-5549128	8-5551926	1-4448074	9-9997 202	50	71
	60	8-5551028	8-5553828	1-4446172	199	40	
	70	8-5552926	8-5555729	1-4444271	197	30	
	80	8-5554824	8-5557629	1-4442371	195	20	
	90	8-5556721	8-5559529	1-4440471	192	10	
29	00	8-5558617	8-5561427	1-4438573	190	00	71
	10	8-5560512	8-5563325	1-4436675	187	90	
	20	8-5562407	8-5565222	1-4434778	185	80	
	30	8-5564300	8-5567118	1-4432882	182	70	
	40	8-5566193	8-5569013	1-4430987	180	60	
29	50	8-5568085	8-5570908	1-4429092	9-9997 177	50	70
	60	8-5569976	8-5572801	1-4427199	175	40	
	70	8-5571866	8-5574694	1-4425306	172	30	
	80	8-5573756	8-5576586	1-4423414	170	20	
	90	8-5575644	8-5578477	1-4421523	168	10	
30	00	8-5577532	8-5580367	1-4419633	165	00	70
Minutes.	Second.	COS.	COTANG.	TANGENT.	SIN.	Second.	Minutes.

Minutes.	Second.	SINUS.	TANGENT.	COTANG.	COS.	Second	Minutes.	Minutes.	Second.	SINUS.	TANGENT.	COTANG.	COS.	Second.	Minutes.
30	00	8-5577532	8-5580367	1-4419633	165	00	70	35	00	8-5670891	8-5673851	1-4326149	040	00	65
	10	8-5579419	8-5582257	1-4417743	163	90			10	8-5672738	8-5675700	1-4324300	038	90	
	20	8-5581305	8-5584145	1-4415855	160	80			20	8-5674584	8-5677549	1-4322451	035	80	
	30	8-5583191	8-5586033	1-4413967	158	70			30	8-5676429	8-5679396	1-4320604	033	70	
	40	8-5585075	8-5587920	1-4412080	155	60			40	8-5678274	8-5681243	1-4318757	030	60	
30	50	8-5586959	8-5589806	1-4410194	9-9997 153	50	69	35	50	8-5680117	8-5683090	1-4316910	9-9997 028	50	64
	60	8-5588842	8-5591692	1-4408308	150	40			60	8-5681960	8-5684935	1-4315065	025	40	
	70	8-5590724	8-5593576	1-4406424	148	30			70	8-5683802	8-5686780	1-4313220	023	30	
	80	8-5592605	8-5595460	1-4404540	145	20			80	8-5685644	8-5688624	1-4311376	020	20	
	90	8-5594486	8-5597343	1-4402657	143	10			90	8-5687484	8-5690467	1-4309533	018	10	
31	00	8-5596366	8-5599225	1-4400775	140	00	69	36	00	8-5689324	8-5692309	1-4307691	7015	00	64
	10	8-5598244	8-5601107	1-4398893	138	90			10	8-5691163	8-5694150	1-4305850	7013	90	
	20	8-5600122	8-5602987	1-4397013	135	80			20	8-5693001	8-5695991	1-4304009	7010	80	
	30	8-5602000	8-5604867	1-4395133	133	70			30	8-5694839	8-5697831	1-4302169	7008	70	
	40	8-5603876	8-5606746	1-4393254	130	60			40	8-5696675	8-5699670	1-4300330	7005	60	
31	50	8-5605752	8-5608624	1-4391376	9-9997 128	50	68	36	50	8-5698511	8-5701509	1-4298491	9-999 7003	50	63
	60	8-5607626	8-5610501	1-4389499	125	40			60	8-5700346	8-5703346	1-4296654	7000	40	
	70	8-5609500	8-5612377	1-4387623	123	30			70	8-5702181	8-5705183	1-4294817	6997	30	
	80	8-5611373	8-5614253	1-4385747	120	20			80	8-5704014	8-5707019	1-4292981	6995	20	
	90	8-5613246	8-5616128	1-4383872	118	10			90	8-5705847	8-5708855	1-4291145	6992	10	
32	00	8-5615117	8-5618002	1-4381998	116	00	68	37	00	8-5707679	8-5710689	1-4289311	990	00	63
	10	8-5616988	8-5619875	1-4380125	113	90			10	8-5709510	8-5712523	1-4287477	987	90	
	20	8-5618858	8-5621747	1-4378253	111	80			20	8-5711341	8-5714356	1-4285644	985	80	
	30	8-5620727	8-5623619	1-4376381	108	70			30	8-5713170	8-5716188	1-4283812	982	70	
	40	8-5622595	8-5625490	1-4374510	106	60			40	8-5714999	8-5718020	1-4281980	980	60	
32	50	8-5624462	8-5627360	1-4372640	9-9997 103	50	67	37	50	8-5716827	8-5719850	1-4280150	9-9996 977	50	62
	60	8-5626329	8-5629229	1-4370771	101	40			60	8-5718655	8-5721680	1-4278320	975	40	
	70	8-5628195	8-5631097	1-4368903	098	30			70	8-5720481	8-5723509	1-4276491	972	30	
	80	8-5630061	8-5632965	1-4367035	096	20			80	8-5722307	8-5725338	1-4274662	969	20	
	90	8-5631925	8-5634832	1-4365168	093	10			90	8-5724132	8-5727165	1-4272835	967	10	
33	00	8-5633788	8-5636698	1-4363302	091	00	67	38	00	8-5725957	8-5728992	1-4271008	964	00	62
	10	8-5635651	8-5638563	1-4361437	088	90			10	8-5727780	8-5730818	1-4269182	962	90	
	20	8-5637513	8-5640427	1-4359573	086	80			20	8-5729603	8-5732644	1-4267356	959	80	
	30	8-5639374	8-5642291	1-4357709	083	70			30	8-5731425	8-5734468	1-4265532	957	70	
	40	8-5641234	8-5644154	1-4355846	081	60			40	8-5733246	8-5736292	1-4263708	954	60	
33	50	8-5643094	8-5646016	1-4353984	9-9997 078	50	66	38	50	8-5735067	8-5738115	1-4261885	9-9996 952	50	61
	60	8-5644953	8-5647877	1-4352123	076	40			60	8-5736886	8-5739937	1-4260063	949	40	
	70	8-5646810	8-5649737	1-4350263	073	30			70	8-5738705	8-5741759	1-4268241	946	30	
	80	8-5648667	8-5651597	1-4348403	071	20			80	8-5740523	8-5743580	1-4256420	944	20	
	90	8-5650524	8-5653456	1-4346544	068	10			90	8-5742341	8-5745400	1-4254600	941	10	
34	00	8-5652379	8-5655314	1-4344686	066	00	66	39	00	8-5744158	8-5747219	1-4252781	939	00	61
	10	8-5654234	8-5657171	1-4342829	063	90			10	8-5745973	8-5749037	1-4250963	936	90	
	20	8-5656088	8-5659028	1-4340972	061	80			20	8-5747789	8-5750855	1-4249145	934	80	
	30	8-5657941	8-5660883	1-4339117	058	70			30	8-5749603	8-5752672	1-4247328	931	70	
	40	8-5659794	8-5662738	1-4337262	056	60			40	8-5751416	8-5754488	1-4245512	929	60	
34	50	8-5661645	8-5664592	1-4335408	9-9997 053	50	65	39	50	8-5753229	8-5756304	1-4243696	9-9996 926	50	60
	60	8-5663496	8-5666445	1-4333555	050	40			60	8-5755041	8-5758118	1-4241882	923	40	
	70	8-5665346	8-5668298	1-4331702	048	30			70	8-5756853	8-5759932	1-4240068	921	30	
	80	8-5667195	8-5670150	1-4329850	045	20			80	8-5758664	8-5761745	1-4238255	918	20	
	90	8-5669043	8-5672001	1-4327999	043	10			90	8-5760473	8-5763558	1-4236442	916	10	
35	00	8-5670891	8-5673851	1-4326149	040	00	65	40	00	8-5762282	8-5765369	1-4234631	913	00	60
Minutes.	Second.	COS.	COTANG.	TANGENT.	SIN.	Second.	Minutes.	Minutes.	Second.	COS.	COTANG.	TANGENT.	SIN.	Second.	Minutes.

Minutes.	Second.	SINUS.	TANGENT.	COTANG.	COS. (9-9996)	Second.	Minutes.	Minutes.	Second.	SINUS.	TANGENT.	COTANG.	COS. (9-9996)	Second.	Minutes.
40	00	8-5762282	8-5765369	1-4234631	913	00	60	45	00	8-5851788	8-5855005	1-4144995	783	00	55
	10	8-5764091	8-5767180	1-4232820	911	90			10	8-5853559	8-5856779	1-4143221	780	90	
	20	8-5765898	8-5768990	1-4231010	908	80			20	8-5855330	8-5858552	1-4141448	778	80	
	30	8-5767705	8-5770799	1-4229201	905	70			30	8-5857100	8-5860324	1-4139676	775	70	
	40	8-5769511	8-5772608	1-4227392	903	60			40	8-5858869	8-5862096	1-4137904	773	60	
40	50	8-5771317	8-5774416	1-4225584	900	50	59	45	50	8-5860637	8-5863867	1-4136133	770	50	54
	60	8-5773121	8-5776223	1-4223777	898	40			60	8-5862405	8-5865637	1-4134363	767	40	
	70	8-5774925	8-5778030	1-4221970	895	30			70	8-5864172	8-5867407	1-4132593	765	30	
	80	8-5776728	8-5779836	1-4220164	892	20			80	8-5865938	8-5869176	1-4130824	762	20	
	90	8-5778530	8-5781641	1-4218359	890	10			90	8-5867704	8-5870944	1-4129056	759	10	
41	00	8-5780332	8-5783445	1-4216555	887	00	59	46	00	8-5869469	8-5872712	1-4127288	757	00	54
	10	8-5782133	8-5785248	1-4214752	885	90			10	8-5871235	8-5874479	1-4125521	754	90	
	20	8-5783935	8-5787051	1-4212949	882	80			20	8-5872996	8-5876245	1-4123755	752	80	
	30	8-5785732	8-5788853	1-4211147	880	70			30	8-5874759	8-5878010	1-4121990	749	70	
	40	8-5787531	8-5790654	1-4209346	877	60			40	8-5876521	8-5879775	1-4120225	746	60	
41	50	8-5789328	8-5792454	1-4207546	874	50	58	46	50	8-5878282	8-5881539	1-4118461	744	50	53
	60	8-5791125	8-5794254	1-4205746	872	40			60	8-5880043	8-5883302	1-4116698	741	40	
	70	8-5792922	8-5796053	1-4203947	869	30			70	8-5881803	8-5885065	1-4114935	738	30	
	80	8-5794717	8-5797851	1-4202149	867	20			80	8-5883562	8-5886827	1-4113173	736	20	
	90	8-5796512	8-5799648	1-4200352	864	10			90	8-5885321	8-5888588	1-4111412	733	10	
42	00	8-5798306	8-5801445	1-4198555	861	00	58	47	00	8-5887079	8-5890348	1-4109652	730	00	53
	10	8-5801000	8-5803241	,1-4196759	859	90			10	8-5888836	8-5892108	1-4107892	728	90	
	20	8-5801892	8-5805036	1-4194964	856	80			20	8-5890592	8-5893867	1-4106133	725	80	
	30	8-5803684	8-5806831	1-4193169	854	70			30	8-5892348	8-5895625	1-4104375	722	70	
	40	8-5805475	8-5808625	1-4191375	851	60			40	8-5894103	8-5897383	1-4102617	720	60	
42	50	8-5807266	8-5810418	1-4189582	848	50	57	47	50	8-5895857	8-5899140	1-4100860	717	50	52
	60	8-5809053	8-5812210	1-4187790	846	40			60	8-5897610	8-5900896	1-4099104	714	40	
	70	8-5810844	8-5814001	1-4185999	843	30			70	8-5899363	8-5902651	1-4097349	712	30	
	80	8-5812635	8-5815792	1-4184208	841	20			80	8-5901113	8-5904406	1-4095594	709	20	
	90	8-5814420	8-5817582	1-4182418	838	10			90	8-5902866	8-5906160	1-4093840	707	10	
43	00	8-5816207	8-5819371	1-4180629	835	00	57	48	00	8-5904617	8-5907913	1-4092087	704	00	52
	10	8-5817993	8-5821160	1-4178840	833	90			10	8-5906367	8-5909666	1-4090334	701	90	
	20	8-5819778	8-5822948	1-4177052	830	80			20	8-5908116	8-5911418	1-4088582	699	80	
	30	8-5821563	8-5824735	1-4175265	828	70			30	8-5909865	8 5913169	1-4086831	696	70	
	40	8-5823346	8-5826521	1-4173479	825	60			40	8-5911613	8-5914919	1-4085081	693	60	
43	50	8-5825129	8-5828307	1-4171693	822	50	56	48	50	8-5913360	8-5916669	1-4083331	691	50	51
	60	8-5826912	8-5830092	1-4169908	820	40			60	8-5915106	8-5918418	1-4081582	688	40	
	70	8-5828693	8-5831876	1-4168124	817	30			70	8-5916852	8-5920166	1-4079834	685	30	
	80	8-5830474	8-5833659	1-4166341	815	20			80	8-5918597	8-5921914	1-4078086	683	20	
	90	8-5832254	8-5835442	1-4164558	812	10			90	8-5920341	8-5923661	1-4076339	680	10	
44	00	8-5834034	8-5837224	1-4162776	809	00	56	49	00	8-5922085	8-5925408	1-4074592	677	00	51
	10	8-5835812	8-5839005	1-4160995	807	90			10	8-5923828	8-5927153	1-4072847	674	90	
	20	8-5837590	8-5840786	1-4159214	804	80			20	8-5925570	8-5928898	1-4071102	672	80	
	30	8-5839367	8-5842566	1-4157434	801	70			30	8-5927311	8-5930642	1-4069358	669	70	
	40	8-5841144	8-5844345	1-4155655	799	60			40	8-5929052	8-5932386	1-4067614	667	60	
44	50	8-5842920	8-5846123	1-4153877	796	50	55	49	50	8-5930792	8-5934129	1-4065871	664	50	50
	60	8-5844693	8-5847901	1-4152099	794	40			60	8-5932532	8-5935871	1-4064129	661	40	
	70	8-5846469	8-5849678	1-4150322	791	30			70	8-5934271	8-5937612	1-4062388	658	30	
	80	8-5848243	8-5851454	1-4148546	788	20			80	8-5936009	8-5939353	1-4060647	656	20	
	90	8-5850015	8-5853230	1-4146770	786	10			90	8-5937746	8-5941093	1-4058907	653	10	
45	00	8-5851788	8-5855005	1-4144995	785	00	55	50	00	8-5939483	8-5942832	1-4057168	650	00	50
Minutes.	Second.	COSINUS	COTANG.	TANGENT	SIN.	Second.	Minutes.	Minutes.	Second.	COSINUS.	COTANG.	TANGENT.	SIN.	Second.	Minutes.

97 GRADES.

Minutes.	Second.	SINUS.	TANGENT.	COTANG.	COS.	Second.	Minutes.	Minutes.	Second.	SINUS.	TANGENT.	COTANG.	COS.	Second.	Minutes.
50	00	8-5939485	8-5942852	1-4057168	650	00	50	55	00	8-6025439	8-6028924	1-3971076	515	00	45
	10	8-5941219	8-5944571	1-4055429	648	90			10	8-6027141	8-6030629	1-3969371	512	90	
	20	8-5942954	8-5946309	1-4053691	645	80			20	8-6028842	8-6032333	1-3967667	510	80	
	30	8-5944688	8-5948046	1-4051954	642	70			30	8-6030543	8-6034036	1-3965964	507	70	
	40	8-5946422	8-5949782	1-4050218	640	60			40	8-6032243	8-6035739	1-3964261	504	60	
50	50	8-5948155	8-5951518	1-4048482	9-9996 637	50	49	55	50	8-6033942	8-6037441	1-3962559	9-9996 501	50	44
	60	8-5949888	8-5953253	1-4046747	634	40			60	8-6035640	8-6039142	1-3960858	499	40	
	70	8-5951620	8-5954988	1-4045012	632	30			70	8-6037338	8-6040842	1-3959158	496	30	
	80	8-5953351	8-5956722	1-4043278	629	20			80	8-6039035	8-6042542	1-3957458	493	20	
	90	8-5955081	8-5958455	1-4041545	626	10			90	8-6040732	8-6044241	1-3955759	490	10	
51	00	8-5956811	8-5960187	1-4039813	624	00	49	56	00	8-6042428	8-6045940	1-3954060	488	00	44
	10	8-5958540	8-5961919	1-4038081	621	90			10	8-6044123	8-6047638	1-3952362	485	90	
	20	8-5960268	8-5963650	1-4036350	618	80			20	8-6045818	8-6049335	1-3950665	482	80	
	30	8-5961996	8-5965380	1-4034620	616	70			30	8-6047512	8-6051032	1-3948968	479	70	
	40	8-5963723	8-5967110	1-4032890	613	60			40	8-6049205	8-6052728	1-3947272	477	60	
51	50	8-5965449	8-5968839	1-4031161	9-9996 610	50	48	56	50	8-6050897	8-6054423	1-3945577	9-9996 474	50	43
	60	8-5967175	8-5970567	1-4029433	607	40			60	8-6052589	8-6056118	1-3943882	471	40	
	70	8-5968900	8-5972295	1-4027705	605	30			70	8-6054280	8-6057812	1-3942188	468	30	
	80	8-5970624	8-5974022	1-4025978	602	20			80	8-6055971	8-6059505	1-3940495	466	20	
	90	8-5972347	8-5975748	1-4024252	599	10			90	8-6057661	8-6061198	1-3938802	463	10	
52	00	8-5974070	8-5977473	1-4022527	597	00	48	57	00	8-6059350	8-6062890	1-3937110	460	00	43
	10	8-5975792	8-5979198	1-4020802	594	90			10	8-6061039	8-6064581	1-3935419	457	90	
	20	8-5977513	8-5980922	1-4019078	591	80			20	8-6062727	8-6066272	1-3933728	455	80	
	30	8-5979234	8-5982646	1-4017354	589	70			30	8-6064414	8-6067962	1-3932038	452	70	
	40	8-5980954	8-5984369	1-4015631	586	60			40	8-6066101	8-6069652	1-3930348	449	60	
52	50	8-5782674	8-5986091	1-4013909	9-9996 583	50	47	57	50	8-6067787	8-6071341	1-3928659	9-9996 446	50	42
	60	8-5984393	8-5987812	1-4012188	580	40			60	8-6069472	8-6073029	1-3926971	444	40	
	70	8-5986111	8-5989533	1-4010467	578	30			70	8-6071157	8-6074716	1-3925284	441	30	
	80	8-5987828	8-5991253	1-4008747	575	20			80	8-6072841	8-6076403	1-3923597	438	20	
	90	8-5989545	8-5992972	1-4007028	572	10			90	8-6074524	8-6078089	1-3921911	435	10	
53	00	8-5991261	8-5994691	1-4005309	570	00	47	58	00	8-6076207	8-6079774	1-3920226	433	00	42
	10	8-5992976	8-5996409	1-4003591	567	90			10	8-6077889	8-6081459	1-3918541	430	90	
	20	8-5994691	8-5998126	1-4001874	564	80			20	8-6079570	8-6083143	1-3916857	427	80	
	30	8-5996405	8-5999843	1-4000157	561	70			30	8-6081251	8-6084827	1-3915175	424	70	
	40	8-5998118	8-6001559	1-3998441	559	60			40	8-6082931	8-6086510	1-3913490	422	60	
53	50	8-5999831	8-6003274	1-3996726	9-9996 556	50	46	58	50	8-6084611	8-6088192	1-3911808	9-9996 419	50	41
	60	8-6001543	8-6004989	1-3995011	553	40			60	8-6086290	8-6089874	1-3910126	416	40	
	70	8-6003254	8-6006703	1-3993297	551	30			70	8-6087968	8-6091553	1-3908445	413	30	
	80	8-6004964	8-6008416	1-3991584	548	20			80	8-6089645	8-6093233	1-3906765	410	20	
	90	8-6006674	8-6010129	1-3989871	545	10			90	8-6091322	8-6094914	1-3905086	408	10	
54	00	8-6008384	8-6011841	1-3988159	542	00	46	59	00	8-6092998	8-6096593	1-3903407	405	00	41
	10	8-6010092	8-6013552	1-3986448	540	90			10	8-6094674	8-6098272	1-3901728	402	90	
	20	8-6011800	8-6015263	1-3984737	537	80			20	8-6096349	8-6099950	1-3900050	399	80	
	30	8-6013507	8-6016973	1-3983027	534	70			30	8-6098023	8-6101627	1-3898373	397	70	
	40	8-6015214	8-6018682	1-3981318	531	60			40	8-6099697	8-6103303	1-3896697	394	60	
54	50	8-6016920	8-6020391	1-3979609	9-9996 529	50	45	59	50	8-6101370	8-6104979	1-3895021	9-9996 391	50	40
	60	8-6018625	8-6022099	1-3977901	526	40			60	8-6103042	8-6106654	1-3893346	388	40	
	70	8-6020330	8-6023806	1-3976194	523	30			70	8-6104714	8-6108328	1-3891672	385	30	
	80	8-6022034	8-6025513	1-3974487	521	20			80	8-6106385	8-6110002	1-3889998	383	20	
	90	8-6023737	8-6027219	1-3972781	518	10			90	8-6108055	8-6111675	1-3888325	380	10	
55	00	8-6025439	8-6028924	1-3971076	515	00	45	60	00	8-6109725	8-6113348	1-3886652	377	00	40
Minutes.	Second.	COS.	COTANG.	TANGENT.	SIN.	Second.	Minutes.	Minutes.	Second.	COS.	COTANG.	TANGENT.	SIN.	Second.	Minutes.

2 GRADES.

Minutes.	Second.	SINUS.	TANGENT.	COTANG.	COS.	Second.	Minutes.	Minutes.	Second.	SINUS.	TANGENT.	COTANG.	COS.	Second.	Minutes.
60	00	8-6109725	8-6113348	1-5886652	577	00	40	65	00	8-6192403	8-6196167	1-5803833	236	00	35
	10	8-6111594	8-6115020	1-5884980	574	90			10	8-6194041	8-6197807	1-5802193	234	90	
	20	8-6113062	8-6116691	1-5883309	571	80			20	8-6195678	8-6199447	1-5800553	231	80	
	30	8-6114730	8-6118362	1-5881638	569	70			30	8-6197314	8-6201086	1-5798914	228	70	
	40	8-6116397	8-6120032	1-5879968	566	60			40	8-6198950	8-6202725	1-5797275	225	60	
60	50	8-6118064	8-6121701	1-5878299	9-9996 563	50	59	65	50	8-6200585	8-6204363	1-5795637	9-9996 222	50	34
	60	8-6119730	8-6123370	1-5876630	560	40			60	8-6202219	8-6206000	1-5794000	219	40	
	70	8-6121395	8-6125038	1-5874962	558	30			70	8-6203853	8-6207637	1-5792363	216	30	
	80	8-6123060	8-6126705	1-5873295	555	20			80	8-6205487	8-6209273	1-5790727	214	20	
	90	8-6124724	8-6128372	1-5871628	552	10			90	8-6207119	8-6210909	1-5789091	211	10	
61	00	8-6126387	8-6130038	1-5869962	549	00	59	66	00	8-6208751	8-6212544	1-5787456	208	00	34
	10	8-6128050	8-6131703	1-5868297	546	90			10	8-6210383	8-6214178	1-5785822	205	90	
	20	8-6129712	8-6133368	1-5866632	544	80			20	8-6212014	8-6215812	1 5784188	202	80	
	30	8-6131373	8-6135033	1-5864967	541	70			30	8-6213644	8-6217445	1-5782555	199	70	
	40	8-6133034	8-6136693	1-5863307	538	60			40	8-6215273	8-6219077	1-5780923	196	60	
61	50	8 6134694	8-6138359	1-5861641	9-9996 535	50	58	66	50	8-6216902	8-6220709	1-5779291	9-9996 194	50	33
	60	8-6136354	8-6140022	1-5859978	532	40			60	8-6218531	8-6222340	1-5777660	191	40	
	70	8-6138013	8-6141683	1-5858317	530	30			70	8-6220159	8-6223971	1-5776029	188	30	
	80	8-6139671	8-6143344	1-5856656	527	20			80	8-6221786	8-6225601	1-5774399	185	20	
	90	8-6141329	8-6145005	1-5854995	524	10			90	8-6223412	8-6227230	1-5772770	182	10	
62	00	8-6142986	8-6146665	1-5853335	521	00	58	67	00	8-6225038	8-6228859	1-5771141	179	00	33
	10	8-6144642	8-6148324	1-5851676	518	90			10	8-6226663	8-6230487	1-5769513	176	90	
	20	8-6146298	8-6149982	1-5850018	515	80			20	8-6228288	8-6232115	1-5767885	173	80	
	30	8-6147953	8-6151640	1-5848360	513	70			30	8-6229912	8-6233742	1-5766258	171	70	
	40	8-6149607	8-6153297	1 5846703	510	60			40	8-6231536	8-6235368	1-5764632	168	60	
62	50	8-6151261	8-6154954	1-5845046	9-9996 507	50	57	67	50	8-6233159	8-6236994	1-5763006	9-9996 165	50	32
	60	8-6152914	8-6156610	1 5843390	504	40			60	8-6234781	8-6238619	1-5761381	162	40	
	70	8-6154567	8-6158266	1-5841734	501	30			70	8-6236403	8-6240243	1-5759757	159	30	
	80	8-6156219	8-6159920	1-5840080	299	20			80	8-6238024	8-6241867	1-5758133	156	20	
	90	8-6157870	8-6161574	1-5838426	296	10			90	8-6239644	8-6243491	1-5756509	153	10	
63	00	8-6159521	8-6163228	1-5836772	293	00	57	68	00	8-6241234	8-6245113	1-5754887	151	00	32
	10	8-6161171	8-6164881	1-5835119	290	90			10	8-6242883	8-6246735	1-5753265	148	90	
	20	8-6162820	8-6166533	1-5833467	287	80			20	8-6244502	8-6248357	1-5751643	145	80	
	30	8-6164469	8-6168185	1-5831815	284	70			30	8-6246120	8-6249978	1-5750022	142	70	
	40	8-6166117	8-6169836	1-5830164	282	60			40	8-6247737	8-6251598	1-5748402	139	60	
63	50	8-6167763	8 6171486	1-5828514	9-9996 279	50	56	68	50	8-6249354	8-6253218	1-5746782	9-9996 136	50	31
	60	8-6169412	8-6173136	1-5826864	276	40			60	8-6250970	8-6254837	1-5745163	133	40	
	70	8-6171058	8-6174785	1-5825215	273	30			70	8-6252386	8-6256455	1-5743545	130	30	
	80	8-6172704	8-6176433	1-5823567	270	20			80	8-6254201	8-6258073	1-5741927	128	20	
	90	8-6174349	8 6178081	1-5821919	268	10			90	8-6255815	8-6259691	1-5740309	125	10	
64	00	8-6175993	8-6179729	1-5820271	265	00	56	69	00	8-6257429	8-6261307	1-5738693	122	00	31
	10	8-6177657	8-6181375	1-5818625	252	90			10	8-6259042	8-6262923	1-5737077	119	90	
	20	8-6179280	8-6183021	1-5816979	259	80			20	8-6260655	8-6264539	1-5735461	116	80	
	30	8-6180923	8-6184667	1-5815333	256	70			30	8-6262267	8-6266154	1-5733846	113	70	
	40	8-6182565	8-6186311	1-5813689	253	60			40	8-6263878	8-6267768	1-5732232	110	60	
64	50	8-6184206	8-6187955	1-5812045	9-9996 251	50	55	69	50	8-6265489	8-6269382	1-5730618	9-9996 107	50	30
	60	8-6185847	8-6189599	1-5810401	248	40			60	8-6267099	8-6270995	1-5729005	104	40	
	70	8-6187487	8-6191242	1-5808758	245	30			70	8-6268709	8-6272607	1-5727393	102	30	
	80	8-6189126	8-6192884	1-5807116	242	20			80	8-6270318	8-6274219	1-5725781	099	20	
	90	8-6190765	8-6194526	1-5805474	239	10			90	8-6271927	8-6275831	1-5724169	096	10	
65	00	8-6192403	8-6196167	1-5803833	236	00	35	70	00	8-6273534	8-6277441	1-5722559	093	00	30
Minutes.	Second.	COSINUS.	COTANG.	TANGENT.	SIN.	Second.	Minutes.	Minutes.	Second.	COSINUS.	COTANG.	TANGENT.	SIN.	Second.	Minutes.

97 GRADES.

Minutes.	Second.	SINUS.	TANGENT.	COTANG.	COS.	Second.	Minutes.	Minutes.	Second.	SINUS.	TANGENT.	COTANG.	COS.	Second.	Minutes.
70	00	8-6273534	8-6277441	1-3722559	093	00	30	75	00	8-6353175	8-6357228	1-3642772	947	00	25
	10	8-6275141	8-6279051	1-3720949	090	90			10	8-6354753	8-6358809	1-3641191	944	90	
	20	8-6276748	8-6280661	1-3719339	087	80			20	8-6356330	8-6360389	1-3639611	941	80	
	30	8-6278354	8-6282270	1-3717730	9-9996 084	70			30	8-6357907	8-6361969	1-3638031	9-9995 938	70	
	40	8-6279960	8-6283878	1-3716122	081	60			40	8-6359483	8-6363548	1-3636452	935	60	
70	50	8-6281565	8-6285486	1-3714514	078	50	29	75	50	8-6361059	8-6365127	1-3634873	932	50	24
	60	8-6283169	8-6287093	1-3712907	076	40			60	8-6362634	8-6366705	1-3633295	929	40	
	70	8-6284773	8-6288700	1-3711300	073	30			70	8-6364209	8-6368283	1-3631717	926	30	
	80	8-6286376	8-6290306	1-3709694	070	20			80	8-6365783	8-6369860	1-3630140	923	20	
	90	8-6287978	8-6291911	1-3708089	067	10			90	8-6367356	8-6371436	1-3628564	920	10	
71	00	8-6289580	8-6293516	1-3706484	064	00	29	76	00	8-6368929	8-6373012	1-3626988	917	00	24
	10	8-6291181	8-6295120	1-3704880	061	90			10	8-6370501	8-6374587	1-3625413	914	90	
	20	8-6292782	8-6296724	1-3703276	058	80			20	8-6372073	8-6376162	1-3623838	911	80	
	30	8-6294382	8-6298327	1-3701673	9-9996 055	70			30	8-6373644	8-6377736	1-3622264	9-9995 908	70	
	40	8-6295982	8-6299929	1-3700071	052	60			40	8-6375215	8-6379309	1-3620691	905	60	
71	50	8-6297581	8-6301531	1-3698469	049	50	28	76	50	8-6376785	8-6380882	1-3619118	902	50	23
	60	8-6299179	8-6303132	1-3696868	046	40			60	8-6378354	8-6382454	1-3617546	900	40	
	70	8-6300777	8-6304733	1-3695267	044	30			70	8-6379923	8-6384026	1-3615974	897	30	
	80	8-6302374	8-6306333	1-3693667	041	20			80	8-6381491	8-6385598	1-3614402	894	20	
	90	8-6303970	8-6307933	1-3692067	038	10			90	8-6383059	8-6387168	1-3612832	891	10	
72	00	8-6305566	8-6309532	1-3690468	035	00	28	77	00	8-6384626	8-6388738	1-3611262	888	00	23
	10	8-6307162	8-6311130	1-3688870	032	90			10	8-6386193	8-6390308	1-3609692	885	90	
	20	8-6308757	8-6312728	1-3687272	029	80			20	8-6387759	8-6391877	1-3608123	882	80	
	30	8-6310351	8-6314325	1-3685675	9-9996 026	70			30	8-6389324	8-6393445	1-3606555	9-9995 879	70	
	40	8-6311943	8-6315921	1-3684079	023	60			40	8-6390889	8-6395013	1-3604987	876	60	
72	50	8-6313538	8-6317517	1-3682483	020	50	27	77	50	8-6392453	8-6396581	1-3603419	873	50	22
	60	8-6315130	8-6319113	1-3680887	017	40			60	8-6394017	8-6398147	1-3601853	870	40	
	70	8-6316722	8-6320708	1-3679292	014	30			70	8-6395580	8-6399713	1-3600287	867	30	
	80	8-6318313	8-6322302	1-3677698	011	20			80	8-6397143	8-6401279	1-3598721	864	20	
	90	8-6319904	8-6323896	1-3676104	009	10			90	8-6398705	8-6402844	1-3597156	861	10	
73	00	8-6321494	8-6325489	1-3674511	6006	00	27	78	00	8-6400266	8-6404409	1-3595591	858	00	22
	10	8-6323084	8-6327081	1-3672919	6003	90			10	8-6401827	8-6405973	1-3594027	855	90	
	20	8-6324673	8-6328673	1-3671327	6000	80			20	8-6403388	8-6407536	1-3592464	852	80	
	30	8-6326261	8-6330264	1-3669736	5997	70			30	8-6404948	8-6409099	1-3590901	9-9995 849	70	
	40	8-6327849	8-6331855	1-3668145	9-999 5994	60			40	8-6406507	8-6410661	1-3589339	846	60	
73	50	8-6329436	8-6333445	1-3666555	5991	50	26	78	50	8-6408065	8-6412223	1-3587777	843	50	21
	60	8-6331023	8-6335035	1-3664965	5988	40			60	8-6409623	8-6413784	1-3586216	840	40	
	70	8-6332609	8-6336624	1-3663376	5985	30			70	8-6411181	8-6415344	1-3584656	837	30	
	80	8-6334194	8-6338212	1-3661788	5982	20			80	8-6412738	8-6416904	1-3583096	834	20	
	90	8-6335779	8-6339800	1-3660200	5979	10			90	8-6414294	8-6418463	1-3581537	831	10	
74	00	8-6337363	8-6341387	1-3658613	976	00	26	79	00	8-6415850	8-6420022	1-3579978	828	00	21
	10	8-6338947	8-6342974	1-3657026	973	90			10	8-6417406	8-6421581	1-3578419	825	90	
	20	8-6340530	8-6344560	1-3655440	970	80			20	8-6418961	8-6423139	1-3576861	822	80	
	30	8-6342113	8-6346146	1-3653854	967	70			30	8-6420515	8-6424696	1-3575304	819	70	
	40	8-6343695	8-6347731	1-3652269	9-9995 964	60			40	8-6422068	8-6426252	1-3573748	9-9995 816	60	
74	50	8-6345276	8-6349315	1-3650685	962	50	25	79	50	8-6423621	8-6427808	1-3572192	813	50	20
	60	8-6346857	8-6350899	1-3649101	959	40			60	8-6425174	8-6429364	1-3570636	810	40	
	70	8-6348437	8-6352482	1-3647518	956	30			70	8-6426726	8-6430919	1-3569081	807	30	
	80	8-6350017	8-6354065	1-3645935	953	20			80	8-6428277	8-6432473	1-3567527	803	20	
	90	8-6351596	8-6355647	1-3644353	950	10			90	8-6429828	8-6434027	1-3565973	801	10	
75	00	8-6353175	8-6357228	1-3642772	947	00	25	80	00	8-6431379	8-6435581	1-3564419	798	00	20
Minutes.	Second.	COSINUS.	COTANG.	TANGENT.	SIN.	Second.	Minutes.	Minutes.	Second.	COSINUS.	COTANG.	TANGENT.	SIN.	Second.	Minutes.

97 GRADES.

Minutes.	Second.	SINUS.	TANGENT.	COTANG.	COS.	Second.	Minutes.
80	00	8-6431379	8-6435581	1-3564419	798	00	20
	10	8-6432929	8-6437134	1-3562866	795	90	
	20	8-6434478	8-6438686	1-3561314	792	80	
	30	8-6436026	8-6440237	1-3559763	789	70	
	40	8-6437574	8-6441788	1-3558212	786	60	
80	50	8-6439122	8-6443339	1-3556661	9-9993 783	50	19
	60	8-6440669	8-6444889	1-3555111	780	40	
	70	8-6442215	8-6446439	1-3553561	777	30	
	80	8-6443761	8-6447988	1-3552012	774	20	
	90	8-6445307	8-6449536	1-3550464	771	10	
81	00	8-6446852	8-6451084	1-3548916	768	00	19
	10	8-6448396	8-6452631	1-3547369	765	90	
	20	8-6449940	8-6454178	1-3545822	762	80	
	30	8-6451483	8-6455724	1-3544276	759	70	
	40	8-6453025	8-6457269	1-3542731	756	60	
81	50	8-6454567	8-6458814	1-3541186	9-9993 753	50	18
	60	8-6456109	8-6460359	1-3539641	750	40	
	70	8-6457650	8-6461903	1-3538097	747	30	
	80	8-6459190	8-6463446	1-3536554	744	20	
	90	8-6460730	8-6464989	1-3535011	741	10	
82	00	8-6462269	8-6466532	1-3533468	738	00	18
	10	8-6463808	8-6468074	1-3531926	735	90	
	20	8-6465346	8-6469615	1-3530385	732	80	
	30	8-6466884	8-6471156	1-3528844	729	70	
	40	8-6468421	8-6472696	1-3527304	726	60	
82	50	8-6469958	8-6474235	1-3525765	9-9993 723	50	17
	60	8-6471494	8-6475774	1-3524226	720	40	
	70	8-6473029	8-6477313	1-3522687	717	30	
	80	8-6474564	8-6478851	1-3521149	714	20	
	90	8-6476099	8-6480388	1-3519612	711	10	
83	00	8-6477633	8-6481925	1-3518075	708	00	17
	10	8-6479166	8-6483461	1-3516539	704	90	
	20	8-6480699	8-6484997	1-3515003	701	80	
	30	8-6482231	8-6486533	1-3513467	698	70	
	40	8-6483763	8-6488068	1-3511932	695	60	
83	50	8-6485294	8-6489602	1-3510398	9-9993 692	50	16
	60	8-6486824	8-6491135	1-3508865	689	40	
	70	8-6488354	8-6492668	1-3507332	686	30	
	80	8-6489884	8-6494201	1-3505799	683	20	
	90	8-6491413	8-6495733	1-3504267	680	10	
84	00	8-6492942	8-6497264	1-3502736	677	00	16
	10	8-6494470	8-6498795	1-3501205	674	90	
	20	8-6495997	8-6500326	1-3499674	671	80	
	30	8-6497524	8-6501856	1-3498144	668	70	
	40	8-6499050	8-6503385	1-3496615	665	60	
84	50	8-6500576	8-6504914	1-3495086	9-9993 662	50	15
	60	8-6502101	8-6506442	1-3493558	659	40	
	70	8-6503626	8-6507970	1-3492030	656	30	
	80	8-6505150	8-6509497	1-3490503	653	20	
	90	8-6506674	8-6511024	1-3488976	650	10	
85	00	8-6508197	8-6512550	1-3487450	647	00	15
Minutes.	Second.	COSINUS.	COTANG.	TANGENT.	SIN.	Second.	Minutes.

Minutes.	Second.	SINUS.	TANGENT.	COTANG.	COS.	Second.	Minutes.
85	00	8-6508197	8-6512550	1-3487450	647	00	15
	10	8-6509719	8-6514076	1-3485924	644	90	
	20	8-6511241	8-6515601	1-3484399	640	80	
	30	8-6512763	8-6517125	1-3482875	637	70	
	40	8-6514284	8-6518649	1-3481351	634	60	
85	50	8-6515804	8-6520173	1-3479827	9-9993 631	50	14
	60	8-6517324	8-6521696	1-3478304	628	40	
	70	8-6518843	8-6523218	1-3476782	625	30	
	80	8-6520362	8-6524740	1-3475260	622	20	
	90	8-6521880	8-6526261	1-3473739	619	10	
86	00	8-6523398	8-6527782	1-3472218	616	00	14
	10	8-6524915	8-6529302	1-3470698	613	90	
	20	8-6526432	8-6530822	1-3469178	610	80	
	30	8-6527948	8-6532341	1-3467659	607	70	
	40	8-6529464	8-6533860	1-3466140	604	60	
86	50	8-6530979	8-6535378	1-3464622	9-9993 601	50	13
	60	8-6532494	8-6536896	1-3463104	598	40	
	70	8-6534008	8-6538413	1-3461587	594	30	
	80	8-6535521	8-6539930	1-3460070	591	20	
	90	8-6537034	8-6541446	1-3458554	588	10	
87	00	8-6538546	8-6542961	1-3457039	585	00	13
	10	8-6540058	8-6544476	1-3455524	582	90	
	20	8-6541570	8-6545991	1-3454009	579	80	
	30	8-6543081	8-6547505	1-3452495	576	70	
	40	8-6544591	8-6549018	1-3450982	573	60	
87	50	8-6546101	8-6550531	1-3449469	9-9993 570	50	12
	60	8-6547610	8-6552043	1-3447957	567	40	
	70	8-6549119	8-6553555	1-3446445	564	30	
	80	8-6550627	8-6555067	1-3444933	561	20	
	90	8-6552135	8-6556578	1-3443422	558	10	
88	00	8-6553642	8-6558088	1-3441912	554	00	12
	10	8-6555149	8-6559598	1-3440402	551	90	
	20	8-6556655	8-6561107	1-3438893	548	80	
	30	8-6558161	8-6562616	1-3437384	545	70	
	40	8-6559666	8-6564124	1-3435876	542	60	
88	50	8-6561170	8-6565631	1-3434369	9-9993 539	50	11
	60	8-6562674	8-6567138	1-3432862	536	40	
	70	8-6564178	8-6568645	1-3431355	533	30	
	80	8-6565681	8-6570151	1-3429849	530	20	
	90	8-6567185	8-6571657	1-3428343	527	10	
89	00	8-6568685	8-6573162	1-3426838	523	00	11
	10	8-6570187	8-6574667	1-3425333	520	90	
	20	8-6571688	8-6576171	1-3423829	517	80	
	30	8-6573188	8-6577674	1-3422326	514	70	
	40	8-6574688	8-6579177	1-3420823	511	60	
89	50	8-6576187	8-6580680	1-3419320	9-9993 508	50	10
	60	8-6577686	8-6582182	1-3417818	505	40	
	70	8-6579185	8-6583683	1-3416317	502	30	
	80	8-6580683	8-6585184	1-3414816	499	20	
	90	8-6582180	8-6586684	1-3413316	496	10	
90	00	8-6583677	8-6588184	1-3411816	492	00	10
Minutes.	Second.	COSINUS.	COTANG.	TANGENT.	SIN.	Second.	Minutes.

97 GRADES.

Minutes.	Second.	SINUS.	TANGENT.	COTANG.	COS.	Second.	Minutes.
90	00	8-6583677	8-6588184	1-3411816	492	00	10
	10	8-6585175	8-6589684	1-3410316	489	90	
	20	8-6586669	8-6591183	1-3408817	486	80	
	30	8-6588164	8-6592681	1-3407319	483	70	
	40	8-6589659	8-6594179	1-3405821	480	60	
90	50	8-6591153	8-6595676	1-3404324	9-9995 477	50	9
	60	8-6592647	8-6597173	1-3402827	474	40	
	70	8-6594140	8-6598669	1-3401331	471	30	
	80	8-6595632	8-6600165	1-3399835	468	20	
	90	8-6597124	8-6601660	1-3398340	464	10	
91	00	8-6598616	8-6603155	1-3396845	461	00	9
	10	8-6600107	8-6604649	1-3395351	458	90	
	20	8-6601598	8-6606143	1-3393857	455	80	
	30	8-6603088	8-6607636	1-3392364	452	70	
	40	8-6604578	8-6609129	1-3390871	449	60	
91	50	8-6606067	8-6610621	1-3389379	9-9995 446	50	8
	60	8-6607555	8-6612113	1-3387887	443	40	
	70	8-6609043	8-6613604	1-3386396	439	30	
	80	8-6610531	8-6615095	1-3384905	436	20	
	90	8-6612018	8-6616585	1-3383415	433	10	
92	00	8-6613504	8-6618074	1-3381926	430	00	8
	10	8-6614990	8-6619563	1-3380437	427	90	
	20	8-6616476	8-6621052	1-3378948	424	80	
	30	8-6617961	8-6622540	1-3377460	421	70	
	40	8-6619445	8-6624028	1-3375972	418	60	
92	50	8-6620929	8-6625515	1-3374485	9-9995 414	50	7
	60	8-6622413	8-6627002	1-3372998	411	40	
	70	8-6623896	8-6628488	1-3371512	408	30	
	80	8-6625378	8-6629973	1-3370027	405	20	
	90	8-6626860	8-6631458	1-3368542	402	10	
93	00	8-6628342	8-6632943	1-3367057	399	00	7
	10	8-6629823	8-6634427	1-3365573	396	90	
	20	8-6631303	8-6635911	1-3364089	392	80	
	30	8-6632783	8-6637394	1-3362606	389	70	
	40	8-6634262	8-6638876	1-3361124	386	60	
93	50	8-6635741	8-6640358	1-3359642	9-9995 383	50	6
	60	8-6637220	8-6641840	1-3358160	380	40	
	70	8-6638698	8-6643321	1-3356679	377	30	
	80	8-6640175	8-6644802	1-3355198	373	20	
	90	8-6641652	8-6646282	1-3353718	370	10	
94	00	8-6643128	8-6647761	1-3352239	367	00	6
	10	8-6644604	8-6649240	1-3350760	364	90	
	20	8-6646079	8-6650719	1-3349281	361	80	
	30	8-6647554	8-6652197	1-3347803	358	70	
	40	8-6649029	8-6653674	1-3346326	355	60	
94	50	8-6650503	8-6655151	1-3344849	9-9995 351	50	5
	60	8-6651976	8-6656628	1-3343372	348	40	
	70	8-6653449	8-6658104	1-3341896	345	30	
	80	8-6654921	8-6659579	1-3340421	342	20	
	90	8-6656393	8-6661054	1-3338946	339	10	
95	00	8-6657864	8-6662529	1-3337471	336	00	5
Minutes.	Second.	COSINUS.	COTANG.	TANGENT.	SIN.	Second.	Minutes.

Minutes.	Second.	SINUS.	TANGENT.	COTANG	COS.	Second.	Minutes.
95	00	8-6657864	8-6662529	1-3337471	336	00	5
	10	8-6659335	8-6664003	1-3335997	332	90	
	20	8-6660806	8-6665477	1-3334523	329	80	
	30	8-6662276	8-6666950	1-3333050	326	70	
	40	8-6663745	8-6668422	1-3331578	323	60	
95	50	8-6665214	8-6669894	1-3330106	9-9995 320	50	4
	60	8-6666682	8-6671366	1-3328634	317	40	
	70	8-6668150	8-6672837	1-3327163	313	30	
	80	8-6667618	8-6674307	1-3325693	310	20	
	90	8-6671085	8-6675777	1-3324223	307	10	
96	00	8-6672551	8-6677247	1-3322753	304	00	4
	10	8-6674017	8-6678716	1-3321284	301	90	
	20	8-6675482	8-6680185	1-3319815	298	80	
	30	8-6676947	8-6681653	1-3318347	294	70	
	40	8-6678412	8-6683120	1-3316880	291	60	
96	50	8-6679876	8-6684587	1-3315413	9-9995 288	50	3
	60	8-6681339	8-6686054	1-3313946	285	40	
	70	8-6682802	8-6687520	1-3312480	282	30	
	80	8-6684264	8-6688986	1-3311014	279	20	
	90	8-6685726	8-6690451	1-3309549	275	10	
97	00	8-6687188	8-6691916	1-3308084	272	00	3
	10	8-6688649	8-6693380	1-3306620	269	90	
	20	8-6690109	8-6694844	1-3305156	266	80	
	30	8-6691569	8-6696307	1-3303693	263	70	
	40	8-6693029	8-6697769	1-3302231	259	60	
97	50	8-6694488	8-6699231	1-3300769	9-9995 256	50	2
	60	8-6695946	8-6700693	1-3299307	253	40	
	70	8-6697404	8-6702154	1-3297846	250	30	
	80	8-6698862	8-6703615	1-3296385	247	20	
	90	8-6700319	8-6705075	1-3294925	243	10	
98	00	8-6701775	8-6706535	1-3293465	240	00	2
	10	8-6703231	8-6707994	1-3292006	237	90	
	20	8-6704687	8-6709453	1-3290547	234	80	
	30	8-6706142	8-6710911	1-3289089	231	70	
	40	8-6707597	8-6712369	1-3287631	227	60	
98	50	8-6709051	8-6713826	1-3286174	9-9995 224	50	1
	60	8-6710504	8-6715283	1-3284717	221	40	
	70	8-6711957	8-6716740	1-3283260	218	30	
	80	8-6713410	8-6718196	1-3281804	215	20	
	90	8-6714862	8-6719651	1-3280349	211	10	
99	00	8-6716314	8-6721106	1-3278894	208	00	1
	10	8-6717765	8-6722560	1-3277440	205	90	
	20	8-6719216	8-6724014	1-3275986	202	80	
	30	8-6720666	8-6725467	1-3274533	199	70	
	40	8-6722116	8-6726920	1-3273080	195	60	
99	50	8-6723565	8-6728373	1-3271627	9-9995 192	50	0
	60	8-6725014	8-6729825	1-3270175	189	40	
	70	8-6726462	8-6731276	1-3268724	186	30	
	80	8-6727910	8-6732727	1-3267273	183	20	
	90	8-6729357	8-6734178	1-3265822	179	10	
100	00	8-6730804	8-6735628	1-3264372	176	00	0
Minutes.	Second.	COSINUS.	COTANG.	TANGENT.	SIN.	Second.	Minutes.

Minutes.	SINUS.	TANGENT.	COTANG.	COSINUS.	Minutes.	Minutes.	SINUS.	TANGENT.	COTANG.	COSINUS.	Minutes.
0	8-6730804	8-6735628	1-3264372	9-9995176	100	50	8-7399691	8-7406258	1-2593742	9-9993433	50
1	8-6745246	8-6750102	1-3249898	9-9995144	99	51	8-7412069	8-7418674	1-2581326	9-9993396	49
2	8-6759639	8-6764528	1-3235472	9-9995112	98	52	8-7424412	8-7431054	1-2568946	9-9993358	48
3	8-6773985	8-6778906	1-3221094	9-9995079	97	53	8-7436720	8-7443400	1-2556600	9-9993320	47
4	8-6788284	8-6793237	1-3206763	9-9995047	96	54	8-7448993	8-7455711	1-2544289	9-9993282	46
5	8-6802536	8-6807522	1-3192478	9-9995014	95	55	8-7461231	8-7467987	1-2532013	9-9993244	45
6	8-6816741	8-6821759	1-3178241	9-9994981	94	56	8-7473435	8-7480229	1-2519771	9-9993206	44
7	8-6830899	8-6835951	1-3164049	9-9994948	93	57	8-7485603	8-7492435	1-2507565	9-9993168	43
8	8-6845012	8-6850096	1-3149904	9-9994915	92	58	8-7497740	8-7504610	1-2495390	9-9993129	42
9	8-6859078	8-6864196	1-3135804	9-9994882	91	59	8-7509841	8-7516750	1-2483250	9-9993091	41
10	8-6873099	8-6878250	1-3121750	9-9994849	90	60	8-7521909	8-7528856	1-2471144	9-9993052	40
11	8-6887075	8-6892259	1-3107741	9-9994816	89	61	8-7533943	8-7540929	1-2459071	9-9993014	39
12	8-6901006	8-6906223	1-3093777	9-9994782	88	62	8-7545944	8-7552969	1-2447031	9-9992975	38
13	8-6914892	8-6920143	1-3079857	9-9994749	87	63	8-7557911	8-7564975	1-2435025	9-9992936	37
14	8-6928734	8-6934019	1-3065981	9-9994715	86	64	8-7569846	8-7576949	1-2423051	9-9992897	36
15	8-6942532	8-6947851	1-3052149	9-9994681	85	65	8-7581748	8-7588890	1-2411110	9-9992858	35
16	8-6956286	8-6961638	1-3038362	9-9994648	84	66	8-7593617	8-7600798	1-2399202	9-9992819	34
17	8-6969997	8-6975383	1-3024617	9-9994614	83	67	8-7605454	8-7612674	1-2387326	9-9992780	33
18	8-6983664	8-6989084	1-3010916	9-9994580	82	68	8-7617258	8-7624518	1-2375482	9-9992740	32
19	8-6997288	8-7002743	1-2997257	9-9994545	81	69	8-7629030	8-7636330	1-2363670	9-9992701	31
20	8-7010870	8-7016358	1-2983642	9-9994511	80	70	8-7640771	8-7648110	1-2351890	9-9992661	30
21	8-7024409	8-7029932	1-2970068	9-9994477	79	71	8-7652479	8-7659858	1-2340142	9-9992621	29
22	8-7037906	8-7043463	1-2956537	9-9994442	78	72	8-7664156	8-7671575	1-2328425	9-9992581	28
23	8-7051361	8-7056953	1-2943047	9-9994408	77	73	8-7675802	8-7683261	1-2316739	9-9992541	27
24	8-7064774	8-7070401	1-2929599	9-9994373	76	74	8-7687416	8-7694915	1-2305085	9-9992501	26
25	8-7078146	8-7083807	1-2916193	9-9994338	75	75	8-7699000	8-7706539	1-2293461	9-9992461	25
26	8-7091477	8-7097173	1-2902827	9-9994303	74	76	8-7710552	8-7718131	1-2281869	9-9992421	24
27	8-7104766	8-7110498	1-2889502	9-9994268	73	77	8-7722074	8-7729693	1-2270307	9-9992380	23
28	8-7118016	8-7123782	1-2876218	9-9994233	72	78	8-7733565	8-7741225	1-2258775	9-9992340	22
29	8-7131224	8-7137026	1-2862974	9-9994198	71	79	8-7745025	8-7752726	1-2247274	9-9992299	21
30	8-7144393	8-7150230	1-2849770	9-9994163	70	80	8-7756456	8-7764197	1-2235803	9-9992259	20
31	8-7157522	8-7163395	1-2836605	9-9994127	69	81	8-7767856	8-7775638	1-2224362	9-9992218	19
32	8-7170611	8-7176519	1-2823481	9-9994092	68	82	8-7779226	8-7787049	1-2212951	9-9992177	18
33	8-7183661	8-7189605	1-2810395	9-9994056	67	83	8-7790566	8-7798430	1-2201570	9-9992136	17
34	8-7196671	8-7202651	1-2797349	9-9994020	66	84	8-7801877	8-7809782	1-2190218	9-9992095	16
35	8-7209642	8-7215658	1-2784342	9-9993984	65	85	8-7813159	8-7821105	1-2178895	9-9992053	15
36	8-7222573	8-7228627	1-2771373	9-9993948	64	86	8-7824410	8-7832398	1-2167602	9-9992012	14
37	8-7235469	8-7241557	1-2758443	9-9993912	63	87	8-7835633	8-7843663	1-2156337	9-9991971	13
38	8-7248325	8-7254449	1-2745551	9-9993876	62	88	8-7846827	8-7854898	1-2145102	9-9991929	12
39	8-7261143	8-7267303	1-2732697	9-9993840	61	89	8-7857992	8-7866105	1-2133895	9-9991887	11
40	8-7273925	8-7280120	1-2719880	9-9993803	60	90	8-7869128	8-7877282	1-2122718	9-9991846	10
41	8-7286666	8-7292899	1-2707101	9-9993767	59	91	8-7880236	8-7888432	1-2111568	9-9991804	9
42	8-7299371	8-7305641	1-2694359	9-9993730	58	92	8-7891315	8-7899553	1-2100447	9-9991762	8
43	8-7312039	8-7318345	1-2681655	9-9993693	57	93	8-7902366	8-7910646	1-2089354	9-9991720	7
44	8-7324670	8-7331013	1-2668987	9-9993657	56	94	8-7913388	8-7921711	1-2078289	9-9991677	6
45	8-7337264	8-7343644	1-2656356	9-9993620	55	95	8-7924383	8-7932748	1-2067252	9-9991635	5
46	8-7349821	8-7356239	1-2643761	9-9993583	54	96	8-7935350	8-7943757	1-2056243	9-9991593	4
47	8-7362343	8-7368797	1-2631203	9-9993545	53	97	8-7946289	8-7954739	1-2045261	9-9991550	3
48	8-7374828	8-7381320	1-2618680	9-9993508	52	98	8-7957200	8-7965693	1-2034307	9-9991507	2
49	8-7387278	8-7393807	1-2606193	9-9993471	51	99	8-7968084	8-7976619	1-2023381	9-9991465	1
50	8-7399691	8-7406258	1-2593742	9-9993433	50	100	8-7978941	8-7987519	1-2012481	9-9991422	0
Minutes.	COSINUS.	COTANG.	TANGENT.	SINUS.	Minutes.	Minutes.	COSINUS.	COTANG.	TANGENT.	SINUS.	Minutes.

96 GRADES.

Minutes.	SINUS.	TANGENT.	COTANG.	COSINUS.	Minutes.	Minutes.	SINUS.	TANGENT.	COTANG.	COSINUS.	Minutes.
0	8-7978941	8-7987519	1-2012481	9-9991422	100	50	8-8489707	8-8500565	1-1499435	9-9989141	50
1	8-7989770	8-7998591	1-2001609	9-9991579	99	51	8-8499551	8-8510238	1-1489762	9-9989093	49
2	8-8000573	8-8009257	1-1990763	9-9991536	98	52	8-8508934	8-8519889	1-1480111	9-9989044	48
3	8-8011548	8-8020056	1-1979944	9-9991292	97	53	8-8518515	8-8529519	1-1470481	9-9988996	47
4	8-8022097	8-8030848	1-1969152	9-9991249	96	54	8-8528076	8-8539128	1-1460872	9-9988947	46
5	8-8032819	8-8041613	1-1958387	9-9991206	95	55	8-8537615	8-8548716	1-1451284	9-9988898	45
6	8-8043515	8-8052353	1-1947647	9-9991162	94	56	8-8547135	8-8558283	1-1441717	9-9988849	44
7	8-8054184	8-8063065	1-1936935	9-9991119	93	57	8-8556630	8-8567830	1-1432170	9-9988800	43
8	8-8064827	8-8073752	1-1926248	9-9991075	92	58	8-8566107	8-8577355	1-1422645	9-9988751	42
9	8-8075444	8-8084413	1-1915587	9-9991031	91	59	8-8575562	8-8586860	1-1413140	9-9988702	41
10	8-8086035	8-8095048	1-1904952	9-9990987	90	60	8-8584997	8-8596344	1-1403656	9-9988653	40
11	8-8096600	8-8105657	1-1894343	9-9990943	89	61	8-8594412	8-8605808	1-1394192	9-9988603	39
12	8-8107139	8-8116240	1-1883760	9-9990899	88	62	8-8603806	8-8615252	1-1384748	9-9988554	38
13	8-8117653	8-8126798	1-1873202	9-9990855	87	63	8-8613179	8-8624675	1-1375325	9-9988504	37
14	8-8128141	8-8137330	1-1862670	9-9990810	86	64	8-8622533	8-8634078	1-1365922	9-9988454	36
15	8-8138603	8-8147838	1-1852162	9-9990766	85	65	8-8631866	8-8643461	1-1356539	9-9988405	35
16	8-8149041	8-8158320	1-1841680	9-9990721	84	66	8-8641179	8-8652824	1-1347176	9-9988355	34
17	8-8159453	8-8168777	1-1831223	9-9990677	83	67	8-8650472	8-8662167	1-1337833	9-9988305	33
18	8-8169841	8-8179209	1-1820791	9-9990632	82	68	8-8659745	8-8671491	1-1328509	9-9988254	32
19	8-8180203	8-8189616	1-1810384	9-9990587	81	69	8-8668998	8-8680794	1-1319206	9-9988204	31
20	8-8190541	8-8199999	1-1800001	9-9990542	80	70	8-8678231	8-8690078	1-1309922	9-9988154	30
21	8-8200854	8-8210357	1-1789643	9-9990497	79	71	8-8687445	8-8699342	1-1300658	9-9988103	29
22	8-8211142	8-8220691	1-1779309	9-9990451	78	72	8-8696639	8-8708587	1-1291413	9-9988053	28
23	8-8221406	8-8231000	1-1769000	9-9990406	77	73	8-8705814	8-8717812	1-1282188	9-9988002	27
24	8-8231646	8-8241285	1-1758715	9-9990361	76	74	8-8714969	8-8727018	1-1272982	9-9987951	26
25	8-8241862	8-8251547	1-1748453	9-9990315	75	75	8-8724105	8-8736204	1-1263796	9-9987900	25
26	8-8252053	8-8261784	1-1738216	9-9990269	74	76	8-8733221	8-8745372	1-1254628	9-9987849	24
27	8-8262221	8-8271997	1-1728003	9-9990224	73	77	8-8742318	8-8754520	1-1245480	9-9987798	23
28	8-8272364	8-8282187	1-1717813	9-9990178	72	78	8-8751396	8-8763651	1-1236350	9-9987747	22
29	8-8282484	8-8292352	1-1707648	9-9990132	71	79	8-8760453	8-8772760	1-1227240	9-9987695	21
30	8-8292581	8-8302495	1-1697505	9-9990086	70	80	8-8769496	8-8781852	1-1218148	6-9987644	20
31	8-8302653	8-8312614	1-1687386	9-9990040	69	81	8-8778517	8-8790925	1-1209075	9-9987592	19
32	8-8312702	8-8322709	1-1677291	9-9989993	68	82	8-8787519	8-8799979	1-1200021	9-9987540	18
33	8-8322729	8-8332782	1-1667218	9-9989947	67	83	8-8796503	8-8809014	1-1190986	9-9987489	17
34	8-8332732	8-8342831	1-1657169	9-9989900	66	84	8-8805468	8-8818031	1-1181969	9-9987437	16
35	8-8342711	8-8352858	1-1647142	9-9989854	65	85	8-8814414	8-8827030	1-1172970	9-9987385	15
36	8-8352668	8-8362861	1-1637139	9-9989807	64	86	8-8823342	8-8836010	1-1163990	9-9987333	14
37	8-8362602	8-8372842	1-1627158	9-9989760	63	87	8-8832252	8-8844971	1-1155029	9-9987280	13
38	8-8372513	8-8382800	1-1617200	9-9989713	62	88	8-8841143	8-8853915	1-1146085	9-9987228	12
39	8-8382401	8-8392735	1-1607265	9-9989666	61	89	8-8850016	8-8862840	1-1137160	9-9987176	11
40	8-8392267	8-8402648	1-1597352	9-9989619	60	90	8-8858871	8-8871748	1-1128252	9-9987123	10
41	8-8402111	8-8412539	1-1587461	9-9989572	59	91	8-8867707	8-8880637	1-1119363	9-9987070	9
42	8-8411932	8-8422408	1-1577592	9-9989524	58	92	8-8876526	8-8889509	1-1110491	9-9987018	8
43	8-8421731	8-8432254	1-1567746	9-9989477	57	93	8-8885326	8-8898362	1-1101638	9-9986965	7
44	8-8431507	8-8442078	1-1557922	9-9989429	56	94	8-8894109	8-8907197	1-1092803	9-9986912	6
45	8-8441262	8-8451880	1-1548120	9-9989381	55	95	8-8902874	8-8916015	1-1083985	9-9986859	5
46	8-8450994	8-8461661	1-1538339	9-9989334	54	96	8-8911621	8-8924816	1-1075184	9-9986805	4
47	8-8460705	8-8471419	1-1528581	9-9989286	53	97	8-8920350	8-8933598	1-1066402	9-9986752	3
48	8-8470394	8-8481156	1-1518844	9-9989238	52	98	8-8929062	8-8942363	1-1057637	9-9986699	2
49	8-8480061	8-8490872	1-1509128	9-9989189	51	99	8-8937756	8-8951111	1-1048889	9-9986645	1
50	8-8489707	8-8500565	1-1499435	9-9989141	50	100	8-8946433	8-8959842	1-1040158	9-9986591	0
Minutes.	COSINUS.	COTANG.	TANGENT.	SINUS.	Minutes.	Minutes.	COSINUS.	COTANG.	TANGENT.	SINUS.	Minutes.

Minutes.	SINUS.	TANGENT.	COTANG.	COSINUS.	Minutes.
0	8-8946433	8-8959842	1-1040158	9-9986591	100
1	8-8955092	8-8968555	1-1031445	9-9986538	99
2	8-8963734	8-8977250	1-1022750	9-9986484	98
3	8-8972359	8-8985929	1-1014071	9-9986430	97
4	8-8980967	8-8994591	1-1005409	9-9986376	96
5	8-8989557	8-9003235	1-0996765	9-9986322	95
6	8-8998130	8-9011865	1-0988137	9-9986267	94
7	8-9006687	8-9020475	1-0979527	9-9986213	93
8	8-9015226	8-9029067	1-0970933	9-9986159	92
9	8-9023749	8-9037645	1-0962355	9-9986104	91
10	8-9032254	8-9046205	1-0953795	9-9986049	90
11	8-9040743	8-9054749	1-0945251	9-9985994	89
12	8-9049216	8-9063276	1-0936724	9-9985939	88
13	8-9057671	8-9071787	1-0928213	9-9985884	87
14	8-9066110	8-9080281	1-0919719	9-9985829	86
15	8-9074535	8-9088759	1-0911241	9-9985774	85
16	8-9082940	8-9097221	1-0902779	9-9985719	84
17	8-9091329	8-9105666	1-0894334	9-9985663	83
18	8-9099703	8-9114095	1-0885905	9-9985608	82
19	8-9108061	8-9122509	1-0877491	9-9985552	81
20	8-9116402	8-9130906	1-0869094	9-9985496	80
21	8-9124727	8-9139287	1-0860713	9-9985440	79
22	8-9133037	8-9147652	1-0852348	9-9985384	78
23	8-9141329	8-9156001	1-0843999	9-9985328	77
24	8-9149607	8-9164335	1-0835665	9-9985272	76
25	8-9157868	8-9172653	1-0827347	9-9985216	75
26	8-9166114	8-9180955	1-0819045	9-9985159	74
27	8-9174344	8-9189241	1-0810759	9-9985103	73
28	8-9182558	8-9197512	1-0802488	9-9985046	72
29	8-9190756	8-9205767	1-0794233	9-9984989	71
30	8-9198939	8-9214007	1-0785993	9-9984932	70
31	8-9207107	8-9222232	1-0777768	9-9984875	69
32	8-9215259	8-9230441	1-0769559	9-9984818	68
33	8-9223396	8-9238635	1-0761365	9-9984761	67
34	8-9231517	8-9246814	1-0753186	9-9984704	66
35	8-9239624	8-9254977	1-0745023	9-9984646	65
36	8-9247714	8-9263126	1-0736874	9-9984589	64
37	8-9255790	8-9271259	1-0728741	9-9984531	63
38	8-9263851	8-9279377	1-0720623	9-9984473	62
39	8-9271897	8-9287481	1-0712519	9-9984416	61
40	8-9279927	8-9295570	1-0704430	9-9984358	60
41	8-9287943	8-9303643	1-0696357	9-9984300	59
42	8-9295944	8-9311702	1-0688298	9-9984241	58
43	8-9303930	8-9319747	1-0680253	9-9984183	57
44	8-9311901	8-9327776	1-0672224	9-9984125	56
45	8-9319858	8-9335791	1-0664209	9-9984066	55
46	8-9327800	8-9343792	1-0656208	9-9984008	54
47	8-9335727	8-9351778	1-0648222	9-9983949	53
48	8-9343640	8-9359750	1-0640250	9-9983890	52
49	8-9351538	8-9367707	1-0632293	9-9983831	51
50	8-9359422	8-9375650	1-0624350	9-9983772	50
Minutes.	COSINUS.	COTANG.	TANGENT.	SINUS.	Minutes.

Minutes.	SINUS.	TANGENT.	COTANG.	COSINUS.	Minutes.
50	8-9359422	8-9375650	1-0624350	9-9983772	50
51	8-9367291	8-9383578	1-0616422	9-9983713	49
52	8-9375146	8-9391492	1-0608508	9-9983653	48
53	8-9382987	8-9399393	1-0600607	9-9983594	47
54	8-9390814	8-9407279	1-0592721	9-9983535	46
55	8-9398626	8-9415150	1-0584850	9-9983475	45
56	8-9406424	8-9423008	1-0576992	9-9983416	44
57	8-9414208	8-9430852	1-0569148	9-9983356	43
58	8-9421978	8-9438682	1-0561318	9-9983296	42
59	8-9429733	8-9446499	1-0553501	9-9983236	41
60	8-9437477	8-9454301	1-0545699	9-9983176	40
61	8-9445203	8-9462089	1-0537911	9-9983116	39
62	8-9452920	8-9469864	1-0530136	9-9983055	38
63	8-9460620	8-9477625	1-0522375	9-9982995	37
64	8-9468307	8-9485373	1-0514627	9-9982934	36
65	8-9475981	8-9493107	1-0506893	9-9982874	35
66	8-9483640	8-9500828	1-0499172	9-9982813	34
67	8-9491286	8-9508534	1-0491466	9-9982752	33
68	8-9498919	8-9516227	1-0483773	9-9982691	32
69	8-9506538	8-9523907	1-0476093	9-9982630	31
70	8-9514143	8-9531574	1-0468426	9-9982569	30
71	8-9521735	8-9539228	1-0460772	9-9982508	29
72	8-9529314	8-9546868	1-0453132	9-9982446	28
73	8-9536880	8-9554495	1-0445505	9-9982385	27
74	8-9544432	8-9562109	1-0437891	9-9982323	26
75	8-9551971	8-9569709	1-0430291	9-9982261	25
76	8-9559497	8-9577297	1-0422703	9-9982199	24
77	8-9567009	8-9584872	1-0415128	9-9982137	23
78	8-9574509	8-9592433	1-0407567	9-9982075	22
79	8-9581995	8-9599982	1-0400018	9-9982013	21
80	8-9589469	8-9607518	1-0392482	9-9981951	20
81	8-9596930	8-9615041	1-0384959	9-9981889	19
82	8-9604377	8-9622551	1-0377449	9-9981826	18
83	8-9611812	8-9630049	1-0369951	9-9981764	17
84	8-9619234	8-9637533	1-0362467	9-9981701	16
85	8-9626644	8-9645005	1-0354995	9-9981638	15
86	8-9634040	8-9652465	1-0347535	9-9981575	14
87	8-9641424	8-9659912	1-0340088	9-9981512	13
88	8-9648795	8-9667346	1-0332654	9-9981449	12
89	8-9656154	8-9674768	1-0325232	9-9981386	11
90	8-9663500	8-9682178	1-0317822	9-9981322	10
91	8-9670834	8-9689575	1-0310425	9-9981259	9
92	8-9678155	8-9696959	1-0303041	9-9981195	8
93	8-9685464	8-9704332	1-0295668	9-9981132	7
94	8-9692760	8-9711692	1-0288308	9-9981068	6
95	8-9700044	8-9719040	1-0280960	9-9981004	5
96	8-9707315	8-9726375	1-0273625	9-9980940	4
97	8-9714575	8-9733699	1-0266301	9-9980876	3
98	8-9721822	8-9741010	1-0258990	9-9980812	2
99	8-9729057	8-9748310	1-0251690	9-9980747	1
100	8-9736280	8-9755597	1-0244403	9-9980683	0
Minutes.	COSINUS.	COTANG.	TANGENT.	SINUS.	Minutes.

Minutes.	SINUS.	TANGENT.	COTANG.	COSINUS.	Minutes.	Minutes.	SINUS.	TANGENT.	COTANG.	COSINUS.	Minutes.
0	8-9736280	8-9735597	1-0244403	9-9980683	100	50	9-0082784	9-0103461	0-9894539	9-9977524	50
1	8-9743491	8-9762872	1-0237128	9-9980618	99	51	9-0089437	9-0112183	0-9887817	9-9977254	49
2	8-9750689	8-9770136	1-0229864	9-9980354	98	52	9-0096080	9-0118896	0-9881104	9-9977183	48
3	8-9757876	8-9777388	1-0222612	9-9980489	97	53	9-0102712	9-0125399	0-9874401	9-9977113	47
4	8-9765051	8-9784627	1-0215373	9-9980424	96	54	9-0109534	9-0132291	0-9867709	9-9977043	46
5	8-9772213	8-9791854	1-0208146	9-9980359	95	55	9-0115947	9-0138974	0-9861026	9-9976973	45
6	8-9779364	8-9799070	1-0200930	9-9980294	94	56	9-0122549	9-0145647	0-9854353	9-9976902	44
7	8-9786503	8-9806274	1-0193726	9-9980229	93	57	9-0129141	9-0152309	0-9847691	9-9976852	43
8	8-9793630	8-9813467	1-0186533	9-9980164	92	58	9-0135722	9-0158961	0-9841039	9-9976761	42
9	8-9800746	8-9820648	1-0179352	9-9980098	91	59	9-0142294	9-0165604	0-9834396	9-9976690	41
10	8-9807850	8-9827817	1-0172183	9-9980033	90	60	9-0148856	9-0172237	0-9827763	9-9976619	40
11	8-9814942	8-9834974	1-0165026	9-9979967	89	61	9-0155407	9-0178859	0-9821141	9-9976548	39
12	8-9822022	8-9842120	1-0157880	9-9979901	88	62	9-0161949	9-0185472	0-9814528	9-9976477	38
13	8-9829090	8-9849255	1-0150745	9-9979836	87	63	9-0168481	9-0192075	0-9807925	9-9976406	37
14	8-9836147	8-9856378	1-0143622	9-9979770	86	64	9-0175002	9-0198668	0-9801332	9-9976334	36
15	8-9843193	8-9863489	1-0136511	9-9979704	85	65	9-0181514	9-0205251	0-9794749	9-9976263	35
16	8-9850227	8-9870589	1-0129411	9-9979637	84	66	9-0188016	9-0211823	0-9788175	9-9976191	34
17	8-9857249	8-9877678	1-0122322	9-9979571	83	67	9-0194509	9-0218389	0-9781611	9-9976120	33
18	8-9864260	8-9884756	1-0115244	9-9979505	82	68	9-0200991	9-0224943	0-9775057	9-9976048	32
19	8-9871260	8-9891822	1-0108178	9-9979438	81	69	9-0207464	9-0231488	0-9768512	9-9975976	31
20	8-9878248	8-9898877	1-0101123	9-9979372	80	70	9-0213927	9-0238023	0-9761977	9-9975904	30
21	8-9885225	8-9905920	1-0094080	9-9979305	79	71	9-0220380	9-0244548	0-9755452	9-9975832	29
22	8-9892191	8-9912953	1-0087047	9-9979238	78	72	9-0226825	9-0251064	0-9748936	9-9975760	28
23	8-9899145	8-9919974	1-0080026	9-9979171	77	73	9-0233257	9-0257570	0-9742430	9-9975687	27
24	8-9906088	8-9926984	1-0073016	9-9979104	76	74	9-0239682	9-0264067	0-9735933	9-9975615	26
25	8-9913020	8-9933983	1-0066017	9-9979037	75	75	9-0246096	9-0270554	0-9729446	9-9975542	25
26	8-9919941	8-9940971	1-0059029	9-9978970	74	76	9-0252501	9-0277032	0-9722968	9-9975470	24
27	8-9926851	8-9947948	1-0052052	9-9978902	73	77	9-0258897	9-0283500	0-9716500	9-9975397	23
28	8-9933749	8-9954914	1-0045086	9-9978835	72	78	9-0265283	9-0289959	0-9710041	9-9975324	22
29	8-9940637	8-9961870	1-0038130	9-9978767	71	79	9-0271659	9-0296408	0-9703592	9-9975251	21
30	8-9947513	8-9968814	1-0031186	9-9978700	70	80	9-0278026	9-0302848	0-9697152	9-9975178	20
31	8-9954379	8-9975747	1-0024253	9-9978632	69	81	9-0284384	9-0309279	0-9690721	9-9975105	19
32	8-9961234	8-9982670	1-0017330	9-9978564	68	82	9-0290732	9-0315701	0-9684299	9-9975031	18
33	8-9968077	8-9989581	1-0010419	9-9978496	67	83	9-0297071	9-0322113	0-9677887	9-9974958	17
34	8-9974910	8-9996482	1-0003518	9-9978428	66	84	9-0303401	9-0328516	0-9671484	9-9974884	16
35	8-9981732	9-0003372	0-9996628	9-9978360	65	85	9-0309721	9-0334910	0-9665090	9-9974811	15
36	8-9988544	9-0010252	0-9989748	9-9978291	64	86	9-0316032	9-0341295	0-9658705	9-9974737	14
37	8-9995344	9-0017121	0-9982879	9-9978223	63	87	9-0322334	9-0347670	0-9652330	9-9974663	13
38	9-0002133	9-0023979	0-9976021	9-9978154	62	88	9-0328626	9-0354037	0-9645963	9-9974589	12
39	9-0008912	9-0030827	0-9969173	9-9978086	61	89	9-0334909	9-0360394	0-9639606	9-9974515	11
40	9-0015681	9-0037664	0-9962336	9-9978017	60	90	9-0341183	9-0366742	0-9633258	9-9974441	10
41	9-0022438	9-0044490	0-9955310	9-9977948	59	91	9-0347448	9-0373082	0-9626918	9-9974367	9
42	9-0029185	9-0051306	0-9948694	9-9977879	58	92	9-0353704	9-0379412	0-9620588	9-9974292	8
43	9-0035922	9-0058112	0-9941888	9-9977810	57	93	9-0359951	9-0385733	0-9614267	9-9974218	7
44	9-0042648	9-0064907	0-9935093	9-9977741	56	94	9-0366188	9-0392045	0-9607935	9-9974143	6
45	9-0049365	9-0071692	0-9928308	9-9977672	55	95	9-0372417	9-0398348	0-9601652	9-9974068	5
46	9-0056068	9-0078466	0-9921534	9-9977602	54	96	9-0378636	9-0404643	0-9595357	9-9973994	4
47	9-0062763	9-0085250	0-9914770	9-9977533	53	97	9-0384847	9-0410928	0-9589072	9-9973919	3
48	9-0069447	9-0091984	0-9908016	9-9977463	52	98	9-0391048	9-0417205	0-9582795	9-9973844	2
49	9-0076121	9-0098727	0-9901273	9-9977393	51	99	9-0397241	9-0423472	0-9576528	9-9973769	1
50	9-0082784	9-0103461	0-9994539	9-9977324	50	100	9-0403424	9-0429731	0-9570269	9-9973693	0
Minutes.	COSINUS.	COTANG.	TANGENT.	SINUS.	Minutes.	Minutes.	COSINUS.	COTANG.	TANGENT	SINUS.	Minutes.

93 GRADES

Minutes.	SINUS.	TANGENT.	COTANG.	COS.	Minutes.	Minutes.	SINUS.	TANGENT.	COTANG.	COSINUS.	Minutes.
0	9-0403424	9-0429731	0-9570269	9-9973693	100	50	9-0701761	9-0731969	0-9268031	9-9969792	50
1	9-0409599	9-0435981	0-9564019	9-9973618	99	51	9-0707521	9-0737810	0-9262190	9-9969711	49
2	9-0415765	9-0442223	0-9557777	9-9973542	98	52	9-0713273	9-0743643	0-9256357	9-9969630	48
3	9-0421922	9-0448455	0-9551545	9-9973467	97	53	9-0719017	9-0749468	0-9250532	9-9969549	47
4	9-0428070	9-0454679	0-9545321	9-9973391	96	54	9-0724754	9-0755286	0-9244714	9-9969468	46
5	9-0434210	9-0460894	0-9539106	9-9973315	95	55	9-0730483	9-0761096	0-9238904	9-9969387	45
6	9-0440340	9-0467101	0-9532899	9-9973239	94	56	9-0736205	9-0766899	0-9233101	9-9969305	44
7	9-0446462	9-0473299	0-9526701	9-9973163	93	57	9-0741918	9-0772694	0-9227306	9-9969224	43
8	9-0452575	9-0479488	0-9520512	9-9973087	92	58	9-0747624	9-0778482	0-9221518	9-9969142	42
9	9-0458680	9-0485669	0-9514331	9-9973011	91	59	9-0753323	9-0784262	0-9215738	9-9969061	41
10	9-0464776	9-0491841	0-9508159	9-9972935	90	60	9-0759014	9-0790035	0-9209965	9-9968979	40
11	9-0470863	9-0498004	0-9501996	9-9972858	89	61	9-0764698	9-0795800	0-9204200	9-9968897	39
12	9-0476941	9-0504159	0-9495841	9-9972782	88	62	9-0770374	9-0801558	0-9198442	9-9968815	38
13	9-0483011	9-0510306	0-9489694	9-9972705	87	63	9-0776042	9-0807309	0-9192691	9-9968733	37
14	9-0489072	9-0516444	0-9483556	9-9972628	86	64	9-0781703	9-0813052	0-9186948	9-9968651	36
15	9-0495125	9-0522574	0-9477426	9-9972551	85	65	9-0787356	9-0818788	0-9181212	9-9968569	35
16	9-0501169	9-0528695	0-9471305	9-9972474	84	66	9-0793002	9-0824516	0-9175484	9-9968486	34
17	9-0507205	9-0534808	0-9465192	9-9972397	83	67	9-0798641	9-0830237	0-9169763	9-9968404	33
18	9-0513232	9-0540912	0-9459088	9-9972320	82	68	9-0804272	9-0835951	0-9164049	9-9968321	32
19	9-0519251	9-0547008	0-9452992	9-9972243	81	69	9-0809896	9-0841657	0-9158343	9-9968238	31
20	9-0525261	9-0553096	0-9446904	9-9972165	80	70	9-0815512	9-0847357	0-9152643	9-9968155	30
21	9-0531263	9-0559175	0-9440825	9-9972088	79	71	9-0821121	9-0853048	0-9146952	9-9968072	29
22	9-0537257	9-0565247	0-9434753	9-9972010	78	72	9-0826722	9-0858733	0-9141267	9-9967989	28
23	9-0543242	9-0571310	0-9428690	9-9971932	77	73	9-0832317	9-0864411	0-9135589	9-9967906	27
24	9-0549219	9-0577364	0-9422636	9-9971854	76	74	9-0837904	9-0870081	0-9129919	9-9967823	26
25	9-0555187	9-0583411	0-9416589	9-9971776	75	75	9-0843484	9-0875744	0-9124256	9-9967739	25
26	9-0561147	9-0589449	0-9410551	9-9971698	74	76	9-0849056	9-0881400	0-9118600	9-9967656	24
27	9-0567099	9-0595479	0-9404521	9-9971620	73	77	9-0854621	9-0887049	0-9112951	9-9967572	23
28	9-0573043	9-0601501	0-9398499	9-9971542	72	78	9-0860179	9-0892691	0-9107309	9-9967488	22
29	9-0578979	9-0607515	0-9392485	9-9971464	71	79	9-0865730	9-0898325	0-9101675	9-9967405	21
30	9-0584906	9-0613521	0-9386479	9-9971385	70	80	9-0871274	9-0903953	0-9096047	9-9967321	20
31	9-0590825	9-0619518	0-9380482	9-9971306	69	81	9-0876810	9-0909573	0-9090427	9-9967237	19
32	9-0596736	9-0625508	0-9374492	9-9971228	68	82	9-0882339	9-0915187	0-9084813	9-9967152	18
33	9-0602638	9-0631490	0-9368510	9-9971149	67	83	9-0887861	9-0920793	0-9079207	9-9967068	17
34	9-0608533	9-0637463	0-9362537	9-9971070	66	84	9-0893376	9-0926392	0-9073608	9-9966984	16
35	9-0614420	9-0643429	0-9356571	9-9970991	65	85	9-0898884	9-0931985	0-9068015	9-9966899	15
36	9-0620299	9-0649386	0-9350614	9-9970912	64	86	9-0904385	9-0937570	0-9062430	9-9966815	14
37	9-0626169	9-0655336	0-9344664	9-9970832	63	87	9-0909879	9-0943149	0-9056851	9-9966730	13
38	9-0632031	9-0661278	0-9338722	9-9970753	62	88	9-0915365	9-0948720	0-9051280	9-9966645	12
39	9-0637885	9-0667212	0-9332788	9-9970673	61	89	9-0920845	9-0954285	0-9045715	9-9966560	11
40	9-0643732	9-0673138	0-9326862	9-9970594	60	90	9-0926318	9-0959842	0-9040158	9-9966475	10
41	9-0649370	9-0679056	0-9320944	9-9970514	59	91	9-0931783	9-0965393	0-9034607	9-9966390	9
42	9-0655400	9-0684966	0-9315034	9-9970434	58	92	9-0937242	9-0970937	0-9029063	9-9966305	8
43	9-0661223	9-0690869	0-9309131	9-9970354	57	93	9-0942694	9-0976474	0-9023526	9-9966219	7
44	9-0667038	9-0696763	0-9303237	9-9970274	56	94	9-0948139	9-0982005	0-9017995	9-9966134	6
45	9-0672844	9-0702650	0-9297350	9-9970194	55	95	9-0953576	9-0987528	0-9012472	9-9966048	5
46	9-0678643	9-0708529	0-9291471	9-9970114	54	96	9-0959007	9-0993045	0-9006955	9-9965963	4
47	9-0684434	9-0714401	0-9285599	9-9970034	53	97	9-0964431	9-0998555	0-9001445	9-9965877	3
48	9-0690218	9-0720264	0-9279736	9-9969953	52	98	9-0969849	9-1004058	0-8995942	9-9965791	2
49	9-0695993	9-0726120	0-9273880	9-9969873	51	99	9-0975259	9-1009554	0-8990446	9-9965705	1
50	9-0701761	9-0731969	0-9268031	9-9969792	50	100	9-0980662	9-1015044	0-8984956	9-9965619	0
Minutes.	COSINUS.	COTANG.	TANGENT.	SINUS.	Minutes.	Minutes.	COSINUS.	COTANG.	TANGENT.	SINUS.	Minutes.

92 GRADES.

Minutes.	SINUS.	TANGENT.	COTANG.	COSINUS.	Minutes.
0	9-0980662	9-1015044	0-8984956	9-9965619	100
1	9-0986039	9-1020527	0-8979473	9-9965533	99
2	9-0991449	9-1026003	0-8973997	9-9965446	98
3	9-0996832	9-1031472	0-8968528	9-9965360	97
4	9-1002208	9-1036935	0-8963065	9-9965273	96
5	9-1007578	9-1042391	0-8957609	9-9965187	95
6	9-1012941	9-1047841	0-8952159	9-9965100	94
7	9-1018297	9-1053284	0-8946716	9-9965013	93
8	9-1023646	9-1058720	0-8941280	9-9964926	92
9	9-1028989	9-1064150	0-8935850	9-9964839	91
10	9-1034325	9-1069573	0-8930427	9-9964752	90
11	9-1039654	9-1074990	0-8925010	9-9964664	89
12	9-1044977	9-1080400	0-8919600	9-9964577	88
13	9-1050293	9-1085804	0-8914196	9-9964489	87
14	9-1055603	9-1091204	0-8908796	9-9964402	86
15	9-1060906	9-1096592	0-8903408	9-9964314	85
16	9-1066202	9-1101976	0-8898024	9-9964226	84
17	9-1071492	9-1107354	0-8892646	9-9964138	83
18	9-1076775	9-1112725	0-8887275	9-9964050	82
19	9-1082052	9-1118090	0-8881910	9-9963962	81
20	9-1087322	9-1123448	0-8876552	9-9963875	80
21	9-1092586	9-1128800	0-8871200	9-9963785	79
22	9-1097843	9-1134146	0-8865854	9-9963697	78
23	9-1103094	9-1139486	0-8860514	9-9963608	77
24	9-1108338	9-1144819	0-8855181	9-9963519	76
25	9-1113576	9-1150145	0-8849855	9-9963430	75
26	9-1118807	9-1155466	0-8844534	9-9963341	74
27	9-1124032	9-1160780	0-8839220	9-9963252	73
28	9-1129251	9-1166088	0-8833912	9-9963163	72
29	9-1134463	9-1171389	0-8828611	9-9963074	71
30	9-1139669	9-1176685	0-8823315	9-9962984	70
31	9-1144869	9-1181974	0-8818026	9-9962895	69
32	9-1150062	9-1187257	0-8812743	9-9962805	68
33	9-1155249	9-1192533	0-8807467	9-9962716	67
34	9-1160430	9-1197804	0-8802196	9-9962626	66
35	9-1165604	9-1203068	0-8796932	9-9962536	65
36	9-1170772	9-1208327	0-8791673	9-9962446	64
37	9-1175934	9-1213579	0-8786421	9-9962356	63
38	9-1181090	9-1218824	0-8781176	9-9962265	62
39	9-1186239	9-1224064	0-8775936	9-9962175	61
40	9-1191383	9-1229298	0-8770702	9-9962085	60
41	9-1196520	9-1234526	0-8765474	9-9961994	59
42	9-1201650	9-1239747	0-8760253	9-9961903	58
43	9-1206775	9-1244963	0-8755037	9-9961812	57
44	9-1211894	9-1250172	0-8749828	9-9961721	56
45	9-1217006	9-1255376	0-8744624	9-9961630	55
46	9-1222112	9-1260573	0-8739427	9-9961539	54
47	9-1227213	9-1265765	0-8734235	9-9961448	53
48	9-1232307	9-1270950	0-8729050	9-9961357	52
49	9-1237395	9-1276129	0-8723871	9-9961265	51
50	9-1242477	9-1281303	0-8718697	9-9961174	50
Minutes.	COSINUS.	COTANG.	TANGENT.	SINUS.	Minutes.

Minutes.	SINUS.	TANGENT.	COTANG.	COSINUS.	Minutes.
50	9-1242477	9-1281303	0-8718697	9-9961174	50
51	9-1247553	9-1286471	0-8713529	9-9961082	49
52	9-1252623	9-1291632	0-8708368	9-9960990	48
53	9-1257686	9-1296788	0-8703212	9-9960898	47
54	9-1262744	9-1301938	0-8698062	9-9960806	46
55	9-1267796	9-1307082	0-8692918	9-9960714	45
56	9-1272842	9-1312220	0-8687780	9-9960622	44
57	9-1277882	9-1317352	0-8682648	9-9960530	43
58	9-1282916	9-1322479	0-8677521	9-9960437	42
59	9-1287944	9-1327600	0-8672400	9-9960345	41
60	9-1292966	9-1332714	0-8667286	9-9960252	40
61	9-1297982	9-1337823	0-8662177	9-9960159	39
62	9-1302993	9-1342927	0-8657073	9-9960066	38
63	9-1307997	9-1348024	0-8651976	9-9959973	37
64	9-1312996	9-1353116	0-8646884	9-9959880	36
65	9-1317989	9-1358202	0-8641798	9-9959787	35
66	9-1322975	9-1363282	0-8636718	9-9959694	34
67	9-1327956	9-1368356	0-8631644	9-9959600	33
68	9-1332932	9-1373425	0-8626575	9-9959507	32
69	9-1337901	9-1378488	0-8621512	9-9959413	31
70	9-1342865	9-1383546	0-8616454	9-9959319	30
71	9-1347823	9-1388597	0-8611403	9-9959225	29
72	9-1352775	9-1393643	0-8606357	9-9959131	28
73	9-1357721	9-1398684	0-8601316	9-9959037	27
74	9-1362662	9-1403719	0-8596281	9-9958943	26
75	9-1367597	9-1408748	0-8591252	9-9958849	25
76	9-1372526	9-1413772	0-8586228	9-9958754	24
77	9-1377450	9-1418790	0-8581210	9-9958660	23
78	9-1382368	9-1423802	0-8576198	9-9958565	22
79	9-1387280	9-1428809	0-8571191	9-9958471	21
80	9-1392186	9-1433810	0-8566190	9-9958376	20
81	9-1397087	9-1438806	0-8561194	9-9958281	19
82	9-1401982	9-1443797	0-8556203	9-9958186	18
83	9-1406872	9-1448782	0-8551218	9-9958090	17
84	9-1411756	9-1453761	0-8546239	9-9957995	16
85	9-1416634	9-1458735	0-8541265	9-9957900	15
86	9-1421507	9-1463703	0-8536297	9-9957804	14
87	9-1426374	9-1468666	0-8531334	9-9957709	13
88	9-1431236	9-1473623	0-8526377	9-9957613	12
89	9-1436092	9-1478575	0-8521425	9-9957517	11
90	9-1440943	9-1483522	0-8516478	9-9957421	10
91	9-1445788	9-1488463	0-8511537	9-9957325	9
92	9-1450628	9-1493399	0-8506601	9-9957229	8
93	9-1455462	9-1498329	0-8501671	9-9957133	7
94	9-1460291	9-1503254	0-8496746	9-9957036	6
95	9-1465114	9-1508174	0-8491826	9-9956940	5
96	9-1469931	9-1513088	0-8486912	9-9956843	4
97	9-1474743	9-1517997	0-8482003	9-9956747	3
98	9-1479550	9-1522901	0-8477099	9-9956650	2
99	9-1484352	9-1527799	0-8472201	9-9956553	1
100	9-1489148	9-1532692	0-8467308	9-9956456	0
Minutes.	COSINUS.	COTANG.	TANGENT.	SINUS.	Minutes.

Minutes.	SINUS.	TANGENT.	COTANG.	COSINUS.	Minutes.	Minutes.	SINUS.	TANGENT.	COTANG.	COSINUS.	Minutes.
0	9-1489148	9-1532692	0-8467308	9-9956456	100	50	9-1722305	9-1770840	0-8229160	9-9951464	50
1	9-1493939	9-1537580	0-8462420	9-9956359	99	51	9-1726840	9-1775478	0-8224522	9-9951362	49
2	9-1498724	9-1542462	0-8457538	9-9956261	98	52	9-1731370	9-1780111	0-8219889	9-9951259	48
3	9-1503504	9-1547340	0-8452660	9-9956164	97	53	9-1735895	9-1784739	0-8215261	9-9951156	47
4	9-1508278	9-1552212	0-8447788	9-9956066	96	54	9-1740416	9-1789363	0-8210637	9-9951053	46
5	9-1513047	9-1557078	0-8442922	9-9955969	95	55	9-1744932	9-1793982	0-8206018	9-9950950	45
6	9-1517811	9-1561940	0-8438060	9-9955871	94	56	9-1749443	9-1798596	0-8201404	9-9950847	44
7	9-1522569	9-1566796	0-8433204	9-9955773	93	57	9-1753949	9-1803205	0-8196795	9-9950744	43
8	9-1527323	9-1571647	0-8428353	9-9955676	92	58	9-1758451	9-1807810	0-8192190	9-9950640	42
9	9-1532071	9-1576493	0-8423507	9-9955578	91	59	9-1762947	9-1812410	0-8187590	9-9950537	41
10	9-1536813	9-1581334	0-8418666	9-9955479	90	60	9-1767439	9-1817006	0-8182994	9-9950433	40
11	9-1541550	9-1586169	0-8413831	9-9955381	89	61	9-1771926	9-1821597	0-8178403	9-9950330	39
12	9-1546282	9-1591000	0-8409000	9-9955282	88	62	9-1776409	9-1826183	0-8173817	9-9950226	38
13	9-1551009	9-1595825	0-8404175	9-9955184	87	63	9-1780887	9-1830765	0-8169235	9-9950122	37
14	9-1555731	9-1600645	0-8399355	9-9955086	86	64	9-1785360	9-1835342	0-8164658	9-9950018	36
15	9-1560447	9-1605460	0-8394540	9-9954987	85	65	9-1789828	9-1839914	0-8160086	9-9949914	35
16	9-1565157	9-1610269	0-8389731	9-9954888	84	66	9-1794291	9-1844982	0-8155518	9-9949809	34
17	9-1569863	9-1615074	0-8384926	9-9954789	83	67	9-1798750	9-1849045	0-8150955	9-9949705	33
18	9-1574564	9-1619874	0-8380126	9-9954690	82	68	9-1803205	9-1853604	0-8146396	9-9949601	32
19	9-1579260	9-1624669	0-8375331	9-9954591	81	69	9-1807654	9-1858158	0-8141842	9-9949496	31
20	9-1583950	9-1629458	0-8370542	9-9954492	80	70	9-1812099	9-1862708	0-8137292	9-9949391	30
21	9-1588635	9-1634242	0-8365758	9-9954393	79	71	9-1816539	9-1867253	0-8132747	9-9949287	29
22	9-1593315	9-1639022	0-8360978	9-9954293	78	72	9-1820975	9-1871793	0-8128207	9-9949182	28
23	9-1597990	9-1643796	0-8356204	9-9954194	77	73	9-1825406	9-1876329	0-8123671	9-9949077	27
24	9-1602660	9-1648566	0-8351434	9-9954094	76	74	9-1829832	9-1880861	0-8119139	9-9948971	26
25	9-1607324	9-1653330	0-8346670	9-9953994	75	75	9-1834254	9-1885388	0-8114612	9-9948866	25
26	9-1611984	9-1658089	0-8341911	9-9953894	74	76	9-1838671	9-1889910	0-8110090	9-9948761	24
27	9-1616638	9-1662843	0-8337157	9-9953794	73	77	9-1843083	9-1894428	0-8105572	9-9948655	23
28	9-1621287	9-1667593	0-8332407	9-9953694	72	78	9-1847491	9-1898942	0-8101058	9-9948550	22
29	9-1625931	9-1672337	0-8327663	9-9953594	71	79	9-1851895	9-1903451	0-8096549	9-9948444	21
30	9-1630570	9-1677077	0-8322923	9-9953494	70	80	9-1856294	9-1907955	0-8092045	9-9948338	20
31	9-1635204	9-1681811	0-8318189	9-9953393	69	81	9-1860688	9-1912455	0-8087545	9-9948232	19
32	9-1639833	9-1686541	0-8313459	9-9953293	68	82	9-1865077	9-1916951	0-8083049	9-9948126	18
33	9-1644457	9-1691265	0-8308735	9-9953192	67	83	9-1869462	9-1921442	0-8078558	9-9948020	17
34	9-1649076	9-1695985	0-8304015	9-9953091	66	84	9-1873843	9-1925929	0-8074071	9-9947914	16
35	9-1653690	9-1700700	0-8299300	9-9952991	65	85	9-1878219	9-1930412	0-8069588	9-9947808	15
36	9-1658299	9-1705410	0-8294590	9-9952890	64	86	9-1882591	9-1934890	0-8065110	9-9947701	14
37	9-1662903	9-1710115	0-8289885	9-9952789	63	87	9-1886958	9-1939363	0-8060637	9-9947595	13
38	9-1667502	9-1714815	0-8285185	9-9952687	62	88	9-1891321	9-1943833	0-8056167	9-9947488	12
39	9-1672096	9-1719510	0-8280490	9-9952586	61	89	9-1895679	9-1948298	0-8051702	9-9947381	11
40	9-1676685	9-1724200	0-8275800	9-9952485	60	90	9-1900032	9-1952758	0-8047242	9-9947274	10
41	9-1681269	9-1728886	0-8271114	9-9952383	59	91	9-1904381	9-1957214	0-8042786	9-9947167	9
42	9-1685848	9-1733567	0-8266433	9-9952281	58	92	9-1908726	9-1961666	0-8038334	9-9947060	8
43	9-1690422	9-1738243	0-8261757	9-9952180	57	93	9-1913066	9-1966113	0-8033887	9-9946953	7
44	9-1694992	9-1742914	0-8257086	9-9952078	56	94	9-1917402	9-1970556	0-8029444	9-9946846	6
45	9-1699556	9-1747580	0-8252420	9-9951976	55	95	9-1921734	9-1974995	0-8025005	9-9946738	5
46	9-1704115	9-1752242	0-8247758	9-9951874	54	96	9-1926061	9-1979430	0-8020570	9-9946631	4
47	9-1708670	9-1756898	0-8243102	9-9951772	53	97	9-1930383	9-1983860	0-8016140	9-9946523	3
48	9-1713220	9-1761550	0-8238450	9-9951669	52	98	9-1934701	9-1988286	0-8011714	9-9946415	2
49	9-1717765	9-1766198	0-8233802	9-9951567	51	99	9-1939015	9-1992708	0-8007292	9-9946307	1
50	9-1722305	9-1770840	0-8229160	9-9951464	50	100	9-1943324	9-1997125	0-8002875	9-9946199	0
Minutes.	COSINUS.	COTANG.	TANGENT.	SINUS.	Minutes.	Minutes.	COSINUS.	COTANG.	TANGENT.	SINUS.	Minutes.

Minutes.	SINUS.	TANGENT.	COTANG.	COSINUS.	Minutes.
0	9-1943524	9-1997123	0-8002873	9-9946199	100
1	9-1947629	9-2001538	0-7998462	9-9946091	99
2	9-1951930	9-2005947	0-7994053	9-9945983	98
3	9-1956226	9-2010352	0-7989648	9-9945873	97
4	9-1960518	9-2014752	0-7985248	9-9945766	96
5	9-1964806	9-2019148	0-7980852	9-9945658	95
6	9-1969089	9-2023540	0-7976460	9-9645549	94
7	9-1973368	9-2027927	0-7972073	919945440	93
8	9-1977642	9-2032311	0-7967689	9-9945331	92
9	9-1981913	9-2036690	017963310	9-9945222	91
10	9-1986179	9-2041065	0-7958935	9-9945113	90
11	9-1990440	9-2045436	0-7954364	9-9945004	89
12	9-1994698	9-2049803	0-7950197	9-9944895	88
13	9-1998951	912054165	0-7945835	9-9944785	87
14	9-2003200	9-2058524	0-7941476	9-9944676	86
15	9-2007444	9-2062878	0-7937122	9-9944566	85
16	9-2011684	9-2067228	0-7932772	9-9944456	84
17	9-2015921	9-2071574	0-7928426	9-9944347	83
18	9-2020153	9-2075916	0-7924084	9-9944237	82
19	9-2024380	9-2080253	0-7919747	9-9944127	81
20	9-2028603	9-2084587	0-7915413	9-9944016	80
21	9-2032823	9-2088916	0-7911084	9-9943906	79
22	9-2037038	9-2093242	0-7906758	9-9943796	78
23	9-2041248	9-2097563	0-7902437	9-9943685	77
24	9-2045455	9-2101880	0-7898120	9-9943574	76
25	9-2049657	9-2106194	0-7893806	9-9943464	75
26	9-2053856	9-2110505	0-7889497	9-9943353	74
27	9-2058050	9-2114808	0-7885192	9-9943242	73
28	9-2062240	9-2119109	0-7880891	9-9943131	72
29	9-2066426	9-2123406	0-7876594	9-9943020	71
30	9-2070607	9-2127699	0-7872301	9-9942908	70
31	9-2074785	9-2131988	0-7868012	9-9942797	69
32	9-2078958	9-2136273	0-7863727	9-9942685	68
33	9-2083127	9-2140554	0-7859446	9-9942574	67
34	9-2087293	9-2144830	0-7855170	9-9942462	66
35	9-2091454	9-2149103	0-7850897	9-9942350	65
36	9-2095611	9-2153372	0-7846628	9-9942238	64
37	9-2099764	9-2157637	0-7842363	9-9942126	63
38	9-2103912	9-2161898	0-7838102	9-9942014	62
39	9-2180057	9-2166155	0-7833845	9-9941902	61
40	9-2112198	9-2170408	0-7829592	9-9941789	60
41	9-2116335	9-2174658	0-7825342	9-9941677	59
42	9-2120467	9-2178903	0-7821097	9-9941564	58
43	9-2124596	9-2183144	0-7816856	9-9941452	57
44	9-2128720	9-2187372	0-7812618	9-9941339	56
45	9-2132841	9-2191615	0-7808385	9-9941226	55
46	9-2136957	9-2195845	0-7804155	9-9941113	54
47	9-2141070	9-2200070	0-7799930	9-9941000	53
48	9-2145179	9-2204292	0-7795708	9-9940886	52
49	9-2149283	9-2208510	0-7791490	9-9940773	51
50	9-2153384	9-2212724	0-7787276	9-9940659	50
Minutes.	COSINUS.	COTANG.	TANGENT.	SINUS.	Minutes

Minutes.	SINUS.	TANGENT.	COTANG.	COSINUS.	Minutes.
50	9-2153384	9-2212724	0-7787276	9-9940659	50
51	9-2157480	9-2216934	0-7783066	9-9940546	49
52	9-2161573	9-2221141	0-7778859	9-9940432	48
53	9-2165661	9-2225343	0-7774657	9-9940318	47
54	9-2169746	9-2229542	0-7770458	9-9940204	46
55	9-2173827	9-2233737	0-7766263	9-9940090	45
56	9-2177904	9-2237928	0-7762072	9-9939976	44
57	9-2181977	9-2242115	0-7757885	9-9939862	43
58	9-2186046	9-2246298	0-7753702	9-9939748	42
59	9-2190111	9-2250478	0-7749522	9-9939633	41
60	9-2194172	9·2254653	0-7745347	9-9939518	40
61	9-2198229	9-2258825	0-7741175	9-9939404	39
62	9-2202282	9-2262993	0-7737007	9-9939289	38
63	9-2206332	9-2267158	0-7732842	9-9939174	37
64	9-2210377	9-2271319	0-7728681	9-9939059	36
65	9-2214419	9-2275475	0-7724525	9-9938944	35
66	9-2218457	9-2279628	0-7720372	9-9938829	34
67	9-2222491	9-2283778	0-7716222	9-9938713	33
68	9-2226521	9-2287923	0-7712077	9-9938598	32
69	9-2230547	9-2292065	0-7707935	9-9938482	31
70	9-2234570	9-2296203	0-7703797	9-9938366	30
71	9-2238588	9-2300338	0-7699662	9-9938251	29
72	9-2242603	9-2304468	0-7695532	9-9938135	28
73	9-2246614	9-2308595	0-7691405	9-9938019	27
74	9-2250621	9-2312719	0-7687281	9-9937903	26
75	9-2254625	9-2316858	0-7683162	9-9937786	25
76	9-2258624	9-2320954	0-7679046	9-9937670	24
77	9-2262620	9-2325066	0-7674934	9-9937554	23
78	9-2266612	9-2329175	0-7670825	9-9937437	22
79	9-2270600	9-2333280	0-7666720	9-9937320	21
80	9-2274585	9-2337381	0-7662619	9-9937203	20
81	9-2278566	9-2341479	0-7658521	9-9937087	19
82	9-2282543	9-2345573	0-7654427	9-9936970	18
83	9-2286516	9-2349663	0-7650337	9-9936852	17
84	9-2290483	9-2353750	0-7646250	9-9936735	16
85	9-2294450	9-2357833	0-7642167	9-9936618	15
86	9-2298413	9-2361913	0-7638087	9-9936500	14
87	9-2302371	9-2365988	0-7634012	9-9936383	13
88	9-2306326	9-2370060	0-7629940	9-9936265	12
89	9-2310277	9-2374129	0-7625871	9-9936147	11
90	9-2314224	9-2378195	0-7621805	9-9936029	10
91	9-2318167	9-2382256	0-7617744	9-9935911	9
92	9-2322107	9-2386314	0-7613686	9-9935793	8
93	9-2326043	9-2390368	0-7609632	9-9935675	7
94	9-2329976	9-2394419	0-7605581	9-9935557	6
95	9-2333905	9-2398466	0-7601534	9-9935438	5
96	9-2337830	9-2402510	0-7597490	9-9935320	4
97	9-2341751	9-2406550	0-7593450	9-9935201	3
98	9-2345669	9-2410587	0-7589413	9-9935082	2
99	9-2349583	9-2414620	0-7585380	9-9934963	1
100	9-2353494	9-2418650	0-7581350	9-9934844	0
Minutes.	COSINUS.	COTANG.	TANGENT.	SINUS.	Minutes.

89 GRADES.

Minutes.	SINUS.	TANGENT.	COTANG.	COSINUS.	Minutes.
0	9-2353494	9-2418650	0-7581350	9-9934844	100
1	9-2357401	9-2422676	0-7577324	9-9934725	99
2	9-2361304	9-2426698	0-7573302	9-9934606	98
3	9-2365204	9-2430717	0-7569283	9-9934487	97
4	9-2369100	9-2434733	0-7565267	9-9934367	96
5	9-2372993	9-2438745	0-7561255	9-9934248	95
6	9-2376882	9-2442753	0-7557247	9-9934128	94
7	9-2380767	9-2446758	0-7553242	9-9934008	93
8	9-2384649	9-2450760	0-7549240	9-9933888	92
9	9-2388527	9-2454758	0-7545242	9-9933768	91
10	9-2392401	9-2458753	0-7541247	9-9933648	90
11	9-2396272	9-2462744	0-7537256	9-9933528	89
12	9-2400140	9-2466732	0-7533268	9-9933408	88
13	9-2404004	9-2470717	0-7529283	9-9933287	87
14	9-2407864	9-2474698	0-7525302	9-9933167	86
15	9-2411721	9-2478675	0-7521325	9-9933046	85
16	9-2415574	9-2482649	0-7517351	9-9932925	84
17	9-2419424	9-2486620	0-7513380	9-9932804	83
18	9-2423271	9-2490587	0-7509413	9-9932683	82
19	9-2427114	9-2494551	0-7505449	9-9932562	81
20	9-2430953	9-2498512	0-7501488	9-9932441	80
21	9-2434789	9-2502469	0-7497531	9-9932320	79
22	9-2438621	9-2506423	0-7493577	9-9932198	78
23	9-2442450	9-2510373	0-7489627	9-9932077	77
24	9-2446275	9-2514320	0-7485680	9-9931955	76
25	9-2450097	9-2518264	0-7481736	9-9931833	75
26	9-2453915	9-2522204	0-7477796	9-9931711	74
27	9-2457730	9-2526141	0-7473859	9-9931589	73
28	9-2461542	9-2530074	0-7469926	9-9931467	72
29	9-2465350	9-2534004	0-7465996	9-9931345	71
30	9-2469154	9-2537931	0-7462069	9-9931223	70
31	9-2472955	9-2541855	0-7458145	9-9931100	69
32	9-2476753	9-2545775	0-7454225	9-9930978	68
33	9-2480547	9-2549692	0-7450308	9-9930855	67
34	9-2484338	9-2553606	0-7446394	9-9930732	66
35	9-2488126	9-2557516	0-7442484	9-9930609	65
36	9-2491910	9-2561423	0-7438577	9-9930487	64
37	9-2495690	9-2565327	0-7434673	9-9930364	63
38	9-2499468	9-2569227	0-7430773	9-9930240	62
39	9-2503242	9-2573125	0-7426875	9-9930117	61
40	9-2507012	9-2577019	0-7422981	9-9929993	60
41	9-2510779	9-2580909	0-7419091	9-9929870	59
42	9-2514543	9-2584797	0-7415203	9-9929746	58
43	9-2518303	9-2588681	0-7411319	9-9929623	57
44	9-2522060	9-2592562	0-7407438	9-9929499	56
45	9-2525814	9-2596439	0-7403561	9-9929375	55
46	9-2529564	9-2600314	0-7399686	9-9929251	54
47	9-2533311	9-2604185	0-7395815	9-9929126	53
48	9-2537055	9-2608053	0-7391947	9-9929002	52
49	9-2540795	9-2611917	0-7388083	9-9928878	51
50	9-2544532	9-2615779	0-7384221	9-9928753	50
Minutes.	COSINUS.	COTANG.	TANGENT.	SINUS.	Minutes.

Minutes.	SINUS.	TANGENT.	COTANG.	COSINUS.	Minutes.
50	9-2544532	9-2615779	0-7384221	9-9928753	50
51	9-2548266	9-2619637	0-7380363	9-9928628	49
52	9-2551996	9-2623492	0-7376508	9-9928504	48
53	9-2555723	9-2627344	0-7372656	9-9928379	47
54	9-2559447	9-2631193	0-7368807	9-9928254	46
55	9-2563167	9-2635038	0-7364962	9-9928129	45
56	9-2566884	9-2638881	0-7361119	9-9928004	44
57	9-2570598	9-2642720	0-7357280	9-9927878	43
58	9-2574309	9-2646556	0-7353444	9-9927753	42
59	9-2578016	9-2650389	0-7349611	9-9927627	41
60	9-2581720	9-2654218	0-7345782	9-9927502	40
61	9-2585421	9-2658045	0-7341955	9-9927376	39
62	9-2589118	9-2661868	0-7338132	9-9927250	38
63	9-2592813	9-2665688	0-7334312	9-9927124	37
64	9-2596504	9-2669505	0-7330495	9-9926998	36
65	9-2600191	9-2673319	0-7326681	9-9926872	35
66	9-2603876	9-2677130	0-7322870	9-9926745	34
67	9-2607557	9-2680938	0-7319062	9-9926619	33
68	9-2611235	9-2684743	0-7315257	9-9926493	32
69	9-2614910	9-2688544	0-7311456	9-9926366	31
70	9-2618582	9-2692343	0-7307657	9-9926239	30
71	9-2622250	9-2696138	0-7303862	9-9926112	29
72	9-2625915	9-2699930	0-7300070	9-9925985	28
73	9-2629577	9-2703719	0-7290281	9-9925858	27
74	9-2633236	9-2707505	0-7292495	9-9925731	26
75	9-2636892	9-2711288	0-7288712	9-9925604	25
76	9-2640544	9-2715068	0-7284932	9-9925476	24
77	9-2644194	9-2718845	0-7281155	9-9925349	23
78	9-2647840	9-2722619	0-7277381	9-9925221	22
79	9-2651483	9-2726389	0-7273611	9-9925093	21
80	9-2655123	9-2730157	0-7269843	9-9924966	20
81	9-2658759	9-2733922	0-7266078	9-9924838	19
82	9-2662393	9-2737683	0-7262317	9-9924710	18
83	9-2666023	9-2741442	0-7258558	9-9924581	17
84	9-2669650	9-2745197	0-7254803	9-9924453	16
85	9-2673274	9-2748950	0-7251050	9-9924325	15
86	9-2676895	9-2752699	0-7247301	9-9924196	14
87	9-2680513	9-2756446	0-7243554	9-9924067	13
88	9-2684128	9-2760189	0-7239811	9-9923939	12
89	9-2687739	9-2763929	0-7236071	9-9923810	11
90	9-2691348	9-2767667	0-7232333	9-9923681	10
91	9-2694953	9-2771401	0-7228599	9-9923552	9
92	9-2698555	9-2775133	0-7224867	9-9923423	8
93	9-2702155	9-2778861	0-7221139	9-9923293	7
94	9-2705751	9-2782587	0-7217413	9-9923164	6
95	9-2709344	9-2786309	0-7213691	9-9923034	5
96	9-2712934	9-2790029	0-7209971	9-9922905	4
97	9-2716521	9-2793746	0-7206254	9-9922775	3
98	9-2720104	9-2797459	0-7202541	9-9922645	2
99	9-2723685	9-2801170	0-7198830	9-9922515	1
100	9-2727263	9-2804878	0-7195122	9-9922385	0
Minutes.	COSINUS.	COTANG.	TANGENT.	SINUS.	Minutes.

Minutes.	SINUS.	TANGENT.	COTANG.	COSINUS.	Minutes.	Minutes.	SINUS.	TANGENT.	COTANG.	COSINUS.	Minutes.
0	9-2727263	9-2804878	0-7195122	9-9922385	100	50	9-2902357	9-2986618	0-7013382	9-9915739	50
1	9-2730837	9-2808583	0-7191417	9-9922255	99	51	9-2905785	9-2990182	0-7009818	9-9915604	49
2	9-2734409	9-2812284	0-7187716	9-9922125	98	52	9-2909211	9-2993743	0-7006257	9-9915468	48
3	9-2737978	9-2815983	0-7184017	9-9921994	97	53	9-2912633	9-2997501	0-7002699	9-9915332	47
4	9-2741545	9-2819679	0-7180321	9-9921864	96	54	9-2916053	9-3000857	0-6999143	9-9915196	46
5	9-2745106	9-2823372	0-7176628	9-9921733	95	55	9-2919470	9-3004411	0-6995589	9-9915060	45
6	9-2748665	9-2827063	0-7172937	9-9921602	94	56	9-2922884	9-3007961	0-6992039	9-9914923	44
7	9-2752221	9-2830750	0-7169250	9-9921471	93	57	9-2926296	9-3011509	0-6988491	9-9914787	43
8	9-2755775	9-2834434	0-7165566	9-9921340	92	58	9-2929704	9-3015054	0-6984946	9-9914650	42
9	9-2759325	9-2838116	0-7161884	9-9921209	91	59	9-2933110	9-3018596	0-6981404	9-9914514	41
10	9-2762873	9-2841794	0-7158206	9-9921078	90	60	9-2936513	9-3022136	0-6977864	9-9914377	40
11	9-2766417	9-2845470	0-7154530	9-9920947	89	61	9-2939913	9-3025673	0-6974327	9-9914240	39
12	9-2769958	9-2849143	0-7150857	9-9920815	88	62	9-2943311	9-3029208	0-6970792	9-9914103	38
13	9-2773497	9-2852813	0-7147187	9-9920684	87	63	9-2946706	9-3032740	0-6967260	9-9913966	37
14	9-2777032	9-2856480	0-7143520	9-9920552	86	64	9-2950098	9-3036269	0-6963731	9-9913829	36
15	9-2780565	9-2860144	0-7139856	9-9920421	85	65	9-2953487	9-3039795	0-6960205	9-9913691	35
16	9-2784094	9-2863805	0-7136195	9-9920289	84	66	9-2956875	9-3043319	0-6956681	9-9913554	34
17	9-2787621	9-2867464	0-7132536	9-9920157	83	67	9-2960257	9-3046841	0-6953159	9-9913416	33
18	9-2791144	9-2871119	0-7128881	9-9920025	82	68	9-2963638	9-3050359	0-6949641	9-9913279	32
19	9-2794665	9-2874772	0-7125228	9-9919892	81	69	9-2967016	9-3053875	0-6946125	9-9913141	31
20	9-2798182	9-2878422	0-7121578	9-9919760	80	70	9-2970392	9-3057389	0-6942611	9-9913003	30
21	9-2801697	9-2882069	0-7117931	9-9919628	79	71	9-2973765	9-3060900	0-6939100	9-9912865	29
22	9-2805208	9-2885713	0-7114287	9-9919495	78	72	9-2977135	9-3064408	0-6935592	9-9912727	28
23	9-2808717	9-2889355	0-7110645	9-9919363	77	73	9-2980502	9-3067913	0-6932087	9-9912589	27
24	9-2812223	9-2892993	0-7107007	9-9919230	76	74	9-2983867	9-3071416	0-6928584	9-9912451	26
25	9-2815726	9-2896629	0-7103371	9-9919097	75	75	9-2987229	9-3074916	0-6925084	9-9912312	25
26	9-2819226	9-2900262	0-7099738	9-9918964	74	76	9-2990588	9-3078414	0-6921586	9-9912174	24
27	9-2822723	9-2903892	0-7096108	9-9918831	73	77	9-2993944	9-3081909	0-6918091	9-9912035	23
28	9-2826217	9-2907519	0-7092481	9-9918697	72	78	9-2997298	9-3085402	0-6914598	9-9911896	22
29	9-2829708	9-2911144	0-7088856	9-9918564	71	79	9-3000649	9-3088892	0-6911108	9-9911757	21
30	9-2833196	9-2914765	0-7085235	9-9918431	70	80	9-3003998	9-3092379	0-6907621	9-9911618	20
31	9-2836682	9-2918384	0-7081616	9-9918298	69	81	9-3007343	9-3095864	0-6904136	9-9911479	19
32	9-2840164	9-2922000	0-7078000	9-9918164	68	82	9-3010686	9-3099346	0-6900654	9-9911340	18
33	9-2843644	9-2925613	0-7074387	9-9918030	67	83	9-3014027	9-3102826	0-6897174	9-9911201	17
34	9-2847120	9-2929224	0-7070776	9-9917896	66	84	9-3017365	9-3106303	0-6893697	9-9911061	16
35	9-2850594	9-2932832	0-7067168	9-9917762	65	85	9-3020700	9-3109778	0-6890222	9-9910922	15
36	9-2854065	9-2936437	0-7063563	9-9917628	64	86	9-3024032	9-3113250	0-6886750	9-9910782	14
37	9-2857533	9-2940039	0-7059961	9-9917494	63	87	9-3027362	9-3116719	0-6883281	9-9910642	13
38	9-2860998	9-2943638	0-7056362	9-9917360	62	88	9-3030689	9-3120186	0-6879814	9-9910502	12
39	9-2864460	9-2947235	0-7052765	9-9917225	61	89	9-3034013	9-3123651	0-6876349	9-9910362	11
40	9-2867920	9-2950829	0-7049171	9-9917091	60	90	9-3037335	9-3127113	0-6872887	9-9910222	10
41	9-2871376	9-2954420	0-7045580	9-9916956	59	91	9-3040654	9-3130572	0-6869428	9-9910082	9
42	9-2874830	9-2958009	0-7041991	9-9916821	58	92	9-3043970	9-3134029	0-6865971	9-9909942	8
43	9-2878281	9-2961594	0-7038406	9-9916687	57	93	9-3047284	9-3137483	0-6862517	9-9909801	7
44	9-2881729	9-2965177	0-7034823	9-9916552	56	94	9-3050595	9-3140935	0-6859065	9-9909661	6
45	9-2885174	9-2968758	0-7031242	9-9916416	55	95	9-3053904	9-3144384	0-6855616	9-9909520	5
46	9-2888616	9-2972335	0-7027665	9-9916281	54	96	9-3057210	9-3147830	0-6852170	9-9909379	4
47	9-2892056	9-2975910	0-7024090	9-9916146	53	97	9-3060513	9-3151274	0-6848726	9-9909239	3
48	9-2895492	9-2979482	0-7020518	9-9916011	52	98	9-3063814	9-3154716	0-6845284	9-9909098	2
49	9-2898926	9-2983051	0-7016949	9-9915875	51	99	9-3067112	9-3158155	0-6841845	9-9908956	1
50	9-2902357	9-2986618	0-7013382	9-9915739	50	100	9-3070407	9-3161592	0-6838408	9-9908815	0
Minutes.	COSINUS.	COTANG.	TANGENT.	SINUS.	Minutes.	Minutes.	COSINUS.	COTANG.	TANGENT.	SINUS.	Minutes.

Minutes.	SINUS.	TANGENT.	COTANG.	COSINUS.	Minutes.	Minutes.	SINUS.	TANGENT.	COTANG.	COSINUS.	Minutes.
0	9-3070407	9-3161592	0-6838408	9-9908815	100	50	9-3231938	9-3330327	0-6669673	9-9901612	50
1	9-3073700	9-3165026	0-6834974	9-9908674	99	51	9-3235106	9-3333641	0-6666359	9-9901465	49
2	9-3076991	9-3168458	0-6831542	9-9908532	98	52	9-3238271	9-3336953	0-6663047	9-9901318	48
3	9-3080278	9-3171887	0-6828113	9-9908391	97	53	9-3241433	9-3340263	0-6659737	9-9901171	47
4	9-3083563	9-3175314	0-6824686	9-9908249	96	54	9-3244594	9-3343570	0-6656430	9-9901023	46
5	9-3086846	9-3178738	0-6821262	9-9908107	95	55	9-3247751	9-3346875	0-6653125	9-9900876	45
6	9-3090126	9-3182160	0-6817840	9-9907966	94	56	9-3250907	9-3350178	0-6649822	9-9900728	44
7	9-3093403	9-3185579	0-6814421	9-9907824	93	57	9-3254060	9-3353479	0-6646521	9-9900581	43
8	9-3096678	9-3188996	0-6811004	9-9907681	92	58	9-3257210	9-3356777	0-6643223	9-9900433	42
9	9-3099950	9-3192411	0-6807589	9-9907539	91	59	9-3260358	9-3360073	0-6639927	9-9900285	41
10	9-3103219	9-3195823	0-6804177	9-9907397	90	60	9-3263504	9-3363367	0-6636633	9-9900137	40
11	9-3106486	9-3199232	0-6800768	9-9907254	89	61	9-3266648	9-3366658	0-6633342	9-9899989	39
12	9-3109751	9-3202639	0-6797361	9-9907112	88	62	9-3269789	9-3369948	0-6630052	9-9899841	38
13	9-3113013	9-3206043	0-6793957	9-9906969	87	63	9-3272927	9-3373234	0-6626766	9-9899693	37
14	9-3116272	9-3209446	0-6790554	9-9906826	86	64	9-3276064	9-3376519	0-6623481	9-9899544	36
15	9-3119529	9-3212845	0-6787155	9-9906684	85	65	9-3279198	9-3379802	0-6620198	9-9899396	35
16	9-3122783	9-3216243	0-6783757	9-9906541	84	66	9-3282329	9-3383082	0-6616918	9-9899247	34
17	9-3126035	9-3219637	0-6780363	9-9906397	83	67	9-3285458	9-3386360	0-6613640	9-9899099	33
18	9-3129284	9-3223030	0-6776970	9-9906254	82	68	9-3288585	9-3389635	0-6610365	9-9898950	32
19	9-3132531	9-3226420	0-6773580	9-9906111	81	69	9-3291710	9-3392909	0-6607091	9-9898801	31
20	9-3135773	9-3229807	0-6770193	9-9905967	80	70	9-3294832	9-3396180	0-6603820	9-9898652	30
21	9-3139016	9-3233192	0-6766808	9-9905824	79	71	9-3297952	9-3399449	0-6600551	9-9898503	29
22	9-3142255	9-3236575	0-6763425	9-9905680	78	72	9-3301069	9-3402716	0-6597284	9-9898353	28
23	9-3145492	9-3239955	0-6760045	9-9905536	77	73	9-3304184	9-3405980	0-6594020	9-9898204	27
24	9-3148726	9-3243333	0-6756667	9-9905392	76	74	9-3307297	9-3409242	0-6590758	9-9898054	26
25	9-3151957	9-3246709	0-6753291	9-9905248	75	75	9-3310407	9-3412502	0-6587498	9-9897905	25
26	9-3155186	9-3250082	0-6749918	9-9905104	74	76	9-3313515	9-3415760	0-6584240	9-9897755	24
27	9-3158413	9-3253453	0-6746547	9-9904960	73	77	9-3316621	9-3419016	0-6580984	9-9897605	23
28	9-3161637	9-3256821	0-6743179	9-9904816	72	78	9-3319724	9-3422269	0-6577731	9-9897455	22
29	9-3164858	9-3260187	0-6739813	9-9904671	71	79	9-3322826	9-3425520	0-6574480	9-9897305	21
30	9-3168077	9-3263550	0-6736450	9-9904527	70	80	9-3325924	9-3428769	0-6571231	9-9897155	20
31	9-3171294	9-3266912	0-6733088	9-9904382	69	81	9-3329021	9-3432016	0-6567984	9-9897005	19
32	9-3174508	9-3270270	0-6729730	9-9904237	68	82	9-3332115	9-3435261	0-6564739	9-9896854	18
33	9-3177719	9-3273627	0-6726373	9-9904092	67	83	9-3335207	9-3438503	0-6561497	9-9896704	17
34	9-3180928	9-3276981	0-6723019	9-9903947	66	84	9-3338296	9-3441743	0-6558257	9-9896553	16
35	9-3184135	9-3280333	0-6719667	9-9903802	65	85	9-3341383	9-3444981	0-6555019	9-9896402	15
36	9-3187339	9-3283682	0-6716318	9-9903657	64	86	9-3344468	9-3448217	0-6551783	9-9896252	14
37	9-3190540	9-3287029	0-6712971	9-9903512	63	87	9-3347551	9-3451450	0-6548550	9-9896101	13
38	9-3193739	9-3290373	0-6709627	9-9903366	62	88	9-3350631	9-3454682	0-6545318	9-9895950	12
39	9-3196936	9-3293716	0-6706284	9-9903220	61	89	9-3353709	9-3457911	0-6542089	9-9895798	11
40	9-3200130	9-3297056	0-6702944	9-9903075	60	90	9-3356785	9-3461138	0-6538862	9-9895647	10
41	9-3203322	9-3300393	0-6699607	9-9902929	59	91	9-3359859	9-3464363	0-6535637	9-9895496	9
42	9-3206512	9-3303728	0-6696272	9-9902783	58	92	9-3362930	9-3467586	0-6532414	9-9895344	8
43	9-3209699	9-3307061	0-6692939	9-9902637	57	93	9-3365999	9-3470806	0-6529194	9-9895192	7
44	9-3212883	9-3310392	0-6689608	9-9902491	56	94	9-3369065	9-3474025	0-6525975	9-9895041	6
45	9-3216065	9-3313720	0-6686280	9-9902345	55	95	9-3372130	9-3477241	0-6522759	9-9894889	5
46	9-3219244	9-3317046	0-6682954	9-9902198	54	96	9-3375192	9-3480455	0-6519545	9-9894737	4
47	9-3222421	9-3320370	0-6679630	9-9902052	53	97	9-3378252	9-3483667	0-6516333	9-9894585	3
48	9-3225596	9-3323691	0-6676309	9-9901905	52	98	9-3381309	9-3486877	0-6513123	9-9894433	2
49	9-3228768	9-3327010	0-6672990	9-9901758	51	99	9-3384365	9-3490084	0-6509916	9-9894280	1
50	9-3231938	9-3330327	0-6669673	9-9901612	50	100	9-3387418	9-3493290	0-6506710	9-9894128	0
Minutes.	COSINUS.	COTANG.	TANGENT.	SINUS.	Minutes.	Minutes.	COSINUS.	COTANG.	TANGENT.	SINUS.	Minutes.

86 GRADES.

Minutes.	SINUS.	TANGENT.	COTANG.	COSINUS.	Minutes.
0	9-3387418	9-3493290	0-6506710	9-9894128	100
1	9-3390468	9-3496493	0-6503507	9-9893975	99
2	9-3393517	9-3499394	0-6500306	9.9893823	98
3	9-3396563	9-3502893	0-6497107	9-9893670	97
4	9-3399607	9-3506090	0-6493910	9-9893517	96
5	9-3402649	9-3509285	0-6490715	9-9893364	95
6	9-3405689	9-3512478	0-6487522	9-9893211	94
7	9 3408726	9-3515668	0-6484332	9-9893058	93
8	9-3411761	9-3518857	0-6481143	9-9892904	92
9	9-3414794	9-3522043	0-6477957	9-9892751	91
10	9-3417825	9-3525228	0-6474772	9-9892597	90
11	9-3420853	9-3528410	0-6471590	9-9892444	89
12	9-3423880	9-3531590	0-6468410	9-9892290	88
13	9-3426904	9-3534768	0-6465232	9-9892136	87
14	9-3429925	9-3537943	0-6462057	9-9891982	86
15	9-3432945	9-3541117	0-6458883	9-9891828	85
16	9-3435962	9-3544289	0-6455711	9-9891674	84
17	9-3438978	9-3547458	0-6452542	9-9891519	83
18	9-3441991	9-3550626	0-6449374	9-9891365	82
19	9-3445002	9-3553791	0-6446209	9-9891210	81
20	9-3448010	9-3556955	0-6443045	9-9891056	80
21	9-3451017	9-3560116	0-5439884	9-9890901	79
22	9-3454021	9-3563275	0-6436725	9-9890746	78
23	9-3457023	9-3566432	0-6433568	9-9890591	77
24	9-3460023	9-3569587	0-6430413	9-9890436	76
25	9-3463020	9-3572740	0-6427260	9-9890280	75
26	9-3466016	9-3575891	0-6424109	9-9890125	74
27	9-3469009	9-3579040	0-6420960	9-9889970	73
28	9-3472000	9-3582186	0-6417814	9-9889814	72
29	9-3474989	9-3585331	0-6414669	9-9889658	71
30	9-3477976	9-3588474	0-6411526	9-9889503	70
31	9-3480961	9-3591614	0-6408386	9-9889347	69
32	9-3483944	9-3594753	0-3405247	9-3889191	68
33	9-3486924	9-3597890	0-6402110	9-9889034	67
34	9-3489902	9-3601024	0 6398976	9-9888878	66
35	9-3492878	9-3604156	0-6395844	9-9888722	65
36	9-3495852	9-3607287	0-6392713	9-9888565	64
37	9-3498824	9-3610415	0-6389585	9-9888409	63
38	9-3501794	9-3613542	0-6386458	9-9888252	62
39	9-3504761	9-3616666	0-6383334	9-9888095	61
40	9-3507727	9-3619788	0-6380212	9-9887938	60
41	9-3510690	9-3622909	0-6377091	9-9887781	59
42	9-3513651	9-3626027	0-6373973	9-9887624	58
43	9-3516610	9-3629143	0-6370857	9-9887467	57
44	9-3519567	9-3632257	0-6367743	9-9887309	56
45	9-3522522	9-3635370	0-6364630	9-9887152	55
46	9-3525474	9-3638480	0-6361520	9-9886994	54
47	9-3528425	9-3641588	0-6358412	9-9886836	53
48	9-3531373	9-3644695	0-6355305	9-9886679	52
49	9-3534320	9-3647799	0-6352201	9-9886521	51
50	9-3537264	9-3650901	0-6349099	9-9886363	50
Minutes.	COSINUS.	COTANG.	TANGENT.	SINUS.	Minutes.

Minutes.	SINUS.	TANGENT.	COTANG.	COSINUS.	Minutes.
50	9-3537264	9-3650901	0-6349099	9-9886363	50
51	9-3540206	9-3654001	0-6345999	9-9886204	49
52	9-3543146	9-3657100	0-6342900	9-9886046	48
53	9-3546034	9-3660196	0-6339804	9-9885888	47
54	9-3549020	9-3663290	0-6336710	9-9885729	46
55	9-3551953	9-3666383	0-6333617	9-9885571	45
56	9-3554883	9-3669473	0-6330527	9-9885412	44
57	9-3557813	9-3672562	0-6327438	9-9885253	43
58	9-3560742	9-3675648	0-6324352	9-9885094	42
59	9-3563667	9-3678732	0-6321268	5-9884935	41
60	9-3566591	9-3681815	0-6318185	9-9884776	40
61	9-3569512	9-3684895	0-6315105	9-9884616	39
62	9-3572431	9-3687974	0-6312026	9-9884457	38
63	9-3575348	9-3691051	0-6308949	9-9884297	37
64	9-3578265	9-3694125	0-6305875	9-9884138	36
65	9-3581176	9-3697198	0-6302802	9-9883978	35
66	9-3584087	9-3700269	0-6299731	9-9883818	34
67	9-3586996	9-3703338	0-6296662	9-9883658	33
68	9-3589903	9-3706405	0-6293595	9-9883498	32
69	9-3592808	9-3709470	0-6290530	9-9883338	31
70	9-3595710	9-3712533	0-6287467	9-9883178	30
71	9-3598611	9-3715594	0-6284406	9-9883017	29
72	9-3601510	9-3718653	0-6281347	9-9882857	28
73	9-3604406	9-3721710	0-6278290	9-9882696	27
74	9-3607301	9-3724766	0-6275234	9-9882535	26
75	9-3610193	9-3727819	0-6272181	6-9882374	25
76	9-3613084	9-3730871	0-6269129	6-9882213	24
77	9-3615972	9-3733920	0-6266080	9-9882052	23
78	9-3618859	9-3736968	0-6263032	9-9881891	22
79	9-3621745	9-3740013	0-6259987	9-9881730	21
80	9-3624625	9-3743037	0-6259643	9-9881568	20
81	9-3627506	9-3746099	0-6253901	9-9881407	19
82	9-3630384	9-3749139	0-6250861	9-9881245	18
83	9-3633260	9-3752177	0-6247823	9-9881083	17
84	9-3636135	9-3755214	0-6244786	9-9880921	16
85	9-3639007	9-3758248	0-6241752	9-9880759	15
86	9-3641877	9-3761280	0-6238720	9-9880597	14
87	9-3644746	9-3764311	0-6235689	9-9880435	13
88	9-3647612	9-3767340	0-6232660	9-9880272	12
89	9-3650476	9-3770366	0-6229634	9-9880110	11
90	9-3653339	9-3773391	0-6226609	9-9879947	10
91	9-3656199	9-3776414	0-6223586	9-9879785	9
92	9-3659037	9-3779435	0-6220565	9-9879622	8
93	9-3661914	9-3782455	0-6217545	9-9879459	7
94	9-3664768	9-3785472	0-6214528	9-9879296	6
95	9-3667620	9-3788488	0-6211512	9-9879133	5
96	9-3670471	9-3791501	0-6208499	9-9878969	4
97	9-3673319	9-3794513	0-6205487	9-9878806	3
98	9-3676166	9-3797523	0-6202477	9-9878642	2
99	9-3679010	9-3800531	0-6199469	9-9878479	1
100	9-3681853	9-3803537	0-6196463	9-9878315	0
Minutes.	COSINUS.	COTANG.	TANGENT.	SINUS.	Minutes.

Minutes.	SINUS.	TANGENT.	COTANG.	COSINUS.	Minutes.	Minutes.	SINUS.	TANGENT.	COTANG.	COSINUS.	Minutes.
0	9-3681855	9-3803535	0-6196465	9-9878315	100	50	9-3821523	9-3951538	0-6048462	9-9869984	50
1	9-3684693	9-3806542	0-6193458	9-9878151	99	51	9-3824268	9-3954453	0-6045547	9-9869815	49
2	9-3687532	9-3809544	0-6190456	9-9877987	98	52	9-3827012	9-3957367	0-6042633	9-9869645	48
3	9-3690368	9-3812545	0-6187455	9-9877825	97	53	9-3829734	9-3960278	0-6039722	9-9869475	47
4	9-3693203	9-3815544	0-6184456	9-9877659	96	54	9-3832493	9-3963188	0-6036812	9-9869306	46
5	9-3696036	9-3818541	0-6181459	9-9877493	95	55	9-3835231	9-3966096	0-6033904	9-9869136	45
6	9-3698866	9-3821536	0-6178464	9-9877330	94	56	9-3837968	9-3969002	0-6030998	9-9868966	44
7	9-3701695	9-3824529	0-6175471	9-9877166	93	57	9-3840702	9-3971907	0-6028093	9-9868793	43
8	9-3704522	9-3827521	0-6172479	9-9877001	92	58	9-3843433	9-3974809	0-6025191	9-9868623	42
9	9-3707347	9-3830510	0-6169490	9-9876837	91	59	9-3846163	9-3977711	0-6022289	9-9868453	41
10	9-3710170	9-3833498	0-6166502	9-9876672	90	60	9-3848894	9-3980610	0-6019390	9-9868284	40
11	9-3712991	9-3836484	0-6163516	9-9876507	89	61	9-3851621	9-3983508	0-6016492	9-9868113	39
12	9-3715810	9-3839468	0-6160532	9-9876342	88	62	9-3854347	9-3986404	0-6013596	9-9867943	38
13	9-3718627	9-3842451	0-6157549	9-9876176	87	63	9-3857070	9-3989298	0-6010702	9-9867772	37
14	9-3721442	9-3845431	0-6154569	9-9876011	86	64	9-3859792	9-3992191	0-6007809	9-9867601	36
15	9-3724256	9-3848410	0-6151590	9-9875846	85	65	9-3862511	9-3995082	0-6004918	9-9867430	35
16	9-3727067	9-3851387	0-6148613	9-9875680	84	66	9-3865229	9-3997971	0-6002029	9-9867259	34
17	9-3729876	9-3854362	0-6145638	9-9875515	83	67	9-3867946	9-4000858	0-5999142	9-9867087	33
18	9-3732684	9-3857335	0-6142665	9-9875349	82	68	9-3870660	9-4003744	0-5996256	9-9866916	32
19	9-3735489	9-3860306	0-6139694	9-9875183	81	69	9-3873373	9-4006628	0-5993372	9-9866744	31
20	9-3738293	9-3863276	0-6136724	9-9875017	80	70	9-3876085	9-4009511	0-5990489	9-9866572	30
21	9-3741095	9-3866244	0-6133756	9-9874851	79	71	9-3878792	9-4012392	0-5987608	9-9866401	29
22	9-3743895	9-3869210	0-6130790	9-9874685	78	72	9-3881500	9-4015271	0-5984729	9-9866229	28
23	9-3746693	9-3872174	0-6127826	9-9874518	77	73	9-3884205	9-4018148	0-5981852	9-9866057	27
24	9-3749489	9-3875137	0-6124863	9-9874352	76	74	9-3886909	9-4021024	0-5978976	9-9865885	26
25	9-3752283	9-3878097	0-6121903	9-9874185	75	75	9-3889611	9-4023898	0-5976102	9-9865712	25
26	9-3755075	9-3881056	0-6118944	9-9874019	74	76	9-3892311	9-4026770	0-5973230	9-9865540	24
27	9-3757865	9-3884013	0-6115987	9-9873852	73	77	9-3895009	9-4029641	0-5970359	9-9865368	23
28	9-3760654	9-3886969	0-6113031	9-9873685	72	78	9-3897705	9-4032510	0-5967490	9-9865195	22
29	9-3763440	9-3889922	0-6110078	9-9873518	71	79	9-3900400	9-4035378	0-5964622	9-9865022	21
30	9-3766225	9-3892874	0-6107126	9-9873351	70	80	9-3903093	9-4038243	0-5961757	9-9864849	20
31	9-3769007	9-3895824	0-6104176	9-9873184	69	81	9-3905784	9-4041107	0-5958893	9-9864677	19
32	9-3771788	9-3898772	0-6101228	9-9873016	68	82	9-3908473	9-4043970	0-5956030	9-9864503	18
33	9-3774567	9-3901718	0-6098282	9-9872849	67	83	9-3911161	9-4046831	0-5953169	9-9864330	17
34	9-3777344	9-3904663	0-6095337	9-9872681	66	84	9-3913847	9-4049690	0-5950310	9-9864157	16
35	9-3780119	9-3907606	0-6092394	9-9872513	65	85	9-3916531	9-4052547	0-5947453	9-9863984	15
36	9-3782895	9-3910547	0-6089453	9-9872346	64	86	9-3919213	9-4055403	0-5944597	9-9863810	14
37	9-3785664	9-3913486	0-6086514	9-9872178	63	87	9-3921894	9-4058257	0-5941743	9-9863637	13
38	9-3788434	9-3916424	0-6083576	9-9872010	62	88	9-3924573	9-4061110	0-5938890	9-9863463	12
39	9-3791201	9-3919360	0-6080640	9-9871842	61	89	9-3927230	9-4063961	0-5936039	9-9863289	11
40	9-3793967	9-3922294	0-6077706	9-9871673	60	90	9-3929923	9-4066810	0-5933190	9-9863113	10
41	9-3796731	9-3925226	0-6074774	9-9871503	59	91	9-3932398	9-4069657	0-5930343	9-9862941	9
42	9-3799493	9-3928157	0-6071843	9-9871336	58	92	9-3935270	9-4072503	0-5927497	9-9862767	8
43	9-3802253	9-3931086	0-6068914	9-9871168	57	93	9-3937940	9-4075348	0-5924652	9-9862592	7
44	9-3805012	9-3934013	0-6065987	9-9870999	56	94	9-3940608	9-4078190	0-5921810	9-9862418	6
45	9-3807768	9-3936158	0-6063062	9-9870850	55	95	9-3943275	9-4081031	0-5918969	9-9862244	5
46	9-3810323	9-3939862	0-6060138	9-9870661	54	96	9-3945940	9-4083871	0-5916129	9-9862069	4
47	9-3813276	9-3942783	0-6057217	9-9870492	53	97	9-3948603	9-4086708	0-5913292	9-9861894	3
48	9-3816027	9-3945703	0-6054297	9-9870323	52	98	9-3951264	9-4089545	0-5910455	9-9861719	2
49	9-3818776	9-3948622	0-6051378	9-9870154	51	99	9-3953923	9-4092379	0-5907621	9-9861544	1
50	9-3821523	9-3951538	0-6048462	9-9869984	50	100	9-3956381	9-4095212	0-5904788	9-9861369	0
Minutes.	COSINUS.	COTANG.	TANGENT.	SINUS.	Minutes.	Minutes.	COSINUS.	COTANG.	TANGENT.	SINUS.	Minutes.

84 GRADES.

Minutes.	SINUS.	TANGENT.	COTANG.	COSINUS.	Minutes.	Minutes.	SINUS.	TANGENT.	COTANG.	COSINUS.	Minutes.
0	9-3956581	9-4095212	0-5904788	9-9861369	100	50	9-4087306	9-4234838	0-5765162	9-9852468	50
1	9-3959237	9-4098043	0-5901957	9-9861194	99	51	9-4089878	9-4237591	0-5762409	9-9852287	49
2	9-3961892	9-4100873	0-5899127	9-9861019	98	52	9-4092449	9-4240342	0-5759658	9-9852106	48
3	9-3964544	9-4103701	0-5896299	9-9860845	97	53	9-4095017	9-4243092	0-5756908	9-9851925	47
4	9-3967195	9-4106527	0-5893473	9-9860668	96	54	9-4097584	9-4245840	0-5754160	9-9851744	46
5	9-3969844	9-4109352	0-5890648	9-9860492	95	55	9-4100150	9-4248587	0-5751413	9-9851563	45
6	9-3972492	9-4112176	0-5887824	9-9860316	94	56	9-4102714	9-4251333	0-5748667	9-9851381	44
7	9-3975138	9-4114997	0-5885003	9-9860140	93	57	9-4105276	9-4254077	0-5745923	9-9851199	43
8	9-3977782	9-4117817	0-5882183	9-9859964	92	58	9-4107837	9-4256819	0-5743181	9-9851018	42
9	9-3980424	9-4120636	0-5879364	9-9859788	91	59	9-4110396	9-4259560	0-5740440	9-9850836	41
10	9-3983064	9-4123453	0-5876547	9-9859612	90	60	9-4112954	9-4262300	0-5737700	9-9850654	40
11	9-3985703	9-4126268	0-5873732	9-9859436	89	61	9-4115509	9-4265038	0-5734962	9-9850472	39
12	9-3988340	9-4129081	0-5870919	9-9859259	88	62	9-4118064	9-4267774	0-5732226	9-9850290	38
13	9-3990976	9-4131893	0-5868107	9-9859082	87	63	9-4120616	9-4270509	0-5729491	9-9850107	37
14	9-3993610	9-4134704	0-5865296	9-9858906	86	64	9-4123167	9-4273242	0-5726758	9-9849925	36
15	9-3996242	9-4137513	0-5862487	9-9858729	85	65	9-4125717	9-4275975	0-5724025	9-9849742	35
16	9-3998872	9-4140320	0-5859680	9-9858552	84	66	9-4128265	9-4278705	0-5721295	9-9849560	34
17	9-4001501	9-4143126	0-5856874	9-9858375	83	67	9-4130811	9-4281434	0-5718566	9-9849377	33
18	9-4004128	9-4145930	0-5854070	9-9858198	82	68	9-4133356	9-4284162	0-5715838	9-9849194	32
19	9-4006753	9-4148732	0-5851268	9-9858021	81	69	9-4135899	9-4286888	0-5713112	9-9849011	31
20	9-4009376	9-4151533	0-5848467	9-9857843	80	70	9-4138440	9-4289612	0-5710388	9-9848828	30
21	9-4011998	9-4154333	0-5845667	9-9857665	79	71	9-4140980	9-4292335	0-5707665	9-9848645	29
22	9-4014619	9-4157130	0-5842870	9-9857488	78	72	9-4143518	9-4295057	0-5704943	9-9848461	28
23	9-4017237	9-4159927	0-5840073	9-9857310	77	73	9-4146055	9-4297777	0-5702223	9-9848278	27
24	9-4019854	9-4162721	0-5837279	9-9857132	76	74	9-4148590	9-4300496	0-5699504	9-9848094	26
25	9-4022469	9-4165514	0-5834486	9-9856954	75	75	9-4151123	9-4303213	0-5696787	9-9847911	25
26	9-4025082	9-4168306	0-5831694	9-9856776	74	76	9-4153655	9-4305928	0-5694072	9-9847727	24
27	9-4027694	9-4171096	0-5828904	9-9856598	73	77	9-4156186	9-4308643	0-5691357	9-9847543	23
28	9-4030304	9-4173884	0-5826116	9-9856420	72	78	9-4158714	9-4311355	0-5688645	9-9847359	22
29	9-4032913	9-4176671	0-5823329	9-9856242	71	79	9-4161241	9-4314067	0-5685933	9-9847175	21
30	9-4035519	9-4179456	0-5820544	9-9856063	70	80	9-4163767	9-4316777	0-5683223	9-9846990	20
31	9-4038124	9-4182240	0-5817760	9-9855884	69	81	9-4166291	9-4319485	0-5680515	9-9846806	19
32	9-4040728	9-4185022	0-5814978	9-9855706	68	82	9-4168814	9-4322192	0-5677808	9-9846621	18
33	9-4043330	9-4187803	0-5812197	9-9855527	67	83	9-4171334	9-4324897	0-5675103	9-9846437	17
34	9-4045930	9-4190582	0-5809418	9-9855348	66	84	9-4173854	9-4327601	0-5672399	9-9846252	16
35	9-4048528	9-4193359	0-5806641	9-9855169	65	85	9-4176371	9-4330304	0-5669696	9-9846067	15
36	9-4051125	9-4196136	0-5803864	9-9854989	64	86	9-4178888	9-4333005	0-5666995	9-9845882	14
37	9-4053720	9-4198910	0-5801090	9-9854810	63	87	9-4181402	9-4335705	0-5664295	9-9845697	13
38	9-4056313	9-4201683	0-5798317	9-9854631	62	88	9-4183915	9-4338403	0-5661597	9-9845512	12
39	9-4058903	9-4204454	0-5795546	9-9854451	61	89	9-4186427	9-4341100	0-5658900	9-9845327	11
40	9-4061493	9-4207224	0-5792776	9-9854271	60	90	9-4188937	9-4343795	0-5656205	9-9845141	10
41	9-4064084	9-4209992	0-5790008	9-9854092	59	91	9-4191445	9-4346489	0-5653511	9-9844956	9
42	9-4066671	9-4212759	0-5787241	9-9853912	58	92	9-4193952	9-4349181	0-5650819	9-9844770	8
43	9-4069256	9-4215524	0-5784476	9-9853732	57	93	9-4196457	9-4351872	0-5648128	9-9844584	7
44	9-4071839	9-4218288	0-5781712	9-9853552	56	94	9-4198961	9-4354562	0-5645438	9-9844399	6
45	9-4074421	9-4221050	0-5778950	9-9853371	55	95	9-4201463	9-4357250	0-5642750	9-9844213	5
46	9-4077001	9-4223810	0-5776190	9-9853191	54	96	9-4203963	9-4359937	0-5640063	9-9844026	4
47	9-4079580	9-4226569	0-5773431	9-9853010	53	97	9-4206462	9-4362622	0-5637378	9-9843840	3
48	9-4082157	9-4229327	0-5770673	9-9852830	52	98	9-4208960	9-4365306	0-5634694	9-9843654	2
49	9-4084732	9-4232083	0-5767917	9-9852649	51	99	9-4211456	9-4367988	0-5632012	9-9843467	1
50	9-4087306	9-4234838	0-5765162	9-9852468	50	100	9-4213950	9-4370669	0-5629331	9-9843281	0
Minutes.	COSINUS.	COTANG.	TANGENT.	SINUS.	Minutes.	Minutes.	COSINUS.	COTANG.	TANGENT.	SINUS.	Minutes.

83 GRADES.

Minutes.	SINUS.	TANGENT.	COTANG.	COSINUS.	Minutes.	Minutes.	SINUS.	TANGENT	COTANG.	COSINUS.	Minutes.
0	9-4213950	9-4370669	0-5629331	9-9843281	100	50	9-4336746	9-4502940	0-5497060	9-9833805	50
1	9-4216443	9-4373349	0-5626651	9-9843094	99	51	9-4339164	9-4505551	0-5494449	9-9833613	49
2	9-4218934	9-4376027	0-5623973	9-9842907	98	52	9-4341580	9-4508160	0-5491840	9-9833420	48
3	9-4221425	9-4378704	0-5621296	9-9842720	97	53	9-4343996	9-4510768	0-5489232	9-9833228	47
4	9-4223913	9-4381379	0-5618621	9-9842533	96	54	9-4346409	9-4513375	0-5486625	9-9833035	46
5	9-4226399	9-4384053	0-5615947	9-9842346	95	55	9-4348822	9-4515980	0-5484020	9-9832842	45
6	9-4228885	9-4386726	0-5613274	9-9842159	94	56	9-4351233	9-4518584	0-5481416	9-9832649	44
7	9-4231368	9-4389397	0-5610603	9-9841972	93	57	9-4353642	9-4521186	0-5478814	9-9832456	43
8	9-4233851	9-4392066	0-5607934	9-9841784	92	58	9-4356050	9-4523787	0-5476213	9-9832263	42
9	9-4236331	9-4394735	0-5605265	9-9841597	91	59	9-4358457	9-4526387	0-5473613	9-9832069	41
10	9-4238810	9-4397401	0-5602599	9-9841409	90	60	9-4360862	9-4528986	0-5471014	9-9831876	40
11	9-4241288	9-4400067	0-5599933	9-9841221	89	61	9-4363265	9-4531583	0-5468417	9-9831682	39
12	9-4243764	9-4402731	0-5597269	9-9841033	88	62	9-4365668	9-4534179	0-5465821	9-9831488	38
13	9-4246239	9-4405394	0-5594606	9-9840845	87	63	9-4368069	9-4536774	0-5463226	9-9831294	37
14	9-4248712	9-4408055	0-5591945	9-9840657	86	64	9-4370468	9-4539367	0-5460633	9-9831100	36
15	9-4251183	9-4410715	0-5589285	9-9840469	85	65	9-4372866	9-4541959	0-5458041	9-9830906	35
16	9-4253653	9-4413373	0-5586627	9-9840280	84	66	9-4375262	9-4544550	0-5455450	9-9830712	34
17	9-4256122	9-4416030	0-5583970	9-9840092	83	67	9-4377657	9-4547139	0-5452861	9-9830518	33
18	9-4258589	9-4418686	0-5581314	9-9839903	82	68	9-4380051	9-4549727	0-5450273	9-9830324	32
19	9-4261054	9-4421340	0-5578660	9-9839714	81	69	9-4382443	9-4552314	0-5447686	9-9830129	31
20	9-4263518	9-4423993	0-5576007	9-9839525	80	70	9-4384834	9-4554900	0-5445100	9-9829934	30
21	9-4265981	9-4426644	0-5573356	9-9839336	79	71	9-4387223	9-4557484	0-5442516	9-9829740	29
22	9-4268442	9-4429294	0-5570706	9-9839147	78	72	9-4389611	9-4560067	0-5439933	9-9829545	28
23	9-4270901	9-4431943	0-5568057	9-9838958	77	73	9-4391998	9-4562648	0-5437352	9-9829350	27
24	9-4273359	9-4434590	0-5565410	9-9838769	76	74	9-4394383	9-4565228	0-5434772	9-9829155	26
25	9-4275815	9-4437236	0-5562764	9-9838579	75	75	9-4396767	9-4567807	0-5432193	9-9828959	25
26	9-4278270	9-4439881	0-5560119	9-9838390	74	76	9-4399149	9-4570385	0-5429615	9-9828764	24
27	9-4280724	9-4442524	0-5557476	9-9838200	73	77	9-4401530	9-4572961	0-5427039	9-9828568	23
28	9-4283176	9-4445166	0-5554834	9-9838010	72	78	9-4403909	9-4575536	0-5424464	9-9828373	22
29	9-4285626	9-4447806	0-5552194	9-9837820	71	79	9-4406287	9-4578110	0-5421890	9-9828177	21
30	9-4288075	9-4450445	0-5549555	9-9837630	70	80	9-4408664	9-4580683	0-5419317	9-9827981	20
31	9-4290523	9-4453083	0-5546917	9-9837440	69	81	9-4411039	9-4583254	0-5416746	9-9827785	19
32	9-4292969	9-4455719	0-5544281	9-9837250	68	82	9-4413413	9-4585824	0-5414176	9-9827589	18
33	9-4295414	9-4458354	0-5541646	9-9837059	67	83	9-4415786	9-4588392	0-5411608	9-9827393	17
34	9-4297857	9-4460988	0-5539012	9-9836869	66	84	9-4418157	9-4590960	0-5409040	9-9827197	16
35	9-4300298	9-4463620	0-5536380	9-9836678	65	85	9-4420526	9-4593526	0-5406474	9-9827001	15
36	9-4302738	9-4466251	0-5533749	9-9836488	64	86	9-4422894	9-4596090	0-5403910	9-9826804	14
37	9-4305177	9-4468880	0-5531120	9-9836297	63	87	9-4425261	9-4598654	0-5401346	9-9826607	13
38	9-4307614	9-4471508	0-5528492	9-9836106	62	88	9-4427627	9-4601216	0-5398784	9-9826411	12
39	9-4310050	9-4474135	0-5525865	9-9835915	61	89	9-4429991	9-4603777	0-5396223	9-9826214	11
40	9-4312484	9-4476761	0-5523239	9-9835724	60	90	9-4432353	9-4606337	0-5393663	9-9826017	10
41	9-4314917	9-4479385	0-5520615	9-9835532	59	91	9-4434715	9-4608895	0-5391105	9-9825820	9
42	9-4317348	9-4482007	0-5517993	9-9835341	58	92	9-4437075	9-4611452	0-5388548	9-9825623	8
43	9-4319778	9-4484629	0-5515371	9-9835149	57	93	9-4439433	9-4614008	0-5385992	9-9825425	7
44	9-4322206	9-4487249	0-5512751	9-9834958	56	94	9-4441790	9-4616562	0-5383438	9-9825228	6
45	9-4324633	9-4489867	0-5510133	9-9834766	55	95	9-4444146	9-4619116	0-5380884	9-9825030	5
46	9-4327059	9-4492484	0-5507516	9-9834574	54	96	9-4446500	9-4621668	0-5378332	9-9824833	4
47	9-4329483	9-4495100	0-5504900	9-9834382	53	97	9-4448853	9-4624218	0-5375782	9-9824635	3
48	9-4331905	9-4497715	0-5502285	9-9834190	52	98	9-4451205	9-4626768	0-5373232	9-9824437	2
49	9-4334326	9-4500328	0-5499672	9-9833998	51	99	9-4453555	9-4629316	0-5370684	9-9824239	1
50	9-4336746	9-4502940	0-5497060	9-9833805	50	100	9-4455904	9-4631863	0-5368137	9-9824041	0
Minutes.	COSINUS.	COTANG.	TANGENT.	SINUS.	Minutes.	Minutes.	COSINUS.	COTANG.	TANGENT.	SINUS.	Minutes.

Minutes.	SINUS.	TANGENT.	COTANG.	COSINUS.	Minutes.	Minutes.	SINUS.	TANGENT.	COTANG.	COSINUS.	Minutes.
0	9-4455904	9-4631863	0-5368137	9-9824041	100	50	9-4571618	9-4757633	0-5242367	9-9813986	50
1	9-4458251	9-4634409	0-5365591	9-9823842	99	51	9-4573899	9-4760117	0-5239883	9-9813781	49
2	9-4460597	9-4636953	0-5363047	9-9823644	98	52	9-4576178	9-4762601	0-5237399	9-9813577	48
3	9-4462942	9-4639496	0-5360504	9-9823446	97	53	9-4578456	9-4765083	0-5234917	9-9813373	47
4	9-4465285	9-4642038	0-5357962	9-9823247	96	54	9-4580732	9-4767564	0-5232436	9-9813169	46
5	9-4467627	9-4644579	0-5355421	9-9823048	95	55	9-4583008	9-4770043	0-5229957	9-9812964	45
6	9-4469968	9-4647118	0-5352882	9-9822849	94	56	9-4585281	9-4772522	0-5227478	9-9812759	44
7	9-4472307	9-4649656	0-5350344	9-9822651	93	57	9-4587554	9-4775000	0-5225000	9-9812555	43
8	9-4474645	9-4652193	0-5347807	9-9822451	92	58	9-4589825	9-4777476	0-5222524	9-9812350	42
9	9-4476981	9-4654729	0-5345271	9-9822252	91	59	9-4592095	9-4779951	0-5220049	9-9812145	41
10	9-4479316	9-4657265	0-5342735	9-9822053	90	60	9-4594364	9-4782425	0-5217575	9-9811940	40
11	9-4481650	9-4659796	0-5340204	9-9821854	89	61	9-4596632	9-4784897	0-5215103	9-9811734	39
12	9-4483982	9-4662328	0-5337672	9-9821654	88	62	9-4598898	9-4787369	0-5212631	9-9811529	38
13	9-4486313	9-4664859	0-5335141	9-9821454	87	63	9-4601165	9-4789839	0-5210161	9-9811325	37
14	9-4488643	9-4667388	0-5332612	9-9821255	86	64	9-4603426	9-4792308	0-5207692	9-9811118	36
15	9-4490971	9-4669916	0-5330084	9-9821055	85	65	9-4605689	9-4794776	0-5205224	9-9810912	35
16	9-4493298	9-4672443	0-5327557	9-9820855	84	66	9-4607950	9-4797243	0-5202757	9-9810706	34
17	9-4495624	9-4674969	0-5325031	9-9820655	83	67	9-4610209	9-4799709	0-5200291	9-9810500	33
18	9-4497948	9-4677493	0-5322507	9-9820455	82	68	9-4612468	9-4802173	0-5197827	9-9810294	32
19	9-4500271	9-4680017	0-5319983	9-9820254	81	69	9-4614725	9-4804637	0-5195363	9-9810088	31
20	9-4502592	9-4682539	0-5317461	9-9820054	80	70	9-4616981	9-4807099	0-5192901	9-9809882	30
21	9-4504912	9-4685059	0-5314941	9-9819853	79	71	9-4619235	9-4809560	0-5190440	9-9809675	29
22	9-4507231	9-4687579	0-5312421	9-9819652	78	72	9-4621489	9-4812020	0-5187980	9-9809469	28
23	9-4509549	9-4690097	0-5309903	9-9819452	77	73	9-4623741	9-4814479	0-5185521	9-9809262	27
24	9-4511855	9-4692614	0-5307386	9-9819250	76	74	9-4625992	9-4816936	0-5183064	9-9809055	26
25	9-4514180	9-4695130	0-5304870	9-9819050	75	75	9-4628241	9-4819392	0-5180608	9-9808849	25
26	9-4516493	9-4697645	0-5302355	9-9818848	74	76	9-4630489	9-4821848	0-5178152	9-9808642	24
27	9-4518806	9-4700158	0-5299842	9-9818647	73	77	9-4632736	9-4824302	0-5175698	9-9808434	23
28	9-4521116	9-4702671	0-5297329	9-9818446	72	78	9-4634982	9-4826755	0-5173245	9-9808227	22
29	9-4523426	9-4705181	0-5294819	9-9818244	71	79	9-4637226	9-4829206	0-5170794	9-9808020	21
30	9-4525734	9-7707691	0-5292309	9-9818043	70	80	9-4639470	9-4831657	0-5168343	9-9807812	20
31	9-4528041	9-4710200	0-5289800	9-9817841	69	81	9-4641712	9-4834107	0-5165893	9-9807605	19
32	9-4530346	9-4712707	0-5287293	9-9817639	68	82	9-4643952	9-4836555	0-5163445	9-9807397	18
33	9-4532650	9-4715215	0-5284787	9-9817437	67	83	9-4646192	9-4839002	0-5160998	9-9807189	17
34	9-4534953	9-4717718	0-5282282	9-9817235	66	84	9-4648430	9-4841448	0-5158552	9-9806981	16
35	9-4537255	9-4720222	0-5279778	9-9817033	65	85	9-4650666	9-4843893	0-5156107	9-9806773	15
36	9-4539555	9-4722724	0-5277276	9-9816830	64	86	9-4652902	9-4846337	0-5153663	9-9806565	14
37	9-4541854	9-4725226	0-5274774	9-9816628	63	87	9-4655136	9-4848779	0-5151221	9-9806357	13
38	9-4544151	9-4727726	0-5272274	9-9816425	62	88	9-4657370	9-4851221	0-5148779	9-9806149	12
39	9-4546447	9-4730225	0-5269775	9-9816223	61	89	9-4659601	9-4853661	0-5146339	9-9805940	11
40	9-4548742	9-4732722	0-5267278	9-9816020	60	90	9-4661832	9-4856101	0-5143899	9-9805731	10
41	9-4551036	9-4735219	0-5264781	9-9815817	59	91	9-4664061	9-4858539	0-5141461	9-9805523	9
42	9-4553328	9-4737714	0-5262286	9-9815614	58	92	9-4666289	9-4860975	0-5139025	9-9805314	8
43	9-4555619	9-4740208	0-5259792	9-9815411	57	93	9-4668516	9-4863411	0-5136589	9-9805105	7
44	9-4557909	9-4742701	0-5257299	9-9815208	56	94	9-4670742	9-4865846	0-5134154	9-9804896	6
45	9-4560197	9-4745192	0-5254808	9-9815004	55	95	9-4672966	9-4868279	0-5131721	9-9804686	5
46	9-4562484	9-4747683	0-5252317	9-9814801	54	96	9-4675189	9-4870712	0-5129288	9-9804477	4
47	9-4564769	9-4750172	0-5249828	9-9814597	53	97	9-4677411	9-4873143	0-5126857	9-9804268	3
48	9-4567054	9-4752660	0-5247340	9-9814393	52	98	9-4679631	9-4875573	0-5124427	9-9804058	2
49	9-4569337	9-4755147	0-5244853	9-9814190	51	99	9-4681851	9-4878002	0-5121998	9-9803848	1
50	9-4571618	9-4757633	0-5242367	9-9813986	50	100	9-4684069	9-4880430	0-5119570	9-9803639	0
Minutes.	COSINUS.	COTANG.	TANGENT.	SINUS.	Minutes.	Minutes.	COSINUS.	COTANG.	TANGENT	SINUS.	Minutes.

81 GRADES.

Minutes.	SINUS.	TANGENT.	COTANG.	COSINUS.	Minutes.
0	9-4684069	9-4880430	0-5119570	9-9803659	100
1	9-4686286	9-4882837	0-5117143	9-9803429	99
2	9-4688501	9-4885283	0-5114717	9-9803219	98
3	9-4690716	9-4887707	0-5112293	9-9803008	97
4	9-4692929	9-4890131	0-5109869	9-9802798	96
5	9-4695141	9-4892553	0-5107447	9-9802588	95
6	9-4697352	9-4894974	0-5105026	9-9802377	94
7	9-4699561	9-4897394	0-5102606	9-9802167	93
8	9-4701769	9-4899813	0-5100187	9-9801956	92
9	9-4703976	9-4902231	0-5097769	9-9801745	91
10	9-4706182	9-4904648	0-5095352	9-9801534	90
11	9-4708387	9-4907064	0-5092936	9-9801323	89
12	9-4710590	9-4909478	0-5090522	9-9801112	88
13	9-4712792	9-4911893	0-5088108	9-9800900	87
14	9-4714993	9-4914304	0-5085696	9-9800689	86
15	9-4717193	9-4916715	0-5083285	9-9800477	85
16	9-4719391	9-4919125	0-5080875	9-9800266	84
17	9-4721588	9-4921534	0-5078466	9-9800054	83
18	9-4723784	9-4923942	0-5076058	9-9799842	82
19	9-4725979	9-4926349	0-5073651	9-9799630	81
20	9-4728172	9-4928755	0-5071245	9-9799418	80
21	9-4730365	9-4931159	0-5068841	9-9799205	79
22	9-4732556	9-4933563	0-5066437	9-9798993	78
23	9-4734746	9-4935965	0-5064035	9-9798781	77
24	9-4736935	9-4938367	0-5061633	9-9798568	76
25	9-4739122	9-4940767	0-5059233	9-9798355	75
26	9-4741308	9-4943166	0-5056834	9-9798142	74
27	9-4743493	9-4945564	0-5054436	9-9797929	73
28	9-4745677	9-4947961	0-5052039	9-9797716	72
29	9-4747860	9-4950357	0-5049643	9-9797503	71
30	9-4750041	9-4952752	0-5047248	9-9797290	70
31	9-4752222	9-4955146	0-5044854	9-9797076	69
32	9-4754401	9-4957538	0-5042462	9-9796863	68
33	9-4756579	9-4959930	0-5040070	9-9796649	67
34	9-4758755	9-4962320	0-5037680	9-9796435	66
35	9-4760931	9-4964710	0-5035290	9-9796221	65
36	9-4763105	9-4967098	0-5032902	9-9796007	64
37	9-4765278	9-4969485	0-5030515	9-9795793	63
38	9-4767450	9-4971871	0-5028129	9-9795579	62
39	9-4769321	9-4974256	0-5025744	9-9795364	61
40	9-4771790	9-4976640	0-5023360	9-9795150	60
41	9-4773959	9-4979023	0-5020977	9-9794935	59
42	9-4776126	9-4981405	0-5018595	9-9794720	58
43	9-4778292	9-4983786	0-5016214	9-9794506	57
44	9-4780456	9-4986166	0-5013834	9-9794291	56
45	9-4782620	9-4988544	0-5011456	9-9794076	55
46	9-4784782	9-4990922	0-5009078	9-9793860	54
47	9-4786943	9-4993298	0-5006702	9-9793645	53
48	9-4789103	9-4995674	0-5004326	9-9793430	52
49	9-4791262	9-4998048	0-5001952	9-9793214	51
50	9-4793420	9-5000422	0-4999578	9-9792998	50
Minutes.	COSINUS.	COTANG.	TANGENT.	SINUS.	Minutes.

Minutes.	SINUS.	TANGENT.	COTANG.	COSINUS.	Minutes.
50	9-4793420	9-5000422	0-4999578	9-9792998	50
51	9-4795576	9-5002794	0-4997206	9-9792782	49
52	9-4797732	9-5005165	0-4994835	9-9792567	48
53	9-4799886	9-5007535	0-4992465	9-9792350	47
54	9-4802039	9-5009904	0-4990096	9-9792134	46
55	9-4804191	9-5012272	0-4987728	9-9791918	45
56	9-4806341	9-5014639	0-4985361	9-9791702	44
57	9-4808491	9-5017005	0-4982995	9-9791485	43
58	9-4810639	9-5019370	0-4980630	9-9791268	42
59	9-4812786	9-5021734	0-4978266	9-9791052	41
60	9-4814932	9-5024097	0-4975903	9-9790835	40
61	9-4817077	9-5026459	0-4973541	9-0790618	39
62	9-4819220	9-5028819	0-4971181	9-9790401	38
63	9-1821363	9-5031179	0-4968821	9-9790184	37
64	9-4823504	9-5033538	0-4966462	9-9789966	36
65	9-4825644	9-5035895	0-4964105	9-9789749	35
66	9-4827783	9-5038252	0-4961748	9-9789531	34
67	9-1829921	9-5040607	0-4959393	9-9789313	33
68	9-4832057	9-5042962	0-4957038	9-9789096	32
69	9-4834193	9-5045315	0-4954685	9-9788878	31
70	9-4836327	9-5047667	0-4952333	9-9788660	30
71	9-4838460	9-5050018	0-4949982	9-9788442	29
72	9-4840592	9-5052369	0-4947631	9-9788223	28
73	9-4842723	9-5054718	0-4945282	9-9788005	27
74	9-4844853	9-5057066	0-4942934	9-9787786	26
75	9-4846981	9-5059413	0-4940587	9-9787568	25
76	9-4849109	9-5061760	0-4938240	9-9787349	24
77	9-4851235	9-5064105	0-4935895	9-9787130	23
78	9-4853360	9-5066449	0-4933551	9-9786911	22
79	9-4855484	9-5068792	0-4931208	9-9786692	21
80	9-4857606	9-5071134	0-4928866	9-9786473	20
81	9-4859728	9-5073475	0-4926525	9-9786253	19
82	9-4861849	9-5075815	0-4924185	9-9786034	18
83	9-4863968	9-5078154	0-4921846	9-9785814	17
84	9-4866086	9-5080492	0-4919508	9-9785595	16
85	9-4868203	9-5082829	0-4917171	9-9785375	15
86	9-4870319	9-5085164	0-4914836	9-9785155	14
87	9-4872434	9-5087499	0-4912501	9-9784935	13
88	9-4874548	9-5089833	0-4910167	9-9784715	12
89	9-4876660	9-5092166	0-4907834	9-9784494	11
90	9-4848772	9-5094498	0-4905502	9-9784274	10
91	9-4880882	9-5096829	0-4903171	9-9784053	9
92	9-4882991	9-5099158	0-4900842	9-9783833	8
93	9-4885099	9-5101487	0-4898513	9-9783612	7
94	9-4887206	9-5103815	0-4896185	9-9783391	6
95	9-4889312	9-5106142	0-4893858	9-9783170	5
96	9-4891416	9-5108467	0-4891533	9-9782949	4
97	9-4893520	9-5110792	0-4889208	9-9782728	3
98	9-4895622	9-5113116	0-4886884	9-9782506	2
99	9-4897724	9-5115439	0-4884561	9-9782285	1
100	9-4899824	9-5117760	0-4882240	9-9782063	0
Minutes.	COSINUS.	COTANG.	TANGENT.	SINUS.	Minutes.

Minutes.	SINUS.	TANGENT.	COTANG.	COSINUS.	Minutes.	Minutes.	SINUS.	TANGENT.	COTANG.	COSINUS.	Minutes.
0	9-4899824	9-5117760	0-4882240	9-9782065	100	50	9-5003421	9-5232589	0-4767411	9-9770832	50
1	9-4901923	9-5120081	0-4879919	9-9781842	99	51	9-5005465	9-5234861	0-4765139	9-9770604	49
2	9-4904021	9-5122401	0-4877599	9-9781620	98	52	9-5007509	9-5237132	0-4762868	9-9770377	48
3	9-4906117	9-5124719	0-4875281	9-9781398	97	53	9-5009551	9-5239402	0-4760598	9-9770149	47
4	9-4908213	9-5127037	0-4872963	9-9781176	96	54	9-5011592	9-5241671	0-4758329	9-9769921	46
5	9-4910307	9-5129354	0-4870646	9-9780953	95	55	9-5013632	9-5243939	0-4756061	9-9769693	45
6	9-4912401	9-5131670	0-4868330	9-9780731	94	56	9-5015671	9-5246206	0-4753794	9-9769464	44
7	9-4914495	9-5133984	0-4866016	9-9780509	93	57	9-5017708	9-5248472	0-4751528	9-9769236	43
8	9-4916584	9-5136298	0-4863702	9-9780286	92	58	9-5019745	9-5250738	0-4749262	9-9769008	42
9	9-4918674	9-5138611	0-4861349	9-9780064	91	59	9-5021781	9-5253002	0-4746998	9-9768779	41
10	9-4920765	9-5140923	0-4859077	9-9779841	90	60	9-5023816	9-5255265	0-4744735	9-9768550	40
11	9-4922851	9-5143233	0-4856767	9-9779618	89	61	9-5025849	9-5257528	0-4742472	9-9768321	39
12	9-4924938	9-5145543	0-4854457	9-9779395	88	62	9-5027882	9-5259789	0-4740211	9-9768092	38
13	9-4927025	9-5147852	0-4852148	9-9779172	87	63	9-5029913	9-5262050	0-4737950	9-9767863	37
14	9-4929108	9-5150159	0-4849841	9-9778948	86	64	9-5031944	9-5264309	0-4735691	9-9767634	36
15	9-4931191	9-5152466	0-4847534	9-9778725	85	65	9-5033975	9-5266568	0-4733432	9-9767403	35
16	9-4933274	9-5154772	0-4845228	9-9778502	84	66	9-5036001	9-5268826	0-4731174	9-9767175	34
17	9-4935355	9-5157077	0-4842923	9-9778278	83	67	9-5038028	9-5271083	0-4728917	9-9766946	33
18	9-4937435	9-5159381	0-4840619	9-9778054	82	68	9-5040053	9-5273339	0-4726661	9-9766716	32
19	9-4939514	9-5161684	0-4838316	9-9777830	81	69	9-5042080	9-5275594	0-4724406	9-9766486	31
20	9-4941592	9-5163985	0-4836015	9-9777606	80	70	9-5044104	9-5277848	0-4722152	9-9766256	30
21	9-4943669	9-5166286	0-4833714	9-9777382	79	71	9-5046127	9-5280101	0-4719899	9-9766026	29
22	9-4945744	9-5168586	0-4831414	9-9777158	78	72	9-5048149	9-5282353	0-4717647	9-9765796	28
23	9-4947819	9-5170885	0-4829115	9-9776934	77	73	9-5050170	9-5284604	0-4715396	9-9765566	27
24	9-4949892	9-5173183	0-4826817	9-9776709	76	74	9-5052190	9-5286854	0-4713146	9-9765335	26
25	9-4951965	9-5175480	0-4824520	9-9776485	75	75	9-5054209	9-5289104	0-4710896	9-9765105	25
26	9-4954036	9-5177776	0-4822224	9-9776260	74	76	9-5056227	9-5291352	0-4708648	9-9764874	24
27	9-4956106	9-5180071	0-4819929	9-9776035	73	77	9-5058243	9-5293600	0-4706400	9-9764644	23
28	9-4958175	9-5182365	0-4817635	9-9775810	72	78	9-5060259	9-5295846	0-4704154	9-9764413	22
29	9-4960243	9-5184658	0-4815342	9-9775585	71	79	9-5062274	9-5298092	0-4701908	9-9764182	21
30	9-4962310	9-5186950	0-4813050	9-9775360	70	80	9-5064287	9-5300337	0-4699663	9-9763951	20
31	9-4964376	9-5189241	0-4810759	9-9775135	69	81	9-5066300	9-5302581	0-4697419	9-9763719	19
32	9-4966441	9-5191531	0-4808469	9-9774910	68	82	9-5068312	9-5304823	0-4695177	9-9763488	18
33	9-4968505	9-5193820	0-4806180	9-9774684	67	83	9-5070322	9-5307065	0-4692935	9-9763257	17
34	9-4970567	9-5196109	0-4803891	9-9774458	66	84	9-5072332	9-5309307	0-4690693	9-9763025	16
35	9-4972629	9-5198396	0-4801604	9-9774233	65	85	9-5074340	9-5311547	0-4688453	9-9762793	15
36	9-4974689	9-5200682	0-4799318	9-9774007	64	86	9-5076347	9-5313786	0-4686214	9-9762561	14
37	9-4976748	9-5202968	0-4797032	9-9773781	63	87	9-5078354	9-5316024	0-4683976	9-9762329	13
38	9-4978806	9-5205252	0-4794748	9-9773555	62	88	9-5080359	9-5318262	0-4681738	9-9762097	12
39	9-4980864	9-5207535	0-4792465	9-9773328	61	89	9-5082363	9-5320498	0-4679502	9-9761865	11
40	9-4982920	9-5209818	0-4790182	9-9773102	60	90	9-5084367	9-5322734	0-4677266	9-9761633	10
41	9-4984975	9-5212099	0-4787901	9-9772876	59	91	9-5086369	9-5324968	0-4675032	9-9761400	9
42	9-4987029	9-5214380	0-4785620	9-9772649	58	92	9-5088370	9-5327202	0-4672798	9-9761168	8
43	9-4989081	9-5216659	0-4783341	9-9772422	57	93	9-5090370	9-5329435	0-4670565	9-9760935	7
44	9-4991133	9-5219838	0-4781062	9-9772196	56	94	9-5092370	9-5331667	0-4668333	9-9760702	6
45	9-4993184	9-5221215	0-4778785	9-9771969	55	95	9-5094368	9-5333898	0-4666102	9-9760470	5
46	9-4995235	9-5223492	0-4776508	9-9771742	54	96	9-5096365	9-5336128	0-4663872	9-9760237	4
47	9-4997282	9-5225768	0-4774232	9-9771514	53	97	9-5098361	9-5338357	0-4661643	9-9760005	3
48	9-4999329	9-5228042	0-4771958	9-9771287	52	98	9-5100356	9-5340586	0-4659414	9-9759770	2
49	9-5001376	9-5230316	0-4769684	9-9771060	51	99	9-5102350	9-5342813	0-4657187	9-9759537	1
50	9-5003421	9-5232589	0-4767411	9-9770832	50	100	9-5104343	9-5345040	0-4654960	9-9759303	0
Minutes.	COSINUS.	COTANG.	TANGENT.	SINUS.	Minutes.	Minutes.	COSINUS.	COTANG.	TANGENT.	SINUS.	Minutes.

Minutes.	SINUS.	TANGENT.	COTANG.	COSINUS.	Minutes.	Minutes.	SINUS.	TANGENT.	COTANG.	COSINUS.	Minutes.
0	9-5104343	9-5345040	0-4654960	9-9759305	100	50	9-5202711	9-5455236	0-4544764	9-9747475	50
1	9-5106335	9-5347265	0-4652735	9-9759070	99	51	9-5204633	9-5457418	0-4542582	9-9747233	49
2	9-5108326	9-5349490	0-4650510	9-9758836	98	52	9-5206594	9-5459598	0-4540402	9-9746996	48
3	9-5110316	9-5351714	0-4648286	9-9758602	97	53	9-5208554	9-5461779	0-4538221	9-9746756	47
4	9-5112305	9-5353937	0-4645063	9-9758368	96	54	9-5210474	9-5463958	0-4536042	9-9746516	46
5	9-5114293	9-5356159	0-4643841	9-9758134	95	55	9-5212412	9-5466136	0-4533864	9-9746276	45
6	9-5116280	9-5358380	0-4641620	9-9757900	94	56	9-5214349	9-5468313	0-4531687	9-9746035	44
7	9-5118166	9-5360600	0-4639400	9-9757665	93	57	9-5216285	9-5470490	0-4529510	9-9745795	43
8	9-5120250	9-5362820	0-4637180	9-9757431	92	58	9-5218221	9-5472666	0-4527334	9-9745555	42
9	9-5122234	9-5365038	0-4634962	9-9757196	91	59	9-5220155	9-5474841	0-4525159	9-9745314	41
10	9-5124217	9-5367256	0-4632744	9-9756962	90	60	9-5222088	9-5477015	0-4522985	9-9745073	40
11	9-5126199	9-5369472	0-4630528	9-9756727	89	61	9-5224021	9-5479188	0-4520812	9-9744833	39
12	9-5128180	9-5371688	0-4628312	9-9756492	88	62	9-5225952	9-5481360	0-4518640	9-9744592	38
13	9-5130160	9-5373903	0-4626097	9-9756257	87	63	9-5227882	9-5483532	0-4516468	9-9744350	37
14	9-5132138	9-5376117	0-4623883	9-9756022	86	64	9-5229812	9-5485703	0-4514297	9-9744109	36
15	9-5134116	9-5378330	0-4621670	9-9755786	85	65	9-5231740	9-5487872	0-4512128	9-9743868	35
16	9-5136093	9-5380542	0-4619458	9-9755551	84	66	9-5233668	9-5490041	0-4509958	9-9743627	34
17	9-5138069	9-5382754	0-4617246	9-9755315	83	67	9-5235595	9-5492210	0-4507790	9-9743385	33
18	9-5140044	9-5384964	0-4615036	9-9755080	82	68	9-5237520	9-5494377	0-4505623	9-9743143	32
19	9-5142017	9-5387174	0-4612826	9-9754844	81	69	9-5239445	9-5496543	0-4503457	9-9742902	31
20	9-5173990	9-5389382	0-4610618	9-9754608	80	70	9-5241369	9-5498709	0-4501291	9-9742660	30
21	9-5145962	9-5391590	0-4608410	9-9754372	79	71	9-5243291	9-5500874	0-4499126	9-9742418	29
22	9-5147933	9-5393797	0-4606203	9-9754136	78	72	9-5245213	9-5503038	0-4496962	9-9742175	28
23	9-5149902	9-5396003	0-4603997	9-9753900	77	73	9-5247134	9-5505201	0-4494799	9-9741933	27
24	9-5151871	9-5398208	0-4601792	9-9753665	76	74	9-5249054	9-5507363	0-4492637	9-9741691	26
25	9-5153839	9-5400412	0-4599588	9-9753427	75	75	9-5250973	9-5509525	0-4490475	9-9741448	25
26	9-5155806	9-5402616	0-4597384	9-9753190	74	76	9-5252891	9-5511685	0-4488315	9-9741206	24
27	9-5157772	9-5404818	0-4595182	9-9752953	73	77	6-5254808	9-5513845	0-4486155	9-9740963	23
28	9-5159736	9-5407020	0-4592980	9-9752716	72	78	9-5256724	9-5516004	0-4483996	9-9740720	22
29	9-5161700	9-5409221	0-4590779	9-9752479	71	79	9-5258639	9-5518162	0-4481838	9-9740477	21
30	9-5163663	9-5411420	0-4588580	9-9752242	70	80	9-5260553	9-5520319	0-4479681	9-9740234	20
31	9-5165625	9-5413619	0-4586381	9-9752005	69	81	9-5262464	9-5522476	0-4477524	9-9739991	19
32	9-5167585	9-5415818	0-4584182	9-9751768	68	82	9-5264379	9-5524632	0-4475368	9-9739747	18
33	9-5169545	9-5418015	0-4581985	9-9751530	67	83	9-5266290	9-5526786	0-4473214	9-9739504	17
34	9-5171504	9-5420211	0-4579789	9-9751293	66	84	9-5268200	9-5528940	0-4471060	9-9739260	16
35	2-5173462	9-5422407	0-4577593	9-9751055	65	85	9-5270110	9-5531093	0-4468907	9-9739016	15
36	9-5175419	9-5424602	0-4575398	9-9750817	64	86	9-5272018	9-5533246	0-4466754	9-9738773	14
37	9-5177375	9-5426795	0-4573205	9-9750579	63	87	9-5273926	9-5535397	0-4464603	9-9738529	13
38	9-5179321	9-5428988	0-4571012	9-9750341	62	88	9-5275832	9-5537548	0-4462452	9-9738284	12
39	9-5181285	9-5431180	0-4568820	9-9750103	61	89	9-5277738	9-5539698	0-4460302	9-9738040	11
40	9-5183236	9-5433371	0-4566629	9-9749865	60	90	9-5279643	9-5541847	0-4458153	9-9737796	10
41	9-5185188	9-5435562	0-4564438	9-9749626	59	91	9-5281547	9-5543995	0-4456005	9-9737551	9
42	9-5187139	9-5437751	0-4562249	9-9749388	58	92	9-5283449	9-5546143	0-4453857	9-9737307	8
43	9-5189089	9-5439940	0-4560060	9-9749149	57	93	9-5285351	9-5548289	0-4451711	9-9737062	7
44	9-5191038	9-5442128	0-4557872	9-9748910	56	94	9-5287252	9-5550435	0-4449565	9-9736817	6
45	9-5192986	9-5444314	0-4555686	9-9748671	55	95	9-5289152	9-5552580	0-4447420	9-9736572	5
46	9-5194933	9-5446500	0-4553500	9-9748432	54	96	9-5291051	9-5554724	0-4445276	9-9736327	4
47	9-5196879	9-5448686	0-4551314	9-9748193	53	97	9-5292949	9-5556867	0-4443133	9-9736082	3
48	9-5198824	9-5450870	0-4549130	9-9747954	52	98	9-5294847	9-5559010	0-4440990	9-9735837	2
49	9-5200768	9-5453053	0-4546947	9-9747715	51	99	9-5296743	9-5561151	0-4438849	9-9735591	1
50	9-5202711	9-5455236	0-4544764	9-9747475	50	100	9-5298638	9-5563292	0-4436708	9-9735346	0
Minutes.	COSINUS.	COTANG.	TANGENT.	SINUS.	Minutes.	Minutes.	COSINUS.	COTANG.	TANGENT.	SINUS.	Minutes.

78 GRADES.

Minutes.	SINUS.	TANGENT.	COTANG.	COSINUS.	Minutes.
0	9-5298638	9-5563292	0-4436708	9-9735346	100
1	9-5300533	9-5565432	0-4434568	9-9735100	99
2	9-5302426	9-5567572	0-4432428	9-9734854	98
3	9-5304319	9-5569710	0-4430290	9-9734609	97
4	9-5306210	9-5571848	0-4428152	9-9734363	96
5	9-5308101	9-5573984	0-4426016	9-9734116	95
6	9-5309990	9-5576120	0-4423880	9-9733870	94
7	9-5311879	9-5578255	0-4421745	9-9733624	93
8	9-5313767	9-5580390	0-4419610	9-9733377	92
9	9-5315654	9-5582524	0-4417476	9-9733131	91
10	9-5317540	9-5584656	0-4415344	9-9732884	90
11	9-5319425	9-5586788	0-4413212	9-9732637	89
12	9-5321309	9-5588919	0-4411081	9-9732390	88
13	9-5323193	9-5591050	0-4408950	9-9732143	87
14	9-5325075	9-5593180	0-4406820	9-9731896	86
15	9-5326956	9-5595308	0-4404692	9-9731648	85
16	9-5328837	9-5597436	0-4402564	9-9731401	84
17	9-5330716	9-5599563	0-4400437	9-9731153	83
18	9-5332595	9-5601689	0-4398311	9-9730905	82
19	9-5334473	9-5603815	0-4396185	9-9730658	81
20	9-5336349	9-5605940	0-4394060	9-9730410	80
21	9-5338225	9-5608064	0-4391936	9-9730162	79
22	9-5340100	9-5610187	0-4389813	9-9729913	78
23	9-5341974	9-5612309	0-4387691	9-9729665	77
24	9-5343847	9-5614431	0-4385569	9-9729417	76
25	9-5345720	9-5616552	0-4383448	9-9729168	75
26	9-5347591	9-5618672	0-4381328	9-9728919	74
27	9-5349461	9-5620791	0-4379209	9-9728670	73
28	9-5351331	9-5622909	0-4377091	9-9728422	72
29	9-5353199	9-5625027	0-4374973	9-9728172	71
30	9-5355037	9-5627144	0-4372856	9-9727923	70
31	9-5356934	9-5629260	0-4370740	9-9727674	69
32	9-5358800	9-5631375	0-4368625	9-9727425	68
33	9-5360665	9-5633489	0-4366511	9-9727175	67
34	9-5362529	9-5635603	0-4364397	9-9726925	66
35	9-5364392	9-5637716	0-4362284	9-9726676	65
36	9-5366254	9-5639828	0-4360172	9-9726426	64
37	9-5368115	9-5641940	0-4358060	9-9726176	63
38	9-5369976	9-5644050	0-4355950	9-9725925	62
39	9-5371835	9-5646160	0-4353840	9-9725675	61
40	9-5373694	9-5648269	0-4351731	9-9725425	60
41	9-5375551	9-5650377	0-4349623	9-9725174	59
42	9-5377408	9-5652484	0-4347516	9-9724924	58
43	9-5379264	9-5654591	0-4345409	9-9724673	57
44	9-5381119	9-5656697	0-4343303	9-9724422	56
45	9-5382973	9-5658802	0-4341198	9-9724171	55
46	9-5384826	9-5660906	0-4339094	9-9723920	54
47	9-5386679	9-5663010	0-4336990	9-9723669	53
48	9-5388530	9-5665113	0-4334887	9-9723417	52
49	9-5390380	9-5667215	0-4332785	9-9723166	51
50	9-5392230	9-5669316	0-4330684	9-9722914	50
Minutes.	COSINUS.	COTANG.	TANGENT.	SINUS.	Minutes.

Minutes.	SINUS.	TANGENT.	COTANG.	COSINUS.	Minutes.
50	9-5392230	9-5669316	0-4330684	9-9722914	50
51	9-5394079	9-5671416	0-4328584	9-9722662	49
52	9-5395927	9-5673516	0-4326484	9-9722411	48
53	9-5397775	9-5675615	0-4324385	9-9722159	47
54	9-5399619	9-5677713	0-4322287	9-9721907	46
55	9-5401463	9-5679810	0-4320190	9-9721654	45
56	9-5403309	9-5681907	0-4318093	9-9721402	44
57	9-5405152	9-5684003	0-4315997	9-9721149	43
58	9-5406995	9-5686098	0-4313902	9-9720897	42
59	9-5408836	9-5688192	0-4311808	9-9720644	41
60	9-5410677	9-5690286	0-4309714	9-9720391	40
61	9-5412517	9-5692378	0-4307622	9-9720138	39
62	9-5414356	9-5694470	0-4305530	9-9719885	38
63	9-5416194	9-5696561	0-4303439	9-9719632	37
64	9-5418031	9-5698652	0-4301348	9-9719379	36
65	9-5419867	9-5700742	0-4299258	9-9719125	35
66	9-5421702	9-5702831	0-4297169	9-9718872	34
67	9-5423537	9-5704919	0-4295081	9-9718618	33
68	9-5425371	9-5707006	0-4292994	9-9718364	32
69	9-5427203	9-5709093	0-4290907	9-9718110	31
70	9-5429035	9-5711179	0-4288821	9-9717856	30
71	9-5430866	9-5713264	0-4286736	9-9717602	29
72	9-5432696	9-5715348	0-4284652	9-9717348	28
73	9-5434525	9-5717432	0-4282568	9-9717093	27
74	9-5436354	9-5719515	0-4280485	9-9716839	26
75	9-5438181	9-5721597	0-4278403	9-9716584	25
76	9-5440008	9-5723678	0-4276322	9-9716330	24
77	9-5441834	9-5725759	0-4274241	9-9716075	23
78	9-5443658	9-5727839	0-4272161	9-9715820	22
79	9-5445482	9-5729918	0-4270082	9-9715564	21
80	9-5447305	9-5731996	0-4268004	9-9715309	20
81	9-5449128	9-5734074	0-4265926	9-9715054	19
82	9-5450949	9-5736151	0-4263849	9-9714798	18
83	9-5452770	9-5738227	0-4261773	9-9714543	17
84	9-5454589	9-5740302	0-4259698	9-9714287	16
85	9-5456408	9-5742377	0-4257623	9-9714031	15
86	9-5458226	9-5744451	0-4255549	9-9713775	14
87	9-5460043	9-5746524	0-4253476	9-9713519	13
88	9-5461859	9-5748596	0-4251404	9-9713263	12
89	9-5463674	9-5750668	0-4249332	9-9713006	11
90	9-5465489	9-5752739	0-4247261	9-9712750	10
91	9-5467302	9-5754809	0-4245191	9-9712493	9
92	9-5469115	9-5756878	0-4243122	9-9712236	8
93	9-5470927	9-5758947	0-4241053	9-9711980	7
94	9-5472738	9-5761015	0-4238985	9-9711723	6
95	9-5474548	9-5763082	0-4236918	9-9711465	5
96	9-5476357	9-5765149	0-4234851	9-9711208	4
97	9-5478165	9-5767214	0-4232786	9-9710951	3
98	9-5479973	9-5769279	0-4230721	9-9710693	2
99	9-5481779	9-5771344	0-4228656	9-9710436	1
100	9-5483585	9-5773407	0-4226593	9-9710178	0
Minutes.	COSINUS.	COTANG.	TANGENT.	SINUS.	Minutes.

Minutes.	SINUS.	TANGENT.	COTANG.	COSINUS.	Minutes.	Minutes.	SINUS.	TANGENT.	COTANG.	COSINUS.	Minutes.
0	9-5483585	9-5773407	0-4226593	9-9710178	100	50	9-5572796	9-5875660	0-4124340	9-9697136	50
1	9-5485390	9-5775470	0-4224530	9-9709920	99	51	9-5574559	9-5877687	0-4122313	9-9696872	49
2	9-5487194	9-5777532	0-4222468	9-9709662	98	52	9-5576321	9-5879713	0-4120287	9-9696608	48
3	9-5488997	9-5779593	0-4220407	9-9709404	97	53	9-5578082	9-5881738	0-4118262	9-9696344	47
4	9-5490800	9-5781654	0-4218346	9-9709146	96	54	9-5579842	9-5883763	0-4116237	9-9696079	46
5	9-5492601	9-5783714	0-4216286	9-9708888	95	55	9-5581602	9-5885787	0-4114213	9-9695815	45
6	9-5494402	9-5785773	0-4214227	9-9708629	94	56	9-5583361	9-5887811	0-4112189	9-9695550	44
7	9-5496202	9-5787831	0-4212169	9-9708371	93	57	9-5585119	9-5889834	0-4110166	9-9695285	43
8	9-5498001	9-5789889	0-4210111	9-9708112	92	58	9-5586876	9-5891856	0-4108144	9-9695021	42
9	9-5499799	9-5791946	0-4208054	9-9707853	91	59	9-5588652	9-5893877	0-4106123	9-9694756	41
10	9-5501596	9-5794002	0-4205998	9-9707594	90	60	9-5590388	9-5895898	0-4104102	9-9694490	40
11	9-5503392	9-5796057	0-4203943	9-9707335	89	61	9-5592143	9-5897917	0-4102083	9-9694225	39
12	9-5505188	9-5798112	0-4201888	9-9707076	88	62	9-5593897	9-5899937	0-4100063	9-9693960	38
13	9-5506983	9-5800166	0-4199834	9-9706817	87	63	9-5595650	9-5901935	0-4098045	9-9693694	37
14	9-5508776	9-5802219	0-4197781	9-9706557	86	64	9-5597402	9-5903973	0-4096027	9-9693429	36
15	9-5510569	9-5804272	0-4195728	9-9706298	85	65	9-5599154	9-5905990	0-4094010	9-9693163	35
16	9-5512362	9-5806324	0-4193676	9-9706038	84	66	9-5600904	9-5908007	0-4091993	9-9692897	34
17	9-5514153	9-5808375	0-4191625	9-9705778	83	67	9-5602654	9-5910023	0-4089977	9-9692631	33
18	9-5515943	9-5810425	0-4189575	9-9705518	82	68	9-5604403	9-5912038	0-4087962	9-9692365	32
19	9-5517733	9-5812475	0-4187525	9-9705258	81	69	9-5606151	9-5914032	0-4085948	9-9692099	31
20	9-5519522	9-5814524	0-4185476	9-9704998	80	70	9-5607899	9-5916066	0-4083934	9-9691833	30
21	9-5521310	9-5816572	0-4183428	9-9704738	79	71	9-5609645	9-5918079	0-4081921	9-9691566	29
22	9-5523097	9-5818619	0-4181381	9-9704477	78	72	9-5611391	9-5920091	0-4079909	9-9691300	28
23	9-5524883	9-5820666	0-4179334	9-9704217	77	73	9-5613136	9-5922103	0-4077897	9-9691033	27
24	9-5526668	9-5822712	0-4177288	9-9703956	76	74	9-5614880	9-5924114	0-4075886	9-9690766	26
25	9-5528453	9-5824758	0-4175242	9-9703695	75	75	9-5616624	9-5926124	0-4073876	9-9690499	25
26	9-5530237	9-5826802	0-4173198	9-9703434	74	76	9-5618366	9-5928134	0-4071866	9-9690232	24
27	9-5532019	9-5828846	0-4171154	9-9703173	73	77	9-5620108	9-5930143	0-4069857	9-9689965	23
28	9-5533802	9-5830889	0-4169111	9-9702912	72	78	9-5621849	9-5932151	0-4067849	9-9689698	22
29	9-5535583	9-5832932	0-4167068	9-9702651	71	79	9-5623589	9-5934159	0-4065841	9-9689430	21
30	9-5537363	9-5834974	0-4165026	9-9702390	70	80	9-5625329	9-5936166	0-4063834	9-9689163	20
31	9-5539143	9-5837015	0-4162985	9-9702128	69	81	9-5627067	9-5938172	0-4061828	9-9688895	19
32	9-5540921	9-5839055	0-4160945	9-9701866	68	82	9-5628805	9-5940178	0-4059822	9-9688627	18
33	9-5542699	9-5841094	0-4158906	9-9701605	67	83	9-5630542	9-5942182	0-4057818	9-9688359	17
34	9-5544476	9-5843133	0-4156867	9-9701343	66	84	9-5632278	9-5944187	0-4055813	9-9688091	16
35	9-5546252	9-5845172	0-4154828	9-9701081	65	85	9-5634013	9-5946190	0-4053810	9-9687825	15
36	9-5548028	9-5847209	0-4152791	9-9700819	64	86	9-5635748	9-5948193	0-4051807	9-9687555	14
37	9-5549802	9-5849246	0-4150754	9-9700556	63	87	9-5637482	9-5950195	0-4049805	9-9687286	13
38	9-5551576	9-5851282	0-4148718	9-9700294	62	88	9-5639215	9-5952197	0-4047803	9-9687018	12
39	9-5553349	9-5853317	0-4146683	9-9700031	61	89	9-5640947	9-5954198	0-4045802	9-9686749	11
40	9-5555121	9-5855352	0-4144648	9-9699769	60	90	9-5642678	9-5956198	0-4043802	9-9686480	10
41	9-5556892	9-5857386	0-4142614	9-9699506	59	91	9-5644409	9-5958197	0-4041803	9-9686211	9
42	9-5558662	9-5859419	0-4140581	9-9699243	58	92	9-5646138	9-5960196	0-4039804	9-9685942	8
43	9-5560432	9-5861452	0-4138548	9-9698980	57	93	9-5647867	9-5962194	0-4037806	9-9685673	7
44	9-5562201	9-5863483	0-4136517	9-9698717	56	94	9-5649596	9-5964192	0-4035808	9-9685404	6
45	9-5563969	9-5865515	0-4134485	9-9698454	55	95	9-5651323	9-5966188	0-4033812	9-9685135	5
46	9-5565736	9-5867545	0-4132455	9-9698191	54	96	9-5653049	9-5968184	0-4031816	9-9684865	4
47	9-5567502	9-5869575	0-4130425	9-9697927	53	97	9-5654775	9-5970180	0-4029820	9-9684595	3
48	9-5569267	9-5871604	0-4128396	9-9697663	52	98	9-5656500	9-5972175	0-4027825	9-9684326	2
49	9-5571032	9-5873632	0-4126368	9-9697400	51	99	9-5658224	9-5974169	0-4025831	9-9684056	1
50	9-5572796	9-5875660	0-4124340	9-9697136	50	100	9-5659948	9-5976162	0-4023838	9-9683786	0
Minutes.	COSINUS.	COTANG.	TANGENT.	SINUS.	Minutes.	Minutes.	COSINUS.	COTANG.	TANGENT.	SINUS.	Minutes.

76 GRADES.

Minutes.	SINUS.	TANGENT.	COTANG.	COSINUS.	Minutes.	Minutes.	SINUS.	TANGENT.	COTANG.	COSINUS.	Minutes.
0	9-5659948	9-5976162	0-4023838	9-9683786	100	50	9-5745123	9-6074997	0-3925003	9-9670125	50
1	9-5661670	9-5978155	0-4021845	9-9683515	99	51	9-5746807	9-6076958	0-3923042	9-9669849	49
2	9-5663392	9-5980147	0-4019853	9-9683245	98	52	9-5748490	9-6078917	0-3921083	9-9669573	48
3	9-5665115	9-5982139	0-4017861	9-9682975	97	53	9-5750172	9-6080876	0-3919124	9-6969296	47
4	9-5666834	9-5984129	0-4015871	9-9682704	96	54	9-5751854	9-6082835	0-3917165	9-9669019	46
5	9-5668553	9-5986119	0-4013881	9-9682434	95	55	9-5753535	9-6084792	0-3915208	9-9668742	45
6	9-5670272	9-5988109	0-4011891	9-9682163	94	56	9-5755215	9-6086749	0-3913251	9-9668465	44
7	9-5671990	9-5990098	0-4009902	9-9681892	93	57	9-5756894	9-6088706	0-3911294	9-9668188	43
8	9-5673707	9-5992086	0-4007914	9-9681621	92	58	9-5758572	9-6090661	0-3909339	9-9667911	42
9	9-5675423	9-5994073	0-4005927	9-9681350	91	59	9-5760250	9-6092617	0-3907383	9-9667634	41
10	9-5677139	9-5996060	0-4003940	9-9681078	90	60	9-5761927	9-6094571	0-3905429	9-9667356	40
11	9-5678853	9-5998046	0-4001954	9-9680807	89	61	9-5763604	9-6096525	0-3903475	9-9667078	39
12	9-5680567	9-6000032	0-3999968	9-9680535	88	62	9-5765279	9-6098478	0-3901522	9-9666801	38
13	9-5682280	9-6002017	0-3997983	9-9680264	87	63	9-5766954	9-6100431	0-3899569	9-9666523	37
14	9-5683993	9-6004001	0-3995999	9-9679992	86	64	9-5768628	9-6102383	0-3897617	9-9666245	36
15	9-5685704	9-6005984	0-3994016	9-9679720	85	65	9-5770301	9-6104335	0-3895665	9-9665967	35
16	9-5687415	9-6007967	0-3992033	9-9679448	84	66	9-5771974	9-6106285	0-3893715	9-9665688	34
17	9-5689125	9-6009949	0-3990051	9-9679176	83	67	9-5773646	9-6108235	0-3891765	9-9665410	33
18	9-5690835	9-6011931	0-3988069	9-9678904	82	68	9-5775317	9-6110185	0-3889815	9-9665132	32
19	9-5692543	9-6013912	0-3986088	9-9678631	81	69	9-5776987	9-6112134	0-3887866	9-9664853	31
20	9-5694251	9-6015892	0-3984108	9-9678359	80	70	9-5778656	9-6114082	0-3885918	9-9664574	30
21	9-5695958	9-6017871	0-3982129	9-9678086	79	71	9-5780325	9-6116030	0-3883970	9-9664295	29
22	9-5697664	9-6019850	0-3980150	9-9677813	78	72	9-5781993	9-6117977	0-3882023	9-9664016	28
23	9-5699369	9-6021829	0-3978171	9-9677541	77	73	9-5783660	9-6119923	0-3880077	9-9663737	27
24	9-5701074	9-6023806	0-3976194	9-9677268	76	74	9-5785327	9-6121869	0-3878131	9-9663458	26
25	9-5702778	9-6025783	0-3974217	9-9676994	75	75	9-5786993	9-6123814	0-3876186	9-9663179	25
26	9-5704481	9-6027759	0-3972241	9-9676721	74	76	9-5788658	9-6125759	0-3874241	9-9662899	24
27	9-5706183	9-6029735	0-3970265	9-9676448	73	77	9-5790322	9-6127703	0-3872297	9-9662619	23
28	9-5707884	9-6031710	0-3968290	9-9676174	72	78	9-5791986	9-6129646	0-3870354	9-9662340	22
29	9-5709585	9-6033685	0-3966315	9-9675901	71	79	9-5793648	9-6131589	0-3868411	9-9662060	21
30	9-5711285	9-6035658	0-3964342	9-9675627	70	80	9-5795311	9-6133531	0-3866469	9-9661780	20
31	9-5712984	9-6037631	0-3962369	9-9675353	69	81	9-5796972	9-6135472	0-3864528	9-9661500	19
32	9-5714683	9-6039604	0-3960396	9-9675079	68	82	9-5798632	9-6137413	0-3862587	9-9661219	18
33	9-5716380	9-6041576	0-3958424	9-9674805	67	83	9-5800292	9-6139353	0-3860647	9-9660939	17
34	9-5718077	9-6043547	0-3956453	9-9674531	66	84	9-5801951	9-6141293	0-3858707	9-9660659	16
35	9-5719773	9-6045517	0-3954483	9-9674256	65	85	9-5803610	9-6143232	0-3856768	9-9660378	15
36	9-5721469	9-6047487	0-3952513	9-9673982	64	86	9-5805267	9-6145170	0-3854830	9-9660097	14
37	9-5723163	9-6049456	0-3950544	9-9673707	63	87	9-5806924	9-6147108	0-3852892	9-9659816	13
38	9-5724857	9-6051425	0-3948575	9-9673432	62	88	9-5808580	9-6149045	0-3850955	9-9659535	12
39	9-5726550	9-6053393	0-3946607	9-9673157	61	89	9-5810236	9-6150982	0-3849018	9-9659254	11
40	9-5728242	9-6055360	0-3944640	9-9672882	60	90	9-5811890	9-6152917	0-3847083	9-9658973	10
41	9-5729934	9-6057326	0-3942674	9-9672607	59	91	9-5813544	9-6154853	0-3845147	9-9658692	9
42	9-5731625	9-6059293	0-3940707	9-9672332	58	92	9-5815198	9-6156787	0-3843213	9-9658410	8
43	9-5733314	9-6061258	0-3938742	9-9672057	57	93	9-5816850	9-6158722	0-3841278	9-9658128	7
44	9-5735004	9-6063223	0-3936777	9-9671781	56	94	9-5818502	9-6160655	0-3839345	9-9657847	6
45	9-5736692	9-6065187	0-3934813	9-9671505	55	95	9-5820153	9-6162588	0-3837412	9-9657565	5
46	9-5738380	9-6067150	0-3932850	9-9671230	54	96	9-5821803	9-6164520	0-3835480	9-9657283	4
47	9-5740067	9-6069113	0-3930887	9-9670954	53	97	9-5823452	9-6166452	0-3833548	9-9657001	3
48	9-5741753	9-6071075	0-3928925	9-9670678	52	98	9-5825101	9-6168383	0-3831617	9-9656718	2
49	9-5743438	9-6073036	0-3926964	9-9670402	51	99	9-5826749	9-6170313	0-3829687	9-9656436	1
50	9-5745123	9-6074997	0-3925003	9-9670125	50	100	9-5828397	9-6172243	0-3827757	9-9656153	0
Minutes.	COSINUS.	COTANG.	TANGENT.	SINUS.	Minutes.	Minutes.	COSINUS.	COTANG.	TANGENT.	SINUS.	Minutes.

75 GRADES.

25 GRADES.

Minutes.	SINUS.	TANGENT.	COTANG.	COSINUS.	Minutes.	Minutes.	SINUS.	TANGENT.	COTANG.	COSINUS.	Minutes.
0	9-5828397	9-6172243	0-3827757	9-9656153	100	50	9-5909841	9-6267973	0-3732027	9-9641868	50
1	9-5830043	9-6174172	0-3825828	9-9655871	99	51	9-5911451	9-6269873	0-3730127	9-9641579	49
2	9-5831689	9-6176101	0-3823899	9-9655588	98	52	9-5913061	9-6271772	0-3728228	9-9641290	48
3	9-5833334	9-6178029	0-3821971	9-9655305	97	53	9-5914671	9-6273670	0-3726330	9-9641000	47
4	9-5834979	9-6179956	0-3820044	9-9655022	96	54	9-5916279	9-6275568	0-3724432	9-9640711	46
5	9-5836622	9-6181883	0-3818117	9-9654739	95	55	9-5917887	9-6277465	0-3722535	9-9640422	45
6	9-5838265	9-6183809	0-3816191	9-9654456	94	56	9-5919494	9-6279362	0-3720638	9-9640132	44
7	9-5839907	9-6185735	0-3814265	9-9654172	93	57	9-5921101	9-6281258	0-3718742	9-9639842	43
8	9-5841549	9-6187660	0-3812340	9-9653889	92	58	9-5922707	9-6283154	0-3716846	9-9639553	42
9	9-5843190	9-6189584	0-3810416	9-9653605	91	59	9-5924312	9-6285049	0-3714951	9-9639263	41
10	9-5844830	9-6191508	0-3808492	9-9653321	90	60	9-5925916	9-6286943	0-3713057	9-9638973	40
11	9-5846469	9-6193431	0-3806569	9-9653038	89	61	9-5927520	9-6288837	0-3711163	9-9638682	39
12	9-5848107	9-6195354	0-3804646	9-9652754	88	62	9-5929123	9-6290731	0-3709269	9-9638392	38
13	9-5849745	9-6197276	0-3802724	9-9652469	87	63	9-5930725	9-6292623	0-3707377	9-9638102	37
14	9-5851382	9-6199197	0-3800803	9-9652185	86	64	9-5932327	9-6294515	0-3705485	9-9637811	36
15	9-5853019	9-6201118	0-3798882	9-9651901	85	65	9-5933927	9-6296407	0-3703593	9-9637520	35
16	9-5854655	9-6203038	0-3796962	9-9651616	84	66	9-5935528	9-6298298	0-3701702	9-9637230	34
17	9-5856289	9-6204958	0-3795042	9-9651332	83	67	9-5937127	9-6300188	0-3699812	9-9636939	33
18	9-5857924	9-6206877	0-3793123	9-9651047	82	68	9-5938726	9-6302078	0-3697922	9-9636647	32
19	9-5859557	9-6208795	0-3791205	9-9650762	81	69	9-5940324	9-6303968	0-3696032	9-9636356	31
20	9-5861190	9-6210713	0-3789287	9-9650477	80	70	9-5941921	9-6305856	0-3694144	9-9636065	30
21	9-5862822	9-6212630	0-3787370	9-9650192	79	71	9-5943518	9-6307745	0-3692255	9-9635773	29
22	9-5864453	9-6214547	0-3785453	9-9649906	78	72	9-5945114	9-6309632	0-3690368	9-9635482	28
23	9-5866084	9-6216463	0-3783537	9-9649621	77	73	9-5946709	9-6311519	0-3688481	9-9635190	27
24	9-5867714	9-6218378	0-3781622	9-9649336	76	74	9-5948304	9-6313406	0-3686594	9-9634898	26
25	9-5869343	9-6220293	0-3779707	9-9649050	75	75	9-5949898	9-6315292	0-3684708	9-9634606	25
26	9-5870972	9-6222207	0-3777793	9-9648764	74	76	9-5951491	9-6317177	0-3682823	9-9634314	24
27	9-5872599	9-6224121	0-3775879	9-9648478	73	77	9-5953084	9-6319062	0-3680938	9-9634022	23
28	9-5874226	9-6226034	0-3773966	9-9648192	72	78	9-5954676	9-6320946	0-3679054	9-9633730	22
29	9-5875853	9-6227947	0-3772053	9-9647906	71	79	9-5956267	9-6322830	0-3677170	9-9633437	21
30	9-5877478	9-6229858	0-3770142	9-9647620	70	80	9-5957857	9-6324713	0-3675287	9-9633145	20
31	9-5879103	9-6231770	0-3768230	9-9647333	69	81	9-5959447	9-6326595	0-3673405	9-9632852	19
32	9-5880727	9-6233681	0-3766319	9-9647047	68	82	9-5961036	9-6328477	0-3671523	9-9632559	18
33	9-5882351	9-6235591	0-3764409	9-9646760	67	83	9-5962624	9-6330358	0-3669642	9-9632266	17
34	9-5883973	9-6237500	0-3762500	9-9646473	66	84	9-5964212	9-6332239	0-3667761	9-9631973	16
35	9-5885596	9-6239409	0-3760591	9-9646186	65	85	9-5965799	9-6334120	0-3665880	9-9631680	15
36	9-5887217	9-6241317	0-3758683	9-9645899	64	86	9-5967386	9-6335999	0-3664001	9-9631386	14
37	9-5888837	9-6243225	0-3756775	9-9645612	63	87	9-5968971	9-6337878	0-3662122	9-9631093	13
38	9-5890457	9-6245132	0-3754868	9-9645325	62	88	9-5970556	9-6339757	0-3660243	9-9630799	12
39	9-5892077	9-6247039	0-3752961	9-9645038	61	89	9-5972141	9-6341635	0-3658365	9-9630505	11
40	9-5893695	9-6248945	0-3751055	9-9644750	60	90	9-5973724	9-6343513	0-3656487	9-9630212	10
41	9-5895313	9-6250850	0-3749150	9-9644462	59	91	9-5975307	9-6345389	0-3654611	9-9629918	9
42	9-5896930	9-6252755	0-3747245	9-9644175	58	92	9-5976889	9-6347266	0-3652734	9-9629623	8
43	9-5898546	9-6254659	0-3745341	9-9643887	57	93	9-5978471	9-6349142	0-3650858	9-9629329	7
44	9-5900162	9-6256563	0-3743437	9-9643599	56	94	9-5980052	9-6351017	0-3648983	9-9629035	6
45	9-5901777	9-6258466	0-3741534	9-9643310	55	95	9-5981632	9-6352892	0-3647108	9-9628740	5
46	9-5903391	9-6260369	0-3739631	9-9643022	54	96	9-5983211	9-6354766	0-3645234	9-9628446	4
47	9-5905004	9-6262271	0-3737729	9-9642734	53	97	9-5984790	9-6356639	0-3643361	9-9628151	3
48	9-5906617	9-6264172	0-3735828	9-9642445	52	98	9-5986368	9-6358512	0-3641488	9-9627856	2
49	9-5908229	9-6266073	0-3733927	9-9642156	51	99	9-5987946	9-6360385	0-3639615	9-9627561	1
50	9-5909841	9-6267973	0-3732027	9-9641868	50	100	9-5989523	9-6362257	0-3637743	9-9627266	0
Minutes.	COSINUS.	COTANG.	TANGENT.	SINUS.	Minutes.	Minutes.	COSINUS.	COTANG.	TANGENT.	SINUS.	Minutes.

74 GRADES.

26 GRADES.

Minutes.	SINUS.	TANGENT.	COTANG.	COSINUS.	Minutes.	Minutes.	SINUS.	TANGENT.	COTANG.	COSINUS.	Minutes.
0	9-5989525	9-6362257	0-3637743	9-9627266	100	50	9-6067506	9-6455160	0-3544840	9-9612346	50
1	9-5991099	9-6364128	0-3635872	9-9626971	99	51	9-6069048	9-6457004	0-3542996	9-9612044	49
2	9-5992674	9-6365999	0-3634001	9-9626675	98	52	9-6070590	9-6458848	0-3541152	9-9611743	48
3	9-5994249	9-6367869	0-3632131	9-9626380	97	53	9-6072132	9-6460691	0-3539309	9-96.1441	47
4	9-5995823	9-6369739	0-3630261	9-9626084	96	54	9-6073673	9-6462534	0-3537466	9-9611139	46
5	9-5997396	9-6371608	0-3628392	9-9625788	95	55	9-6075213	9-6464376	0-3535624	9-9610836	45
6	9-5998969	9-6373477	0-3626523	9-9625492	94	56	9-6076752	9-6466218	0-3533782	9-9610534	44
7	9-6000541	9-6375345	0-3624655	9-9625196	93	57	9-6078291	9-6468059	0-3531941	9-9610232	43
8	9-6002112	9-6377212	0-3622788	9-9624900	92	58	9-6079829	9-6469900	0-3530100	9-9609929	42
9	9-6003683	9-6379079	0-3620921	9-9624604	91	59	9-6081367	9-6471740	0-3528260	9-9609626	41
10	9-6005253	9-6380946	0-3619054	9-9624307	90	60	9-6082904	9-6473580	0-3526420	9-9609324	40
11	9-6006822	9-6382812	0-3617188	9-9624011	89	61	9-6084440	9-6475419	0-3524581	9-9609021	39
12	9-6008391	9-6384677	0-3615323	9-9623714	88	62	9-6085976	9-6477258	0-3522742	9-9608718	38
13	9-6009959	9-6386542	0-3613458	9-9623417	87	63	9-6087511	9-6479096	0-3520904	9-9608414	37
14	9-6011526	9-6388406	0-3611594	9-9623120	86	64	9-6089045	9-6480934	0-3519066	9-9608111	36
15	9-6013093	9-6390270	0-3609730	9-9622823	85	65	9-6090578	9-6482771	0-3517229	9-9607808	35
16	9-6014659	9-6392133	0-3607867	9-9622526	84	66	9-6092111	9-6484607	0-3515393	9-9607504	34
17	9-6016224	9-6393995	0-3606005	9-9622229	83	67	9-6093644	9-6486443	0-3513557	9-9607200	33
18	9-6017789	9-6395858	0-3604142	9-9621931	82	68	9-6095175	9-6488279	0-3511721	9-9606897	32
19	9-6019353	9-6397719	0-3602281	9-9621634	81	69	9-6096706	9-6490114	0-3509886	9-9606593	31
20	9-6020916	9-6399580	0-3600420	9-9621336	80	70	9-6098237	9-6491948	0-3508052	9-9606288	30
21	9-6022479	9-6401440	0-3598560	9-9621038	79	71	9-6099767	9-6493782	0-3506218	9-9605984	29
22	9-6024041	9-6403300	0-3596700	9-9620740	78	72	9-6101296	9-6495616	0-3504384	9-9605680	28
23	9-6025602	9-6405160	0-3594840	9-9620442	77	73	9-6102824	9-6497449	0-3502551	9-9605375	27
24	9-6027163	9-6407019	0-3592981	9-9620144	76	74	9-6104352	9-6499281	0-3500719	9-9605071	26
25	9-6028723	9-6408877	0-3591123	9-9619846	75	75	9-6105879	9-6501113	0-3498887	9-9604766	25
26	9-6030282	9-6410735	0-3589265	9-9619547	74	76	9-6107406	9-6502944	0-3497056	9-9604461	24
27	9-6031841	9-6412592	0-3587408	9-9619249	73	77	9-6108931	9-6504775	0-3495225	9-9604156	23
28	9-6033399	9-6414448	0-3585552	9-9618950	72	78	9-6110457	9-6506605	0-3493395	9 9603851	22
29	9-6034956	9-6416305	0-3583695	9-9618651	71	79	9-6111981	9-6508435	0-3491565	9-9603546	21
30	9-6036512	9-6418160	0-3581840	9-9618352	70	80	9-6113505	9-6510265	0-3489735	9-9603240	20
31	9-6038068	9-6420015	0-3579985	9-9618053	69	81	9-6115029	9-6512094	0-3487906	9-9602935	19
32	9-6039624	9-6421870	0-3578130	9-9617754	68	82	9-6116551	9-6513922	0-3486078	9-9602629	18
33	9-6041178	9-6423724	0-3576276	9-9617455	67	83	9-6118073	9-6515750	0-3484250	9-9602324	17
34	9-6042732	9-6425577	0-3574423	9-9617155	66	84	9-6119595	9-6517577	0-3482423	9-9602018	16
35	9-6044286	9-6427430	0-3572570	9-9616855	65	85	9-6121115	9-6519404	0-3480596	9-9601712	15
36	9-6045838	9-6429282	0-3570718	9-9616556	64	86	9-6122635	9-6521230	0-3478770	9-9601405	14
37	9-6047390	9-6431134	0-3568866	9-9616256	63	87	9-6124155	9-6523056	0-3476944	9-9601099	13
38	9-6048941	9-6432986	0-3567014	9-9615956	62	88	9-6125674	9-6524881	0-3475119	9-9600793	12
39	9-6050492	9-6434836	0-3565164	9-9615656	61	89	9-6127192	9-6526706	0-3473294	9-9600486	11
40	9-6052042	9-6436687	0-3563313	9-9615355	60	90	9-6128709	9-6528530	0-3471470	9-9600180	10
41	9-6053591	9-6438536	0-3561464	9-9615055	59	91	9-6130226	9·6530353	0-3469647	9-9599873	9
42	9-6055140	9-6440385	0-3559615	9-9614755	58	92	9-6131743	9-6532177	0-3467823	9-9599566	8
43	9-6056688	9-6442234	0-3557766	9-9614454	57	93	9-6133258	9-6533999	0-3466001	9-9599259	7
44	9-6058235	9-6444082	0-3555918	9-9614153	56	94	9-6134773	9-6535822	0-3464178	9-9598952	6
45	9-6059782	9-6445930	0-3554070	9-9613852	55	95	9-6136288	9-6537645	0-3462355	9-9598644	5
46	9-6061328	9-6447777	0-3552223	9-9613551	54	96	9-6137801	9-6539464	0-3460536	9-9598337	4
47	9-6062874	9-6449623	0-3550377	9-9613250	53	97	9-6139314	9-6541285	0-3458715	9-9598029	3
48	9-6064418	9-6451469	0-3548531	9-9612949	52	98	9-6140827	9-6543105	0-3456895	9-9597722	2
49	9-6065962	9-6453315	0-3546685	9-9612648	51	99	9-6142339	9·6544925	0-3455075	9-9597414	1
50	9-6067506	9-6455160	0-3544840	9-9612346	50	100	9-6143850	9-6546744	0-3453256	9-9597106	0
Minutes.	COSINUS.	COTANG.	TANGENT.	SINUS.	Minutes.	Minutes.	COSINUS.	COTANG.	TANGENT.	SINUS.	Minutes.

73 GRADES.

Minutes.	SINUS.	TANGENT.	COTANG.	COSINUS.	Minutes.	Minutes.	SINUS.	TANGENT.	COTANG.	COSINUS.	Minutes.
0	9-6143850	9-6546744	0-3453256	9-9397106	100	50	9-6218612	9-6637069	0-3362931	9-9381545	50
1	9-6145361	9-6548563	0-3451437	9-9396798	99	51	9-6220091	9-6638863	0-3361137	9-9381229	49
2	9-6146870	9-6550381	0-3449619	9-9396490	98	52	9-6221570	9-6640656	0-3359344	9-9380914	48
3	9-6148380	9-6552198	0-3447802	9-9396181	97	53	9-6223049	9-6642449	0-3357551	9-9380599	47
4	9-6149888	9-6554016	0-3445984	9-9395873	96	54	9-6224526	9-6644242	0-3355758	9-9380284	46
5	9-6151396	9-6555832	0-3444168	9-9395564	95	55	9-6226003	9-6646034	0-3353966	9-9379969	45
6	9-6152904	9-6557648	0-3442352	9-9395255	94	56	9-6227480	9-6647826	0-3352174	9-9379654	44
7	9-6154411	9-6559464	0-3440536	9-9394947	93	57	9-6228955	9-6649617	0-3350383	9-9379339	43
8	9-6155917	9-6561279	0-3438721	9-9394638	92	58	9-6230431	9-6651407	0-3348593	9-9379023	42
9	9-6157422	9-6563094	0-3436906	9-9394328	91	59	9-6231905	9-6653198	0-3346802	9-9378708	41
10	9-6158927	9-6564908	0-3435092	9-9394019	90	60	9-6233379	9-6654987	0-3345013	9-9378392	40
11	9-6160431	9-6566722	0-3433278	9-9393710	89	61	9-6234853	9-6656776	0-3343224	9-9378076	39
12	9-6161935	9-6568535	0-3431465	9-9393400	88	62	9-6236325	9-6658565	0-3341435	9-9377760	38
13	9-6163438	9-6570347	0-3429653	9-9393091	87	63	9-6237798	9-6660353	0-3339647	9-9377444	37
14	9-6164940	9-6572159	0-3427841	9-9392781	86	64	9-6239269	9-6662141	0-3337859	9-9377128	36
15	9-6166442	9-6573971	0-3426029	9-9392471	85	65	9-6240740	9-6663929	0-3336071	9-9376811	35
16	9-6167943	9-6575782	0-3424218	9-9392161	84	66	9-6242210	9-6665716	0-3334284	9-9376495	34
17	9-6169444	9-6577593	0-3422407	9-9391851	83	67	9-6243680	9-6667502	0-3332498	9-9376178	33
18	9-6170944	9-6579403	0-3420597	9-9391541	82	68	9-6245149	9-6669288	0-3330712	9-9375861	32
19	9-6172443	9-6581213	0-3418787	9-9391230	81	69	9-6246618	9-6671073	0-3328927	9-9375544	31
20	9-6173942	9-6583022	0-3416978	9-9390920	80	70	9-6248086	9-6672858	0-3327142	9-9375227	30
21	9-6175440	9-6584831	0-3415169	9-9390609	79	71	9-6249553	9-6674643	0-3325357	9-9374910	29
22	9-6176937	9-6586639	0-3413361	9-9390298	78	72	9-6251020	9-6676427	0-3323573	9-9374593	28
23	9-6178434	9-6588446	0-3411554	9-9389987	77	73	9-6252486	9-6678211	0-3321789	9-9374275	27
24	9-6179930	9-6590254	0-3409746	9-9389676	76	74	9-6253952	9-6679994	0-3320006	9-9373958	26
25	9-6181425	9-6592060	0-3407940	9-9389365	75	75	9-6255417	9-6681776	0-3318224	9-9373640	25
26	9-6182920	9-6593867	0-3406133	9-9389054	74	76	9-6256881	9-6683558	0-3316442	9-9373322	24
27	9-6184414	9-6595672	0-3404328	9-9388742	73	77	9-6258345	9-6685340	0-3314660	9-9373004	23
28	9-6185908	9-6597477	0-3402523	9-9388431	72	78	9-6259808	9-6687121	0-3312879	9-9372686	22
29	9-6187401	9-6599282	0-3400718	9-9388119	71	79	9-6261270	9-6688902	0-3311098	9-9372368	21
30	9-6188893	9-6601086	0-3398914	9-9387807	70	80	9-6262732	9-6690682	0-3309318	9-9372050	20
31	9-6190385	9-6602890	0-3397110	9-9387495	69	81	9-6264193	9-6692462	0-3307538	9-9371731	19
32	9-6191876	9-6604693	0-3395307	9-9387183	68	82	9-6265654	9-6694241	0-3305759	9-9371413	18
33	9-6193367	9-6606496	0-3393504	9-9386871	67	83	9-6267114	9-6696020	0-3303980	9-9371094	17
34	9-6194857	9-6608298	0-3391702	9-9386559	66	84	9-6268574	9-6697799	0-3302201	9-9370775	16
35	9-6196346	9-6610100	0-3389900	9-9386246	65	85	9-6270033	9-6699576	0-3300424	9-9370456	15
36	9-6197835	9-6611901	0-3388099	9-9385933	64	86	9-6271491	9-6701354	0-3298646	9-9370137	14
37	9-6199323	9-6613702	0-3386298	9-9385621	63	87	9-6272949	9-6703131	0-3296869	9-9369818	13
38	9-6200810	9-6615503	0-3384497	9-9385308	62	88	9-6274406	9-6704907	0-3295093	9-9369499	12
39	9-6202297	9-6617303	0-3382697	9-9384995	61	89	9-6275863	9-6706683	0-3293317	9-9369179	11
40	9-6203784	9-6619102	0-3380898	9-9384682	60	90	9-6277319	9-6708459	0-3291541	9-9368859	10
41	9-6205269	9-6620901	0-3379099	9-9384368	59	91	9-6278774	9-6710234	0-3289766	9-9368540	9
42	9-6206754	9-6622699	0-3377301	9-9384055	58	92	9-6280229	9-6712009	0-3287991	9-9368220	8
43	9-6208239	9-6624497	0-3375503	9-9383742	57	93	9-6281683	9-6713783	0-3286217	9-9367900	7
44	9-6209722	9-6626294	0-3373706	9-9383428	56	94	9-6283136	9-6715557	0-3284443	9-9367579	6
45	9-6211205	9-6628091	0-3371909	9-9383114	55	95	9-6284589	9-6717330	0-3282670	9-9367259	5
46	9-6212688	9-6629888	0-3370112	9-9382800	54	96	9-6286042	9-6719103	0-3280897	9-9366939	4
47	9-6214170	9-6631684	0-3368316	9-9382486	53	97	9-6287494	9-6720875	0-3279125	9-9366618	3
48	9-6215651	9-6633479	0-3366521	9-9382172	52	98	9-6288945	9-6722647	0-3277353	9-9366298	2
49	9-6217132	9-6635274	0-3364726	9-9381858	51	99	9-6290395	9-6724419	0-3275581	9-9365977	1
50	9-6218612	9-6637069	0-3362931	9-9381545	50	100	9-6291845	9-6726190	0-3273810	9-9365656	0
Minutes.	COSINUS.	COTANG.	TANGENT.	SINUS.	Minutes.	Minutes.	COSINUS.	COTANG.	TANGENT.	SINUS.	Minutes.

72 GRADES.

Minutes.	SINUS.	TANGENT.	COTANG.	COSINUS.	Minutes.	Minutes.	SINUS.	TANGENT.	COTANG.	COSINUS.	Minutes.
0	9-6291845	9-6726190	0-3273810	9-9565656	100	50	9-6363601	9-6814160	0-3185840	9-9549441	50
1	9-6293295	9-6727960	0-3272040	9-9565335	99	51	9-6365021	9-6815908	0-3184092	9-9549113	49
2	9-6294744	9-6729730	0-3270270	9-9565013	98	52	9-6366441	9-6817655	0-3182345	9-9548786	48
3	9-6296192	9-6731500	0-3268500	9-9564692	97	53	9-6367860	9-6819402	0-3180598	9-9548458	47
4	9-6297640	9-6733269	0-3266731	9-9564371	96	54	9-6369279	9-6821149	0-3178851	9-9548130	46
5	9-6299087	9-6735037	0-3264963	9-9564049	95	55	9-6370697	9-6822895	0-3177105	9-9547802	45
6	9-6300533	9-6736806	0-3263194	9-9563727	94	56	9-6372114	9-6824641	0-3175359	9-9547473	44
7	9-6301979	9-6738573	0-3261427	9-9563405	93	57	9-6373531	9-6826387	0-3173613	9-9547145	43
8	9-6303424	9-6740341	0-3259659	9-9563083	92	58	9-6374948	9-6828131	0-3171869	9-9546816	42
9	9-6304869	9-6742108	0-3257892	9-9562761	91	59	9-6376364	9-6829876	0-3170124	9-9546488	41
10	9-6306313	9-6743874	0-3256126	9-9562439	90	60	9-6377779	9-6831620	0-3168380	9-9546159	40
11	9-6307757	9-6745640	0-3254360	9-9562117	89	61	9-6379193	9-6833364	0-3166636	9-9545830	39
12	9-6309200	9-6747405	0-3252595	9-9561794	88	62	9-6380608	9-6835107	0-3164893	9-9545501	38
13	9-6310642	9-6749170	0-3250830	9-9561472	87	63	9-6382021	9-6836850	0-3163150	9-9545171	37
14	9-6312084	9-6750935	0-3249065	9-9561149	86	64	9-6383434	9-6838592	0-3161408	9-9544842	36
15	9-6313525	9-6752699	0-3247301	9-9560826	85	65	9-6384846	9-6840334	0-3159666	9-9544513	35
16	9-6314966	9-6754463	0-3245537	9-9560503	84	66	9-6386258	9-6842075	0-3157925	9-9544183	34
17	9-6316406	9-6756226	0-3243774	9-9560180	83	67	9-6387670	9-6843816	0-3156184	9-9543853	33
18	9-6317845	9-6757989	0-3242011	9-9559856	82	68	9-6389080	9-6845557	0-3154443	9-9543523	32
19	9-6319284	9-6759751	0-3240249	9-9559533	81	69	9-6390490	9-6847297	0-3152703	9-9543193	31
20	9-6320722	9-6761513	0-3238487	9-9559209	80	70	9-6391900	9-6849037	0-3150963	9-9542863	30
21	9-6322160	9-6763274	0-3236726	9-9558886	79	71	9-6393309	9-6850776	0-3149224	9-9542533	29
22	9-6323597	9-6765035	0-3234965	9-9558562	78	72	9-6394717	9-6852515	0-3147485	9-9542202	28
23	9-6325033	9-6766796	0-3233204	9-9558238	77	73	9-6396125	9-6854254	0-3145746	9-9541872	27
24	9-6326469	9-6768556	0-3231444	9-9557914	76	74	9-6397533	9-6855992	0-3144008	9-9541541	26
25	9-6327905	9-6770315	0-3229685	9-9557589	75	75	9-6398939	9-6857729	0-3142271	9-9541210	25
26	9-6329340	9-6772074	0-3227926	9-9557265	74	76	9-6400346	9-6859466	0-3140534	9-9540879	24
27	9-6330774	9-6773833	0-3226167	9-9556941	73	77	9-6401751	9-6861203	0-3138797	9-9540548	23
28	9-6332207	9-6775591	0-3224409	9-9556616	72	78	9-6403156	9-6862939	0-3137061	9-9540217	22
29	9-6333640	9-6777349	0-3222651	9-9556291	71	79	9-6404561	9-6864675	0-3135325	9-9539886	21
30	9-6335073	9-6779106	0-3220894	9-9555966	70	80	9-6405965	9-6866411	0-3133589	9-9539554	20
31	9-6336505	9-6780863	0-3219137	9-9555641	69	81	9-6407368	9-6868146	0-3131854	9-9539223	19
32	9-6337936	9-6782620	0-3217380	9-9555316	68	82	9-6408771	9-6869880	0-3130120	9-9538891	18
33	9-6339367	9-6784376	0-3215624	9-9554991	67	83	9-6410173	9-6871614	0-3128386	9-9538559	17
34	9-6340797	9-6786131	0-3213869	9-9554666	66	84	9-6411575	9-6873348	0-3126652	9-9538227	16
35	9-6342226	9-6787886	0-3212114	9-9554340	65	85	9-6412976	9-6875081	0-3124919	9-9537895	15
36	9-6343655	9-6789641	0-3210359	9-9554014	64	86	9-6414377	9-6876814	0-3123186	9-9537563	14
37	9-6345084	9-6791395	0-3208605	9-9553689	63	87	9-6415777	9-6878546	0-3121454	9-9537230	13
38	9-6346512	9-6793149	0-3206851	9-9553363	62	88	9-6417176	9-6880279	0-3119721	9-9536898	12
39	9-6347939	9-6794902	0-3205098	9-9553037	61	89	9-6418575	9-6882010	0-3117990	9-9536565	11
40	9-6349366	9-6796655	0-3203345	9-9552710	60	90	9-6419973	9-6883741	0-3116259	9-9536232	10
41	9-6350792	9-6798408	0-3201592	9-9552384	59	91	9-6421371	9-6885472	0-3114528	9-9535899	9
42	9-6352217	9-6800160	0-3199840	9-9552058	58	92	9-6422768	9-6887202	0-3112798	9-9535566	8
43	9-6353642	9-6801911	0-3198089	9-9551731	57	93	9-6424165	9-6888932	0-3111068	9-9535233	7
44	9-6355067	9-6803662	0-3196338	9-9551404	56	94	9-6425561	9-6890662	0-3109338	9-9534900	6
45	9-6356490	9-6805413	0-3194587	9-9551077	55	95	9-6426957	9-6892391	0-3107609	9-9534566	5
46	9-6357914	9-6807163	0-3192837	9-9550750	54	96	9-6428352	9-6894119	0-3105881	9-9534232	4
47	9-6359336	9-6808913	0-3191087	9-9550423	53	97	9-6429746	9-6895847	0-3104153	9-9533899	3
48	9-6360758	9-6810662	0-3189338	9-9550096	52	98	9-6431140	9-6897575	0-3102425	9-9533565	2
49	9-6362180	9-6812411	0-3187589	9-9549769	51	99	9-6432534	9-6899303	0-3100697	9-9533231	1
50	9-6363601	9-6814160	0-3185840	9-9549441	50	100	9-6433926	9-6901030	0-3098970	9-9532897	0
Minutes.	COSINUS.	COTANG.	TANGENT.	SINUS.	Minutes.	Minutes.	COSINUS.	COTANG.	TANGENT.	SINUS.	Minutes.

71 GRADES.

Minutes.	SINUS.	TANGENT.	COTANG.	COSINUS.	Minutes.	Minutes.	SINUS.	TANGENT.	COTANG.	COSINUS.	Minutes.
0	9-6433926	9-6901030	0-3098970	9-9532897	100	50	9-6502868	9-6986847	0-3013153	9-9516020	50
1	9-6435319	9-6902736	0-3097244	9-9532562	99	51	9-6504233	9-6988553	0-3011447	9-9515679	49
2	9-6436710	9-6904482	0-3095518	9-9532228	98	52	9-6505597	9-6990259	0-3009741	9-9515338	48
3	9-6438101	9-6906208	0-3093792	9-9531894	97	53	9-6506961	9-6991964	0-3008036	9-9514997	47
4	9-6439492	9-6907933	0-3092067	9-9531559	96	54	9-6508324	9-6993669	0-3006331	9-9514656	46
5	9-6440882	9-6909658	0-3090342	9-9531224	95	55	9-6509687	9-6995373	0-3004627	9-9514314	45
6	9-6442271	9-6911382	0-3088618	9-9530889	94	56	9-6511050	9-6997077	0-3002923	9-9513973	44
7	9-6443660	9-6913106	0-3086894	9-9530554	93	57	9-6512411	9-6998780	0-3001220	9-9513631	43
8	9-6445049	9-6914830	0-3085170	9-9530219	92	58	9-6513773	9-7000484	0-2999516	9-9513289	42
9	9-6446437	9-6916553	0-3083447	9-9529884	91	59	9-6515133	9-7002186	0-2997814	9-9512947	41
10	9-6447824	9-6918276	0-3081724	9-9529548	90	60	9-6516493	9-7003889	0-2996111	9-9512605	40
11	9-6449211	9-6919998	0-3080002	9-9529212	89	61	9-6517853	9-7005591	0-2994409	9-9512263	39
12	9-6450597	9-6921720	0-3078280	9-9528877	88	62	9-6519212	9-7007292	0-2992708	9-9511920	38
13	9-6451982	9-6923442	0-3076558	9-9528541	87	63	9-6520571	9-7008993	0-2991007	9-9511578	37
14	9-6453367	9-6925163	0-3074837	9-9528205	86	64	9-6521929	9-7010694	0-2989306	9-9511235	36
15	9-6454752	9-6926883	0-3073117	9-9527869	85	65	9-6523286	9-7012394	0-2987606	9-9510892	35
16	9-6456136	9-6928603	0-3071397	9-9527533	84	66	9-6524643	9-7014094	0-2985906	9-9510549	34
17	9-6457519	9-6930323	0-3069677	9-9527196	83	67	9-6526000	9-7015794	0-2984206	9-9510206	33
18	9-6458902	9-6932043	0-3067957	9-9526860	82	68	9-6527356	9-7017493	0-2982507	9-9509863	32
19	9-6460285	9-6933762	0-3066238	9-9526523	81	69	9-6528711	9-7019192	0-2980808	9-9509519	31
20	9-6461666	9-6935480	0-3064520	9-9526186	80	70	9-6530066	9-7020890	0-2979110	9-9509176	30
21	9-6463048	9-6937198	0-3062802	9-9525849	79	71	9-6531420	9-7022588	0-2977412	9-9508832	29
22	9-6464428	9-6938916	0-3061084	9-9525512	78	72	9-6532774	9-7024286	0-2975714	9-9508489	28
23	9-6465809	9-6940634	0-3059366	9-9525175	77	73	9-6534128	9-7025983	0-2974017	9-9508145	27
24	9-6467188	9-6942350	0-3057650	9-9524838	76	74	9-6535480	9-7027680	0-2972320	9-9507801	26
25	9-6468567	9-6944067	0-3055933	9-9524500	75	75	9-6536833	9-7029376	0-2970624	9-9507457	25
26	9-6469946	9-6945783	0-3054217	9-9524163	74	76	9-6538184	9-7031072	0-2968928	9-9507112	24
27	9-6471324	9-6947499	0-3052501	9-9523825	73	77	9-6539535	9-7032768	0-2967232	9-9506768	23
28	9-6472701	9-6949214	0-3050786	9-9523487	72	78	9-6540886	9-7034463	0-2965537	9-9506423	22
29	9-6474078	9-6950929	0-3049071	9-9523149	71	79	9-6542236	9-7036158	0-2963842	9-9506079	21
30	9-6475454	9-6952643	0-3047357	9-9522811	70	80	9-6543586	9-7037852	0-2962148	9-9505734	20
31	9-6476830	9-6954358	0-3045642	9-9522473	69	81	9-6544935	9-7039546	0-2960454	9-9505389	19
32	9-6478205	9-6956071	0-3043929	9-9522134	68	82	9-6546283	9-7041240	0-2958760	9-9505044	18
33	9-6479580	9-6957784	0-3042216	9-9521796	67	83	9-6547631	9-7042933	0-2957067	9-9504698	17
34	9-6480954	9-6959497	0-3040503	9-9521457	66	84	9-6548979	9-7044626	0-2955374	9-9504353	16
35	9-6482328	9-6961210	0-3038790	9-9521118	65	85	9-6550326	9-7046318	0-2953682	9-9504008	15
36	9-6483701	9-6962922	0-3037078	9-9520779	64	86	9-6551672	9-7048010	0-2951990	9-9503662	14
37	9-6485074	9-6964633	0-3035367	9-9520440	63	87	9-6553018	9-7049702	0-2950298	9-9503316	13
38	9-6486446	9-6966345	0-3033655	9-9520101	62	88	9-6554364	9-7051393	0-2948607	9-9502970	12
39	9-6487817	9-6968055	0-3031945	9-9519762	61	89	9-6555709	9-7053084	0-2946916	9-9502624	11
40	9-6489188	9-6969766	0-3030234	9-9519422	60	90	9-6557053	9-7054775	0-2945225	9-9502278	10
41	9-6490558	9-6971476	0-3028524	9-9519083	59	91	9-6558397	9-7056465	0-2943535	9-9501932	9
42	9-6491928	9-6973185	0-3026815	9-9518743	58	92	9-6559740	9-7058155	0-2941845	9-9501585	8
43	9-6493297	9-6974894	0-3025106	9-9518403	57	93	9-6561083	9-7059844	0-2940156	9-9501239	7
44	9-6494666	9-6976603	0-3023397	9-9518063	56	94	9-6562425	9-7061533	0-2938467	9-9500892	6
45	9-6496034	9-6978312	0-3021688	9-9517723	55	95	9-6563767	9-7063222	0-2936778	9-9500545	5
46	9-6497402	9-6980020	0-3019980	9-9517383	54	96	9-6565108	9-7064910	0-2935090	9-9500198	4
47	9-6498769	9-6981727	0-3018273	9-9517042	53	97	9-6566449	9-7066598	0-2933402	9-9499851	3
48	9-6500136	9-6983434	0-3016566	9-9516702	52	98	9-6567789	9-7068285	0-2931715	9-9499504	2
49	9-6501502	9-6985141	0-3014859	9-9516361	51	99	9-6569129	9-7069972	0-2930028	9-9499156	1
50	9-6502868	9-6986847	0-3013153	9-9516020	50	100	9-6570468	9-7071659	0-2928341	9-9498809	0
Minutes.	COSINUS.	COTANG.	TANGENT.	SINUS.	Minutes.	Minutes.	COSINUS.	COTANG.	TANGENT.	SINUS.	Minutes.

Minutes.	SINUS.	TANGENT.	COTANG.	COSINUS.	Minutes.	Minutes	SINUS.	TANGENT.	COTANG.	COSINUS.	Minutes.
0	9-6570468	9-7071659	0-2928341	9-9498809	100	50	9-6636768	9-7155508	0-2844492	9-9481260	50
1	9-6571806	9-7073345	0-2926655	9-9498461	99	51	9-6638081	9-7157175	0-2842825	9-9480906	49
2	9-6573144	9-7075031	0-2924969	9-9498115	98	52	9 6639395	9-7158842	0-2841158	9-9480551	48
3	9-6574482	9-7076716	0-2923284	9-9497765	97	53	9-6640705	9-7100509	0-2839491	9-9480196	47
4	9-6575819	9-7078402	0-2921598	9-9497417	96	54	9-6642017	9-7162175	0-2837825	9-9479841	46
5	9-6577156	9-7080086	0-2919914	9-9497069	95	55	9-6643328	9-7163841	0-2836159	9-9479487	45
6	9-6578492	9-7081771	0-2918229	9-9496721	94	56	9-6644638	9-7165507	0-2834493	9-9479131	44
7	9-6579827	9-7083455	0-2916545	9-9496372	93	57	9-6645948	9-7167172	0-2832828	9-9478776	43
8	9-6581162	9-7085138	0-2914862	9-9496024	92	58	9-6647258	9-7168837	0-2831163	9-9478421	42
9	9-6582496	9-7086821	0-2913179	9-9495675	91	59	9-6648567	9-7170502	0-2829498	9-9478065	41
10	9-6583830	9-7088504	0-2911496	9-9495326	90	60	9-6649875	9-7172166	0-2827834	9-9477710	40
11	9-6585164	9-7090187	0-2909813	9-9494977	89	61	9-6651183	9-7173830	0-2826170	9-9477354	39
12	9-6586497	9-7091869	0-2908131	9-9494628	88	62	9-6652491	9-7175493	0-2824507	9-9476998	38
13	9-6587829	9-7093550	0-2906450	9-9494279	87	63	9-6653798	9-7177156	0-2822844	9-9476642	37
14	9-6589161	9-7095232	0-2904768	9-9493929	86	64	9-6655104	9-7178819	0-2821181	9-9476286	36
15	9-6590492	9-7096913	0-2903087	9-9493580	85	65	9-6656410	9-7180481	0-2819519	9-9475929	35
16	9-6591823	9-7098593	0-2901407	9-9493230	84	66	9-6657716	9-7182143	0-2817857	9-9475573	34
17	9-6593154	9-7100273	0-2899727	9-9492880	83	67	9-6659021	9-7183805	0-2816195	9-9475216	33
18	9-6594485	9-7101953	0-2898047	9-9492530	82	68	9-6660325	9-7185466	0-2814534	9-9474859	32
19	9-6595815	9-7103632	0-2896368	9-9492180	81	69	9-6661629	9-7187127	0-2812873	9-9474502	31
20	9-6597141	9-7105311	0-2894689	9-9491830	80	70	9-6662933	9-7188787	0-2811213	9-9474145	30
21	9-6598470	9-7106990	0-2893010	9-9491480	79	71	9-6664236	9-7190447	0-2809553	9-9473788	29
22	9-6599798	9-7108668	0-2891332	9-9491129	78	72	9-6665538	9-7192107	0-2807893	9-9473431	28
23	9-6601125	9-7110346	0-2889654	9-9490779	77	73	9-6666840	9-7193767	0-2806233	9-9473074	27
24	9-6602452	9-7112024	0-2887976	9-9490428	76	74	9-6668142	9-7195426	0-2804574	9-9472716	26
25	9-6603778	9-7113701	0-2886299	9-9490077	75	75	9-6669443	9-7197084	0-2802916	9-9472358	25
26	9-6605103	9-7115378	0-2884622	9-9489726	74	76	9-6670743	9-7198743	0-2801257	9-9472000	24
27	9-6606429	9-7117054	0-2882946	9-9489375	73	77	9-6672043	9-7200401	0-2799599	9-9471642	23
28	9-6607753	9-7118730	0-2881270	9-9489023	72	78	9-6673343	9-7202058	0-2797942	9-9471284	22
29	9-6609078	9-7120406	0-2879594	9-9488672	71	79	9-6674642	9-7203716	0-2796284	9-9470926	21
30	9-6610401	9-7122081	0-2877919	9-9488320	70	80	9-6675940	9-7205373	0-2794627	9-9470568	20
31	9-6611724	9-7123756	0-2876244	9-9487969	69	81	9-6677238	9-7207029	0-2792971	9-9470209	19
32	9-6613047	9-7125430	0-2874570	9-9487617	68	82	9-6678536	9-7208685	0-2791315	9-9469850	18
33	9-6614369	9-7127104	0-2872896	9-9487265	67	83	9-6679833	9-7210341	0-2789659	9-9469492	17
34	9-6615691	9-7128778	0-2871222	9-9486915	66	84	9-6681129	9-7211997	0-2788003	9-9469133	16
35	9-6617012	9-7130452	0-2869548	9-9486560	65	85	9-6682426	9-7213652	0-2786348	9-9468774	15
36	9-6618333	9-7132125	0-2867875	9-9486208	64	86	9-6683721	9-7215307	0-2784693	9-9468414	14
37	9-6619653	9-7133797	0-2866203	9-9485853	63	87	9-6685016	9-7216961	0-2783039	9-9468055	13
38	9-6620972	9-7135470	0-2864530	9-9485503	62	88	9-6686311	9-7218615	0-2781385	9-9467696	12
39	9-6622291	9-7137141	0-2862859	9-9485150	61	89	9-6687605	9-7220269	0-2779731	9-9467336	11
40	9-6623610	9-7138813	0-2861187	9-9484797	60	90	9-6688893	9-7221922	0-2778078	9-9466976	10
41	9-6624928	9-7140484	0-2859516	9-9484444	59	91	9 6690191	9-7223575	0-2776425	9-9466616	9
42	9-6626246	9-7142155	0-2857845	9-9484091	58	92	9-6691484	9-7225228	0-2774772	9-9466256	8
43	9-6627563	9-7143825	0-2856175	9-9483737	57	93	9-6692776	9-7226880	0-2773120	9-9465896	7
44	9-6628879	9-7145495	0-2854505	9-9483384	56	94	9-6694068	9-7228532	0-2771468	9-9465536	6
45	9-6630195	9-7147165	0-2852835	9-9483030	55	95	9-6695359	9-7230183	0-2769817	9-9465175	5
46	9-6631511	9-7148834	0-2851166	9-9482676	54	96	9-6696650	9-7231833	0-2768165	9-9464815	4
47	9-6632826	9-7150503	0-2849497	9-9482323	53	97	9-6697940	9-7233486	0-2766514	9-9464454	3
48	9-6634140	9-7152172	0-2847828	9-9481969	52	98	9-6699229	9-7235136	0-2764864	9-9464093	2
49	9-6635454	9-7153840	0-2846160	9-9481614	51	99	9-6700519	9-7236786	0-2763214	9-9463732	1
50	9-6636768	9-7155508	0-2844492	9-9481260	50	100	9-6701807	9-7238436	0-2761564	9-9463371	0
Minutes.	COSINUS.	COTANG.	TANGENT.	SINUS.	Minutes.	Minutes.	COSINUS.	COTANG.	TANGENT.	SINUS.	Minutes.

Minutes.	SINUS.	TANGENT.	COTANG.	COSINUS.	Minutes.	Minutes.	SINUS.	TANGENT.	COTANG.	COSINUS.	Minutes.
0	9-6701807	9-7238436	0-2761564	9-9463371	100	50	9-6765623	9-7320484	0-2679516	9-9445139	50
1	9-6703093	9-7240083	0-2759915	9-9463010	99	51	9-6766887	9-7322116	0-2677884	9-9444771	49
2	9-6704383	9-7241733	0-2758263	9-9462648	98	52	9-6768151	9-7323748	0-2676252	9-9444403	48
3	9-6705670	9-7243383	0-2756617	9-9462287	97	53	9-6769414	9-7325379	0-2674621	9-9444034	47
4	9-6706957	9-7245032	0-2754968	9-9461925	96	54	9-6770676	9-7327011	0-2672989	9-9443666	46
5	9-6708243	9-7246680	0-2753320	9-9461563	95	55	9-6771938	9-7328641	0-2671359	9-9443297	45
6	9-6709529	9-7248327	0-2751673	9-9461201	94	56	9-6773200	9-7330292	0-2669728	9-9442928	44
7	9-6710814	9-7249975	0-2750025	9-9460839	93	57	9-6774461	9-7331902	0-2668098	9-9442559	43
8	9-6712099	9-7251622	0-2748378	9-9460477	92	58	9-6775722	9-7333532	0-2666468	9-9442190	42
9	9-6713383	9-7253268	0-2746732	9-9460115	91	59	9-6776983	9-7335161	0-2664839	9-9441821	41
10	9-6714667	9-7254915	0-2745085	9-9459752	90	60	9-6778242	9-7336791	0-2663209	9-9441451	40
11	9-6715950	9-7256561	0-2743439	9-9459390	89	61	9-6779502	9-7338420	0-2661580	9-9441082	39
12	9-6717233	9-7258206	0-2741794	9-9459027	88	62	9-6780761	9-7340048	0-2659952	9-9440712	38
13	9-6718516	9-7259852	0-2740148	9-9458664	87	63	9-6782019	9-7341677	0-2658323	9-9440342	37
14	9-6719797	9-7261496	0-2738504	9-9458301	86	64	9-6783277	9-7343305	0-2656695	9-9439972	36
15	9-6721079	9-7263141	0-2736859	9-9457938	85	65	9-6784534	9-7344932	0-2655068	9-9439602	35
16	9-6722360	9-7264785	0-2735215	9-9457574	84	66	9-6785791	9-7346559	0-2653441	9-9439232	34
17	9-6723640	9-7266429	0-2733571	9-9457211	83	67	9-6787048	9-7348186	0-2651814	9-9438862	33
18	9-6724920	9-7268073	0-2731927	9-9456847	82	68	9-6788304	9-7349813	0-2650187	9-9438491	32
19	9-6726199	9-7269716	0-2730284	9-9456483	81	69	9-6789559	9-7351439	0-2648561	9-9438120	31
20	9-6727478	9-7271359	0-2728641	9-9456120	80	70	9-6790815	9-7353065	0-2646935	9-9437750	30
21	9-6728757	9-7273001	0-2726999	9-9455756	79	71	9-6792069	9-7354690	0-2645310	9-9437379	29
22	9-6730035	9-7274643	0-2725357	9-9455391	78	72	9-6793323	9-7356316	0-2643684	9-9437008	28
23	9-6731312	9-7276285	0-2723715	9-9455027	77	73	9-6794577	9-7357941	0-2642059	9-9436636	27
24	9-6732589	9-7277926	0-2722074	9-9454663	76	74	9-6795830	9-7359565	0-2640435	9-9436265	26
25	9-6733866	9-7279568	0-2720432	9-9454298	75	75	9-6797083	9-7361189	0-2638811	9-9435894	25
26	9-6735142	9-7281208	0-2718792	9-9453933	74	76	9-6798335	9-7362813	0-2637187	9-9435522	24
27	9-6736417	9-7282849	0-2717151	9-9453569	73	77	9-6799587	9-7364437	0-2615563	9-9435150	23
28	9-6737692	9-7284489	0-2715511	9-9453204	72	78	9-6800838	9-7366060	0-2633940	9-9434778	22
29	9-6738967	9-7286129	0-2713871	9-9452838	71	79	9-6802089	9-7367683	0-2632317	9-9434406	21
30	9-6740241	9-7287768	0-2712232	9-9452473	70	80	9-6803340	9-7369306	0-2630694	9-9434034	20
31	9-6741515	9-7289407	0-2710593	9-9452108	69	81	9-6804590	9-7370928	0-2629072	9-9433662	19
32	9-6742788	9-7291046	0-2708954	9-9451742	68	82	9-6805839	9-7372550	0-2627450	9-9433289	18
33	9-6744061	9-7292684	0-2707316	9-9451377	67	83	9-6807088	9-7374171	0-2625829	9-9432917	17
34	9-6745333	9-7294322	0-2705678	9-9451011	66	84	9-6808337	9-7375793	0-2624207	9-9432544	16
35	9-6746604	9-7295960	0-2704040	9-9450645	65	85	9-6809585	9-7377414	0-2622586	9-9432171	15
36	9-6747876	9-7297597	0-2702403	9-9450279	64	86	9-6810832	9-7379034	0-2620966	9-9431798	14
37	9-6749147	9-7299234	0-2700766	9-9449913	63	87	9-6812080	9-7380655	0-2619345	9-9431425	13
38	9-6750417	9-7300870	0-2699130	9-9449546	62	88	9-6813326	9-7382275	0-2617725	9-9431052	12
39	9-6751687	9-7302507	0-2697493	9-9449180	61	89	9-6814573	9-7383894	0-2616106	9-9430678	11
40	9-6752956	9-7304143	0-2695857	9-9448813	60	90	9-6815818	9-7385514	0-2614486	9-9430305	10
41	9-6754225	9-7305778	0-2694222	9-9448446	59	91	9-6817064	9-7387133	0-2612867	9-9429931	9
42	9-6755493	9-7307414	0-2692586	9-9448079	58	92	9-6818308	9-7388751	0-2611249	9-9429557	8
43	9-6756761	9-7309049	0-2690951	9-9447712	57	93	9-6819553	9-7390370	0-2609630	9-9429183	7
44	9-6758028	9-7310683	0-2689317	9-9447345	56	94	9-6820797	9-7391988	0-2608012	9-9428809	6
45	9-6759295	9-7312317	0-2687683	9-9446978	55	95	9-6822040	9-7393605	0-2606395	9-9428435	5
46	9-6760562	9-7313951	0-2686049	9-9446610	54	96	9-6823283	9-7395223	0-2604777	9-9428060	4
47	9-6761828	9-7315585	0-2684415	9-9446243	53	97	9-6824526	9-7396840	0-2603160	9-9427686	3
48	9-6763093	9-7317218	0-2682782	9-9445875	52	98	9-6825768	9-7398457	0-2601543	9-9427311	2
49	9-6764358	9-7318851	0-2681149	9-9445507	51	99	9-6827009	9-7400073	0-2599927	9-9426936	1
50	9-6765623	9-7320484	0-2679516	9-9445139	50	100	9-6828250	9-7401689	0-2598311	9-9426561	0
Minutes.	COSINUS.	COTANG.	TANGENT.	SINUS.	Minutes.	Minutes.	COSINUS.	COTANG.	TANGENT.	SINUS.	Minutes.

68 GRADES.

Minutes.	SINUS.	TANGENT.	COTANG.	COSINUS.	Minutes.	Minutes.	SINUS.	TANGENT.	COTANG.	COSINUS.	Minutes.
0	9-6828250	9-7401689	0-2598311	9-9426361	100	50	9-6889725	9-7482089	0-2517911	9-9407634	50
1	9-6829491	9-7403305	0-2596695	9-9426186	99	51	9-6890941	9-7483689	0-2516311	9-9407252	49
2	9-6830731	9-7404920	0-2595080	9-9425811	98	52	9-6892159	9-7485289	0-2514711	9-9406870	48
3	9-6831971	9-7406535	0-2593465	9-9425435	97	53	9-6893376	9-7486888	0-2513112	9-9406488	47
4	9-6833210	9-7408150	0-2591850	9-9425060	96	54	9-6894592	9-7488487	0-2511513	9-9406105	46
5	9-6834449	9-7409765	0-2590235	9-9424684	95	55	9-6895808	9-7490086	0-2509914	9-9405723	45
6	9-6835687	9-7411379	0-2588621	9-9424309	94	56	9-6897024	9-7491684	0-2508316	9-9405340	44
7	9-6836925	9-7412993	0-2587007	9-9423933	93	57	9-6898239	9-7493283	0-2506717	9-9404957	43
8	9-6838163	9-7414606	0-2585394	9-9423556	92	58	9-6899454	9-7494880	0-2505120	9-9404574	42
9	9-6839400	9-7416219	0-2583781	9-9423180	91	59	9-6900668	9-7496478	0-2503522	9-9404190	41
10	9-6840636	9-7417832	0-2582168	9-9422804	90	60	9-6901882	9-7498075	0-2501925	9-9403807	40
11	9-6841872	9-7419445	0-2580555	9-9422427	89	61	9-690 096	9-7499672	0-2500328	9-9403423	39
12	9-6843108	9-7421057	0-2578943	9-9422051	88	62	9-6904309	9-7501269	0-2498731	9-9403040	38
13	9-6844343	9-7422669	0-2577331	9-9421674	87	63	9-6905521	9-7502865	0-2497135	9-9402656	37
14	9-6845578	9-7424281	0-2575719	9-9421297	86	64	9-6906733	9-7504461	0-2495539	9-9402272	36
15	9-6846812	9-7425892	0-2574108	9-9420920	85	65	9-6907945	9-7506057	0-2493943	9-9401888	35
16	9-6848046	9-7427503	0-2572497	9-9420543	84	66	9-6909156	9-7507653	0-2492347	9-9401504	34
17	9-6849279	9-7429114	0-2570886	9-9420165	83	67	9-6910367	9-7509248	0-2490752	9-9401119	33
18	9-6850512	9-7430724	0-2569276	9-9419788	82	68	9-6911577	9-7510843	0-2489157	9-9400735	32
19	9-6851744	9-7432334	0-2567666	9-9419410	81	69	9-6912787	9-7512437	0-2487563	9-9400350	31
20	9-6852976	9-7433944	0-2566056	9-9419033	80	70	9-6913997	9-7514031	0-2485969	9-9399965	30
21	9-6854208	9-7435553	0-2564447	9-9418655	79	71	9-6915206	9-7515625	0-2484375	9-9399580	29
22	9-6855439	9-7437162	0-2562838	9-9418277	78	72	9-6916414	9-7517219	0-2482781	9-9399195	28
23	9-6856669	9-7438771	0-2561229	9-9417898	77	73	9-6917622	9-7518812	0-2481188	9-9398810	27
24	9-6857899	9-7440380	0-2559620	9-9417520	76	74	9-6918830	9-7520405	0-2479595	9-9398425	26
25	9-6859129	9-7441988	0-2558012	9-9417142	75	75	9-6920037	9-7521998	0-2478002	9-9398039	25
26	9-6860358	9-7443596	0-2556404	9-9416763	74	76	9-6921244	9-7523590	0-2476410	9-9397654	24
27	9-6861587	9-7445203	0-2554797	9-9416384	73	77	9-6922450	9-7525182	0-2474818	9-9397268	23
28	9-6862815	9-7446810	0-2553190	9-9416006	72	78	9-6923656	9-7526774	0-2473226	9-9396882	22
29	9-6864043	9-7448417	0-2551583	9-9415626	71	79	9-6924862	9-7528366	0-2471634	9-9396496	21
30	9-6865271	9-7450023	0-2549977	9-9415247	70	80	9-6926067	9-7529957	0-2470043	9-9396110	20
31	9-6866498	9-7451630	0-2548370	9-9414868	69	81	9-6927271	9-7531548	0-2468452	9-9395723	19
32	9-6867724	9-7453236	0-2546764	9-9414488	68	82	9-6928475	9-7533138	0-2466862	9-9395337	18
33	9-6868950	9-7454841	0-2545159	9-9414109	67	83	9-6929679	9-7534729	0-2465271	9-9394950	17
34	9-6870176	9-7456446	0-2543554	9-9413729	66	84	9-6930882	9-7536319	0-2463681	9-9394563	16
35	9-6871401	9-7458051	0-2541949	9-9413349	65	85	9-6932085	9-7537908	0-2462092	9-9394177	15
36	9-6872625	9-7459656	0-2540344	9-9412969	64	86	9-6933287	9-7539498	0-2460502	9-9393789	14
37	9-6873850	9-7461260	0-2538740	9-9412589	63	87	9-6934489	9-7541087	0-2458913	9-9393402	13
38	9-6875073	9-7462865	0-2537135	9-9412209	62	88	9-6935691	9-7542676	0-2457324	9-9393015	12
39	9-6876297	9-7464468	0-2535532	9-9411828	61	89	9-6936892	9-7544264	0-2455736	9-9392627	11
40	9-6877520	9-7466072	0-2533928	9-9411448	60	90	9-6938092	9-7545853	0-2454147	9-9392240	10
41	9-6878742	9-7467675	0-2532325	9-9411067	59	91	9-6939293	9-7547440	0-2452560	9-9391852	9
42	9-6879964	9-7469278	0-2530722	9-9410686	58	92	9-6940492	9-7549028	0-2450972	9-9391464	8
43	9-6881185	9-7470880	0-2529120	9-9410305	57	93	9-6941692	9-7550615	0-2449385	9-9391076	7
44	9-6882407	9-7472482	0-2527518	9-9409924	56	94	9-6942890	9-7552202	0-2447798	9-9390688	6
45	9-6883627	9-7474084	0-2525916	9-9409543	55	95	9-6944089	9-7553789	0-2446211	9-9390300	5
46	9-6884847	9-7475686	0-2524314	9-9409162	54	96	9-6945287	9-7555376	0-2444624	9-9389911	4
47	9-6886067	9-7477287	0-2522713	9-9408780	53	97	9-6946484	9-7556962	0-2443038	9-9389523	3
48	9-6887286	9-7478888	0-2521112	9-9408398	52	98	9-6947681	9-7558548	0-2441452	9-9389134	2
49	9-6888505	9-7480489	0-2519511	9-9408016	51	99	9-6948878	9-7560133	0-2439867	9-9388745	1
50	9-6889725	9-7482089	0-2517911	9-9407634	50	100	9-6950074	9-7561718	0-2438282	9-9388356	0
Minutes.	COSINUS.	COTANG.	TANGENT.	SINUS.	Minutes.	Minutes.	COSINUS.	COTANG.	TANGENT.	SINUS.	Minutes.

Minutes.	SINUS.	TANGENT.	COTANG.	COSINUS.	Minutes.
0	9-6950074	9-7561718	0-2438282	9-9388356	100
1	9-6951270	9-7563303	0-2436697	9-9387967	99
2	9-6952465	9-7564888	0-2435112	9-9387577	98
3	9-6953660	9-7566472	0-2433528	9-9387188	97
4	9-6954855	9-7568057	0-2431943	9-9386798	96
5	9-6956049	9-7569640	0-2430360	9-9386408	95
6	9-6957242	9-7571224	0-2428776	9-9386019	94
7	9-6958436	9-7572807	0-2427193	9-9385629	93
8	9-6959628	9-7574390	0-2425610	9-9385238	92
9	9-6960821	9-7575973	0-2424027	9-9384848	91
10	9-6962013	9-7577555	0-2422445	9-9384458	90
11	9-6963204	9-7579137	0-2420863	9-9384067	89
12	9-6964395	9-7580719	0-2419281	9-9383676	88
13	9-6965586	9-7582300	0-2417700	9-9383285	87
14	9-6966776	9-7583881	0-2416119	9-9382894	86
15	9-6967965	9-7585462	0-2414538	9-9382503	85
16	9-6969155	9-7587043	0-2412957	9-9382112	84
17	9-6970343	9-7588623	0-2411377	9-9381720	83
18	9-6971532	9-7590203	0-2409797	9-9381329	82
19	9-6972720	9-7591783	0-2408217	9-9380937	81
20	9-6973907	9-7593362	0-2406638	9-9380545	80
21	9-6975094	9-7594941	0-2405059	9-9380153	79
22	9-6976281	9-7596520	0-2403480	9-9379761	78
23	9-6977467	9-7598099	0-2401901	9-9379369	77
24	9-6978653	9-7599677	0-2400323	9-9378976	76
25	9-6979839	9-7601255	0-2398745	9-9378584	75
26	9-6981024	9-7602833	0-2397167	9-9378191	74
27	9-6982208	9-7604410	0-2395590	9-9377798	73
28	9-6983392	9-7605987	0-2394013	9-9377405	72
29	9-6984576	9-7607564	0-2392436	9-9377012	71
30	9-6985759	9-7609141	0-2390859	9-9376618	70
31	9-6986942	9-7610717	0-2389283	9-9376225	69
32	9-6988124	9-7612293	0-2387707	9-9375831	68
33	9-6989306	9-7613869	0-2386131	9-9375438	67
34	9-6990488	9-7615444	0-2384556	9-9375044	66
35	9-6991669	9-7617019	0-2382981	9-9374650	65
36	9-6992850	9-7618594	0-2381406	9-9374255	64
37	9-6994030	9-7620168	0-2379832	9-9373861	63
38	9-6995209	9-7621743	0-2378257	9-9373467	62
39	9-6996389	9-7623317	0-2376683	9-9373072	61
40	9-6997568	9-7624890	0-2375110	9-9372677	60
41	9-6998746	9-7626464	0-2373536	9-9372283	59
42	9-6999924	9-7628037	0-2371963	9-9371887	58
43	9-7001102	9-7629610	0-2370390	9-9371492	57
44	9-7002279	9-7631182	0-2368818	9-9371097	56
45	9-7003456	9-7632754	0-2367246	9-9370702	55
46	9-7004632	9-7634326	0-2365674	9-9370306	54
47	9-7005808	9-7635898	0-2364102	9-9369910	53
48	9-7006984	9-7637470	0-2362530	9-9369514	52
49	9-7008159	9-7639041	0-2360959	9-9369118	51
50	9-7009334	9-7640612	0-2359388	9-9368722	50
Minutes.	COSINUS.	COTANG.	TANGENT.	SINUS.	Minutes.

Minutes.	SINUS.	TANGENT.	COTANG.	COSINUS.	Minutes.
50	9-7009334	9-7640612	0-2359388	9-9368722	50
51	9-7010508	9-7642182	0-2357818	9-9368326	49
52	9-7011682	9-7643752	0-2356248	9-9367929	48
53	9-7012855	9-7645322	0-2354678	9-9367533	47
54	9-7014028	9-7646892	0-2353108	9-9367136	46
55	9-7015201	9-7648462	0-2351538	9-9366739	45
56	9-7016373	9-7650031	0-2349969	9-9366342	44
57	9-7017545	9-7651600	0-2348400	9-9365945	43
58	9-7018716	9-7653168	0-2346832	9-9365548	42
59	9-7019887	9-7654737	0-2345263	9-9365150	41
60	9-7021057	9-7656305	0-2343695	9-9364752	40
61	9-7022227	9-7657873	0-2342127	9-9364355	39
62	9-7023397	9-7659440	0-2340560	9-9363957	38
63	9-7024566	9-7661007	0-2338993	9-9363559	37
64	9-7025735	9-7662574	0-2337426	9-9363161	36
65	9-7026903	9-7664141	0-2335859	9-9362762	35
66	9-7028071	9-7665707	0-2334293	9-9362364	34
67	9-7029239	9-7667273	0-2332727	9-9361965	33
68	9-7030406	9-7668839	0-2331161	9-9361566	32
69	9-7031572	9-7670405	0-2329595	9-9361168	31
70	9-7032739	9-7671970	0-2328030	9-9360768	30
71	9-7033904	9-7673535	0-2326465	9-9360369	29
72	9-7035070	9-7675100	0-2324900	9-9359970	28
73	9-7036235	9-7676664	0-2323336	9-9359570	27
74	9-7037399	9-7678228	0-2321772	9-9359171	26
75	9-7038563	9-7679792	0-2320208	9-9358771	25
76	9-7039727	9-7681356	0-2318644	9-9358371	24
77	9-7040890	9-7682919	0-2317081	9-9357971	23
78	9-7042053	9-7684482	0-2315518	9-9357571	22
79	9-7043216	9-7686045	0-2313955	9-9357171	21
80	9-7044378	9-7687608	0-2312392	9-9356770	20
81	9-7045539	9-7689170	0-2310830	9-9356369	19
82	9-7046701	9-7690732	0-2309268	9-9355969	18
83	9-7047861	9-7692294	0-2307706	9-9355568	17
84	9-7049022	9-7693855	0-2306145	9-9355167	16
85	9-7050182	9-7695416	0-2304584	9-9354766	15
86	9-7051341	9-7696977	0-2303023	9-9354364	14
87	9-7052500	9-7698538	0-2301462	9-9353963	13
88	9-7053659	9-7700098	0-2299902	9-9353561	12
89	9-7054817	9-7701658	0-2298342	9-9353159	11
90	9-7055975	9-7703218	0-2296782	9-9352757	10
91	9-7057133	9-7704777	0-2295223	9-9352355	9
92	9-7058290	9-7706337	0-2293663	9-9351953	8
93	9-7059446	9-7707896	0-2292104	9-9351551	7
94	9-7060603	9-7709454	0-2290546	9-9351148	6
95	9-7061758	9-7711013	0-2288947	9-9350746	5
96	9-7062914	9-7712571	0-2287429	9-9350343	4
97	9-7064069	9-7714129	0-2285871	9-9349940	3
98	9-7065225	9-7715687	0-2284313	9-9349537	2
99	9-7066377	9-7717244	0-2282756	9-9349134	1
100	9-7067531	9-7718801	0-2281199	9-9348730	0
Minutes.	COSINUS.	ÇOTANG.	TANGENT.	SINUS.	Minutes.

66 GRADES.

Minutes.	SINUS.	TANGENT.	COTANG.	COSINUS.	Minutes.	Minutes.	SINUS.	TANGENT.	COTANG.	COSINUS.	Minutes.
0	9-7067531	9-7718801	0-2281199	9-9348730	100	50	9-7124695	9-7796318	0-2203682	9-9328376	50
1	9-7068684	9-7720358	0-2279642	9-9348327	99	51	9-7125828	9-7797862	0-2202138	9-9327966	49
2	9-7069837	9-7721914	0-2278086	9-9347923	98	52	9-7126960	9-7799405	0-2200595	9-9327555	48
3	9-7070990	9-7723471	0-2276529	9-9347519	97	53	9-7128092	9-7800948	0-2199052	9-9327144	47
4	9-7072142	9-7725027	0-2274973	9-9347115	96	54	9-7129224	9-7802491	0-2197509	9-9326732	46
5	9-7073294	9-7726583	0-2273417	9-9346711	95	55	9-7130355	9-7804034	0-2195966	9-9326321	45
6	9-7074445	9-7728138	0-2271862	9-9346307	94	56	9-7131486	9-7805576	0-2194424	9-9325910	44
7	9-7075596	9-7729693	0-2270307	9-9345902	93	57	9-7132617	9-7807119	0-2192881	9-9325498	43
8	9-7076746	9-7731248	0-2268752	9-9345498	92	58	9-7133747	9-7808661	0-2191339	9-9325086	42
9	9-7077896	9-7732803	0-2267197	9-9345093	91	59	9-7134876	9-7810202	0-2189798	9-9324674	41
10	9-7079046	9-7734357	0-2265643	9-9344688	90	60	9-7136006	9-7811744	0-2188256	9-9324262	40
11	9-7080195	9-7735911	0-2264089	9-9344283	89	61	9-7137135	9-7813285	0-2186715	9-9323850	39
12	9-7081344	9-7737465	0-2262535	9-9343878	88	62	9-7138263	9-7814826	0-2185174	9-9323437	38
13	9-7082492	9-7739019	0-2260981	9-9343473	87	63	9-7139391	9-7816366	0-2183634	9-9323025	37
14	9-7083640	9-7740572	0-2259428	9-9343067	86	64	9-7140519	9-7817907	0-2182093	9-9322612	36
15	9-7084788	9-7742125	0-2257875	9-9342662	85	65	9-7141646	9-7819447	0-2180553	9-9322199	35
16	9-7085935	9-7743678	0-2256322	9-9342256	84	66	9-7142773	9-7820987	0-2179013	9-9321786	34
17	9-7087081	9-7745231	0-2254769	9-9341851	83	67	9-7143899	9-7822526	0-2177474	9-9321373	33
18	9-7088228	9-7746783	0-2253217	9-9341445	82	68	9-7145026	9-7824066	0-2175934	9-9320960	32
19	9-7089374	9-7748335	0-2251665	9-9341038	81	69	9-7146151	9-7825605	0-2174395	9-9320547	31
20	9-7090519	9-7749887	0-2250113	9-9340632	80	70	9-7147277	9-7827144	0-2172856	9-9320133	30
21	9-7091664	9-7751438	0-2248562	9-9340226	79	71	9-7148401	9-7828682	0-2171318	9-9319719	29
22	9-7092809	9-7752990	0-2247010	9-9339819	78	72	9-7149526	9-7830220	0-2169780	9-9319305	28
23	9-7093953	9-7754541	0-2245459	9-9339413	77	73	9-7150650	9-7831759	0-2168241	9-9318891	27
24	9-7095097	9-7756091	0-2243909	9-9339006	76	74	9-7151774	9-7833296	0-2166704	9-9318477	26
25	9-7096240	9-7757642	0-2242358	9-9338599	75	75	9-7152897	9-7834834	0-2165166	9-9318063	25
26	9-7097384	9-7759192	0-2240808	9-9338192	74	76	9-7154020	9-7836371	0-2163629	9-9317649	24
27	9-7098526	9-7760742	0-2239258	9-9337784	73	77	9-7155143	9-7837909	0-2162091	9-9317234	23
28	9-7099668	9-7762291	0-2237709	9-9337377	72	78	9-7156265	9-7839445	0-2160555	9-9316819	22
29	9-7100810	9-7763841	0-2236159	9-9336969	71	79	9-7157386	9-7840982	0-2159018	9-9316404	21
30	9-7101952	9-7765390	0-2234610	9-9336562	70	80	9-7158508	9-7842518	0-2157482	9-9315989	20
31	9-7103093	9-7766939	0-2233061	9-9336154	69	81	9-7159629	9-7844054	0-2155946	9-9315574	19
32	9-7104233	9-7768487	0-2231513	9-9335746	68	82	9-7160749	9-7845590	0-2154410	9-9315159	18
33	9-7105373	9-7770036	0-2229964	9-9335337	67	83	9-7161869	9-7847126	0-2152874	9-9314743	17
34	9-7106513	9-7771584	0-2228416	9-9334929	66	84	9-7162989	9-7848661	0-2151339	9-9314328	16
35	9-7107653	9-7773132	0-2226868	9-9334521	65	85	9-7164108	9-7850196	0-2149804	9-9313912	15
36	9-7108792	9-7774679	0-2225321	9-9334112	64	86	9-7165227	9-7851731	0-2148269	9-9313496	14
37	9-7109930	9-7776227	0-2223773	9-9333703	63	87	9-7166346	9-7853266	0-2146734	9-9313080	13
38	9-7111068	9-7777774	0-2222226	9-9333295	62	88	9-7167464	9-7854800	0-2145200	9-9312664	12
39	9-7112206	9-7779321	0-2220679	9-9332885	61	89	9-7168582	9-7856334	0-2143666	9-9312247	11
40	9-7113343	9-7780867	0-2219133	9-9332476	60	90	9-7169699	9-7857868	0-2142132	9-9311831	10
41	9-7114480	9-7782413	0-2217587	9-9332067	59	91	9-7170816	9-7859402	0-2140598	9-9311414	9
42	9-7115617	9-7783959	0-2216041	9-9331658	58	92	9-7171933	9-7860935	0-2139065	9-9310998	8
43	9-7116753	9-7785505	0-2214495	9-9331248	57	93	9-7173049	9-7862468	0-2137532	9-9310581	7
44	9-7117889	9-7787051	0-2212949	9-9330838	56	94	9-7174165	9-7864001	0-2135999	9-9310163	6
45	9-7119024	9-7788596	0-2211404	9-9330428	55	95	9-7175280	9-7865534	0-2134466	9-9309746	5
46	9-7120159	9-7790141	0-2209859	9-9330018	54	96	9-7176395	9-7867066	0-2132934	9-9309329	4
47	9-7121294	9-7791686	0-2208314	9-9329608	53	97	9-7177510	9-7868598	0-2131402	9-9308911	3
48	9-7122428	9-7793230	0-2206770	9-9329198	52	98	9-7178624	9-7870130	0-2129870	9-9308494	2
49	9-7123561	9-7794774	0-2205226	9-9328787	51	99	9-7179738	9-7871662	0-2128338	9-9308076	1
50	9-7124695	9-7796318	0-2203682	9-9328376	50	100	9-7180851	9-7873193	0-2126807	9-9307658	0
Minutes.	COSINUS.	COTANG.	TANGENT.	SINUS.	Minutes.	Minutes.	COSINUS.	COTANG.	TANGENT.	SINUS.	Minutes.

Minutes.	SINUS.	TANGENT.	COTANG.	COSINUS.	Minutes.	Minutes.	SINUS.	TANGENT.	COTANG.	COSINUS.	Minutes.
0	9-7180851	9-7873193	0-2126807	9-9307658	100	50	9-7236026	9-7949455	0-2050545	9-9286571	50
1	9-7181964	9-7874724	0-2125276	9-9307240	99	51	9-7237120	9-7950974	0-2049026	9-9286145	49
2	9-7183077	9-7876255	0-2123745	9-9306821	98	52	9-7238213	9-7952493	0-2047507	9-9285720	48
3	9-7184189	9-7877786	0-2122214	9-9306403	97	53	9-7239306	9-7954012	0-2045988	9-9285294	47
4	9-7185301	9-7879316	0-2120684	9-9305985	96	54	9-7240398	9-7955531	0-2044469	9-9284868	46
5	9-7186412	9-7880846	0-2119154	9-9305566	95	55	9-7241491	9-7957049	0-2042951	9-9284442	45
6	9-7187523	9-7882376	0-2117624	9-9305147	94	56	9-7242582	9-7958567	0-2041433	9-9284015	44
7	9-7188634	9-7883906	0-2116094	9-9304728	93	57	9-7243674	9-7960085	0-2039915	9-9283589	43
8	9-7189744	9-7885436	0-2114564	9-9304309	92	58	9-7244765	9-7961602	0-2038398	9-9283162	42
9	9-7190854	9-7886965	0-2113035	9-9303889	91	59	9-7245855	9-7963120	0-2036880	9-9282736	41
10	9-7191964	9-7888494	0-2111506	9-9303470	90	60	9-7246945	9-7964637	0-2035363	9-9282309	40
11	9-7193073	9-7890022	0-2109978	9-9303050	89	61	9-7248035	9-7966153	0-2033847	9-9281882	39
12	9-7194182	9-7891551	0-2108449	9-9302631	88	62	9-7249125	9-7967670	0-2032330	9-9281455	38
13	9-7195290	9-7893079	0-2106921	9-9302211	87	63	9-7250214	9-7969186	0-2030814	9-9281027	37
14	9-7196398	9-7894607	0-2105393	9-9301791	86	64	9-7251303	9-7970703	0-2029297	9-9280600	36
15	9-7197505	9-7896135	0-2103865	9-9301371	85	65	9-7252391	9-7982219	0-2027781	9-9280172	35
16	9-7198613	9-7897662	0-2102338	9-9300950	84	66	9-7253479	9-7973734	0-2026266	9-9279744	34
17	9-7199719	9-7899190	0-2100810	9-9300530	83	67	9-7254566	9-7975250	0-2024750	9-9279317	33
18	9-7200826	9-7900717	0-2099283	9-9300109	82	68	9-7255654	9-7976765	0-2023235	9-9278888	32
19	9-7201932	9-7902243	0-2097757	9-9299688	81	69	9-7256740	9-7978280	0-2021720	9-9278460	31
20	9-7203037	9-7903770	0-2096230	9-9299267	80	70	9-7257827	9-7979795	0-2020205	9-9278032	30
21	9-7204143	9-7905296	0-2094704	9-9298846	79	71	9-7258913	9-7981309	0-2018691	9-9277603	29
22	9-7205247	9-7906822	0-2093178	9-9298425	78	72	9-7259999	9-7982824	0-2017176	9-9277175	28
23	9-7206352	9-7908348	0-2091652	9-9298004	77	73	9-7261084	9-7984338	0-2015662	9-9276746	27
24	9-7207456	9-7909874	0-2090126	9-9297582	76	74	9-7262169	9-7985852	0-2014148	9-9276317	26
25	9-7208560	9-7911399	0-2088601	9-9297160	75	75	9-7263253	9-7987365	0-2012635	9-9275888	25
26	9-7209663	9-7912924	0-2087076	9-9296739	74	76	9-7264337	9-7988879	0-2011121	9-9275459	24
27	9-7210766	9-7914449	0-2085551	9-9296317	73	77	9-7265421	9-7990392	0-2009608	9-9275029	23
28	9-7211868	9-7915974	0-2084026	9-9295895	72	78	9-7266505	9-7991905	0-2008095	9-9274600	22
29	9-7212970	9-7917498	0-2082502	9-9295472	71	79	9-7267588	9-7993418	0-2006582	9-9274170	21
30	9-7214072	9-7919022	0-2080978	9-9295050	70	80	9-7268670	9-7994930	0-2005070	9-9273740	20
31	9-7215174	9-7920546	0-2079454	9-9294627	69	81	9-7269753	9-7996442	0-2003558	9-9273310	19
32	9-7216275	9-7922070	0-2077930	9-9294205	68	82	9-7270834	9-7997954	0-2002046	9 9272880	18
33	9-7217375	9-7923593	0-2076407	9-9293782	67	83	9-7271916	9-7999466	0-2000534	9-9272450	17
34	9-7218475	9-7925116	0-2074884	9-9293359	66	84	9-7272997	9-8000978	0-1999022	9-9272019	16
35	9-7219575	9-7926639	0-2073361	9-9292936	65	85	9-7274078	9-8002489	0-1997511	9-9271589	15
36	9-7220674	9-7928162	0-2071838	9-9292513	64	86	9-7275158	9-8004000	0-1996000	9-9271158	14
37	9-7221774	9-7929684	0-2070316	9-9292089	63	87	9-7276238	9-8005511	0-1994489	9-9270727	13
38	9-7222872	9-7931207	0-2068793	9-9291665	62	88	9-7277318	9-8007022	0-1992978	9-9270296	12
39	9-7223970	9-7932729	0-2067271	9-9291242	61	89	9-7278397	9-8008532	0-1991468	9-9269865	11
40	9-7225068	9-7934250	0-2065750	9-9290818	60	90	9-7279476	9-8010043	0-1989957	9-9269433	10
41	9-7226166	9-7935772	0-2064228	9-9290394	59	91	9-7280553	9-8011553	0-1988447	9-9269002	9
42	9-7227263	9-7937293	0-2062707	9-9289970	58	92	9-7281633	9-8013062	0-1986938	9-9268570	8
43	9-7228360	9-7938814	0-2061186	9-9289545	57	93	9-7282710	9-8014572	0-1985428	9-9268138	7
44	9-7229456	9-7940335	0-2059665	9-9289121	56	94	9-7283788	9-8016081	0-1983919	9-9267706	6
45	9-7230552	9-7941856	0-2058144	9-9288696	55	95	9-7284865	9-8017590	0-1982410	9-9267274	5
46	9-7231648	9-7943376	0-2056624	9-9288271	54	96	9-7285941	9-8019099	0-1980901	9-9266842	4
47	9-7232743	9-7944896	0-2055104	9-9287846	53	97	9-7287018	9-8020608	0-1979392	9-9266410	3
48	9-7233838	9-7946416	0-2053584	9-9287421	52	98	9-7288094	9-8022117	0-1977883	9-9265977	2
49	9-7234932	9-7947936	0-2052064	9-9286996	51	99	9-7289169	9-8023625	0-1976375	9-9265544	1
50	9-7236026	9-7949455	0-2050545	9-9286571	50	100	9-7290244	9-8025133	0-1974867	9 9265112	0
Minutes.	COSINUS.	COTANG.	TANGENT.	SINUS.	Minutes.	Minutes.	COSINUS.	COTANG.	TANGENT.	SINUS.	Minutes.

64 GRADES.

Minutes.	SINUS.	TANGENT.	COTANG.	COSINUS.	Minutes.
0	9-7290244	9-8025133	0-1974867	9-9265112	100
1	9-7291319	9-8026640	0-1973360	9-9264679	99
2	9-7292393	9-8028148	0-1971852	9-9264245	98
3	9-7293467	9-8029655	0-1970345	9-9263812	97
4	9-7294541	9-8031163	0-1968837	9-9263379	96
5	9-7295614	9-8032669	0-1967331	9-9262945	95
6	9-7296687	9-8034176	0-1965824	9-9262511	94
7	9-7297760	9-8035682	0-1964318	9-9262077	93
8	9-7298832	9-8037189	0-1962811	9-9261643	92
9	9-7299904	9-8038695	0-1961305	9-9261209	91
10	9-7300975	9-8040200	0-1959800	9-9260775	90
11	9-7302046	9-8041706	0-1958294	9-9260340	89
12	9-7303117	9-8043211	0-1956789	9-9259906	88
13	9-7304187	9-8044716	0-1955284	9-9259471	87
14	9-7305257	9-8046221	0-1953779	9-9259036	86
15	9-7306327	9-8047726	0-1952274	9-9258601	85
16	9-7307396	9-8049230	0-1950770	9-9258165	84
17	9-7308465	9-8050735	0-1949265	9-9257730	83
18	9-7309533	9-8052239	0-1947761	9-9257294	82
19	9-7310601	9-8053743	0-1946257	9-9256859	81
20	9-7311669	9-8055246	0-1944754	9-9256423	80
21	9-7312736	9-8056749	0-1943251	9-9255987	79
22	9-7313803	9-8058253	0-1941747	9-9255551	78
23	9-7314870	9-8059756	0-1940244	9-9255114	77
24	9-7315936	9-8061258	0-1938742	9-9254678	76
25	9-7317002	9-8062761	0-1937239	9-9254241	75
26	9-7318068	9-8064263	0-1935737	9-9253804	74
27	9-7319133	9-8065765	0-1934235	9-9253367	73
28	9-7320197	9-8067267	0-1932733	9-9252930	72
29	9-7321262	9-8068769	0-1931231	9-9252493	71
30	9-7322326	9-8070270	0-1929730	9-9252056	70
31	9-7323390	9-8071771	0-1928229	9-9251618	69
32	9-7324453	9-8073272	0-1926728	9-9251181	68
33	9-7325516	9-8074773	0-1925227	9-9250743	67
34	9-7326578	9-8076273	0-1923727	9-9250305	66
35	9-7327640	9-8077774	0-1922226	9-9249867	65
36	9-7328702	9-8079274	0-1920726	9-9249428	64
37	9-7329764	9-8080774	0-1919226	9-9248990	63
38	9-7330825	9-8082273	0-1917727	9-9248551	62
39	9-7331886	9-8083773	0-1916227	9-9248113	61
40	9-7332946	9-8085272	0-1914728	9-9247674	60
41	9-7334006	9-8086771	0-1913229	9-9247235	59
42	9-7335065	9-8088270	0-1911730	9-9246796	58
43	9-7336125	9-8089769	0-1910231	9-9246356	57
44	9-7337184	9-8091267	0-1908733	9-9245917	56
45	9-7338242	9-8092765	0-1907235	9-9245477	55
46	9-7339300	9-8094263	0-1905737	9-9245037	54
47	9-7340358	9-8095761	0-1904239	9-9244597	53
48	9-7341416	9-8097258	0-1902742	9-9244157	52
49	9-7342473	9-8098756	0-1901244	9-9243717	51
50	9-7343529	9-8100253	0-1899747	9-9243277	50
Minutes.	COSINUS.	COTANG.	TANGENT.	SINUS.	Minutes.

Minutes.	SINUS.	TANGENT.	COTANG.	COSINUS.	Minutes.
50	9-7343529	9-8100253	0-1899747	9-9243277	50
51	9-7344586	9-8101750	0-1898250	9-9242836	49
52	9-7345642	9-8103246	0-1896754	9-9242395	48
53	9-7346697	9-8104743	0-1895257	9-9241954	47
54	9-7347753	9-8106239	0-1893761	9-9241513	46
55	9-7348807	9-8107735	0-1892265	9-9241072	45
56	9-7349862	9-8109231	0-1890769	9-9240631	44
57	9-7350916	9-8110727	0-1889273	9-9240189	43
58	9-7351970	9-8112222	0-1887778	9-9239748	42
59	9-7353023	9-8113717	0-1886283	9-9239306	41
60	9-7354076	9-8115212	0-1884788	9-9238864	40
61	9-7355129	9-8116707	0-1883293	9-9238422	39
62	9-7356181	9-8118202	0-1881798	9-9237980	38
63	9-7357233	9-8119696	0-1880304	9-9237537	37
64	9-7358285	9-8121190	0-1878810	9-9237095	36
65	9-7359336	9-8122684	0-1877316	9-9236652	35
66	9-7360387	9-8124178	0-1875822	9-9236209	34
67	9-7361438	9-8125671	0-1874329	9-9235766	33
68	9-7362488	9-8127165	0-1872835	9-9235323	32
69	9-7363538	9-8128658	0-1871342	9-9234880	31
70	9-7364587	9-8130151	0-1869849	9-9234436	30
71	9-7365636	9-8131643	0-1868357	9-9233993	29
72	9-7366685	9-8133136	0-1866864	9-9233549	28
73	9-7367733	9-8134628	0-1865372	9-9233105	27
74	9-7368781	9-8136120	0-1863880	9-9232661	26
75	9-7369829	9-8137612	0-1862388	9-9232217	25
76	9-7370876	9-8139104	0-1860896	9-9231773	24
77	9-7371923	9-8140595	0-1859405	9-9231328	23
78	9-7372970	9-8142086	0-1857914	9-9230883	22
79	9-7374016	9-8143578	0-1856422	9-9230439	21
80	9-7375062	9-8145068	0-1854932	9-9229994	20
81	9-7376107	9-8146559	0-1853441	9-9229548	19
82	9-7377153	9-8148049	0-1851951	9-9229103	18
83	9-7378197	9-8149540	0-1850460	9-9228658	17
84	9-7379242	9-8151030	0-1848970	9-9228212	16
85	9-7380286	9-8152519	0-1847481	9-9227766	15
86	9-7381330	9-8154009	0-1845991	9-9227320	14
87	9-7382373	9-8155498	0-1844502	9-9226874	13
88	9-7383416	9-8156988	0-1843012	9-9226428	12
89	9-7384459	9-8158477	0-1841523	9-9225982	11
90	9-7385501	9-8159965	0-1840035	9-9225535	10
91	9-7386543	9-8161454	0-1838546	9-9225089	9
92	9-7387584	9-8162942	0-1837058	9-9224642	8
93	9-7388626	9-8164431	0-1835569	9-9224195	7
94	9-7389666	9-8165918	0-1834082	9-9223748	6
95	9-7390707	9-8167406	0-1832594	9-9223301	5
96	9-7391747	9-8168894	0-1831106	9-9222853	4
97	9-7392787	9-8170381	0-1829619	9-9222406	3
98	9-7393826	9-8171868	0-1828132	9-9221958	2
99	9-7394865	9-8173355	0-1826645	9-9221510	1
100	9-7395904	9-8174842	0-1825158	9-9221062	0
Minutes.	COSINUS.	COTANG.	TANGENT.	SINUS.	Minutes.

Minutes.	SINUS.	TANGENT.	COTANG.	COSINUS.	Minutes.	Minutes.	SINUS.	TANGENT,	COTANG.	COSINUS.	Minutes.
0	9-7395904	9-8174842	0-1825158	9-9221062	100	50	9-7447390	9-8248926	0-1751074	9-9198464	50
1	9-7396942	9-8176329	0-1823671	9-9220614	99	51	9-7448410	9-8250403	0-1749597	9-9198008	49
2	9-7397980	9-8177815	0-1822185	9-9220165	98	52	9-7449431	9-8251879	0-1748121	9-9197552	48
3	9-7399018	9-8179301	0-1820699	9-9219717	97	53	9-7450451	9-8253355	0-1746645	9-9197096	47
4	9-7400055	9-8180787	0-1819213	9-9219268	96	54	9-7451471	9-8254831	0-1745169	9-9196639	46
5	9-7401092	9-8182273	0-1817727	9-9218819	95	55	9-7452490	9-8256307	0-1743693	9-9196183	45
6	9-7402129	9-8183758	0-1816242	9-9218370	94	56	9-7453509	9-8257783	0-1742217	9-9195726	44
7	9-7403165	9-8185244	0-1814756	9-9217921	93	57	9-7454528	9-8259259	0-1740741	9-9195269	43
8	9-7404201	9-8186729	0-1813271	9-9217472	92	58	9-7455546	9-8260734	0-1739266	9-9194812	42
9	9-7405236	9-8188214	0-1811786	9-9217023	91	59	9-7456564	9-8262209	0-1737791	9-9194355	41
10	9-7406272	9-8189698	0-1810302	9-9216573	90	60	9-7457582	9-8263684	0-1736316	9-9193898	40
11	9-7407306	9-8191183	0-1808817	9-9216123	89	61	9-7458599	9-8265159	0-1734841	9-9193440	39
12	9-7408341	9-8192667	0-1807333	9-9215673	88	62	9-7459616	9-8266634	0-1733366	9-9192983	38
13	9 7409375	9-8194151	0-1805849	9-9215223	87	63	9-7460633	9-8268108	0-1731892	9-9192525	37
14	9-7410409	9-8195635	0-1804365	9-9214773	86	64	9-7461649	9-8269582	0-1730418	9-9192067	36
15	9-7411442	9-8197119	0-1802881	9-9214323	85	65	9-7462665	9-8271056	0-1728944	9-9191609	35
16	9-7412475	9-8198603	0-1801397	9-9213872	84	66	9-7463681	9-8272530	0-1727470	9-9191151	34
17	9-7413508	9-8200086	0-1799914	9-9213422	83	67	9-7464696	9-8274004	0-1725996	9-9190692	33
18	9-7414540	9-8201569	0-1798431	9-9212971	82	68	9-7465711	9-8275477	0-1724523	9-9190234	32
19	9-7415572	9-8203052	0-1796948	9-9212520	81	69	9-7466726	9-8276950	0-1723050	9-9189775	31
20	9-7416604	9-8204535	0-1795465	9-9212069	80	70	9-7467740	9-8278424	0-1721576	9-9189316	30
21	9-7417635	9-8206017	0-1793983	9-9211618	79	71	9-7468754	9-8279896	0-1720104	9-9188857	29
22	9-7418666	9-8207500	0-1792500	9-9211166	78	72	9-7469767	9-8281369	0-1718631	9-9188398	28
23	9-7419697	9-8208982	0-1791018	9-9210715	77	73	9-7470780	9-8282842	0-1717158	9-9187939	27
24	9-7420727	9-8210464	0-1789536	9-9210263	76	74	9-7471795	9-8284314	0-1715686	9-9187479	26
25	9-7421757	9-8211946	0-1788054	9-9209811	75	75	9-7472806	9-8285786	0-1714214	9-9187020	25
26	9-7422786	9-8213427	0-1786573	9-9209359	74	76	9-7473818	9-8287258	0-1712742	9-9186560	24
27	9-7423815	9-8214908	0-1785092	9-9208907	73	77	9-7474830	9-8288730	0-1711270	9-9186100	23
28	9-7424844	9-8216390	0-1783610	9-9208454	72	78	9-7475841	9-8290201	0-1709799	9-9185640	22
29	9-7425873	9-8217871	0-1782129	9-9208002	71	79	9-7476852	9-8291673	0-1708327	9-9185180	21
30	9-7426901	9-8219351	0-1780649	9-9207549	70	80	9-7477863	9-8293144	0-1706856	9-9184719	20
31	9-7427928	9-8220832	0-1779168	9-9207097	69	81	9-7478874	9-8294615	0-1705385	9-9184259	19
32	9 7428956	9-8222312	0-1777688	9-9206644	68	82	9-7479884	9-8296086	0-1703914	9-9183798	18
33	9-7429983	9-8223793	0-1776207	9-9206190	67	83	9-7480894	9-8297556	0-1702444	9-9183337	17
34	9-7431010	9-8225272	0-1774728	9-9205737	66	84	9-7481903	9-8299027	0-1700973	9-9182876	16
35	9-7432036	9-8226752	0-1773248	9-9205284	65	85	9-7482912	9-8300497	0-1699503	9-9182415	15
36	9-7433062	9-8228232	0-1771768	9-9204830	64	86	9-7483921	9-8301967	0-1698033	9-9181953	14
37	9-7434088	9-8229711	0-1770289	9-9204376	63	87	9-7484929	9-8303437	0-1696563	9-9181492	13
38	9-7435113	9-8231190	0-1768810	9-9203923	62	88	9-7485937	9-8304907	0-1695093	9-9181030	12
39	9-7436138	9-8232670	0-1767330	9-9203469	61	89	9-7486945	9-8306376	0-1693624	9-9180568	11
40	9-7437163	9-8234148	0-1765852	9-9203014	60	90	9-7487952	9-8307846	0-1692154	9-9180107	10
41	9-7438187	9-8235627	0-1764373	9-9202560	59	91	9-7488959	9-8309315	0-1690685	9-9179644	9
42	9-7439211	9-8237105	0-1762895	9-9202105	58	92	9-7489966	9-8310784	0-1689216	9-9179182	8
43	9-7440234	9-8238584	0-1761416	9-9201651	57	93	9-7490972	9-8312253	0-1687747	9-9178720	7
44	9-7441258	9-8240062	0-1759938	9-9201196	56	94	9-7491978	9-8313721	0-1686279	9-9178257	6
45	9-7442281	9-8241540	0-1758460	9-9200741	55	95	9-7492984	9-8315190	0-1684810	9-9177794	5
46	9-7443303	9-8243017	0-1756983	9-9200286	54	96	9-7493989	9-8316658	0-1683342	9-9177331	4
47	9-7444325	9-8244495	0-1755505	9-9199831	53	97	9-7494994	9-8318126	0-1681874	9-9176868	3
48	9-7445347	9-8245972	0-1754028	9-9199375	52	98	9 7495999	9-8319594	0-1680406	9-9176405	2
49	9-7446369	9-8247449	0-1752551	9-9198920	51	99	9-7497005	9-8321062	0-1678938	9-9175942	1
50	9-7447390	9-8248926	0-1751074	9-9198464	50	100	9-7498007	9-8322529	0-1677471	9-9175478	0
Minutes.	COSINUS.	COTANG.	TANGENT.	SINUS.	Minutes.	Minutes.	COSINUS.	COTANG.	TANGENT.	SINUS.	Minutes.

62 GRADES.

Minutes.	SINUS.	TANGENT.	COTANG.	COSINUS.	Minutes.	Minutes.	SINUS.	TANGENT.	COTANG.	COSINUS.	Minutes.
0	9-7498007	9-8322529	0-1677471	9-9175478	100	50	9-7547777	9-8395676	0-1604324	9-9152101	50
1	9-7499011	9-8323997	0-1676003	9-9175015	99	51	9-7548764	9-8397135	0-1602865	9-9151629	49
2	9-7500014	9-8325464	0-1674536	9-9174551	98	52	9-7549751	9-8398593	0-1601407	9-9151158	48
3	9-7501017	9-8326931	0-1673069	9-9174087	97	53	9-7550737	9-8400051	0-1599949	9-9150686	47
4	9-7502020	9-8328397	0-1671603	9-9173622	96	54	9-7551723	9-8401509	0-1598491	9-9150214	46
5	9-7503022	9-8329864	0-1670136	9-9173158	95	55	9-7552708	9-8402967	0-1597033	9-9149742	45
6	9-7504024	9-8331330	0-1668670	9-9172694	94	56	9-7553693	9-8404424	0-1595576	9-9149269	44
7	9-7505026	9-8332797	0-1667203	9-9172229	93	57	9-7554678	9-8405882	0-1594118	9-9148797	43
8	9-7506027	9-8334263	0-1665737	9-9171764	92	58	9-7555663	9-8407339	0-1592661	9-9148324	42
9	9-7507028	9-8335729	0-1664271	9-9171299	91	59	9-7556647	9-8408796	0-1591204	9-9147851	41
10	9-7508029	9-8337194	0-1662806	9-9170834	90	60	9-7557631	9-8410253	0-1589747	9-9147378	40
11	9-7509029	9-8338660	0-1661340	9-9170369	89	61	9-7558615	9-8411710	0-1588290	9-9146905	39
12	9-7510029	9-8340125	0-1659875	9-9169904	88	62	9-7559598	9-8413166	0-1586834	9-9146432	38
13	9-7511028	9-8341590	0-1658410	9-9169438	87	63	9-7560581	9-8414623	0-1585377	9-9145958	37
14	9-7512028	9-8343055	0-1656945	9-9168972	86	64	9-7561563	9-8416079	0-1583921	9-9145485	36
15	9-7513026	9-8344520	0-1655480	9-9168506	85	65	9-7562546	9-8417535	0-1582465	9-9145011	35
16	9-7514025	9-8345985	0-1654015	9-9168040	84	66	9-7563528	9-8418991	0-1581009	9-9144537	34
17	9-7515023	9-8347449	0-1652551	9-9167574	83	67	9-7564509	9-8420446	0-1579554	9-9144063	33
18	9-7516021	9-8348913	0-1651087	9-9167108	82	68	9-7565490	9-8421902	0-1578098	9-9143588	32
19	9-7517019	9-8350378	0-1649622	9-9166641	81	69	9-7566471	9-8423357	0-1576643	9-9143114	31
20	9-7518016	9-8351841	0-1648159	9-9166175	80	70	9-7567452	9-8424812	0-1575188	9-9142639	30
21	9-7519013	9-8353305	0-1646695	9-9165708	79	71	9-7568432	9-8426268	0-1573732	9-9142165	29
22	9-7520009	9-8354769	0-1645231	9-9165241	78	72	9-7569412	9-8427722	0-1572278	9-9141690	28
23	9-7521006	9-8356232	0-1643768	9-9164774	77	73	9-7570392	9-8429177	0-1570823	9-9141215	27
24	9-7522002	9-8357695	0-1642305	9-9164306	76	74	9-7571371	9-8430632	0-1569368	9-9140740	26
25	9-7522997	9-8359158	0-1640842	9-9163839	75	75	9-7572350	9-8432086	0-1567914	9-9140264	25
26	9-7523992	9-8360621	0-1639379	9-9163371	74	76	9-7573329	9-8433540	0-1566460	9-9139789	24
27	9-7524987	9-8362084	0-1637916	9-9162903	73	77	9-7574307	9-8434994	0-1565006	9-9139313	23
28	9-7525982	9-8363546	0-1636454	9-9162435	72	78	9-7575285	9-8436448	0-1563552	9-9138837	22
29	9-7526976	9-8365009	0-1634991	9-9161967	71	79	9-7576263	9-8437902	0-1562098	9-9138361	21
30	9-7527970	9-8366471	0-1633529	9-9161499	70	80	9-7577240	9-8439355	0-1560645	9-9137885	20
31	9-7528963	9-8367933	0-1632067	9-9161031	69	81	9-7578217	9-8440808	0-1559192	9-9137409	19
32	9-7529957	9-8369394	0-1630606	9-9160562	68	82	9-7579194	9-8442262	0-1557738	9-9136932	18
33	9-7530949	9-8370856	0-1629144	9-9160093	67	83	9-7580170	9-8443715	0-1556285	9-9136455	17
34	9-7531942	9-8372317	0-1627683	9-9159625	66	84	9-7581146	9-8445167	0-1554833	9-9135979	16
35	9-7532934	9-8373779	0-1626221	9-9159156	65	85	9-7582122	9-8446620	0-1553380	9-9135502	15
36	9-7533926	9-8375240	0-1624760	9-9158686	64	86	9-7583097	9-8448073	0-1551927	9-9135024	14
37	9-7534918	9-8376701	0-1623299	9-9158217	63	87	9-7584072	9-8449525	0-1550475	9-9134547	13
38	9-7535909	9-8378161	0-1621839	9-9157747	62	88	9-7585047	9-8450977	0-1549023	9-9134070	12
39	9-7536900	9-8379622	0-1620378	9-9157278	61	89	9-7586021	9-8452429	0-1547571	9-9133592	11
40	9-7537890	9-8381082	0-1618918	9-9156808	60	90	9-7586995	9-8453881	0-1546119	9-9133114	10
41	9-7538880	9-8382542	0-1617458	9-9156338	59	91	9-7587969	9-8455333	0-1544667	9-9132636	9
42	9-7539870	9-8384002	0-1615998	9-9155868	58	92	9-7588942	9-8456784	0-1543216	9-9132158	8
43	9-7540860	9-8385462	0-1614538	9-9155398	57	93	9-7589916	9-8458236	0-1541764	9-9131680	7
44	9-7541849	9-8386922	0-1613078	9-9154927	56	94	9-7590888	9-8459687	0-1540313	9-9131202	6
45	9-7542838	9-8388381	0-1611619	9-9154456	55	95	9-7591861	9-8461138	0-1538862	9-9130723	5
46	9-7543826	9-8389841	0-1610159	9-9153986	54	96	9-7592833	9-8462589	0-1537411	9-9130244	4
47	9-7544815	9-8391300	0-1608700	9-9153515	53	97	9-7593805	9-8464039	0-1535961	9-9129765	3
48	9-7545802	9-8392759	0-1607241	9-9153044	52	98	9-7594776	9-8465490	0-1534510	9-9129286	2
49	9-7546790	9-8394218	0-1605782	9-9152572	51	99	9-7595747	9-8466940	0-1533060	9-9128807	1
50	9-7547777	9-8395676	0-1604324	9-9152101	50	100	9-7596718	9-8468390	0-1531610	9-9128328	0
Minutes.	COSINUS.	COTANG.	TANGENT.	SINUS.	Minutes.	Minutes.	COSINUS.	COTANG.	TANGENT.	SINUS.	Minutes.

61 GRADES. 59

Minutes.	SINUS.	TANGENT.	COTANG.	COSINUS.	Minutes.	Minutes.	SINUS.	TANGENT.	COTANG.	COSINUS.	Minutes.
0	9-7596718	9-8468390	0-1531610	9-9128328	100	50	9-7644849	9-8540694	0-1459306	9-9104155	50
1	9-7597689	9-8469840	0-1530160	9-9127848	99	51	9-7645803	9-8542136	0-1457864	9-9103667	49
2	9-7598659	9-8471290	0-1528710	9-9127369	98	52	9-7646757	9-8543578	0-1456422	9-9103179	48
3	9-7599629	9-8472740	0-1527260	9-9126889	97	53	9-7647711	9-8545020	0-1454980	9-9102691	47
4	9-7600598	9-8474189	0-1525811	9-9126409	96	54	9-7648665	9-8546462	0-1453538	9-9102203	46
5	9-7601567	9-8475639	0-1524361	9-9125929	95	55	9-7649618	9-8547903	0-1452097	9-9101715	45
6	9-7602536	9-8477088	0-1522912	9-9125448	94	56	9-7650571	9-8549344	0-1450656	9-9101227	44
7	9-4603505	9-8478537	0-1521463	9-9124968	93	57	9-7651525	9-8550785	0-1449215	9-9100738	43
8	9-7604473	9-8479986	0-1520014	9-9124487	92	58	9-7652476	9-8552226	0-1447774	9-9100249	42
9	9-7605441	9-8481435	0-1518565	9-9124006	91	59	9-7653428	9-8553667	0-1446333	9-9099760	41
10	9-7606408	9-8482883	0-1517117	9-9123525	90	60	9-7654379	9-8555108	0-1444892	9-9099271	40
11	9-7607376	9-8484332	0-1515668	9-9123044	89	61	9-7655331	9-8556548	0-1443452	9-9098782	39
12	9-7608343	9-8485780	0-1514220	9-9122563	88	62	9-7656282	9-8557989	0-1442011	9-9098293	38
13	9-7609309	9-8487228	0-1512772	9-9122081	87	63	9-7657232	9-8559429	0-1440571	9-9097803	37
14	9-7610276	9-8488676	0-1511324	9-9121600	86	64	9-7658183	9-8560869	0-1439131	9-9097314	36
15	9-7611242	9-8490123	0-1509877	9-9121118	85	65	9-7659133	9-8562309	0-1437691	9-9096824	35
16	9-7612207	9-8491571	0-1508429	9-9120636	84	66	9-7660082	9-8563749	0-1436251	9-9096334	34
17	9-7613173	9-8493019	0-1506981	9-9120154	83	67	9-7661032	9-8565188	0-1434812	9-9095844	33
18	9-7614138	9-8494466	0-1505534	9-9119672	82	68	9-7661981	9-8566628	0-1433372	9-9095353	32
19	9-7615102	9-8495913	0-1504087	9-9119189	81	69	9-7662930	9-8568064	0-1431933	9-9094863	31
20	9-7616067	9-8497360	0-1502640	9-9118707	80	70	9-7663878	9-8569506	0-1430494	9-9094372	30
21	9-7617031	9-8498807	0-1501193	9-9118224	79	71	9-7664826	9-8570945	0-1429055	9-9093881	29
22	9-7617994	9-8500253	0-1499747	9-9117741	78	72	9-7665774	9-8572384	0-1427616	9-9093390	28
23	9-7618958	9-8501700	0-1498300	9-9117258	77	73	9-7666722	9-8573823	0-1426177	9-9092899	27
24	9-7619921	9-8503146	0-1496854	9-9116775	76	74	9-7667669	9-8575261	0-1424739	9-9092408	26
25	9-7620884	9-8504592	0-1495408	9-9116291	75	75	9-7668616	9-8576699	0-1423301	9-9091916	25
26	9-7621846	9-8506038	0-1493962	9-9115808	74	76	9-7669562	9-8578138	0-1421862	9-9091425	24
27	9-7622808	9-8507484	0-1492516	9-9115324	73	77	9-7670509	9-8579576	0-1420424	9-9090933	23
28	9-7623770	9-8508930	0-1491070	9-9114840	72	78	9-7671455	9-8581014	0-1418986	9-9090441	22
29	9-7624731	9-8510375	0-1489625	9-9114356	71	79	9-7672400	9-8582451	0-1417549	9-9099949	21
30	9-7625693	9-8511820	0-1488180	9-9113872	70	80	9-7673346	9-8583889	0-1416111	9-9089457	20
31	9-7626653	9-8513266	0-1486734	9-9113388	69	81	9-7674291	9-8585327	0-1414673	9-9088964	19
32	9-7627614	9-8514711	0-1485289	9-9112903	68	82	9-7675235	9-8586764	0-1413236	9-9088471	18
33	9-7628574	9-8516156	0-1483844	9-9112419	67	83	9-7676180	9-8588201	0-1411799	9-9087979	17
34	9-7629534	9-8517600	0-1482400	9-9111934	66	84	9-7677124	9-8589638	0-1410362	9-9087486	16
35	9-7630494	9-8519045	0-1480955	9-9111449	65	85	9-7678068	9-8591075	0-1408925	9-9086993	15
36	9-7631453	9-8520489	0-1479511	9-9110964	64	86	9-7679011	9-8592512	0-1407488	9-9086499	14
37	9-7632412	9-8521933	0-1478067	9-9110478	63	87	9-7679954	9-8593948	0-1406052	9-9086006	13
38	9-7633370	9-8523377	0-1476623	9-9109993	62	88	9-7680897	9-8595385	0-1404615	9-9085512	12
39	9-7634329	9-8524821	0-1475179	9-9109507	61	89	9-7681840	9-8596821	0-1403179	9-9085019	11
40	9-7635287	9-8526265	0-1473735	9-9109021	60	90	9-7682782	9-8598257	0-1401743	9-9084525	10
41	9-7636244	9-8527709	0-1472291	9-9108535	59	91	9-7683724	9-8599693	0-1400307	9-9084031	9
42	9-7637202	9-8529152	0-1470848	9-9108049	58	92	9-7684665	9-8601129	0-1398871	9-9083536	8
43	9-7638159	9-8530596	0-1469404	9-9107563	57	93	9-7685607	9-8602565	0-1397435	9-9083042	7
44	9-7639115	9-8532039	0-1467961	9-9107077	56	94	9-7686548	9-8604000	0-1396000	9-9082547	6
45	9-7640072	9-8533482	0-1466518	9-9106590	55	95	9-7687488	9-8605436	0-1394564	9-9082053	5
46	9-7641028	9-8534924	0-1465076	9-9106103	54	96	9-7688429	9-8606871	0-1393129	9-9081558	4
47	9-7641985	9-8536367	0-1463633	9-9105616	53	97	9-7689369	9-8608306	0-1391694	9-9081063	3
48	9-7642939	9-8537810	0-1462190	9-9105129	52	98	9-7690308	9-8609741	0-1390259	9-9080567	2
49	9-7643894	9-8539252	0-1460748	9-9104642	51	99	9-7691248	9-8611176	0-1388824	9-9080072	1
50	9-7644849	9-8540694	0-1459306	9-9104155	50	100	9-7692187	9-8612610	0-1387390	9-9075976	0
Minutes.	COSINUS.	COTANG.	TANGENT.	SINUS.	Minutes.	Minutes.	COSINUS.	COTANG.	TANGENT.	SINUS.	Minutes.

60 GRADES.

Minutes.	SINUS.	TANGENT.	COTANG.	COSINUS.	Minutes.	Minutes.	SINUS.	TANGENT.	COTANG.	COSINUS.	Minutes.
0	9-7692187	9-8612610	0-1387390	9-9079576	100	50	9-7738749	9-8684160	0-1315840	9-9054589	50
1	9-7693126	9-8614045	0-1385955	9-9079081	99	51	9-7739673	9-8685588	0-1314412	9-9054085	49
2	9-7694064	9-8615479	0-1384521	9-9078585	98	52	9-7740596	9-8687015	0-1312985	9-9053581	48
3	9-7695002	9-8616914	0-1383086	9-9078089	97	53	9-7741519	9-8688442	0-1311558	9-9053077	47
4	9-7695940	9-8618348	0-1381652	9-9077593	96	54	9-7742442	9-8689869	0-1310131	9-9052572	46
5	9-7696878	9-8619782	0-1380218	9-9077096	95	55	9-7743364	9-8691296	0-1308704	9-9052068	45
6	9-7697815	9-8621215	0-1378785	9-9076600	94	56	9-7744286	9-8692723	0-1307277	9-9051563	44
7	9-7698752	9-8622649	0-1377351	9-9076103	93	57	9-7745207	9-8694149	0-1305851	9-9051058	43
8	9-7699689	9-8624082	2-1375918	9-9075606	92	58	9-7746129	9-8695576	0-1304424	9-9050553	42
9	9-7700625	9-8625516	0-1374484	9-9075109	91	59	9-7747050	9-8697002	0-1302998	9-9050048	41
10	9-7701561	9-8626949	0-1373051	9-9074612	90	60	9-7747970	9-8698428	0-1301572	9-9049542	40
11	9-7702497	9-8628382	0-1371618	9-9074115	89	61	9-7748891	9-8699854	0-1300146	9-9049036	39
12	9-7703432	9-8629815	0-1370185	9-9073617	88	62	9-7749811	9-8701280	0-1298720	9-9048531	38
13	9-7704367	9-8631248	0-1368752	9-9073119	87	63	9-7750731	9-8702706	0-1297294	9-9048025	37
14	9-7705302	9-8632680	0-1367320	9-9072621	86	64	9-7751650	9-8704132	0-1295868	9-9047519	36
15	9-7706236	9-8634113	0-1365887	9-9072123	85	65	9-7752570	9-8705557	0-1294443	9-9047012	35
16	9-7707170	9-8635545	0-1364455	9-9071625	84	66	9-7753488	9-8706983	0-1293017	9-9046506	34
17	9-7708104	9-8636977	0-1363023	9-9071127	83	67	9-7754407	9-8708408	0-1291592	9-9045999	33
18	9-7709038	9-8638409	0-1361591	9-9070628	82	68	9-7755325	9-8709833	0-1290167	9-9045493	32
19	9-7709971	9-8639841	0-1360159	9-9070130	81	69	9-7756243	9-8711258	0-1288742	9-9044986	31
20	9-7710904	9-8641273	0-1358727	9-9069631	80	70	9-7757161	9-8712683	0-1287317	9-9044478	30
21	9-7711837	9-8642705	0-1357295	9-9069132	79	71	9-7758079	9-8714107	0-1285893	9-9043971	29
22	9-7712769	9-8644136	0-1355864	9-9068633	78	72	9-7758996	9-8715532	0-1284468	9-9043464	28
23	9-7713701	9-8645568	0-1354432	9-9068133	77	73	9-7759912	9-8716956	0-1283044	9-9042956	27
24	9-7714633	9-8646999	0-1353001	9-9067634	76	74	9-7760829	9-8718381	0-1281619	9-9042448	26
25	9-7715564	9-8648430	0-1351570	9-9067134	75	75	9-7761745	9-8719805	0-1280195	9-9041940	25
26	9-7716495	9-8649861	0-1350139	9-9066634	74	76	9-7762661	9-8721229	0-1278771	9-9041432	24
27	9-7717426	9-8651292	0-1348708	9-9066134	73	77	9-7763577	9-8722653	0-1277347	9-9040924	23
28	9-7718356	9-8652722	0-1347278	9-9065634	72	78	9-7764492	9-8724076	0-1275924	9-9040416	22
29	9-7719·287	9-8654153	0-1345847	9-9065134	71	79	9-7765407	9-8725500	0-1274500	9-9039907	21
30	9-7720216	9-8655583	0-1344417	9-9064633	70	80	9-7766322	9-8726924	0-1273076	9-9039398	20
31	9-7721146	9-8657013	0-1342987	9-9064133	69	81	9-7767236	9-8728347	0-1271653	9-9038889	19
32	9-7722075	9-8658443	0-1341557	9-9063632	68	82	9-7768150	9-8729770	0-1270230	9-9038380	18
33	9-7723004	9-8659873	0-1340127	9-9063131	67	83	9-7769064	9-8731193	0-1268807	9-9037871	17
34	9-7723933	9-8661303	0-1338697	9-9062630	66	84	9-7769978	9-8732616	0-1267384	9-9037361	16
35	9-7724861	9-8662733	0-1337867	9-9062129	65	85	9-7770891	9-8734039	0-1265961	9-9036852	15
36	9-7725789	9-8664162	0-1335838	9-9061627	64	86	9-7771804	9-8735462	0-1264538	9-9036342	14
37	9-7726717	9-8665591	0-1334409	9-9061125	63	87	9-7772716	9-8736884	0-1263116	9-9035832	13
38	9-7727644	9-8667021	0-133·2979	9-9060624	62	88	9-7773629	9-8738307	0-1261693	9-9035322	12
39	9-7728571	9-8668450	0-1331550	9-9060122	61	89	9-7774541	9-8739729	0-1260271	9-9034812	11
40	9-7729498	9-8669879	0-1330121	9-9059620	60	90	9 7775452	9-8741151	0-1258849	9-9034301	10
41	9-7730425	9-8671307	0-1328693	9-9059117	59	91	9-7776364	9-8742573	0-1257427	9-9033791	9
42	9-7731351	9-8672736	0-1327264	9-9058615	58	92	9-7777275	9-8743995	0-1256005	9-9033280	8
43	9-7732277	9-8674165	0-1325835	9-9058112	57	93	9-7778186	9-8745417	0-1254583	9-9032769	7
44	9-7733202	9-8675593	0-1324407	9-9057609	56	94	9-7779096	9-8746838	0-1253162	9-9032258	6
45	9-7734128	9-8677021	0-1322979	9-9057106	55	95	9-7780006	9-8748260	0-1251740	9-9031742	5
46	9-7735053	9-8678449	0-1321551	9-9056603	54	96	9-7780916	9-8749681	0-1250319	9-9031235	4
47	9-7735977	9-8679877	0-1320123	9-9056100	53	97	9-7781826	9-8751103	0-1248897	9-9030723	3
48	9-7736902	9-8681305	0-1318695	9-9055596	52	98	9-7782735	9-8752524	0-1247476	9-9030212	2
49	9-7737826	9-8682733	0-1317267	9-9055093	51	99	9-7783644	9-8753945	0-1246055	9-9029700	1
50	9-7738749	9-8684160	0-1315840	9-9054589	50	100	9-7784553	9-8755365	0-1244635	9-9029188	0
Minutes.	COSINUS.	COTANG.	TANGENT.	SINUS.	Minutes.	Minutes.	COSINUS.	COTANG.	TANGENT.	SINUS.	Minutes.

59 GRADES.

41 GRADES.

Minutes.	SINUS.	TANGENT.	COTANG.	COSINUS.	Minutes.	Minutes.	SINUS.	TANGENT.	COTANG.	COSINUS.	Minutes.
0	9-7784553	9-8755365	0-1244635	9-9029188	100	50	9-7829614	9-8826246	0-1173754	9-9003367	50
1	9-7785462	9-8756786	0-1243214	9-9028675	99	51	9-7830507	9-8827661	0-1172339	9-9002847	49
2	9-7786370	9-8758207	0-1241793	9-9028163	98	52	9-7831401	9-8829075	0-1170925	9-9002326	48
3	9-7787278	9-8759627	0-1240373	9-9027650	97	53	9-7832294	9-8830489	0-1169511	9-9001805	47
4	9-7788183	9-8761047	0-1238952	9-9027137	96	54	9-7833187	9-8831903	0-1168097	9-9001283	46
5	9-7789092	9-8762468	0-1237532	9-9026625	95	55	9-7834079	9-8833317	0-1166683	9-9000762	45
6	9-7789999	9-8763888	0-1236112	9-9026111	94	56	9-7834972	9-8834731	0-1165269	9-9000240	44
7	9-7790906	9-8765308	0-1233692	9-9025598	93	57	9-7835864	9-8836145	0-1163855	9-8999719	43
8	9-7791812	9-8766728	0-1233272	9-9025085	92	58	9-7836755	9-8837559	0-1162441	9-8999197	42
9	9-7792718	9-8768147	0-1231853	9-9024571	91	59	9-7837647	9-8838972	0-1161028	9-8998675	41
10	9-7793624	9-8769567	0-1230433	9-9024057	90	60	9-7838538	9-8840385	0-1159615	9-8998153	40
11	9-7794530	9-8770986	0-1229014	9-9023543	89	61	9-7839429	9-8841799	0-1158201	9-8997630	39
12	9-7795435	9-8772406	0-1227594	9-9023029	88	62	9-7840319	9-8843212	0-1156788	9-8997108	38
13	9-7796340	9-8773825	0-1226175	9-9022515	87	63	9-7841210	9-8844625	0-1155375	9-8996585	37
14	9-7797244	9-8775244	0-1224756	9-9022000	86	64	9-7842099	9-8846038	0-1153962	9-8996062	36
15	9-7798149	9-8776663	0-1223337	9-9021486	85	65	9-7842989	9-8847450	0-1152550	9-8995539	35
16	9-7799053	9-8778082	0-1221918	9-9020971	84	66	9-7843879	9-8848863	0-1151137	9-8995015	34
17	9-7799956	9-8779500	0-1220500	9-9020456	83	67	9-7844768	9-8850276	0-1149724	9-8994492	33
18	9-7800860	9-8788919	0-1219081	9-9019941	82	68	9-7845656	9-8851688	0-1148312	9-8993968	32
19	9-7801763	9-8782337	0-1217663	9-9019426	81	69	9-7846545	9-8853100	0-1146900	9-8993445	31
20	9-7802666	9-8783756	0-1216244	9-9018910	80	70	9-7847433	9-8854512	0-1145488	9-8992921	30
21	9-7803568	9-8785174	0-1214826	9-9018394	79	71	9-7848321	9-8855924	0-1144076	9-8992397	29
22	9-7804470	9-8786592	0-1213408	9-9017879	78	72	9-7849209	9-8857336	0-1142664	9-8991872	28
23	9-7805372	9-8788010	0-1211990	9-9017363	77	73	9-7850096	9-8858748	0-1141252	9-8991348	27
24	9-7806274	9-8789427	0-1210573	9-9016846	76	74	9-7850983	9-8860160	0-1139840	9-8990823	26
25	9-7807175	9-8790845	0-1209155	9-9016330	75	75	9-7851870	9-8861572	0-1138428	9-8990298	25
26	9-7808076	9-8792263	0-1207737	9-9015814	74	76	9-7852756	9-8862983	0-1137017	9-8989773	24
27	9-7808977	9-8793680	0-1206320	9-9015297	73	77	9-7853643	9-8864394	0-1135606	9-8989248	23
28	9-7809878	9-8794097	0-1205903	9-9014780	72	78	9-7854529	9-8865806	0-1134194	9-8988723	22
29	9-7810778	9-8796515	0-1203485	9-9014263	71	79	9-7855414	9-8867217	0-1132783	9-8988198	21
30	9-7811678	9-8797932	0-1202068	9-9013746	70	80	9-7856300	9-8868628	0-1131372	9-8987672	20
31	9-7812577	9-8799349	0-1200651	9-9013229	69	81	9-7857185	9-8870039	0-1129961	9-8987146	19
32	9-7813476	9-8800765	0-1199235	9-9012711	68	82	9-7858069	9-8871449	0-1128551	9-8986620	18
33	9-7814375	9-8802182	0-1197818	9-9012194	67	83	9-7858954	9-8872860	0-1127140	9-8986094	17
34	9-7815274	9-8803598	0-1196402	9-9011676	66	84	9-7859838	9-8874270	0-1125730	9-8985568	16
35	9-7816173	9-8805015	0-1194985	9-9011158	65	85	9-7860722	9-8875681	0-1124319	9-8985041	15
36	9-7817071	9-8806431	0-1193569	9-9010640	64	86	9-7861606	9-8877091	0-1122909	9-8984514	14
37	9-7817969	9-8807847	0-1192153	9-9010121	63	87	9-7862489	9-8878501	0-1121499	9-8983988	13
38	9-7818866	9-8809263	0-1190737	9-9009603	62	88	9-7863372	9-8879911	0-1120089	9-8983461	12
39	9-7819763	9-8810679	0-1189321	9-9009084	61	89	9-7864255	9-8881321	0-1118679	9-8982933	11
40	9-7820660	9-8812095	0-1187905	9-9008565	60	90	9-7865137	9-8882731	0-1117269	9-8982406	10
41	9-7821557	9-8813511	0-1186489	9-9008046	59	91	9-7866019	9-8884141	0-1115859	9-8981878	9
42	9-7822453	9-8814926	0-1185074	9-9007527	58	92	9-7866901	9-8885551	0-1114449	9-8981351	8
43	9-7823349	9-8816342	0-1183658	9-9007008	57	93	9-7867783	9-8886960	0-1113040	9-8980823	7
44	9-7824245	9-8817757	0-1182243	9-9006488	56	94	9-7868664	9-8888369	0-1111631	9-8980295	6
45	9-7825141	9-8819172	0-1180828	9-9005968	55	95	9-7869545	9-8889779	0-1110221	9-8979767	5
46	9-7826036	9-8820587	0-1179413	9-9005448	54	96	9-7870426	9-8891188	0-1108812	9-8979258	4
47	9-7826931	9-8822002	0-1177998	9-9004928	53	97	9-7871307	9-8892597	0-1107403	9-8978710	3
48	9-7827825	9-8823417	0-1176583	9-9004408	52	98	9-7872187	9-8894006	0-1105994	9-8978181	2
49	9-7828720	9-8824832	0-1175168	9-9003888	51	99	9-7873067	9-8895415	0-1104585	9-8977652	1
50	9-7829614	9-8826246	0-1173754	9-9003367	50	100	9-7873946	9-8896823	0-1103177	9-8977123	0
Minutes.	COSINUS.	COTANG.	TANGENT.	SINUS.	Minutes.	Minutes.	COSINUS.	COTANG.	TANGENT.	SINUS.	Minutes.

58. GRADES.

Minutes.	SINUS.	TANGENT.	COTANG.	COSINUS.	Minutes.	Minutes.	SINUS.	TANGENT.	COTANG.	COSINUS.	Minutes.
0	9-7873946	9-8896823	0-1103177	9-8977123	00	50	9-7917566	9-8967116	0-1032884	9-8950450	50
1	9-7874826	9-8898232	0-1101768	9-8976594	99	51	9-7918431	9-8968519	0-1031481	9-8949912	49
2	9-7875705	9-8899640	0-1100360	9-8976064	98	52	9-7919296	9-8969922	0-1030078	9-8949374	48
3	9-7876585	9-8901049	0-1098951	9-8975535	97	53	9-7920160	9-8971325	0-1028675	9-8948835	47
4	9-7877462	9-8902457	0-1097543	9-8975005	96	54	9-7921025	9-8972728	0-1027272	9-8948297	46
5	9-7878340	9-8903865	0-1096135	9-8974475	95	55	9-7921889	9-8974130	0-1025870	9-8947758	45
6	9-7879218	9-8905273	0-1094727	9-8973945	94	56	9-7922753	9-8975533	0-1024467	9-8947220	44
7	9-7880096	9-8906681	0-1093319	9-8973415	93	57	9-7923616	9-8976935	0-1023065	9-8946681	43
8	9-7880973	9-8908089	0-1091911	9-8972884	92	58	9-7924479	9-8978338	0-1021662	9-8946142	42
9	9-7881850	9-8909496	0-1090504	9-8972354	91	59	9-7925342	9-8979740	0-1020260	9-8945602	41
10	9-7882727	9-8910904	0-1089096	9-8971823	90	60	9-7926205	9-8981142	0-1018858	9-8945063	40
11	9-7883603	9-8912311	0-1087689	9-8971292	89	61	9-7927068	9-8982544	0-1017456	9-8944523	39
12	9-7884479	9-8913719	0-1086281	9-8970761	88	62	9-7927930	9-8983946	0-1016054	9-8943984	38
13	9-7885355	9-8915126	0-1084874	9-8970229	87	63	9-7928792	9-8985348	0-1014652	9-8943444	37
14	9-7886231	9-8916533	0-1083467	9-8969698	86	64	9-7929653	9-8986750	0-1013250	9-8942903	36
15	9-7887106	9-8917940	0-1082060	9-8969166	85	65	9-7930514	9-8988151	0-1011849	9-8942363	35
16	9-7887981	9-8919347	0-1080653	9-8968634	84	66	9-7931376	9-8989553	0-1010447	9-8941823	34
17	9-7888856	9-8920754	0-1079246	9-8968102	83	67	9-7932236	9-8990954	0-1009046	9-8941282	33
18	9-7889731	9-8922160	0-1077840	9-8967570	82	68	9-7933097	9-8992356	0-1007644	9-8940741	32
19	9-7890605	9-8923567	0-1076433	9-8967038	81	69	9-7933957	9-8993757	0-1006243	9-8940200	31
20	9-7891479	9-8924973	0-1075027	9-8966505	80	70	9-7934817	9-8995158	0-1004842	9-8939659	30
21	9-7892352	9-8926380	0-1073620	9-8965973	79	71	9-7935677	9-8996559	0-1003441	9-8939118	29
22	9-7893226	9-8927786	0-1072214	9-8965440	78	72	9-7936536	9-8997960	0-1002040	9-8938576	28
23	9-7894099	9-8929192	0-1070808	9-8964907	77	73	9-7937395	9-8999361	0-1000639	9-8938034	27
24	9-7894972	9-8930598	0-1069402	9-8964374	76	74	9-7938254	9-9000761	0-0999239	9-8937492	26
25	9-7895844	9-8932004	0-1067996	9-8963840	75	75	9-7939112	9-9002162	0-0997838	9-8936950	25
26	9-7896716	9-8933410	0-1066590	9-8963307	74	76	9-7939971	9-9003562	0-0996438	9-8936408	24
27	9-7897588	9-8934815	0-1065185	9-8962773	73	77	9-7940829	9-9004963	0-0995037	9-8935866	23
28	9-7898460	9-8936221	0-1063779	9-8962239	72	78	9-7941686	9-9006363	0-0993637	9-8935323	22
29	9-7899331	9-8937626	0-1062374	9-8961705	71	79	9-7942544	9-9007763	0-0992237	9-8934780	21
30	9-7900202	9-8939032	0-1060968	9-8961171	70	80	9-7943401	9-9009163	0-0990837	9-8934237	20
31	9-7901073	9-8940437	0-1059563	9-8960636	69	81	9-7944258	9-9010563	0-0989437	9-8933694	19
32	9-7901944	9-8941842	0-1058158	9-8960102	68	82	9-7945114	9-9011963	0-0988037	9-8933151	18
33	9-7902814	9-8943247	0-1056753	9-8959567	67	83	9-7945971	9-9013363	0-0986637	9-8932608	17
34	9-7903684	9-8944652	0-1055348	9-8959032	66	84	9-7946827	9-9014763	0-0985237	9-8932064	16
35	9-7904554	9-8946057	0-1053943	9-8958497	65	85	9-7947682	9-9016162	0-0983838	9-8931520	15
36	9-7905423	9-8947462	0-1052538	9-8957962	64	86	9-7948538	9-9017562	0-0982438	9-8930976	14
37	9-7906292	9-8948866	0-1051134	9-8957426	63	87	9-7949393	9-9018961	0-0981039	9-8930432	13
38	9-7907161	9-8950271	0-1049729	9-8956891	62	88	9-7950248	9-9020361	0-0979639	9-8929888	12
39	9-7908030	9-8951675	0-1048325	9-8956355	61	89	9-7951103	9-9021760	0-0978240	9-8929343	11
40	9-7908898	9-8953079	0-1046921	9-8955819	60	90	9-7951957	9-9023159	0-0976841	9-8928798	10
41	9-7909766	9-8954483	0-1045517	9-8955283	59	91	9-7952811	9-9024558	0-0975442	9-8928254	9
42	9-7910634	9-8955887	0-1044113	9-8954746	58	92	9-7953665	9-9025957	0-0974043	9-8927708	8
43	9-7911501	9-8957291	0-1042709	9-8954210	57	93	9-7954519	9-9027355	0-0972645	9-8927163	7
44	9-7912368	9-8958695	0-1041305	9-8953673	56	94	9-7955372	9-9028754	0-0971246	9-8926618	6
45	9-7913235	9-8960099	0-1039901	9-8953136	55	95	9-7956225	9-9030153	0-0969847	9-8926072	5
46	9-7914102	9-8961503	0-1038497	9-8952599	54	96	9-7957078	9-9031551	0-0968449	9-8925527	4
47	9-7914968	9-8962906	0-1037094	9-8952062	53	97	9-7957930	9-9032950	0-0967050	9-8924981	3
48	9-7915834	9-8964309	0-1035691	9-8951525	52	98	9-7958782	9-9034348	0-0965652	9-8924435	2
49	9-7916700	9-8965713	0-1034287	9-8950987	51	99	9-7959634	9-9035746	0-0964254	9-8923888	1
50	9-7917566	9-8967116	0-1032884	9-8950450	50	100	9-7960486	9-9037144	0-0962856	9-8923342	0
Minutes.	COSINUS.	COTANG.	TANGENT.	SINUS.	Minutes.	Minutes.	COSINUS.	COTANG.	TANGENT.	SINUS.	Minutes.

57 GRADES.

Minutes.	SINUS.	TANGENT.	COTANG.	COSINUS.	Minutes.	Minutes.	SINUS.	TANGENT.	COTANG.	COSINUS.	Minutes.
0	9-7960486	9-9037144	0-0962856	9-8923342	100	50	9-8002721	9-9106927	0-0893073	9-8895794	50
1	9-7961337	9-9038542	0-0961458	9-8922795	99	51	9-8003559	9-9108320	0-0891680	9-8895239	49
2	9-7962188	9-9039940	0-0960060	9-8922248	98	52	9-8004396	9-9109713	0-0890287	9-8894683	48
3	9-7963039	9-9041338	0-0958662	9-8921701	97	53	9-8005234	9-9111106	0-0888894	9-8894127	47
4	9-7963890	9-9042736	0-0957264	9-8921154	96	54	9-8006071	9-9112499	0-0887501	9-8893571	46
5	9-7964740	9-9044133	0-0955867	9-8920607	95	55	9-8006907	9-9113892	0-0886108	9-8893015	45
6	9-7965590	9-9045531	0-0954469	9-8920059	94	56	9-8007744	9-9115285	0-0884715	9-8892459	44
7	9-7966440	9-9046928	0-0953072	9-8919512	93	57	9-8008580	9-9116678	0-0883322	9-8891902	43
8	9-7967289	9-9048325	0-0951675	9-8918964	92	58	9-8009416	9-9118071	0-0881929	9-8891345	42
9	9-7968138	9-9049723	0-0950277	9-8918416	91	59	9-8010252	9-9119463	0-0880537	9-8890788	41
10	9-7968987	9-9051120	0-0948880	9-8917868	90	60	9-8011087	9-9120856	0-0879144	9-8890231	40
11	9-7969836	9-9052517	0-0947483	9-8917319	89	61	9-8011922	9-9122248	0-0877752	9-8889674	39
12	9-7970684	9-9053914	0-0946086	9-8916771	88	62	9-8012757	9-9123640	0-0876360	9-8889117	38
13	9-7971533	9-9055311	0-0944689	9-8916222	87	63	9-8013592	9-9125033	0-0874967	9-8888559	37
14	9-7972380	9-9056707	0-0943293	9-8915673	86	64	9-8014426	9-9126425	0-0873575	9-8888001	36
15	9-7973228	9-9058104	0-0941896	9-8915124	85	65	9-8015260	9-9127817	0-0872183	9-8887443	35
16	9-7974075	9-9059500	0-0940500	9-8914575	84	66	9-8016094	9-9129209	0-0870791	9-8886885	34
17	9-7974922	9-9060897	0-0939103	9-8914025	83	67	9-8016927	9-9130600	0-0869400	9-8886327	33
18	9-7975769	9-9062293	0-0937707	9-8913476	82	68	9-8017760	9-9131992	0-0868008	9-8885768	32
19	9-7976615	9-9063689	0-0936311	9-8912926	81	69	9-8018593	9-9133384	0-0866616	9-8885210	31
20	9-7977462	9-9065086	0-0934914	9-8912376	80	70	9-8019426	9-9134775	0-0865225	9-8884651	30
21	9-7978307	9-9066482	0-0933518	9-8911826	79	71	9-8020259	9-9136167	0-0863833	9-8884092	29
22	9-7979153	9-9067878	0-0932122	9-8911275	78	72	9-8021091	9-9137558	0-0862442	9-8883532	28
23	9-7979998	9-9069274	0-0930726	9-8910725	77	73	9-8021923	9-9138950	0-0861050	9-8882973	27
24	9-7980844	9-9070669	0-0929331	9-8910174	76	74	9-8022754	9-9140341	0-0859659	9-8882413	26
25	9-7981688	9-9072065	0-0927935	9-8909623	75	75	9-8023586	9-9141732	0-0858268	9-8881854	25
26	9-7982533	9-9073461	0-0926539	9-8909072	74	76	9-8024417	9-9143123	0-0856877	9-8881294	24
27	9-7983377	9-9074856	0-0925144	9-8908521	73	77	9-8025248	9-9144514	0-0855486	9-8880734	23
28	9-7984221	9-9076252	0-0923748	9-8907970	72	78	9-8026078	9-9145905	0-0854095	9-8880173	22
29	9-7985065	9-9077647	0-0922353	9-8907418	71	79	9-8026909	9-9147296	0-0852704	9-8879613	21
30	9-7985908	9-9079042	0-0920958	9-8906866	70	80	9-8027739	9-9148687	0-0851313	9-8879052	20
31	9-7986752	9-9080437	0-0919563	9-8906314	69	81	9-8028568	9-9150077	0-0849923	9-8878491	19
32	9-7987595	9-9081832	0-0918168	9-8905762	68	82	9-8029398	9-9151468	0-0848532	9-8877930	18
33	9-7988437	9-9083227	0-0916773	9-8905210	67	83	9-8030227	9-9152858	0-0847142	9-8877369	17
34	9-7989280	9-9084622	0-0915378	9-8904658	66	84	9-8031056	9-9154249	0-0845751	9-8876808	16
35	9-7990122	9-9086017	0-0913983	9-8904105	65	85	9-8031885	9-9155639	0-0844361	9-8876246	15
36	9-7990964	9-9087411	0-0912589	9-8903552	64	86	9-8032713	9-9157029	0-0842971	9-8875684	14
37	9-7991805	9-9088806	0-0911194	9-8902999	63	87	9-8033542	9-9158419	0-0841581	9-8875122	13
38	9-7992646	9-9090200	0-0909800	9-8902446	62	88	9-8034370	9-9159809	0-0840191	9-8874560	12
39	9-7993487	9-9091595	0-0908405	9-8901893	61	89	9-8035197	9-9161199	0-0838801	9-8873998	11
40	9-7994328	9-9092989	0-0907011	9-8901339	60	90	9-8036025	9-9162589	0-0837411	9-8873436	10
41	9-7995169	9-9094383	0-0905617	9-8900785	59	91	9-8036852	9-9163979	0-0836021	9-8872873	9
42	9-7996009	9-9095777	0-0904223	9-8900232	58	92	9-8037679	9-9165368	0-0834632	9-8872310	8
43	9-7996849	9-9097171	0-0902829	9-8899678	57	93	9-8038505	9-9166758	0-0833242	9-8871747	7
44	9-7997689	9-9098565	0-0901435	9-8899125	56	94	9-8039332	9-9168148	0-0831852	9-8871184	6
45	9-7998528	9-9099959	0-0900041	9-8898569	55	95	9-8040158	9-9169537	0-0830463	9-8770621	5
46	9-7999367	9-9101353	0-0898647	9-8898014	54	96	9-8040985	9-9170926	0-0829074	9-8870057	4
47	9-8000206	9-9102747	0-0897253	9-8897460	53	97	9-8041809	9-9172316	0-0827684	9-8869493	3
48	9-8001045	9-9104140	0-0895860	9-8896905	52	98	9-8042634	9-9173705	0-0826295	9-8868929	2
49	9-8001883	9-9105534	0-0894466	9-8896349	51	99	9-8043459	9-9175094	0-0824906	9-8868365	1
50	9-8002721	9-9106927	0-0893073	9-8895794	50	100	9-8044284	9-9176483	0-0823517	9-8867801	0
Minutes.	COSINUS.	COTANG.	TANGENT.	SINUS.	Minutes.	Minutes.	COSINUS.	COTANG.	TANGENT.	SINUS.	Minutes.

56 GRADES.

Minutes.	SINUS.	TANGENT.	COTANG.	COSINUS.	Minutes.	Minutes.	SINUS.	TANGENT.	COTANG.	COSINUS.	Minutes.
0	9-8044284	9-9176483	0-0823517	9-8867801	100	50	9-8085188	9-9245831	0-0754169	9-8839357	50
1	9-8045109	9-9177872	0-0822128	9-8867237	99	51	9-8085999	9-9247216	0-0752784	9-8838783	49
2	9-8045933	9-9179261	0-0820739	9-8866672	98	52	9-8086810	9-9248601	0-0751399	9-8838209	48
3	9-8046757	9-9180650	0-0819350	9-8866107	97	53	9-8087621	9-9249986	0-0750014	9-8837636	47
4	9-8047580	9-9182038	0-0817962	9-8865542	96	54	9-8088432	9-9251370	0-0748630	9-8837061	46
5	9-8048404	9-9183427	0-0816573	9-8864977	95	55	9-8089242	9-9252755	0-0747245	9-8836487	45
6	9-8049227	9-9184815	0-0815185	9-8864412	94	56	9-8090052	9-9254140	0-0745860	9-8835913	44
7	9-8050050	9-9186204	0-0813796	9-8863846	93	57	9-8090862	9-9255524	0-0744476	9-8835338	43
8	9-8050873	9-9187592	0-0812408	9-8863280	92	58	9-8091672	9-9256909	0-0743091	9-8834763	42
9	9-8051695	9-9188980	0-0811020	9-8862715	91	59	9-8092481	9-9258293	0-0741707	9-8834188	41
10	9-8052517	9-9190369	0-0809631	9-8862148	90	60	9-8093290	9-9259677	0-0740323	9-8833613	40
11	9-8053339	9-9191757	0-0808243	9-8861582	89	61	9-8094099	9-9261061	0-0738939	9-8833038	39
12	9-8054161	9-9193145	0-0806855	9-8861016	88	62	9-8094908	9-9262445	0-0737555	9-8832462	38
13	9-8054982	9-9194533	0-0805467	9-8860449	87	63	9-8095716	9-9263830	0-0736170	9-8831887	37
14	9-8055803	9-9195921	0-0804079	9-8859882	86	64	9-8096524	9-9265214	0-0734786	9-8831311	36
15	9-8056624	9-9197308	0-0802692	9 8859315	85	65	9-8097332	9-9266597	0-0733403	9-8830735	35
16	9-8057444	9-9198696	0-0801304	9-8858748	84	66	9-8098140	9-9267981	0-0732019	9-8830158	34
17	9-8058265	9-9200084	0-0799916	9-8858181	83	67	9-8098947	9-9269365	0-0730635	9-8829582	33
18	9-8059085	9-9201471	0-0798529	9-8857615	82	68	9-8099754	9-9270749	0-0729251	9-8829005	32
19	9-8059904	9-9202859	0-0797141	9-8857046	81	69	9-8100561	9-9272132	0-0727868	9-8828428	31
20	9-8060724	9-9204246	0-0795754	9-8856478	80	70	9-8101567	9-9273516	0-0726484	9-8827851	30
21	9-8061543	9-9205633	0-0794367	9-8855910	79	71	9-8102173	9-9274899	0-0725101	9-8827274	29
22	9-8062362	9-9207021	0-0792979	9-8855341	78	72	9-8102980	9-9276283	0-0723717	9-8826697	28
23	9-8063181	9-9208408	0-0791592	9-8854773	77	73	9-8103785	9-9277666	0-0722334	9-8826119	27
24	9-8063999	9-9209795	0-0790205	9-8854204	76	74	9-8104591	9-9279049	0-0720951	9-8825541	26
25	9-8064817	9-9211182	0-0788818	9-8853636	75	75	9-8105396	9-9280433	0-0719567	9-8824963	25
26	9-8065635	9-9212569	0-0787431	9-8853067	74	76	9-8106201	9-9281816	0-0718184	9-8824385	24
27	9-8066453	9-9213956	0-0786044	9-8852498	73	77	9-8107006	9-9283199	0-0716801	9-8823807	23
28	9-8067270	9-9215342	0-0784658	9-8851928	72	78	9-8107810	9-9284582	0-0715418	9-8823229	22
29	9-8068088	9-9216729	0-0783271	9-8851359	71	79	9-8108614	9-9285965	0-0714035	9-8822650	21
30	9-8068905	9-9218116	0-0781884	9-8850789	70	80	9-8109418	9-9287347	0-0712653	9-8822071	20
31	9-8069721	9-9219502	0-0780498	9-8850219	69	81	9-8110222	9-9288730	0-0711270	9-8821492	19
32	9-8070538	9-9220888	0-0779112	9-8849649	68	82	9-8111026	9-9290113	0-0709887	9-8820913	18
33	9-8071354	9-9222275	0-0777725	9-8849079	67	83	9-8111829	9-9291495	0-0708505	9-8820335	17
34	9-8072169	9-9223661	0-0776339	9-8848508	66	84	9-8112632	9-9292878	0-0707122	9-8819754	16
35	9-8072985	9-9225047	0-0774953	9-8847938	65	85	9-8113434	9-9294260	0-0705740	9-8819174	15
36	9-8073800	9-9226433	0-0773567	9-8847367	64	86	9-8114237	9-9295643	0-0704357	9-8818594	14
37	9-8074615	9-9227819	0-0772181	9-8846796	63	87	9-8115039	9-9297025	0-0702975	9-8818014	13
38	9-8075430	9-9229205	0-0770795	9-8846225	62	88	9-8115841	9-9298407	0-0701593	9-8817434	12
39	9-8076245	9-9230591	0-0769409	9-8845655	61	89	9-8116643	9-9299790	0-0700210	9-8816853	11
40	9-8077059	9-9231977	0-0768023	9-8845082	60	90	9-8117444	9-9301172	0-0698828	9-8816272	10
41	9-8077873	9-9233363	0-0766637	9-8844510	59	91	9-8118245	9-9302554	0-0697446	9-8815691	9
42	9-8078687	9-9234748	0-0765252	9-8843938	58	92	9-8119046	9-9303936	0-0696064	9-8815110	8
43	9-8079500	9-9236134	0-0763866	9-8843366	57	93	9-8119847	9-9305318	0-0694682	9-8814529	7
44	9-8080314	9-9237520	0-0762480	9-8842794	56	94	9-8120647	9-9306699	0-0693301	9-8813948	6
45	9-8081127	9-9238905	0-0761095	9-8842222	55	95	9-8121447	9-9308081	0-0691919	9-8813366	5
46	9-8081939	9-9240290	0-0759710	9-8841649	54	96	9-8122247	9-9309463	0-0690537	9-8812784	4
47	9-8082752	9-9241676	0-0758324	9-8841076	53	97	9-8123047	9-9310845	0-0689155	9-8812202	3
48	9-8083564	9-9243061	0-0756939	9-8840503	52	98	9-8123846	9-9312226	0-0687774	9-8811620	2
49	9-8084376	9-9244446	0-0755554	9-8839930	51	99	9-8124645	9-9313608	0-0686392	9-8811038	1
50	9-8085188	9-9245831	0-0754169	9-8839357	50	100	9-8125444	9-9314989	0-0685011	9-8810455	0
Minutes.	COSINUS.	COTANG.	TANGENT.	SINUS.	Minutes.	Minutes.	COSINUS.	COTANG.	TANGENT.	SINUS.	Minutes.

Minutes.	SINUS.	TANGENT.	COTANG.	COSINUS.	Minutes.	Minutes.	SINUS.	TANGENT.	COTANG.	COSINUS.	Minutes.
0	9-8125444	9-9314989	0-0685011	9-8810455	100	50	9-8165066	9-9383975	0-0616025	9-8781090	50
1	9-8126243	9-9316370	0-0683630	9-8809872	99	51	9-8165852	9-9385353	0-0614647	9-8780498	49
2	9-8127041	9-9317752	0-0682248	9-8809289	98	52	9-8166637	9-9386731	0-0613269	9-8779906	48
3	9-8127839	9-9319133	0-0680867	9-8808706	97	53	9-8167423	9-9388109	0-0611891	9-8779314	47
4	9-8128637	9-9320514	0-0679486	9-8808123	96	54	9-8168208	9-9389487	0-0610513	9-8778721	46
5	9-8129435	9-9321895	0-0678105	9-8807540	95	55	9-8168993	9-9390865	0-0609135	9-8778128	45
6	9-8130232	9-9323276	0-0676724	9-8806956	94	56	9-8169778	9-9392243	0-0607757	9-8777535	44
7	9-8131029	9-9324657	0-0675343	9-8806372	93	57	9-8170562	9-9393621	0-0606379	9-8776942	43
8	9-8131826	9-9326038	0-0673962	9-8805788	92	58	9-8171347	9-9394988	0-0605002	9-8776348	42
9	9-8132623	9-9327419	0-0672581	9-8805204	91	59	9-8172131	9-9396376	0-0603624	9-8775755	41
10	9-8133419	9-9328799	0-0671201	9-8804619	90	60	9-8172915	9-9397753	0-0602247	9-8775161	40
11	9-8134215	9-9330180	0-0669820	9-8804035	89	61	9-8173698	9-9399131	0-0600869	9-8774567	39
12	9-8135011	9-9331561	0-0668439	9-8803450	88	62	9-8174481	9-9400508	0-0599492	9-8773973	38
13	9-8135806	9-9332941	0-0667059	9-8802865	87	63	9-8175264	9-9401886	0-0598114	9-8773379	37
14	9-8136602	9-9334322	0-0665678	9-8802280	86	64	9-8176047	9-9403263	0-0596737	9-8772784	36
15	9-8137397	9-9335702	0-0664298	9-8801695	85	65	9-8176830	9-9404640	0-0595360	9-8772190	35
16	9-8138192	9-9337082	0-0662918	9-8801109	84	66	9-8177612	9-9406017	0-0593983	9-8771595	34
17	9-8138986	9-9338463	0-0661537	9-8800523	83	67	9-8178394	9-9407395	0-0592605	9-8771000	33
18	9-8139780	9-9339843	0-0660157	9-8799937	82	68	9-8179176	9-9408772	0-0591228	9-8770404	32
19	9-8140574	9-9341223	0-0658777	9-8799351	81	69	9-8179957	9-9410149	0-0589851	9-8769809	31
20	9-8141368	9-9342603	0-0657397	9-8798765	80	70	9-8180739	9-9411526	0-0588474	9-8769213	30
21	9-8142162	9-9343983	0-0656017	9-8798179	79	71	9-8181520	9-9412902	0-0587098	9-8768617	29
22	9-8142955	9-9345363	0-0654637	9-8797592	78	72	9-8182301	9-9414279	0-0585721	9-8768021	28
23	9-8143748	9-9346743	0-0653257	9-8797005	77	73	9-8183081	9-9415656	0-0584344	9-8767425	27
24	9-8144541	9-9348123	0-0651877	9-8796418	76	74	9-8183862	9-9417033	0-0582967	9-8766829	26
25	9-8145334	9-9349502	0-0650498	9-8795831	75	75	9-8184642	9-9418409	0-0581591	9-8766232	25
26	9-8146126	9-9350882	0-0649118	9-8795244	74	76	9-8185421	9-9419786	0-0580214	9-8765635	24
27	9-8146918	9-9352262	0-0647738	9-8794656	73	77	9-8186201	9-9421163	0-0578837	9-8765038	23
28	9-8147710	9-9353641	0-0646359	9-8794068	72	78	9-8186980	9-9422539	0-0577461	9-8764441	22
29	9-8148501	9-9355021	0-0644979	9-8793480	71	79	9-8187759	9-9423916	0-0576084	9-8763844	21
30	9-8149292	9-9356400	0-0643600	9-8792892	70	80	9-8188538	9-9425292	0-0574708	9-8763246	20
31	9-8150083	9-9357780	0-0642220	9-8792304	69	81	9-8189317	9-9426668	0-0573332	9-8762649	19
32	9-8150874	9-9359159	0-0640841	9-8791715	68	82	9-8190095	9-9428044	0-0571956	9-8762051	18
33	9-8151665	9-9360538	0-0639462	9-8791127	67	83	9-8190873	9-9429421	0-0570579	9-8761453	17
34	9-8152455	9-9361917	0-0638083	9-8790538	66	84	9-8191651	9-9430797	0-0569203	9-8760854	16
35	9-8153245	9-9363296	0-0636704	9-8789949	65	85	9-8192429	9-9432173	0-0567837	9-8760256	15
36	9-8154035	9-9364675	0-0635325	9-8789359	64	86	9-8193206	9-9433549	0-0566451	9-8759657	14
37	9-8154824	9-9366054	0-0633946	9-8788770	63	87	9-8193983	9-9434925	0-0565075	9-8759058	13
38	9-8155614	9-9367433	0-0632567	9-8788180	62	88	9-8194760	9-9436301	0-0563699	9-8758459	12
39	9-8156403	9-9368812	0-0631188	9-8787591	61	89	9-8195537	9-9437677	0-0562323	9-8757860	11
40	9-8157191	9-9370191	0-0629809	9-8787001	60	90	9-8196313	9-9439052	0-0560948	9-8757261	10
41	9-8157980	9-9371570	0-0628430	9-8786410	59	91	9-8197089	9-9440428	0-0559572	9-8756661	9
42	9-8158768	9-9372948	0-0627052	9-8785820	58	92	9-8197865	9-9441804	0-0558196	9-8756061	8
43	9-8159556	9-9374327	0-0625673	9-8785229	57	93	9-8198641	9-9443180	0-0556820	9-8755461	7
44	9-8160344	9-9375705	0-0624295	9-8784639	56	94	9-8199416	9-9444555	0-0555445	9-8754861	6
45	9-8161132	9-9377084	0-0622916	9-8784048	55	95	9-8200191	9-9445931	0-0554069	9-8754261	5
46	9-8161919	9-9378462	0-0621538	9-8783457	54	96	9-8200966	9-9447306	0-0552694	9-8753660	4
47	9-8162706	9-9379841	0-0620159	9-8782865	53	97	9-8201741	9-9448681	0-0551319	9-8753059	3
48	9-8163493	9-9381219	0-0618781	9-8782274	52	98	9-8202515	9-9450057	0-0549943	9-8752458	2
49	9-8164279	9-9382597	0-0617403	9-8781682	51	99	9-8203289	9-9451432	0-0548568	9-8751857	1
50	9-8165066	9-9383975	0-0616025	9-8781090	50	100	9-8204063	9-9452807	0-0547193	9-8751256	0
Minutes.	COSINUS.	COTANG.	TANGENT.	SINUS.	Minutes.	Minutes.	COSINUS.	COTANG.	TANGENT.	SINUS.	Minutes.

54 GRADES.

Minutes.	SINUS.	TANGENT.	COTANG.	COSINUS.	Minutes.	Minutes.	SINUS.	TANGENT.	COTANG.	COSINUS.	Minutes.
0	9-8204065	9-9452807	0-0547193	9-8751256	100	50	9-8242448	9-9521503	0-0478497	9-8720945	50
1	9-8204837	9-9454183	0-0545817	9-8750654	99	51	9-8243210	9-9522876	0-0477124	9-8720334	49
2	9-8205610	9-9455558	0-0544442	9-8750053	98	52	9-8243971	9-9524249	0-0475751	9-8719725	48
3	9-8206383	9-9456933	0-0543067	9-8749451	97	53	9-8244732	9-9525621	0-0474379	9-8719111	47
4	9-8207156	9-9458308	0-0541692	9-8748849	96	54	9-8245493	9-9526993	0-0473007	9-8718499	46
5	9-8207929	9-9459683	0-0540317	9-8748246	95	55	9-8246253	9-9528366	0-0471634	9-8717887	45
6	9-8208701	9-9461058	0-0538942	9-8747644	94	56	9-8247014	9-9529738	0-0470262	9-8717275	44
7	9-8209474	9-9462433	0-0537567	9-8747041	93	57	9-8247774	9-9531111	0-0468889	9-8716663	43
8	9-8210246	9-9463807	0-0536193	9-8746438	92	58	9-8248534	9-9532483	0-0467517	9-8716051	42
9	9-8211017	9-9465182	0-0534818	9-8745835	91	59	9-8249295	9-9533855	0-0466145	9-8715438	41
10	9-8211789	9-9466557	0-0533443	9-8745232	90	60	9-8250053	9-9535227	0-0464773	9-8714825	40
11	9-8212560	9-9467932	0-0532068	9-8744628	89	61	9-8250812	9-9536600	0-0463400	9-8714212	39
12	9-8213331	9-9469306	0-0530694	9-8744025	88	62	9-8251571	9-9537972	0-0462028	9-8713599	38
13	9-8214102	9-9470681	0-0529319	9-8743421	87	63	9-8252329	9-9539344	0-0460656	9 8712986	37
14	9-8214872	9-9472055	0-0527945	9-8742817	86	64	9-8253088	9-9540716	0-0459284	9-8712372	36
15	9-8215642	9-9473430	0-0526570	9-8742213	85	65	9-8253846	9-9542088	0-0457912	9-8711758	35
16	9-8216412	9-9474804	0-0525196	9-8741608	84	66	9-8254604	9-9543460	0-0456540	9-8711144	34
17	9-8217182	9-9476178	0-0593822	9-8741004	83	67	9-8255361	9-9544832	0-0455168	9-8710530	33
18	9-8217952	9-9477553	0-0522447	9-8740399	82	68	9-8256119	9-9546204	0-0453796	9-8709915	32
19	9-8218721	9-9478927	0-0521073	9-8739794	81	69	9-8256876	9-9547575	0-0452425	9-8709301	31
20	9-8219490	9-9480301	0-0519699	9-8739189	80	70	9-8257633	9-9548947	0-0451053	9-8708686	30
21	9-8220259	9-9481675	0-0518325	9-8738584	79	71	9-8258390	9-9550319	0-0449681	9-8708071	29
22	9-8221027	9-9483049	0-0516951	9-8737978	78	72	9-8259146	9-9551691	0-0448309	9-8707456	28
23	9-8221796	9-9484423	0-0515577	9-8737372	77	73	9-8259903	9-9553062	0-0446938	9-8706840	27
24	9-8222564	9-9485797	0-0514203	9-8736766	76	74	9-8260659	9-9554434	0-0445566	9-8706225	26
25	9-8223332	9-9487171	0-0512829	9-8736160	75	75	9-8261414	9-9555805	0-0444195	9-8705609	25
26	9-8224099	9-9488545	0-0511455	9-8735554	74	76	9-8262170	9-9557177	0-0442823	9-8704993	24
27	9-8224866	9-9489919	0-0510081	9-8734948	73	77	9-8262925	9-9558548	0-0441452	9-8704377	23
28	9-8225634	9-9491293	0-0508707	9-8734341	72	78	9-8263680	9-9559920	0-0440080	9-8703761	22
29	9-8226400	9-9492666	0-0507334	9-8733734	71	79	9-8264435	9-9551291	0-0438709	9-8703144	21
30	9-8227167	9-9494040	0-0505960	9-8733127	70	80	9-8265190	9-9562662	0-0437338	9-8702527	20
31	9-8227933	9-9495414	0-0504586	9-8732520	69	81	9-8265944	9-9564034	0-0435966	9-8701910	19
32	9-8228699	9-9496787	0-0503213	9-8731912	68	82	9-8266698	9-9565405	0-0434595	9 8701293	18
33	9-8229465	9-9498161	0-0501839	9-8731305	67	83	9-8267452	9-9566776	0-0433224	9-8700676	17
34	9-8230231	9-9499534	0-0500466	9-8730697	66	84	9-8268206	9-9568147	0-0431853	9-8700058	16
35	9-8230996	9-9500908	0-0499092	9-8730089	65	85	9-8268959	9-9569518	0-0430482	9-8699441	15
36	9-8231762	9-9502281	0-0497719	9-8729480	64	86	9-8269712	9-9570889	0-0429111	9-8698823	14
37	9-8232526	9-9503654	0-0496346	9-8728872	63	87	9-8270465	9-9572260	0-0427740	9-8698205	13
38	9-8233291	9-9505028	0-0494972	9-8728263	62	88	9-8271218	9-9573631	0-0426369	9-8697586	12
39	9-8234055	9-9506401	0-0493599	9-8727653	61	89	9-8271970	9-9575002	0-0424998	9-8696968	11
40	9-8234820	9-9507774	0-0492226	9-8727046	60	90	9-8272722	9-9576373	0-0423627	9-8696349	10
41	9-8235584	9-9509147	0-0490853	9-8726436	59	91	9-8273474	9-9577744	0-0422256	9-8695730	9
42	9-8236347.	9-9510520	0-0489480	9-8725827	58	92	9-8274226	9-9579115	0-0420885	9-8695111	8
43	9-8237111	9-9511893	0-0488107	9-8725217	57	93	9-8274978	9-9580486	0-0419514	9-8694492	7
44	9-8237874	9-9513266	0-0486734	9-8724608	56	94	9-8275729	9-9581856	0-0418144	9-8693872	6
45	9-8238637	9-9514639	0-0485361	9-8723998	55	95	9-8276480	9-9583227	0-0416773	9-8693253	5
46	9-8239400	9-9516012	0-0483988	9-8723388	54	96	9-8277231	9-9584598	0-0415402	9-8692633	4
47	9-8240162	9-9517385	0-0482615	9-8722777	53	97	9-8277981	9-9585968	0-0414032	9-8692013	3
48	9-8240924	9-9518758	0-0481242	9-8722167	52	98	9-8278731	9-9587339	0-0412661	9-8691393	2
49	9-8241686	9-9520130	0-0479870	9-8721556	51	99	9-8279481	9-9588709	0-0411291	9-8690772	1
50	9-8242448	9-9521503	0-0478497	9-8720945	50	100	9-8280231	9-9590080	0-0409920	9-8690152	0
Minutes.	COSINUS.	COTANG.	TANGENT.	SINUS.	Minutes.	Minutes.	COSINUS.	COTANG.	TANGENT.	SINUS.	Minutes.

Minutes.	SINUS.	TANGENT.	COTANG.	COSINUS.	Minutes.	Minutes.	SINUS.	TANGENT.	COTANG.	COSINUS.	Minutes.
0	9-8280251	9-9590080	0-0409920	9-8690132	100	50	9-8317423	9-9658555	0-0341445	9-8658868	50
1	9-8280981	9-9591450	0-0408550	9-8689531	99	51	9-8318161	9-9659923	0-0340077	9-8658238	49
2	9-8281730	9-9592821	0-0407179	9-8688910	98	52	9-8318899	9-9661292	0-0338708	9-8657607	48
3	9-8282479	9-9594191	0-0405809	9-8688288	97	53	9-8319636	9-9662661	0-0337339	9-8656976	47
4	9-8283228	9-9595561	0-0404439	9-8687667	96	54	9-8320373	9-9664029	0-0335971	9-8656344	46
5	9-8283977	9-9596932	0-0403068	9-8687045	95	55	9-8321110	9-9665397	0-0334603	9-8655713	45
6	9-8284725	9-9598302	0-0401698	9-8686424	94	56	9-8321847	9-9666766	0-0333234	9-8655081	44
7	9-8285474	9-9599672	0-0400328	9-8685802	93	57	9-8322583	9-9668134	0-0331866	9-8654449	43
8	9-8286222	9-9601042	0-0398958	9-8685179	92	58	9-8323320	9-9669502	0-0330498	9-8653817	42
9	9-8286969	9-9602412	0-0397588	9-8684557	91	59	9-8324056	9-9660871	0-0329129	9-8653185	41
10	9-8287717	9-9603782	0-0396218	9-8683934	90	60	9-8324791	9-9672239	0-0327761	9-8652552	40
11	9-8288464	9-9605152	0-0394848	9-8683311	89	61	9-8325527	9-9673607	0-0326393	9-8651920	39
12	9-8289211	9-9606522	0-0393478	9-8682688	88	62	9-8326262	9-9674976	0-0325024	9-8651287	38
13	9-8289958	9-9607892	0-0392108	9-8682065	87	63	9-8326997	9-9676344	0-0323656	9-8650654	37
14	9-8290704	9-9609262	0-0390738	9-8681442	86	64	9-8327732	9-9677712	0-0322288	9-8650020	36
15	9-8291451	9-9610632	0-0389368	9-8680818	85	65	9-8328467	9-9679080	0-0320920	9-8649387	35
16	9-8292197	9-9612002	0-0387998	9-8680195	84	66	9-8329201	9-9680448	0-0319552	9-8648753	34
17	9-8292942	9-9613372	0-0386628	9-8679571	83	67	9-8329935	9-9681816	0-0318184	9-8648119	33
18	9-8293688	9-9614742	0-0385258	9-8678946	82	68	9-8330669	9-9683184	0-0316816	9-8647485	32
19	9-8294433	9-9616111	0-0383889	9-8678322	81	69	9-8331403	9-9684552	0-0315448	9-8646851	31
20	9-8295178	9-9617481	0-0382519	9-8677697	80	70	9-8332136	9-9685920	0-0314080	9-8646216	30
21	9-8295923	9-9618851	0-0381149	9-8677073	79	71	9-8332870	9-9687288	0-0312712	9-8645582	29
22	9-8296668	9-9620220	0-0379780	9-8676448	78	72	9-8333603	9-9688656	0-0311344	9-8644947	28
23	9-8297412	9-9621590	0-0378410	9-8675823	77	73	9-8334335	9-9690024	0-0309976	9-8644312	27
24	9-8298157	9-9622959	0-0377041	9-8675197	76	74	9-8335068	9-9691392	0-0308608	9-8643676	26
25	9-8298901	9-9624329	0-0375671	9-8674572	75	75	9-8335800	9-9692759	0-0307241	9-8643041	25
26	9-8299644	9-9625698	0-0374302	9-8673946	74	76	9-8336532	9-9694127	0-0305873	9-8642405	24
27	9-8300388	9-9627068	0-0372932	9-8673320	73	77	9-8337264	9-9695495	0-0304505	9-8641769	23
28	9-8301131	9-9628437	0-0371563	9-8672694	72	78	9-8337996	9-9696863	0-0303137	9-8641133	22
29	9-8301874	9-9629807	0-0370193	9-8672068	71	79	9-8338727	9-9698230	0-0301770	9-8640497	21
30	9-8302617	9-9631176	0-0368824	9-8671441	70	80	9-8339458	9-9699598	0-0300402	9-8639860	20
31	9-8303359	9-9632545	0-0367455	9-8670814	69	81	9-8340189	9-9700966	0-0299034	9-8639224	19
32	9-8304102	9-9633914	0-0366086	9-8670187	68	82	9-8340920	9-9702333	0-0297667	9-8638587	18
33	9-8304844	9-9635284	0-0364716	9-8669560	67	83	9-8341651	9-9703701	0-0296299	9-8637950	17
34	9-8305585	9-9636653	0-0363347	9-8668933	66	84	9-8342381	9-9705068	0-0294932	9-8637312	16
35	9-8306327	9-9638022	0-0361978	9-8668305	65	85	9-8343111	9-9706436	0-0293564	9-8636675	15
36	9-8307068	9-9639391	0-0360609	9-8667677	64	86	9-8343841	9-9707803	0-0292197	9-8636037	14
37	9-8307810	9-9640760	0-0359240	9-8667050	63	87	9-8344570	9-9709171	0-0290829	9-8535399	13
38	9-8308551	9-9642129	0-0357871	9-8666421	62	88	9-8345299	9-9710538	0-0289462	9-8634761	12
39	9-8309291	9-9643498	0-0356502	9-8665793	61	89	9-8346029	9-9711906	0-0288094	9-8634125	11
40	9-8310032	9-9644867	0-0355133	9-8665164	60	90	9-8346757	9-8713273	0-0286727	9-8633484	10
41	9-8310772	9-9646236	0-0353764	9-8664536	59	91	9-8347486	9-9714640	0-0285360	9-8632846	9
42	9-8311512	9-9647605	0-0352395	9-8663907	58	92	9-8348214	9-9716008	0-0283992	9-8632207	8
43	9-8312252	9-9648974	0-0351026	9-8663278	57	93	9-8348943	9-9717375	0-0282625	9-8631568	7
44	9-8312991	9-9650343	0-0349657	9-8662648	56	94	9-8349671	9-9718742	0-0281258	9-8630928	6
45	9-8313730	9-9651711	0-0348289	9-8662019	55	95	9-8350398	9-9720109	0-0279891	9-8630289	5
46	9-8314469	9-9653080	0-0346920	9-8661389	54	96	9-8351126	9-9721477	0-0278523	9-8629649	4
47	9-8315208	9-9654449	0-0345551	9-8660759	53	97	9-8351853	9-9722844	0-0277156	9-8629009	3
48	9-8315947	9-9655817	0-0344183	9-8660129	52	98	9-8352580	9-9724211	0-0275789	9-8628369	2
49	9-8316685	9-9657186	0-0342814	9-8659499	51	99	9-8353307	9-9725578	0-0274422	9-8627729	1
50	9-8317423	9-9658555	0-0341445	9-8658868	50	100	9-8354033	9-9726945	0-0273055	9-8627088	0
Minutes.	COSINUS.	COTANG.	TANGENT.	SINUS.	Minutes.	Minutes.	COSINUS.	COTANG.	SINUS.	TANGENT.	Minutes.

48 GRADES.

Minutes.	SINUS.	TANGENT	COTANG.	COSINUS.	Minutes.	Minutes.	SINUS.	TANGENT.	COTANG.	COSINUS.	Minutes.
0	9-8354033	9-9726945	0-0273055	9-8627088	100	50	9-8390072	9-9795268	0-0204732	9-8594804	50
1	9-8354760	9-9728312	0-0271688	9-8626448	99	51	9-8390787	9-9796634	0-0203366	9-8594153	49
2	9-8355486	9-9729679	0-0270321	9-8625807	98	52	9-8391502	9-9798000	0-6202000	9-8593502	48
3	9-8356212	9-9731046	0-0268954	9-8625166	97	53	9-8392216	9-9799365	0-0200635	9-8592851	47
4	9-8356937	9-9732415	0-0267587	9-8624524	96	54	9-8392931	9-9800731	0-0199269	9-8592199	46
5	9-8357663	9-9733780	0-0266220	9-8623883	95	55	9-8393645	9-9802097	0-0197903	9-8591548	45
6	9-8358388	9-9735147	0-0264853	9-8623241	94	56	9-8384359	9-9803463	0-0196537	9-8590896	44
7	9-8359113	9-9736514	0-0263486	9-8622599	93	57	9-8395072	9-9804829	0-0195171	9-8590244	43
8	9-8359838	9-9737881	0-0262119	9-8621957	92	58	9-8395786	9-9806194	0-0193806	9-8589591	42
9	9-8360562	9-9739248	0-0260752	9-8621314	91	59	9-8396499	9-9807560	0-0192440	9-8580939	41
10	9-8361287	9-9740614	0-0259386	9-8620672	90	60	9-8397212	9-9808926	0-0191074	9-8588286	40
11	9-8362011	9-9741981	0-0258019	9-8620029	89	61	9-8397925	9-9810291	0-0189709	9-8587633	39
12	9-8362734	9-9743348	0-0256652	9-8619386	88	62	9-8398637	9-9811657	0-0188343	9-8586980	38
13	9-8363458	9-9744715	0-0255285	9-8618743	87	63	9-8399350	9-9813023	0-0186977	9-8586327	37
14	9-8364181	9-9746082	0-0253918	9-8618100	86	64	9-8400062	9-9814388	0-0185612	9-8585673	36
15	9-8364905	9-9747448	0-0252552	9-8617456	85	65	9-8400773	9-9815754	0-0184246	9-8585020	35
16	9-8365627	9-9748815	0-0251185	9-8616813	84	66	9-8401485	9-9817120	0-0182880	9-8584366	34
17	9-8366350	9-9750181	0-0249819	9-8616169	83	67	9-8402197	9-9818485	0-0181515	9-8583711	33
18	9-8367073	9-9751548	0-0248452	9-8615525	82	68	9-8402908	9-9819851	0-0180149	9-8583057	32
19	9-8367795	9-9752915	0-0247085	9-8614880	81	69	9-8403619	9-9821216	0-0178784	9-8582402	31
20	9-8368517	9-9754281	0-0245719	9-8614236	80	70	9-8404329	9-9822582	0-0177418	9-8581748	30
21	9-8369239	9-9755648	0-0244352	9-8613591	79	71	9-8405040	9-9823947	0-0176053	9-8581093	29
22	9-8369960	9-9757014	0-0242986	9-8612946	78	72	9-8405750	9-9825313	0-0174687	9-8580438	28
23	9-8370682	9-9758381	0-0241619	9-8612301	77	73	9-8406460	9-9826678	0-0173322	9-8579782	27
24	9-8371403	9-9759747	0-0240253	9-8611655	76	74	9-8407170	9-9828044	0-0171956	9-8579127	26
25	9-8372124	9-9761114	0-0238886	9-8611010	75	75	9-8407880	9-9829409	0-0170591	9-8578471	25
26	9-8372844	9-9762480	0-0237520	9-8610364	74	76	9-8408589	9-9830775	0-0169225	9-8577815	24
27	9-8373565	9-9763847	0-0236153	9-8609718	73	77	9-8409298	9-9832140	0-0167860	9-8577158	23
28	9-8374285	9-9765213	0-0234787	9-8609072	72	78	9-8410007	9-9833505	0-0166495	9-8576502	22
29	9-8375005	9-9766579	0-0233421	9-8608425	71	79	9-8410716	9-9834871	0-0165129	9-8575845	21
30	9-8375725	9-9767946	0-0232054	9-8607779	70	80	9-8411425	9-9836236	0-0165764	9-8575189	20
31	9-8376444	9-9769312	0-0230688	9-8607132	69	81	9-8412133	9-9837601	0-0162399	9-8574532	19
32	9-8377163	9-9770678	0-0229322	9-8606485	68	82	9-8412841	9-9838967	0-0161033	9-8573874	18
33	9-8377882	9-9772045	0-0227955	9-8605838	67	83	9-8413549	9-9840332	0-0159668	9-8573217	17
34	9-8378601	9-9773411	0-0226589	9-8605190	66	84	9-8414256	9-9841697	0-0158303	9-8572559	16
35	9-8379320	9-9774777	0-0225223	9-8604543	65	85	9-8414964	9-9843063	0-0156937	9-8571901	15
36	9-8380038	9-9776143	0-0223857	9-8603895	64	86	9-8415671	9-9844428	0-0155572	9-8571243	14
37	9-8380756	9-9777509	0-0222491	9-8603247	63	87	9-8416378	9-9845793	0-0154207	9-8570585	13
38	9-8381474	9-9778876	0-0221124	9-8602599	62	88	9-8417085	9-9847158	0-0152842	9-8569926	12
39	9-8382192	9-9780242	0-0219758	9-8601950	61	89	9-8417791	9-9848524	0-0151476	9-8569268	11
40	9-8382910	9-9781608	0-0218392	9-8601302	60	90	9-8418498	9-9849889	0-0150111	9-8568609	10
41	9-8383627	9-9782974	0-0217026	9-8600653	59	91	9-8419204	9-9851254	0-0148746	9-8567950	9
42	9-8384344	9-9784340	0-0215660	9-8600004	58	92	9-8419909	9-9852619	0-0147381	9-8567290	8
43	9-8385061	9-9785706	0-0214294	9-8599355	57	93	9-8420615	9-9853984	0-0146016	9-8566631	7
44	9-8385777	9-9787072	0-0212928	9-8598705	56	94	9-8421320	9-9855349	0-0144651	9-8565971	6
45	9-8386494	9-9788438	0-0211562	9-8598056	55	95	9-8422026	9-9856715	0-0143285	9-8565311	5
46	9-8387210	9-9789804	0-0210196	9-8597406	54	96	9-8422731	9-9858080	0-0141920	9-8564651	4
47	9-8387926	9-9791170	0-0208830	9-8596756	53	97	9-8423435	9-9859445	0-0140555	9-8563991	3
48	9-8388641	9-9792536	0-0207464	9-8596105	52	98	9-8424140	9-9860810	0-0139190	9-8563330	2
49	9-8389357	9-9793902	0-0206098	9-8595455	51	99	9-8424844	9-9862175	0-0137825	9-8562669	1
50	9-8390072	9-9795268	0-0204732	9-8594804	50	100	9-8425548	9-9863540	0-0136460	9-8562008	0
Minutes.	COSINUS.	COTANG.	TANGENT.	SINUS.	Minutes.	Minutes.	COSINUS.	COTANG.	TANGENT.	SINUS.	Minutes.

51 GRADES.

Minutes.	SINUS.	TANGENT.	COTANG.	COSINUS.	Minutes.	Minutes.	SINUS.	TANGENT.	COTANG.	COSINUS.	Minutes.
0	9-8425548	9-9863540	0-0136460	9-8562008	100	50	9-8460471	9-9931778	0-0068222	9-8528695	50
1	9-8426232	9-9864905	0-0135093	9-8561547	99	51	9-8461164	9-9933143	0-0066857	9-8528021	49
2	9-8426936	9-9866270	0-0133730	9-8560686	98	52	9-8461857	9-9934508	0-0065492	9-8527349	48
3	9-8427639	9-9867635	0-0132365	9-8560024	97	53	9-8462549	9-9935872	0-0064128	9-8526677	47
4	9-8428362	9-9869000	0-0131000	9-8559362	96	54	9-8463242	9-9937237	0-0062763	9-8526005	46
5	9-8429065	9-9870365	0-0129635	9-8558700	95	55	9-8463934	9-9938601	0-0061399	9-8525333	45
6	9-8429768	9-9871750	0-0128270	9-8558038	94	56	9-8464625	9-9939966	0-0060034	9-8524660	44
7	9-8430471	9-9873095	0-0126905	9-8557376	93	57	9-8465317	9-9941330	0-0058670	9-8523987	43
8	9-8431173	9-9874460	0-0125540	9-8556715	92	58	9-8466008	9-9942695	0-0057305	9-8523314	42
9	9-8431875	9-9875825	0-0124175	9-8556050	91	59	9-8466699	9-9944059	0-0055941	9-8522640	41
10	9-8432577	9-9877190	0-0122810	9-8555387	90	60	9-8467390	9-9945424	0-0054576	9-8521967	40
11	9-8433278	9-9878555	0-0121445	9-8554724	89	61	9-8468081	9-9946788	0-0053212	9-8521295	39
12	9-8433980	9-9879920	0-0120080	9-8554060	88	62	9-8468772	9-9948153	0-0051847	9-8520619	38
13	9-8434681	9-9881285	0-0118715	9-8553397	87	63	9-8469462	9-9949517	0-0050483	9-8519945	37
14	9-8435382	9-9882649	0-0117351	9-8552733	86	64	9-8470152	9-9950881	0-0049119	9-8519270	36
15	9-8436083	9-9884014	0-0115986	9-8552069	85	65	9-8470842	9-9952246	0-0047754	9-8518596	35
16	9-8436783	9-9885379	0-0114621	9-8551404	84	66	9-8471531	9-9953610	0-0046390	9-8517921	34
17	9-8437484	9-9886744	0-0113256	9-8550740	83	67	9-8472221	9-9954975	0-0045025	9-8517246	33
18	9-8438184	9-9888109	0-0111891	9-8550075	82	68	9-8472910	9-9956339	0-0043661	9-8516571	32
19	9-8438884	9-9889474	0-0110526	9-8549410	81	69	9-8473599	9-9957704	0-0042296	9-8515895	31
20	9-8439583	9-9890838	0-0109162	9-8548745	80	70	9-8474288	9-9959068	0-0040932	9-8515220	30
21	9-8440283	9-9892203	0-0107797	9-8548080	79	71	9-8474976	9-9960433	0-0039567	9-8514544	29
22	9-8440982	9-9893568	0-0106432	9-8547414	78	72	9-8475664	9-9961797	0-0038203	9-8513868	28
23	9-8441681	9-9894933	0-0105067	9-8546748	77	73	9-8476353	9-9963161	0-0036839	9-8513191	27
24	9-8442380	9-9896298	0-0103702	9-8546082	76	74	9-8477040	9-9964526	0-0035474	9-8512515	26
25	9-8443078	9-9897662	0-0102338	9-8545416	75	75	9-8477728	9-9965890	0-0034110	9-8511838	25
26	9-8443777	9-9899027	0-0100973	9-8544750	74	76	9-8478416	9-9967255	0-0032745	9-8511161	24
27	9-8444475	9-9900392	0-0099608	9-8544083	73	77	9-8479103	9-9968619	0-0031381	9-8510484	23
28	9-8445173	9-9901757	0-0098243	9-8543416	72	78	9-8479790	9-9969983	0-0030017	9-8509806	22
29	9-8445870	9-9903121	0-0096879	9-8542749	71	79	9-8480477	9-9971348	0-0028652	9-8509129	21
30	9-8446368	9-9904486	0-0095514	9-8542082	70	80	9-8481163	9-9972712	0-0027288	9-8508451	20
31	9-8447265	9-9905851	0-0094149	9-8541414	69	81	9-8481850	9-9974077	0-0025923	9-8507773	19
32	9-8447962	9-9907215	0-0092785	9-8540747	68	82	9-8482536	9-9975441	0-0024559	9-8507095	18
33	9-8448659	9-9908580	0-0091420	9-8540079	67	83	9-8483222	9-9976806	0-0023194	9-8506416	17
34	9-8449356	9-9909945	0-0090055	9-8539411	66	84	9-8483908	9-9978170	0-0021830	9-8505738	16
35	9-8450052	9-9911309	0-0088691	9-8538743	65	85	9-8484593	9-9979534	0-0020466	9-8505059	15
36	9-8450748	9-9912674	0-0087326	9-8538074	64	86	9-8485278	9-9980899	0-0019101	9-8504380	14
37	9-8451444	9-9914039	0-0085961	9-8537405	63	87	9-8485963	9-9982263	0-0017737	9-8503700	13
38	9-8452140	9-9915403	0-0084597	9-8536736	62	88	9-8486648	9-9983627	0-0016373	9-8503021	12
39	9-8452835	9-9916768	0-0083232	9-8536067	61	89	9-8487333	9-9984992	0-0015008	9-8502341	11
40	9-8453531	9-9918133	0-0081867	9-8535398	60	90	9-8488017	9-9986356	0-0013644	9-8501661	10
41	9-8454226	9-9919497	0-0080503	9-8534728	59	91	9-8488702	9-9987721	0-0012279	9-8500981	9
42	9-8454920	9-9920862	0-0079138	9-8534059	58	92	9-8489386	9-9989085	0-0010915	9-8500301	8
43	9-8455615	9-9922227	0-0077773	9-8533389	57	93	9-8490069	9-9990449	0-0009551	9-8499620	7
44	9-8456309	9-9923591	0-0076409	9-8532718	56	94	9-8490753	9-9991814	0-0008186	9-8498959	6
45	9-8457004	9-9924956	0-0075044	9-8532048	55	95	9-8491436	9-9993178	0-0006822	9-8498258	5
46	9-8457698	9-9926320	0-0073680	9-8531577	54	96	9-8492120	9-9994543	0-0005457	9-8497577	4
47	9-8458391	9-9927685	0-0072315	9-8530707	53	97	9-8492802	9-9995907	0-0004093	9-8496896	3
48	9-8459085	9-9929049	0-0070951	9-8530036	52	98	9-8493485	9-9997271	0-0002729	9-8496214	2
49	9-8459778	9-9930414	0-0069586	9-8529364	51	99	9-8494168	9-9998636	0-0001364	9-8495532	1
50	9-8460471	9-9931778	0-0068222	9-8528693	50	100	9-8494850	0-0000000	0-0000000	9-8494850	0
Minutes.	COSINUS.	COTANG.	TANGENT.	SINUS.	Minutes.	Minutes.	COSINUS.	COTANG.	TANGENT.	SINUS.	Minutes.

50 GRADES.

LAVIS DES PLANS.

DÉFINITION.

Le lavis est l'art de donner, sur le plan, à chaque espèce de terrain, une teinte conforme à sa nature, pour le distinguer des autres cultures.

COLORISATION.

La décomposition d'un rayon solaire fournit dans le spectre sept couleurs distinctes, qui sont : le *violet*, l'*indigo*, le *bleu*, le *vert*, le *jaune*, l'*orangé*, le *rouge*; et on les appelle généralement couleurs primitives : on peut dire cependant que le *bleu*, le *jaune* et le *rouge* sont les seules couleurs réellement primitives, car elles suffisent pour reproduire toutes les autres. Le blanc est la réunion des sept couleurs, ou la couleur des rayons solaires; le noir est l'absolue privation de cette lumière.

Les blancs que l'on trouve dans le commerce ne sont point l'assemblage de toutes les couleurs ; ce sont des préparations naturelles ou chimériques dont les fonctions se bornent à réfléchir la lumière, sans lui faire subir aucune modification de l'espèce de celle qui offre des couleurs; tandis que les noirs absorbent et éteignent l'intensité lumineuse des autres couleurs.

BLANCS.

Les matières qui fournissent ordinairement le blanc sont : le sous-carbonate de plomb et le sous-carbonate de chaux. Les blancs formés avec le sous-carbonate de plomb sont le *blanc de plomb* et le *blanc d'argent*, que l'on désigne quelquefois dans le commerce sous les noms de *céruse*, *blanc en écailles*, *blanc de Krems* (1); les blancs formés avec le sous-carbonate de chaux sont : le *blanc de craie*, *d'Espagne*, *de Bougival*, *de Meudon*. Ces blancs ne sont que de la craie.

Le céruse est, ainsi que le *blanc de perle*, un mélange de blanc de plomb ou d'argent avec un blanc de craie. Le *blanc d'argent* n'est qu'un blanc de plomb de première qualité.

Le *céruse de Mulhouse* est le résidu du mordant rouge des fabricans d'indiennes; elle est souvent employée pour falsifier le véritable céruse.

BLEUS.

Les substances qui fournissent ordinairement le bleu, l'offrent aussi sous des nuances extrêmement variées; mais les couleurs bleues se remarquent particulièrement en ce que celles qui sont les plus pures, et qui ont le plus de brillant, sont en même temps celles qui ont le plus de fixité.

(1) Ville près de Vienne, en Autriche.

Les *bleus* dont on fait le plus fréquent usage dans la peinture, sont l'*outremer*, le *bleu de Colbalt*, le *bleu de Prusse*, le *bleu minéral*, l'*indigo*, la *cendre bleue* et les différentes espèces d'*azur*.

On nomme *bleu de Prusse* une couleur bleue qui fut découverte accidentellement à Berlin par un fabricant de couleurs et un pharmacien de cette ville. Le procédé resta caché plus de vingt ans. Le bleu de Prusse est regardé comme une combinaison d'acide hydrocianique et d'oxide de fer au minimum et au maximum d'oxidation.

L'*indigo* est une substance qui n'a encore été trouvée que dans un très-petit nombre de plantes appartenant à la famille des légumineuses, et c'est surtout du genre *indigo-fera* qu'on l'extrait. Ce genre renferme plusieurs espèces qui, probablement, sont toutes susceptibles de fournir l'indigo. Celles d'où on le tire sont cultivées aux Indes-Orientales, en Egypte, et dans les colonies de l'Amérique.

JAUNES.

Les jaunes sont fournis par un grand nombre de substances, dont les unes se trouvent dans la nature et dont les autres sont fournies par l'art; l'*ocre jaune*, la *terre de Sienne naturelle* et le *jaune de mars*, sont des couleurs que l'on retire du fer. Le *jaune de Naples*, *de chrôme*, *de gomme-gutte*, etc., sont des couleurs que l'on fabrique artificiellement à l'aide de l'antimoine, du plomb, du chrôme et de l'arsenic.

Le *jaune de Naples* est une combinaison particulière de plomb, d'antimoine et de chaux provenant des laves du mont Vésuve.

Le *jaune de gomme-gutte* s'obtient en exposant à l'action d'une chaleur rouge obscur un mélange de 250 grammes d'acide arsénieux et 281 grammes de litharge. La matière entre en fusion, et l'on obtient un vert d'un beau jaune, que l'on réduit ensuite en poudre. Le *jaune de chrôme* est un sel d'une belle couleur jaune, provenant d'une dissolution de sel de Saturne et de bichromate de potasse.

NOIRS.

Les noirs sont en général ceux de tous les corps qui absorbent le plus de lumière, et qui, par conséquent en réfléchissent le moins. Les noirs dont on fait le plus d'usage, sont : ceux d'*Allemagne*, de *bougie*, de *fumée*, d'*ivoire*, de *vigne*, etc.

Le *noir d'Allemagne* est de la lie de vin brûlée,

60*

lavée ensuite dans l'eau, puis broyée. La combustion d'un grand nombre de substances végétales et animales est susceptible de produire du *noir de fumée*, et ce noir, qu'on peut recueillir de la mèche d'une lampe, d'une chandelle, d'une bougie, etc., prend ordinairement le nom des substances dont on la retire.

Le *noir d'ivoire* se fait avec des morceaux d'ivoire renfermés dans un creuset ou pot de terre luté avec de la terre à potiers.

ROUGES.

Les *rouges*, dont les nuances éclatantes varient jusqu'à l'infini, sont en général fournis à la peinture par le fer, le mercure, la cochenille et la garance.

Les *ocres rouges* doivent leur colorisation au fer; le *cinabre* et le *vermillon* sont des combinaisons naturelles ou artificielles de mercure et de souffre; les *carmins* et les *laques rouges* sont fournis par la cochenille et par la garance.

Le *cinabre* est, à l'état natif, une substance minérale, ou mine de mercure, dure, compacte, cristaline, très-rouge, composée de mercure et de soufre intimement unis et sublimés par l'action du feu.

Le *vermillon* le plus estimé nous vient de la Chine; le plus commun est du cinabre artificiel, réduit en poudre, lavé et séché. Le bon vermillon est très-solide et résiste à presque tous les agens.

La *cochenille* est un petit insecte qui nous vient du Mexique, où il vit sur différentes espèces d'*opuntia:* la belle cochenille, quand elle a été bien séchée et conservée d'une manière convenable, doit être d'une couleur grise inclinant au pourpre. Le *carmin* est le résidu de la graisse de la cochenille traité par l'alcool bouillant, et ensuite par l'alcool froid et l'éther.

Le *violet* est la couleur la plus rare. Elle ne consiste guère que dans le violet produit par l'or et celui formé par des oxides de fer.

VERTS.

On connaît, sous la dénomination générale de *verts*, différentes substances, telles que le *vert-de-gris*, le *vert de montagne*, la *cendre verte*, le *vert de vessie*, etc. Le cuivre, l'arsenic, et quelques végétaux sont les substances qui fournissent les nuances différentes de vert.

Le *vert-de-gris* se fabrique ordinairement à Montpellier ou dans les environs; c'est un poison très-violent et bien connu, on ne saurait trop prendre de précaution, soit pour la fabrication, soit pour l'emploi de cette matière colorante.

Le *vert de montagne* est le cuivre carbonaté mélangé de matières terreuses. La *cendre verte* est de la chaux vive et du sulfate de cuivre.

Le *vert de vessie* est une belle couleur; on la nomme ainsi parce que c'est dans des vessies de cochon ou de bœuf que, dans sa préparation, on la suspend dans la cheminée ou dans un lieu chaud, pour l'y laisser durcir et la garder. On fait aussi ce *vert* avec le fruit d'un arbrisseau appelé *ner prun*, ou *noir prun*, ou *bourg-épine*.

ENCRE DE CHINE.

L'*encre de Chine* doit être de bonne qualité; celle que l'on cherche à imiter est généralement mauvaise, et sent presque toujours le noir de fumée, parce que ce n'est que des noyaux de pêches brûlés et réduits en poudre.

Pour reconnaître la bonne qualité de l'encre, frottez le bout du pain sur l'ongle mouillé; si la teinte est terne et graveleuse, l'encre ne vaut rien; si, au contraire, elle est brillante, unie et d'un reflet azuré, l'encre est bonne. Cette première épreuve n'est pas concluante. Voici une autre manière de la vérifier: frottez votre pain d'encre dans un petit vase où vous aurez mis un peu d'eau, et quand l'encre sera épaisse, faites sur le papier quelques traits fortement indiqués; quand ils seront secs, passez dessus une couche d'eau avec le pinceau; votre encre sera bonne, si les traits ne subissent aucune altération.

L'encre de Chine la plus recherchée est celle dite du *Grand Mandarin;* elle est dure, cassante et luisante.

On délaie l'encre de Chine, en la frottant légèrement sur le fond d'un petit vase appelé *godet,* dans lequel on met un peu d'eau bien claire, jusqu'à ce qu'elle soit assez noire. Il faut avoir soin que rien ne dépose dans l'encre dont on se sert, et il est essentiel d'en faire de la nouvelle chaque jour, avant de commencer à travailler.

PINCEAUX.

Les *pinceaux* sont le plus ordinairement faits avec du poil de *blaireau*, de *martre* et de *petit-gris.* On les renferme dans des tuyaux de plume de toute grosseur, depuis celle de la plume de cygne jusqu'à celle de la plume d'alouette. Les bons pinceaux sont ceux dont tous les poils se réunissent naturellement en une pointe très-fine, lorsqu'on les mouille légèrement avec les lèvres. Il convient d'avoir autant de pinceaux que l'on a de couleurs différentes à employer, et pour les conserver on a le soin, lorsqu'on cesse de s'en servir, de les agiter dans de l'eau claire, d'en faire sortir l'eau en les prenant légèrement avec les doigts, et de les essuyer ensuite avec un linge fin ou du papier non collé; on les laisse sécher avant de les remettre dans la boîte, où on les place de manière à ce que la pointe ne soit pas exposée à être rebroussée.

Il y a des dessinateurs qui n'emploient le plus souvent que deux pinceaux, l'un constamment rempli d'eau, soit pour réparer un accident, soit pour affaiblir une teinte trop foncée; et l'autre pour poser les teintes. Alors ils ont le soin de laver ce dernier pinceau chaque fois qu'ils changent la teinte.

MANIÈRE D'APPLIQUER LES COULEURS.

Lorsqu'un plan est mis au trait, on donne à chaque objet qu'il représente la couleur qui lui convient. Les couleurs dont on fait le plus d'usage, sont : le *carmin*, la *terre de Sienne*, la *sépia*, la *gomme gutte*, le *rouge brun*, le *minimium* et le *bleu d'indigo* ou *de Prusse*.

On trouve dans le commerce toutes ces couleurs préparées en tablettes; il suffit, pour s'en servir, de les délayer avec de l'eau très-pure, dans des godets; on frotte légèrement chaque couleur sur le fond du vase qui doit la contenir; toutefois il faut toujours avoir le soin de faire toujours les teintes un peu moins fortes que celles qu'on veut imiter, attendu que l'eau s'évaporant continuellement, augmente l'intensité des teintes que l'on avait d'abord préparées.

Ces teintes doivent être essayées sur un morceau de papier bien collé, et l'on augmente ou diminue la quantité d'eau dans laquelle on a délayé la couleur, selon que la teinte est trop forte ou trop faible.

S'il arrivait qu'on ait posé une teinte trop forte sur le plan, il faudrait, avant qu'elle fût entièrement sèche, tremper dans de l'eau claire un pinceau propre, et en frotter légèrement la partie trop chargée; ensuite, avec un pinceau sec, enlever proprement cette couleur, en ayant le soin d'essuyer le pinceau.

Pour bien étendre une teinte plate, il faut autant que possible qu'elle soit posée sans interruption, et avoir le soin que la pointe du pinceau ne dépasse pas les lignes.

Quand on arrive dans un angle, on forme la pointe du pinceau en l'essuyant sur le bord du godet, puis avec cette pointe, on étend la couleur qui était restée dans l'angle.

Enfin, lorsque le pinceau ne contient pas assez de couleur pour couvrir toute la figure, il ne faut pas attendre qu'il n'en contienne plus pour en prendre de nouvelle, sans quoi celle-ci ne se lierait pas bien avec la première.

Quand un plan doit être dessiné, toutes les teintes de fond doivent être posées avant de travailler les différens objets qui s'y trouvent, après toutefois avoir passé ce plan au trait.

Voici la manière de *gommer les couleurs* lorsqu'elles ont besoin de l'être: on prend un morceau de gomme arabique bien blanche et bien nette, que l'on délaie dans de l'eau et qu'on laisse épaissir comme un sirop.

On met dans la couleur que l'on veut gommer, une quantité suffisante de cette eau ainsi préparée, pour qu'elle devienne très-épaisse, et quand cette couleur est sèche et que l'on veut s'en servir, on la délaie avec un peu d'eau claire, puis on l'emploie comme à l'ordinaire. La couleur qui n'est pas assez gommée s'enlève avec un peu d'eau ou avec une mie de pain.

TEINTES CONVENTIONNELLES ADOPTÉES POUR LES PLANS MINUTES OU NOUVEAUX.

Le numéro 598 indique les procédés que l'on doit suivre pour ombrer à la plume.

Les ombres se font aussi avec le pinceau, chargé d'une couleur que l'on met du côté opposé au jour, et l'on adoucit, en diminuant la force de la couleur, jusqu'à ce qu'elle se réduise à rien : pour cela, on a un pinceau chargé d'eau claire, on le promène le long du bord de la couleur sur laquelle on prend un peu, puis on fait aller ce pinceau d'un bout à l'autre de la couleur en décolorant, toujours en renouvelant l'eau, si cela est nécessaire, jusqu'à ce que la teinte ne paraisse plus de ce côté.

BOIS ET FORÊTS.

Les numéros 599, 600 et 601, donnent la manière de dessiner les arbres isolés, les bois et les forêts. Pour laver les bois et les forêts, on emploie l'indigo et la gomme-gutte, en faisant dominer celle-ci. *Voy. le modèle* (A), planche 21.

BOIS MARÉCAGEUX.

Les bois marécageux se lavent comme les précédens, en indiquant et lavant les plaques d'eau qui s'y trouvent. *Voyez le modèle* (B).

BROUSSAILLES.

Les broussailles se lavent plus vertes que les bois, en faisant paraître des nuances. *Voyez le modèle* (C).

VIGNES.

Le numéro 602 indique le dessin des vignes au moyen de la plume. On représente les vignes en mettant une teinte plate, couleur de chair peu foncée, qui se fait avec le carmin et la gomme-gutte. *Voyez le modèle* (D).

FRICHES.

Le numéro 605 indique la manière de dessiner les friches et les bruyères à la plume. Les fiches se lavent avec du vert de vessie nuancé sur le fond. *Voyez le modèle* (E).

BRUYÈRES.

Les bruyères se lavent d'une teinte rousse nuancée de vert-jaune. *Voyez la Caze* (F).

BRUYÈRES HUMIDES.

Les bruyères humides se lavent comme les précédentes, mais en indiquant un peu de flaques bleuâtres. *Voy. le modèle* (G).

PRÉS.

Le numéro 606 indique la manière de dessiner les

prés, les marais et les landes. Les prés se lavent avec un vert gai, composé de gomme-gutte et d'indigo, en faisant dominer cette dernière. *Voyez le modèle* (H).

PRÉS HUMIDES.

La teinte des prés humides exige des apparences de flaques bleuâtres sur un fond semblable au précédent. *Voyez le modèle* (I).

MARAIS.

Les marais se lavent comme les prés, en ajoutant un bleu léger; les flaques d'eau sont ensuite ondulées horizontalement, mais irrégulièrement, avec du bleu faible. *Voyez le modèle* (J).

LANDES.

Les landes se lavent en brindillant sur le fond des nuances vertes plus ou moins jaunâtres. *Voyez le modèle* (K).

TOURBIÈRES.

Le dessin des tourbières et des rizières à la plume, est indiqué au numéro 607. La teinte adoptée pour les tourbières est encore celle des prés, excepté les cavités qui sont d'un bleu clair. *Voyez le modèle* (L).

RIZIÈRES.

Les rizières se lavent comme les tourbières, en mettant les petits fossés en bleu faible. *Voy. le mod.* (M).

VERGERS.

Le numéro 608 indique la manière de dessiner les vergers et les terres labourables. Les vergers se lavent d'un vert moins jaune que celui des bois, et moins vert que celui des prés; cependant la teinte jaunâtre doit dominer. *Voyez le modèle* (N).

VERGERS HUMIDES.

Les vergers humides se lavent comme les précédens, mais en y ajoutant quelques flaques ou nuances bleuâtres. *Voyez le modèle* (O).

TERRES LABOURABLES.

Les terres labourables se lavent avec la terre de Sienne, à laquelle on ajoute un peu d'encre de Chine si le terrain est en pente. *Voyez le modèle* (P).

TERRES HUMIDES.

Les terres humides se lavent comme les précédentes, mais on y ajoute quelques faibles nuances bleues. *Voyez le modèle* (Q).

MERS.

Le numéro 609 indique la marche qu'il faut suivre pour dessiner à la plume les mers, les rivières, les canaux et les étangs. La mer se lave avec une teinte bleue verdâtre. *Voyez le modèle* (R).

RIVIÈRES.

Les rivières et les ruisseaux qui coulent continuellement, se lavent avec du bleu d'indigo très-léger. Si la rivière a un peu de largeur, on met la couleur d'eau seulement du côté opposé au jour, et on l'adoucit vers l'autre côté. *Voyez le modèle* (S).

LACS ET ÉTANGS.

Les lacs et étangs se lavent comme les rivières; on renforce les bords du côté de l'ombre avec une teinte bleue, appliquée le long du bord et adoucie vers le milieu. *Voyez le modèle* (T).

SABLES.

Les sables se dessinent à la plume, comme il est indiqué au numéro 611. Ils se lavent en teinte plate couleur aurore, avec de la gomme-gutte et une pointe de carmin. *Voyez le modèle* (U).

VASE.

La vase se lave à l'encre de Chine très-pâle, à laquelle on ajoute un peu de gomme-gutte et de carmin. *Voyez le modèle* (V).

BATIMENS RURAUX.

La surface de chaque bâtiment se lave d'une teinte plate de carmin pâle, et l'on pose ordinairement sur cette teinte, du côté opposé au jour, un filet de carmin plus fort, pour représenter l'ombre. *Voyez le modèle* (X).

ÉDIFICES PUBLICS.

Les édifices publics se lavent par une teinte plus foncée, de carmin ou d'indigo, selon que la couverture est en tuiles ou en ardoises. Ces édifices étant le plus souvent couverts en ardoises, nous avons indiqué la teinte bleue *dans le modèle* (Y).

CHEMINS CREUX ET RAVINS.

Les chemins creux et les ravins s'expriment avec une couleur composée d'encre de Chine et de carmin; plus le chemin est creux, plus la couleur doit être foncée. *Voyez le modèle* (Z).

ROCHERS.

Les rochers se dessinent en s'efforçant d'en saisir le caractère; puis on lave le côté de l'ombre avec une teinte faite d'encre de Chine et de gomme-gutte. On indique les cassures avec la même teinte beaucoup plus forte. Le côté de la lumière reçoit quelques coups bleuâtres.

MONTAGNES.

Les montagnes se lavent comme les rochers: on adoucit la teinte du haut vers le bas, pour imiter la pente; le côté opposé à la lumière est plus intense.

Je n'insisterai pas davantage sur la manière d'exprimer toutes ces choses, parce que la pratique, et surtout un bon maître, apprendront plus que tout ce que l'on pourrait dire à cet égard.

LOIS ET FORMULES

les plus usitées dans l'Arpentage.

Il n'y a plus d'*arpenteurs-jurés.* On voit aujourd'hui un grand nombre d'individus qui ne connaissent pas même les premiers élémens de la géométrie, exercer la profession d'*arpenteur*, et usurper la confiance des propriétaires crédules que ces individus entraînent souvent dans des contestations et même dans des procès ruineux, en mettant en œuvre des procédés vicieux qui reposent sur une routine que n'admettent point les principes de l'art. *Tout le monde a donc le droit d'exercer cette profession?*

Il serait à désirer que le gouvernement, dont la sollicitude s'étend à tout ce qui peut contribuer au bien général et particulier des citoyens, remît en vigueur les ordonnances de nos anciens rois touchant les *arpenteurs et l'arpentage*, afin de prévenir ces abus qui nuisent à la société en même temps qu'ils tendent à avilir une profession honorable, et à affaiblir la confiance que ceux qui l'exercent, sous le rapport des principes, doivent inspirer.

De semblables arpenteurs ne sont sans doute considérés que comme experts aux yeux de la loi; ainsi les opérations qu'ils sont chargés de faire par autorité de justice, sont réglées par les articles 302 et suivans du code de procédure civile, au titre *des rapports d'experts.* L'arpenteur nommé arbitre doit aussi observer les formalités déterminées aux articles 1003 et suivans du code de procédure civile, au titre *de l'arbitrage.*

FORMALITÉS A REMPLIR DANS LES BORNAGES AMIABLES.

Le bornage des propriétés contiguës doit être fait dans l'état de la possession actuelle des propriétaires, et il n'y a lieu à arpentage, pour déterminer où doivent être placées les bornes, qu'en cas de revendications de la part d'un des propriétaires.

S'il y a revendication, et qu'il résulte de l'arpentage qu'un des propriétaires possède une quantité de terrain plus grande que celle énoncée par ses titres, et l'autre une quantité plus petite, le bornage devra se faire de la manière suivante:

Premier cas. Si la quantité excédante est égale à celle manquante, il n'y a aucune difficulté, *on rendra au dernier ce que l'autre aura de trop.*

Second cas. Mais si la quantité excédante est plus grande que celle manquante, ou s'il y avait moins que celle portée aux titres, *le terrain manquant, ou l'excédant, devra être partagé au* prorata *de leur quantité respective, en participant au gain comme à la perte, chacun proportionnellement à leur contenance;* c'est l'avis de célèbres jurisconsultes.

L'article 646 du code civil dit: *Tout propriétaire peut obliger son voisin au bornage de leurs propriétés contiguës. Le bornage se fait à frais communs.* Mais s'il donne lieu à quelques contestations, c'est à celui qui succombe à payer les frais de la contestation.

Personne n'a pas le droit de borner soi-même sa propriété, sans la participation et hors de la présence des parties intéressées.

Si l'un borne en l'absence de son voisin, celui-ci peut le suivre devant le juge-de-paix, comme coupable de voies de fait. Voyez aussi le numéro 456 du code pénal, relativement à celui qui arracherait une borne plantée par autorité de justice.

Les arpenteurs chargés de procéder à un bornage amiable, doivent, dans le cas où il s'éleverait des difficultés, engager les parties à compromettre, et rédiger un compromis, afin de les lier.

Le compromis pourra être fait d'après les articles 1005, 1004, 1007, 1608, 1012, 1013 et 1014 du code de procédure.

La forme et l'exécution des jugemens arbitraux se règlent d'après les articles 1016, 1017, 1018, 1019, 1020, 1021 et 1022 du code de procédure.

Les articles 1023, 1024, 1025, 1026, 1027 et

1028 de ce même code, indiquent la manière de se pourvoir contre les jugemens arbitraux.

FORMULES POUR LES BORNAGES AMIABLES, COMPROMIS OU NOMINATION D'ARBITRES POUR UNE LIMITE DE TERRAIN.

L'an mil huit cent quarante-...... le.......... par-devant nous R.......... arpenteur-géomètre, demeurant à.... canton d....., sont comparus les sieurs A.... demeurant à..., B... demeurant à.. C... demeurant à...., D... demeurant à...

Lesquels nous ont exposé, afin de maintenir la bonne intelligence qui existe entre eux, qu'ils désiraient qu'il fût procédé à l'arpentage et bornage des immeubles dont la désignation suit :

1°. *Une pièce de terre labourable, appartenant au sieur A....., contenant, d'après ses titres de propriété, 000 ares, 00 centiares, située à.., lieudit.. tenant d'un côté au levant à..., au couchant à..., au midi à...., et au nord à....*

2°. *Une autre pièce de terre labourable, appartenant au sieur B...., etc.*

3°. *Une pièce de terre labourable, appartenant au sieur B....., etc.*

4°. *Et une pièce de bois taillis, appartenant au sieur D.....*

En conséquence, lesdits sieurs A....., B...... C...., D...., nous ont, par ces présentes, nommé seul et unique arbitre, pour procéder à ce bornage, en qualité d'amiable compositeur, sans être astreint à suivre les règles du droit.

Ils nous donnent pouvoir de juger sur chaque point des contestations qui pourraient s'élever au sujet de cette opération, en premier ressort seulement, ou bien *en premier et dernier ressort définitivement, irrévocablement; pour quoi ils renoncent à se pourvoir contre notre jugement, par appel, requête civile et recours en cassation.*

Les parties nous autorisent à fixer les limites de leurs propriétés, immédiatement après notre visite des lieux; par conséquent, dans le cas où elles auraient quelques observations à faire à cet égard, elles seront tenues de s'expliquer, sur les lieux contentieux, avant la clôture de nos opérations.

Et ont les parties comparantes signé après lecture faite.

Les signatures A.... B.... C.... D.....

Nous R..... arbitre soussigné, ayant accepté la mission à nous proposée, en avons donné acte aux parties et nous sommes transporté de suite à l'endroit où les propriétés à borner sont situées, à l'effet de procéder aux opérations ci-dessus requises.

Signature R.......

PROCÈS-VERBAL QUI PEUT ÊTRE JOINT AU COMPROMIS.

Et ledit jour à 0 heure......

En vertu du compromis ci-dessus souscrit par les sieurs A......, B......, C......, D......, il a été, en leur présence, par nous arbitre soussigné, procédé au bornage des pièces de terres désignées dans ce compromis.

N'ayant pu, d'après notre visite des lieux, reconnaître l'emplacement des anciennes bornes, ni les limites apparentes, nous avons pensé, dans cette circonstance, qu'il était de toute justice d'en placer de nouvelles, de manière que chaque division soit proportionnelle aux contenances des parcelles.

En conséquence, nous avons procédé immédiatement à la levée du plan général des propriétés à borner, et après avoir vaqué à ce que dessus, depuis 0 heure jusqu'à 0 heure; cette opération se trouvant terminée, nous nous sommes ajourné le.......... à 0 heure, pour la continuation de nos autres opérations et avons signé.

Signature R......

CONTINUATION DU PROCÈS-VERBAL.

Et le........ à 0 heure de......

Nous, arbitre soussigné, en présence desdits sieurs A........, B........, C........, D........, ou bien, si une des parties n'était pas présente, *et en l'absence du sieur, avons repris les opérations commencées par le procès-verbal des autres parts.*

D'après l'ensemble de notre arpentage et de nos calculs, il en est résulté :

1°. *Que la masse des propriétés à borner contenait 000 ares, au lieu de 000 ares, que s'élève la récapitulation des titres de propriété;*

2°. *Que la première partie D J H I* (*) *appartenant*

---

[*] Ces dimensions sont supposées prises dans le plan général de la masse.

au sieur A........ devait contenir 000 ares au lieu de 000 ares que porte son titre de propriété, et que les largeurs des côtés D J et H I étaient, la première de 00 décamètres, la seconde de 00 décamètres.

3°. *Que la seconde partie J H L M, appartenant au sieur B..... devait contenir etc., etc.*

4°. *Que la troisième partie, etc., etc.*

5°. *Enfin que la quatrième et dernière partie, etc.*

En conséquence, à tous les points de division, D, J, E, F, ci-dessus désignés, nous avons fait planter des bornes, et déclaré aux parties que ces points étaient les limites de leurs propriétés respectives, que nous avons arrêtées irrévocablement en premier ressort, ou bien *en premier et dernier ressort, et, quant aux frais, ils seront, conformément à l'article* 646 *du code civil, payés en commun.*

Nous leur avons de plus déclaré que la minute de cet acte, ainsi que celle du plan général des lieux, seraient par nous déposés au greffe du tribunal de première instance de....... dans le délai prescrit par l'article 1020 *du code de procédure civile, pour être rendus exécutoires par M. le président du tribunal.*

Il a été vaqué à ce que dessus, depuis 0 *heure jusqu'à* 0 *heure; ce fait, nos opérations se trouvant terminées, avons clos, arrêté et signé le présent procès-verbal.*

Signature R........

N. B. Les plans annexés aux procès-verbaux d'arbitres doivent être expédiés sur papier timbré, et signés d'eux.

DÉPOT DE L'ARBITRAGE AU GREFFE DU TRIBUNAL.

Cejourd'hui....... mil huit cent quarante....

Est comparu au greffe du tribunal civil de première instance de......... le sieur R. ..... arpenteur-géomètre, demeurant à ....

Lequel a déposé minute d'un jugement arbitral, rendu par lui, qui fixe les limites de diverses propriétés contiguës appartenant aux sieurs A. ...., B. ....., C. ...., D. ...., pour être rendu exécutoire, conformément à la loi; duquel dépôt il a requis acte, que nous lui avons octroyé, et il a signé avec nous.

Signature de R..... et du greffier.

Si les parties bien d'accord voulaient seulement déposer l'acte chez un notaire, on terminerait le procès-verbal de cette manière :

Il a été de plus décidé, que les conventions ci-dessus arrêtées, seront réalisées devant notaire, et qu'à cet effet l'original du présent procès-verbal, ainsi que le plan des lieux, seront par nous déposés en l'étude de Me. ...., notaire royal, demeurant à ..... le. ...., pour y tenir lieu de minute.

Et ont les parties requérantes signé avec nous, après lecture faite.

Signatures..............

CONVENTION ENTRE PLUSIEURS PARTICULIERS, POUR LA DÉLIMITATION DE LEURS PROPRIÉTÉS A FRAIS COMMUNS.

Nous soussignés A. ...., B. ...., C. ...., D. ...., E. ....., et F. ...., tous propriétaires demeurant à. ...... canton d. ......, déclarons par les présentes, que, pour mettre fin aux difficultés que fait naître journellement parmi nous, le défaut de plantations de bornes séparatives des héritages en nature de terres labourables, vignes et prés, que nous possédons au lieudit ...., et qui, par leur contiguïté, forment le même finage, ce qui donne souvent lieu à des anticipations préjudiciables à chacun de nous, nous sommes convenus de ce que suit; savoir:

Que par le sieur R. ....., arpenteur-géomètre, demeurant à. ...., que nous avons choisi et nommé à cet effet, il sera, dans la quinzaine, procédé, en présence de toutes les parties intéressées, à l'arpentage de nos terrains respectifs, situés au lieu ci-dessus désigné, et ensuite à la plantation des bornes, pour en fixer la délimitation; à cet effet, nous nous obligeons de produire et remettre audit sieur R. ..... nos titres d'acquisitions ou de propriétés concernant lesdits terrains, pour y avoir tel égard que de droit; de laquelle opération il dressera procès-verbal et fera le plan géométral, qui resteront déposés entre les mains de E. ..... l'un de nous, qui y a consenti et promis d'en donner communication aux autres parties intéressées, toutes les fois qu'il en sera requis, et sous l'obligation de notre part, de payer chacun individuellement, sa portion des frais de ladite opération, dans la proportion de l'étendue de son terrain.

Fait à. . . . . . . le. . . . . . . en 6 originaux.

Signatures...............

Cette convention doit être rédigée en autant d'originaux qu'il y a de parties contractantes.

PROCÈS-VERBAL D'ARPENTAGE A LA REQUÊTE D'UN PROPRIÉTAIRE.

L'an mil huit cent quarante. . . . . . le . . . . . .

A la requête du sieur P. . . . . . . , demeurant à . . . . canton d. . . . . , il a été par nous R. . . . . . . arpenteur-géomètre soussigné, demeurant à. . . . . . , procédé à l'arpentage d'une pièce de pré appartenant au requérant, située à. . . . . , lieudit. . . . . , tenant d'un côté au nord à. . . . . au midi à. . . . . . , au levant à. . . . . . . , et au couchant à. . . . . . .

D'après les lignes d'opérations que nous avons tracées sur le terrain, nous avons reconnu que la longueur du côté M N était de 00 décamètres, le côté, etc., de 00 décamètres, etc., etc.

Il résulte de ces dimensions (mesurées deux fois), que la surface du polygone A B C D J O E . . . . . . est de 000 ares 00 centiares.

Il a été vaqué à ce que dessus depuis 00 heures jusqu'à 00 heures; ce fait, notre opération étant terminée, avons clos et arrêté le présent procès-verbal, que le requérant a signé avec nous après lecture faite.

Signatures P...... R........

Les développemens précédens suffiront aux arpenteurs pour rédiger les principaux procès-verbaux qu'ils peuvent être chargés de faire à l'amiable.

FIN DE LA GÉODÉSIE.

Saint-Quentin. Imprimerie d'AD. MOUREAU, lithographe, grand'place, 7.

Table des Matières.

CHAPITRE TROISIÈME.

TRIGONOMÉTRIE RECTILIGNE.

SECTION PREMIÈRE.

SECTION DEUXIÈME.

CHAPITRE QUATRIÈME.

LONGI-ALTIMÉTRIE.

SECTION PREMIÈRE.

SECTION DEUXIÈME.

CHAPITRE CINQUIÈME.

LEVÉE ET CONSTRUCTION DES PLANS.

SECTION PREMIÈRE.

SECTION DEUXIÈME.

CHAPITRE SIXIÈME.

COPIE ET RÉDUCTION DES PLANS.

SECTION PREMIÈRE.

SECTION DEUXIÈME.

Deuxième Partie.

MESURE ET DIVISION DES SURFACES.

CHAPITRE SEPTIÈME.

MESURE ET DIVISION DES QUADRILATÈRES RÉGULIERS.

SECTION PREMIÈRE.

SECTION DEUXIÈME.

CHAPITRE HUITIÈME.

MESURE ET DIVISION DES TRIANGLES.

SECTION PREMIÈRE.

SECTION DEUXIÈME.

CHAPITRE NEUVIÈME.

MESURE ET DIVISION DES QUADRILATÈRES IRRÉGULIERS.

SECTION PREMIÈRE.

SECTION DEUXIÈME.

CHAPITRE DIXIÈME.

MESURE ET DIVISION DES POLYGONES RÉGULIERS.

SECTION PREMIÈRE.

SECTION DEUXIÈME.

CHAPITRE ONZIÈME.

MESURE ET DIVISION DES POLYGONES IRRÉGULIERS.

SECTION PREMIÈRE.

SECTION DEUXIÈME.

CHAPITRE DOUZIÈME.

NIVELLEMENT COMPOSÉ ET CALCUL DES DÉBLAIS ET REMBLAIS.

SECTION PREMIÈRE.

SECTION DEUXIÈME.

FIN DE LA TABLE DES MATIÈRES.

www.ingramcontent.com/pod-product-compliance
Lightning Source LLC
Chambersburg PA
CBHW031607210326
41599CB00021B/3091